新编

电脑办公（Windows 10 + Office 2010 版）从入门到精通

◉ 龙马高新教育 编著

人 民 邮 电 出 版 社

北 京

图书在版编目（CIP）数据

新编电脑办公（Windows 10 + Office 2010版）从入门到精通 / 龙马高新教育编著. -- 北京 : 人民邮电出版社, 2017.2(2017.12重印)
ISBN 978-7-115-43906-2

Ⅰ. ①新… Ⅱ. ①龙… Ⅲ. ①Windows操作系统②办公自动化－应用软件 Ⅳ. ①TP316.7②TP317.1

中国版本图书馆CIP数据核字(2016)第259970号

内 容 提 要

本书以零基础讲解为宗旨，用实例引导读者学习，深入浅出地介绍了电脑办公的相关知识和应用方法。

全书分为7篇，共30章。第1篇【入门篇】主要介绍了电脑办公基础、Windows 10的基本操作、如何打造个性化的办公环境、高效打字的方法、办公文件的高效管理以及电脑办公软件平台的管理方法等；第2篇【Word办公应用篇】主要介绍了Word 2010的基本操作、Word文档的图文混排、长文档的排版以及检查和审阅文档方法等；第3篇【Excel办公应用篇】主要介绍了Excel 2010的基本操作、工作表的美化、Excel的数据分析、使用图形和图表的方法，公式和函数的应用以及使用数据透视表和数据透视图的方法等；第4篇【PPT办公应用篇】主要介绍了PowerPoint 2010的基本操作、幻灯片的美化、添加动画和交互效果以及演示幻灯片的方法等；第5篇【网络办公篇】主要介绍了办公局域网的组建、网络辅助办公以及网上交流与办公的方法等；第6篇【Office办公实战篇】主要介绍了Office在行政办公、人力资源管理以及市场营销中的应用等；第7篇【高手秘技篇】主要介绍了Office 2010组件的协同应用、办公设备的使用、电脑的优化与维护以及数据安全与恢复等内容。

在本书附赠的DVD多媒体教学光盘中，包含了21小时与图书内容同步的教学录像以及所有案例的配套素材和结果文件。此外，还赠送了大量相关内容的教学录像和电子书，便于读者扩展学习。

本书不仅适合电脑办公的初、中级用户学习使用，也可以作为各类院校相关专业学生和电脑培训班学员的教材或辅导用书。

◆ 编　　著　龙马高新教育
责任编辑　张　翼
责任印制　杨林杰
◆ 人民邮电出版社出版发行　　北京市丰台区成寿寺路11号
邮编　100164　　电子邮件　315@ptpress.com.cn
网址　http://www.ptpress.com.cn
固安县铭成印刷有限公司印刷
◆ 开本：787×1092　1/16
印张：33
字数：798千字　　2017年2月第1版
印数：2 501－2 800册　　2017年12月河北第2次印刷

定价：69.80元（附光盘）

读者服务热线：(010)81055410　印装质量热线：(010)81055316
反盗版热线：(010)81055315
广告经营许可证：京东工商广登字20170147号

电脑是现代信息社会的重要标志。掌握丰富的电脑知识，正确、熟练地操作电脑已成为信息时代对每个人的要求。为满足广大读者的学习需要，我们针对不同学习对象的接受能力，总结了多位电脑高手、高级设计师及电脑教育专家的经验，精心编写了“新编从入门到精通”系列丛书。

丛书主要内容

本套丛书涉及读者在日常工作和学习中常见的电脑应用领域，在介绍电脑软硬件的基础知识及具体操作时，均以读者经常使用的版本为主，在必要的地方也兼顾了其他版本，以满足不同领域读者的需求。本套丛书主要包括以下品种。

新编学电脑从入门到精通	新编老年人学电脑从入门到精通
新编Windows 10从入门到精通	新编笔记本电脑应用从入门到精通
新编电脑打字与Word排版从入门到精通	新编电脑选购、组装、维护与故障处理从入门到精通
新编Word 2013从入门到精通	新编电脑办公（Windows 7+Office 2013版）从入门到精通
新编Excel 2003从入门到精通	新编电脑办公（Windows 7+Office 2016版）从入门到精通
新编Excel 2010从入门到精通	新编电脑办公（Windows 8+Office 2010版）从入门到精通
新编Excel 2013从入门到精通	新编电脑办公（Windows 8+Office 2013版）从入门到精通
新编Excel 2016从入门到精通	新编电脑办公（Windows 10+Office 2010版）从入门到精通
新编PowerPoint 2016从入门到精通	新编电脑办公（Windows 10+Office 2013版）从入门到精通
新编Word/Excel/PPT 2003从入门到精通	新编电脑办公（Windows 10+Office 2016版）从入门到精通
新编Word/Excel/PPT 2007从入门到精通	新编Word/Excel/PPT 2010从入门到精通
新编Word/Excel/PPT 2013从入门到精通	新编Word/Excel/PPT 2016从入门到精通
新编Office 2010从入门到精通	新编Office 2013从入门到精通
新编Office 2016从入门到精通	新编AutoCAD 2015从入门到精通
新编AutoCAD 2017从入门到精通	新编UG NX 10从入门到精通
新编SolidWorks 2015从入门到精通	新编Premiere Pro CC从入门到精通
新编Photoshop CC从入门到精通	新编网站设计与网页制作（Dreamweaver CC + Photoshop CC + Flash CC版）从入门到精通

本书特色

零基础、入门级的讲解

无论读者是否从事计算机相关行业，是否了解电脑办公的方法，都能从本书中找到最佳的起点。本书入门级的讲解可以帮助读者快速地从新手迈向高手行列。

精选内容，实用至上

全部内容都经过精心选取和编排，在贴近实际的同时，突出重点、难点，帮助读者对所学知识深入理解，触类旁通。

◎ 实例为主，图文并茂

在介绍过程中，每一个知识点均配有实例辅助讲解，每一个操作步骤均配有对应的插图加深认识。这种图文并茂的方法能够使读者在学习过程中直观、清晰地看到操作过程和效果，便于深刻理解和掌握。

◎ 高手指导，扩展学习

本书以“高手支招”的形式为读者提炼了各种高级操作技巧，总结了大量系统、实用的操作方法，以便读者学习到更多的内容。

◎ 双栏排版，超大容量

本书采用单双栏排版相结合的形式，大大扩充了信息容量，在 500 多页的篇幅中容纳了传统图书 800 多页的内容。这样就能在有限的篇幅中为读者奉送更多的知识和实战案例。

◎ 书盘结合，互动教学

本书配套的多媒体教学光盘内容与书中知识紧密结合并互相补充。在多媒体光盘中，我们模拟工作、学习中的真实场景，帮助读者体验实际工作环境，并使其掌握日常所需的知识和技能，以及处理各种问题的方法，达到学以致用的目的，从而大大增强了本书的实用性。

光盘特点

◎ 21 小时全程同步教学录像

教学录像涵盖本书所有知识点，详细讲解每个实例及实战案例的操作过程和关键点。读者可以更轻松地掌握书中所有的知识和技巧，而且扩展的讲解部分可使读者获得更多的知识。

◎ 超多、超值资源大放送

随书奉送 Windows 10 操作系统安装教学录像、Office 2010 软件安装教学录像、Office 2010 快捷键查询手册、Word/Excel/PPT 2010 技巧手册、移动办公技巧手册、2000 个 Word 精选文档模板、1800 个 Excel 典型表格模板、1500 个 PPT 精美演示模板、Excel 函数查询手册、网络搜索与下载技巧手册、电脑技巧查询手册、常用五笔编码查询手册、5 小时 Photoshop CC 教学录像、电脑维护与故障处理技巧查询手册、9 小时电脑选购、组装、维护与故障处理教学录像、本书配套的素材和结果文件以及教学用 PPT 课件等超值资源，以方便读者扩展学习。

配套光盘运行方法

❶ 将光盘放入光驱中，几秒钟后系统会弹出【自动播放】对话框，如下图所示。

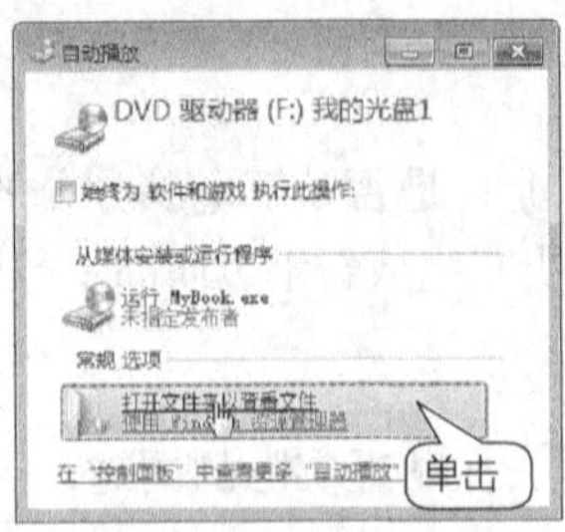

❷ 在 Windows 7 操作系统中单击【打开文件夹以查看文件】链接以打开光盘文件夹，用鼠标右键单击光盘文件夹中的 MyBook.exe 文件，并在弹出的快捷菜单中选择【以管理员身份运行】菜单项，打开【用户账户控制】对话框，如下图所示。单击【是】按钮，光盘即可自动播放。

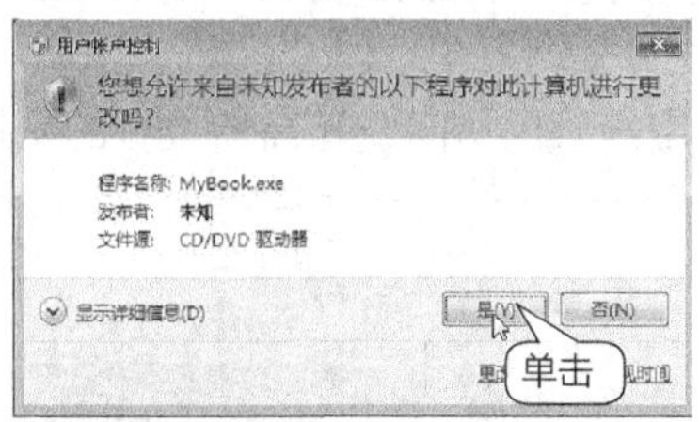

❸ 在 Windows 10 操作系统中，桌面右上角会显示快捷操作界面，单击该界面后，在其列表中选择【运行 MyBook.exe】选项即可运行光盘系统。或者单击【打开文件夹以查看文件】选项打开光盘文件夹，双击光盘文件夹中的 MyBook.exe 文件，也可以运行光盘系统。

❹ 光盘运行后会首先播放片头动画，之后进入光盘的主界面。其中包括【课堂再现】、【龙马高新教育 APP 下载】、【支持网站】3 个学习通道和【素材文件】、【结果文件】、【赠送资源】、【帮助文件】、【退出光盘】5 个功能按钮。

❺ 单击【课堂再现】按钮，进入多媒体同步教学录像界面。在左侧的章号按钮上单击鼠标左键，在弹出的快捷菜单上单击要播放的节名，即可开始播放相应的教学录像。

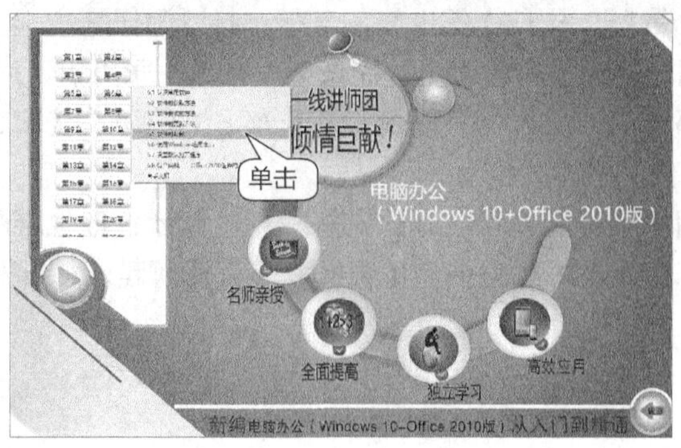

❻ 单击【龙马高新教育 APP 下载】按钮，在打开的文件夹中包含有龙马高新教育 APP 的安装程序，可以使用 360 手机助手、应用宝等将程序安装到手机中，也可以将安装程序传输到手机中进行安装。

❼ 单击【支持网站】按钮，用户可以访问龙马高新教育的支持网站，在网站中进行交流学习。

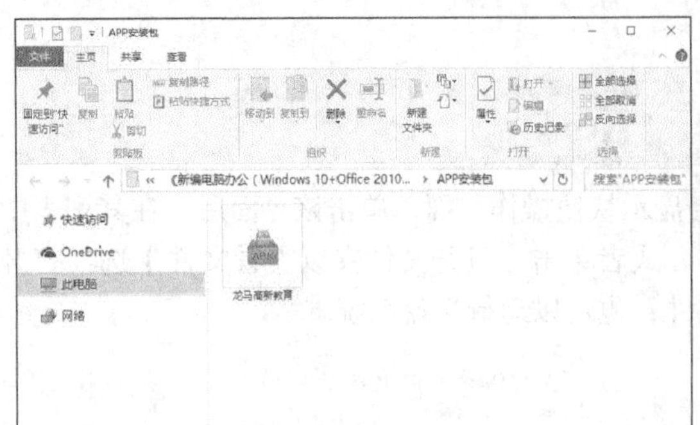

❽ 单击【素材文件】、【结果文件】、【赠送资源】按钮，可以查看对应的文件和学习资源。

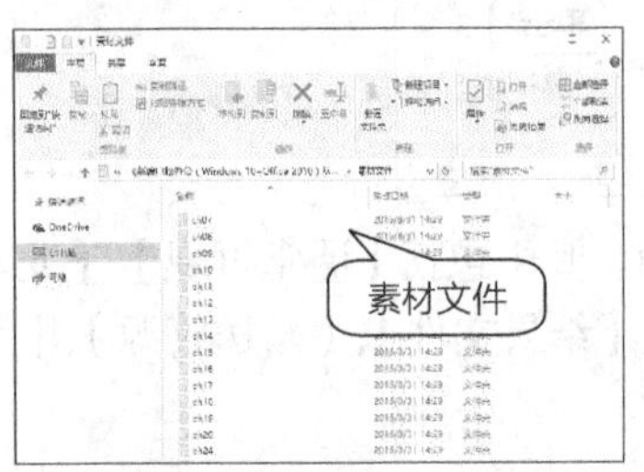

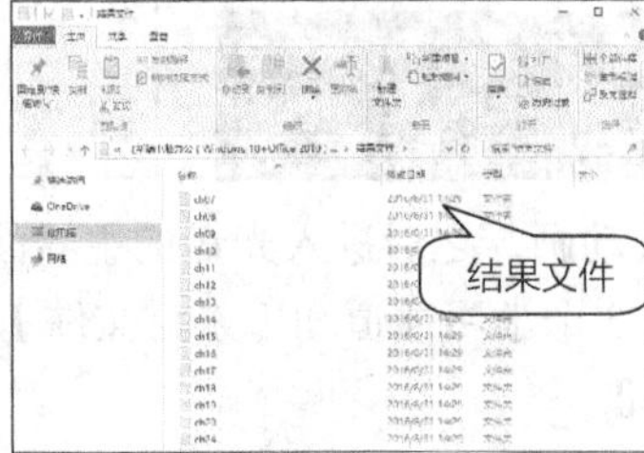

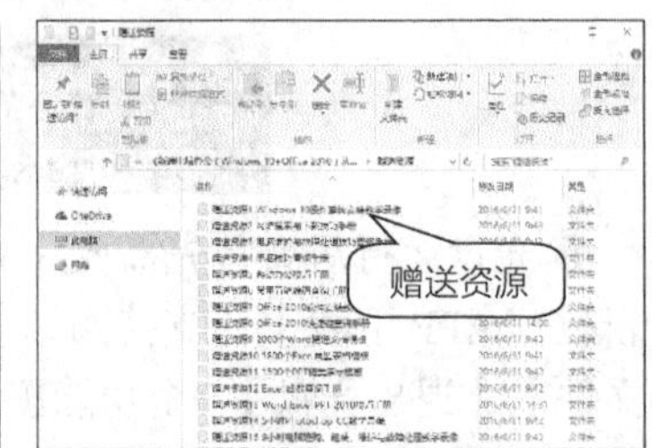

❾ 单击【帮助文件】按钮，可以打开“光盘使用说明 .pdf ”文档，该说明文档详细介绍了光盘在电脑上的运行环境和运行方法。

❿ 单击【退出光盘】按钮，即可退出本光盘系统。

网站支持

更多学习资料，请访问 www.51pcbook.cn。

创作团队

本书由龙马高新教育策划，孔长征任主编，李震、赵源源任副主编。参与本书编写、资料整理、多媒体开发及程序调试的人员有孔万里、周奎奎、张任、张田田、尚梦娟、李彩红、尹宗都、王果、陈小杰、左琨、邓艳丽、崔姝怡、侯蕾、左花苹、刘锦源、普宁、王常吉、师鸣若、钟宏伟、陈川、刘子威、徐永俊、朱涛和张允等。

在编写过程中，我们竭尽所能地将最好的讲解呈现给读者，但也难免有疏漏和不妥之处，敬请广大读者不吝指正。若您在学习过程中产生疑问，或有任何建议，可发送电子邮件至 zhangyi@ptpress.com.cn。

编者

目录

第 1 篇 入门篇

第 4 篇 PPT 办公应用篇

第 7 篇 高手秘技篇

赠送资源(光盘中)

- 赠送资源 1 Windows 10 操作系统安装教学录像
- 赠送资源 2 Office 2010 软件安装教学录像
- 赠送资源 3 Office 2010 快捷键查询手册
- 赠送资源 4 Word/Excel/PPT 2010 技巧手册
- 赠送资源 5 移动办公技巧手册
- 赠送资源 6 2000 个 Word 精选文档模板
- 赠送资源 7 1800 个 Excel 典型表格模板
- 赠送资源 8 1500 个 PPT 精美演示模板
- 赠送资源 9 Excel 函数查询手册
- 赠送资源 10 网络搜索与下载技巧手册
- 赠送资源 11 电脑技巧查询手册
- 赠送资源 12 常用五笔编码查询手册
- 赠送资源 13 5 小时 Photoshop CC 教学录像
- 赠送资源 14 电脑维护与故障处理技巧查询手册
- 赠送资源 15 9 小时电脑选购、组装、维护与故障处理教学录像
- 赠送资源 16 本书配套的素材和结果文件
- 赠送资源 17 教学用 PPT 课件

第1篇
入门篇

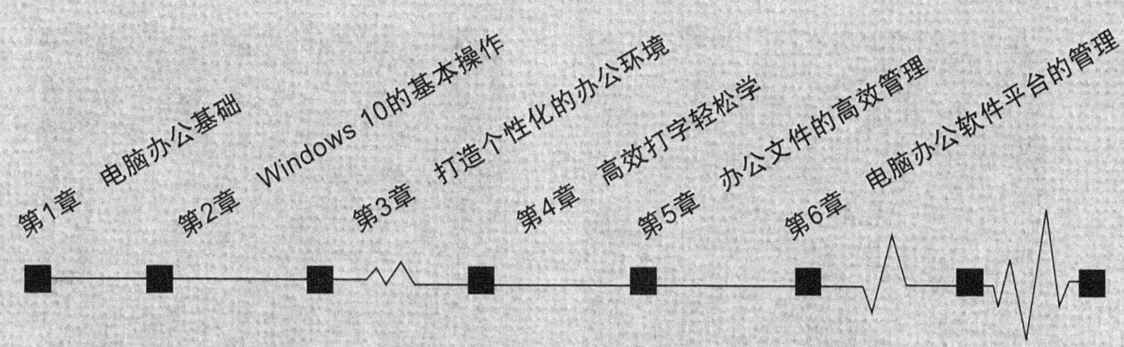
第1章　电脑办公基础
第2章　Windows 10的基本操作
第3章　打造个性化的办公环境
第4章　高效打字轻松学
第5章　办公文件的高效管理
第6章　电脑办公软件平台的管理

第 1 章

电脑办公基础

学习目标

使用电脑办公不仅能提高工作效率，而且能节约成本，这已经成为广泛使用的办公方式。本章从电脑基础知识开始讲解，帮助读者全面认识电脑办公基础。

学习效果

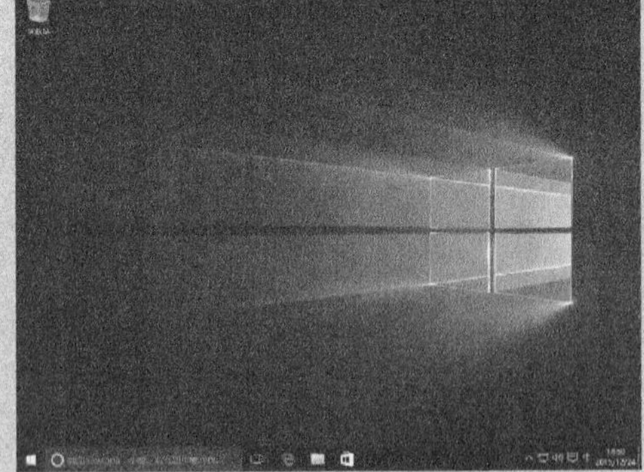

1.1 认识电脑办公

本节教学录像时间：3 分钟

目前，电脑已成为工作中密不可分的一部分，它使传统的办公转向了无纸化办公，使用电脑、手机、平板电脑等现代化办公工具，实现不用纸张和笔就能进行各种业务以及事务的处理。

1.1.1 电脑办公的优势

与传统的办公相比，电脑办公有很大的优势，具体有以下几方面。

1.有效地提高工作效率

电脑办公主要出发点是提高效率、信息共享、协同办公。通过电脑办公，可以方便、快捷、高效地工作，使原本繁杂冗余的工作，只需鼠标轻点几下就可以轻松完成。

2.节省大量的办公费用

无纸化办公能提高工作效率之外，省钱也是一个重要的原因。利用网络进行无纸化办公，可节约大量的资源，如传真机、复印机用纸、笔墨以及订书钉、曲别针、大头针等办公耗材，从而削减巨额的办公经费。

3.减少流通的环节

网络化办公，减少了文件上传下达的中间环节，节约了发送纸质文件所需的邮资、路费、通信费和人力，不仅有效提高了办公效率，节省了大量相关办公开支，更主要的是可以将单位部分人员从大量的“文山会海”中解脱出来，客观上节约了大量的人力和物力。

4.实现局域网办公

在建立内部局域网后，实现局域网内部的信息和资源共享，方便了员工之间的交流互传。另外使用局域网办公，更利于数据的安全。

1.1.2 如何掌握电脑办公

要掌握电脑办公，并不仅限于会使用电脑，它对于办公人员有更多的要求，如掌握电脑的基本使用、Office办公软件和办公设备的使用方法等，下面提供了一幅图帮助读者理解电脑办公的相关内容。

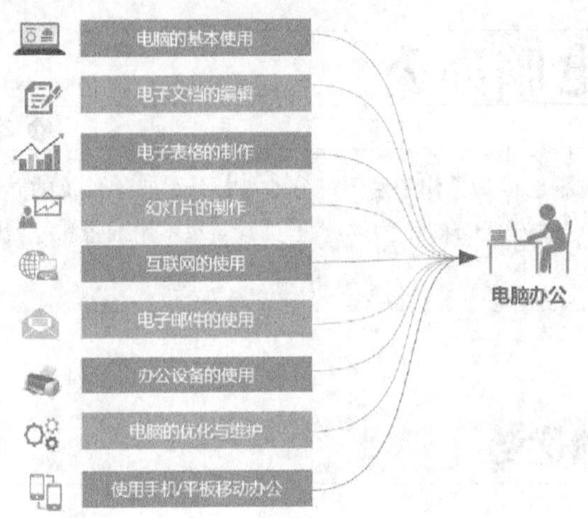

1.2 搭建电脑办公硬件平台

本节教学录像时间：14 分钟

电脑由硬件和软件以及一些外部设备组成。硬件是指组成电脑系统中看得见的各种物理部件，是实实在在的器件。本节主要介绍这些硬件的基本知识。

1.2.1 电脑基本硬件设备

通常情况下，一台电脑的基本硬件设备包括CPU、内存、主板、显卡、网卡、声卡、硬盘、光驱、显示器、键盘、鼠标、机箱、电源等。

1.CPU

CPU也叫中央处理器，是一台电脑的运算和控制核心，作用和人的大脑相似，因为它负责处理、运算电脑内部的所有数据；而主板芯片组则更像是心脏，它控制着数据的交换。CPU的种类决定了所使用的操作系统和相应的软件，CPU的型号往往决定了一台电脑的档次。

目前市场上较为主流的是双核心和四核心CPU，也不乏六核心和八核心的更高性能的CPU，而这些产品主要由Intel（英特尔）和AMD（超微）两大CPU品牌构成。

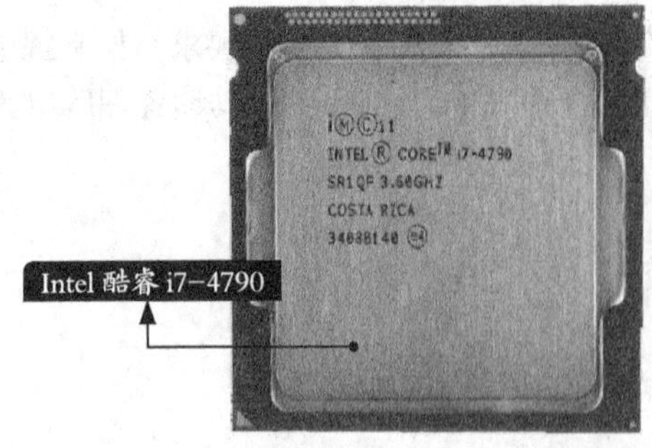

2.内存

内存储器（简称内存，也称主存储器）用于存放电脑运行所需的程序和数据。内存的容量与性能是决定电脑整体性能的一个决定性因素。内存的大小及其时钟频率（内存在单位时间内处理指令的次数，单位是MHz）直接影响电脑运行速度的快慢，即使CPU主频很高，硬盘容量很大，但如果内存很小，电脑的运行速度也快不了。

目前，主流电脑多采用的是4GB、8GB的DDR3内存，一些用户多采用8GB、16GB的DDR4内存。下图为一款容量为4GB的威刚DDR3 1600内存。

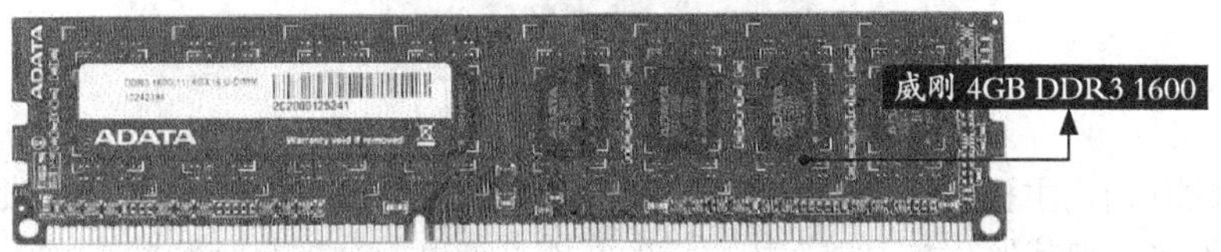

3.硬盘

硬盘是电脑最重要的外部存储器之一，由一个或多个铝制或者玻璃制的碟片组成。这些碟片外覆盖有铁磁性材料。绝大多数硬盘都是固定硬盘，被永久性地密封固定在硬盘驱动器中。由于硬盘的盘片和硬盘的驱动器是密封在一起的，所以通常所说的硬盘或硬盘驱动器其实是一样的。

硬盘有固态硬盘（SSD）、机械硬盘（HDD）、混合硬盘（HHD，一块基于传统机械硬盘诞生出来的新硬盘）；SSD采用闪存颗粒来存储，HDD采用磁性碟片来存储，HHD是把磁性硬盘和闪存集成到一起的一种硬盘。

机械硬盘是最为普遍的硬盘，而随着用户对电脑的需求不断提高，固态硬盘逐渐被选择。固态硬盘是一种高性能的存储器，而且使用寿命很长。

4.主板

如果把CPU比作电脑的“心脏”，那么主板便是电脑的“躯干”。几乎所有的电脑部件都是直接或间接连接到主板上的，主板性能对整机的速度和稳定性都有极大影响。主板又称系统板或母板（Mather Board），是电脑系统中极为重要的部件。

主板一般为矩形电路板，上面安装了组成电脑的主要电路系统，并集成了各式各样的电子零件和接口。下图所示即为一个主板的外观。

作为电脑的基础，主板的作用非常重要，尤其是在稳定性和兼容性方面，更是不容忽视的。如果主板选择不当，则其他插在主板上的部件的性能可能就不会被充分发挥。

5.显卡

显卡也称图形加速卡，它是电脑内主要的板卡之一，其基本作用是控制电脑的图形输出。由于工作性质不同，不同的显卡提供了性能各异的功能。

一般来说，二维（2D）图形图像的输出是必备的。在此基础上将部分或全部的三维（3D）图像处理功能纳入显示芯片中，由这种芯片做成的显卡就是通常所说的“3D显卡”。有些显卡以附加卡的形式安装在电脑主板的扩展槽中，有些则集成在主板上。下图所示即为一款显卡。

6.声卡

声卡（也叫音频卡）是多媒体电脑的必要部件，是电脑进行声音处理的适配器。声卡有3个基本功能，一是音乐合成发音功能，二是混音器（Mixer）功能和数字声音效果处理器（DSP）功能，三是模拟声音信号的输入和输出功能。有些声卡以附加卡的形式安装在电脑主板的扩展槽中，有些则集成在主板上，所使用的总线有ISA总线和PCI总线两种。下图所示即为一块PCI声卡。

7.网卡

网卡，也称网络适配器，是电脑连接网络的重要设备，它主要分为集成网卡和独立网卡。集成网卡多集成于主板上，不需要单独购买，如果没有特殊要求，集成网卡可以满足用户上网需求。而独立网卡是单独一个硬件设备，相对集成网卡做工更好，在网络数据流量较大的情况下更稳定。一般台式机多采用普通电脑网卡和无线网卡两种。下图即为一款USB端口的无线网卡。

8.光驱

光驱是对光盘上存储的信息进行读写操作的设备。光驱由光盘驱动部件和光盘转速控制电路、读写光头和读写电路、聚焦控制、寻道控制、接口电路等部分组成，其机理比较复杂。在大多数情况下，操作系统及应用软件的安装都需要依靠光驱来完成。由于DVD光盘中可以存放更大容量的数据，所以DVD光驱已成为市场中的主流。

不过，随着U盘的普及，作为最主要媒体文件存储介质，光驱的使用人群也逐渐减少，而最新的台式机和笔记本电脑也都去掉了光驱的装配。光驱的外观如下图所示。

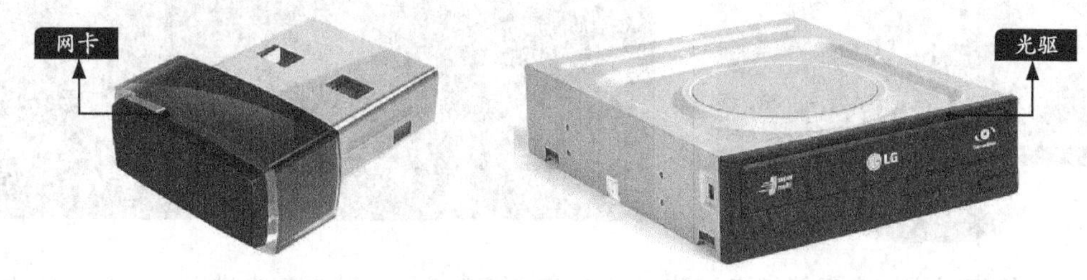

9.电源

主机电源是一种安装在主机箱内的封闭式独立部件，它的作用是将交流电通过一个开关电源变压器转换为+5V、 - 5V、+12V、 - 12V、+3.3V等稳定的直流电，以供应主机箱内主板驱动、硬盘驱动及各种适配器扩展卡等系统部件使用。

电源的功率需求需要看CPU、主板、内存、硬盘等硬件的功率，最常见的功率需求为250W~350W。电源的额定功率越大越好，但价格也越贵，需要根据其他硬件的功率合理选择。

10.显示器

显示器是电脑重要的输出设备，也是电脑的“脸面”。电脑操作的各种状态、结果以及编辑的文本、程序、图形等都是在显示器上显示出来的。

液晶显示器以其低辐射、功耗小、可视面积大、体积小及显示清晰等优点，成为电脑显示器的主流产品。目前，显示器主要按照屏幕尺寸、面板类型、视频接口等进行划分。如屏幕尺寸，较为普及的为19英寸、21英寸、22英寸，较大的可以选择23英寸、24英寸等。而面板类型很大程度上决定了显示器的亮度、对比度、可视度等，直接影响显示器的性能，面板类型主要包括TN面板、IPS面板、PVA面板、MVA面板、PLS面板以及不闪式3D面板等，其中IPS面板和不闪式3D面板较好，价格也相对贵一些。视频接口主要指显示器的图像输出端口，如较为常用的VGA视频接口，另外还有HDMI、MHL、DVI、USB等，如今显示器的视频接口越来越多，其功能也越来越强大。

11.键盘

键盘是电脑系统中基本的输入设备，用户给电脑下达的各种命令、程序和数据都可以通过键盘输入到电脑中去。常见的键盘主要可分为机械式和电容式两类，现在的键盘大多都是电容式键盘。键盘如果按其外形来划分又有普通标准键盘和人体工学键盘两类。按其接口来分主要有PS/2接口（小口）、USB接口以及无线键盘等种类的键盘。标准键盘的外观如下图所示。

在平时使用时应注意保持键盘清洁，经常擦拭键盘表面，减少灰尘进入。对于不防水的键盘，最危险的就是水或油等液体，一旦渗入键盘内部，就容易造成键盘按键失灵。解决方法是拆开键盘后盖，取下导电层塑料膜，用干抹布把液体擦拭干净。

12.鼠标

鼠标是电脑基本的输出设备之一，用于确定光标在屏幕上的位置，在应用软件的支持下，移动、单击、双击鼠标可以快速、方便地完成某种特定的功能。

鼠标包括鼠标右键、鼠标左键、鼠标滚轮、鼠标线和鼠标插头。鼠标按照插头的类型可分为USB接口的鼠标、PS/2接口的鼠标和无线鼠标。

1.2.2 电脑扩展硬件设备

用户在使用电脑时还可根据需要配置耳麦、摄像头、音箱等部件。

1.耳麦

耳麦是耳机和麦克风的整合体，是重要的电脑外部设备之一，可以用于录入声音、语音聊天等。耳麦有普通耳机所没有的麦克风。下图所示为耳麦和单独的麦克风。

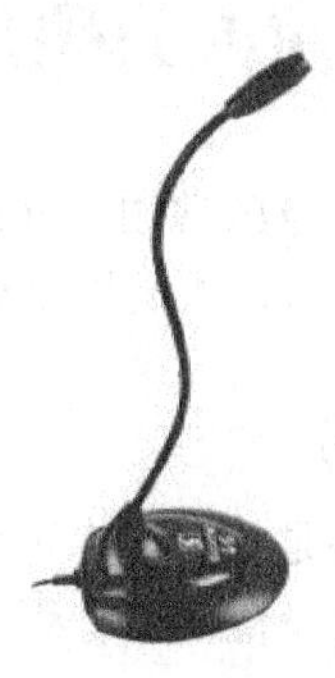

2.摄像头

摄像头(Camera) 又称为电脑相机、电脑眼等，是一种视频输入设备，被广泛地应用于视频会议、远程医疗、实时监控等领域，我们可以通过摄像头在网上进行有影像、有声音的交谈和沟通。下图所示为摄像头。

3.音箱

音箱是整个音响系统的终端，作用是将电脑中的音频文件通过音箱的扬声器播放出来。因此它的好坏影响着用户的聆听效果。在听音乐、看电影时，它是不可缺少的外部设备之一。

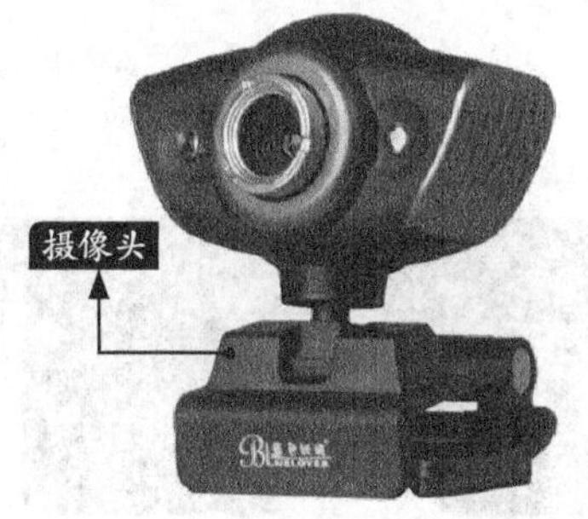

4.路由器

路由器是用于连接多个逻辑上分开的网络的设备，可以用来建立局域网，可实现家庭中多台电脑同时上网，也可将有线网络转换为无线网络。如今手机、平板电脑的广泛使用，使路由器成为不可缺少的网络设备，而智能路由器也随之出现，具有独立的操作系统，可以实现智能化管理路由器，安装各种应用，自行控制带宽、自行控制在线人数、自行控制浏览网页、自行控制在线时间、同时拥有强大的USB共享功能等。

1.2.3 其他常用办公硬件设备

在企业办公中，电脑常用的外部相关设备包括：可移动存储设备、打印机、复印机、扫描仪等。有了这些外部设备，人们可以充分发挥电脑的优异性能，如虎添翼。

1.可移动存储设备

可移动存储设备是指可以在不同终端间移动的存储设备，方便了资料的存储和转移。目前较为普遍的可移动存储设备主要有移动硬盘和U盘。

(1) 移动硬盘

移动硬盘是以硬盘为存储介质，实现了电脑之间的大容量数据交换，其数据的读写模式与标准IDE硬盘是相同的。移动硬盘多采用USB、IEEE1394等传输速度较快的接口，可以以较高的速度与电脑进行数据传输。

(2) U盘

U盘又称为“优盘”，是一种无需物理驱动器的微型高容量移动存储产品，通过USB接口与电脑连接，实现“即插即用”。因此，也叫“USB闪存驱动器”。

U盘主要用于存放照片、文档、音乐、视频等中小型文件，它的最大优点是体积小，价格便宜。体积如大拇指般大小，携带极为方便，可以放入口袋中、钱包里。U盘容量常见的有8GB、16GB、32GB等，根据接口类型主要分为USB 2.0和USB 3.0两种，另外，还有一种支持插到手机中的双接口U盘。

2.打印机

打印机是电脑办公不可缺少的一个组成部分，是重要的输出设备之一。通常情况下，只要是使用电脑办公的公司都会配备打印机。通过打印机，用户可以将在电脑中编辑好的文档、图片等数据资料打印输出到纸上，从而方便用户将资料进行长期存档或向其他部门报送等。

3.复印机

我们通常所说的复印机是指静电复印机，它是一种利用静电技术进行文书复制的设备。复印机是从书写、绘制或印刷的原稿得到等倍、放大或缩小的复印品的设备。复印机复印的速度快，操作简便，与传统的铅字印刷、蜡纸油印、胶印等的主要区别是无需经过其他制版等中间手段，而能直接从原稿获得复印品。

目前，绝大部分复印机是与打印机结合，集打印、复印和扫描的一体机。

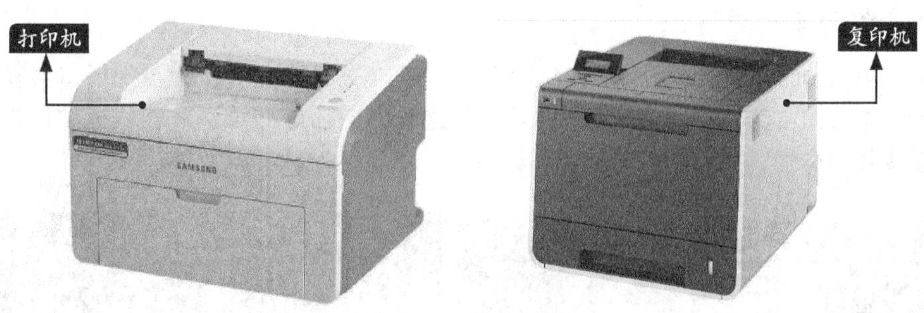

4.扫描仪

扫描仪的作用是将稿件上的图像或文字输入到电脑中。如果是图像，则可以直接使用图像处理软件进行加工；如果是文字，则可以通过OCR软件，把图像文本转化为电脑能识别的文本文件，这样可节省把字符输入电脑的时间，大大提高输入速度。

1.2.4 电脑接口的连接

电脑上的接口有很多，主机上主要有电源接口、USB接口、显示器接口、网线接口、鼠标接口、键盘接口等，显示器上主要有电源接口、主机接口等。在连接主机外设之间的连线时，只要按照“辨清接头，对准插上”这一要领去操作，即可顺利完成电脑与外设的连接。另外，在连接电脑与外设前，一定要先切断用于给电脑供电的插座电源。

1.连接显示器

主机上连接显示器的接口在主机的后面。连接的方法是将显示器的信号线，即15针的信号线接在显卡上，插好后拧紧接头两侧的螺丝即可。显示器电源一般都是单独连接电源插座的。

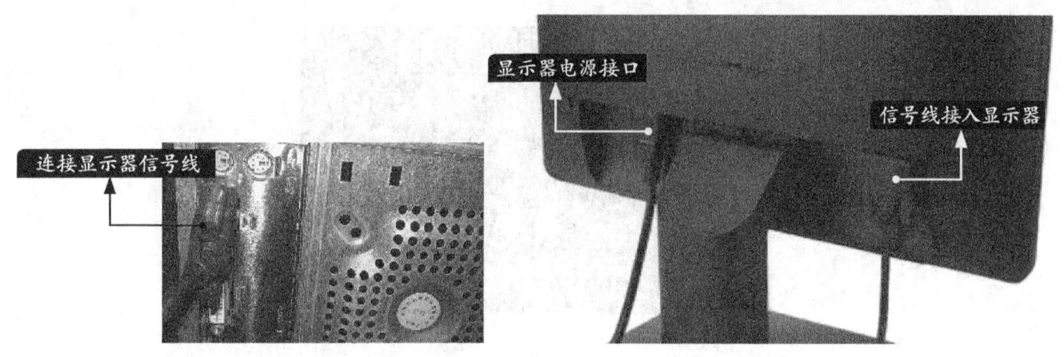

2.连接键盘和鼠标

键盘接口在主机的后部，是一个紫色圆形的接口。一般情况下，键盘的插口会在机箱的外侧，同时键盘插头上有向上的标记，连接时按照这个方向插好即可。PS/2鼠标的接口也是圆形的，位于键盘接口旁边，按照指定方向插好即可。

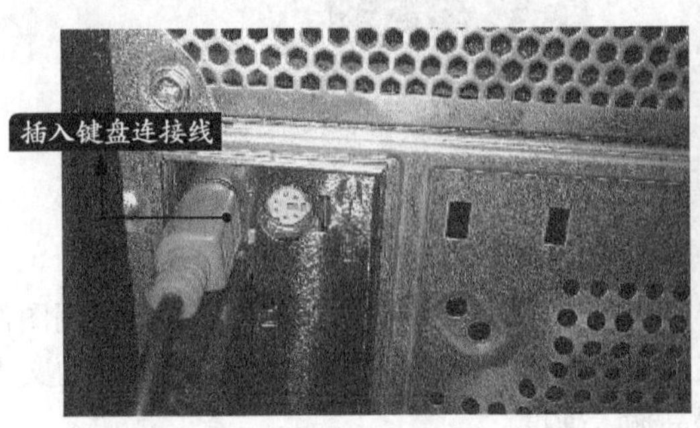

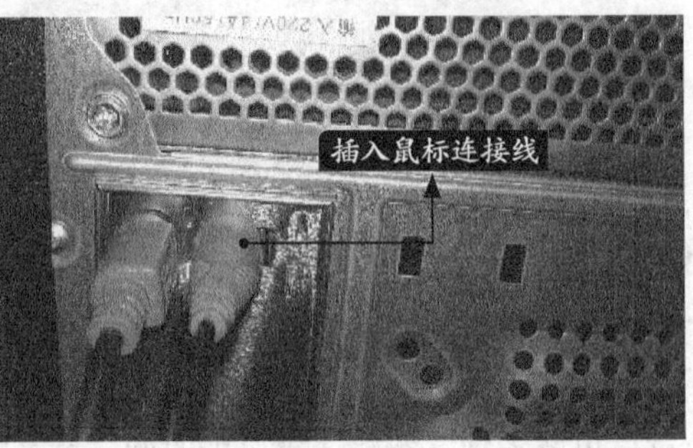

如果USB接口的鼠标和键盘连接方法更为简单，可直接接入主机后端的USB端口。

3.连接网线

网线接口在主机的后面。将网线一端的水晶头按指示的方向插入网线接口中，就完成了网线的连接。

4. 连接音箱

将音箱的音频线接头分别连接到主机声卡的接口中，即可连接音箱。

5. 连接主机电源

主机电源线的接法很简单，只需要将电源线接头插入电源接口即可。

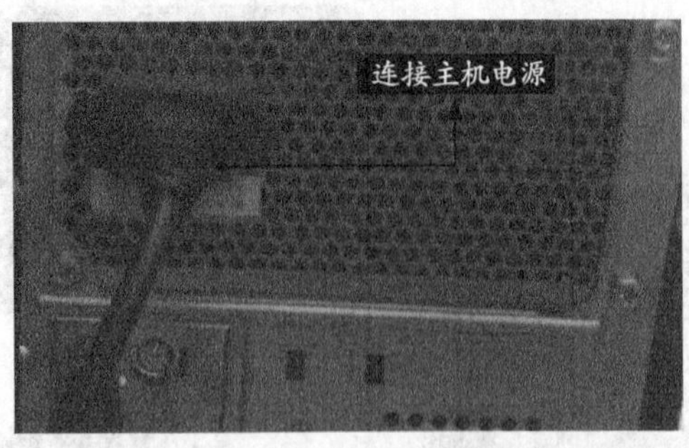

1.3 认识电脑办公系统平台

本节教学录像时间：5 分钟

操作系统是一款管理电脑硬件与软件资源的程序，同时也是电脑系统的内核与基石。操作系统是一款庞大的管理控制程序，大致包括5个方面的管理功能：进程与处理机管理、作业管理、存储管理、设备管理、文件管理。操作系统是管理电脑全部硬件资源、软件资源、数据资源，控制程序运行并为用户提供操作界面的系统软件集合。

目前，操作系统的主要包括微软的Windows、苹果的Mac OS及UNIX、Linux等，这些操作系统所适用的用户人群也不尽相同，电脑用户可以根据自己的实际需要选择不同的操作系统，下面分别对几种操作系统进行简单介绍。

1. Windows系列

Windows系统是应用最广泛的系统，主要包括Windows 7、Windows 8及Windows 10等。

(1) 流行的Windows系统——Windows 7

Windows 7是由微软公司开发的新一代操作系统，具有革命性的意义。该系统旨在让人们的日常电脑操作更加简单和快捷，为人们提供高效易行的工作环境。

Windows 7系统和以前的系统相比，具有很多的优点：更快的速度和性能，更个性化的桌面，更强大的多媒体功能，Windows Touch带来极致触摸操控体验，Homegroups和Libraries简化局域网共享，全面革新的用户安全机制，超强的硬件兼容性，革命性的工具栏设计等。

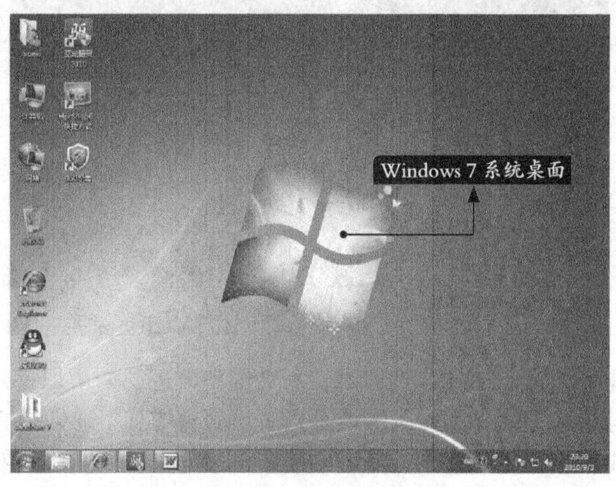

(2) 革命性Windows系统——Windows 8和Windows 8.1

Windows 8是由微软公司开发的、具有革命性变化的操作系统。Windows 8系统支持来自Intel、AMD和ARM的芯片架构，这意味着Windows系统开始向更多平台迈进，包括平板电脑和PC。Windows 8采用了全新的Metro界面，内置Windows应用商店、应用程序的后台常驻，资源管理器采用“Ribbon”界面、智能复制、IE 10浏览器、内置pdf阅读器，支持ARM处理器和分屏多任务处理界面等。

微软公司在2012年10月推出Windows 8之后，着手开发的Windows 8的更新版，命名为Windows 8.1。与Windows 8相比，Windows 8.1增强了用户体验，改进了多任务、多监视器支持以及鼠标和键盘导航功能，恢复了【开始】按钮，且支持锁屏功能，内置IE 11.0和Metro应用等，具有承上启下的意义。

(3) 新一代Windows系统—Windows 10

Windows 10是微软公司最新推出的新一代跨平台及设备应用的操作系统，将涵盖PC、平板电脑、手机、XBOX和服务器端等。Windows 10重新使用了【开始】按钮，采用全新的开始菜单，增加了个人智能助理——Cortana（小娜），它可以记录并了解用户的使用习惯，帮助用户在电脑上查找资料、管理日历、跟踪程序包、查找文件、跟你聊天，还可以推送关注的资讯等。另外，Windows 10提供了一种新的上网方式——Microsoft Edge，它是一款新推出的Windows浏览器，用户可以更方便地浏览网页、阅读、分享、做笔记等，而且可以在地址栏中输入搜索内容，快速搜索浏览。

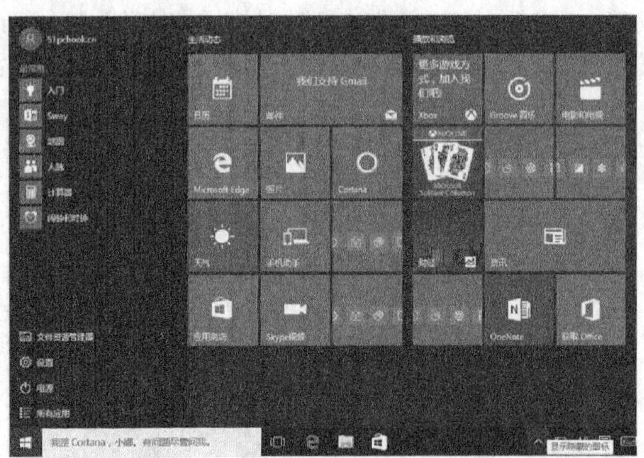

除了上面的新功能外，Windows 10还有许多新功能和改进，如增加了云存储OneDrive，用户可以将文件保存在网盘中，方便在不同电脑或手机中访问；增加了通知中心，可以查看各应用推送的信息；增加了Task View(任务视图)，可以创建多个传统桌面环境；另外还有平板模式、手机助手等，也相信读者可以在接下来的学习和使用中，更好地体验Windows 10新一代操作系统。

2. Mac OS

Mac OS系统是一款专用于苹果电脑的操作系统，是基于UNIX内核的图形化操作系统，系统简单直观，安全易用，有很高的兼容性，不可安装于其他品牌的电脑上。

1984 年，苹果公司发布了System 1操作系统，它是世界第一款成功具备图形图像用户界面的操作系统。在随后的十几年中，苹果操作系统经历了从System 1到7.5.3的巨大变化，从最终的黑白界面变成8色、16色、真彩色，其系统稳定性、应用程序数量、界面效果等都得到了巨大提升。

1997年，苹果操作系统更名为Mac OS，此后也经历了Mac OS 8、Mac OS 9、Mac OS 9.2.2等版本的更新换代。

2001年，苹果发布了Mac OS X，“X”是一个罗马数字且正式的发音为“十”（ten），延续了先前的麦金塔操作系统（比如Mac OS 8 和Mac OS 9）的编号。Mac OS X 包含两个主要的部分：Darwin，是以BSD源代码和Mach微核心为基础，类似UNIX的开放源代码环境，由苹果电脑采用并做进一步的开发；Aqua，一个由苹果公司开发的有版权的GUI。2014 年秋季苹果公司发布了新的操作系统OS X 10.10 Yosemite（优胜美地），其采用了与iOS 7一致的界面风格，扁平化的设计图标，新字体，而且添加了大量的新功能，给用户带来了更直观、更完善的使用体验。

3. Linux

Linux系统是一套免费使用和自由传播的类似UNIX操作系统，是一个基于POSIX和UNIX的多用户、多任务、支持多线程和多CPU的操作系统。它能运行主要的UNIX工具软件、应用程序和网络协议，支持32位和64位硬件。

Linux继承了UNIX以网络为核心的设计思想，是一个性能稳定的多用户网络操作系统，主要用于基于Intel x86系列CPU的电脑上。这个系统是由世界各地的成千上万的程序员设计和实现的。

Linux之所以受到广大电脑爱好者的喜爱，主要原因有两个：一是它属于自由软件，用户不用支付任何费用就可以获得它和它的源代码，并且可以根据自己的需要对它进行必要的修改，无偿使用，无约束地继续传播。另一个原因是，它具有UNIX的全部功能，如稳定、可靠、安全，有强大的网络功能，任何使用UNIX操作系统或想要学习UNIX操作系统的人都可以从Linux中获益。

另外，Linux以它的高效性和灵活性著称。Linux模块化的设计结构使得它既能在价格昂贵的工作站上运行，也能够在廉价的PC上实现全部的UNIX特性，具有多任务、多用户的能力。

1.4 Windows 10的开机与关机

本节教学录像时间：3 分钟

在学习Windwos 10系统之前，首先熟悉下Windwos 10开机与关机的方法。

1.4.1 正确开启电脑的方法

在确保电脑各硬件连接的正常情况下，按主机上的电源按钮，即可进入系统启动界面。如果设置了开机密码，用户登录账户进入桌面，具体操作步骤如下。

步骤 01 电脑启动并自检后，首先进入Window 10的系统加载界面。

步骤 02 加载完成后，即可进入欢迎界面，如下图所示。在欢迎桌面上单击鼠标或按键盘任意键，进入登录界面。

步骤 03 进入系统登录界面，单击【登录】按钮。如果设有登录密码，在登录密码框中输入登录密码，登录即可。

小提示

初次使用，如提示输入密码，则该密码为安装系统时所设置的密码。另外用户也可以使用Windows账户，具体设置方法，可以参见本书的第3章内容。

步骤 04 密码验证通过后，即可进入系统桌面，如下图所示。

1.4.2 正确关机的方法

"开始"菜单的回归，使得Windows 10并不像Windows 8那样，找不到关机按钮。本节将介绍4种关机方法。

1.使用"开始"菜单

打开"开始"菜单，单击【电源】选项，在弹出的选项菜单中，单击【关机】选项，即可关闭计算机。

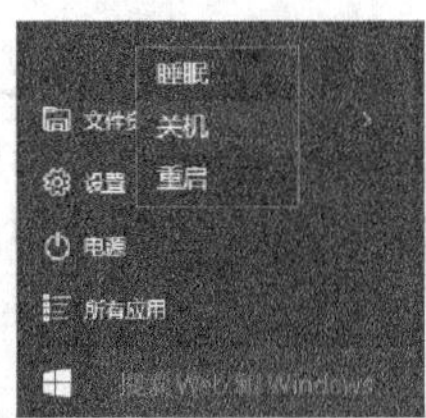

2.使用快捷键

在桌面环境中，按【Win+F4】组合键，打开【关闭Windows】对话框，其默认选项为【关机】，单击【确定】按钮，即可关闭计算机。

3.右键快捷菜单

右键单击【开始】按钮，或按【Win+X】组合键，在打开的菜单中单击【关机或注销】➤【关机】菜单命令，进行关机操作。

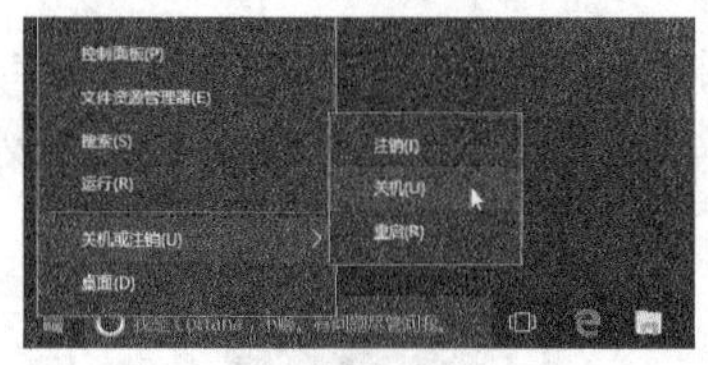

4. 使用【Ctrl+Alt+Del】组合键

按【Ctrl+Alt+Del】组合键，进入如下图界面，单击⏻按钮，在弹出的菜单中，单击【关机】菜单命令，即可关闭电脑。在电脑无反应的情况下，这种关机方法更为好用。

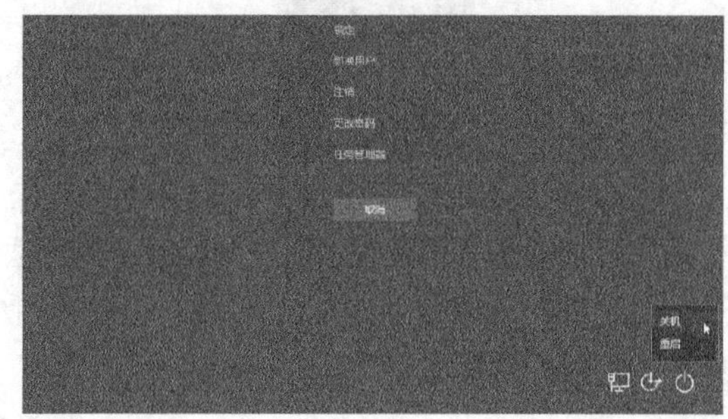

1.5 正确使用鼠标和键盘

本节教学录像时间：7 分钟

鼠标和键盘是操作电脑的重要工具，其正确的使用方法，可以提高用户办公工作的效率。

1.5.1 鼠标的正确"握"法

正确持握鼠标，有利于长时间的工作和学习，而不感觉到疲劳。正确的鼠标握法是：手腕自然放在桌面上，用右手大拇指和无名指轻轻夹住鼠标的两侧，食指和中指分别对准鼠标的左键和右键，手掌心不要紧贴在鼠标上，这样有利于鼠标的移动操作。正确的鼠标握法如下图所示。

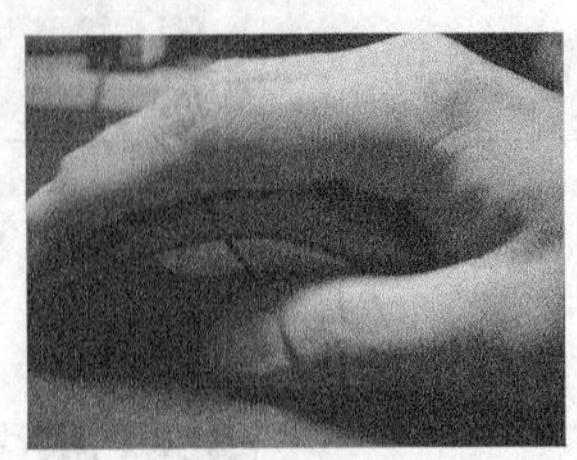

1.5.2 鼠标的基本操作

鼠标的基本操作包括指向、单击、双击、右击和拖动等。

(1) 指向：指移动鼠标，将鼠标指针移动到操作对象上。下图所示为指向【回收站】桌面图标。

(2) 单击：指快速按下并释放鼠标左键。单击一般用于选定一个操作对象。下图所示为单击【回收站】桌面图标。

(3) 双击：指连续两次快速按下并释放鼠标左键。双击一般用于打开窗口，或启动应用程序。下图所示为双击【回收站】桌面图标，打开【回收站】窗口。

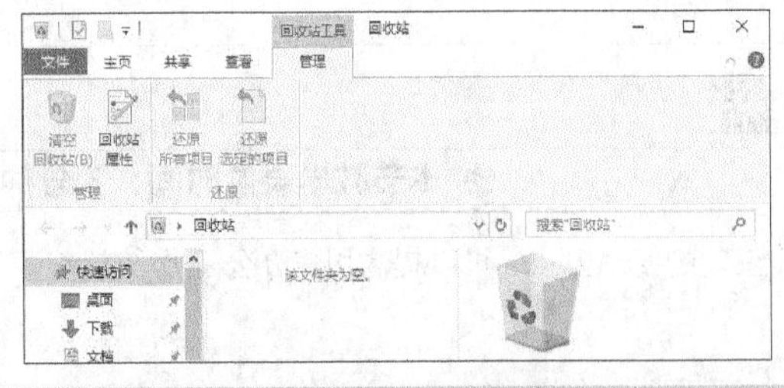

(4) 右击：指快速按下并释放鼠标右键。右击一般用于打开一个与操作相关的快捷菜单。下图所示为右击【回收站】桌面图标打开快捷菜单的操作。

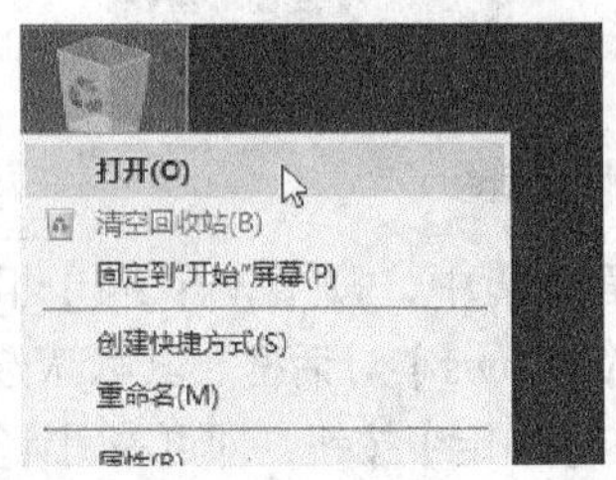

(5) 拖动：指按下鼠标左键、移动鼠标指针到指定位置、再释放按键的操作。拖动一般用于选择多个操作对象、复制或移动对象等。下图所示为拖动鼠标指针选择多个对象的操作。

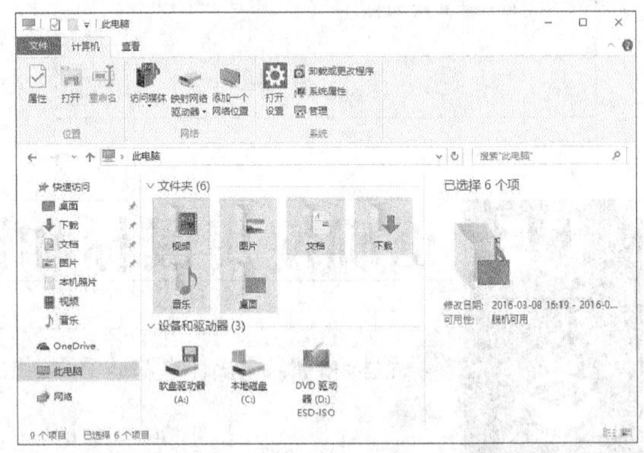

1.5.3 使用键盘时的手指分工

手指在键盘上的分布不是随意的，而是具有一定指法规则，具体体现在以下几个方面。

1.打字键区的字母顺序

键盘没有按照字母顺序分布排列，英文字母和符号是按照它们的使用频率来分布的。常用字母由于敲击次数多就会被安置在中间的位置，如F、G、H、J等；相对不常用的Z、Q则被安排在旁边的位置。

准备打字时，除拇指外的8个手指分别放在基本键上，拇指放在空格键上，十指分工，包键到指，分工明确。

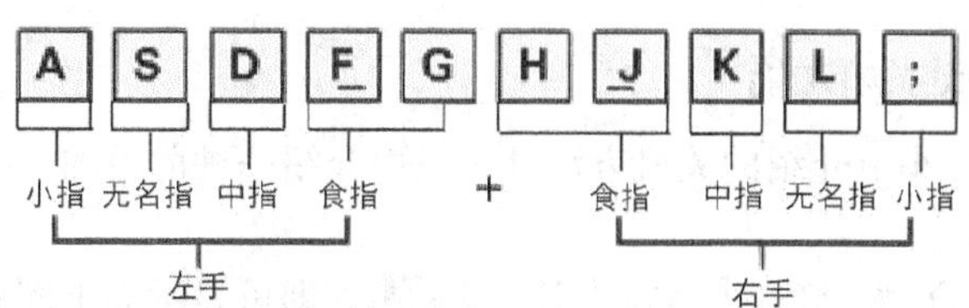

2.各指的负责区域

每个手指除了指定的基本键外，还分工有其他字键，称为它的范围键。开始录入时，左手小指、无名指、中指和食指应分别对应虚放在A、S、D、F键上，右手的食指、中指、无名指和小指分别虚放在J、K、L、；键上。两个大拇指则虚放在空格键上。基本键是录入时手指所处的基准位置，击打其他任何键，手指都是从这里出发，击打完之后需立即退回到基本键位。

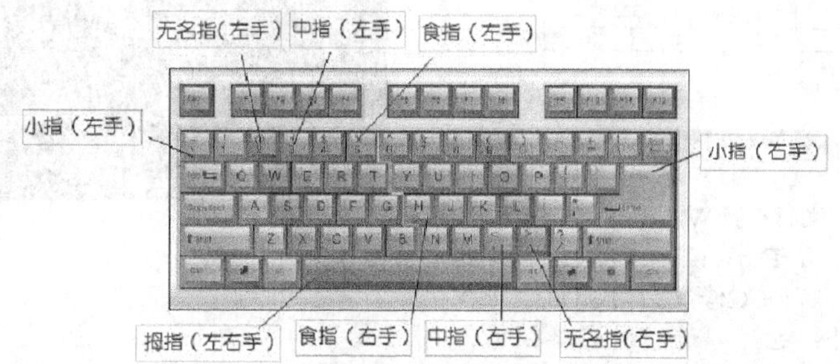

(1) 左手食指：负责4、5、R、T、F、G、V、B这8个键。

(2) 左手中指：负责3、E、D、C 4个键。

(3) 左手无名指：负责2、W、S、X 4个键。

(4) 左手小指：负责1、Q、A、Z 4个键及Tab、Caps Lock、Shift等键。

(5) 右手食指：负责6、7、Y、U、H、J、N、M这8个键。

(6) 右手中指：负责8、I、K、，4个键。

(7) 右手无名指：负责9、O、L、．4个键。

(8) 右手小指：负责O、P、；、／4个键，以及-、=、\、Back Space、[、]、Enter、Shift等键。

(9) 两手大拇指：专门负责空格键。

3.特殊字符的输入

键盘的打字键区上方以及右边有一些特殊的按键，在它们的标示中都有两个符号，位于上方的符号是无法直接打出的，它们就是上档键。只有同时按住【Shift】键与所需的符号键，才能打出这个符号。例如打感叹号【!】的指法是右手小指按住右边的【Shift】键，左手小指敲击【1】键。

小提示

按住【Shift】键的同时按字母键，可以切换英文的大小写输入。

高手支招

本节教学录像时间：3 分钟

使用Windows 10滑动关机功能

Windows 10除了1.4.2小节介绍的关机方法外，下面介绍一种前卫的关机方法，使用鼠标滑动关机，具体操作步骤如下。

步骤 01 按【Win+R】组合键，打开【运行】对话框，在文本框中输入“C:\Windows\System32\SlideToShutDown.exe”命令，单击【确定】按钮。

运行
Windows 将根据你所输入的名称，为你打开相应的程序、文件夹、文档或 Internet 资源。
打开(O): C:\Windows\System32\SlideToShutDown.exe
确定 取消 浏览(B)...

> **小提示**
>
> 输入的命令中，执行C盘Windows\System32文件夹下SlideToShutDown.exe应用，如果Windows 10不做C盘，则将C修改为对应的盘符即可，如D、E等。另外，也可以进入对应路径下，找到SlideToShutDown.exe应用，将其发送到桌面方便使用。

步骤 02 即可显示如下图界面，使用鼠标向下滑动则可关闭电脑，向上滑动则取消操作。如果使用电脑支持触屏操作，也可以手指向下滑动进行关机操作。

怎样用左手操作键盘

如果用户习惯用左手操作鼠标，就需要对系统进行简单地设置，以满足用户个性化的需求。设置的具体操作步骤如下。

步骤 01 在桌面的空白处单击鼠标右键，在弹出的快捷菜单中选择【个性化】菜单命令，在弹出的【设置】窗口左侧，单击【主题】➤【鼠标指针设置】超链接。

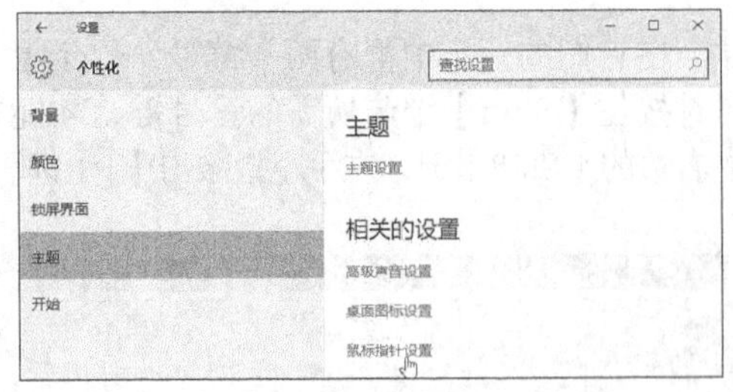

步骤 02 弹出【鼠标 属性】对话框，选择【鼠标键】选项卡，然后勾选【切换主要和次要的按钮】复选框，单击【确定】按钮即可完成设置。

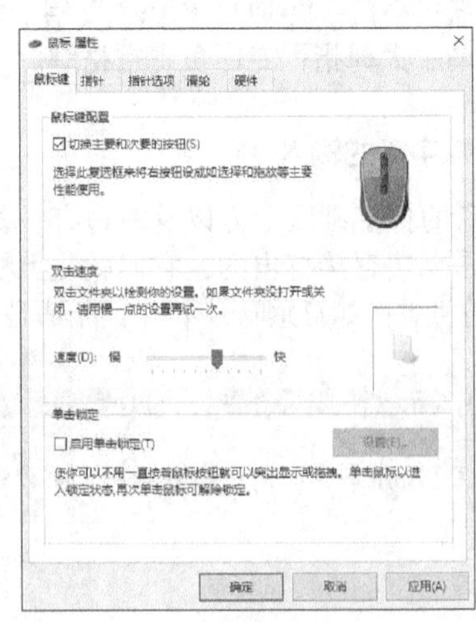

第2章

Windows 10的基本操作

学习目标

首次接触Windows 10的初学者，首先需要掌握系统的基本操作方法。本章将主要介绍Windows 10的基本操作方法，包括认识Windows 10桌面，掌握“开始”菜单和窗口的基本操作等。

学习效果

2.1 认识Windows 10桌面

本节教学录像时间：5 分钟

进入Windows 10操作系统后，用户首先看到的是桌面。桌面的组成元素主要包括桌面背景、桌面图标和任务栏等。

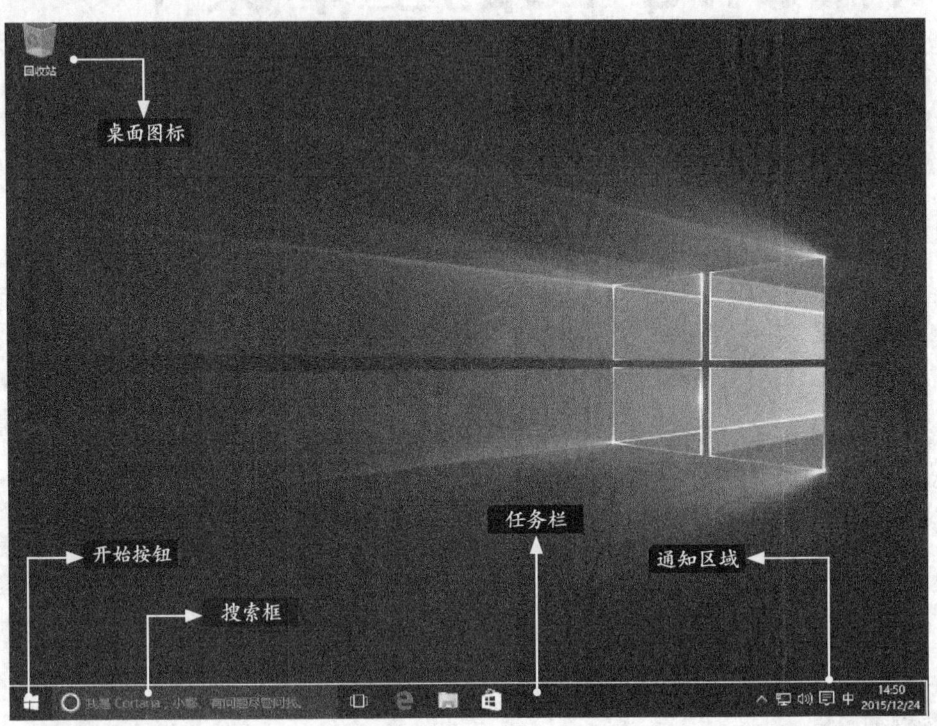

2.1.1 桌面背景

桌面背景可以是个人收集的数字图片、Windows 提供的图片、纯色或带有颜色框架的图片，也可以显示幻灯片图片。

Windows 10操作系统自带了很多漂亮的背景图片，用户可以从中选择自己喜欢的图片作为桌面背景。除此之外，用户还可以把自己收藏的精美图片设置为背景图片。

2.1.2 桌面图标

Windows 10操作系统中，所有的文件、文件夹和应用程序等都由相应的图标表示。桌面图标一般是由文字和图片组成，文字说明图标的名称或功能，图片是它的标识符。新安装的系统桌面中只有一个【回收站】图标。

用户双击桌面上的图标，可以快速地打开相应的文件、文件夹或者应用程序，如双击桌面上的【回收站】图标，即可打开【回收站】窗口。

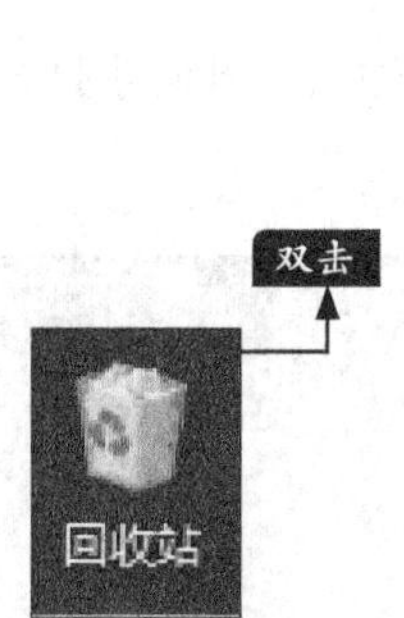

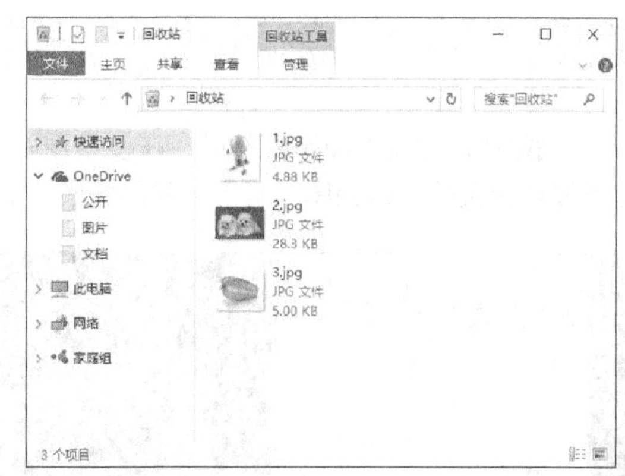

2.1.3 任务栏

【任务栏】是位于桌面的最底部的长条，显示系统正在运行的程序、当前时间等，主要由【开始】按钮、搜索框、任务视图、快速启动区、系统图标显示区和【显示桌面】按钮组成。和以前的操作系统相比，Windows 10中的任务栏设计得更加人性化、使用更加方便、功能和灵活性更强大。用户按【Alt +Tab】组合键可以在不同的窗口之间进行切换操作。

2.1.4 通知区域

默认情况下，通知区域位于任务栏的右侧。它包含一些程序图标，这些程序图标提供有关传入的电子邮件、更新、网络连接等事项的状态和通知。安装新程序时，可以将此程序的图标添加到通知区域。

新的电脑在通知区域已有一些图标，而且某些程序在安装过程中会自动将图标添加到通知区域。用户可以更改出现在通知区域中的图标和通知，对于某些特殊图标（称为“系统图标”），还可以选择是否显示它们。

用户可以通过将图标拖动到所需的位置来更改图标在通知区域中的顺序以及隐藏图标的顺序。

2.1.5 【开始】按钮

单击桌面左下角的【开始】按钮或按下Windows徽标键，即可打开“开始”菜单，左侧依次为用户账户头像、常用的应用程序列表及快捷选项，右侧为“开始”屏幕。

2.1.6 搜索框

Windows 10中，搜索框和Cortana高度集成，在搜索框中直接输入关键词或打开“开始”菜单输入关键词，即可搜索相关的桌面程序、网页、我的资料等。

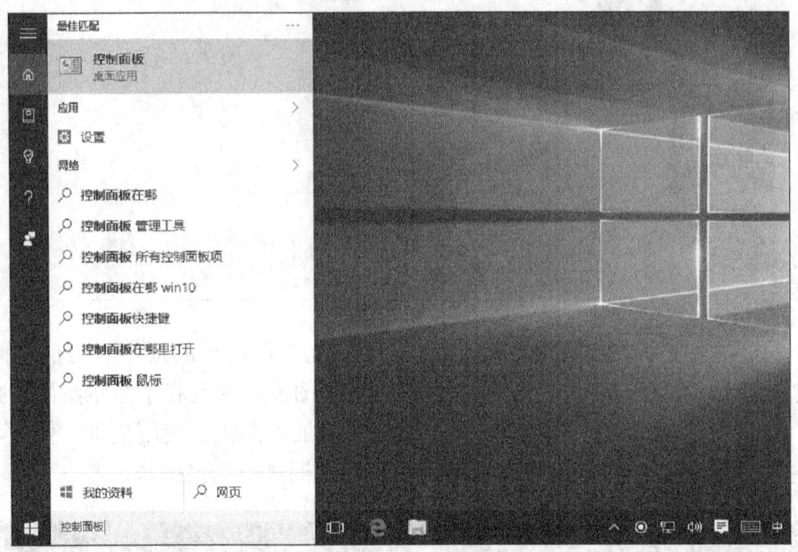

2.2 “开始”菜单的基本操作

本节教学录像时间：7 分钟

在Windows 10操作系统中，“开始”菜单重新回归，与Windows 7系统中的“开始”菜单相比，界面经过了全新的设计，右侧集成了Windows 8操作系统中的“开始”屏幕。本节将主要介绍“开始”菜单的基本操作。

2.2.1 在“开始”菜单中查找程序

打开“开始”菜单，即可看到最常用程序列表或所有应用选项。最常用程序列表主要罗列了最近使用最为频繁的应用程序，可以查看最常用的程序。单击应用程序选项后面的■按钮，即可打开跳转列表。

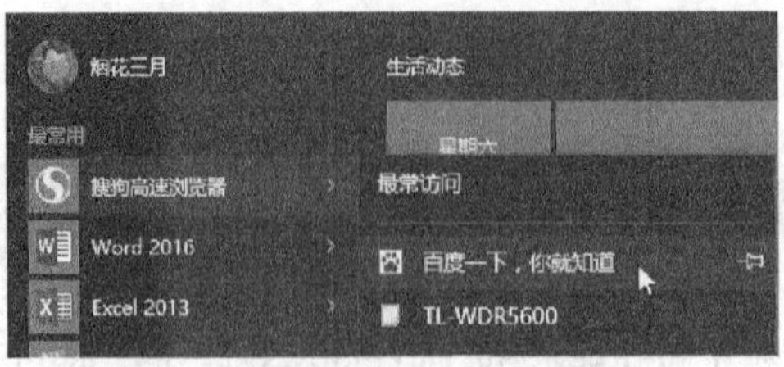

单击【所有应用】选项，即可显示系统中安装的所有程序，并以数字和首字母升序排列，单击排列的首字母，可以显示排序索引，通过索引开始快速查找应用程序。

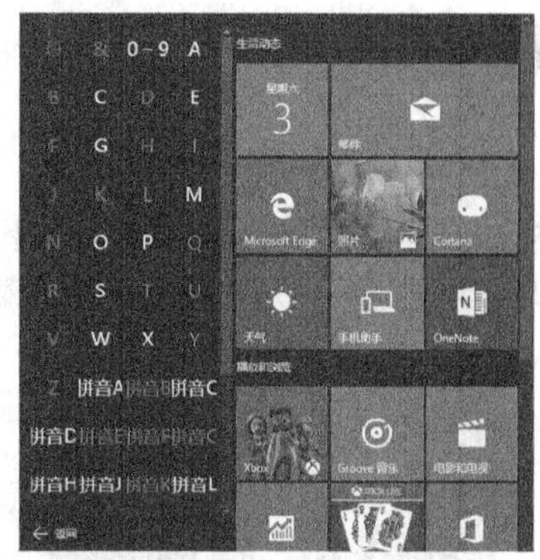

另外，也可以在“开始”菜单下的搜索框中，输入应用程序关键词，快速查找应用程序。

2.2.2 将应用程序固定到“开始”屏幕

系统默认下，“开始”屏幕主要包含了生活动态及播发和浏览的主要应用，用户可以根据需要添加到“开始”屏幕上。

打开“开始”菜单，在最常用程序列表或所有应用列表中，选择要固定到“开始”屏幕的程序，单击鼠标右键，在弹出的菜单中选择【固定到“开始”屏幕】命令，即可固定到“开始”屏幕中。如果要从“开始”屏幕取消固定，右键单击“开始”屏幕中的程序，在弹出的菜单中选择【从“开始”屏幕取消固定】命令即可。

2.2.3 将应用程序固定到任务栏

用户除了可以将程序固定到“开始”屏幕外，还可以将程序固定到任务栏中的快速启动区域，使用程序时，可以快速启动。

步骤01 单击【开始】按钮，选择要添加到任务栏的程序，单击鼠标右键，在弹出的快捷菜单中，选择【固定到任务栏】命令，即可将其固定到任务栏中。

步骤02 对于不常用的程序图标，用户也可以将其从任务栏中删除。右键单击需要删除的程序图标，在弹出的快捷菜单中选择【从任务栏取消固定此程序】命令即可。

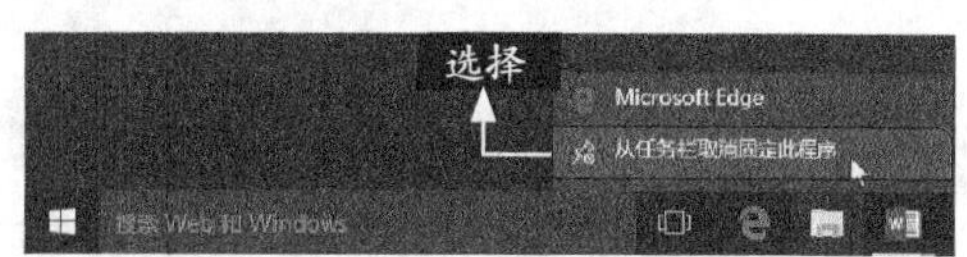

小提示

用户可以通过拖曳鼠标，调整任务栏中程序图标的顺序。

2.2.4 动态磁贴的使用

动态磁贴（Live Tile）是“开始”屏幕界面中的图形方块，也叫“磁贴”，通过它可以快速打开应用程序。磁贴中的信息是根据时间或发展活动的，如左下图即为“开始”屏幕中的日历程序，开启了动态磁贴，右下图则未开启动态磁贴，对比发现，动态磁贴显示了当前的日期和星期。

1.调整磁贴大小

在磁贴上单击鼠标右键，在弹出的快捷菜单中选择【调整大小】命令，在弹出的子菜单中有4种显示方式，包括小、中、宽和大，选择对应的命令，即可调整磁贴大小。

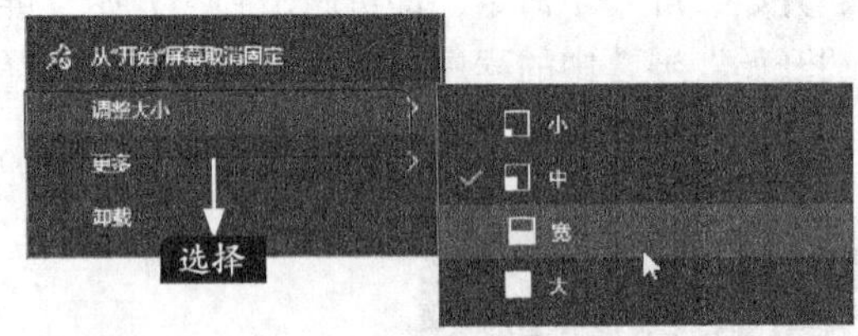

2.打开/关闭磁贴

在磁贴上单击鼠标右键，在弹出的快捷菜单中选择【关闭动态磁贴】或【打开动态磁贴】命令，即可关闭或打开磁贴的动态显示。

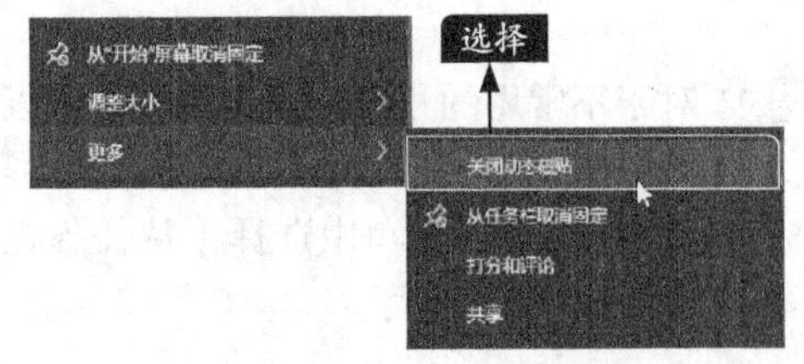

3.调整磁贴位置

选择要调整位置的磁贴，单击鼠标左键不放，拖曳至任意位置或分组，松开鼠标即可完成位置调整。

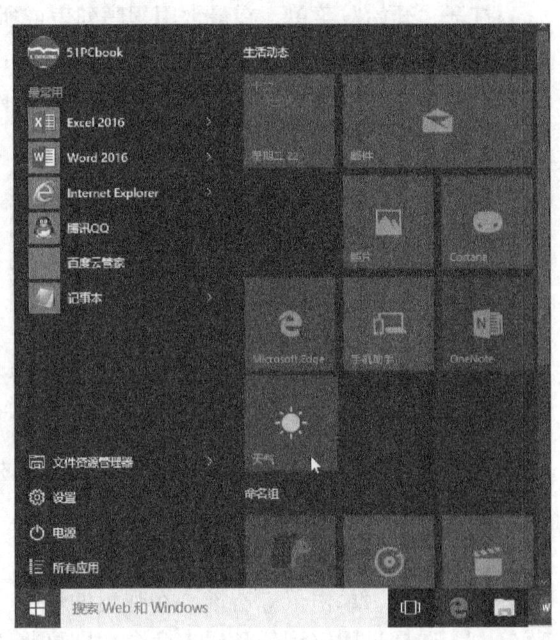

2.2.5 调整“开始”屏幕大小

在Windows 8系统中，“开始”屏幕是全屏显示的，而在Windows 10中，其大小并不是一成不变的，用户可以根据需要调整大小，也可以将其设置为全屏幕显示。

调整“开始”屏幕大小，是极为方便的，用户只要将鼠标放在“开始”屏幕边栏右侧，待鼠标光标变为⇔，可以横向调整其大小，如下图所示。

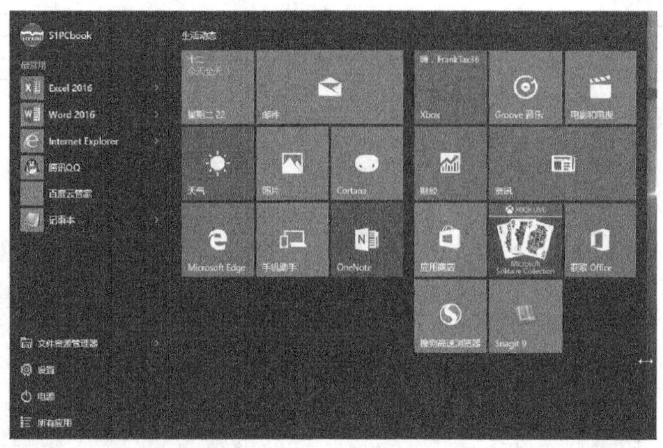

如果要全屏幕显示“开始”屏幕，按【Win+I】组合键，打开【设置】对话框，单击【个性化】➤【开始】选项，将【使用全屏幕“开始”菜单】设置为“开”即可。

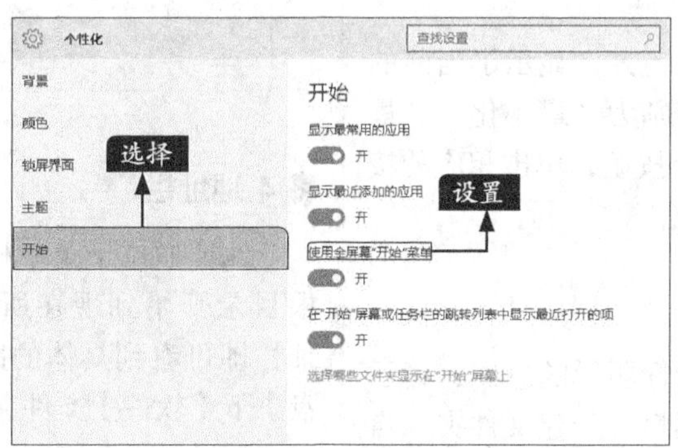

2.3 窗口的基本操作

本节教学录像时间：13 分钟

在Windows 10中，窗口是用户界面中最重要的组成部分，窗口的操作是最基本的操作。

2.3.1 窗口的组成元素

窗口是屏幕上与一个应用程序相对应的矩形区域，是用户与产生该窗口的应用程序之间的可视界面。当用户开始运行一个应用程序时，应用程序就创建并显示一个窗口；当用户操作窗口中的对象时，程序会做出相应的反应。用户通过关闭一个窗口来终止一个程序的运行，通过选择相应的应用程序窗口来选择相应的应用程序。

下图所示是【此电脑】窗口，由标题栏、地址栏、工具栏、导航窗口、内容窗格、搜索框和视图按钮等部分组成。

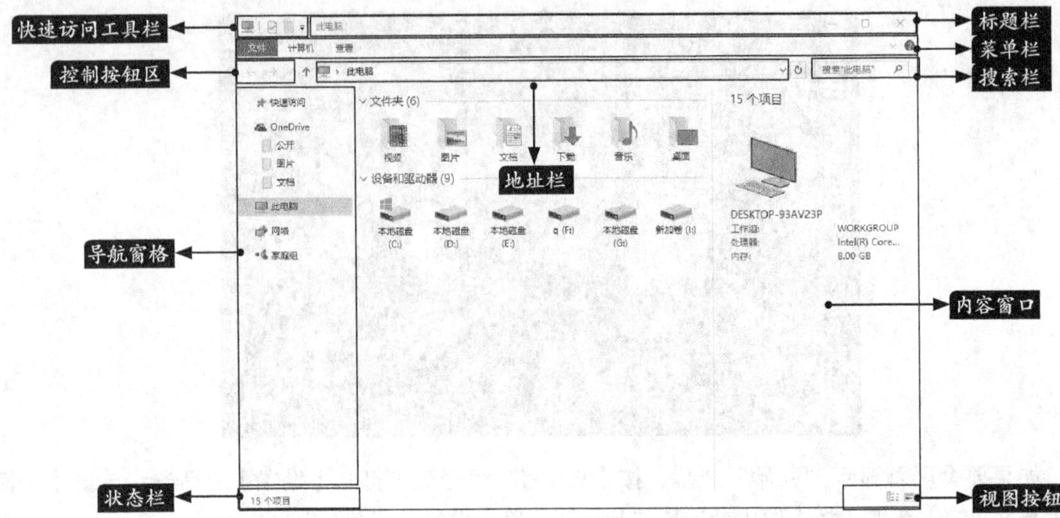

1.标题栏

标题栏位于窗口的最上方，显示了当前的目录位置。标题栏右侧分别为“最小化”“最大化/还原”“关闭”三个按钮，单击相应的按钮可以执行相应的窗口操作。

2.快速访问工具栏

快速访问工具栏位于标题栏的左侧，显示了当前窗口图标、查看属性、新建文件夹、自定义快速访问工具栏的按钮。

单击【自定义快速访问工具栏】按钮，弹出下拉列表，用户可以单击勾选列表中功能选项，将其添加到快速访问工具栏中。

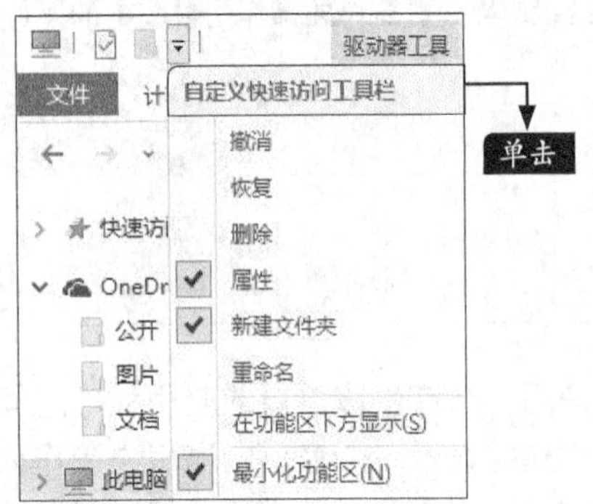

3.菜单栏

菜单栏位于标题栏下方，包含了当前窗口或窗口内容的一些常用操作菜单。在菜单栏的右侧为“展开功能区/最小化功能区”和“帮助”按钮。

4.地址栏

地址栏位于菜单栏的下方，主要反映了从根目录开始到现在所在目录的路径，单击地址栏即可看到具体的路径，如下图即表示【D盘】下【软件】文件夹目录。

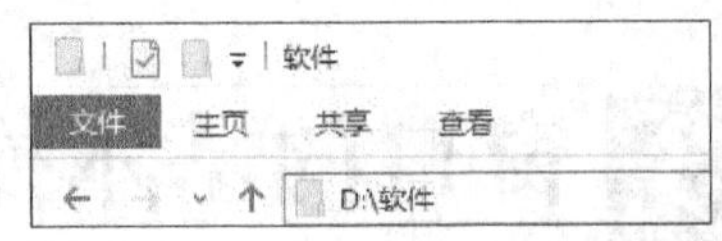

在地址栏中直接输入路径地址，单击【转到】按钮→或按【Enter】键，可以快速到达要访问的位置。

5.控制按钮区

控制按钮区位于地址栏的左侧，主要用于返回、前进、上移到前一个目录位置。单击按钮，打开下拉菜单，可以查看最近访问的位置信息，单击下拉菜单中的位置信息，可以快速进入该位置目录。

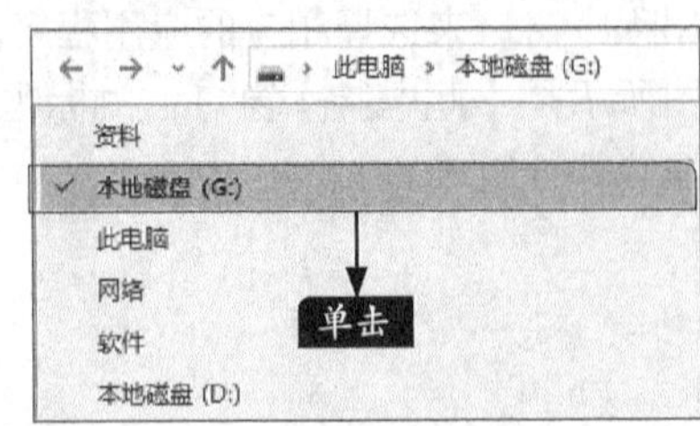

6.搜索框

搜索框位于地址栏的右侧，通过在搜索框中输入要查看信息的关键字，可以快速查找当前目录中相关的文件、文件夹。

7.导航窗格

导航窗格位于控制按钮区下方，显示了电脑中包含的具体位置，如快速访问、OneDrive、此电脑、网络等，用户可以通过左侧的导航窗格，快速访问相应的目录。另外，用户也可以通过导航窗格中的【展开】按钮⌄和【收缩】按钮>，显示或隐藏详细的子目录。

8.内容窗口

内容窗口位于导航窗格右侧，是显示当前目录的内容区域，也叫工作区域。

9.状态栏

状态栏位于导航窗格下方，会显示当前目录文件中的项目数量，也会根据用户选择的内容，显示所选文件或文件夹的数量、容量等属性信息。

10.视图按钮

视图按钮位于状态栏右侧，包含了【在窗口中显示每一项的相关信息】和【使用大缩略图显示项】两个按钮，用户可以通过单击选择视图方式。

2.3.2 打开和关闭窗口

打开和关闭窗口是最基本的操作，本节主要介绍其操作方法。

1.打开窗口

在Windows 10中，双击应用程序图标，即可打开窗口。在【开始】菜单列表、桌面快捷方式、快速启动工具栏中都可以打开程序的窗口。

另外，也可以在程序图标中右键单击鼠标，在弹出的快捷菜单中，选择【打开】命令，也可打开窗口。

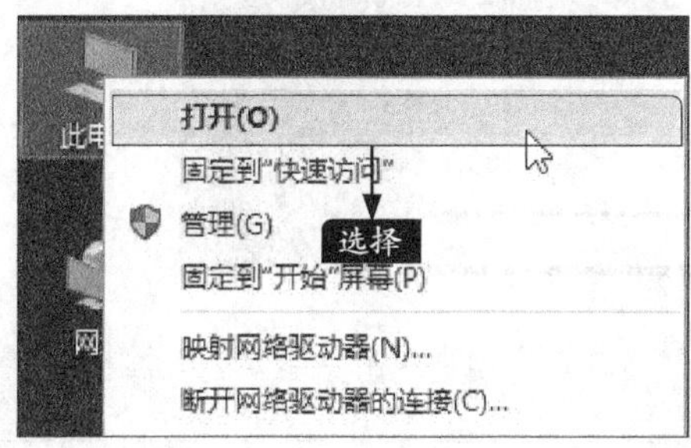

2.关闭窗口

窗口使用完后，用户可以将其关闭。常见的关闭窗口的方法有以下几种。

(1) 使用关闭按钮

单击窗口右上角的【关闭】按钮，即可关闭当前窗口。

(2) 使用快速访问工具栏

单击快速访问工具栏最左侧的窗口图标，在弹出的快捷菜单中单击【关闭】按钮，即可关闭当前窗口。

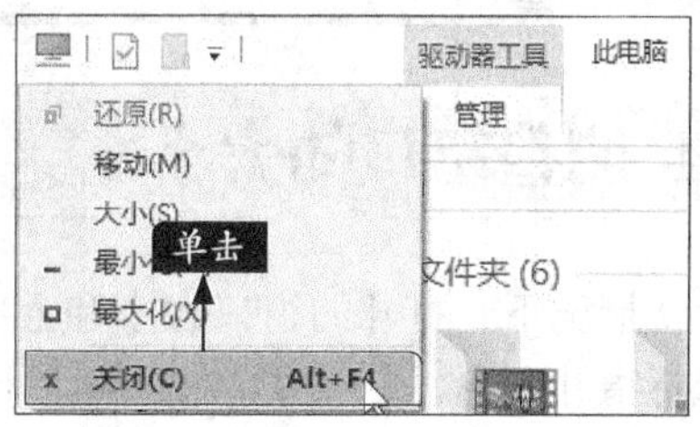

(3) 使用标题栏

在标题栏上单击鼠标右键，在弹出的快捷菜单中选择【关闭】菜单命令即可。

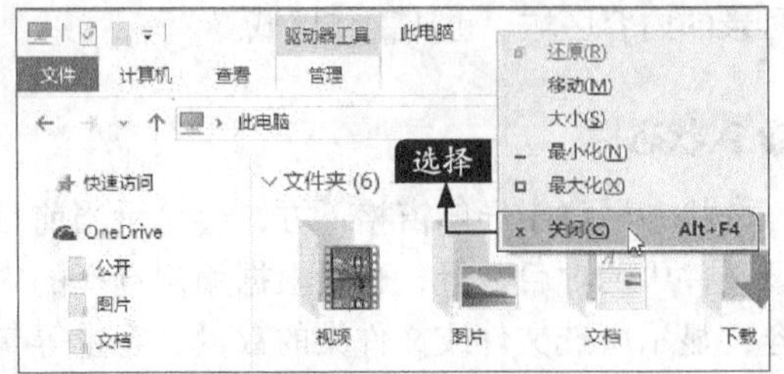

⑷ 使用任务栏

在任务栏上选择需要关闭的程序，单击鼠标右键并在弹出的快捷菜单中选择【关闭所有窗口】菜单命令。

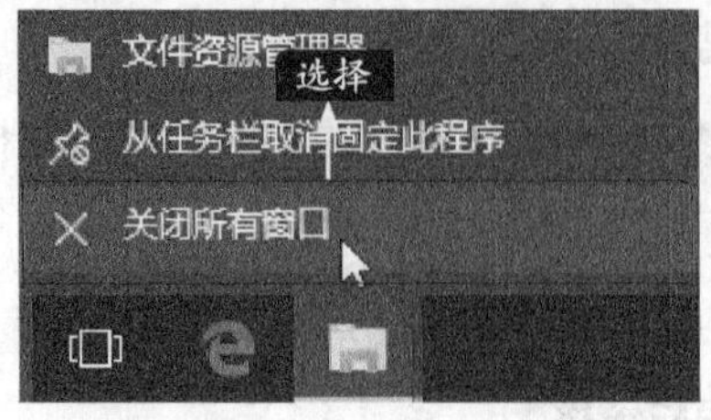

⑸ 使用快捷键

在当前窗口上按【Alt+F4】组合键，即可关闭窗口。

2.3.3 移动窗口的位置

当窗口没有处于最大化或最小化状态时，将鼠标指针放在需要移动位置的窗口的标题栏上，鼠标指针此时是↖形状。按住鼠标左键不放，拖曳标题栏到需要移动到的位置，松开鼠标，即可完成窗口位置的移动。

2.3.4 调整窗口的大小

默认情况下，打开的窗口大小和上次关闭时的大小一样。用户将鼠标指针移动到窗口的边缘，鼠标指针变为↕或⇔形状时，可上下或左右移动边框以纵向或横向改变窗口大小。指针移动到窗口的四个角时，鼠标指针变为↘或↗形状时，拖曳鼠标，可沿水平或垂直两个方向等比例放大或缩小窗口。

另外，单击窗口右上角的最小化按钮 ，可使当前窗口最小化；单击最大化按钮 ，可以使当前窗口最大化；在窗口最大化时，单击【向下还原】按钮 ，可还原到窗口最大化之前的大小。

小提示

在当前窗口中，双击窗口，可使当前窗口最大化，再次双击窗口，可以向下还原窗口。

2.3.5 切换当前窗口

如果同时打开了多个窗口，用户有时会需要在各个窗口之间进行切换操作。

1.使用鼠标切换

如果打开的多个窗口，使用鼠标在需要切换的窗口中任意位置单击，该窗口即可出现在所有窗口最前面。

另外，将鼠标指针停留在任务栏左侧的某个程序图标上，该程序图标上方会显示该程序的预览小窗口，在预览小窗口中移动鼠标指针，桌面上也会同时显示该程序中的某个窗口。如果是需要切换的窗口，单击该窗口即可在桌面上显示。

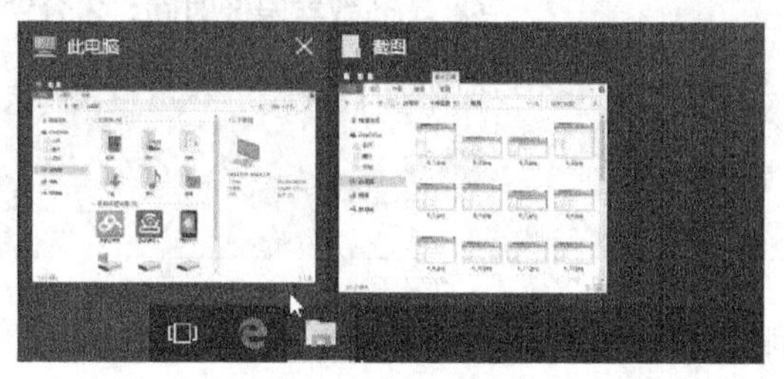

2.【Alt+Tab】组合键

在Windows 10系统中，按键盘上主键盘区中的【Alt+Tab】组合键切换窗口时，桌面中间会出现当前打开的各程序预览小窗口。按住【Alt】键不放，每按一次【Tab】键，就会切换一次，直至切换到需要打开的窗口。

3.【Win+Tab】组合键

在Windows 10系统中，按键盘上主键盘区中的【Win+Tab】组合键或单击【任务视图】按钮 ，即可显示当前桌面环境中的所有窗口缩略图，在需要切换的窗口上单击鼠标，即可快速切换。

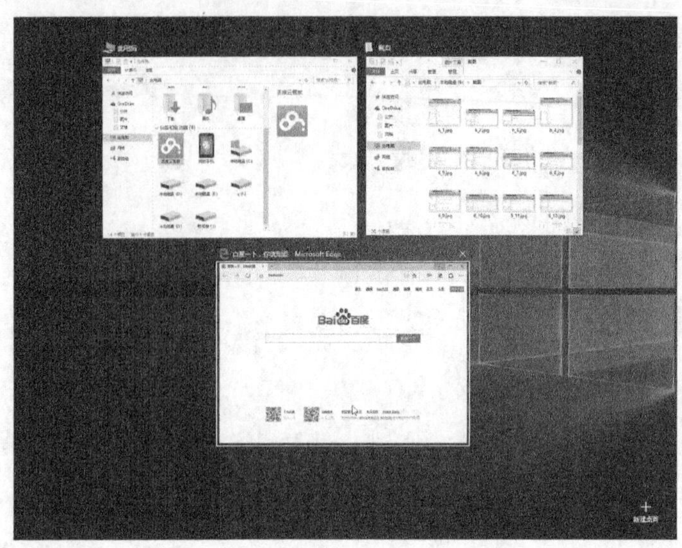

2.3.6 窗口贴边显示

在Windows 10系统中，如果需要同时处理两个窗口时，可以按住一个窗口的标题栏，拖曳至屏幕左右边缘或角落位置，窗口会出现气泡，此时松开鼠标，窗口即会贴边显示。

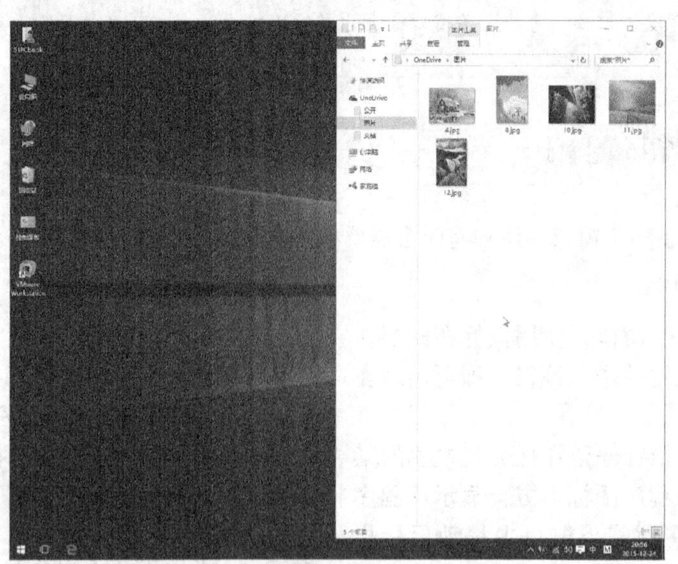

2.4 像平板电脑一样使用你的PC——平板模式

本节教学录像时间：2 分钟

Windows 10新增了一种使用模式——平板模式，它可以使你的计算机像平板电脑那样使用，开启平板模式的操作如下。

步骤 01 单击桌面右下角通知区域中的【通知】图标，在弹出的窗口中单击【平板模式】图标。

02 返回桌面，即可看到系统桌面变为平板模式，可拖曳鼠标进行体验。如果电脑支持触屏操作，则体验效果更佳。如要退出平板模式，则再次单击【平板模式】图标即可。

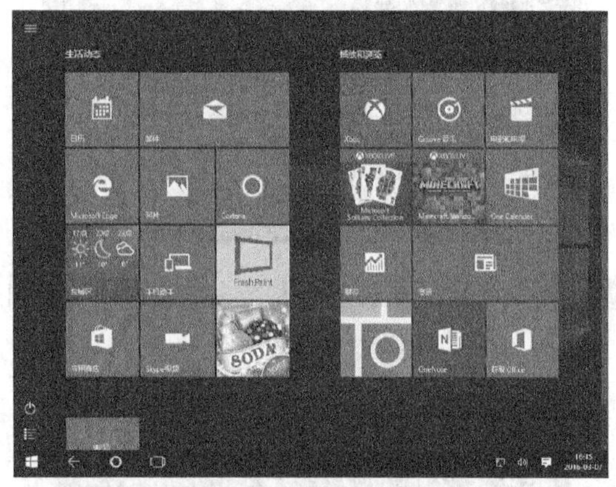

2.5 综合实战——管理“开始”屏幕的分类

本节教学录像时间：4 分钟

用户可以根据所需形式，自定义“开始”屏幕，如将最常用的应用、网站、文件夹等固定到“开始”屏幕上，并对其进行合理的分类，以便可以快速访问，也可以使其更加美观。

步骤 01 单击【开始】按钮，在打开的“开始”屏幕中，选择要移除的磁贴，单击鼠标右键，在弹出的快捷菜单中选择【从“开始”屏幕取消固定】命令，进行移除该磁贴。

步骤 02 使用该办法，将“开始”屏幕中所有不需要的磁贴移除，如下图所示。

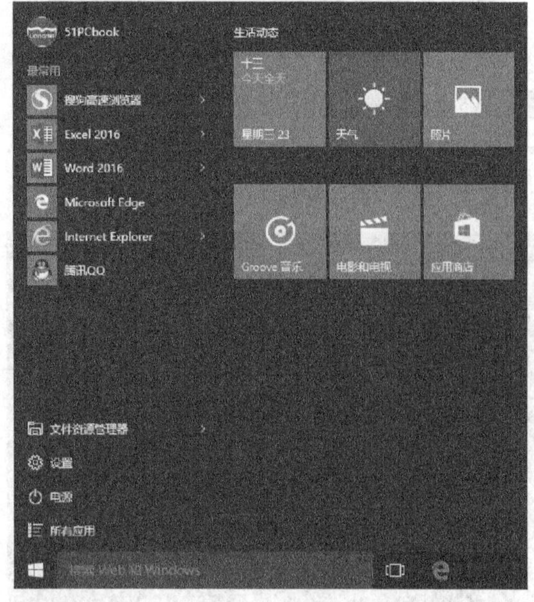

步骤 03 单击【所有应用】选项，在弹出的所有应用列表中，选择要固定到“开始”屏幕的程序，并单击鼠标右键，在弹出的快捷菜单中，单击【固定到“开始”屏幕】命令即可。

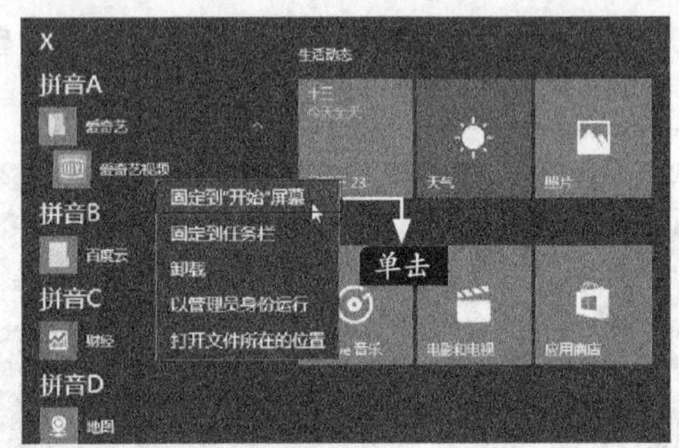

步骤 04 使用该方法，将最常用的程序固定到“开始”屏幕上，如下图所示。

步骤 05 程序添加到“开始”屏幕后，即可对其进行归类分组。选择一个磁贴向下空白处拖曳，即可独立为一个组。

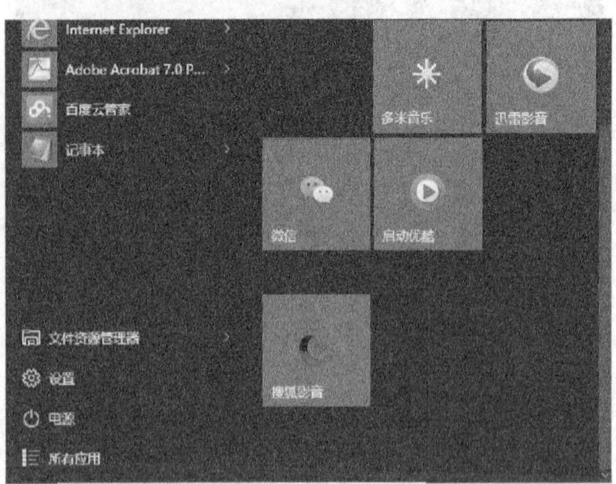

步骤 06 将鼠标移至该磁贴上方空白处，则显示“命名组”字样，单击鼠标，即可显示文本框，可以在框中输入名称，如输入“音乐视频”，按【Enter】键即可完成命名。

步骤 07 此时可以拖曳相关的磁贴到该组中，如下图所示。

步骤 08 用户可以根据需要，设置磁贴的排列顺序和大小。

步骤 09 使用同样办法，对其他磁贴进行分类，如下图所示。

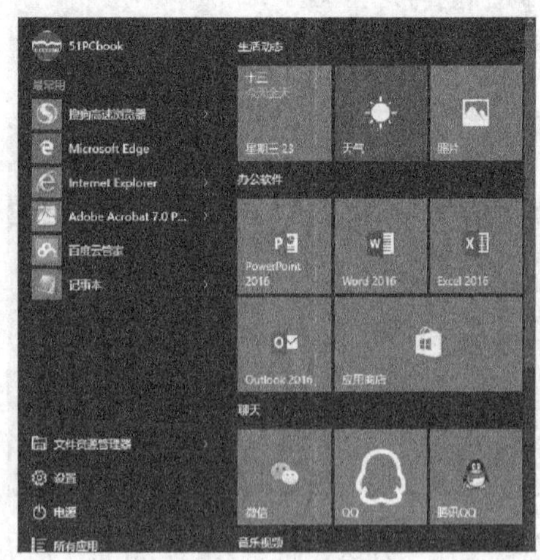

步骤 10 用户也可以根据使用情况，拖曳分类的组，进行排序，如下图所示。

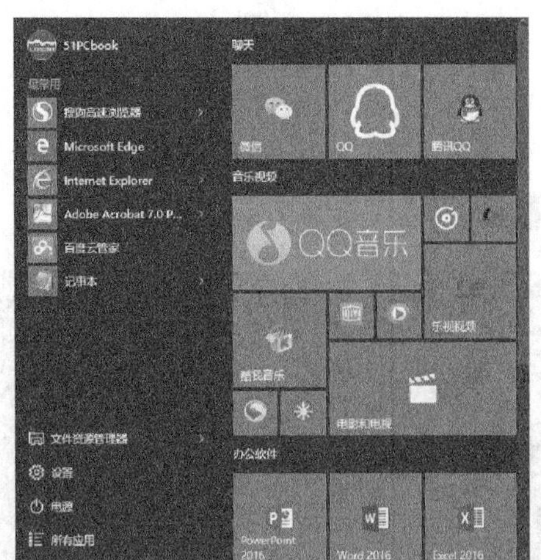

当然，如果磁贴过多，也可以调大“开始”屏幕，本节仅是给读者提供一种思路和方法，读者也可以自行尝试操作，随意调节磁贴位置，摆放一个喜欢的形状、分组等。

高手支招

本节教学录像时间：2 分钟

快速锁定Windows桌面

在离开电脑时，我们可以将电脑锁屏，可以有效地保护桌面隐私。主要的有两种快速锁屏的方法。

(1) 使用菜单命令

按【Windows】键，弹出开始菜单，单击账户头像，在弹出的快捷菜单中单击【锁定】命令，即可进入锁屏界面。

(2) 使用快捷键

按【Windows+L】组合键，可以快速锁定Windows系统，进入锁屏界面。

隐藏搜索框

Windows 10操作系统任务栏默认显示搜索框，用户可以根据需要隐藏搜索框，具体操作步骤如下。

步骤 01 在任务栏上单击鼠标右键，在弹出的快捷菜单中选择【搜索】➤【隐藏】菜单命令。

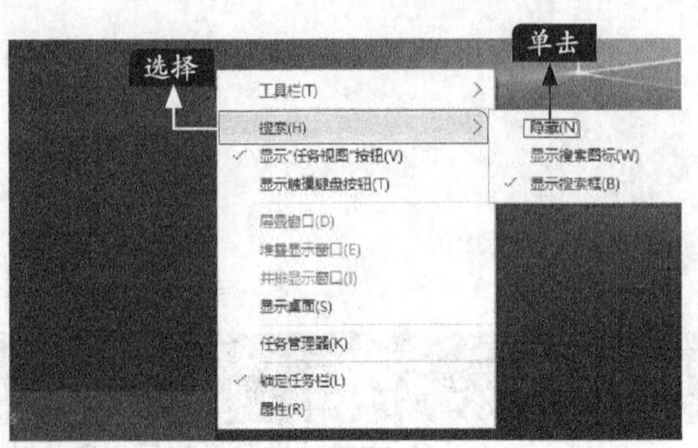

步骤 02 即可隐藏搜索框，如下图所示。

第3章

打造个性化的办公环境

学习目标

与之前的Windows系统版本相比，Windows 10进行了重大的变革，不仅延续了Windows家族的传统，而且带来了更多新的体验。用户在使用过程中，可以根据使用习惯，打造自己喜欢的办公环境。

3.1 图标的设置

本节教学录像时间：10 分钟

在Windows 10操作系统中，所有的文件、文件夹以及应用程序都有形象化的图标表示。在桌面上的图标被称为桌面图标，双击桌面图标可以快速打开相应的文件、文件夹或应用程序。本节将介绍桌面图标的基本操作。

3.1.1 找回传统桌面的系统图标

刚装好Windows 10操作系统时，桌面上只有【回收站】一个图标，用户可以添加【此电脑】、【用户的文件】、【控制面板】和【网络】图标，具体操作步骤如下。

步骤01 在桌面上空白处右击，在弹出的快捷菜单中选择【个性化】菜单命令。

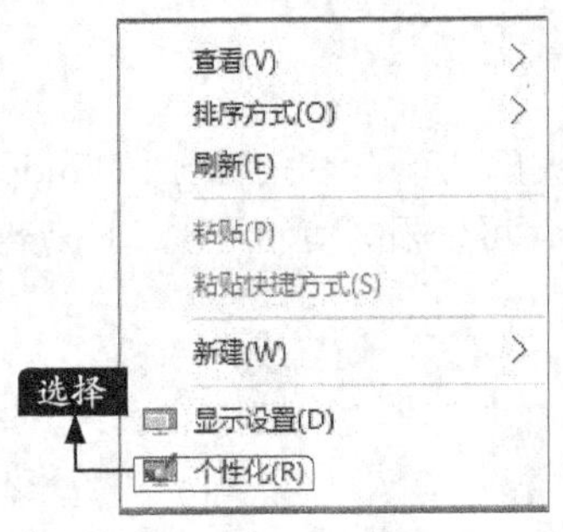

步骤02 在弹出【设置】窗口中，单击【主题】➤【桌面图标设置】选项。

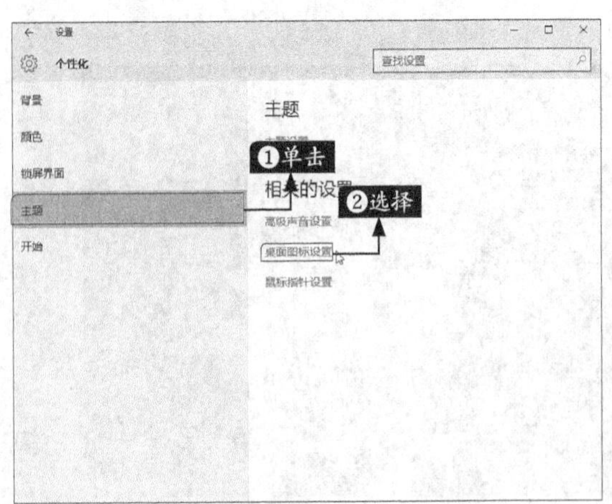

步骤03 弹出【桌面图标设置】窗口，在【桌面图标】选项组中选中要显示的【桌面图标】复选框，单击【确定】按钮。

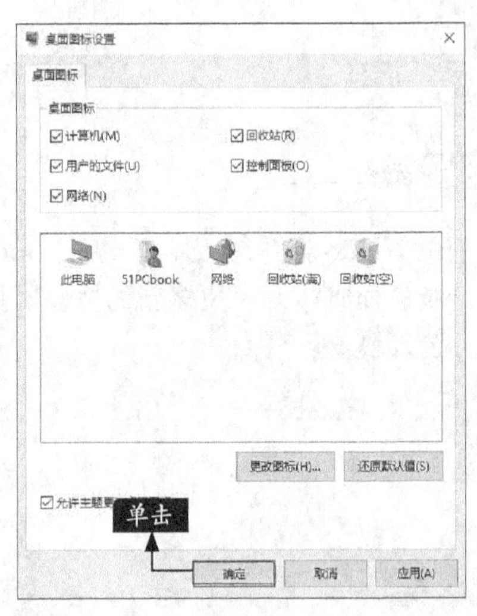

步骤04 选择相应的图标即可在桌面上添加该图标。

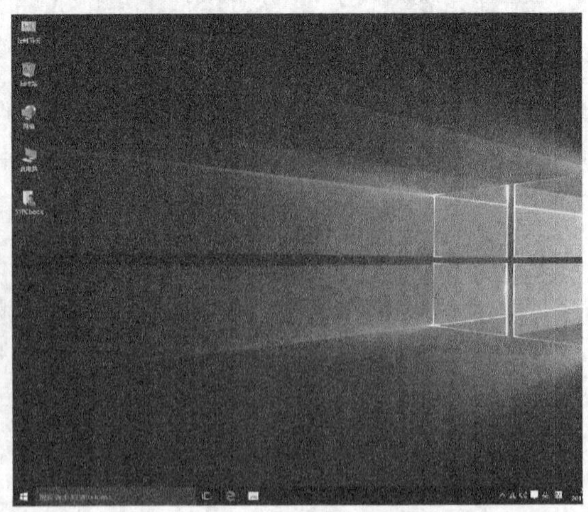

3.1.2 添加桌面图标

为了方便使用，用户可以将文件、文件夹和应用程序的图标添加到桌面上。

1. 添加文件或文件夹图标

添加文件或文件夹图标的具体操作步骤如下。

步骤01 右键单击需要添加的文件或文件夹，在弹出的快捷菜单中选择【发送到】➤【桌面快捷方式】菜单命令。

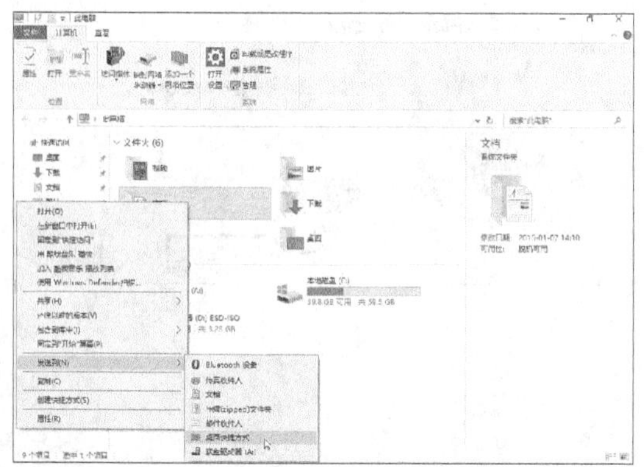

步骤02 此文件或文件夹图标就添加到桌面。

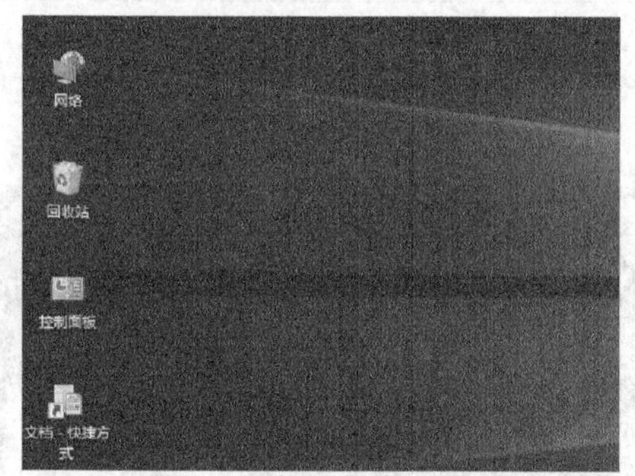

2. 添加应用程序桌面图标

用户也可以将程序的快捷方式放置在桌面上，下面以添加【记事本】为例进行讲解，具体操作步骤如下。

步骤01 单击【开始】按钮，在弹出的开始菜单中选择【所有应用】➤【Windows附件】➤【记事本】菜单命令，在程序列表中的【记事本】选项上右击，在弹出的快捷菜单中选择【更多】➤【打开文件所在的位置】菜单命令。

步骤02 弹出【Windows附件】窗口，右键单击【记事本】图标，在弹出的快捷菜单中选择【发送到】➤【桌面快捷方式】菜单命令，即可将其添加到桌面。

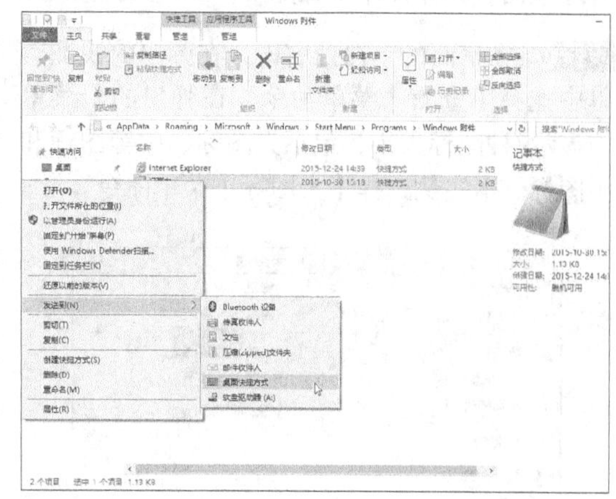

3.1.3 删除桌面图标

对于不常用的桌面图标，用户可以将其删除，这样有利于管理，同时使桌面看起来更简洁美观。

1. 使用【删除】命令

在桌面上选择要删除的桌面图标，右键单击并在弹出的快捷菜单中选择【删除】菜单命令，即可将其删除。

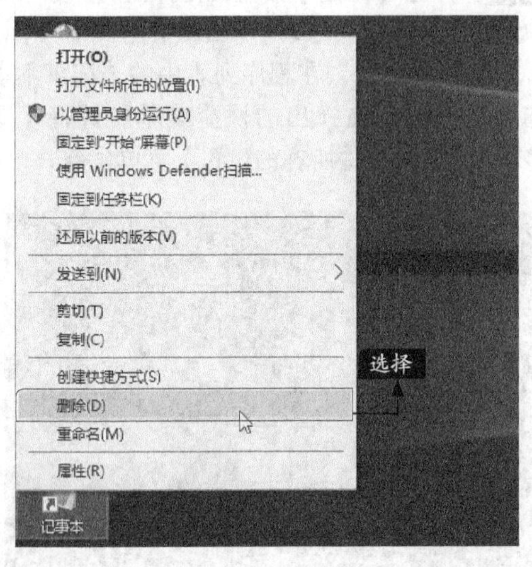

2. 利用快捷键删除

选择需要删除的桌面图标，按下【Delete】键，即可快速将图标删除。

如果想彻底删除桌面图标，按下【Delete】键的同时按下【Shift】键，此时会弹出【删除快捷方式】对话框，提示“您确定要永久删除此快捷方式吗？”，单击【是】按钮即可。

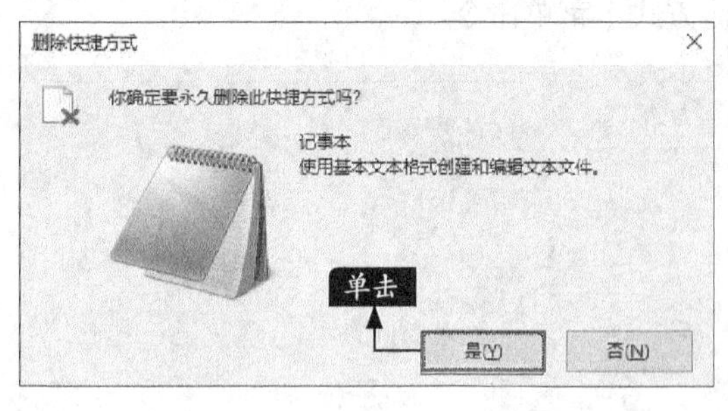

3.1.4 设置桌面图标的大小和排列方式

如果桌面上的图标比较多，会显得很乱，这时可以通过设置桌面图标的大小和排列方式等来整理桌面。具体操作步骤如下。

步骤 01 在桌面的空白处右击，在弹出的快捷菜单中选择【查看】菜单命令，在弹出的子菜单中显示3种图标大小，包括大图标、中等图标和小图标。本实例选择【大图标】菜单命令。

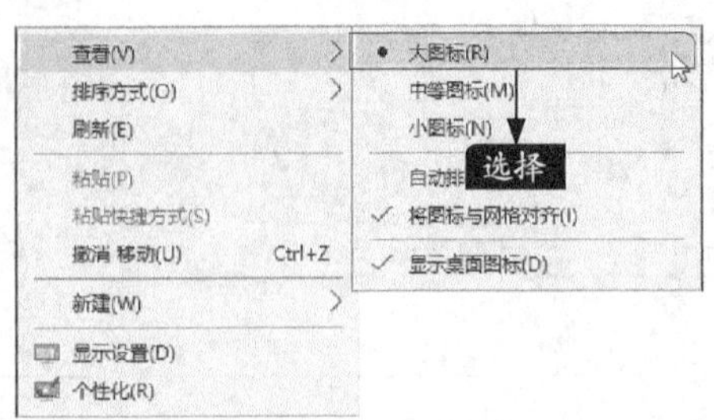

步骤 02 返回到桌面，此时桌面图标已经以大图标的方式显示。

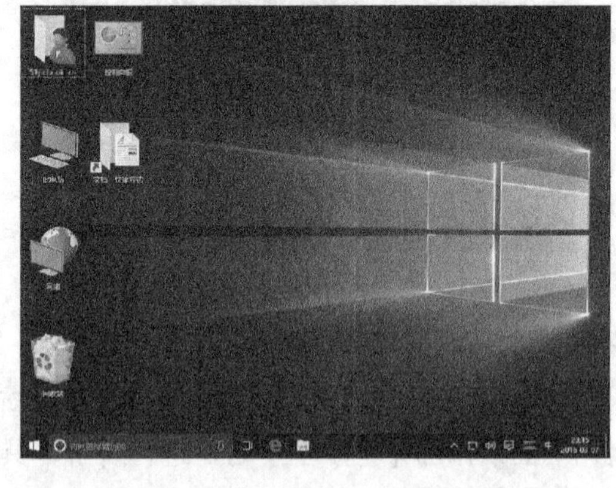

小提示

单击桌面任意位置，按【Ctrl】键不放，向上滚动鼠标滑轮，则缩小图标；向下滚动鼠标滑轮，则放大图标。

步骤 03 在桌面的空白处右击，然后在弹出的快捷菜单中选择【排序方式】菜单命令，在弹出的子菜单中有4种排列方式，分别为名称、大小、项目类型和修改日期，本实例选择【名称】菜单命令。

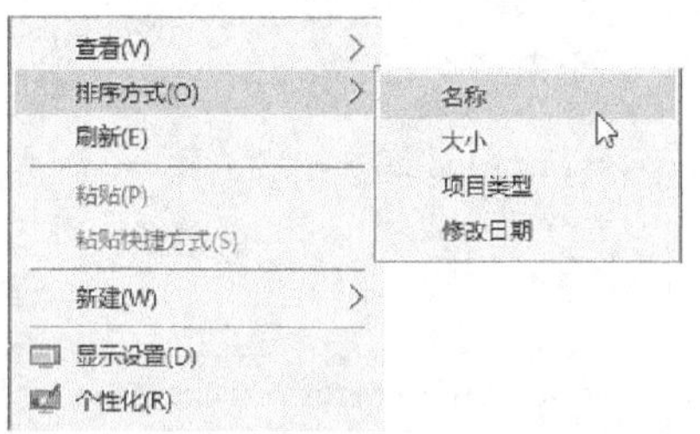

步骤04 返回到桌面，图标的排列方式将按名称进行排列，如下图所示。

3.1.5 更改图标显示样式

除了使用系统默认的桌面图标外，用户还可以更改桌面图标样式，以达到更好的视觉效果。

1.更改系统图标显示样式

系统图标主要指此电脑、网络、回收站等桌面图标，更改其显示样式的具体步骤如下。

步骤01 利用3.1.1小节打开【桌面图标设置】窗口，选择要更改的桌面图标，并单击【更改图标】按钮。

步骤02 弹出【更改图标】对话框，从【从以下列表中选择一个图标】列表框中选择一个自己喜欢的图标，然后单击【确定】按钮。

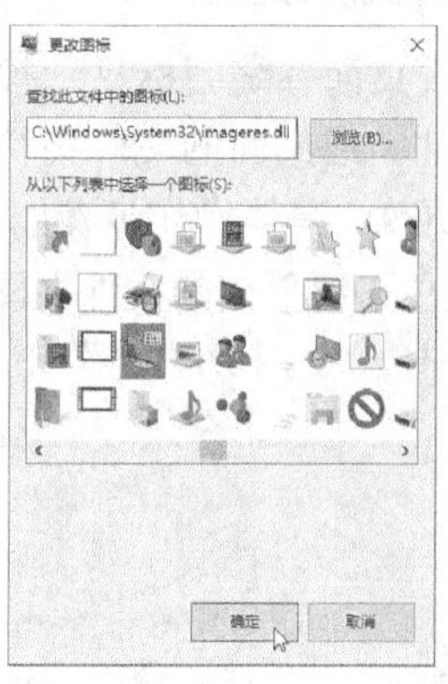

步骤03 返回到【桌面图标设置】对话框，可以看出【此电脑】的图标已经更改，单击【确定】按钮。

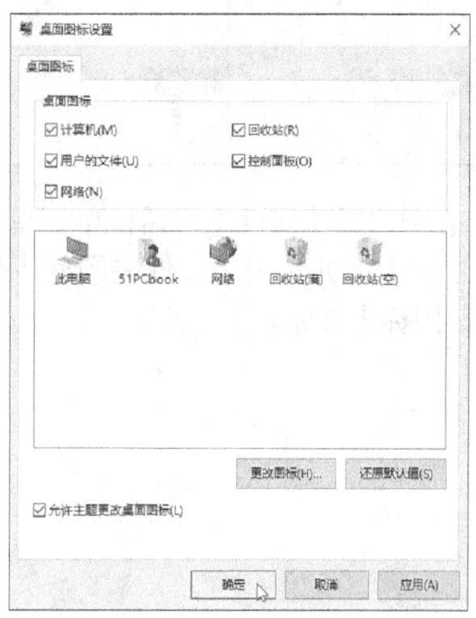

步骤 04 返回到桌面，可以看出【此电脑】的图标已经发生了变化。

如果要恢复系统默认图标样式，在【桌面图标设置】对话框中，单击【还原默认值】按钮即可。

2.更改文件夹图标显示样式

除了更改桌面系统图标显示样式外，用户还可以对文件夹或桌面的文件夹快捷方式的图标样式进行更改，具体操作步骤如下。

步骤 01 右键单击要更改的文件夹图标，在弹出的快捷菜单中，单击【属性】菜单命令。

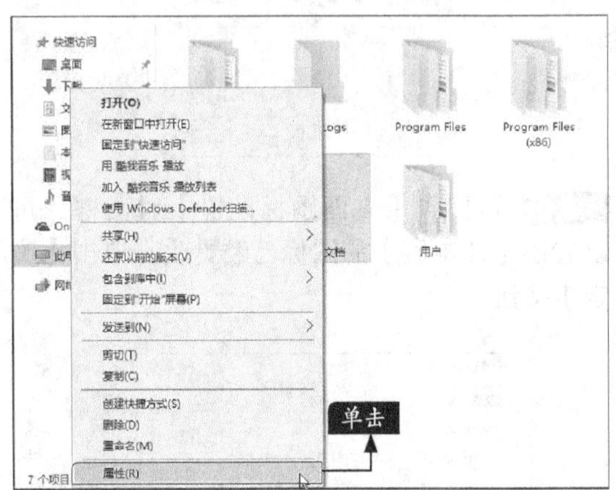

步骤 02 在弹出的【属性】对话框中，单击【自定义】选项卡，并单击【文件夹图标】区域下的【更改图标】按钮。

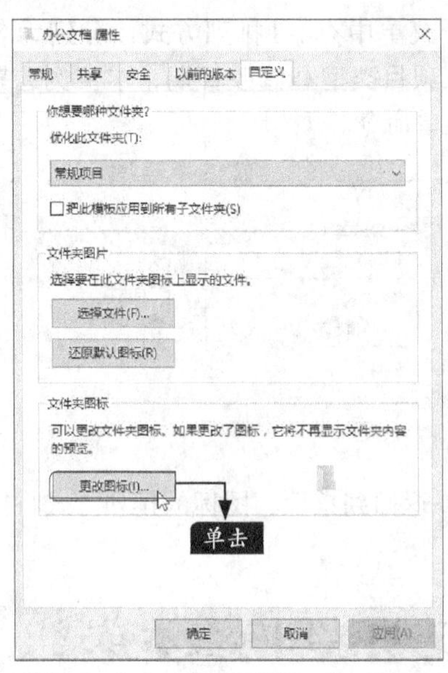

步骤 03 在弹出的对话框中，选择要设置的图标，并单击【确定】按钮。

步骤 04 如下图，即可看到设置后的图标样式。

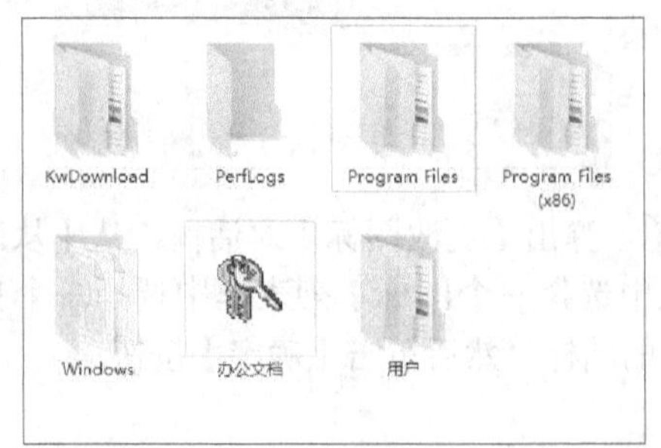

3.2 设置日期和时间

本节教学录像时间：5 分钟

用户可以调整或校准Windows 10中显示的日期和时间。本节介绍如何调整日期和时间。

3.2.1 设置系统显示时间

如果系统时间不准确，用户可以更改Windows 10中显示的日期和时间。

步骤 01 单击时间通知区域，在弹出的对话框中单击【改日期和时间设置】选项。

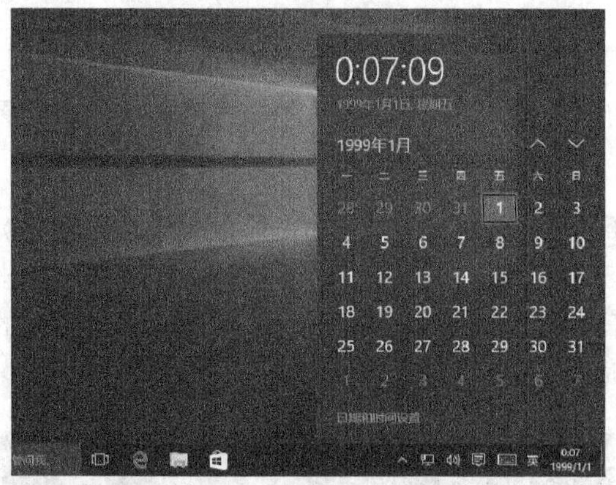

步骤 02 打开【设置】面板，在【日期和时间】界面中，单击【自动设置时间】下方的按钮，将其设置为“开”。

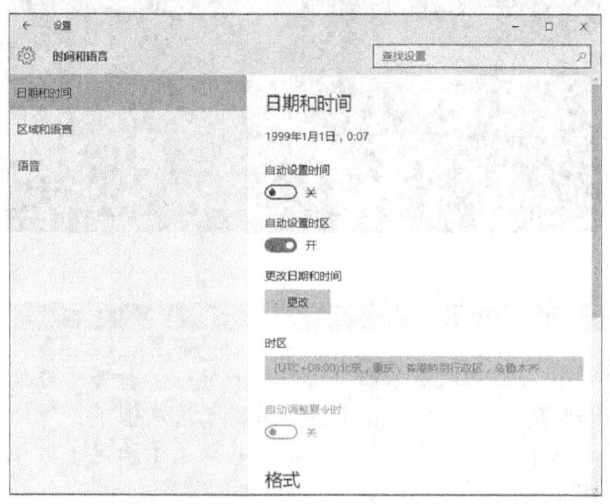

步骤 03 如果电脑联网即会自动更新日期和时间，如下图所示。

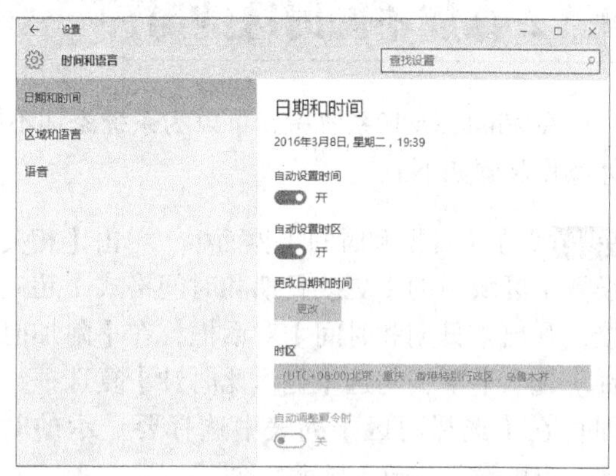

步骤 04 另外，【自动设置时间】下方按钮默认为【开】，用户也可以将其设置为【关】，单击【更改】按钮，在弹出的【更改日期和时间】对话框中手动校准时间。

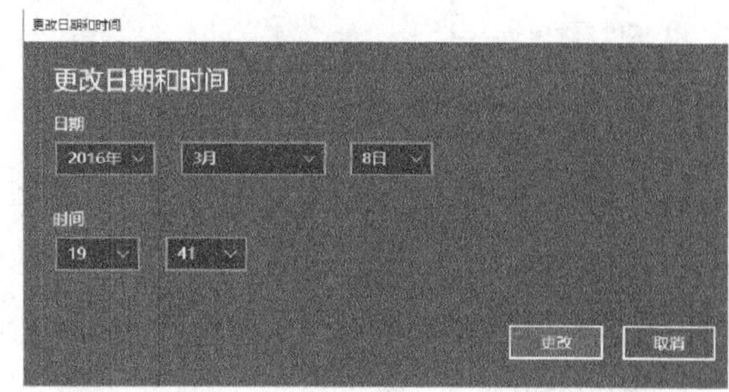

步骤 05 返回【日期和时间】界面中，单击【格式】区域中的【更改日期和时间格式】超链接。

步骤 06 弹出【更改日期和时间格式】对话框，用户可以根据使用习惯设置日期和时间的格式，即可在通知区域中显示修改后的效果。

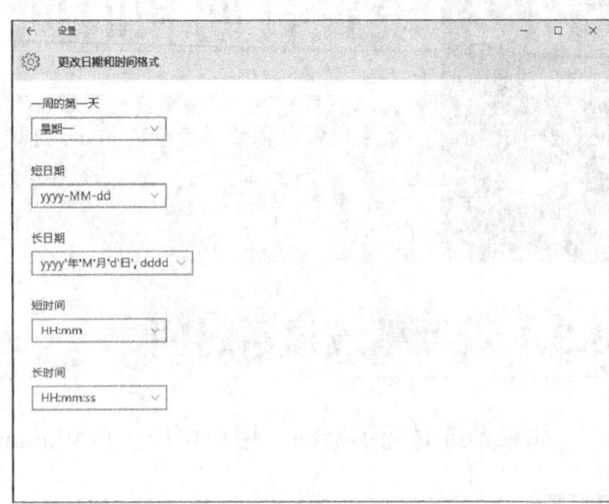

3.2.2 添加不同时区的时钟

在Windows 10系统中，可以为系统添加不同时间的时钟，对于商务人士是尤为方便的，其具体操作步骤如下。

步骤 01 在【日期和时间】界面中，单击【相关设置】区域中的【更改日期和时间格式】超链接，弹出【日期和时间】对话框，在【附加时钟】选项卡下，勾选【显示此时钟】复选框，即可在【选择时区】列表中选择要显示的时区，也可设置“输入显示名称”。

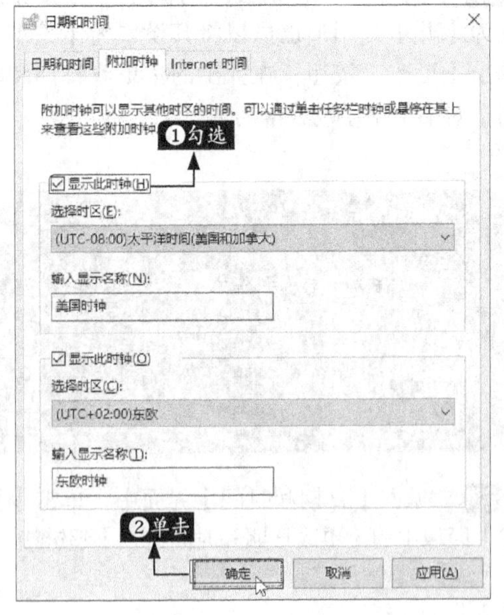

步骤 02 设置完成后，单击【确定】按钮，并关闭【设置】对话框，单击时间通知区域，弹出日期和时间信息，即可看到添加的不同时区的时钟。

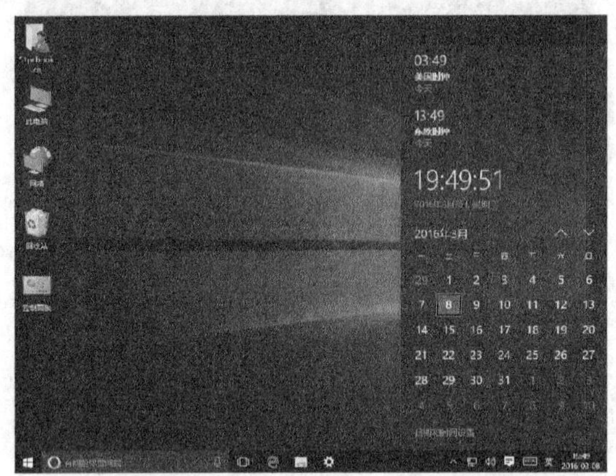

小提示

如果要取消不同时区时钟的显示，打开【日期和时间】对话框，在【附加时钟】选项卡下，取消勾选【显示此时钟】复选框，并单击【确定】按钮即可。

3.3 显示个性化设置

本节教学录像时间：11 分钟

桌面是打开电脑并登录Windows之后看到的主屏幕区域。用户可以对它个性化设置，可以让屏幕看起来更漂亮、更舒服。

3.3.1 设置桌面背景和颜色

桌面背景可以是个人收集的数字图片、Windows提供的图片、纯色或带有颜色框架的图片，也可以显示幻灯片图片。

Windows 10操作系统自带了很多漂亮的背景图片，用户可以从中选择自己喜欢的图片作为桌面背景，除此之外，用户还可以把自己收藏的精美图片设置为桌面背景。

步骤01 在桌面的空白处右击，在弹出的快捷菜单中选择【个性化】菜单命令。

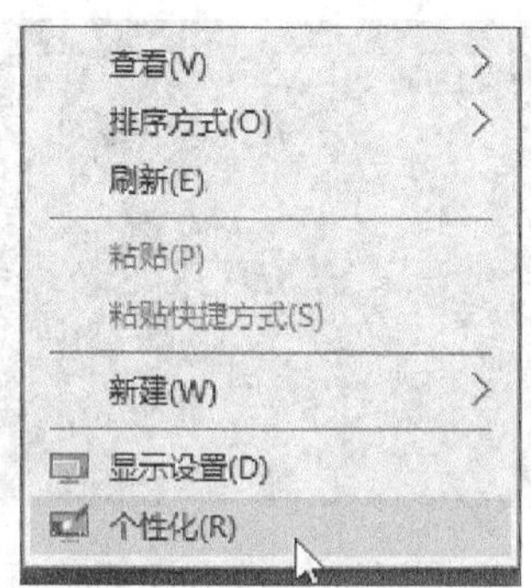

步骤02 弹出【个性化】窗口，选择【背景】选项，在其右侧区域即可设置桌面背景。

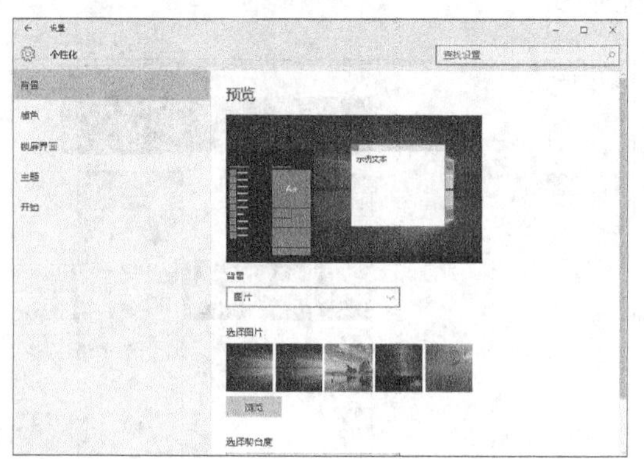

步骤03 设置桌面背景。桌面背景主要包含图片、纯色和幻灯片放映3种方式，用户可在图片缩略图中，选择要设置的背景图片，也可以单击【浏览】按钮，选择本地图片，作为桌面背景图。

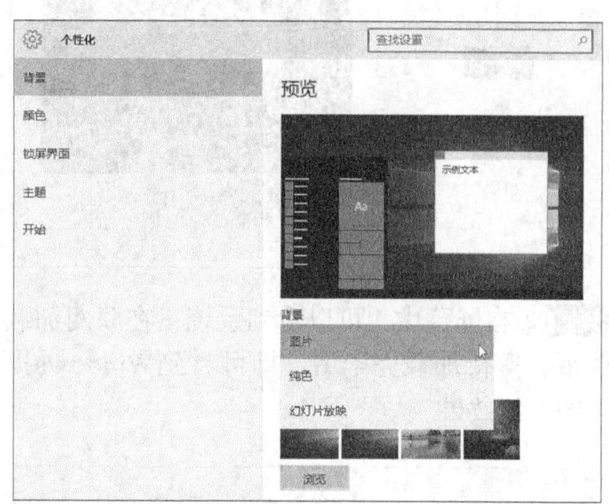

步骤04 设置桌面颜色。单击【颜色】选项，可以让Windows 从背景中抽取一个主题色，也可以自己选择喜欢的主题色。

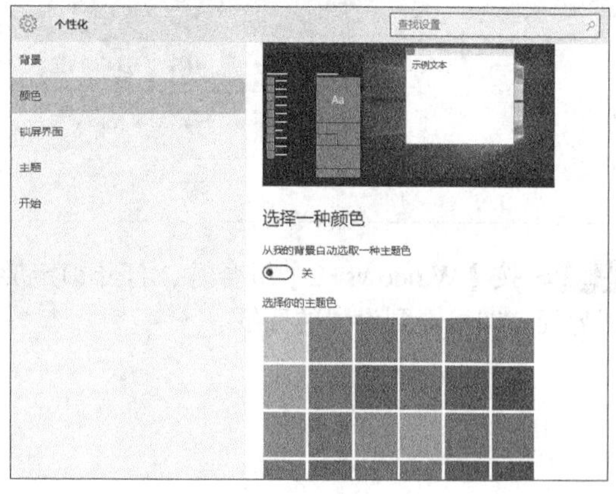

3.3.2 设置锁屏界面

用户可以根据自己的喜好，设置锁屏界面的背景、显示状态的应用等，具体操作步骤如下。

步骤 01 打开【个性化】窗口，单击【锁屏界面】选项，用户可以将背景设置Windows聚焦、图片和幻灯片放映三种方式。设置为Windows聚焦，系统会根据用户的使用习惯联网下载精美壁纸；设置为图片形式，可以选择系统自带或电脑本地的图片设置为锁屏界面；设置为幻灯片放映，可以将自定义图片或相册设置为锁屏界面，并以幻灯片形式展示。如这里选择【Windows聚焦】选项。

步骤 02 在屏幕中，可以看到系统正在联网加载壁纸，等待加载完毕后，即可看到Windows提供的壁纸效果。

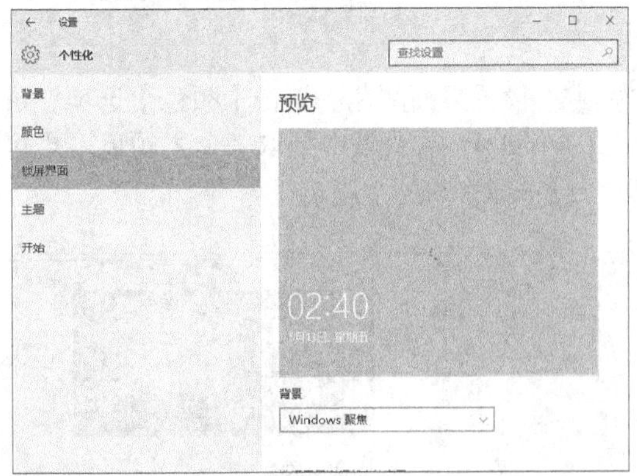

步骤 03 按【Windows+L】组合键，打开锁定屏幕界面，即可看到设置的壁纸。

步骤 04 单击界面右上角的“喜欢吗？”信息提示框后，在弹出的菜单中包含两个选项，用户可以喜好进行选择，如下图所示。

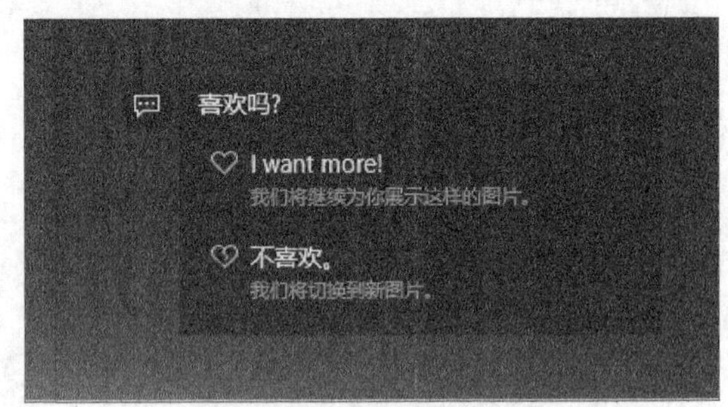

另外，也可以选择显示详细状态和快速状态应用的任意组合，方便向用户显示即将到来的日历事件、社交网络更新以及其他应用和系统通知。

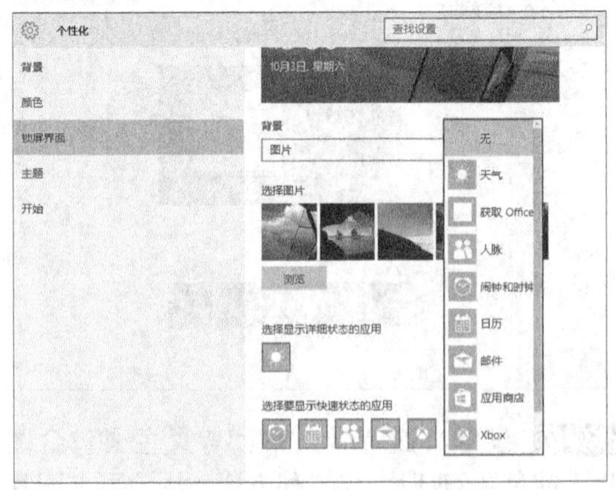

3.3.3 设置主题

主题是桌面背景图片、窗口颜色和声音的组合，Windows 10采用了新的主题方案，无边框设计的窗口、扁平化设计的图标等，使其更具现代感。本小节主要介绍如何设置系统主题。

步骤01 打开【个性化】窗口，单击【主题】选项，然后单击【主题设置】超链接。

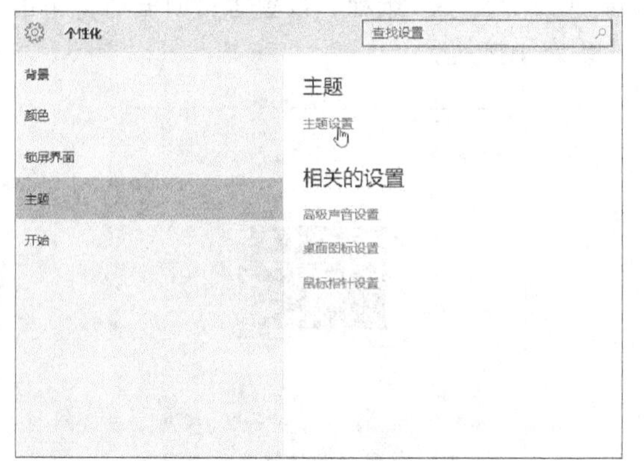

步骤02 在打开的窗口中，即可看到系统自带的默认主题，单击选择即可应用该主题，也可以选择【联机获取更多主题】超链接，来下载更多的新主题。

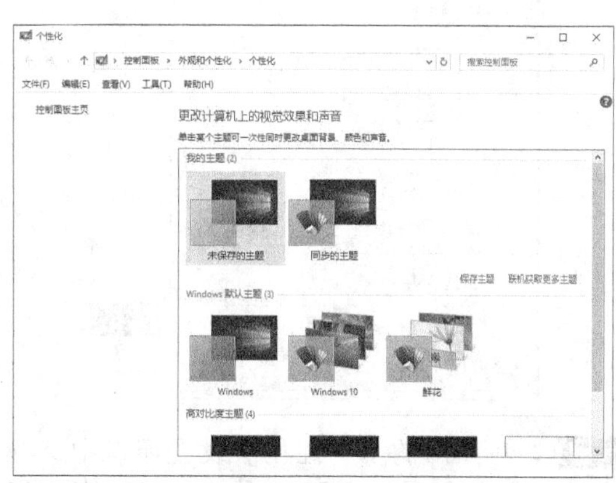

3.3.4 设置屏幕分辨率

屏幕分辨率指的是屏幕上显示的文本和图像的清晰度。分辨率越高，项目越清楚，同时屏幕上的项目越小，因此屏幕可以容纳越多的项目。分辨率越低，在屏幕上显示的项目越少，但尺寸越大。设置适当的分辨率，有助于提高屏幕上图像的清晰度。具体操作步骤如下。

步骤01 在桌面上空白处右击，在弹出的快捷菜单中选择【显示设置】菜单命令，然后单击【显示】➤【高级显示设置】超链接。

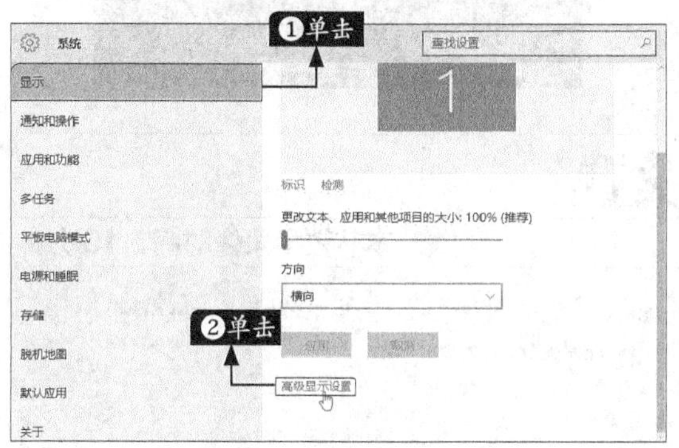

步骤02 打开【高级显示设置】窗口，在【分辨率】列表中，可以选择适合的分辨率，然后单击【应用】按钮完成设置。

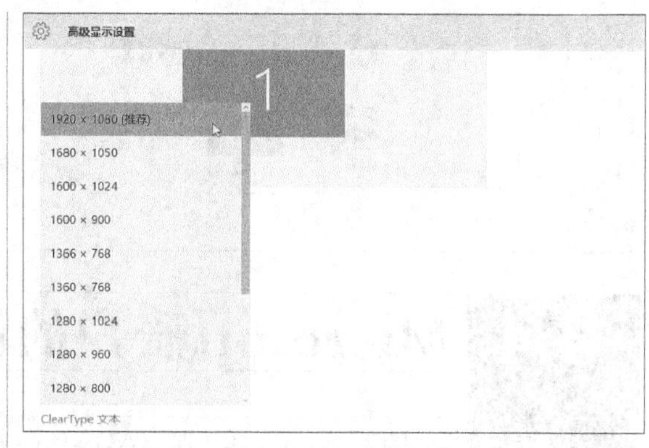

小提示

如果显卡驱动安装正常，建议用户选择推荐的分辨率。如果将监视器设置为它不支持的屏幕分辨率，那么该屏幕在几秒钟内将变为黑色，监视器则还原至原始分辨率。

3.3.5 设置屏幕保护程序

屏幕保护程序是对计算机长时间没有任何指令而启动的一个保护程序，设置屏幕保护程序的操作如下。

步骤 01 在桌面空白处单击鼠标右键，在弹出的快捷菜单中选择【个性化】菜单命令。

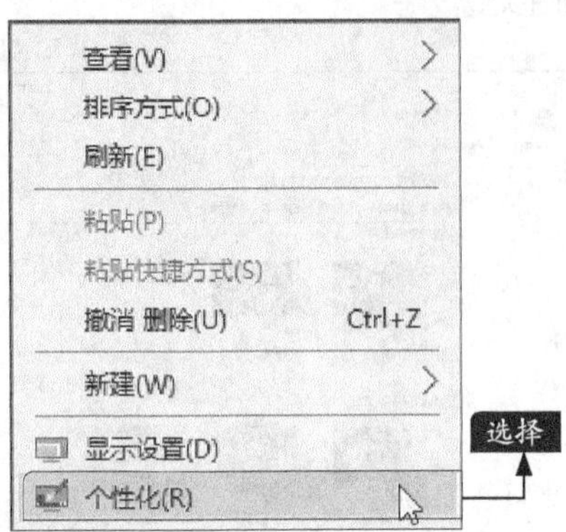

步骤 02 在弹出的【个性化】设置窗口中选择【锁屏界面】选项右侧的【屏幕保护程序设置】选项。

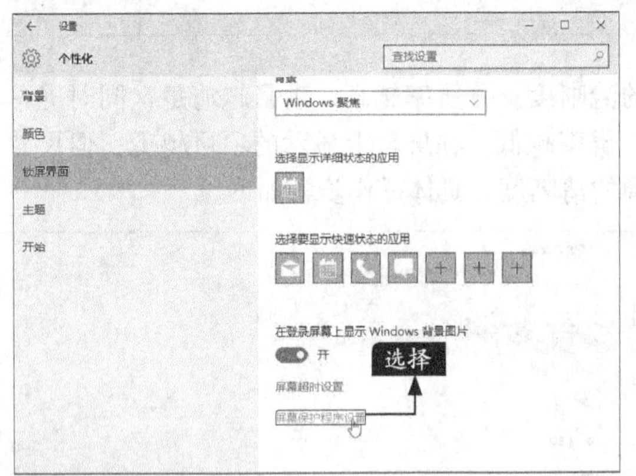

步骤 03 弹出【屏幕保护程序设置】对话框，在【屏幕保护程序】下拉列表中选择一项，这里选择“3D文字”选项，设置等待时间后，单击【确定】按钮。

步骤 04 当计算机在设置的等待时间内，没有任何操作，屏幕保护程序就会自动打开。

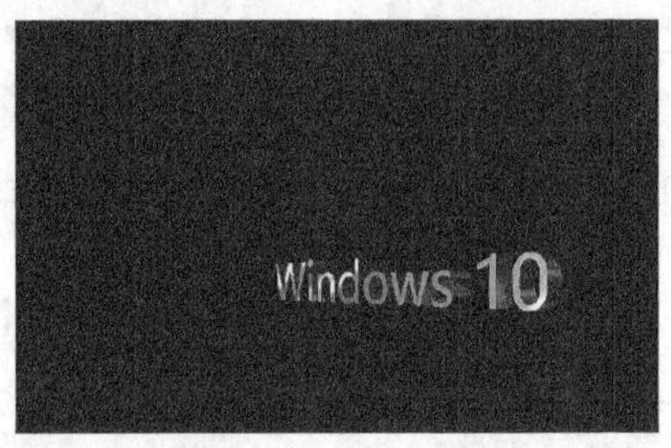

3.4 Microsoft账户的设置

本节教学录像时间：10 分钟

管理Windows用户账户是使用Windows 10系统的第一步，注册并登陆Microsoft账户，才可以使用Windows 10的许多功能应用，并可以同步设置。

3.4.1 认识Microsoft账户

在Windows 10中，系统中集成了很多Microsoft服务，都需要使用Microsoft账户才能使用。

使用Microsoft账户，可以登录并使用任何Microsoft应用程序和服务，如Outlook.com、Hotmail、Office 365、OneDrive、Skype、Xbox等，用户都需要使用Microsoft账户进行访问和使用，而且登录Microsoft账户后，还可以在多个Windows 10设备上同步设置和内容。

用户使用Microsoft账户登录本地计算机后，部分Modern应用启动时默认使用Microsoft账户，如Windows应用商店，使用Microsoft账户才能购买并下载Modern应用程序。

3.4.2 注册并登录Microsoft账户

在首次使用Windows 10时，系统会以计算机的名称，创建本地账户，如果需要改用Microsoft账户，就需要注册并登录Microsoft账户。具体操作步骤如下。

步骤 01 按【Windows】键，弹出“开始”菜单，单击本地账户头像，在弹出的快捷菜单中单击【更改账户设置】命令。

步骤 02 在弹出的【账户】界面中，单击【改用Microsoft账户登录】超链接。

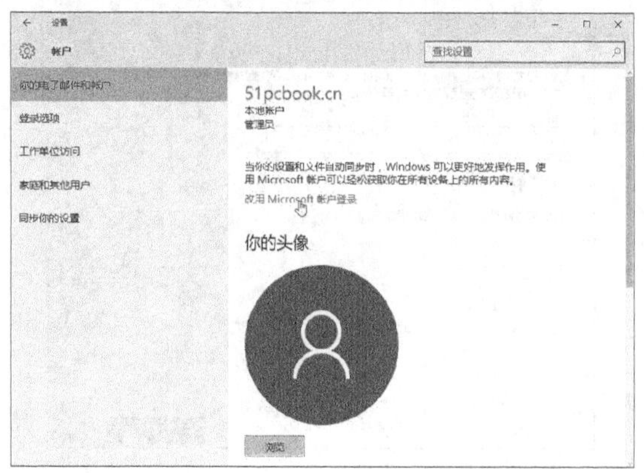

步骤 03 弹出【个性化设置】对话框，输入Microsoft账户和密码，单击【登录】按钮即可。如果没有Microsoft账户，则单击【创建一个】超链接。这里单击【创建一个】超链接。

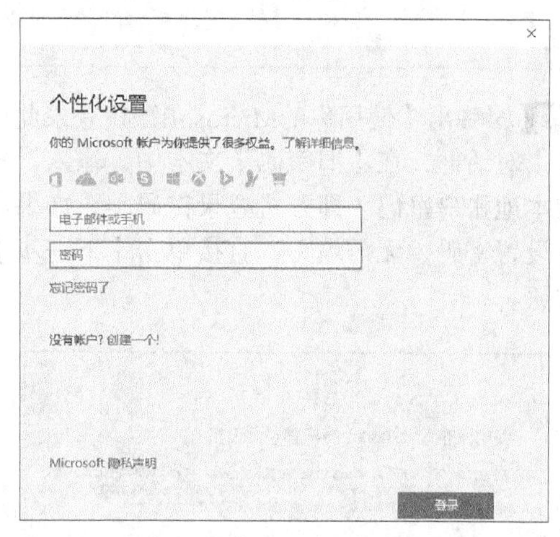

步骤 04 弹出【让我们来创建你的账户】对话框，在信息文本框中输入相应的信息、邮箱地址和使用密码等，单击【下一步】按钮。

步骤05 在弹出【查看与你相关度最高的内容】的对话框中，单击【下一步】按钮。

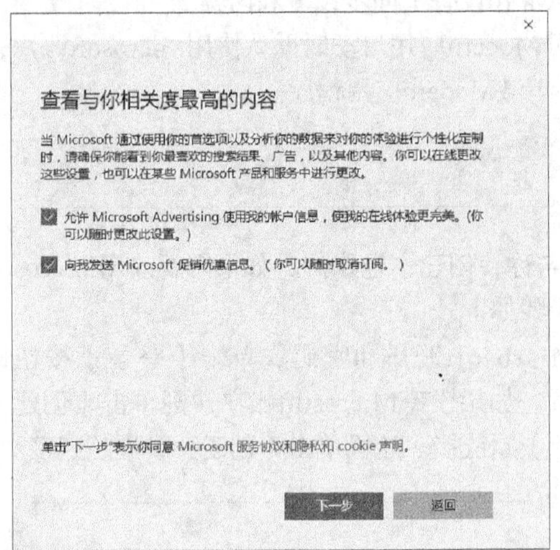

步骤06 弹出【使用你的Microsoft账户登录此设备】对话框，在【旧密码】文本中，输入设置的本地账户密码（即开机登录密码），如果没有设置密码，无需填写，直接单击【下一步】按钮。

小提示

该步骤设置完毕后，则再次重启登录电脑时，则需要输入步骤04中设置的密码进行登录。

步骤07 弹出【设置PIN码】对话框，用户可以选择是否设置PIN码。如需设置，单击【设置PIN】按钮，如不设置则单击【跳过此步骤】按钮。这里单击【跳过此步骤】按钮。

小提示

设置PIN码会在3.4.5节详细讲述，这里不再赘述。

步骤08 返回【账户】界面，即可看到注册且登录的账户信息，如下图所示。微软为了确保用户账户使用安全，需要对注册的邮箱或手机号进行验证，这里单击【验证】超链接。

步骤09 弹出【验证电子邮件】对话框，登录电子邮箱，查看Microsoft发来的安全码，为4位数字组成，将其输入到文本框中，并单击【下一步】按钮。

步骤10 返回到【账户】界面，即可看到【验证】超链接已消失，则完成设置。

Microsoft账户登录后，再次重启登录电脑时，则需输入Microsoft账户的密码。进入电脑桌面时，OneDrive也会被激活。

3.4.3 添加账户头像

登录Microsoft账户后，默认没有任何头像，用户可以将喜欢的图片，设置为该账户的头像，具体操作步骤如下。

步骤01 在【账户】对话框中，单击【你的头像】下的【浏览】按钮。

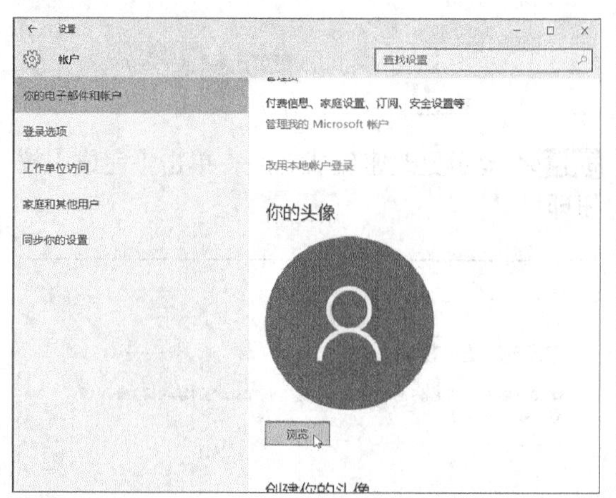

步骤02 弹出【打开】对话框，从电脑中选择要设置的图片，并单击【选择图片】按钮。

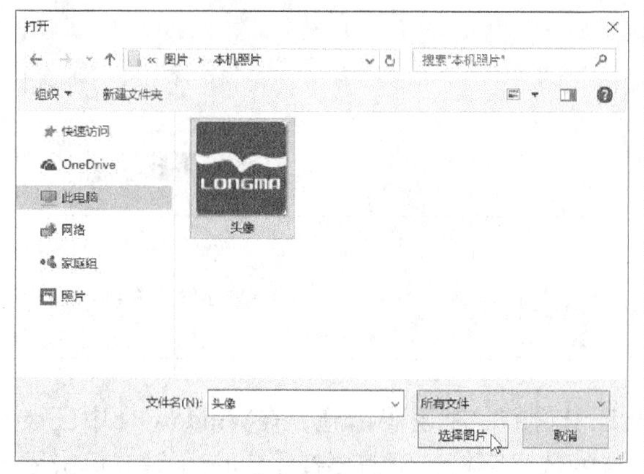

步骤03 返回【账户】对话框，即可看到设置好的头像。

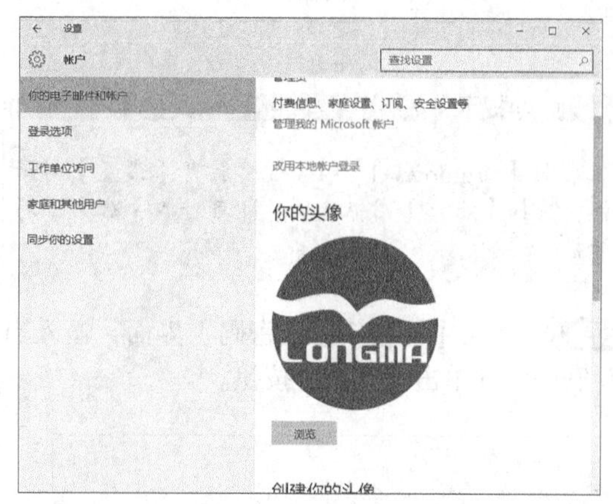

步骤04 再次进入登录界面时，也可看到设置的账户头像，如下图所示。

3.4.4 更改账户密码

定期的更改账户密码，可以确保账户的安全，具体修改步骤如下。

步骤01 打开【账户】对话框，单击【登录选项】选项，在其界面中，单击【密码】区域中的【更改】按钮。

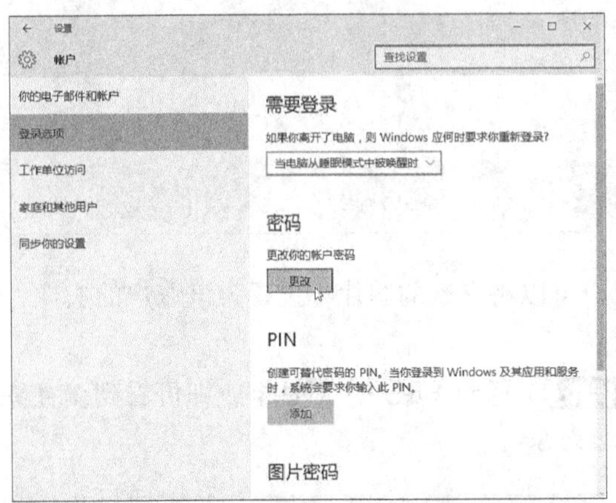

小提示

按【Windows+I】组合键，打开【设置】对话框，选择【账户】图标选项，即可进入【账户】对话框。

步骤02 弹出【请重新输入密码】界面，输入当前密码，并单击【登录】按钮。

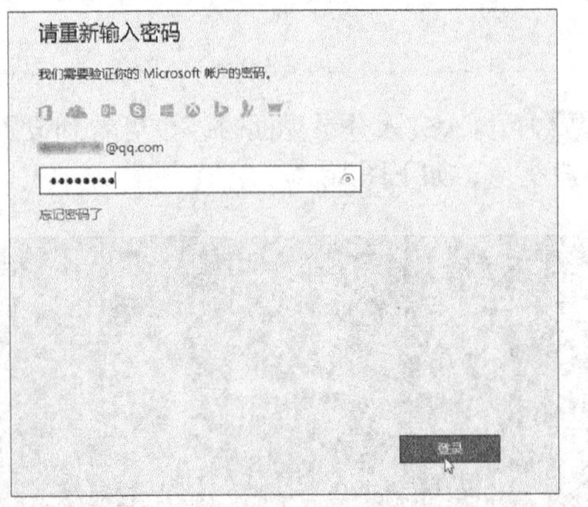

步骤03 弹出【更改你的Microsoft账户密码】界面中，分别输入当前密码、新密码，并单击【下一步】按钮。

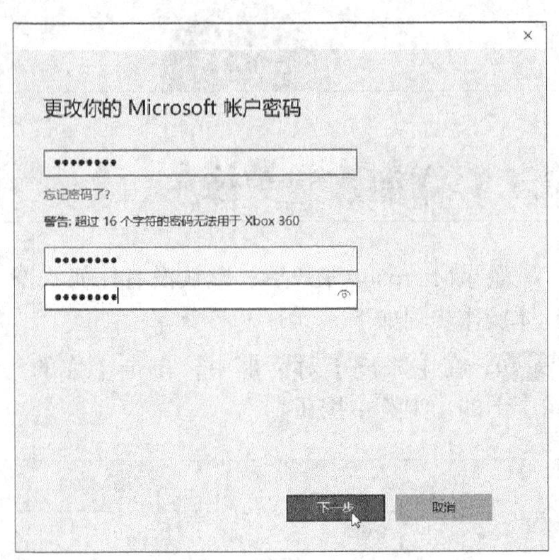

步骤04 提示更改密码成功后，单击【完成】按钮即可。

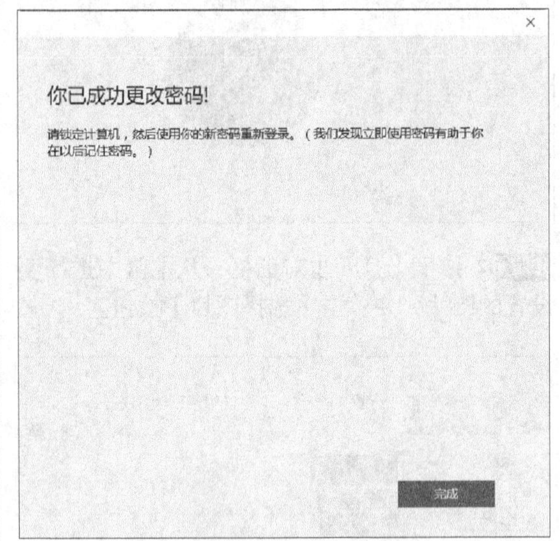

3.4.5 使用PIN

PIN是为了方便移动、手持设备登录设备、验证身份的一种密码措施，在Windows 8中已被使用，设置PIN之后，在登录系统时，只要输入设置的数字字符，不需要按【Enter】键或单击鼠标，即可快速登录系统，也可以访问Microsoft服务的应用。

用户在注册或登录Microsoft账户时，即被提示设置PIN，如果并未设置的用户，可参照下面步骤进行设置。

步骤01 在【账户】界面，单击【登录选项】选项，然后单击【PIN】区域下的【添加】按钮。

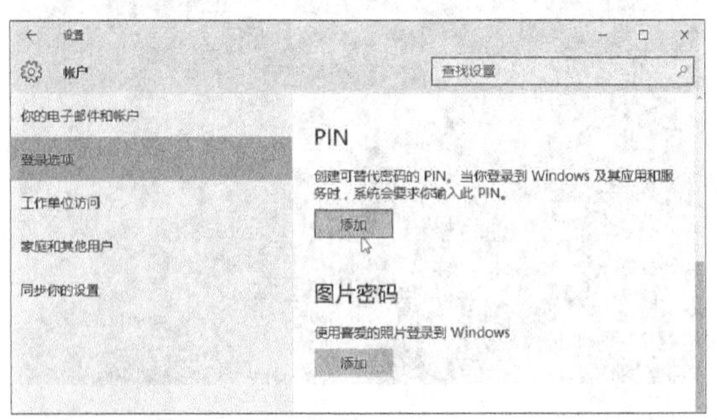

步骤02 弹出【设置PIN】界面，在文本框中输入数字字符，至少4位的数字字符，不可为字母大，单击【确定】按钮，即可完成设置。

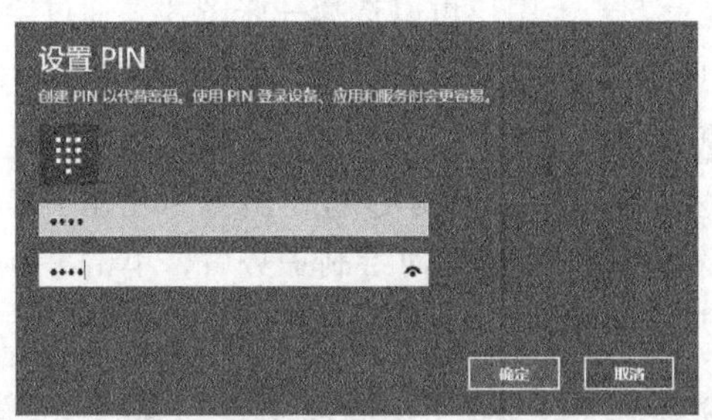

小提示

Windows 10操作系统中，PIN最多支持32位数字。

步骤03 返回【登录选项】界面，即可看到【PIN】区域下，【添加】按钮变为【更改】和【删除】按钮。如果要更改当前PIN，单击【更改】按钮。

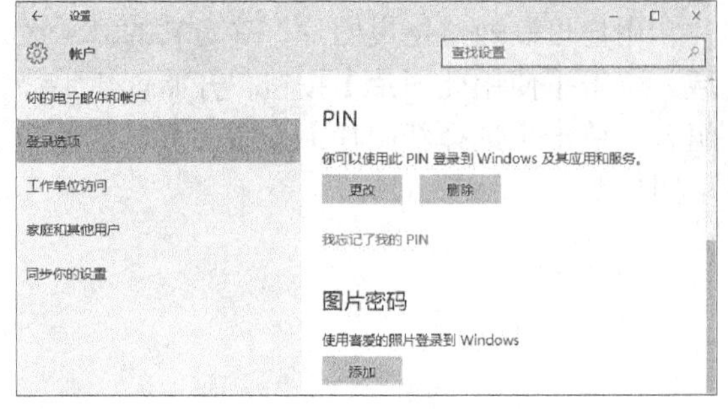

步骤04 弹出【更改PIN】对话框，分别输入当前PIN和新PIN，并单击【确认】按钮即可。

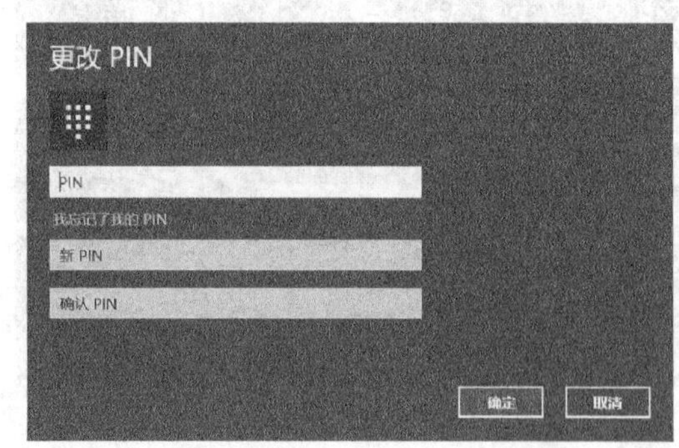

步骤05 如果忘记了PIN码，可以在【PIN】区域中单击【我忘记了我的PIN】超链接，弹出【是否确定？】对话框，单击【确定】按钮。

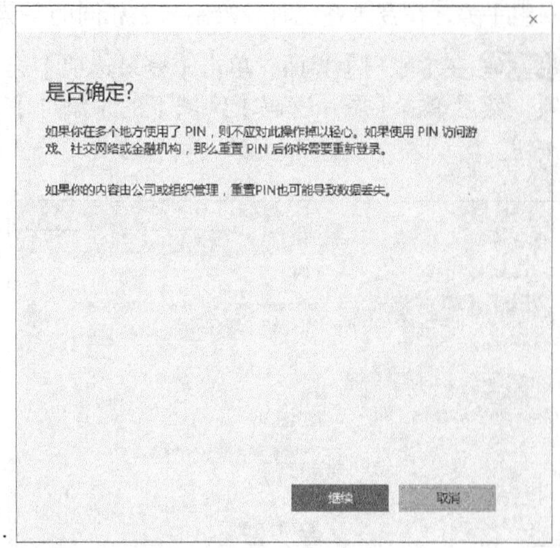

步骤06 弹出【设置PIN】对话框，输入新的PIN码，单击【确定】按钮。

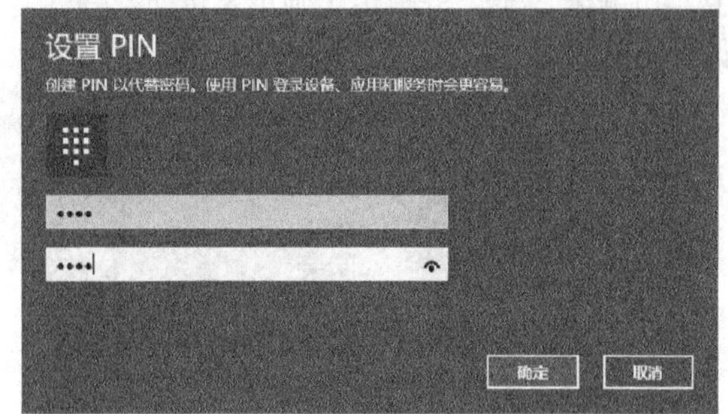

步骤07 当设置PIN后，再次登录系统时，则需输入PIN码进行登录。

步骤08 输入设置的PIN码，无需按【Enter】键，则自动进入系统。

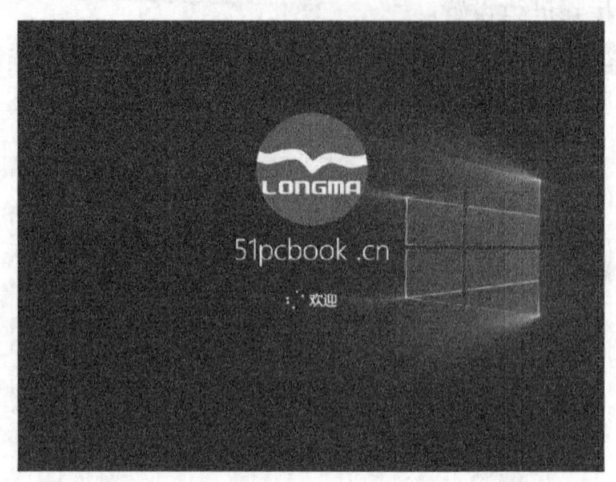

3.4.6 创建图片密码

图片密码是Windows 10中集成的一种新的密码登录方式，用户可以选择一张图片，通过绘制一组手势，在登录系统时，绘制与之相同的手势，则可登录系统。具体操作步骤如下。

步骤01 在【账户】界面，单击【登录选项】选项，然后单击【图片密码】区域下的【添加】按钮。

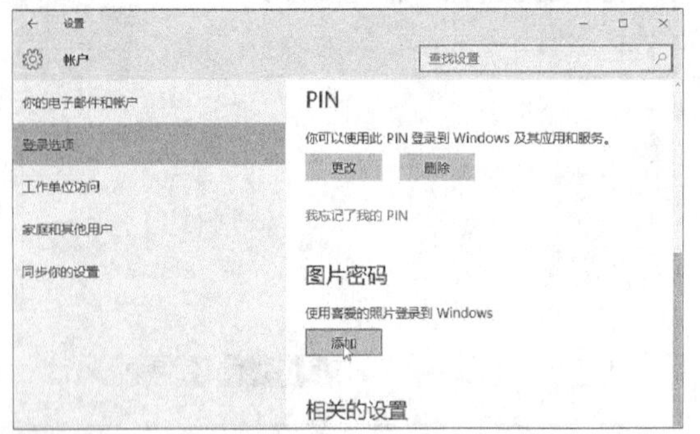

步骤02 进入图片密码设置界面，首先弹出【创建图片密码】对话框，在【密码】文本框中输入当前账户密码，并单击【确定】按钮。

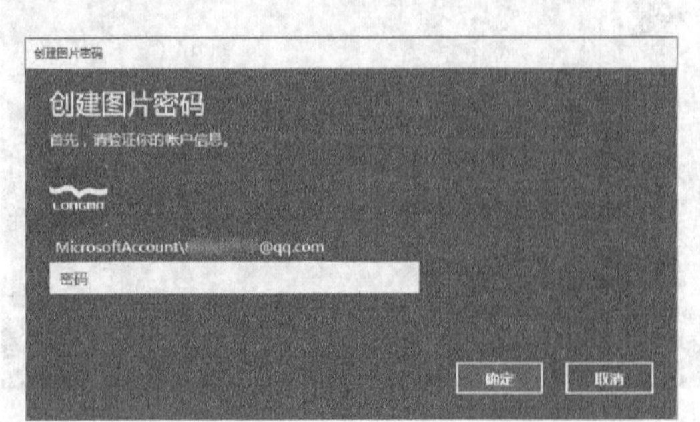

步骤03 如果第一次使用图片密码，系统会在界面左侧介绍如何创建手势，右侧为创建手势的演示动画，清楚如何绘制手势后，单击【选择图片】按钮。

步骤04 选择图片后，系统会提示是否使用该图片，用户可以通过拖曳图片，确定它的显示区域。单击【使用此图片】按钮，开始创建手势组合；单击【选择新图片】按钮，可以重新选取图片。

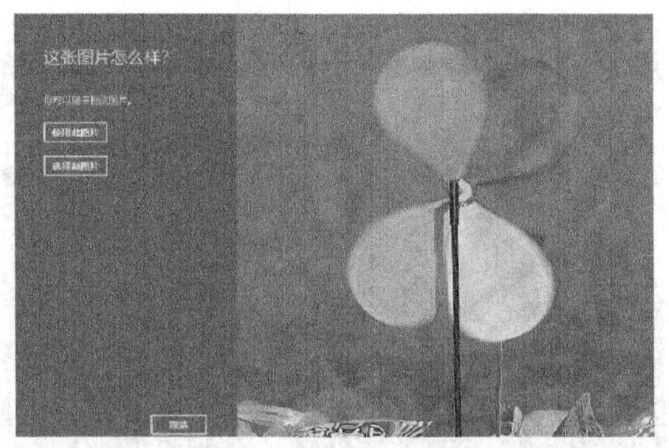

步骤05 进入【设置你的手势】界面，用户可以依次绘制3个手势，手势可以使用圆、直线和点等，界面左侧的3个数字显示创建至第几个手势，完成后这3个手势将成为图片的密码。

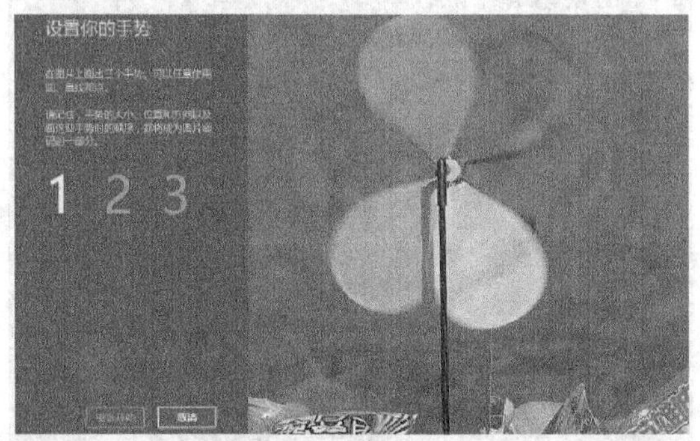

步骤06 进入【确认你的手势】界面，重新绘制手势进行验证。

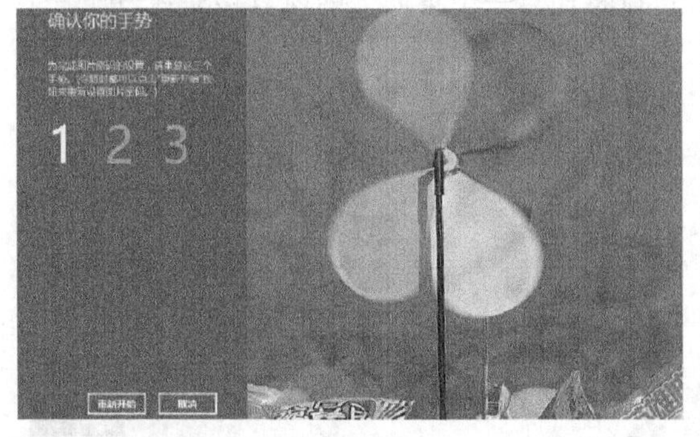

步骤07 验证通过后，则会提示图片密码创建成功，如果验证失败，系统则会演示创建的手势组合，重新验证即可。

步骤08 创建图片密码后，重新登录或解锁操作系统时，即可使用图片密码进行登录。

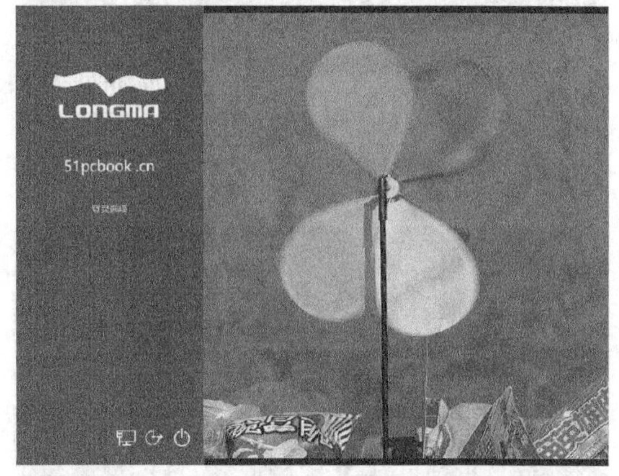

小提示

用户也可以单击【登录选项】按钮，使用密码或PIN进行登录操作系统。如果图片密码登录输入次数达到5次，则不能再使用图片密码登录，只能使用密码或PIN进行登录。

3.5 综合实战——虚拟桌面的创建和使用

本节教学录像时间：3 分钟

虚拟桌面是Windows 10操作系统中新增的功能，可以创建多个传统桌面环境，给用户带来更多的桌面使用空间，在不同的虚拟桌面中，放置不同的窗口。

步骤 01 按任务栏上的【任务视图】按钮或【Win+Tab】组合键，即可显示当前桌面环境中的窗口，用户可单击不同的窗口，进行切换或者关闭该窗口。如果要创建虚拟桌面，单击右下角的【新建桌面】选项。

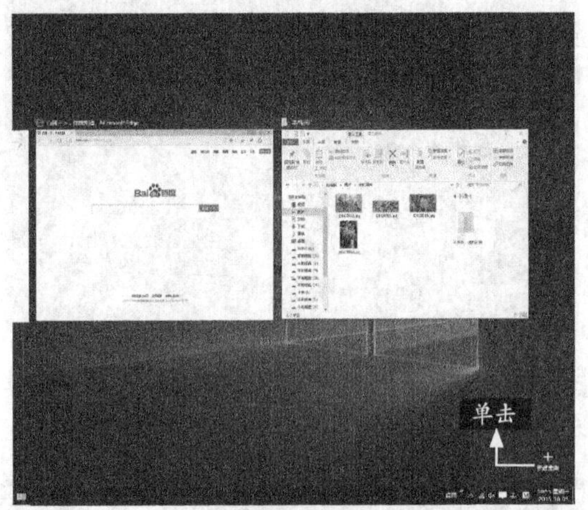

步骤 02 此时，即可看到创建的虚拟桌面列表。同时，用户可以单击【新建桌面】选项创建多个虚拟桌面，且没有数量限制。

小提示

按【Win+Ctrl+D】组合键也可以快速创建虚拟桌面。

步骤 03 创建虚拟桌面后，用户可以单击不同的虚拟桌面缩略图，打开该虚拟桌面，也可以按【Win+Ctrl+左/右方向】组合键，快速切换虚拟桌面。

步骤 04 选择虚拟桌面后，用户可在该桌面打开程序，就会在这个桌面上显示，如下图所示。

步骤 05 虽然虚拟桌面之间并不冲突，但是用户可以将任意一个桌面上的窗口移动到另外一个桌面上。右键单击要移动的窗口，在弹出的快捷菜单中，选择【移动到】菜单命令，然后在子菜单中选择要的移动桌面，单击即可。

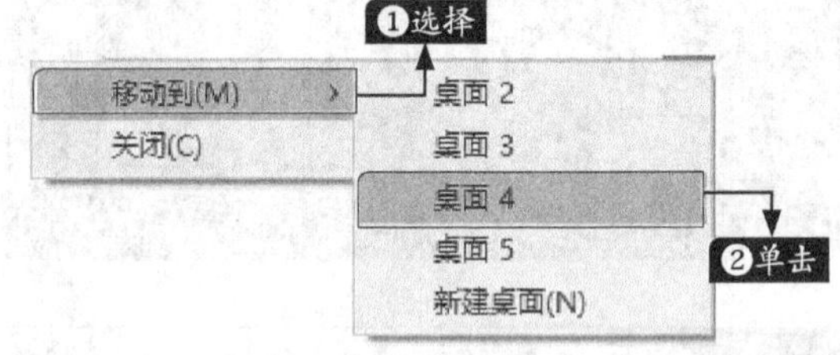

小提示

也可以选择要移动的窗口，单击鼠标左键不放，拖曳至其他桌面完成移动。

步骤06 如果要关闭虚拟桌面，单击虚拟桌面列表右上角的关闭按钮即可，也可以在需要删除的虚拟桌面环境中按【Win+Ctrl+F4】组合键关闭。

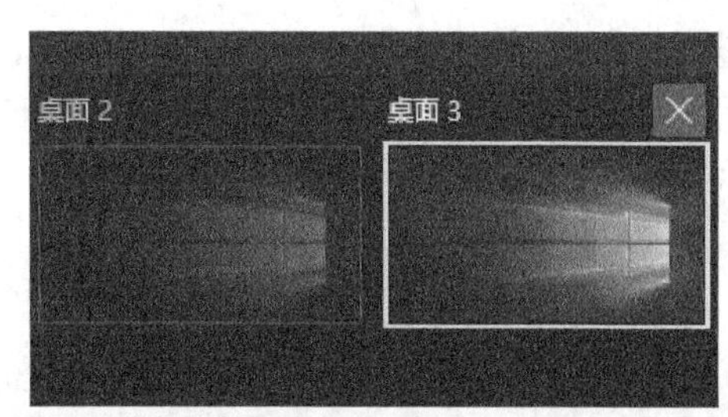

高手支招

本节教学录像时间：6 分钟

开启“上帝模式”

上帝模式，即“GodMode”，或称为“完全控制面板”，是系统中隐藏的一个简单的文件夹窗口，但包含了几乎所有Windows系统的设置，用户只需通过这一个窗口就能实现所有的操控。下面介绍如何打开该窗口。

步骤01 在桌面上创建一个文件夹，按【F2】键，将其重命名为“GodMode{ED7BA470-8E54-465E-825C-99712043E01C}”，单击桌面任意位置完成命名，即可看到该文件夹变为“GodMode”命名的图标。

步骤02 双击“GodMode”图标，打开“GodMode”窗口，即可看到该窗口包含了各种系统设置选项和工具，而且清晰明了，双击任意选项，即可打开对应的系统设置或工具窗口。

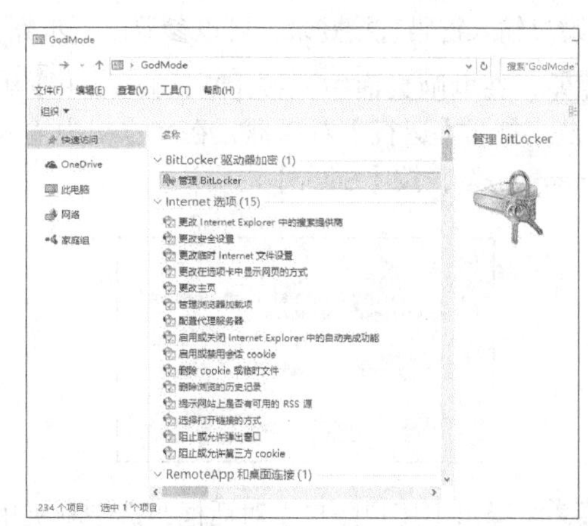

取消显示开机锁屏界面

虽然开机锁屏界面，给人以绚丽的视觉效果，但是不免影响了开机时间和速度，用户可以根据需要取消系统启动后的锁屏界面，具体步骤如下。

步骤01 按【Win+R】组合键，打开【运行】对话框，输入“gpedit.msc”命令，按【Enter】键。

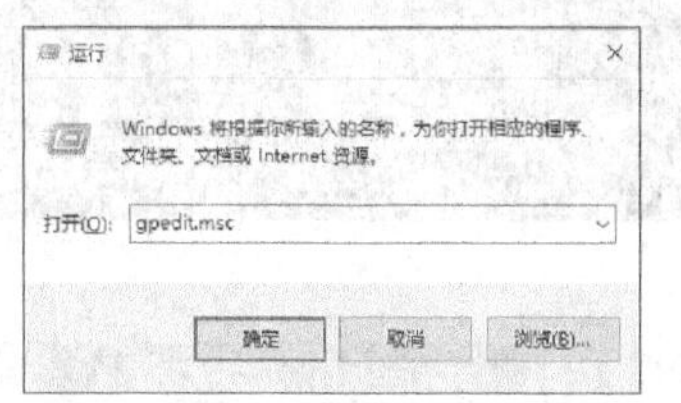

步骤02 弹出【本地组策略编辑器】对话框，单击【计算机配置】【管理模板】【控制面板】【个性化】命令，在【设置】列表中双击打开【不显示锁屏】命令。

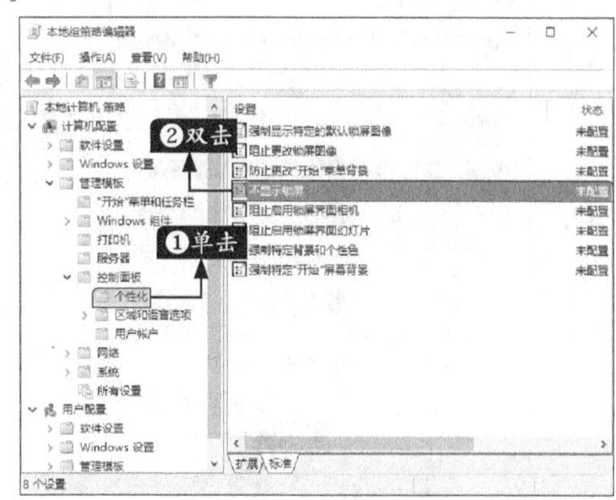

步骤03 弹出【不显示锁屏】对话框，选择【已启用】单选项，单击【确定】按钮，即可取消显示开机锁屏界面。

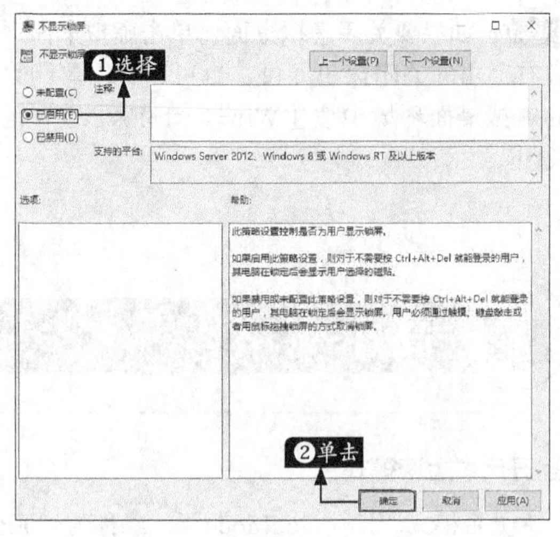

取消开机密码，设置Windows自动登录

虽然使用账户登录密码，可以保护电脑的隐私安全，但是每次登录时都要输入密码，对于一部分用户来讲，太过于麻烦。用户可以根据需求，选择是否使用开机密码，如果希望Windows可以跳过输入密码直接登录，可以参照以下步骤。

步骤01 在电脑桌面中，按【Windows+R】组合键，打开【运行】对话框，在文本框中输入“netplwiz”，按【Enter】键确认。

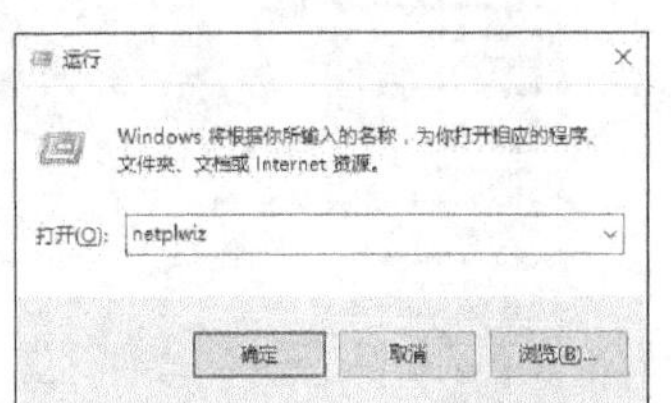

步骤02 弹出【用户账户】对话框，选中本机用户，并取消勾选【要使用计算机，用户必须输入用户名和密码】复选框，单击【应用】按钮。

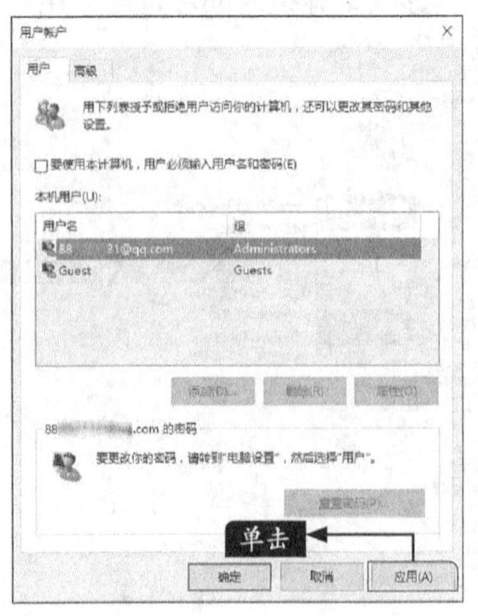

步骤03 弹出【自动登录】对话框，在【密码】和【确认密码】文本框中输入当前账户密码，然后单击【确定】按钮即可取消开机登录密码。

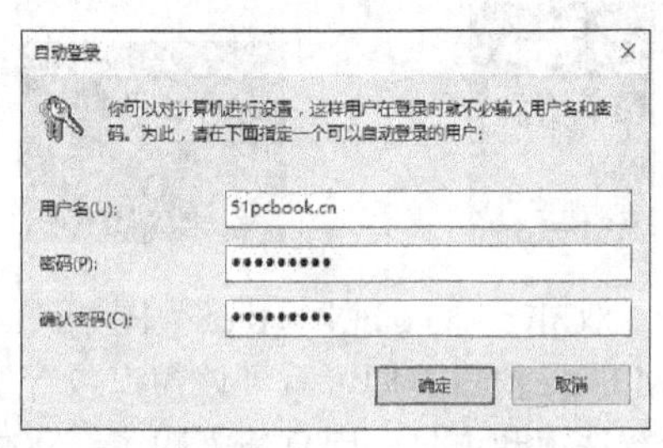

步骤04 再次重新登录时，无需输入用户名和密码，直接登录系统。

小提示

如果在锁屏状态下，则还是需要输入账户密码的，只有在启动系统登录时，可以免输入账户密码。

第4章

高效打字轻松学

学习目标

学会输入文字是使用电脑的第一步。对于英文，只要按照键盘上的字符输入就可以了。而汉字却不能像英文字母那样直接输入到电脑中，需要使用英文字母和数字对汉字进行编码，然后通过输入编码得到所需汉字，这就是汉字输入法。

学习效果

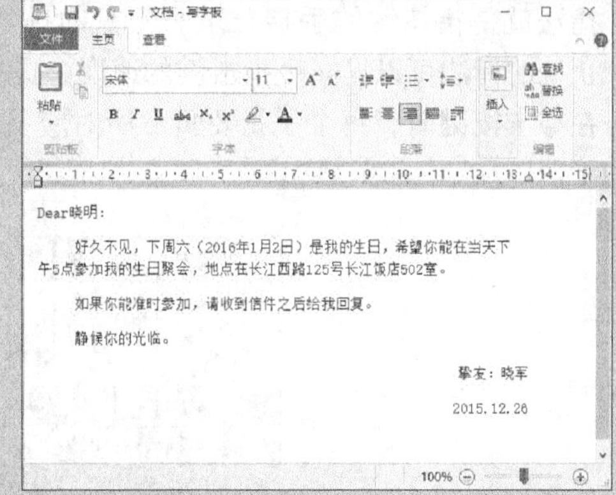

4.1 正确的指法操作

本节教学录像时间：6 分钟

如果准备在电脑中输入文字或输入操作命令，通常需要使用键盘进行输入。使用键盘时，为了防止坐姿不对造成身体疲劳，以及指法不对造成手臂疲劳的现象发生，用户一定要有正确的坐姿以及击键要领，劳逸结合，尽量减小使用电脑过程中造成身体的疲劳程度，达到事半功倍的效果。本节将介绍使用键盘的基本方法。

4.1.1 手指的基准键位

为了保证指法的出击迅速，在没有击键时，十指可放在键盘的中央位置，也就是基准键位上，这样无论是敲击上方的按键还是下方按键，都可以快速进行击键，然后返回。

键盘中有8个按键被规定为基准键位，基准键位位于主键盘区，是打字时确定其他键位置的标准，从左到右依次为：【A】、【S】、【D】、【F】、【J】、【K】、【L】和【；】。在敲击按键前，将手指放在基准键位时，手指要虚放在按键上，注意不要按下按键，具体情况如下图所示。

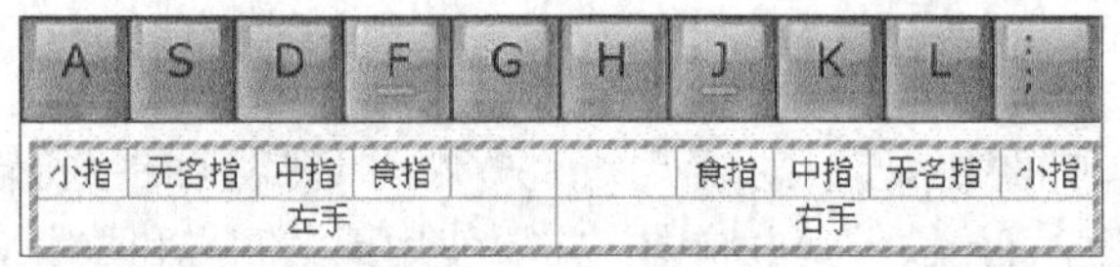

小提示

基准键共有8个，其中【F】键和【J】键上都有一个凸起的小横杠，用于盲打时手指通过触觉定位。另外，两手的大姆指要放在空格键上。

4.1.2 手指的正确分工

指法就是指按键的手指分工。键盘的排列是根据字母在英文打字中出现的频率而精心设计的，正确的指法可以提高手指击键的速度，提高文字的输入，同时也可以减少手指疲劳。

在敲击按键时，每个手指要负责所对应基准键周围的按键，左右手所负责的按键具体分配情况如下图所示。

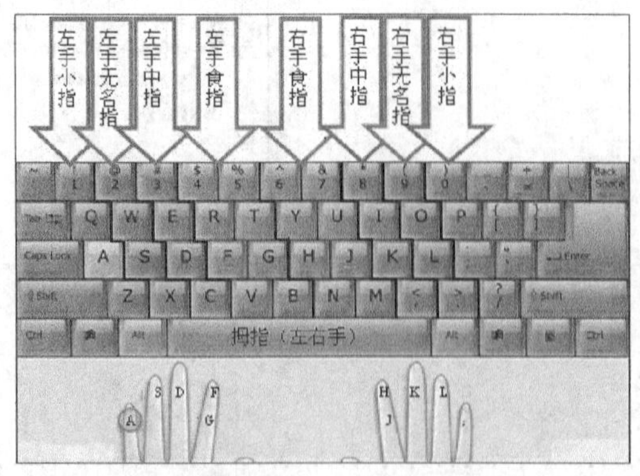

图中用不同颜色和线条区分了双手十指具体负责的键位，具体如下。

⑴ 左手

食指负责的键位有5、5、R、T、F、G、V、B八个键；中指负责3、E、D、C四个键；无名指负责2、W、S、X四个键；小指负责1、Q、A、Z及其左边的所有键位。

⑵ 右手

食指负责6、7、Y、U、H、J、N、M八个键；中指负责8、I、K、，四个键，无名指负责9、O、L、。四个键；小指负责0、P、；、/及其右边的所有键位。

⑶ 拇指

双手的拇指用来控制空格键。

小提示

在敲击按键时，手指应该放在基准键位上，迅速出击，快速返回。一直保持手指在基准键位上，才能达到快速的输入。

4.1.3 正确的打字姿势

在使用键盘进行编辑操作时，正确的坐姿可以帮助用户提高打字速度，减少疲劳。正确的姿势应当注意以下几点。

⑴ 座椅高度合适，坐姿端正自然，两脚平放，全身放松，上身挺直并稍微前倾。

⑵ 眼睛距显示器的距离为30～40厘米，并让视线与显示器保持15° ～20° 的角度。

⑶ 两肘贴近身体，下臂和腕向上倾斜，与键盘保持相同的斜度；手指略弯曲，指尖轻放在基准键位上，左右手的大拇指轻轻放在空格键上。

⑷ 大腿自然平直，与小脚之间的角度为90° ，双脚平放于地面上。

⑸ 按键时，手抬起伸出要按键的手指按键，按键要轻巧，用力要均匀。

如下图所示的电脑操作的正确姿势。

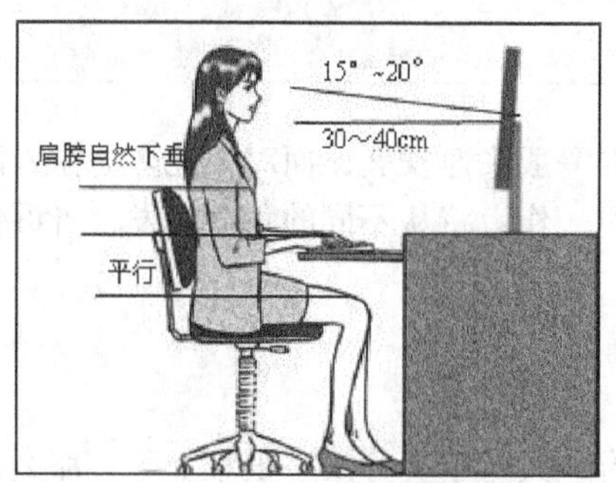

小提示

使用电脑过程中要适当休息，连续坐了2小时后，就要让眼睛休息一下，防止眼睛疲劳，以保护视力。

4.1.4 按键的敲打要领

了解指法规则及打字姿势后即可进行输入操作。击键时要按照指法规则，十个手指各司其职，采用正确的击键方法。

⑴ 击键前，除拇指外的8个手指要放置在基准键位上，指关节自然弯曲，手指的第一关节与键面垂直，手腕要平直，手臂保持不动。

⑵ 击键时，用各手指的第一指腹击键。以与指尖垂直的方向，向键位瞬间爆发冲击力，并立

即反弹，力量要适中。做到稳、准、快，不拖拉犹豫。

⑶ 击键后，手指立即回到基准键位上，为下一次击键做好准备。

⑷ 不击键的手指不要离开基本键位。

⑸ 需要同时击两个键时，若两个键分别位于左右手区，则由左右手各击相对应的键。

⑹ 击键时，喜欢单手操作是初学者的习惯，在打字初期一定要克服这个毛病，进行双手操作。

4.2 输入法的管理

本节教学录像时间：9 分钟

本节主要介绍输入法的基本概念、如何安装和删除输入法以及如何设置默认的输入法。

4.2.1 输入法的种类

输入法是指为了将各种符号输入计算机或其他设备而采用的编码方法。汉字输入的编码方法基本上都是将音、形、义与特定的键相联系，再根据不同汉字进行组合来完成汉字的输入。

目前，键盘输入的解决方案有区位码、拼音、表形码和五笔字型等。在这几种输入方案中，又以拼音输入法和五笔字型输入法为主。

拼音输入是常见的一种输入方法，用户最初的输入形式基本都是从拼音开始的。拼音输入法是按照拼音规定来进行输入汉字的，不需要特殊记忆，符合人的思维习惯，只要会拼音就可以输入汉字。

而五笔字型输入法（简称五笔）是依据笔画和字形特征对汉字进行编码，是典型的形码输入法。五笔是目前常用的汉字输入法之一。五笔相对于拼音输入法具有重码率低的特点，熟练后可快速输入汉字。

4.2.2 挑选合适的输入法

随着网络的快速发展，各类输入法软件也有如雨后春笋般飞速发展，面对如此多的输入法软件，很多人都觉得很迷茫，不知道应该选择哪一种，这里，作者将从不同的角度出发，告诉你如何挑选一款适合自己的输入法。

1. 根据自己的输入方式

有些人不懂拼音，就适合使用五笔输入法；相反，有些人对于拆分汉字很难上手，那么，这些人最好是选择拼音输入法。

2. 根据输入法的功能

功能上更胜一筹的输入法软件，显然可以更好地满足需求。那么，如何去了解各大输入法的功能呢？我们可以去那些输入法的官方网站了解，在了解的过程中，可以从以下几方面入手。

⑴ 输入法的基本操作，有些软件在操作上比较人性化，有些则相对有所欠缺，选择时要注意。

⑵ 在功能上，可以根据各输入法软件的官方介绍，联系自己的实际需要，去对比它们各自不同的功能，相信您总会选择到一种适合自己的输入法。

⑶ 看输入法的其他设计是否符合个人需要，比方说皮肤、字数统计等功能。

3. 根据有无特殊需求选择

有些人选择输入法，是有着一些特殊的需求的。例如，好多朋友选择QQ输入法，因为他们本身就是腾讯的用户，而且登录使用QQ输入法可以加速QQ升级。有不少人是因为类似的特殊需要才会选择某种输入法的。

选择到一种适合自己的输入法，可以使工作和社交变得更加开心和方便。

4.2.3 安装输入法

Windows 10操作系统虽然自带了微软拼音输入法，但不一定能满足用户的需求。用户可以自行安装其他输入法。安装输入法前，用户需要先从网上下载输入法程序。

下面以QQ拼音输入法的安装为例，讲述安装输入法的一般方法。

步骤 01 双击下载的安装文件，即可启动QQ拼音输入法安装向导。单击选中【已阅读和同意用户使用协议】复选框，单击【自定义安装】按钮。

小提示

如果不需要更改设置，可直接单击【一键安装】按钮。

步骤 02 在打开的界面中的【安装目录】文本框中输入安装目录，也可以单击【更改目录】按钮选择安装位置，设置完成，单击【立即安装】按钮。

步骤 03 即可开始安装。

步骤 04 安装完成，在弹出的界面中单击【完成】按钮即可。

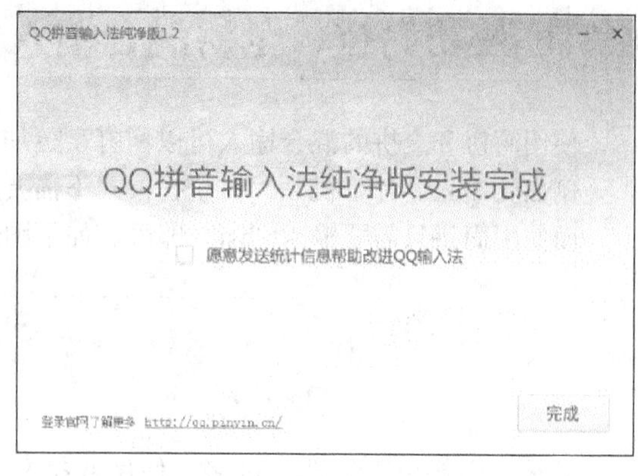

4.2.4 输入法的切换

在文本输入中，会经常用到中英文输入，或者使用不同的输入法，在使用过程中就需要快速切换到需要使用的输入法，下面介绍具体操作方法。

1.输入法的切换

按【Windows+空格】组合键，可以快速切换输入法。另外单击桌面右下角通知区域的输入法图标M，在弹出的输入法列表中，单击鼠标进行选择，即可完成切换。

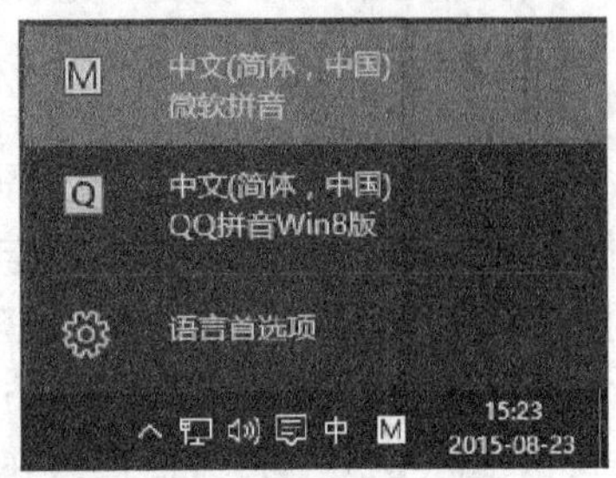

2.中英文的切换

输入法主要分为中文模式和英文模式，在当前输入法中，可按【Shift】键或【Ctrl+空格】组合键切换中英文模式，如果用户使用的是中文模式中，可按【Shift】键切换的英文模式英，再按【Shift】键又会恢复成中文模式中。

4.3 拼音打字

本节教学录像时间：14 分钟

拼音输入法是最为常用的输入法，本节主要以搜狗输入法为例介绍拼音打字的知识。

4.3.1 使用简拼、全拼混合输入

使用简拼和全拼的混合输入可以使打字更加的顺畅。

例如要输入“计算机”，在全拼模式下需要从键盘中输入“jisuanji”，如下图所示。

而使用简拼只需要输入“jsj”即可。如下图所示。

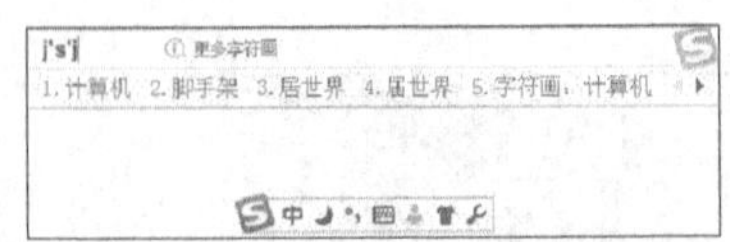

但是，简拼由于候选词过多，使用双拼又需要输入较多的字符，开启双拼模式后，就可以采用简拼和全拼混用的模式，这样能够兼顾最少输入字母和输入效率。例如，想输入“龙马精神”，可以从键盘输入“longmajs”“lmjings”“lmjshen”“lmajs”等都是可以的。打字熟练的人会经常使用全拼和简拼混用的方式。

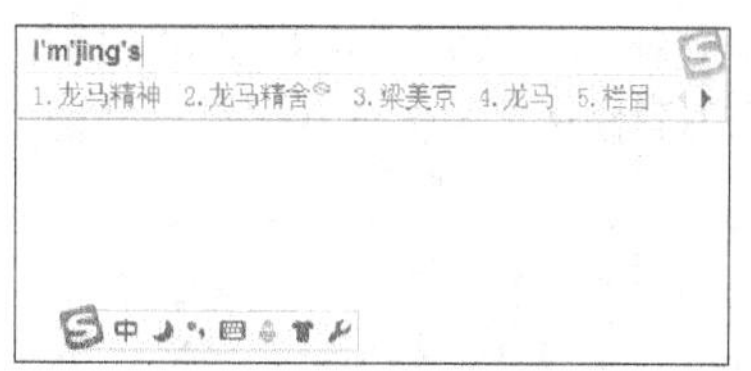

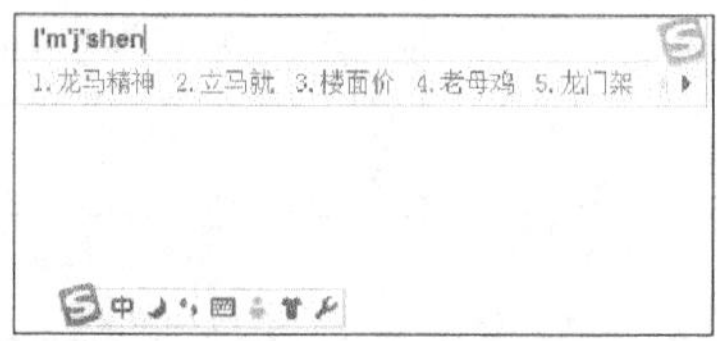

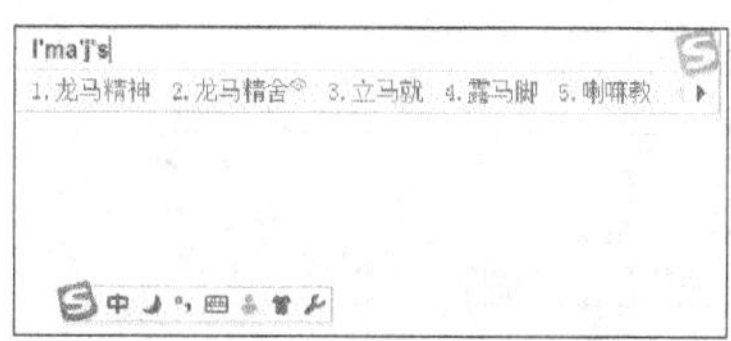

4.3.2 中英文混合输入

在平时输入时需要输入一些英文字符，搜狗拼音自带了中英文混合输入功能，便于用户快速的在中文输入状态下输入英文。

1. 通过按【Enter】键输入拼音

在中文输入状态下，如果要输入拼音，可以再输入拼音的全拼后，直接按【Enter】键输入。下面以输入“搜狗”的拼音“sougou”为例介绍。

步骤01 在中文输入状态下，从键盘输入“sougou”。

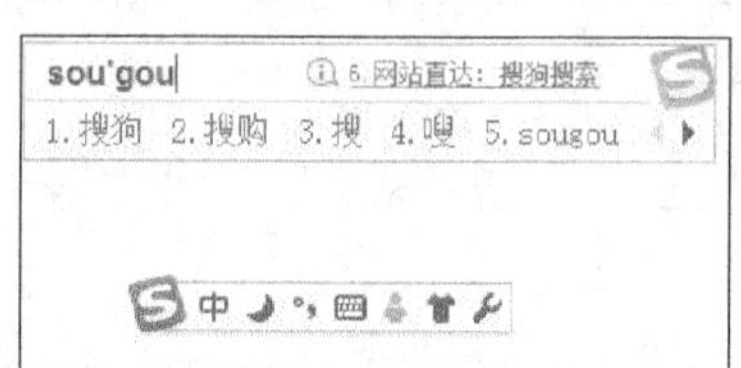

步骤02 直接按【Enter】即可输入英文字符。

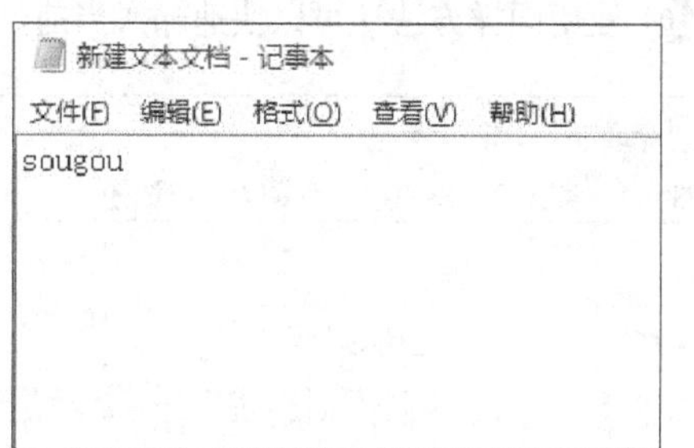

> **小提示**
>
> 如果要输入一些常用的包含字母和数字的验证码，如“q8g7”，也可以直接输入“q8g7”，然后按【Ener】键。

2. 中英文混合输入

在输入中文字符的过程，如果要在中间输入英文，例如，要输入“你好的英文是hello”的具体操作步骤如下。

步骤01 从键盘输入“nihaodeyingwenshi hello”。

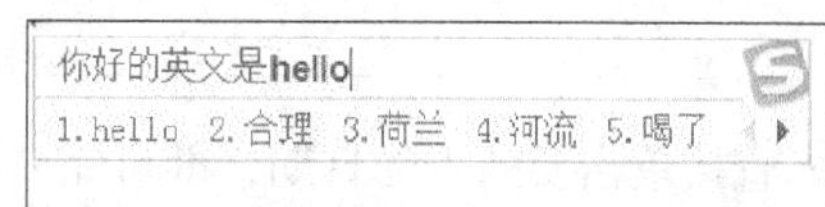

步骤02 此时，直接按空格键或者按数字键【1】，即可输入“你好的英文是hello”。

你好的英文是 hello

4.3.3 拆字辅助码的输入

使用搜狗拼音的拆字辅助码可以快速的定位到一个单字，常用在候选字较多，并且要输入的汉字比较靠后时使用，下面介绍使用拆字辅助码输入汉字“娴”的具体操作步骤。

步骤 01 从键盘中输入“娴”字的汉语拼音“xian”。此时看不到候选项中包含有“娴”字。

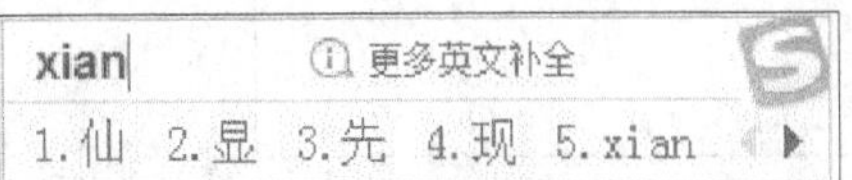

步骤 02 按【Tab】键。

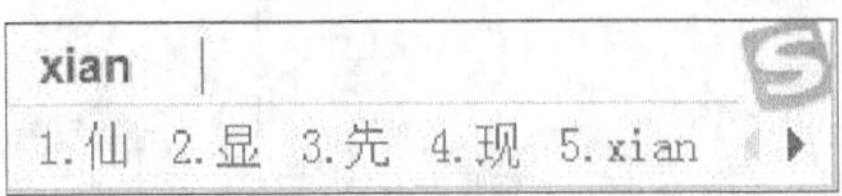

步骤 03 在输入“娴”的两部分【女】和【闲】的首字母nx。就可以看到“娴”字了。

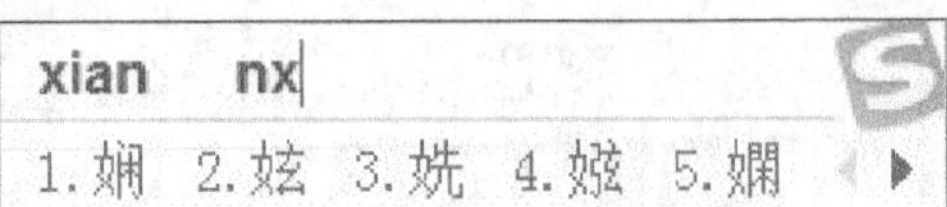

步骤 04 按空格键即可完成输入。

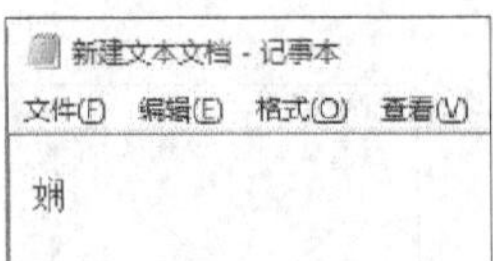

小提示

独体字由于不能被拆成两部分，所以独体字是没有拆字辅助码的。

4.3.4 快速插入当前日期时间

如果需要插入当前的日期，可以使用搜狗拼音输入法即可快速插入当前的日期时间。具体操作步骤如下。

步骤 01 直接从键盘输日期的简拼“rp”，直接在键盘上按【R】和【Q】键。即可在候选字中看到当前的日期。

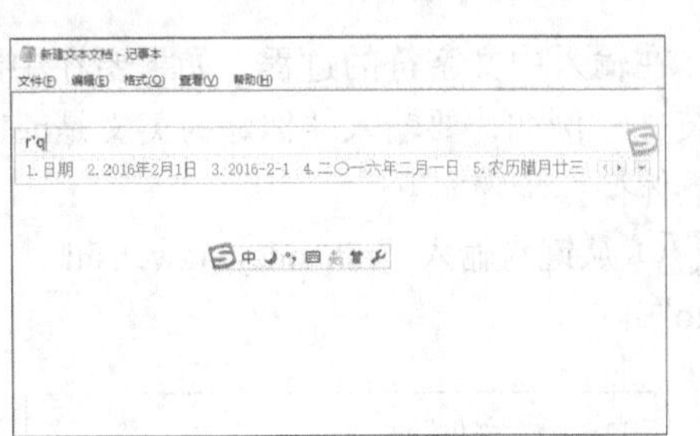

步骤 02 直接单击要插入的日期，即可完成日期的插入。

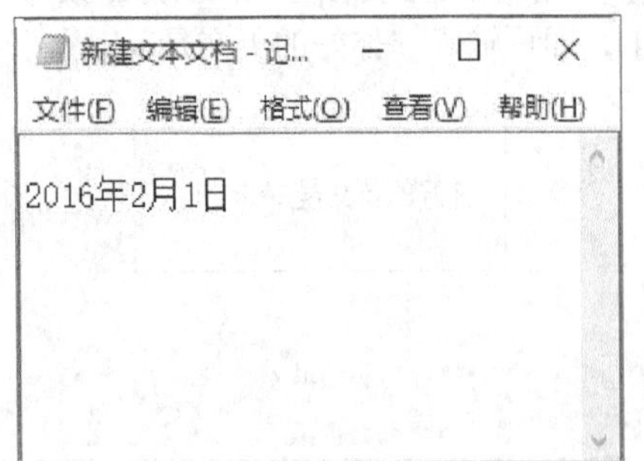

步骤 03 使用同样的方法，输入时间的简拼“sj”，可快速插入当前时间。

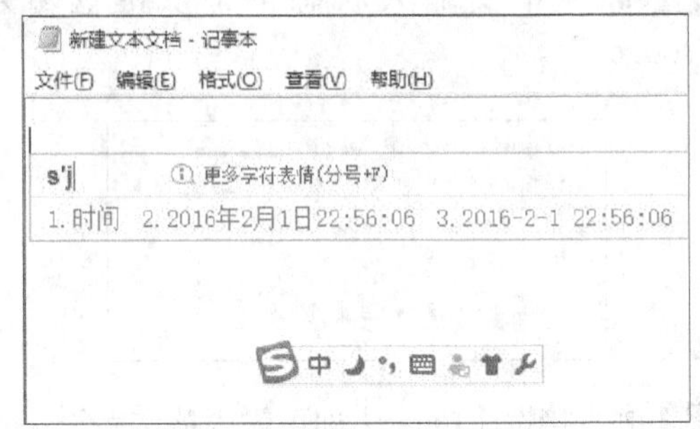

步骤 04 使用同样方法还可以快速输入当前日期。

新建文本文档 - 记事本

文件(F) 编辑(E) 格式(O) 查看(V) 帮助(H)

x'q 工具箱(分号)

1.信球 2.2016年2月1日 星期一 3.星期一

4.4 陌生字的输入方法

本节教学录像时间：2 分钟

在输入汉字的时候，经常会遇到不知道读音的陌生汉字，此时可以使用输入法的U模式，通过笔画、拆分的方式来输入。以搜狗拼音输入法为例，使用搜狗拼音输入法也可以通过启动U模式来输入陌生汉字，在搜狗输入法状态下，输入字母“U”，即可打开U模式。

小提示

在双拼模式下可按【Shift+U】组合键启动U模式。

⑴ 笔画输入

常用的汉字均可通过笔画输入的方法输入。如输入“囧”的具体操作步骤如下。

步骤01 在搜狗拼音输入法状态下，按字母“U”，启动U模式，可以看到笔画对应的按键。

u　一h 丨s 丿p 丶n 乛z　打开手写输入
u'hspn(木)　u'mu'mu(林)　更多例子...

小提示

按键【H】代表横或提，按键【S】代表竖或竖钩，按键【P】代表撇，按键【N】代表点或捺，按键【Z】代表折。

步骤02 据“囧”的笔画依次输入“szpnsz”，即可看到显示的汉字以及其正确的读音。按空格键，即可将“囧”字插入到鼠标光标所在位置。

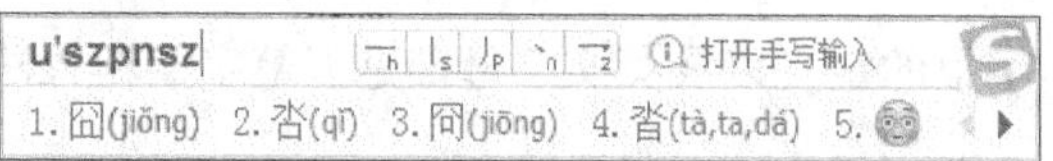

小提示

需要注意的是“忄”的笔画是点点竖（dds），而不是竖点点（sdd）或点竖点（dsd）。

⑵ 拆分输入

将一个汉字拆分成多个组成部分，U模式下分别输入各部分的拼音即可得到对应的汉字。例如分别输入“犇”“肫”“湸”的方法如下。

步骤01 “犇”字可以拆分为3个“牛（niu）”，因此在搜狗拼音输入法下输入“u’niu’niu’niu”（’符号起分割作用，不用输入），即可显示“犇”字及其汉语拼音，按空格键即可输入。

u'niu'niu'niu
犇(bēn)

步骤02 “肫”字可以拆分为“月（yue）”和“屯（tun）”，在搜狗拼音输入法下输入“u’yue’tun”（’符号起分割作用，不用输入）。即可显示“肫”字及其汉语拼音，按空格键即可输入。

u'yue'tun
1. 肫(zhūn,chún) 2. 脏(zāng,zang,zàng)

步骤03 “湸”字可以拆分为“氵（shui）”和“亮（liang）”，在搜狗拼音输入法下输入“u’shui’liang”（’符号起分割作用，不用输入）。即可显示“湸”字及其汉语拼音，按数字键“2”即可输入。

u'shui'liang
1. 浪(làng) 2. 湸(liàng) 3. 沟(jūn) 4. 滍(zī) 5. U树

小提示

在搜狗拼音输入法中将常见的偏旁都定义了拼音，如下图所示。

偏旁部首	输入	偏旁部首	输入
阝	fu	忄	xin
卩	jie	钅	jin
讠	yan	礻	shi
辶	chuo	廴	yin
冫	bing	氵	shui
宀	mian	冖	mi
扌	shou	犭	quan
纟	si	幺	yao
灬	huo	罒	wang

(3) 笔画拆分混输

除了使用笔画和拆分的方法输入陌生汉字外，还可以使用笔画拆分混输的方法输入，输入“绎”字的具体操作步骤如下。

步骤01 “绎”字左侧可以拆分为“纟（si）”，输入“u' si”（’符号起分割作用，不用输入）。

步骤02 右侧部分可按照笔画顺序，输入“znhhs”，即可看到要输入的陌生汉字以及其正确读音。

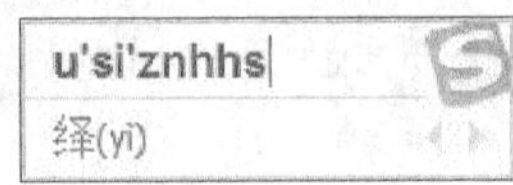

4.5 五笔打字

本节教学录像时间：12 分钟

通常所说的五笔输入法是以王码公司开发的为主，到目前为止，王码五笔输入法经过了三次的改版升级，分为86版五笔输入法、98版五笔输入法和18030版五笔输入法。其中，86版五笔输入法的使用率占五笔输入法的85%以上。不同版本的五笔字形输入法除了字根的分布不同外，拆字和使用方法是一样的。除了王码五笔输入法外，也有其他的五笔输入法，但它们的用法与王码五笔输入法完全兼容甚至一样。常见的第三方五笔输入法有万能五笔、智能陈桥五笔、极品五笔、海峰五笔和超级五笔等。

4.5.1 五笔字根在键盘上的分布

五笔字型输入法的原理是从汉字中选出150多种常见的字根（例如把“别”字拆分为口、力、刂，并分配到键盘上的K、L、J按键上）作为输入汉字的基本单位，输入“别”字时，把“别”字拆分的字根按照书写顺序输入即可。

学习五笔字型，需要掌握键盘上的编码字根，字根的定义以及英文字母键是五笔字型输入法的核心，这是学习五笔的关键。

1. 字根简介

由不同的笔画交叉连接而成的结构就叫做字根。字根可以是汉字的偏旁（如，彳、冫、凵、廴、火），也可以是部首的一部分（ナ、勹、厶），甚至是笔画（一、丨、丿、丶、乛）。

五笔字根在键盘上的分布是有规律的，所以记忆字根并不是很难的事情。

2. 字根在键盘上的分布

用键盘输入汉字是通过手指击键来完成的，然而由于每个汉字或字根的使用频率不同，而十个手指在键盘上的用力及灵活性又有很大区别，因此，五笔字型的字根键盘分配，将各个键位的使用频度和手指的灵活性结合起来，把字根代号从键盘中央向两侧依大小顺序排列，将使用频度高的字根集中在各区的中间位置，便于灵活性强的食指和中指操作。这样，键位更容易掌握，击键效率也会提高。

五笔字根的分布按照首笔笔画分为五类，各对应英文键盘上的一个区，每个区又分作五个位，位号从键盘中部向两端排列，共25个键位。其中Z键不用于定义字根，而是用于五笔字型的学习。各键位的代码，既可以用区位号表示，也可以用英文字母表示，五笔字型中优选了130多种基本字根，分五大区，每区又分5个位，其分区情况如图所示。

3区（撇起笔字根）←					4区（点、捺起笔字根）→				
金 35 Q	人 34 W	月 33 E	白 32 R	禾 31 T	言 41 Y	立 42 U	水 43 I	火 44 O	之 45 P
1区（横起笔字根）←					2区（竖起笔字根）→				
工 15 A	木 14 S	大 13 D	土 12 F	王 11 G	目 21H	日 22 J	口 23 K	田 24 L	：；
	5区（折起笔字根）←								
Z	纟 55 X	又 54 C	女 53 V	子 52 B	已 51 N	山 25 M	< ,	> .	? /

①区：横起笔类，分“王（G）、土（F）、大（D）、木（S）、工（A）”5个位。

②区：竖起笔类，分“目（H）、日（J）、口（K）、田（L）、山（M）”5个位。

③区：撇起笔类，分“禾（T）、白（R）、月（E）、人（W）、金（Q）”5个位。

④区：捺起笔类，分“言（Y）立（U）水（I）火（O）之（P）”5个位。

⑤区：折起笔类，分“已（N）、子（B）、女（V）、又（C）、纟（X）”5个位。

上面5个区中，没有给出每个键位对应的所有字根，而是只给出了键名字根，下图所示是86版五笔字根键位分布图。

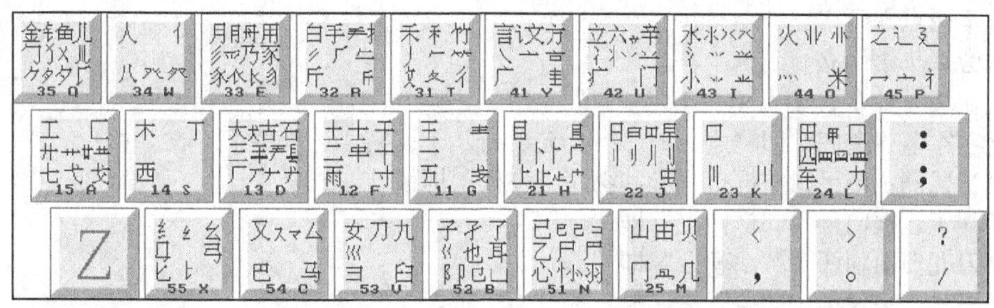

在五笔字根分布图的各个键面上，有不同的符号，如图所示。现以第1区的A键为例介绍如下。

⑴ 键名字，每个键的左上角的那个主码元，都是构字能力很强，或者是有代表性的汉字。这个汉字，叫做键名字，简称“键名”。

⑵ 字根，是各键上代表某种汉字结构“特征”的笔画结构。如“戈、七、廾”等。

⑶ 同位字根，也可称辅助字根，它与其主字根是“一家人”，或者是不太常用的笔画结构。

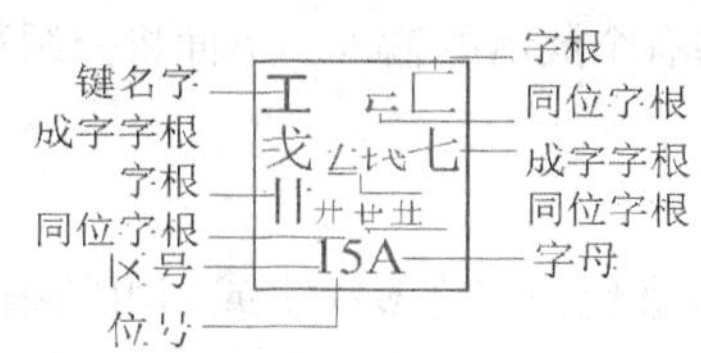

4.5.2 巧记五笔字根

上面的五笔字型键盘字根图给出了86版每个字母所对应的笔画、键名和基本字根，以及帮助记忆基本字根的口诀等。为了方便用户记忆，下面给出王码公司为每一区的码元编写了一首“助记词”，其中，括号内的为注释内容。不过，记忆字根时不必死记硬背，最好是通过理解来记住字根。

11 王旁青头戋（兼）五一（兼、戋同音）。

12 土士二干十寸雨。

13 大犬三丰（羊）古石厂。

14 木丁西。

15 工戈草头右框（匚）七。

21 目具上止卜虎皮（“具上”指“且”）。

22 日早两竖与虫依。

23 口与川，字根稀。

24 田甲方框四车力（“方框”即“囗”）。

25 山由贝，下框几。

31 禾竹一撇双人立（“双人立”即“彳”），反文条头共三一（“条头”即“夂”）。

32 白手看头三二斤（“看头”即“龵”）。

33 月彡（衫）乃用家衣底（即“豕、𧘇”）。

34 人和八，三四里（在34区）。

35 金（钅）勺缺点（勹）无尾鱼（鱼），犬旁留叉儿（乂）一点夕（指“夕ク”），氏无七（妻）（“氏”去掉“七”为“𠂆”）。

41 言文方广在四一，高头一捺谁人去（高头“亠”，“谁”去“亻”即是“讠主”）。

42 立辛两点六门疒。

43 水旁兴头小倒立。

44 火业头（业），四点（灬）米。

45 之字军盖建道底（即“之、宀、冖、廴、辶”），摘礻（示）衤（衣）礻。

51 已半巳满不出己，左框折尸心和羽（“左框”即“コ”）。

52 子耳了也框向上（“框向上”即“凵”）。

53 女刀九臼山朝西（“山朝西”即“彐”）。

54 又巴马，丢矢矣（“矣”去“矢”为“厶”）。

55 慈母无心弓和匕（“母无心”即“母”），幼无力（“幼”去“力”为“幺”）。

4.5.3 灵活输入汉字

五笔字型最大的优点就是重码少，但并非没有重码。重码是指在五笔字型输入法中有许多编码相同的汉字。另外，在五笔字型中，还有用来对键盘字根不熟悉的用户提供帮助的万能<Z>键。这就需要我们对汉字编码的有个灵活的输入。下面将介绍重码与万能键的使用方法。

1.输入重码汉字

在五笔字型输入法中，不可避免的有许多汉字或词组的编码相同，输入时就需要进行特殊选择。在输入汉字的过程中，若出现了重码字，五笔输入法软件就会自动报警，发出“嘟”的声音，提醒用户出现了重码字。

五笔字型对重码字按其使用频率进行了分级处理，输入重码字的编码时，重码字同时显示在提示行中，较常用的字一般排在前面。

如果所需要的字排在第一位，按空格键后则只管输入下文，此时，这个字会自动显示到编辑位置，输入时就像没有重码一样，输入速度完全不受影响；如果第一个字不是所需要的，则根据它的位置号按数字键，使它显示到编辑位置。

例如："去""云"和"支"等字，输入五笔编码"FCU"都可以显示，按其常用顺序排列，如果需要输入"去"字按空格后只管输入下文；如果需要"云"和"支"等字时，按其前面相对应的序号即可，如下图所示。

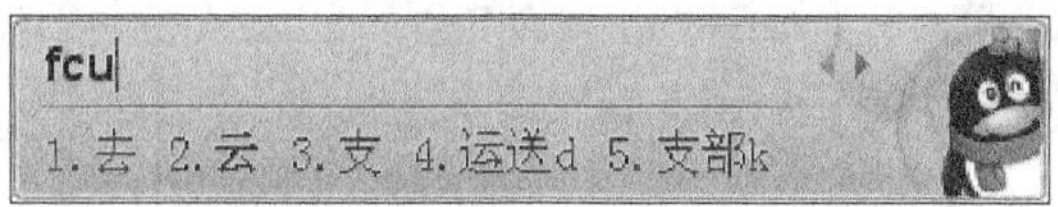

举例如下。

(1) 输入"IYJH"时，"济"和"浏"重码。

(2) 输入"FKUK"时，"喜"和"嘉"重码。

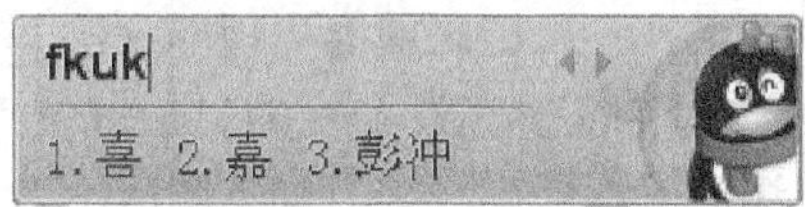

(3) 输入"FGHY"时，"雨"和"寸"重码。

(4) 输入"TFJ"时，"午"和"竿"重码。

2.万能【Z】键的妙用

在使用五笔字型输入法输入汉字时，如果忘记某个字根所在键或不知道汉字的末笔识别码，可用万能键【Z】来代替，它可以代替任何一个按键。

为了便于理解，下面将以举例的方式说明万能【Z】键的使用方法。

例如："虽"，输入完字根"口"之后，不记得"虫"的键位是哪个，就可以直接敲入【Z】键，如下图所示。

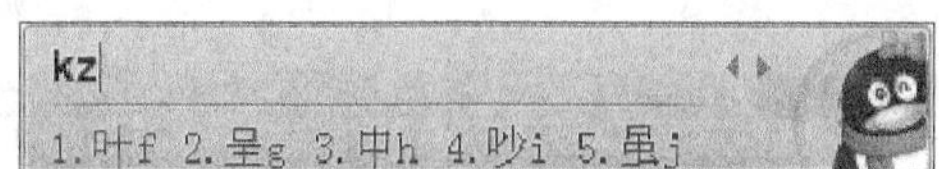

在其备选字列表中，可以看到"虽"字的字根"虫"在【J】键上，选择列表中相应的数字键，即可输入该字。

接着按照正确的编码再次进行输入，加深记忆，如下图所示。

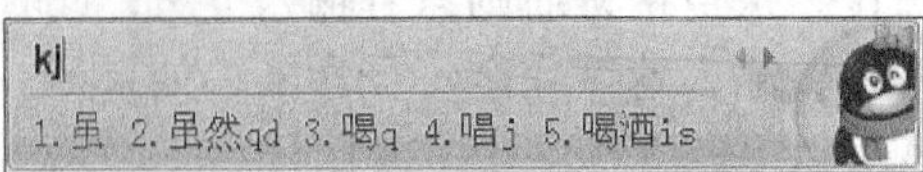

小提示

在使用万能键时，如果在候选框中未找到准备输入的汉字时，就可以在键盘上按下【+】键或【Page Down】键向后翻页，按下【-】键或【Page Up】键向前翻页进行查找。由于使用Z键输入重码率高，而影响打字的速度，所以用户尽量不要依赖Z键。

4.5.4 简码的输入

为了充分利用键盘资源，提高汉字输入速度，五笔字根表还将一些最常用的汉字设为简码，只要击一键、两键或三键，再加一个空格键就可以将简码输入。下面分别来介绍一下这些简码字的输入。

1.一级简码的输入

一级简码，顾名思义就是只需敲打一次键码就能出现的汉字。

在五笔键盘中根据每一个键位的特征，在五个区的25个键位（Z为学习键）上分别安排了一个使用频率最高的汉字，称为一级简码，即高频字，如下图所示。

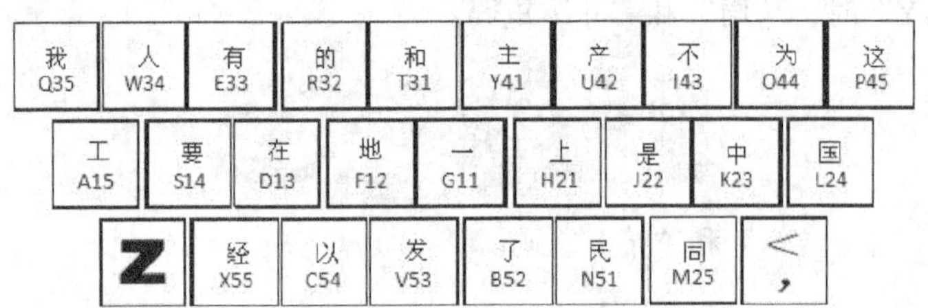

一级简码的输入方法：简码汉字所在键+空格键。

例如：当我们输入“要”字时，只需要按一次简码所在键“S”，即可在输入法的备选框中看到要输入的“要”字，如下图所示。

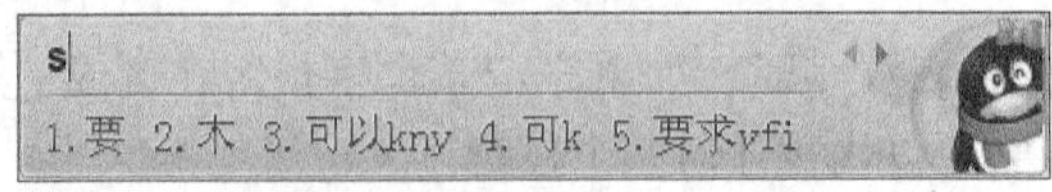

接着按下空格键，就可以看到已经输入的“要”字。

一级简码的出现大大提高了五笔打字的输入速度，对五笔学习初期也有极大的帮助。如果没有熟记一级简码所对应的汉字，输入速度将相当缓慢。

小提示

当某些词中含有一级简码时，输入一级简码的方法为：一级简码=首笔字根+次笔字根，例如，地=土（F）+也（B）；和=禾（T）+口（K）；要=西（S）+女（V）；中=口（K）+丨（H）等。

2.二级简码的输入

二级简码就是只需敲打两次键码就能出现的汉字。它是由前两个字根的键码作为该字的编码，输入时只要取前两个字根，再按空格键即可。但是，并不是所有的汉字都能用二级简码来输入，五笔字型将一些使用频率较高的汉字作为二级简码。下面将举例说明二级简码的输入方法。

例如：如= 女（V）+ 口（K）+ 空格，如下图所示。

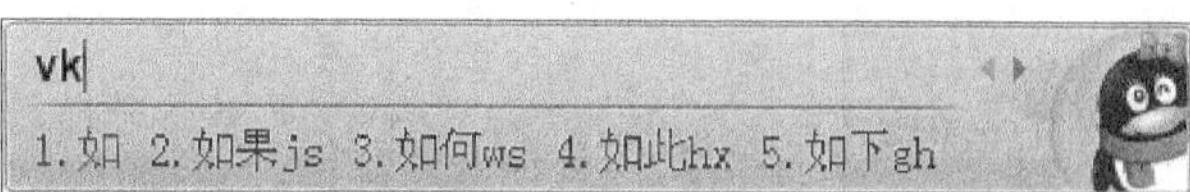

输入前两个字根，再按空格键即可输入。

同样的，暗= 日（J）+立（U）+ 空格。

果= 日（J）+木 (S) + 空格。

炽= 火（O）+口（K）+ 空格。

蝗= 虫（J）+白（R）+ 空格等。

二级简码是由25个键位（Z为学习键）代码排列组合而成的，共25 × 25个，去掉一些空字，二级简码大约600个左右。二级简码的输入方法为：第1个字根所在键+第2个字根所在键+空格键。二级简码表如下表所示。

位号	区号	11～15 GFDSA	21～25 HJKLM	31～35 TREWQ	41～45 YUIOP	51～55 NBVCX
11	G	五于天末开	下理事画现	玫珠表珍列	玉平不来	与屯妻到互
12	F	二寺城霜载	直进吉协南	才垢圾夫无	坟增示赤过	志地雪支
13	D	三夺大厅左	丰百右历面	帮原胡春克	太磁砂灰达	成顾肆友龙
14	S	本村枯林械	相查可楞机	格析极检构	术样档杰棕	杨李要权楷
15	A	七革基苛式	牙划或功贡	攻匠菜共区	芳燕东 芝	世节切芭药
21	H	睛睦睚盯虎	止旧占卤贞	睡睥肯具餐	眩瞳步眯瞎	卢 眼皮此
22	J	量时晨果虹	早昌蝇曙遇	昨蝗明蛤晚	景暗晃显晕	电最归紧昆
23	K	呈叶顺呆呀	中虽吕另员	呼听吸只史	嘛啼吵噗喧	叫啊哪吧哟
24	L	车轩因困轼	四辊加男轴	力斩胃办罗	罚较 辚边	思团轨轻累
25	M	同财央朵曲	由则 崭册	几贩骨内风	凡赠峭赕迪	岂邮 凤嶷
31	T	生行知条长	处得各务向	笔物秀答称	入科秒秋管	秘季委么第
32	R	后持拓打找	年提扣押抽	手白扔失换	扩拉朱搂近	所报扫反批
33	E	且肝须采肛	胙胆肿肋肌	用遥朋脸胸	及胶膛膦爱	甩服妥肥脂
34	W	全会估休代	个介保佃仙	作伯仍从你	信们偿伙	亿他分公化
35	Q	钱针然钉氏	外旬名甸负	儿铁角欠多	久匀乐炙锭	包凶争色
41	Y	主计庆订度	让刘训为高	放诉衣认义	方说就变这	记离良充率
42	U	闰半关亲并	站间部曾商	产瓣前闪交	六立冰普帝	决闻妆冯北
43	I	汪法尖洒江	小浊澡渐没	少泊肖兴光	注洋水淡学	沁池当汉涨
44	O	业灶类灯煤	粘烛炽烟灿	烽煌粗粉炮	米料炒炎迷	断籽娄烃糨
45	P	定守害宁宽	寂审宫军宙	客宾家空宛	社实宵灾之	官字安 它
51	N	怀导居 民	收慢避惭届	必怕 愉懈	心习悄屡忱	忆敢恨怪尼
52	B	卫际承阿陈	耻阳职阵出	降孤阴队隐	防联孙耿辽	也子限取陛
53	V	姨寻姑杂毁	叟旭如舅妯	九 奶 婚	妨嫌录灵巡	刀好妇妈姆
54	C	骊对参骠戏	骒台劝观	矣牟能难允	驻 驼	马邓艰双
55	X	线结顷 红	引旨强细纲	张绵级给约	纺弱纱继综	纪弛绿经比

小提示

虽然一级简码速度快，但毕竟只有25个，真正提高五笔打字输入速度的是这600多个二级简码的汉字。二级简码数量较大，靠记忆并不容易，只能在平时多加注意与练习，日积月累慢慢就会记住二级简码汉字，从而大大提高输入速度。

3.三级简码的输入

三级简码是以单字全码中的前三个字根作为该字的编码。

在五笔字根表所有的简码中三级简码汉字字数多，输入三级简码字也只需击键四次（含一个空格键），三个简码字母与全码的前三者相同。但用空格代替了末字根或末笔识别码。即三级简码汉字的输入方法为：第1个字根所在键+第2个字根所在键+第3个字根所在键+空格键。由于省略了最后一个字根的判定和末笔识别码的判定，可显著提高输入速度。

三级简码汉字数量众多，大约有4400多个，故在此就不再一一列举。下面只举例说明三级简码汉字的输入，以帮助读者学习。

例如：模= 木（S）+ 艹（A）+日（J）+空格，如下图所示。

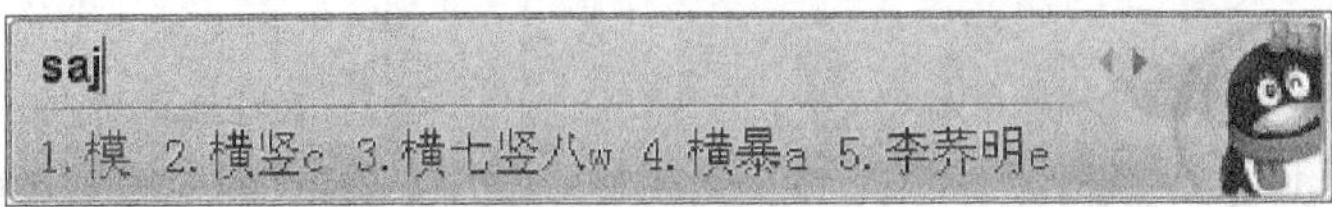

输入前三个字根，再输入空格即可输入。

同样的，隔= 阝（B）+ 一（G）+ 口（K）+ 空格。

输= 车（L）+ 人（W）+ 一（G）+ 空格。

蓉= 艹（A）+ 宀（P）+ 八（W）+空格。

措= 扌（R）+ 龷（A）+ 日（J）+ 空格。

修= 亻（W）+丨（H）+ 夂（T）+ 空格等。

4.5.5 输入词组

五笔输入法中不仅可以输入单个汉字，而且还提供大规模词组数据库，使输入更加快速。用好词组输入是提高五笔输入速度的关键。

五笔字根表中词组输入法按词组字数分为二字词组、三字词组、四字词组和多字词组四种，但不论哪一种词组其编码构成数目都为四码。因此采用词组的方式输入汉字会比单个输入汉字的速度快得多。本节将介绍五笔输入法中词组的编码规则。

1. 输入二字词组

二字词组输入法为：分别取单字的前两个字根代码，即第1个汉字的第1个字根所在键+第1个汉字的第2个字根所在键+第2个汉字的第1个字根所在键+第2个汉字的第2个字根所在键。下面举例来说明二字词组的编码的规则。

例如：汉字= 氵（I）+ 又（C）+ 宀（P）+ 子（B），如下图所示。

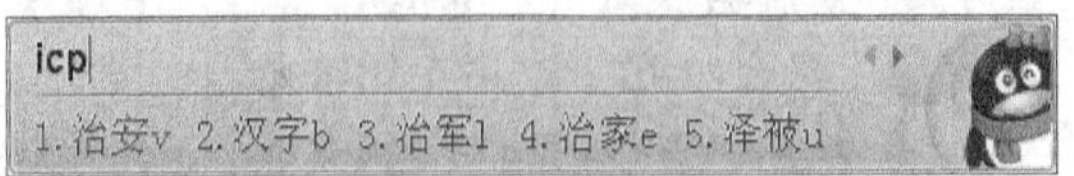

当输入“B”时，二字词组“汉字”即可输入。

再如下表所示的都是二字词组的编码规则。

词组	第1个字根 第1个汉字的第1个字根	第2个字根 第1个汉字的第2个字根	第3个字根 第2个汉字的第1个字根	第4个字根 第2个汉字的第2个字根	编码
词组	讠	乙	纟	月	YNXE
机器	木	几	口	口	SMKK
代码	亻	弋	石	马	WADC
输入	车	人	丿	丶	LWTY
多少	夕	夕	小	丿	QQIT
方法	方	丶	氵	土	YYIF
字根	宀	子	木	彐	PBSV
编码	纟	丶	石	马	XYDC
中国	口	丨	囗	王	KHLG
你好	亻	勹	女	子	WQVB
家庭	宀	豕	广	丿	PEYT
帮助	三	丿	月	一	DTEG

小提示

在拆分二字词组时，如果词组中包含有一级简码的独体字或键名字，只需连续按两次该汉字所在键位即可；如果一级简码非独体字，则按照键外字的拆分方法进行拆分即可；如果包含成字字根，则按照成字字根的拆分方法进行拆分。

二字词组在汉语词汇中占有的比重较大，熟练掌握其输入方法可有效的提高五笔打字速度。

2. 输入三字词组

所谓三字词组就是构成词组的汉字个数有三个。三字词组的取码规则为：前两字各取第一码，后一字取前两码。即第一个汉字的第一个字根+第二个汉字的第一个字根+第三个汉字的第一个字根+第三个汉字的第二个字根。下面举例说明三字词组的编码规则。

例如：计算机=讠（Y）+禾（T）+木（S）+几（M），如下图所示。

当输入“M”时，“计算机”三字即可输入。

再如下表所示的都是三字词组的编码规则。

词组	第1个字根 第1个汉字的第1个字根	第2个字根 第2个汉字的第1个字根	第3个字根 第3个汉字的第1个字根	第4个字根 第3个汉字的第2个字根	编码
瞧不起	目	一	土	止	HGFH
奥运会	丿	二	人	二	TFWF
平均值	一	土	亻	十	GFWF
运动员	二	二	口	贝	FFKM

续表

词组	第1个字根 第1个汉字的第1个字根	第2个字根 第2个汉字的第1个字根	第3个字根 第3个汉字的第1个字根	第4个字根 第3个汉字的第2个字根	编码
共产党	艹	立	⺌	冖	AUIP
飞行员	乙	彳	口	贝	NTKM
电视机	日	礻	木	几	JPSM
动物园	二	丿	囗	二	FTLF
摄影师	扌	日	刂	一	RJJG
董事长	艹	一	丿	七	AGTA
联合国	耳	人	囗	王	BWLG
操作员	扌	亻	口	贝	RWKM

小提示

在拆分三字词组时，词组中包含有一级简码或键名字，如果该汉字在词组中，只需选取该字所在键位即可；如果该汉字在词组末尾又是独体字，则按其所在的键位两次作为该词的第三码和第四码。若包含成字字根，则按照成字字根的拆分方法拆分即可。

三字词组在汉语词汇中占有的比重也很大，其输入速度大约为普通汉字输入速度的3倍，因此可以有效的提高输入速度。

3. 输入四字词组

四字词组在汉语词汇中同样占有一定的比重，其输入速度约为普通汉字的4倍，因而熟练掌握四字词组的编码对五笔打字的速度相当重要。

四字词组的编码规则为取每个单字的第一码。即第1个汉字的第1个字根+第2个汉字的第1个字根+第3个汉字的第1个字根+第4个汉字的第1个字根。下面举例说明四字词组的编码规则。

例如：前程似锦=䒑（U）+禾（T）+亻（W）+钅（Q），如下图所示。

当输入“Q”时，“前程似锦”四字即可输入。

再如下表所示的都是四字词组的编码规则。

词组	第1个字根 第1个汉字的第1个字根	第2个字根 第2个汉字的第1个字根	第3个字根 第3个汉字的第1个字根	第4个字根 第4个汉字的第1个字根	编码
青山绿水	龶	山	纟	水	GMXI
势如破竹	扌	女	石	竹	RVDT
天涯海角	一	氵	氵	⺈	GIIQ
三心二意	三	心	二	立	DNFU
熟能生巧	亠	厶	丿	工	YCTA
釜底抽薪	八	广	扌	艹	WYRA
刻舟求剑	亠	丿	十	人	YTFW

续表

词组	第1个字根 第1个汉字的第1个字根	第2个字根 第2个汉字的第1个字根	第3个字根 第3个汉字的第1个字根	第4个字根 第4个汉字的第1个字根	编码
万事如意	𠂇	一	女	立	DGVU
当机立断	⺌	木	立	米	ISUO
明知故犯	日	𠂉	古	犭	JTDQ
惊天动地	忄	一	二	土	NGFF
高瞻远瞩	亠	目	二	目	YHFH

小提示

在拆分四字词组时，词组中如果包含有一级简码的独体字或键名字，只需选取该字所在键位即可；如果一级简码非独体字，则按照键外字的拆分方法拆分即可；若包含成字字根，则按照成字字根的拆分方法拆分即可。

4. 输入多字词组

多字词组是指四个字以上的词组，能通过五笔输入法输入的多字词组并不多见，一般在使用率特别高的情况下，才能够完成输入，其输入速度非常之快。

多字词组的输入同样也是取四码，其规则为取第一、二、三及末字的第一码，即第一个汉字的第一个字根+第二个汉字的第一个字根+第三个汉字的第一个字根+末尾汉字的第一个字根。下面举例来说明多字词组的编码规则。

例如：中华人民共和国= 口（K）+ 亻（W）+ 人（W）+ 囗（L），如下图所示。

当输入“L”时，“中华人民共和国”七字即可输入。

再如下表所示的都是多字词组的编码规则。

词组	第1个字根 第1个汉字的第1个字根	第2个字根 第2个汉字的第1个字根	第3个字根 第3个汉字的第1个字根	第4个字根 第末个汉字的第1个字根	编码
中国人民解放军	口	囗	人	冖	KLWP
百闻不如一见	𠂇	门	一	冂	DUGM
中央人民广播电台	口	冂	人	厶	KMWC
不识庐山真面目	一	讠	广	目	GYYH
但愿人长久	亻	厂	人	勹	WDWQ
心有灵犀一点通	心	𠂇	彐	龴	NDVC
广西壮族自治区	广	西	丬	匚	YSUA
天涯何处无芳草	一	氵	亻	艹	GIWA
唯恐天下不乱	口	工	一	丿	KADT
不管三七二十一	一	𥫗	三	一	GTDG

小提示

在拆分多字词组时，词组中如果包含有一级简码的独体字或键名字，只需选取该字所在键位即可；如果一级简码非独体字，则按照键外字的拆分方法拆分即可；若包含成字字根，则按照成字字根的拆分方法拆分即可。

5. 手工造词

五笔输入法词库中，只添加了最常用的一些词组，如果用户要经常用到某个词组，那么用户可以把词组添加到词库中。

例如，用户要把“床前明月光”添加到词库中，那么可以先复制这5个字，然后右击五笔输入法的状态条，在弹出的菜单中选择【手工造词】命令，打开【手工造词】对话框，然后把“床前明月光”粘贴到【词语】文本框中，此时【外码】文本框中就会自动填上相应的编码。单击【添加】按钮后，再单击【关闭】按钮退出【手工造词】对话框即可。

4.6 综合实战——使用拼音输入法写一封信

本节教学录像时间：4 分钟

本节以使用QQ拼音输入法写一封信为例，介绍拼音输入法的使用。

第1步：设置信件开头

步骤01 打写字板软件，输入信的开头，在键盘中按【V】键，然后输入“Dear”，单击第一个选项。

步骤02 即可输入英文单词“Dear”。

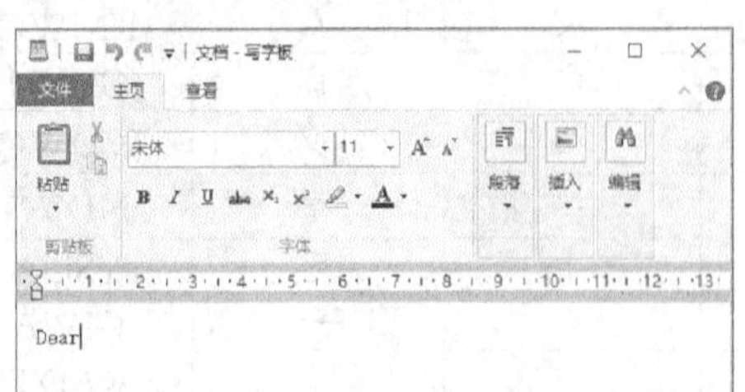

步骤03 然后直接姓名的拼写“xiaoming”，选择正确的名称，并将其插入到文档中。

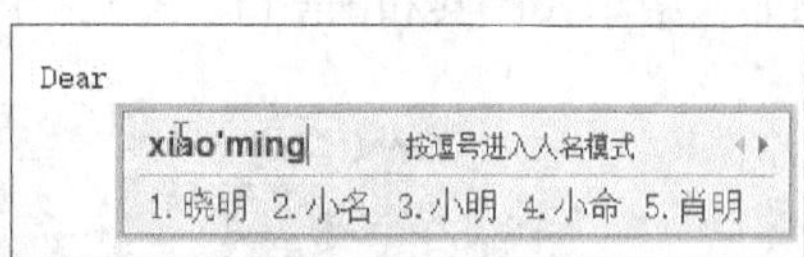

步骤04 在键盘上按【Shift+；】组合键，输入冒号“：”。

Dear晓明：

第2步：输入信件正文

步骤01 按【Enter】键换行，然后直接输入信件的正文。输入正文时汉字直接按相应的拼音，数字可直接按小键盘中的数字键。

Dear晓明：

好久不见，下周六（2016年1月2日）是我的生日，希望你能在当天下午5点参加我的生日聚会，地点在长江西路125号长江饭店502室。

如果你能准时参加，请收到信件之后给我回复。

静候你的光临。

挚友：晓军

步骤02 将鼠标光标定位至第4行的最后。

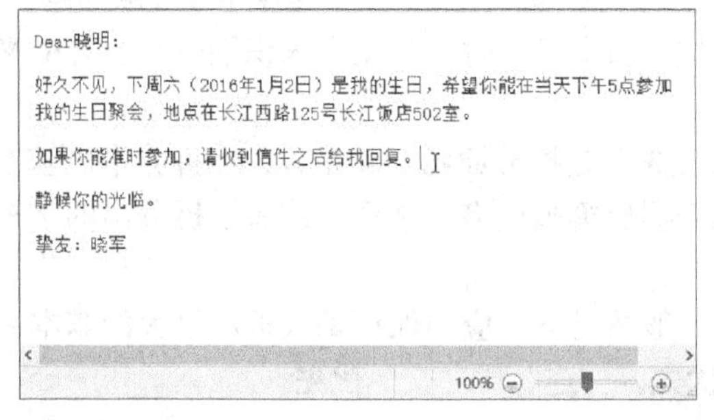

第3步：输入日期并设置信件格式

步骤01 将鼠标光标定位置Word文档的最后一个段落标记前。

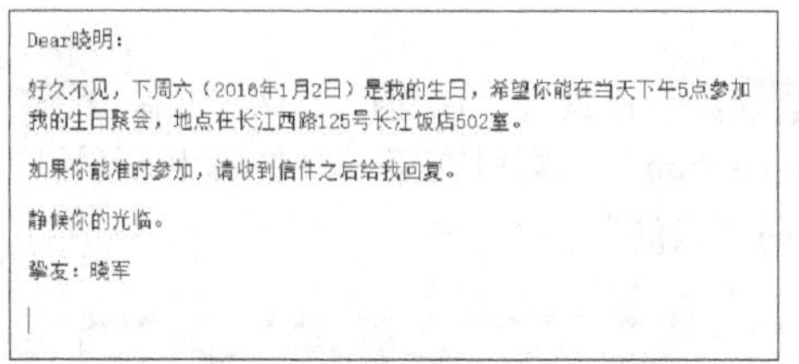

步骤02 直接从键盘输入【R】和【Q】键，即可在候选字中看到当前的日期。

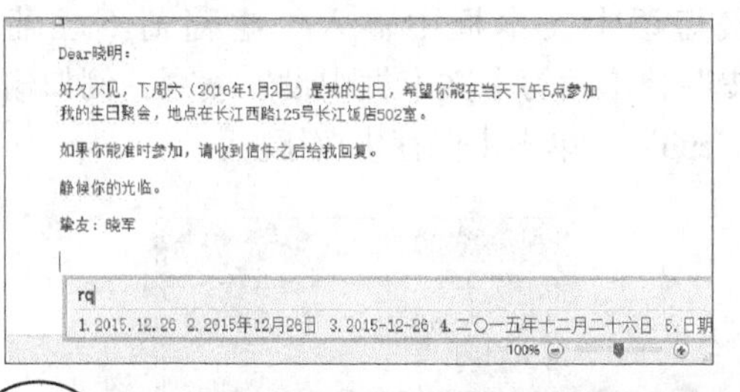

步骤03 按【1】数字键，即可完成当前日期的输入。

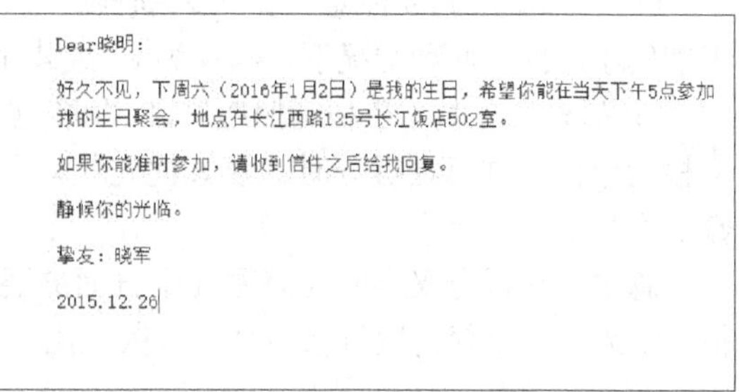

步骤04 根据需要设置信件内容的格式。最终效果如下图所示。至此，就完成了使用QQ拼音输入法写一封信的操作。只要将制作的文档保存即可。

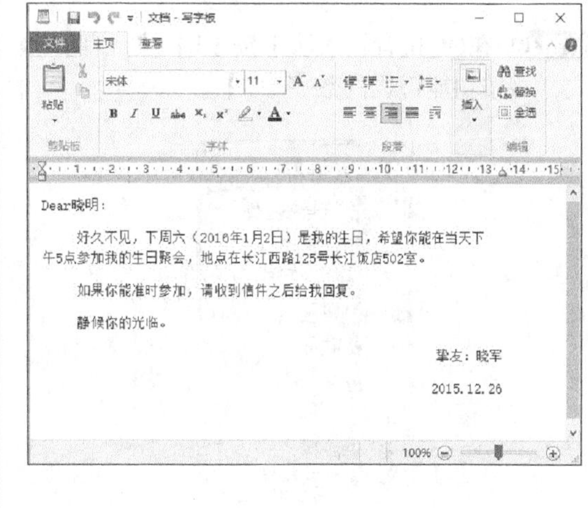

高手支招

本节教学录像时间：5 分钟

单字的五笔字根编码歌诀技巧

通过前面的学习，五笔打字已经学得差不多了，相信读者也会有不少心得。下面总结出了单字的五笔字根编码歌诀，如下。

五笔字型均直观，依照笔顺把码编；

键名汉字打四下，基本字根请照搬；

一二三末取四码，顺序拆分大优先；

不足四码要注意，交叉识别补后边。

此歌诀中不仅包含了五笔打字的拆分原则，还包含了五笔打字的输入规则。

(1)“依照笔顺把码编”说明了取码顺序要依照从左到右，从上到下，从外到内的书写顺序。

⑵ “键名汉字打四下”说明了25个“键名汉字”的输入规则。

⑶ “一二三末取四码”说明了字根数为4个或大于4个时，按一、二、三、末字根顺序取四码。

⑷ “不足四码要注意，交叉识别补后边”说明不足4个字根时，打完字根识别码后，补交叉识别码于尾部。此种情况下，码长为3个或 4 个。

⑸ 另外，“基本字根请照搬”和“顺序拆分大优先”是拆分原则。就是说，在拆分中以基本字根为单位，并且在拆分时“取大优先”，尽可能先拆出笔画最多的字根，或者说拆分出的字根数要尽量少。

总之，在拆分汉字时应兼顾几个方面的要求。一般情况下，应当保证每次拆出最大的基本字根；如果拆出字根的数目相同时，“散”比“连”优先，“连”比“交”优先。

造词

造词工具用于管理和维护自造词词典以及自学习词表，用户可以对自造词的词条进行编辑、删除，设置快捷键，导入或导出到文本文件等，使下次输入可以轻松完成。在QQ拼音输入法中定义用户词和自定义短语的具体操作步骤如下。

步骤01 在QQ拼音输入法下按【I】键，启动i模式，并按功能键区的数字【7】。

步骤02 弹出【QQ拼音造词工具】对话框，选择【用户词】选项卡。如果经常使用“扇淀”这个词，可以在【新词】文本框中输入该词，并单击【保存】按钮。

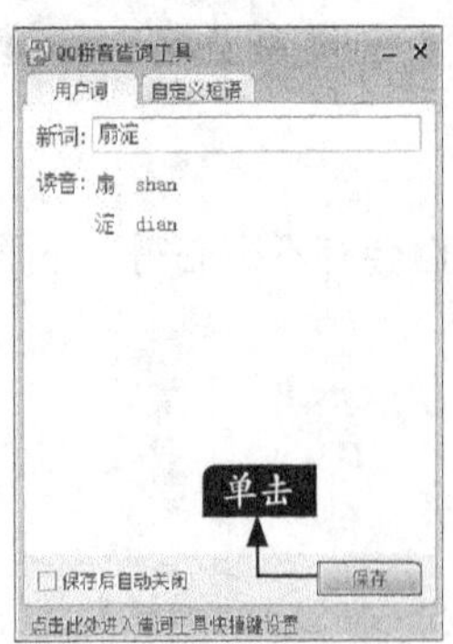

步骤03 在此，在输入法中输入拼音“shandian”，即可在第一个位置上显示设置的新词“扇淀”。

步骤04【自定义短语】选项卡，在【自定义短语】文本框中输入“吃葡萄不吐葡萄皮”，【缩写】文本框中设置缩写，例如输入“cpb”，单击【保存】按钮。

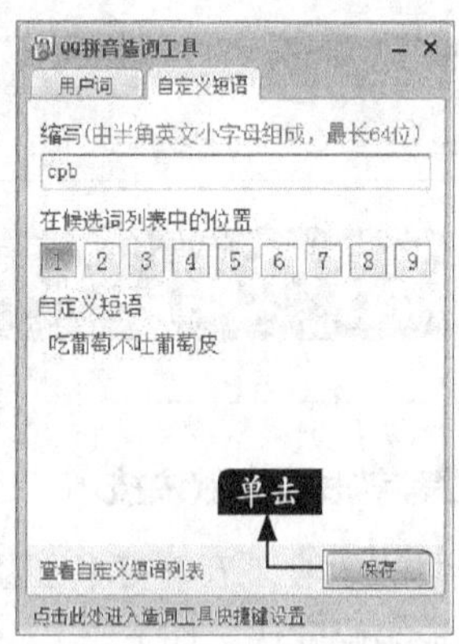

步骤05 在输入法中输入拼音“cpb”，即可在第一个位置上显示设置的新短语。

第5章

办公文件的高效管理

学习目标

文件和文件夹是Windows 10操作系统资源管理的重要工具。只有掌握好管理文件和文件夹的基本操作，才能更好地运用操作系统完成工作和学习。本章主要介绍Windows 10中文件和文件夹的基本操作方法。

学习效果

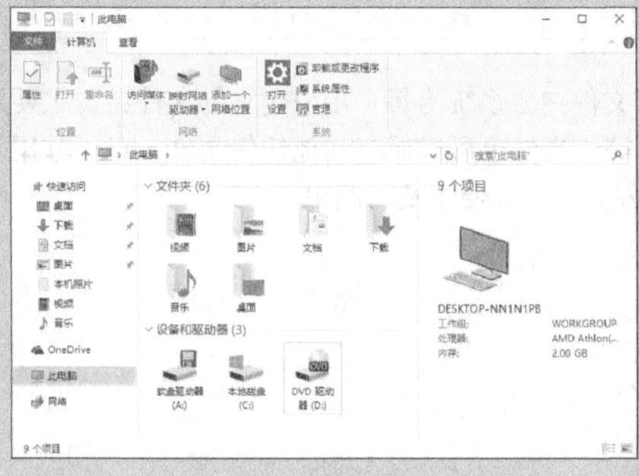

5.1 文件和文件夹的存放位置

本节教学录像时间：3 分钟

Windows 10系统一般是用【此电脑】来存放文件，另外也可以用移动存储设备存放文件，如U盘、移动U盘及手机的内部存储。

5.1.1 此电脑

理论上来说，文件可以被存放在【此电脑】的任意位置。但是为了便于管理，文件的存放有以下常见的原则。

通常情况下，电脑的硬盘最少也需要划分为3个分区：C、D和E盘。3个盘的功能分别如下。

⑴ C盘。C盘主要是用来存放系统文件。所谓系统文件，是指操作系统和应用软件中的系统操作部分。一般系统默认情况下都会被安装在C盘，包括常用的程序。

⑵ D盘。D盘主要用来存放应用软件文件。比如Office、Photoshop和3ds Max等程序，常常被安装在D盘。对于软件的安装，有以下常见的原则。

① 一般小的软件，如RAR压缩软件等可以安装在C盘。

② 对于大的软件，如Office 2016，建议安装在D盘。

小提示

几乎所有软件默认的安装路径都在C盘中，电脑用得越久，C盘被占用的空间越多。随着时间的增加，系统反应会越来越慢。所以安装软件时，需要根据具体情况改变安装路径。

⑶E盘。E盘用来存放用户自己的文件。比如用户自己的电影、图片和资料文件等。如果硬盘还有多余的空间，可以添加更多的分区。

5.1.2 用户文件夹

【用户文件夹】是Windows 10中的一个系统文件夹，系统为每个用户建立的文件夹，主要用于保存视频、图片、文档、下载、音乐以及桌面等，当然也可以保存其他任何文件。对于常用的文件，用户可以将其放在【文件夹组】对应的文件夹中，以便于及时调用。

5.2 认识文件和文件夹

本节教学录像时间：3 分钟

在Windows 10操作系统中，文件是最小的数据组织单位。文件中可以存放文本、图像和数值数据等信息。而硬盘则是存储文件的大容量存储设备，其中可以存储很多文件。同时为了便于管理文件，还可以把文件组织到目录和子目录中去。目录被认为是文件夹，而子目录则被认为是文件夹的文件夹(或子文件夹)。

5.2.1 文件

文件是Windows存取磁盘信息的基本单位，一个文件是磁盘上存储的信息的一个集合，可以是文字、图片、影片和一个应用程序等。每个文件都有自己唯一的名称，Windows 10正是通过文件的名字来对文件进行管理的。

Windows 10与DOS最显著的差别就是它支持长文件名，甚至在文件和文件夹名称中允许有空格。在Windows 7中，默认情况下系统自动按照类型显示和查找文件。有时为了方便查找和转换，也可以为文件指定后缀。

1. 文件名的组成

在Windows 10操作系统中，文件名由“基本名”和“扩展名”构成，它们之间用英文“.”隔开。例如文件“tupian.jpg”的基本名是“tupian”，扩展名是“JPG”，文件“月末总结.docx”的基本名是“月末总结”，扩展名是“docx”。

小提示

文件可以只有基本名，没有扩展名，但不能只有扩展名，没有基本名。

2. 文件命名规则

文件的命名规则有以下几点。

⑴ 文件名称长度最多可达256个字符，1个汉字相当于2个字符。

文件名中不能出现这些字符：斜线（\、/）、竖线（|）、小于号（<）、大于号（>）、冒号（：）、引号（"）、问号（？）、星号（*）。

文件名不能包含下列任何字符：
\ / : * ? " < > |

小提示

不能出现的字符在计算机中有特殊的用途。

⑵ 文件命名不区分大小写字母。如“abc.txt”和“ABC.txt”是同一个文件名。

⑶ 同一个文件夹下的文件名称不能相同。

3. 文件地址

文件的地址由“盘符”和“文件夹”组成，它们之间用一个反斜杠“\”隔开，其中后一个文件夹是前一个文件夹的子文件夹。例如“E:\Work\Monday\总结报告.docx”的地址是“E:\Work\Monday”，其中“Monday”文件夹是“Work”文件夹的子文件夹，如下图所示。

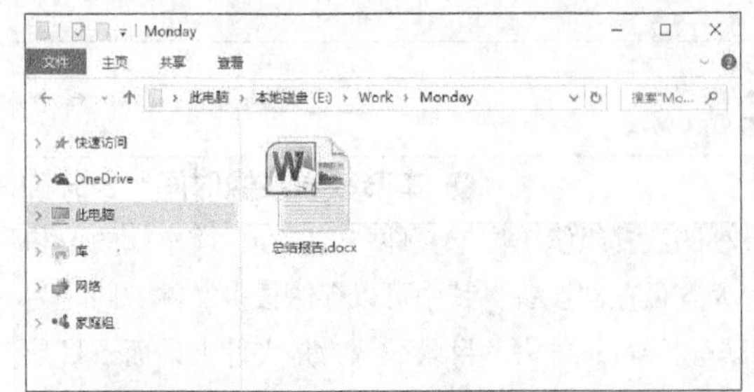

4. 文件类型

文件的扩展名是Windows 10操作系统识别文件的重要方法，因而了解常见的文件扩展名对于学习和管理文件有很大的帮助。一般情况下，文件可以分为文本文件、图像和照片文件、压缩文件、音频文件和视频文件等。

(1) 文本文件

文本文件是一种典型的顺序文件，其文件的逻辑结构又属于流式文件。

文件扩展名	文件简介
.txt	文本文件，用于存储无格式文字信息
.doc/.docx	Word文件，使用Microsoft Office Word创建
.xls	Excel电子表格文件，使用Microsoft Office Excel创建
.ppt	PowerPoint幻灯片文件，使用Microsoft Office PowerPoint创建
.pdf	PDF全称Portable Document Format，是一种电子文件格式

(2) 图像和照片文件

图像和照片文件由图像程序生成，或通过扫描、数码相机等方式生成。

文件扩展名	文件简介
.jpeg	广泛使用的压缩图像文件格式，显示文件颜色没有限制，效果好，体积小
.psd	著名的图像软件Photoshop生成的文件，可保存各种Photoshop中的专用属性，如图层、通道等信息，体积较大
.gif	用于互联网的压缩文件格式，只能显示256种颜色，不过可以显示多帧动画
.bmp	位图文件，不压缩的文件格式，显示文件颜色没有限制，效果好，唯一的缺点就是文件体积大
.png	PNG能够提供长度比gif小30%的无损压缩图像文件，是网上比较受欢迎的图片格式之一

(3) 压缩文件

压缩文件是通过压缩算法将普通文件打包压缩之后生成的文件，可以有效地节省存储空间。

文件扩展名	文件简介
.rar	通过RAR算法压缩的文件，目前使用较为广泛
.zip	使用ZIP算法压缩的文件，历史比较悠久
.jar	用于JAVA程序打包的压缩文件
.cab	微软制定的压缩文件格式，用于各种软件压缩和发布

(4) 音频文件

音频文件是通过录制和压缩而生成的声音文件。

文件扩展名	文件简介
.wav	波形声音文件，通常通过直接录制采样生成，其体积比较大
.mp3	使用mp3格式压缩存储的声音文件，是使用最为广泛的声音文件格式之一
.wma	微软制定的声音文件格式，可被媒体播放机直接播放，体积小，便于传播
.ra	RealPlayer声音文件，广泛用于互联网声音播放

(5)视频文件

视频文件是由专门的动画软件制作而成或通过拍摄方式生成的文件。

文件扩展名	文件简介
.swf	Flash视频文件，通过Flash软件制作并输出的视频文件，用于互联网传播
.avi	使用MPG4编码的视频文件，用于存储高质量视频文件

续表

文件扩展名	文件简介
.wmv	微软制定的视频文件格式，可被媒体播放机直接播放，体积小，便于传播
.rm	RealPlayer视频文件，广泛用于互联网视频播放

(6) 其他常见文件

其他常见文件扩展名如下。

文件扩展名	文件简介
.exe	可执行文件，二进制信息，可以被电脑直接执行
.ico	图标文件，固定大小和尺寸的图标图片
.dll	动态链接库文件，被可执行程序所调用，用于功能封装
.apk	Android操作系统的应用程序安装文件格式，用于安装到手机中

5. 文件图标

在Windows 10操作系统中，文件的图标和扩展名代表了文件的类型，而且文件的图标和扩展名之间有一定的对应关系，看到文件的图标，知道文件的扩展名就能判断出文件的类型。例如文本文件中后缀名为“.docx”的文件图标为，图片文件中后缀名“.jpeg”的文件图标为，压缩文件中后缀名“.rar”的文件图标为，视频文件中后缀名“.avi”的文件图标为。

6. 文件大小

查看文件的大小有两种方法。

方法一：选择需要查看大小的文件并单击鼠标右键，在弹出的快捷菜单中选择【属性】菜单命令，即可在打开的【属性】对话框中查看文件的大小。

方法二：打开包含要查看文件的文件夹，单击窗口右下角的按钮，即可在文件夹中查看文件的大小。

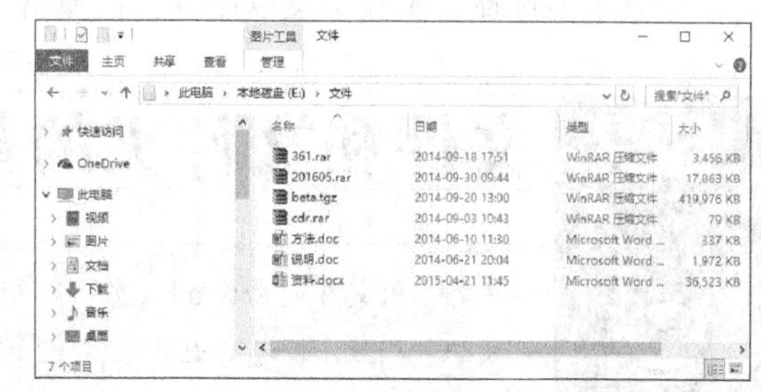

5.2.2 文件夹

在Windows 10操作系统中，文件夹主要用来存放文件，是存放文件的容器。

文件夹是从Windows 95开始提出的一种名称。它实际上是DOS中目录的概念，在过去的电脑操作系统中，习惯于把它称为目录。树状结构的文件夹是目前微型电脑操作系统的流行文件管理模式。它的结构层次分明，容易被人们理解，只要用户明白它的基本概念，就可以熟练使用它。

1. 文件夹命名规则

在Windows 10中，文件夹的命名规则有以下几点。

(1) 文件夹名称长度最多可达256个字符，1个汉字相当于2个字符。

文件夹名中不能出现这些字符：斜线（\、/）、竖线（|）、小于号（<）、大于号（>）、冒号（：）、引号（"）、问号（？）、星号（*）。

(2) 文件夹不区分大小写字母。如“abc”和“ABC”是同一个文件夹名。

(3) 文件夹通常没有扩展名。

(4) 同一个文件夹中文件夹不能同名。

2. 选择文件或文件夹

(1) 单击即可选择一个对象。

(2) 单击菜单栏中的【编辑】➤【全选】菜单命令或按【Ctrl+A】组合键即可选择所有对象。

(3) 选择一个对象，按住【Ctrl】键，同时单击其他对象，可以选择不连续的多个对象。

(4) 选择第一个对象，按住【Shift】键单击最后一个对象，或拖曳鼠标绘制矩形框选择多个对象，都可以选择连续的多个对象。

3. 文件夹大小

文件夹的大小单位与文件大小单位相同，只能使用【属性】对话框查看文件夹的大小。选择要查看的文件夹并单击鼠标右键，在弹出的快捷菜单中选择【属性】菜单命令，在弹出的【常规】对话框中即可查看文件夹的大小。

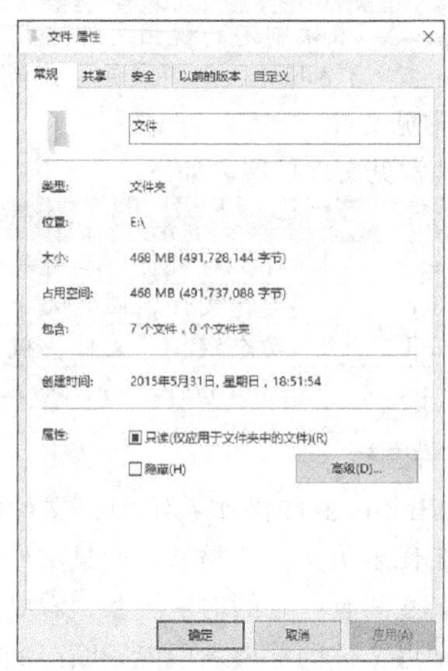

5.3 文件和文件夹的基本操作

本节教学录像时间：25 分钟

文件和文件夹是Windows 10操作系统资源的重要组成部分。只有掌握好管理文件和文件夹的基本操作，才能更好地运用操作系统完成工作和学习。

5.3.1 认识文件和文件夹

在Windows 10操作系统中，文件夹主要用来存放文件，是存放文件的容器。双击桌面上的【此电脑】图标，任意进入一个本地磁盘，即可看到分布的文件夹，如下图所示。

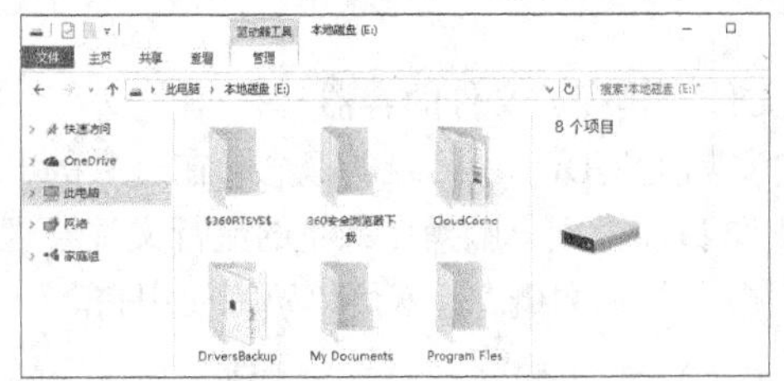

文件是Windows存取磁盘信息的基本单位，一个文件是磁盘上存储的信息的一个集合，可以是文字、图片、影片和一个应用程序等。每个文件都有自己唯一的名称，Windows 10正是通过文件的名字来对文件进行管理的。

文件的种类是由文件的扩展名来标示的，由于扩展名是无限制的，所以文件的类型自然也就是无限制的。文件的扩展名是Windows 10操作系统识别文件的重要方法，因而了解常见的文件扩展名对于学习和管理文件有很大的帮助。

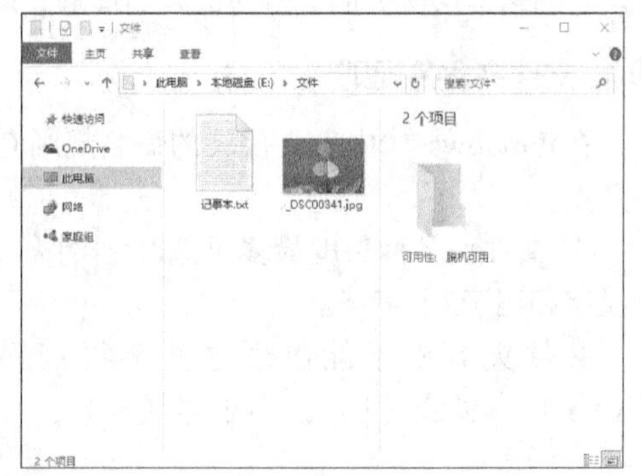

5.3.2 文件资源管理功能区

在Windows 10操作系统中，文件资源管理器采用了Ribbon界面，其实它并不是首次出现，在Office 2007到Office 2016都采用了Ribbon界面，最明显的标识就是采用了标签页和功能区的形式，便于用户的管理。而在本节介绍Ribbon界面，主要目的是方便用户可以通过新的功能区，对文件和文件夹进行管理。

在文件资源管理器中，默认隐藏功能区，用户可以单击窗口最右侧的向下按钮或按【Ctrl+F1】展开或隐藏功能区。另外，单击标签页选项卡，也可显示功能区。

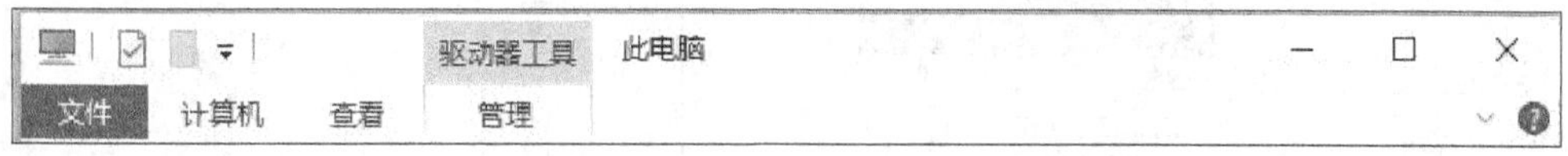

在Ribbon界面中，主要包含计算机、主页、共享和查看4种标签页，单击不同的标签页，则包含同类型的命令。

1.计算机标签页

双击【此电脑】图标，进入【此电脑】窗口，则默认显示计算机标签页，主要包含了对电脑的常用该操作，如磁盘操作、网络位置、打开设置对话框、程序卸载、查看系统属性等。

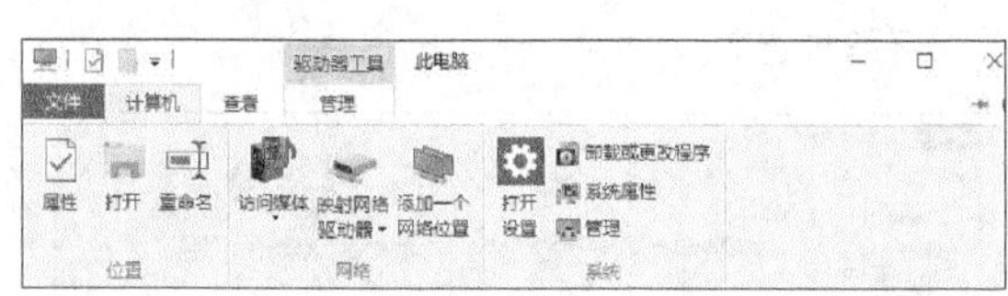

2.主页标签页

打开任意磁盘或文件夹，则看到显示主页标签页，如下图所示。主要包含对文件或文件夹的复制、移动、粘贴、重命名、删除、查看属性和选择等操作。

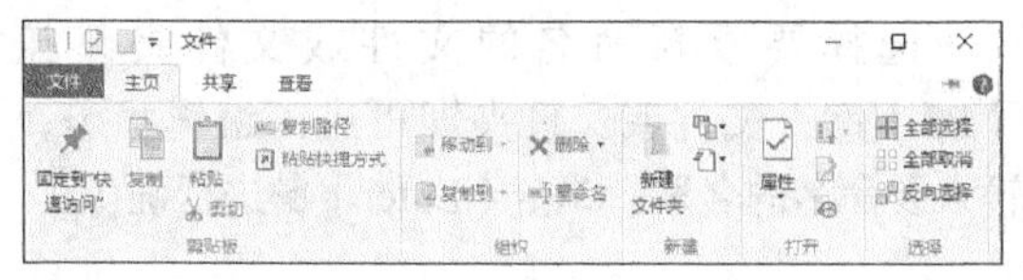

3.共享标签页

在共享标签页，主要包括对文件的发送和共享操作，如文件、刻录、打印等。

4.查看标签页

在查看标签页中，主要包含对窗口、布局、视图和显示/隐藏等操作，如文件或文件夹显示方式、排列文件或文件夹、显示/隐藏文件或文件夹都可在该标签页下进行操作。

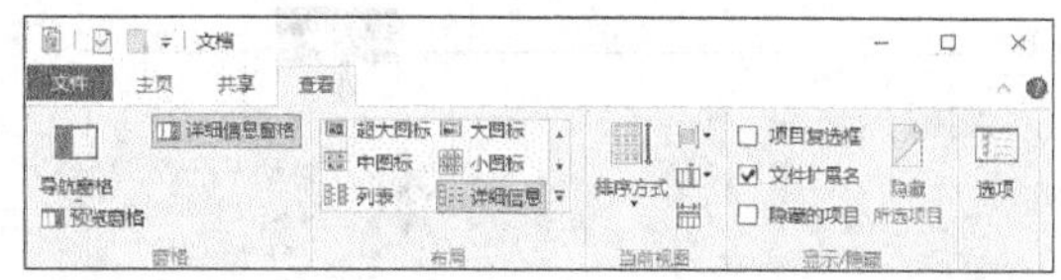

除了上述主要的标签页外，当文件夹包含图片时，则会出现【图片工具】标签；当文件夹包含音乐文件时，则会出现【音乐工具】标签。另外，还有【管理】、【解压缩】、【应用程序工具】等标签。

5.3.3 打开/关闭文件或文件夹

对文件或文件夹进行最多的操作就是打开和关闭，下面就介绍打开和关闭文件或文件夹的常用方法。

(1) 双击要打开的文件。

(2) 在需要打开的文件名上单击鼠标右键，在弹出的快捷菜单中选择【打开】菜单命令。

(3) 利用【打开方式】打开，具体操作步骤如下。

步骤 01 在需要打开的文件名上单击鼠标右键，在弹出的快捷菜单中选择【打开方式】菜单命令，在其子菜单中选择相关的软件，如这里选择【写字板】方式打开记事本文件。

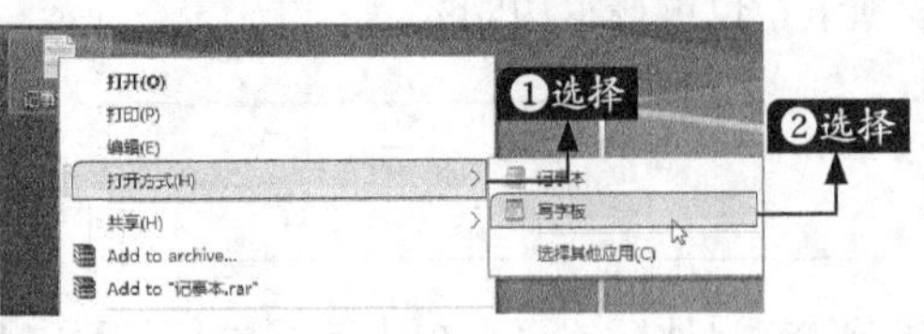

步骤 02 写字板软件将自动打开选择的记事本文件。

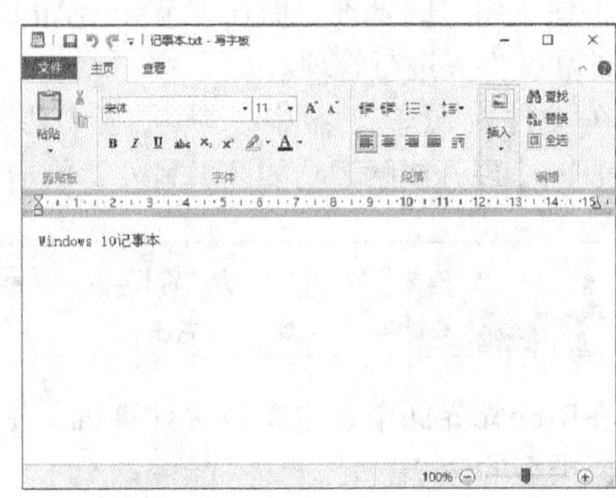

5.3.4 更改文件或文件夹的名称

新建文件或文件夹后，都有一个默认的名称作为文件名，用户可以根据需要给新建的或已有的文件或文件夹重新命名。

更改文件名称和更改文件夹名称的操作类似，主要有3种方法。

1.使用功能区

选择要重新命名的文件或文件夹，单击【主页】标签，在【组织】功能区中，单击【重命名】按钮，文件或文件夹即可进入编辑状态，输入要命名的名称，单击【Enter】键进行确认。

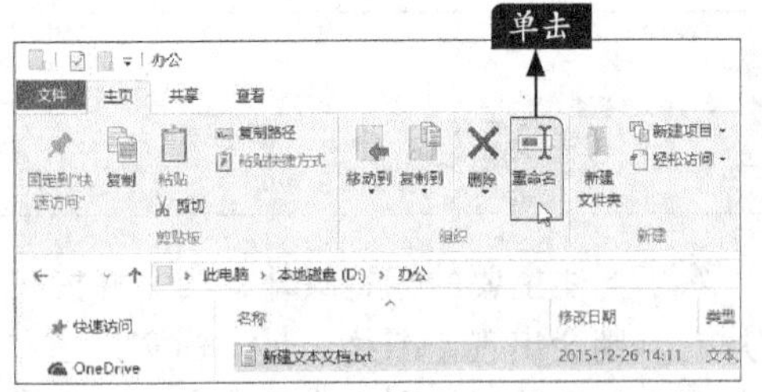

2.右键菜单命令

选择要重新命名的文件或文件夹，单击鼠标右键，在弹出的菜单命令中，选择【重命名】菜单命令，文件或文件夹即可进入编辑状态，输入要命名的名称，单击【Enter】键进行确认。

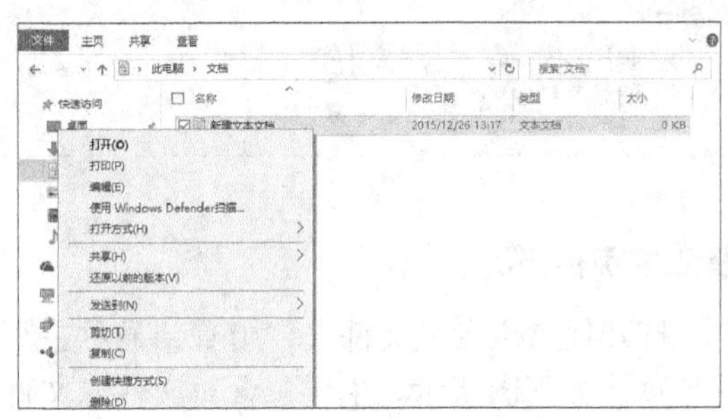

3.F2快捷键

选择要重新命名的文件或文件夹，按【F2】键，文件或文件夹即可进入编辑状态，输入要命名的名称，单击【Enter】键进行确认。

小提示

在重命名文件时，不能改变已有文件的扩展名，否则可能会导致文件不可用。

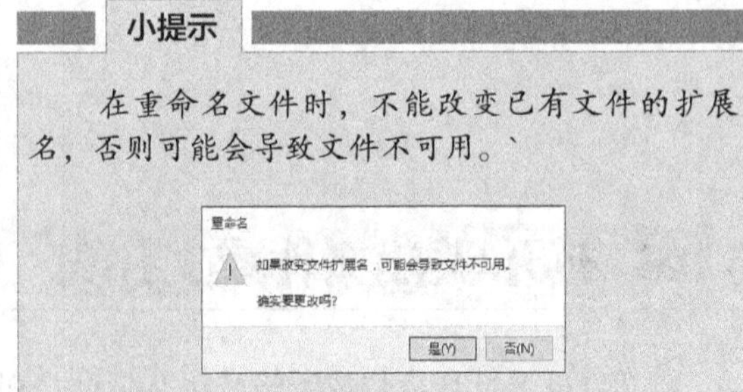

5.3.5 复制/移动文件或文件夹

对一些文件或文件夹进行备份，也就是创建文件的副本，或者改变文件的位置，这就需要对文件或文件夹进行复制或移动操作。

1. 复制文件或文件夹

复制文件或文件夹的方法有以下几种。

在需要复制的文件或文件夹名上单击鼠标右键，并在弹出的快捷菜单中选择【复制】菜单命令。选定目标存储位置，并单击鼠标右键，在弹出的快捷菜单中选择【粘贴】菜单命令即可。

选择要复制的文件或文件夹，按住【Ctrl】键并拖动到目标位置。

选择要复制的文件，按住鼠标右键并拖动到目标位置，在弹出的快捷菜单中选择【复制到当前位置】菜单命令。

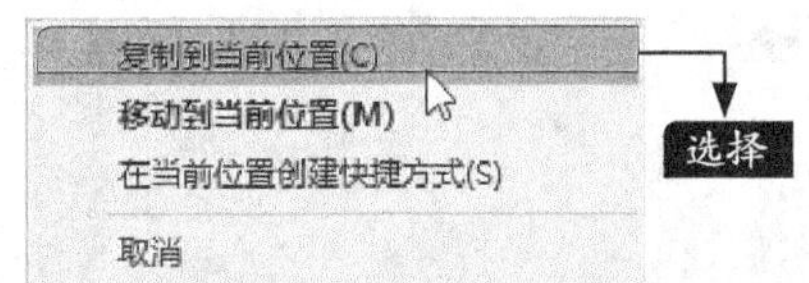

选择要复制的文件或文件夹，按【Ctrl+C】组合键，然后在目标位置按【Ctrl+V】组合键即可。

2. 移动文件或文件夹

移动文件的方法有以下几种。

在需要移动的文件或文件夹名上单击鼠标右键，并在弹出的快捷菜单中选择【剪切】菜单命令。选定目标存储位置，并单击鼠标右键，在弹出的快捷菜单中选择【粘贴】菜单命令即可。

(1)选择要移动的文件或文件夹，按住【Shift】键并拖动到目标位置。

(2)选中要移动的文件或文件夹，用鼠标直接拖动到目标位置，即可完成文件的移动，这也是最简单的一种操作。

(3)选择要移动的文件或文件夹，按【Ctrl+X】组合键，然后在目标位置按【Ctrl+V】组合键即可。

5.3.6 隐藏/显示文件或文件夹

隐藏文件或文件夹可以增强文件的安全性，同时可以防止误操作导致的文件丢失现象。隐藏与显示文件或文件夹的操作步骤类似，本节以隐藏和显示文件为例介绍。

1. 隐藏文件

隐藏文件的操作步骤如下。

步骤 01 选择需要隐藏的文件并单击鼠标右键，在弹出的快捷菜单中选择【属性】菜单命令。

步骤02 弹出【属性】对话框，选择【常规】选项卡，然后勾选【隐藏】复选框，单击【确定】按钮，选择的文件被成功隐藏

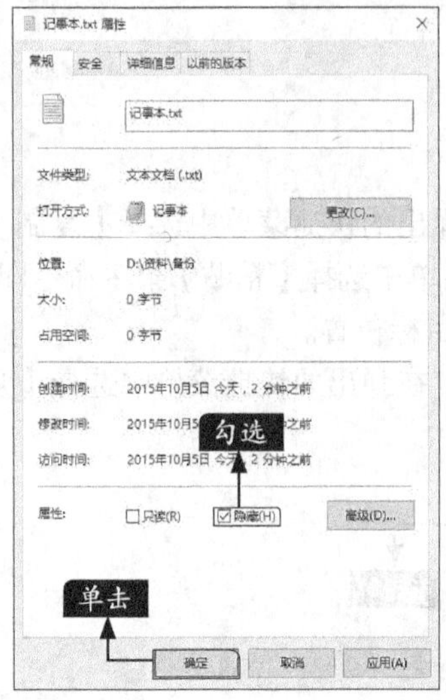

2.显示文件

文件被隐藏后，用户要想调出隐藏文件，需要显示文件，具体操作步骤如下。

步骤01 按一下【Alt】功能键，调出功能区，选择【查看】标签页，单击勾选【显示/隐藏】的【隐藏的项目】复选框，即可看到隐藏的文件或文件夹。

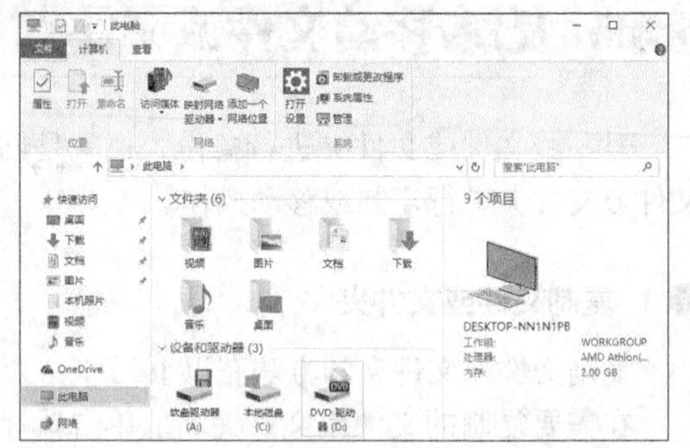

步骤02 右键单击该文件，弹出【属性】对话框，选择【常规】选项卡，然后取消【隐藏】复选框，单击【确定】按钮，成功显示隐藏的文件。

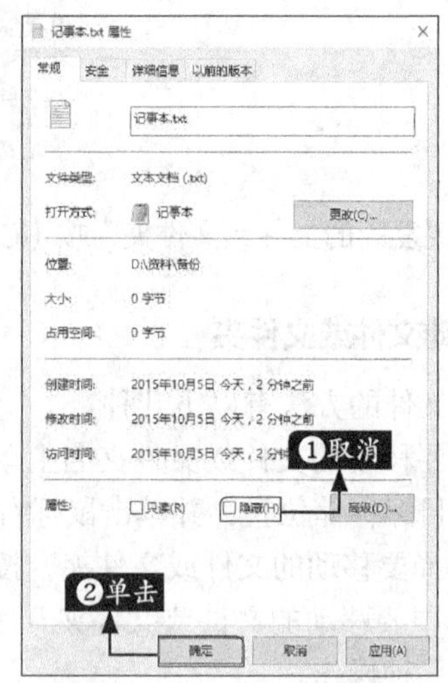

5.3.7 压缩和解压缩文件夹

对于特别大的文件夹，用户可以进行压缩操作。经过压缩的文件将占用很少的磁盘空间，有利于更快速地传输到其他计算机上，以实现网络上的共享功能。用户可以利用Windows 10操作系统自带的压缩软件，对文件夹进行压缩操作。具体的操作步骤如下。

步骤01 选择需要压缩的文件夹并右击，在弹出的快捷菜单中选择【发送到】【压缩（zipped）文件夹】菜单命令。

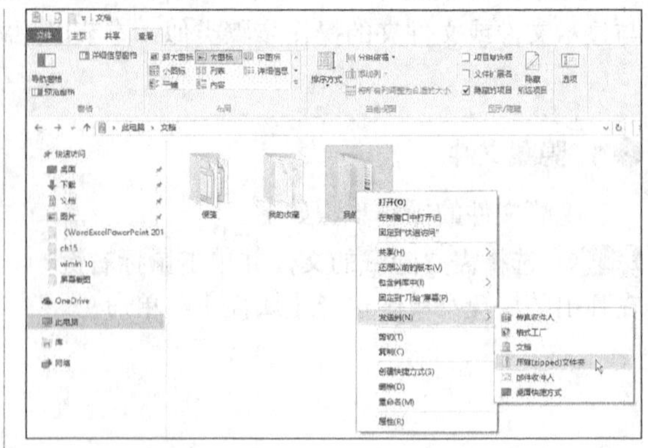

步骤 02 弹出【正在压缩】对话框，并以绿色进度条的形式显示压缩的进度。

步骤 03 压缩完成后，用户可以在窗口中发现多了一个和原文件夹名称相同的压缩文件。

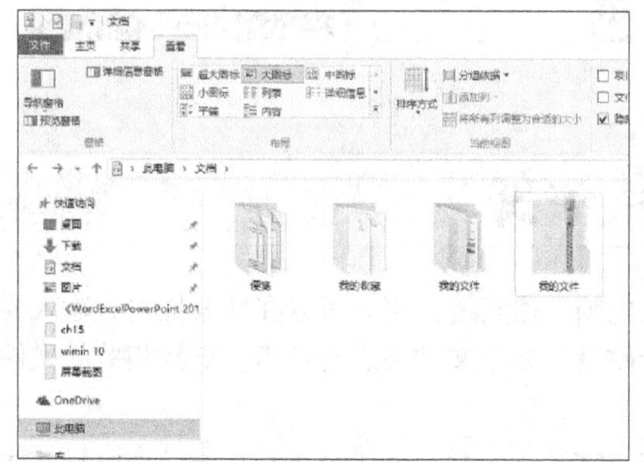

用户不但可以压缩文件夹，还可以将多个文件夹合并压缩。具体操作步骤如下：

步骤 01 将想要合并的文件夹和压缩文件夹放在同一目录下。选择需要添加的文件夹，拖曳鼠标直至需要合并的压缩文件夹上。

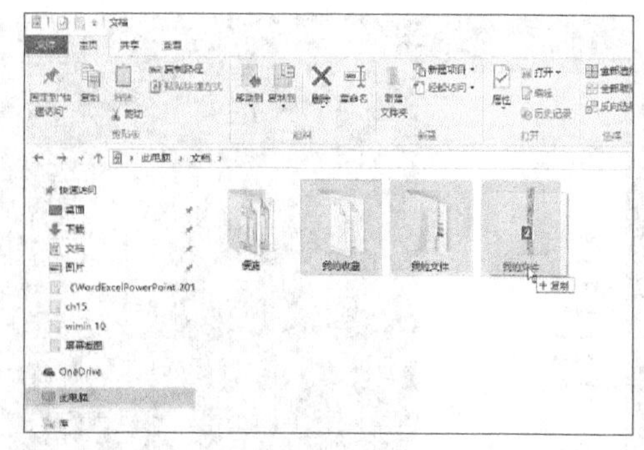

步骤 02 松开鼠标，系统弹出【正在压缩】对话框。

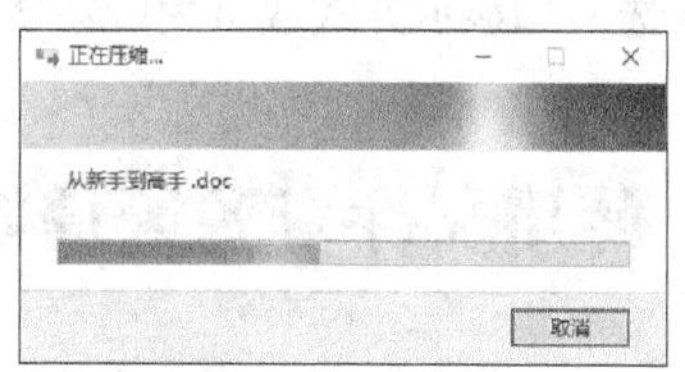

步骤 03 压缩完成后，可以看到文件夹并成功地合并到压缩文件上。选择合并后的压缩文件，双击可以查看压缩文件包括的内容。

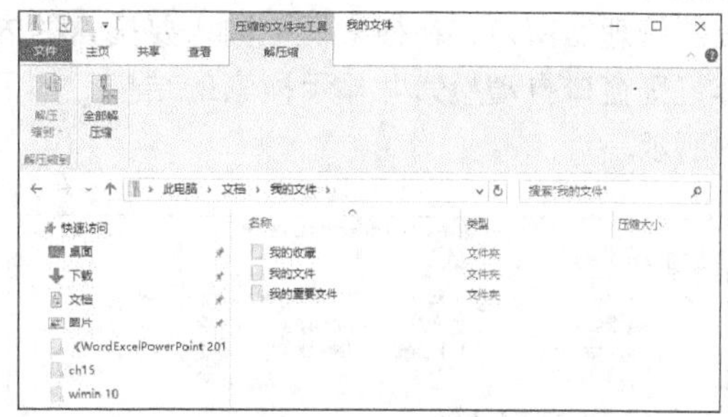

5.4 综合实战——文件和文件夹的查找

本节教学录像时间：4 分钟

使用Windows 10的搜索功能，可以方便快速地找到指定文件和文件夹。

5.4.1 使用搜索框进行查找

Windows 10的搜索框和早期系统版本中的开始菜单中的搜索框是一样的，不过新版本中强化和丰富了它的搜索查找功能，不仅可以搜索本地相关文件，而且可以搜索网络中相关信息。

步骤 01 在搜索框中输入要查找的文件或文件夹信息，即可从电脑和Internet中搜索相关的结果，如下图所示。单击显示的搜索结果，即可查看。

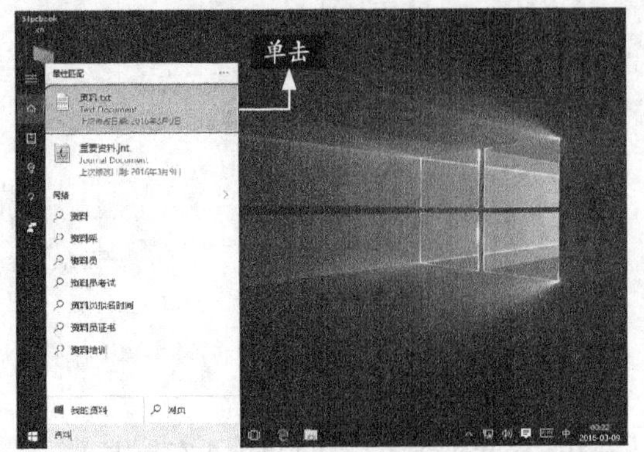

步骤 02 单击【我的资料】选项，可对搜索的内容进行筛选，如显示方式或可用资源等。

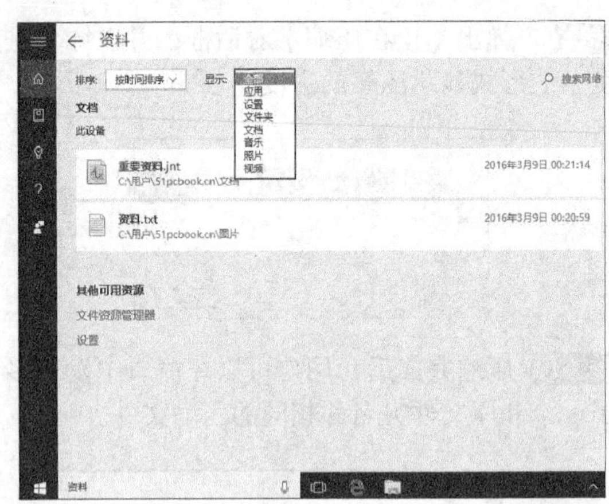

5.4.2 使用文件资源管理器窗口进行查找

在文件资源管理器窗口右上角有一个“搜索此电脑”搜索框，用户可以在搜索框中，输入要搜索的文件或文件夹，系统即会对整个电脑或某个磁盘、某个文件夹进行检索，查找相关的文件或文件夹，具体操作步骤如下。

步骤 01 按【Windows+E】组合键，打开文件资源管理器窗口，在搜索框中输入要搜索的内容，则窗口自动检索并显示搜索的结果，如下图所示。

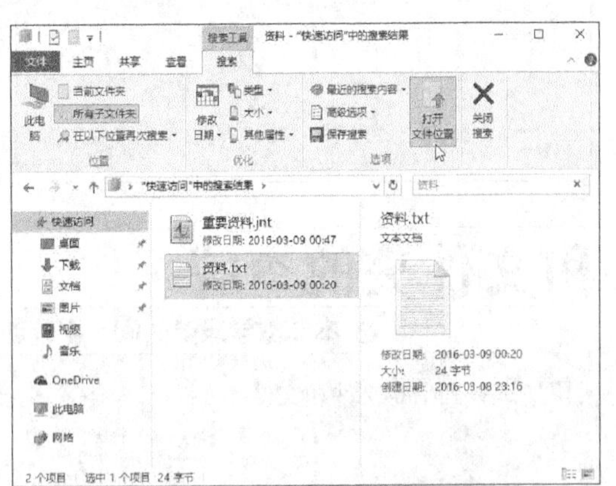

小提示

用户可以根据搜索情况，在【搜索】选项卡下，设置搜索的范围、搜索条件及设置选项等。如要关闭正在进行的搜索，则单击【关闭搜索】按钮。

步骤 02 在显示的搜索结果列表中，可以打开要查找的文件或文件夹。如果要查看文件或文件夹所在的位置，可以选中该结果，单击【打开文件位置】按钮，即可查看，如下图所示。

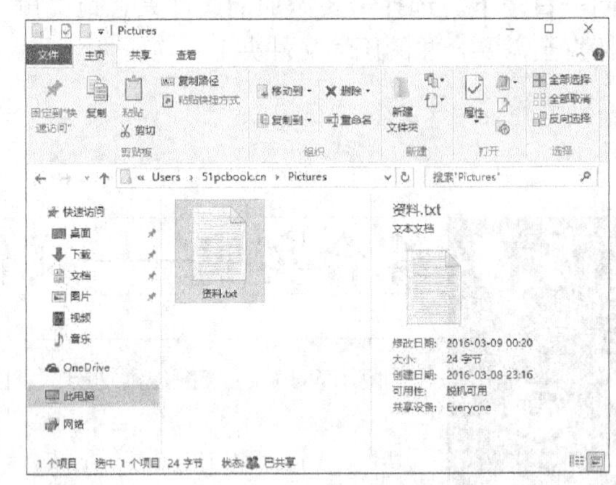

高手支招

本节教学录像时间：4 分钟

添加常用文件夹到“开始”屏幕

在Windows 10中，用户可以自定义“开始”屏幕显示的内容，可以把常用文件夹（比如，文档、图片、音乐、视频、下载等常用文件夹）添加到“开始”屏幕上。

步骤 01 按【Windows+I】组合键，打开【设置】窗口，并单击【个性化】➤【开始】➤【选择那些文件夹显示在开始屏幕】命令。

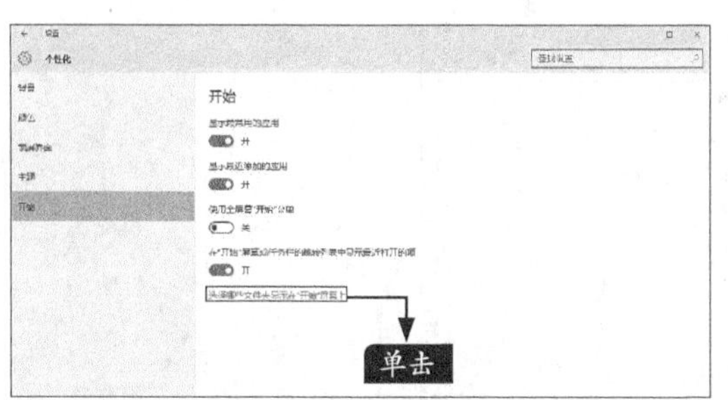

步骤 02 在弹出的窗口中选择要加到“开始”屏幕上的文件夹，这里以【文档】为例，将【文档】按钮设置为“开“。

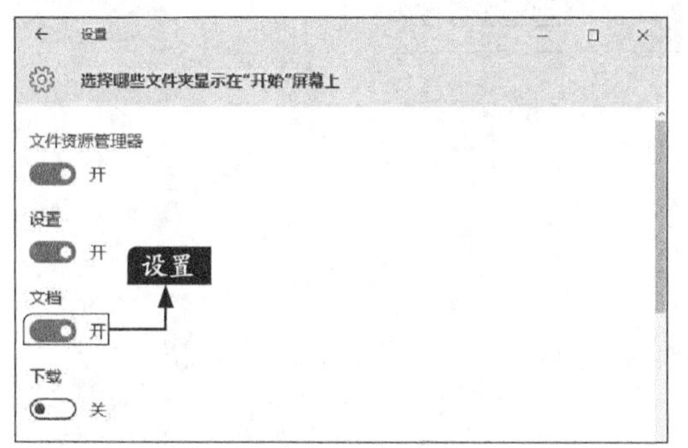

步骤 03 关闭【设置】对话框，按【Windows】键，打开“开始”屏幕，即可看到添加的文件夹。

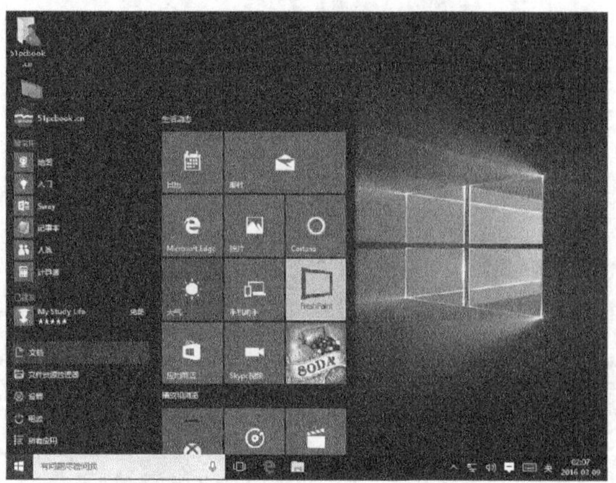

如何快速查找文件

下面简单介绍文件的搜索技巧。

(1) 关键词搜索

利用关键词可以精准地搜索到某个文件，可以从以下元素入手，进行搜索。

① 文档搜索——文档的标题、创建时间、关键词、作者、摘要、内容、大小。

② 音乐搜索——音乐文件的标题、艺术家、唱片集、流派。

③ 图片搜索——图片的标题、日期、类型、备注。

因此，在创建文件或文件夹时，建议尽可能地完善属性信息，方便查找。

(2) 缩小搜索范围

如果知道被搜索文件的大致范围，尽量缩小搜索范围，如在J盘，可打开J盘，按【Ctrl+F】组合键，单击【搜索】标签页，在【优化】组中设置日期、类型、大小和其他属性信息。

(3) 添加索引

在Windows 10系统文件资源管理器窗口中，可以通过【选项】组中的【高级选择】，使用索引，根据提示确认对此位置进行索引。这样可以快速搜索到需要查找的文件。

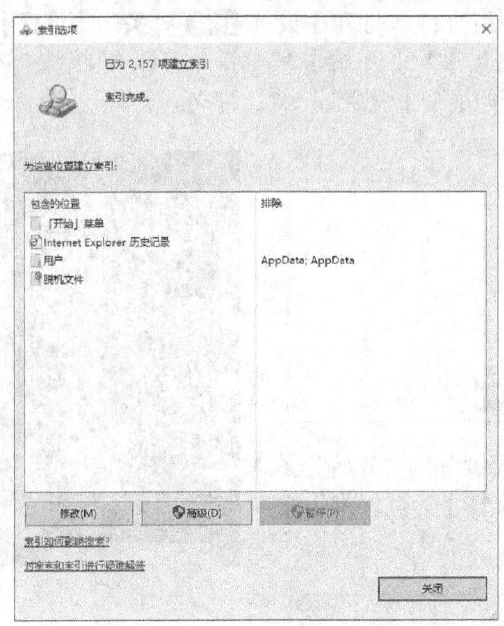

第6章

电脑办公软件平台的管理

学习目标

一台完整的电脑包括硬件和软件。软件是电脑的管家，用户要借助软件来完成各项工作。在安装完操作系统后，用户首先要考虑的就是安装软件，以满足用户使用电脑工作和娱乐的需求。而卸载不常用的软件则可以让电脑轻松工作。

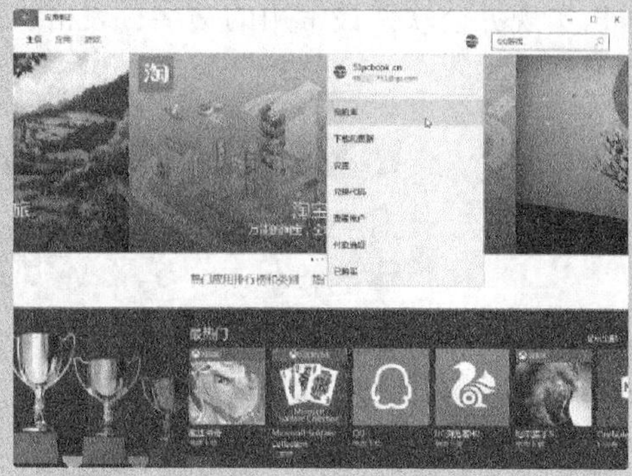

6.1 认识常用软件

本节教学录像时间：5 分钟

软件是多种多样的，渗透了各个领域，分类也极为丰富，主要包括的种类有视频音乐、聊天互动、游戏娱乐、系统工具、安全防护、办公软件、教育学习图形图像、编程开发、手机数码等，下面主要介绍常用的软件。

1.文件处理类

电脑办公离不开文件的处理。常见的文件处理软件有Office、WPS、Adobe Acrobat等。

⑴ Office

Office是最常用的办公软件之一，使用人群较广。Office办公软件包含Word、Excel、PowerPoint、Outlook、Access、Publisher、Infopath和OneNote等组件。Office中最常用的4大办公组件是：Word、Excel、PowerPoint和Outlook，如下图为Word 2010界面。

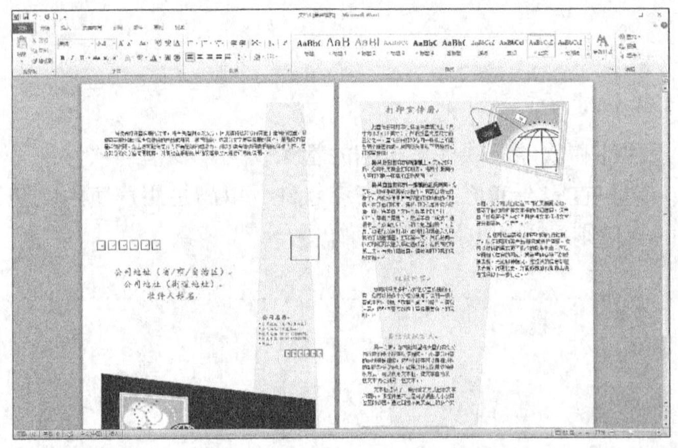

⑵ WPS

WPS（Word Processing System），中文意为文字编辑系统，是金山软件公司的一种办公软件，可以实现办公软件最常用的文字、表格、演示等多种功能，而且软件完全免费，如下图为WPS演示界面。

2.文字输入类

输入法软件有：搜狗拼音输入法、QQ拼音输入法、微软拼音输入法、智能拼音输入法、全拼输入法、五笔字型输入法等。下面介绍几种常用的输入法。

⑴ 搜狗拼音输入法

搜狗拼音输入法是国内主流的汉字拼音输入之一，其最大特点，是实现了输入法和互联网的结合。搜狗拼音输入法是基于搜索引擎技术的输入法产品，用户可以通过互联网备份自己的个性化词库和配置信息。搜狗拼音输入法为国内主流汉字拼音输入法之一。下图所示为搜狗拼音输入法的状态栏。

⑵ QQ拼音输入法

QQ输入法是腾讯旗下的一款拼音输入法，与大多数拼音输入法一样，QQ拼音输入法支持全拼、简拼、双拼三种基本的拼音输入模式。而在输入方式上，QQ拼音输入法支持单字、词组、整句的输入方式。目前QQ拼音输入法由搜狗公司提供的客户端软件，与搜狗输入法无太大区别。

3. 沟通交流类

常见的办公文件中便于沟通交流的软件有：飞鸽传书、QQ、微信等。

⑴ 飞鸽传书

飞鸽传书（FreeEIM）是一款优秀的企业即时通信工具。它具有体积小、速度快、运行稳定、半自动化等特点，被公认为是目前企业即时通信软件中比较优秀的一款。

⑵ QQ

腾讯QQ有在线聊天、视频电话、点对点续传文件、共享文件等多种功能，是在办公中使用率较高的一款软件。

⑶ 微信

微信是腾讯公司推出的一款即时聊天工具，可以通过网络发送语音、视频、图片和文字等。主要在手机中使用最为普遍。

4. 网络应用类

在办公中，有时需要查找资料或是下载资料，使用网络可快速完成这些工作。常见的网络应用软件有：浏览器、下载工具等。

浏览器是指可以显示网页服务器或者文件系统的HTML文件内容，并让用户与这些文件交互的一种软件。常见的浏览器有如Microsoft Edge浏览器、搜狗浏览器、360安全浏览器等。

5. 安全防护类

在电脑办公的过程中，电脑有时会出现死机、黑屏、重新启动以及电脑反应速度很慢，或者中毒的现象，使工作成果丢失。为防止这些现象的发生，防护措施一定要做好。常用的免费安全防护类软件有360安全卫士、腾讯电脑管家等。

360安全卫士是一款由奇虎360推出的功能强、效果好、受用户欢迎的上网安全软件。360安全卫士拥有查杀木马、清理插件、修复漏洞、电脑体检、保护隐私等多种功能，并独创了“木马防火墙”功能。360安全卫士使用极其方便实用，用户口碑极佳，用户较多。

电脑管家是腾讯公司出品的一款免费专业安全软件，集合“专业病毒查杀、智能软件管理、系统安全防护”于一身，同时还融合了清理垃圾、电脑加速、修复漏洞、软件管理、电脑诊所等一系列辅助电脑管理功能，满足用户杀毒防护和安全管理的双重需求。

6.影音图像类

在办公中，有时需要作图，或播放影音等，这时就需要使用影音图像工具。常见的影音图像工具有PS、暴风影音、会声会影等。

Adobe Photoshop，简称“PS”，主要处理以像素构成的数字图像。使用其众多的编修与绘图工具，可以更有效地进行图片编辑工作，PS是比较专业的图形处理软件，使用难度较大。

会声会影，是一个功能强大的“视频编辑” 软件，具有图像抓取和编修功能，可以抓取并提供有超过100 多种的编制功能与效果，可导出多种常见的视频格式，甚至可以直接制作成DVD和VCD光盘。支持各类编码，包括音频和视频编码。是最简单好用的DV、HDV影片剪辑软件。

6.2 软件的获取方法

本节教学录像时间：7 分钟

安装软件的前提就是需要有软件安装程序，一般是EXE程序文件，基本上都是以setup.exe命名的，还有不常用的MSI格式的大型安装文件和RAR、ZIP格式的绿色软件，而这些文件的获取方法也是多种多样的，主要有以下几种途径。

6.2.1 安装光盘

如购买的电脑、打印机、扫描仪等设备，都会有一张随机光盘，里面包含了相关驱动程序，用户可以将光盘放入电脑光驱中，读取里面的驱动安装程序，并进行安装。

另外，也可以购买安装光盘，市面上普遍销售的是一些杀毒软件、常用工具软件的合集光盘，用户可以根据需要进行购买。

6.2.2 官网中下载

官方网站是指一些公司或个人，建立的最具权威、最有公信力或唯一指定网站，以达到介绍和宣传产品的目的。下面以“美图秀秀”软件介绍为例。

步骤 01 在Internet浏览器地址栏中输入“http://xiuxiu.meitu.com/”网址，并按【Enter】键，进入官方网站，单击【立即下载】按钮下载该软件。

步骤02 页面底部将弹出操作框，提示“运行”还是“保存”，这里单击【保存】按钮的下拉按钮，在弹出的下拉列表中选择【另存为】选项。

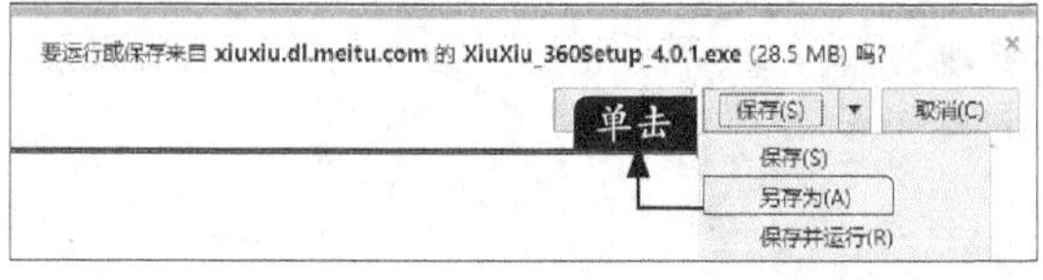

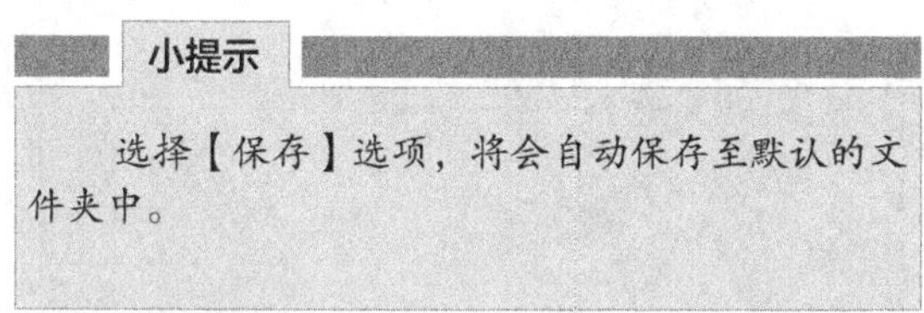

小提示

选择【保存】选项，将会自动保存至默认的文件夹中。

选择【另存为】选项，可以自定义软件保存位置。选择【保存并运行】选项，在软件下载完成之后将自动运行安装文件。

步骤03 弹出【另存为】对话框，选择文件存储的位置。

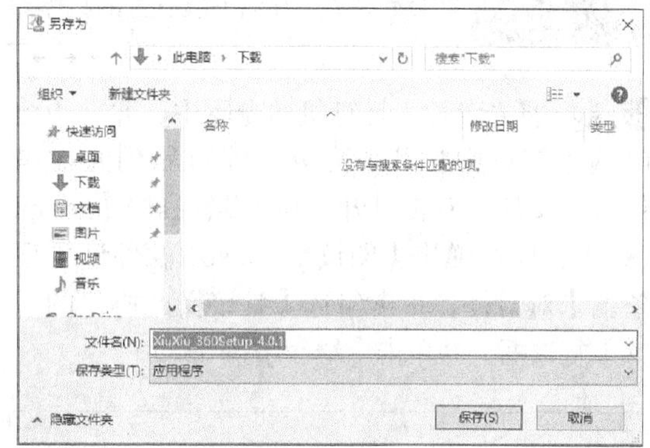

步骤04 单击【保存】按钮，即可开始下载软件。提示下载完成后，单击【运行】按钮，可打开该软件安装界面，单击【打开文件夹】按钮，可以打开保存软件的文件夹。

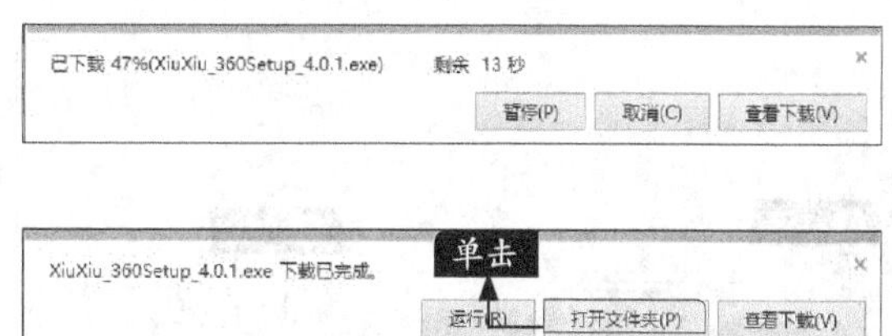

6.2.3 电脑管理软件下载

通过电脑管理软件，也可以使用自带的软件管理工具下载和安装，如常用的有360安全卫士、电脑管家等。

6.3 软件安装的方法

本节教学录像时间：2 分钟

使用安装光盘或者从官网下载软件后，需要使用安装文件的EXE文件进行安装；而在电脑管理软件中选择要安装的软件后，系统会自动进行下载安装。下面以安装下载的Office 2013软件为例介绍安装软件的具体操作步骤。

步骤 01 将光盘放入计算机的光驱中，并在【此电脑】窗口中打开该光驱，即可看到光盘中包含的文件，双击打开Office安装程序【setup.exe】，即可弹出【阅读Microsoft软件许可证条款】对话框，单击勾选【我接受此协议的条款】复选框，并单击【继续】按钮。

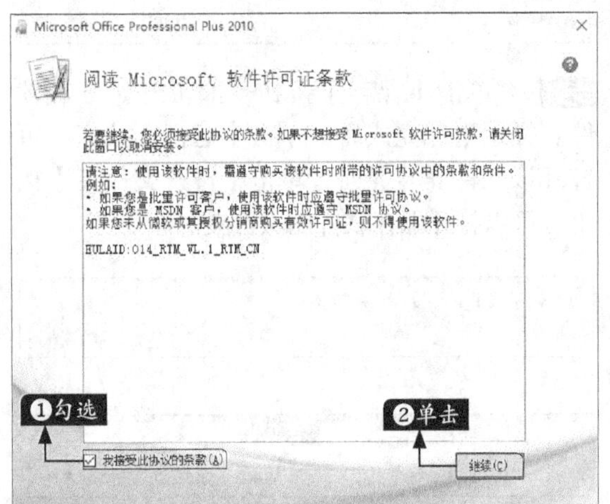

步骤 02 即会弹出如下图界面，单击【立即安装】按钮。

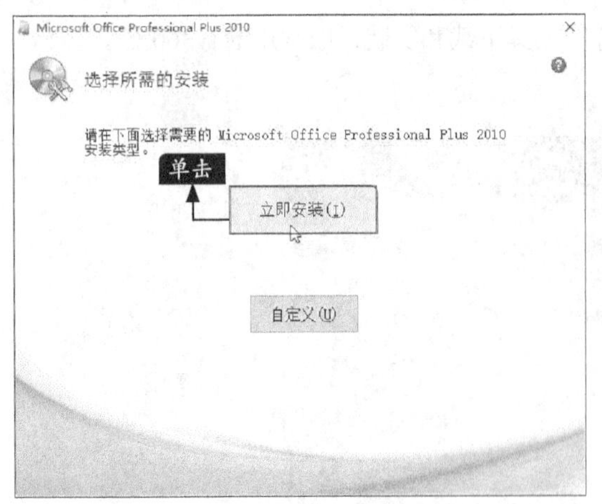

小提示

单击【自定义】按钮，可以自定义Office 2010安装的位置和组件。

步骤 03 系统开始进行安装，如下图所示，待进度条走至最右端时，即安装完成。

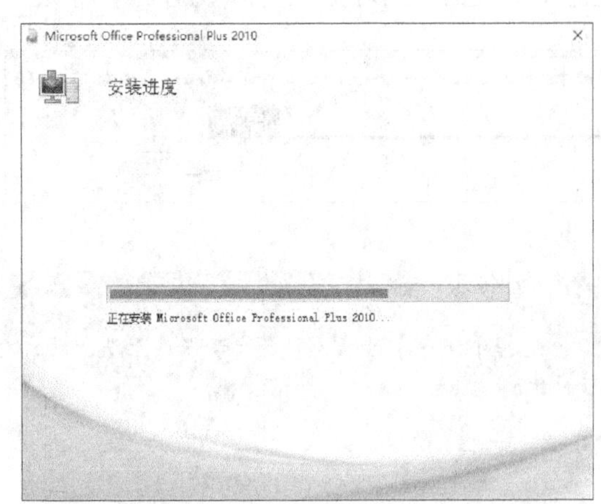

步骤 04 安装完成之后，单击【关闭】按钮，即可完成安装。

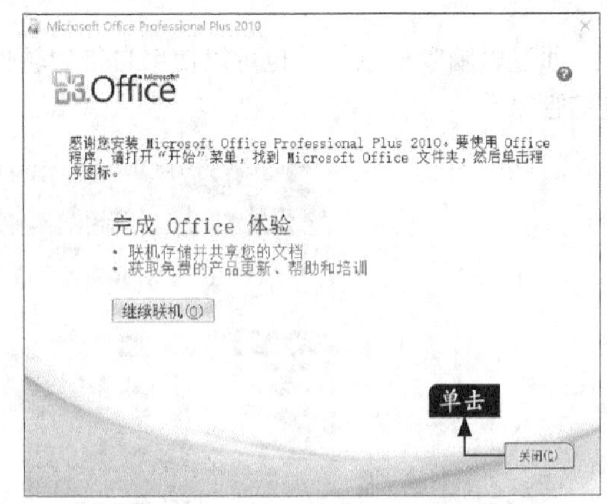

6.4 软件的更新/升级

软件不是一成不变的，而是一直处于升级和更新状态，特别是杀毒软件的病毒库，必须不断升级。软件升级主要分为自动检测升级和使用第三方软件升级两种方法。

6.4.1 自动检测升级

这里以“360安全卫士”为例来介绍自动检测升级的方法。

步骤01 右键单击电脑桌面右下角“360安全卫士”图标，在弹出的界面中选择【升级】➤【程序升级】命令。

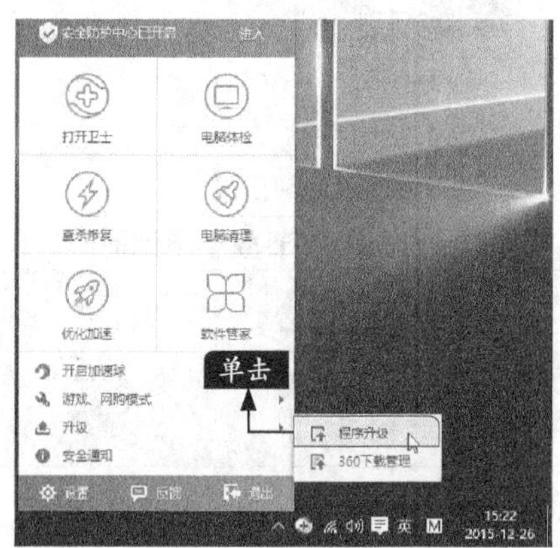

步骤02 弹出【获取新版本中】对话框。

步骤03 获取完毕后弹出【发现新版本】对话框，选择要升级的版本选项，单击【确定】按钮。

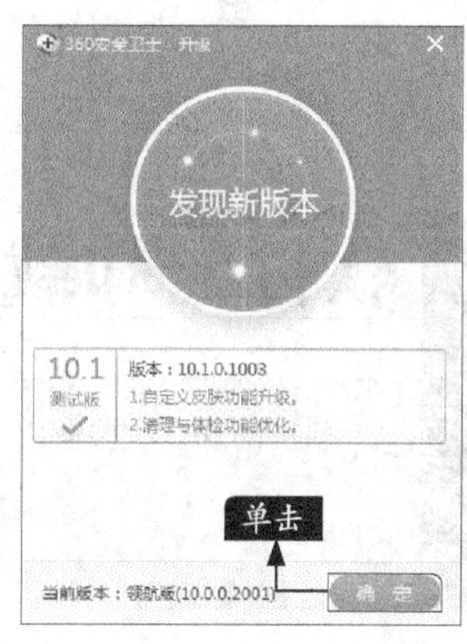

步骤04 弹出【正在下载新版本】对话框，显示下载的进度。下载完成后，单击安装即可将软件更新到最新版本。

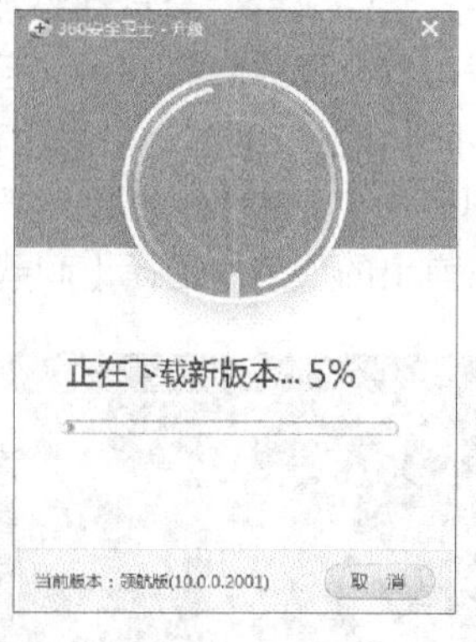

6.4.2 使用第三方软件升级

用户可以通过第三方软件升级软件，如360安全卫士和QQ电脑管家等，下面以360软件管家为例简单介绍如何利用第三方软件升级软件。

打开360软件管家界面，选择【软件升级】选项卡，在界面中即可显示可以升级的软件，单击【升级】按钮或【一键升级】按钮即可。

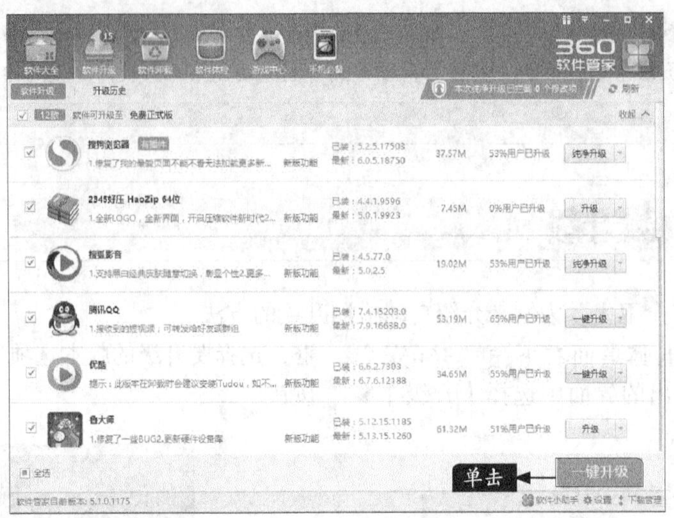

6.5 软件的卸载

本节教学录像时间：8 分钟

软件的卸载主要有以下几种方法。

6.5.1 使用自带的卸载组件

当软件安装完成后，会自动添加在【开始】菜单中，如果需要卸载软件，可以在【开始】菜单中查找是否有自带的卸载组件，下面以卸载“迅雷游戏盒子”软件为例讲解。

步骤 01 打开“开始”菜单，在常用程序列表或所有应用列表中，选择要卸载的软件，单击鼠标右键，在弹出的菜单中选择【卸载】命令。

步骤 02 弹出【程序和功能】窗口，选择需要卸载的程序，然后单击【卸载/更改】按钮。

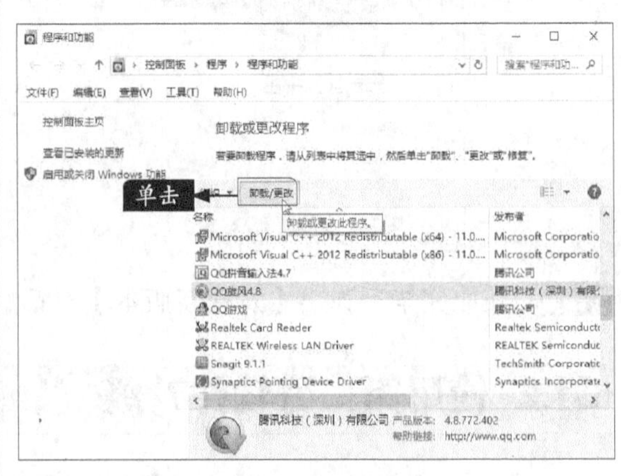

小提示

另外，还可以按【Win+X】组合键，在打开的菜单中选择【控制面板】命令，打开【控制面板】窗口，单击【卸载程序】超链接，进入【程序和功能】窗口。

步骤 03 弹出软件卸载对话框，单击【卸载】按钮。

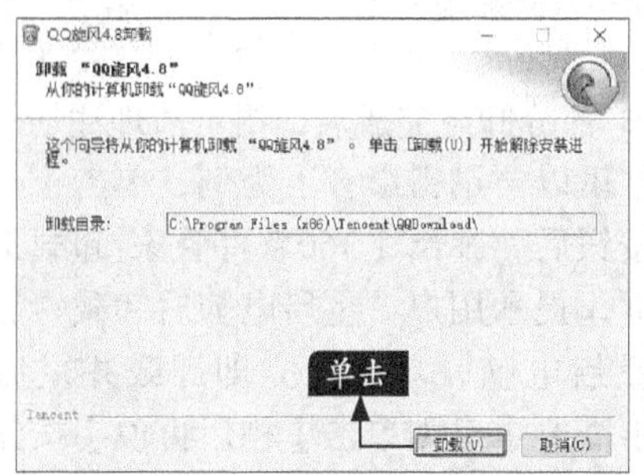

步骤 04 软件即会进入卸载过程，如下图所示。

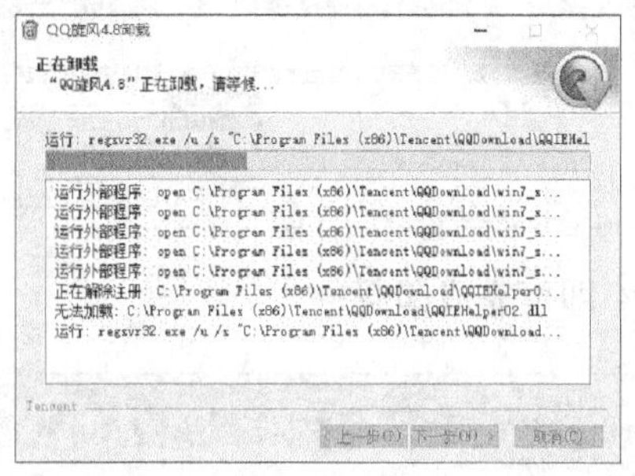

步骤 05 卸载完成后，单击【关闭】按钮。

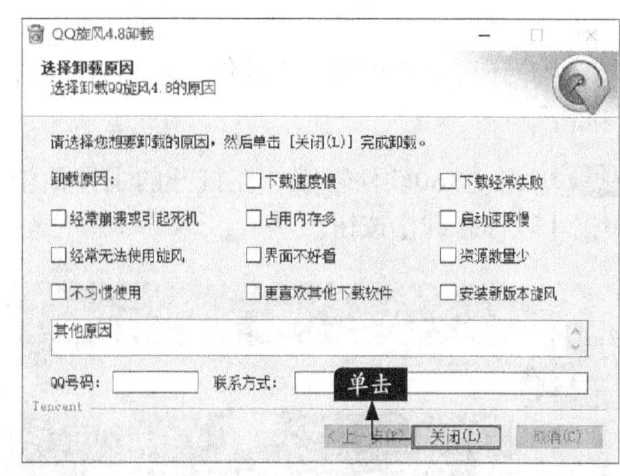

步骤 06 弹出提示框，提示软件已从电脑中移除后，单击【确定】按钮，即可完成软件的卸载。

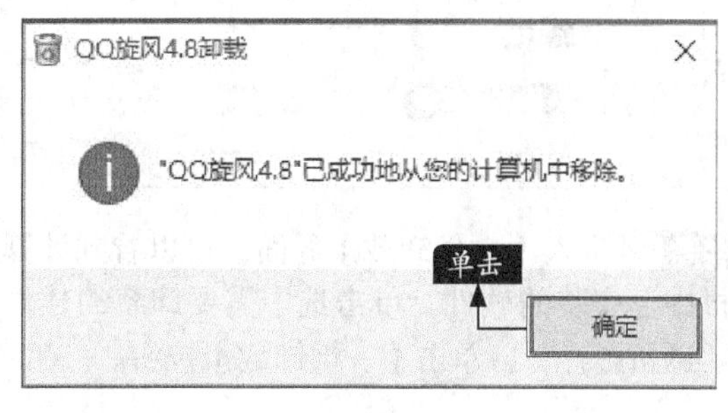

6.5.2 使用软件自带的卸载程序

有些软件自带有卸载程序，单击【开始】按钮，在所有程序列表中选择需要卸载的软件，在展开的列表中，选择对应的卸载命令，进行卸载。

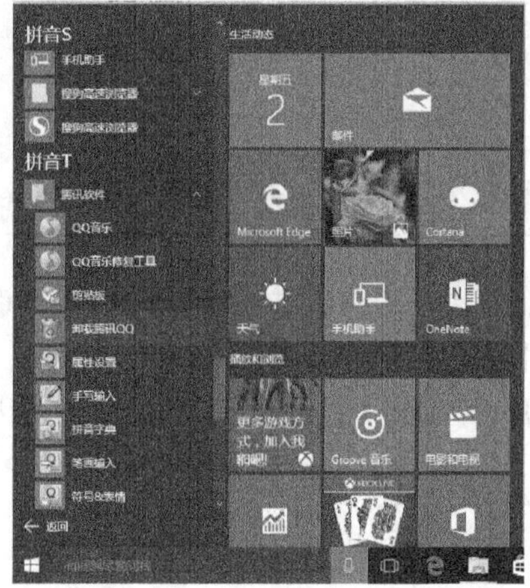

6.5.3 使用第三方软件卸载

用户还可以使用第三方软件，如360软件管家、电脑管家等来卸载不需要的软件，具体操作步骤如下。

步骤 01 启动360软件管家，在打开的主界面中单击【软件卸载】按钮。

步骤 02 进入【软件卸载】界面，可以看到计算机中已安装的软件，单击选中需要卸载的软件"迅雷影音"，单击【一键卸载】按钮。

小提示

卸载和一键卸载的区别是，一键卸载操作更加简单，不需要用户再选择是否保留用户设置信息等，但卸载结果是一样的。

步骤 03 部分卸载完成后，提示清理注册表或重启，这里以"迅雷影音"为例，单击【一键卸载】按钮后，弹出【360软件管家-卸载提醒】提示框，提示用户"重启电脑后卸载"，如果需要重启电脑，单击【立即卸载并重启】按钮，不需要重启则单击【稍后再说】按钮，这里单击【稍后再说】按钮。

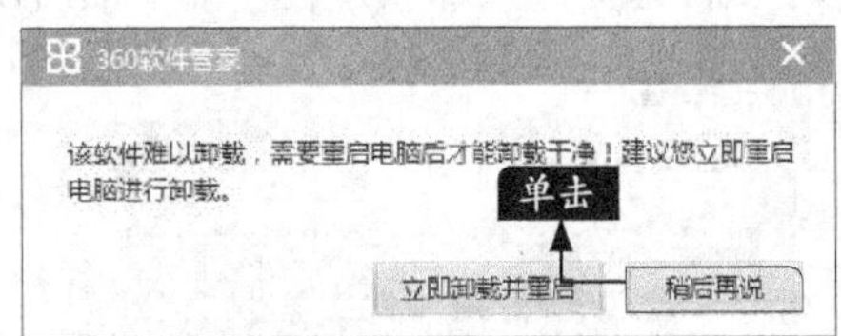

步骤 04 即可完成卸载。

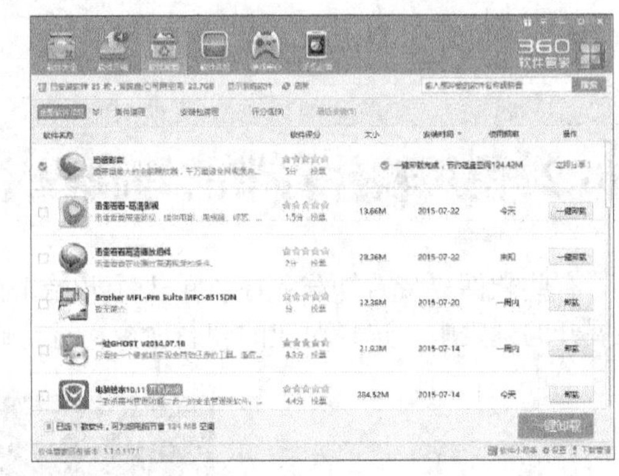

6.5.4 使用设置面板

在Windows 10操作系统中，推出了【设置】面板，其中集成可控制面板的主要功能，用户也可以在【设置】面板中卸载软件。

步骤 01 按【Win+i】组合键，打开【设置】界面，单击【系统】选项。

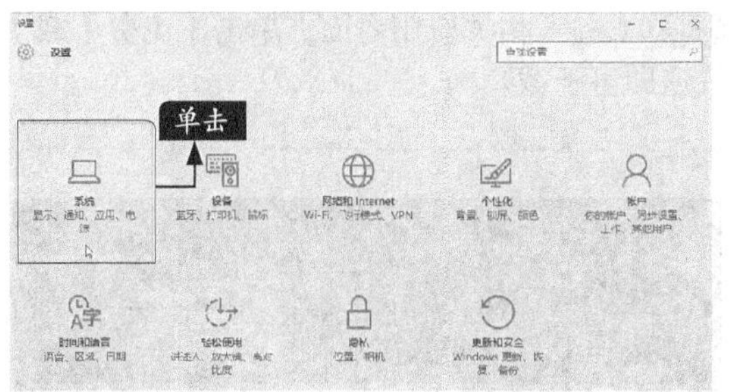

步骤02 进入【系统】界面，选择【应用和功能】选项，即可看到所有应用列表。

步骤03 在应用列表中，选择要卸载的程序，单击程序下方的【卸载】按钮。

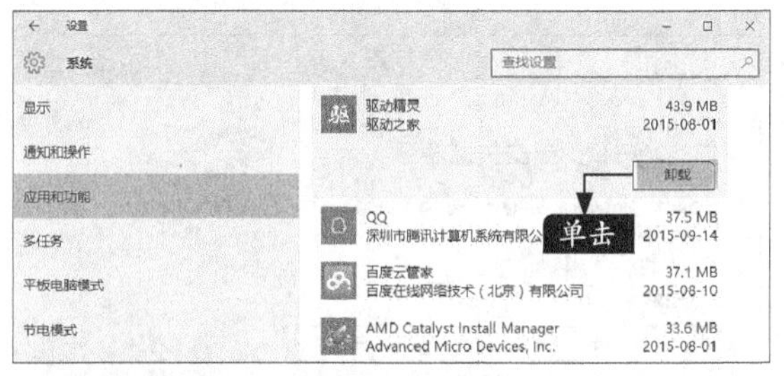

步骤04 在弹出提示框中，单击【卸载】按钮。

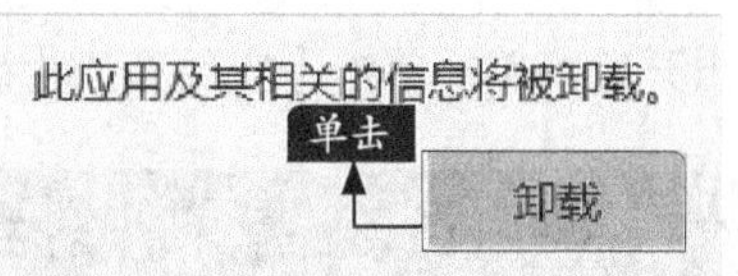

步骤05 弹出【用户账户控制】对话框，单击【是】按钮。

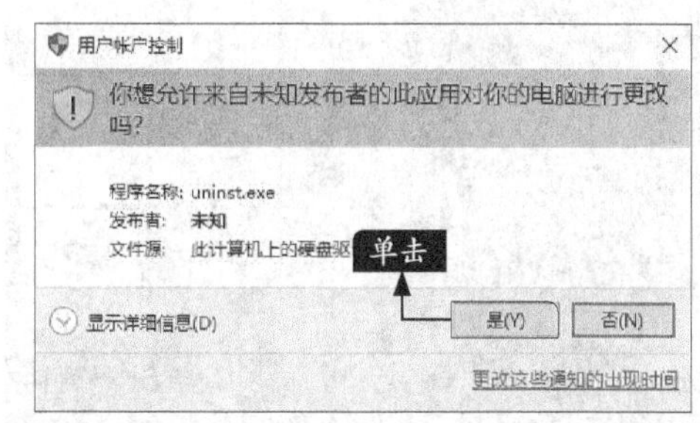

步骤06 弹出软件卸载对话框，用户根据提示卸载软件即可。

6.6 使用Windows应用商店

本节教学录像时间：7 分钟

在Windows商店中，用户可以获取并安装Modern应用程序。经过多年的发展，应用商店的应用程序包括20多种分类，数量达60万以上，如商务办公、影音娱乐、日常生活等各种应用，可以满足不同用户的使用需求，极大程度的增强了Windows体验。本节主要介绍如何使用Windows应用商店。

6.6.1 搜索并下载应用

在使用Windows应用商店之前，用户必须使用Microsoft账户，才可以进行应用下载，确保账号配置无问题后，即可进入应用商店搜索并下载需要的程序。

步骤 01 初次使用Windows应用商店时，其启动图标固定在“开始”屏幕中，按【Windows】键，弹出开始菜单，单击【应用商店】磁贴。

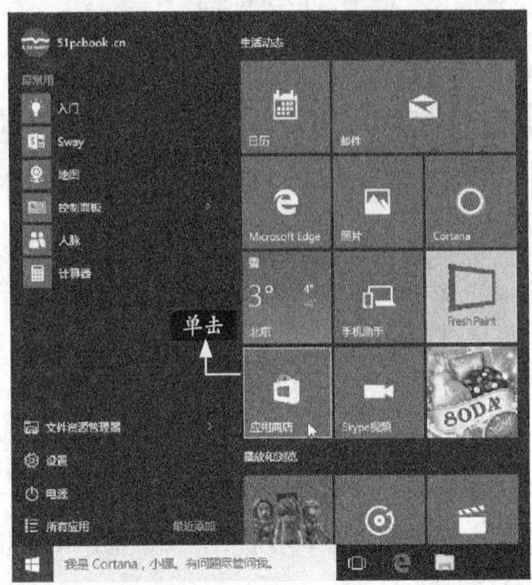

步骤 02 即可打开应用商店程序，在应用商店中包括主页、应用和游戏3个选项，默认打开为【主页】页面，单击【应用】选项，则显示热门应用和详细的应用类别；单击【游戏】选项，则显示热门的游戏应用和详细的游戏分类。在右侧的搜索框中，输入要下载的应用，如“QQ游戏”，在搜索框下方弹出相关的应用列表，选择符合的应用。

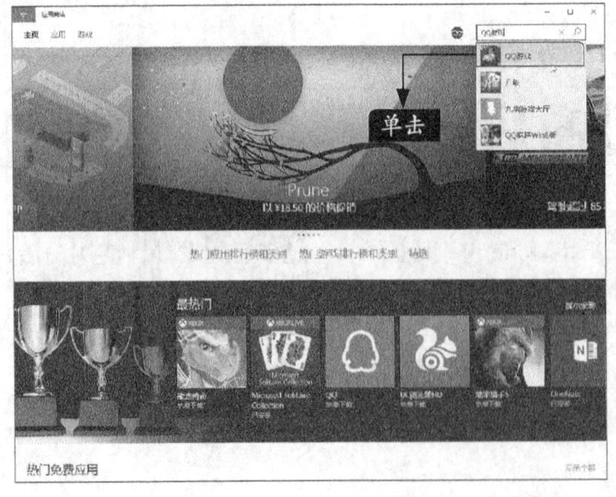

步骤 03 进入相关应用界面，单击【免费下载】按钮即可下载。

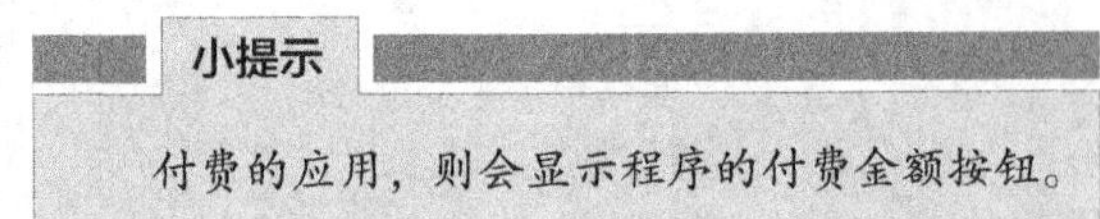

小提示

付费的应用，则会显示程序的付费金额按钮。

步骤 04 由于部分应用有年龄段分级限制，则首次使用账号购买应用，则会弹出如下对话框，要求填写出生日期，然后单击【下一步】按钮。

你的帐户缺少一些关键信息

若要继续，你需要提供相关信息。我们尊重你的隐私，并将遵照我们的隐私策略来使用这些信息。

出生日期

年 月 日

国家/地区

中国

单击

下一步

步骤 05 应用商店即会下载该应用，并显示下载的进度。

步骤06 下载完毕后，即会显示【打开】按钮，单击该按钮即可运行该应用程序。

步骤07 如下图即为该应用的主界面。用户也可以在所有程序列表中找到下载的应用，可以将其固定到“开始”屏幕，以方便使用。

另外，微软也推出了基于Web的新版Windows通用商店，网址为https://www.microsoft.com/zh-cn/store/apps/，用户可以在浏览器中浏览并转向应用商店进行下载，也是极其方便的。

6.6.2 购买付费应用

在Windows应用商店中，有一部分应用是收费性质的，需要用户进行支付并购买，以人民币为结算单位，默认支付方式为支付宝，购买付费应用具体步骤如下。

步骤01 选择要下载的付费应用，单击付费金额按钮，如这里单击【￥12.50】按钮。

步骤02 首次购买付费应用，会弹出【请重新输入应用商店的密码】对话框，在密码文本框中输入账号密码，单击【登录】按钮。

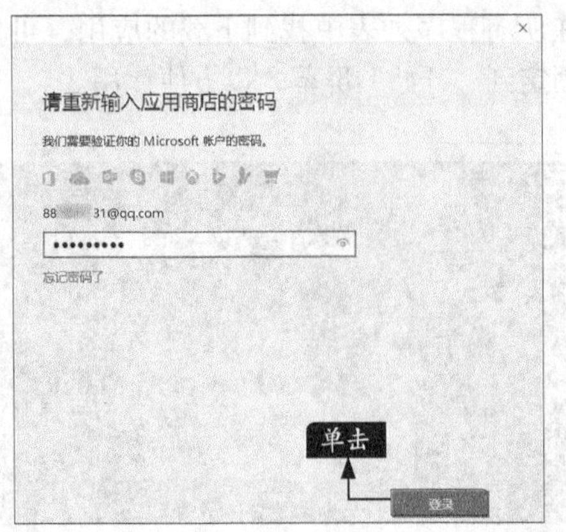

步骤 03 弹出的【购买应用】对话框。如果账号中没有个人资料地址，则需要补充，单击【添加个人资料地址】命令。

步骤 04 在弹出的【我们需要你的个人资料地址】对话框中，完善个人资料，并单击【下一步】按钮。

步骤 05 转向【检查你的信息】对话框，确认地址信息，并单击【保存】按钮。

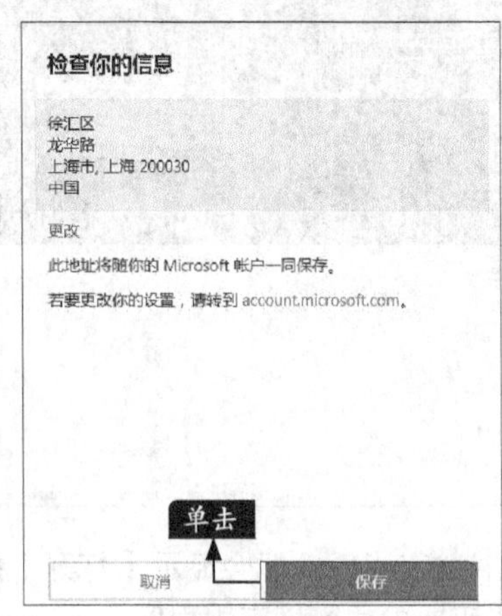

步骤 06 返回【购买应用】界面，默认支付方式为支付宝，如需更改支付方式则单击【更改】超链接，添加新的付款方式。确定支付方式后，单击【继续】按钮。

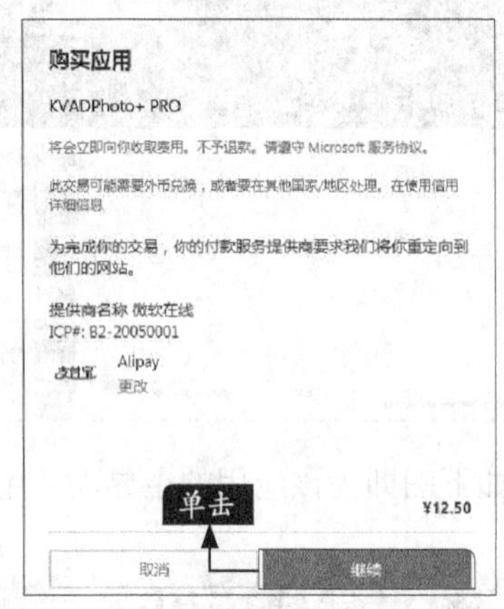

步骤 07 打开【支付宝】网页页面，用户可以登录支付宝账户付款，也可以使用手机上的支付宝应用扫描二维码付款。

支付成功后，返回应用商店即可看到对话框提示购买成功，则转向程序下载。

6.6.3 查看已购买应用

不管是收费的应用程序，还是免费的应用程序，在应用商中都可以查看使用当前Microsoft账号购买的所有应用，也包括Windows 8中购买的应用，具体查看步骤如下。

步骤 01 打开Windows 10应用商店，单击顶部的账号头像，在弹出的菜单中，单击【我的库】命令。

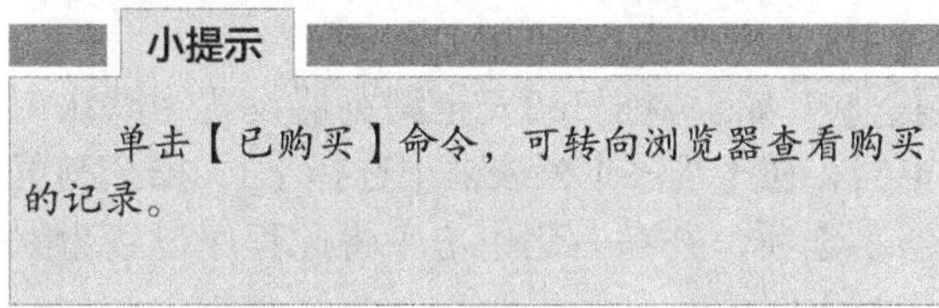

小提示

单击【已购买】命令，可转向浏览器查看购买的记录。

步骤 02 进入【我的库】界面，即可看到该账户购买的应用。

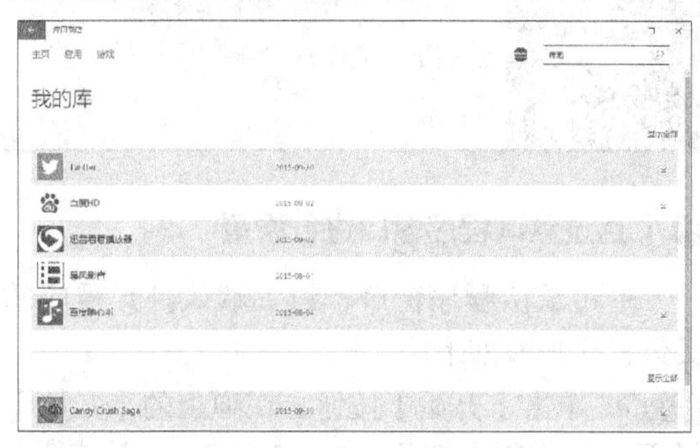

步骤 03 在已购买应用的右侧有【下载】按钮，则表示当前电脑未安装该应用，单击【下载】按钮，可以直接下载，如下图所示。否则，电脑中则安装有该应用。

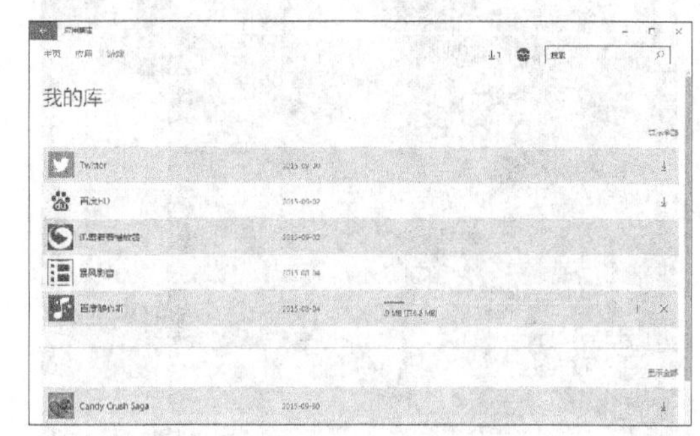

6.6.4 更新应用

Modern应用和常规软件一样，每隔一段时间，应用开发者会对应用进行版本升级，以修补前期版本的问题或提升功能体验，如果希望获得最新版本，可以通过查看更新，来升级当前版本，具体步骤如下。

步骤 01 在Windows 10应用商店中，单击顶部的账号头像，在弹出的菜单中，单击【下载和更新】命令，即可进入【下载并更新】界面，在此界面也可以看到正在下载的应用队列和进度。如果要查找更新，单击【查找更新】按钮。

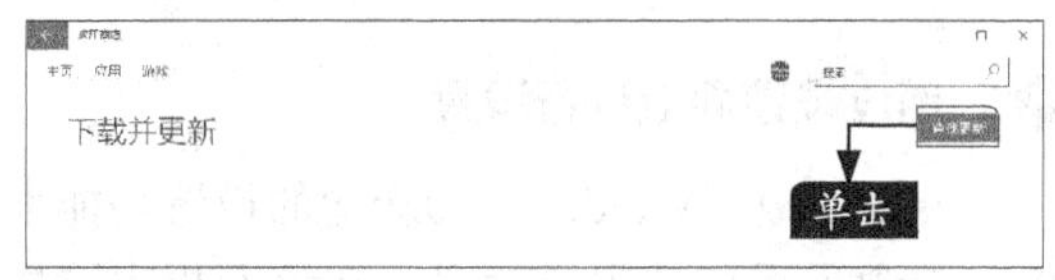

步骤 02 应用商店即会搜索并下载可更新的应用，如下图所示。

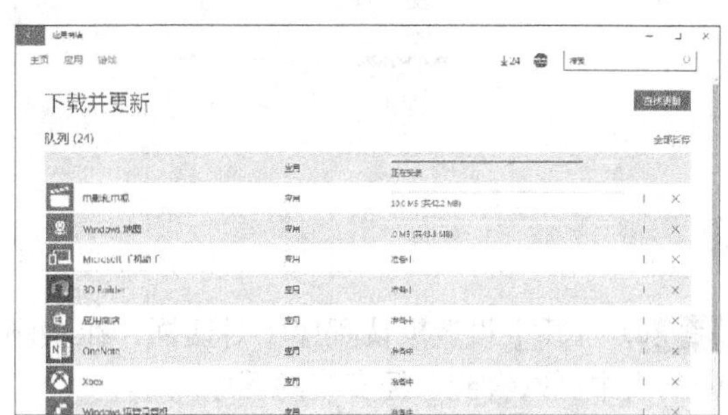

6.7 设置默认打开程序

本节教学录像时间：4 分钟

一个应用可能有多种打开方式，有时希望默认的应用来打开特定的文件，就可以设置默认打开程序，具体有以下3种方法，可供使用。

1.通过默认程序窗口进行设置

通过默认程序窗口，设置默认打开程序的具体操作步骤如下。

步骤 01 单击【开始】按钮，在弹出的【开始】界面选择【所有应用】➤【Windows系统】➤【默认程序】命令。

步骤 02 弹出【默认程序】对话框，单击【设置默认程序】选项。

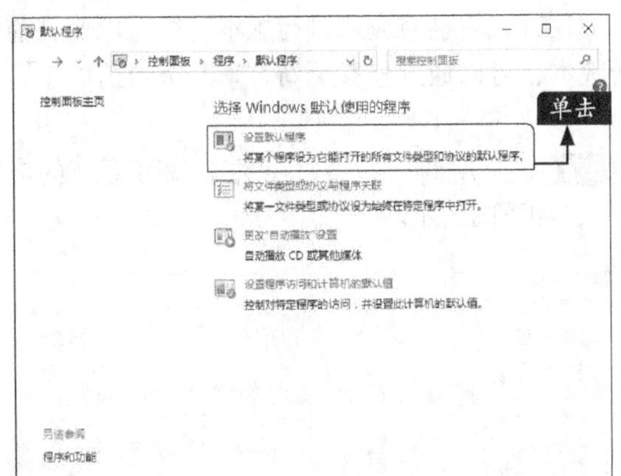

步骤 03 打开【设置默认程序】对话框，在左侧的列表中可以看到已经安装的程序。

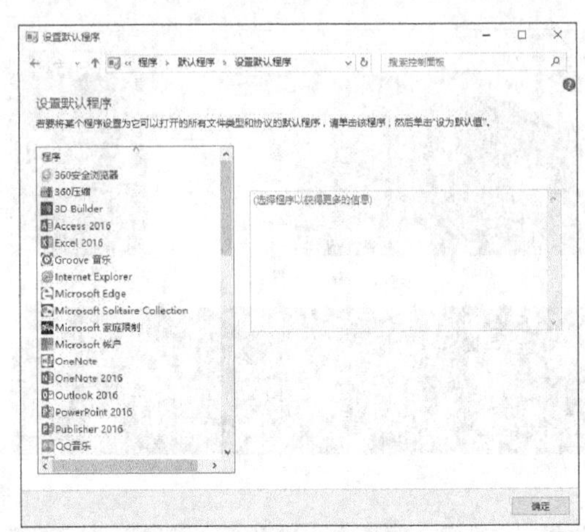

步骤 04 如果要把360安全浏览器设置为默认浏览器，在【程序】列表框中选择【360安全浏览器】选项，并在右侧单击【将此程序设置为默认值】即可。

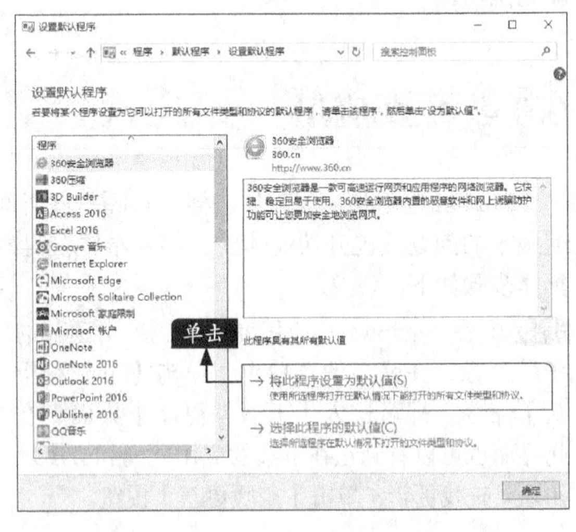

2.通过设置面板进行设置

设置面板是Windows 10新增的设置功能面板，包含了系统的主要设置，在该面板中同样可以设置默认应用，具体操作步骤如下。

步骤01 按【Windows+I】组合键，打开【设置】面板，并单击【系统】图标选项。

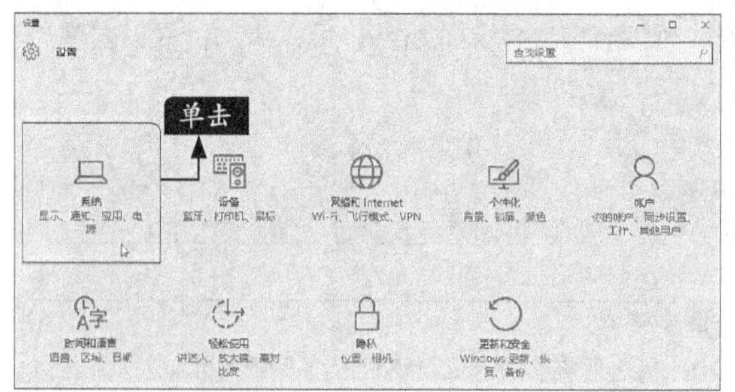

步骤02 单击【系统】界面左侧的【默认应用】选项，即可看到电子邮件、地图、音乐播放器、视频播放器等默认打开的应用，如下图所示。

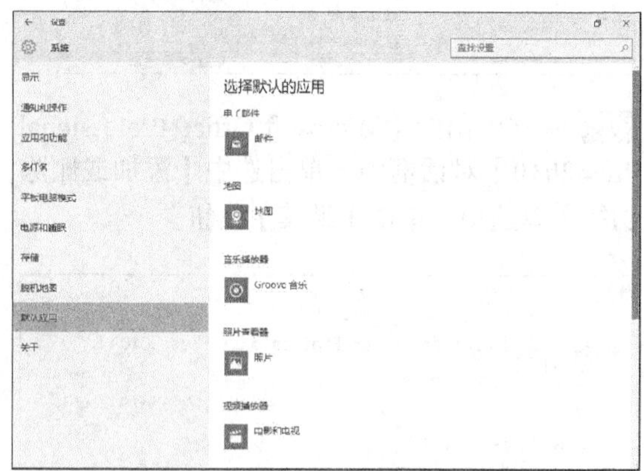

步骤03 在要改变默认打开的应用图标上单击，弹出【选择应用】列表，选择要使用的应用程序，即可进行更改，如这里将音乐播放器的打开程序设置为“QQMusic”。

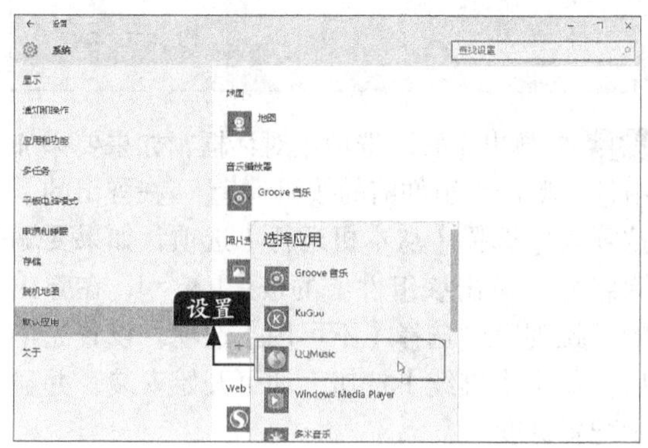

步骤04 在对应的文件中，如歌曲类型的文件，则变为QQ音乐的图标，如下图所示。

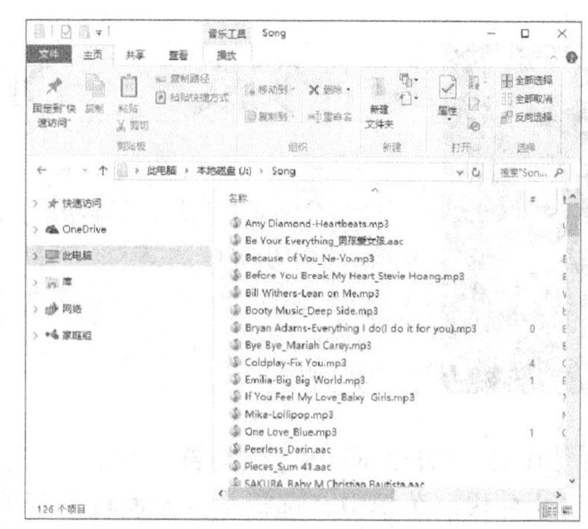

3.通过打开方式进行设置

除了提前设置好外，还可以在打开该文件时，对默认打开程序进行设置，如下图所示。

步骤01 把鼠标放在要打开的文件上，右键单击，在弹出的快捷菜单中单击【打开方式】选项。在弹出的【打开方式】快捷菜单中单击【选择其他应用】选项。

步骤02 弹出【你要如何打开这个文件？】对话框，单击选中【始终使用此应用打开.PNG文件】复选框，选中应用，单击【确定】按钮，即可快速设置默认应用。

6.8 综合实战——Office 2010组件的添加与删除

本节教学录像时间：3 分钟

安装Office 2010后，如果需要使用安装时没有安装的其他组件，可以添加组件，安装后不需要使用的组件可以删除。

步骤 01 按【Windows+X】组合键，在桌面左下角弹出的快捷菜单中，选择【控制面板】菜单命令。

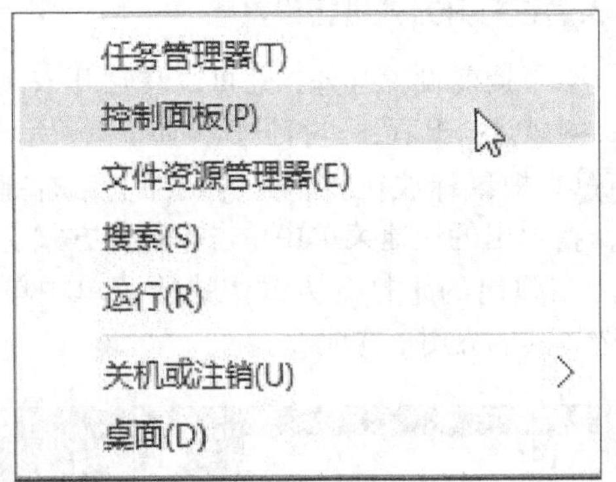

步骤 02 打开【控制面板】窗口，以【大图标】的方式查看，单击【程序和功能】超链接。

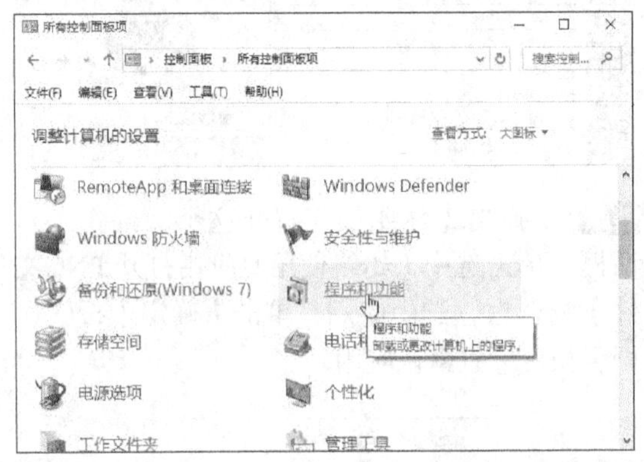

步骤 03 弹出【程序和功能】对话框，选择【Microsoft Office Professional Plus 2010】选项，单击【更改】按钮。

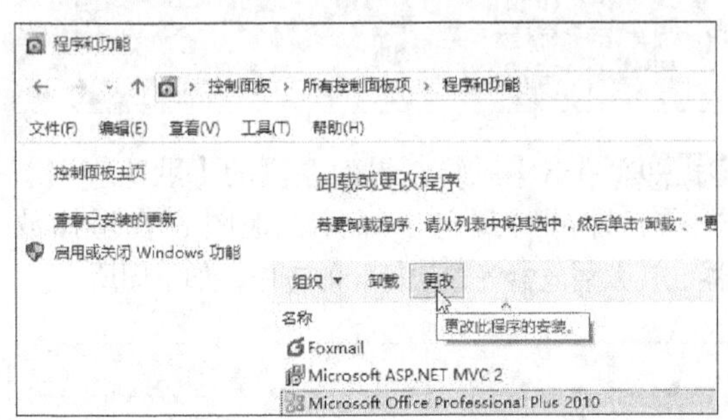

步骤 04 在弹出的【Microsoft Office Professional Plus 2010】对话框中，单击选中【添加或删除功能】单选项，单击【继续】按钮。

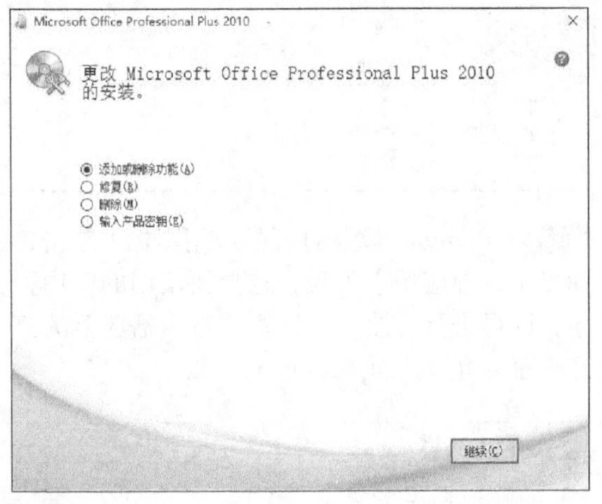

步骤 05 弹出【安装选项】对话框，如果要添加组件，单击该组件前的按钮，在弹出的下拉列表中选择【从本机运行】选项；如果要删除组件，单击该组件前的按钮，在弹出的下拉列表中选择【不可用】选项。设置完毕后，单击【继续】按钮，即可开始安装，并显示配置进度。

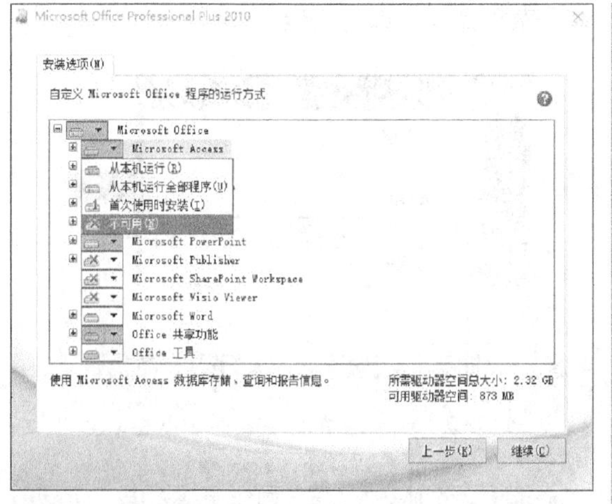

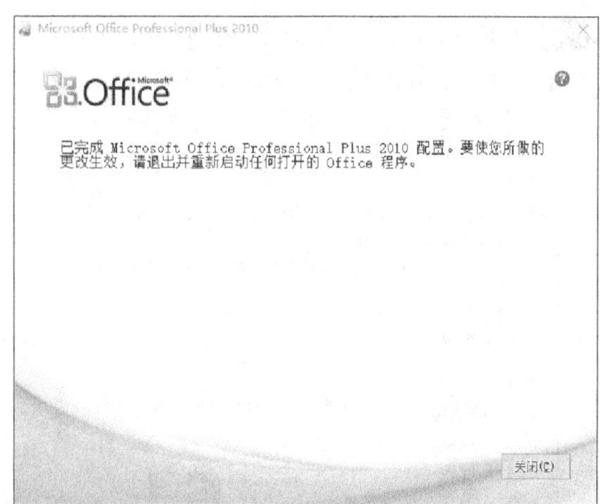

步骤06 配置安装完成后，单击【关闭】按钮即可。

高手支招

本节教学录像时间：3 分钟

安装更多字体

除了Windows 7系统中自带的字体外，用户还可以自行安装字体，在文字编辑上更胜一筹。字体安装的方法主要有3种。

(1) 右键安装

选择要安装的字体，单击鼠标右键，在弹出的快捷菜单中，选择【安装】选项，即可进行安装。如下图所示。

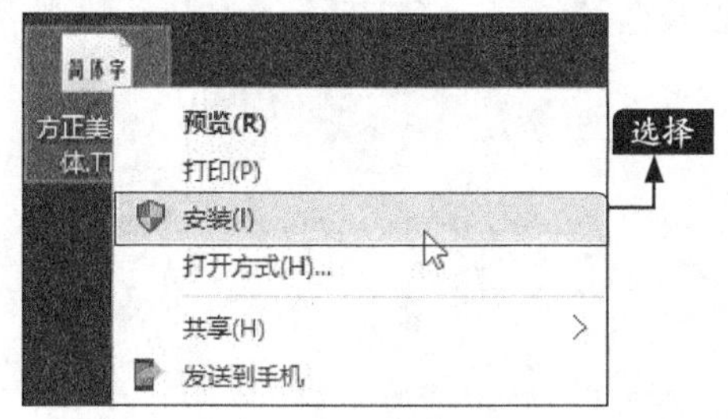

(2) 复制到系统字体文件夹中

复制要安装的字体，打开【计算机】在地址栏里输入C:/WINDOWS/Fonts，单击【Enter】键，进入Windows字体文件夹，粘贴到文件夹里即可。如下图所示。

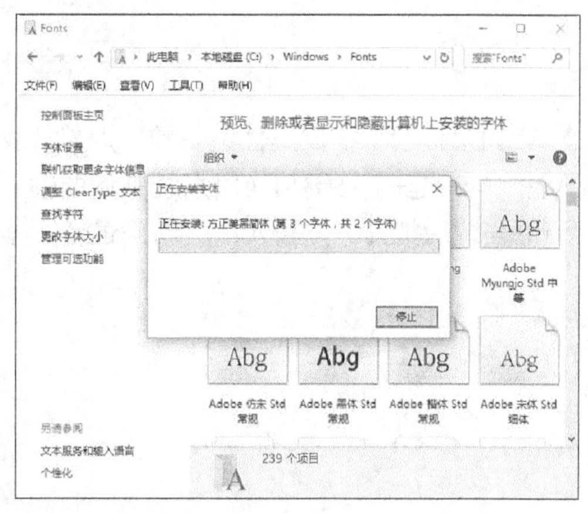

(3) 右键作为快捷方式安装

步骤01 打开【计算机】在地址栏里输入C:/WINDOWS/Fonts，单击【Enter】键，进入Windows字体文件夹，然后单击左侧的【字体设置】链接。

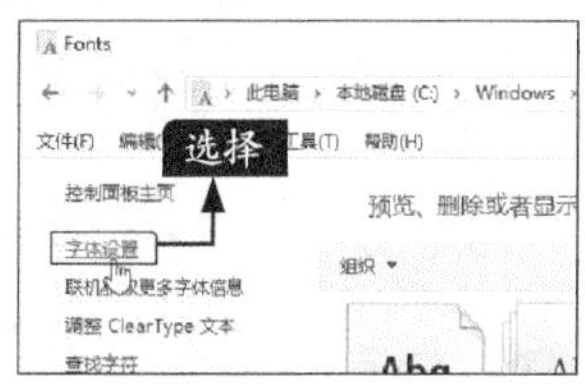

步骤02 在打开的【字体设置】窗口中，勾选【允许使用快捷方式安装字体（高级）（A）】选项，然后单击【确定】按钮。

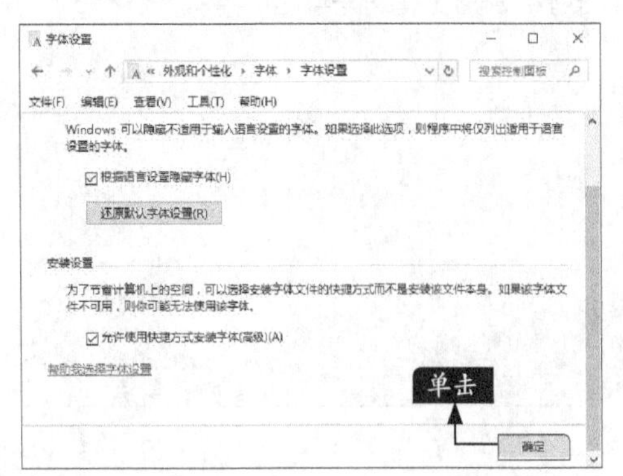

步骤03 选择要安装的字体，单击鼠标右键，在弹出的快捷菜单中，选择【作为快捷方式安装】菜单命令，即可安装。

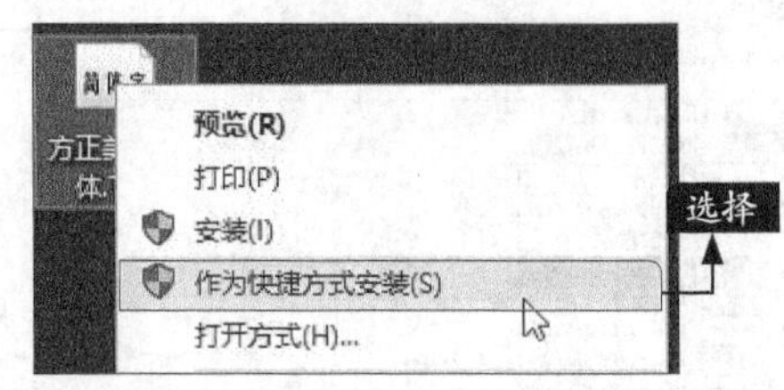

小提示

第1和第2种方法直接安装到Windows字体文件夹里，会占用系统内存，并会影响开机速度，建议如果是少量的字体安装，可使用该方法。而使用快捷方式安装字体，只是将字体的快捷方式保存到Windows字体文件夹里，可以达到节省系统空间的目的，但是不能删除安装的字体或改变位置，否则无法使用。

解决安装软件时提示“扩展属性不一致”问题

解决Windows 10系统安装软件时提示“扩展属性不一致”。具体操作步骤如下。

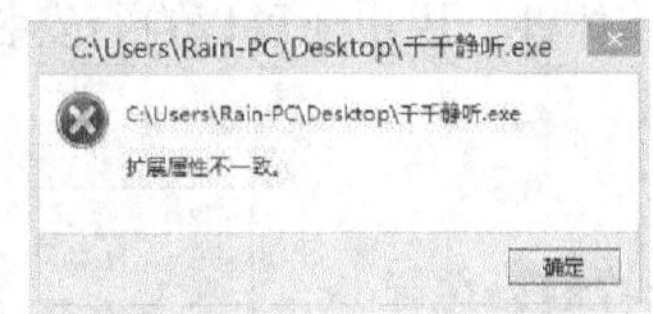

⑴ 如果提示“扩展属性不一致”时输入法不是微软的输入法，而是搜狗输入法或其他第三方输入法，Win键+空格键切换回系统默认的输入法就可以解决。

⑵ 安装后把第三方输入法更新到最新版本，就可以兼容了。

第2篇

Word办公应用篇

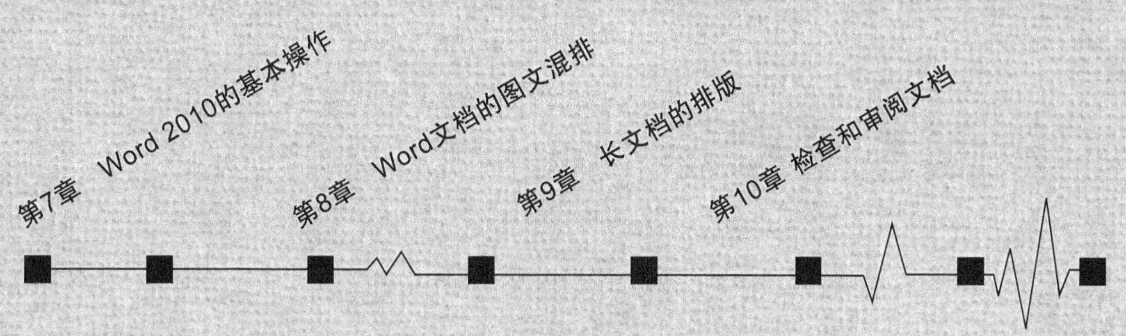

第7章

Word 2010的基本操作

Word 2010中最基本的操作就是编辑文档。在对文档进行编辑以前，需要先创建一个文档，然后才能对创建的文档进行各种操作，例如设置字体的外观和段落格式等。用户只有熟练掌握这些基础应用，才能在Office办公中充分体验到Word 2010带来的便利。

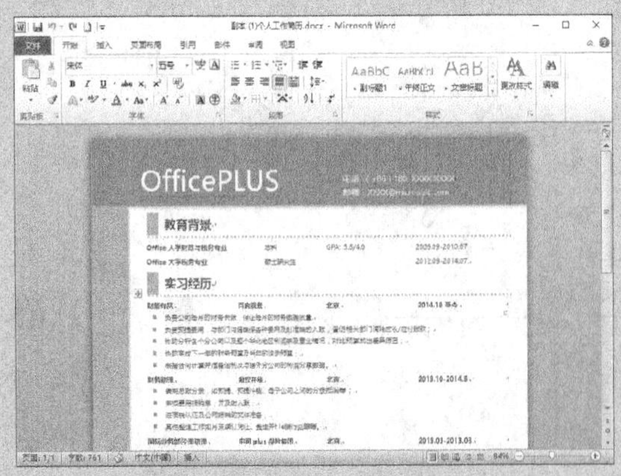

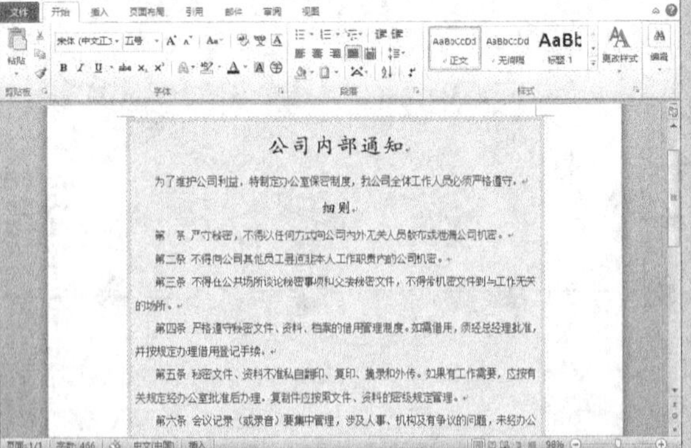

7.1 新建Word文档

本节教学录像时间：7 分钟

在使用Word 2010处理文档之前，首先需要创建一个新文档。新建文档的方法主要有以下几种。

7.1.1 创建空白文档

新建空白文档主要有以下3种方法。

1. 启动Word时自动创建

按【Windows】键，弹出“开始”菜单，单击【所有应用】➤【Microsoft Word 2010】选项，随即会启动Word 2010并创建一个空白工作簿。

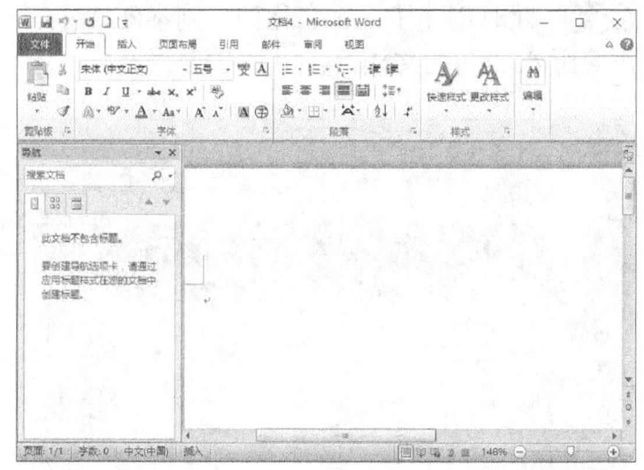

2.使用【文件】选项卡新建文档

在编辑文档的过程中，如果需要创建新文档，可以使用【文档】选项卡新建文档，具体操作步骤如下。

步骤 01 在Word 2010中，单击【文件】选项卡，单击【新建】命令，在打开的【可用模板】设置区域中选择【空白文档】选项，并单击【创建】按钮。

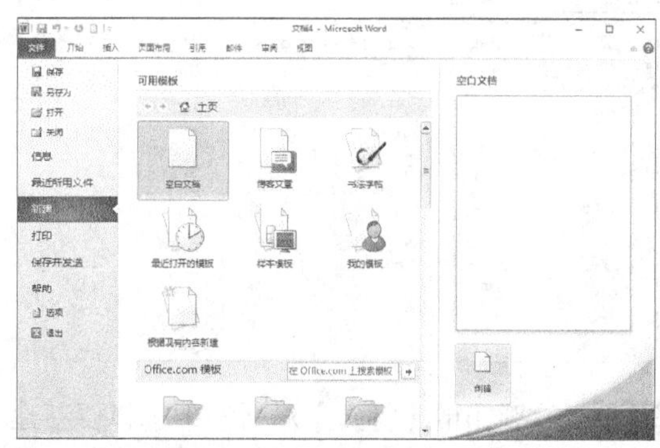

步骤 02 即可创建一个空白文档，如下图所示。

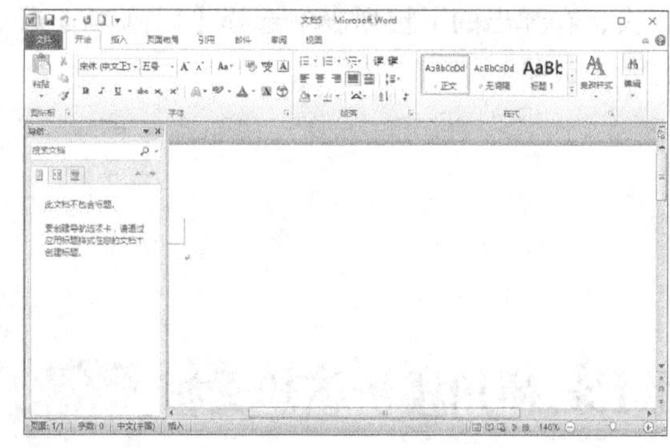

3.使用快速访问工具栏

单击快速访问工具栏中的【新建】按钮，也可以创建空白文档。

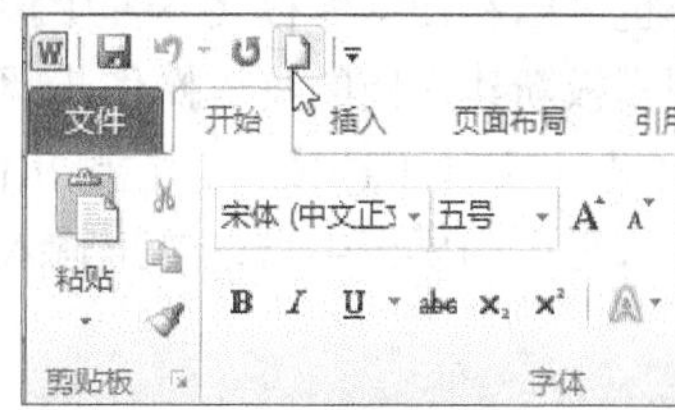

如果没有【新建】按钮，可以单击【自定义快速访问工具栏】按钮▾，在弹出的快捷菜单中，单击【新建】选项，将【新建】命令添加到自定义快速访问工具栏中。

4.使用快捷键

在打开的现有文档中，按【Ctrl+N】键，即可快速创建空白文档。

7.1.2 使用现有文件创建文档

使用现有文件新建文档，可以创建一个和原始文档内容完全一致的新文档，具体操作步骤如下。

步骤 01 单击【文件】选项卡，在弹出的下拉列表中选择【打开】选项。

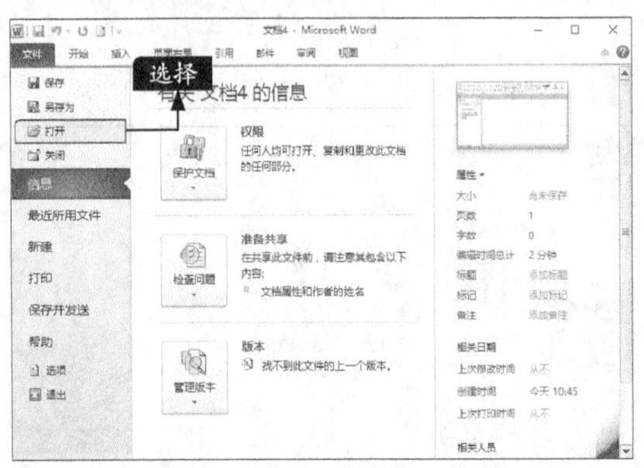

步骤 02 在弹出的【打开】对话框中选择要新建的文档名称，此处选择“个人工作简历.docx”文件，单击右下角的【打开】按钮右侧的下拉箭头，在弹出的下拉列表中选择【以副本方式打开】选项。

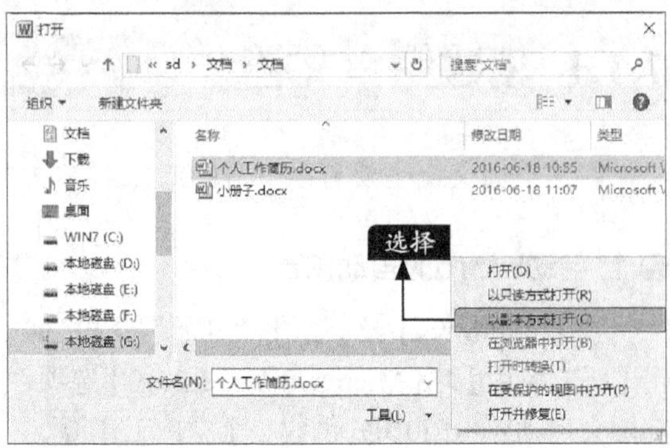

步骤 03 此时创建了一个名称为“副本(1)个人工作简历.docx”的文档。

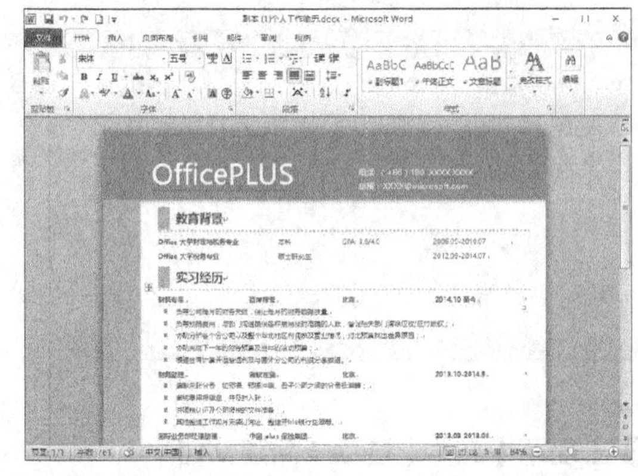

7.1.3 使用模板新建文档

使用模板新建文档，系统已经将文档的模式预设好了，用户在使用的过程中，只需在指定位置填写相关的文字即可。

Office提供了本机模板和联机模板。本机模板包含在【可供模板】列表中，可以直接单击创；而联机模板包含在Office.com模板列表中，包含了业务、业务计划、个人、书籍等36类模板类型，另外也可以在搜索模板文本框中输入要搜索的模板，进行联机搜索。

使用模板新建文档的具体操作步骤如下。

步骤 01 单击【文件】选项卡，在弹出的下拉列表中选择【新建】选项，在【Office.com模板】搜索框中输入想要的模板类型，这里输入“信纸”，单击【开始搜索】按钮➜。

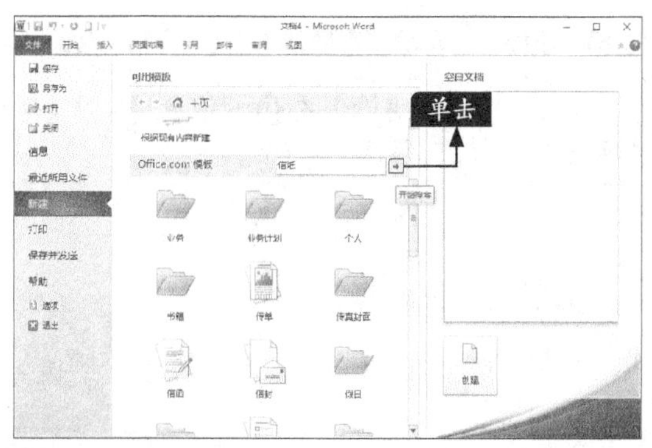

步骤02 在搜索的结果中选择"信纸（花卉图案）"选项，单击【下载】按钮。

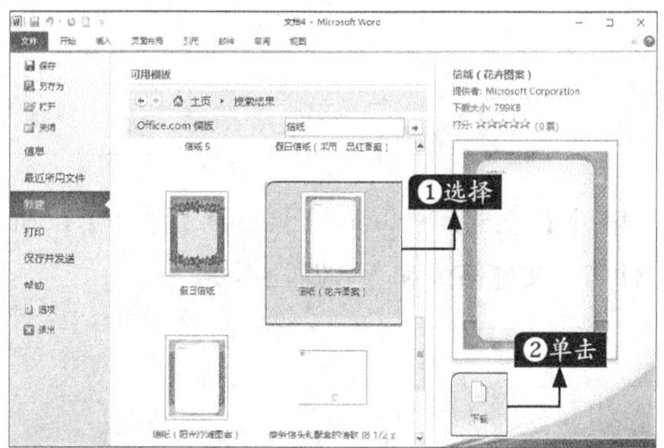

步骤03 弹出【正在下载模板】对话框，自动下载模板。

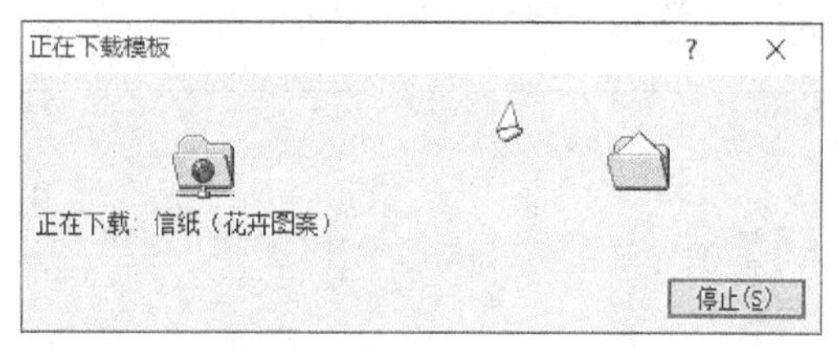

步骤04 下载完成，将会自动创建新的Word文档，效果如下图所示。

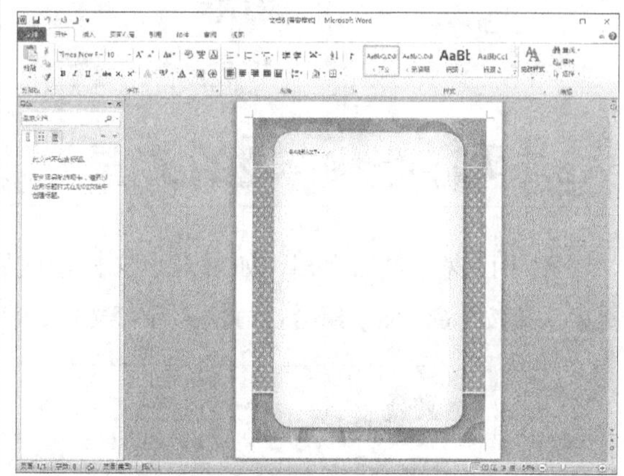

7.2 保存Word文档

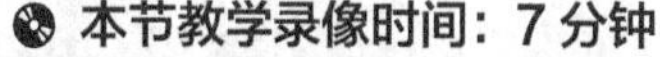
本节教学录像时间：7 分钟

文档创建或修改好后，如果不保存，就不能被再次使用，我们应养成随时保存文档的好习惯。在Word 2010中需要保存的文档有：未命名的新建文档、已保存过的文档、需要更改名称、格式或存放路径的文档以及自动保存文档等。

7.2.1 保存新建文档

在第一次保存新建文档时，需要设置文档的文件名、保存位置和格式等，然后保存到电脑中，具体操作步骤如下。

步骤01 单击【快速访问工具栏】上的【保存】按钮，或单击【文件】选项卡，在打开的列表中选择【保存】选项。

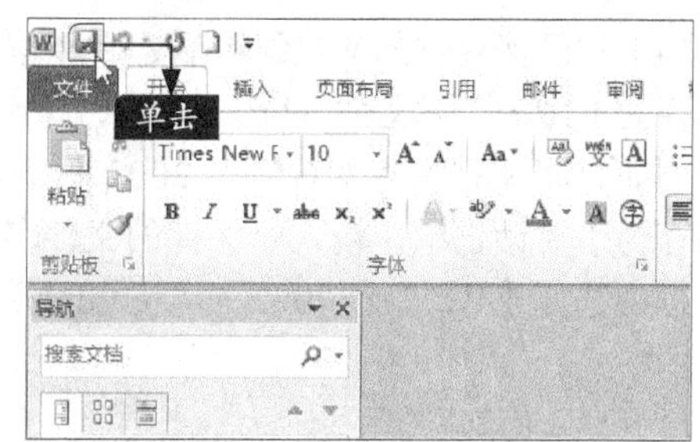

步骤02 在弹出的【另存为】对话框中设置保存路径和保存类型并输入文件名称，然后单击【确定】按钮，即可将文件另存。

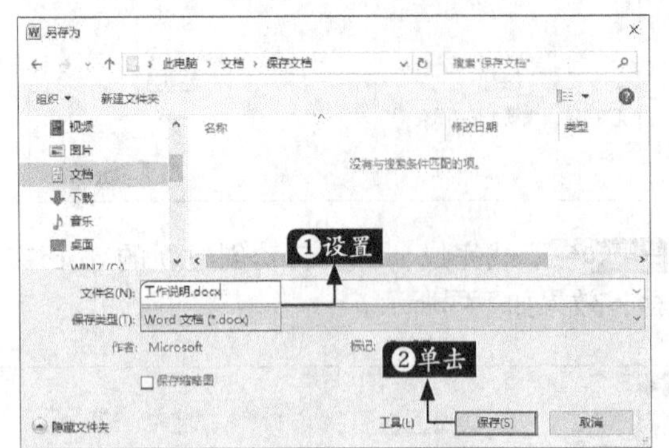

小提示

按组合键【Ctrl+S】或【F12】键，可以快速打开【另存为】对话框。

7.2.2 保存已保存过的文档

对于已保存过的文档，如果对该文档修改后，单击【快速访问工具栏】上的【保存】按钮，或按【Ctrl+S】组合键可快速保存文档，且文件名、文件格式和存放路径不变。

7.2.3 另存为文档

如果对已保存过的文档编辑后，希望修改文档的名称、文件格式或存放路径等，则可以使用【另存为】命令，对文件进行保存。

例如，将文档保存为Office 2003兼容的格式。单击【文件】➤【另存为】选项，在弹出的【另存为】对话框中，输入要保存的文件名，并选择所要保存的位置，然后在【保存类型】下拉列表框中选择【Word 97-2003文档（*.doc）】选项，单击【保存】按钮，即可保存为Office 2003兼容的格式。

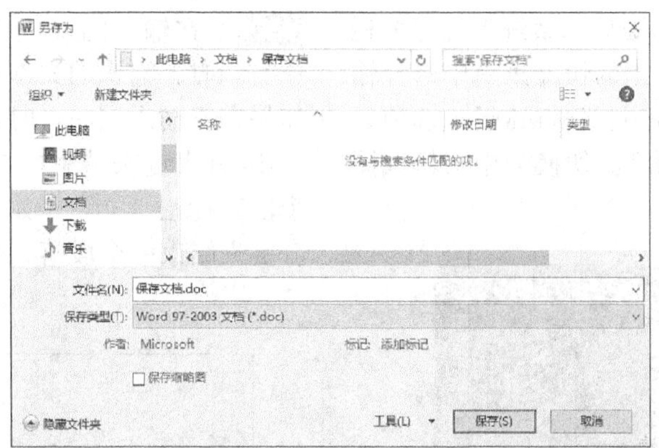

7.2.4 自动保存文档

在编辑文档的时候，Office 2010会自动保存文档，在用户非正常关闭Word的情况下，系统会根据设置的时间间隔，在指定时间对文档自动保存，用户可以恢复最近保存的文档状态。默认"保存自动回复信息时间间隔"为10分钟，用户可以单击【文件】➤【选项】➤【保存】选项，在【保存文档】区域设置时间间隔。

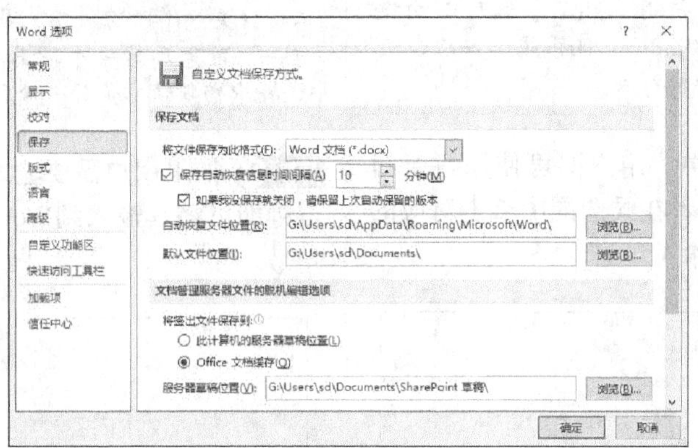

7.3 文本的输入与编辑

本节教学录像时间：18 分钟

文本的输入功能非常简便，输入的文本都是从插入点开始的，闪烁的垂直光标就是插入点。光标定位确定后，即可在光标位置处输入文本，输入过程中，光标不断向右移动。

7.3.1 中文和标点

由于Windows的默认语言是英语，语言栏显示的是英语输入图标英，因此如果不进行中/英文切换就以汉语拼音的形式输入，那么在文档中输出的文本就是英文。

新建一个Word文档，首先将英文输入法转变为中文输入法，再进行输入。输入中文具体的转变方法如下。

步骤01 单击位于Windows操作系统下的任务栏上的输入法图标，在弹出的快捷菜单中选择输入法，如这里选择“QQ拼音Win8版”选项，并单击英语输入图标英将其切换为中文模式图标中。

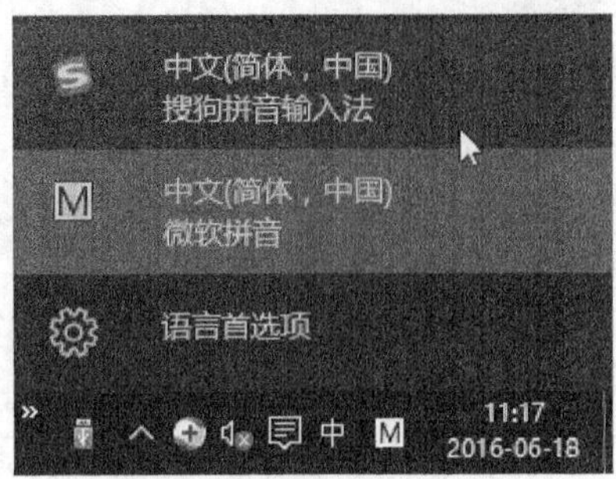

小提示

一般情况下，在Windows 7系统下可以按【Ctrl+Shift】组合键切换输入法，也可以按住【Ctrl】键不动，然后使用【Shift】键可以切换输入；在Window 8和Windwos 10系统下按组合键【Win+空格】快速切换输入法。

步骤02 在Word文档中，用户即可使用拼音拼写，按【Space】键或者在候选词中单击对应的数字，即可完成中文输入。

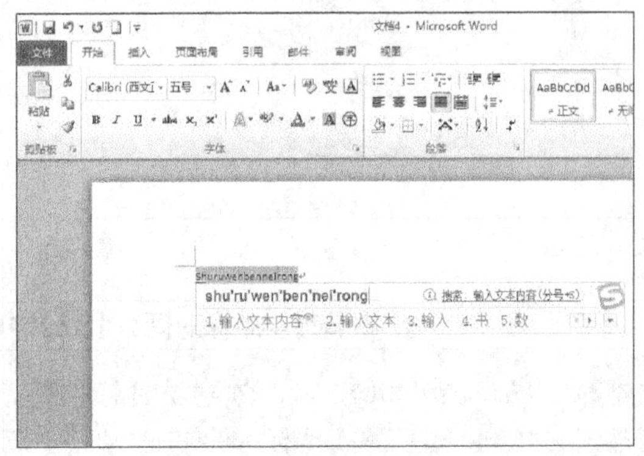

步骤03 在输入的过程中，当文字到达一行的最右端时，输入的文本将自动跳转到下一行。如果在未输入完一行时就要换行输入，则可按【Enter】键来结束一个段落，这样会产生一个段落标记“↵”。如果按【Shift+Enter】组合键来结束一个段落，也会产生一个段落标记“↓”。

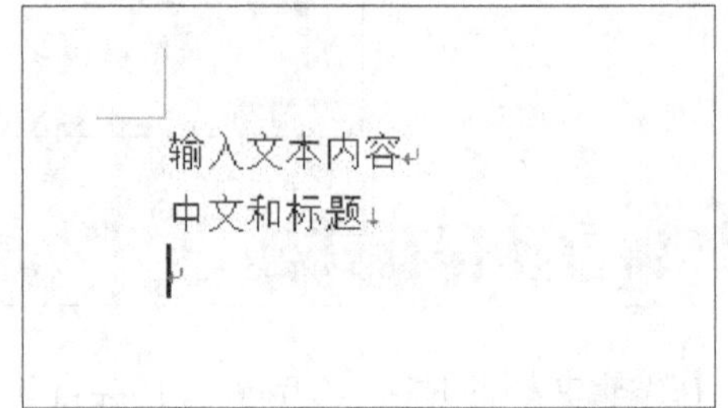

小提示

虽然此时也达到换行输入的目的，但这样并不会结束这个段落，而只是换行输入而已，实际上前一个段落和后一个段落之间仍为一个整体，在Word中仍默认它们为一个段落。

步骤04 如果用户需要输入标点，按键盘上的标点键即可将其输入到Word中，如这里输入一个句号。

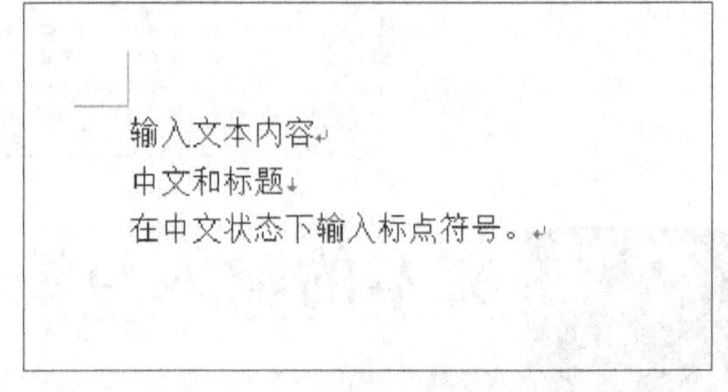

以上就是一个简单的中文和标点的输入介绍，用户可以使用自己习惯的输入法，输入文本内容。

7.3.2 英文和标点

在编辑文档时，经常会用到英文，它的输入方法和中文输入法基本相同，本节就介绍如何输入英文和英文标点。

如果语言栏显示的是英语输入图标英，用户可以直接输入英文。如果用户使用的是拼音输入法，可按住【Shift】键切换成英文输入状态，再按住【Shift】键又会恢复成中文输入状态。以“搜狗拼音输入法”为例，下图分别为中文状态条（左）和英文状态条（右）。

中　英

在英文输入状态下，即可快速输入英文文本内容，按【Caps Lock】键可切换英文字母输入的大小写。如下图所示。

输入文本内容
中文和标题
在中文状态下输入标点符号。
English and English Punctuation

如果要输入英文标点，在英文状态下输入的标点，即为英文标点。也可以单击“中/英文标点”按钮来进行中/英文标点切换，也可以使用【Ctrl+.】组合键进行切换，如下图为英文状态下的“句号”。

输入文本内容
中文和标题
在中文状态下输入标点符号。
English and English Punctuation
Word.

7.3.3 输入日期和时间

日期和时间在文档中使用的很多，而且简单、明了，容易理解。在文档中输入日期和时间的具体步骤如下。

步骤01 单击【插入】选项卡下【文本】选项组中【时间和日期】按钮 日期和时间。

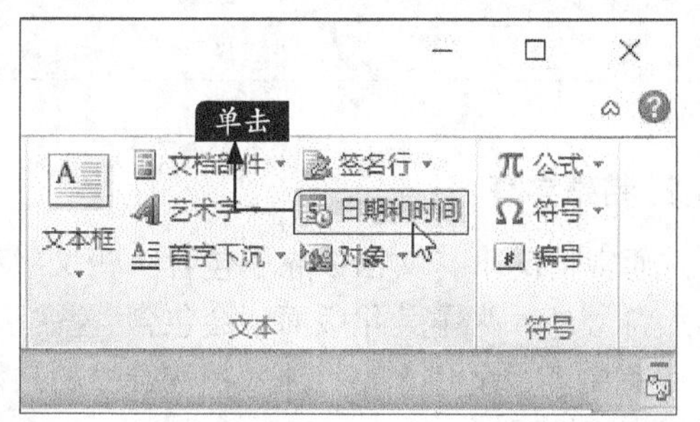

步骤02 在弹出的【日期和时间】对话框中，将【语言】设置为【中文（中国）】，选择第3种日期和时间的格式，然后单击选中【自动更新】复选框，单击【确定】按钮。

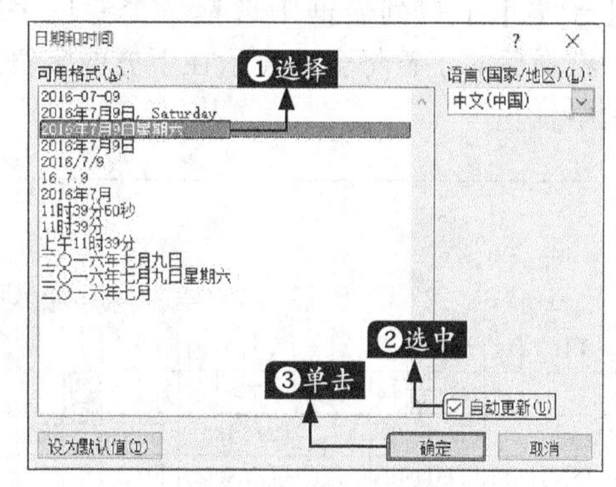

步骤03 此时即可将时间插入文档中，且插入文档的日期和时间会根据时间自动更新。

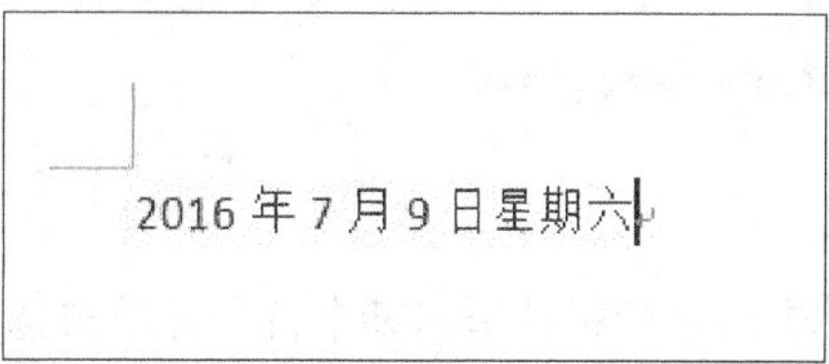

7.3.4 符号和特殊字符

编辑Word文档时会使用到符号，例如一些常用的符号和特殊的字符等，这些可以直接通过键盘输入。如果键盘上没有，则可通过选择符号的方式插入。本节介绍如何在文档中插入键盘上没有的符号。

1. 符号

在文档中插入符号的具体操作步骤如下。

步骤 01 新建一个空白文档，选择【插入】选项卡的【符号】组中的【符号】按钮。在弹出的下拉列表中会显示一些常用的符号，单击符号即可快速插入，这里单击【其他符号】选项。

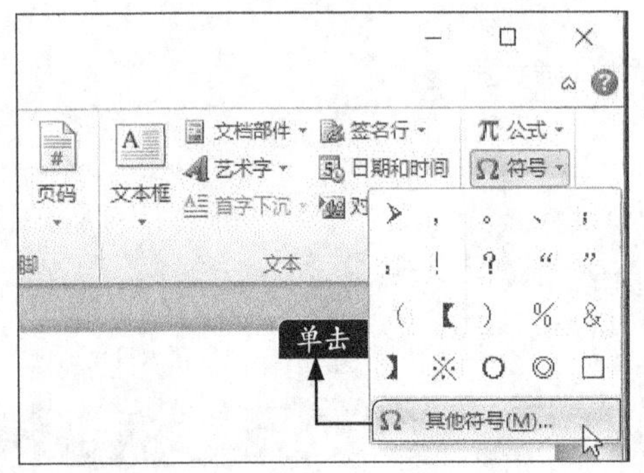

步骤 02 弹出【符号】对话框，在【符号】选项卡下【字体】下拉列表框中选择所需的字体，在【子集】下拉列表框中选择一个专用字符集，选择后的字符将全部显示在下方的字符列表框中。

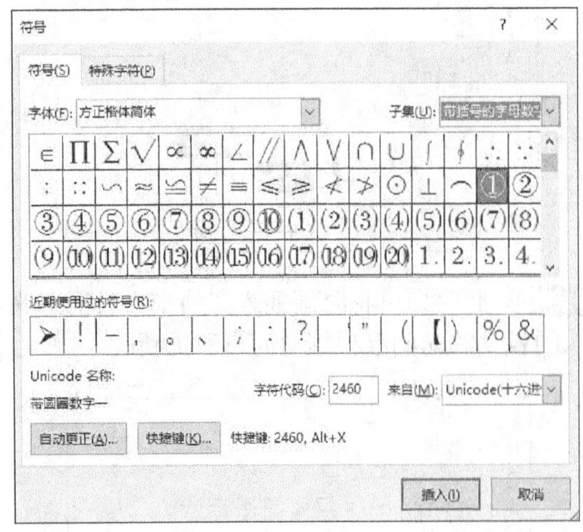

步骤 03 用鼠标指针指向某个符号并单击选中，单击【插入】按钮即可插入符号，也可以直接双击符号来插入，插入完成后，关闭【符号】对话框，可以看到符号已经插入到文档中光标所在的位置。

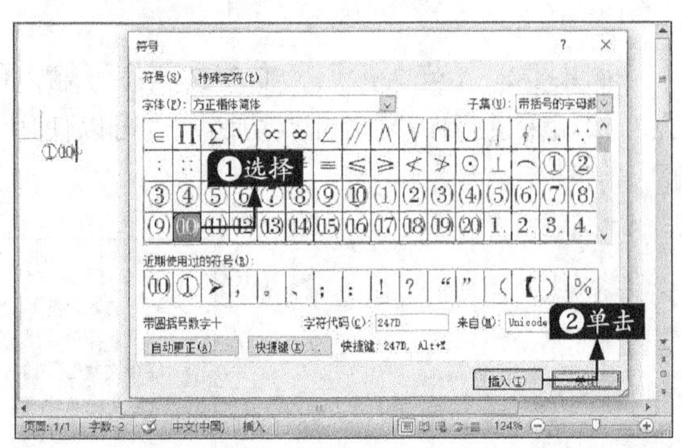

小提示

单击【插入】按钮后【符号】对话框不会关闭。

如果在文档编辑中经常要用到某些符号，可以单击【符号】对话框中的【快捷键】按钮为其定义快捷键。在【符号】对话框中单击【自动更正】按钮，将弹出【自动更正】对话框，但该对话框仅显示【自动更正】选项卡。另外，如果用户不希望让系统自动执行某些替换，则可在【自动更正】对话框中进行设置。

2. 特殊字符

通常情况下，文档中除了包含一些汉字和标点符号外，为了美化版面还会包含一些特殊字符，如※、♀和♂等。插入特殊符号的具体操作步骤如下。

步骤 01 打开【符号】对话框，选择【特殊字符】选项卡，在【字符】列表框中选中需要插入的符号，系统还为某些特殊符号定义了快捷键，用户直接按下这些快捷键即可插入该符号。这里以插入“注册”为例。

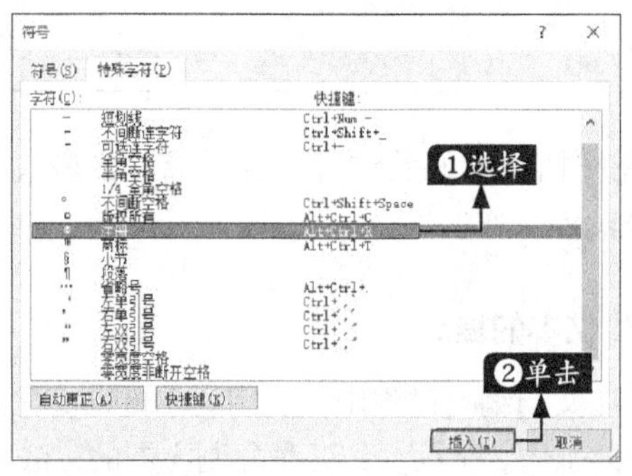

步骤02 单击【插入】按钮，关闭【插入】对话框，可以看到特殊字符已经插入到文档中光标所在的位置。

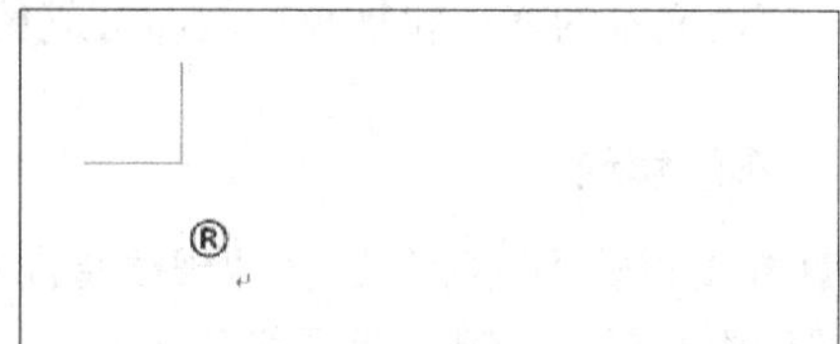

7.3.5 选择文本

选择文本时既可以选择单个字符，也可以选择整篇文档。选定文本的方法主要有以下几种。

1.使用鼠标选择文本

使用鼠标可以方便地选择文本，如某个词语、选择整行、段落、选择区域或全选等，下面介绍鼠标选择文本的方法。

(1) 选中区域。将鼠标光标放在要选择的文本的开始位置，按住鼠标左键并拖曳，这时选中的文本会以阴影的形式显示，选择完成后，释放鼠标左键，鼠标光标经过的文字就被选定了。

(2) 选中词语。将鼠标光标移动到某个词语或单词中间，双击鼠标左键即可选中该词语或单词。

(3) 选中单行。将鼠标光标移动到需要选择行的左侧空白处，当鼠标变为箭头形状时，单击鼠标左键，即可选中该行。

(4) 选中段落。将鼠标光标移动到需要选择段落的左侧空白处，当鼠标变为箭头形状时，双击鼠标左键，即可选中该段落。也可以在要选择的段落中，快速单击三次鼠标左键即可选中该段落。

(5) 选中全文。将鼠标光标移动到需要选择段落的左侧空白处，当鼠标变为箭头形状时，单击鼠标左键三次，则选中全文。也可以单击【开始】➤【编辑】➤【选择】➤【全选】命令，选中全文。

2.使用键盘选择文本

在不使用鼠标的情况下，我们可以利用键盘组合键来选择文本。使用键盘选定文本时，需先将插入点移动到将选文本的开始位置，然后按相关的组合键即可。

快捷键	功能
【Shift+←】	选择光标左边的一个字符
【Shift+→】	选择光标右边的一个字符
【Shift+↑】	选择至光标上一行同一位置之间的所有字符
【Shift+↓】	选择至光标下一行同一位置之间的所有字符
【Ctrl+ Home】	选择至当前行的开始位置
【Ctrl+ End】	选择至当前行的结束位置
【Ctrl+A】	选择全部文档
【Ctrl+Shift+↑】	选择至当前段落的开始位置
【Ctrl+Shift+↓】	选择至当前段落的结束位置
【Ctrl+Shift+Home】	选择至文档的开始位置
【Ctrl+Shift+End】	选择至文档的结束位置

7.3.6 文本的剪切与复制

在编辑文档的过程中，如果发现某些句子、段落在文档中所处的位置不合适或者要多次重复出现，使用文本的移动和复制功能即可避免烦琐的重复输入工作。

1. 文本的移动

⑴ 拖曳鼠标到目标位置，即虚线指向的位置，然后松开鼠标左键，即可移动文本。

⑵ 选择要移动的文本，单击鼠标右键，在弹出的快捷菜单中选择【剪切】命令，在目标位置单击鼠标右键，在弹出的快捷菜单中选择【复制】命令粘贴文本。

⑶ 选择要移动的文本，单击【开始】➤【剪贴板】组中的【剪切】按钮，在目标位置单击【粘贴】按钮粘贴文本。

⑷选择要移动的文本，按【Ctrl+X】组合键剪切文本，在目标位置按【Ctrl+V】组合键粘贴文本。

⑸ 选择要移动的文本，将鼠标指针移到选定的文本上，按住鼠标左键，鼠标变为形状，拖曳鼠标到目标位置，然后松开鼠标，即可移动选中的文本。

2. 文本的复制

在文档编辑过程中，复制文本可以简化文本的输入工作。下面介绍几种复制文本的方法。

⑴ 选择要复制的文本，单击鼠标右键，在弹出的快捷菜单中选择【复制】命令，在目标位置单击鼠标右键，在弹出的快捷菜单中选择【复制】命令粘贴文本。

⑵ 选择要复制的文本，单击【开始】➤【剪贴板】组中的【复制】按钮，在目标位置单击【粘贴】按钮粘贴文本。

⑶ 选择要复制的文本，按【Ctrl+C】组合键剪切文本，在目标位置按【Ctrl+V】组合键粘贴文本。

⑷ 选定将要复制的文本，将鼠标指针移到选定的文本上，按住【Ctrl】键的同时，按住鼠标左键，鼠标指针变为形状，拖曳鼠标到目标位置，然后松开鼠标，即可复制选中的文本。

7.3.7 查找与替换文本

Word 2010具有强大的查找和替换功能，既可查找和替换文本、特定格式和诸如段落标记、域或者图形之类的特定项，也可以查找和替换单词的各种形式。用户只需列出查找和替换的条件，Word就会自动完成余下的工作。

1.查找文本

查找功能可以帮助用户定位到目标位置以便快速找到想要的信息。

在打开的文档中，单击【开始】选项卡下的【编辑】组中的【查找】按钮右侧的下拉按钮，选择【查找】命令，或者按【Ctrl+F】快捷键，打开导航窗格。在“搜索文档”文本框中，输入要查找的关键词，即可快速显示搜索的结果，可单击【标题】、【页面】、【结果】选项卡，进行分类查看，也可以单击【上一个 搜索结果】按钮或【下一个搜索结果】按钮进行查看。

2.替换文本

替换功能可以帮助用户快捷地更改查找到的文本或批量修改相同的内容。

在打开的文档中，单击【开始】选项卡下的【编辑】组中的【替换】按钮，或者按【Ctrl+H】快捷键，打开【查找和替换】对话框，在【查找内容】文本框中输入需要被替换掉的内容，如“2015年”，在【替换为】文本框中输入替换后的内容，如“2016年”，单击【查找下一处】按钮，定位到从当前光标所在位置起，第一个满足查找条件的文本位置，并以灰色背景显示，单击【替换】按钮即可替换为新的内容，并跳转至第二个查找内容。如果用户需要将文档中所有相同的内容都替换掉，单击【全部替换】按钮即可替换所有查找到的内容。

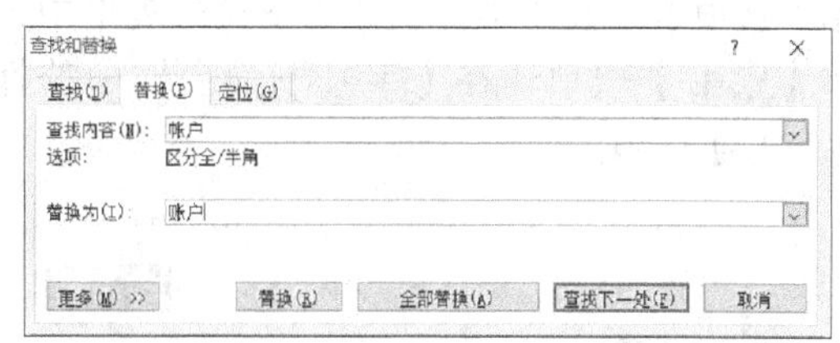

7.3.8 删除文本

删除错误的文本或使用正确的文本内容替换错误的文本内容，是文档编辑过程中常用的操作。删除文本的方法有以下几种。

⑴ 使用【Delete】键

删除光标后的字符。

⑵ 使用【Backspace】键

删除光标前的字符

⑶ 删除大块文本

① 选定文本后，按【Delete】键删除。

② 选定文本后，单击鼠标右键，在弹出的快捷菜单中选择【剪切】命令，或单击【Ctrl+X】组合键进行剪切。

7.4 设置字体外观

本节教学录像时间：4 分钟

字体外观的设置，直接影响到文本内容的阅读效果，美观大方的文本样式可以给人以简洁、清新、赏心悦目的阅读感觉。

7.4.1 设置字体、字号和字形

在Word 2010中，对文本进行字体、字号和字形的设置是最基本的字体格式设置，具体操作步骤如下。

步骤 01 打开随书光盘中的“素材\ch07\公司奖罚制度.docx”文件，选中需要设置的文本。单击【开始】选项卡下【字体】选项组右下角的对话框启动器。

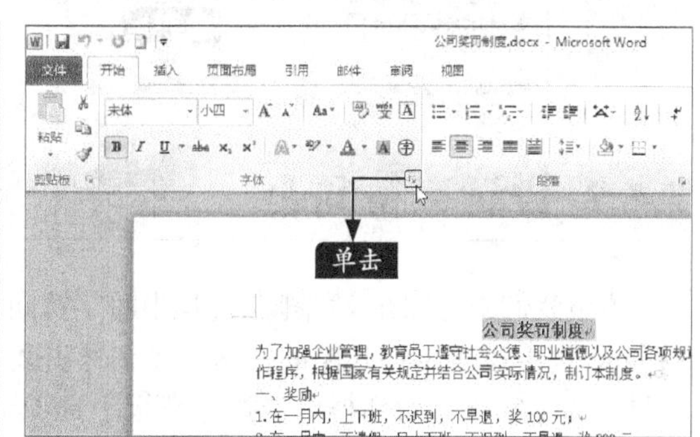

步骤02 在弹出的【字体】对话框中，选择【字体】选项卡。在【中文字体】下拉列表框中选择【隶书】选项，在【字号】列表框中选择【三号】选项。

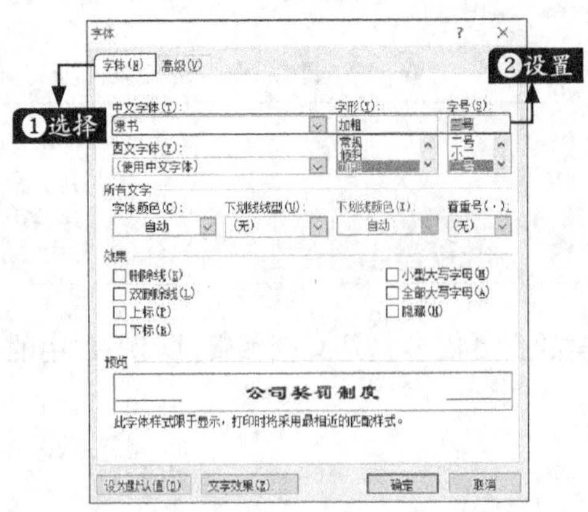

小提示

单击【Ctrl+D】组合键，或者单击鼠标右键，在弹出的快捷菜单中，选择【字体】菜单命令，可快速打开【字体】对话框。

步骤03 单击【字体颜色】下拉列表框右侧的下拉按钮，在打开的颜色列表中选择【红色】选项，使用同样的方法可以选择下划线类型和着重号，单击【确定】按钮。

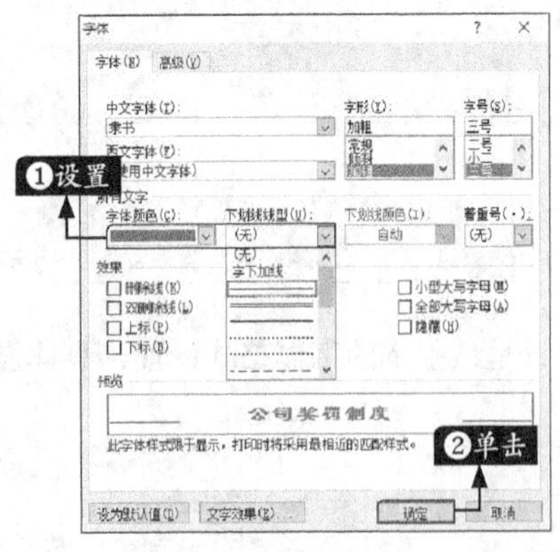

步骤04 设置字体、字号和字形后的文本如下图所示。

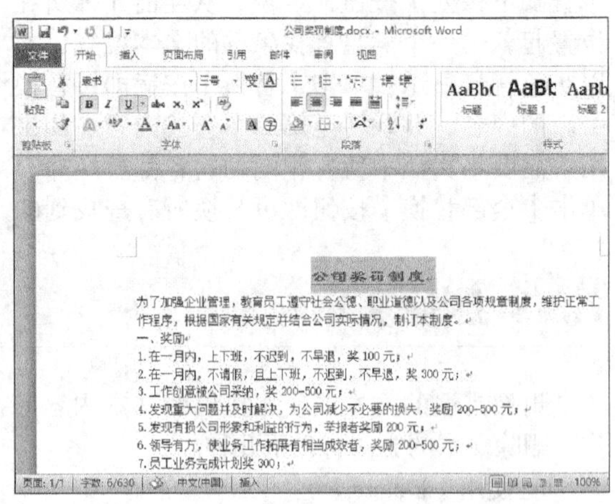

在【开始】选项卡下的【字体】选项组中单击相应的按钮来修改字体格式也是一种较为方便的设置方法。

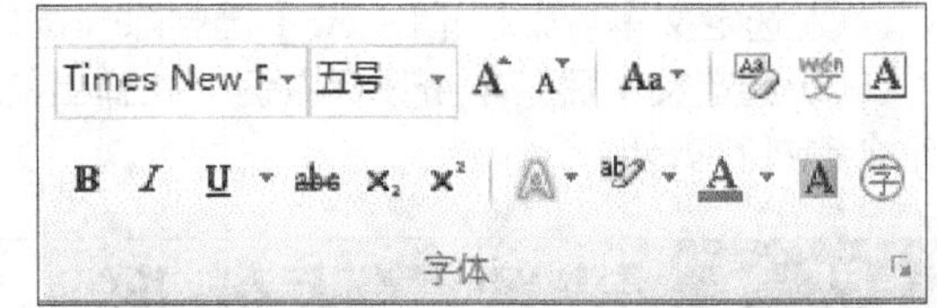

另外，选择要设置字体格式的文本，此时选中的文本区域右上角弹出一个浮动工具栏，单击相应的按钮来修改字体格式。

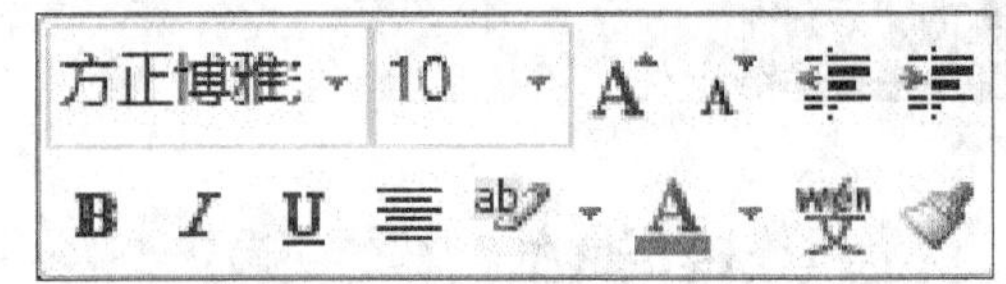

7.4.2 设置字符间距

本节我们将介绍在文档排版过程中对字符间距的设置，具体操作步骤如下。

步骤01 选中设置字符间距的文本，单击【开始】选项卡下【字体】选项组的对话框启动器，在弹出的【字体】对话框中选择【高级】选项卡，设置【缩放】为“110%”，并调整字间距为“1”。

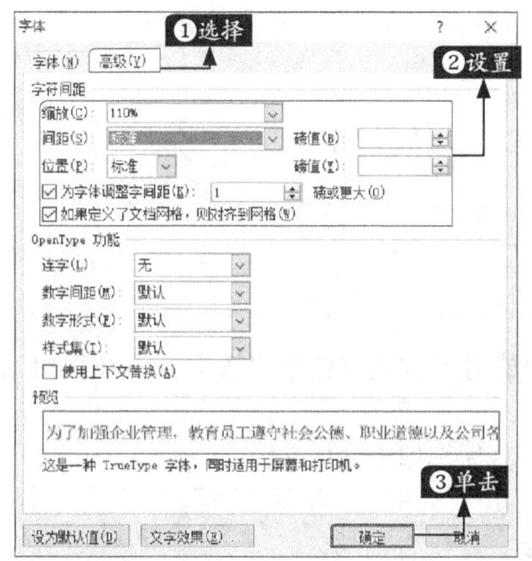

步骤 02 单击【确定】按钮后效果如下图所示。

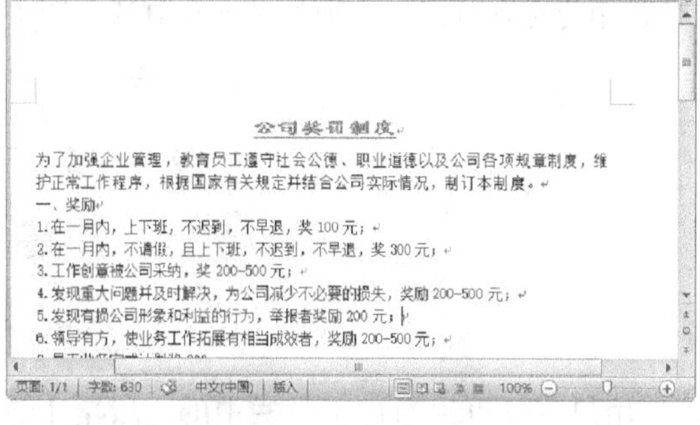

小提示

用户可以单击【开始】选项卡下的【字体】选项组中的【中文版式】按钮，在弹出的下拉列表中选择【字符缩放】选项，在其子菜单中选择字符间距。

7.4.3 设置文本效果

为文字添加艺术效果，可以使文字看起来更加美观，具体操作步骤如下。

步骤 01 选择要设置的文本，在【开始】选项卡【字体】组中，单击【文本效果】按钮，在弹出的下拉列表中，可以选择文本效果，如选择第2行第4个效果。

步骤 02 所选择文本内容，即会应用文本效果，如下图所示。

7.5 设置段落格式

本节教学录像时间：4 分钟

段落样式是指以段落为单位所进行的格式设置。本节主要来讲解设置段落的对齐方式、段落的缩进、段落间距及行距等。

7.5.1 设置段落对齐方式

整齐的排版效果可以使文本更为美观，对齐方式就是段落中文本的排列方式。Word中提供了

5种常用的对齐方式，分别为文本左对齐、居中、文本右对齐、两端对齐和分散对齐。

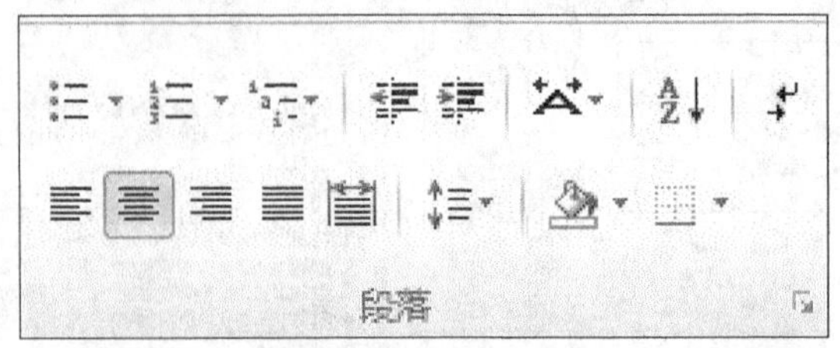

用户不仅可以通过工具栏中的【段落】选项组中的对齐方式按钮来设置对齐，还可以通过【段落】对话框，来设置对齐。

下面以居中对齐为例，介绍设置段落格式的方法，具体操作步骤如下。

步骤 01 新建一个Word空白文档，输入如下文本，然后选择该文本。

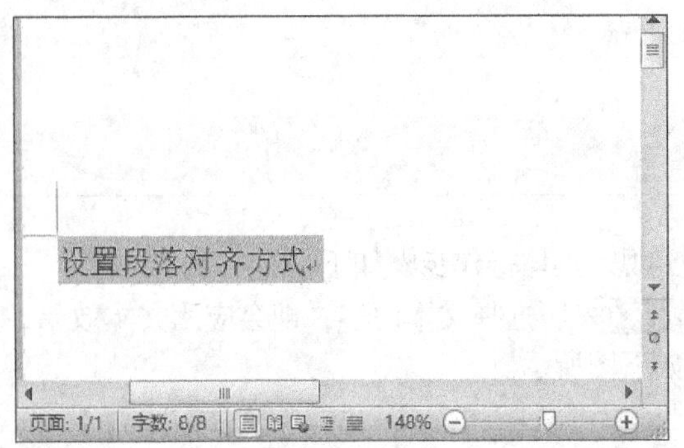

步骤 02 单击【开始】选项卡下【段落】选项组中的【居中】按钮，即可将文本内容居中显示，效果如下图所示。

小提示

选中文本后，按【Ctrl+L】组合键，左对齐显示；按【Ctrl+E】组合键，居中显示；按【Ctrl+R】组合键，右对齐显示；按【Ctrl+J】组合键，两端对齐显示；按【Ctrl+Shift+J】组合键，分散对齐显示。

7.5.2 段落的缩进

段落缩进指段落的首行缩进、悬挂缩进和段落的左右边界缩进等。

段落缩进的设置方法有多种，可以使用精确的菜单方式、快捷的标尺方式，也可以使用【Tab】键和【开始】选项卡下的工具栏等。

步骤 01 打开随书光盘中的“素材\ch07\办公室保密制度.docx”文件，选中要设置缩进文本，单击【段落】选项组中的对话框启动器，打开【段落】对话框，单击【特殊格式】下方文本框右侧的下拉按钮，在弹出的列表中选择【首行缩进】选项，在【缩进值】文本框输入“2字符”。

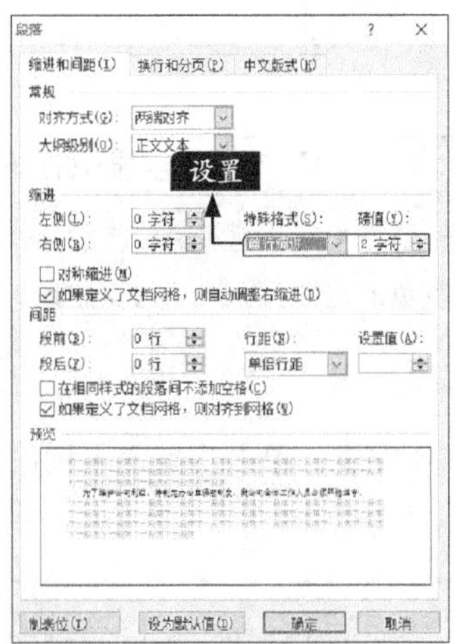

小提示

在【开始】选项卡下【段落】选项组中单击【减小缩进量】按钮和【增加缩进量】按钮也可以调整缩进。

步骤02 单击【确定】按钮，段落首行即缩进2个字符，如下图所示。

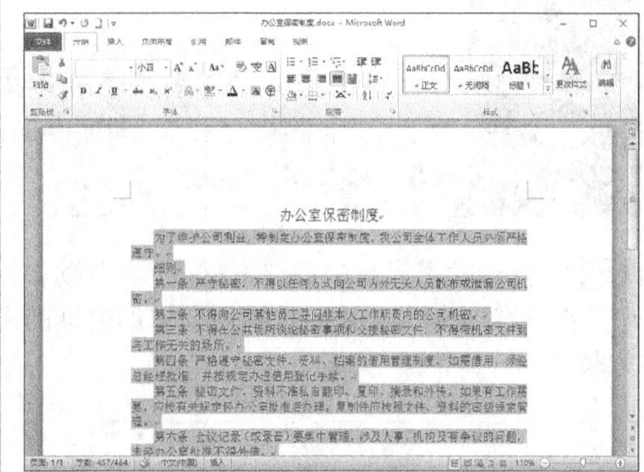

7.5.3 段落间距及行距

段落间距是指两个段落之间的距离，它不同于行距，行距是指段落中行与行之间的距离。使用菜单栏设置段落间距的操作方法如下。

步骤01 打开随书光盘中的“素材\ch07\办公室保密制度.docx”文件，选中文本，单击【段落】选项组中的对话框启动器，在弹出的【段落】对话框中，选择【缩进和间距】选项卡。在【间距】组中分别设置段前和段后为“0.5行”；在【行距】下拉列表中选择【1.5倍行距】选项。

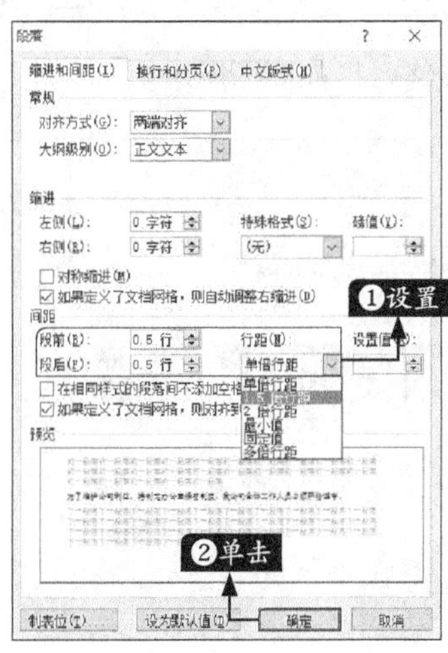

步骤02 单击【确定】按钮，效果如下图所示。

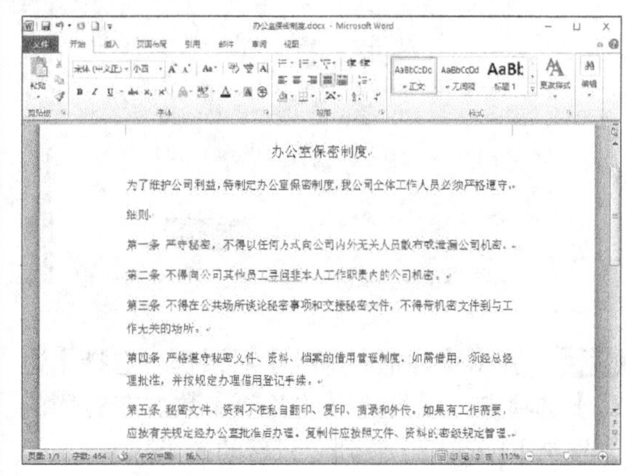

7.6 设置边框和底纹

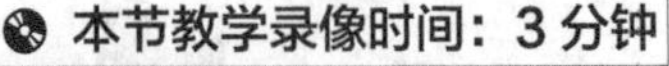
本节教学录像时间：3 分钟

边框是指在一组字符或句子周围应用边框；底纹是指为所选文本添加底纹背景。在文档中，为选定的字符、段落、页面以及图形设置各种颜色的边框和底纹，从而达到美化文档的效果。具体操作步骤如下。

步骤 01 打开随书光盘中的“素材\ch07\考勤管理工作标准.docx”文件，选择需要添加边框的文本。

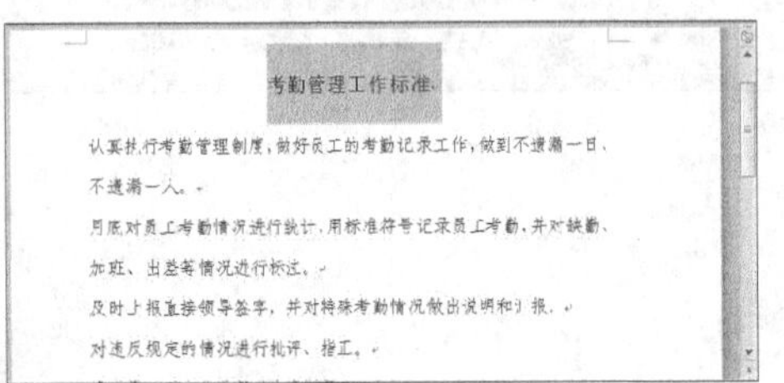

步骤 02 单击【开始】选项卡下【段落】选项组中的【边框】按钮右侧的下拉按钮，在弹出的下拉列表中选择【边框和底纹】选项。

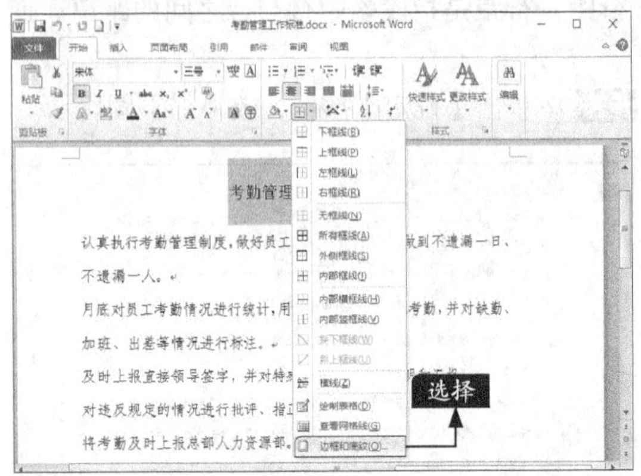

步骤 03 弹出【边框和底纹】对话框，选择【边框】选项卡，设置边框的各项参数。在右侧的【预览】区域可以看到设置后的效果。

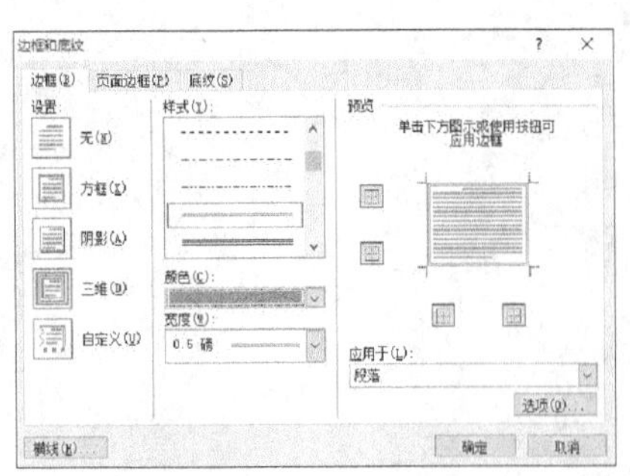

步骤 04 设置完成，单击【确定】按钮，效果如下图所示。

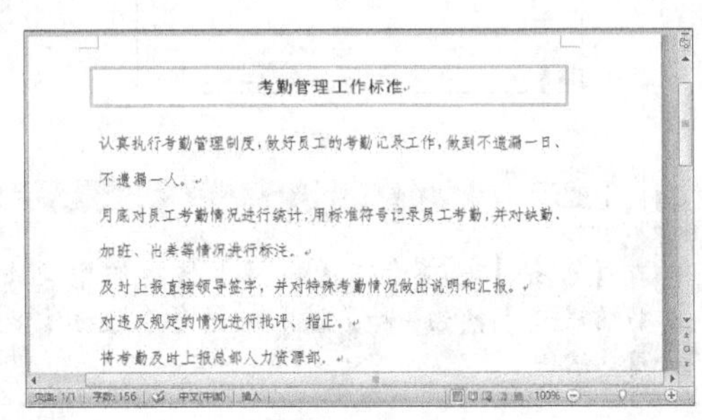

步骤 05 选择需要设置底纹的文本，使用同样方法打开【边框和底纹】对话框。选择【底纹】选项卡，设置【填充】颜色为“浅绿”，【样式】为“5%”，单击【确定】按钮。

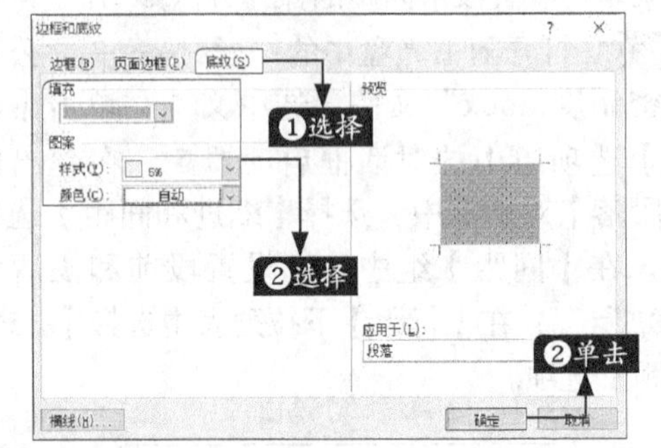

步骤 06 最终效果如下图所示。

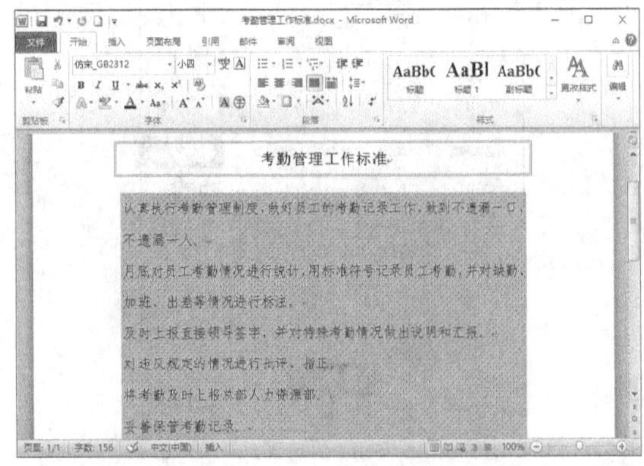

7.7 综合实战——公司内部通知

本节教学录像时间：6 分钟

通知是在学校、单位、公共场所经常可以看到的一种知照性公文。公司内部通知是一项仅限于公司内部人员知道或遵守的，为实现某一项活动或决策特制定的说明性文件，常用的通知还有会议通知、比赛通知、放假通知、任免通知等。

第1步：创建文档

步骤 01 新建一个空白文档，并保存为“公司内部通知.docx”，然后打开此文档。

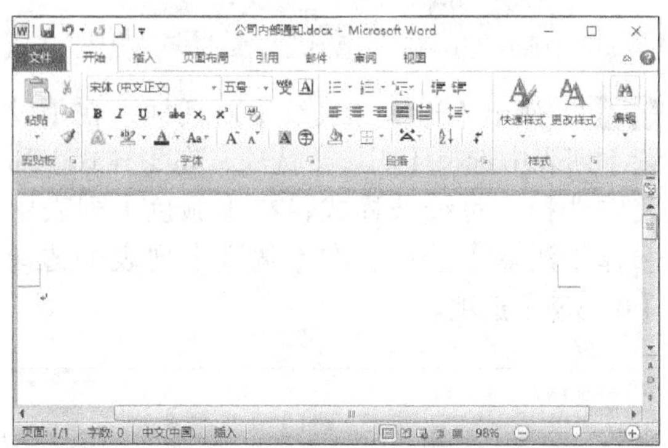

步骤 02 打开随书光盘中的“素材\ch07\公司内部通知.txt”文件，将内容全部复制到新建的文档中。

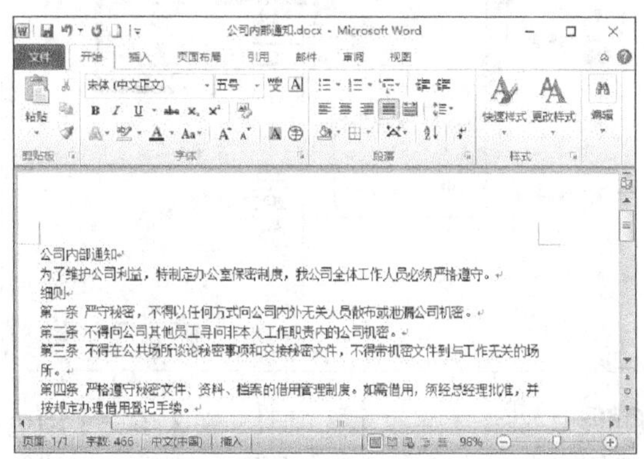

第2步：设置字体

步骤 01 选择“公司内部通知”文本，在【开始】选项卡下【字体】选项组中分别设【字体】为“方正楷体简体”，【字号】为“二号”，并设置其“加粗”和“居中”显示。

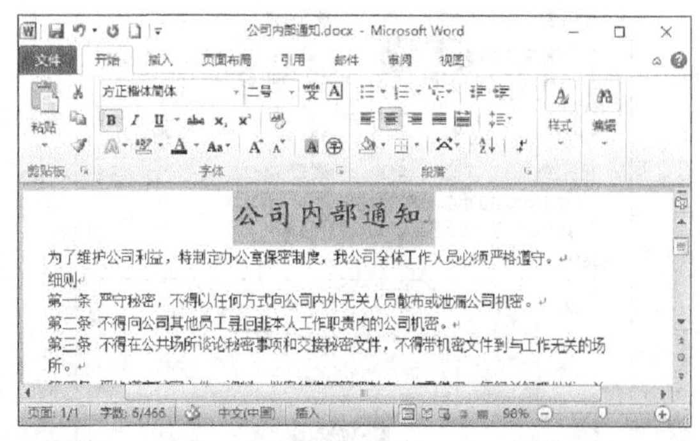

步骤 02 使用同样方式分别设置“细则”和“责任”，【字体】为“方正楷体简体”，【字号】为“小三”，并设置其“加粗”和“居中”显示。

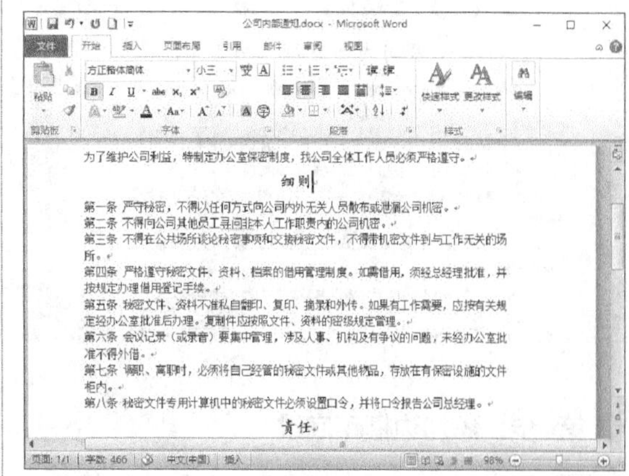

第3步：设置段落缩进和间距

步骤 01 选择正文第一段内容，单击【开始】选项卡下【段落】选项组中的【段落设置】按钮，弹出【段落】对话框。分别设置【特殊格式】为“首行缩进”，【缩进值】为“2字符”，【行距】为“1.5倍行距”，单击【确定】按钮。

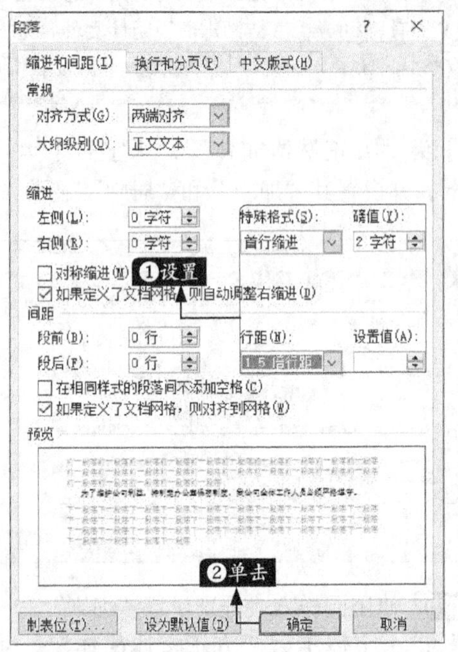

步骤02 使用同样的方法设置其他段落，最终效果如下图所示。

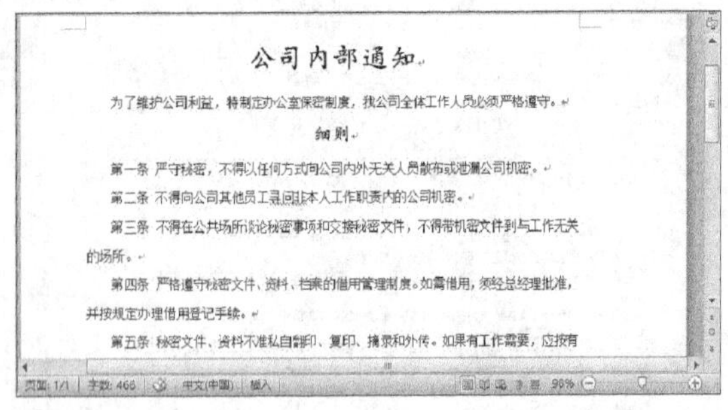

第4步：添加边框和底纹

步骤01 按【Ctrl+A】组合键，选中所有文本，单击【开始】选项卡下【段落】选项组中【边框】按钮右侧的下拉按钮，在弹出的下拉列表中选择【边框和底纹】选项。

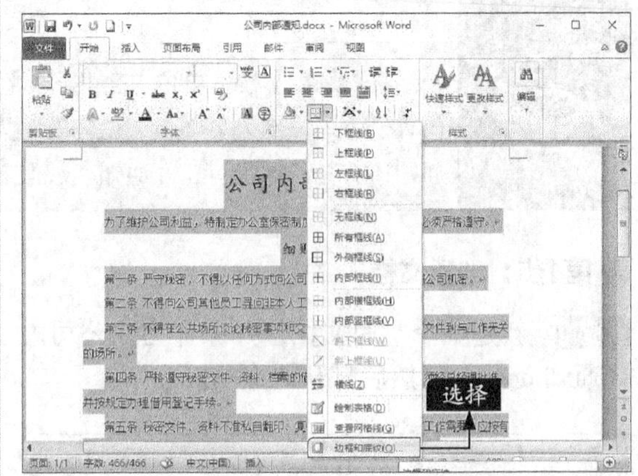

步骤02 弹出【边框和底纹】对话框，在【设置】列表中选择【阴影】选项，在【样式】列表中选择一种线条样式，在【颜色】列表中选择【浅蓝】选项，在【宽度】列表中选择【0.75磅】选项。

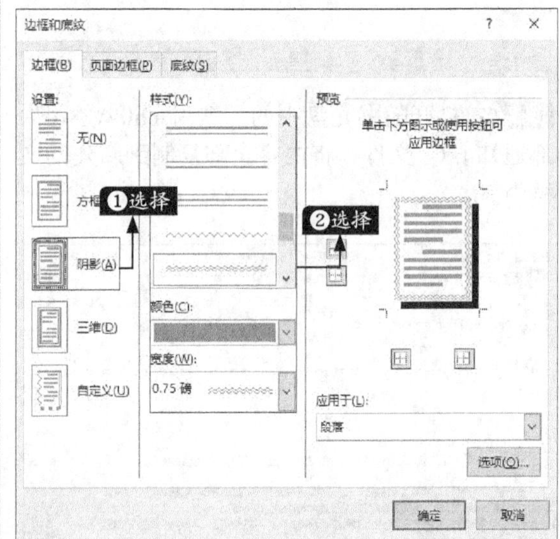

步骤03 选择【底纹】选项卡，在【填充】颜色下拉列表中选择【橙色，强调文字颜色6，淡色80%】选项，单击【确定】按钮。

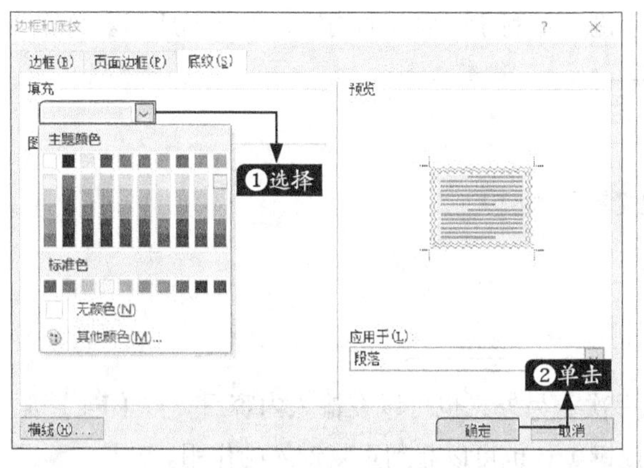

步骤04 最终结果如下图所示，按【Ctrl+S】保存该文档即可。

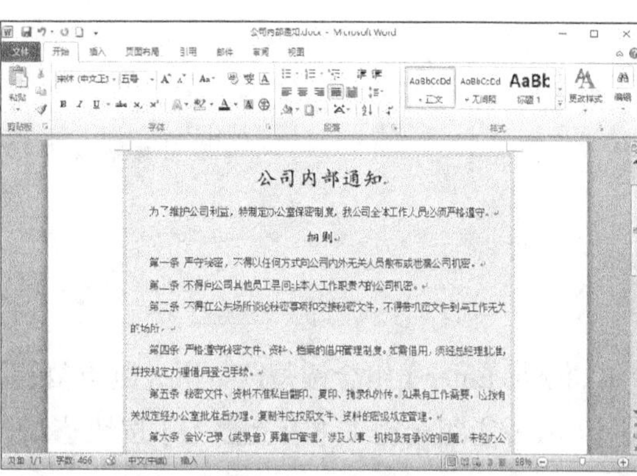

高手支招

本节教学录像时间：2 分钟

输入20以内的带圈数字

如在Word中插入1~10之间带圈的编号，还可以输入10以上的带圈数字，具体方法如下。

步骤01 在新建文档中输入数字“20”，选中数字“20”，单击【开始】选项卡下【字体】组中的【带圈数字】按钮㊂。

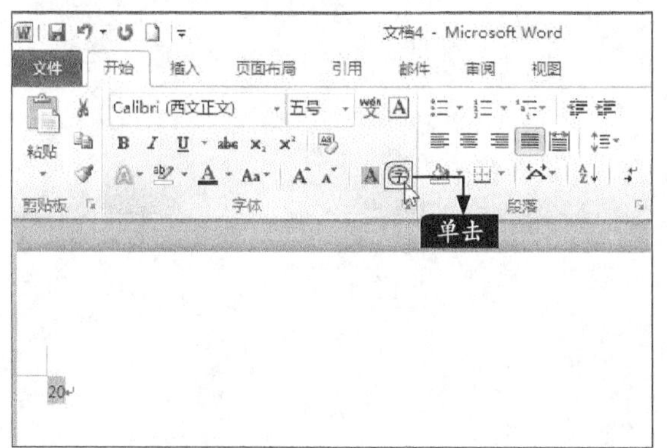

步骤02 弹出【带圈字符】对话框，选择显示的样式，如选中【增大圈号】样式，单击【确定】按钮。

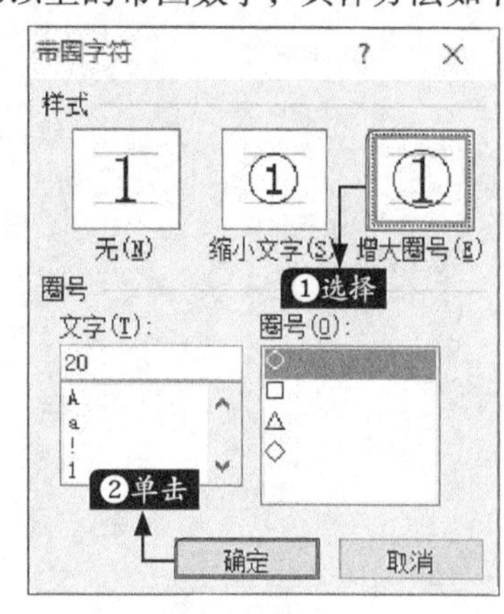

步骤03 最终效果如下图所示。

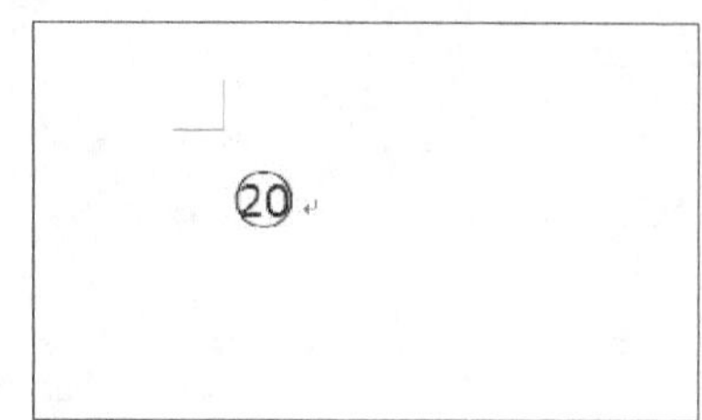

巧用【Alt+Enter】组合键快速重输内容

在使用Word编辑文稿时，如果遇到输入重复内容时，除了复制外，用户还可以借助快捷键完成自动重复输入的操作。

例如，在Word文档中，输入“重复输入内容”文本，如果希望重复输入该文本，可在输入该文本内容后，按【Alt+Enter】组合键，可自动重复键入，刚才所输入的内容，如下图所示。

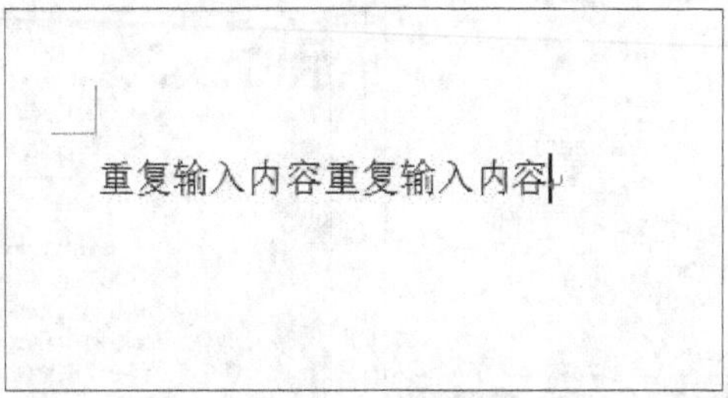

重复输入内容重复输入内容

【Alt+Enter】组合键每按一次，则重复键入一次。另外，也可以在输入内容后，按【F4】键或【Ctrl+Y】组合键（【重复键入】按钮的快捷键），也可以起到重复键入的作用。

第8章

Word 文档的图文混排

一篇图文并茂的文档，不仅看起来生动形象、充满活力，还更具有吸引力。本章介绍如何设置页面的背景，插入与编辑表格，插入与编辑图片及使用形状等内容。

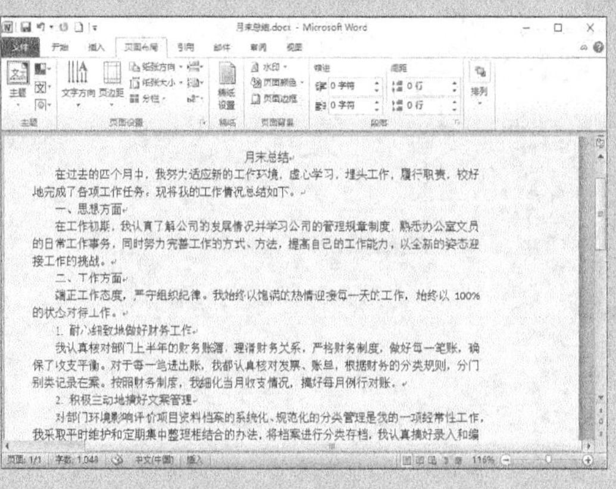

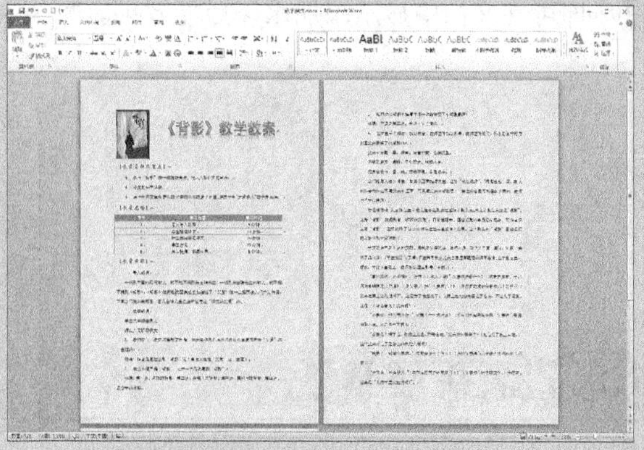

8.1 页面背景

本节教学录像时间：5 分钟

在Word 2010中可以通过添加水印来突出文档的重要性或原创性，还可以通过设置页面颜色以及添加页面边框来设置文档的背景，使文档更加美观。

8.1.1 添加水印

水印是一种特殊的背景，在Word 2010中可将图片、文字等设置为水印。在文档中添加水印的具体操作步骤如下。

步骤 01 新建Word文档，单击【页面布局】选项卡下【页面背景】选项组中的【水印】按钮 。在弹出的下拉列表中单击需要添加的水印样式，这里选择“机密1”。

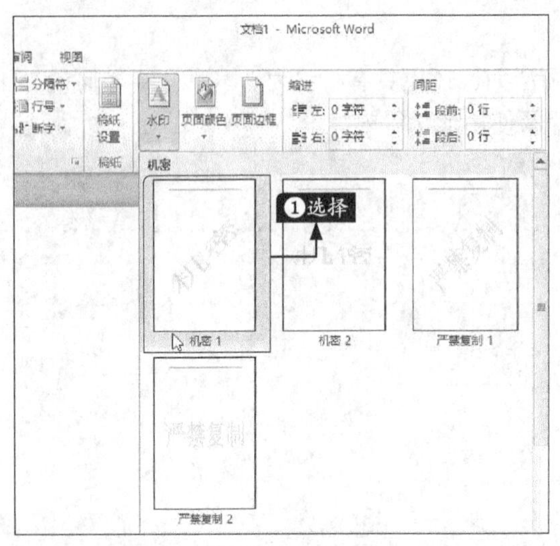

步骤 02 即可在文档中显示添加水印后的效果。

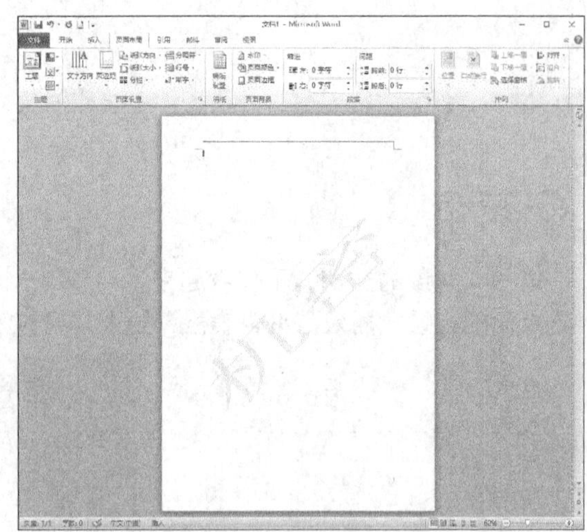

用户除了可以选择Office自带的水印模板外，还可以单击【水印】按钮，在其下拉列表中选择【自定义水印】选项，在弹出的【水印】对话框中设置需要的水印样式。

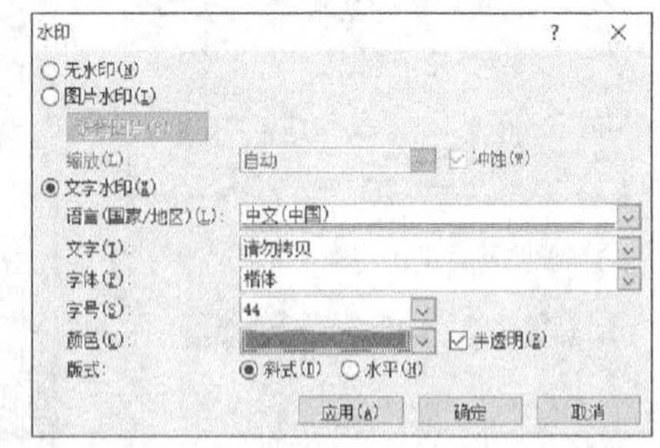

8.1.2 设置页面颜色

在Word 2010中可以改变整个页面的背景颜色，或者对整个页面进行渐变、纹理、图案和图片的填充等。

步骤01 打开随书光盘中的“素材\ch08\月末总结.docx”文件，单击【页面布局】选项卡下【页面背景】选项组中的【页面颜色】按钮，在下拉列表中选择“浅绿”,即可将页面颜色填充为浅绿色。

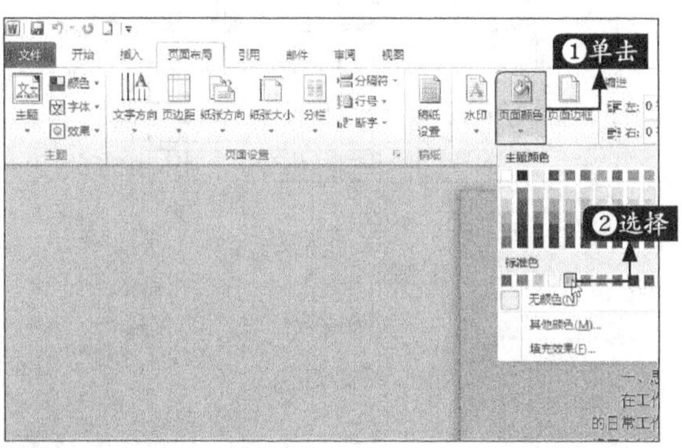

步骤02 单击【页面布局】选项卡下【页面背景】选项组中的【页面颜色】按钮，在下拉列表中选择【填充效果】选项。

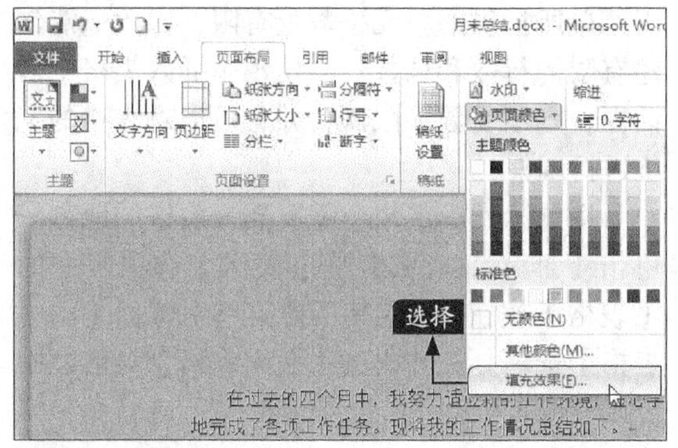

步骤03 弹出【填充效果】对话框，选择【纹理】选项卡，在【纹理】列表框中选择“羊皮纸”选项，单击【确定】按钮。

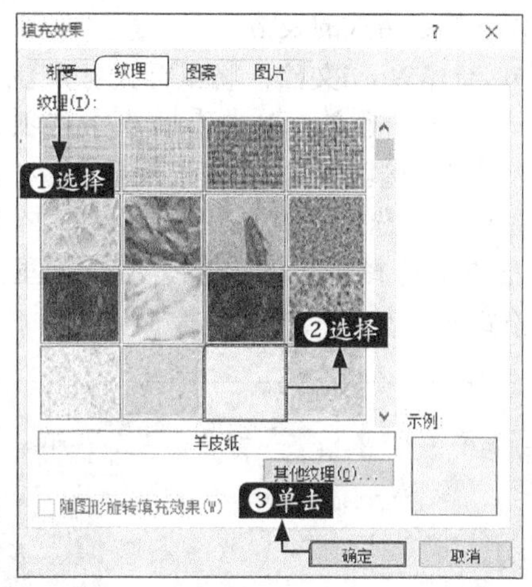

步骤04 返回文档即可看到设置填充后的效果。

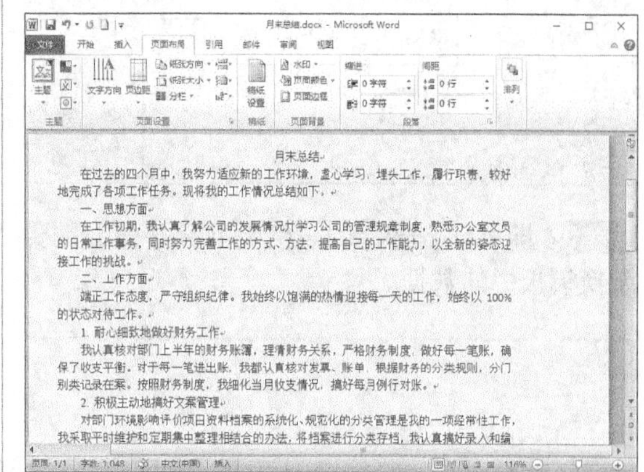

8.2 插入和编辑表格

本节教学录像时间：11 分钟

表格由多个行或列的单元格组成，用户可以在单元格中添加文字或图片。表格可以使文本结构化，数据清晰化。因此，在编辑文档的过程中，可以使用表格来记录、计算与分析数据。

8.2.1 自动插入与绘制表格

在 Word 2010中，自动创建表格的方法有多种。

1. 创建快速表格

可以利用Word 2010提供的内置表格模型来快速创建表格，但提供的表格类型有限，只适用于建立特定格式的表格。

步骤 01 新建Word文档，将鼠标光标定位至需要插入表格的地方。单击【插入】选项卡下【表格】选项组中的【表格】按钮，在弹出的下拉列表中选择【快速表格】选项，在弹出的子菜单中选择需要的表格类型，这里选择【表格式列表】类型。

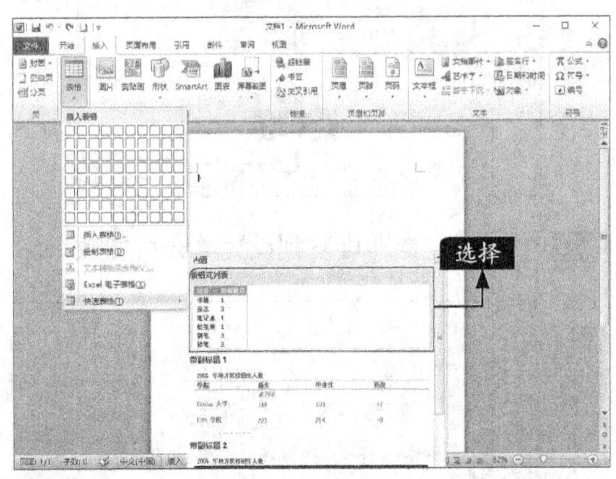

步骤 02 即可插入选择的表格类型，并根据需要替换模板中的数据。

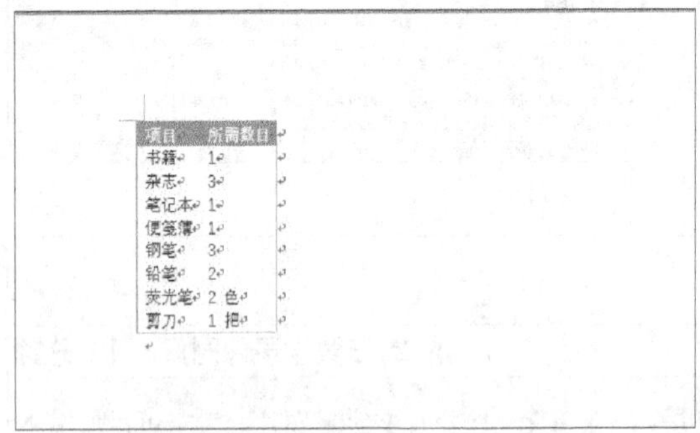

项目	所需数目
书籍	1
杂志	3
笔记本	1
便笺簿	1
钢笔	3
铅笔	2
荧光笔	2 色
剪刀	1 把

2. 使用表格菜单创建表格

使用表格菜单适合创建规则的、行数和列数较少的表格。最多可以创建8行10列的表格。

将鼠标光标定位在需要插入表格的地方。单击【插入】选项卡下【表格】选项组中的【表格】按钮，在【插入表格】区域内选择要插入表格的行数和列数，即可在指定位置插入表格。选中的单元格将以橙色显示，并在名称区域显示选中的行数和列数。

3. 使用【插入表格】对话框创建表格

使用表格菜单创建表格固然方便，可是由于菜单所提供的单元格数量有限，因此只能创建有限的行数和列数。而使用【插入表格】对话框，则不受数量限制，并且可以对表格的宽度进行调整。

将鼠标光标定位至需要插入表格的地方。单击【插入】选项卡下【表格】选项组中的【表格】按钮，在其下拉菜单中选择【插入表格】选项，在弹出的【插入表格】对话框中可以设置表格尺寸。

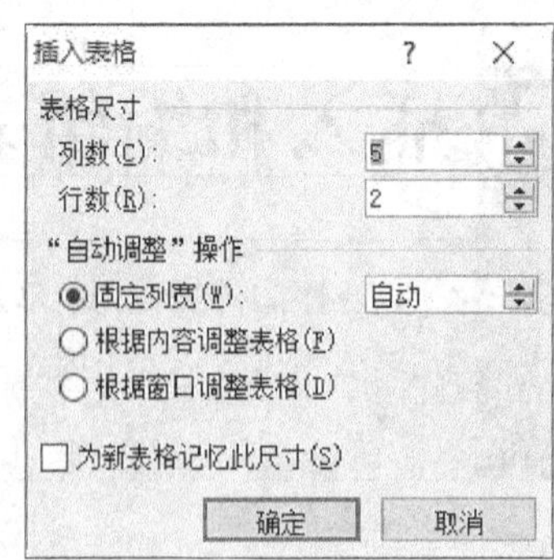

【"自动调整"操作】区域中各个单选项的含义如表所示。

【固定列宽】单选项：设定列宽的具体数值，单位是厘米。当选择为自动时，表示表格将自动在窗口填满整行，并平均分配各列为固定值。

【根据内容调整表格】单选项：根据单元格的内容自动调整表格的列宽和行高。

【根据窗口调整表格】单选项：根据窗口大小自动调整表格的列宽和行高。

4. 手绘表格

当用户需要创建不规则的表格时，以上的方法可能就不适用了。此时可以使用表格绘制工具来创建表格。

步骤01 单击【插入】选项卡下【表格】选项组中的【表格】按钮，在下拉菜单中选择【绘制表格】选项，鼠标光标变为铅笔形状。

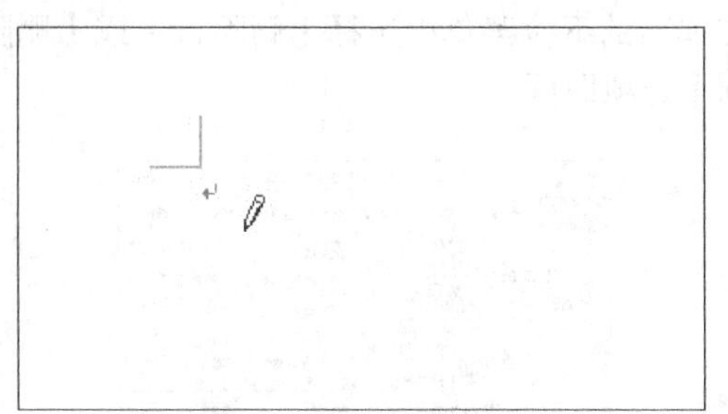

步骤02 在需要绘制表格的地方单击并拖曳鼠标绘制出表格的外边界，形状为矩形。

步骤03 在该矩形中绘制行线、列线或斜线，直至满意为止。

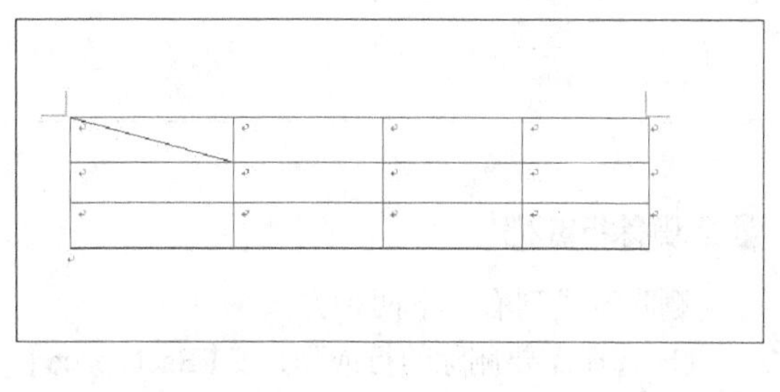

8.2.2 添加、删除行和列

使用表格时，经常会出现行数、列数或单元格不够用或多余的情况，Word 2010 提供了多种添加或删除行、列的方法。

1.插入行或列

下面介绍如何在表格中插入整行或整列。

(1) 指定插入行或列的位置，然后单击【布局】选项卡下【行和列】选项组中的相应插入方式按钮即可。

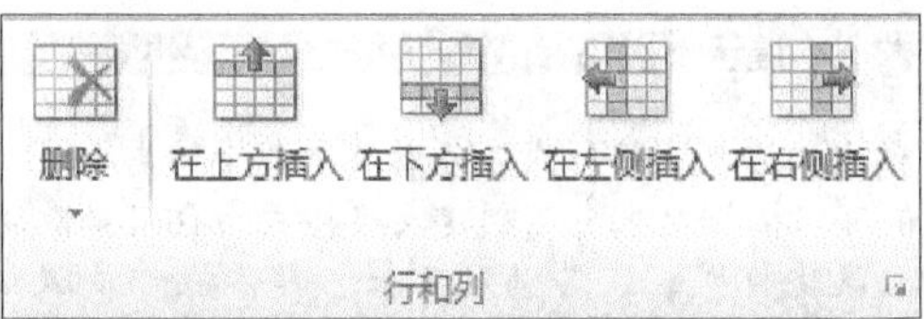

小提示

插入行或列的位置可以是一个单元格，也可以是一行或一列。

各种插入方式的含义如表所示。

插入方式	功能描述
在上方插入	在选中单元格所在行的上方插入一行表格
在下方插入	在选中单元格所在行的下方插入一行表格
在左侧插入	在选中单元格所在列的左侧插入一列表格
在右侧插入	在选中单元格所在列的右侧插入一列表格

⑵ 指定插入行或列的位置，直接在插入的单元格中单击鼠标右键，在弹出的快捷菜单中选择【插入】菜单项，在其子菜单中选择插入方式即可。其插入方式与【布局】选项卡中的各插入方式一样。

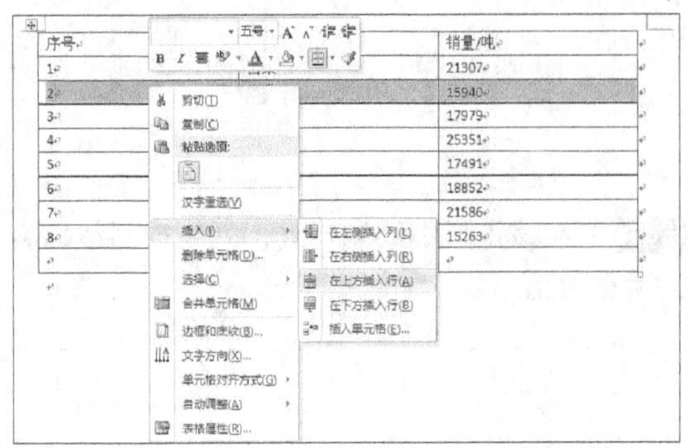

2.删除行或列

删除行或列有以下两种方法。

⑴ 选择需要删除的行或列，按【Backspace】键，即可删除选定的行或列。

> **小提示**
>
> 在使用该方法时，应选中整行或整列，然后按【Backspace】键方可删除，否则会弹出【删除单元格】对话框，提示删除哪些单元格。

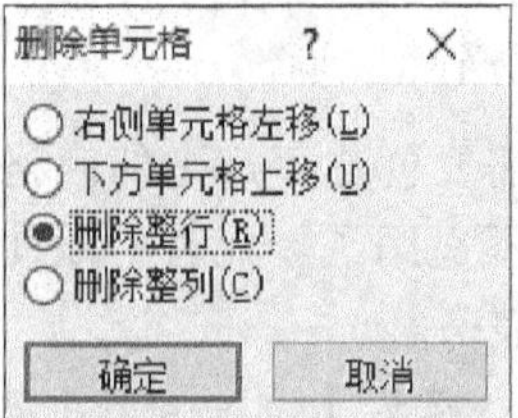

⑵ 选择需要删除的行或列，单击【布局】选项卡下【行和列】选项组中的【删除】按钮，在弹出的下拉菜单中选择【删除行】或【删除列】选项即可。

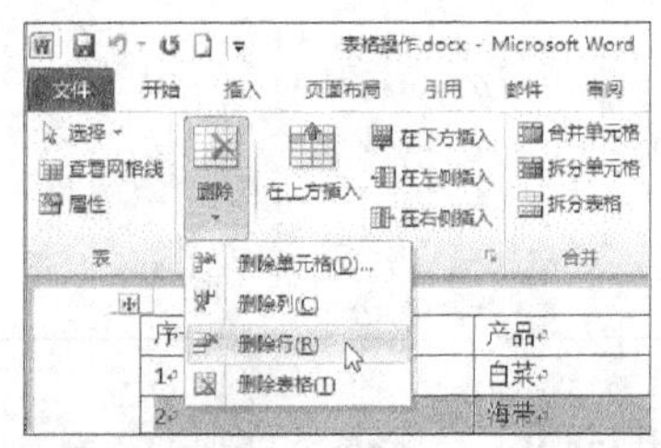

8.2.3 设置表格样式

Word 2010中内置了许多表格样式，可以多表格颜色进行设置，使表格在表达数据时更加清楚。

步骤 01 选择表格，单击【表格工具】➤【设计】选项卡，在【表格样式】组中单击右下角的【其他】按钮，在弹出的下拉列表中选择一种样式。

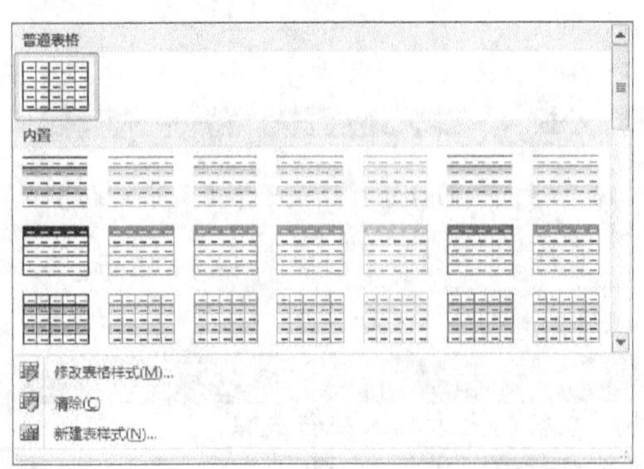

步骤 02 此时将该样式应用于表格，效果如下图所示。

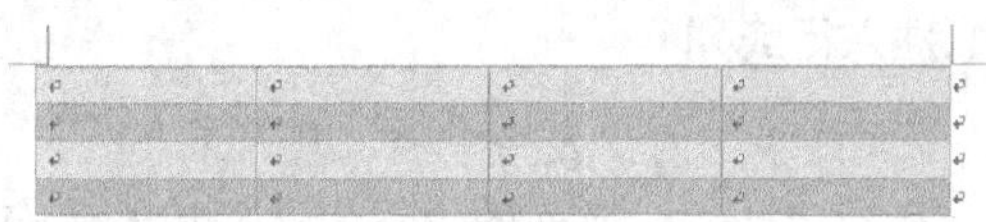

> **小提示**
>
> 当内置的表格样式不能满足工作中的需要时，我们可以根据要求自己创建表格样式，也可更改现有的表格样式，使其满足需求。具体操作步骤如下：单击【表格工具】➤【设计】选项卡，在【表格样式】组中单击右下角的【其他】按钮，在弹出的下拉列表中选择【修改表格样式】选项或【新建表格样式】选项。

8.2.4 设置表格布局

在Word 2010中可以把多个相邻的单元格合并为一个大的单元格，也可以把一个单元格拆分成多个小的单元格，通过这种方式更改表格的布局，可以达到用户对表格样式的需求，具体操作步骤如下。

1. 合并单元格

将多个单元格合并为一个单元格的方法有以下3种。

⑴ 选中要合并的单元格，单击【布局】选项卡【合并】组中的【合并单元格】按钮 合并单元格，即可合并选中的单元格。

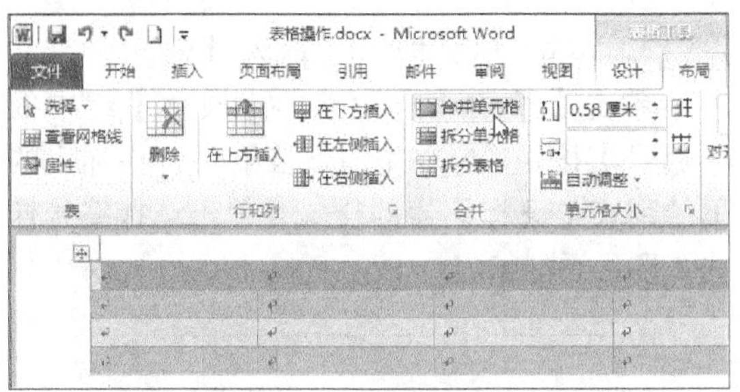

⑵ 使用橡皮擦，直接擦除相邻表格之间的边线。

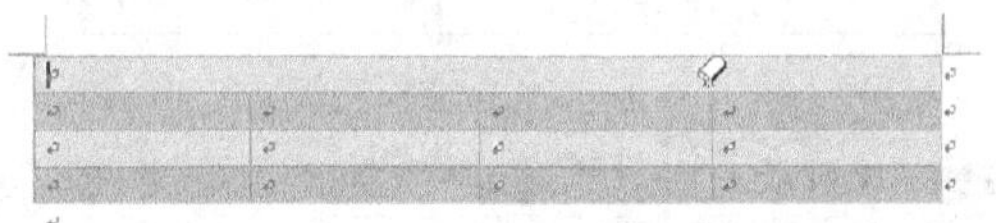

⑶ 选中需要合并的单元格，单击鼠标右键，在弹出的快捷菜单中选择【合并单元格】选项。

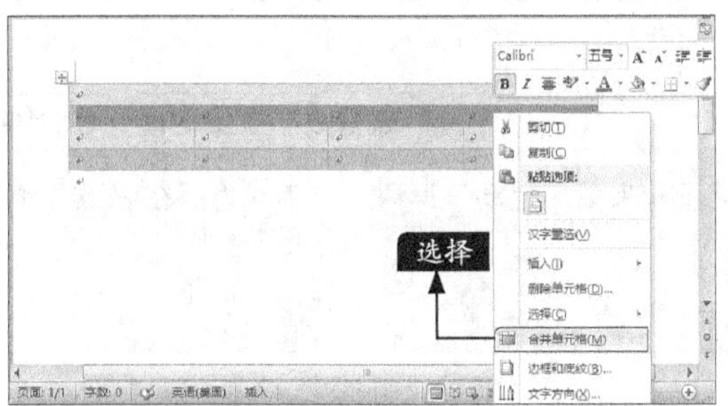

2. 拆分单元格

将一个单元格拆分为多个单元格的方法有以下两种。

（1）使用工具栏中的按钮拆分单元格。

步骤01 选中要拆分的单元格，单击【页面布局】选项卡下【合并】选项组中的【拆分单元格】按钮。

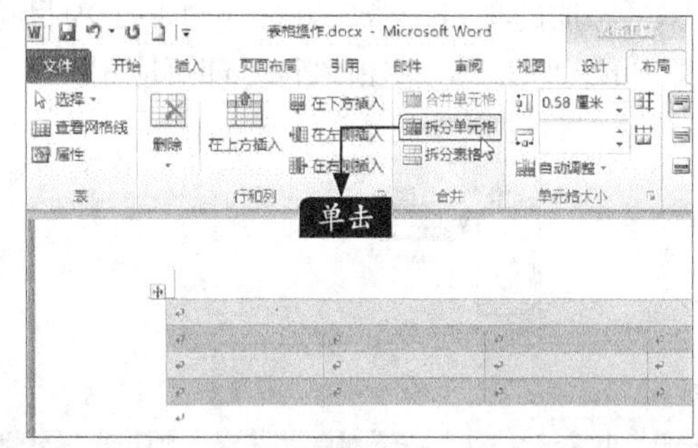

步骤02 弹出【拆分单元格】对话框，输入【行数】和【列数】，然后单击【确定】按钮，即可将该单元格拆分为两个单元格。

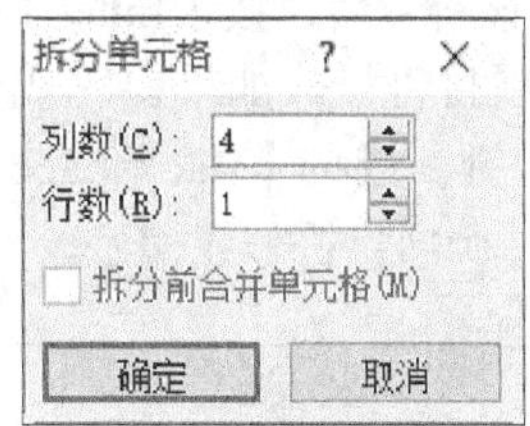

小提示

选择需要拆分的单元格，单击鼠标右键，在弹出的快捷菜单中选择【拆分单元格】选项，也可以弹出【拆分单元格】对话框。

⑵ 使用绘制表格工具在单元格内绘制直线。如果绘制水平直线的话，将拆分为两行；如果绘制垂直直线的话，将拆分为两列。

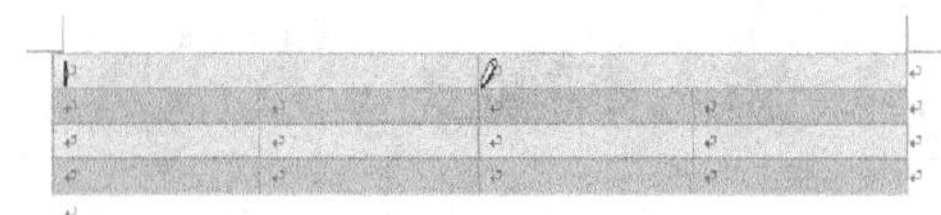

8.3 使用编号和项目符号

本节教学录像时间：2 分钟

添加项目符号和编号可以美化文档，精美的项目符号、统一的编号样式可以使单调的文本内容变得更生动、专业。项目符号就是在一些段落的前面加上完全相同的符号。而编号是按照大小顺序为文档中的行或段落添加编号。下面介绍如何在文档中添加项目符号和编号，具体的操作步骤如下。

步骤 01 在Word文档中，输入若干行文字，并选中，单击【开始】➤【段落】组中【项目符号】按钮右侧的下拉按钮，在弹出的下拉列表中选择可添加的项目符号，鼠标浮过某个项目符号即可预览效果图，单击该符号即可应用。

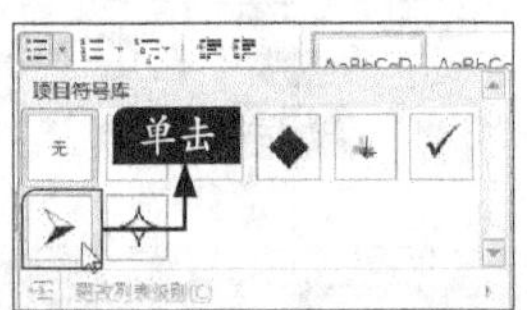

小提示

单击【定义新项目符号】选项，可定义更多的符号、选择图片等作为项目符号。

步骤 02 应用该符号后，按【Enter】键换行时会自动添加该项目符号。如果要完成列表，按两次【Enter】键，或按【Backspace】键删除列表中的最后一个项目符号或编号。

➢ 项目 1
➢ 项目 2
➢ 项目 3

小提示

用户还可以选中要添加项目符号的文本内容，单击鼠标右键，然后在弹出的快捷菜单中选择【项目符号】命令即可。

步骤 03 在Word文档中，输入并选择多行文本，单击【开始】选项卡的【段落】组中的【编号】按钮右侧的下拉箭头，在弹出的下拉列表中选择编号的样式，单击选择编号样式，即可添加编号。

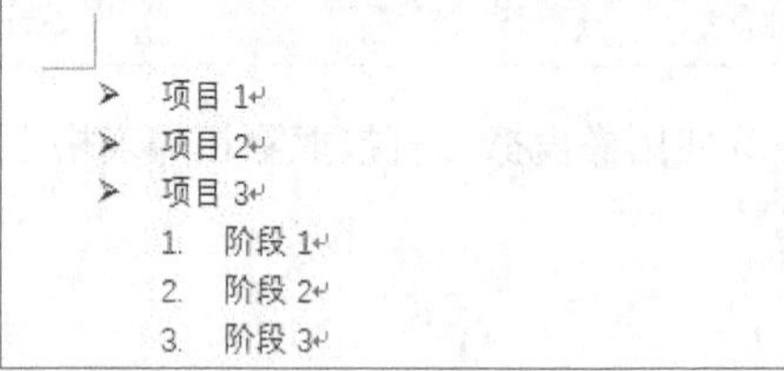

小提示

单击【定义新编号格式】选项，可定义新的编号样式。单击【设置编号值】选项，可以设置编号起始值。

8.4 插入和编辑图片

本节教学录像时间：5 分钟

在文档中插入图片元素，可以使文档看起来更加生动、形象、充满活力。在Word文档中插入的图片主要包括本地图片和联机图片。

8.4.1 插入本地图片

在Word 2010文档中可以插入本地电脑中的图片。

Word 2010支持更多的图片格式，例如“.jpg”“.jpeg”“.jpe”“.png”“.bmp”“.dib”和“.rle”等，在文档中添加图片的具体步骤如下。

步骤01 新建一个Word文档，将光标定位于需要插入图片的位置，然后单击【插入】选项卡下【插图】选项组中的【图片】按钮。

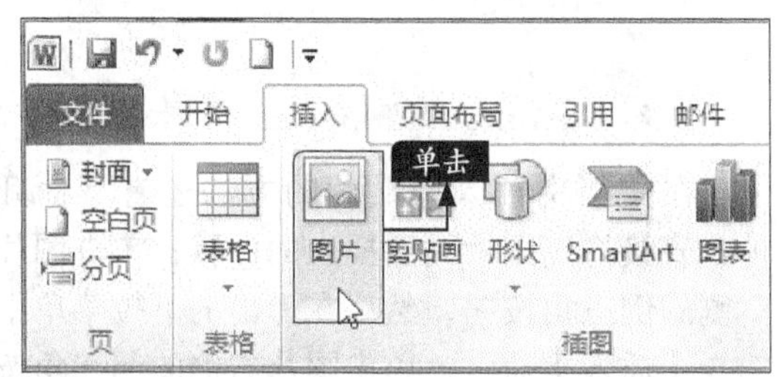

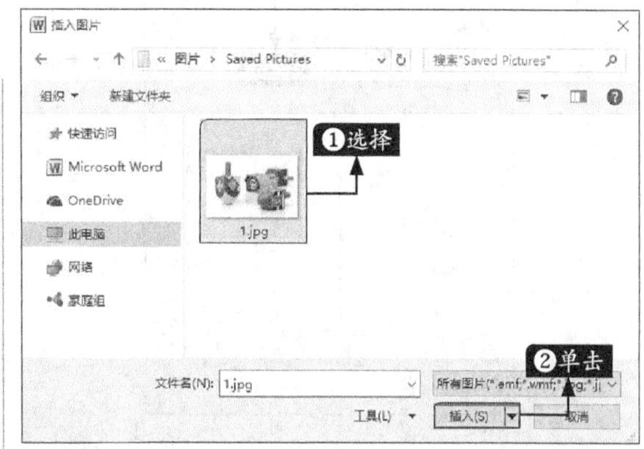

步骤02 在弹出的【插入图片】对话框中选择需要插入的图片，单击【插入】按钮，即可插入该图片。或者直接在文件窗口中双击需要插入的图片。

步骤03 此时即可在文档中光标所在的位置插入所选择的图片。

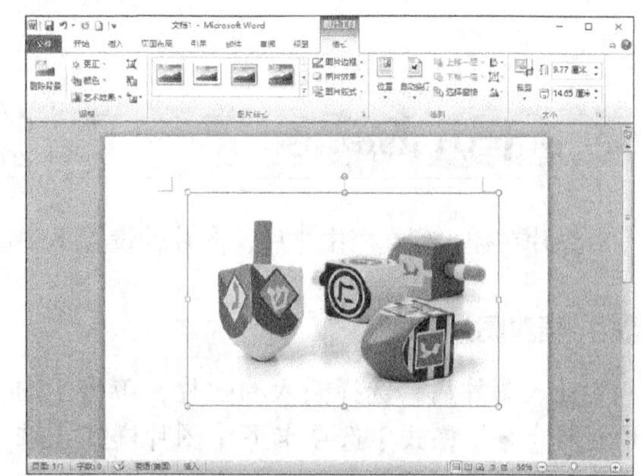

8.4.2 插入剪贴画

Word 2010中文版提供了许多剪贴画，用户可以很方便地在文档中插入这些剪贴画。从剪辑库中插入剪贴画的具体步骤如下。

步骤01 将光标定位于需要插入图片的位置，然后单击【插入】选项卡下【插图】选项组中的【剪贴画】按钮，弹出【剪贴画】窗格。

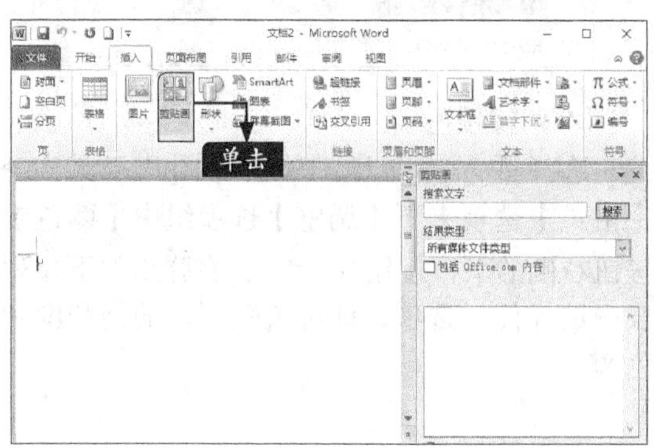

步骤02 在【剪贴画】任务窗格的【搜索文字】文本框中输入图片的名称或者某一类型图片的名称，如“兔子”，如需联网搜索Office.com中的图片，勾选【包含Office.com内容】复选框，然后单击【搜索】按钮，即可在预览框中显示搜索的结果。

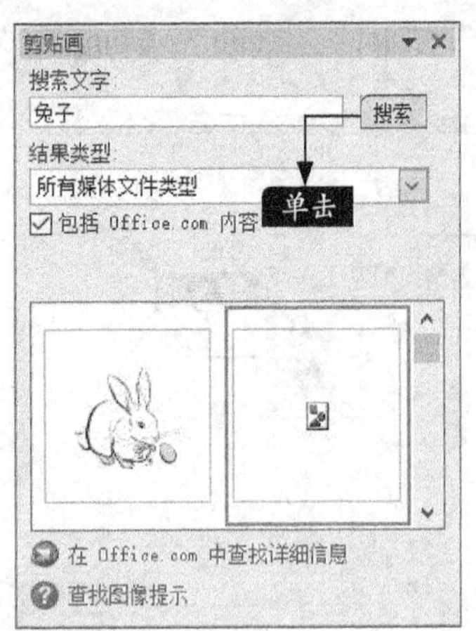

步骤 03 从预览框中选择一个剪贴画，然后单击该剪贴画即可在指定的位置插入图片。

在文档中插入剪贴画的方法还有下面几种：直接拖曳图片到要插入的位置；单击图片右侧的倒三角按钮，然后在弹出的下拉菜单中选择【插入】命令；单击图片右侧的倒三角按钮，在弹出的下拉菜单中选择【复制】命令，然后在文档中需要插入图片的位置右击，在弹出的下拉菜单中选择【粘贴】命令或者使用【Ctrl+V】组合键插入图片。

8.4.3 图片的编辑

图片在插入到文档中之后，图片的设置不一定符合要求，这时就需要对图片进行适当的调整。

1. 更改图片样式

插入图片后，选择插入的图片，单击【图片工具】➤【格式】选项卡下【图片样式】选项组中的【其他】按钮，在弹出的下拉列表中选择任一选项，即可改变图片的样式。

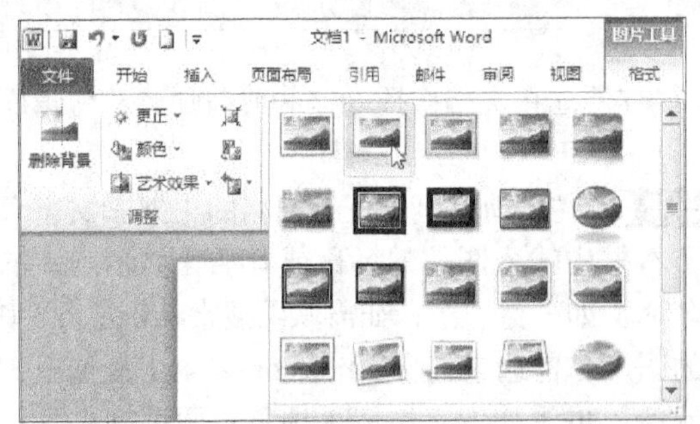

2. 调整图片

(1) 更正图片

选择插入的图片，单击【图片工具】➤【格式】选项卡下【调整】选项组中【更正】按钮右侧的下拉按钮 更正，在弹出的下拉列表中选择任一选项，即可改变图片的锐化/柔化以及亮度/对比度。

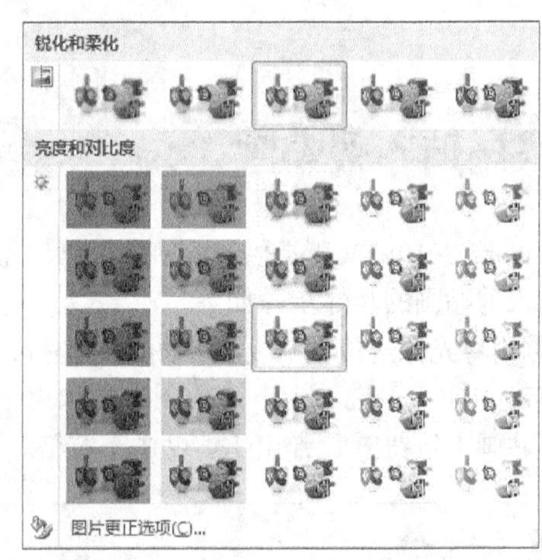

(2) 调整颜色

选择插入的图片，单击【图片工具】➤【格式】选项卡下【调整】选项组中【颜色】按钮右侧的下拉按钮 颜色，在弹出的下拉列表中选择任一选项，即可改变图片的饱和度和色调。

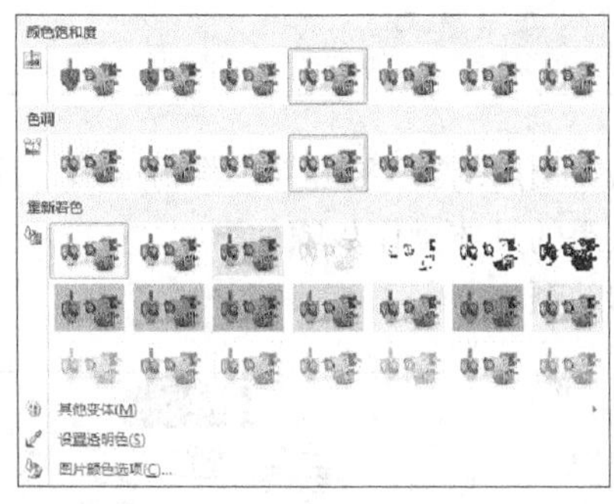

(3) 添加艺术效果

选择插入的图片，单击【图片工具】➤【格式】选项卡下【调整】选项组中【艺术效果】按钮右侧的下拉按钮 艺术效果 ，在弹出的下拉列表中选择任一选项，即可改变图片的艺术效果。

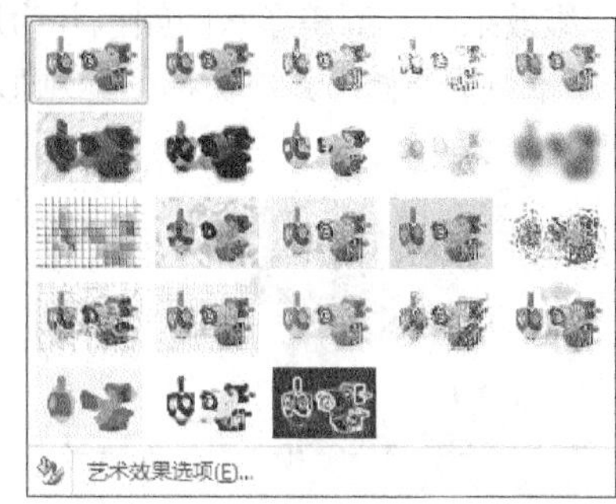

8.5 使用形状

本节教学录像时间：3 分钟

除了可以在文档插入图表、图片之外，还可以在文档中插入形状，增加文档的可读性，使文档更加生动有趣。

8.5.1 绘制形状

使用【形状】按钮中的图形选项可以在文档中绘制基本形状，如直线、箭头、方框和椭圆等。在文档中绘制形状的具体操作步骤如下。

步骤 01 新建一个文档，将鼠标光标移动到要绘制形状的位置，单击【插入】选项卡下【插图】选项组中的【形状】按钮，在弹出的下拉列表中选择【基本形状】组中的“笑脸”图形。

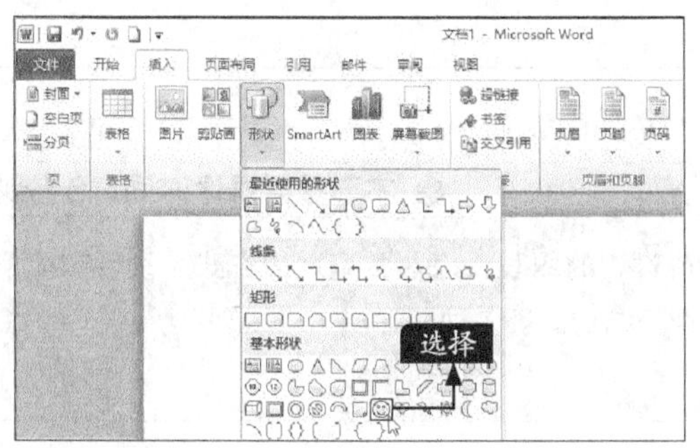

步骤 02 移鼠标移动到绘图画布区域，鼠标会变为十形状。

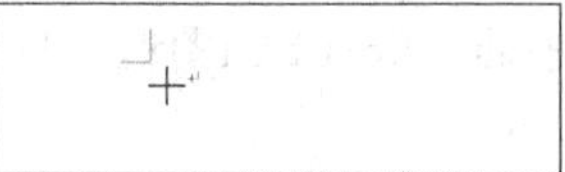

步骤 03 按下鼠标左键并拖曳鼠标到一定的位置，释放鼠标左键，在绘图画布上就会显示出绘制的笑脸。

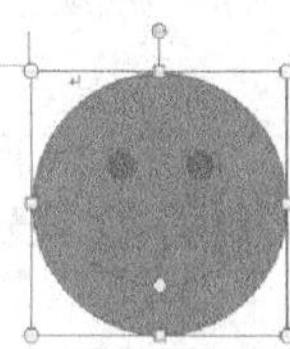

步骤 04 同样也可以在绘图画布上绘制其他形状。

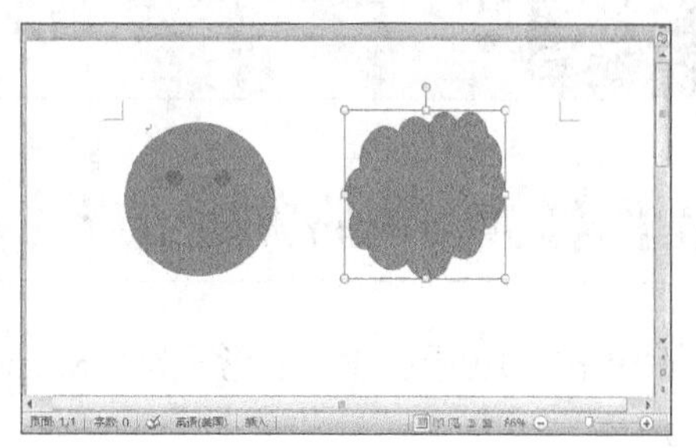

8.5.2 为形状添加效果

为了使绘制的形状更加美观，可以通过设置形状效果，给形状填充颜色、绘制边框以及添加阴影和三维效果等。调整形状的颜色并为形状添加轮廓效果的具体操作步骤如下。

步骤 01 新建一个文档，并在文档中绘制形状。

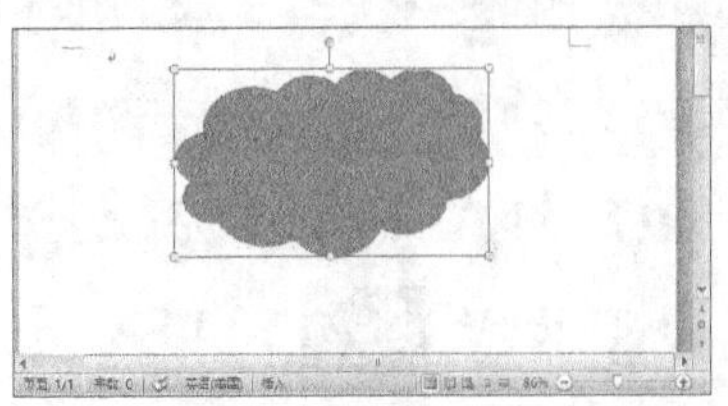

步骤 02 单击【格式】选项卡下的【形状样式】选项组中的【形状填充】按钮形状填充，在弹出的下拉列表中选择一种形状颜色。

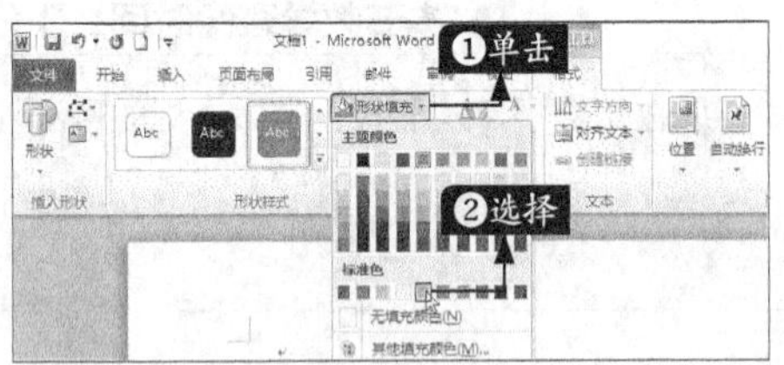

步骤 03 即可更改形状的颜色。

步骤 04 单击【形状轮廓】按钮形状轮廓，在弹出的下拉列表中选择一种颜色，即可更改形状轮廓的颜色。

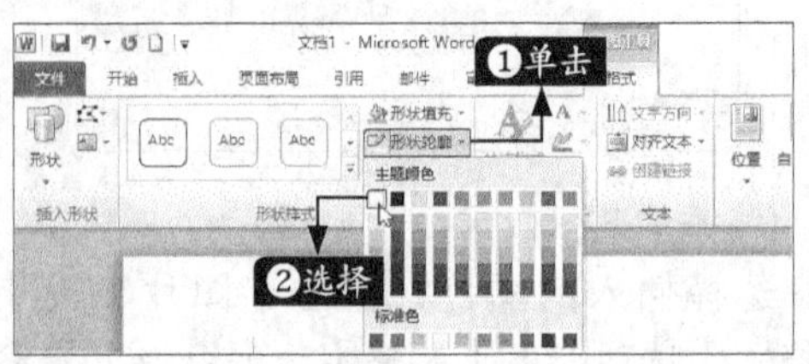

步骤 05 单击【格式】选项卡下【形状样式】选项组中的【形状效果】按钮形状效果，在弹出的下拉列表中选择【预设】选项中的【预设5】选项。

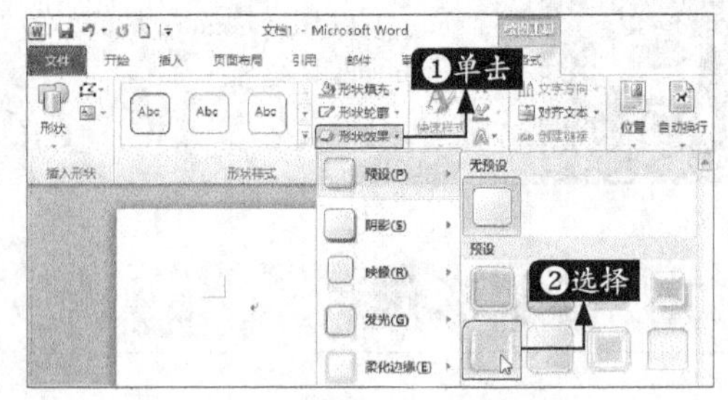

步骤 06 即可为形状设置如下图效果。

8.6 添加SmartArt图形

本节教学录像时间：6 分钟

SmartArt图形是用来表现结构、关系或过程的图表，以非常直观的方式与读者交流信息，它包括图形列表、流程图、关系图和组织结构图等各种图形。

8.6.1 插入SmartArt图形

在Word 2010中提供了非常丰富的SmartArt类型。在文档中插入SmartArt图形的具体操作步骤如下。

步骤01 新建文档，单击【插入】选项卡的【插图】组中的【SmartArt】按钮，弹出【选择SmartArt 图形】对话框。

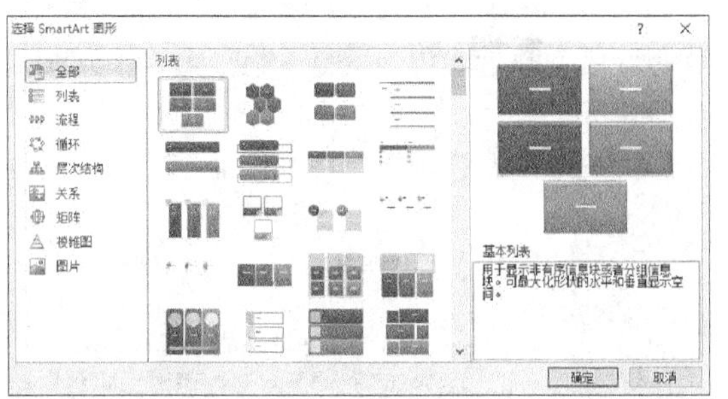

步骤02 选择【流程】选项卡，然后选择【基本V形流程】选项。

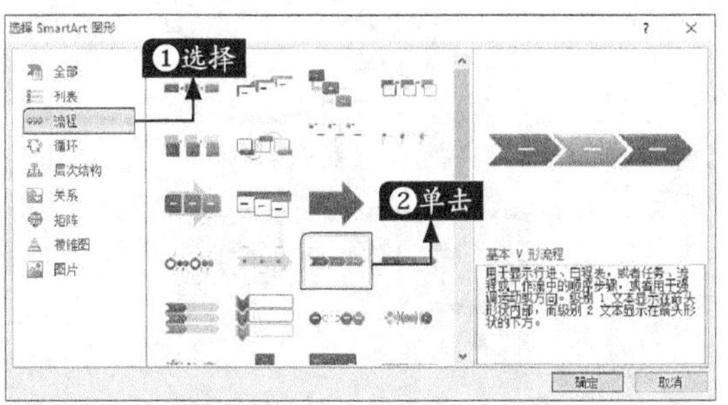

步骤03 单击【确定】按钮，即可将图形插入文档中。

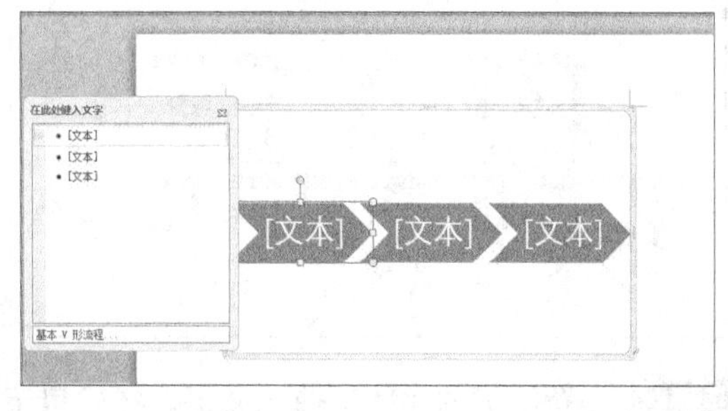

步骤04 选择插入的图形，单击其左侧的按钮，弹出【在此处输入文字】任务窗格，在窗格中输入文本，此时在右侧的层次结构图中将会显示相对应的文字。

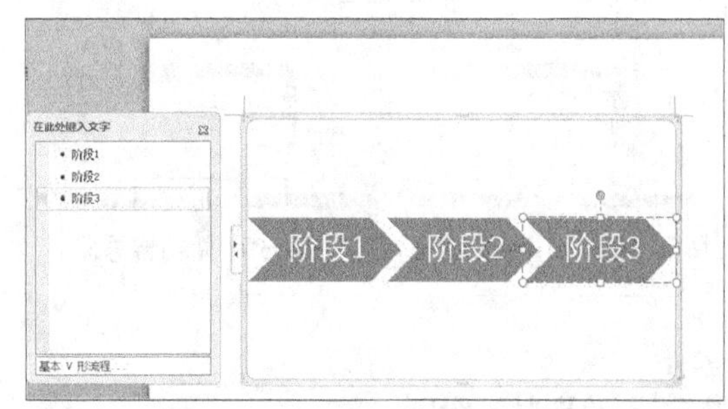

8.6.2 修改SmartArt图形

使用默认的图形结构未必能够满足实际的需求，用户可以通过添加形状或更改级别来修改SmartArt图形。

1. 添加SmartArt形状

当默认的结构不能满足需要时，可以在指定的位置添加形状。具体操作步骤如下。

步骤01 新建文档，插入SmartArt图形并在SmartArt图形上输入文字，选择需要插入形状位置之前的形状。

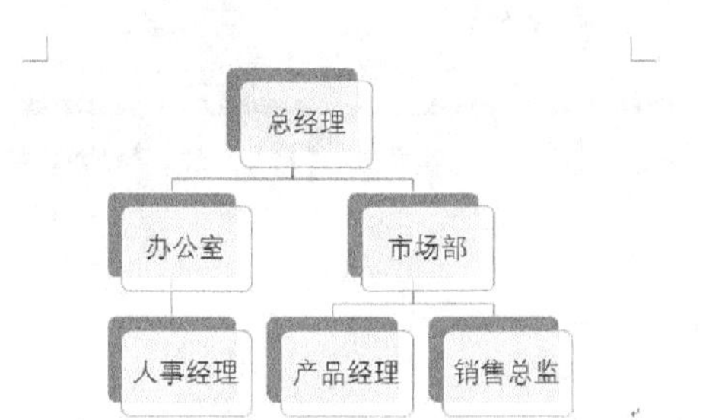

步骤02 单击【设计】选项卡下【创建图形】选项组中【添加形状】按钮右侧的下拉按钮，在弹出的下拉列表中选择【在后面添加形状】选项。

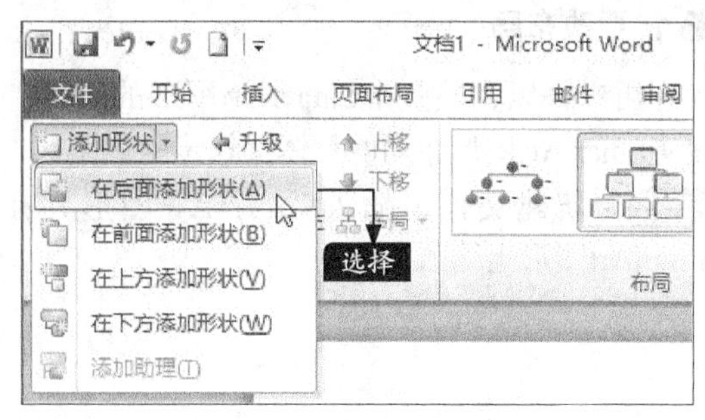

步骤03 即可在该形状后添加新形状。

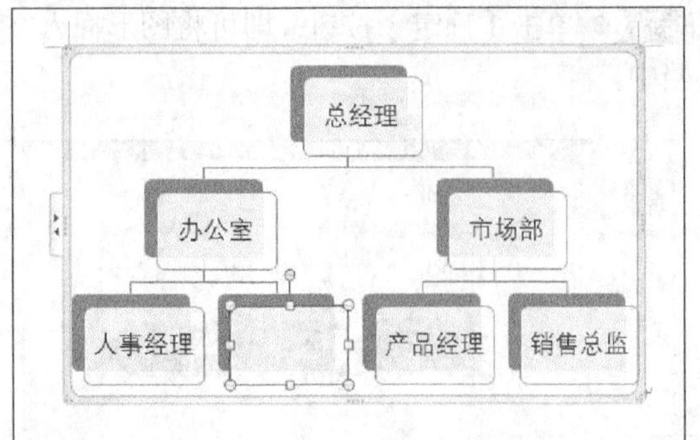

步骤04 在新添加的形状中插入文字，然后单击SmartArt图形以外的任意位置，完成SmartArt图形的编辑。

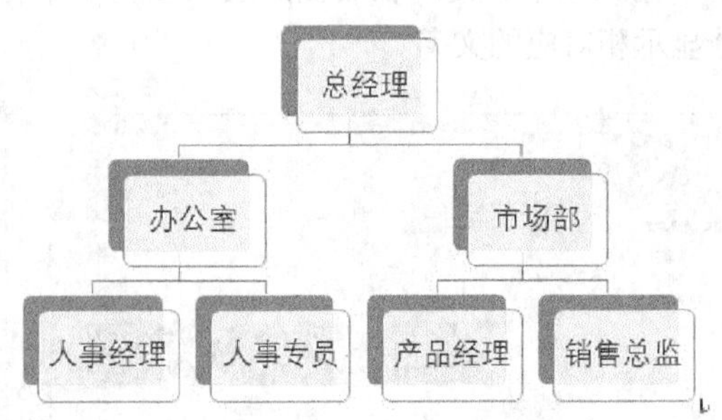

2. 更改形状的级别

更改形状级别的具体操作步骤如下。

步骤01 选择【人事专员】形状，然后单击【设计】选项卡下【创建图形】选项组中的【降级】按钮。

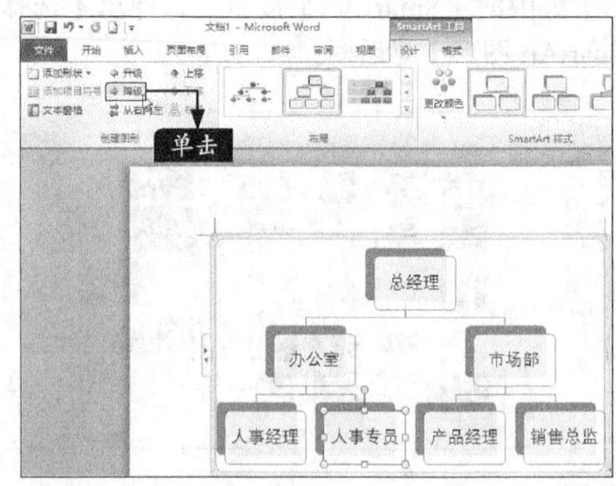

步骤02 即可更改了所选形状的级别。

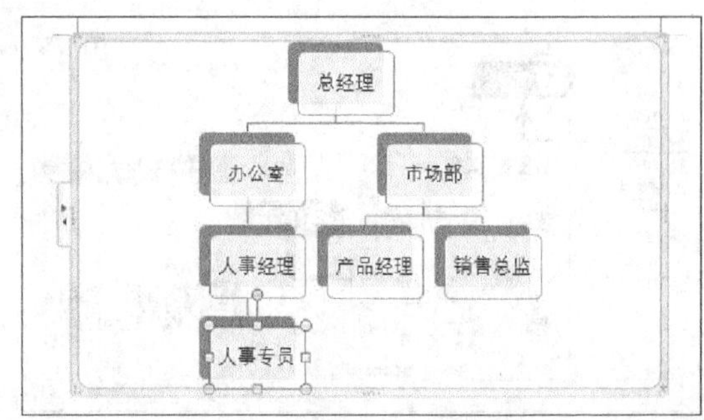

小提示

用户也可单击【升级】、【上移】、【下移】按钮来更改SmartArt 图形的级别。

8.6.3 设置SmartArt图形的布局和样式

当用户对默认的布局和样式不满意时，可以重新设置SmartArt图形的布局和样式。

1. 更改布局

用户可以调整整个SmartArt图形的布局。设置SmartArt图形布局的具体操作步骤如下。

步骤01 新建文档，插入SmartArt图形并在SmartArt图形上输入文字。

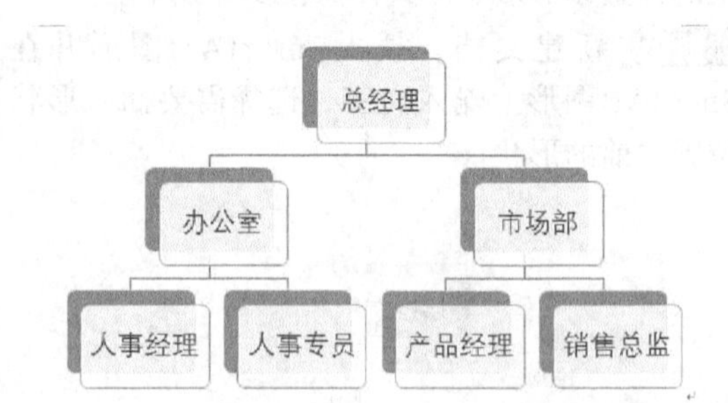

步骤 02 选择任一个形状，单击【设计】选项卡下【布局】选项组中的【其他】按钮。在弹出的下拉列表中选择一种布局样式。

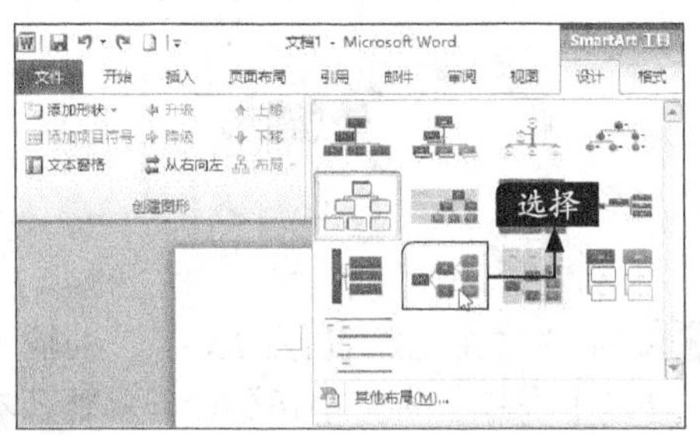

步骤 03 即可更改SmartArt图形的布局。

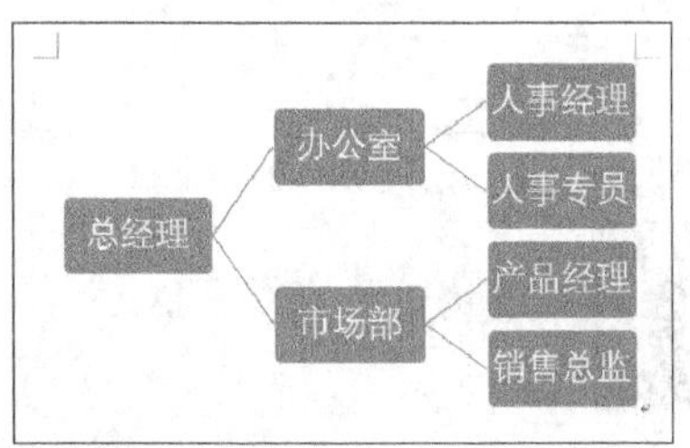

2. 更改样式

步骤 01 单击【设计】选项卡下【SmartArt样式】组中的【更改颜色】按钮，在弹出的下拉列表中单击理想的颜色选项即可更改SmartArt图形的颜色。

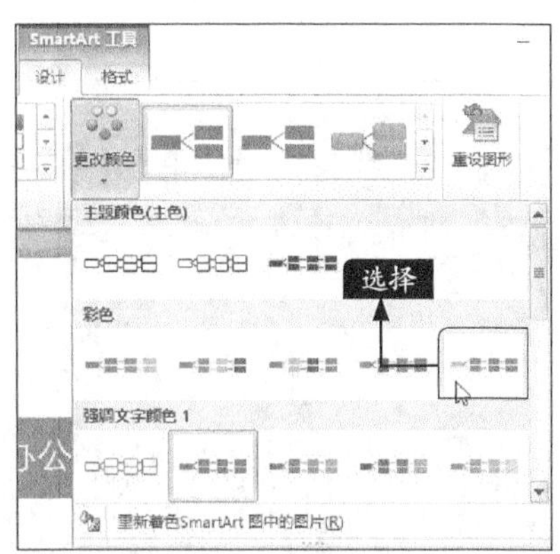

步骤 02 在【设计】选项卡的【SmartArt样式】组中的【SmartArt样式】列表中可以选择需要的外观样式。

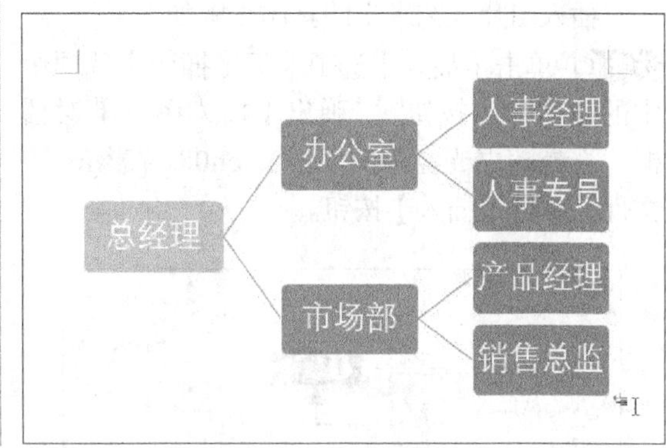

8.7 综合实战——制作教学课件

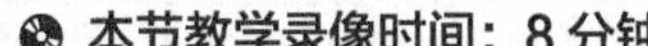

本节教学录像时间：8 分钟

教师在教学过程中离不开制作教学课件。一般的教案内容枯燥、繁琐，在这一节中通过在文档中设置页面背景、插入图片等操作，制作更加精美的教学教案，使阅读者心情愉悦。

第1步：设置页面背景颜色

通过对文档背景进行设置，可以使文档更加美观。

步骤 01 新建一个空白文档，保存为“教学课件.docx”，单击【页面布局】选项卡下【页面背景】选项组中的【页面颜色】按钮，在弹出的下拉列表中选择“灰色-25%，背景2”选项。

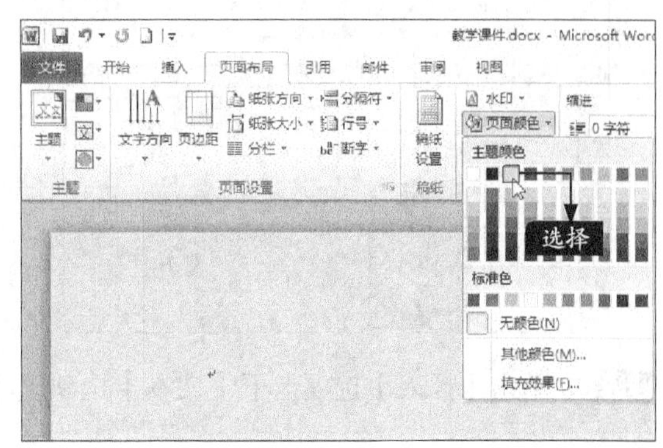

步骤02 此时就将文档的背景颜色设置为“灰色”。

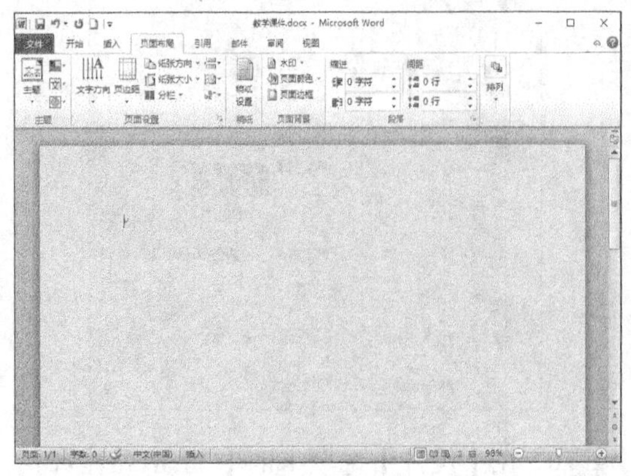

第2步：插入图片及艺术字

插入图片及艺术字的具体步骤如下。

步骤01 单击【插入】选项卡下【插图】选项组中的【图片】按钮，弹出【插入图片】对话框，选择随书光盘中的“素材\ch08\背影.jpg”文件，单击【插入】按钮。

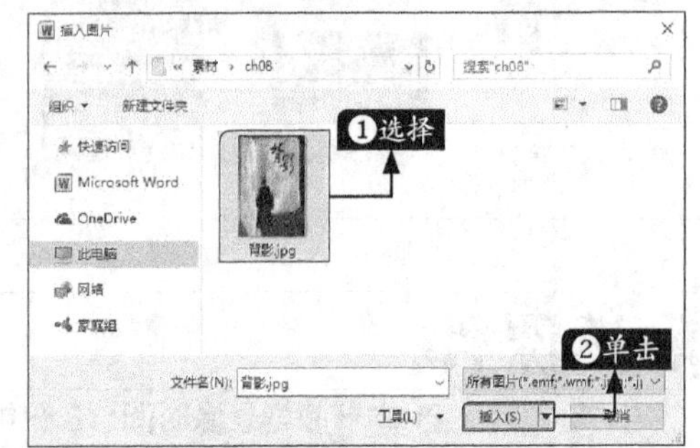

步骤02 此时就将图片插入到文档中，调整图片大小后的效果如下图所示。

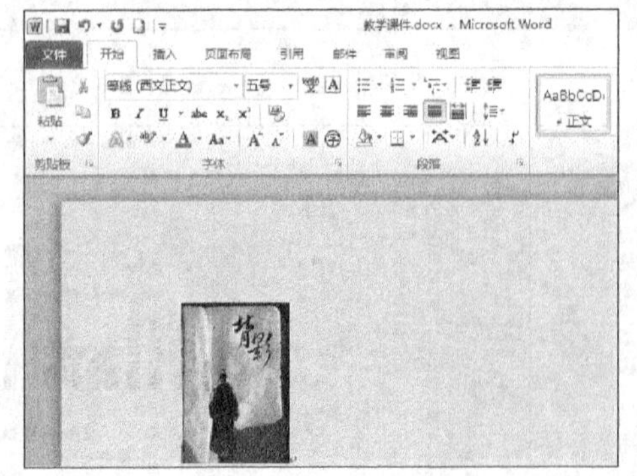

步骤03 单击【插入】选项卡下【文本】选项组中的【艺术字】按钮，在弹出的下拉列表中选择一种艺术字样式。

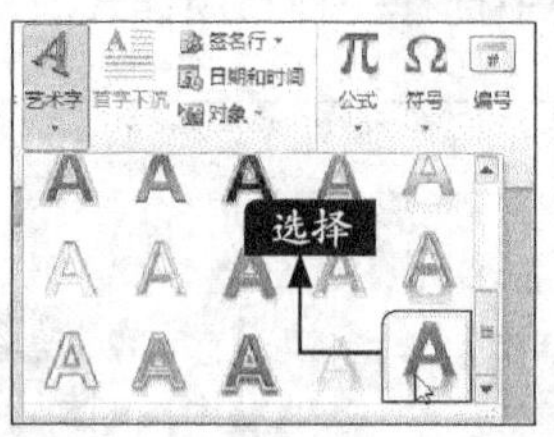

步骤04 在“请在此放置你的文字”处输入文字，设置【字号】为“小初”，并调整艺术字的位置。

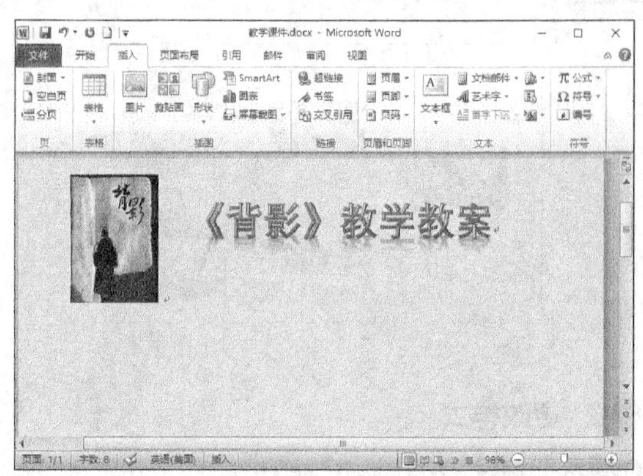

第3步：设置文本格式

设置完标题后，就需要对正文进行设置，具体步骤如下。

步骤01 在文档中输入文本内容（用户不必全部输入，可打开随书光盘中的“素材\ch08\教学课件.txt”记事本，复制并粘贴到新建文档中即可）。

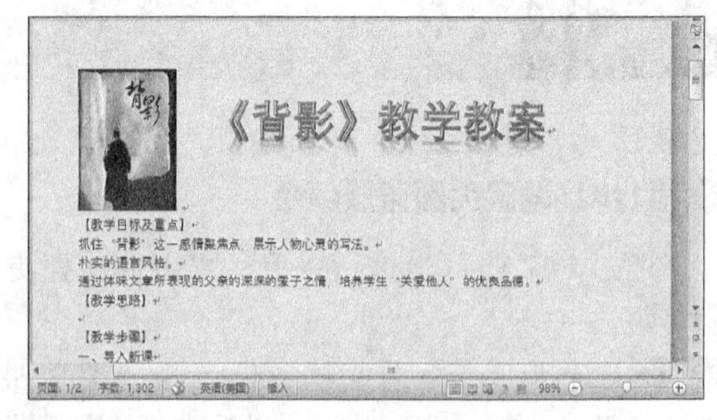

步骤02 将标题【教学目标及重点】、【教学思路】、【教学步骤】字体格式设置为“华文行楷、四号、蓝色”。

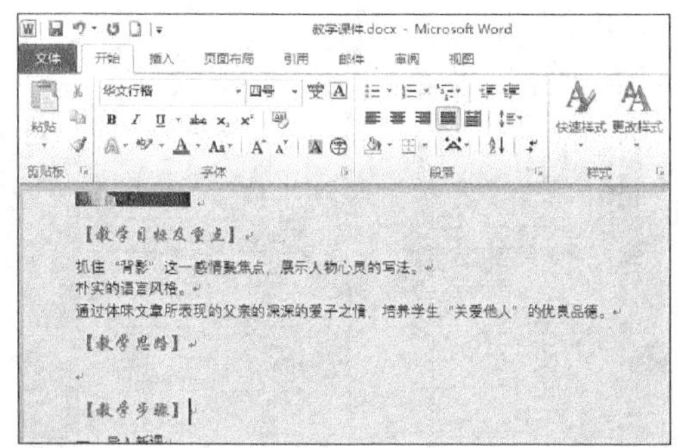

步骤03 将正文字体格式设置为“华文宋体、五号”，首行缩进设置为“2字符”、行距设置为“1.5倍行距”，如下图所示。

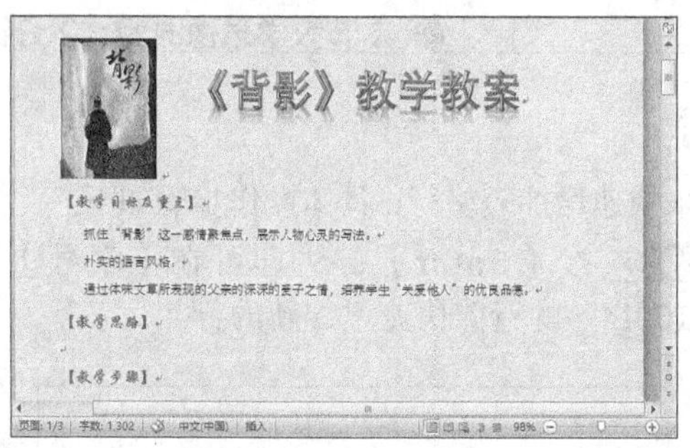

步骤04 为【教学目标及重点】标题下的正文设置项目符号，如下图所示。

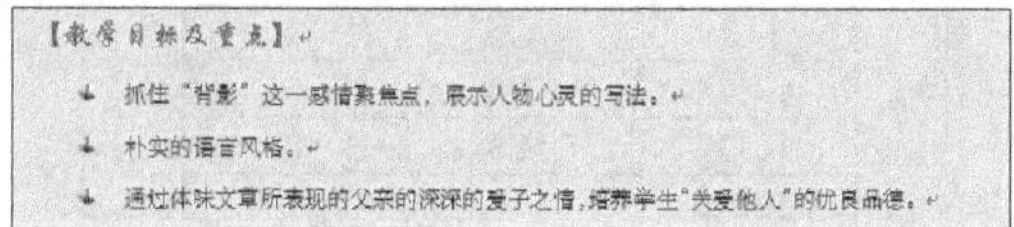

步骤05 为【教学步骤】标题下的正文设置编号，如下图所示。

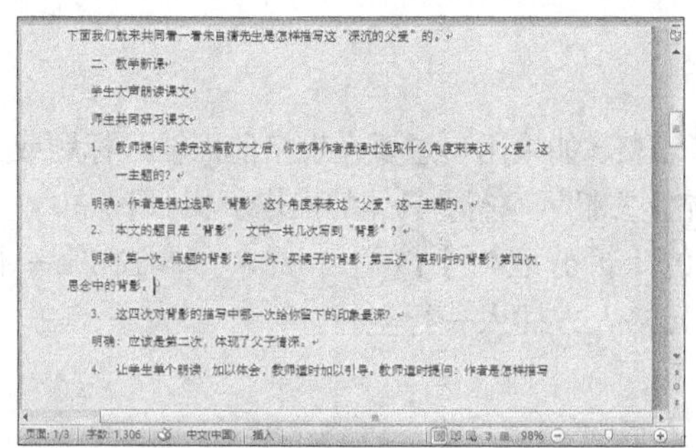

步骤06 添加编号后，多行文字的段落，其段落缩进会发生变化，使用【Ctrl】键选择这些文本，然后打开【段落】对话框，将“左侧缩进”设置为“0”，“首行缩进”设置为“2字符”。

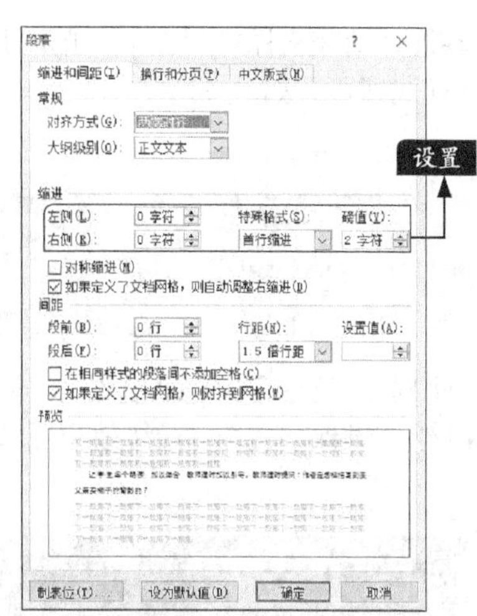

第4步：绘制表格

文本格式设置完后，可以为【教学思路】添加表格，具体步骤如下。

步骤01 将鼠标光标定位至【教学思路】标题下，插入“3×6”表格，如下图所示。

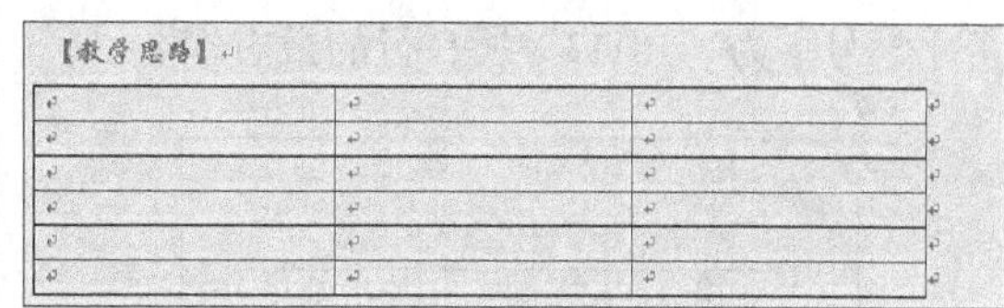

步骤02 调整表格列宽，并在单元格中输入表头和表格内容，并将第1列和第3列设置为“居中对齐”，第2列设置为“左对齐”。

【教学思路】

序号	学习内容	学习时间
1	老师导入新课	5分钟
2	学生朗读课文	10分钟
3	师生共同研习课文	15分钟
4	学生讨论	10分钟
5	总结梳理，课后反思	5分钟

步骤03 单击表格左上角的⊞按钮，选中整个表格，单击【表格工具】➤【设计】➤【表格样式】组中的【其他】按钮▾。

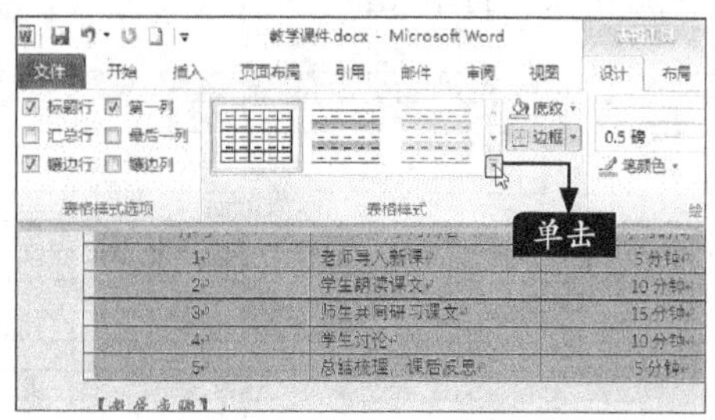

步骤 04 在展开的表格样式列表中，单击并选择所应用的样式即可，如下图所示。

【教学思路】

序号	学习内容	学习时间
1	老师导入新课	5分钟
2	学生朗读课文	10分钟
3	师生共同研习课文	15分钟
4	学生讨论	10分钟
5	总结梳理、课后反思	5分钟

步骤 05 此时，教学课件即制作完毕，按【Ctrl+S】组合键保存文档，最终效果图如下。

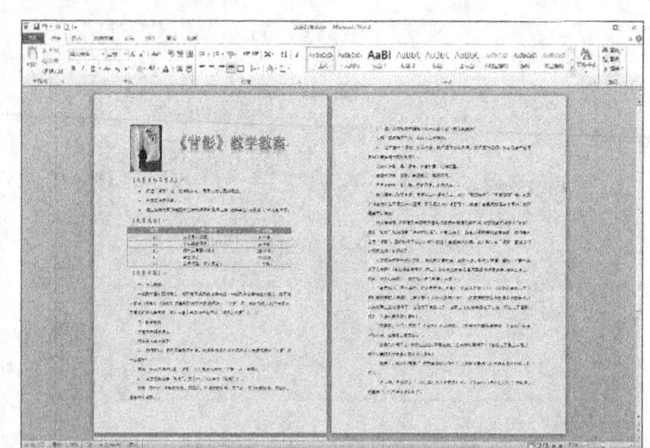

高手支招

本节教学录像时间：2分钟

使用【Enter】键增加表格行

在Word 2010中编辑表格时，可以使用【Enter】键来快速增加表格行，具体操作步骤如下。

步骤 01 将鼠标光标定位至要增加行位置的前一行右侧，如在下图中需要在【学号】为“10114”的行前添加一行，可将鼠标光标定位至【学号】为“10113”所在行的最右端。

学号	总成绩	名次
10111	605	4
10112	623	1
10113	601	5
10114	598	6
10115	583	8
10116	618	2
10117	590	7
10118	615	3

步骤 02 按【Enter】键，即可在【学号】为“10114”的行前快速增加新的行。

学号	总成绩	名次
10111	605	4
10112	623	1
10113	601	5
10114	598	6
10115	583	8
10116	618	2
10117	590	7
10118	615	3

在页首表格上方插入空行

有些Word文档，没有输入任何文字而是直接插入了表格，如果用户想要在表格前面输入标题或文字，是很难操作的。下面介绍使用一个小技巧在页首表格上方插入空行，具体的操作步骤如下。

步骤 01 打开随书光盘中的“素材\ch08\表格操作.docx”文档，将鼠标光标置于任意一个单元格中或选中第一行单元格。

序号	产品	销量/吨
1	白菜	21307
2	海带	15940
3	冬瓜	17979
4	西红柿	25351
5	南瓜	17491
6	黄瓜	18852
7	玉米	21586
8	红豆	15263

步骤 02 单击【布局】选项卡下【合并】选项组中的【拆分表格】按钮 拆分表格，即可在第一行单元格上方插入一行空行。

序号	产品	销量/吨
1	白菜	21307
2	海带	15940
3	冬瓜	17979
4	西红柿	25351
5	南瓜	17491
6	黄瓜	18852
7	玉米	21586
8	红豆	15263

第9章

长文档的排版

对于文字内容较多、篇幅相对较长、文档层次结构相对复杂的文档，如毕业论文、商业报告、软件使用说明书等，则需要掌握样式、目录、页码、页眉和页脚等相关知识，本章主要介绍长文档的排版技巧。

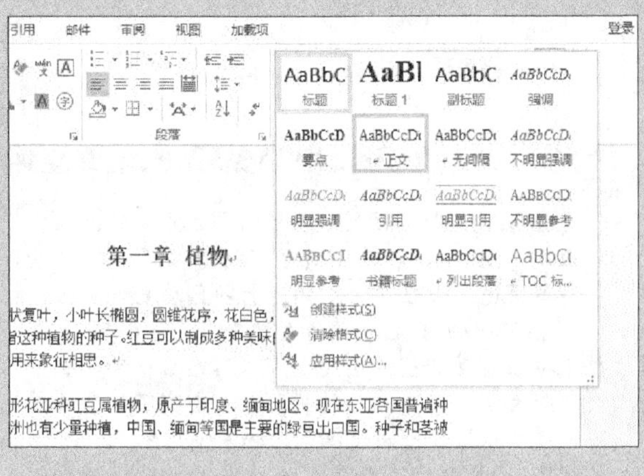

9.1 页面设置

本节教学录像时间：6 分钟

页面设置是指对文档页面布局的设置，主要包括设置文字方向、页边距、纸张大小、分栏等。Word 2010有默认的页面设置，但默认的页面设置并不一定适合所有用户，用户可以根据需要对页面进行设置。

9.1.1 设置页边距

页边距有两个作用：一是出于装订的需要；二是形成更加美观的文档。设置页边距，包括上、下、左、右边距以及页眉和页脚距页边界的距离，使用该功能来设置页边距十分精确。

步骤 01 在【页面布局】选项卡【页面设置】选项组中单击【页边距】按钮，在弹出的下拉列表中选择一种页边距样式并单击，即可快速设置页边距。

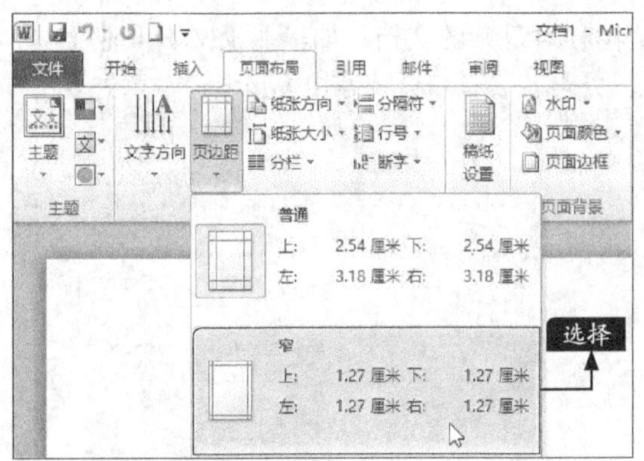

步骤 02 除此之外，还可以自定义页边距。单击【页面布局】选项卡下【页面设置】组中的【页边距】按钮，在弹出的下拉列表中单击选择【自定义边距（A）】选项。

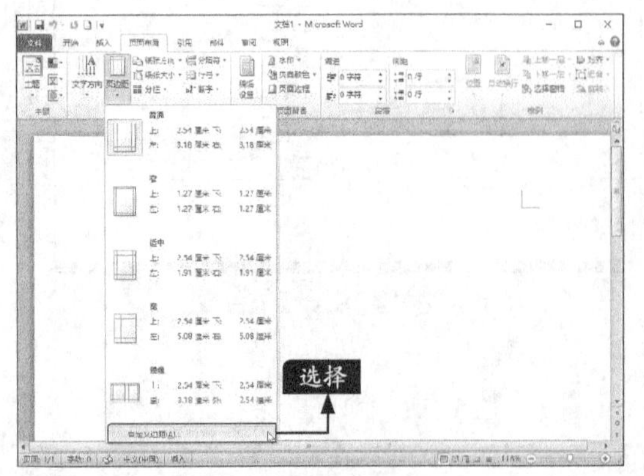

步骤 03 弹出【页面设置】对话框，在【页边距】选项卡下【页边距】区域可以自定义设置“上”“下”“左”“右”页边距，如将“上”“下”“左”“右”页边距均设为“1厘米”，在【预览】区域可以查看设置后的效果。

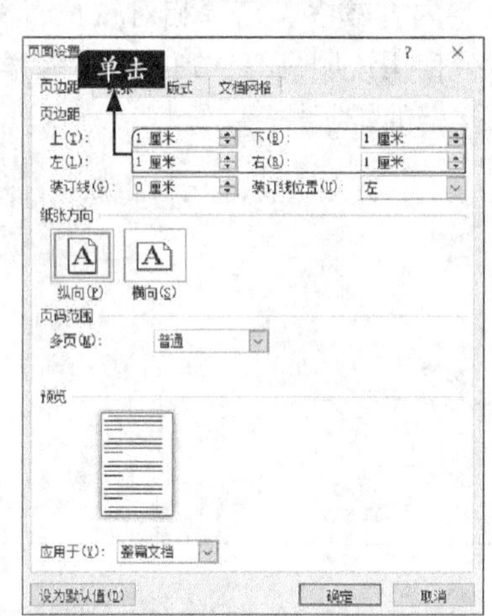

小提示

如果页边距的设置超出了打印机默认的范围，将出现【Microsoft Word】提示框，提示“有一处或多处页边距设在了页面的可打印区域之外，选择‘调整’按钮可适当增加页边距。”，单击【调整】按钮自动调整，当然也可以忽略后手动调整。页边距太窄会影响文档的装订，而太宽不仅影响美观还浪费纸张。一般情况下，如果使用A4纸，可以采用Word提供的默认值，具体设置可根据用户的要求设定。

9.1.2 设置页面方向和大小

纸张的大小和纸张方向，也影响着文档的打印效果，因此设置合适的纸张在Word文档制作过程中也是非常重要的。设置纸张包括设置纸张的方向和大小,具体操作步骤如下。

步骤01 单击【页面布局】选项卡下【页面设置】组中的【纸张方向】按钮，在弹出的下拉列表中可以设置纸张方向为“横向”或“纵向”，如单击【横向】选项。

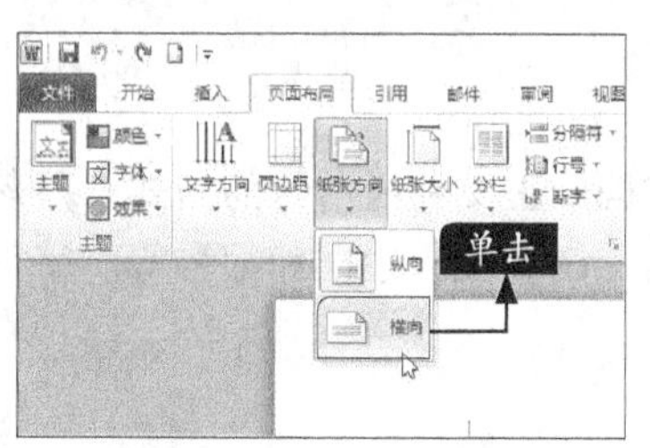

小提示

也可以在【页面设置】对话框中的【页边距】选项卡中，在【纸张方向】区域设置纸张的方向。

步骤02 单击【页面布局】选项卡【页面设置】选项组中的【纸张大小】按钮，在弹出的下拉列表中可以选择纸张大小，如单击【A5】选项。

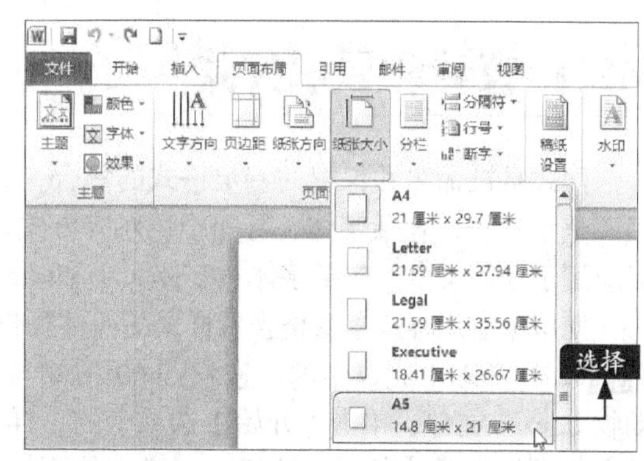

9.1.3 设置分栏

在对文档进行排版时，常需要将文档进行分栏。在Word 2010中可以将文档分为两栏、三栏或更多栏，具体方法如下。

1.使用功能区设置分栏

选择要分栏的文本后，在【页面布局】选项卡下单击【分栏】按钮，在弹出的下拉列表中选择对应的栏数即可。

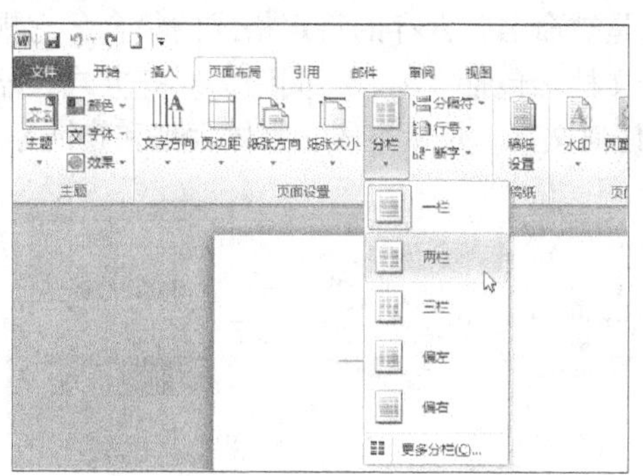

2.使用【分栏】对话框

在【页面布局】选项卡下单击【分栏】按钮，在弹出的下拉列表中选择【更多分栏】选项，弹出【分栏】对话框，在该对话框中显示了系统预设的5种分栏效果。在【栏数（N）】微调框中输入要分栏的栏数，如输入“3”，然后设置栏宽、分隔线，在【预览】区域预览效果后，单击【确定】按钮即可。

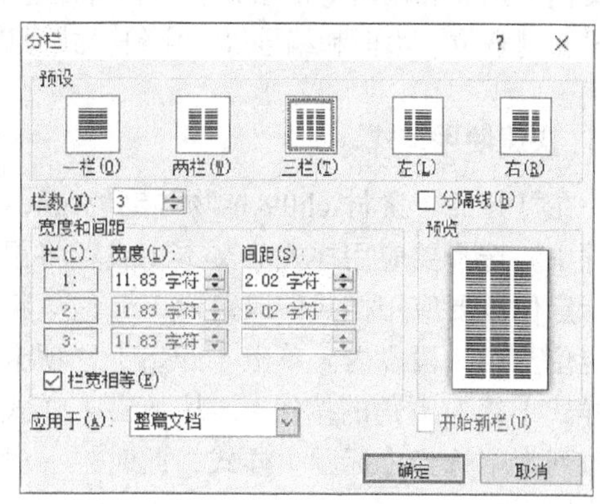

9.2 样式

本节教学录像时间：7 分钟

样式包含字符样式和段落样式，字符样式的设置以单个字符为单位，段落样式的设置是以段落为单位。

9.2.1 查看和显示样式

样式是被命名并保存的特定格式的集合，它规定了文档中正文和段落等的格式。段落样式应用于整个文档，包括字体、行间距、对齐方式、缩进格式、制表位、边框和编号等。字符样式可以应用于任何文字，包括字体、字体大小和修饰等。

使用【应用样式】窗格查看样式的具体操作如下。

步骤 01 打开随书光盘中的“素材\ch09\植物与动物.docx”文件，单击【开始】选项卡的【样式】选项组中的【其他】按钮，在弹出的下拉列表中选择【应用样式】选项。

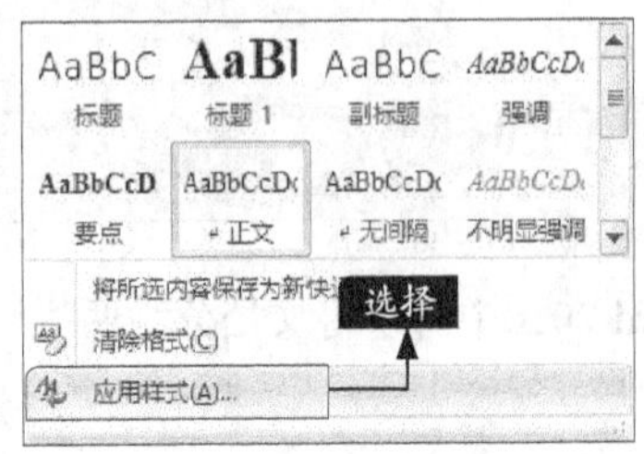

步骤 02 弹出【应用样式】窗格。

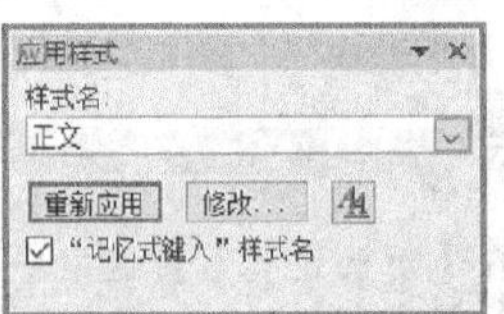

步骤 03 将鼠标指针置于文档中的任意位置处，相对应的样式将会在【样式名】下拉列表框中显示出来。

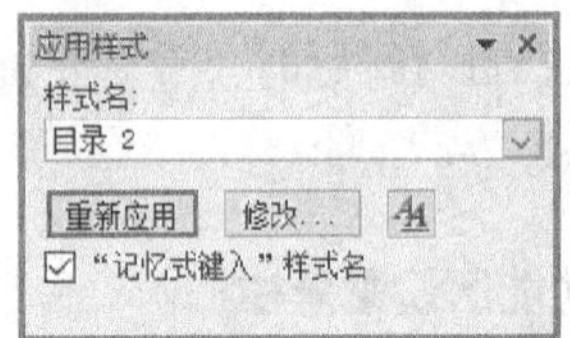

9.2.2 应用样式

从上一节的【显示格式】窗格中可以看出，样式是被命名并保存的特定格式的集合，它规定了文档中正文和段落等的格式。段落样式应用于整个文档，包括字体、行间距、对齐方式、缩进格式、制表位、边框和编号等。字符样式可以应用于任何文字，包括字体、字体大小和修饰等。

1. 快速使用样式

在打开的“素材\ch09\植物与动物.docx”文件中，选择要应用样式的文本（或者将鼠标光标定位置要应用样式的段落内），这里将光标定位至第一段段内。单击【开始】选项卡下【样式】组右下角的按钮，从弹出【样式】下拉列表中选择【标题】样式，此时第一段即变为标题样式。

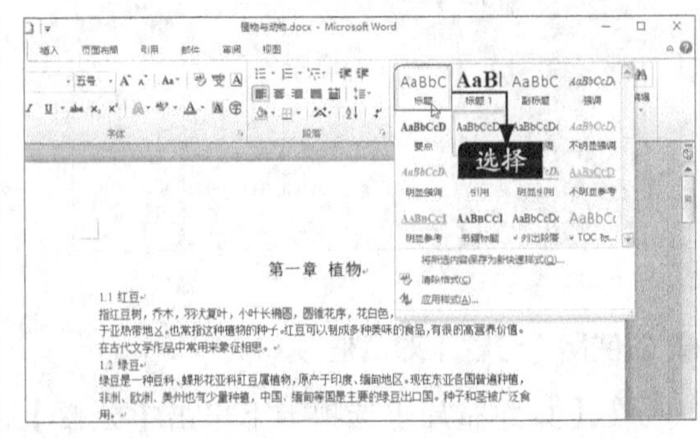

2. 使用样式列表

使用样式列表也可以应用样式。

步骤01 选中需要应用样式的文本。

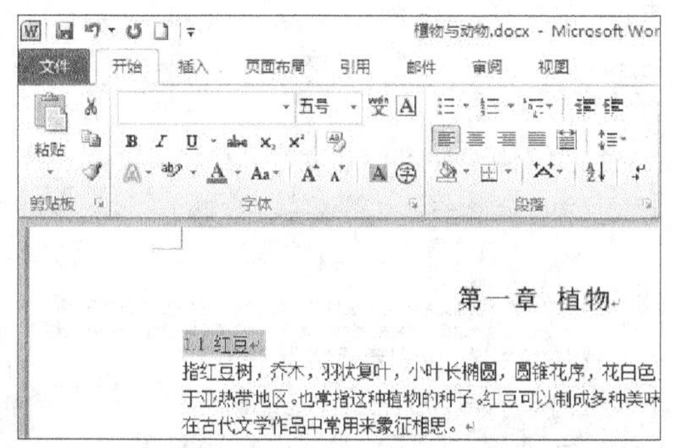

步骤02 在【开始】选项卡的【样式】组中的对话框启动器，弹出【样式】窗格，在【样式】窗格的列表中单击需要的样式选项即可，如单击【TOC标题】选项。

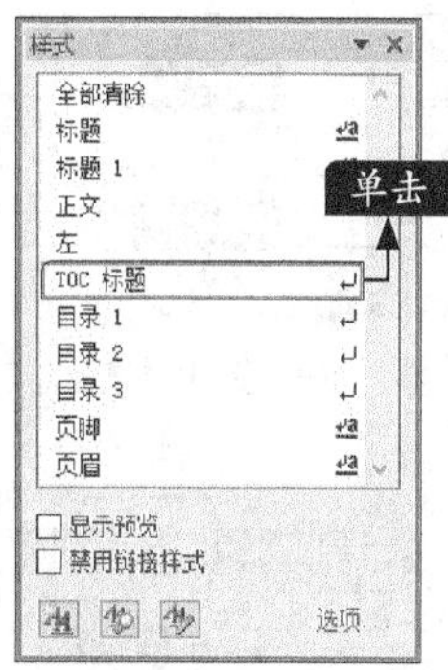

步骤03 单击右上角的【关闭】按钮，关闭【样式】窗格，即可将样式应用于文档，效果如下图所示。

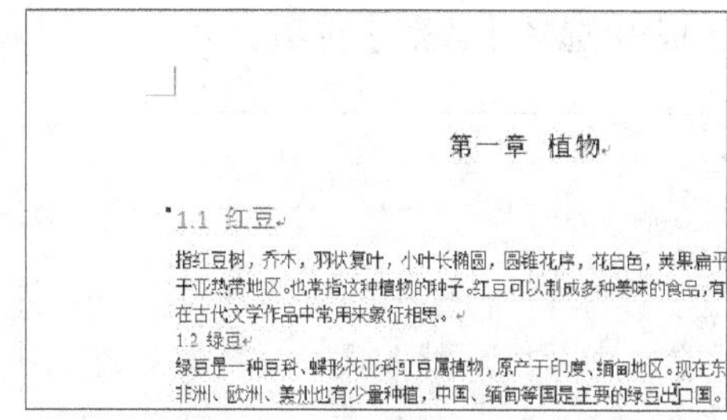

9.2.3 自定义样式

当系统内置的样式不能满足需求时，用户还可以自行创建样式，具体操作步骤如下。

步骤01 打开随书光盘中的“素材\ch09\植物与动物.docx”文件，选中需要应用样式的文本，或者将插入符移至需要应用样式的段落内的任意一个位置，然后在【开始】选项卡的【样式】组中的对话框启动器，弹出【样式】窗格。

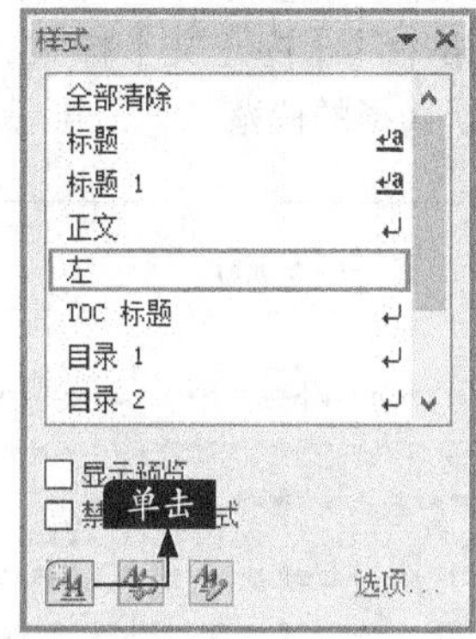

步骤02 单击【新建样式】按钮，弹出【根据格式设置创建新样式】窗口。

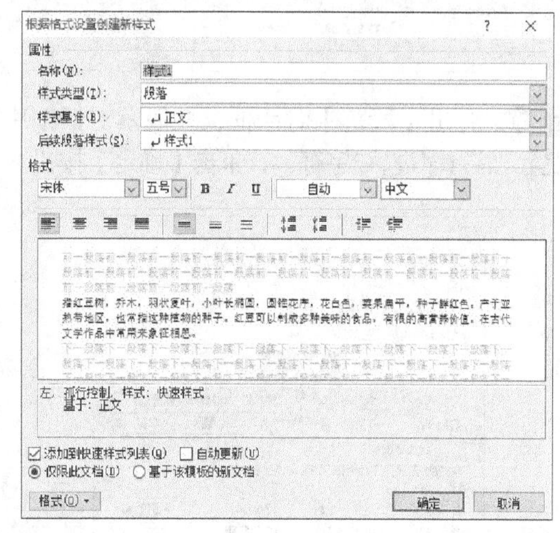

步骤03 在【名称】文本框中输入新建样式的名称，例如输入“内正文”，在【属性】区域分别在【样式类型】、【样式基准】和【后续段落样式】下拉列表中选择需要的样式类型或样式基准，并在【格式】区域根据需要设置字体格式，并单击【倾斜】按钮。

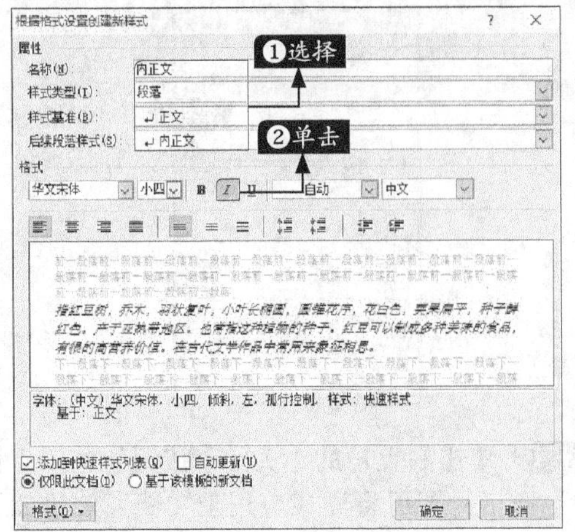

步骤04 单击左下角的【格式】按钮，在弹出的下拉列表中选择【段落】选项。

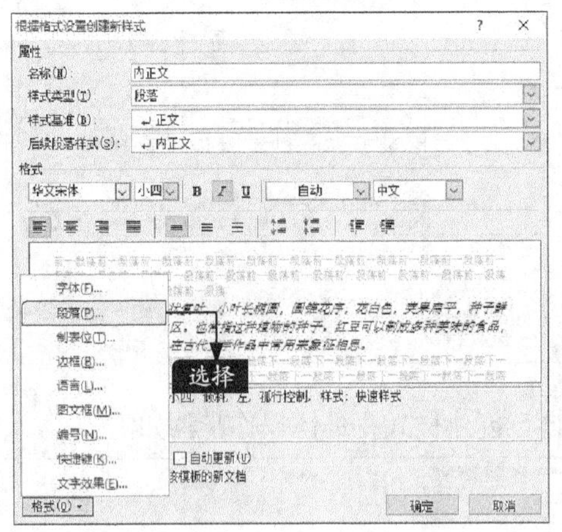

步骤05 弹出【段落】对话框，在段落对话框中设置"首行缩进，2字符"，单击【确定】按钮。

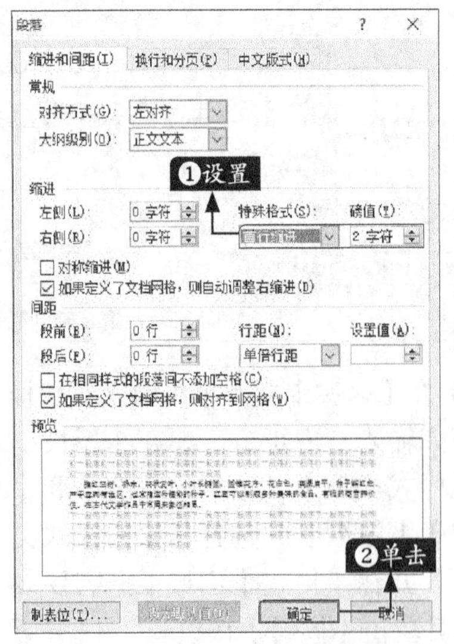

步骤06 返回【根据格式设置创建新样式】对话框，在中间区域浏览效果，单击【确定】按钮。

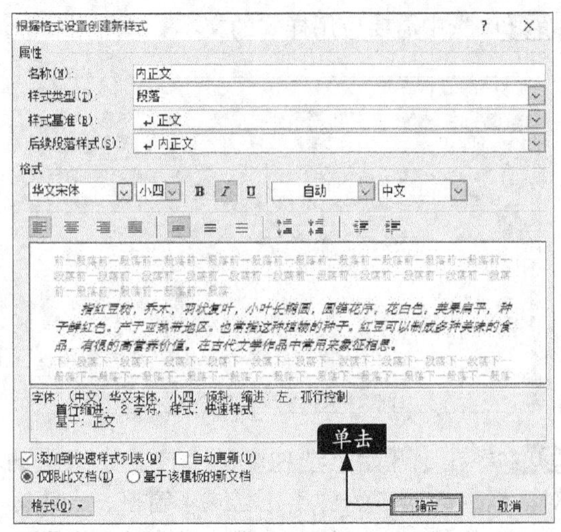

步骤07 在【样式】窗格中可以看到创建的新样式，在文档中显示设置后的效果。

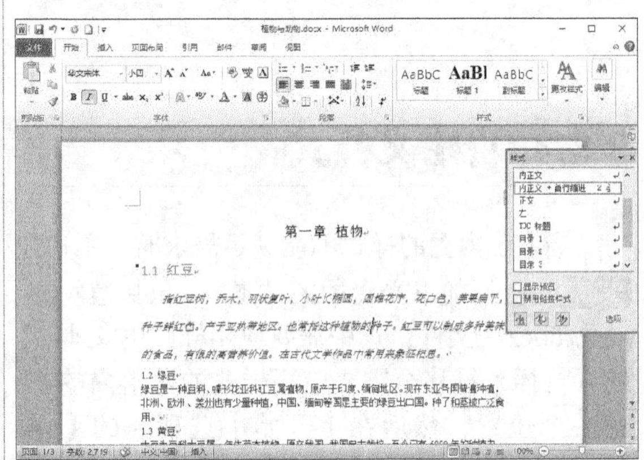

步骤08 选择其他要应用该样式的段落，单击【样式】窗格中的【内正文】样式，即可将该样式应用到新选择的段落。

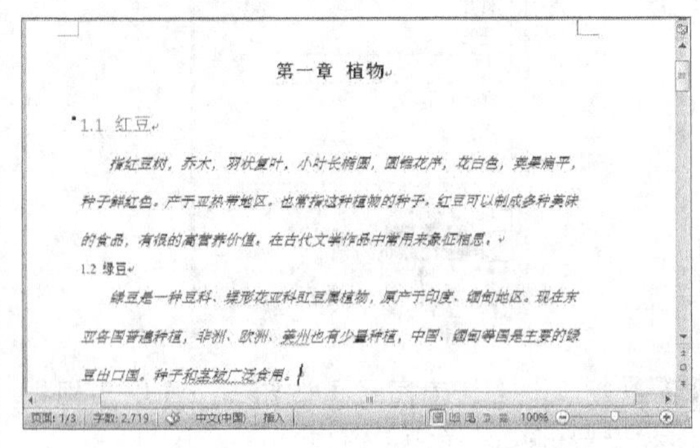

9.2.4 修改和删除样式

当样式不能满足编辑需求时，可以进行修改，也可以将其删除。在【样式】窗格中选择要修改或删除的样式，单机鼠标右键，在弹出的快捷菜单中，选择对应的操作命令，如右图所示。

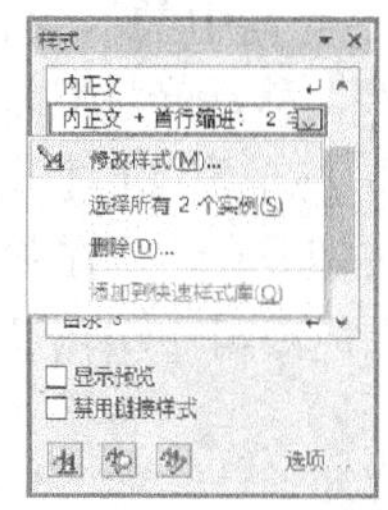

9.3 格式刷的使用

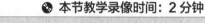

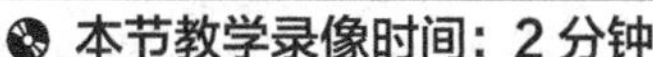
本节教学录像时间：2 分钟

在Word中格式刷具有快速复制段落格式的功能，可以将一个段落的格式迅速地复制到另一个段落中。

步骤 01 选择要引用格式的文本，单击【开始】选项卡下【剪贴板】选项组中的【格式刷】按钮，文档中的鼠标光标将变为形状。

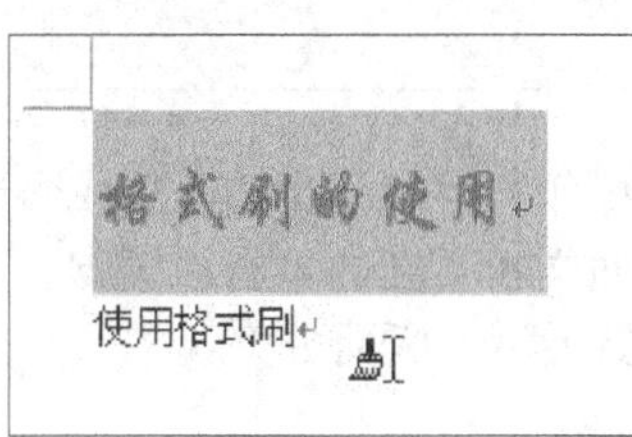

步骤 02 选中要改变段落格式的段落，即可将格式应用至所选段落。

小提示

单击一次【格式刷】按钮，仅能使用一次该样式，连续两次单击【格式刷】按钮，就可多次使用该样式。

用户还可以使用快捷键进行格式复制。在选中复制格式的原段落后按【Ctrl+Shift+C】组合键，然后选择要改变格式的文本，再按【Ctrl+Shift+V】组合键即可。

9.4 使用分隔符

本节教学录像时间：3 分钟

排版文档时，部分内容需要另起一节或另起一页显示，这时就需要在文档中插入分节符或者分页符。分节符用于章节之间的分隔。

9.4.1 插入分页符

分页符用于分隔页面，在【分页符】选项组中又包含有分页符、分栏符和自动换行符。用户可以根据需要选择不同的分页符插入到文档中。下面以插入自动换行符为例，介绍在文档中插入分页符的具体操作步骤。

步骤 01 打开随书光盘中的“素材\ch09\植物与动物.docx”文件，移动光标到要换行的位置。单击【页面布局】选项卡下【页面设置】组中的【分隔符】按钮，在弹出的下拉列表中的【分页符】选项组中单击【自动换行符】选项。

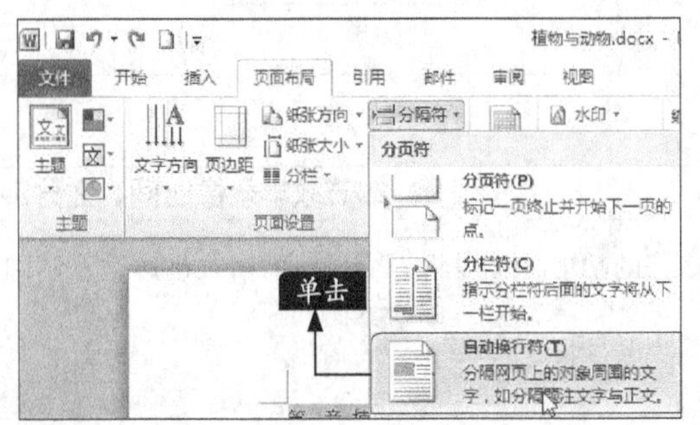

步骤 02 此时文档以新的一段开始，且上一段的段尾会添加一个自动换行符 。

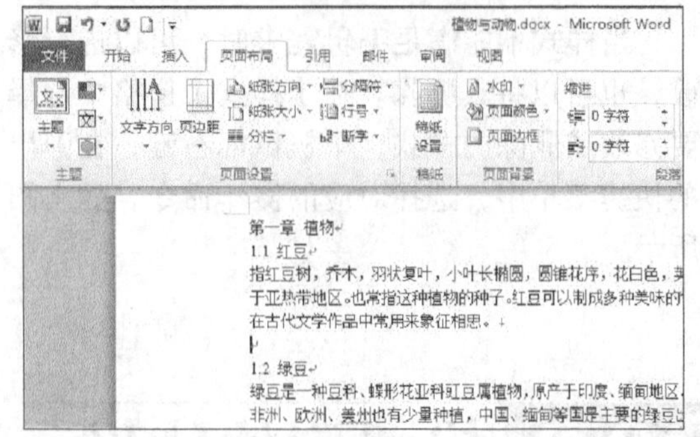

小提示

【分页符】选项组中的各选项功能如下。分页符：插入该分页符后，标记一页终止并在下一页显示；分栏符：插入该分页符后，分栏符后面的文字将从下一栏开始；自动换行符：插入该分页符后，自动换行符后面的文字将从下一段开始。

9.4.2 插入分节符

为了便于同一文档中不同部分的文本进行不同的格式化操作，可以将文档分隔成多节， 节是文档格式化的最大单位。只有在不同的节中才可以设置与前面文本不同的页眉、页脚、 页边距、页面方向、文字方向或者分栏等。分节可使文档的编辑排版更灵活，版面更美观。

【分节符】选项组中各选项的功能如下。

下一页：插入该分节符后，Word 将使分节符后的那一节从下一页的顶部开始。

连续：插入该分节符后，文档将在同一页上开始新节。

偶数页：插入该分节符后，将使分节符后的一节从下一个偶数页开始，对于普通的书就是从左手页开始。

奇数页：插入该分节符后，将使分节符后的一节从下一个奇数页开始，对于普通的书就是从右手页开始。

步骤 01 打开随书光盘中的“素材\ch09\植物和动物.docx”文件，移动光标到要换行的位置。单击【页面布局】选项卡下【页面设置】组中的【分隔符】按钮，在弹出的下拉列表中的【分页符】选项组中单击【下一页】选项。

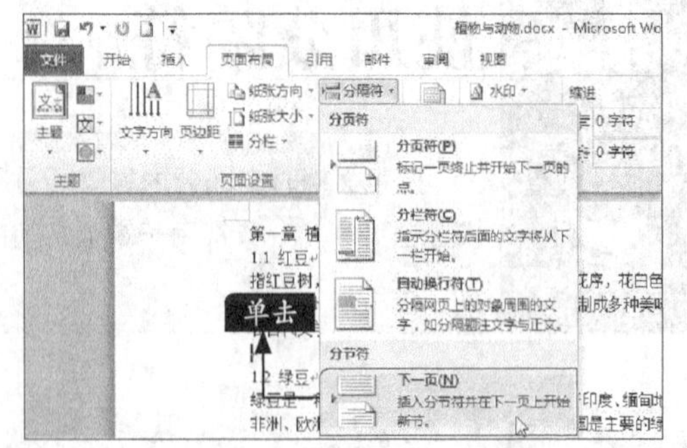

步骤 02 此时在插入分节符后，将在下一页开始新节。

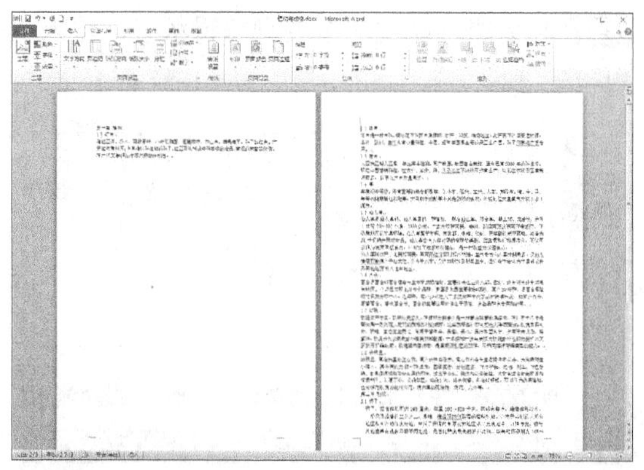

小提示

移动光标到分节符标记之后，按下【Backspace】键或者【Delete】键即可删除分节符标记。

9.5 设置页眉和页脚

本节教学录像时间：5 分钟

Word 2010提供了丰富的页眉和页脚模板，使用户插入页眉和页脚变得更为快捷。

9.5.1 插入页眉和页脚

在页眉和页脚中可以输入创建文档的基本信息，例如在页眉中输入文档名称、章节标题或者作者名称等信息，在页脚中输入文档的创建时间、页码等，不仅能使文档更美观，还能向读者快速传递文档要表达的信息。在Word 2010中插入页眉和页脚的具体操作步骤如下。

1. 插入页眉

插入页眉的具体操作步骤如下。

步骤 01 打开随书光盘中的“素材\ch09\植物与动物.docx”文件，单击【插入】选项卡【页眉和页脚】组中的【页眉】按钮，弹出【页眉】下拉列表。

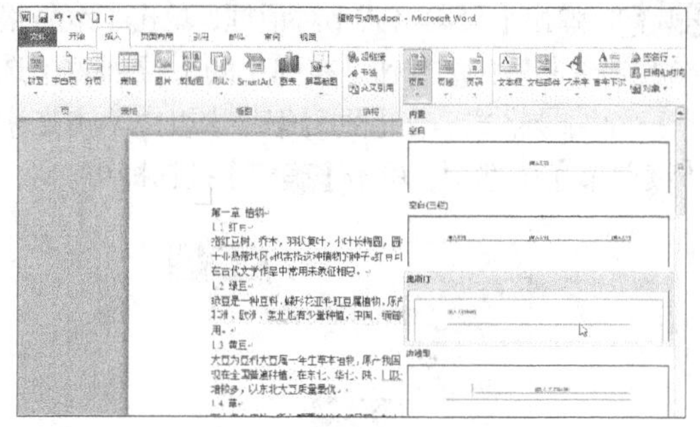

步骤 02 选择需要的页眉，如选择【奥斯汀】选项，Word 2010会在文档每一页的顶部插入页眉，并显示【文档标题】文本域。

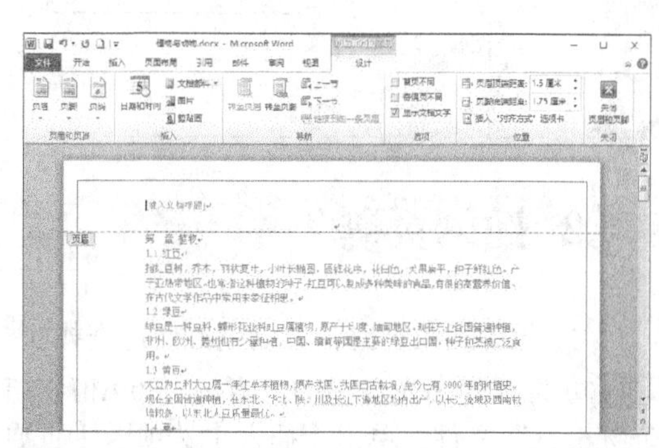

步骤 03 在页眉的文本域中输入文档的标题和页眉，单击【设计】选项卡下【关闭】选项组中的【关闭页眉和页脚】按钮。

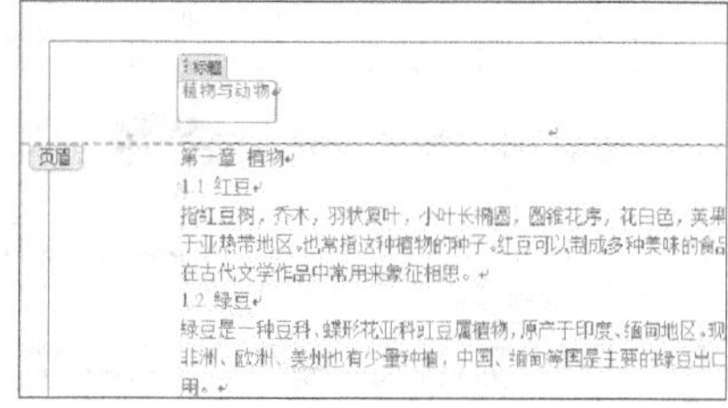

步骤 04 插入页眉的效果如下图所示。

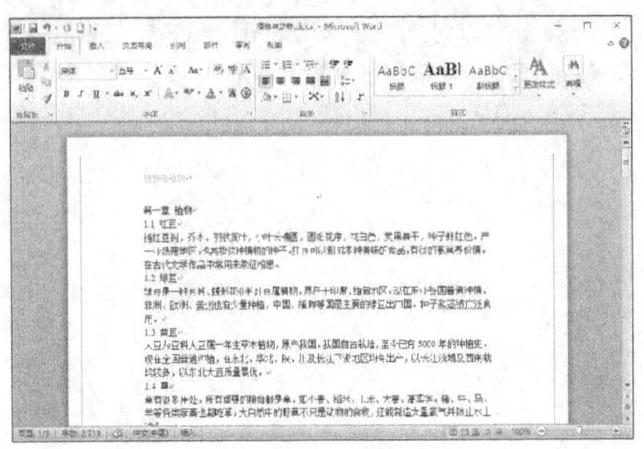

2. 插入页脚

插入页脚的具体操作步骤如下。

步骤 01 在【设计】选项卡中单击【页眉和页脚】组中的【页脚】按钮，弹出【页脚】下拉列表，这里选择【奥斯汀】选项。

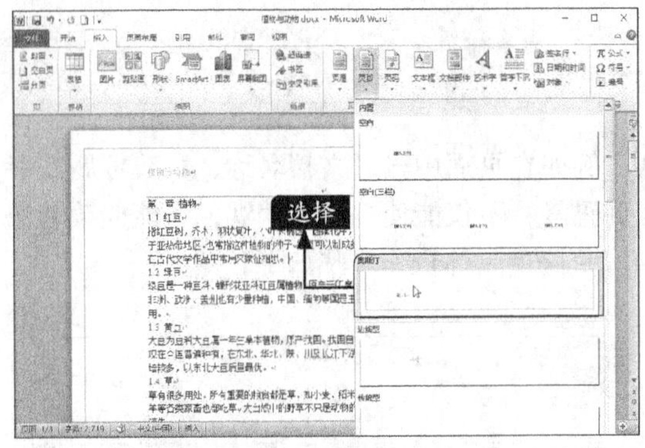

步骤 02 文档自动跳转至页脚编辑状态，输入页脚内容。

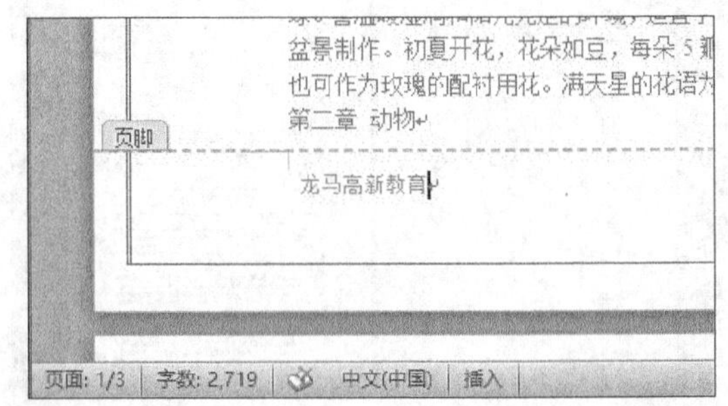

步骤 03 单击【设计】选项卡下【关闭】选项组中的【关闭页眉和页脚】按钮，即可看到插入页脚的效果。

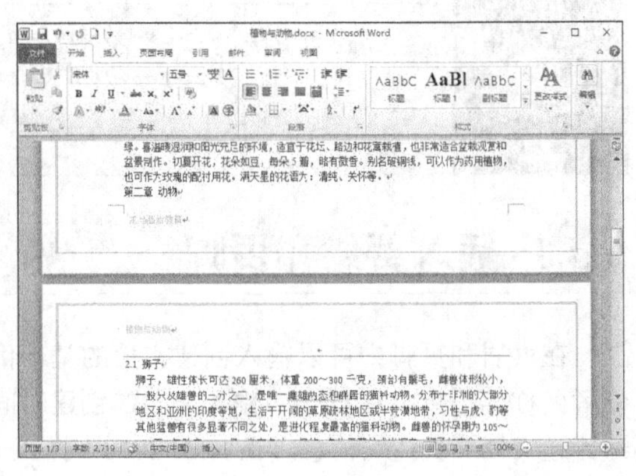

9.5.2 插入页码

在文档中插入页码，可以更方便地查找文档。在文档中插入页码的具体步骤如下。

步骤 01 打开随书光盘中的“素材\ch09\植物与动物.docx”文件，单击【插入】选项卡【页眉和页脚】组中的【页码】按钮，在弹出的下拉列表中选择【设置页码格式】选项。

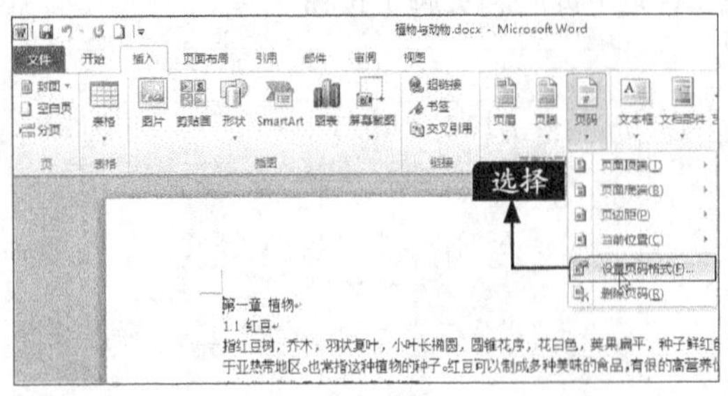

步骤 02 弹出【页码格式】对话框，单击【编号格式】选择框后的按钮，在弹出的下拉列表中选择一种编号格式。在【页码编号】组中单击选中【续前节】单选项，单击【确定】按钮即可。

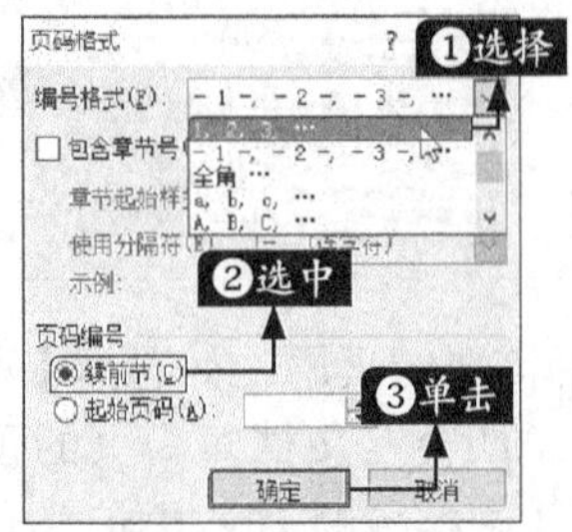

小提示

【包含章节号】复选框：可以将章节号插入到页码中，可以选择章节起始样式和分隔符。

【续前节】单选项：接着上一节的页码连续设置页码。

【起始页码】单选项：选中此单选项后，可以在后方的微调框中输入起始页码数。

步骤 03 单击【插入】选项卡的【页眉和页脚】选项组中的【页码】按钮。在弹出的下拉列表中选择【页面底端】选项组下的【普通数字2】选项，即可插入页码。

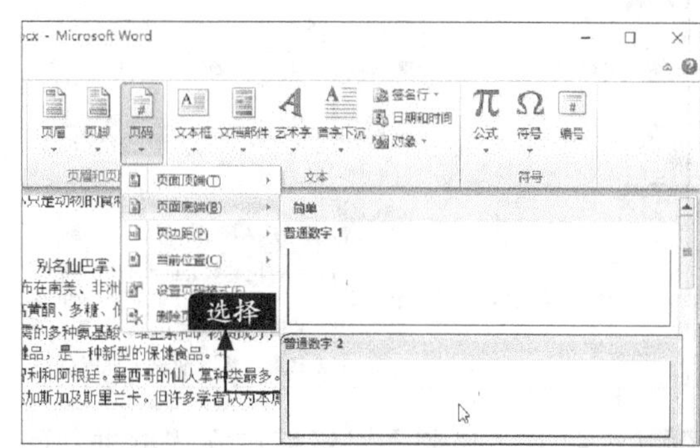

9.6 设置大纲级别

本节教学录像时间：3 分钟

在Word 2010中设置段落的大纲级别是提取文档目录的前提，此外，设置段落的大纲级别不仅能够通过【导航】窗格快速的定位文档，还可以根据大纲级别展开和折叠文档内容。设置段落的大纲级别通常用两种方法。

1. 在【引用】选项卡下设置

在【引用】选项卡下设置大纲级别的具体操作步骤如下。

步骤 01 在打开的“素材\ch09\公司年度报告.docx”文件中，选择“一、公司业绩较去年显著提高”文本。单击【引用】选项卡下【目录】选项组中的【添加文字】按钮右侧的下拉按钮 添加文字 。在弹出的下拉列表中选择【1级】选项。

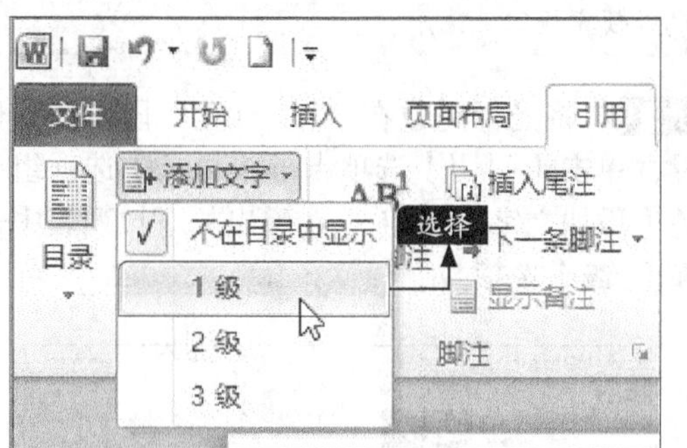

步骤 02 在【视图】选项卡下的【显示】选项组中单击选中【导航窗格】复选框，在打开的【导航】窗格中即可看到设置大纲级别后的文本。

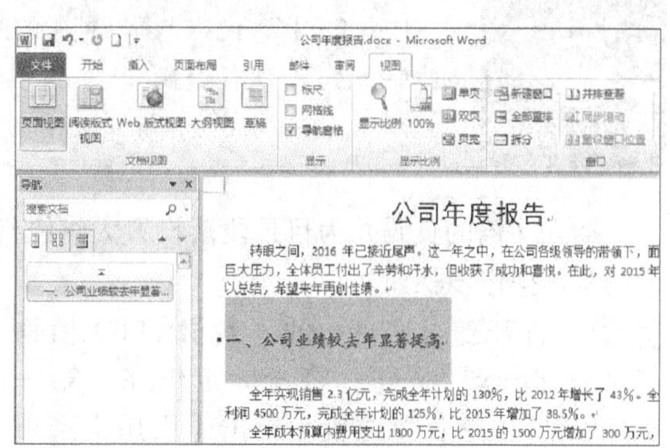

小提示

如果要设置为【2级】段落级别，只需要在下拉列表中选择【2级】选项即可。

2. 使用【段落】对话框设置

使用【段落】对话框设置大纲级别的具体操作步骤如下。

步骤 01 在打开的“素材\ch09\公司年度报告.docx”文件中选择“二、举办多次促销活动”文本并单击鼠标右键，在弹出的快捷菜单中选择【段落】菜单命令。

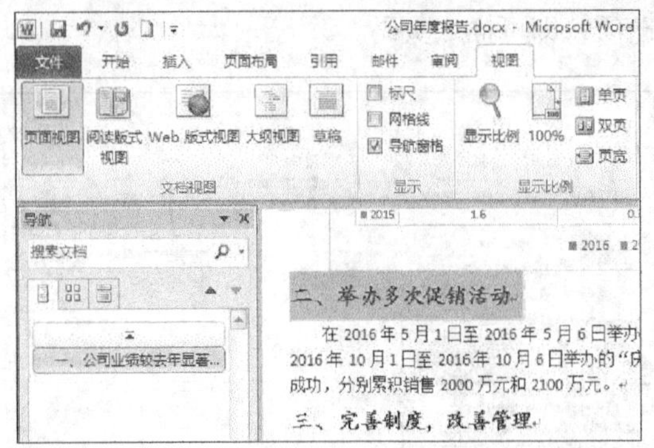

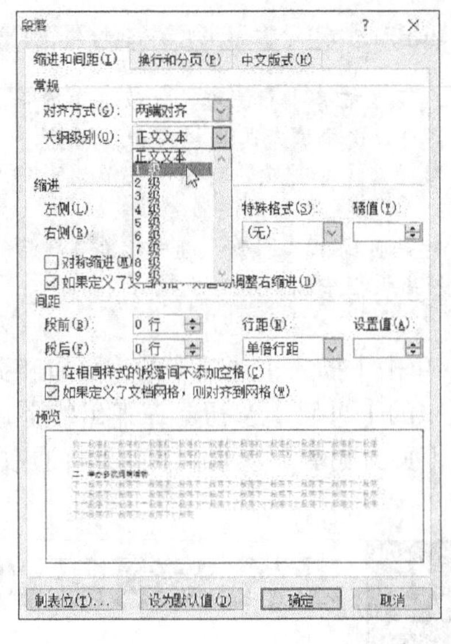

步骤02 打开【段落】对话框，在【缩进和间距】选项卡下的【常规】组中单击【大纲级别】文本框后的下拉按钮，在弹出的下拉列表中选择【1级】选项，单击【确定】按钮，即可完成设置。

9.7 创建目录

本节教学录像时间：4分钟

对于长文档来说，查看文档中的内容时，不容易找到需要的文本内容，这时就需要为其创建一个目录，方便查找。

插入文档的页码并为目录段落设置大纲级别是提取目录的前提条件。设置段落级别并提取目录的具体操作步骤如下。

步骤01 打开随书光盘中的“素材\ch09\植物与动物.docx”文件，将光标定位在“第一章 植物”段落任意位置，单击【引用】选项卡下【目录】选项组中的【添加文字】按钮 添加文字，在弹出的下拉列表中选择【1级】选项。

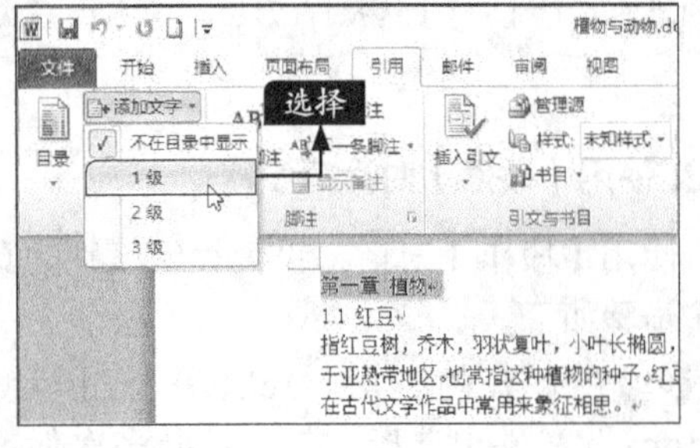

小提示

在Word 2010中设置大纲级别可以在设置大纲级别的文本位置折叠正文或低级级别的文本，还可以将级别显示在【导航窗格】中便于定位，最重要的是便于提取目录。

步骤02 将光标定位在“1.1 红豆”段落任意位置，单击【引用】选项卡下【目录】选项组中的【添加文字】按钮，在弹出的下拉列表中选择【2级】选项。

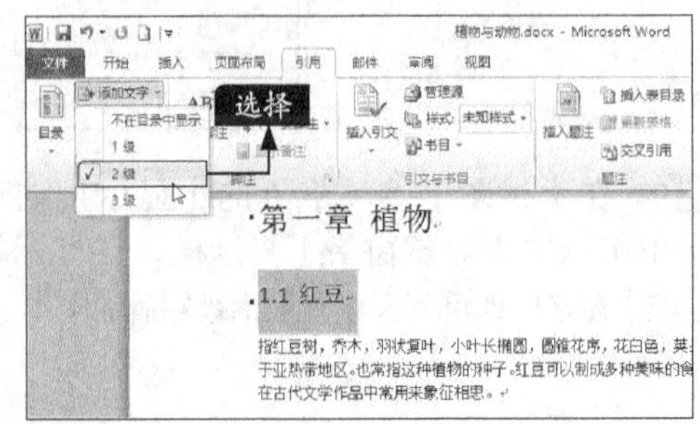

步骤03 使用【格式刷】快速设置其他标题级别。

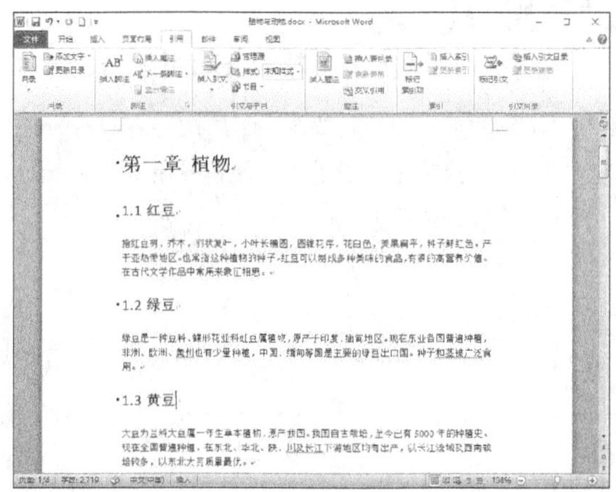

步骤04 为文档插入页码，然后将光标移至“第一章”文字前面，按【Ctrl+Enter】组合键插入空白页，然后将光标定位在第1页中，单击【引用】选项卡下【目录】选项组中的【目录】按钮，在弹出的下拉列表中选择【插入目录】选项。

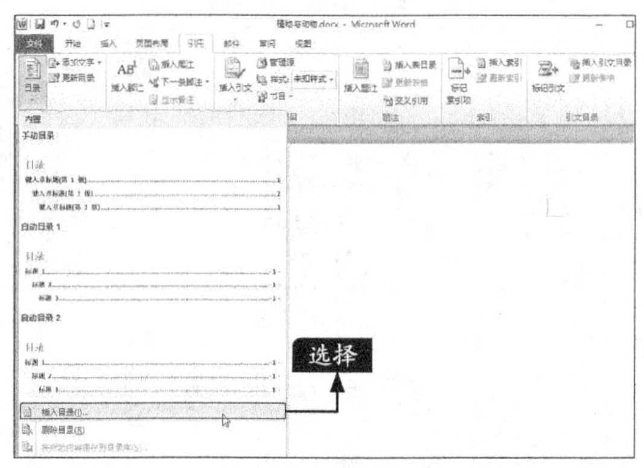

小提示

单击【目录】按钮，在弹出的下拉列表中单击目录样式可快速添加目录至文档中。

步骤05 在弹出的【目录】对话框中，选择【格式】下拉列表中的【正式】选项，在【显示级别】微调框中输入或者选择显示级别为“2”，在预览区域可以看到设置后的效果。

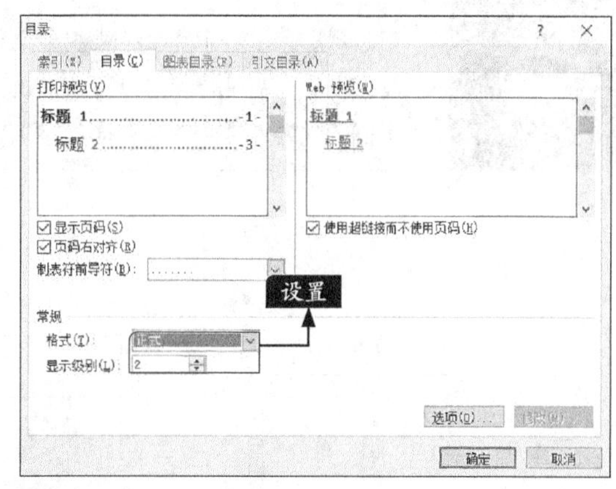

步骤06 各选项设置完成后单击【确定】按钮，此时就会在指定的位置建立目录。

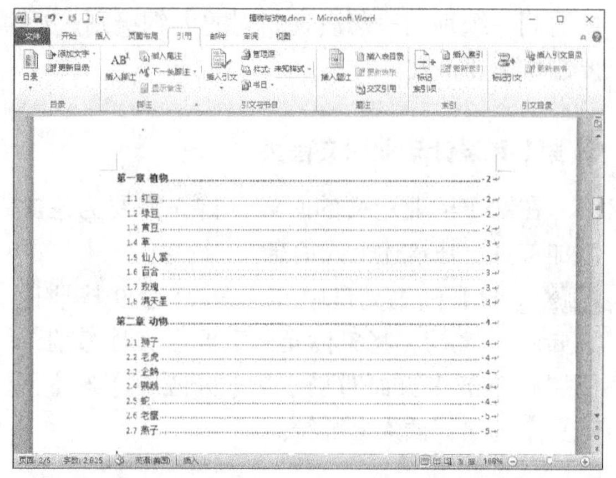

小提示

提取目录时，Word会自动将插入的页码显示在标题后。在建立目录后，还可以利用目录快速地查找文档中的内容。将鼠标指针移动到目录中要查看的内容上，按下【Ctrl】键，鼠标指针就会变为形状，单击鼠标即可跳转到文档中的相应标题处。

9.8 综合实战——排版毕业论文

本节教学录像时间：13 分钟

设计毕业论文时需要注意的是文档中同一类别的文本的格式要统一，层次要有明显的区分，要对同一级别的段落设置相同的大纲级别，还需要将单独显示的页面单独显示，如下图即为常见论文结构，也可以通过本节学习，掌握论文的排版方法。

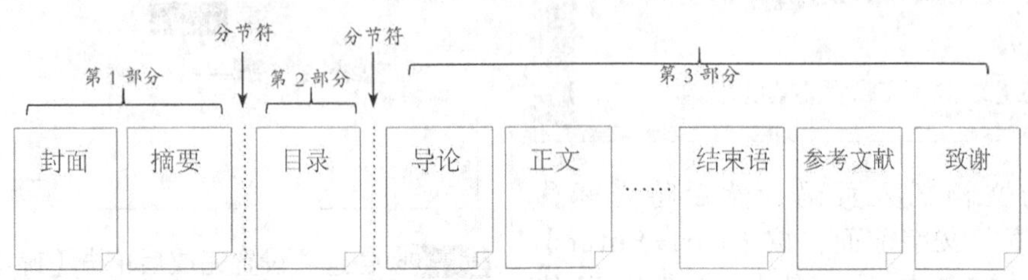

设计毕业论文时需要注意的是文档中同一类别的文本的格式要统一，层次要有明显的区分，要对同一级别的段落设置相同的大纲级别。还需要将需要单独显示的页面单独显示，本节根据需要制作毕业论文。

第1步 设计毕业论文首页

在制作毕业论文的时候，首先需要为论文添加首页，来描述个人信息。

步骤 01 打开随书光盘中的“素材\ch09\毕业论文.docx”文档，将鼠标光标定位至文档最前的位置，单击【页面布局】➤【分隔符】➤【下一页】选项，插入分节符。

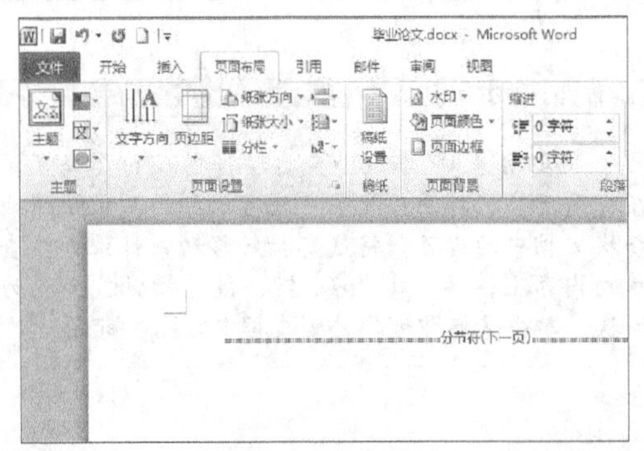

步骤 02 选择新创建的空白页，在其中输入学校信息、个人介绍信息和指导教师名称等信息。

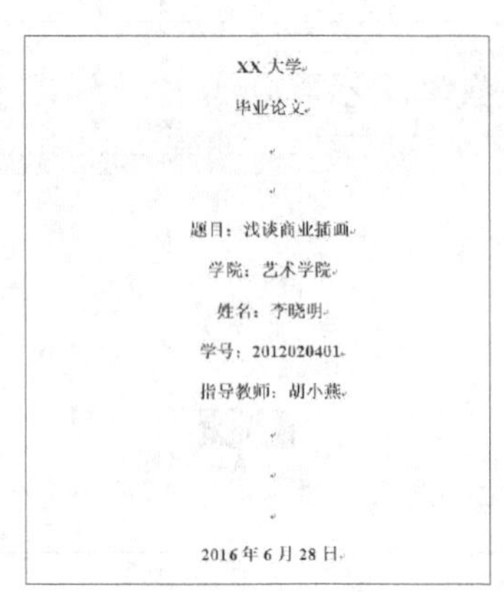

步骤 03 分别选择不同的信息，并根据需要为不同的信息设置不同的格式，使所有的信息占满论文首页。

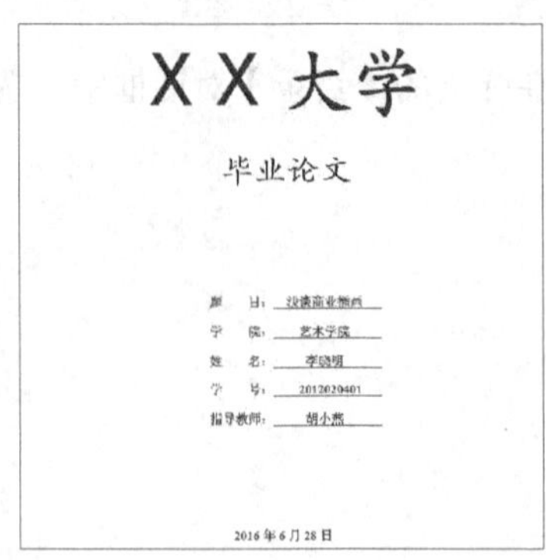

第2步 设计毕业论文格式

在撰写毕业论文的时候，学校会统一毕业论文的格式，需要根据提供的格式统一样式。

步骤01 选中需要应用样式的文本，或者将插入符移至需要应用样式的段落内的任意一个位置，然后在【开始】选项卡的【样式】组中对话框启动器，弹出【样式】窗格。

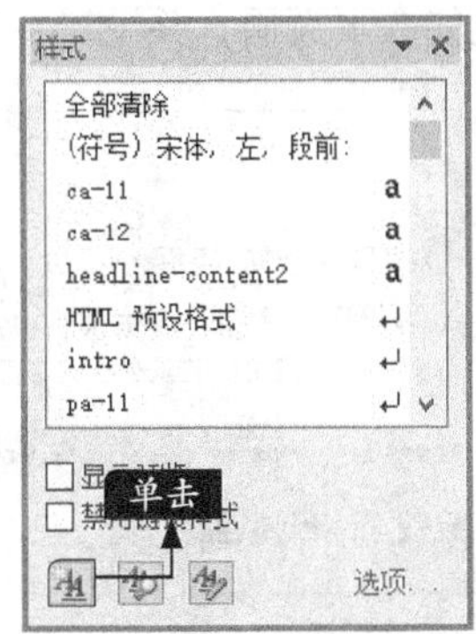

步骤02 单击【新建样式】按钮，弹出【根据格式设置创建新样式】窗口，在【名称】文本框中输入新建样式的名称，例如输入“论文标题1”，在【属性】区域分别根据需求设置字体样式，单击【格式】按钮，打开【段落】对话框，将大纲级别设置为【1级】，段前和段后间距设置为“0.5行”，然后单击【确定】按钮，返回【根据格式设置创建新样式】对话框，在中间区域浏览效果，单击【确定】按钮。

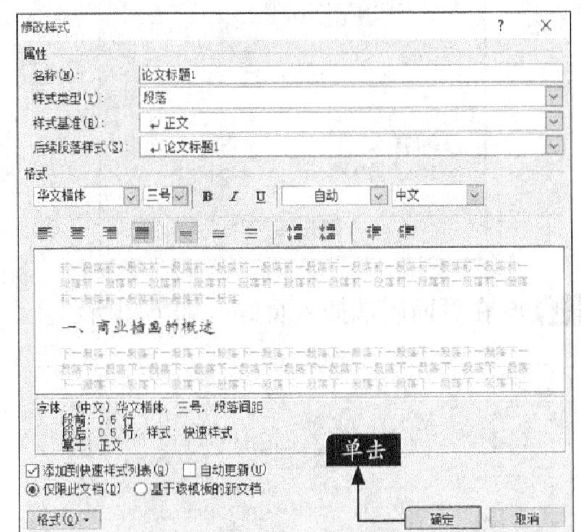

步骤03 在【样式】窗格中可以看到创建的新样式，在文档中显示设置后的效果。

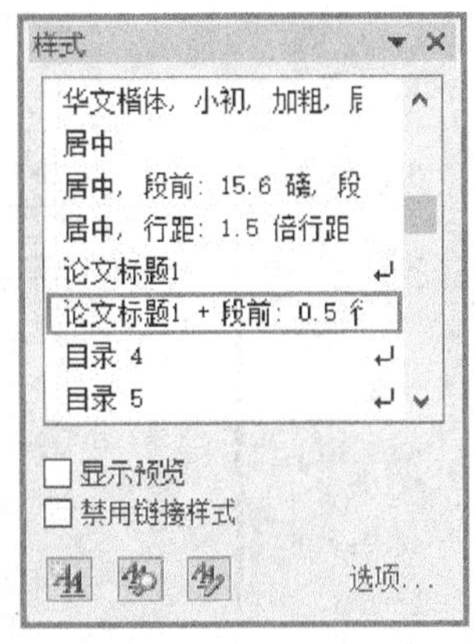

步骤04 选择其他需要应用该样式的段落，单击【样式】窗格中的【论文标题1】样式，即可将该样式应用到新选择的段落。

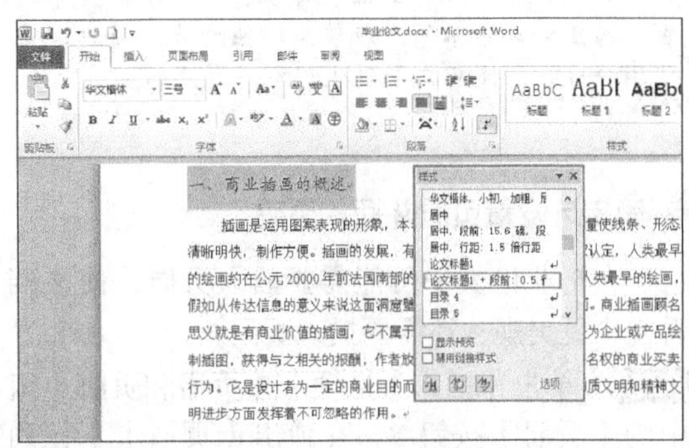

步骤05 使用同样的方法设置并应用正文样式和3级标题样式。最终效果如下图所示。

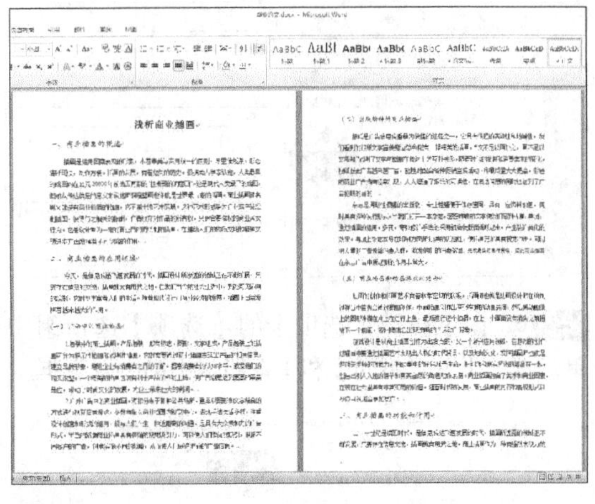

步骤06 分别为前言、摘要页面插入【下一页】分节符，使其内容作为单独的节，如下图所示。

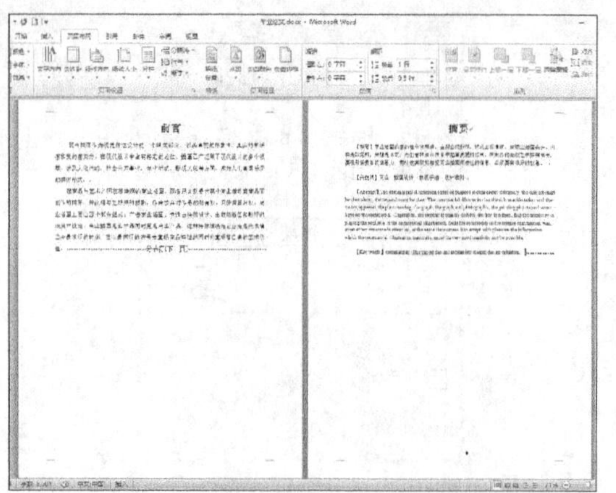

小提示

在论文排版中，封面、目录、前言、摘要等的页码与正文部分不同，应作为单独的节；因此需要使用分节符，使正文页码从新的一页开始。

第3步 设置页眉并插入页码

在毕业论文中可能需要插入页眉，使文档看起来更美观，还需要插入页码。

步骤01 单击【插入】选项卡【页眉和页脚】组中的【页眉】按钮，在弹出【页眉】下拉列表中选择【空白】页眉样式。

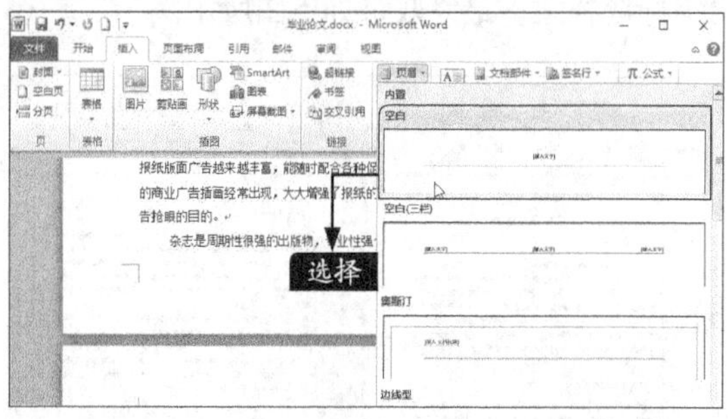

步骤02 在【设计】选项卡的【选项】选项组中单击选中【首页不同】和【奇偶页不同】复选框。

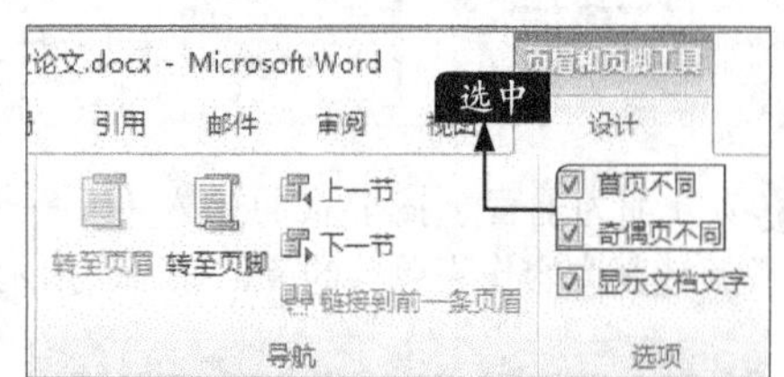

步骤03 在奇数页页眉中输入内容，并根据需要设置字体样式。

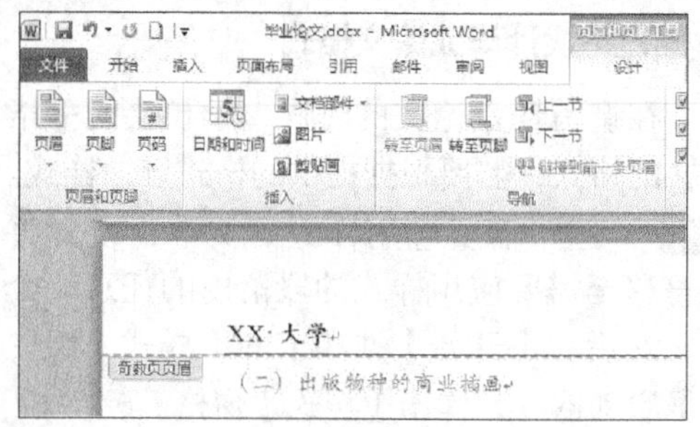

步骤04 创建偶数页页眉，并设置字体样式。

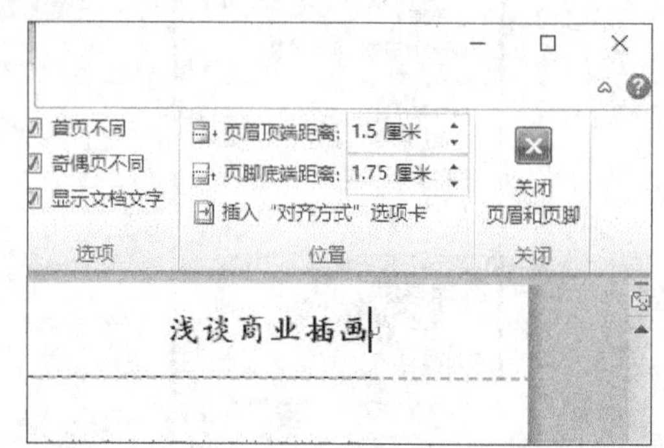

步骤05 单击【设计】选项卡下【页眉和页脚】选项组中的【页码】按钮，在弹出的下拉列表中选择【设置页码格式】选项，打开【页码格式】对话框，设置【编号格式】和【起始页码】，并单击【确定】按钮。

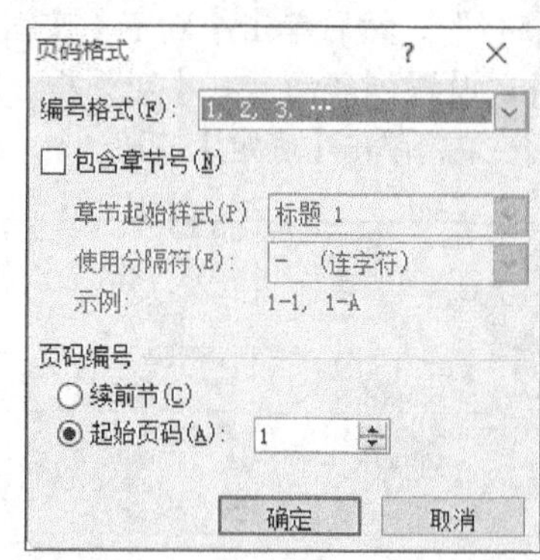

步骤06 在页面底端插入页码，如下图所示。

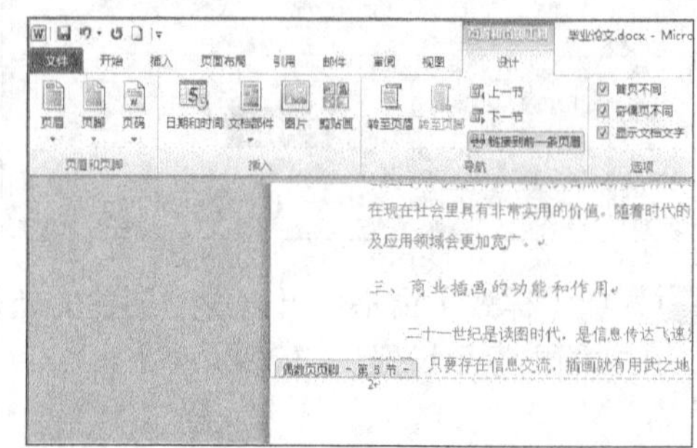

第4步 提取目录

格式设置完后，即可提取目录，具体步骤如下。

步骤01 将鼠标光标定位至文档第2页面最前的位置，插入一个【下一页】分节符，添加一个空白页，在空白页中输入“目录”文本，并根据需要设置字头样式。

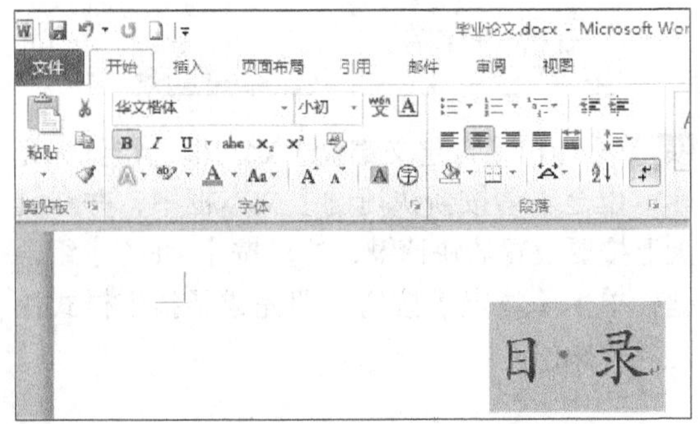

步骤02 单击【引用】选项卡的【目录】组中的【目录】按钮，在弹出的下拉列表中选择【插入目录】选项。

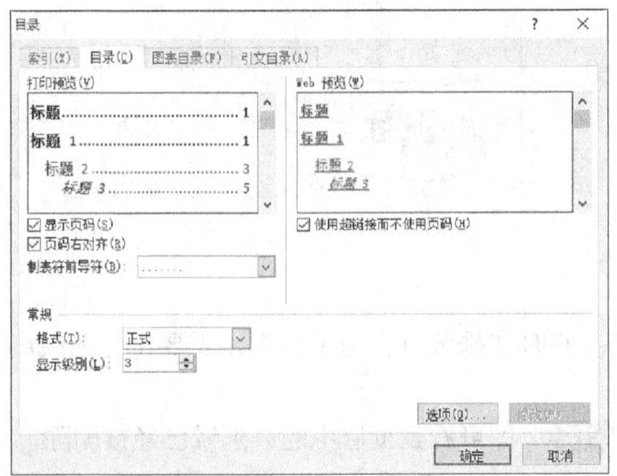

步骤03 在弹出的【目录】对话框中，在【格式】下拉列表中选择【正式】选项，在【显示级别】微调框中输入或者选择显示级别为“3”，在预览区域可以看到设置后的效果,各选项设置完成后单击【确定】按钮。

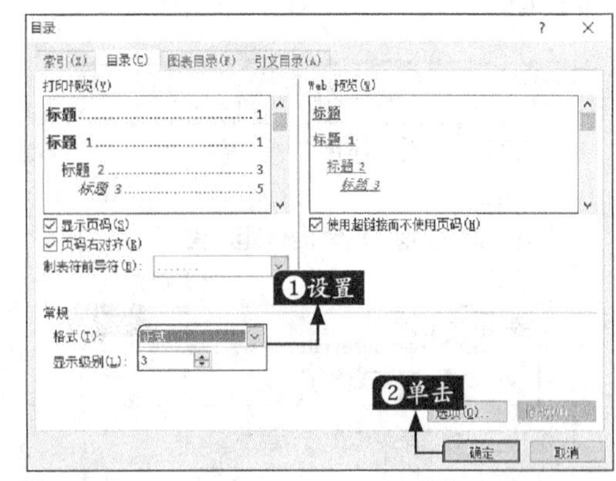

步骤04 此时就会在指定的位置建立目录。

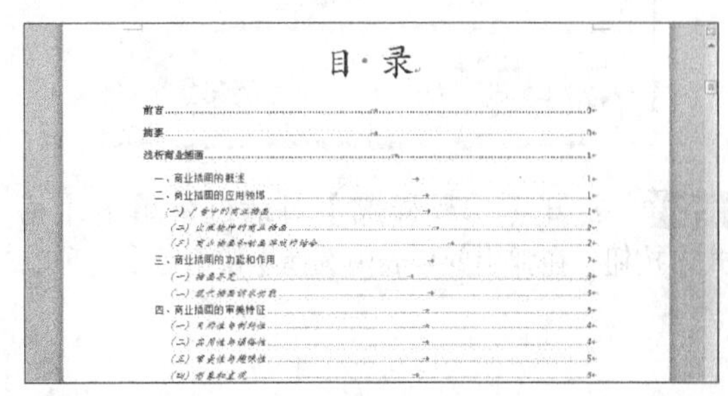

步骤05 根据需要，设置目录字体大小和段落间距，至此就完成了毕业论文的排版。

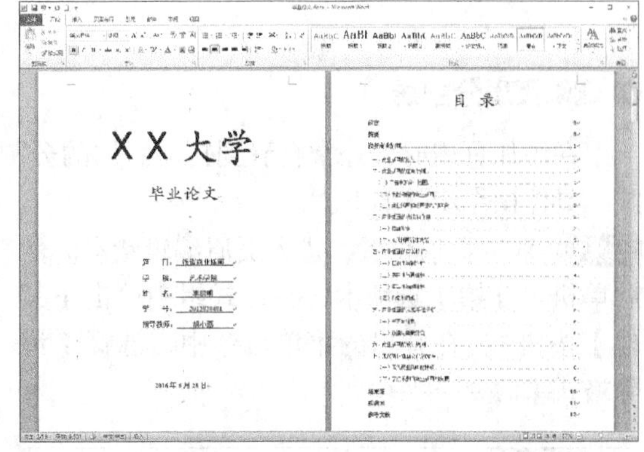

高手支招

本节教学录像时间：3 分钟

指定样式的快捷键

在创建样式时，可以为样式指定快捷键，只选择需要应用样式的段落并按快捷键即可应用样式。

步骤 01 在【样式】窗格中，右键单击要指定快捷键的样式，在弹出的下拉列表中选择【修改样式】选项。

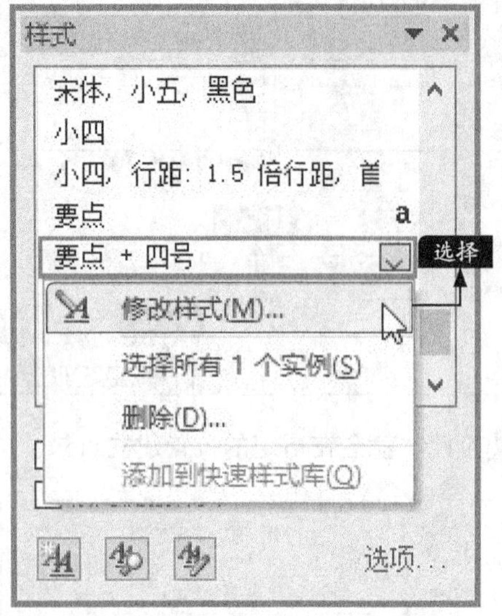

步骤 02 打开【修改样式】对话框，单击【格式】按钮，在弹出的列表中选择【快捷键】选项。

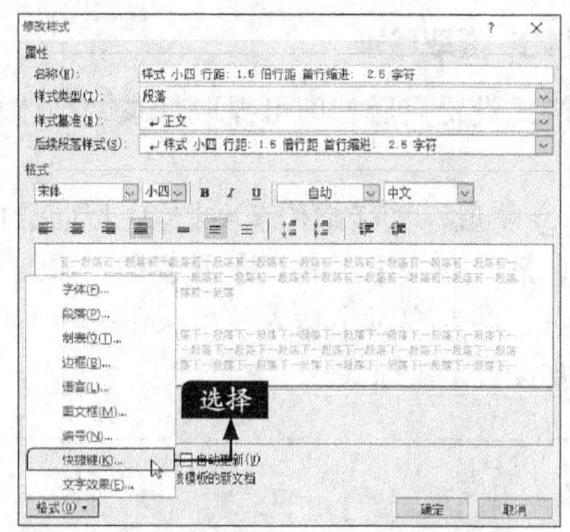

步骤 03 弹出【自定义键盘】对话框，将鼠标光标定位至【请按新快捷键】文本框中，并在键盘上按要设置的快捷键，这里按【Alt+C】组合键，单击【指定】按钮。即完成了指定样式快捷键的操作。

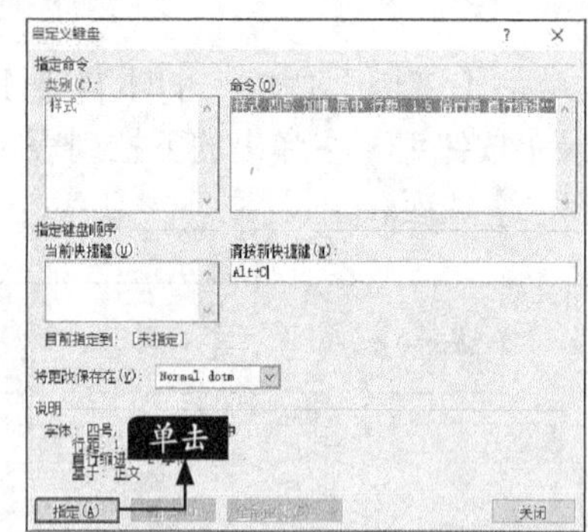

删除页眉分割线

在添加页眉时，经常会看到自动添加的分割线，有时在排版时，为了美观，需要将分割线删除。具体操作步骤如下。

步骤 01 双击页眉位置，进入页眉编辑状态。然后单机【开始】选项卡，在样式组中单击【其他】按钮，在弹出的菜单命令中，选择【清除格式】命令。

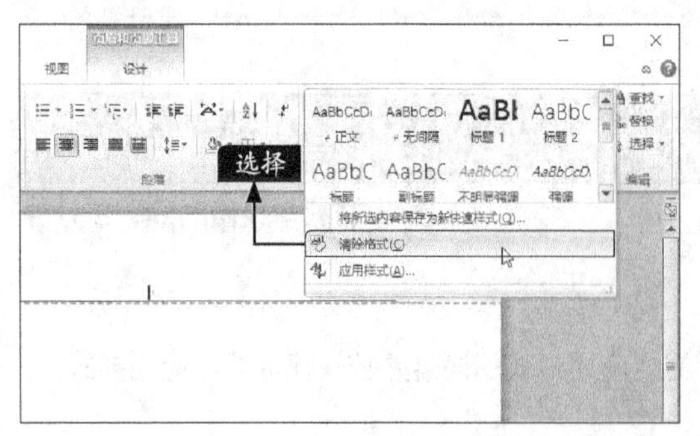

步骤 02 即可看到页眉中的分割线已经被删除。

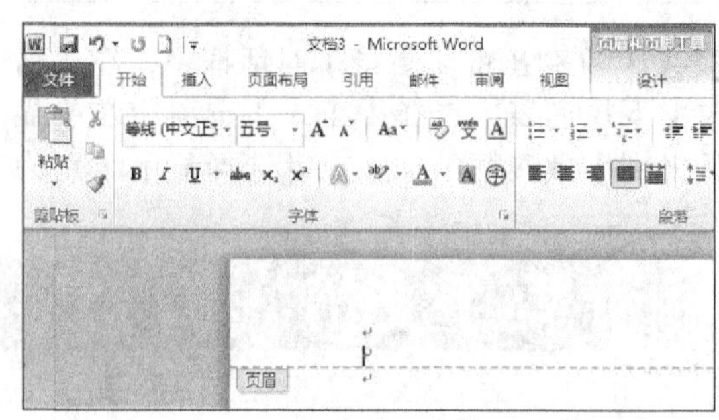

第10章 检查和审阅文档

使用Word编辑文档之后，通过审阅功能，才能递交出专业的文档。利用Word提供的各种视图，可以更有效地完成格式设置等操作。本章主要介绍批注、修订、错误处理等审阅文档的操作。最后通过结合实战演练内容，充分展示Word在审阅文档方面的强大功能。

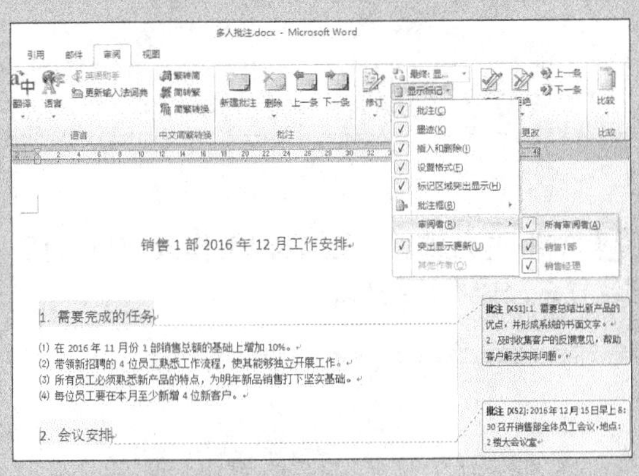

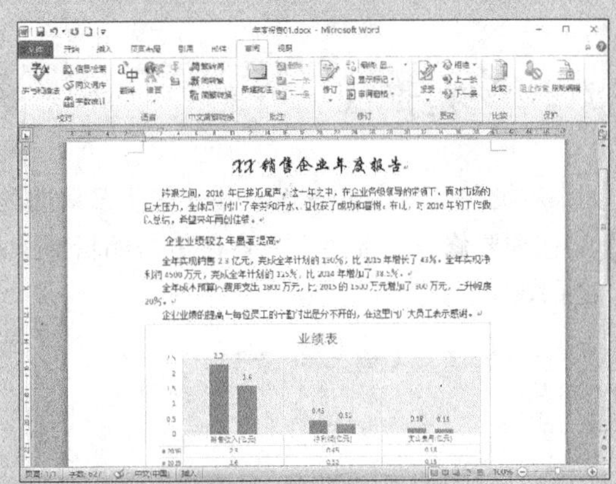

10.1 批注

本节教学录像时间：5 分钟

批注是文档的审阅者为文档添加的注释、说明、建议、意见等信息。在把文档分发给审阅者前设置文档保护，可以使审阅者只能添加批注而不能对文档正文进行修改，利用批注可以方便工作组的成员之间的交流。

10.1.1 添加批注

批注也是对文档的特殊说明，添加批注的对象可以是文本、表格或图片等文档内的所有内容。批注的文本将以有颜色的括号将批注的内容括起来，背景色也将变为相同的颜色。默认情况下，批注显示在文档页边距外的标记区，批注与被批注的文本使用与批注相同颜色的虚线连接。添加批注的具体操作步骤如下。

步骤 01 打开随书光盘中的“素材\ch10\批注.docx”文档，在文档中选择要添加批注的文字，单击【审阅】选项卡下【批注】组中的【新建批注】按钮 。

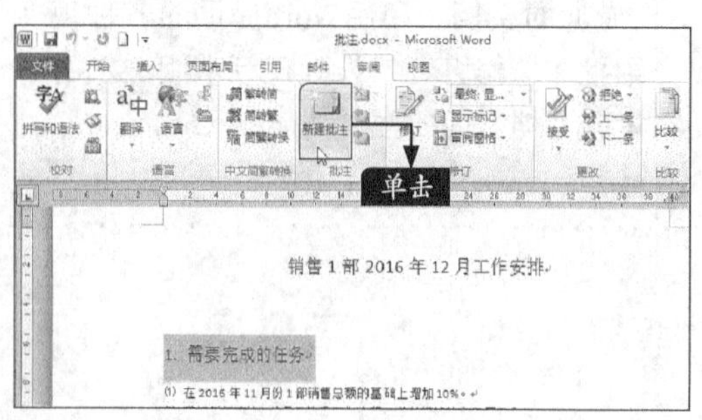

步骤 02 在后方的批注框中输入批注的内容即可。

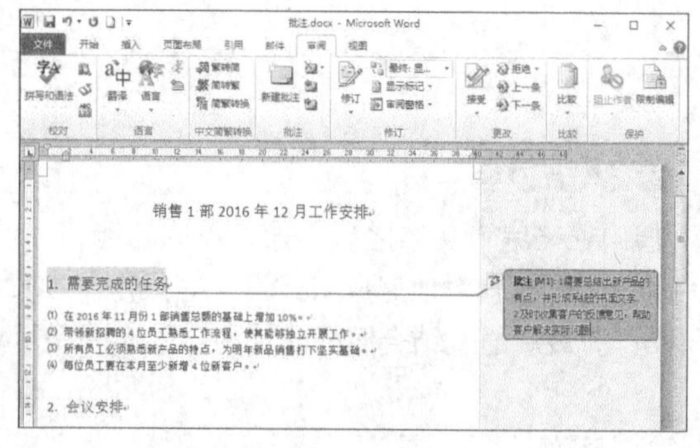

小提示

选择要添加批注的文本并单击鼠标右键，在弹出的快捷菜单中选择【新建批注】选项也可以快速添加批注。此外，还可以将【插入批注】按钮添加至快速访问工具栏。

10.1.2 编辑批注

如果对批注的内容不满意，可以重新编辑批注。

步骤 01 在需要修改的批注上，直接单击编辑即可，如下图所示。

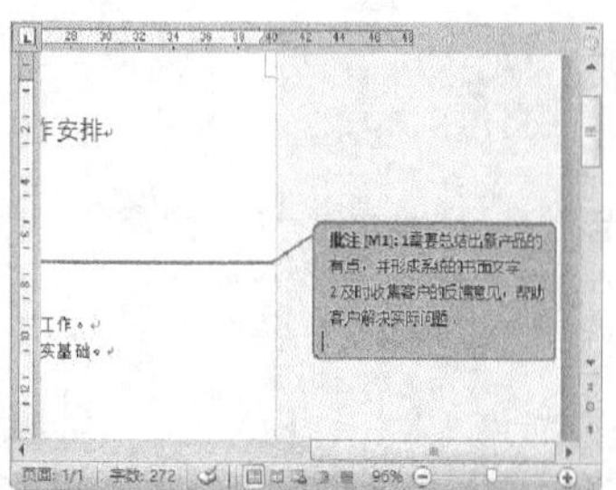

步骤 02 编辑完成后，在Word工作区域单击任意位置，完成批注编辑。

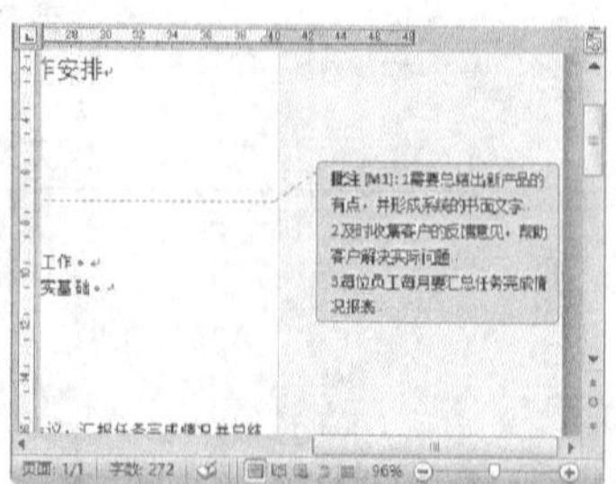

10.1.3 查看不同审阅者的批注

在查看批注时，用户可以查看所有审阅者的批注，也可以根据需要分别查看不同审阅者的批注。

步骤 01 打开随书光盘中的“素材\ch10\多人批注.docx”文档，单击【审阅】选项卡下【修订】组中的【显示标记】按钮 显示标记，在弹出的快捷菜单中选择【审阅者】命令。此时可以看到在【审阅者】命令的下一级菜单中选中了所有审阅者。

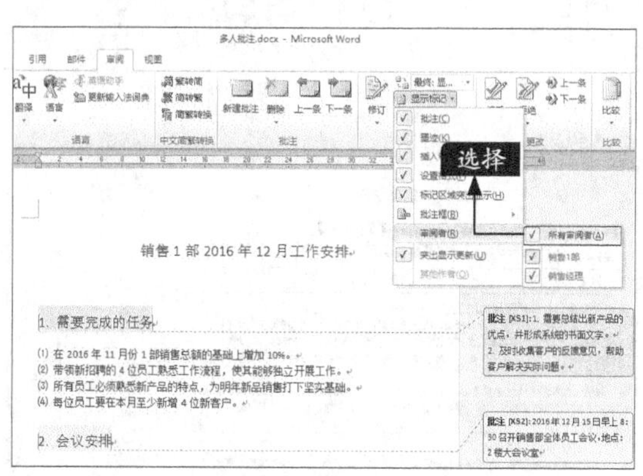

步骤 02 撤销选中【销售1部】前的复选框，即可将【销售1部】的批注全部隐藏。这样用户就可以根据自己的需要查看不同审阅者的批注了。

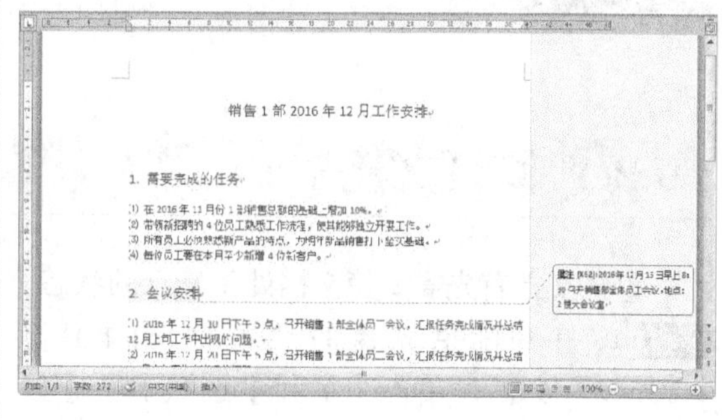

10.1.4 删除批注

当不需要文档中的批注时，用户可以将其删除，删除批注常用的方法有两种。

1.使用【删除】按钮

选择要删除的批注，此时【审阅】选项卡下【批注】组的【删除】按钮处于可用状态，单击该按钮即可将选中的批注删除。

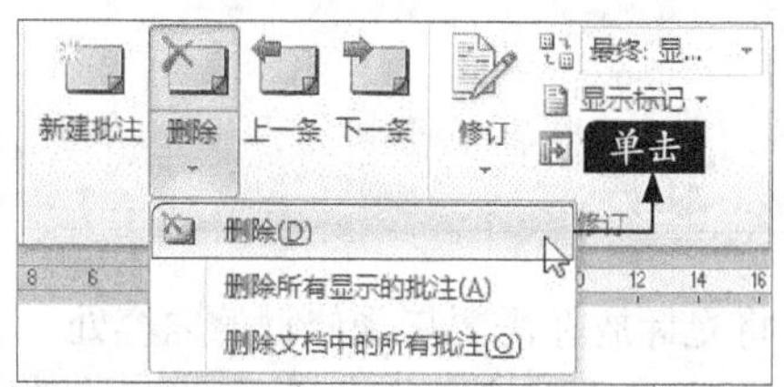

> **小提示**
>
> 在弹出的下拉列表中，选择【删除文档中的所有批注】选项，可以将文档中的所有批注删除。

2. 使用快捷菜单命令

在需要删除的批注或批注文本上单击鼠标右键，在弹出的快捷菜单中选择【删除批注】菜单命令也可删除选中的批注。

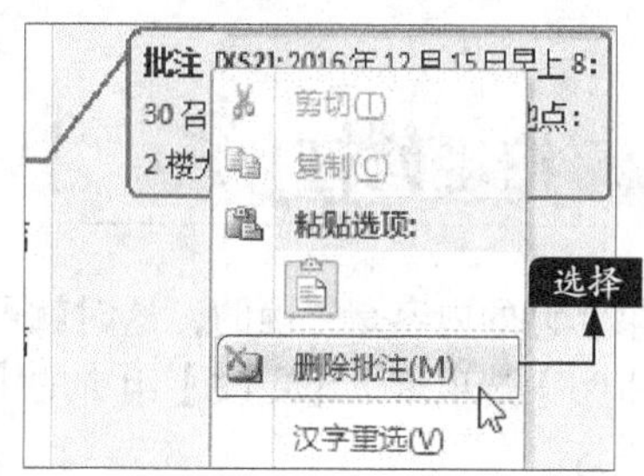

10.2 修订

本节教学录像时间：4 分钟

修订是显示文档中所做的诸如删除、插入或其他编辑更改的标记。启用修订功能，审阅者的每一次插入、删除或是格式更改都会被标记出来。这样能够让文档作者跟踪多位审阅者对文档所做的修改，并接受或者拒绝这些修订。

10.2.1 修订文档

修订文档首先需要使文档处于修订的状态。

步骤 01 打开随书光盘的“素材\ch10\修订.docx”文档，单击【审阅】选项卡下【修订】组中的【修订】按钮，即可使文档处于修订状态。

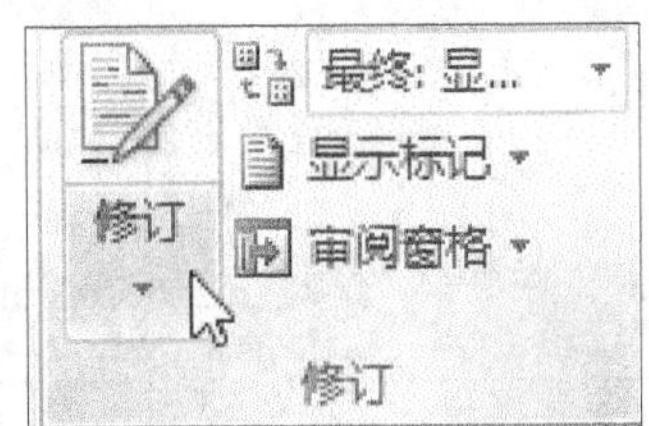

> **小提示**
>
> 按【Ctrl+Shift+E】组合键，可以快速将文档设置为修订状态。

步骤 02 此后，对文档所做的所有修改将会被记录下来。

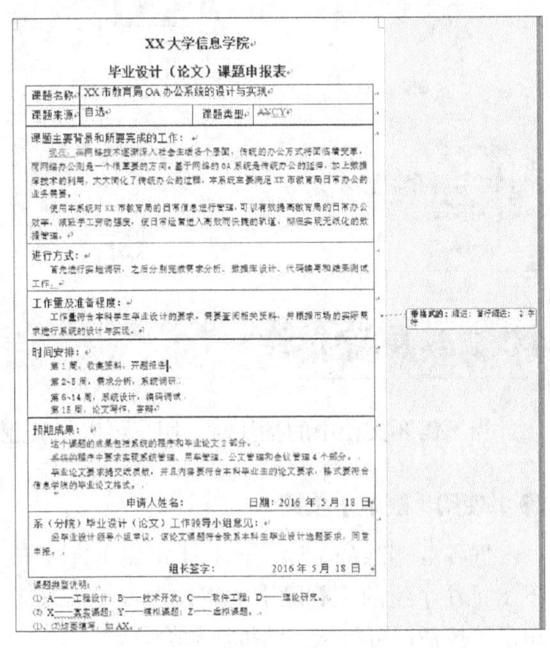

10.2.2 接受修订

如果修订的内容是正确的，这时就可以接受修订。将光标放在需要接受修订的内容处，然后单击【审阅】选项卡下【更改】组中的【接受】按钮，即可接受文档中的修订。此时系统将选中下一条修订。

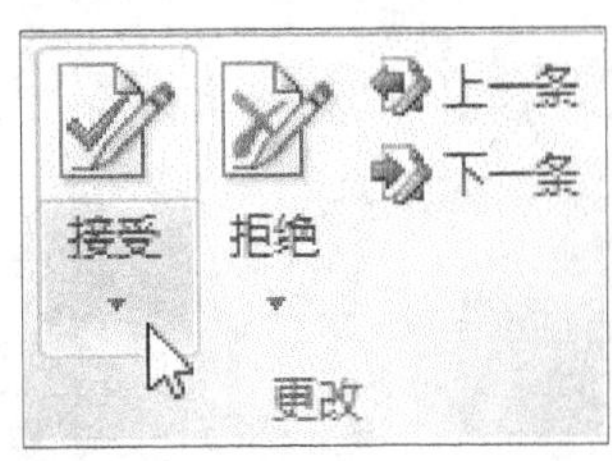

> **小提示**
>
> 将光标放在需要接受修订的内容处，然后单击鼠标右键，在弹出的快捷菜单中选择【接受修订】命令，也可接受文档中的修订。

10.2.3 接受所有修订

如果所有修订都是正确的，需要全部接受，可以使用【接受所有修订】命令。单击【审阅】选项卡下【更改】组中的【接受】按钮下方的下拉按钮，在弹出的下拉列表中选择【接受对文档的所有修订】命令，即可接受所有修订。

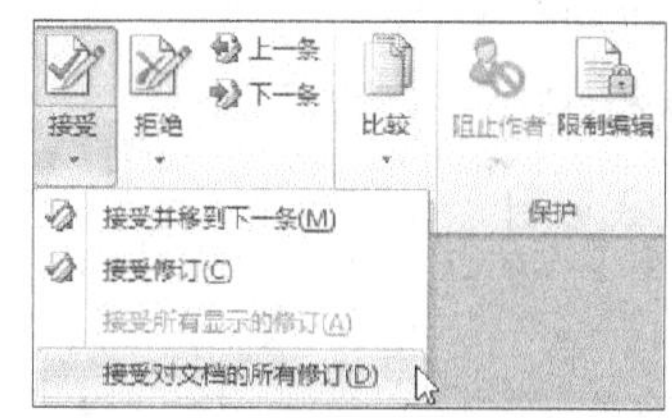

10.2.4 拒绝修订

如果要拒绝修订，可以将光标放在需要删除修订的内容处，单击【审阅】选项卡下【更改】组中的【拒绝】按钮下方的下拉按钮，在弹出的下拉列表中选择【拒绝并移到下一条】命令，此时系统将选中下一条修订。

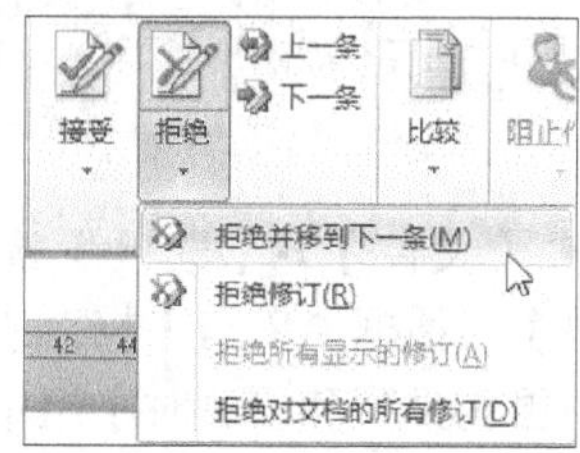

10.2.5 拒绝所有修订

单击【审阅】选项卡下【更改】组中【拒绝】按钮下方的下拉按钮，在弹出的快捷菜单中选择【拒绝对文档的所有修订】命令，即可删除文档中的所有修订。

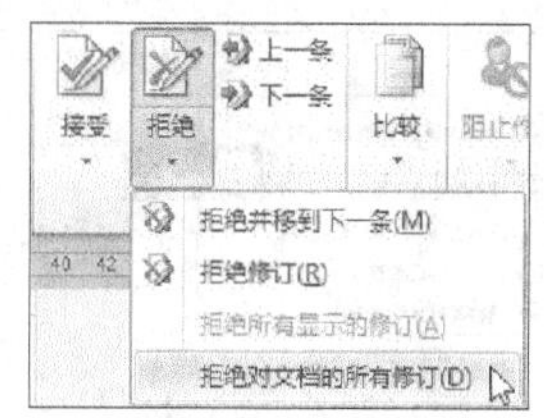

10.3 对文档的错误处理

本节教学录像时间：6 分钟

Word 2010提供了强大的错误处理功能，包括检查拼写和语法、自动处理错误和自动更改字母大小写等，使用这些功能，用户可以减少文档中的各类错误。

10.3.1 自动拼写和语法检查

使用拼写和语法检查功能，可以减少文档中的单词拼写错误以及中文语法错误。

1. 开启检查拼写和校对语法

如果无意中输入了错误的文本，开启检查拼写和校对语法功能之后，Word 2010就会在错误部分下用红色或绿色的波浪线进行标记。

步骤 01 打开随书光盘中的“素材\ch10\错误处理.docx”文档，其中包含了几处错误。

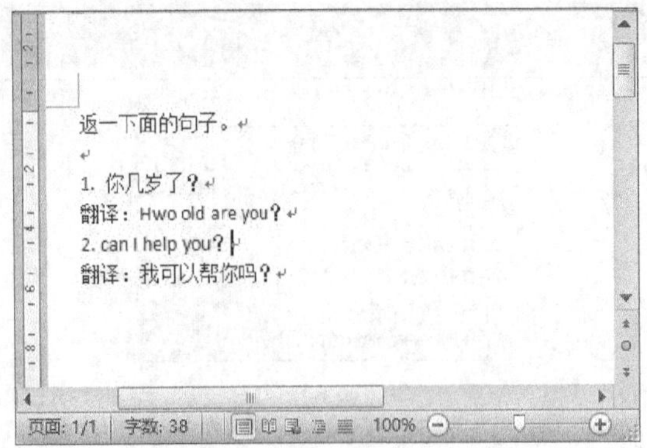

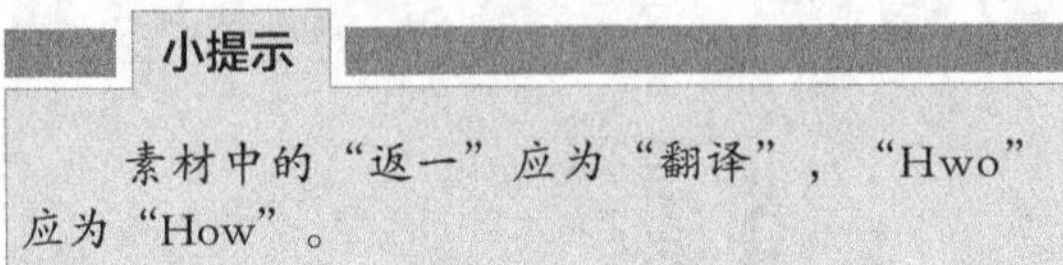

素材中的“返一”应为“翻译”，“Hwo”应为“How”。

步骤 02 单击【文件】➤【选项】选项，打开【Word选项】对话框。单击【校对】标签，在【在Word中更正拼写和语法时】组中，确保已选中【键入时检查拼写】、【使用上下文拼写检查】、【键入时标记语法错误】和【随拼写检查语法】复选框。

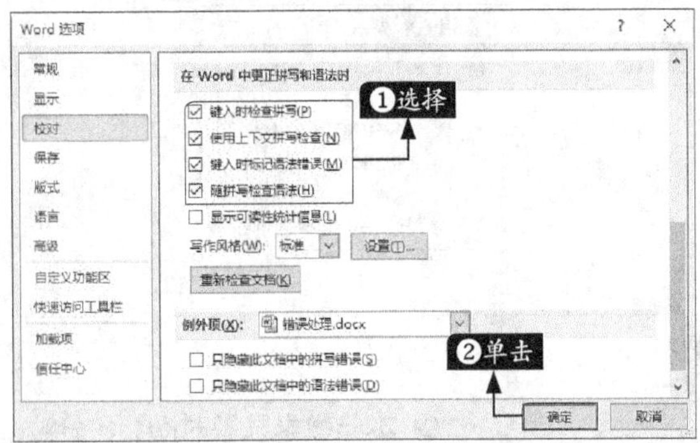

步骤 03 单击【确定】按钮，在文档中就可以看到在错误位置标示的提示波浪线。

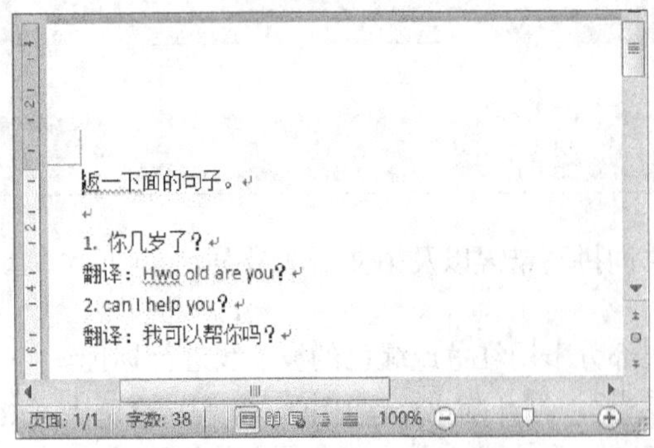

2. 检查拼写和校对语法功能使用

检查出错误后，可以忽略错误或者更正错误。

步骤 01 在打开的“错误处理.docx”文档中，单击【审阅】选项卡【校对】组中的【拼写和语法】按钮或按【F7】键，可打开【拼写和语法】对话框。

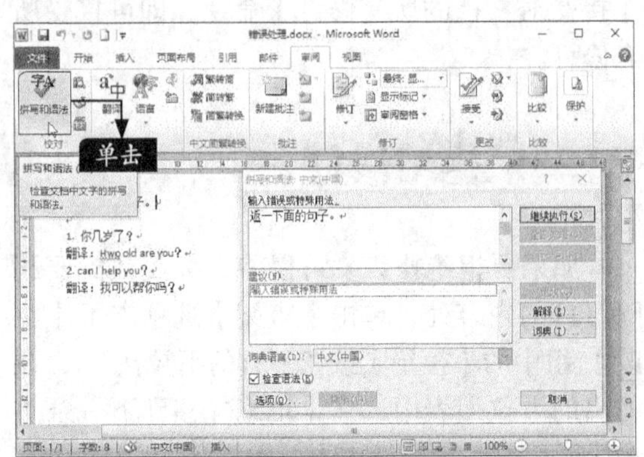

步骤 02 单击【忽略一次】按钮，下方的绿色波浪线将会消失，并弹出【Microsoft Word】对话框，单击【是】按钮，检查文档的其余部分。

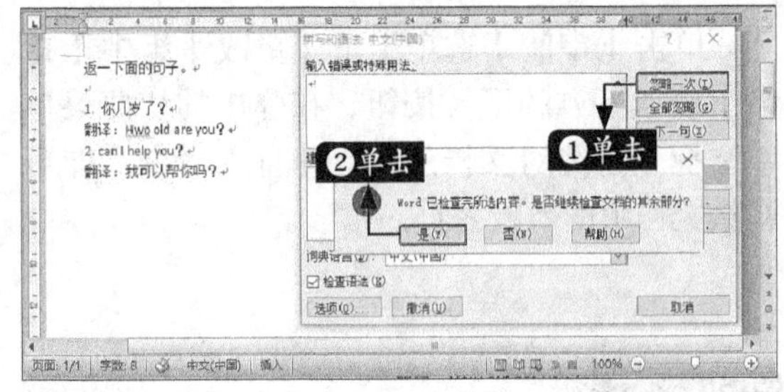

步骤 03 此时，如有错误，则显示下一个拼写错误，在列表框中选择正确的单词，单击【更改】按钮。

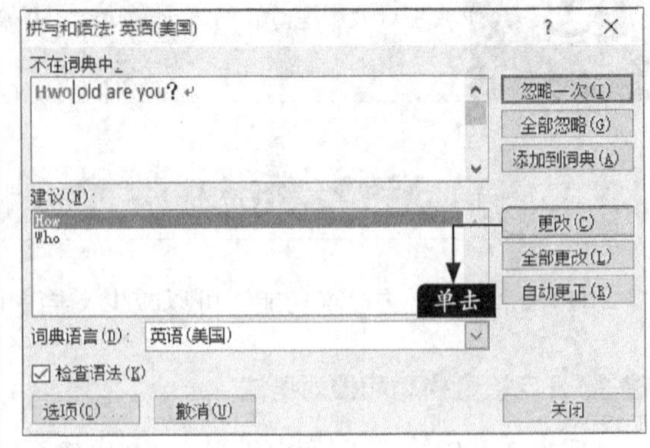

小提示

在拼写错误的单词上单击鼠标右键，在弹出的快捷菜单项部会提示拼写正确的单词，选择正确的单词替换错误的单词后，错误单词下方的红色波浪线就会消失。

步骤 04 将会替换错误的单词。

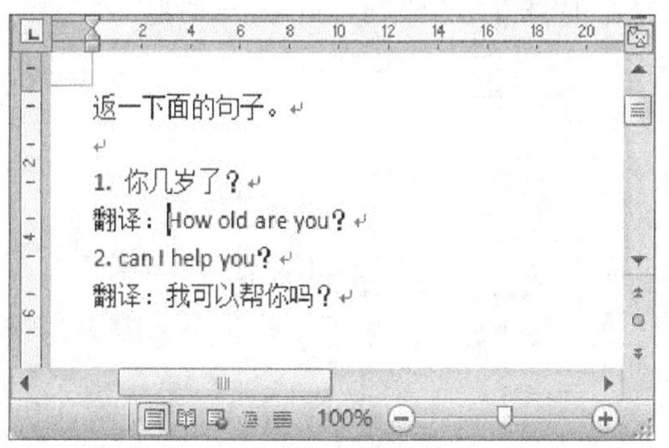

小提示

完成拼写和语法检查后，会出现信息提示对话框，单击【确定】按钮即可。

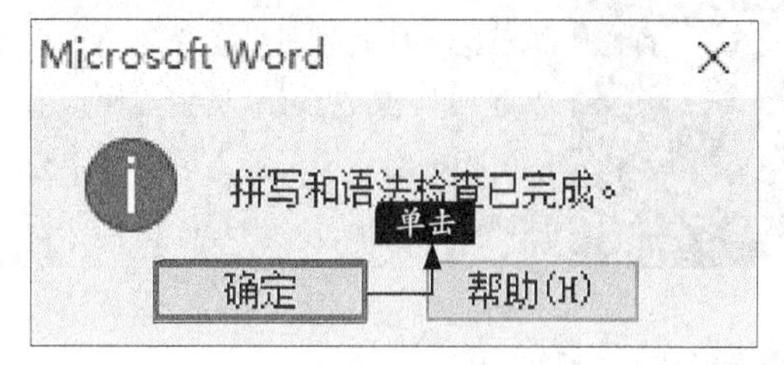

10.3.2 使用自动更正功能

使用自动更正功能可以检查和更正错误的输入。例如，输入“hwo”和一个空格，则会自动更正为“how”。如果用户键入“hwo are you”，则自动更正为“how are you”。

步骤 01 单击【文件】➤【选项】选项，打开【Word选项】对话框。选中【校对】选项，在自动更正选项组下单击【自动更正选项】按钮。

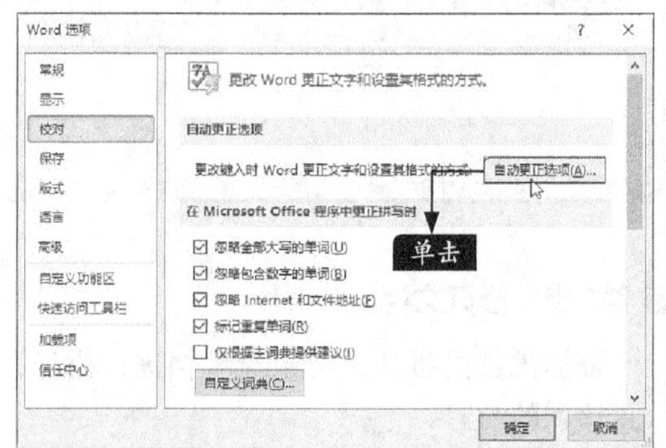

步骤 02 弹出【自动更正】对话框，在【自动更正】对话框中可以设置自动更正、数学符号自动更正、键入时自动套用格式、自动套用格式和操作等。

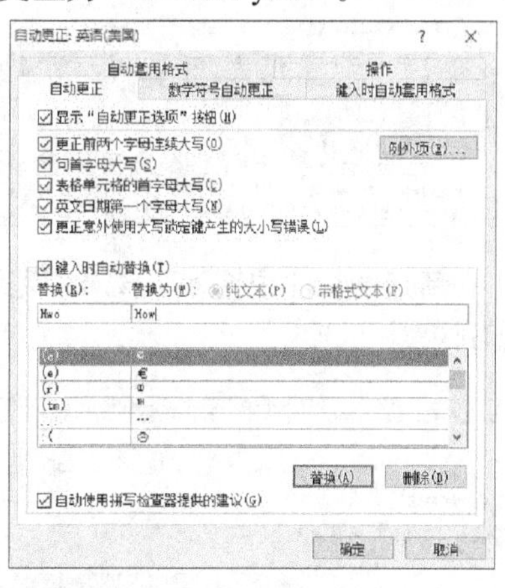

步骤 03 设置完成后单击【确定】按钮返回【Word 选项】对话框，再次单击【确定】按钮返回到文档编辑模式。此时，键入“hwo are you”，则自动更正为“How are you”。

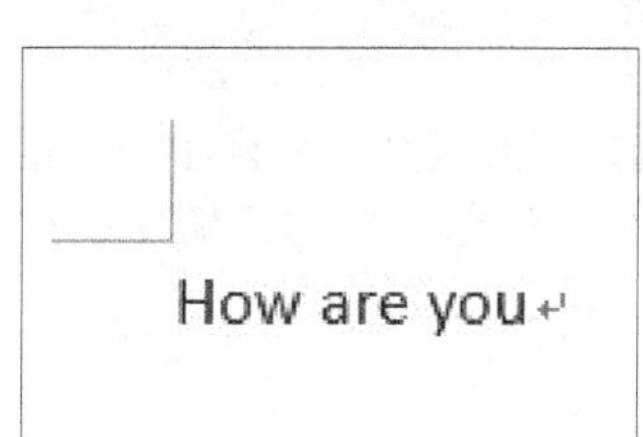

10.4 综合实战——递交准确的年度报告

本节教学录像时间：5 分钟

年度报告是整个公司会计年度的财务报告及其他相关文件，也可以是公司一年历程的简单总结，如向公司员工介绍公司一年的经营状况、举办的活动、制度的改革以及企业的文化发展等内容，以激发员工工作热情、增进员工与领导之间的交流、利于公司的良性发展为目的。根据实际情况的不同，每个公司年度报告也不相同，但是对于年度报告的制作者来说，递交的年度报告必须是准确无误的。

第1步：批注文档

通过批注文档，可以让作者根据批注内容修改文档。

步骤 01 选择"完善制度，改善管理"文本，单击【审阅】选项卡【批注】选项组中的【新建批注】按钮。

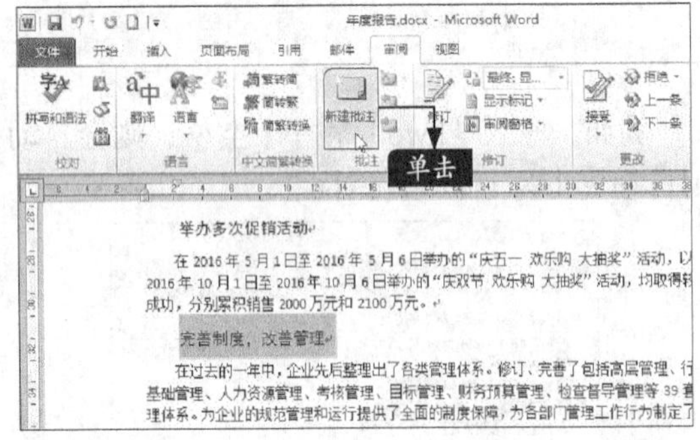

步骤 02 在新建的批注中输入"核对管理体系内容是否有误？"文本。

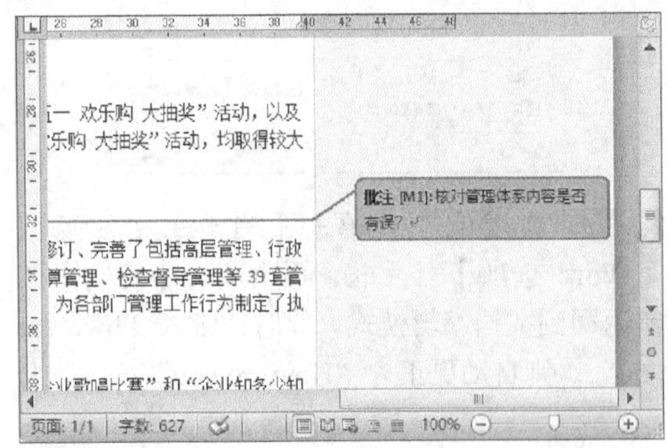

步骤 03 选择"开展企业文化活动，推动培训机制，稳定员工队伍"文本，新建批注，并添加批注内容"此处格式不正确。"

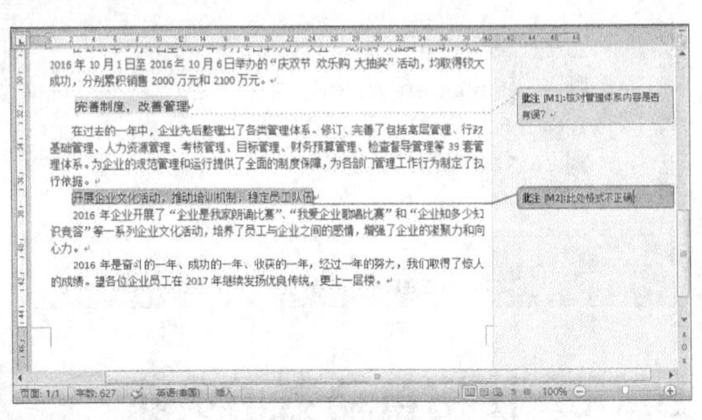

步骤 04 根据需要为其他存在错误的地方添加批注，最终结果如下图所示。

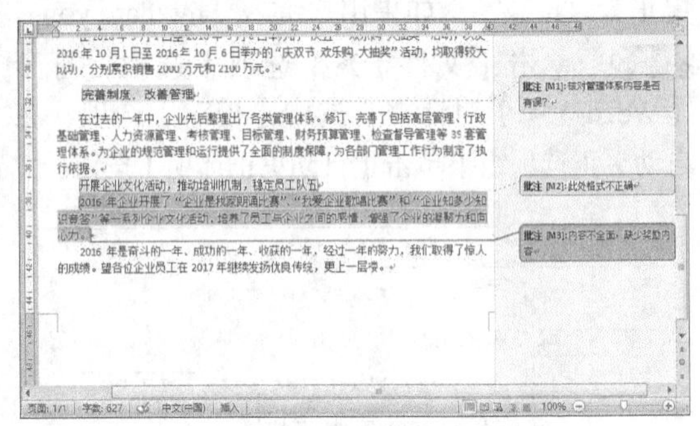

第2步：修订文档

根据添加的批注，可以对文档进行修订，改正错误的内容。

步骤 01 单击【审阅】选项卡下【修订】组中的【修订】按钮，使文档处于修订状态。

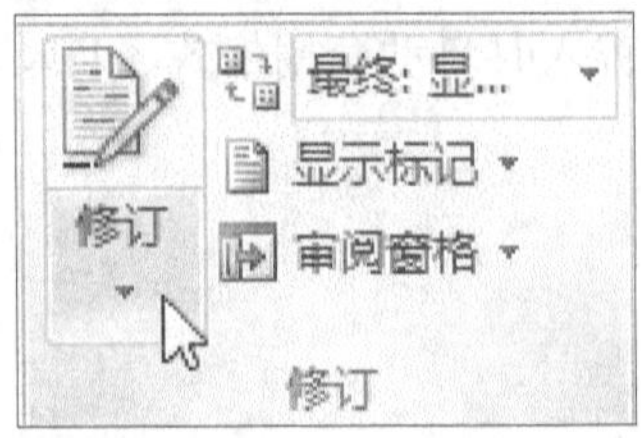

步骤 02 根据批注内容"核对管理体系内容是否

有误？”，检查输入的管理体系内容，发现错误，则需要改正。这里将其下方第2行中的“目标管理”改为“后勤管理”。删除“目标”2个字符并输入“后勤”。

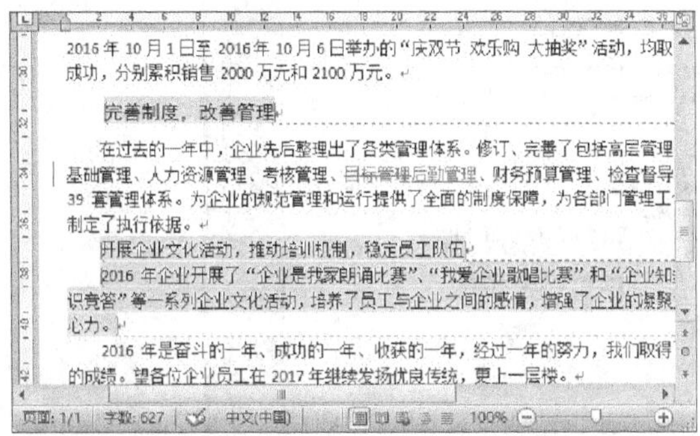

步骤03 拖曳鼠标选中“举办多次促销活动”文本，单击【开始】选项卡下【剪贴板】组中的【格式刷】按钮 格式刷，复制其格式。

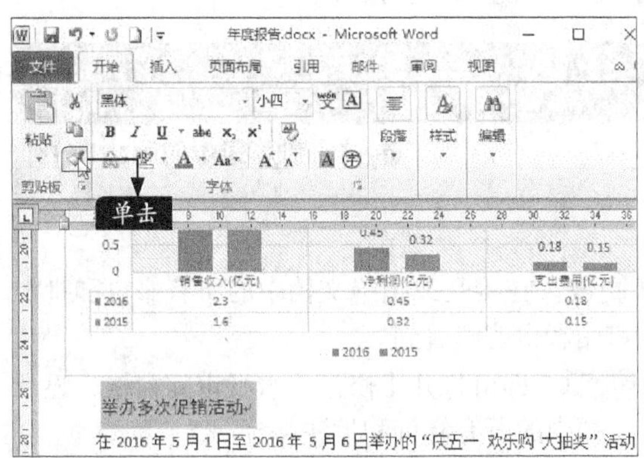

步骤04 选择“开展企业文化活动，推动培训机制，稳定员工队伍”文本，将复制的格式应用到选择的文本，完成字体格式的修订。

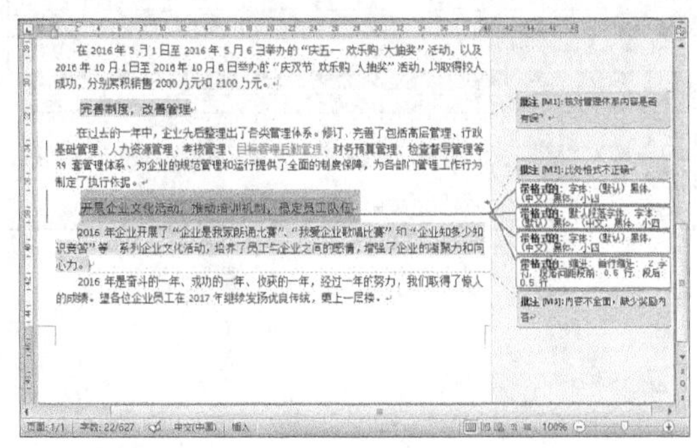

第3步：删除批注

根据批注的内容修改完文档之后，就可以将批注删除。

步骤01 单击【审阅】选项卡【批注】选项组中【删除】按钮下方的下拉按钮，在弹出的列表中选择【删除文档中的所有批注】选项。

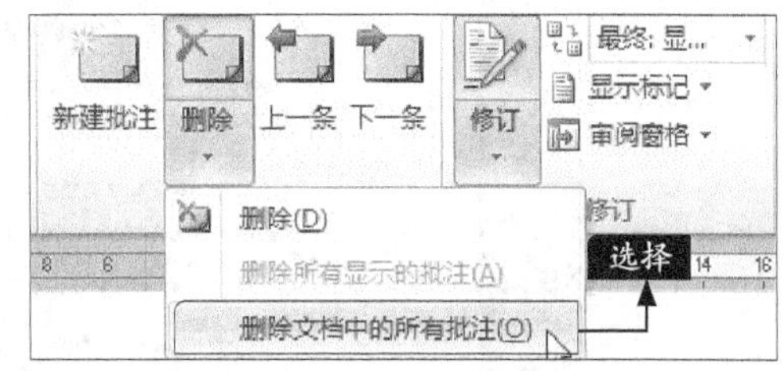

步骤02 即可将文档中的所有批注删除。

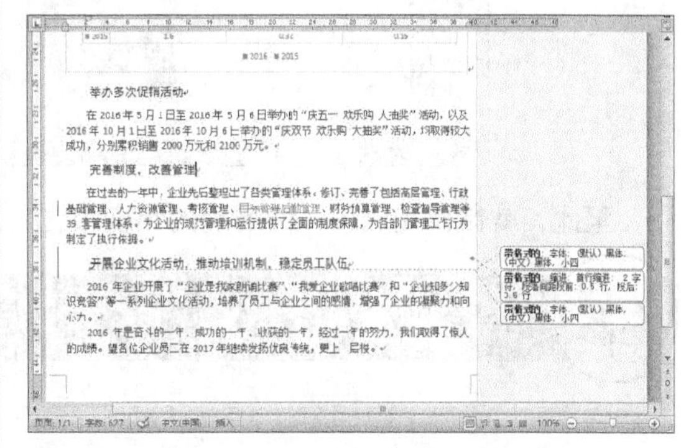

第4步：接受或拒绝修订

根据修订的内容检查文档，如修订的内容无误，则可以接受全部修订。

步骤01 单击【审阅】选项卡【更改】选项组中【接受】按钮下方的下拉按钮，在弹出的下拉列表中选择【接受对文档的所有修订】选项。

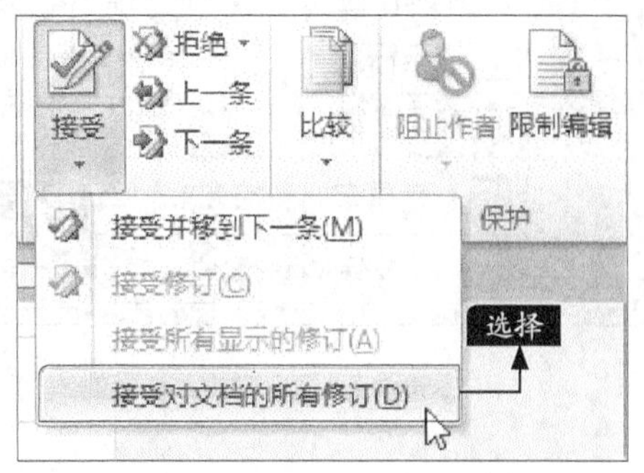

步骤02 即可接受对文档所做的所有修订，并再次单击【修订】按钮，结束修订状态，最终结果如下图所示。

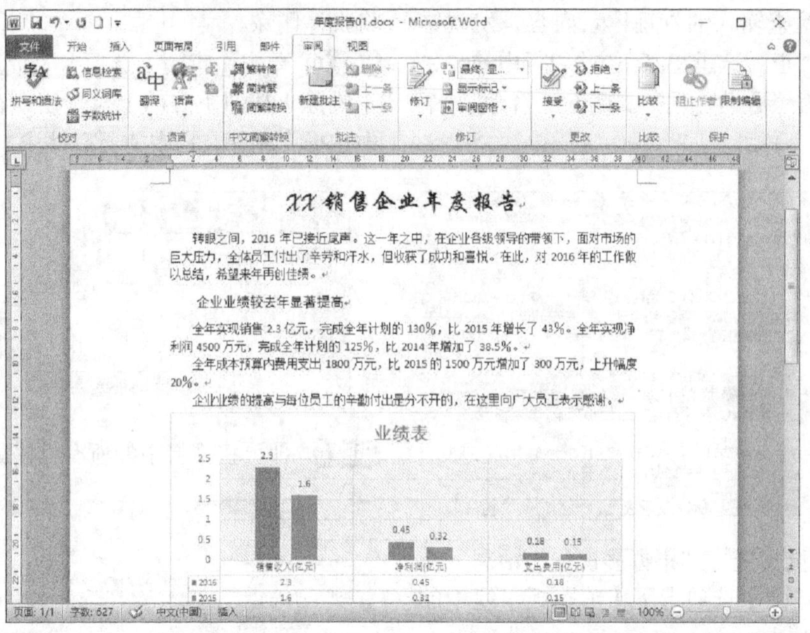

至此，就制作完成了一份准确的年度报告，用户就可以递交年度报告了。

高手支招

本节教学录像时间：1 分钟

在审阅窗格中显示修订或批注

当审阅修订和批注时，可以接受或拒绝每一项更改。在接受或拒绝文档中的所有修订和批注之前，即使是你发送或显示的文档中的隐藏更改，审阅者也能够看到。

步骤 01 单击【审阅】选项卡的【修订】组中的【审阅窗格】按钮右侧的下拉按钮，在弹出的下拉列表中选择【水平审阅窗格】选项。

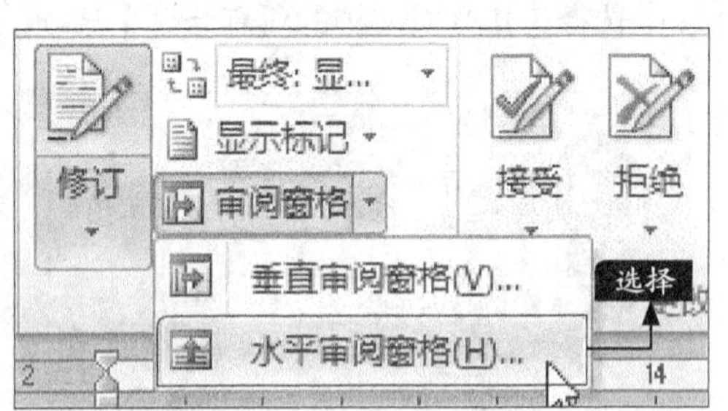

步骤 02 即可打开【修订】水平审阅窗格，显示文档中的所有修订和批注。

第3篇 Excel办公应用篇

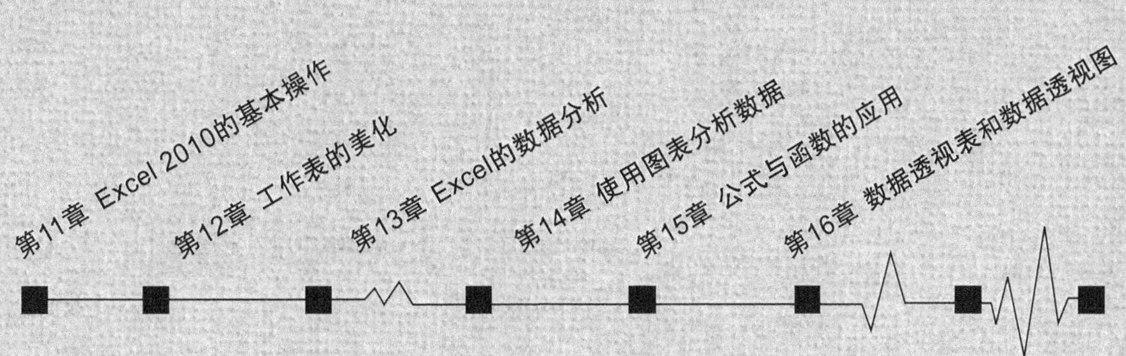

第11章

Excel 2010的基本操作

Excel 2010是微软公司推出的Office 2010办公系列软件的一个重要组成部分，主要用于电子表格的处理，可以高效地完成各种表格的设计，进行复杂的数据计算和分析，大大提高了数据处理的效率。

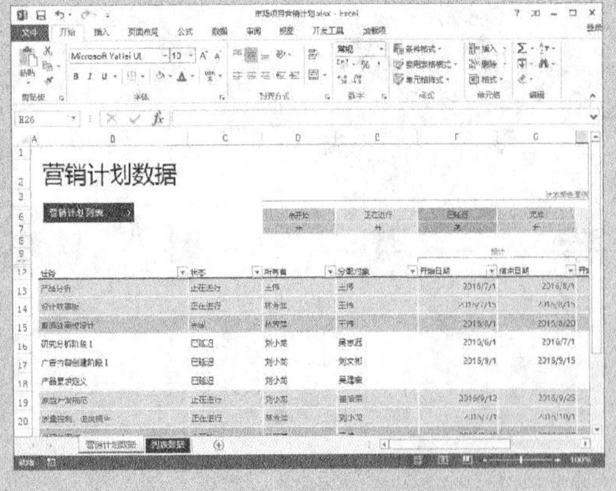

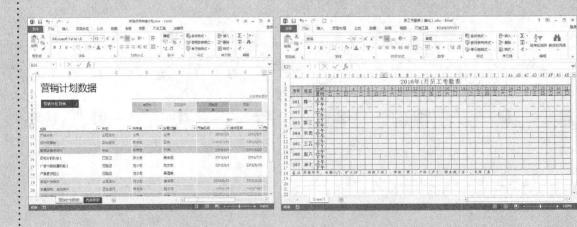

11.1 Excel工作簿的基本操作

本节教学录像时间：6 分钟

工作簿是指在Excel中用来存储并处理工作数据的文件，在Excel 2010中，其扩展名是.xlsx。通常所说的Excel文件指的就是工作簿文件。

11.1.1 创建空白工作簿

用Excel工作，首先要创建一个工作簿。创建空白工作簿有以下几种方法。

1.启动时自动创建

启动Excel后，它会自动创建一个名称为“工作簿1”的工作簿，默认情况下，工作簿中包含3个工作表，名称分别为Sheet1、Sheet2和Sheet3。可以在这个新工作簿中输入数据、进行计算等操作。

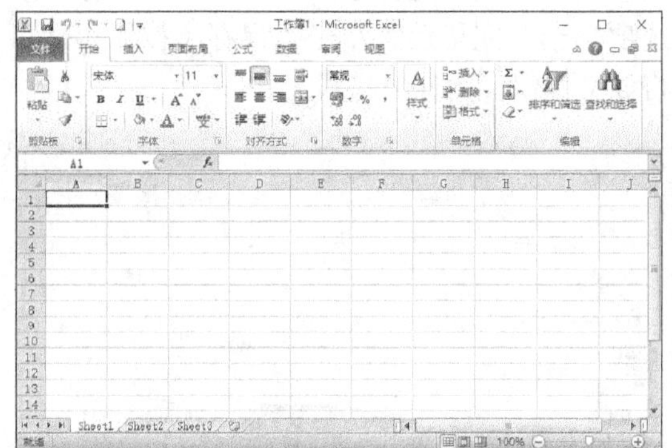

如果已经启动了Excel，还可以通过下面的3种方法创建新的工作簿。

2.使用【文件】选项卡

步骤01 单击【文件】选项卡，在弹出的下拉菜单中选择【新建】选项。

步骤02 在中间的列表中单击【可用模板】区域中的【空白工作簿】，然后单击右侧的【创建】按钮。

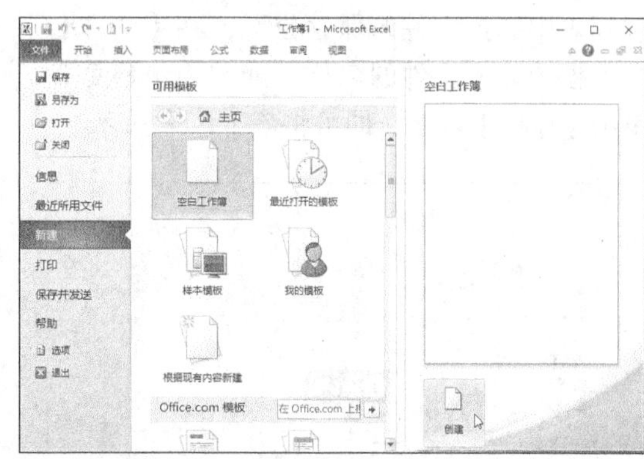

3. 使用快速访问工具栏

单击【快速访问工具栏】中的【新建】按钮 ，即可创建一个空白工作簿。

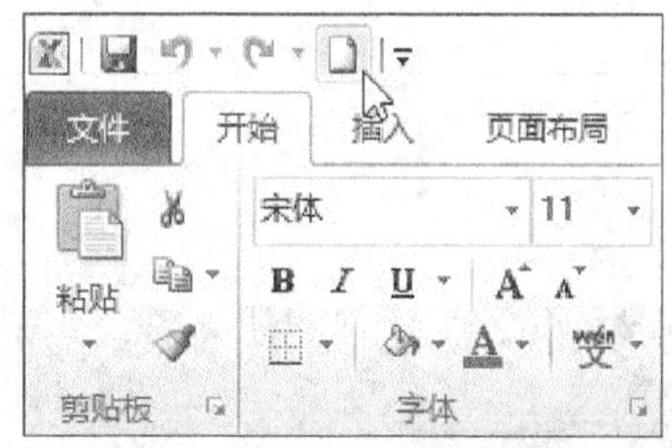

4. 使用快捷键

在打开的工作簿中，按【Ctrl+N】组合键即可新建一个空白工作簿。

11.1.2 保存工作簿

把创建的工作簿保存起来，方便以后再次使用。

保存新建工作簿的具体操作步骤如下。

步骤01 单击【快速访问工具栏】上的【保存】按钮，或单击【文件】选项卡，选择【保存】选项，也可以使用【Ctrl+S】组合键实现保存操作。

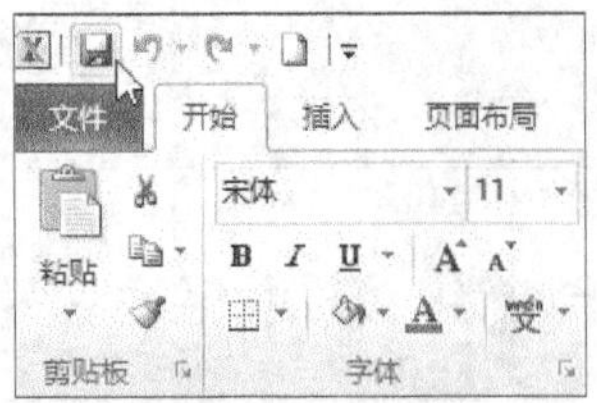

步骤02 如果是第一次保存该文件，会弹出【另存为】对话框。在该对话框的【保存位置】下拉列表中选择文件的保存位置，在【文件名】文本框中输入文件的名称，如“简单预算”，单击【保存】按钮，即可将该工作簿保存。

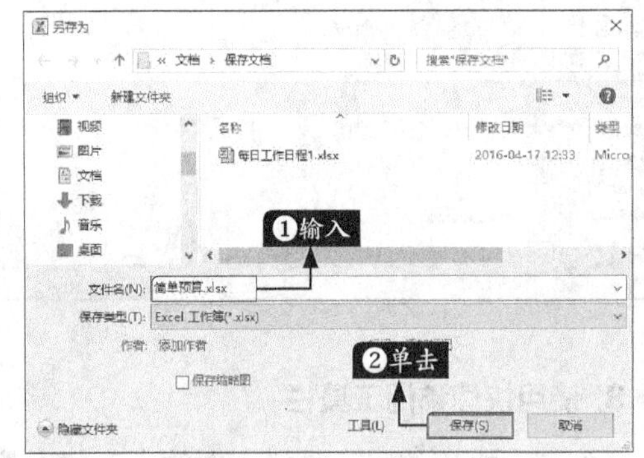

步骤03 保存完成后返回Excel编辑窗口，在标题栏中将会显示保存后的工作簿名称。

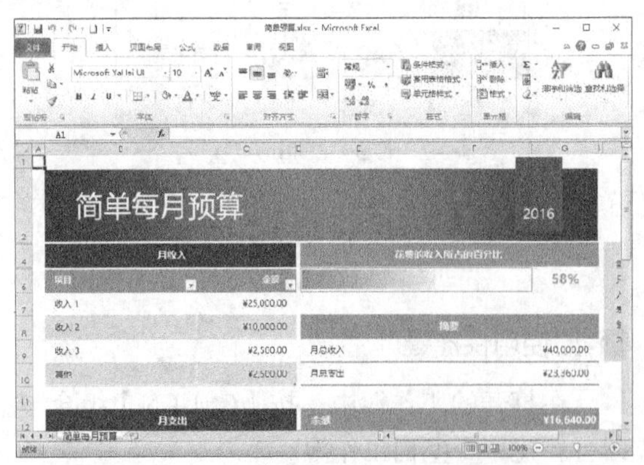

小提示

如果对已有工作簿进行修改，可以按【Ctrl+S】组合键，快速保存当前工作簿。

在对工作簿内容进行修改后，如果不想改动原有工作簿，可以对其进行另存处理。

步骤01 单击【文件】选项卡，在弹出的【文件】列表中选择【另存为】选项。

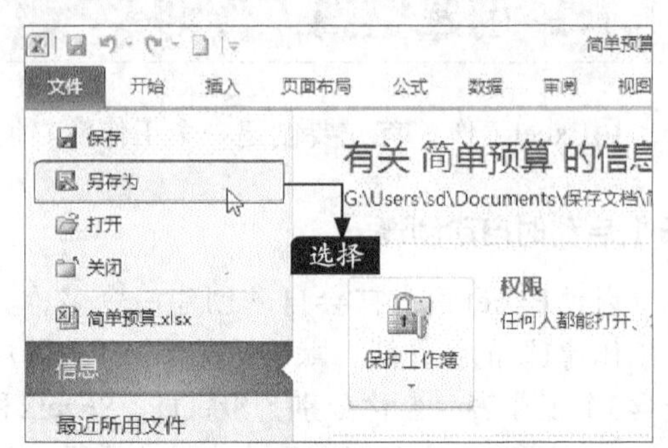

步骤02 弹出【另存为】对话框，在【保存类型】下拉列表中选择【Excel 97-2003工作簿】选项。选择完毕后，单击【保存】按钮，即可将该文件保存为2003格式文件。

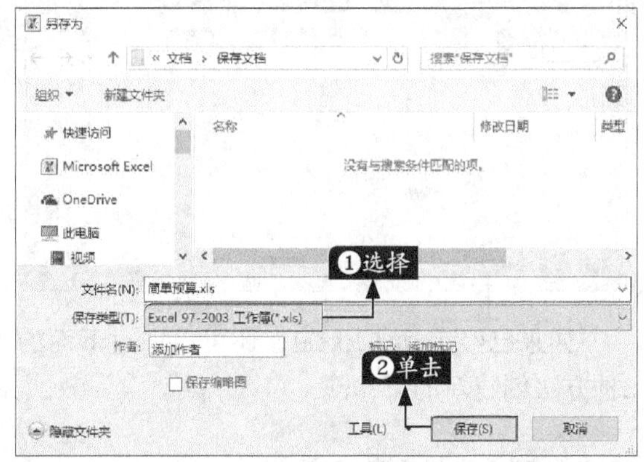

小提示

按【Ctrl+Shfit+S】组合键或【F12】键，可快速打开【另存为】对话框。

11.1.3 工作簿的复制和移动

移动是指工作簿在原来的位置上消失，而出现在指定的位置上；复制是指工作簿在原来的位置上保留，而在指定的位置上建立源文件的复制。

1. 工作簿的复制

步骤01 单击选择要移动的工作簿文件，如果要移动多个，则可在按住【Ctrl】键的同时单击要复制的工作簿文件。

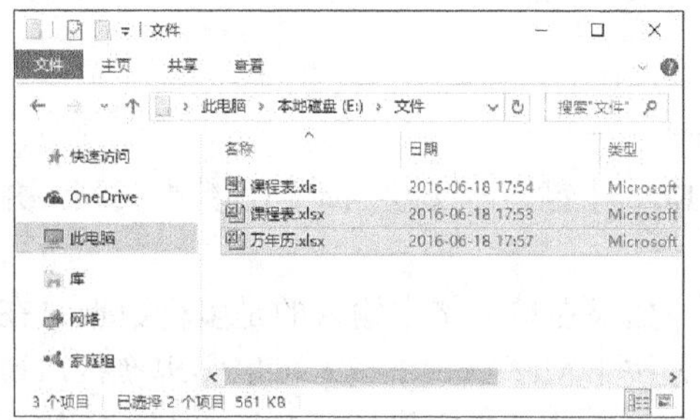

步骤02 按【Ctrl+C】组合键，复制选择的工作簿文件，将选择的工作簿复制到剪贴板中。 打开要复制到的目标文件夹，按【Ctrl+V】组合键粘贴文档，将剪贴板中的工作簿复制到当前的文件夹中。

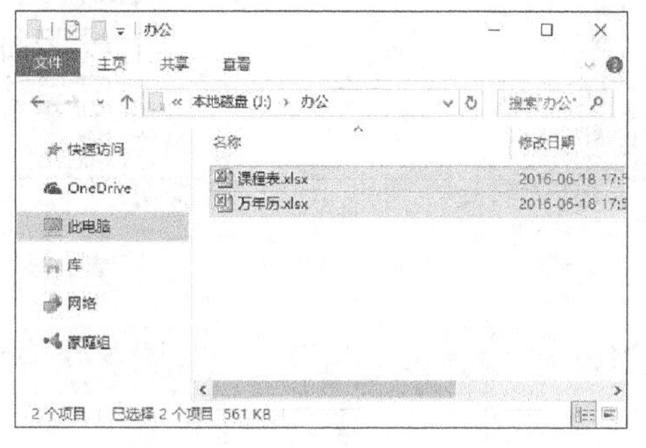

小提示

用户也可以选择要复制的工作簿，直接拖曳到目标文件夹中，即可复制。

2.工作簿的移动

步骤01 单击选择要移动的工作簿文件，如果要移动多个，则可在按住【Ctrl】键的同时单击要移动的工作簿文件。按下【Ctrl+X】组合键剪切选择的工作簿文件，Excel会自动地将选择的工作簿移动到剪贴板中。

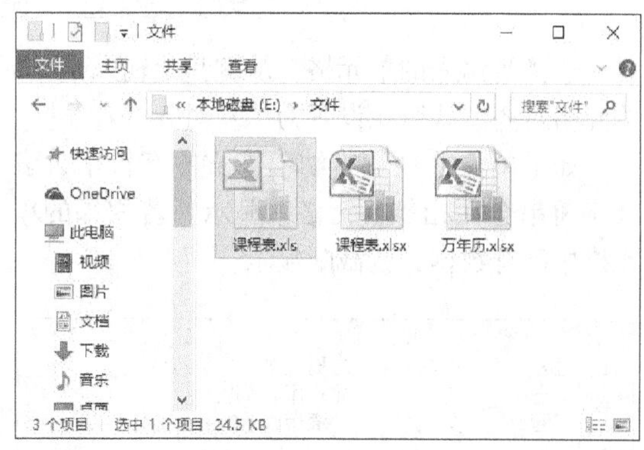

步骤02 打开要移动到的目标文件夹，按【Ctrl+V】组合键粘贴文档，将剪贴板中的工作簿移动到当前的文件夹中。

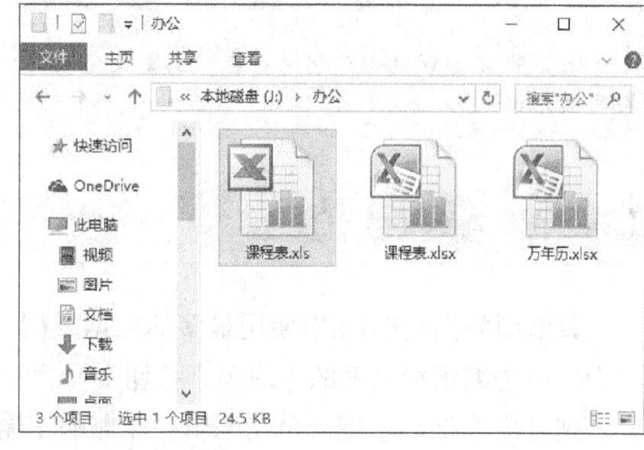

11.2 Excel的输入技巧

本节教学录像时间：13 分钟

新建一个空白工作簿，在单元格内输入数据时，某些输入的数据，Excel会自动根据数据的特征进行处理并显示出来。本节就来了解Excel是如何自动处理这些数据的，并介绍常用的输入技巧。

11.2.1 输入文本

单元格中的文本包括汉字、英文字母、数字和符号等。每个单元格最多可包含32767个字符。

例如，在单元格中输入“5个小孩”，Excel会将它显示为文本形式；若将“5”和“小孩”分别输入到不同的单元格中，Excel则会把“小孩”作为文本处理，而将“5”作为数值处理。

	A	B	C
1	5个小孩		
2		5	小孩
3			
4			

选择要输入的单元格，从键盘上输入数据后按【Enter】键，Excel会自动识别数据类型，并将单元格对齐方式默认设置为“左对齐”。

如果单元格列宽容纳不下文本字符串，多余字符串会在相邻单元格中显示，若相邻的单元格中已有数据，就截断显示。

	A	B	C	D	E
1	姓名	性别	家庭住址	联系方式	
2	张三	男	北京市朝阳区		
3	李四	女	上海市徐汇	021-123456XX	
4					
5					
6					
7					

小提示

被截断不显示的部分仍然存在，只需改变列宽即可显示出来。

如果在单元格中输入的是多行数据，在换行处按【Alt+Enter】键，可以实现换行。换行后在一个单元格中将显示多行文本，行的高度也会自动增大。

	A	B	C
1	姓名	性别	家庭住址
2	张三	男	北京市朝 阳区
3	李四	女	上海市徐 汇区吴中 东路

11.2.2 输入数值

数值型数据是Excel中使用最多的数据类型。在输入数值时，数值将显示在活动单元格和编辑栏中。单击编辑栏左侧的【取消】按钮✕，可将输入但未确认的内容取消。如果要确认输入的内容，则可按【Enter】键或单击编辑栏左侧的【输入】按钮✓。

小提示

数字型数据可以是整数、小数或科学计数（如6.09E+13）。在数值中可以出现的数学符号包括负号（—）、百分号（%）、指数符号（E）和美元符号（$）等。

在单元格中输入数值型数据后按【Enter】键，Excel会自动将数值的对齐方式设置为“右对齐”。

	A	B	C
1	姓名	成绩	
2	张三	80	
3	李四	95	
4	王五	67	
5	赵六	75	
6			

在Excel工作表输入数值类数据的规则如下。

(1) 输入分数时，为了与日期型数据区分，需要在分数之前加一个零和一个空格。例如，在A1中输入“1/4”，则显示“1月4日”；在B1中输入“0 1/4”，则显示“1/4”，值为0.25。

B1 | fx 0.25

	A	B	C	D
1	1月4日	1/4		
2				
3				
4				
5				

(2) 如果输入以数字0开头的数字串，Excel将自动省略0。如果要保持输入的内容不变，可以先输入英文标点单引号（’），再输入数字或字符。

A3 | fx '0123456

	A	B	C	D
1	1月4日	1/4		
2				
3	0123456			
4				
5				

(3) 若单元格容纳不下较长的数字，则会用科学计数法显示该数据。

A1 | fx 4189568779921660000

	A	B	C	D	E
1	4.18957E+18				
2	4.89783E+14				
3	9.89988E+11				
4					
5					
6					
7					
8					

11.2.3 输入日期和时间

在工作表中输入日期或时间时，需要用特定的格式定义。日期和时间也可以参加运算。Excel内置了一些日期与时间的格式。当输入的数据与这些格式相匹配时，Excel会自动将它们识别为日期或时间数据。

1. 输入日期

在输入日期时，可以用左斜线或短线分隔日期的年、月、日。例如，可以输入“2017/1/1”或者“2017-1-1”；如果要输入当前的日期，按下【Ctrl+；】组合键即可。

	A	B	C
1	2017-1-1		
2	2017-1-1		
3		2016-10-5	
4			
5			

2. 输入时间

在输入时间时，小时、分、秒之间用冒号（：）作为分隔符。如果按12小时制输入时间，需要在时间的后面空一格再输入字母am（上午）或pm（下午）。例如，输入“10:00 pm”，按下【Enter】键的时间结果是10:00 PM。如果要输入当前的时间，按下【Ctrl+Shift+；】组合键即可。

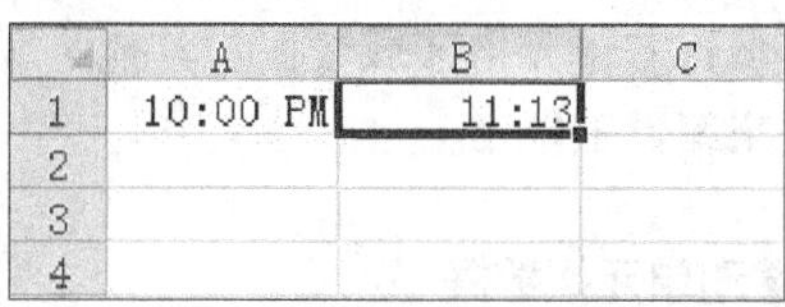

日期和时间型数据在单元格中靠右对齐。如果Excel不能识别输入的日期或时间格式，输入的数据将被视为文本并在单元格中靠左对齐。

	A	B	C
1	正确格式	10:00 PM	2016-10-1
2	错误格式	10:00pm	2016－10－1
3			
4			
5			

小提示

特别需要注意的是：若单元格中首次输入的是日期，则单元格就自动格式化为日期格式，以后如果输入一个普通数值，系统仍然会换算成日期显示。

11.2.4 修改数据

当数据输入错误时，左键单击需要修改数据的单元格，然后输入要修改的数据，该单元格将自动更改数据。

步骤01 右键单击需要修改数据的单元格，在弹出的快捷菜单中选择【清除内容】选项。

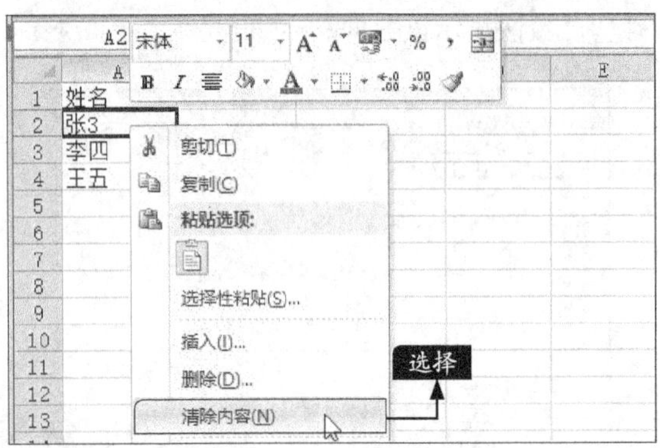

步骤02 数据清除之后，在原单元格中重新输入数据即可。

	A	B	C
1	姓名		
2	张三		
3	李四		
4	王五		
5			
6			

小提示

选中要修改的单元格，可以直接输入数据进行修改。单击键盘上的【Backspace】或【Delete】键也可将数据清除。另外，单击【撤销】按钮或按【Ctrl+Z】，可清除上一步输入的内容。

11.2.5 移动和复制单元格数据

在编辑Excel工作表时，若数据输错了位置，不必重新输入，可将其移动到正确的单元格或单元格区域；若单元格区域数据与其他区域数据相同，为了避免重复输入、提高效率，可采用复制的方法来编辑工作表。

1. 移动单元格数据

步骤01 在单元格中输入如图所示数据，选中单元格区域A1:A4，将鼠标光标移至选中的单元格区域边框处，鼠标光标变为✥时，单击按住不放。

	A	B
1	姓名	
2	张三	
3	李四	
4	王五	
5		
6		

步骤02 移动鼠标至合适的位置，松开鼠标左键，数据即可移动。

	A	B
1		姓名
2		张三
3		李四
4		王五
5		
6		

小提示

按【Ctrl+X】组合键将要移动的单元格或单元格区域剪切到剪贴板中，然后通过粘贴（按【Ctrl+V】组合键）的方式也可将目标区域进行移动。

2. 复制单元格数据

步骤01 选择单元格区域A1:A4，并按【Ctrl+C】组合键进行复制。

	A	B
1	姓名	
2	张三	
3	李四	
4	王五	
5		
6		

步骤02 选择目标位置（如选定目标区域的第1个单元格C1），按【Ctrl+V】（粘贴）组合键，单元格区域即被复制到单元格区域C1:C4中。

	A	B	C	D
1	姓名		姓名	
2	张三		张三	
3	李四		李四	
4	王五		王五	
5				(Ctrl)
6				
7				
8				

11.2.6 查找与替换数据

使用查找和替换功能，可以在工作表中快速地定位要找的信息，并且可以有选择地用其他值代替。在Excel中，用户可以在一个工作表或多个工作表中进行查找与替换。

小提示

在进行查找、替换操作之前，应该先选定一个搜索区域。如果只选定一个单元格，则仅在当前工作表内进行搜索；如果选定一个单元格区域，则只在该区域内进行搜索；如果选定多个工作表，则在多个工作表中进行搜索。

1. 查找数据

步骤01 打开随书光盘中的“素材\ch11\学生成绩表.xlsx”文件，单击【开始】选项卡下【编辑】选项组中的【查找和选择】按钮，在弹出的下拉列表中选择【查找】菜单项。

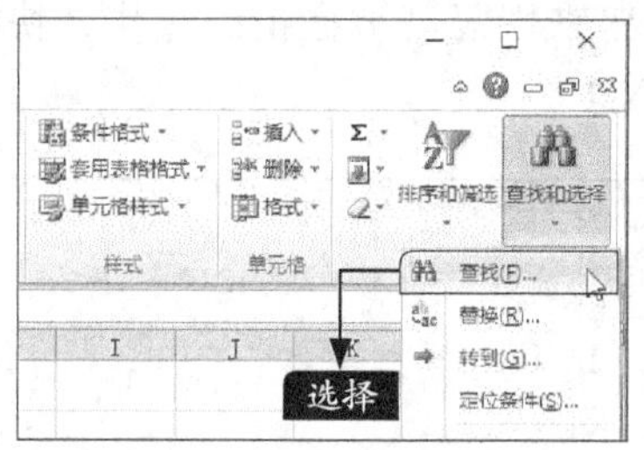

步骤02 弹出【查找和替换】对话框。在【查找内容】文本框中输入要查找的内容，单击【查找下一个】按钮，查找下一个符合条件的单元格，而且这个单元格会自动被选中。

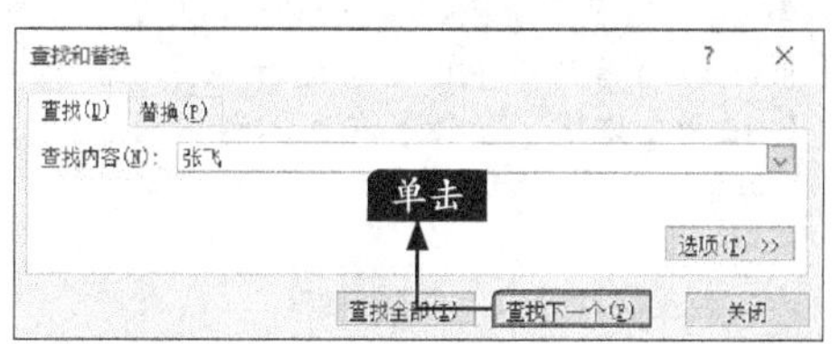

小提示

可以按【Ctrl+F】组合键打开【查找和替换】对话框，默认选择【查找】选项卡。

步骤03 单击【查找和替换】对话框中的【选项】按钮，可以设置查找的格式、范围、方式（按行或按列）等。

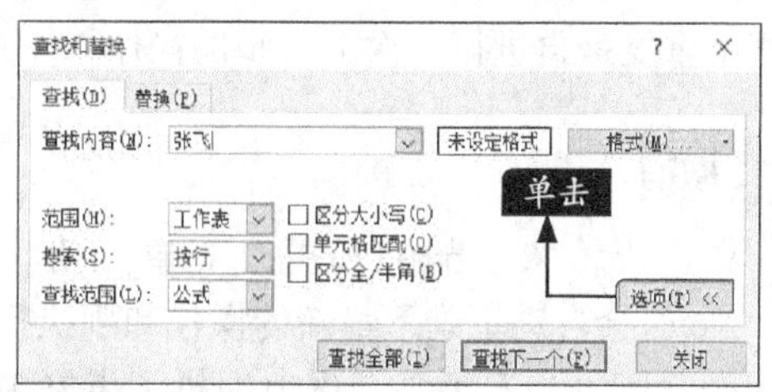

2. 替换数据

步骤01 打开随书光盘中的“素材\ch11\学生成绩表.xlsx”文件，单击【开始】选项卡下【编辑】选项组中的【查找和选择】按钮，在弹出的下拉菜单中选择【替换】菜单项。

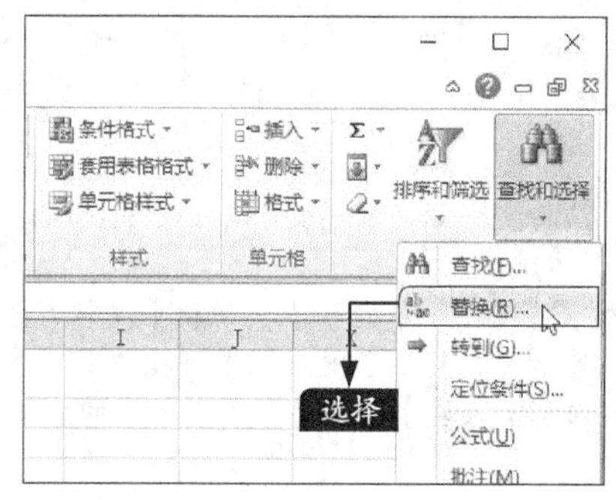

步骤 02 弹出【查找和替换】对话框。在【查找内容】文本框中输入要查找的内容，在【替换为】文本框中输入要替换的内容，单击【查找下一个】按钮，查找到相应的内容后，单击【替换】按钮，将替换成指定的内容。再单击【查找下一个】按钮，可以继续查找并替换。

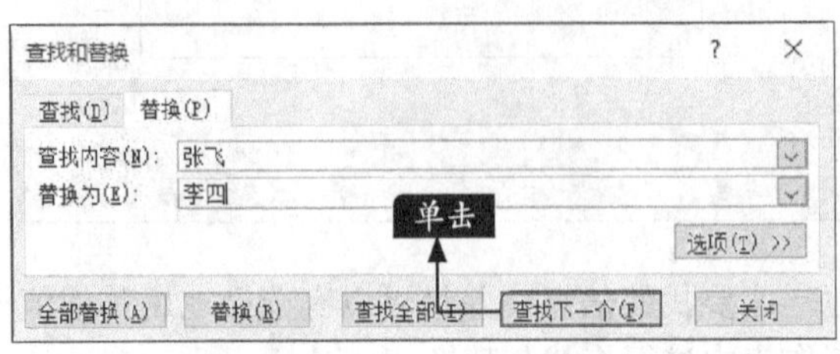

小提示

可以按【Ctrl+H】组合键打开【查找和替换】对话框，默认选择【替换】选项卡。

步骤 03 单击【全部替换】按钮，则替换整个工作表中所有符合条件的单元格数据。当全部替换完成，会弹出如图所示的提示框。

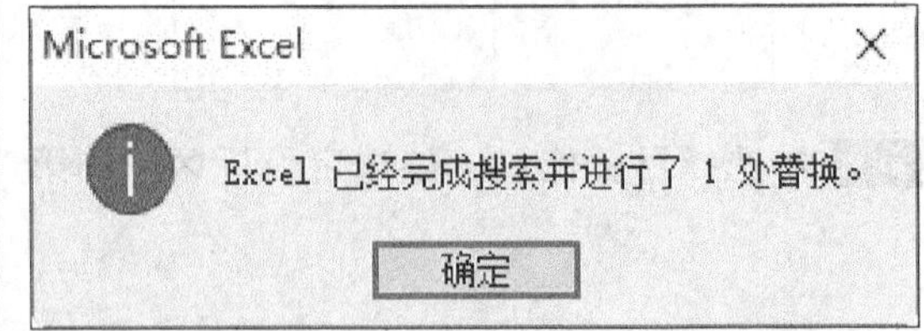

小提示

在进行查找和替换时，如果不能确定完整的搜索信息，可以使用通配符“？”和“*”来代替不能确定的部分信息。“？”代表一个字符，“*”代表一个或多个字符。

11.2.7 撤销与恢复数据

撤销可以是取消刚刚完成的一步或多步操作；恢复是取消刚刚完成的一步或多步已经撤销的操作；重复是再进行一次上一步的操作。

1. 撤销

在进行输入、删除和更改等单元格操作时，Excel 会自动记录下最新的操作和刚执行过的命令。所以当不小心错误地编辑了表格中的数据时，可以利用【撤销】按钮 恢复上一步的操作，快捷键为【Ctrl+Z】。

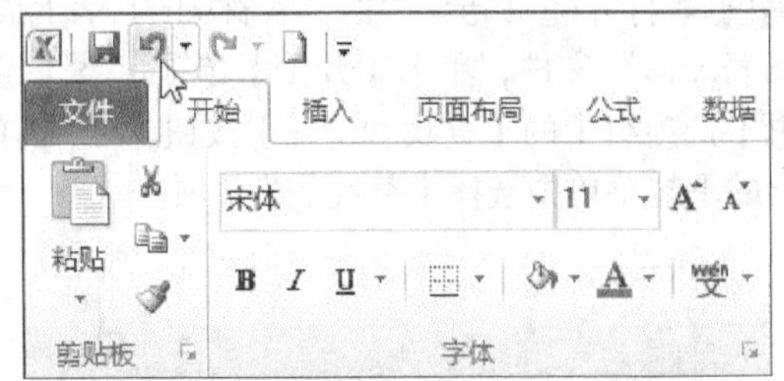

小提示

默认情况下，【撤销】按钮和【恢复】按钮均在【快速访问工具栏】中。未进行操作之前，【撤销】按钮和【恢复】按钮是灰色不可用的。

2. 恢复

在经过撤销操作后，【撤销】按钮右边的【恢复】按钮 将被置亮，表明可以用【恢复】按钮来恢复已被撤销的操作，快捷键为【Ctrl+Y】。

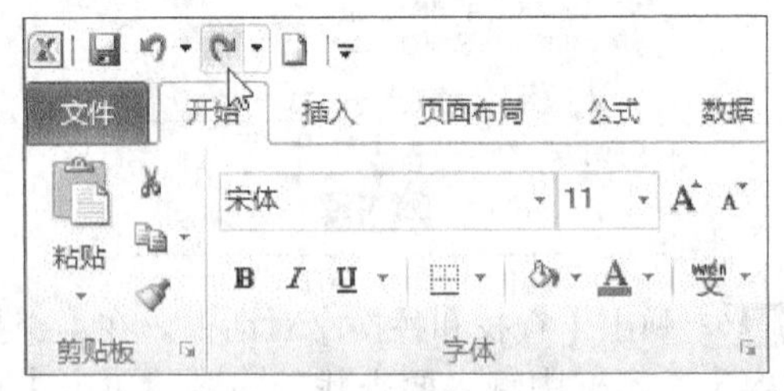

小提示

默认情况下，【撤销】按钮和【恢复】按钮均在【快速访问工具栏】中。未进行操作之前，【撤销】按钮和【恢复】按钮是灰色不可用的。

11.2.8 清除数据

清除数据包括清除单元格中的内容（公式和数据）、格式（包括数字格式、条件格式和边框等）以及任何附加的批注。具体操作步骤如下。

步骤01 打开随书光盘中的“素材\ch11\学生成绩表.xlsx”工作簿，选择要清除数据的单元格A1。

	A	B	C	D	E
1	学生成绩表				
2	序号	姓名	语文	数学	英语
3	1	王洋	89	98	69
4	2	曹朝	87	95	96
5	3	宁顺	85	75	95
6	4	李四	74	83	96
7	5	宋艳	95	68	69
8	6	高少	71	95	82
9	7	魏帅	85	96	76
10	8	宋飞	85	90	94
11	9	陈鹏	78	85	91
12	10	姚乐	89	97	96
13	11	高晓	70	81	95
14	12	胡笑	82	69	64
15	13	周萌	98	71	80

步骤02 单击【开始】选项卡下【编辑】选项组中的【清除】按钮 清除，在弹出的下拉列表中选择【全部清除】选项。

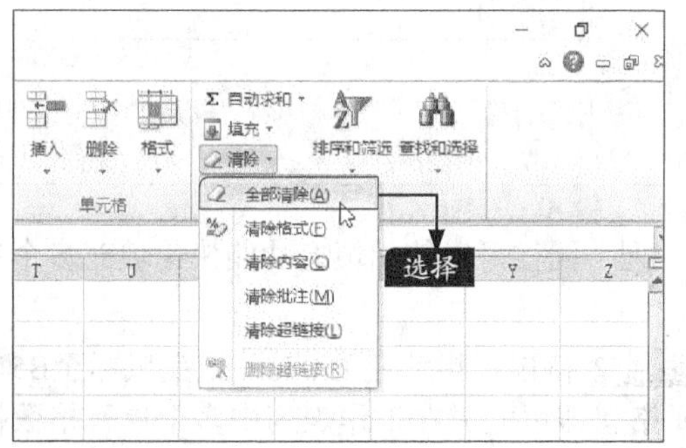

步骤03 单元格A1中的数据和格式即被全部删除了。

	A	B	C	D	E
1					
2	序号	姓名	语文	数学	英语
3	1	王洋	89	98	69
4	2	曹朝	87	95	96
5	3	宁顺	85	75	95
6	4	李四	74	83	96
7	5	宋艳	95	68	69
8	6	高少	71	95	82
9	7	魏帅	85	96	76
10	8	宋飞	85	90	94
11	9	陈鹏	78	85	91
12	10	姚乐	89	97	96
13	11	高晓	70	81	95
14	12	胡笑	82	69	64
15	13	周萌	98	71	80

小提示

如果选定单元格后按【Delete】键，仅清除该单元格的内容，而不清除单元格的格式或批注。

11.3 数据的快速填充

本节教学录像时间：5 分钟

在输入数据时，除了常规的输入外，如果要输入的数据本身有关联性，用户可以使用填充功能，批量录入数据。

11.3.1 填充相同的数据

使用填充柄可以在表格中输入相同的数据，相当于复制数据，具体的操作步骤如下。

步骤01 选定A1单元格，输入“龙马”，将鼠标指针指向该单元格右下角的填充柄。

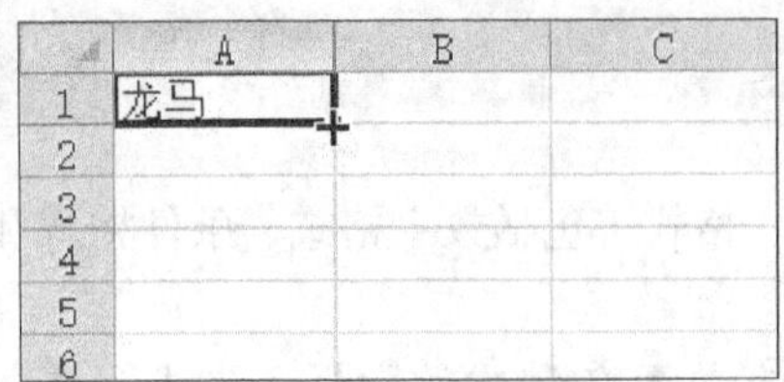

步骤02 然后拖曳鼠标光标至A6单元格，如图所示。

	A	B	C	D
1	龙马			
2	龙马			
3	龙马			
4	龙马			
5	龙马			
6	龙马			
7				
8				

11.3.2 填充有序的数据

使用填充柄还可以填充序列数据，例如，等差或等比序列。首先选取序列的第1个单元格并输入数据，再在序列的第2个单元格中输入数据，之后利用填充柄填充，前两个单元格内容的差就是步长。具体操作步骤如下。

步骤01 在A1单元格中输入“20170101”，选中A1，将鼠标指针指向该单元格右下角的填充柄。

	A	B	C
1	20170101		
2			
3			
4			
5			
6			

步骤02 待鼠标指针变为+时，按【Ctrl】键并拖曳鼠标至A6单元格，即可完成等差序列的填充，如图所示。

	A	B	C	D
1	20170101			
2	20170102			
3	20170103			
4	20170104			
5	20170105			
6	20170106			
7				
8				

11.3.3 多个单元格的数据填充

填充相同数据或是有序的数据均是填充一行或一列，同样可以使用填充功能快速填充多个单元格中的数据，具体的操作方法如下。

步骤01 在Excel表格中输入如图所示数据，选中单元格区域A2:B3，将鼠标指针指向该单元格区域右下角的填充柄。

	A	B	C
1	名次	奖励（元）	
2	第1名	1000	
3	第2名	700	
4			
5			

步骤02 待鼠标指针变为+时，拖曳鼠标至B5单元格，即可完成在工作表列中多个单元格数据的填充，如图所示。

	A	B	C
1	名次	奖励（元）	
2	第1名	1000	
3	第2名	700	
4	第3名	400	
5	第4名	100	
6			

11.3.4 自定义序列填充

在Excel中填充等差数列时，系统默认增长值为“1”，这时我们可以自定义序列的填充值。

步骤01 选中工作表中所填充的等差数列所在的单元格区域。

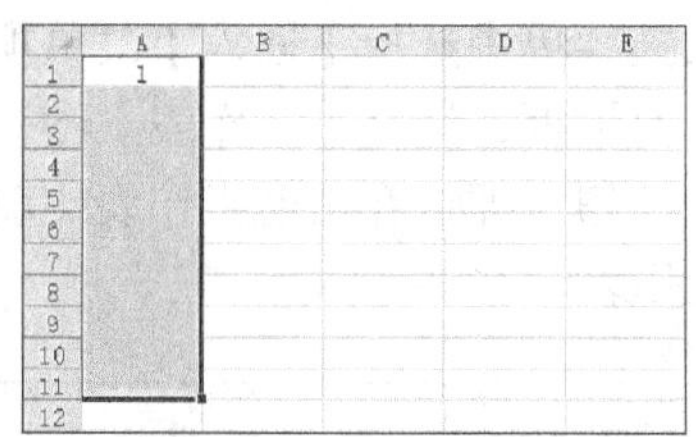

步骤02 单击【开始】选项卡下【编辑】选项组中的【填充】按钮 填充 ，在弹出的下拉列表中选择【系列】选项。

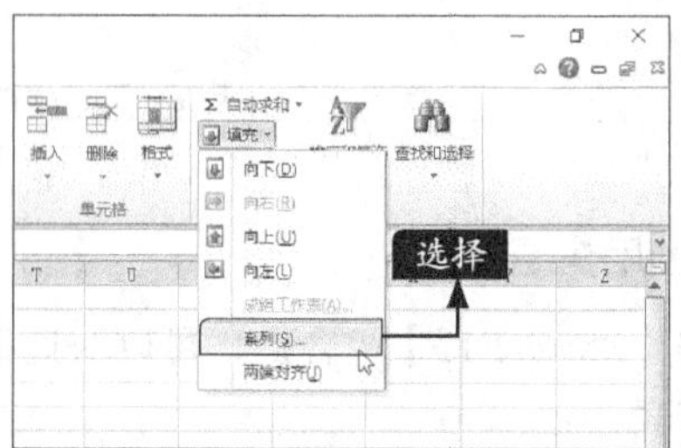

步骤03 弹出【序列】对话框，单击【类型】区域中的【等差数列】选项，在【步长值】文本框中输入数字“2”，单击【确定】按钮。

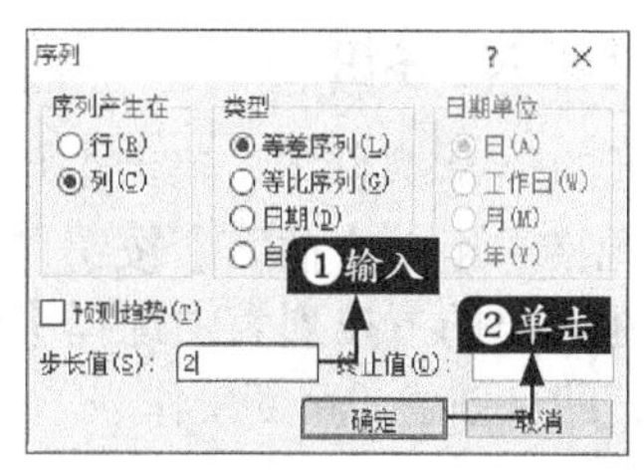

步骤04 所选中的等差数列就会转换为以步长值为“2”的等差数列，如图所示。

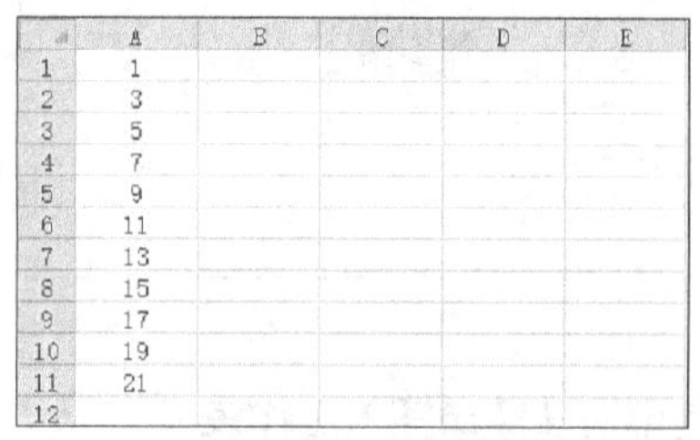

小提示

如果选定单元格后按【Delete】键，仅清除该单元格的内容，而不清除单元格的格式或批注。

11.4 工作表的基本操作

本节教学录像时间：8 分钟

工作表是工作簿里的一个表。Excel 2010的一个工作簿默认有1个工作表，用户可以根据需要添加工作表，每一个工作簿最多可以包括255个工作表。在工作表的标签上显示了系统默认的工作表名称，为Sheet1、Sheet2、Sheet3。本节主要介绍工作表的基本操作。

11.4.1 新建工作表

创建新的工作簿时，Excel 2010默认包含3个工作表，在使用Excel 2010过程中，有时候需要使用更多的工作表，则需要新建工作表。新建工作表主要包括以下几种方法。

1.使用【新工作表】按钮

步骤01 在打开的Excel文件中，单击【插入工作表】按钮 。

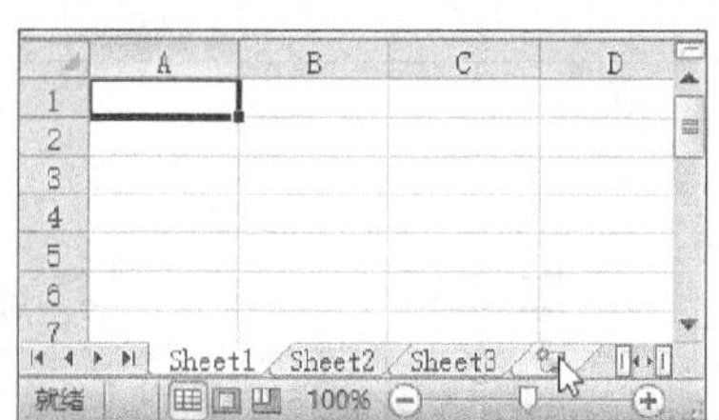

步骤02 即可插入一个新工作表，如下图所示。

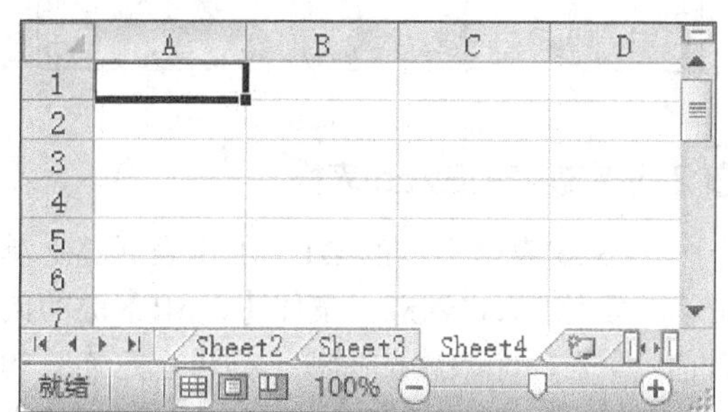

2.使用【插入】按钮

在打开的Excel文件中，单击【开始】选项卡下【单元格】组中【插入】按钮下方的下拉按钮，在弹出的下拉列表中选择【插入工作表】选项，即可创建一个新工作表。

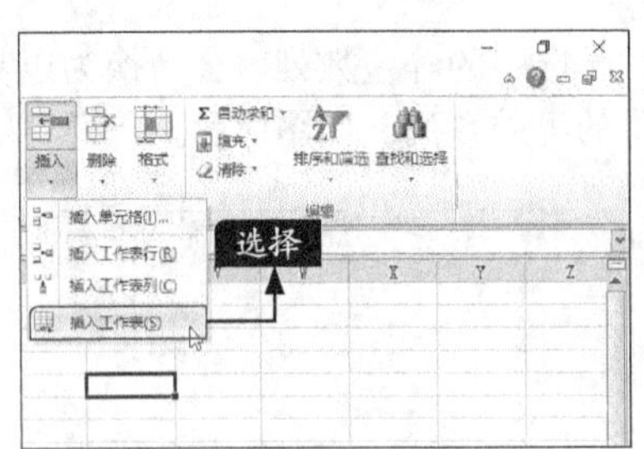

3. 使用快捷菜单插入工作表

在Sheet1工作表标签上单击鼠标右键，在弹出的快捷菜单中选择【插入】菜单项，弹出【插入】对话框，选择【工作表】图标，单击【确定】按钮，即可在当前工作表的前面插入一个新工作表。

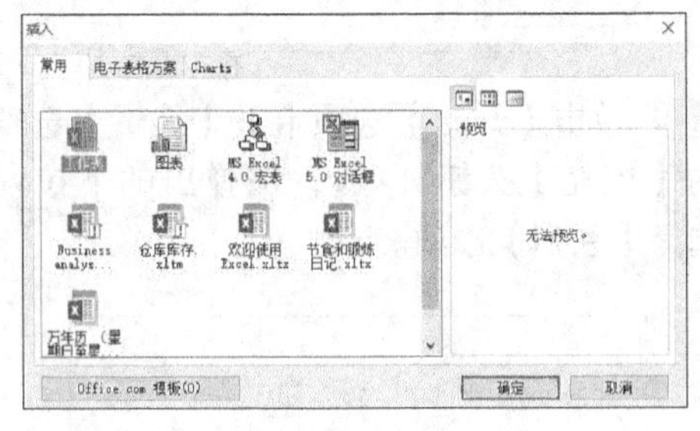

4. 使用快捷键

按【Shift+F11】组合键，可以快速插入一个工作表。

11.4.2 选择单个或多个工作表

在操作Excel表格之前必须先选择它。本节介绍3种情况下选择工作表的方法。

1.用鼠标选定Excel表格

用鼠标选定Excel表格是最常用、最快速的方法，只需在Excel表格最下方的工作表标签上单击即可。

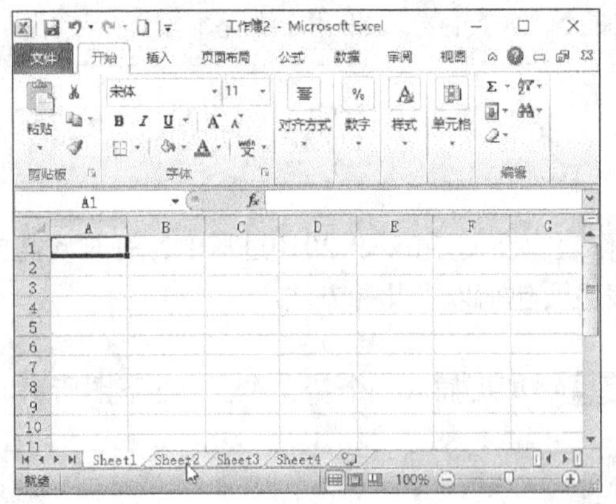

2. 选定连续的Excel表格

在Excel表格下方的第1个工作表标签上单击，选定该Excel表格，按住【Shift】键的同时选定最后一个表格的标签，即可选定连续的Excel表格。此时，工作簿标题栏上会多了“工作组”字样。

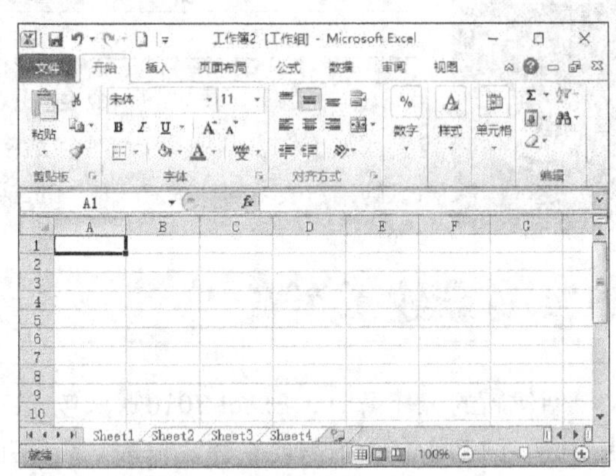

3. 选择不连续的工作表

要选定不连续的Excel表格，按住【Ctrl】键的同时选择相应的Excel表格即可。

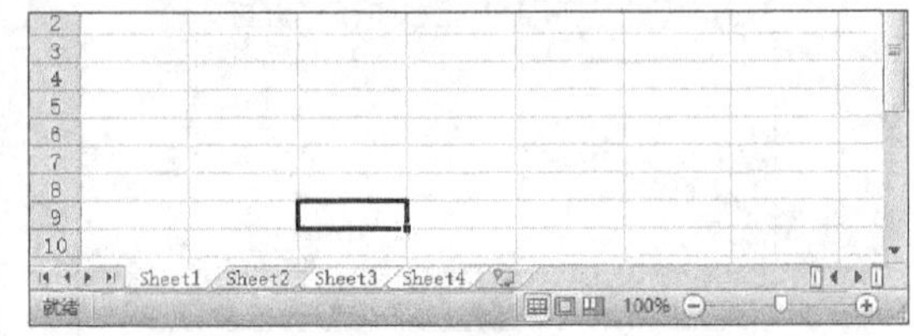

11.4.3 重命名工作表

每个工作表都有自己的名称，默认情况下以Sheetl、Sheet2、Sheet3……命名工作表。用户可以对工作表进行重命名操作，以便更好地管理工作表。

重命名工作表的方法有以下两种。

1. 在标签上直接重命名

步骤01 双击要重命名的工作表的标签Sheet1（此时该标签以高亮显示），进入可编辑状态。

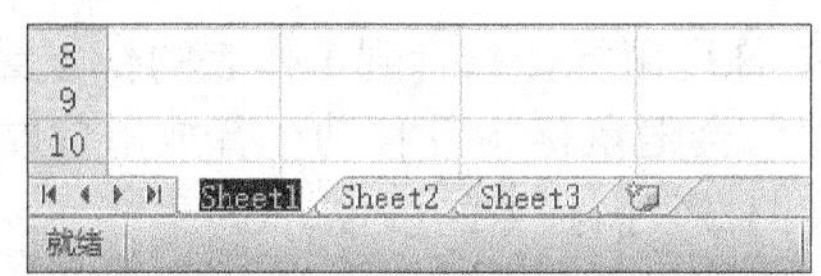

步骤02 输入新的标签名，按【Enter】键，即可完成对该工作表标签进行的重命名操作。

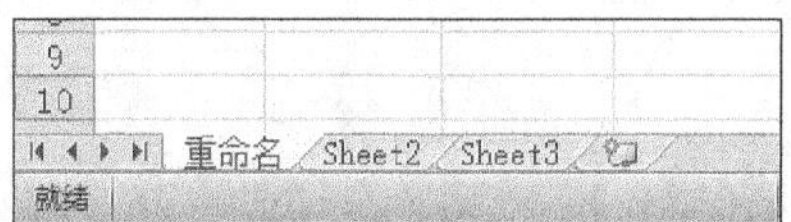

2. 使用快捷菜单重命名

步骤01 在要重命名的工作表标签上右击，在弹出的快捷菜单中选择【重命名】菜单项。

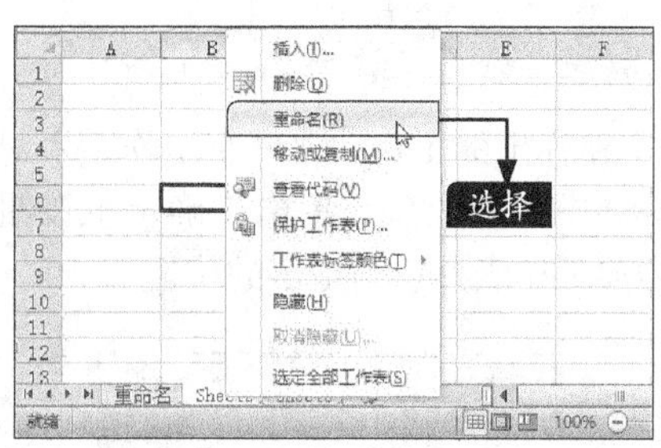

步骤02 此时工作表标签会高亮显示，在标签上输入新的标签名，按【Enter】键，即可完成工作表的重命名。

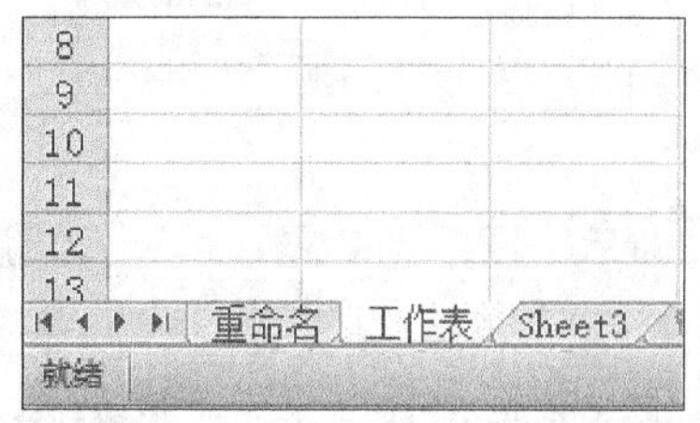

11.4.4 移动或复制工作表

复制和移动工作表的具体步骤如下。

1. 移动工作表

移动工作表最简单的方法是使用鼠标操作，在同一个工作簿中移动工作表的方法有以下两种。

(1) 直接拖曳法

步骤01 选择要移动的工作表的标签，按住鼠标左键不放。

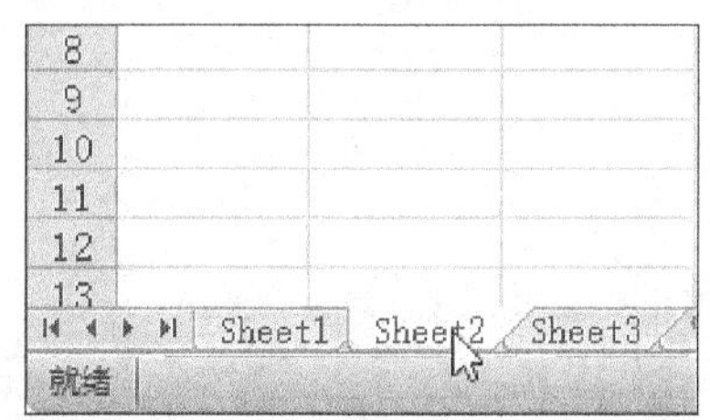

步骤02 拖曳鼠标让指针到工作表的新位置，黑色倒三角会随鼠标指针移动，释放鼠标左键，工作表即被移动到新的位置。

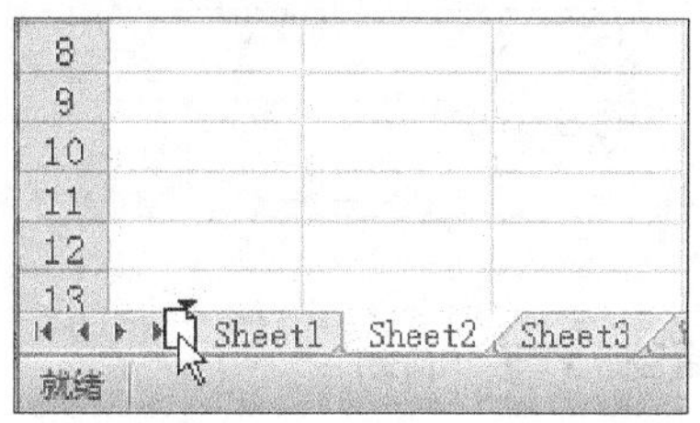

(2) 使用快捷菜单法

步骤01 在要移动的工作表标签上右击，在弹出的快捷菜单中选择【移动或复制】菜单项。

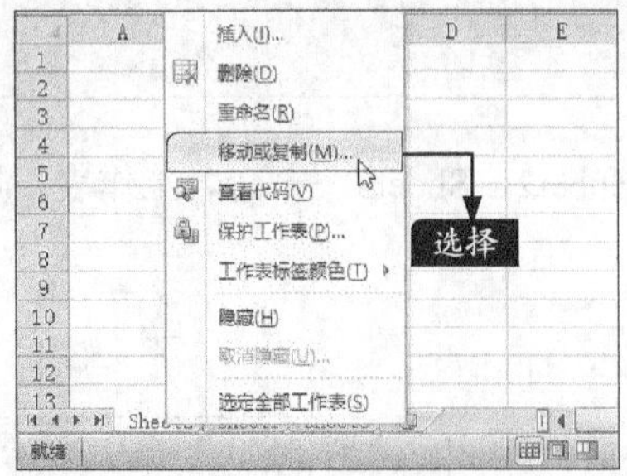

步骤02 在弹出的【移动或复制工作表】对话框中选择要插入的位置，单击【确定】按钮，即可将当前工作表移动到指定的位置。

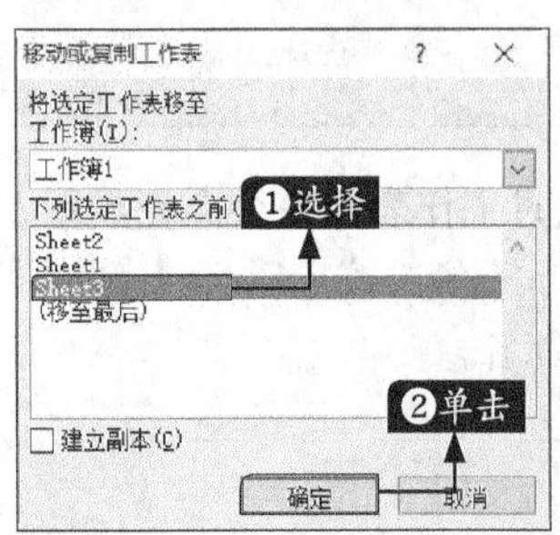

小提示

另外，不但可以在同一个Excel工作簿中移动工作表，还可以在不同的工作簿中移动。若要在不同的工作簿中移动工作表，则要求这些工作簿必须是打开的。打开的【移动或复制工作表】对话框中，在【将选定工作表移至工作簿】下拉列表中选择要移动的目标位置，单击【确定】按钮，即可将当前工作表移动到指定的位置。

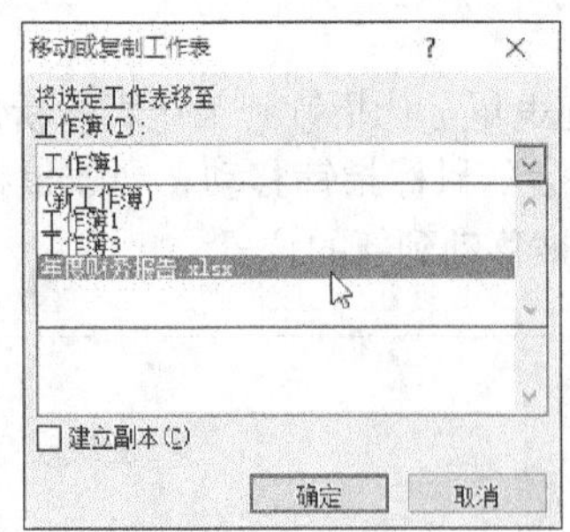

2. 复制工作表

用户可以在一个或多个Excel工作簿中复制工作表，有以下两种方法。

(1) 使用鼠标复制

用鼠标复制工作表的步骤与移动工作表的步骤相似，只是在拖动鼠标的同时按住【Ctrl】键即可。

步骤01 选择要复制的工作表，按住【Ctrl】键的同时单击该工作表。

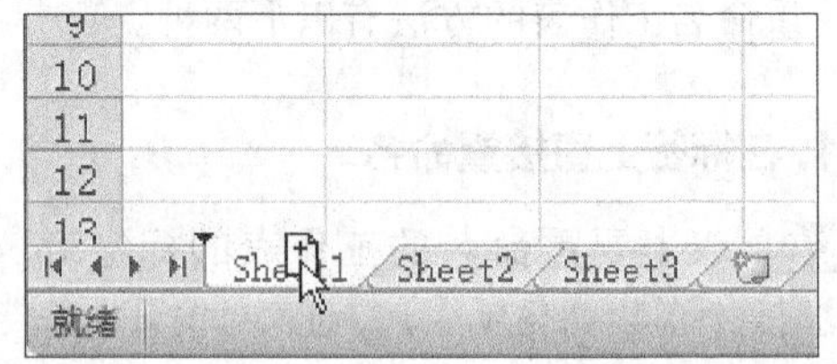

步骤02 拖曳鼠标让指针到工作表的新位置，黑色倒三角会随鼠标指针移动，释放鼠标左键，工作表即被复制到新的位置。

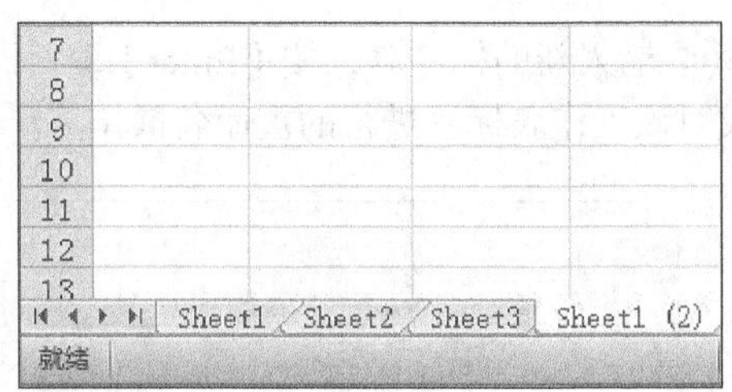

(2) 使用快捷菜单复制

步骤01 选择要复制的工作表，在工作表标签上右击，在弹出的快捷菜单中选择【移动或复制】菜单项。在弹出的【移动或复制工作表】对话框中选择要复制的目标工作簿和插入的位置，然后选中【建立副本】复选框。

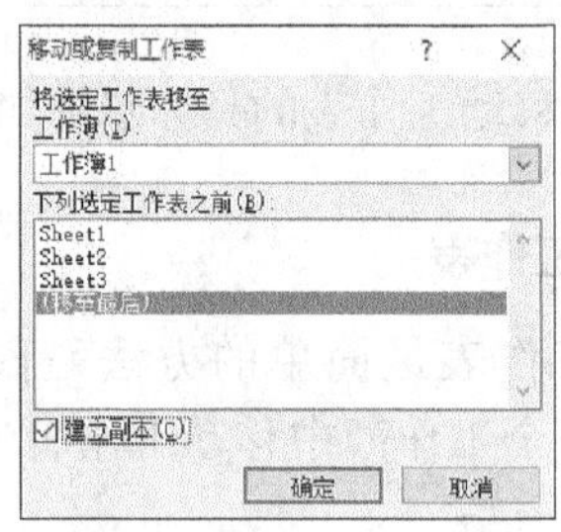

步骤02 单击【确定】按钮，即可完成复制工作表的操作。

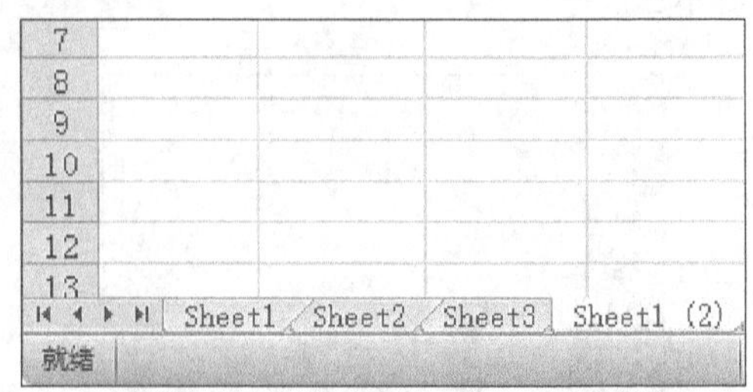

11.5 单元格的基本操作

本节教学录像时间：9分钟

单元格是工作表中行列交汇处的区域，它可以保存数值、文字和声音等数据。在Excel中，单元格是编辑数据的基本元素。

11.5.1 选择单元格和单元格区域

对单元格进行编辑操作，首先要选择单元格或单元格区域。在启动Excel并创建新的工作簿时，单元格A1处于自动选定状态。

1.选择一个单元格

单击某一单元格，若单元格的边框线变成绿色粗线，则此单元格处于选定状态。当前单元格的地址显示在名称框中，在工作表格区内，鼠标指针会呈白色“✚”形状。

小提示

在名称框中输入目标单元格的地址，如“B7”，按【Enter】键即可选定第B列和第7行交汇处的单元格。此外，使用键盘上的上、下、左、右4个方向键，也可以选定单元格。

2.选择连续的单元格区域

在Excel工作表中，若要对多个单元格进行相同的操作，可以先选择单元格区域。

步骤01 单击该区域左上角的单元格A2，按住【Shift】键的同时单击该区域右下角的单元格C6。

步骤02 此时即可选定单元格区域A2:C6，结果如图所示。

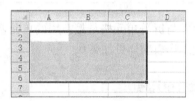

小提示

将鼠标指针移到该区域左上角的单元格A2上，按住鼠标左键不放，向该区域右下角的单元格C6拖曳，或在名称框中输入单元格区域名称“A2:C6”，按【Enter】键，均可选定单元格区域A2:C6。

3.选择不连续的单元格区域

选择不连续的单元格区域也就是选择不相邻的单元格或单元格区域，具体操作步骤如下。

步骤01 选择第1个单元格区域（例如，单元格区域A2:C3）后。按住【Ctrl】键不放，拖动鼠标选择第2个单元格区域（例如，单元格区域C6:E8）。

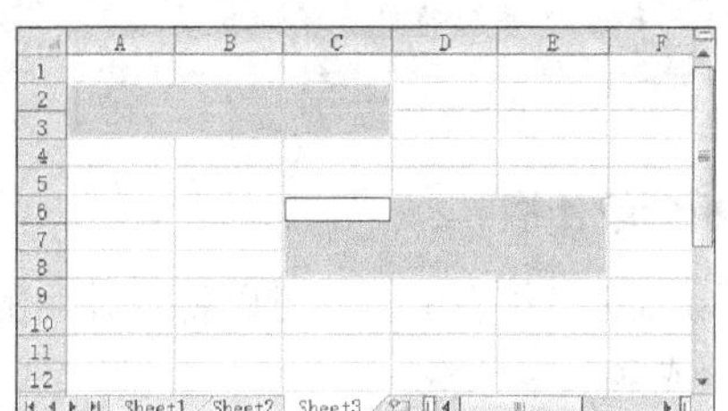

步骤 02 使用同样的方法可以选择多个不连续的单元格区域。

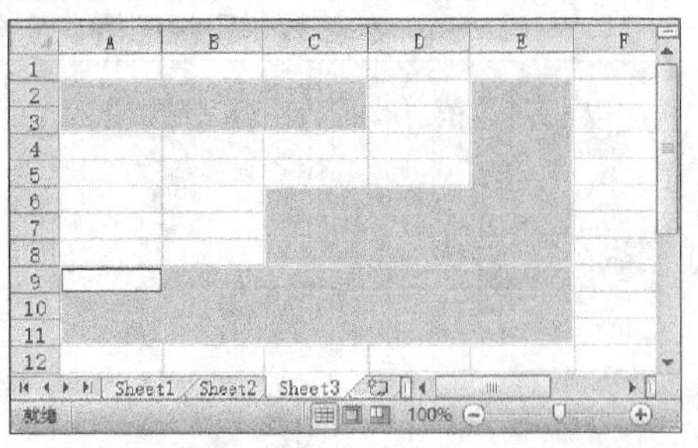

4.选择所有单元格

选择所有单元格，即选择整个工作表，方法有以下两种。

(1) 单击工作表左上角行号与列标相交处的【选定全部】按钮，即可选定整个工作表。

(2) 按【Ctrl+A】组合键也可以选择整个表格。

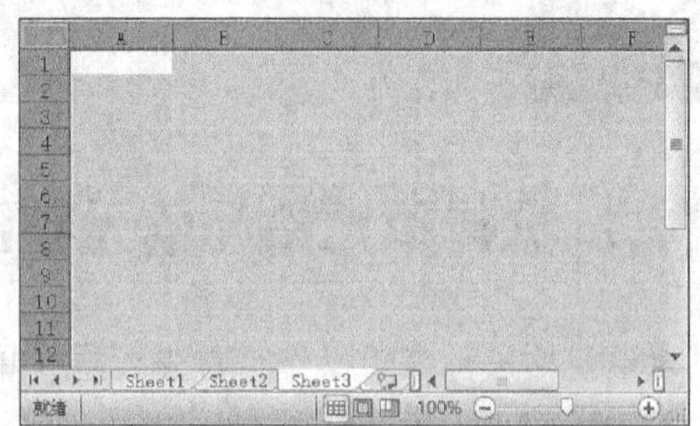

11.5.2 合并与拆分单元格

合并与拆分单元格是最常用的单元格操作，它不仅可以满足用户编辑表格中数据的需求，也可以使工作表整体更加美观。

1.合并单元格

合并单元格是指在Excel工作表中，将两个或多个选定的相邻单元格合并成一个单元格。如选择单元格区域A1:C1，单击【开始】选项卡下【对齐方式】选项组中【合并后居中】按钮，即可合并且居中显示该单元格。

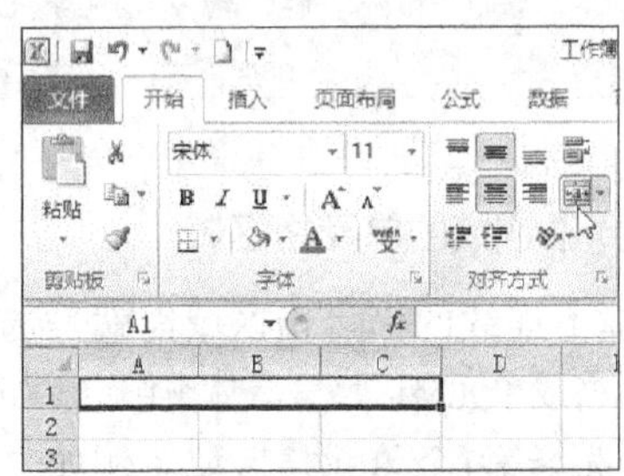

小提示

单元格合并后，将使用原始区域左上角的单元格地址来表示合并后的单元格地址。

2.拆分单元格

在Excel工作表中，还可以将合并后的单元格拆分成多个单元格。

选择合并后的单元格，单击【开始】选项卡下【对齐方式】选项组中【合并后居中】按钮右侧的下拉按钮，在弹出的列表中选择【取消单元格合并】选项。该表格即被取消合并，恢复成合并前的单元格。

小提示

在合并后的单元格上单击鼠标右键，在弹出的快捷菜单中选择【设置单元格格式】选项，弹出【设置单元格格式】对话框，在【对齐】选项卡下撤销选中【合并单元格】复选框，然后单击【确定】按钮，也可拆分合并后的单元格。

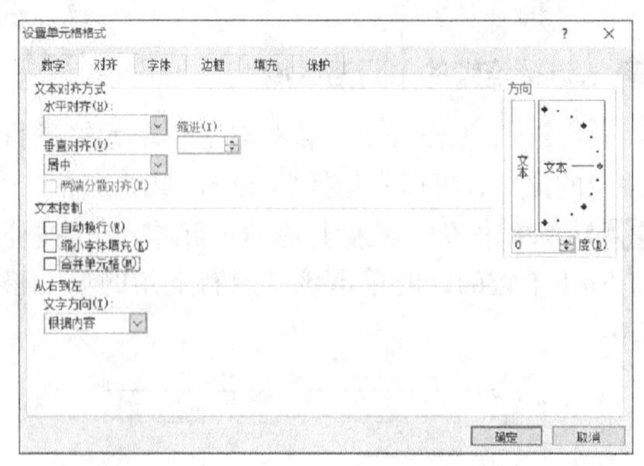

11.5.3 选择行和列

将鼠标放行标签或列标签上，当出现向右的箭头➡或向下的箭头⬇时，单击鼠标左键，即可选中该行或该列。

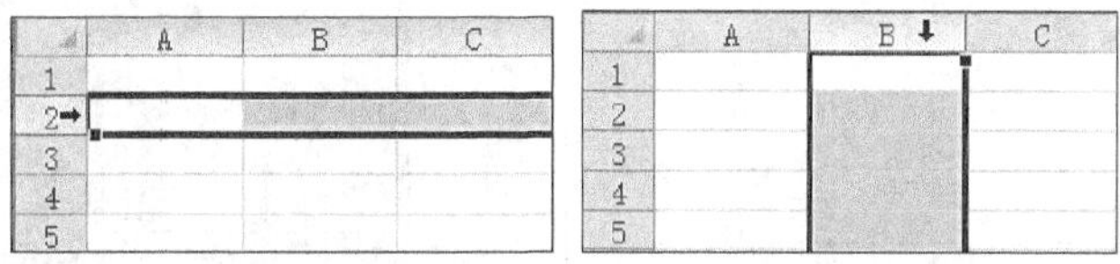

在选择多行或多列时，如果按【Shift】键再进行选择，那么就可选中连续的多行或多列；如果按【Ctrl】键再选，可选中不连续的行或列。

11.5.4 插入/删除行和列

在Excel工作表中，用户可以根据需要插入或删除行和列，其具体步骤如下。

1. 插入行与列

在工作表中插入新行，当前行则向下移动，而插入新列，当前列则向右移动。如选中第4行后，单击鼠标右键，在弹出的快捷菜单中选择【插入】菜单项，即可插入行或列。

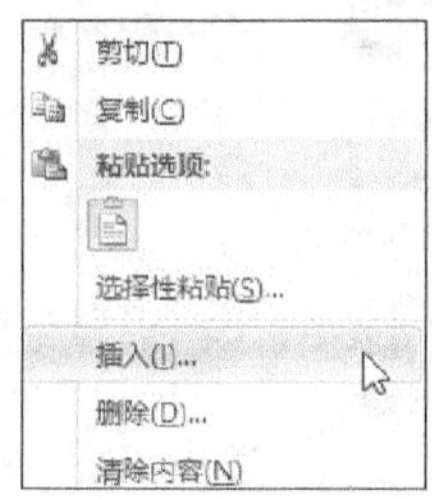

2. 删除行与列

工作表中多余的行或列，可以将其删除。删除行和列的方法有多种，最常用的有以下3种。

(1) 选择要删除的行或列，单击鼠标右键，在弹出的快捷菜单中选择【删除】菜单项，即可将其删除。

(2) 选择要删除的行或列，单击【开始】选项卡下【单元格】组中的【删除】按钮右侧的下拉箭头，在弹出的下拉列表中选择【删除单元格】选项，即可将选中的行或列删除。

(3) 选择要删除的行或列中的一个单元格，单击鼠标右键，在弹出的快捷菜单中选择【删除】菜单项，在弹出的【删除】对话框中选中【整行】或【整列】单选项，然后单击【确定】按钮即可。

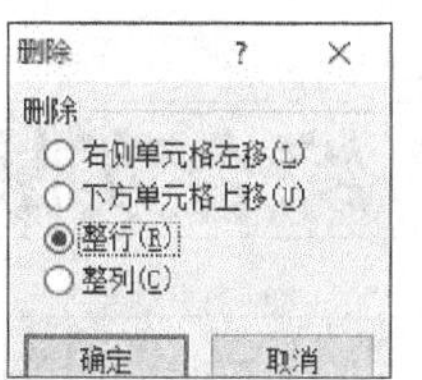

11.5.5 调整行高和列宽

在Excel工作表中，使用鼠标可以快速调整行高和列宽，其具体操作步骤如下。在Excel工作表中，当单元格的宽度或高度不足时，会导致数据显示不完整，这时就需要调整列宽和行高。

1. 调整单行或单列

如果要调整行高，将鼠标指针移动到两行的列号之间，当指针变成✚形状时，按住鼠标左键向上拖动可以使行变小，向下拖动则可使行变高。拖动时将显示出以点和像素为单位的宽度工具提示。如果要调整列宽，将鼠标指针移动到两列的列标之间，当指针变成✛形状时，按住鼠标左键向左拖动可以使列变窄，向右拖动则可使列变宽。

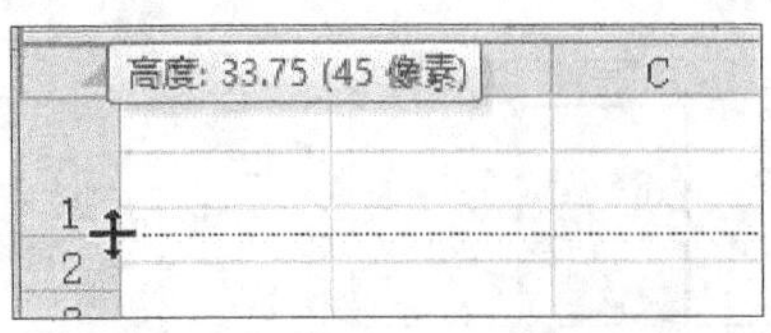

2.调整多行或多列

如果要调整多行或多列的宽度，选择要更改的行或列，然后拖动所选行号或列标的下侧或右侧边界，调整行高或列宽。

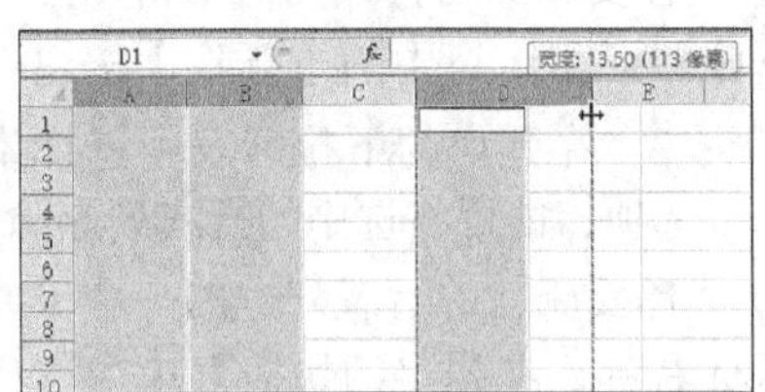

3.调整整个工作表的行或列

如果要调整工作表中所有列的宽度，单击【全选】按钮，然后拖动任意列标题的边界调整行高或列宽。

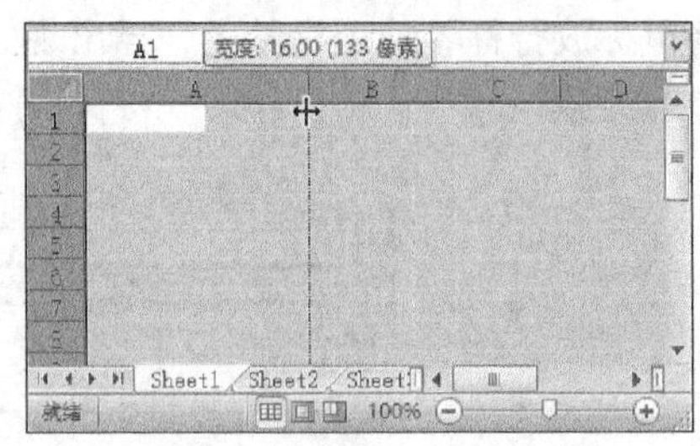

4.自动调整行高与列宽

除了手动调整行高与列宽外，还可以将单元格设置为根据单元格内容自动调整行高或列宽。在工作表中，选择要调整的行或列，如这里选择E列。在【开始】选项卡中，单击【单元格】选项组中的【格式】按钮，在弹出的下拉菜单中选择【自动调整行高】或【自动调整列宽】菜单项即可。

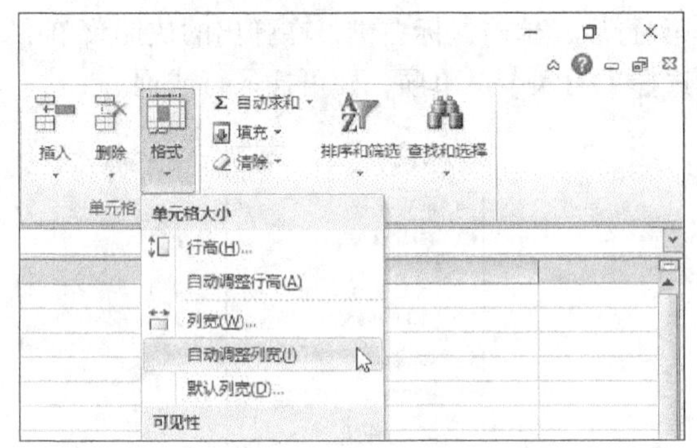

11.6 综合实战——制作员工考勤表

本节教学录像时间：6 分钟

员工考勤表是在办公中最常用的文秘表格，记录员工每天的上班出勤情况，也是计算员工工资的一种参考依据。考勤表包括了每个工作日的迟到、早退、矿工、病假、事假、休假等信息。本节将介绍如何制作一个简单的员工考勤表。

步骤 01 打开Excel 2010，新建一个工作簿，在A1单元格中输入“2017年1月员工考勤表”。

步骤02 在工作表中分别输入如下图中内容。

步骤03 分别合并单元格A2:A3和B2:B3，然后选择D2:F3单元格区域，向右填充至数字31，即AH列，如下图所示。

步骤04 选择A2:AH3单元格区域，将其列宽设置为“自动调整列宽”。

步骤05 分别合并A2:A3、A4:A5、B2:B3和B4:B5单元格区域，并拖曳合并后的A4和B4单元格向下填充至第17行，如下图所示。

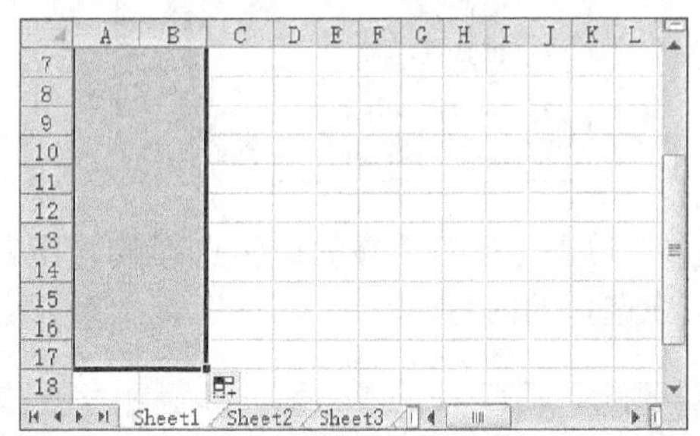

步骤06 在A列，输入序号，进行递增填充，分别在C4和C5单元格中输入“上午”和“下午”，并使用填充柄向下填充，然后在B列输入员工姓名，如下图所示。

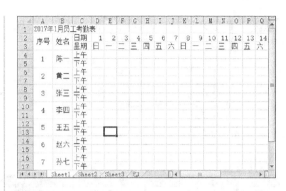

步骤07 合并A1:AH1、B18:AH18单元格区域，然后在第18行，输入如下图备注内容，即可完成简单的员工考勤表，然后保存为“员工考勤表”。

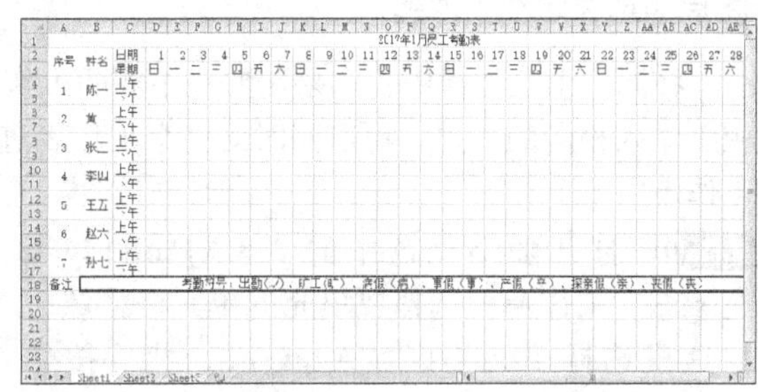

步骤08 考勤表制作完成后，可以发现表格并不是很美化，通过后面章节的学习，可以为该表设置边框线、单元格格式、字体颜色大小、表格填充等，如美化后的考勤表如下图所示。

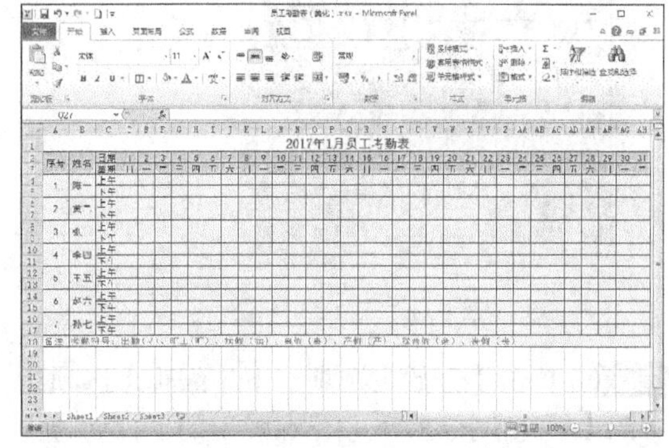

高手支招

本节教学录像时间：3 分钟

输入带有货币符号的金额

输入的数据为金额时，需要设置单元格格式为“货币”，如果输入的数据不多，可以直接在单元格中输入带有货币符号的金额。

步骤01 在单元格中按组合键【Shift+4】，出现货币符号，继续输入金额数值。

	A	B	C
1	¥123456		
2			
3			
4			
5			

步骤02 按【Tab】键或【Enter】键确认，适当调整列宽，最终效果如图所示。

	A	B
1	¥123456	
2		
3		

小提示

这里的数字“4”为键盘中字母上方的数字键，而并非小键盘中的数字键，在中文输入法下，则出现“¥”符号；在英文输入法下，按下组合键【Shift+4】，会出现“$”符号。

同时填充多个工作表

在同一个工作簿中，如果需要在不同的工作表的相同位置（如每个单元表的A1:A10单元格区域）输入相同的数据，可以同时对多个工作表进行数据的填充。下面介绍如何将内容填充到多个工作表中。

步骤01 打开随书光盘中的“素材\ch11\填充.xlsx”工作簿，选择要填充的单元格区域，如这里选择单元格区域A1:C11，然后按住【Shift】键，单击需要填充数据的工作表，如选择【Sheet2】工作表，被选择了的工作表下方会用绿色线标记。

	A	B	C	D	E
1	编号	姓名	毕业学校		
2	001	张宇	郑州大学		
3	002	张扬	北京大学		
4	003	刘艳	北京外国语大学		
5	004	李淼	天津师范大学		
6	005	方文	南京大学		
7	006	邓睿文	复旦大学		
8	007	张伟	浙江大学		
9	008	娄晨晓	河南师范大学		
10	009	陈帅	河南财经大学		
11	010	高阳	郑州大学		

Sheet1 Sheet2

步骤02 单击【开始】选项卡下【编辑】选项组中的【填充】按钮 填充，在弹出的下拉列表中选择【成组工作表】选项。

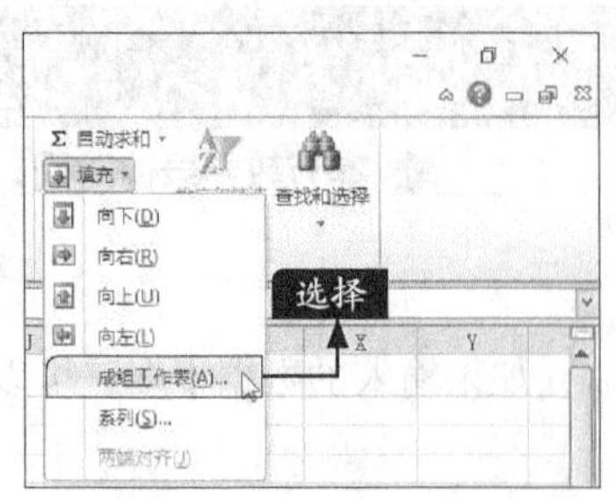

步骤03 弹出【填充成组工作表】对话框，单击选择【全部】选项。

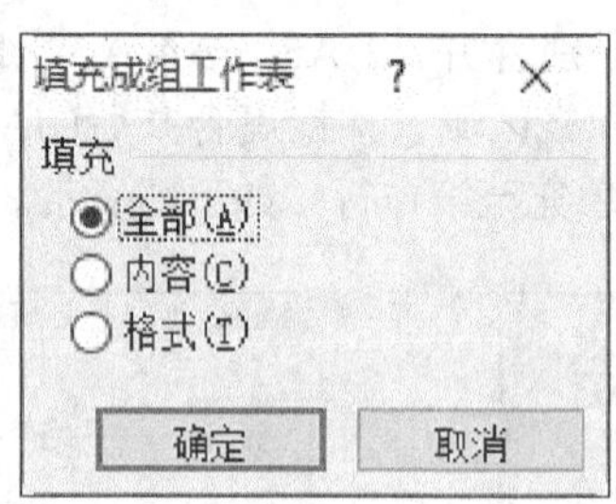

步骤04 单击【确定】按钮，被选择的工作表会被填充选择的内容。

	A	B	C	D	E
1	编号	姓名	毕业学校		
2	001	张宇	郑州大学		
3	002	张扬	北京大学		
4	003	刘艳	京外国语大学		
5	004	李淼	天津师范大学		
6	005	方文	南京大学		
7	006	邓睿文	复旦大学		
8	007	张伟	浙江大学		
9	008	娄晨晓	河南师范大学		
10	009	陈帅	河南财经大学		
11	010	高阳	郑州大学		

Sheet1 Sheet2 Sheet3

第12章

工作表的美化

学习目标

工作表的美化是表格制作的一项重要内容，通过对表格格式的设置，可以使表格的框线、底纹以不同的形式表现出来；同时还可以设置表格的文本样式等，使表格层次分明、结构清晰、重点突出显示。Excel 2010为工作表的美化设置提供了方便的操作方法和多项功能。

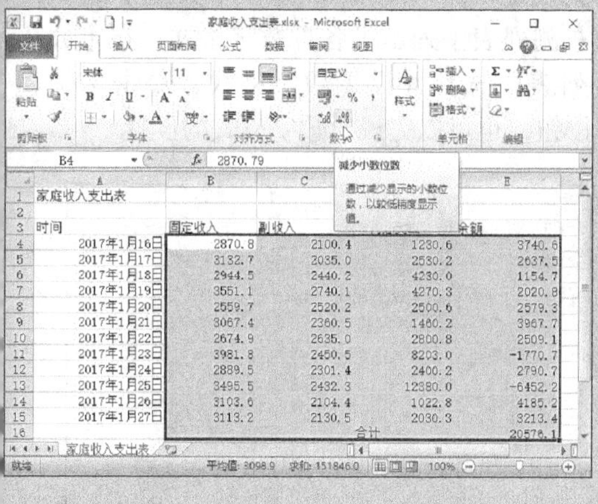

12.1 设置数字格式

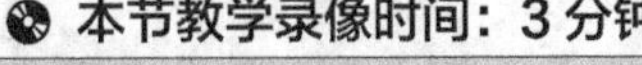

在Excel 2010中，用数字表示的内容很多，例如小数、货币、百分比和时间等。在单元格中改变数值的小数位数、为数值添加货币符号的具体操作步骤如下。

步骤 01 打开随书光盘中的“素材\ch12\家庭收入支出表.xlsx”文件，选择单元格区域B4:E16。

步骤 02 单击【开始】选项卡下【数字】选项组中的【减少小数位数】按钮，可以看到选中区域的数值减少一位小数，并自动进行了四舍五入操作。

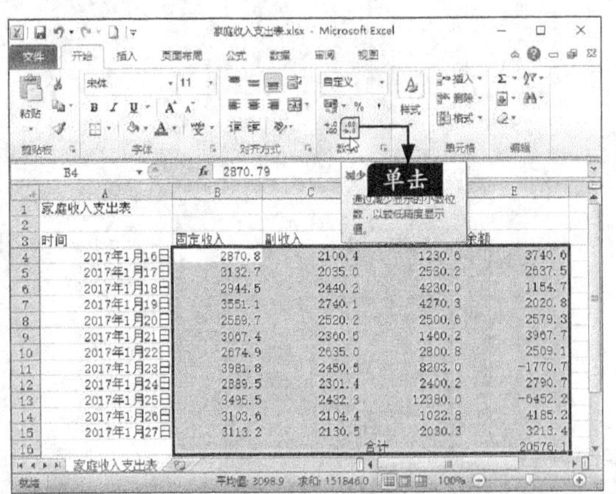

步骤 03 单击【数字】选项组中的【会计数字格式】按钮右侧的下拉按钮，在弹出的下拉列表中选择【￥中文(中国)】选项。

步骤 04 单元格区域的数字格式被自动应用为【会计专用】格式，数字添加了货币符号，效果如图所示。

除了上述的设置方法外，用户还可以选择一个单元格，单击鼠标右键，在弹出的下拉列表中选择【设置单元格格式】选项，弹出【设置单元格格式】对话框，选择【数字】选项卡，左侧列表中列出了各种数字格式，在【分类】列表中选择并设置数字格式，单击【确定】按钮，也可以完成对数字格式的设置。

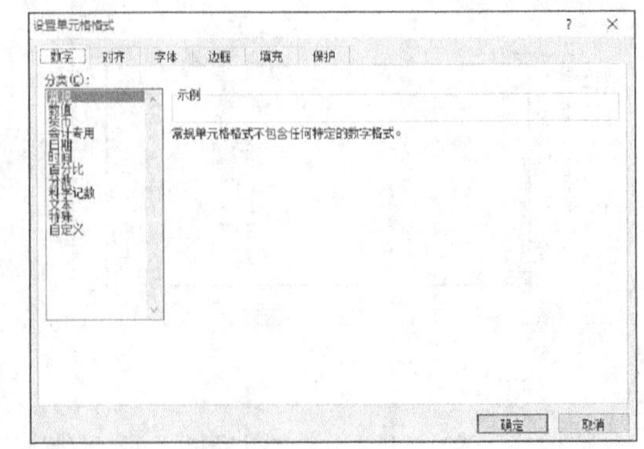

另外，用户可以使用键盘快捷键，设置单元格或单元格区域的数字格式，常用的数字格式设置快捷键如下表所示。

快捷键	作用
Ctrl+Shift+~	常规数字格式，即为设置格式的值
Ctrl+Shitf+$	货币格式，含两位小数
Ctrl+Shift+%	百分比格式，没有小数位
Ctrl+Shift+^	科学计数法格式，含两位小数
Ctrl+Shift+#	日期格式，包含年、月、日
Ctrl+Shitf+@	时间格式，包含小时和分钟
Ctrl+Shitf+!	千位分隔符格式，不含小数

12.2 设置对齐方式

本节教学录像时间：3 分钟

对齐方式是指单元格中的数据显示在单元格中上、下、左、右的相对位置。默认情况下，单元格中的文本都是左对齐，数值都是右对齐。

12.2.1 对齐方式

设置数据对齐方式的具体操作步骤如下。

步骤 01 打开随书光盘中的“素材\ch12\家庭收入支出表.xlsx”文件，选择单元格区域A1:E2，单击【对齐方式】组中【合并后居中】按钮右侧的下拉按钮，在弹出的下拉列表中选择【合并后居中】菜单项。

	A	B	C	D	E
1	家庭收入支出表				
2					
3	时间	固定收入	副收入	月总支出	余额
4	2017年1月16日	2870.79	2100.37	1230.56	3740.6
5	2017年1月17日	3132.69	2035	2530.19	2637.5
6	2017年1月18日	2944.53	2440.2	4230.03	1154.7
7	2017年1月19日	3551.07	2740.07	4270.31	2020.83
8	2017年1月20日	2559.73	2520.15	2500.63	2579.25
9	2017年1月21日	3067.39	2360.48	1460.21	3967.66
10	2017年1月22日	2674.87	2635	2800.77	2509.1

选择

步骤 02 此时选定的单元格区域合并为一个单元格，且文本居中显示。

	A	B	C	D	E
1-2	家庭收入支出表				
3	时间	固定收入	副收入	月总支出	余额
4	2017年1月16日	2870.79	2100.37	1230.56	3740.6
5	2017年1月17日	3132.69	2035	2530.19	2637.5
6	2017年1月18日	2944.53	2440.2	4230.03	1154.7
7	2017年1月19日	3551.07	2740.07	4270.31	2020.83
8	2017年1月20日	2559.73	2520.15	2500.63	2579.25
9	2017年1月21日	3067.39	2360.48	1460.21	3967.66
10	2017年1月22日	2674.87	2635	2800.77	2509.1
11	2017年1月23日	3981.84	2450.48	8203	-1770.68
12	2017年1月24日	2889.47	2301.38	2400.18	2790.67
13	2017年1月25日	3495.5	2432.3	12380.02	-6452.22
14	2017年1月26日	3103.57	2104.42	1022.76	4185.23
15	2017年1月27日	3113.17	2130.5	2030.26	3213.41
16				合计	20576.05

步骤 03 选择合并后的单元格A1，单击【对齐方式】组中的【垂直居中】按钮和【居中】按钮，最终效果如图所示。

	A	B	C	D	E
1-2	家庭收入支出表				
3	时间	固定收入	副收入	月总支出	余额
4	2017年1月16日	2870.79	2100.37	1230.56	3740.6
5	2017年1月17日	3132.69	2035	2530.19	2637.5
6	2017年1月18日	2944.53	2440.2	4230.03	1154.7
7	2017年1月19日	3551.07	2740.07	4270.31	2020.83
8	2017年1月20日	2559.73	2520.15	2500.63	2579.25
9	2017年1月21日	3067.39	2360.48	1460.21	3967.66
10	2017年1月22日	2674.87	2635	2800.77	2509.1
11	2017年1月23日	3981.84	2450.48	8203	-1770.68
12	2017年1月24日	2889.47	2301.38	2400.18	2790.67
13	2017年1月25日	3495.5	2432.3	12380.02	-6452.22
14	2017年1月26日	3103.57	2104.42	1022.76	4185.23
15	2017年1月27日	3113.17	2130.5	2030.26	3213.41
16				合计	20576.05

12.2.2 自动换行

设置文本自动换行的具体操作步骤如下。

步骤 01 打开Excel 2010，在A1单元格输入如图所示字样，单击【对齐方式】选项组中的【自动换行】按钮自动换行。

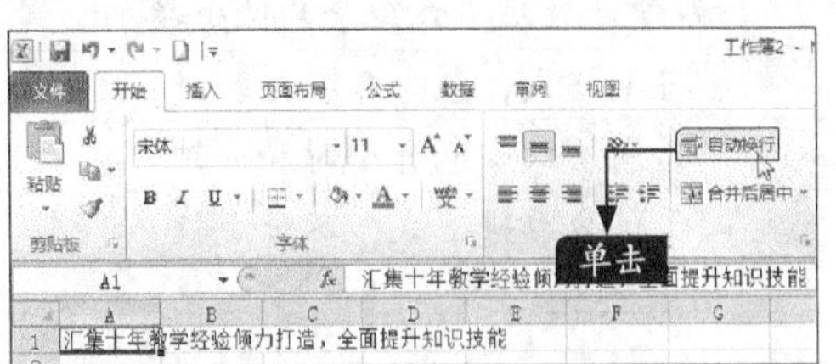

步骤 02 最终效果如下图所示。

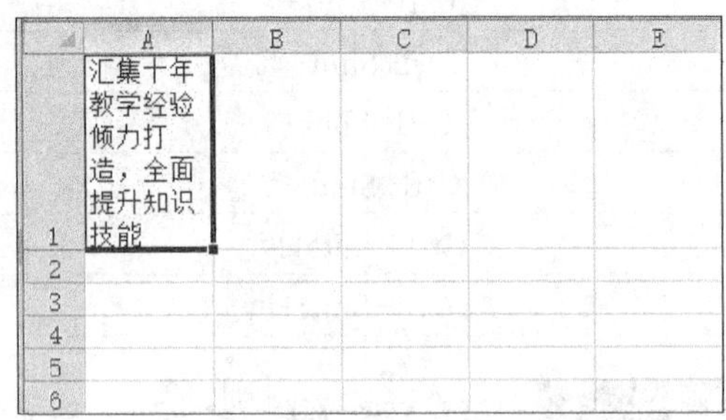

12.3 设置字体

本节教学录像时间：2 分钟

在Excel 2010中可以更改工作表中选定区域的字体格式，也可以更改Excel表格中的默认字体、字号和字体颜色等。

12.3.1 设置字体和字号

默认的情况下，Excel 2010表格中的字体格式是黑色、宋体和11号。如果对此字体格式不满意，可以更改。

步骤 01 启动Excel 2010，在单元格中输入内容，并选择该单元格区域，在【开始】选项卡中，单击【字体】选项组中的【字体】列表框，在弹出的下拉列表中，选择需要的字体即可更改所选字体的格式。

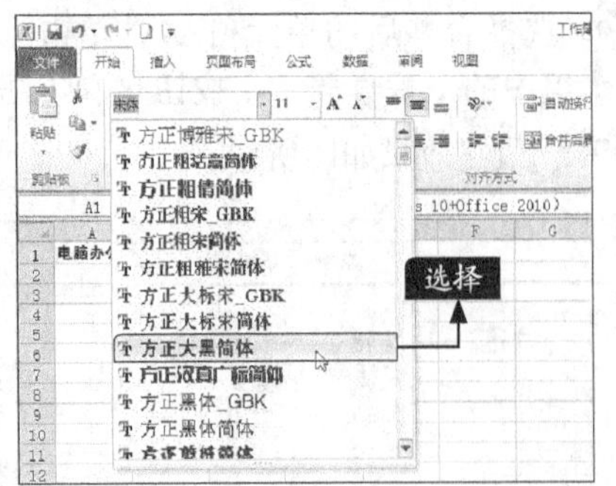

步骤 02 在【开始】选项卡中，单击【字体】选项组中的【字号】列表框，在弹出的下拉列表中，选择所需的字号即可。

小提示

在【字号】下拉列表中，最大的字号是72号，Excel支持的最大字号是409磅。设置字号也可以直接将字号数值（如120）输入到【字号】下拉列表文本框中，然后按【Enter】键确认即可。

此外，也可以在要改变格式的字体上右击，在弹出的浮动工具条中设置字体和字号；还可以单击【字体】选项组中的对话框启动器或按【Ctrl+Shift+F】组合键，在弹出的【设置单元格格式】对话框中设置字体和字号大小。

12.3.2 设置字体颜色

默认的情况下，Excel 2010表格中的字体颜色是黑色的。如果对此字体的颜色不满意，可以更改。

步骤 01 在单元格中输入内容，并选择该单元格区域，单击【开始】选项卡下【字体】选项组中的【字体颜色】按钮A右侧的下拉按钮，在弹出的调色板中选择需要的字体颜色即可。

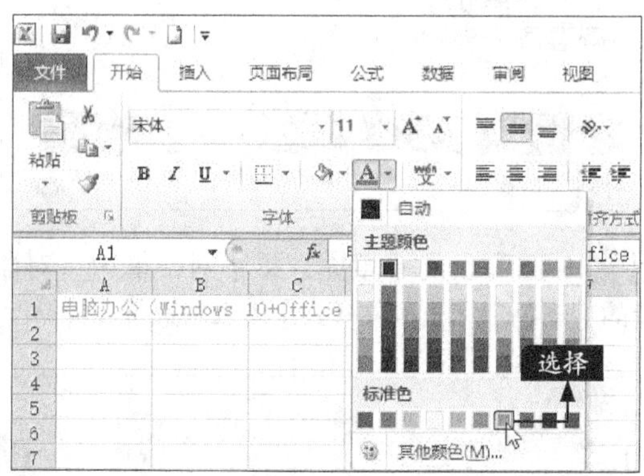

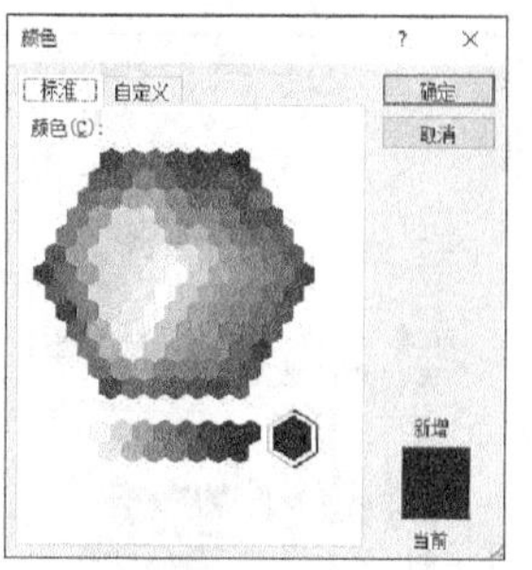

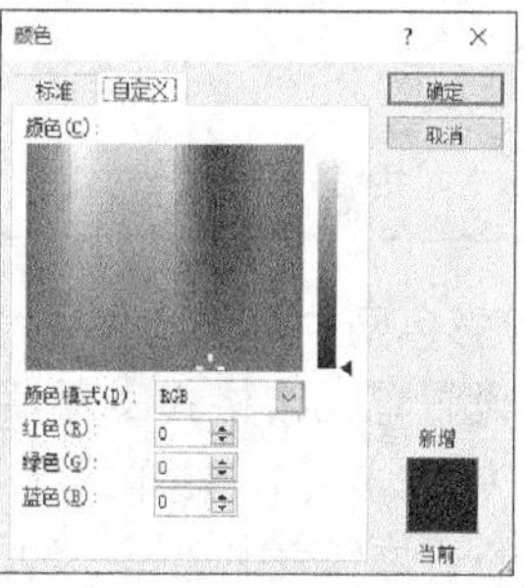

步骤 02 如果调色板中没有所需的颜色，可以自定义颜色。在弹出的调色板中选择【其他颜色】选项，弹出【颜色】对话框，在【标准】选项卡中选择需要的颜色，或者在【自定义】选项卡中调整适合的颜色，单击【确定】按钮，即可应用重新定义的字体颜色。

小提示

此外，也可以在要改变字体的文字上右击，在弹出的【浮动工具条】中的【字体颜色】列表中设置字体颜色；也可以按【Ctrl+Shift+F】组合键，打开【设置单元格格式】对话框中设置字体的颜色。

12.4 设置背景颜色

本节教学录像时间：3 分钟

要使单元格的外观更漂亮，可以为单元格设置背景颜色，单元格设置的背景色包括纯色、彩色网纹和渐变颜色3种。

步骤 01 打开随书光盘中的“素材\ch12\员工工资表.xlsx”工作簿，选择要设置背景色的单元格或区域。

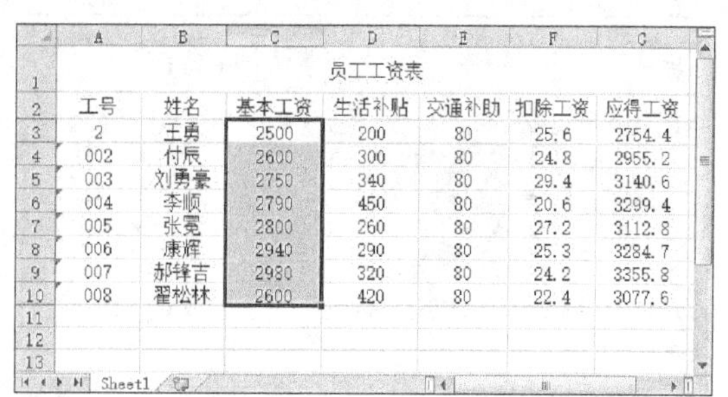

员工工资表

工号	姓名	基本工资	生活补贴	交通补助	扣除工资	应得工资
2	王勇	2500	200	80	25.6	2754.4
002	付辰	2600	300	80	24.8	2955.2
003	刘勇豪	2750	340	80	29.4	3140.6
004	李顺	2790	450	80	20.6	3299.4
005	张亮	2800	260	80	27.2	3112.8
006	康辉	2940	290	80	25.3	3284.7
007	郝锋吉	2980	320	80	24.2	3355.8
008	翟松林	2600	420	80	22.4	3077.6

步骤02 设置纯色背景。在【开始】选项卡中单击【字体】选项组中的【填充颜色】按钮右侧的下拉按钮，在弹出的调色板中选择需要的颜色即可。

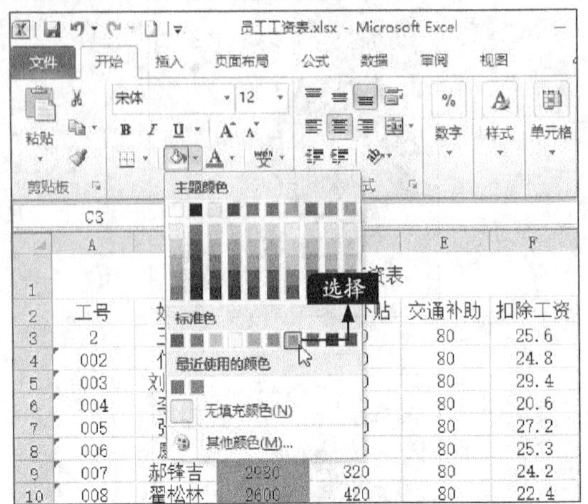

步骤03 设置彩色网纹效果。按【Ctrl+1】组合键，打开【设置单元格格式】对话框，在【填充】选项卡中单击【图案样式】下方的列表框，在弹出的下拉列表中选择一种网纹图案。

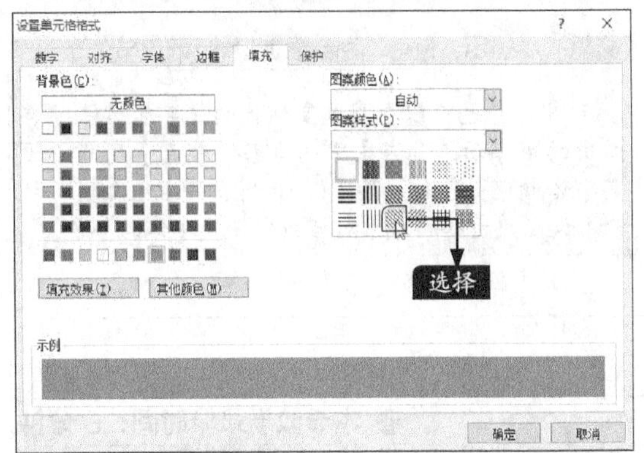

步骤04 单击【图案颜色】下方的列表框，在弹出的调色板中为网纹选择一种颜色，单击【确定】按钮即可。

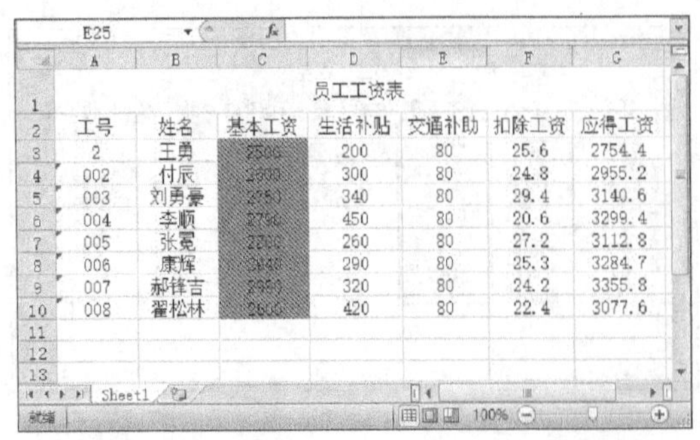

步骤05 设置填充渐变颜色。在【设置单元格格式】对话框的【填充】选项卡中单击【填充效果】按钮。

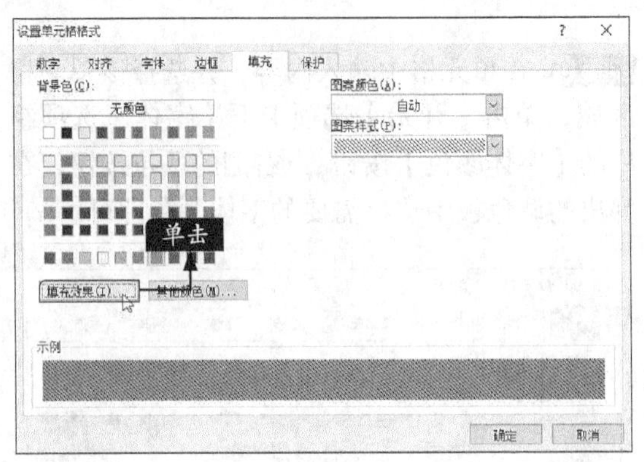

步骤06 在弹出的【填充效果】对话框中，对渐变的【颜色】和【底纹样式】等选项进行设置。

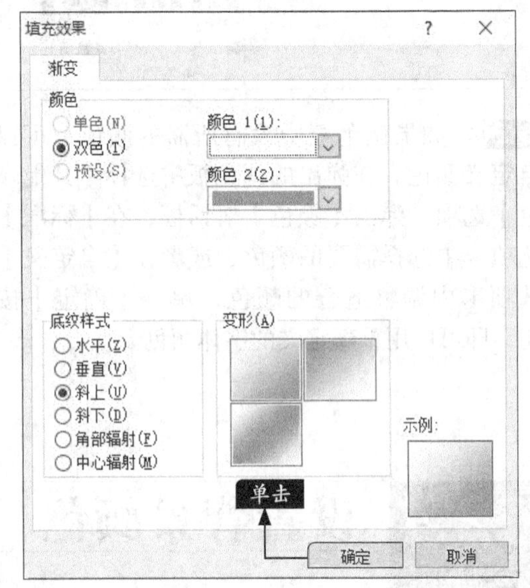

步骤07 单击【确定】按钮，渐变颜色即被填充到相应的单元格区域中。

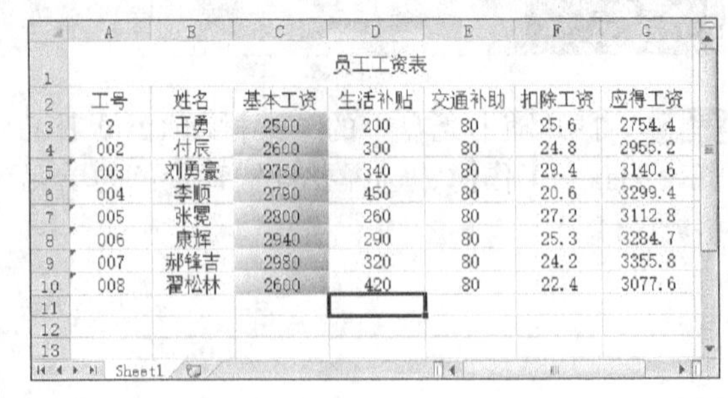

12.5 设置边框

本节教学录像时间：3 分钟

在Excel 2010中，单元格四周的灰色网格线默认是不能被打印出来的。为了使表格更加规范、美观，可以为表格设置边框。

12.5.1 使用功能区设置边框

使用功能区设置边框的具体操作步骤如下。

步骤 01 打开随书光盘中的“素材\ch12\家庭收入支出表.xlsx”工作簿，选中要添加边框的单元格区域A1:E16，单击【开始】选项卡下【字体】选项组中【边框】按钮 右侧的下拉按钮，在弹出的列表中选择【所有框线】选项。

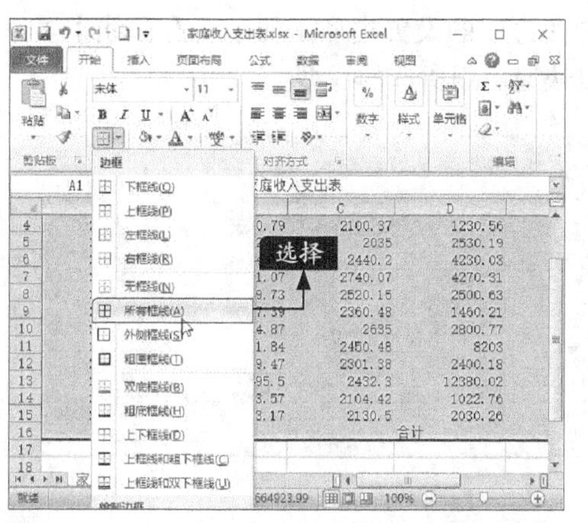

步骤 02 即可为表格添加所有边框。

	A	B	C	D	E
1	家庭收入支出表				
2					
3	时间	固定收入	副收入	月总支出	余额
4	2017年1月16日	2870.79	2100.37	1230.56	3740.6
5	2017年1月17日	3132.69	2035	2530.19	2637.5
6	2017年1月18日	2944.53	2440.2	4230.03	1154.7
7	2017年1月19日	3551.07	2740.07	4270.31	2020.83
8	2017年1月20日	2559.73	2520.15	2500.63	2579.25
9	2017年1月21日	3067.39	2360.48	1460.21	3967.66
10	2017年1月22日	2674.87	2635	2800.77	2509.1
11	2017年1月23日	3981.84	2450.48	8203	-1770.68
12	2017年1月24日	2889.47	2301.38	2400.18	2790.67
13	2017年1月25日	3495.5	2432.3	12380.02	-6452.22
14	2017年1月26日	3103.57	2104.42	1022.76	4185.23
15	2017年1月27日	3113.17	2130.5	2030.26	3213.41
16				合计	20576.05

12.5.2 使用对话框设置边框

使用对话框设置边框的具体操作步骤如下。

步骤 01 打开随书光盘中的“素材\ch12\家庭收入支出表.xlsx”工作簿，选中要添加边框的单元格区域A1:E16，按【Ctrl+Shift+F】组合键，打开【设置单元格格式】对话框，选择【边框】选项卡，在【线条样式】列表框中选择一种样式，然后在【颜色】下拉列表中选择“浅蓝”，在【预置】区域单击【外边框】和【内部】图标，如图所示。

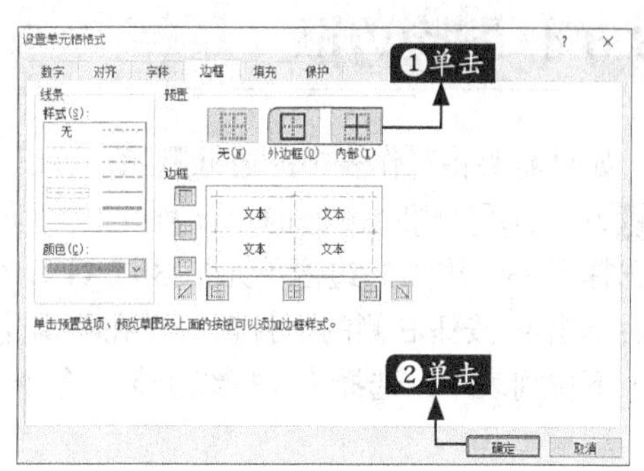

步骤 02 单击【确定】按钮，最终效果如下图所示。

	A	B	C	D	E
1	家庭收入支出表				
2					
3	时间	固定收入	副收入	月总支出	余额
4	2017年1月16日	2870.79	2100.37	1230.56	3740.6
5	2017年1月17日	3132.69	2035	2530.19	2637.5
6	2017年1月18日	2944.53	2440.2	4230.03	1154.7
7	2017年1月19日	3551.07	2740.07	4270.31	2020.83
8	2017年1月20日	2559.73	2520.15	2500.63	2579.25
9	2017年1月21日	3067.39	2360.48	1460.21	3967.66
10	2017年1月22日	2674.87	2635	2800.77	2509.1
11	2017年1月23日	3981.84	2450.48	8203	-1770.68
12	2017年1月24日	2889.47	2301.38	2400.18	2790.67
13	2017年1月25日	3495.5	2432.3	12380.02	-6452.22
14	2017年1月26日	3103.57	2104.42	1022.76	4185.23
15	2017年1月27日	3113.17	2130.5	2030.26	3213.41
16				合计	20576.05
17					

12.5.3 设置边框线型

设置边框线型的具体步骤如下。

步骤01 打开随书光盘中的“素材\ch12\家庭收入支出表.xlsx”工作簿，选中要添加边框的单元格区域A1:E16，在【开始】选项卡中，选择【字体】选项组中【边框】按钮右侧的下拉按钮，在弹出的下拉菜单中选择【线型】菜单命令，然后在其下级子菜单中选择一种线型。

步骤02 在Excel窗口中，当鼠标指针变成一个铅笔形状时，可以拖曳指针在要添加边框的单元格区域绘制边框。也可以直接单击【边框】按钮，弹出【边框】下拉列表中，从中选择边框的设置类型（如【所有框线】），可以快速应用所选的线型。

	A	B	C	D	E
1	家庭收入支出表				
2					
3	时间	固定收入	副收入	月总支出	余额
4	2017年1月16日	2870.79	2100.37	1230.56	3740.6
5	2017年1月17日	3132.69	2035	2530.19	2637.5
6	2017年1月18日	2944.53	2440.2	4230.03	1154.7
7	2017年1月19日	3551.07	2740.07	4270.31	2020.83
8	2017年1月20日	2559.73	2520.15	2500.63	2579.25
9	2017年1月21日	3067.39	2360.48	1460.21	3967.66
10	2017年1月22日	2674.87	2635	2800.77	2509.1
11	2017年1月23日	3981.84	2450.48	8203	-1770.68
12	2017年1月24日	2889.47	2301.38	2400.18	2790.67
13	2017年1月25日	3495.5	2432.3	12380.02	-6452.22
14	2017年1月26日	3103.57	2104.42	1022.76	4185.23
15	2017年1月27日	3113.17	2130.5	2030.26	3213.41
16				合计	20576.05
17					

12.5.4 删除边框

如果需要将工作表中的边框删除，可以使用以下方法进行删除。

步骤01 选中要删除边框的单元格区域，如这里选择上一节添加的边框单元格区域A1:E16，然后单击按钮右侧的下拉按钮，在弹出【边框】下拉列表中，选择【无框线】菜单命令。

步骤 02 此时，即可删除添加的边框线，如下图所示。

时间	固定收入	副收入	月总支出	余额
2017年1月16日	2870.79	2100.37	1230.56	3740.6
2017年1月17日	3132.69	2035	2530.19	2637.5
2017年1月18日	2944.53	2440.2	4230.03	1154.7
2017年1月19日	3551.07	2740.07	4270.31	2020.83
2017年1月20日	2559.73	2520.15	2500.63	2579.25
2017年1月21日	3067.39	2360.48	1460.21	3967.66
2017年1月22日	2674.87	2635	2800.77	2509.1
2017年1月23日	3981.84	2450.48	8203	-1770.68
2017年1月24日	2889.47	2301.38	2400.18	2790.67
2017年1月25日	3495.5	2432.3	12380.02	-6452.22
2017年1月26日	3103.57	2104.42	1022.76	4185.23
2017年1月27日	3113.17	2130.5	2030.26	3213.41
			合计	20576.05

12.6 快速设置表格样式

本节教学录像时间：2 分钟

Excel 2010提供自动套用格式功能，便于用户从众多预设好的表格格式中选择一种样式，快速地套用到某一个工作表中。Excel预置有60种常用的格式，用户可以自动地套用这些预先定义好的格式，以提高工作的效率。自动套用表格格式的具体步骤如下。

步骤 01 打开随书光盘中的“素材\ch12\设置表格样式.xlsx”工作簿，选择要套用格式的单元格区域A4:G18。

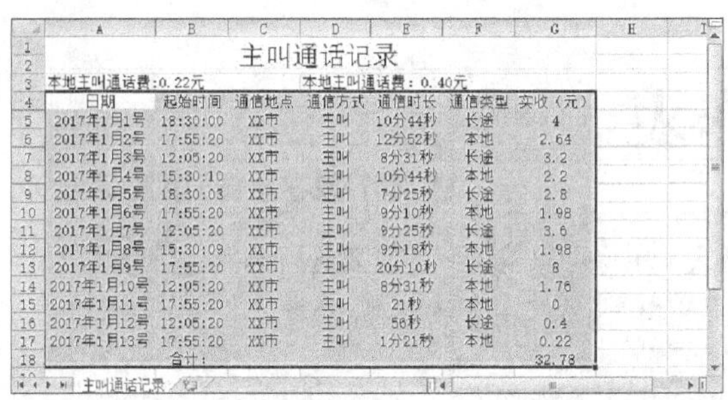

主叫通话记录

本地主叫通话费:0.22元　本地主叫通话费：0.40元

日期	起始时间	通信地点	通信方式	通信时长	通信类型	实收（元）
2017年1月1号	18:30:00	XX市	主叫	10分44秒	长途	4
2017年1月2号	17:55:20	XX市	主叫	12分52秒	本地	2.64
2017年1月3号	12:05:20	XX市	主叫	8分31秒	长途	3.2
2017年1月4号	15:30:10	XX市	主叫	10分44秒	本地	2.2
2017年1月5号	18:30:03	XX市	主叫	7分25秒	长途	2.8
2017年1月6号	17:55:20	XX市	主叫	9分10秒	本地	1.98
2017年1月7号	12:05:20	XX市	主叫	9分25秒	长途	3.6
2017年1月8号	15:30:09	XX市	主叫	9分18秒	本地	1.98
2017年1月9号	17:55:20	XX市	主叫	20分10秒	长途	8
2017年1月10号	12:05:20	XX市	主叫	8分31秒	本地	1.76
2017年1月11号	17:55:20	XX市	主叫	21秒	本地	0
2017年1月12号	12:05:20	XX市	主叫	56秒	长途	0.4
2017年1月13号	17:55:20	XX市	主叫	1分21秒	本地	0.22
	合计：					32.78

步骤 02 在【开始】选项卡中，选择【样式】选项组中的【套用表格格式】按钮，在弹出的下拉菜单中选择【浅色】区域列表中的一种样式。

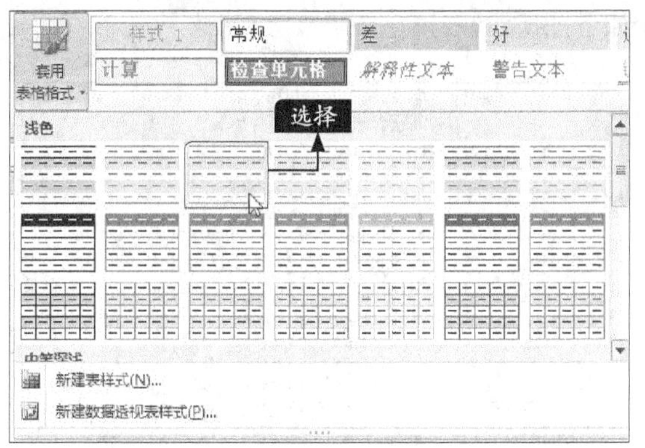

步骤 03 单击样式，则会弹出【套用表格格式】对话框，单击【确定】按钮即可套用一种浅色样式。

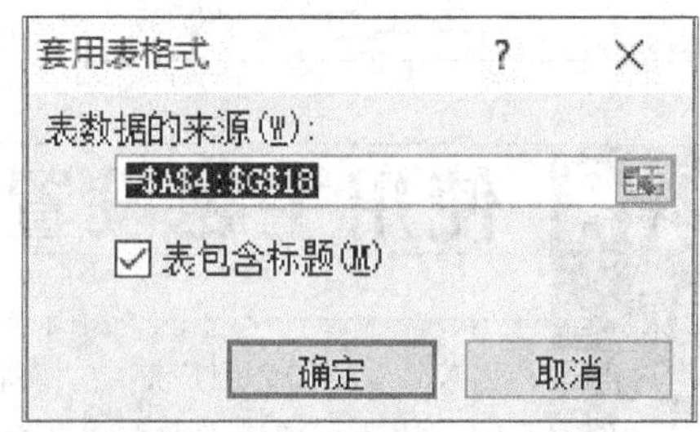

步骤 04 最终效果如下图所示。

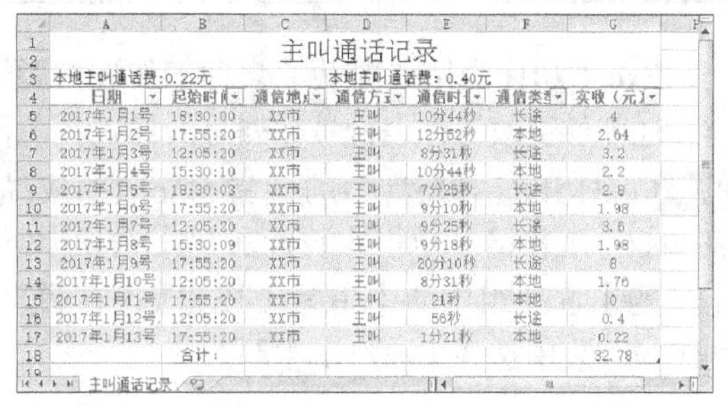

主叫通话记录

本地主叫通话费:0.22元　本地主叫通话费：0.40元

日期	起始时间	通信地点	通信方式	通信时长	通信类型	实收（元）
2017年1月1号	18:30:00	XX市	主叫	10分44秒	长途	4
2017年1月2号	17:55:20	XX市	主叫	12分52秒	本地	2.64
2017年1月3号	12:05:20	XX市	主叫	8分31秒	长途	3.2
2017年1月4号	15:30:10	XX市	主叫	10分44秒	本地	2.2
2017年1月5号	18:30:03	XX市	主叫	7分25秒	长途	2.8
2017年1月6号	17:55:20	XX市	主叫	9分10秒	本地	1.98
2017年1月7号	12:05:20	XX市	主叫	9分25秒	长途	3.6
2017年1月8号	15:30:09	XX市	主叫	9分18秒	本地	1.98
2017年1月9号	17:55:20	XX市	主叫	20分10秒	长途	8
2017年1月10号	12:05:20	XX市	主叫	8分31秒	本地	1.76
2017年1月11号	17:55:20	XX市	主叫	21秒	本地	0
2017年1月12号	12:05:20	XX市	主叫	56秒	长途	0.4
2017年1月13号	17:55:20	XX市	主叫	1分21秒	本地	0.22
	合计：					32.78

小提示

在此样式中单击任一单元格，功能区则会出现【设计】选项卡，然后单击【表格样式】组中的任一样式，即可更改样式。

12.7 套用单元格样式

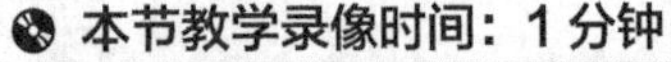

本节教学录像时间：1 分钟

单元格样式是一组已定义的格式特征，在Excel 2010的内置单元格样式中还可以创建自定义单元格样式。若要在一个表格中应用多种样式，就可以使用自动套用单元格样式功能。在创建的默认工作表中，单元格文本的【字体】为“等线”、【字号】为“11”。如果要快速改变文本样式，可以套用单元格文本样式，具体的操作步骤如下。

步骤 01 打开随书光盘中的“素材\ch12\设置单元格样式.xlsx”工作簿，并选择单元格区域B6:E15，单击【开始】选项卡【样式】选项组中的【其他】按钮▾。

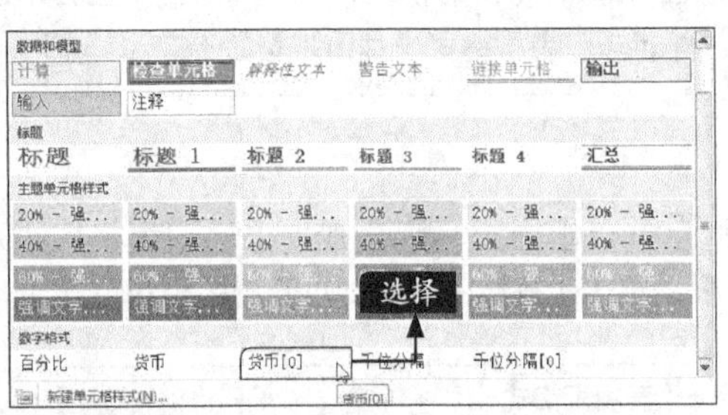

步骤 02 在弹出的下拉列表中选择一种样式，即可改变单元格中文本的样式。

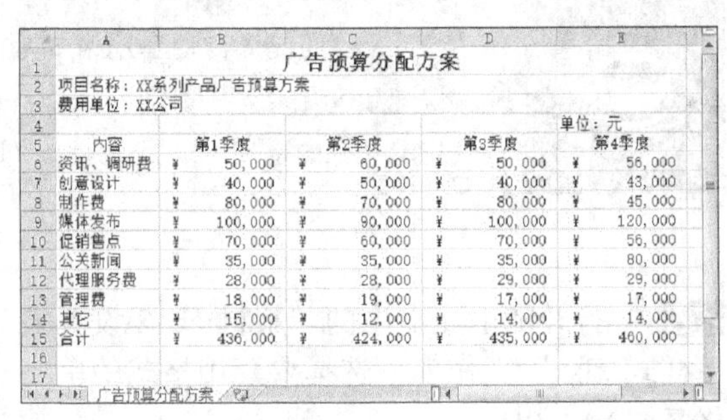

广告预算分配方案

项目名称：XX系列产品广告预算方案

费用单位：XX公司

单位：元

内容	第1季度	第2季度	第3季度	第4季度
资讯、调研费	¥ 50,000	¥ 60,000	¥ 50,000	¥ 56,000
创意设计	¥ 40,000	¥ 50,000	¥ 40,000	¥ 43,000
制作费	¥ 80,000	¥ 70,000	¥ 80,000	¥ 45,000
媒体发布	¥ 100,000	¥ 90,000	¥ 100,000	¥ 120,000
促销售点	¥ 70,000	¥ 60,000	¥ 70,000	¥ 56,000
公关新闻	¥ 35,000	¥ 35,000	¥ 35,000	¥ 80,000
代理服务费	¥ 28,000	¥ 28,000	¥ 29,000	¥ 29,000
管理费	¥ 18,000	¥ 19,000	¥ 17,000	¥ 17,000
其它	¥ 15,000	¥ 12,000	¥ 14,000	¥ 14,000
合计	¥ 436,000	¥ 424,000	¥ 435,000	¥ 460,000

12.8 使用主题设置工作表

本节教学录像时间：2 分钟

Excel 2010为用户提供了多种主题型式。用户可以根据工作需要进行选择。除此之外，用户。还可以根据需要自定义主题颜色、字体以及选择主题效果。

Excel 2010为用户提供了44种工作表主题形式，设置工作表主题，不仅可以更改工作表的内容，还能够更改工作表行号和列号的样式，选择工作表主题的具体操作步骤如下。

步骤 01 打开随书光盘中的“素材\ch12\成绩表.xlsx”工作簿，单击【页面布局】选项卡下【主题】选项组中的【主题】按钮，在弹出的下拉列表中选择【波形】主题。

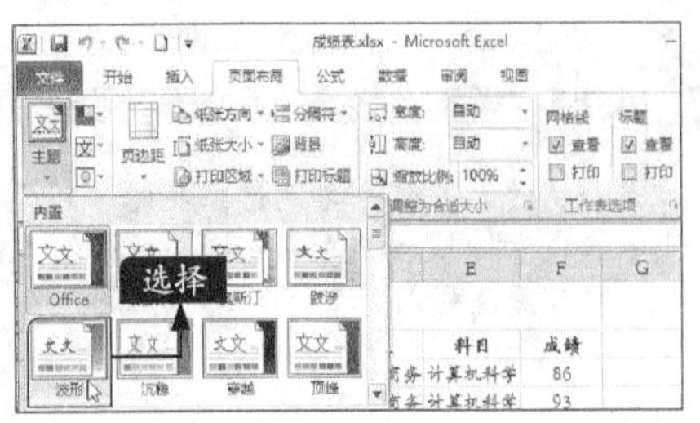

步骤 02 即可改变工作表的主题样式，最终效果如下图所示。

成绩表

学号	姓名	性别	班级	科目	成绩
016000530	王洋洋	男	16电子商务	计算机科学	86
016000531	姚顺	男	16电子商务	计算机科学	93
016000534	魏军帅	男	16电子商务	计算机科学	65
016000535	姚川	男	16电子商务	计算机科学	90
016000537	魏海婉	女	16电子商务	计算机科学	85
016000553	高少静	女	16电子商务	计算机科学	48
016000554	宁波	女	16电子商务	计算机科学	75
016000555	宋飞星	女	16电子商务	计算机科学	86
016000556	张微微	男	16电子商务	计算机科学	55
016000568	高飞	女	16电子商务	计算机科学	76
016000571	陈莹	女	16电子商务	计算机科学	79
016000572	宋艳秋	女	16电子商务	计算机科学	90

12.9 使用条件格式

本节教学录像时间：5分钟

在Excel 2010中可以使用条件格式，将符合条件的数据突出显示出来。

12.9.1 条件格式综述

条件格式是指当条件为真时，Excel自动应用于所选的单元格格式（如单元格的底纹或字体颜色），即在所选的单元格中符合条件的以一种格式显示，不符合条件的以另一种格式显示。

设定条件格式，可以让用户基于单元格内容有选择地和自动地应用单元格格式。例如，通过设置，使区域内的所有负值有一个浅红色的背景色。当输入或者改变区域中的值时，如果数值为负数，背景就变化，否则就不应用任何格式。

小提示

另外，应用条件格式还可以快速地标识不正确的单元格输入项或者特定类型的单元格，而使用一种格式（例如，红色的单元格）来标识特定的单元格。

12.9.2 设置条件格式

对一个单元格或者单元格区域应用条件格式的具体步骤如下。

步骤01 选择单元格或者单元格区域，单击【开始】选项卡【样式】组中的【条件格式】按钮，弹出如图所示的列表。

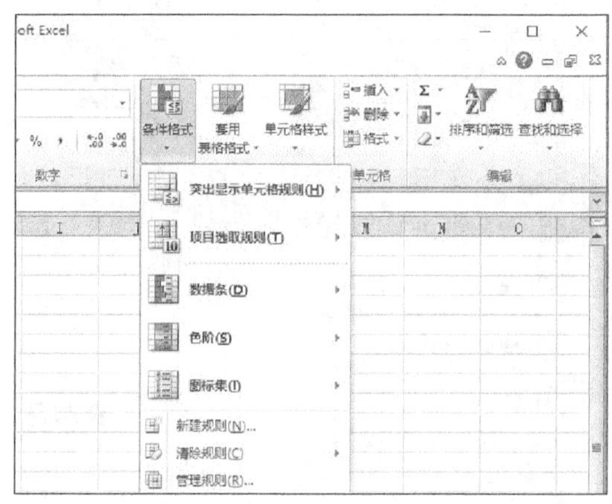

步骤02 在【突出显示单元格规则】选项中，可以设置【大于】、【小于】、【介于】等条件规则。

步骤03 在【数据条】选项中，可以使用内置样式设置条件规则，设置后会在单元格中以各种颜色显示数据的分类。

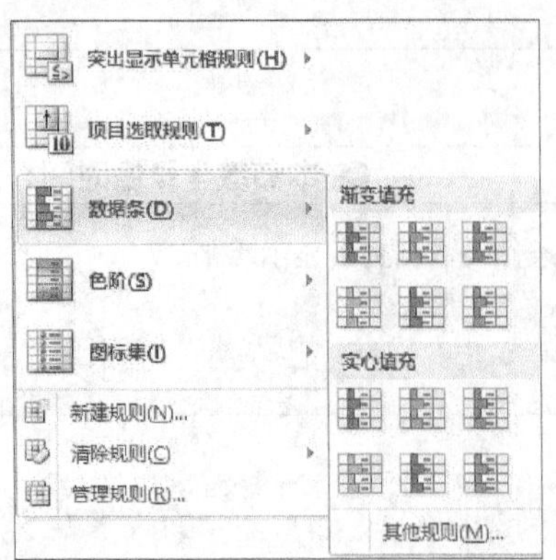

步骤 04 单击【新建规则】选项，弹出【新建格式规则】对话框，从中可以根据自己的需要来设定条件规则。

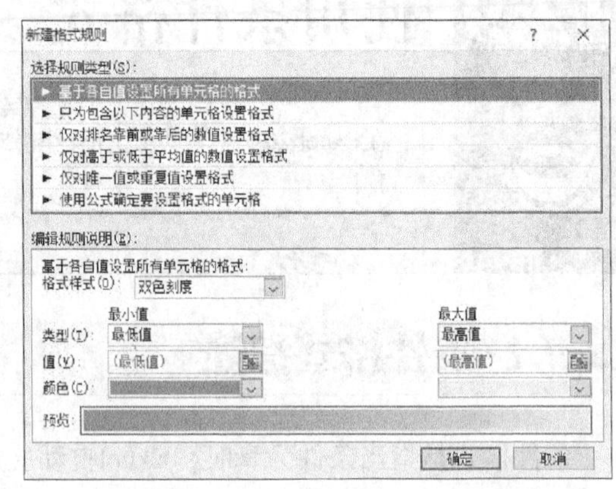

12.9.3 管理和清除条件格式

设定条件格式后，可以对其进行管理和清除。

1.管理条件格式

步骤 01 选择设置条件格式的区域，在【开始】选项卡中，单击【样式】选项组中的【条件格式】按钮，在弹出的列表中选择【管理规则】选项。

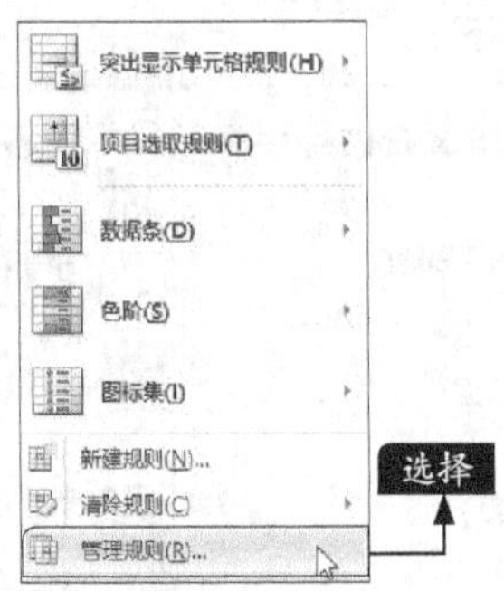

步骤 02 弹出【条件格式规则管理器】对话框，在此列出了所选区域的条件格式，可以在此新建、编辑和删除设置的条件规则。

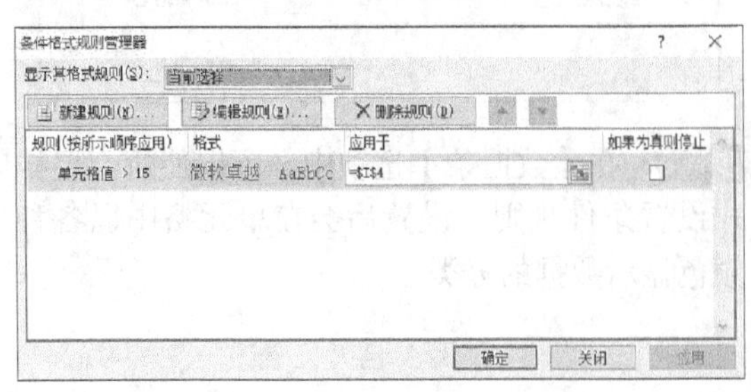

2.清除条件格式

除了在【条件格式规则管理器】对话框中删除规则外，还可以通过以下方式删除。

选择设置条件格式的区域，在【开始】选项卡中，单击【样式】选项组中的【条件格式】按钮，在弹出的列表中选择【清除规则】选项，在其子列表中选择【清除所选单元格的规则】选项，即可清除选择区域中的条件规则；选择【清除整个工作表的规则】选项，则可清除此工作表中所有设置的条件规则。

12.10 综合实战——美化员工工资表

本节教学录像时间：4 分钟

员工工资表是企业人力资源部门的主要工作之一，它涉及对企业所有员工的基本信息、基本工资、津贴、薪级工资等数据进行整理分类、计算以及汇总等比较复杂的处理。在本案例中，主要练习字体的设置、套用表格及单元格样式等。

第1步：设置单元格对齐方式及字体

步骤 01 打开随书光盘中的“素材\ch12\美化员工工资表.xlsx”工作簿，选择单元格A1，在【开始】选项卡下【字体】选项组中设置【字体】为“华文楷体”，【字号】为“22”，【字体颜色】为“蓝色”。

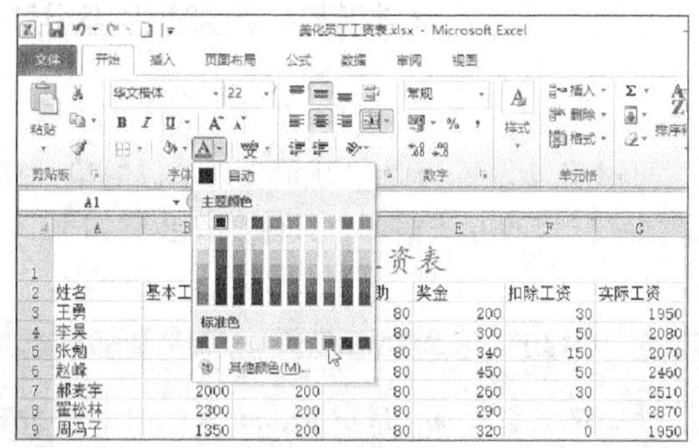

步骤 02 选择单元格区域A2:G9，在【开始】选项卡下【字体】选项组中设置【字体】为“隶书”，【字号】为“14”，在【对齐方式】选项组中，设置对齐方式为【居中】。

员工工资表

姓名	基本工资	生活补贴	交通补助	奖金	扣除工资	实际工资
王勇	1500	200	80	200	30	1950
李昊	1550	200	80	300	50	2080
张彪	1600	200	80	340	150	2070
赵峰	1780	200	80	450	50	2460
郝麦宇	2000	200	80	260	30	2510
霍松林	2300	200	80	290	0	2870
周冯子	1350	200	80	320	0	1950

第2步：套用表格样式

步骤 01 选择单元格区域A2：G9，单击【开始】选项卡【样式】组中的【套用表格格式】按钮，在弹出列表中选择要套用的表格样式，如这里选择【表样式中等深浅 25】。

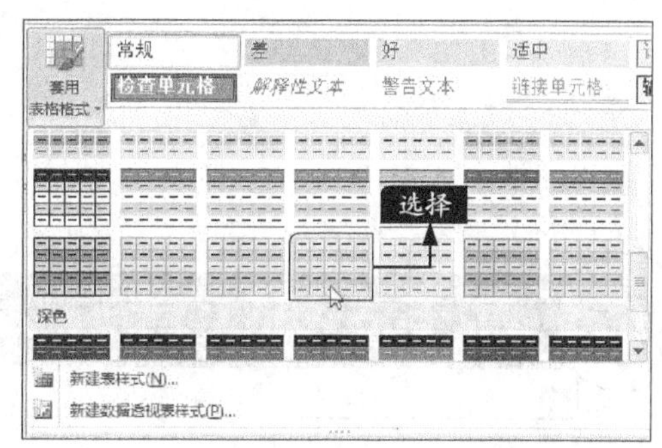

步骤 02 弹出【套用表格式】对话框，单击【确定】按钮。

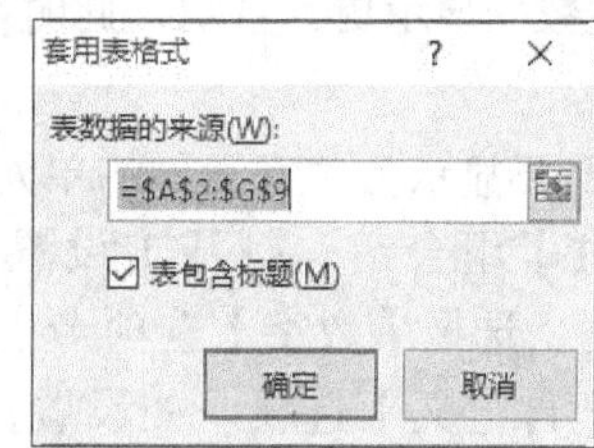

步骤 03 即可套用表格样式，效果如下图所示。

员工工资表

姓名	基本工资	生活补贴	交通补助	奖金	扣除工资	实际工资
王勇	1500	200	80	200	30	1950
李昊	1550	200	80	300	50	2080
张彪	1600	200	80	340	150	2070
赵峰	1780	200	80	450	50	2460
郝麦宇	2000	200	80	260	30	2510
霍松林	2300	200	80	290	0	2870
周冯子	1350	200	80	320	0	1950

第3步：套用单元格样式

步骤 01 选择单元格区域B3:G9，单击【开始】选项卡【样式】组中的【其他】按钮，在弹出列表中选择要套用的单元格样式，如这里选择【货币[0]】选项。

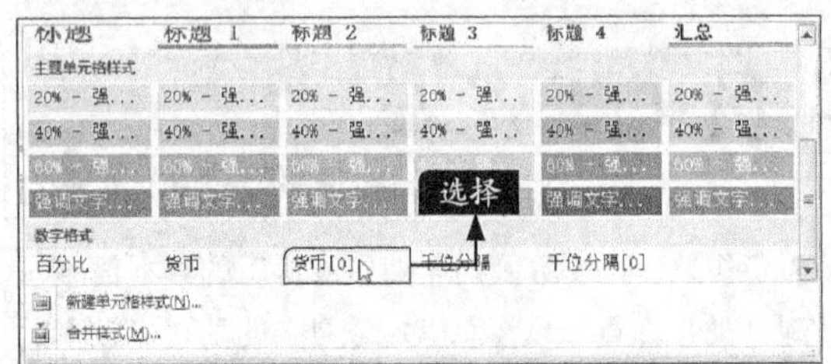

步骤 02 套用单元格样式后，如下图所示。

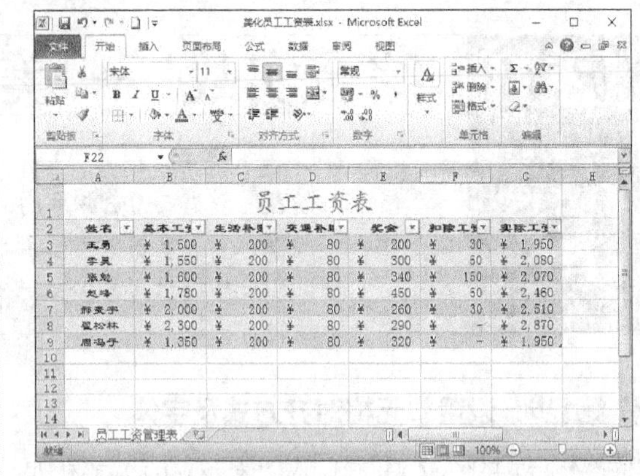

美化工作表的操作基本完成，用户还可以根据自己的需求美化该工作表。

高手支招

本节教学录像时间：6 分钟

设置以“万元”为单位的单元格格式

在处理账目或销售数据时，经常会遇到大位数，可以将其设置为以“万元”为单位的单元格格式，使其数据显示更为直观，此时可以使用自定义数字格式的方法实现，具体操作步骤如下。

步骤 01 选择要显示为“万元”的单元格区域，按【Ctrl+1】组合键，打开【设置单元格格式】对话框，选择【数字】选项卡，在分类列表中选择【自定义】选项。如设置保留1位小数，在【类型】文本框中输入“0!.0,万元”。

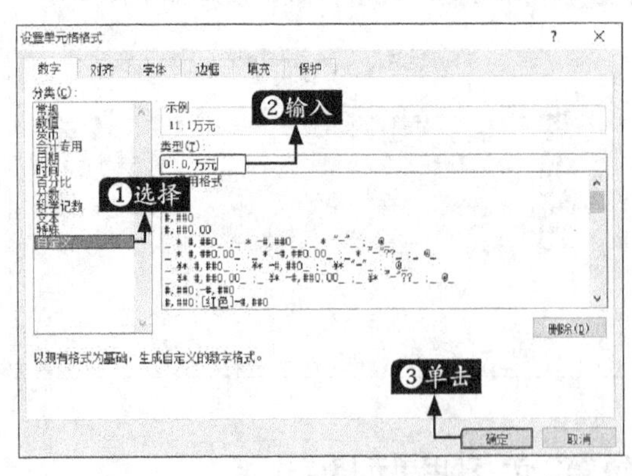

小提示

如果设置保留4位小数，输入“0!.0000万元”。

步骤 02 单击【确定】按钮，即可将所选数据应用新的单元格格式，如下图所示。

	A	B	C
1	11.1万元		
2	22.2万元		
3	33.3万元		
4			
5			
6			

在Excel中绘制斜线表头

在制作表格时，有时会涉及到交叉项目，需要使用斜线表头。斜线表头主要分为单斜线表头和多斜线表头，下面介绍如何绘制这两种斜线表头。

(1) 绘制单斜线表头。

单斜线表头是较为常用的斜线表头，适用于两个交叉项目，具体绘制方法如下。

步骤01 新建一个空白工作簿，在B1和A2单元格中输入数据，如下图所示。

	A	B	C
1		项目	
2	日期		
3			
4			
5			

步骤02 选择A1单元格，按【Ctrl+1】组合键，打开【设置单元格格式】对话框，单击【边框】选项卡。在【线条】列表中选择一种线型，然后在边框区域选择斜线样式。

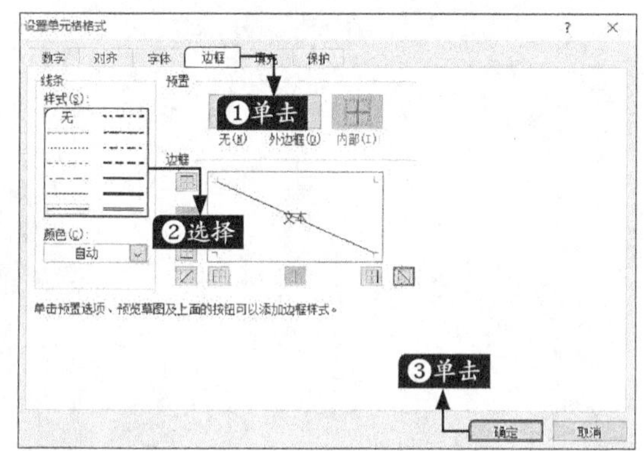

步骤03 单击【确定】按钮，返回工作表，即可看到A1单元格中添加的斜线。

	A	B	C
1		项目	
2	日期		
3			
4			
5			

小提示

单击【开始】选项卡下【字体】组中的【边框】按钮，在弹出的列表中选择【绘制边框】菜单命令，也可以绘制斜线。

步骤04 使用同样办法，选择B2单元格，设置同样的斜线边框样式，使其成为A1:B2单元格区域的对角线，最终效果如下图所示。

	A	B	C
1		项目	
2	日期		
3			
4			
5			

小提示

也可以复制A1单元格中的边框斜线到B2单元格中，同样可以达到上图的效果。

(2) 绘制多斜线表头。

如果有多个交叉项目，就需要绘制多斜线表达，如双斜线、三斜线等，而单斜线的绘制方法就并不适合多斜线表头，可采用下述方法。

步骤01 新建一个空白工作簿，选择A1单元格，并调整该单元格大小。

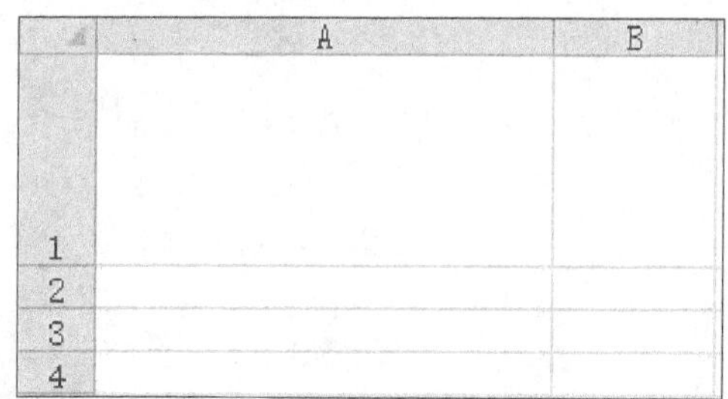

步骤02 单击【插入】➤【形状】按钮，在弹出的形状列表中选择【直线】形状，根据需要在单元格中绘制多条斜线。

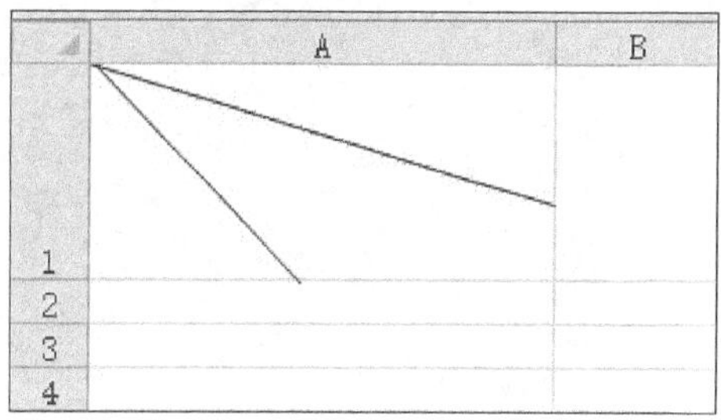

步骤 03 单击【插入】➤【文本框】按钮，在单元格中绘制文本框，并输入文本内容，并设置文本框为“无轮廓”，最终效果如下图所示。

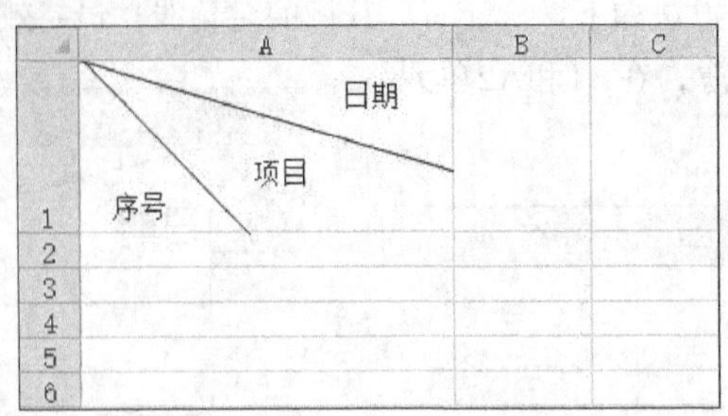

第 13 章

Excel的数据分析

学习目标

使用Excel 2010可以对表格中的数据进行简单分析，通过Excel的排序功能可以将数据表中的内容按照特定的规则排序；使用筛选功能可以将满足用户条件的数据单独显示；使用数据分类汇总功能可以满足多种数据的整理需求，使用合并运算功能可以将数据合并到一个工作表中。

学习效果

销售情况表

销售日期	购货单位	产品	数量	单价	合计
2016-3-30	超乐精品店	手机挂件	200	¥ 5.00	¥ 1,000.00
		手机挂件 汇总			¥ 1,000.00
2016-6-1	超乐精品店	娃娃	50	¥30.00	¥ 1,500.00
		娃娃 汇总			¥ 1,500.00
2016-5-15	超乐精品店	小首饰	300	¥10.00	¥ 3,000.00
		小首饰 汇总			¥ 3,000.00
	超乐精品店 汇总				¥ 5,500.00
2016-4-16	美美精品店	手机挂件	60	¥ 5.00	¥ 300.00
		手机挂件 汇总			¥ 300.00
2016-2-5	美美精品店	手机链	100	¥ 3.00	¥ 300.00
2016-3-15	美美精品店	手机链	50	¥ 3.00	¥ 150.00
		手机链 汇总			¥ 450.00
2016-6-15	美美精品店	娃娃	60	¥30.00	¥ 1,800.00
		娃娃 汇总			¥ 1,800.00
2016-4-30	美美精品店	小首饰	300	¥10.00	¥ 3,000.00
2016-5-25	美美精品店	小首饰	260	¥10.00	¥ 2,600.00

汇总销售记录

客户代码	所属地区	发货额	回款额	回款率
K-001	安徽	¥75,620.00	¥65,340.00	86.41%
K-006	安徽	¥75,621.00	¥75,000.00	99.18%
K-007	安徽	¥85,230.00	¥45,060.00	52.87%
K-014	安徽	¥75,264.00	¥75,000.00	99.65%
	安徽 平均值	¥77,933.75	¥65,100.00	
	安徽 汇总	¥311,735.00	¥260,400.00	
K-009	河南	¥53,200.00	¥52,400.00	98.50%
K-010	河南	¥62,540.00	¥58,630.00	93.75%
	河南 平均值	¥57,870.00	¥55,515.00	
	河南 汇总	¥115,740.00	¥111,030.00	
	湖北 平均值	¥46,956.00	¥40,382.00	
	湖北 汇总	¥234,780.00	¥201,910.00	
K-003	山东	¥48,520.00	¥36,520.00	75.27%
K-008	山东	¥45,000.00	¥32,400.00	72.00%
K-011	山东	¥32,000.00	¥25,600.00	80.00%
	山东 平均值	¥41,840.00	¥31,506.67	
	山东 汇总	¥125,520.00	¥94,520.00	
	总计平均值	¥56,269.64	¥47,704.29	
	总计	¥787,775.00	¥667,860.00	

13.1 数据的筛选

本节教学录像时间：6 分钟

在数据清单中，如果用户要查看一些特定数据，就需要对数据清单进行筛选，即从数据清单中选出符合条件的数据，将其显示在工作表中，不满足筛选条件的数据行将自动隐藏。

13.1.1 自动筛选

通过自动筛选操作，用户就能够筛选掉那些不符合要求的数据。自动筛选包括单条件筛选和多条件筛选。

1.单条件筛选

所谓的单条件筛选，就是将符合一种条件的数据筛选出来。在期中考试成绩表中，将“16计算机”班的学生筛选出来，具体的操作步骤如下。

步骤 01 打开随书光盘中的“素材\ch13\期中考试成绩表.xlsx”工作簿，选择数据区域内的任一单元格。

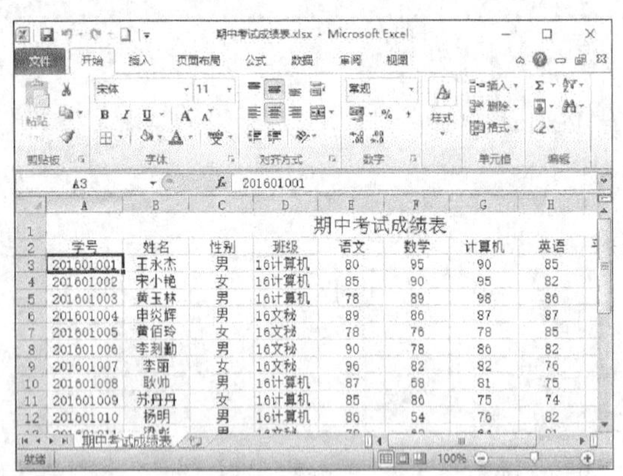

步骤 02 在【数据】选项卡中，单击【排序和筛选】选项组中的【筛选】按钮，进入【自动筛选】状态，此时在标题行每列的右侧出现一个下拉箭头。

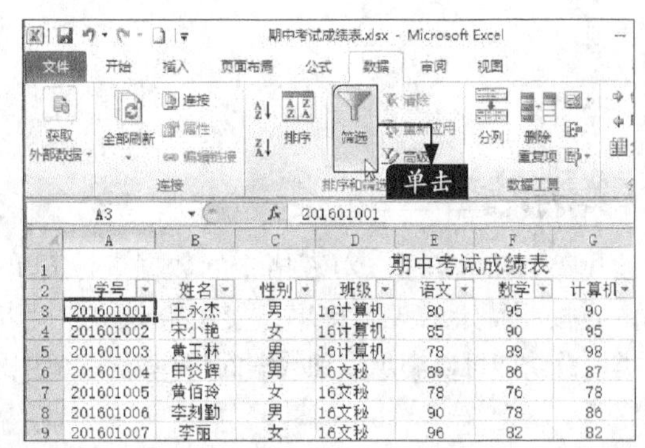

步骤 03 单击【班级】列右侧的下拉箭头，在弹出的下拉列表中取消【全选】复选框，选择【16计算机】复选框，单击【确定】按钮。

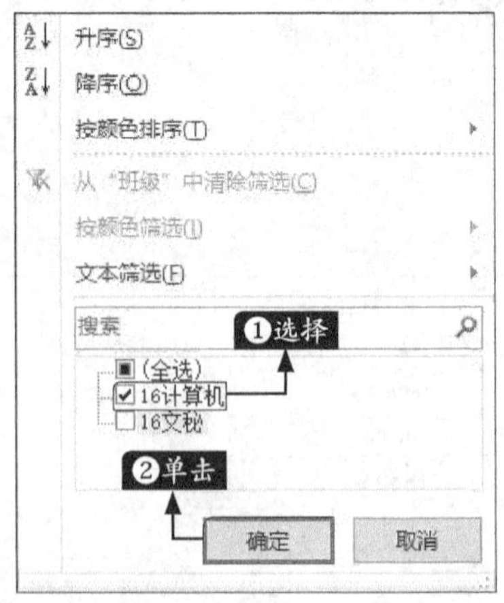

步骤 04 经过筛选后的数据清单如图所示，可以看出仅显示了“16计算机”班学生的成绩，其他记录被隐藏。

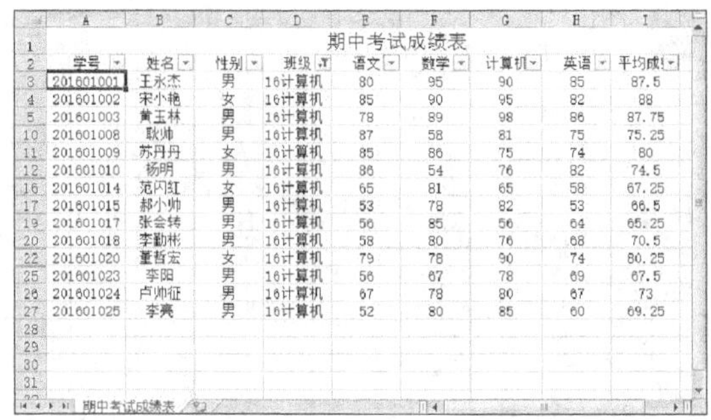

2.多条件筛选

多条件筛选就是将符合多个条件的数据筛选出来。将期中考试成绩表中英语成绩为60和70分的学生筛选出来的具体操作步骤如下。

步骤 01 打开随书光盘中的“素材\ch13\期中考试成绩表.xlsx”工作簿，选择数据区域内的任一单元格。在【数据】选项卡中，单击【排序和筛选】选项组中的【筛选】按钮，进入【自动筛选】状态，此时在标题行每列的右侧出现一个下拉箭头。单击【英语】列右侧的下拉箭头，在弹出的下拉列表中取消【全选】复选框，选择【60】和【70】复选框，单击【确定】按钮。

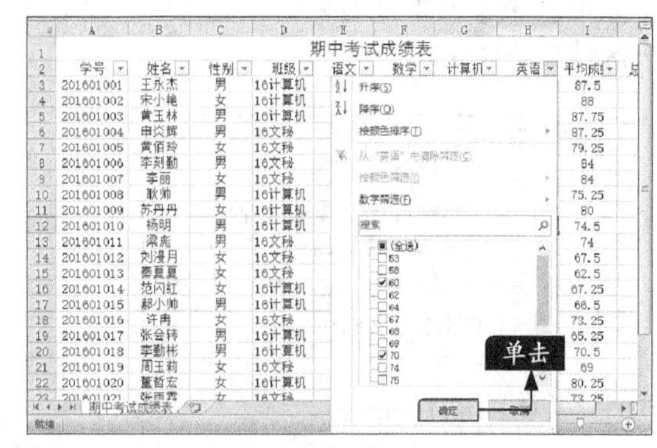

步骤 02 筛选后的结果如下图所示。

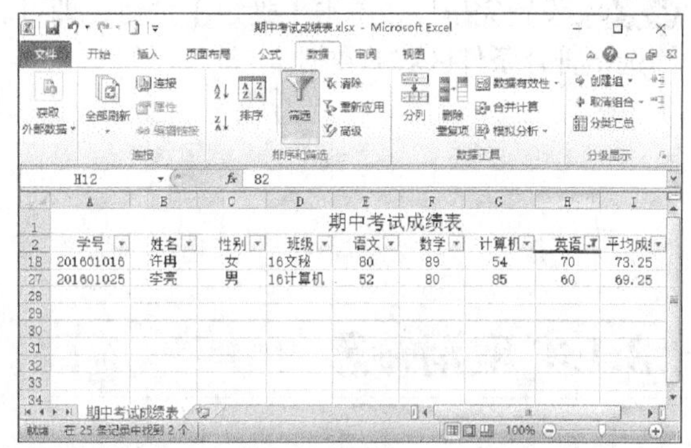

13.1.2 高级筛选

如果要对字段设置多个复杂的筛选条件，可以使用Excel提供的高级筛选功能。使用高级筛选功能之前应先建立一个条件区域。条件区域用来指定筛选的数据必须满足的条件。在条件区域中要求包含作为筛选条件的字段名，字段名下面必须有两个空行，一行用来输入筛选条件，另一行作为空行用来把条件区域和数据区域分开。

将班级为16文秘的学生筛选出来的具体操作步骤如下。

步骤 01 打开随书光盘中的“素材\ch13\期中考试成绩表.xlsx”工作簿，在L2单元格中输入“班级”，在L3单元格中输入公式“="16文秘"”，并按【Enter】键。

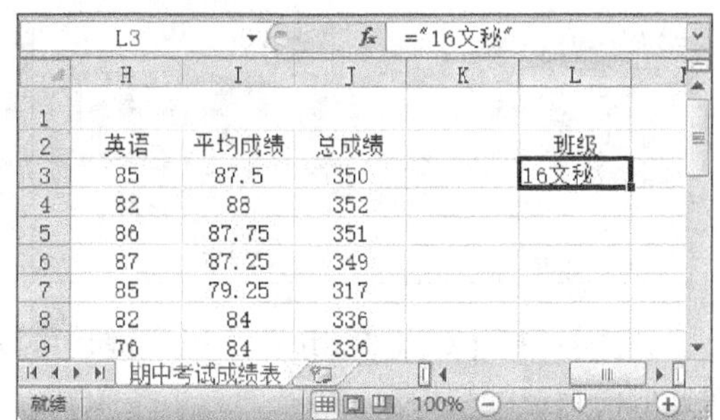

步骤 02 在【数据】选项卡中，单击【排序和筛选】选项组中的【高级】按钮，弹出【高级筛选】对话框。

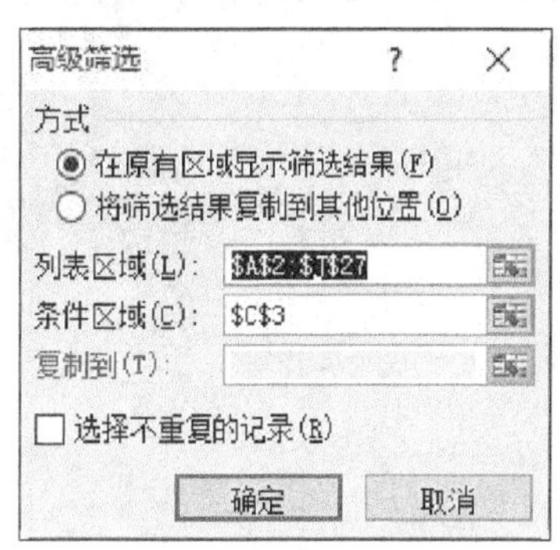

步骤 03 在对话框中分别单击【列表区域】和【条件区域】文本框右侧的按钮，设置列表区域和条件区域。

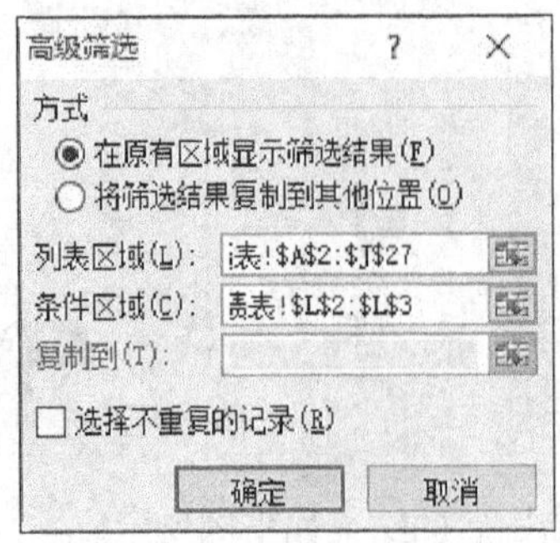

步骤 04 设置完毕后，单击【确定】按钮，即可筛选出符合条件区域的数据。

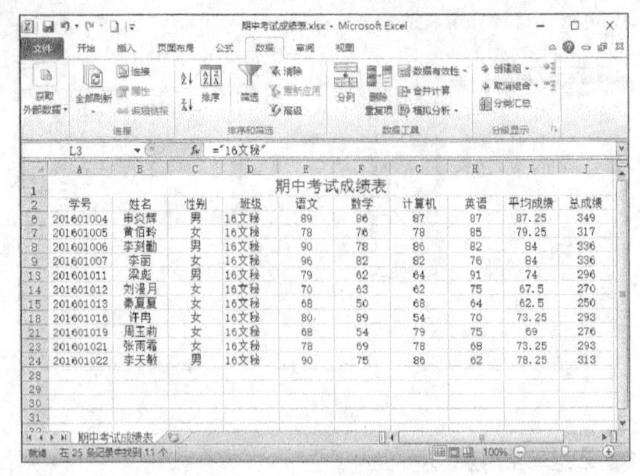

小提示

使用高级筛选功能之前应先建立一个条件区域。条件区域用来指定筛选的数据必须满足的条件。在条件区域中要求包含作为筛选条件的字段名，字段名下面必须有两个空行，一行用来输入筛选条件，另一行作为空行用来把条件区域和数据区域分开。

13.1.3 取消筛选

在筛选数据后，需要取消筛选，以便显示所有数据，有以下3种方法可以取消筛选。

方法1:单击【数据】选项卡下【排序和筛选】选项组中的【筛选】按钮，退出筛选模式。

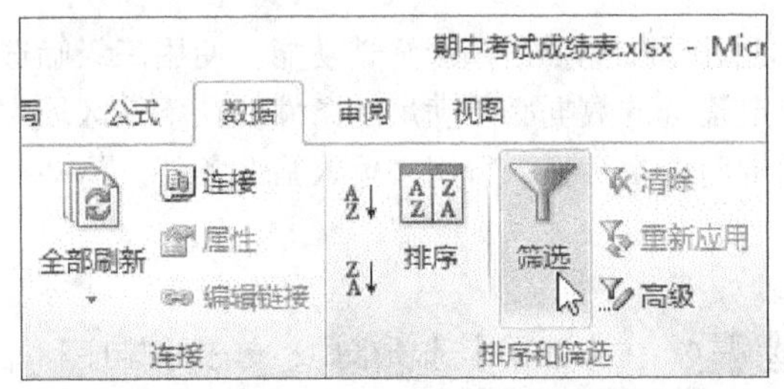

方法2：单击筛选列右侧的下拉箭头，在弹出的下拉列表中选择【从“班级”中清除筛选】选项。

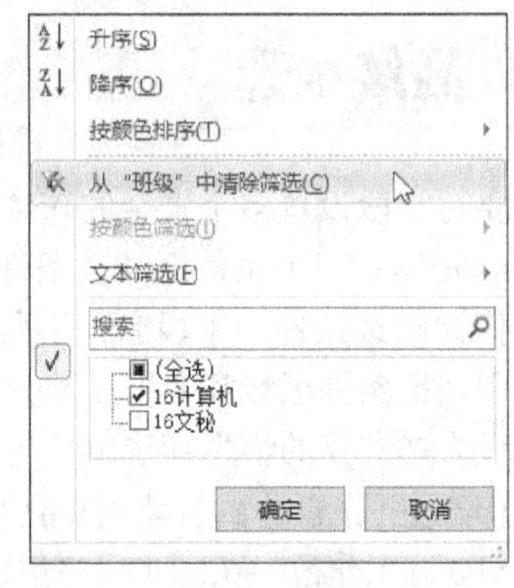

方法3：单击【数据】选项卡下【排序和筛选】选项组中的【清除】按钮。

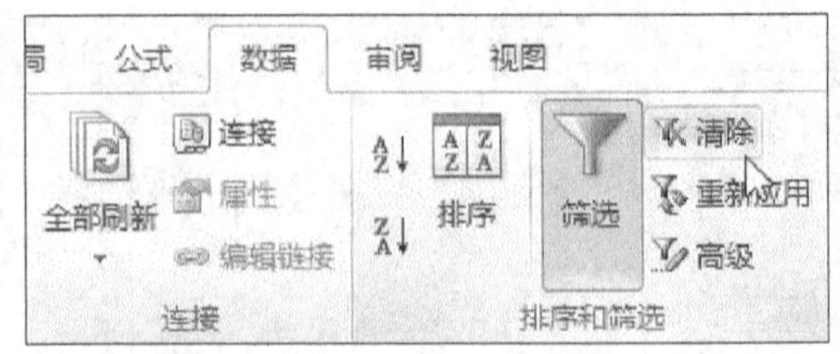

方法4：按【Ctrl+Shift+L】组合键，可以快速取消筛选的结果。

13.2 数据的排序

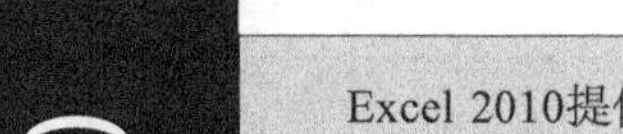

本节教学录像时间：7 分钟

Excel 2010提供了多种排序方法，用户可以根据需要进行单条件排序或多条件排序，也可以按照行、列排序，也可以根据需要自定义排序。

13.2.1 单条件排序

单条件排序可以根据一行或一列的数据对整个数据表按照升序或降序的方法进行排序。

步骤 01 打开随书光盘中的“素材\ch13\成绩单.xlsx”工作簿，如要按照总成绩由高到低进行排序，选择总成绩所在E列的任意一个单元格（如E4）。

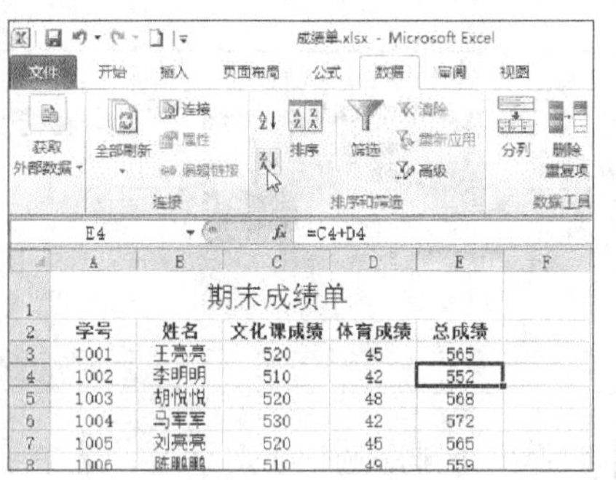

步骤 02 单击【数据】选项卡下【排序和筛选】组中的【降序】按钮，即可按照总成绩由高到低的顺序显示数据。

	A	B	C	D	E
1	期末成绩单				
2	学号	姓名	文化课成绩	体育成绩	总成绩
3	1008	李真莲	540	40	580
4	1004	马军军	530	42	572
5	1009	胡秋菊	530	41	571
6	1003	胡悦悦	520	48	568
7	1001	王亮亮	520	45	565
8	1005	刘亮亮	520	45	565
9	1010	李冬梅	520	40	560
10	1006	陈鹏鹏	510	49	559
11	1007	张春鸽	510	43	553
12	1002	李明明	510	42	552
13					

Sheet1

13.2.2 多条件排序

在打开的“成绩单.xlsx”工作簿中，如果希望按照文化课的成绩由高到低进行排序，而文化课的成绩相等，则以体育成绩由高到低的方式显示时，就可以使用多条件排序。

步骤 01 在打开的“成绩单.xlsx”工作簿中，选择表格中的任意一个单元格（如C4），单击【数据】选项卡下【排序和筛选】组中的【排序】按钮。

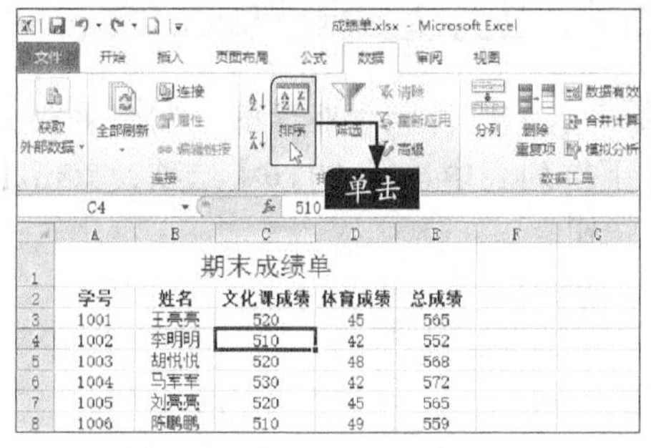

步骤 02 打开【排序】对话框，单击【主要关键字】后的下拉按钮，在下拉列表中选择【文化课成绩】选项，设置【排序依据】为【数值】，设置【次序】为【降序】。

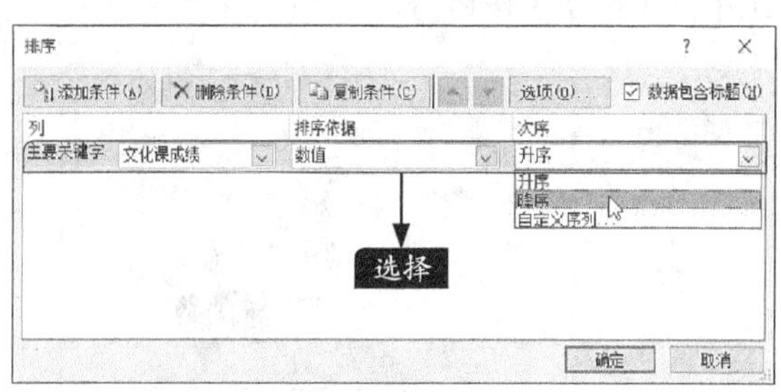

步骤 03 单击【添加条件】按钮，新增排序条

件，单击【次要关键字】后的下拉按钮，在下拉列表中选择【体育成绩】选项，设置【排序依据】为【数值】，设置【次序】为【降序】，单击【确定】按钮。

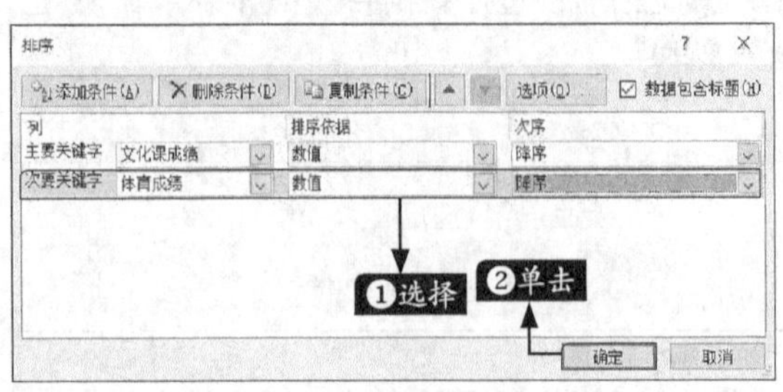

步骤04 返回至工作表，就可以看到数据按照文化课成绩由高到低的顺序进行排序；而文化课成绩相等时，则按照体育成绩由高到低进行排序。

期末成绩单

学号	姓名	文化课成绩	体育成绩	总成绩
1008	李夏莲	540	40	580
1004	马军军	530	42	572
1009	胡秋菊	530	41	571
1003	胡悦悦	520	48	568
1001	王亮亮	520	45	565
1005	刘亮亮	520	45	565
1010	李冬梅	520	40	560
1006	陈鹏鹏	510	49	559
1007	张春鸽	510	43	553
1002	李明明	510	42	552

13.2.3 按行排序

在实际工作中，有些表格的数据在横向一致，这时，可以使用按行排序的方法排序。

步骤01 打开随书光盘中的“素材\ch13\按行排序.xlsx”工作簿，此时表格中数据横向是一致的，如要需要按照总成绩由低到高进行排序，选择B2:I6单元格区域。

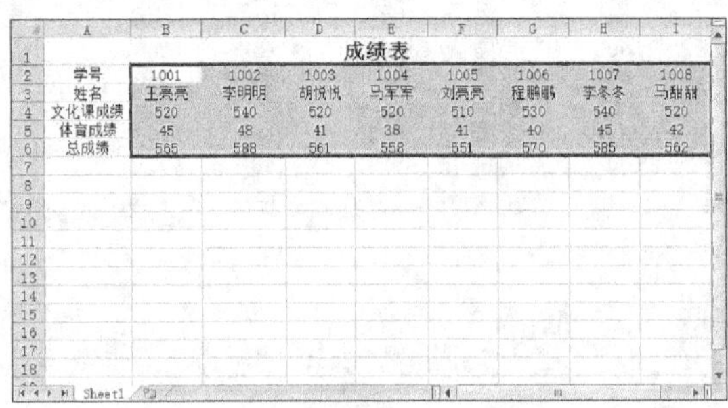

成绩表

学号	1001	1002	1003	1004	1005	1006	1007	1008
姓名	王亮亮	李明明	胡悦悦	马军军	刘亮亮	程鹏鹏	李冬冬	马甜甜
文化课成绩	520	540	520	520	510	530	540	520
体育成绩	45	48	41	38	41	40	45	42
总成绩	565	588	561	558	551	570	585	562

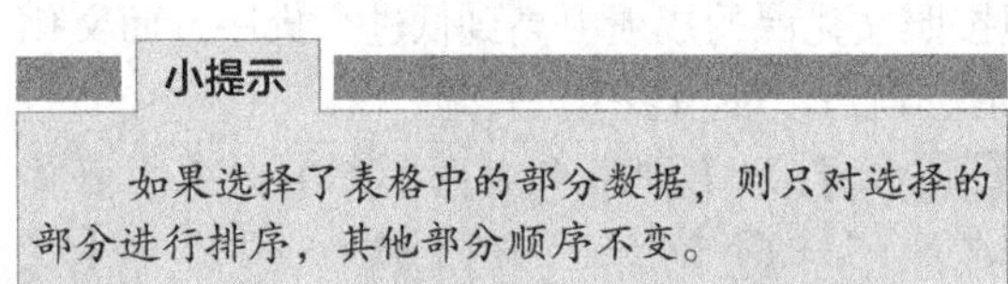

小提示

如果选择了表格中的部分数据，则只对选择的部分进行排序，其他部分顺序不变。

步骤02 单击【数据】选项卡下【排序和筛选】组中的【排序】按钮。

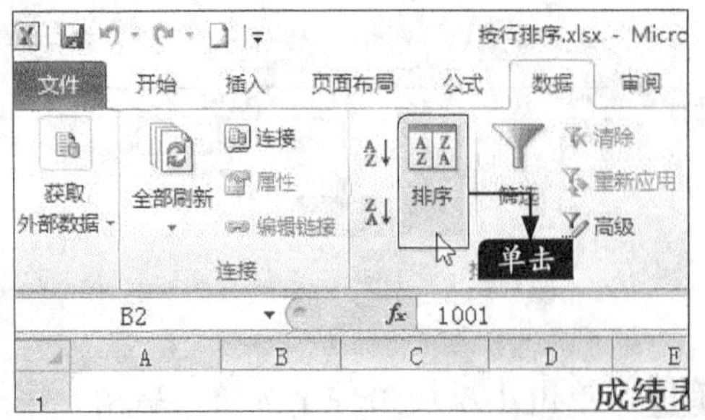

步骤03 弹出【排序】对话框，单击【选项】按钮。

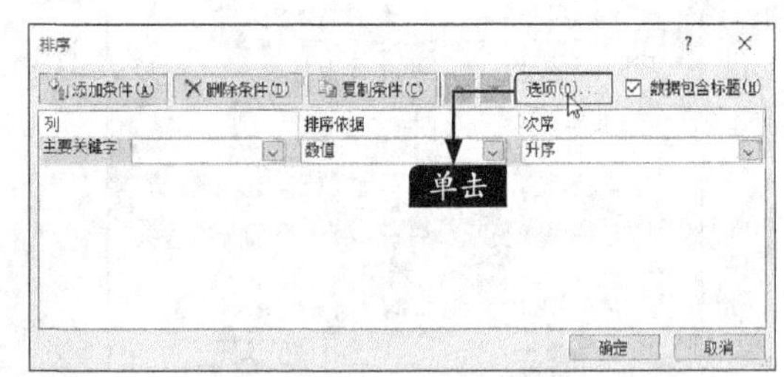

步骤04 弹出【排序选项】对话框，选中【按行排序】单选项，单击【确定】按钮。

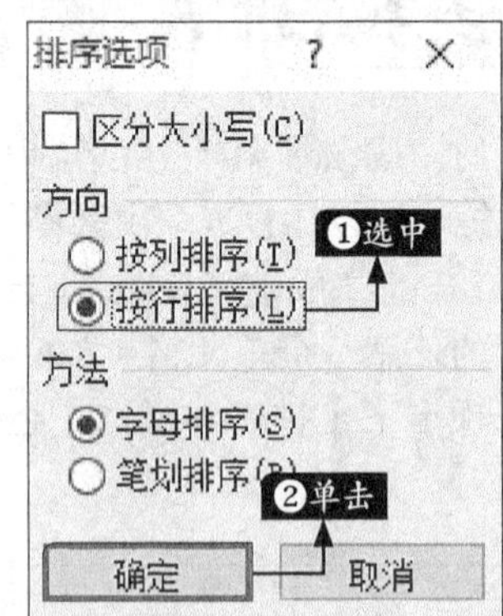

步骤05 返回【排序】对话框，在【主要关键字】下拉列表中选择【行6】选项，单击【确定】按钮。

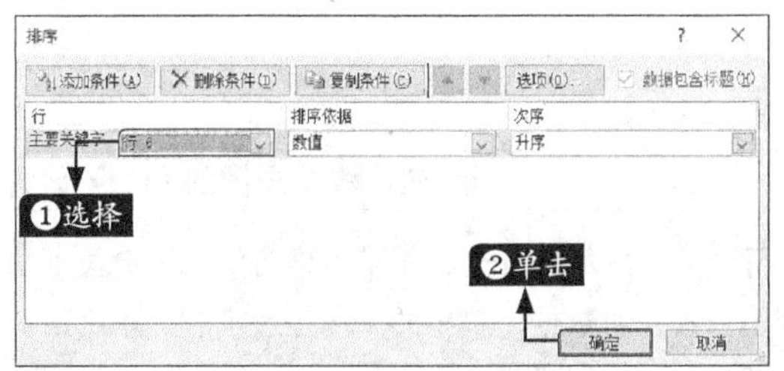

步骤06 即可看到数据将按照第6行由低到高进行排序。

成绩表								
学号	1005	1004	1003	1008	1001	1006	1007	1002
姓名	刘亮亮	马军军	胡悦悦	马甜甜	王亮亮	程鹏鹏	李冬冬	李明明
文化课成绩	510	520	520	520	520	530	540	540
体育成绩	41	38	41	42	45	40	45	48
总成绩	551	558	561	562	565	570	585	588

13.2.4 自定义排序

Excel具有自定义排序功能，用户可以根据需要设置自定义排序序列。例如按照职位高低进行排序时就可以使用自定义排序的方式。

步骤01 打开随书光盘中的“素材\ch13\职务表.xlsx”工作簿，选择任意一个单元格，单击【数据】选项卡下【排序和筛选】组中的【排序】按钮。弹出【排序】对话框，在【主要关键字】下拉列表中选择【职务】选项，在【次序】下拉列表中选择【自定义序列】选项。

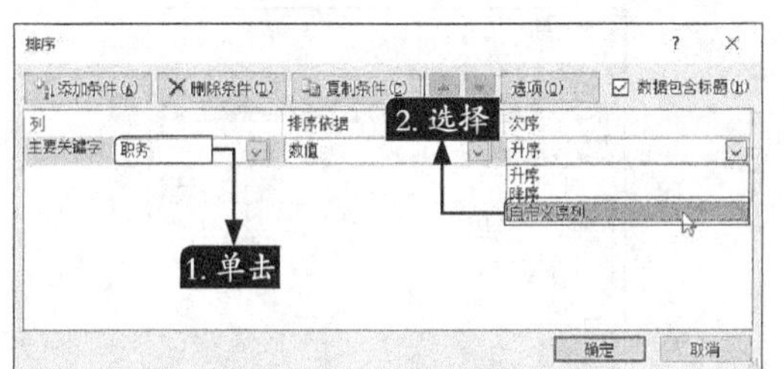

步骤02 弹出【自定义序列】对话框，在【输入序列】列表框中输入“销售总裁”“销售副总裁”“销售经理”“销售助理”和“销售代表”文本，单击【确定】按钮。

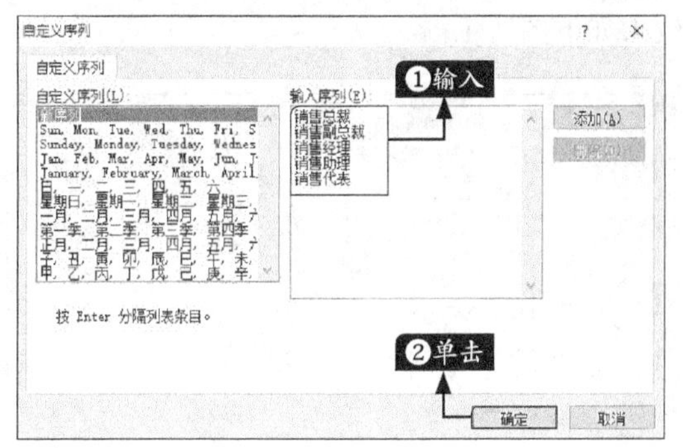

小提示

单击【确定】按钮，可以自动添加到【自定义序列】列表框中，也可以单击【添加】按钮，将自定义序列添加至【自定义序列】列表框中，选择添加的自定义序列，单击【确定】按钮。

步骤03 返回至【排序】对话框，即可看到【次序】文本框中显示的为自定义的序列，单击【确定】按钮。

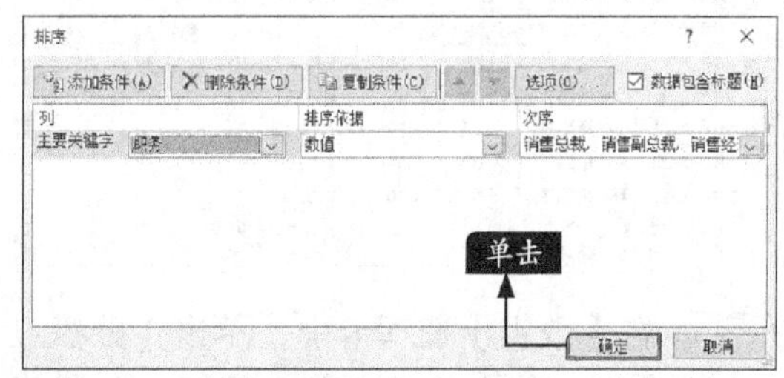

步骤04 即可查看按照自定义排序列表排序后的结果。

职务表			
编号	姓名	职务	基本工资
10222	李献伟	销售总裁	¥ 8,500.00
10218	霍庆伟	销售副总裁	¥ 6,800.00
10216	郝东升	销售经理	¥ 5,800.00
10213	贺双双	销售助理	¥ 4,800.00
10215	刘晓坡	销售助理	¥ 4,200.00
10217	张可洪	销售助理	¥ 4,200.00
10220	范娟娟	销售助理	¥ 4,600.00
10211	石向远	销售代表	¥ 4,500.00
10212	刘亮	销售代表	¥ 4,200.00
10214	李洪亮	销售代表	¥ 4,300.00
10219	朱明哲	销售代表	¥ 4,200.00
10221	马焕平	销售代表	¥ 4,100.00

13.3 数据的分类汇总

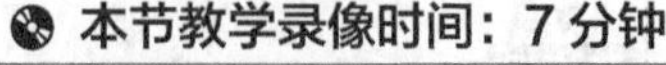

分类汇总是先对数据清单中的数据进行分类，然后在分类的基础上进行汇总。分类汇总时，用户不需要创建公式，系统会自动创建公式，对数据清单中的字段进行求和、求平均值和求最大值等函数运算。分类汇总的计算结果，将分级显示出来。

13.3.1 简单分类汇总

使用分类汇总的数据列表，每一列数据都要有列标题。Excel使用列标题来决定如何创建数据组以及如何计算总和。在数据列表中，使用分类汇总来求定货总值并创建简单分类汇总的具体操作步骤如下。

步骤 01 打开随书光盘中的“素材\ch13\销售情况表.xlsx”工作簿，单击C列数据区域内任一单元格，单击【数据】选项卡中的【降序】按钮 进行排序。

销售情况表

销售日期	购货单位	产品	数量	单价	合计
2016-4-30	美美精品店	小首饰	300	¥10.00	¥ 3,000.00
2016-5-25	美美精品店	小首饰	260	¥10.00	¥ 2,600.00
2016-5-15	超乐精品店	小首饰	300	¥10.00	¥ 3,000.00
2016-6-15	美美精品店	娃娃	60	¥30.00	¥ 1,800.00
2016-6-1	超乐精品店	娃娃	50	¥30.00	¥ 1,500.00
2016-2-5	美美精品店	手机链	100	¥ 3.00	¥ 300.00
2016-3-15	美美精品店	手机链	50	¥ 3.00	¥ 150.00
2016-2-25	艳艳精品店	手机链	200	¥ 3.00	¥ 600.00
2016-4-16	美美精品店	手机挂件	60	¥ 5.00	¥ 300.00
2016-3-30	超乐精品店	手机挂件	200	¥ 5.00	¥ 1,000.00

步骤 02 在【数据】选项卡中，单击【分级显示】选项组中的【分类汇总】按钮，弹出【分类汇总】对话框。

分类汇总
分类字段(A): 销售日期
汇总方式(U): 求和
选定汇总项(D): 销售日期 / 购货单位 / 产品 / 数量 / 单价 / ☑合计
☑替换当前分类汇总(C)
☐每组数据分页(P)
☐汇总结果显示在数据下方(S)
全部删除(R)　确定　取消

步骤 03 在【分类字段】列表框中选择【产品】选项，表示以“产品”字段进行分类汇总，在【汇总方式】列表框中选择【求和】选项，在【选定汇总项】列表框中选择【合计】复选框，并选择【汇总结果显示在数据下方】复选框。

分类汇总
分类字段(A): 产品
汇总方式(U): 求和
选定汇总项(D): 销售日期 / 购货单位 / 产品 / 数量 / 单价 / ☑合计
☐替换当前分类汇总(C)
☐每组数据分页(P)
☑汇总结果显示在数据下方(S)
全部删除(R)　确定　取消

步骤 04 单击【确定】按钮，进行分类汇总后的效果如下图所示。

销售情况表

销售日期	购货单位	产品	数量	单价	合计
		总计			¥ 15,000.00
		小首饰 汇总			¥ 8,600.00
2016-4-30	美美精品店	小首饰	300	¥10.00	¥ 3,000.00
2016-5-25	美美精品店	小首饰	260	¥10.00	¥ 2,600.00
2016-5-15	超乐精品店	小首饰	300	¥10.00	¥ 3,000.00
		娃娃 汇总			¥ 3,300.00
2016-6-15	美美精品店	娃娃	60	¥30.00	¥ 1,800.00
2016-6-1	超乐精品店	娃娃	50	¥30.00	¥ 1,500.00
		手机链 汇总			¥ 1,050.00
2016-2-5	美美精品店	手机链	100	¥ 3.00	¥ 300.00
2016-3-15	美美精品店	手机链	50	¥ 3.00	¥ 150.00
2016-2-25	艳艳精品店	手机链	200	¥ 3.00	¥ 600.00
		手机挂件 汇总			¥ 2,050.00
2016-4-16	美美精品店	手机挂件	60	¥ 5.00	¥ 300.00
2016-3-30	超乐精品店	手机挂件	200	¥ 5.00	¥ 1,000.00
2016-4-8	漂亮精品店	手机挂件	150	¥ 5.00	¥ 750.00

13.3.2 多重分类汇总

在Excel中，要根据两个或更多个分类项对工作表中的数据进行分类汇总，可以参照以下方法。

(1) 先按分类项的优先级对相关字段排序。

(2) 再按分类项的优先级多次执行分类汇总，后面执行分类汇总时，需撤选对话框中的【替换当前分类汇总】复选框。

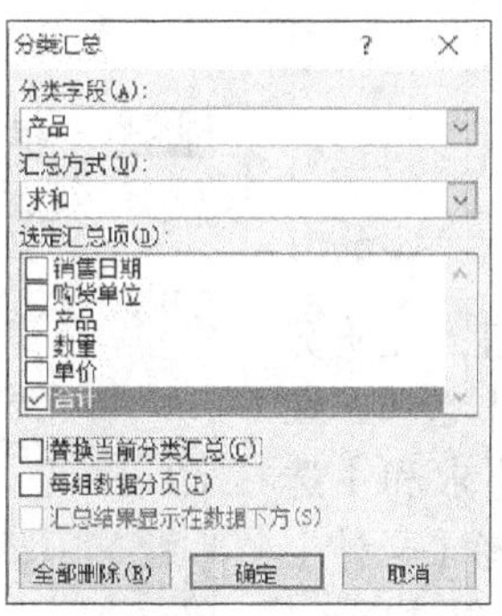

根据购物单位和产品进行分类汇总的步骤如下。

步骤01 打开随书光盘中的“素材\ch13\销售情况表.xlsx”工作簿，选择数据区域中的任意单元格，单击【数据】选项卡【排序和筛选】组中的【排序】按钮，弹出【排序】对话框。

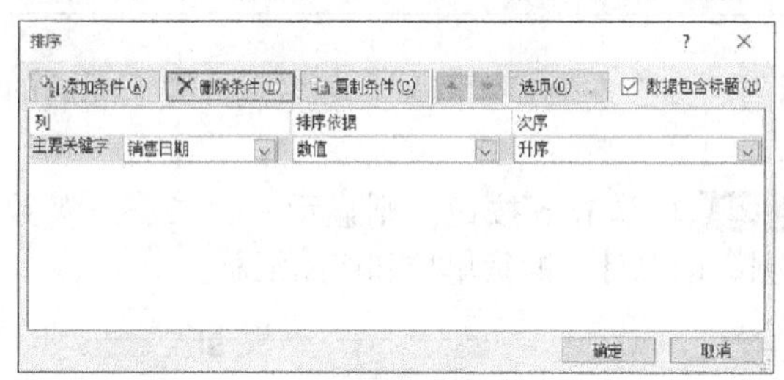

步骤02 设置【主要关键字】为“销售日期”，【次序】为“升序”，单击【添加条件】按钮，设置【次要关键字】为“产品”，【次序】为“升序”。

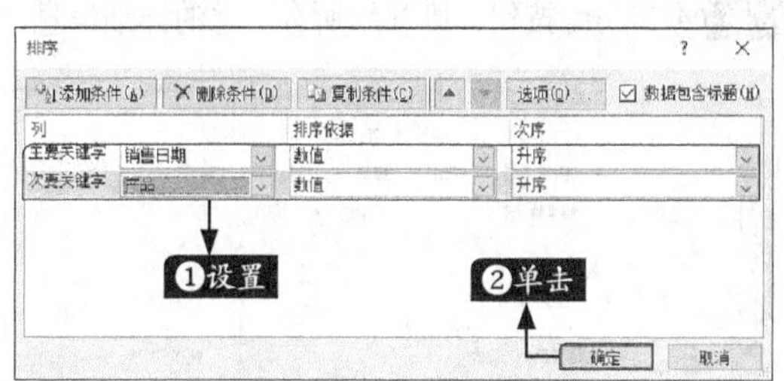

步骤03 单击【确定】按钮，排序后的工作表如图所示。

销售日期	购货单位	产品	数量	单价	合计
2016-2-5	美美精品店	手机链	100	¥ 3.00	¥ 300.00
2016-2-25	艳艳精品店	手机链	200	¥ 3.00	¥ 600.00
2016-3-15	美美精品店	手机链	50	¥ 3.00	¥ 150.00
2016-3-30	超乐精品店	手机挂件	200	¥ 5.00	¥ 1,000.00
2016-4-8	漂亮精品店	手机挂件	150	¥ 5.00	¥ 750.00
2016-4-16	美美精品店	手机挂件	60	¥ 5.00	¥ 300.00
2016-4-30	美美精品店	小首饰	300	¥10.00	¥ 3,000.00
2016-5-15	超乐精品店	小首饰	300	¥10.00	¥ 3,000.00
2016-5-25	美美精品店	小首饰	260	¥10.00	¥ 2,600.00
2016-6-1	超乐精品店	娃娃	50	¥30.00	¥ 1,500.00
2016-6-15	美美精品店	娃娃	60	¥30.00	¥ 1,800.00

步骤04 单击【分级显示】选项组中的【分类汇总】按钮，弹出【分类汇总】对话框。在【分类字段】列表框中选择【购货单位】选项，在【汇总方式】列表框中选择【求和】选项，在【选定汇总项】列表框中选择【合计】复选框，并选择【汇总结果显示在数据下方】复选框。

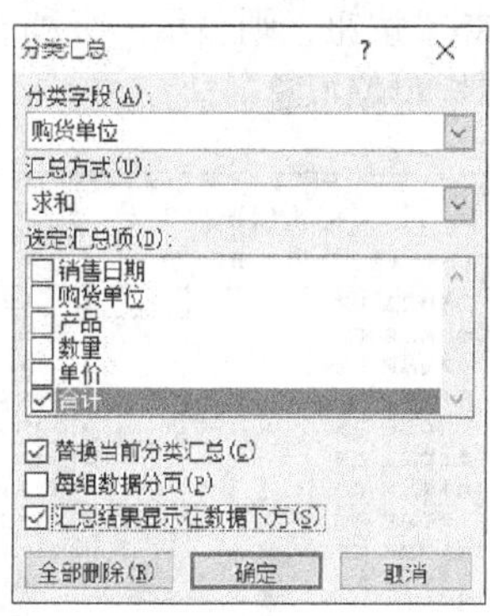

步骤 05 单击【确定】按钮，分类汇总后的工作表如下图所示。

	A	B	C	D	E	F
1	销售情况表					
2	销售日期	购货单位	产品	数量	单价	合计
3	2016-2-5	美美精品店	手机链	100	¥ 3.00	¥ 300.00
4		美美精品店 汇总				¥ 300.00
5	2016-2-25	艳艳精品店	手机链	200	¥ 3.00	¥ 600.00
6		艳艳精品店 汇总				¥ 600.00
7	2016-3-15	美美精品店	手机链	50	¥ 3.00	¥ 150.00
8		美美精品店 汇总				¥ 150.00
9	2016-3-30	超乐精品店	手机挂件	200	¥ 5.00	¥ 1,000.00
10		超乐精品店 汇总				¥ 1,000.00
11	2016-4-8	漂亮精品店	手机挂件	150	¥ 5.00	¥ 750.00
12		漂亮精品店 汇总				¥ 750.00
13	2016-4-16	美美精品店	手机挂件	60	¥ 5.00	¥ 300.00

销售情况表

步骤 06 再次单击【分类汇总】按钮，在【分类字段】下拉列表框中选择【产品】选项，在【汇总方式】下拉列表框中选择【求和】选项，在【选定汇总项】列表框中选择【合计】复选框，取消【替换当前分类汇总】复选框。

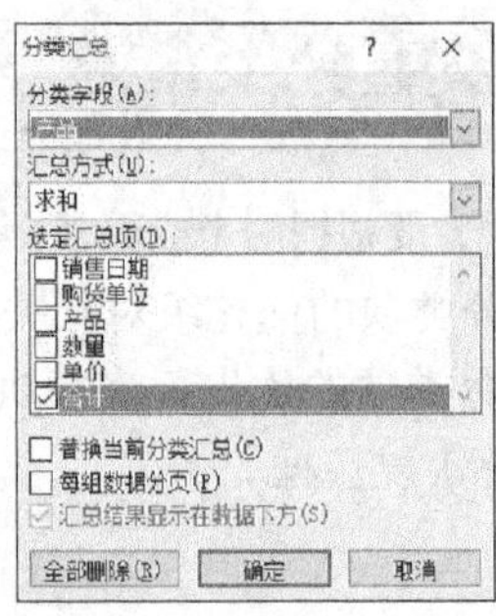

步骤 07 单击【确定】按钮，此时即建立了两重分类汇总。

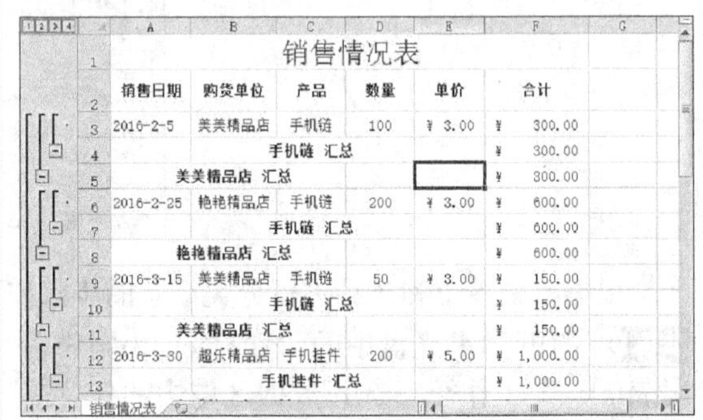

	A	B	C	D	E	F
1	销售情况表					
2	销售日期	购货单位	产品	数量	单价	合计
3	2016-2-5	美美精品店	手机链	100	¥ 3.00	¥ 300.00
4			手机链 汇总			¥ 300.00
5		美美精品店 汇总				¥ 300.00
6	2016-2-25	艳艳精品店	手机链	200	¥ 3.00	¥ 600.00
7			手机链 汇总			¥ 600.00
8		艳艳精品店 汇总				¥ 600.00
9	2016-3-15	美美精品店	手机链	50	¥ 3.00	¥ 150.00
10			手机链 汇总			¥ 150.00
11		美美精品店 汇总				¥ 150.00
12	2016-3-30	超乐精品店	手机挂件	200	¥ 5.00	¥ 1,000.00
13			手机挂件 汇总			¥ 1,000.00

13.3.3 分级显示数据

在建立的分类汇总工作表中，数据是分级显示的，并在左侧显示级别。如多重分类汇总后的工作表的左侧列表中显示了4级分类。

步骤 01 单击 1 按钮，则显示一级数据，即汇总项的总和。

	A	B	C	D	E	F
1	销售情况表					
2	销售日期	购货单位	产品	数量	单价	合计
35		总计				¥ 15,000.00
36						
37						
38						
39						
40						

步骤 02 单击 2 按钮，则显示一级和二级数据，即总计和购货单位汇总。

	A	B	C	D	E	F
1	销售情况表					
2	销售日期	购货单位	产品	数量	单价	合计
5		美美精品店 汇总				¥ 300.00
8		艳艳精品店 汇总				¥ 600.00
11		美美精品店 汇总				¥ 150.00
14		超乐精品店 汇总				¥ 1,000.00
17		漂亮精品店 汇总				¥ 750.00
22		美美精品店 汇总				¥ 3,300.00
25		超乐精品店 汇总				¥ 3,000.00
28		美美精品店 汇总				¥ 2,600.00
31		超乐精品店 汇总				¥ 1,500.00
34		美美精品店 汇总				¥ 1,800.00
35		总计				¥ 15,000.00
36						

销售情况表

步骤 03 单击 3 按钮，则显示一、二、三级数据，即总计、购货单位和产品汇总。

	A	B	C	D	E	F
1	销售情况表					
2	销售日期	购货单位	产品	数量	单价	合计
4			手机链 汇总			¥ 300.00
5		美美精品店 汇总				¥ 300.00
7			手机链 汇总			¥ 600.00
8		艳艳精品店 汇总				¥ 600.00
10			手机链 汇总			¥ 150.00
11		美美精品店 汇总				¥ 150.00

步骤 04 单击 4 按钮，则显示所有汇总的详细信息。

	A	B	C	D	E	F
1	销售情况表					
2	销售日期	购货单位	产品	数量	单价	合计
3	2016-2-5	美美精品店	手机链	100	¥ 3.00	¥ 300.00
4			手机链 汇总			¥ 300.00
5		美美精品店 汇总				¥ 300.00
6	2016-2-25	艳艳精品店	手机链	200	¥ 3.00	¥ 600.00
7			手机链 汇总			¥ 600.00
8		艳艳精品店 汇总				¥ 600.00
9	2016-3-15	美美精品店	手机链	50	¥ 3.00	¥ 150.00
10			手机链 汇总			¥ 150.00
11		美美精品店 汇总				¥ 150.00
12	2016-3-30	超乐精品店	手机挂件	200	¥ 5.00	¥ 1,000.00
13			手机挂件 汇总			¥ 1,000.00
14		超乐精品店 汇总				¥ 1,000.00

销售情况表

13.3.4 清除分类汇总

如果不再需要分类汇总，可以将其清除，其操作步骤如下。

步骤01 接上面的操作，选择分类汇总后工作表数据区域内的任一单元格。在【数据】选项卡中，单击【分级显示】选项组中的【分类汇总】按钮，弹出【分类汇总】对话框。

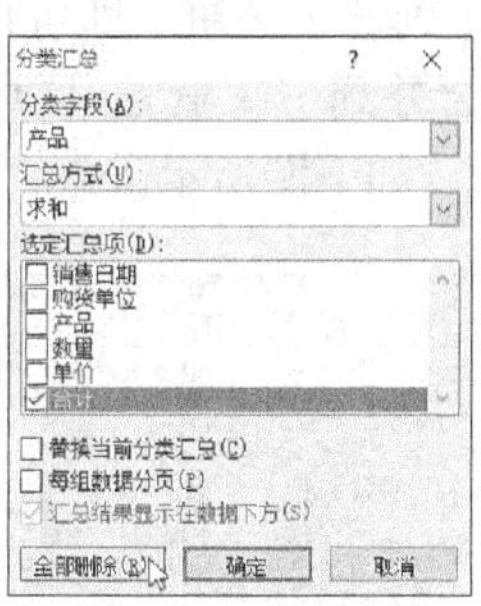

步骤02 在【分类汇总】对话框中，单击【全部删除】按钮即可清除分类汇总。

销售情况表					
销售日期	购货单位	产品	数量	单价	合计
2016-2-5	美美精品店	手机链	100	¥ 3.00	¥ 300.00
2016-2-25	艳艳精品店	手机链	200	¥ 3.00	¥ 600.00
2016-3-15	美美精品店	手机链	50	¥ 3.00	¥ 150.00
2016-3-30	超乐精品店	手机挂件	200	¥ 5.00	¥ 1,000.00
2016-4-8	漂亮精品店	手机挂件	150	¥ 5.00	¥ 750.00
2016-4-16	美美精品店	手机挂件	60	¥ 5.00	¥ 300.00
2016-4-30	美美精品店	小首饰	300	¥10.00	¥ 3,000.00
2016-5-15	超乐精品店	小首饰	300	¥10.00	¥ 3,000.00
2016-5-25	美美精品店	小首饰	260	¥10.00	¥ 2,600.00
2016-6-1	超乐精品店	娃娃	50	¥30.00	¥ 1,500.00
2016-6-15	美美精品店	娃娃	60	¥30.00	¥ 1,800.00

13.4 合并运算

本节教学录像时间：7 分钟

在Excel 2010中，若要汇总多个工作表结果，可以将数据合并到一个主工作表中，以便对数据进行更新和汇总。

13.4.1 按位置合并运算

按位置进行合并计算就是按同样的顺序排列所有工作表中的数据，将它们放在同一位置中。

第1步：设置要合并计算的数据区域

步骤01 打开随书光盘中的“素材\ch13\员工工资表.xlsx”工作簿。

职工号	姓名	性别	部门名称	住房补助	交通补助	住房公积金	扣除工资
zg001	张艳	女	办公室	¥175.0	¥50.0	¥260.0	¥80.0
zg002	李永	男	办公室	¥150.0	¥50.0	¥280.0	¥90.0
zg003	王晓歌	男	人事部	¥125.0	¥50.0	¥270.0	¥80.0
zg004	娄桂珍	女	销售部	¥86.0	¥50.0	¥260.0	¥90.0
zg005	欧晓红	女	销售部	¥78.0	¥50.0	¥260.0	¥75.0
zg006	李达	男	市场部	¥90.0	¥50.0	¥240.0	¥85.0
zg007	杨三	男	市场部	¥180.0	¥50.0	¥230.0	¥80.0
zg008	王华	女	市场部	¥150.0	¥50.0	¥220.0	¥90.0
zg009	周菊	女	人事部	¥160.0	¥50.0	¥180.0	¥95.0
zg010	李秀珍	女	财务部	¥140.0	¥50.0	¥270.0	¥75.0
zg011	王刚	男	财务部	¥100.0	¥50.0	¥200.0	¥70.0
zg012	郑国红	男	销售部	¥70.0	¥50.0	¥190.0	¥78.0
zg013	王青松	男	销售部	¥50.0	¥50.0	¥240.0	¥78.0
zg014	王洪涛	男	销售部	¥90.0	¥50.0	¥240.0	¥75.0
zg015	王桂荣	女	办公室	¥100.0	¥50.0	¥220.0	¥75.0
zg016	王山	男	开发部	¥120.0	¥50.0	¥220.0	¥80.0
zg017	乙红	女	开发部	¥140.0	¥50.0	¥190.0	¥85.0
zg018	麦卫春	男	开发部	¥160.0	¥50.0	¥190.0	¥80.0

步骤02 选择“工资1”工作表的A1:H20区域，在【公式】选项卡中，单击【定义的名称】选项组中的【定义名称】按钮，弹出【新建名称】对话框，在【名称】文本框中输入“工资1”，单击【确定】按钮。

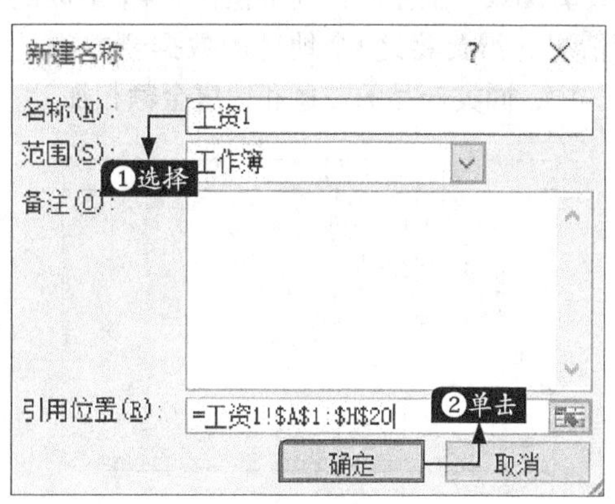

步骤03 选择“工资2”工作表的单元格区域E1:H20，在【公式】选项卡中，单击【定义的名称】选项组中的【定义名称】按钮，弹出【新建名称】对话框，在【名称】文本框中输入“工资2”，单击【确定】按钮。

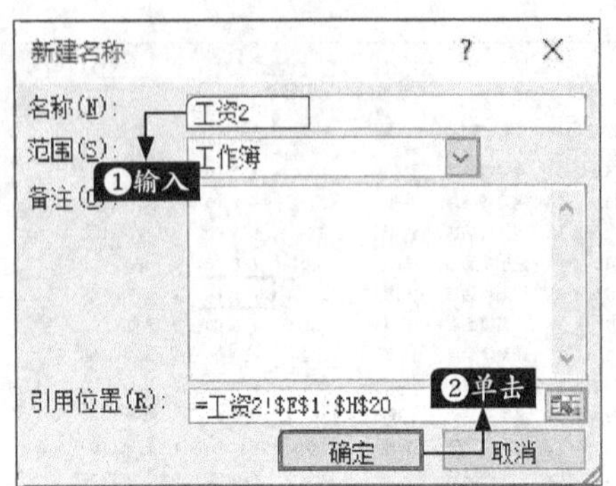

第2步：合并计算

步骤01 选择“工资1”工作表中的单元格I1，在【数据】选项卡中，单击【数据工具】选项组中的【合并计算】按钮，在弹出的【合并计算】对话框的【引用位置】文本框中输入“工资2”，单击【添加】按钮，把“工资2”添加到【所有引用位置】列表框中。

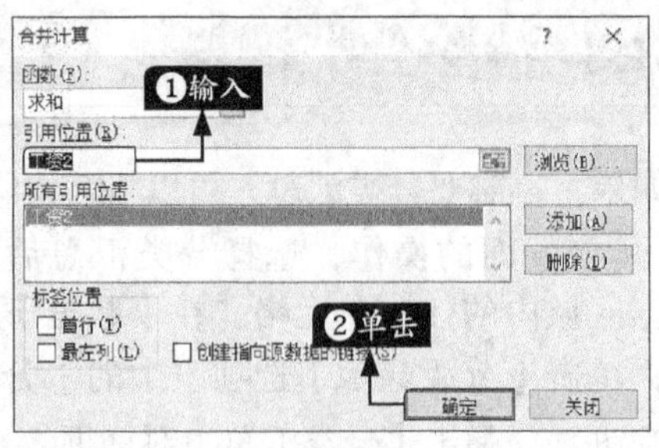

步骤02 单击【确定】按钮，即可将名称为“工资2”的区域合并到“工资1”区域中，根据需要调整列宽后，如下图所示。

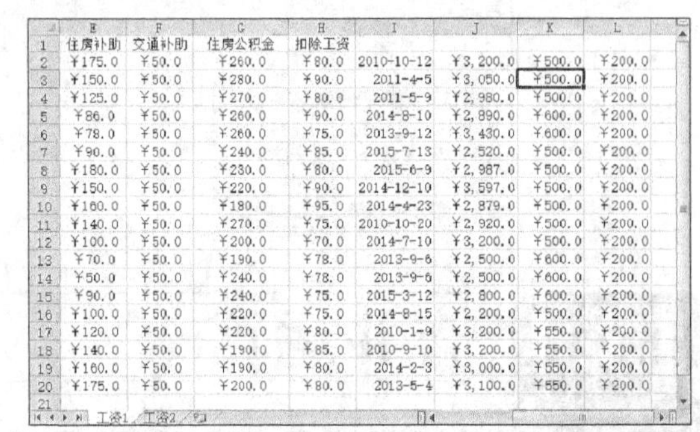

	E	F	G	H	I	J	K	L
1	住房补助	交通补助	住房公积金	扣除工资				
2	¥175.0	¥50.0	¥260.0	¥80.0	2010-10-12	¥3,200.0	¥500.0	¥200.0
3	¥150.0	¥50.0	¥280.0	¥90.0	2011-4-5	¥3,050.0	¥500.0	¥200.0
4	¥125.0	¥50.0	¥270.0	¥80.0	2011-5-9	¥2,980.0	¥500.0	¥200.0
5	¥86.0	¥50.0	¥260.0	¥90.0	2014-8-10	¥2,890.0	¥600.0	¥200.0
6	¥78.0	¥50.0	¥260.0	¥75.0	2013-9-12	¥3,430.0	¥600.0	¥200.0
7	¥90.0	¥50.0	¥240.0	¥85.0	2015-7-13	¥2,520.0	¥500.0	¥200.0
8	¥180.0	¥50.0	¥230.0	¥80.0	2015-6-9	¥2,987.0	¥500.0	¥200.0
9	¥150.0	¥50.0	¥220.0	¥90.0	2014-12-10	¥3,597.0	¥500.0	¥200.0
10	¥160.0	¥50.0	¥180.0	¥95.0	2014-4-23	¥2,879.0	¥500.0	¥200.0
11	¥140.0	¥50.0	¥270.0	¥75.0	2010-10-20	¥2,920.0	¥500.0	¥200.0
12	¥100.0	¥50.0	¥200.0	¥70.0	2014-7-10	¥3,200.0	¥500.0	¥200.0
13	¥70.0	¥50.0	¥190.0	¥78.0	2013-9-6	¥2,500.0	¥600.0	¥200.0
14	¥50.0	¥50.0	¥240.0	¥78.0	2013-9-6	¥2,500.0	¥600.0	¥200.0
15	¥90.0	¥50.0	¥240.0	¥75.0	2015-3-12	¥2,800.0	¥600.0	¥200.0
16	¥100.0	¥50.0	¥220.0	¥75.0	2014-8-15	¥2,200.0	¥500.0	¥200.0
17	¥120.0	¥50.0	¥220.0	¥80.0	2010-1-9	¥3,200.0	¥550.0	¥200.0
18	¥140.0	¥50.0	¥190.0	¥85.0	2010-9-10	¥3,200.0	¥550.0	¥200.0
19	¥160.0	¥50.0	¥190.0	¥80.0	2014-2-3	¥3,000.0	¥550.0	¥200.0
20	¥175.0	¥50.0	¥200.0	¥80.0	2013-5-4	¥3,100.0	¥550.0	¥200.0
21								

小提示

合并前要确保每个数据区域都采用列表格式，第一行中的每列都具有标签，同一列中包含相似的数据，并且在列表中没有空行或空列。

13.4.2 由多个明细表快速生成汇总表

如果数据分散在各个明细表中，需要将这些数据汇总到1个总表中，也可以使用合并计算。具体操作步骤如下。

步骤01 打开随书光盘中的“素材\ch13\销售合并计算.xlsx”工作簿，其中包含了4个地区的销售情况，需要将这4个地区的数据合并到“总表”中，同类产品的数量和销售金额相加。

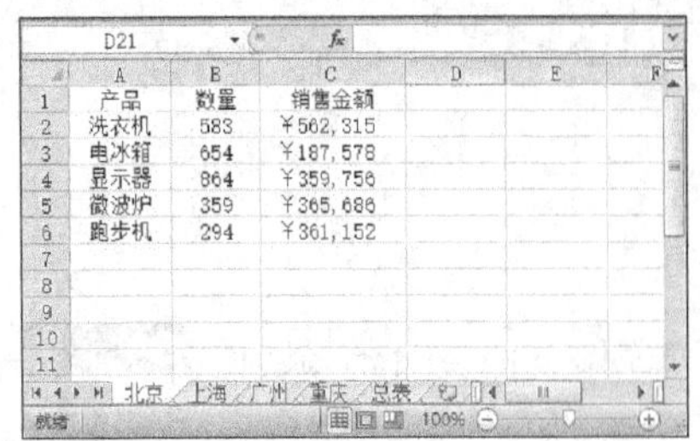

	A	B	C
1	产品	数量	销售金额
2	洗衣机	583	¥562,315
3	电冰箱	654	¥187,578
4	显示器	864	¥359,758
5	微波炉	359	¥365,686
6	跑步机	294	¥361,152

步骤02 选择“总表”中的A1单元格。在【数据】选项卡中，单击【数据工具】选项组中的【合并计算】按钮，弹出【合并计算】对话框，将光标定位在“所有引用位置”文本框中，然后选择“北京”工作表中的A1:C6，单击【添加】按钮。

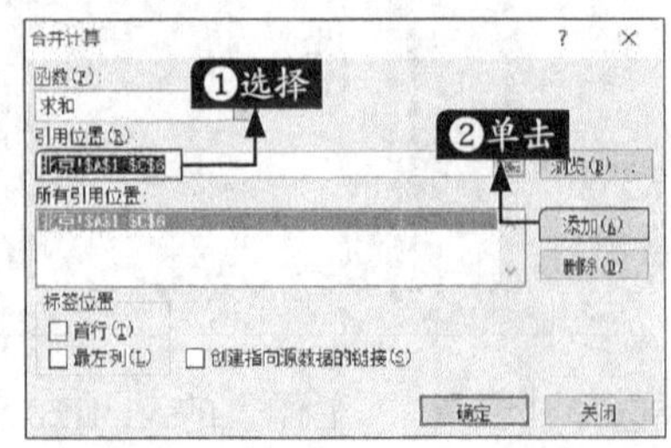

步骤 03 重复此操作，依次添加上海、广州、重庆工作表中的数据区域，并选择【首行】、【最左列】复选框。

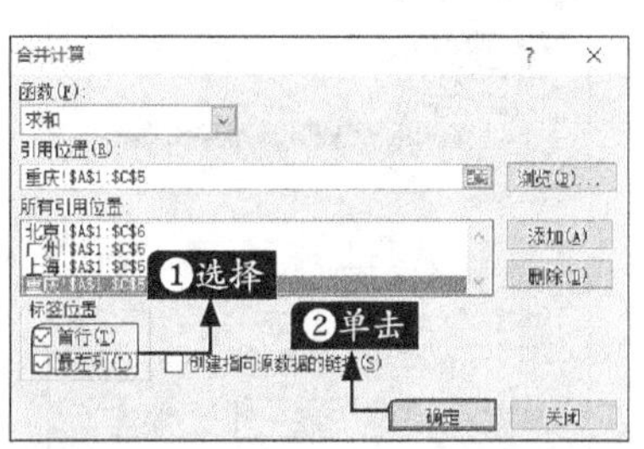

步骤 04 单击【确定】按钮，合并计算后的数据如图所示。

	A	B	C	D
1		数量	销售金额	
2	洗衣机	583	￥562, 315	
3	电冰箱	1082	￥914, 443	
4	显示器	1163	￥730, 410	
5	微波炉	711	￥551, 327	
6	跑步机	426	￥873, 805	
7	按摩椅	385	￥231, 654	
8	空调	312	￥125, 423	
9	抽油烟机	124	￥154, 123	
10	液晶电视	505	￥820, 247	
11				

北京 / 上海 / 广州 / 重庆 / 总表

13.5 综合实战——制作汇总销售记录表

本节教学录像时间：3 分钟

本实例主要介绍汇总销售记录表中数据的分类汇总、显示与隐藏分类汇总的数据等操作。

第1步：对记录排序

步骤 01 打开随书光盘中的“素材\ch13\汇总销售记录表.xlsx”工作簿，选中B列的任一单元格。

	A	B	C	D	E
1	汇总销售记录				
2	客户代码	所属地区	发货额	回款额	回款率
3	K-009	河南	¥53, 200. 00	¥52, 400. 00	98. 50%
4	K-010	河南	¥62, 540. 00	¥58, 630. 00	93. 75%
5	K-003	山东	¥48, 520. 00	¥36, 520. 00	75. 27%
6	K-008	山东	¥45, 000. 00	¥32, 400. 00	72. 00%
7	K-011	山东	¥32, 000. 00	¥25, 600. 00	80. 00%
8	K-002	湖北	¥36, 520. 00	¥23, 510. 00	64. 38%
9	K-004	湖北	¥56, 800. 00	¥54, 200. 00	95. 42%
10	K-005	湖北	¥76, 203. 00	¥62, 000. 00	81. 36%
11	K-012	湖北	¥45, 203. 00	¥43, 200. 00	95. 57%
12	K-013	湖北	¥20, 054. 00	¥19, 000. 00	94. 74%
13	K-001	安徽	¥75, 620. 00	¥65, 340. 00	86. 41%
14	K-006	安徽	¥75, 621. 00	¥75, 000. 00	99. 18%
15	K-007	安徽	¥85, 230. 00	¥45, 060. 00	52. 87%
16	K-014	安徽	¥75, 264. 00	¥75, 000. 00	99. 65%
17					

步骤 02 在【数据】选项卡中，单击【排序和筛选】选项组中的【升序】按钮，对“所属地区”列进行排序。

	A	B	C	D	E
1	汇总销售记录				
2	客户代码	所属地区	发货额	回款额	回款率
3	K-001	安徽	¥75, 620. 00	¥65, 340. 00	86. 41%
4	K-006	安徽	¥75, 621. 00	¥75, 000. 00	99. 18%
5	K-007	安徽	¥85, 230. 00	¥45, 060. 00	52. 87%
6	K-014	安徽	¥75, 264. 00	¥75, 000. 00	99. 65%
7	K-009	河南	¥53, 200. 00	¥52, 400. 00	98. 50%
8	K-010	河南	¥62, 540. 00	¥58, 630. 00	93. 75%
9	K-002	湖北	¥36, 520. 00	¥23, 510. 00	64. 38%
10	K-004	湖北	¥56, 800. 00	¥54, 200. 00	95. 42%
11	K-005	湖北	¥76, 203. 00	¥62, 000. 00	81. 36%
12	K-012	湖北	¥45, 203. 00	¥43, 200. 00	95. 57%
13	K-013	湖北	¥20, 054. 00	¥19, 000. 00	94. 74%
14	K-003	山东	¥48, 520. 00	¥36, 520. 00	75. 27%
15	K-008	山东	¥45, 000. 00	¥32, 400. 00	72. 00%
16	K-011	山东	¥32, 000. 00	¥25, 600. 00	80. 00%
17					

第2步：汇总销售记录

步骤 01 选择任一单元格，在【数据】选项卡中，单击【分级显示】选项组中的【分类汇总】按钮，弹出【分类汇总】对话框。

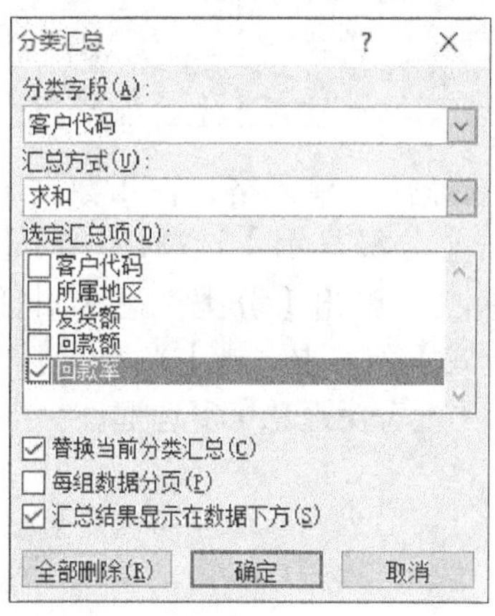

步骤 02 在【分类字段】列表中选择【所属地区】选项，在【选定汇总项】列表框中选择【发货额】和【回款额】复选框，取消选择【回款率】复选框。

分类汇总

分类字段(A):

所属地区

汇总方式(U):

求和

选定汇总项(D):

☐ 客户代码
☐ 所属地区
☑ 发货额
☑ 回款额
☐ 回款率

☑ 替换当前分类汇总(C)
☐ 每组数据分页(P)
☑ 汇总结果显示在数据下方(S)

全部删除(R)　确定　取消

步骤03 单击【确定】按钮，汇总结果如图所示。

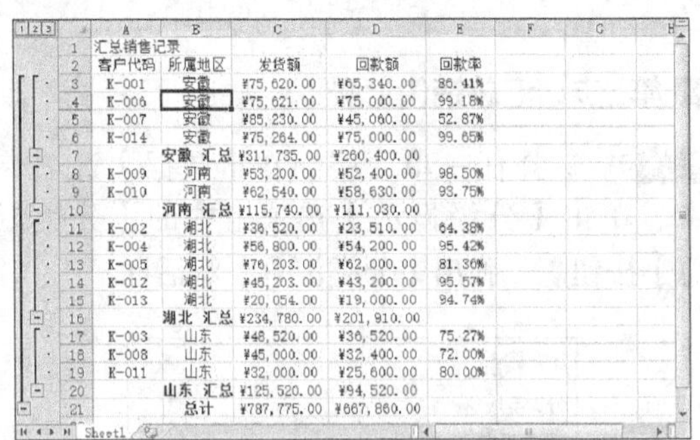

	A	B	C	D	E
1	汇总销售记录				
2	客户代码	所属地区	发货额	回款额	回款率
3	K-001	安徽	¥75,620.00	¥65,340.00	86.41%
4	K-006	安徽	¥75,621.00	¥75,000.00	99.18%
5	K-007	安徽	¥85,230.00	¥45,060.00	52.87%
6	K-014	安徽	¥75,264.00	¥75,000.00	99.65%
7		安徽 汇总	¥311,735.00	¥260,400.00	
8	K-009	河南	¥53,200.00	¥52,400.00	98.50%
9	K-010	河南	¥62,540.00	¥58,630.00	93.75%
10		河南 汇总	¥115,740.00	¥111,030.00	
11	K-002	湖北	¥36,520.00	¥23,510.00	64.38%
12	K-004	湖北	¥56,800.00	¥54,200.00	95.42%
13	K-005	湖北	¥76,203.00	¥62,000.00	81.36%
14	K-012	湖北	¥45,203.00	¥43,200.00	95.57%
15	K-013	湖北	¥20,054.00	¥19,000.00	94.74%
16		湖北 汇总	¥234,780.00	¥201,910.00	
17	K-003	山东	¥48,520.00	¥36,520.00	75.27%
18	K-008	山东	¥45,000.00	¥32,400.00	72.00%
19	K-011	山东	¥32,000.00	¥25,600.00	80.00%
20		山东 汇总	¥125,520.00	¥94,520.00	
21		总计	¥787,775.00	¥667,860.00	

步骤04 选择任一单元格，在【数据】选项卡中，单击【分级显示】选项组中的【分类汇总】按钮，弹出【分类汇总】对话框。在【汇总方式】列表中选择【平均值】选项，取消【替换当前分类汇总】复选框。

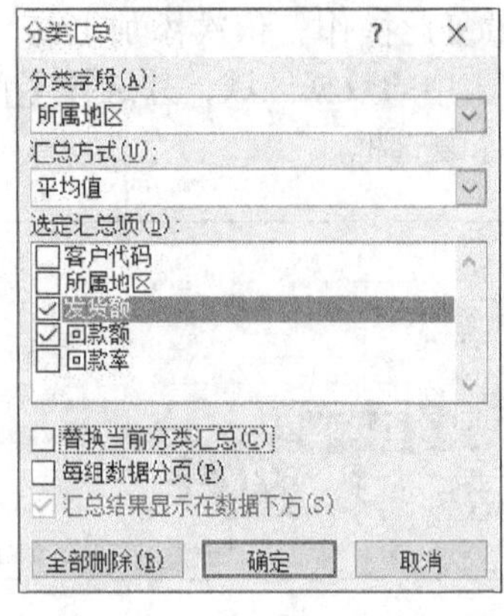

步骤05 单击【确定】按钮，得到多级汇总结果，如图所示。

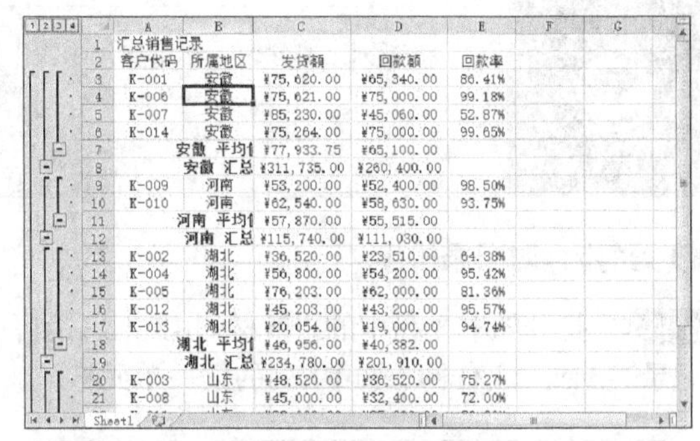

	A	B	C	D	E
1	汇总销售记录				
2	客户代码	所属地区	发货额	回款额	回款率
3	K-001	安徽	¥75,620.00	¥65,340.00	86.41%
4	K-006	安徽	¥75,621.00	¥75,000.00	99.18%
5	K-007	安徽	¥85,230.00	¥45,060.00	52.87%
6	K-014	安徽	¥75,264.00	¥75,000.00	99.65%
7		安徽 平均值	¥77,933.75	¥65,100.00	
8		安徽 汇总	¥311,735.00	¥260,400.00	
9	K-009	河南	¥53,200.00	¥52,400.00	98.50%
10	K-010	河南	¥62,540.00	¥58,630.00	93.75%
11		河南 平均值	¥57,870.00	¥55,515.00	
12		河南 汇总	¥115,740.00	¥111,030.00	
13	K-002	湖北	¥36,520.00	¥23,510.00	64.38%
14	K-004	湖北	¥56,800.00	¥54,200.00	95.42%
15	K-005	湖北	¥76,203.00	¥62,000.00	81.36%
16	K-012	湖北	¥45,203.00	¥43,200.00	95.57%
17	K-013	湖北	¥20,054.00	¥19,000.00	94.74%
18		湖北 平均值	¥46,956.00	¥40,382.00	
19		湖北 汇总	¥234,780.00	¥201,910.00	
20	K-003	山东	¥48,520.00	¥36,520.00	75.27%
21	K-008	山东	¥45,000.00	¥32,400.00	72.00%

步骤06 销售记录太多，可以将部分结果隐藏（如将“湖北”的汇总结果隐藏）。单击“湖北”销售记录左侧3按钮下方的-按钮，将隐藏湖北3级的数据。

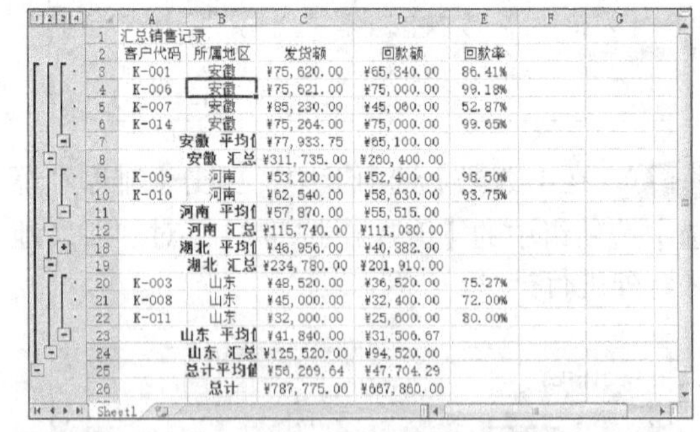

	A	B	C	D	E
1	汇总销售记录				
2	客户代码	所属地区	发货额	回款额	回款率
3	K-001	安徽	¥75,620.00	¥65,340.00	86.41%
4	K-006	安徽	¥75,621.00	¥75,000.00	99.18%
5	K-007	安徽	¥85,230.00	¥45,060.00	52.87%
6	K-014	安徽	¥75,264.00	¥75,000.00	99.65%
7		安徽 平均值	¥77,933.75	¥65,100.00	
8		安徽 汇总	¥311,735.00	¥260,400.00	
9	K-009	河南	¥53,200.00	¥52,400.00	98.50%
10	K-010	河南	¥62,540.00	¥58,630.00	93.75%
11		河南 平均值	¥57,870.00	¥55,515.00	
12		河南 汇总	¥115,740.00	¥111,030.00	
18		湖北 平均值	¥46,956.00	¥40,382.00	
19		湖北 汇总	¥234,780.00	¥201,910.00	
20	K-003	山东	¥48,520.00	¥36,520.00	75.27%
21	K-008	山东	¥45,000.00	¥32,400.00	72.00%
22	K-011	山东	¥32,000.00	¥25,600.00	80.00%
23		山东 平均值	¥41,840.00	¥31,506.67	
24		山东 汇总	¥125,520.00	¥94,520.00	
25		总计平均值	¥56,269.64	¥47,704.29	
26		总计	¥787,775.00	¥667,860.00	

高手支招

本节教学录像时间：4分钟

对同时包含字母和数字的文本进行排序

如果表格中既有字母也有数字，现在需要对该表格区域进行排序，用户可以先按数字排序，再按字母排序，达到最终排序的效果。具体操作步骤如下。

步骤01 打开随书光盘中的"素材\ch13\产品库存统计表.xlsx"工作簿。选择D列任一单元格，在【数据】选项卡的【排序和筛选】组中，单击【排序】按钮。

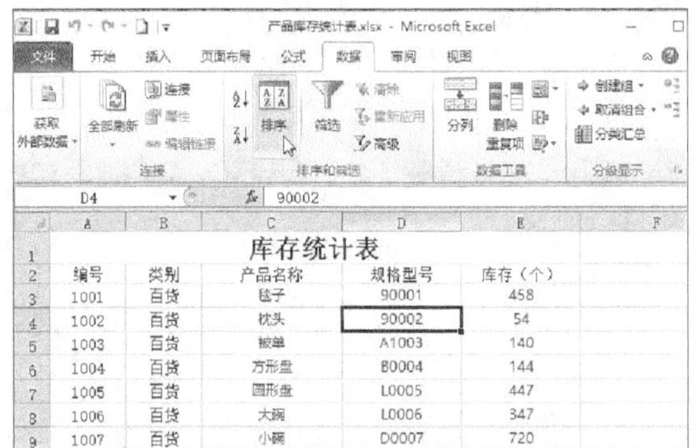

步骤02 在弹出的【排序】对话框中，单击【主要关键字】后的下拉按钮，在下拉列表中选择【规格型号】选项，设置【排序依据】为【数值】，设置【次序】为【升序】。

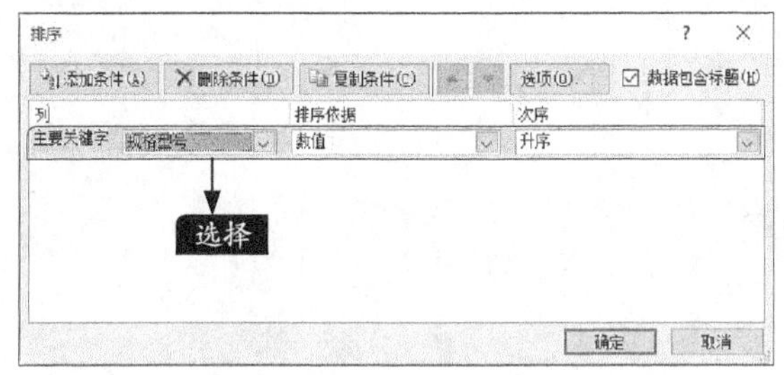

步骤03 在【排序】对话框中，单击【选项】按钮，打开【排序选项】对话框，选中【字母排序】复选框，然后单击【确定】按钮，返回【排序】对话框，再按【确定】按钮，即可对【规格型号】进行排序。

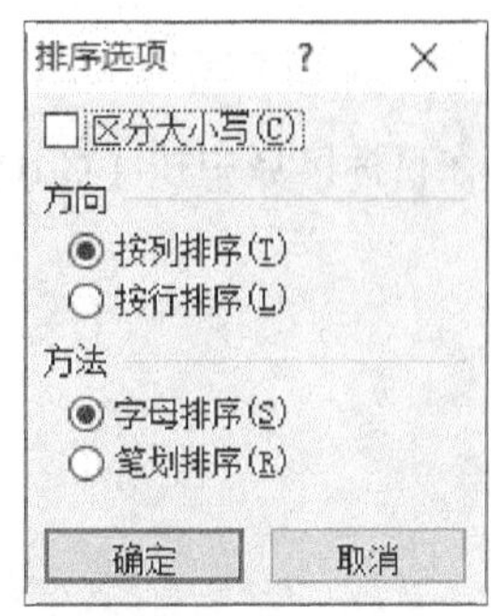

步骤04 最终排序后的效果如下图所示。

复制分类汇总后的结果

在2级汇总视图下，复制并粘贴后的结果中仍带有明细数据，那么如何才能只复制汇总后的数据呢？具体的操作步骤如下。

步骤01 选中汇总后的2级视图中的整个数据区域。

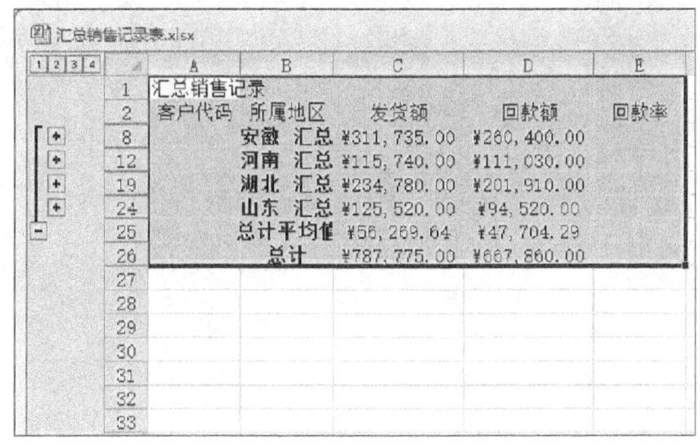

步骤02 安【Alt+；】组合键，就只是选中当前显示出来的单元格，而不包含隐藏的明细数据。

步骤03 按【Ctrl+C】组合键复制。

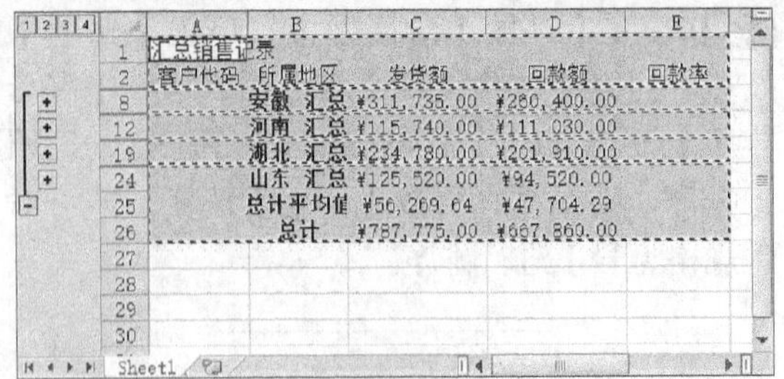

步骤 04 然后在目标区域中按【Ctrl+V】组合键粘贴，即可只粘贴汇总数据。

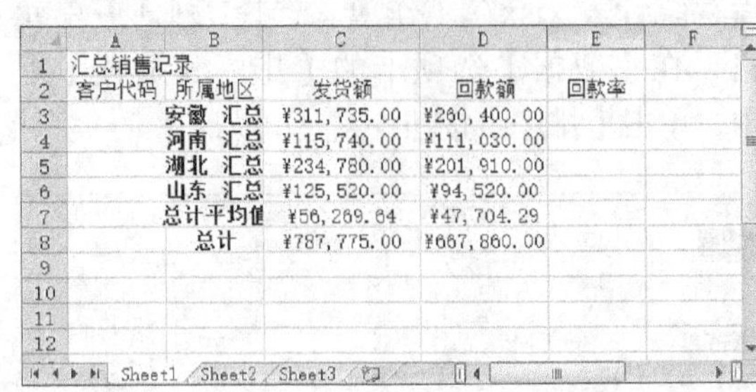

第 14 章

使用图形和图表

图表不仅能使数据的统计结果更直观、更形象，而且能够清晰地反映数据的变化规律和发展趋势。通过本章的学习，用户可对图表的类型、图表的组成、图表的操作以及图形操作等能够熟练掌握并能灵活运用。

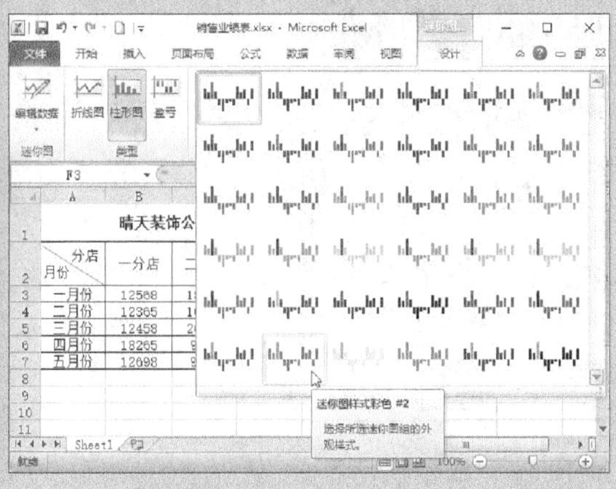

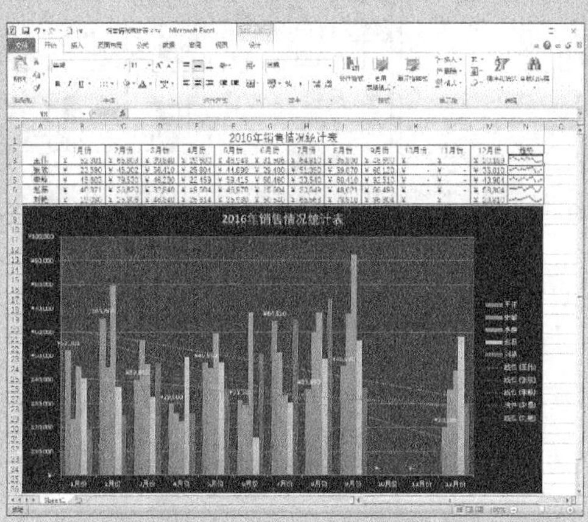

14.1 图表及其特点

本节教学录像时间：3 分钟

图表可以非常直观地反映工作表中数据之间的关系，可以方便地对比与分析数据。用图表表达数据，可以使表达结果更加清晰、直观和易懂，为使用数据提供了便利。

14.1.1 直观形象

利用下面的图表可以非常直观地显示每位员工第1季度和第2季度的销售业绩。

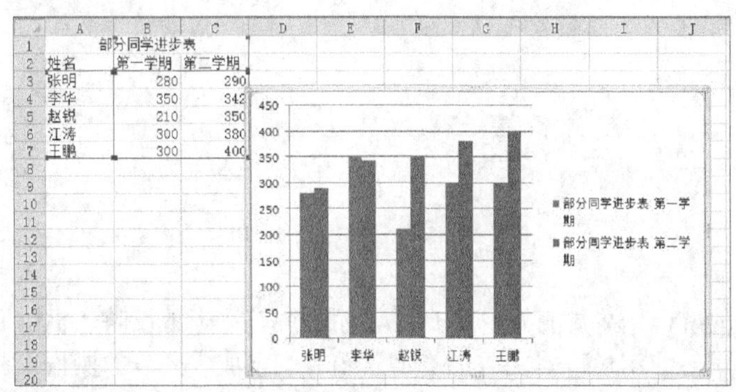

部分同学进步表		
姓名	第一学期	第二学期
张明	280	290
李华	350	342
赵锐	210	350
江涛	300	380
王鹏	300	400

14.1.2 种类丰富

Excel 2010提供有11种内部的图表类型，每一种图表类型又有多种子类型，还可以自己定义图表。用户可以根据实际情况，选择原有的图表类型或者自定义图表。

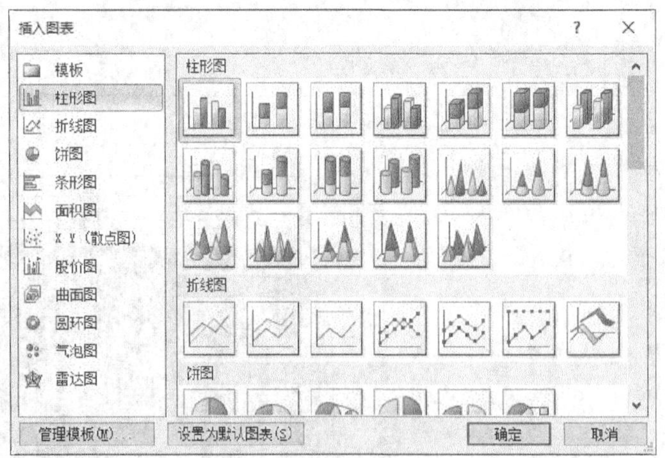

14.1.3 双向联动

在图表上可以增加数据源，使图表和表格双向结合，更直观地表达丰富的含义。

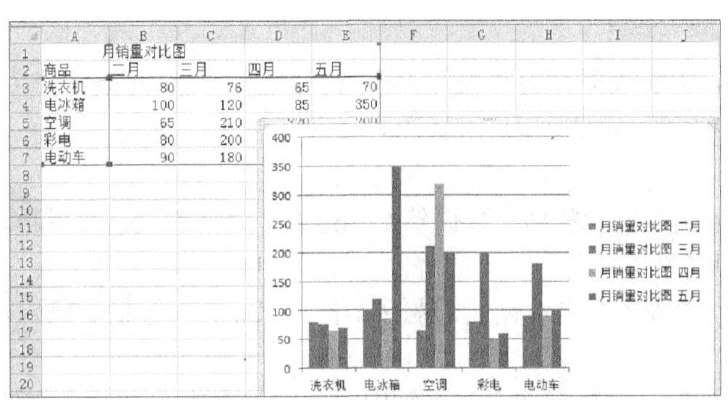

14.1.4 二维坐标

一般情况下，图表上有两个用于对数据进行分类和度量的坐标轴，即分类（x）轴和数值（y）轴。在x、y轴上可以添加标题，以更明确图表所表示的含义。

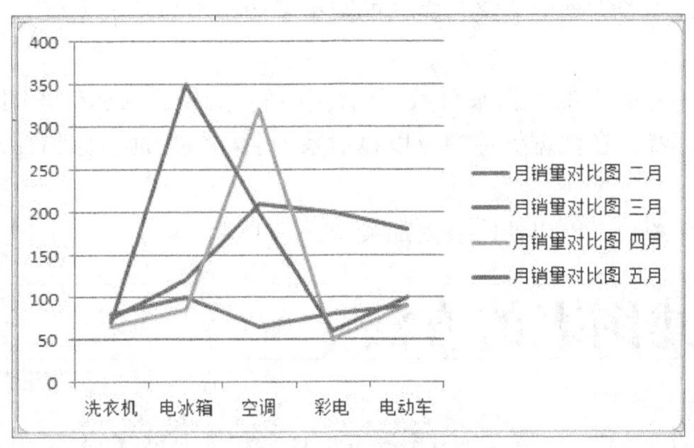

14.2 图表的组成元素

本节教学录像时间：4 分钟

图表主要由图表区、绘图区、图表标题、坐标轴、图例、数据表、数据标签和背景等组成。

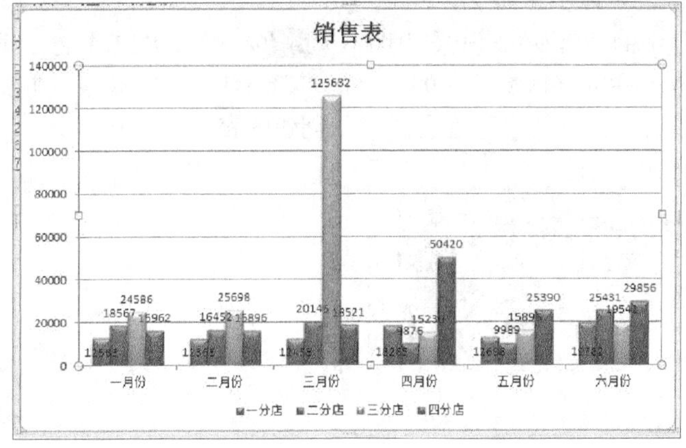

(1) 图表区

整个图表以及图表中的数据称为图表区。在图表区中，当鼠标指针停留在图表元素上方时，Excel会显示元素的名称，从而方便用户查找图表元素。

(2) 绘图区

绘图区主要显示数据表中的数据，数据随着工作表中数据的更新而更新。

(3) 图表标题

创建图表完成后，图表中会自动创建标题文本框，只需在文本框中输入标题即可。

(4) 坐标轴

默认情况下，Excel会自动确定图表坐标轴中图表的刻度值，也可以自定义刻度，以满足使用需要。当在图表中绘制的数值涵盖范围较大时，可以将垂直坐标轴改为对数刻度。

(5) 图例

图例用方框表示，用于标识图表中的数据系列所指定的颜色或图案。创建图表后，图例以默认的颜色来显示图表中的数据系列。

(6) 数据表

数据表是反映图表中源数据的表格，默认的图表一般都不显示数据表。

(7) 数据标签

图表中绘制的相关数据点的数据来自数据的行和列。如果要快速标识图表中的数据，可以为图表的数据添加数据标签，在数据标签中可以显示系列名称、类别名称和百分比。

(8) 背景

背景主要用于衬托图表，可以使图表更加美观。

14.3 创建图表的方法

本节教学录像时间：4 分钟

Excel 2010可以创建嵌入式图表和工作表图表。嵌入式图表就是与工作表数据在一起或者与其他嵌入式图表在一起的图表，而工作表图表是特定的工作表，只包含单独的图表。

14.3.1 使用快捷键创建图表

按【Alt+F1】组合键可以创建嵌入式图表，按【F11】键可以创建工作表图表。

使用按键创建图表的具体步骤如下。

步骤 01 打开随书光盘中的“素材\ch14\支出明细表.xlsx”工作簿，选择单元格区域A2:E9。

费用支出明细表

项目	2015学年度	经费支出	2016学年度	经费支出
行政管理支出	¥ 12,000.00	¥ 1,200.00	¥ 10,000.00	¥ 900.00
教学研究及训辅支出	¥ 13,000.00	¥ 2,470.00	¥ 12,000.00	¥ 2,160.00
奖助学金支出	¥ 10,000.00	¥ 1,200.00	¥ 10,000.00	¥ 1,200.00
推广教育支出	¥ 10,000.00	¥ 800.00	¥ 15,000.00	¥ 1,350.00
财务支出	¥ 12,000.00	¥ 960.00	¥ 10,000.00	¥ 1,000.00
其他支出	¥ 13,000.00	¥ 2,080.00	¥ 13,000.00	¥ 1,950.00
幼儿园支出	¥ 15,000.00	¥ 1,950.00	¥ 15,000.00	¥ 1,800.00

步骤 02 按【F11】键，即可插入一个名为“Chart1”的工作表，并根据所选区域的数据创建图表。

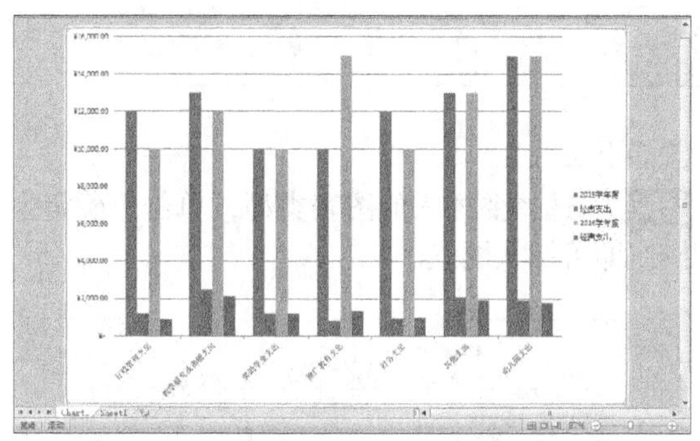

另外，选中需要创建图表的单元格区域，按【Alt+F1】组合键，可在当前工作表中快速插入簇状柱形图图表。

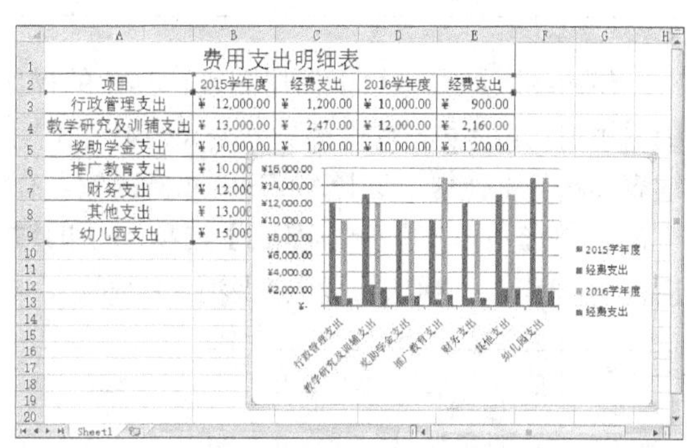

14.3.2 使用功能区创建图表

在Excel 2010的功能区中也可以方便地创建图表，具体的操作步骤如下。

步骤 01 打开随书光盘中的“素材\ch14\支出明细表.xlsx”工作簿，选择A2:E9单元格区域。

费用支出明细表

项目	2015学年度	经费支出	2016学年度	经费支出
行政管理支出	¥ 12,000.00	¥ 1,200.00	¥ 10,000.00	¥ 900.00
教学研究及训辅支出	¥ 13,000.00	¥ 2,470.00	¥ 12,000.00	¥ 2,160.00
奖助学金支出	¥ 10,000.00	¥ 1,200.00	¥ 10,000.00	¥ 1,200.00
推广教育支出	¥ 10,000.00	¥ 800.00	¥ 15,000.00	¥ 1,350.00
财务支出	¥ 12,000.00	¥ 960.00	¥ 10,000.00	¥ 1,000.00
其他支出	¥ 13,000.00	¥ 2,080.00	¥ 13,000.00	¥ 1,950.00
幼儿园支出	¥ 15,000.00	¥ 1,950.00	¥ 15,000.00	¥ 1,800.00

步骤 02 在【插入】选项卡下的【图表】选项组中，单击【插入柱形图】按钮，在弹出的下拉列表框中选择【二维柱形图】中的【簇状柱形图】选项。

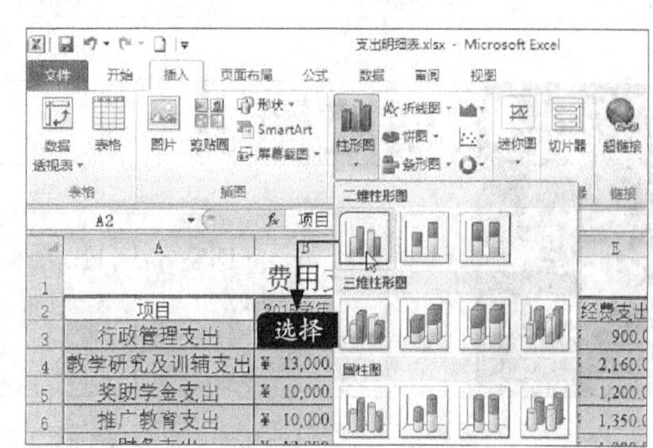

步骤 03 即可在该工作表中生成一个柱形图表，效果如图所示。

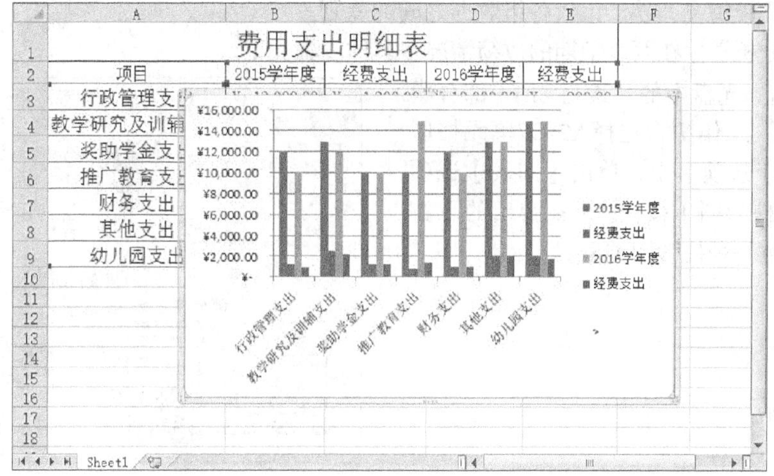

14.3.3 使用图表向导创建图表

使用图表向导也可以创建图表，具体的操作步骤如下。

步骤 01 打开随书光盘中的“素材\ch14\支出明细表.xlsx”工作簿，选择A2:E9单元格区域。在【插入】选项卡中单击【图表】选项组中的对话框启动器，弹出【插入图表】对话框。

步骤 02 选择要插入的图表类型，单击【确定】按钮即可插入图表。

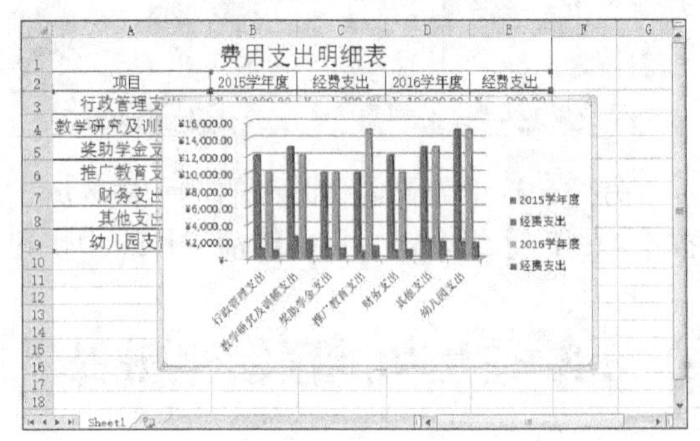

14.4 创建图表

本节教学录像时间：6 分钟

了解了图表的创建方法，接下来就开始创建不同类型的图表。

14.4.1 柱形图——强调特定时间段内的差异变化

柱形图也叫直方图，是较为常用的一种图表类型，主要用于显示一段时间内的数据变化或显示各项之间的比较情况，易于比较各组数据之间的差别。

以柱形图分析学生在两个学期的成绩情况，具体步骤如下。

步骤 01 打开随书光盘中的“素材\ch14\部分学生成绩表.xlsx”工作簿，选择A2:C7单元格区域，在【插入】选项卡中，单击【图表】选项组中的【插入柱形图】按钮，在弹出的下拉菜单中选择任意一种柱形图类型。

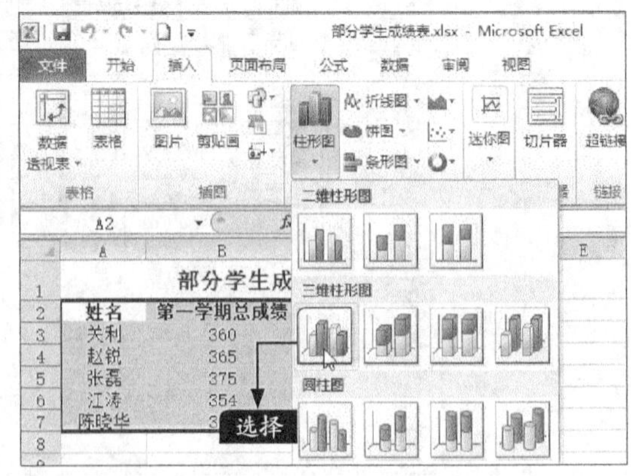

步骤 02 即可在当前工作表中创建一个柱形图表。

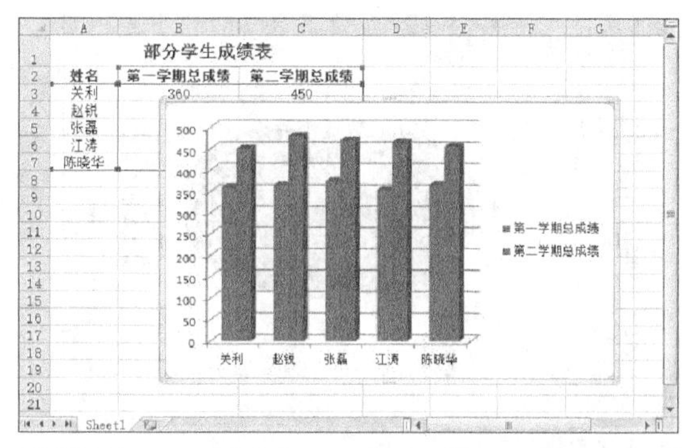

> **小提示**
>
> 可以看出，在此图表中，蓝色的图柱和红色的图柱很直观地显示出了学生第一学期和第二学期总成绩的差距。

14.4.2 折线图——描绘连续的数据

折线图可以显示随时间（根据常用比例设置）而变化的连续数据，因此非常适用于显示在相等时间间隔下的数据变化趋势。在折线图中，类别数据沿水平轴均匀分布，所有数据值沿垂直轴均匀分布。

以折线图描绘食品销量波动情况的具体步骤如下。

步骤01 打开随书光盘中的“素材\ch14\食品销量表.xlsx”工作簿，并选择A2:C8单元格区域，在【插入】选项卡中，单击【图表】选项组中的【折线图】按钮，在弹出的下拉菜单中选择【带数据标记的折线图】。

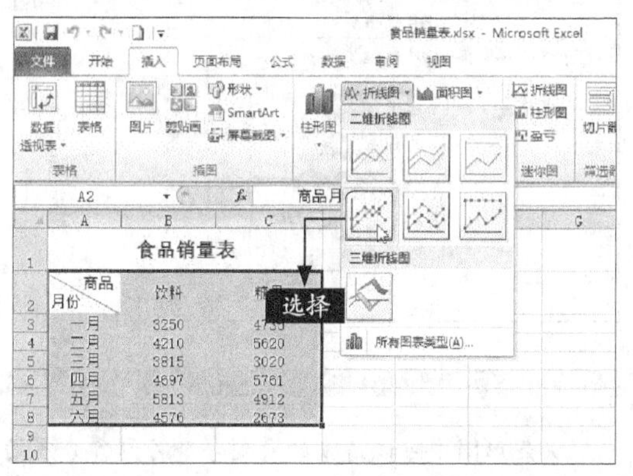

步骤02 即可在当前工作表中创建一个折线图表。

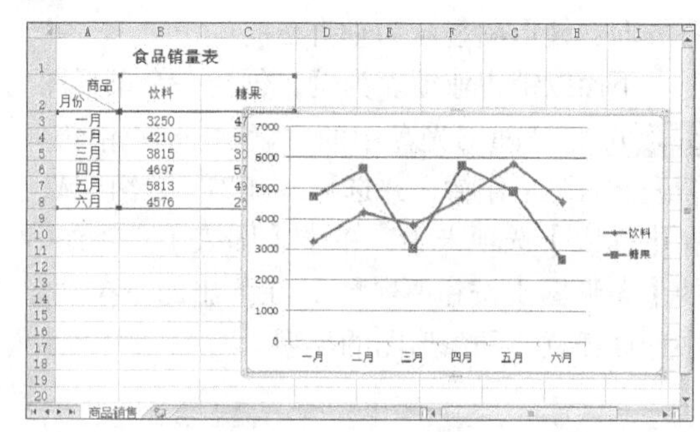

> **小提示**
>
> 从图表上可以看出，折线图不仅能显示每个月份各品种的销量差距，也可以显示各个月份的销量变化。

14.4.3 饼图——善于表现数据构成

饼图是显示一个数据系列中各项的大小与各项总和的比例。在工作中如果遇到需要计算总费用或金额的各个部分构成比例的情况，一般都是通过各个部分与总额相除来计算，而且这种比例表示方法很抽象，我们可以使用饼图，直接以图形的方式显示各个组成部分所占比例。

以饼图来显示公司费用支出情况，具体步骤如下。

步骤01 打开随书光盘中的“素材\ch14\公司费用支出情况.xlsx”工作簿，并选择A2:B9单元格区域，在【插入】选项卡中，单击【图表】选项组中的【饼图】按钮，在弹出的下拉菜单中选择【三维饼图】。

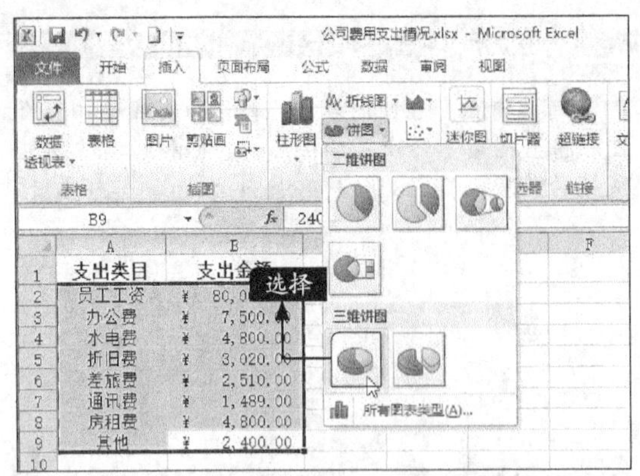

步骤 02 即可在当前工作表中创建一个三维饼图图表。

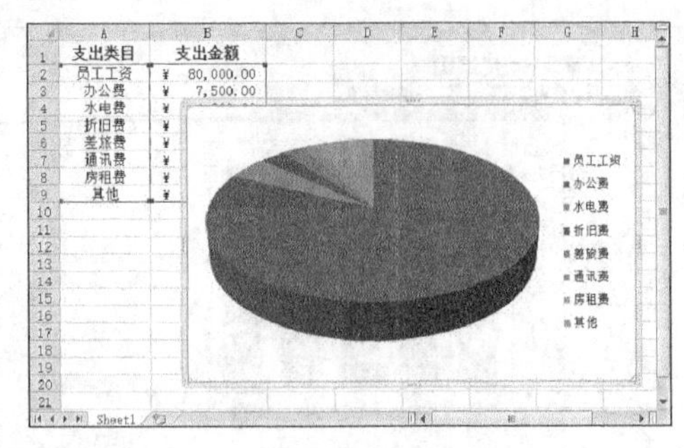

小提示

可以看出，饼图中显示了各元素所占的比例状况，以及各元素和整体之间、元素和元素之间的对比情况。

14.4.4 条形图——强调各个数据项之间的差别情况

条形图可以显示各个项目之间的比较情况，与柱形图相似，但是又有所不同，条形图显示为平方向，柱形图显示为垂直方向。

下面以销售业绩表为例，创建一个条形图。

步骤 01 打开随书光盘中的“素材\ch14\销售业绩表.xlsx”工作簿，并选择A2:E7单元格区域，在【插入】选项卡中，单击【图表】选项组中的【条形图】按钮，在弹出的下拉菜单中选择任意一种条形图的类型。

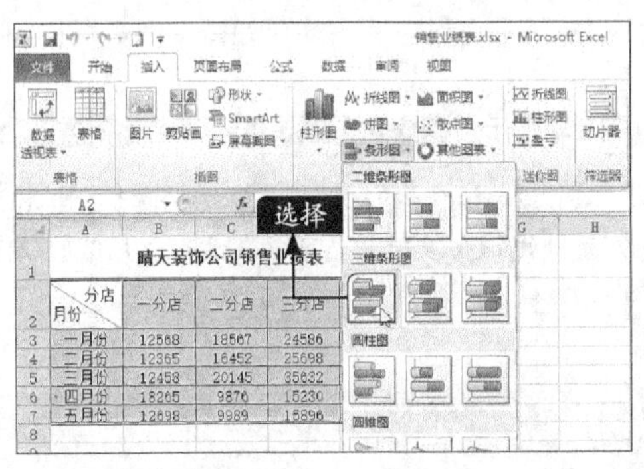

步骤 02 即可在当前工作表中创建一个条形图图表。

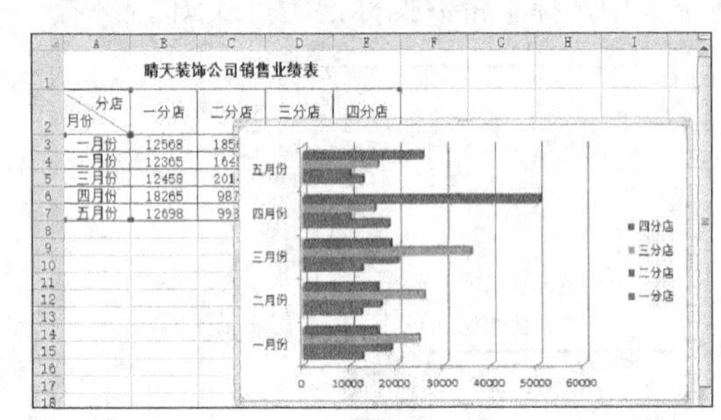

小提示

从条形图中可以清晰的看到每个月份各分店的销量差距情况。

14.4.5 面积图——说明部分和整体的关系

面积图强调数量随时间而变化的程度，也可用于引起人们对总值趋势的注意。例如，表示随时间而变化的销售总额数据。

以面积图显示销售情况的具体步骤如下。

步骤 01 打开随书光盘中的“素材\ch14\销售总额.xlsx”工作簿，并选择数据区域的任一单元格，在【插入】选项卡中，单击【图表】选项组中的【面积图】按钮，在弹出的下拉菜单中选择任意一种面积图的类型。

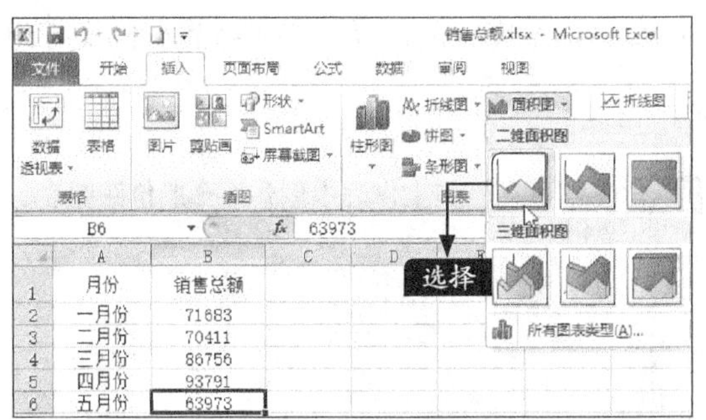

步骤02 即可在当前工作表中创建一个面积图图表。

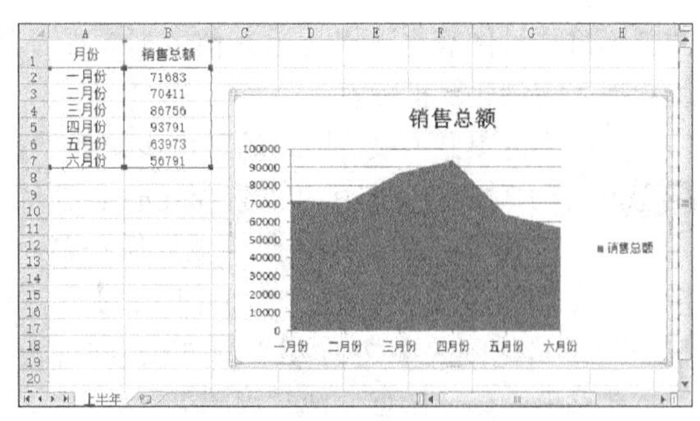

小提示

从面积图中可以清晰的看到，面积图强调幅度随时间的变化，通过显示所绘数据的总和，说明部分和整体的关系。

14.4.6 散点图——显示两个变量之间的关系

散点图表示因变量随自变量而变化的大致趋势，据此可以选择合适的函数对数据点进行拟合。如果要分析多个变量间的相关关系，可利用散点图矩阵来同时绘制各自变量间的散点图，这样可以快速发现多个变量间的主要相关性。

以散点图描绘学生成绩情况的具体步骤如下。

步骤01 打开随书光盘中的“素材\ch14\成绩表.xlsx”工作簿，并选择数据区域的任一单元格，在【插入】选项卡中，单击【图表】选项组中的【散点图】按钮 散点图，在弹出的下拉菜单中选择任意一种散点图类型。

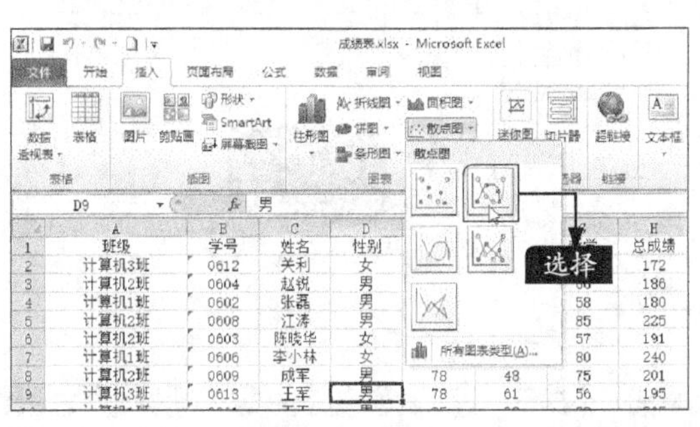

步骤02 即可在当前工作表中创建一个散点图图表。

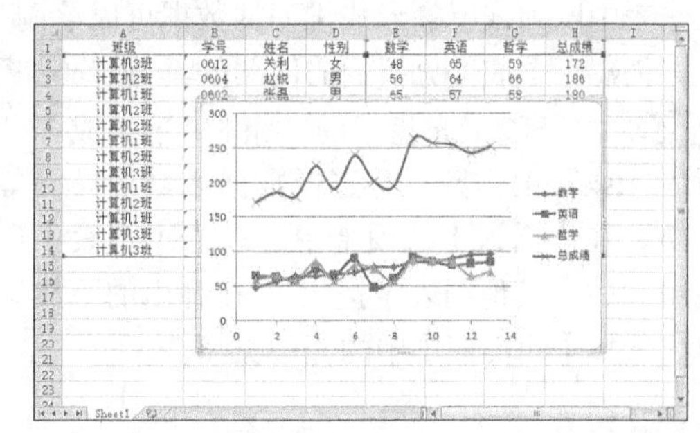

小提示

从散点图中可以看到学生的各科成绩的差异，散点图通常用来显示成组的两个变量之间的关系。

14.4.7 股价图——描绘股票价格的走势

股价图可以显示股价的波动，以特定顺序排列在工作表的列或行中的数据可以绘制为股价图，不过这种图表也可以显示其他数据（如日降雨量和每年温度）的波动，必须按正确的顺序组织数据才能创建股价图。

使用股价图显示股价涨跌的具体步骤如下。

步骤 01 打开随书光盘中的“素材\ch14\股价表.xlsx”工作簿，并选择数据区域的任一单元格，在【插入】选项卡中，单击【图表】选项组中的【其他图表】按钮 其他图表，在弹出的下拉菜单中选择任意一种股价图类型。

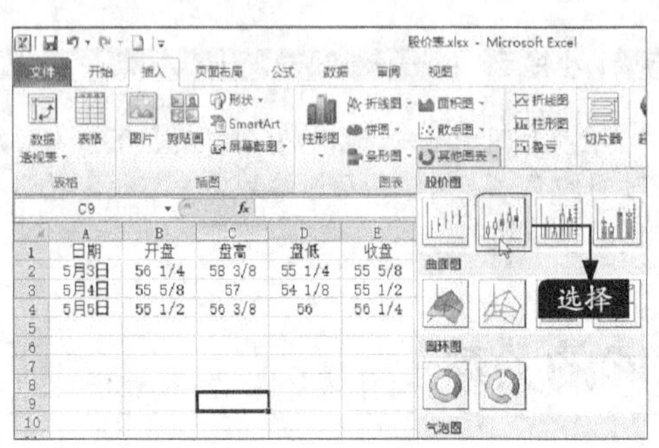

步骤 02 即可在当前工作表中创建一个股价图图表。

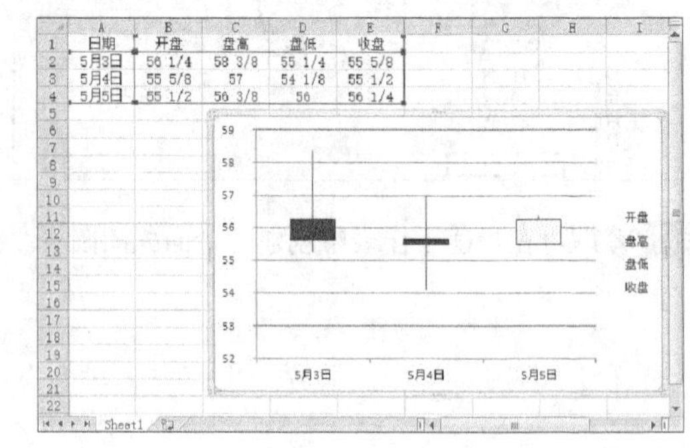

小提示

从股价图中可以清晰的看到股票的价格走势，股价图对于显示股票市场信息很有用。

14.4.8 曲面图——在曲面上显示两个或更多个数据系列

曲面图实际上是折线图和面积图的另一种形式，其有3个轴，分别代表分类、系列和数值。在工作表中以列或行的形式排列的数据可以绘制为曲面图，找到两组数据之间的最佳组合。

创建一个成本分析的曲面图的具体步骤如下。

步骤 01 打开随书光盘中的“素材\ch14\成本分析表.xlsx”工作簿，并选择数据区域的任一单元格，在【插入】选项卡中，单击【图表】选项组中的【其他图表】按钮，在弹出的下拉菜单中选择【曲面图】中的任一类型。

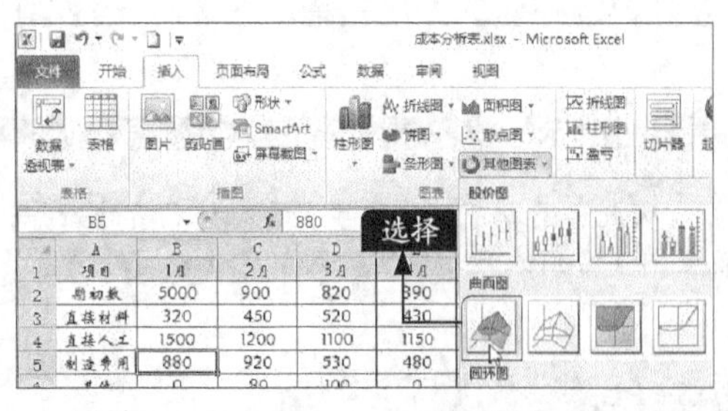

步骤 02 即可在当前工作表中创建一个曲面图表。

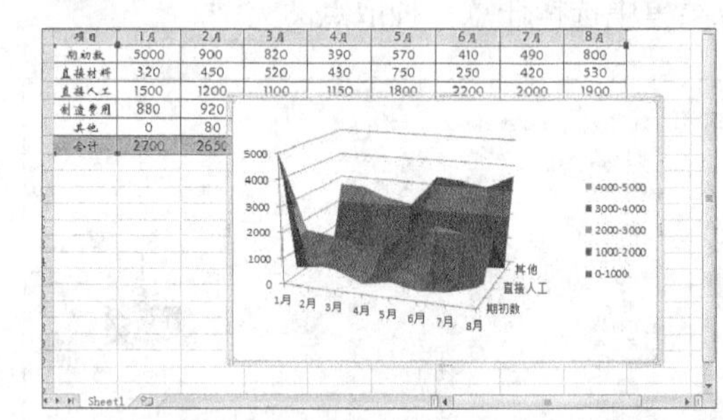

小提示

从曲面图中看到在每个成本价格阶段不同时期内的使用情况。曲面中的颜色和图案用来指示在同一取值范围内的区域。

14.4.9 圆环图——显示部分与整体的关系

圆环图的作用类似于饼图，用来显示部分与整体的关系，但它可以显示多个数据系列，并且每个圆环代表一个数据系列。

创建圆环图图表的具体步骤如下。

步骤01 打开随书光盘中的“素材\ch14\人才信息需求表.xlsx”工作簿，并选择A2:B7单元格区域，在【插入】选项卡中，单击【图表】选项组中的【其他图表】按钮 其他图表，在弹出的下拉菜单中选择【圆环图】中的任一类型。

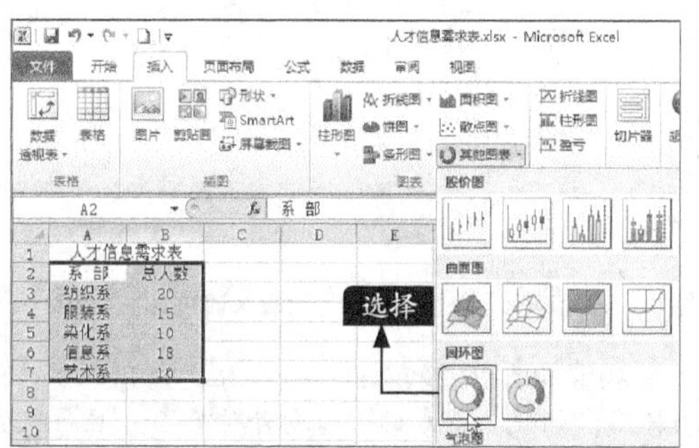

步骤02 即可在当前工作表中创建一个圆环图图表。

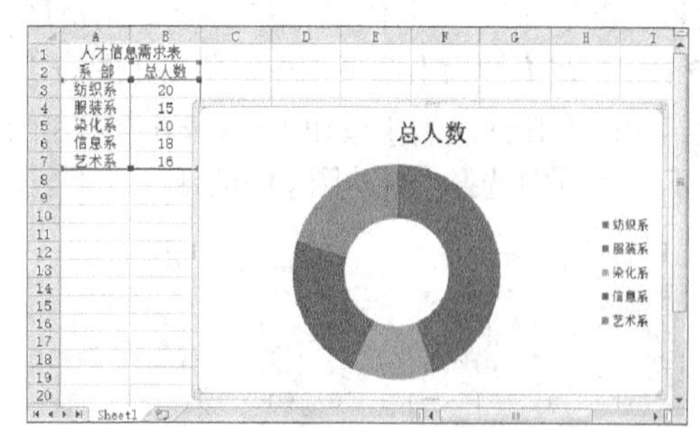

从圆环图中可以清晰的看到每个系在整体中所占的比例。圆环图表示的是部分与整体的关系。

14.4.10 气泡图——显示三个变量之间的关系

可以把气泡图当作显示一个额外数据系列的xy散点图，额外的数据系列以气泡的尺寸为代表。与xy散点图一样，所有的轴线都是数值，没有分类轴线。创建气泡图的具体步骤如下。

步骤01 打开随书光盘中的“素材\ch14\市场销售情况表.xlsx”工作簿，并选择数据区域中的任一单元格，在【插入】选项卡中，单击【图表】选项组中的【其他图表】按钮 其他图表，在弹出的下拉菜单中选择【气泡图】中的任一类型。

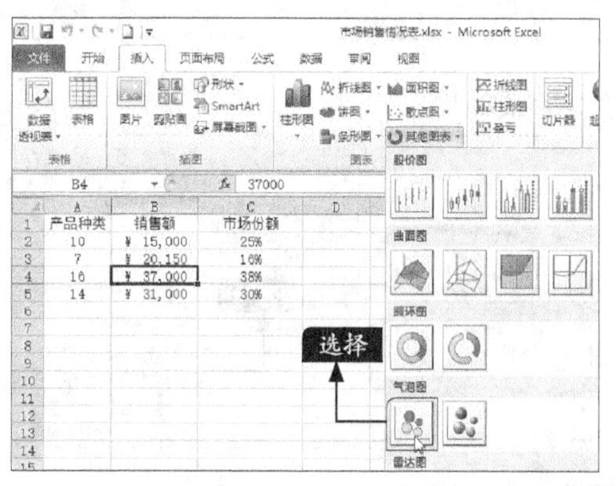

步骤02 即可在当前工作表中创建一个气泡图图表。

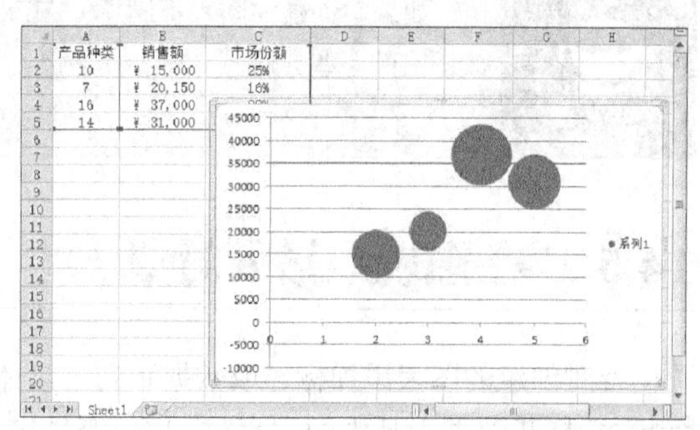

小提示

气泡图针对成组的三个数值进行比较，第三个数值确定气泡数据点的大小。

14.4.11 雷达图——用于多指标体系的比较分析

雷达图是专门用来进行多指标体系比较分析的专业图表。从雷达图中可以看出指标的实际值与参照值的偏离程度，从而为分析者提供有益的信息。雷达图通常由一组坐标轴和三个同心圆构成，每个坐标轴代表一个指标。在实际运用中，可以将实际值与参考的标准值进行计算比值，以比值大小来绘制雷达图，以比值在雷达图的位置进行分析评价。创建一个产品销售情况的雷达图的具体步骤如下。

步骤01 打开随书光盘中的“素材\ch14\皮鞋销售情况表.xlsx”工作簿，并选择单元格区域A2:D14，在【插入】选项卡中，单击【图表】选项组中的【其他图表】按钮 其他图表，在弹出的下拉菜单中选择【雷达图】中的任一类型。

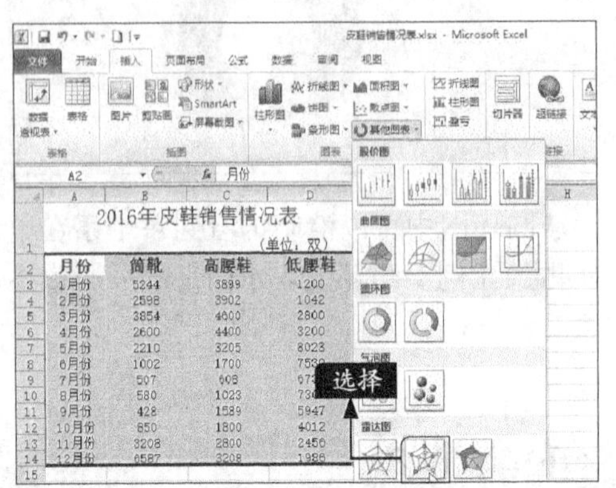

步骤02 即可在当前工作表中创建一个雷达图图表。

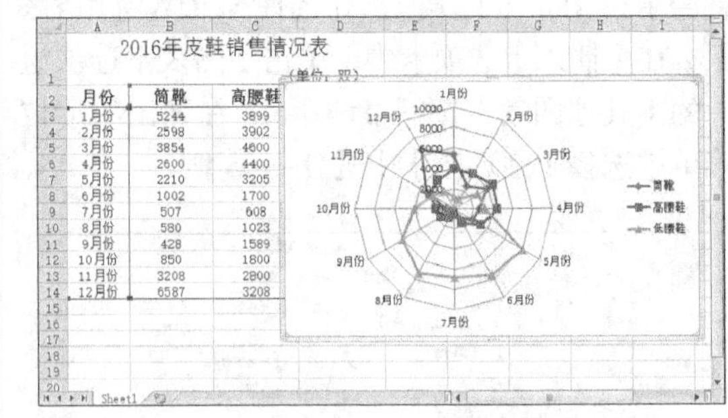

小提示

从雷达图中可以看出，每个分类都有一个单独的轴线，轴线从图表的中心向外伸展，并且每个数据点的值均被绘制在相应的轴线上。

14.5 编辑图表

本节教学录像时间：11 分钟

如果对创建的图表不满意，在Excel 2010中还可以对图表进行相应的修改。本节介绍修改图表的一些方法。

14.5.1 在图表中插入对象

要对创建的图表添加标题或数据系列，具体的操作步骤如下。

步骤01 打开随书光盘中的“素材\ch14\海华销售表.xlsx”工作簿，选择A2:E8单元格区域，并创建柱形图。

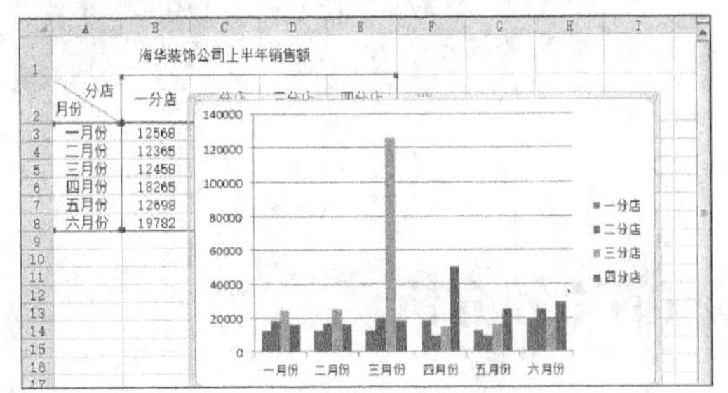

步骤02 选择图表，在【布局】选项卡中，单击【坐标轴】组中的【网格线】按钮，在弹出的下拉菜单中选择【主要纵网格线】➤【主要网格线】选项，即可在图表中插入网格线。

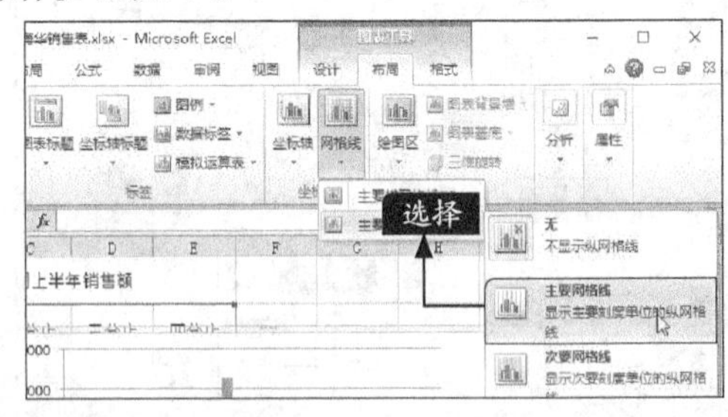

步骤03 选择图表，在【布局】选项卡中，单击【标签】组中的【图表标题】按钮，在弹出的下拉菜单中选择【图标上方】选项。

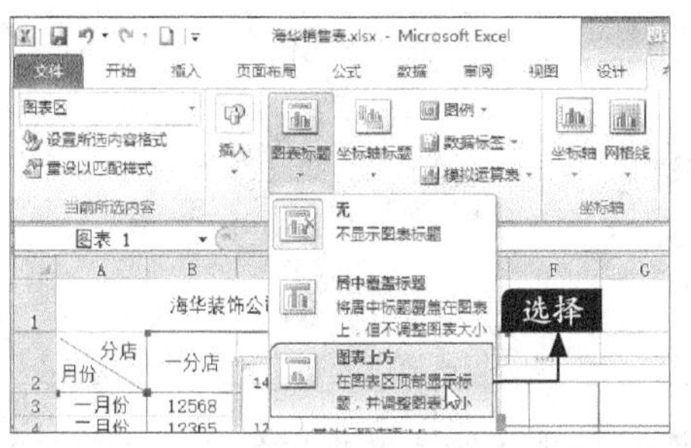

步骤04 在“图表标题”文本处将标题命名为“海华装饰公司上半年销售表”。

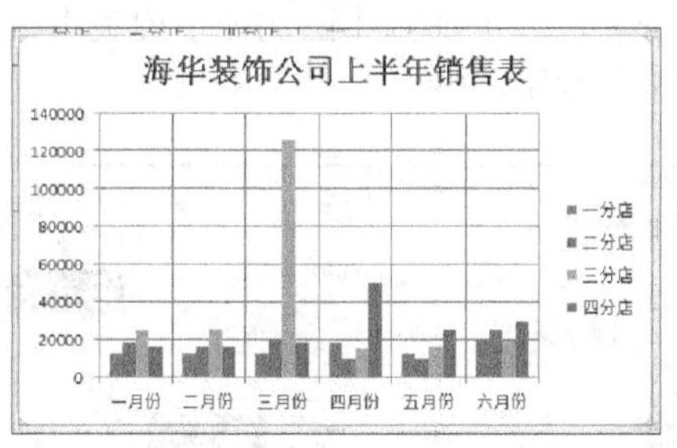

步骤05 再次单击【标签】组中的【模拟运算表】按钮 [模拟运算表]，在弹出的下拉菜单中选择【显示模拟运算表和图例项标示】选项。

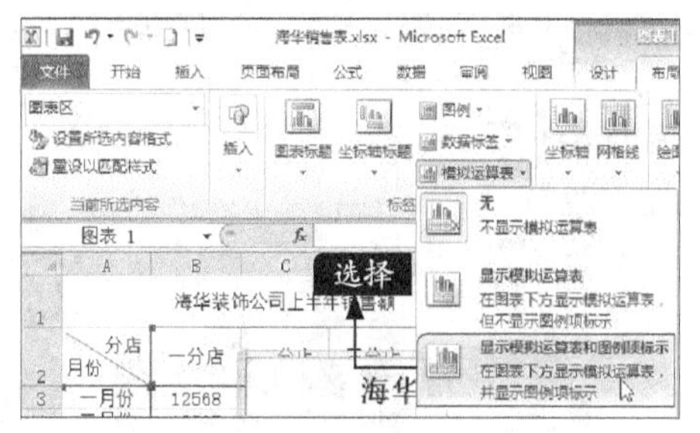

步骤06 最终效果如下图所示。

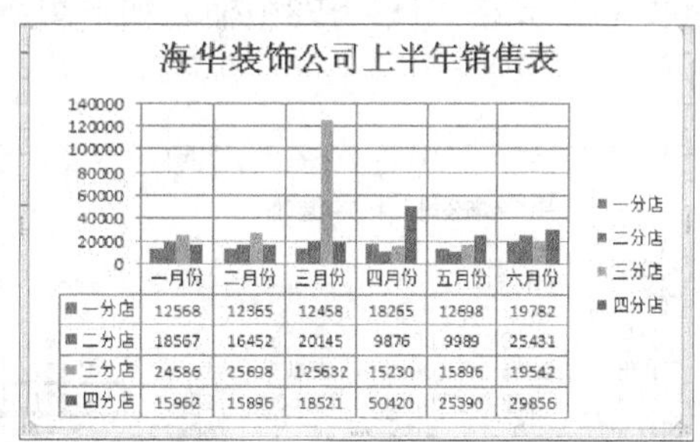

14.5.2 更改图表的类型

如果创建图表时选择的图表类型不能直观地表达工作表中的数据，则可更改图表的类型。具体的操作步骤如下。

步骤01 接上面的操作，选中图表，单击【设计】选项卡下【类型】选项组中的【更改图表类型】按钮，弹出【更改图表类型】对话框，在【更改图表类型】对话框中选择【折线图】中的一种，单击【确定】按钮。

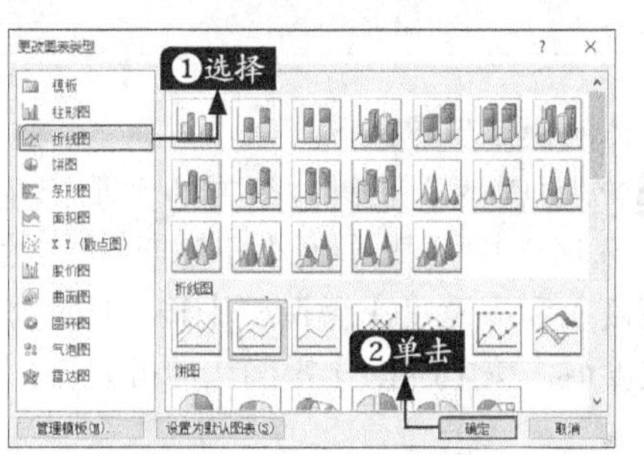

步骤02 单击【确定】按钮，即可将柱形图表更改为折线图表。

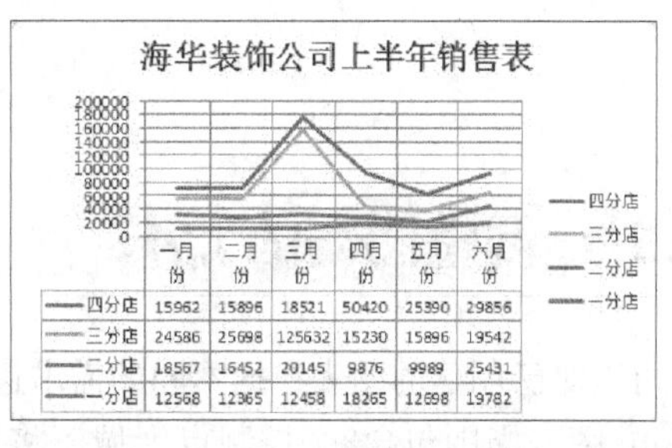

小提示

在需要更改类型的图表上右击，在弹出的快捷菜单中选择【更改图表类型】菜单项，也可以在弹出的【更改图表类型】对话框中更改图表的类型。

14.5.3 在图表中添加数据

在使用图表的过程中，可以对其中的数据进行修改。具体的操作步骤如下。

步骤01 打开随书光盘中的“素材\ch14\海华销售表.xlsx”工作簿，并创建柱形图。

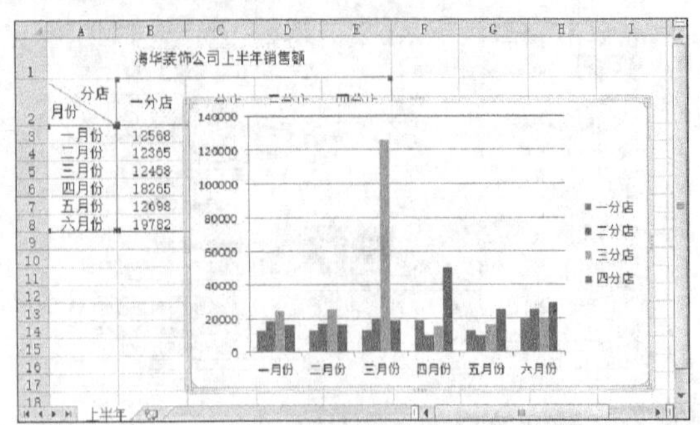

步骤02 在单元格区域F2:F8中输入如下图所示的内容。

海华装饰公司上半年销售额

分店 月份	一分店	二分店	三分店	四分店	五分店
一月份	12568	18567	24586	15962	17862
二月份	12365	16452	25698	15896	19567
三月份	12458	20145	125632	18521	12871
四月份	18265	9876	15230	50420	65741
五月份	12698	9989	15896	25390	42365
六月份	19782	25431	19542	29856	32145

步骤03 选择图表，单击【设计】选项卡下【数据】选项组中的【选择数据】按钮，弹出【选择数据源】对话框。

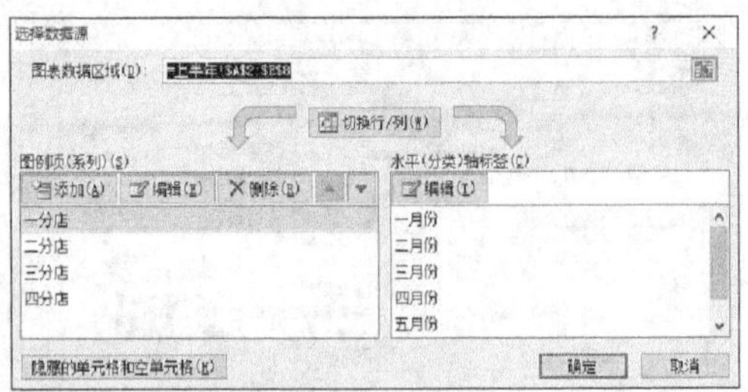

步骤04 单击【图表数据区域】文本框右侧的按钮，选择A2:F8单元格区域，然后单击按钮，返回【选择数据源】对话框，可以看到“五分店”已添加到【图例项】列表中，单击【确定】按钮。

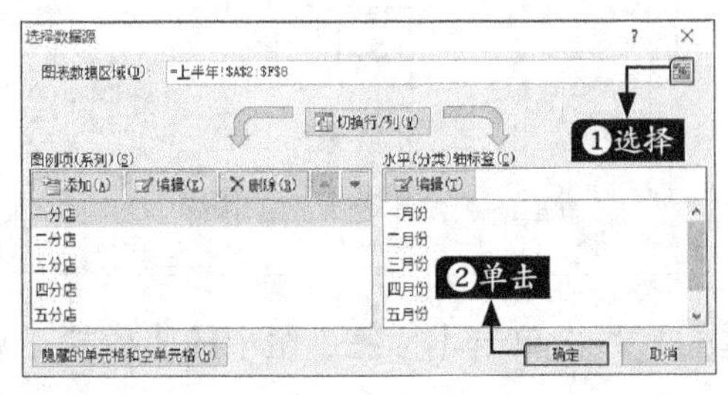

步骤05 即可将名为“五分店”的数据系列添加到图表中。

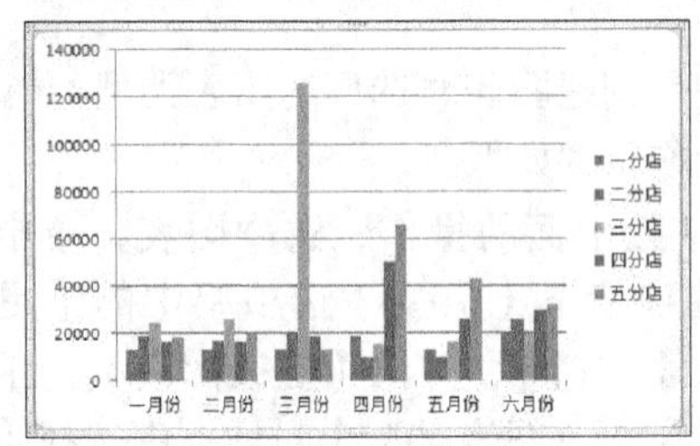

14.5.4 调整图表的大小

可以对已创建的图表根据不同的需求进行调整，具体的操作步骤如下。

步骤01 图表周围包含8个控制点区域，将鼠标指针放上变成“↘”形状时，单击并拖曳鼠标，即可调整图表的大小。

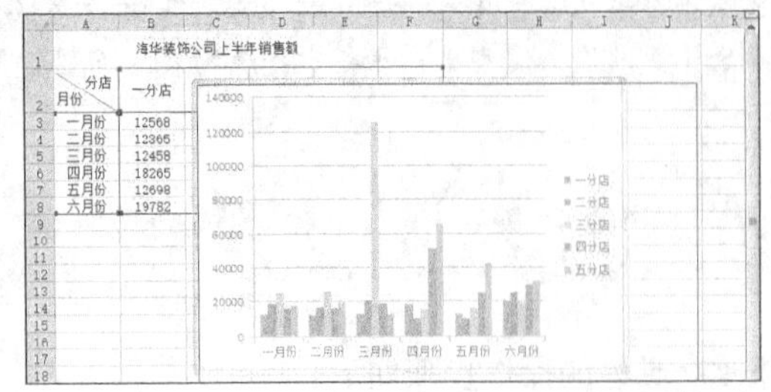

步骤02 如要精确地调整图表的大小，在【格式】选项卡中选择【大小】选项组，然后在【高度】和【宽度】微调框中输入图表的高度和宽度值，按【Enter】键确认即可。

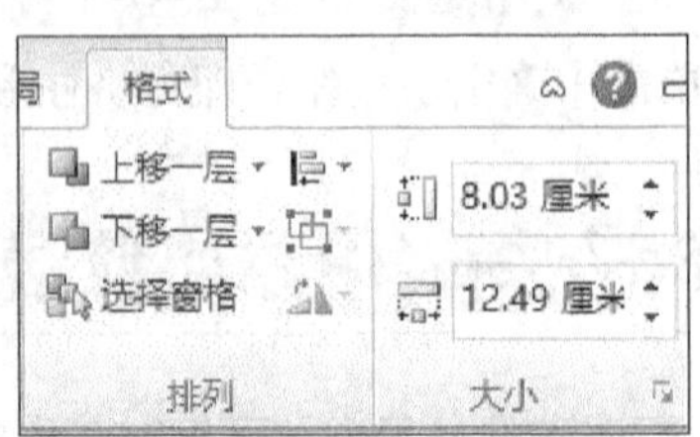

小提示

单击【格式】选项卡中【大小】选项组右下角对话框启动器，在弹出的【设置图表区格式】窗格中，【大小属性】选项卡下，可以设置图表的大小或缩放百分比。

14.5.5 移动和复制图表

可以通过移动图表，来改变图表的位置；可以通过复制图表，将图表添加到其他工作表中或其他文件中。

1. 移动图表

如果创建的嵌入式图表不符合工作表的布局要求，比如位置不合适，遮住了工作表的数据等，可以通过移动图表来解决。

(1) 在同一工作表中移动。选择图表，将鼠标指针放在图表的边缘，当指针变成形状时，按住鼠标左键拖曳到合适的位置，然后释放即可。

(2) 移动图表到其他工作表中。选中图表，单击【设计】选项卡下【位置】选项组中的【移动图表】按钮，在弹出的【移动图表】对话框中选择图表移动的位置后，单击【确定】按钮即可。

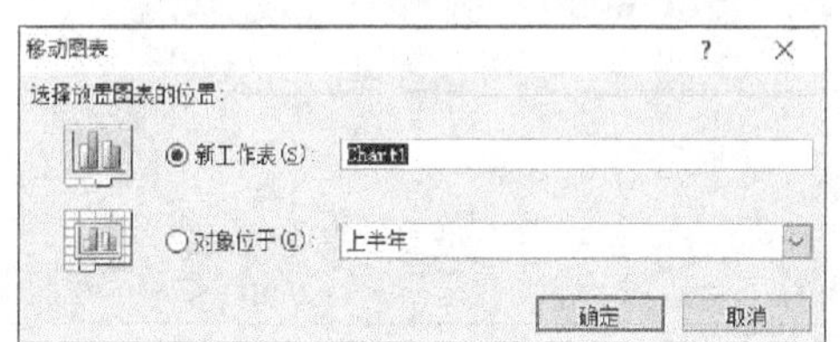

2. 复制图表

要将图表复制到另外的工作表中，具体的操作步骤如下。

步骤01 在要复制的图表上右键单击鼠标，在弹出的快捷菜单中选择【复制】菜单项。

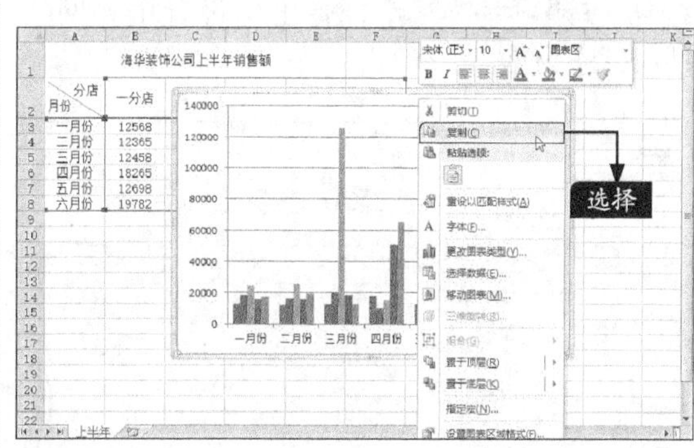

步骤02 在新的工作表中右击，在弹出的快捷菜单中选择【粘贴】菜单项，即可将图表复制到新的工作表中。

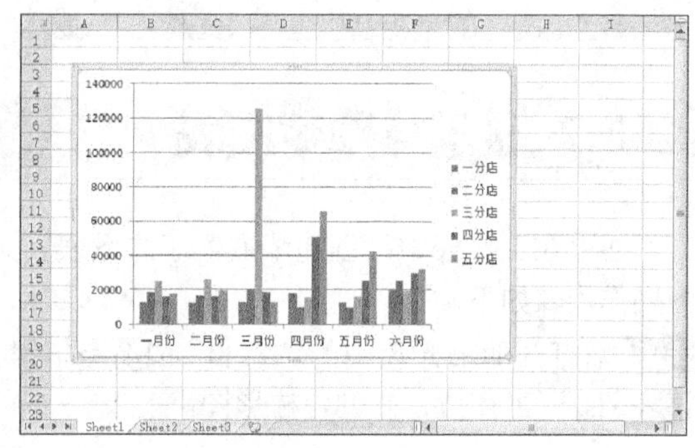

14.5.6 设置和隐藏网格线

如果对默认的网格线不满意，可以自定义网格线。具体的操作步骤如下。

步骤01 打开随书光盘中的“素材\ch14\海华销售表.xlsx”工作簿，并创建柱形图。

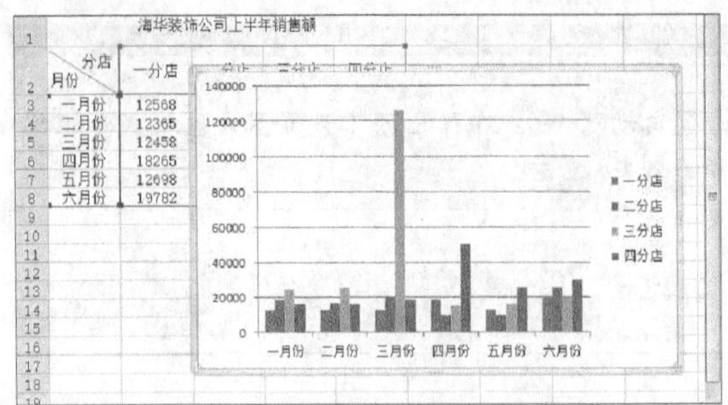

步骤 02 选中图表，单击【格式】选项卡中【当前所选内容】组中【图表区】右侧的 按钮，在弹出的下拉列表中选择【垂直 (值) 轴主要网格线】选项，然后单击【设置所选内容格式】按钮 设置所选内容格式，弹出【设置主要网格线格式】窗格。

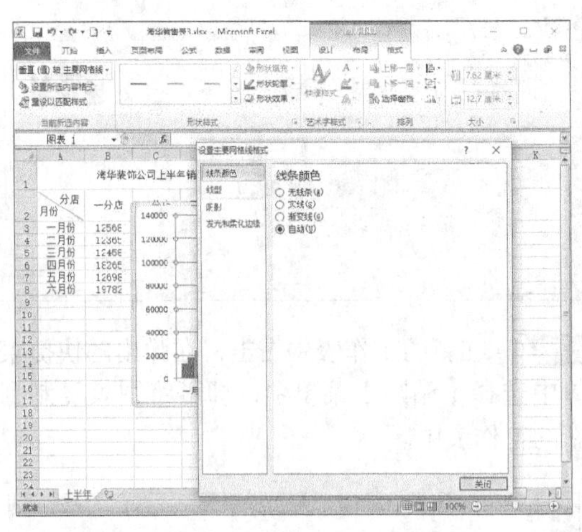

步骤 03 在【线条颜色】选项卡下【线条颜色】组中单击【实线】，设置颜色为“浅蓝”，在【线型】组中【宽度】微调框中设置宽度为“1磅”，【短划线类型】设置为“短划线”，设置后的效果如下图所示。

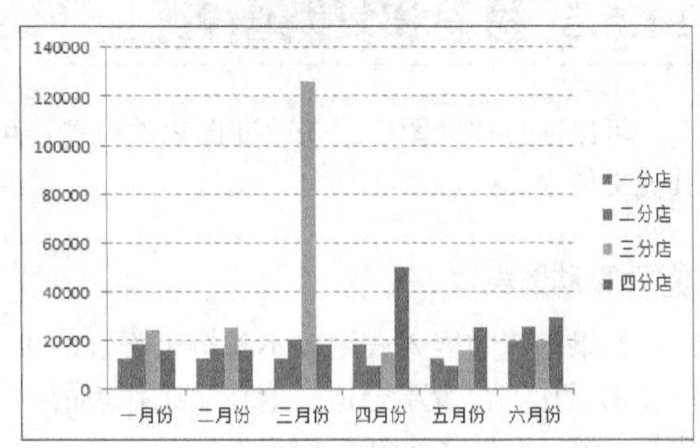

步骤 04 选择【线条颜色】选项中的【无线条】单选按钮，即可隐藏所有的网格线。

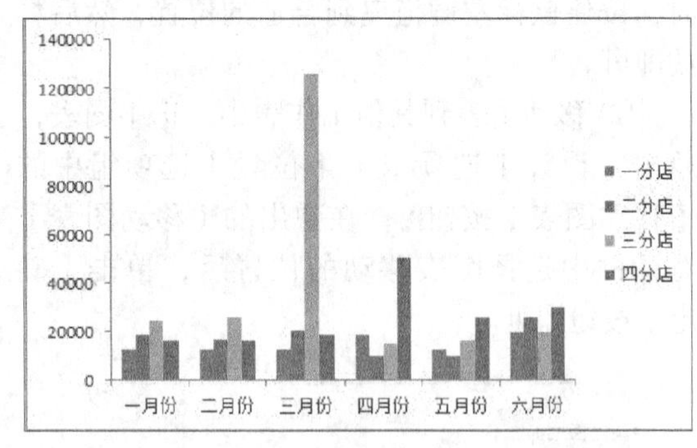

14.5.7 显示与隐藏图表

如果在工作表中已创建了嵌入了式图表，只需显示原始数据时，则可把图表隐藏起来。具体的操作步骤如下。

步骤 01 打开随书光盘中的“素材\ch14\海华销售表.xlsx”工作簿，并创建柱形图。

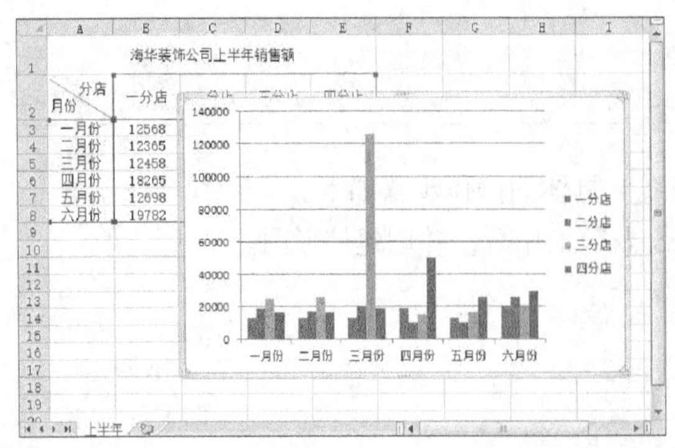

步骤 02 选择图表，在【格式】选项卡中，单击【排列】选项组中的【选择窗格】按钮 选择窗格，在Excel工作区中弹出【选择和可见性】窗格，在【选择和可见性】窗格中单击【图表1】右侧的 按钮，即可隐藏图表。

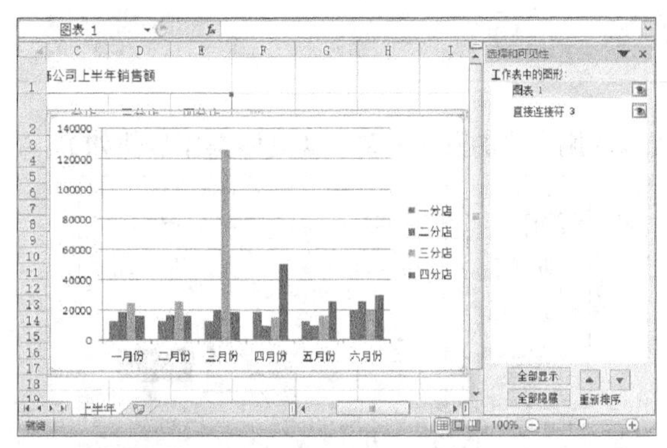

步骤03 再次单击【选择和可见性】窗格中【图表1】右侧的按钮，图表就会显示出来。

小提示

如果工作表中有多个图表，可以单击【选择】窗格上方的【全部显示】或者【全部隐藏】按钮，显示或隐藏所有的图表。

14.6 美化图表

本节教学录像时间：3 分钟

为了使图表美观，可以设置图表的格式。Excel 2010提供有多种图表格式，直接套用即可快速地美化图表。

14.6.1 使用图表样式

在Excel 2010中创建图表后，系统会根据创建的图表，提供多种图表样式，对图表可以起到美化的作用。

步骤01 打开随书光盘中的“素材\ch14\海华销售表.xlsx”工作簿，选择A2:E8单元格区域，并创建柱形图。

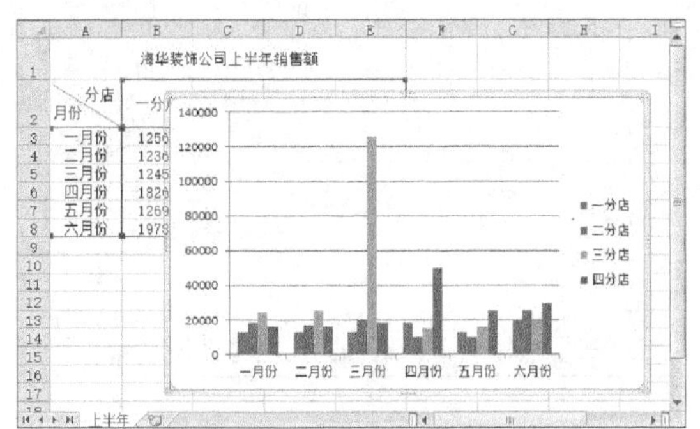

步骤02 选中图表，在【设计】选项卡下，单击【图表样式】组中的【其他】按钮，在弹出的图表样式中，单击任一个样式即可套用。如这里选择【样式 27】。

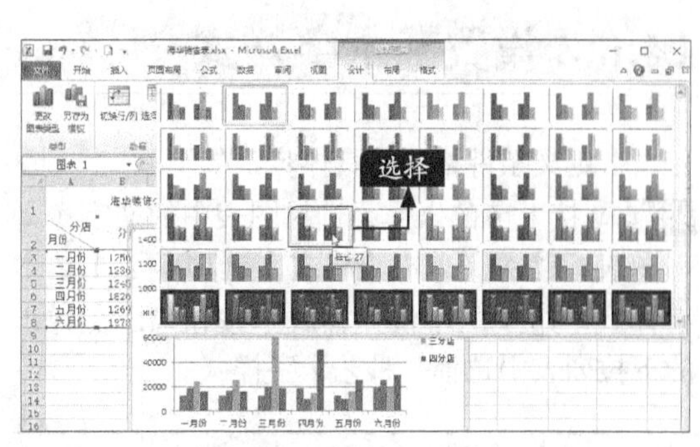

步骤03 最终效果如下图所示。

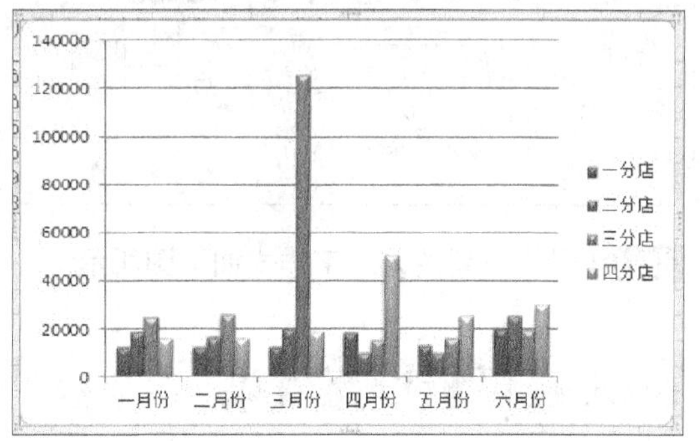

14.6.2 设置图表布局

Excel内置了多种图表布局，用户插入图表后，可以套用内置的图表布局，其具体操作步骤如下。

步骤01 打开随书光盘中的“素材\ch07\月收入对比图.xlsx”工作簿，设置为折线图图表。

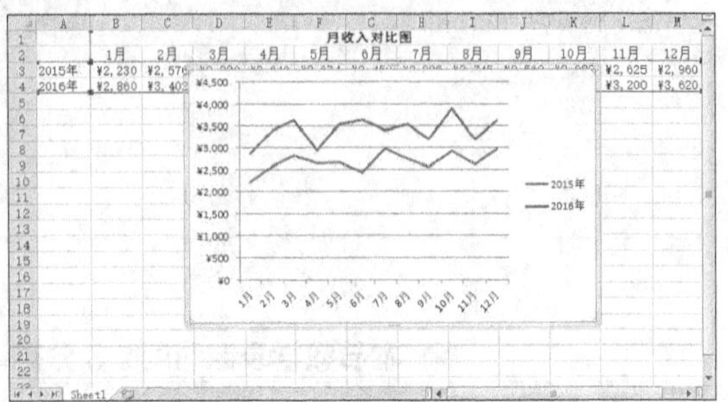

步骤02 选中图表，在【设计】选项卡下，单击【图表布局】组中的【其他】按钮，在弹出的图表布局中，单击任一个布局即可套用。如这里选择【布局5】。

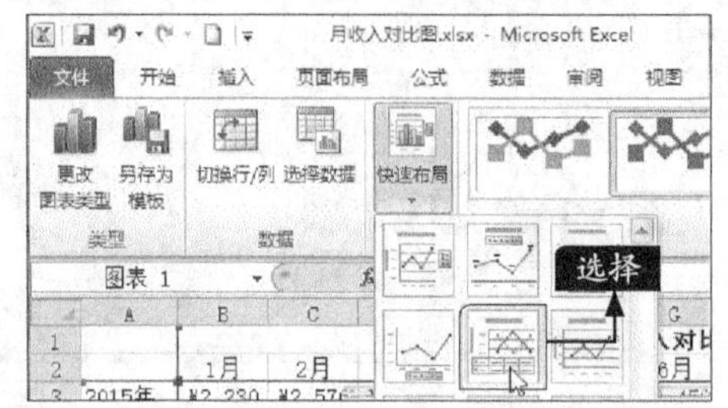

步骤03 套用图表布局后，并可对图表大小和图表元素进行修改，如将标题修改为“月收入对比图”，如下图所示。

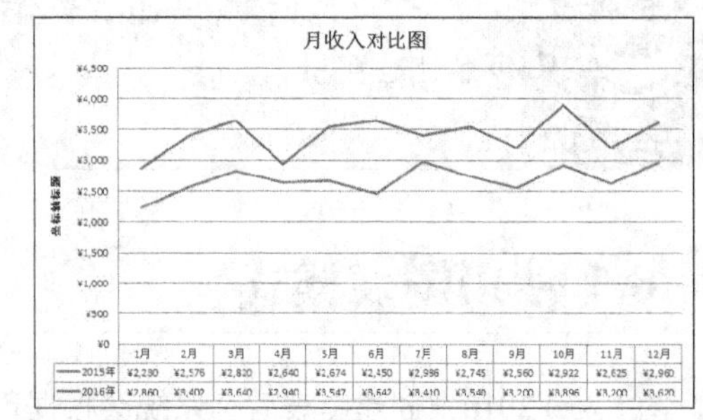

14.6.3 设置艺术字样式

自定义条件格式的具体步骤如下。

步骤01 接上节的操作，选择图表中的文字（如下图表标题）。单击【格式】选项卡下【艺术字样式】组中的【快速样式】按钮，在弹出的下拉列表中选择一种艺术字样式。

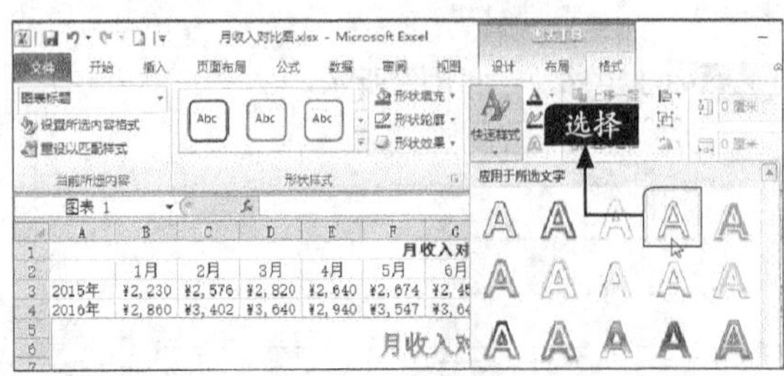

步骤02 最终设置的艺术字样式如下图所示。

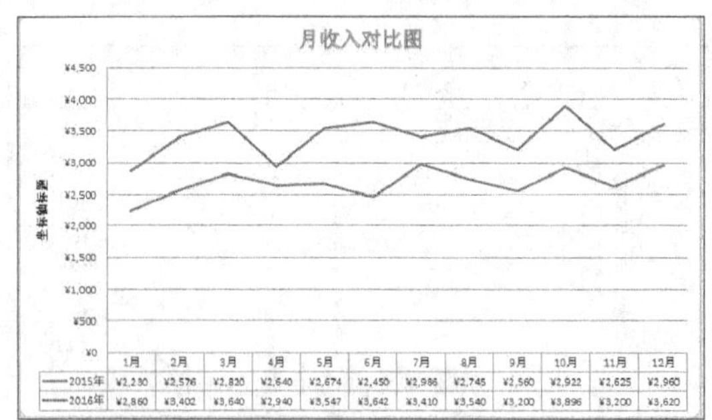

小提示

当只选中图表标题，设置艺术字样式时，则只有图表标题应用该艺术字样式。

14.6.4 设置填充效果

设置填充效果的具体步骤如下。

步骤 01 选中图表，单击鼠标右键，在弹出的快捷菜单中选择【设置图表区域格式】菜单项。

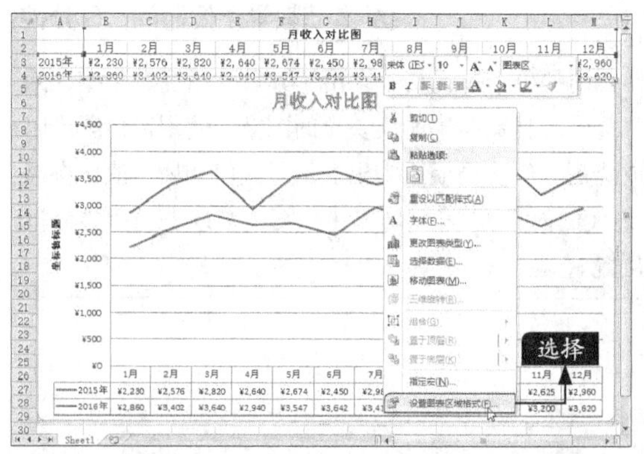

步骤 02 弹出【设置图表区格式】窗格，在【填充】组中选择【图案填充】单选项，并在【图案】区域中选择一种图案。

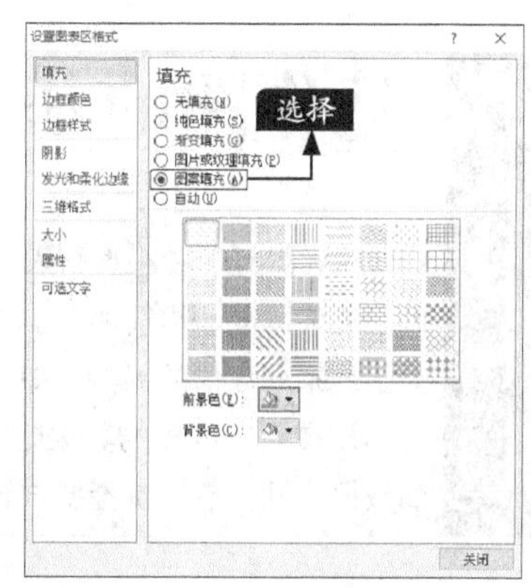

步骤 03 关闭【设置图表区格式】窗格，图表最终效果如下图所示。

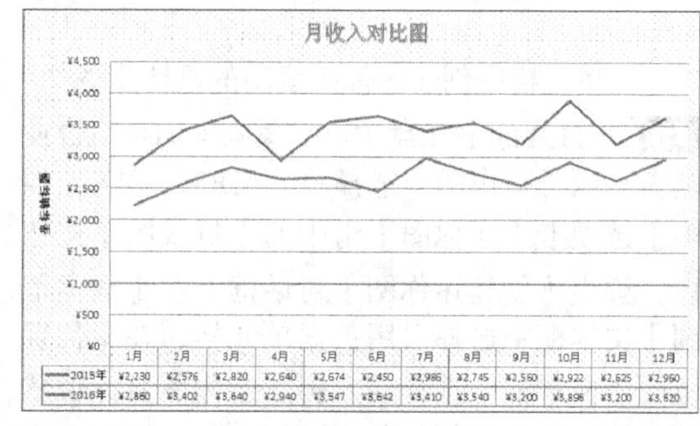

14.6.5 设置边框效果

设置边框效果的具体步骤如下所示。

步骤 01 选中图表，单击鼠标右键，在弹出的快捷菜单中选择【设置图表区域格式】菜单项，弹出【设置图表区格式】对话框，在【边框颜色】组中选择【实线】单选项，在【颜色】下拉列表中选择【蓝色】。在【边框样式】组中设置【宽度】为“5磅”，设置【线型】为“双线”，并勾选【圆角】复选框。

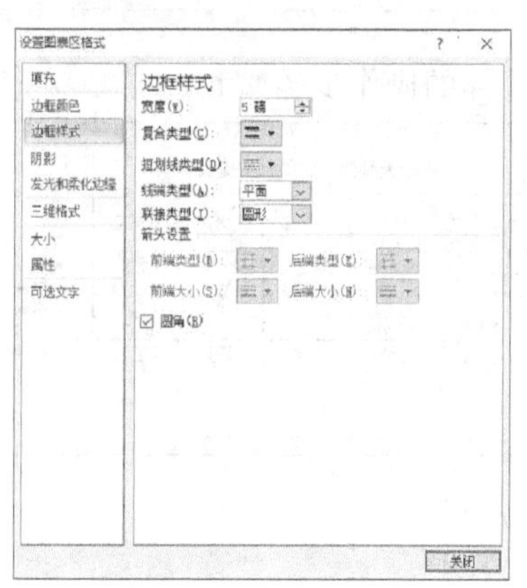

步骤 02 关闭【设置图表区格式】对话框，设置边框后的效果如下图所示。

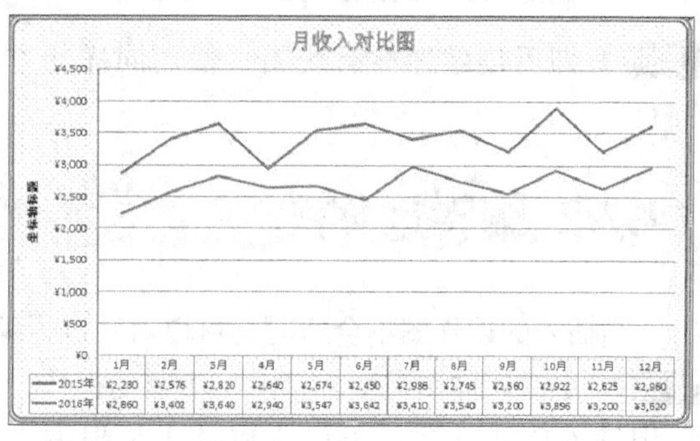

14.7 迷你图的基本操作

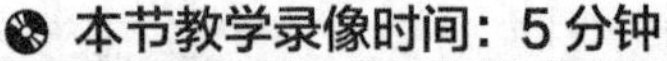

迷你图是一种小型图表，可放在工作表内的单个单元格中。由于其尺寸已经过压缩，因此，迷你图能够以简明且非常直观的方式显示大量数据集所反映出的图案。使用迷你图可以显示一系列数值的趋势，如季节性增长或降低、经济周期或突出显示最大值和最小值。将迷你图放在它所表示的数据附近时会产生最大的效果。若要创建迷你图，必须先选择要分析的数据区域，然后选择要放置迷你图的位置。

14.7.1 创建迷你图

在单元格中创建迷你折线图的具体步骤如下。

步骤 01 打开随书光盘中的“素材\ch14\销售业绩表.xlsx”工作簿，选择单元格F3，单击【插入】选项卡【迷你图】组中的【折线图】按钮，弹出【创建迷你图】对话框，在【数据范围】文本框中选择引用数据单元格，在【位置范围】文本框中选择插入折线迷你图目标位置单元格，然后单击【确定】按钮。

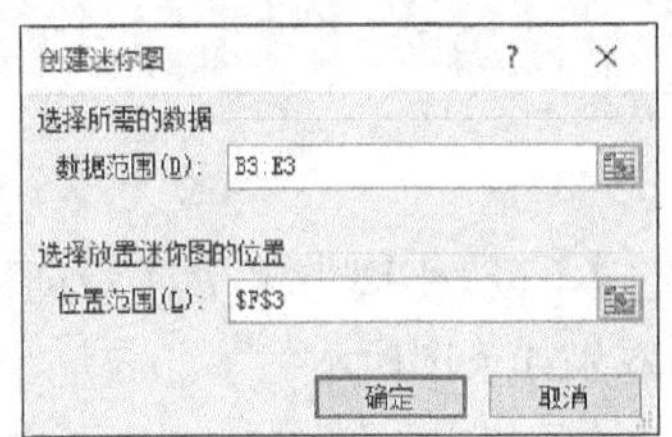

步骤 02 即可创建迷你折线图，使用同样的方法，创建其他月份的折线迷你图。另外，也可以把鼠标放在创建好折线迷你图的单元格右下角，待鼠标为+形状时，拖动鼠标创建其他月份的折线迷你图。

月份\分店	一分店	二分店	三分店	四分店
一月份	12568	18567	24586	15962
二月份	12365	16452	25698	15896
三月份	12458	20145	35632	18521
四月份	18265	9876	15230	50420
五月份	12698	9989	15896	25390

小提示

如果使用填充方式创建迷你图，修改其中一个迷你图时，其他也随时变化。

14.7.2 编辑迷你图

当插入的迷你图不合适时，可以对其进行编辑修改，具体的操作步骤如下。

步骤 01 更改迷你图类型。接上一小节的操作，选中插入的迷你图，单击【设计】选项卡下【类型】组中的【柱形图】按钮，即可快速更改为柱形图。

晴天装饰公司销售业绩表

月份\分店	一分店	二分店	三分店	四分店
一月份	12568	18567	24586	15962
二月份	12365	16452	25698	15896
三月份	12458	20145	35632	18521
四月份	18265	9876	15230	50420
五月份	12698	9989	15896	25390

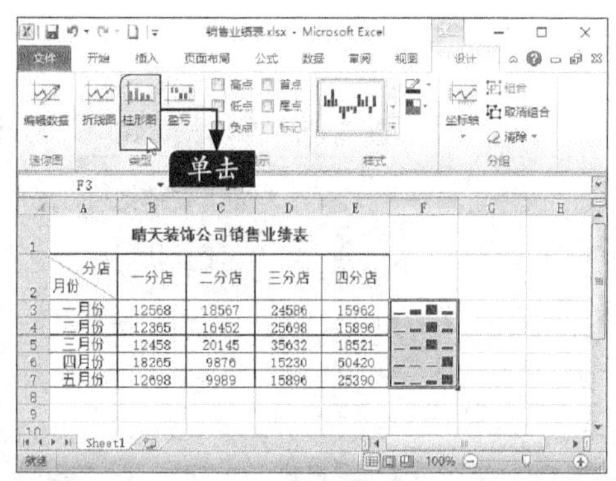

步骤02 标注显示迷你图。选中插入的迷你图，在【迷你图工具】➤【设计】选项卡，在【显示】组中，勾选要突出显示的点，如单击勾选【高点】复选框，则以其他颜色突出显示迷你图的最高点。

月份＼分店	一分店	二分店	三分店	四分店
一月份	12568	18567	24586	15962
二月份	12365	16452	25698	15896
三月份	12458	20145	35632	18521
四月份	18265	9876	15230	50420
五月份	12698	9989	15896	25390

小提示

用户也可以单击【标记颜色】按钮，在弹出的快捷菜单中，设置标记的颜色。

步骤03 更改迷你图样式。选中插入的迷你图，在【迷你图工具】➤【设计】选项卡，单击【样式】组中的【其他】按钮，在弹出迷你图样式列表中，单击要更改的样式即可。

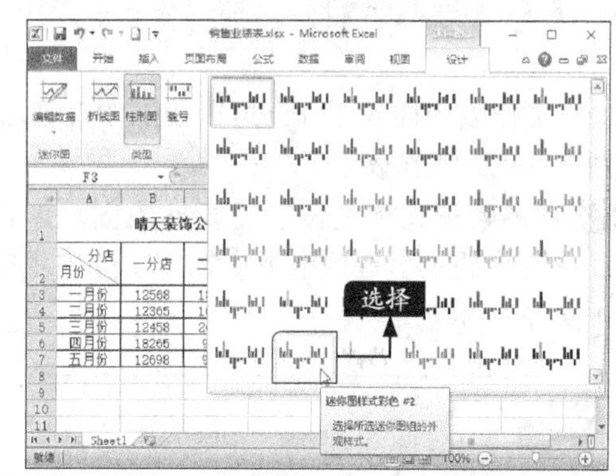

14.7.3 清除迷你图

将插入的迷你图清除的具体操作步骤如下。

步骤01 接上一小节的操作，选中插入的迷你图，单击【设计】选项卡下【组合】组中的【清除】按钮 清除 右侧的下拉箭头，在弹出的下拉列表中选择【清除所选的迷你图】菜单命令。

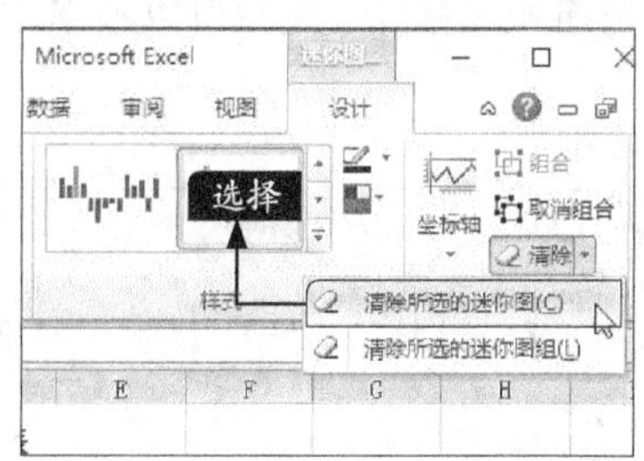

步骤02 即可将选中的迷你图清除。

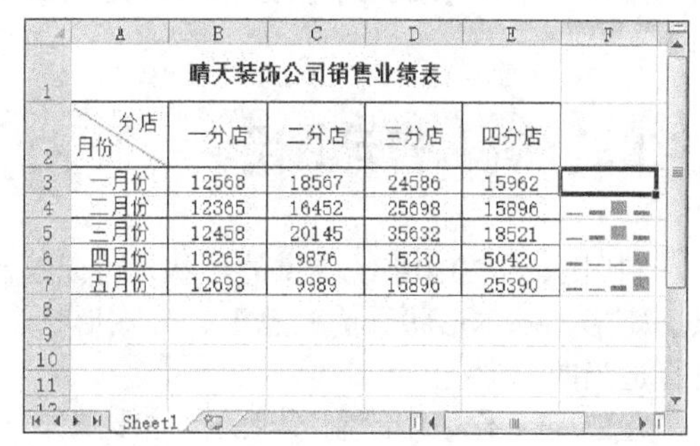

小提示

当在【清除】下拉列表中选择【清除所选的迷你图组】选项，可将填充所得的迷你图全部清除。

14.8 使用插图

本节教学录像时间：6 分钟

在工作表中用户可以插入图片、剪贴画、自选图形等，使工作表更加生动形象。本节主要介绍如何在Excel中插入图片、剪贴画和形状的。

14.8.1 插入图片

在工作表中插入图片，可以使工作表更加生动形象。用户可以根据需要，将电脑磁盘中存储的图片导入到工作表中。

步骤01 将鼠标光标定位于需要插入图片的位置。单击【插入】选项卡下【插图】选项组中的【图片】按钮。

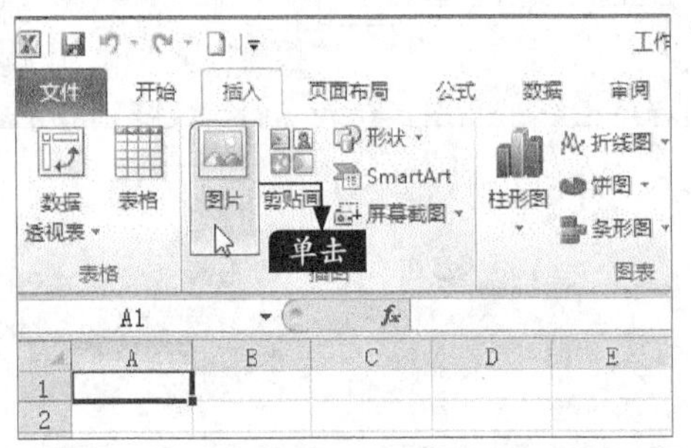

步骤02 弹出【插入图片】对话框，在【查找范围】列表框中选择图片的存放位置，选择要插入的图片，单击【插入】按钮，即可完成图片插入。

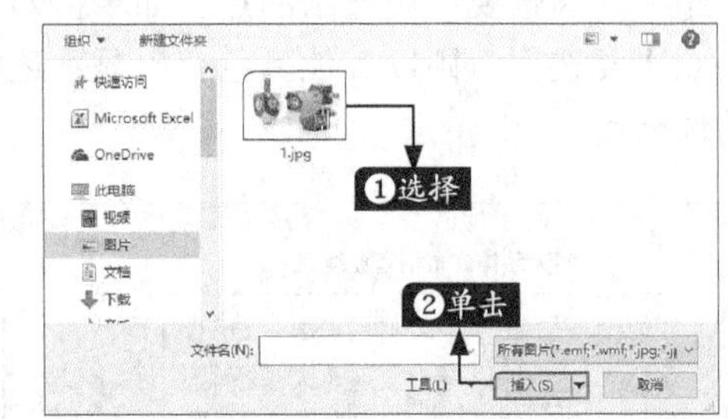

小提示

图片插入Excel工作表后，可选择插入的图片，功能区会出现【图片工具】➤【格式】选项，在此选项卡下可以编辑插入的图片。

用户也可以通过“剪贴图”，搜索本地或网上的剪贴画插入到Excel工作表中，操作步骤与Word插入剪贴画方法相同，在此不一一赘述。

14.8.2 插入自选图形

利用Excel 2010系统提供的形状，可以绘制出各种形状。Excel 2010内置多种图形，分别为线条、矩形、基本形状、箭头总汇、公式形状、流程图、星与旗帜和标注，用户可以根据需要从中选择适当的图形。

在Excel工作表中绘制形状的具体步骤如下。

步骤01 选择要插入剪贴画的位置，单击【插入】选项卡下【插图】选项组中的【形状】按钮，弹出【形状】下拉列表，选择“笑脸”形状。

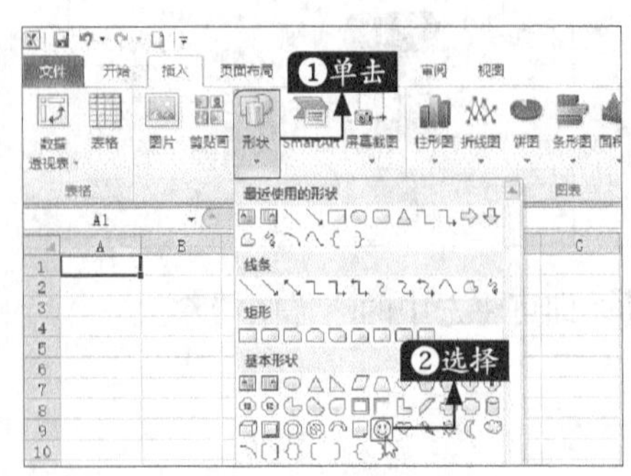

步骤02 在工作表中选择要绘制形状的起始位置，按住鼠标左键并拖曳至合适位置，松开鼠标左键，即可完成形状的绘制。

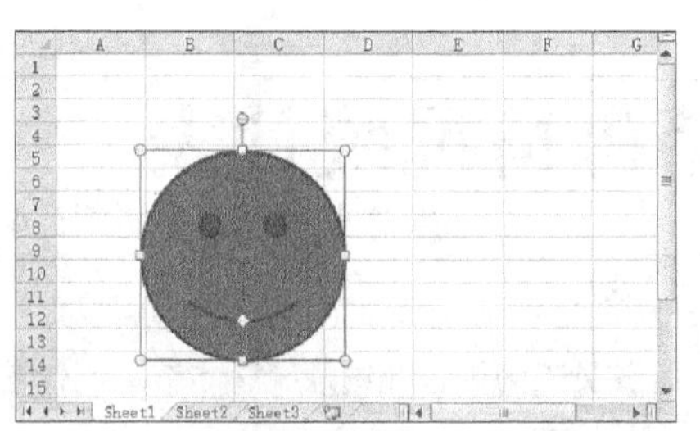

小提示

在工作表区域插入图形后，会显示【格式】选项卡，在其中可以设置形状的样式。

14.8.3 插入SmartArt图形

SmartArt图形是数据信息的艺术表示形式，可以在多种不同的布局中创建SmartArt图形。SmartArt图形主要应用在创建组织结构图、显示层次关系、演示过程或者工作流程的各个步骤或阶段、显示过程、程序或其他事件流以及显示各部分之间的关系等方面。配合形状的使用，可以更加快捷地制作精美的文档。

SmartArt图形主要分为列表、流程、循环、层次结构、关系、矩阵、棱锥图和图片等几大类。下面以创建组织结构图为例来介绍插入SmartArt图形的方法，具体操作步骤如下。

步骤01 选择要插入SmartArt图形的位置，单击【插入】选项卡下【插图】选项组中的【SmartArt】按钮。弹出【选择SmartArt图形】对话框，选择【层次结构】选项，在右侧的列表框中单击选择【组织结构图】选项，单击【确定】按钮。

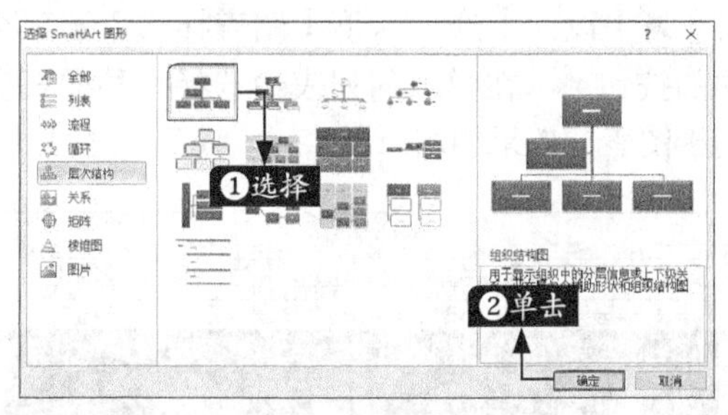

步骤02 即可在工作表中插入SmartArt图形。

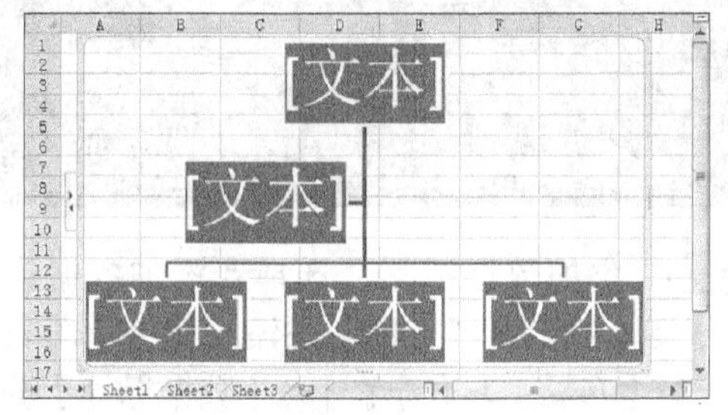

步骤03 在文本框中可直接输入和编辑SmartArt图形中显示的文字，如下图所示。

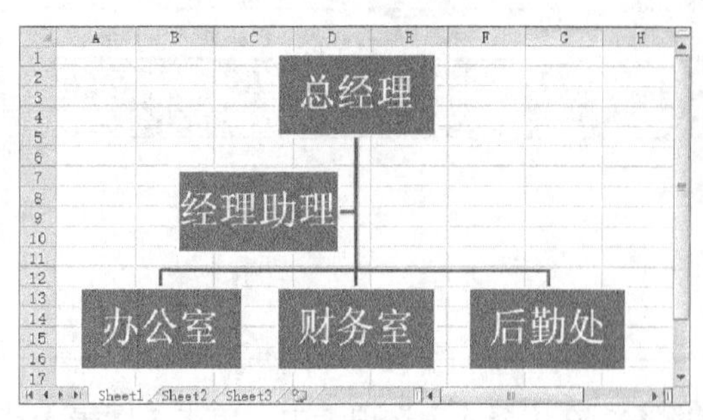

步骤04 如果需要添加新职位，可以在选择图形后，单击【设计】选项卡下【创建图形】选项组中的【添加形状】下拉按钮，在弹出的下拉列表中选择相应的命令即可。

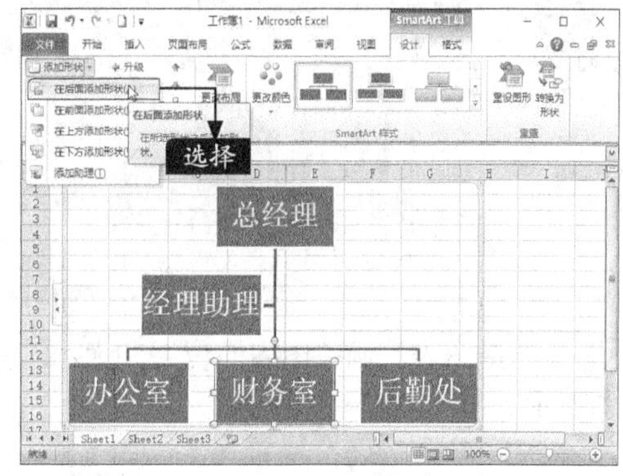

小提示

如果要删除形状，只需要选择要删除的形状，按【Delete】键即可。

14.9 综合实战——制作销售情况统计表

本节教学录像时间：4 分钟

销售统计表是市场营销中最常用的一种表格，主要反映产品的销售情况，可以帮助销售人员根据销售信息做出正确的决策，也可以了解各员工的销售业绩情况，本节以制作销售情况统计为例，旨在熟悉图表的应用，具体操作步骤如下。

第1步：创建柱形图表

步骤 01 打开随书光盘中的“素材\ch14\销售情况统计表.xlsx”工作簿，选择单元格区域A2:M7。

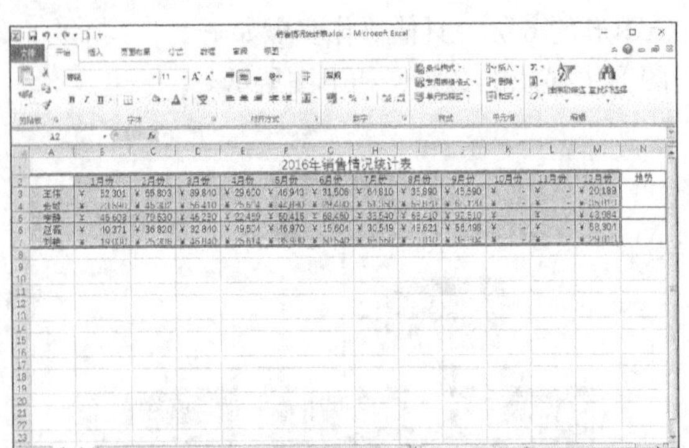

步骤 02 在【插入】选项卡中，单击【图表】选项组中【柱形图】按钮，在弹出的列表中选择【簇状柱形图】选项，即可插入柱形图。

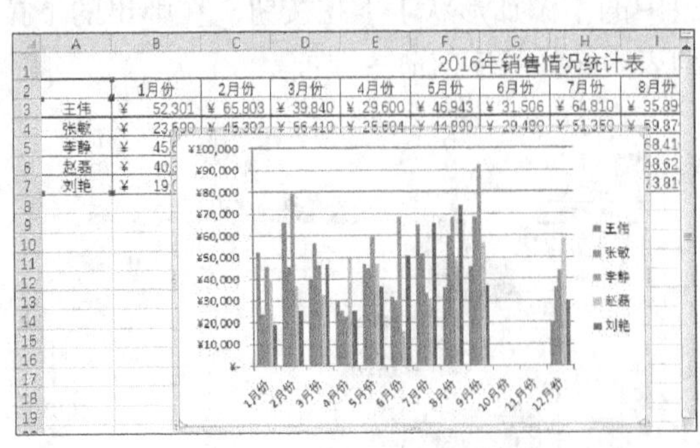

步骤 03 选择图表，调整图表的位置和大小，如下图所示。

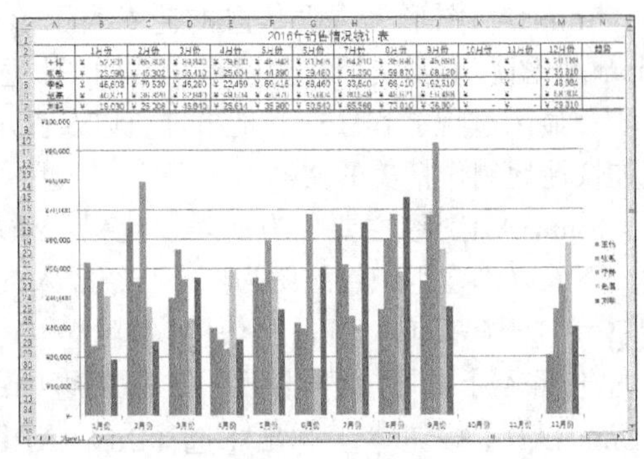

第2步：美化图表

步骤 01 应用样式。选择图表，单击【图表工具】➤【设计】选项卡下【图表样式】选项组中的按钮，在弹出的列表中选择一种样式应用于图表，效果如图所示。

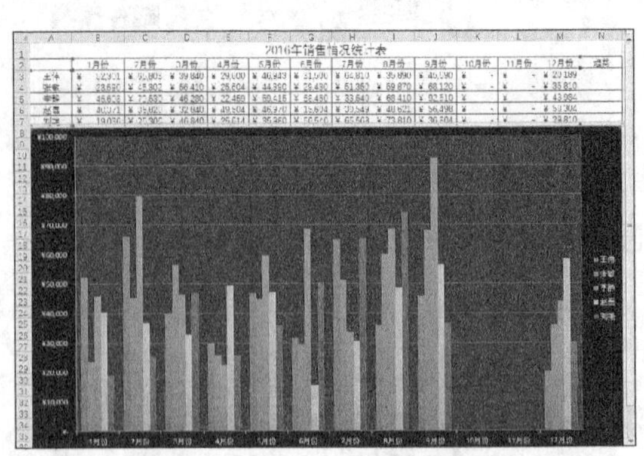

步骤 02 添加数据标签。选择要添加数据标签的分类，如选择“王伟”柱体，单击【图表工具】➤【布局】➤【标签】➤【数据标签】按钮，在弹出的列表中选择【数据标签外】选

项，即可添加数据，如下图所示。

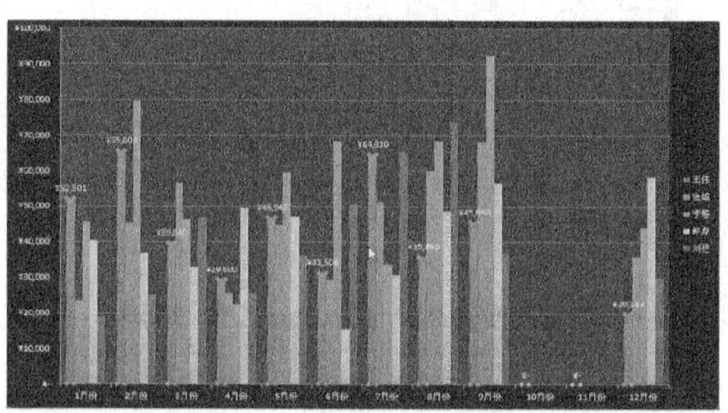

步骤03 添加图表标题。单击【图表工具】➤【布局】➤【标签】➤【图表标题】按钮，在弹出的列表中选择【图表上方】选项，并在【图表标题】文本框中输入“2016年销售情况统计表”字样，并设置字体的大小和样式，效果如下图所示。

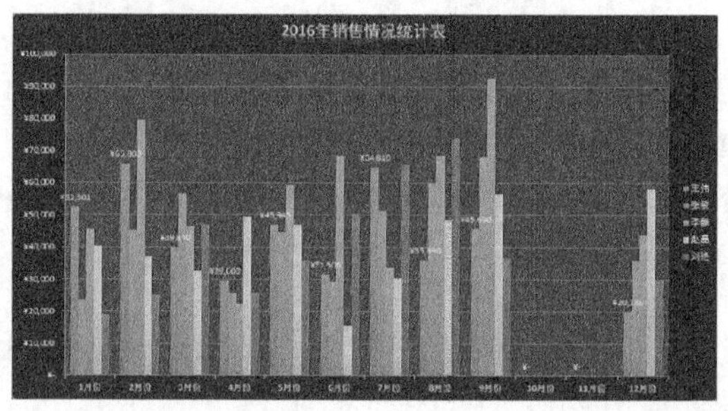

第3步：添加趋势线

步骤01 右键单击要添加趋势线的柱体，如首先选择“王伟”的柱体，在弹出的快捷菜单中，选择【添加趋势线】菜单命令，添加线性趋势线，并设置线条类型和颜色。

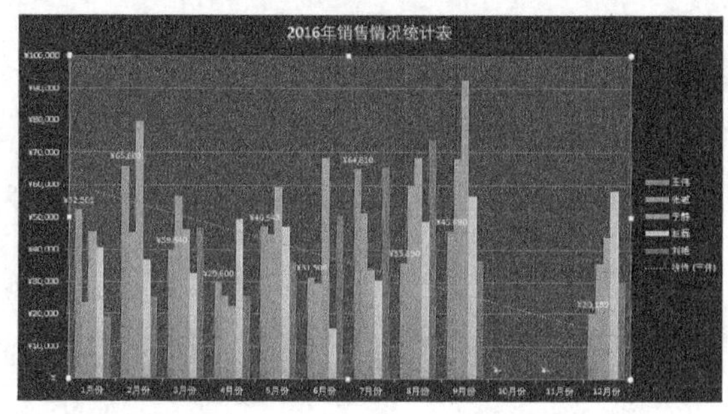

步骤02 使用同样方法，为其他柱体添加趋势线，如下图所示。

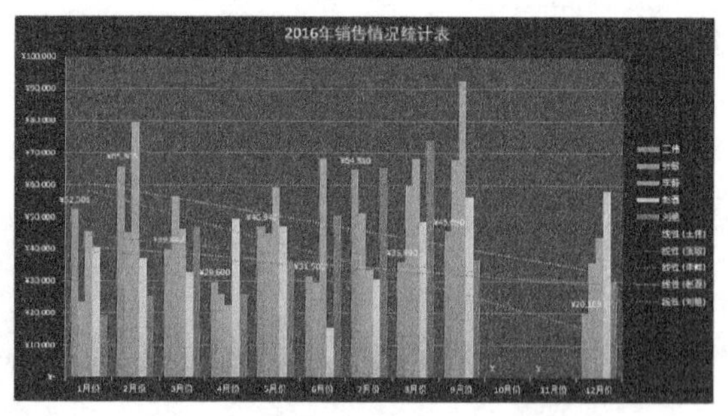

第4步：插入迷你图

步骤01 选择N3单元格，单击【插入】选项卡【迷你图】组中的【折线图】按钮，创建“王伟”销售迷你图。

	J	K	L	M	N
1					
2	9月份	10月份	11月份	12月份	趋势
3	¥ 45,690	¥ -	¥ -	¥ 20,189	
4	¥ 68,120	¥ -	¥ -	¥ 35,810	
5	¥ 92,510	¥ -	¥ -	¥ 43,984	
6	¥ 56,498	¥ -	¥ -	¥ 58,304	
7	¥ 36,804	¥ -	¥ -	¥ 29,810	

步骤02 拖曳鼠标，为N4:N7单元格区域，填充迷你图，如下图所示。

	J	K	L	M	N
1					
2	9月份	10月份	11月份	12月份	趋势
3	¥ 45,690	¥ -	¥ -	¥ 20,189	
4	¥ 68,120	¥ -	¥ -	¥ 35,810	
5	¥ 92,510	¥ -	¥ -	¥ 43,984	
6	¥ 56,498	¥ -	¥ -	¥ 58,304	
7	¥ 36,804	¥ -	¥ -	¥ 29,810	

步骤03 选择N3:N7单元格区域，单击【迷你图工具】➤【设计】选项卡，在【显示】组中，勾选【尾点】和【标记】复选框，并设置其样式为“迷你图样式深色#3”。

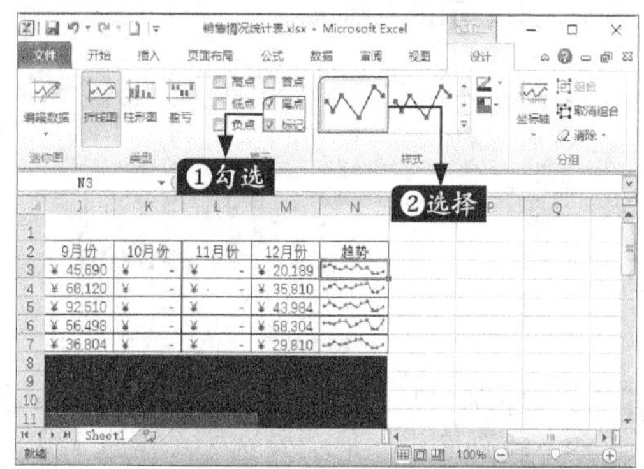

步骤04 制作完成后，按【F12】键，打开【另存为】对话框，将工作簿保存，最终效果如下图所示。

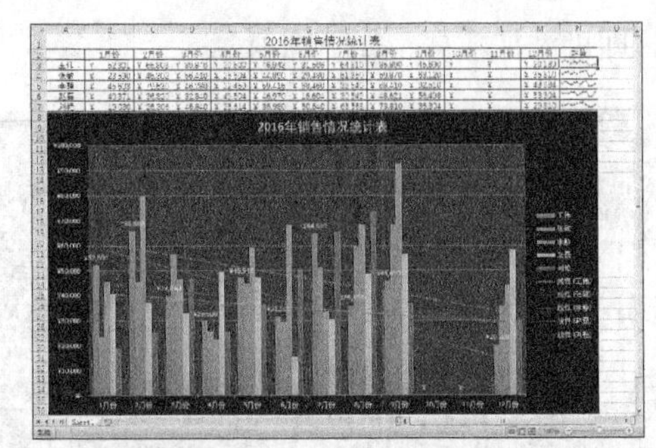

高手支招

本节教学录像时间：4 分钟

打印工作表时，不打印图表

在打印工作表时，用户可以通过设置不打印工作表中的图表。

双击图表区的空白处，弹出【设置图表区格式】对话框。在【属性】选项卡中，撤销勾选【打印对象】复选框即可。单击【文件】➤【打印】按钮，打印该工作表时，将不会打印图表。

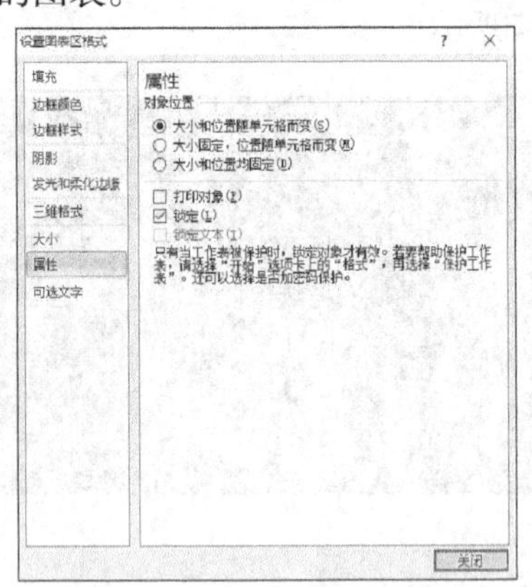

如何在Excel中制作动态图表

动态图表可以根据选项的变化，显示不同数据源的图表。一般制作动态图表主要采用筛选、公式及窗体控件等方法，下面以筛选的方法制作动态图表为例，具体操作步骤如下。

步骤01 打开随书光盘中的“素材\ch14\皮鞋销售情况表.xlsx”工作簿，插入柱形图。然后选择数据区域的任一单元格，按【Ctrl+Shift+L】组合键，此时在标题行每列的右侧出现一个下拉箭头，即表示进入筛选。

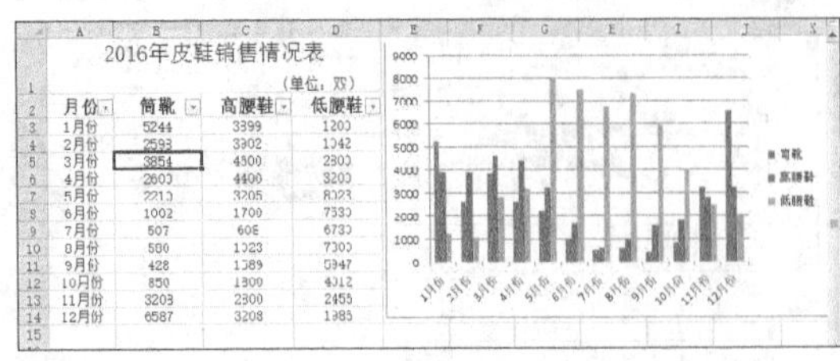

步骤02 单击A2单元格右侧的筛选按钮，在弹出的下拉列表中，取消勾选【（全选）】复选框。勾选【10月】、【11月】、【12月】和【1月】复选框，单击【确定】按钮，数据区域则只显示筛选的数据，图表区域自动显示筛选的柱形图，如下图所示。

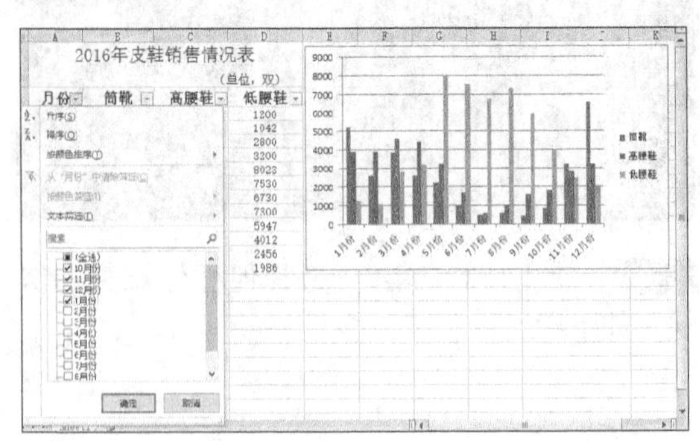

第15章 公式和函数的应用

面对大量的数据，如果逐个计算、处理，会浪费大量的人力和时间，灵活使用公式和函数可以大大提高数据分析的能力和效率。本章主要介绍公式与函数的使用方法，通过对各种函数类型的学习，可以熟练掌握常用函数的使用技巧和方法，并能够举一反三，灵活运用。

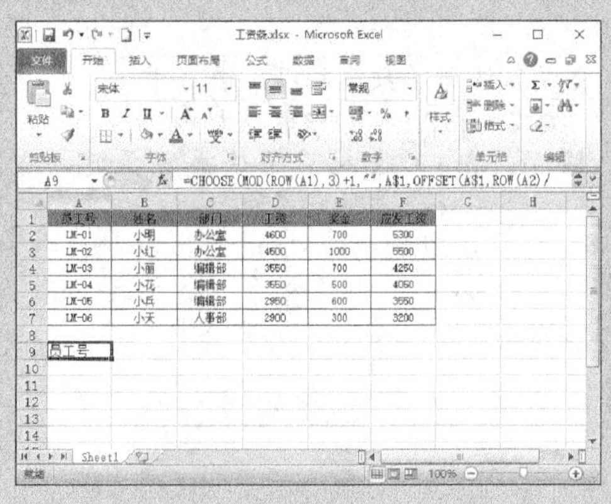

15.1 认识公式

本节教学录像时间：4 分钟

在Excel 2010中，应用公式可以帮助分析工作表中的数据，例如对数值进行加、减、乘、除等运算。

15.1.1 基本概念

在Excel中，应用公式可以帮助分析工作表汇总的数据，例如对数值进行加、减、乘、除等运算。

公式就是一个等式，是由一组数据和运算符组成的序列。使用公式时必须以等号“=”开头，后面紧接数据和运算符。下图为应用公式的两个例子。

下面举几个公式的例子：

=15+35

=SUM（B1:F6）

=现金收入-支出

上面的例子体现了Excel公式的语法，即公式以等号“=”开头，后面紧接着运算数和运算符，运算数可以是常数、单元格引用、单元格名称和工作表函数等。

在单元格中输入公式，可以进行计算然后返回结果。公式使用数学运算符来处理数值、文本、工作表函数以及其他的函数，在一个单元格中计算出一个数值。数值和文本可以位于其他的单元格中，这样可以方便地更改数据，赋予工作表动态特征。在更改工作表中的数据的同时让公式来做这个工作，用户可以快速地查看多种结果。

输入单元格中的数据由下列几个元素组成。

⑴ 运行符，例如“+”（相加）或“*”（相乘）

⑵ 单元格引用（包含了定义了名称的单元格和区域）

⑶ 数值和文本

⑷ 工作表函数（例如SUM函数或AVERAGE函数）

在单元格中输入公式后，单元格中会显示公式计算的结果。当选中单元格的时候，公式本身会出现在编辑栏里。如下表给出了几个公式的例子。

=150*0.5	公式只使用了数值且不是很有用
=A1+A2	把单元格A1和A2中的值相加
=Income−Expenses	把单元格Income（收入）的值减去单元格Expenses（支出）中的值
=SUM(A1:A12)	区域A1:A12相加
=A1=C12	比较单元格A1和C12。如果相等，公式返回值为TRUE；反之则为FALSE

15.1.2 运算符

在Excel中，运算符分为4种类型，分别是算术运算符、引用运算符、引用运算符和文本运算符。

1. 算术运算符

算术运算符主要用于数学计算，其组成和含义如表所示。

算数运算符名称	含义	示例
+（加号）	加	6+8
−（减号）	“减”及负数	6−2或−5
/（斜杠）	除	8/2
★（星号）	乘	2★3
%（百分号）	百分比	45%
^（脱字符）	乘幂	2^3

2. 比较运算符

比较运算符主要用于数值比较，其组成和含义如表所示。

比较运算符名称	含义	示例
=（等号）	等于	A1=B2
>（大于号）	大于	A1>B2
<（小于号）	小于	A1<B2
>=（大于等于号）	大于等于	A1>=B2
<=（小于等于号）	小于等于	A1<=B2
<>（不等号）	不等于	A1<>B2

3. 引用运算符

引用运算符主要用于合并单元格区域，其组成和含义如表所示。

引用运算符名称	含义	示例
:（比号）	区域运算符，对两个引用之间包括这两个引用在内的所有单元格进行引用	A1:E1(引用从A1到E1的所有单元格)
,（逗号）	联合运算符，将多个引用合并为一个引用	SUM(A1:E1,B2:F2)将A1:E1和B2:F2这两个合并为一个
（空格）	交叉运算符，产生同时属于两个引用的单元格区域的引用	SUM(A1:F1 B1:B3)只有B1同时属于两个引用A1:F1和B1:B3

4. 文本运算符

文本运算符只有一个文本串连字符“&”，用于将两个或多个字符串连接起来，如表所示。

文本运算符名称	含义	示例
&（连字符）	将两个文本连接起来产生连续的文本	“好好”&“学习”产生“好好学习”

15.1.3 运算符优先级

如果一个公式中包含多种类型的运算符号，Excel则按表中的先后顺序进行运算。如果想改变公式中的运算优先级，可以使用括号“()”实现。

运算符（优先级从高到低）	说明
:（比号）	域运算符
,（逗号）	联合运算符
（空格）	交叉运算符
-（负号）	例如-10
%（百分号）	百分比

续表

运算符（优先级从高到低）	说明
^（脱字符）	乘幂
*和/	乘和除
+和-	加和减
&	文本运算符
=,>,<,>=,<=,<>	比较运算符

15.2 公式的输入与编辑

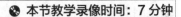

本节教学录像时间：7 分钟

输入公式时，以等号“=”作为开头，以提示Excel单元格中含有公式而不是文本。在公式中可以包含各种算术运算符、常量、变量、函数、单元格地址等。本节主要介绍公式的输入与编辑。

15.2.1 输入公式

在单元格中输入公式的方法可分为手动输入和单击输入。

1. 手动输入

在选定的单元格中输入“=”，并输入公式“3+5”。输入时字符会同时出现在单元格和编辑栏中，按【Enter】键后该单元格会显示出运算结果“8”。

2. 单击输入

单击输入公式更简单快捷，也不容易出错。例如，在单元格C1中输入公式“=A1+B1”，可以按照以下步骤进行单击输入。

步骤01 分别在A1、B1单元格中输入“3”和“5”，选择C1单元格，输入“=”。

步骤02 单击单元格A1，单元格周围会显示一个活动虚框，同时单元格引用会出现在单元格C1和编辑栏中。

步骤03 输入“加号（+）”，单击单元格B1。单元格B1的虚线边框会变为实线边框。

步骤04 按【Enter】键或【输入】按钮✓，即可计算出结果。

3. 粘贴输入

如果公式中使用了已有定义名称的单元格或区域，那么除了地址意外，用户还可以输入名称或从列表中选择名称，并让电脑自动插入名称，可以用以下两种方法在公示中插入名称。

(1) 选择【插入】➤【名称】➤【粘贴】命令，Excel会显示“粘贴名称”对话框，其中列出了所有的名称。选择名称，然后单击【确定】按钮，或者双击【名称】，这样会插入名称并关闭对话框。

(2) 按F3键可以显示【粘贴名称】对话框。

15.2.2 编辑公式

在进行数据运算时，如果发现输入的公式有误，可以对其进行编辑，具体操作步骤如下。

步骤 01 新建一个文档，输入如图所示内容，在C1单元格中输入公式“=A1+B1”，按【Enter】键计算出结果。

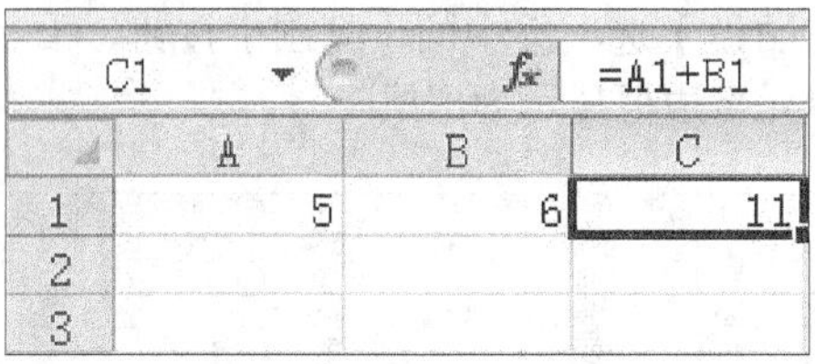

C1 =A1+B1

	A	B	C
1	5	6	11
2			
3			

步骤 02 选择C1单元格，在编辑栏中对公式进行修改，如将“=A1+B1”改为“=A1*B1”。按【Enter】键完成修改，结果如下图所示。

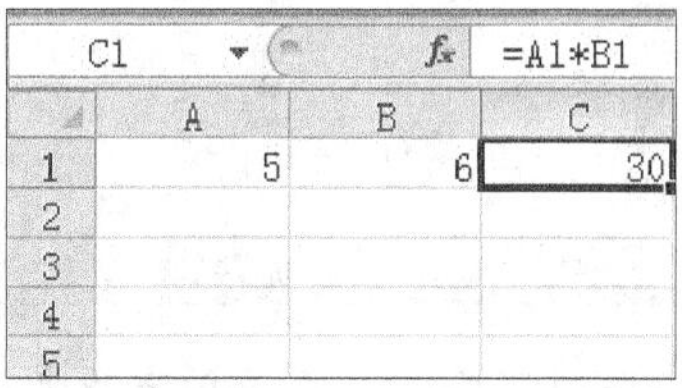

C1 =A1*B1

	A	B	C
1	5	6	30
2			
3			
4			
5			

15.2.3 使用公式计算符

公式中不仅可以进行数值的计算，还可以进行字符的计算，具体操作步骤如下。

步骤 01 新建一个工作簿，输入如图所示内容。

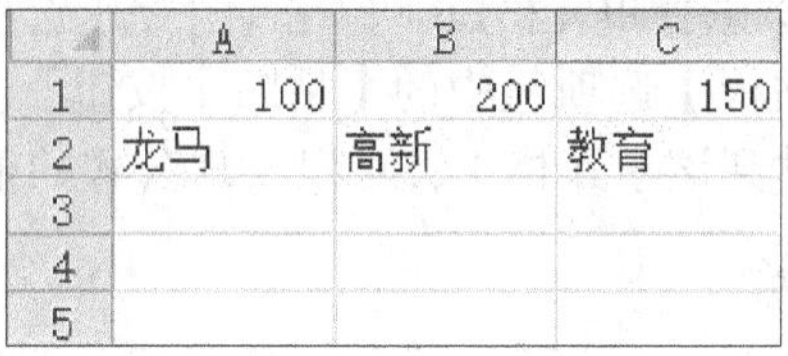

	A	B	C
1	100	200	150
2	龙马	高新	教育
3			
4			
5			

步骤 02 选择单元格D1，在编辑栏中输入“=(A1+B1)/C1”，按【Enter】键，在单元格D1中即可计算出公式的结果并显示为“2”。

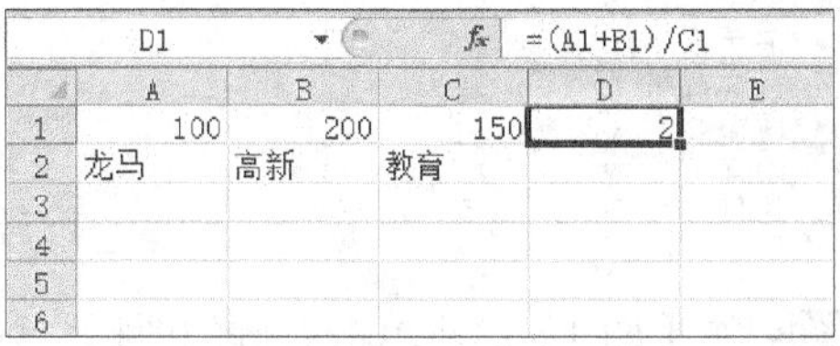

D1 =(A1+B1)/C1

	A	B	C	D	E
1	100	200	150	2	
2	龙马	高新	教育		
3					
4					
5					
6					

步骤 03 选择单元格D2，在编辑栏中输入“=”；单击单元格A2，在编辑栏中输入“&”；单击单元格B2，输入“&”；单击单元格C2，编辑栏中显示“=A2&B2&C2”。

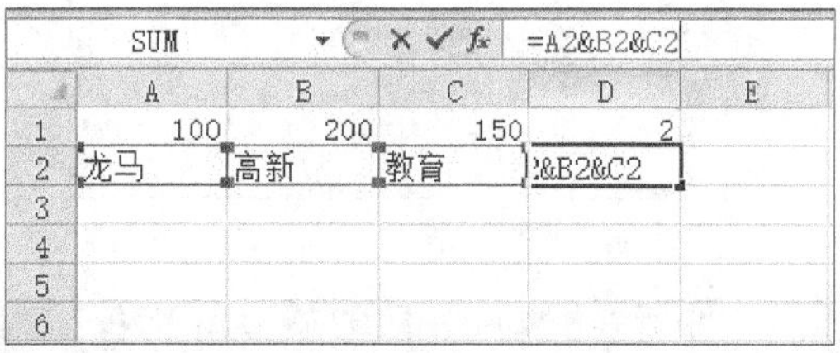

SUM =A2&B2&C2

	A	B	C	D	E
1	100	200	150	2	
2	龙马	高新	教育	2&B2&C2	
3					
4					
5					
6					

步骤 04 按【Enter】键，在单元格D2中会显示“龙马高新教育”，这是公式“=A2&B2&C2”的计算结果。

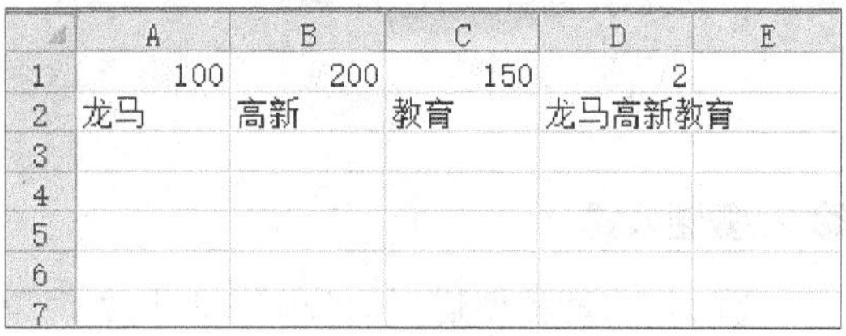

	A	B	C	D	E
1	100	200	150	2	
2	龙马	高新	教育	龙马高新教育	
3					
4					
5					
6					
7					

15.2.4 移动和复制公式

创建公式后，有时需要将其移动或复制到工作表中的其他位置。

1. 移动公式

移动公式是将创建好的公式移动到其他单元格，具体操作步骤如下。

步骤01 打开随书光盘中的“素材\ch15\期末成绩表.xlsx”工作簿，在单元格E2中输入公式“=B2+C2+D2”，按【Enter】键即可求出总成绩。

E2 fx =B2+C2+D2

	A	B	C	D	E	F
1	姓名	数学	英语	哲学	总成绩	
2	关利	48	65	59	172	
3	赵锐	56	64	66		
4	张磊	65	57	58		
5	江涛	65	75	85		
6	陈晓华	68	66	57		
7	李小林	70	90	80		
8	成军	78	48	75		
9	王军	78	61	56		
10	王天	85	92	88		
11	王征	85	85	88		
12	李阳	90	80	85		
13	陆洋	95	83	65		
14	赵琳	96	85	72		

Sheet1 就绪 100%

步骤02 选择单元格E2，在该单元格边框上按住鼠标左键，将其拖曳到其他单元格，释放鼠标左键后即可移动公式。移动后，值不发生变化。

	A	B	C	D	E	F
1	姓名	数学	英语	哲学	总成绩	
2	关利	48	65	59	172	
3	赵锐	56	64	66		
4	张磊	65	57	58		
5	江涛	65	75	85		
6	陈晓华	68	66	57		
7	李小林	70	90	80		
8	成军	78	48	75		E8
9	王军	78	61	56		
10	王天	85	92	88		
11	王征	85	85	88		
12	李阳	90	80	85		
13	陆洋	95	83	65		
14	赵琳	96	85	72		

Sheet1

小提示

移动公式时还可以先对移动的公式进行“剪切”操作，然后在目标单元格中进行“粘贴”操作。

在Excel 2010中移动公式时，无论使用哪种单元格引用，公式内的单元格引用都不会更改，即还保持原始的公式内容。

2. 复制公式

复制公式是将创建好的公式复制到其他单元格，具体操作步骤如下。

步骤01 打开随书光盘中的“素材\ch15\期末成绩表.xlsx”工作簿，在单元格E2中输入公式“=B2+C2+D2”，按【Enter】键即可求出总成绩。

E2 fx =B2+C2+D2

	A	B	C	D	E	F
1	姓名	数学	英语	哲学	总成绩	
2	关利	48	65	59	172	
3	赵锐	56	64	66		
4	张磊	65	57	58		
5	江涛	65	75	85		
6	陈晓华	68	66	57		
7	李小林	70	90	80		
8	成军	78	48	75		
9	王军	78	61	56		
10	王天	85	92	88		
11	王征	85	85	88		
12	李阳	90	80	85		
13	陆洋	95	83	65		
14	赵琳	96	85	72		

Sheet1 就绪 100%

步骤02 选择E2单元格，单击【开始】选项卡下【剪贴板】选项组中的【复制】按钮 复制，该单元格边框显示为虚线。

	A	B	C	D	E	F
1	姓名	数学	英语	哲学	总成绩	
2	关利	48	65	59	172	
3	赵锐	56	64	66		
4	张磊	65	57	58		
5	江涛	65	75	85		
6	陈晓华	68	66	57		
7	李小林	70	90	80		
8	成军	78	48	75		
9	王军	78	61	56		
10	王天	85	92	88		
11	王征	85	85	88		
12	李阳	90	80	85		
13	陆洋	95	83	65		
14	赵琳	96	85	72		

Sheet1

步骤03 选择单元格E6，单击【开始】选项卡下【剪贴板】选项组中的【粘贴】按钮，将公式粘贴到该单元格中，可以发现公式的值发生了变化。

	A	B	C	D	E	F
1	姓名	数学	英语	哲学	总成绩	
2	关利	48	65	59	172	
3	赵锐	56	64	66		
4	张磊	65	57	58		
5	江涛	65	75	85		
6	陈晓华	68	66	57	191	
7	李小林	70	90	80		(Ctrl)
8	成军	78	48	75		
9	王军	78	61	56		
10	王天	85	92	88		
11	王征	85	85	88		
12	李阳	90	80	85		
13	陆洋	95	83	65		
14	赵琳	96	85	72		

Sheet1

步骤04 按【Ctrl】键或单击右侧的图标，弹出如下现象，单击相应的按钮，即可应用粘贴格式、数值、公式、源格式、链接和图片等。若单击【值】按钮，表示只粘贴数值，则粘贴后E6单元格中的值仍为“172”。

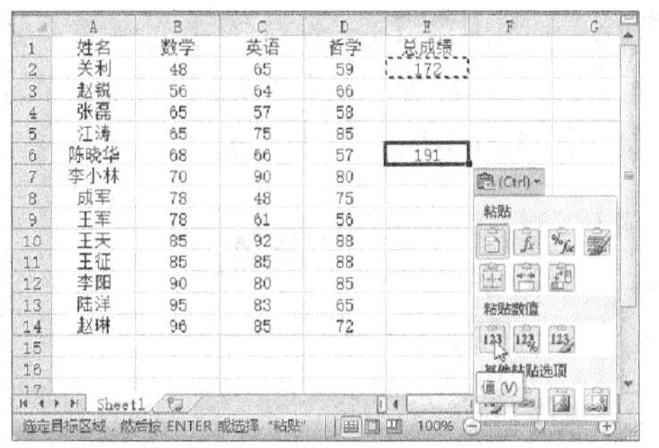

	A	B	C	D	E
1	姓名	数学	英语	哲学	总成绩
2	关利	48	65	59	172
3	赵锐	56	64	66	
4	张磊	65	57	58	
5	江涛	65	75	85	
6	陈晓华	68	66	57	191
7	李小林	70	90	80	
8	成军	78	48	75	
9	王军	78	61	56	
10	王天	85	92	88	
11	王征	85	85	88	
12	李阳	90	80	85	
13	陆洋	95	83	65	
14	赵琳	96	85	72	

小提示

复制公式时还可以拖动包含公式的单元格右下角的填充柄，快速复制同一个公式到其他单元格中。

15.3 单元格引用

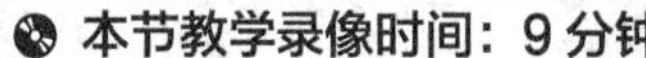

本节教学录像时间：9 分钟

单元格的引用就是单元格的地址的引用，所谓单元格的引用就是把单元格的数据和公式联系起来。

15.3.1 单元格引用与引用样式

单元格引用有不同的表示方法，既可以直接使用相应的地址表示，也可以用单元格的名字表示。用地址来表示单元格引用有两种样式，一种是A1引用样式，另一种是R1C1样式。

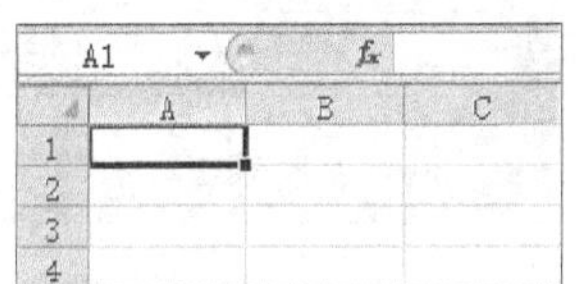

1. A1引用样式

A1引用样式是Excel的默认引用类型。这种类型的引用是用字母表示列（从A到XFD，共16 384列），用数字表示行（从1到1 048 576）。引用的时候先写列字母，再写行数字。若要引用单元格，输入列标和行号即可。例如，B4引用了B列和4行交叉处的单元格。

如果引用单元格区域，可以输入该区域左上角单元格的地址、比例号（:）和该区域右下角单元格的地址。例如在“素材\ch15\农作物产量.xlsx”工作簿中，在单元格H3公式中引用了单元格区域B3:G3。

	A	B	C	D	E	F	G	H
1	部分村农作物产量（公斤/公顷）							
2	单位	小麦	玉米	谷子	水稻	大豆	蕃薯	合计
3	花园村	7232	3788	7650	2679	1615	4091	27055
4	黄河村	6687	5122	7130	3388	3439	0	
5	解放村	3685	3978	5896	2659	1346	727	
6	丰产村	6585	0	7835	3614	2039	0	
7	奋斗村	4985	5697	6763	3133	1780	1038	
8	丰收村	3732	0	6327	1345	933	0	
9	胜利村	5250	5775	6986	4296	1374	5945	
10	青春村	6735	4131	7996	5135	1784	6000	
11	向阳村	5158	6150	6205	4323	1179	5690	
12	红旗村	4290	6354	12290	1735	613	1847	

2. R1C1引用样式

在R1C1引用样式中，用R加行数字和C加列数字来表示单元格的位置。若表示相对引用，行数字和列数字都用中括号“[]”括起来；如果不加中括号，则表示绝对引用。如当前单元格是A1，则单元格引用为R1C1；加中括号R[1]C[1]则表示引用下面一行和右边一列的单元格，即B2。

> **小提示**
>
> R代表Row，是行的意思；C代表Column，是列的意思。R1C1引用样式与A1引用样式中的绝对引用等价。

启用R1C1引用样式的具体步骤如下。

步骤01 打开随书光盘中的“素材/ch15/农作物产量.xlsx”工作簿。

	A	B	C	D	E	F	G	H
1	部分村农作物产量（公斤/公顷）							
2	单位	小麦	玉米	谷子	水稻	大豆	蕃薯	合计
3	花园村	7232	3788	7650	2679	1615	4091	27055
4	黄河村	6687	5122	7130	3388	3439	0	
5	解放村	3685	3978	5896	2659	1346	727	
6	丰产村	6585	0	7835	3614	2039	0	
7	奋斗村	4985	5697	6763	3133	1780	1038	
8	丰收村	3732	0	6327	1345	933	0	
9	胜利村	5250	5775	6986	4296	1374	5945	
10	青春村	6735	4131	7996	5135	1784	6000	
11	向阳村	5158	6150	6205	4323	1179	5690	
12	红旗村	4290	6354	12290	1735	613	1847	
13	丰田村	5643	5882	7817	5036	1624	4445	

步骤02 在Excel 2010中选择【文件】选项卡，在弹出的列表中选择【选项】选项。

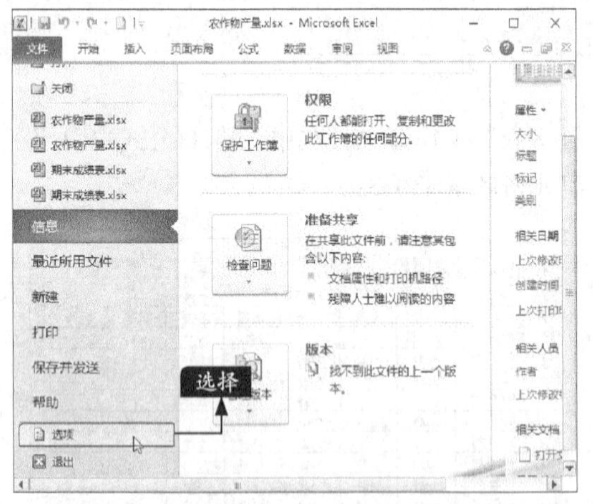

步骤03 在弹出的【Excel选项】对话框的左侧选择【公式】选项，在右侧的【使用公式】栏中选中【R1C1引用样式】复选框。

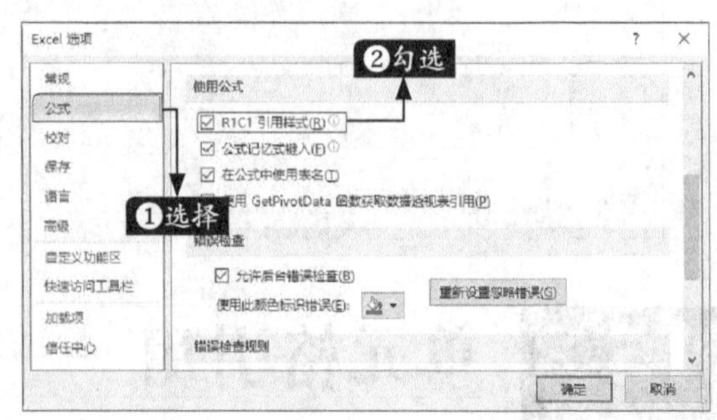

步骤04 单击【确定】按钮，即可启用R1C1引用样式。此时在“素材\ch15\农作物产量.xlsx”工作簿中，单元格R3C8公式中引用的单元格区域表示为“RC[-6]:RC[-1]”。

R3C8 =SUM(RC[-6]:RC[-1])

	1	2	3	4	5	6	7	8
1	部分村农作物产量（公斤/公顷）							
2	单位	小麦	玉米	谷子	水稻	大豆	蕃薯	合计
3	花园村	7232	3788	7650	2679	1615	4091	27055
4	黄河村	6687	5122	7130	3388	3439	0	
5	解放村	3685	3978	5896	2659	1346	727	
6	丰产村	6585	0	7835	3614	2039	0	
7	奋斗村	4985	5697	6763	3133	1780	1038	
8	丰收村	3732	0	6327	1345	933	0	
9	胜利村	5250	5775	6986	4296	1374	5945	
10	青春村	6735	4131	7996	5135	1784	6000	
11	向阳村	5158	6150	6205	4323	1179	5690	

> **小提示**
>
> 在Excel工作表中，如果引用的是同一工作表中的数据，可以使用单元格地址引用；如果引用的是其他工作簿或工作表中的数据，可以使用名称来代表单元格、单元格区域、公式或值。

15.3.2 相对引用

相对引用是指单元格的引用会随公式所在单元格的位置的变更而改变。复制公式时，系统不是把原来的单元格地址原样照搬，而是根据公式原来的位置和复制的目标位置来推算出公式中单元格地址相对原来位置的变化。默认的情况下，公式使用的是相对引用。

步骤01 打开随书光盘中的“素材\ch15\公司员工工资表.xlsx”工作簿。

F3 =C3+D3+E3

	A	B	C	D	E	F
1	员工工资表					
2	姓名	性别	基本工资	奖金	补贴	应发工资
3	刘惠民	男	3150.00	253.00	100.00	3503.00
4	李宁宁	女	2850.00	230.00	100.00	
5	张 鑫	男	4900.00	300.00	200.00	
6	路 程	男	2000.00	100.00	0.00	
7	沈 梅	女	5800.00	320.00	300.00	
8	高 兴	男	3900.00	240.00	150.00	
9	王 陈	男	5000.00	258.00	200.00	
10	陈 岚	女	3000.00	230.00	100.00	
11	周 [illegible]	女	4050.00	280.00	200.00	

Sheet1 Sheet2 就绪 100%

步骤02 若单元格F3中的公式是“=C3+D3+E3”，移动鼠标指针到单元格F3的右下角，当指针变成“✚”形状时向下拖至单元格F4，则单元格F4中的公式会变为“=C4+D4+E4”。

F3 =C3+D3+E3

	A	B	C	D	E	F
1	员工工资表					
2	姓名	性别	基本工资	奖金	补贴	应发工资
3	刘惠民	男	3150.00	253.00	100.00	3503.00
4	李宁宁	女	2850.00	230.00	100.00	3180.00
5	张 鑫	男	4900.00	300.00	200.00	
6	路 程	男	2000.00	100.00	0.00	
7	沈 梅	女	5800.00	320.00	300.00	
8	高 兴	男	3900.00	240.00	150.00	
9	王 陈	男	5000.00	258.00	200.00	
10	陈 岚	女	3000.00	230.00	100.00	
11	周 [illegible]	女	4050.00	280.00	200.00	

Sheet1 Sheet2 就绪 平均值: 3341.50 求和: 6683.00 100%

15.3.3 绝对引用

绝对引用是指在复制公式时，无论如何改变公式的位置，其引用单元格的地址都不会改变。绝对引用的表示形式是在普通地址的前面加“$”，如C1单元格的绝对引用形式是$C$1。

步骤01 打开随书光盘中的“素材\ch15\公司员工工资表.xlsx”工作簿，修改F3单元格中的公式为“=$C$3+$D$3+$E$3”。

F3 =$C$3+$D$3+$E$3

	A	B	C	D	E	F
1	员工工资表					
2	姓名	性别	基本工资	奖金	补贴	应发工资
3	刘惠民	男	3150.00	253.00	100.00	3503.00
4	李宁宁	女	2850.00	230.00	100.00	
5	张 鑫	男	4900.00	300.00	200.00	
6	路 程	男	2000.00	100.00	0.00	
7	沈 梅	女	5800.00	320.00	300.00	
8	高 兴	男	3900.00	240.00	150.00	
9	王 陈	男	5000.00	258.00	200.00	
10	陈 岚	女	3000.00	230.00	100.00	

Sheet1 Sheet2 就绪 100%

步骤02 移动鼠标指针到单元格F3的右下角，当指针变成“✚”形状时向下拖至单元格F4，则单元格F4公式仍然为“=$C$3+$D$3+$E$3”，即表示这种公式为绝对引用。

F4 =$C$3+$D$3+$E$3

	A	B	C	D	E	F
1	员工工资表					
2	姓名	性别	基本工资	奖金	补贴	应发工资
3	刘惠民	男	3150.00	253.00	100.00	3503.00
4	李宁宁	女	2850.00	230.00	100.00	3503.00
5	张 鑫	男	4900.00	300.00	200.00	
6	路 程	男	2000.00	100.00	0.00	
7	沈 梅	女	5800.00	320.00	300.00	
8	高 兴	男	3900.00	240.00	150.00	
9	王 陈	男	5000.00	258.00	200.00	
10	陈 岚	女	3000.00	230.00	100.00	

Sheet1 Sheet2 就绪 100%

15.3.4 混合引用

除了相对引用和绝对引用，还有混合引用，也就是相对引用和绝对引用的共同引用。当需要固定行引用而改变列引用，或者固定列引用而改变行引用时，就要用到混合引用，即相对引用部分发生改变，绝对引用部分不变。例如$B5、B$5都是混合引用。

步骤01 打开随书光盘中的“素材\ch15\公司员工工资表.xlsx”工作簿，修改F3单元格中的公式为“=$C3+D$3+E3”。

F3 =$C3+D$3+E3

	A	B	C	D	E	F
1	员工工资表					
2	姓名	性别	基本工资	奖金	补贴	应发工资
3	刘惠民	男	3150.00	253.00	100.00	3503.00
4	李宁宁	女	2850.00	230.00	100.00	
5	张 鑫	男	4900.00	300.00	200.00	
6	路 程	男	2000.00	100.00	0.00	
7	沈 梅	女	5800.00	320.00	300.00	
8	高 兴	男	3900.00	240.00	150.00	
9	王 陈	男	5000.00	258.00	200.00	
10	陈 岚	女	3000.00	230.00	100.00	

F4 =$C4+D$3+E4

	A	B	C	D	E	F
1	员工工资表					
2	姓名	性别	基本工资	奖金	补贴	应发工资
3	刘惠民	男	3150.00	253.00	100.00	3503.00
4	李宁宁	女	2850.00	230.00	100.00	3203.00
5	张 鑫	男	4900.00	300.00	200.00	
6	路 程	男	2000.00	100.00	0.00	
7	沈 梅	女	5800.00	320.00	300.00	
8	高 兴	男	3900.00	240.00	150.00	
9	王 陈	男	5000.00	258.00	200.00	
10	陈 岚	女	3000.00	230.00	100.00	

步骤02 移动鼠标指针到单元格F3的右下角，当指针变成“+”形状时向下拖至单元格F4，则单元格F4公式则变为“=$C4+D$3+E4”。

小提示

工作簿和工作表中的引用都是绝对引用，没有相对引用；在编辑栏中输入单元格地址后，可以按【F4】键来切换“绝对引用”“混合引用”和“相对引用”等3个状态。

15.4 使用引用

本节教学录像时间：5 分钟

在定义公式时，要根据需要灵活地使用单元格的引用，以便准确、快捷地利用公式计算数据。

15.4.1 输入引用地址

可以直接输入引用地址，也可以用鼠标拖动提取地址，或者利用【折叠】按钮选择单元格区域。

1. 输入地址

输入公式时，可以直接输入引用地址。一般对公式进行修改时使用这种方法。

SUM =A1+B2-C3 （单元格D1：+B2-C3）

2. 提取地址

在编辑栏中需要输入单元格地址的位置处单击，然后在工作区拖动鼠标选择单元格区域，编辑栏中即可自动输入该单元格区域的地址。

SUM =SUM(A1:A5) （单元格A6：=SUM(A1:A5)；SUM(number1, [number2], ...)）

3. 用【折叠】按钮输入

单击编辑栏中的 fx 按钮，选择【SUM】函数，弹出SUM函数的【函数参数】对话框。

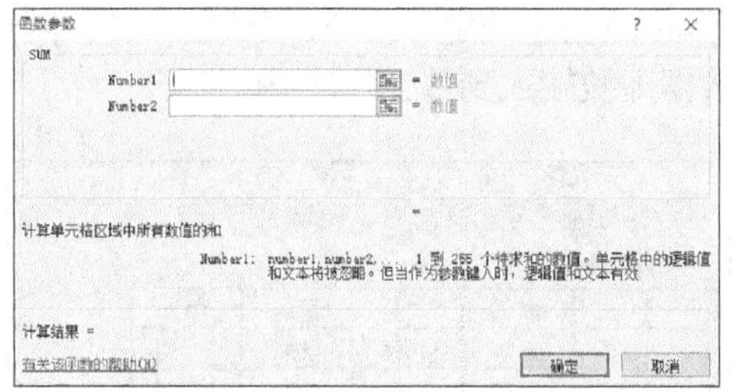

单击单元格地址引用的文本框右侧的【折叠】按钮，可以将对话框折叠起来，然后用鼠标选取单元格区域。

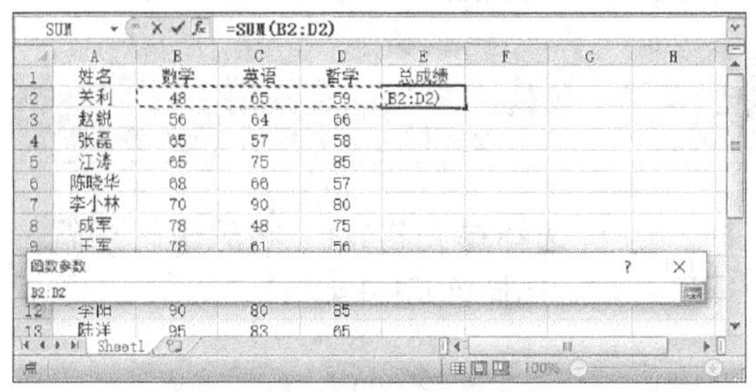

单击右侧的【展开】按钮，可以再次显示对话框，同时提取的地址会自动填入文本框中。

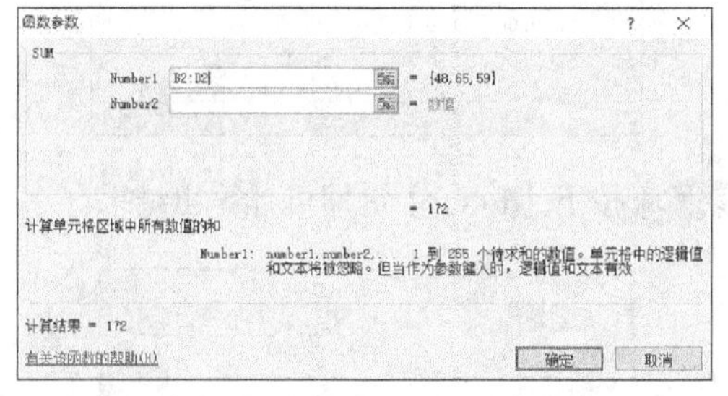

使用【折叠】按钮输入引用地址的具体步骤如下。

步骤 01 打开随书光盘中的“素材\ch15\农作物产量.xlsx”工作簿，选择单元格H4。

部分村农作物产量（公斤/公顷）

单位	小麦	玉米	谷子	水稻	大豆	蕃薯	合计
花园村	7232	3788	7650	2679	1615	4091	27055
黄河村	6687	5122	7130	3388	3439	0	
解放村	3685	3978	5896	2659	1346	727	
丰产村	6585	0	7835	3614	2039	0	
奋斗村	4985	5697	6763	3133	1780	1038	
丰收村	3732	0	6327	1345	933	0	
胜利村	5250	5775	6986	4296	1374	5945	
青春村	6735	4131	7996	5135	1784	6000	
向阳村	5158	6150	6205	4323	1179	5690	
红旗村	4290	6354	12290	1735	613	1847	
丰田村	5643	5882	7817	5036	1624	4445	
团结村	7005	6584	7223	7548	1703	4767	

步骤 02 单击编辑栏中的【插入函数】按钮 f_x，弹出【插入函数】对话框，选择【选择函数】列表框中的【SUM】（求和函数）选项，单击【确定】按钮。

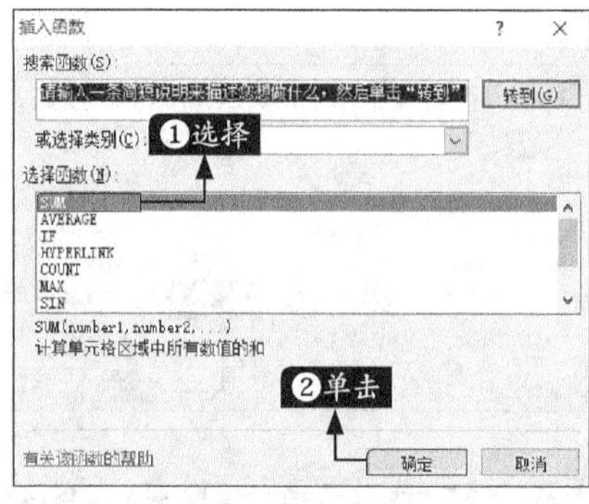

步骤 03 在弹出的【函数参数】对话框中，单击【Number1】文本框右侧的【折叠】按钮。

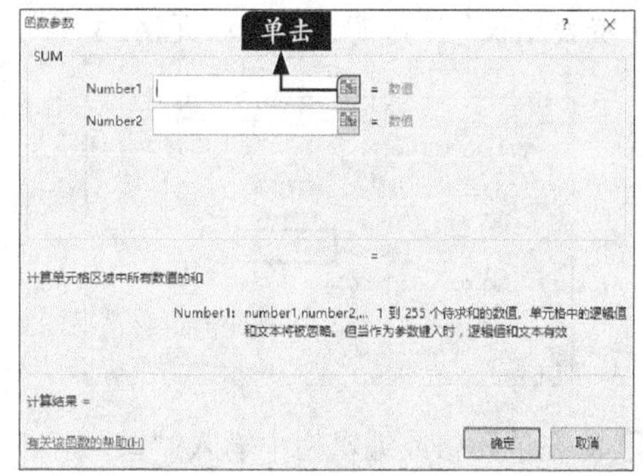

小提示

Excel会默认选中适合在该单元格中，公式所引用的单元格区域。如果不是正确引用单元格区域，可重新引用其他单元格区域。

步骤 04 此时【函数参数】对话框会折叠变小，在工作表中选择单元格区域B4:G4，该区域的引用地址将自动填充到折叠对话框的文本框中。

=SUM(B4:G4)

函数参数

B4:G4

单位	小麦	玉米	谷子	水稻	大豆	蕃薯	合计
花园村	7232	3788	7650	2679	1615	4091	27055
黄河村	6687	5122	7130	3388	3439	0	(B4:G4)
解放村	3685	3978	5896	2659	1346	727	
丰产村	6585	0	7835	3614	2039	0	
奋斗村	4985	5697	6763	3133	1780	1038	
丰收村	3732	0	6327	1345	933	0	
胜利村	5250	5775	6986	4296	1374	5945	
青春村	6735	4131	7996	5135	1784	6000	
向阳村	5158	6150	6205	4323	1179	5690	
红旗村	4290	6354	12290	1735	613	1847	
丰田村	5643	5882	7817	5036	1624	4445	
团结村	7005	6584	7223	7548	1703	4767	

步骤05 单击折叠对话框右侧的【展开】按钮，返回【函数参数】对话框，所选单元格区域的引用地址会自动填入【Number1】文本框中。

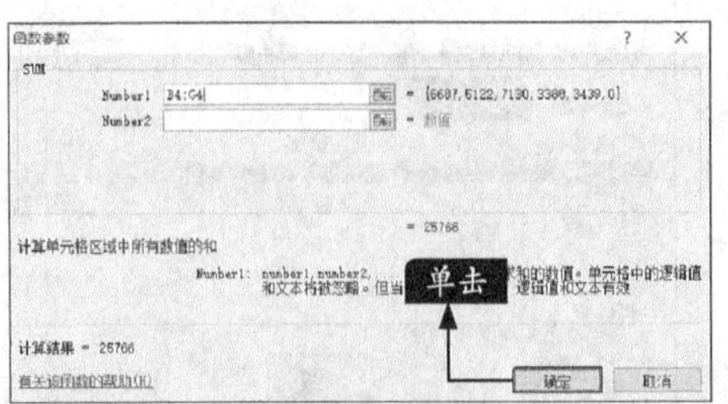

步骤06 单击【确定】按钮，函数公式所计算出的数据即被输入到单元格H4中。

H4 =SUM(B4:G4)

	D	E	F	G	H
1	农作物产量（公斤/公顷）				
2	谷子	水稻	大豆	番薯	合计
3	7650	2679	1615	4091	27055
4	7130	3388	3439	0	25766
5	5896	2659	1346	727	
6	7835	3614	2039	0	
7	6763	3133	1780	1038	
8	6327	1345	933	0	

15.4.2 引用当前工作表中的单元格

步骤01 打开随书光盘中的“素材\ch15\公司职工工资表.xlsx”工作簿，选择单元格F4。

	D	E	F
1	表		
2	奖金	补贴	应发工资
3	253.00	100.00	3503.00
4	230.00	100.00	
5	300.00	200.00	
6	100.00	0.00	
7	320.00	300.00	

步骤02 在单元格或编辑栏中输入“=”。

SUM =

	D	E	F
1	表		
2	奖金	补贴	应发工资
3	253.00	100.00	3503.00
4	230.00	100.00	=
5	300.00	200.00	
6	100.00	0.00	
7	320.00	300.00	

步骤03 选择单元格C4，在编辑栏中输入“+”；再选择单元格D4，在编辑栏中输入“+”；最后选择单元格E4。

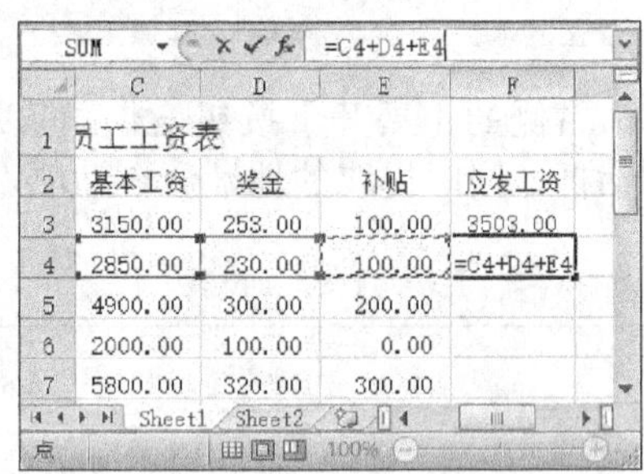

SUM =C4+D4+E4

	C	D	E	F
1	员工工资表			
2	基本工资	奖金	补贴	应发工资
3	3150.00	253.00	100.00	3503.00
4	2850.00	230.00	100.00	=C4+D4+E4
5	4900.00	300.00	200.00	
6	2000.00	100.00	0.00	
7	5800.00	320.00	300.00	

步骤04 按下【Enter】键即可计算出结果。

F4 =C4+D4+E4

	C	D	E	F
1	员工工资表			
2	基本工资	奖金	补贴	应发工资
3	3150.00	253.00	100.00	3503.00
4	2850.00	230.00	100.00	3180.00
5	4900.00	300.00	200.00	
6	2000.00	100.00	0.00	
7	5800.00	320.00	300.00	

15.4.3 引用当前工作簿中其他工作表中的单元格

引用当前工作簿中其他工作表中的单元格，即进行跨工作表的单元格地址引用。

步骤01 接上面的操作步骤，单击工作表中的【Sheet2】标签。

	A	B	C	D
1	员工宿舍月租			
2	姓名	性别	房租	实发工资
3	刘惠民	男	200.00	
4	李宁宁	女	180.00	
5	张 鑫	男	150.00	
6	路 程	男	220.00	
7	沈 梅	女	100.00	

步骤02 在工作表中选择单元格D3，在单元格或编辑栏中输入“=”。

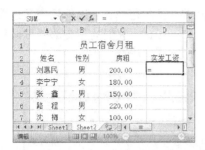

SUM　=

	A	B	C	D
1		员工宿舍月租		
2	姓名	性别	房租	实发工资
3	刘惠民	男	200.00	=
4	李宁宁	女	180.00	
5	张　鑫	男	150.00	
6	路　程	男	220.00	
7	沈　梅	女	100.00	

步骤03 单击【Sheet1】标签，选择单元格F3，在编辑栏中输入“—”。

SUM　=Sheet1!F3-

	C	D	E	F
1	员工工资表			
2	基本工资	奖金	补贴	应发工资
3	3150.00	253.00	100.00	3503.00
4	2850.00	230.00	100.00	3180.00
5	4900.00	300.00	200.00	
6	2000.00	100.00	0.00	
7	5800.00	320.00	300.00	

步骤04 单击【Sheet2】标签，选择工作表中的单元格C3。

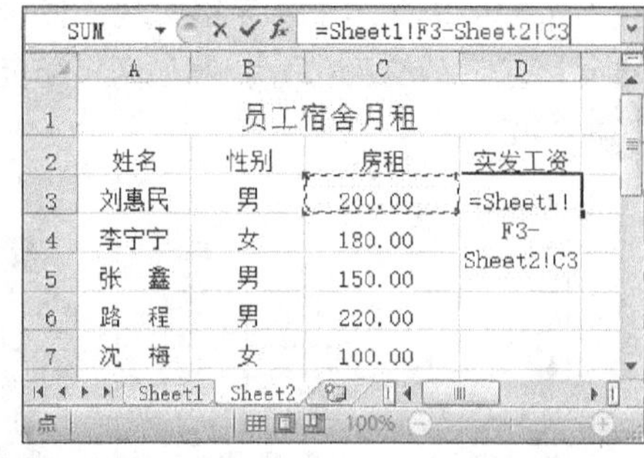

步骤05 按下【Enter】键，即可在单元格D3中计算出跨工作表单元格引用的数据。

D3　=Sheet1!F3-Sheet2!C3

	A	B	C	D
1		员工宿舍月租		
2	姓名	性别	房租	实发工资
3	刘惠民	男	200.00	3303.00
4	李宁宁	女	180.00	
5	张　鑫	男	150.00	
6	路　程	男	220.00	
7	沈　梅	女	100.00	

15.4.4 引用其他工作簿中的单元格

如果要引用其他工作簿中的单元格数据，首先需要保证引用的工作簿是打开的。对多个工作簿中的单元格数据进行引用的具体步骤如下。

步骤01 新建一个空白工作表，并打开随书光盘中“素材\ch15\工资表.xlsx”，在空白工作表中选择单元格A1，在编辑栏中输入“=”。

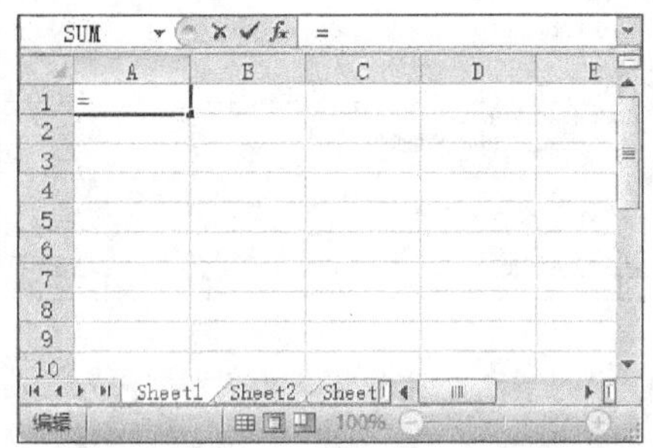

步骤02 切换到“工资表.xlsx”工作簿，选择“工资1”工作表中的单元格D3，然后在编辑栏中输入“+”，选择单元格E3，再次在编辑栏中输入“+”，选择单元格F3，然后在编辑栏中输入“-”，最后选择单元格G3。

步骤03 按【Enter】键，即可在空白工作表中计算出“工资表”中张艳的实发工资。

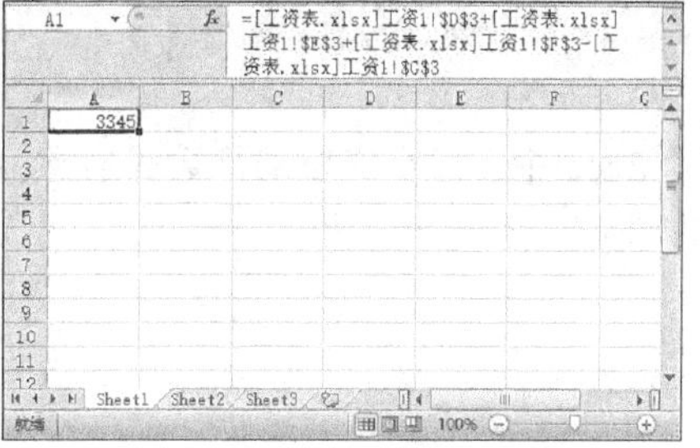

15.4.5 引用交叉区域

在工作表中定义多个单元格区域，或者两个区域之间有交叉的范围，可以使用交叉运算符来引用单元格区域的交叉部分。例如两个单元格区域A1:C8和C6:E11，它们的相交部分可以表示成“A1:C8 C6:E11”。

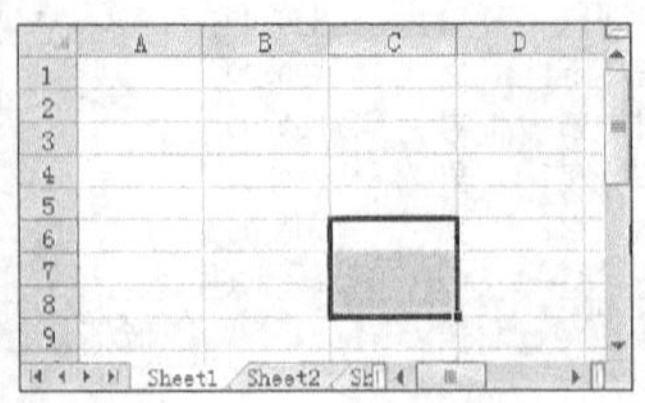

小提示

交叉运算符就是一个空格，也就是将两个单元格区域用一个（或多个）空格分开，就可以得到这两个区域的交叉部分。

15.5 认识函数

本节教学录像时间：5 分钟

函数是Excel的重要组成部分，有着非常强大的计算功能，为用户分析和处理工作表中的数据提供了很大的方便。

15.5.1 基本概念

Excel中所提到的函数其实是一些预定义的公式，它们使用一些被称为参数的特定数值按特定的顺序或结构进行计算。每个函数描述都包括一个语法行，它是一种特殊的公式，所有的函数必须以等号“=”开始，它是预定义的内置公式，必须按语法的特定顺序进行计算。

【插入函数】对话框为用户提供了一个使用半自动方式输入函数及其参数的方法。使用【插入函数】对话框可以保证正确的函数拼写，以及顺序正确且确切的参数个数。

打开【插入函数】对话框有以下3种方法。

(1) 在【公式】选项卡中，单击【函数库】组中的【插入函数】按钮。

(2) 单击编辑栏中的【插入】按钮。

(3) 按【Shift+F3】组合键。

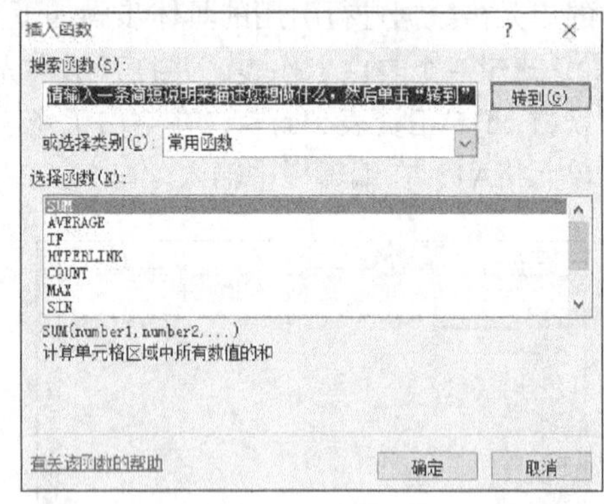

15.5.2 函数的组成

在Excel中，一个完整的函数式通常由3部分构成，分别是标识符、函数名称、函数参数，其格式如下。

1. 标识符

在单元格中输入计算函数时，必须先输入“=”，这个“=”称为函数的标识符。如果不输入“=”，Excel通常将输入的函数式作为文本处理，不返回运算结果。

2. 函数名称

函数标识符后面的英文是函数名称。大多数函数名称是对应英文单词的缩写。有些函数名称是由多个英文单词（或缩写）组合而成的，例如，条件求和函数SUMIF是由求和SUM和条件IF组成的。

3. 函数参数

函数参数主要有以下几种类型。

⑴ 常量参数

常量参数主要包括数值（如123.45）、文本（如计算机）和日期（如2010-05-25）等。

⑵ 逻辑值参数

逻辑值参数主要包括逻辑真（TRUE）、逻辑假（FALSE）以及逻辑判断表达式（例如，单元格A3不等于空表示为“A3<>()”）的结果等。

⑶ 单元格引用参数

单元格引用参数主要包括单个单元格的引用和单元格区域的引用等。

⑷ 名称参数

在工作簿文档的各个工作表中自定义的名称，可以作为本工作簿内的函数参数直接引用。

⑸ 其他函数式

用户可以用一个函数式的返回结果作为另一个函数式的参数。对于这种形式的函数式，通常称为“函数嵌套”。

⑹ 数组参数

数组参数可以是一组常量（如2、4、6），也可以是单元格区域的引用。

15.5.3 函数的分类

Excel 2010提供了丰富的内置函数，按照函数的应用领域分为12大类，用户可以根据需要直接进行调用，函数类型及其作用如下表所示。

函数类型	作用
财务函数	进行一般的财务计算
日期和时间函数	可以分析和处理日期及时间
数学与三角函数	可以在工作表中进行简单的计算
统计函数	对数据区域进行统计分析
查找与引用函数	在数据清单中查找特定数据或查找一个单元格引用
数据库函数	分析数据清单中的数值是否符合特定条件
文本函数	对字符串进行各种运算和操作
逻辑函数	进行逻辑判断或者复合检验
信息函数	确定存储在单元格中数据的类型
工程函数	用于工程分析
多维数据集函数	用于从多维数据库中提取数据集和数值
兼容函数	这些函数已由新函数替换，新函数可以提供更好的精确度，且名称更好地反映其用法

15.6 函数的输入与编辑

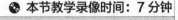

本节教学录像时间：7 分钟

在Excel 2010中不使用功能区中的选项也可以快速地完成单元格的计算。Excel函数是一些已经定义好的公式，大多数函数是经常使用的公式的简写形式。函数通过参数接收数据并返回结果。大多数情况下返回的是计算的结果，也可以返回文本、引用、逻辑值或数组等。

15.6.1 在工作表中输入函数

输入函数后，可以对函数进行相应的修改。在Excel 2010中，输入函数的方法有手动输入和使用函数向导输入两种方法。

手动输入和输入普通的公式一样，这里不再介绍。下面介绍使用函数向导输入函数，具体的操作步骤如下。

步骤 01 启动Excel 2010，新建一个空白文档，在单元格A1中输入“-100”。

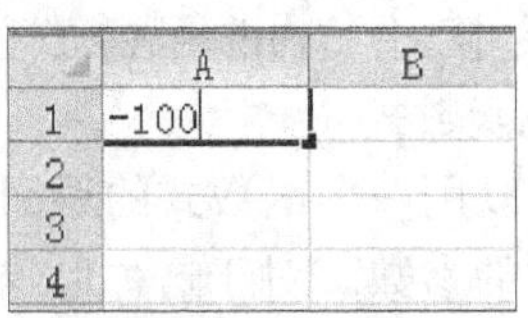

步骤 02 选择B1单元格，单击【公式】选项卡下【函数库】选项组中的【插入函数】按钮，弹出【插入函数】对话框。在对话框的【或选择类别】列表框中选择【数学与三角函数】选项，在【选择函数】列表框中选择【ABS】选项（绝对值函数），列表框下方会出现关于该函数的简单提示，单击【确定】按钮。

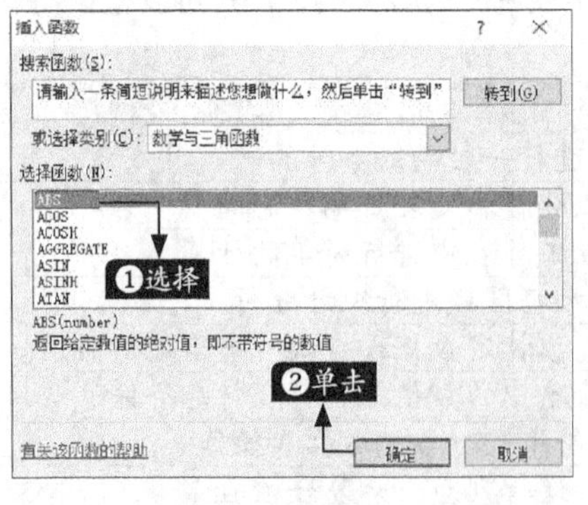

步骤 03 弹出【函数参数】对话框，在【Number】文本框中输入单元格地址“A1”，单击【确定】按钮。

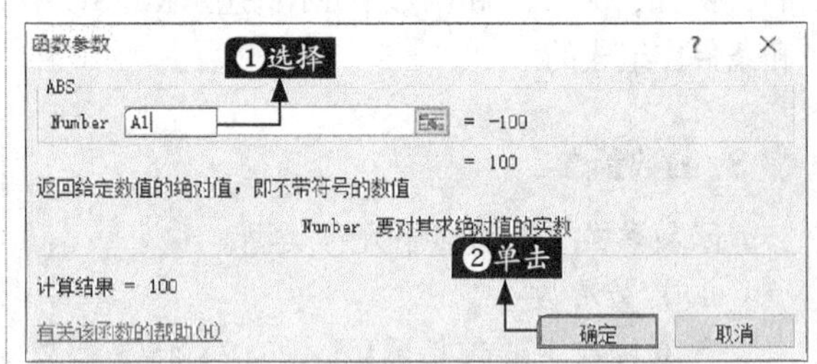

步骤 04 单元格A1的绝对值即可求出，并显示在单元格B1中。

B1 | fx | =ABS(A1)

	A	B	C
1	-100	100	
2			
3			
4			

小提示

对于函数参数，可以直接输入数值、单元格或单元格区域引用，也可以用鼠标在工作表中选定单元格或单元格区域。

15.6.2 复制函数

函数的复制通常有两种情况，即相对复制和绝对复制。

1. 相对复制

所谓相对复制，就是将单元格中的函数表达式复制到一个新单元格中后，原来函数表达式中相对引用的单元格区域，随新单元格的位置变化而做相应的调整。

进行相对复制的具体操作步骤如下。

步骤 01 打开随书光盘中的“素材\ch15\职工工资表.xlsx”工作簿，在单元格F3中输入“=SUM(C3:E3)”并按【Enter】键，计算实发工资。

F3 =SUM(C3:E3)

	B	C	D	E	F
1	职工工资表				
2	姓名	基本工资	生活补贴	交通补助	实发工资
3	王勇	2500	200	80.0	2780.0
4	付辰	2600	300	80.0	
5	刘勇豪	2750	340	80.0	
6	李顺	2790	450	80.0	
7	张冕	2800	260	80.0	
8	康辉	2940	290	80.0	
9	郝锋吉	2980	320	80.0	
10	翟松林	2600	410	80.0	

步骤 02 将鼠标移至F3单元格右下角，拖曳鼠标填充F4:F10单元格区域，即可将函数复制到目标单元格，计算出其他员工的实发工资。

	B	C	D	E	F
1	职工工资表				
2	姓名	基本工资	生活补贴	交通补助	实发工资
3	王勇	2500	200	80.0	2780.0
4	付辰	2600	300	80.0	2980.0
5	刘勇豪	2750	340	80.0	3170.0
6	李顺	2790	450	80.0	3320.0
7	张冕	2800	260	80.0	3140.0
8	康辉	2940	290	80.0	3310.0
9	郝锋吉	2980	320	80.0	3380.0
10	翟松林	2600	410	80.0	3090.0

2. 绝对复制

所谓绝对复制，就是将单元格中的函数表达式复制到一个新单元格中后，原来函数表达式中绝对引用的单元格区域，不随新单元格的位置变化而做相应的调整。

进行绝对复制的具体操作步骤如下。

步骤 01 打开随书光盘中的“素材\ch15\职工工资表.xlsx”工作簿，在单元格F3中输入“=SUM($C$3:$E$3)”并按【Enter】键，计算“实发工资”。

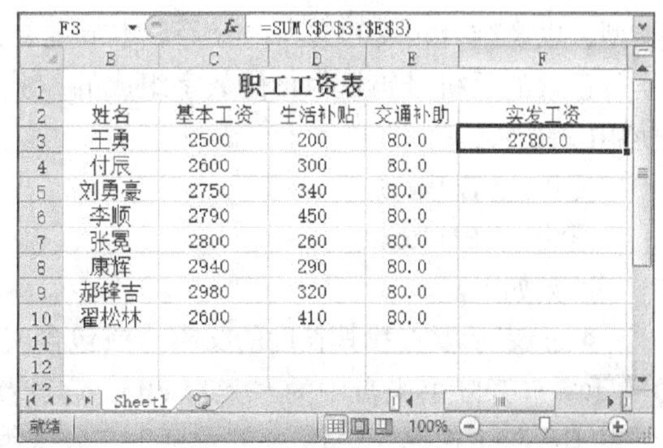

F3 =SUM($C$3:$E$3)

	B	C	D	E	F
1	职工工资表				
2	姓名	基本工资	生活补贴	交通补助	实发工资
3	王勇	2500	200	80.0	2780.0
4	付辰	2600	300	80.0	
5	刘勇豪	2750	340	80.0	
6	李顺	2790	450	80.0	
7	张冕	2800	260	80.0	
8	康辉	2940	290	80.0	
9	郝锋吉	2980	320	80.0	
10	翟松林	2600	410	80.0	

步骤 02 拖曳鼠标填充至F4:F10单元格区域，即可将函数复制到目标单元格，计算出其他员工的实发工资。可以发现，函数和计算结果并没有改变。

	B	C	D	E	F
1	职工工资表				
2	姓名	基本工资	生活补贴	交通补助	实发工资
3	王勇	2500	200	80.0	2780.0
4	付辰	2600	300	80.0	2780.0
5	刘勇豪	2750	340	80.0	2780.0
6	李顺	2790	450	80.0	2780.0
7	张冕	2800	260	80.0	2780.0
8	康辉	2940	290	80.0	2780.0
9	郝锋吉	2980	320	80.0	2780.0
10	翟松林	2600	410	80.0	2780.0

15.6.3 修改函数

如果要修改函数表达式，可以选定修改函数所在的单元格，将光标定位在编辑栏中的错误处，利用【Delete】键或【Backspace】键删除错误内容，然后输入正确内容即可。如果是函数的参数输入有误，选定函数所在的单元格，单击编辑栏中的【插入函数】按钮 *fx*，再次打开【函数参数】对话框，重新输入正确的函数参数即可。

15.7 常见函数的应用

本节教学录像时间：9 分钟

文本函数是在公式中处理文字串的函数，主要用于查找、提取文本中的特定字符，转换数据类型，以及结合相关的文本内容等。本节主要介绍LEN函数用于返回文本字符串中的字符数。

15.7.1 文本函数

文本函数是在公式中处理文字串的函数，主要用于查找、提取文本中的特定字符，转换数据类型，以及结合相关的文本内容等。本节主要介绍LEN函数用于返回文本字符串中的字符数。

正常的手机号码是由11位数字组成的，验证信息登记表中的手机号码的位数是否正确，可以使用LEN函数。

提示：LEN函数

语法：LEN (text)

参数如下。

- text表示要查找其长度的文本，或包含文本的列。空格作为字符计数。

步骤 01 打开随书光盘中的“素材\ch15\信息登记表.xlsx”工作簿，选择D2单元格，在公式编辑栏中输入“=LEN(C2)”，按【Enter】键即可验证该员工手机号码的位数。

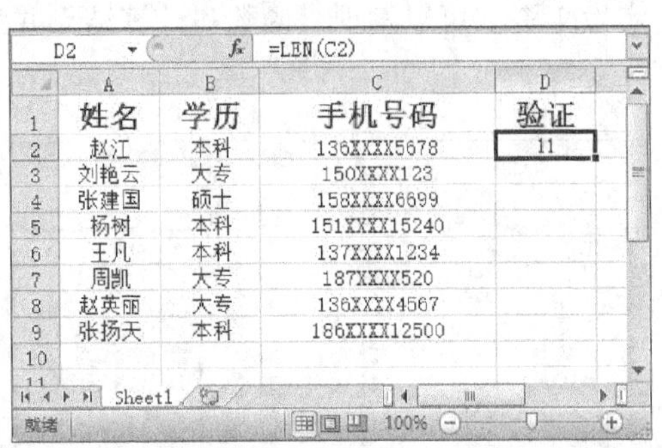

D2 =LEN(C2)

姓名	学历	手机号码	验证
赵江	本科	136XXXX5678	11
刘艳云	大专	150XXXX123	
张建国	硕士	158XXXX6699	
杨树	本科	151XXXX15240	
王凡	本科	137XXXX1234	
周凯	大专	187XXXX520	
赵英丽	大专	136XXXX4567	
张扬天	本科	186XXXX12500	

步骤 02 利用快速填充功能，完成对其他员工手机号码位数的验证。

姓名	学历	手机号码	验证
赵江	本科	136XXXX5678	11
刘艳云	大专	150XXXX123	10
张建国	硕士	158XXXX6699	11
杨树	本科	151XXXX15240	12
王凡	本科	137XXXX1234	11
周凯	大专	187XXXX520	10
赵英丽	大专	136XXXX4567	11
张扬天	本科	186XXXX12500	12

小提示

如果要返回是否为正确的手机号码位数，可以使用IF函数结合LEN函数来判断，公式为“=IF(LEN(C2)=11,"正确","不正确")”。

15.7.2 逻辑函数

逻辑函数是根据不同条件进行不同处理的函数，条件格式中使用比较运算符指定逻辑式，并用逻辑值表示结果。本节主要介绍IF函数是根据指定的条件来判断其“真”（TRUE）、“假”（FALSE），从而返回其相对应的内容。

在对员工进行绩效考核评定时，可以根据员工的业绩来分配奖金。例如当业绩大于或等于10000时，给予奖金2000元，否则给予奖金1000元。

提示：IF函数

语法：IF(logical_test,value_if_true,value_if_false)

参数如下。

- logical_test：表示逻辑判决表达式。

● value_if_true：表示当判断条件为逻辑“真”（TRUE）时，显示该处给定的内容。如果忽略，返回“TRUE”。

● value_if_false：表示当判断条件为逻辑“假”（FALSE）时，显示该处给定的内容。如果忽略，返回“FALSE”。

步骤01 打开随书光盘中的“素材\ch15\员工业绩表.xlsx”工作簿，在单元格C2中输入公式“=IF(B2>=10000,2000,1000)”，按【Enter】键即可计算出该员工的奖金。

C2 =IF(B2>=10000, 2000, 1000)

	A	B	C
1	姓名	业绩	奖金
2	季磊	15000	2000
3	王思思	8900	
4	赵岩	11200	
5	王磊	7500	
6	刘阳	6740	
7	张瑞	10530	

步骤02 利用填充功能，填充其他单元格，计算其他员工的奖金。

	A	B	C
1	姓名	业绩	奖金
2	季磊	15000	2000
3	王思思	8900	1000
4	赵岩	11200	2000
5	王磊	7500	1000
6	刘阳	6740	1000
7	张瑞	10530	2000

15.7.3 财务函数

使用财务函数可以进行常用的财务计算，如确定贷款的支付额、投资的未来值或净现值，以及债券或息票的价值，财务函数可以帮助适用者缩短工作时间，增大工作效率。本节主要介绍RATE函数表示返回未来款项的各期利率。

通过RATE函数，可以计算出贷款后的年利率和月利率，从而选择更合适的还款方式。

提示：RATE函数

语法：RATE(nper,pmt,pv,fv,type,guess)

参数如下。

● nper：是总投资（或贷款）期。

● pmt：是各期所应付给（或得到）的金额。

● pv：是一系列未来付款当前值的累积和。

● fv：是未来值，或在最后一次支付后希望得到的现金余额。

● type：是数字0或1，用以指定各期的付款时间是在期初还是期末，0为期末1为期初。

● guess：为预期利率（估计值），如果省略预期利率，则假设该值为10%，如果函数RATE不收敛，则需要改变guess的值。通常情况下当guess位于0和1之间时，函数RATE是收敛的。

步骤01 打开随书光盘中的“素材\ch15\贷款利率.xlsx”工作簿，在B4单元格中输入公式“=RATE(B2,C2,A2)”，按【Enter】键，即可计算出贷款的年利率。

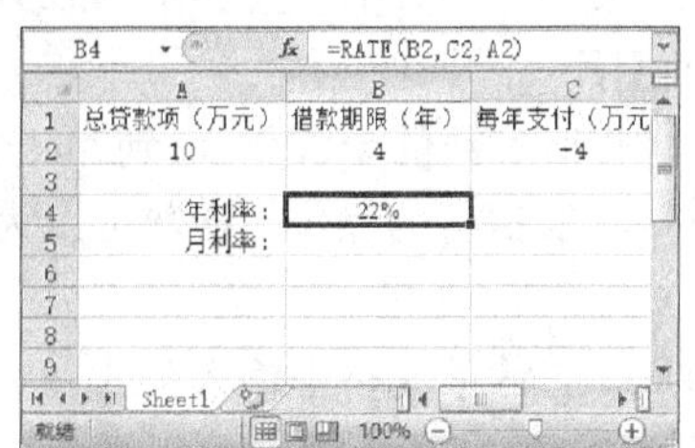
B4 =RATE(B2, C2, A2)

	A	B	C
1	总贷款项（万元）	借款期限（年）	每年支付（万元
2	10	4	-4
4	年利率：	22%	
5	月利率：		

步骤02 在单元格B5中输入公式“=RATE(B2*12,D2,A2)”，即可计算出贷款的月利率。

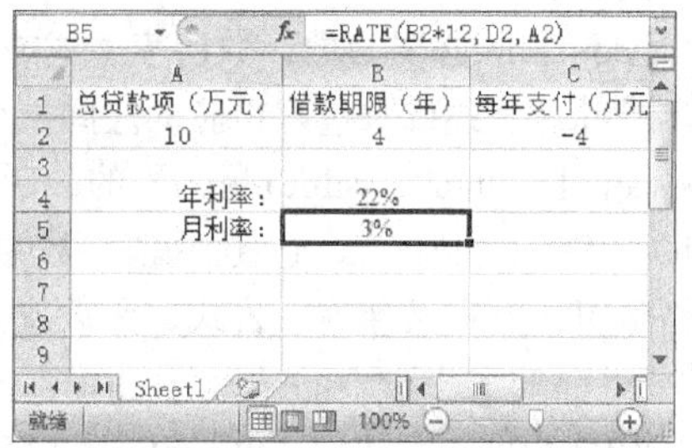
B5 =RATE(B2*12, D2, A2)

	A	B	C
1	总贷款项（万元）	借款期限（年）	每年支付（万元
2	10	4	-4
4	年利率：	22%	
5	月利率：	3%	

15.7.4 时间与日期函数

日期和时间函数主要用来获取相关的日期和时间信息，经常用于日期的处理。其中，“=NOW()”可以返回当前系统的时间、“=YEAR()”可以返回指定日期的年份等，本节主要介绍DATE函数，表示特定日期的连续序列号。

某公司从2010年开始销售饮品，在2010年1月到2010年5月进行了各种促销活动，领导想知道各种促销活动的促销天数，此时可以利用DATE函数计算。

提示：DATE函数

语法：DATE(year,month,day)。

参数如下。

- year为指定的年份数值（小于9999）。
- month为指定的月份数值（不大于12）。
- day为指定的天数。

步骤01 打开随书光盘中的“素材\ch15\饮品促销天数.xlsx”工作簿，选择单元格H4，在其中输入公式“=DATE(E4,F4,G4)-DATE(B4,C4,D4)”，按【Enter】键，即可计算出“促销天数”。

步骤02 利用快速填充功能，完成其他单元格的操作。

15.7.5 查找与引用函数

Excel提供的查找和引用函数可以在单元格区域查找或引用满足条件的数据，特别是在数据比较多的工作表中，用户不需要指定具体的数据位置，让单元格数据的操作变得更加灵活。本节主要介绍CHOOSE函数，用于从给定的参数中返回指定的值。

使用CHOOSE函数可以根据工资表生成员工工资单，具体操作步骤如下。

提示：CHOOSE函数

语法：CHOOSE(index_num, value1, [value2], ...)

参数如下。

- index_num必要参数，数值表达式或字段，它的运算结果是一个数值，且界于1和254之间的数字。或者为公式或对包含1到254之间某个数字的单元格的引用；
- value1,value2,...Value1是必需的，后续值是可选的。这些值参数的个数介于1到254之间，函数CHOOSE基于index_num从这些值参数中选择一个数值或一项要执行的操作。参数可以为数字、单元格引用、已定义名称、公式、函数或文本。

步骤01 打开随书光盘中的“素材\ch15\工资条.xlsx”工作簿，在A9单元格中输入公式“=CHOOSE(MOD(ROW(A1),3)+1,"",A$1,OFFSET(A$1,ROW(A2)/3,))”，按【Enter】键确认。

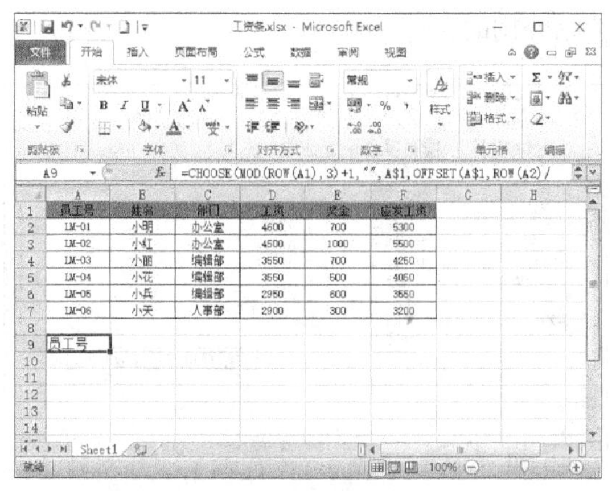

	A	B	C	D	E	F
1	员工号	姓名	部门	工资	奖金	应发工资
2	LM-01	小明	办公室	4600	700	5300
3	LM-02	小红	办公室	4500	1000	5500
4	LM-03	小丽	编辑部	3550	700	4250
5	LM-04	小花	编辑部	3550	500	4050
6	LM-05	小兵	编辑部	2950	600	3550
7	LM-06	小天	人事部	2900	300	3200
8						
9	员工号					

小提示

在公式“=CHOOSE(MOD(ROW(A1),3)+1,"",A$1,OFFSET(A$1,ROW(A2)/3,))”中MOD(ROW(A1),3)+1表示单元格A1所在的行数除以3的余数结果加1后，作为index_num参数，Value1为“”，Value2为“A$1”，Value3为“OFFSET(A$1,ROW(A2)/3,)”。OFFSET(A$1,ROW(A2)/3,)返回的是在A$1的基础上向下移动ROW(A2)/3行的单元格内容。

公式中以3为除数求余是因为工资表中每个员工占有3行位置，第1行为工资表头，第2行为员工信息，第3行为空行。

步骤02 利用填充功能，填充单元格区域A9:F9。

	A	B	C	D	E	F
1	员工号	姓名	部门	工资	奖金	应发工资
2	LM-01	小明	办公室	4600	700	5300
3	LM-02	小红	办公室	4500	1000	5500
4	LM-03	小丽	编辑部	3550	700	4250
5	LM-04	小花	编辑部	3550	500	4050
6	LM-05	小兵	编辑部	2950	600	3550
7	LM-06	小天	人事部	2900	300	3200
8						
9	员工号	姓名	部门	工资	奖金	应发工资

步骤03 再次利用填充功能，填充单元格区域A10:F25。

	A	B	C	D	E	F
9	员工号	姓名	部门	工资	奖金	应发工资
10	LM-01	小明	办公室	4600	700	5300
11						
12	员工号	姓名	部门	工资	奖金	应发工资
13	LM-02	小红	办公室	4500	1000	5500
14						
15	员工号	姓名	部门	工资	奖金	应发工资
16	LM-03	小丽	编辑部	3550	700	4250
17						
18	员工号	姓名	部门	工资	奖金	应发工资
19	LM-04	小花	编辑部	3550	500	4050
20						
21	员工号	姓名	部门	工资	奖金	应发工资
22	LM-05	小兵	编辑部	2950	600	3550
23						
24	员工号	姓名	部门	工资	奖金	应发工资
25	LM-06	小天	人事部	2900	300	3200

15.7.6 数学与三角函数

数学和三角函数主要用于在工作表中进行数学运算，使用数学和三角函数可以使数据的处理更加方便和快捷。本节主要讲述SUMIF函数，可以对区域中符合指定条件的值求和。例如，假设在含有数字的某一列中，需要对大于5的数值求和，就可以采用如下公式。

=SUMIF(B2:B25,“>5”)

在记录日常消费的工作表中，可以使用SUMIF函数计算出每月生活费用的支付总额，具体操作步骤如下。

提示：SUMIF函数

语法：SUMIF (range, criteria, sum_range)

参数如下。

- range：用于条件计算的单元格区域，每个区域中的单元格都必须是数字或名称、数组或包含数字的引用，空值和文本值将被忽略。
- criteria：用于确定对哪些单元格求和的条件，其形式可以为数字、表达式、单元格引用、文本或函数。例如，条件可以表示为32、">32"、B5、32、"32"或TODAY()等。
- sum_range：要求和的实际单元格（如果要对未在range参数中指定的单元格求和）。如果省略sum_range参数，Excel会对在范围参数中指定的单元格（即应用条件的单元格）求和。

步骤01 打开随书光盘中的“素材\ch15\生活费用明细表.xlsx”工作簿。

	A	B	C	D	E
1	支付项目	项目类型	金额		
2	衣服	生活费用	500		
3	坐车	交通费用	100		
4	买电脑	其他	3500		
5	零食	生活费用	150		
6	日用品	生活费用	200		
7	化妆品	生活费用	350		
8	辅导班费用	其他	800		
9	饭钱	生活费用	800		
10	房租	生活费用	1500		
11	火车票	交通费用	80		
12				生活费用支付总额	

步骤02 选择E12单元格，在公式编辑栏中输入公式“=SUMIF(B2:B11,"生活费用",C2:C11)”，按【Enter】教案即可计算出该月生活费用的支付总额。

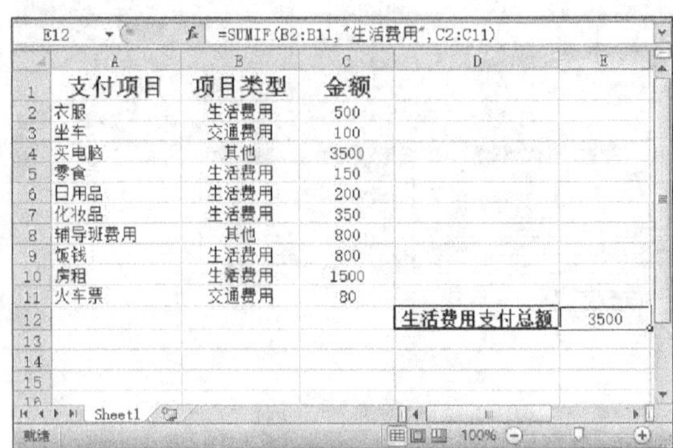
E12 =SUMIF(B2:B11,"生活费用",C2:C11)

	A	B	C	D	E
1	支付项目	项目类型	金额		
2	衣服	生活费用	500		
3	坐车	交通费用	100		
4	买电脑	其他	3500		
5	零食	生活费用	150		
6	日用品	生活费用	200		
7	化妆品	生活费用	350		
8	辅导班费用	其他	800		
9	饭钱	生活费用	800		
10	房租	生活费用	1500		
11	火车票	交通费用	80		
12				生活费用支付总额	3500

15.8 综合实战——制作销售奖金计算表

本节教学录像时间：8 分钟

销售奖金计算表是公司根据每位员工每月或每年的销售情况计算月奖金或年终奖的表格。员工合理有效的统计销售业绩好，公司获得的利润就高，相应员工得到的销售奖金也就越多。人事部门合理有效的统计员工的销售奖金是非常必要和重要的，不仅能提高员工的待遇，还能充分调动员工的工作积极性，从而推动公司销售业绩的发展。

第1步：使用【SUM】函数计算累计业绩

步骤01 打开随书光盘中的“素材\ch15\销售奖金计算表.xlsx”工作簿，包含3个工作表，分别为“业绩管理”“业绩奖金标准”和“业绩奖金评估”。单击【业绩管理】工作表。选择单元格C2，在编辑栏中直接输入公式“=SUM(D3:O3)”，按【Enter】键即可计算出该员工的累计业绩。

C3 =SUM(D3:O3)

	A	B	C	D	E
1	员工编号	姓名	累计业绩		
2				1月	2月
3	20170101	张光辉	¥ 670,970.00	¥ 39,300.00	¥ 53,500.00
4	20170102	李明明		¥ 20,010.00	¥ 22,800.00
5	20170103	胡亮亮		¥ 32,100.00	¥ 43,200.00
6	20170104	周广俊		¥ 56,700.00	¥ 34,560.00
7	20170105	刘大鹏		¥ 38,700.00	¥ 56,700.00
8	20170106	王冬梅		¥ 43,400.00	¥ 42,400.00
9	20170107	胡秋菊		¥ 23,400.00	¥ 23,560.00
10	20170108	李夏雨		¥ 23,460.00	¥ 34,560.00
11	20170109	张春歌		¥ 56,900.00	¥ 34,500.00

步骤02 利用自动填充功能，将公式复制到该列的其他单元格中。

	A	B	C	D	E
1	员工编号	姓名	累计业绩		
2				1月	2月
3	20170101	张光辉	¥ 670,970.00	¥ 39,300.00	¥ 53,500.00
4	20170102	李明明	¥ 399,310.00	¥ 20,010.00	¥ 22,800.00
5	20170103	胡亮亮	¥ 590,750.00	¥ 32,100.00	¥ 43,200.00
6	20170104	周广俊	¥ 697,650.00	¥ 56,700.00	¥ 34,560.00
7	20170105	刘大鹏	¥ 843,700.00	¥ 38,700.00	¥ 56,700.00
8	20170106	王冬梅	¥ 890,820.00	¥ 43,400.00	¥ 42,400.00
9	20170107	胡秋菊	¥ 681,770.00	¥ 23,400.00	¥ 23,560.00
10	20170108	李夏雨	¥ 686,500.00	¥ 23,460.00	¥ 34,560.00
11	20170109	张春歌	¥ 588,500.00	¥ 56,900.00	¥ 34,500.00

第2步：使用【VLOOKUP】函数计算销售业绩额和累计业绩额

步骤01 单击“业绩奖金标准”工作表。

	A	B	C	D	E	F
1	销售额分层	34999以下	35,000~49,999	50,000~79,999	80,000~119,999	120,000以上
2	销售额基数	0	35000	50000	80000	120000
3	百分比	0	3%	7%	10%	15%

小提示

“业绩奖金标准”主要有以下几条：单月销售额在34,999及以下的，没有基本业绩奖；单月销售额在35,000~49,999之间的，按销售额的3%发放业绩奖金；单月销售额在50,000~79,999之间的，按销售额的7%发放业绩奖金；单月销售额在80,000~119,999之间的，按销售额的10%发放业绩奖金；单月销售额在120,000及以上的，按销售额的15%发放业绩奖金，但基本业绩奖金不得超过48,000；累计销售额超过600,000的，公司给予一次性18,000的奖励；累计销售额在600,000及以下的，公司给予一次性5000的奖励。

步骤02 设置自动显示销售业绩额。单击“业绩奖金评估”工作表，选择单元格C2，在编辑栏中直接输入公式“=VLOOKUP(A2,业绩管理!$A$3:$O$11,15,1)”，按【Enter】键确认，即可看到单元格C2中自动显示员工“张光辉”的12月份的销售业绩额。

C2 =VLOOKUP(A2,业绩管理!$A$3:$O$11,15,1)

	A	B	C	D	E
1	员工编号	姓名	销售业绩额	奖金比例	累计业绩额
2	20170101	张光辉	¥ 78,000.00		
3	20170102	李明明			
4	20170103	胡亮亮			
5	20170104	周广俊			
6	20170105	刘大鹏			
7	20170106	王冬梅			
8	20170107	胡秋菊			
9	20170108	李夏雨			
10	20170109	张春歌			

业绩管理 / 业绩奖金标准 / 业绩奖金评估

小提示

公式“=VLOOKUP(A2,业绩管理!$A$3:$O$11,15,1)”中第3格参数设置为“15”表示取满足条件的记录在“业绩管理!$A$3:$O$11”区域中第15列的值。

步骤03 按照同样的方法设置自动显示累计业绩额。选择单元格E2，在编辑栏中直接输入公式“=VLOOKUP(A2,业绩管理!$A$3:$C$11,3,1)”，按【Enter】键确认，即可看到单元格E2中自动显示员工“张光辉”的累计销售业绩额。

E2 =VLOOKUP(A2,业绩管理!$A$3:$C$11, 3,1)

	A	B	C	D	E
1	员工编号	姓名	销售业绩额	奖金比例	累计业绩额
2	20170101	张光辉	¥ 78,000.00		¥ 670,970.00
3	20170102	李明明			
4	20170103	胡亮亮			
5	20170104	周广俊			
6	20170105	刘大鹏			
7	20170106	王冬梅			
8	20170107	胡秋菊			
9	20170108	李夏雨			
10	20170109	张春歌			

业绩管理 / 业绩奖金标准 / 业绩奖金评估

步骤04 使用自动填充功能，完成其他员工的销售业绩额和累计销售业绩额的计算。

	A	B	C	D	E
1	员工编号	姓名	销售业绩额	奖金比例	累计业绩额
2	20170101	张光辉	¥ 78,000.00		¥ 670,970.00
3	20170102	李明明	¥ 66,000.00		¥ 399,310.00
4	20170103	胡亮亮	¥ 82,700.00		¥ 590,750.00
5	20170104	周广俊	¥ 64,800.00		¥ 697,650.00
6	20170105	刘大鹏	¥ 157,640.00		¥ 843,700.00
7	20170106	王冬梅	¥ 21,500.00		¥ 890,820.00
8	20170107	胡秋菊	¥ 39,600.00		¥ 681,770.00
9	20170108	李夏雨	¥ 52,040.00		¥ 686,500.00
10	20170109	张春歌	¥ 70,640.00		¥ 588,500.00

业绩管理 / 业绩奖金标准 / 业绩奖金评估

第3步：使用【HLOOKUP】函数计算奖金比例

步骤01 选择单元格D2，输入公式“=HLOOKUP(C2,业绩奖金标准!$B$2:$F$3,2)”，按【Enter】键即可计算出该员工的奖金比例。

D2 =HLOOKUP(C2,业绩奖金标准!$B$2:$F$3,2)

	A	B	C	D	E
1	员工编号	姓名	销售业绩额	奖金比例	累计业绩额
2	20170101	张光辉	¥ 78,000.00	7%	¥ 670,970.00
3	20170102	李明明	¥ 66,000.00		¥ 399,310.00
4	20170103	胡亮亮	¥ 82,700.00		¥ 590,750.00
5	20170104	周广俊	¥ 64,800.00		¥ 697,650.00
6	20170105	刘大鹏	¥ 157,640.00		¥ 843,700.00
7	20170106	王冬梅	¥ 21,500.00		¥ 890,820.00
8	20170107	胡秋菊	¥ 39,600.00		¥ 681,770.00
9	20170108	李夏雨	¥ 52,040.00		¥ 686,500.00
10	20170109	张春歌	¥ 70,640.00		¥ 588,500.00

业绩管理 / 业绩奖金标准 / 业绩奖金评估

小提示

公式“=HLOOKUP(C2,业绩奖金标准!$B$2:$F$3,2)”中第3个参数设置为“2”表示满足条件的记录在“业绩奖金标准！$B$2:$F$3”区域中第2行的值。

步骤02 使用自动填充功能，完成其他员工的奖金比例计算。

员工编号	姓名	销售业绩额	奖金比例	累计业绩额
20170101	张光辉	¥ 78,000.00	7%	¥ 670,970.00
20170102	李明明	¥ 66,000.00	7%	¥ 399,310.00
20170103	胡亮亮	¥ 82,700.00	10%	¥ 590,750.00
20170104	周广俊	¥ 64,800.00	7%	¥ 697,650.00
20170105	刘大鹏	¥ 157,640.00	15%	¥ 843,700.00
20170106	王冬梅	¥ 21,500.00	0%	¥ 890,820.00
20170107	胡秋菊	¥ 39,600.00	3%	¥ 681,770.00
20170108	李夏雨	¥ 52,040.00	7%	¥ 686,500.00
20170109	张春歌	¥ 70,640.00	7%	¥ 588,500.00

第4步：使用【IF】函数计算基本业绩奖金和累计业绩奖金

步骤01 计算基本业绩奖金。在“业绩奖金评估”工作表中选择单元格F2，在编辑栏中直接输入公式“=IF(C2<=400000,C2*D2,"48,000")”，按【Enter】键确认。

F2 =IF(C2<=400000,C2*D2,"48,000")

销售业绩额	奖金比例	累计业绩额	基本业绩奖金
¥ 78,000.00	7%	¥ 670,970.00	¥ 5,460.00
¥ 66,000.00	7%	¥ 399,310.00	
¥ 82,700.00	10%	¥ 590,750.00	
¥ 64,800.00	7%	¥ 697,650.00	
¥ 157,640.00	15%	¥ 843,700.00	
¥ 21,500.00	0%	¥ 890,820.00	
¥ 39,600.00	3%	¥ 681,770.00	
¥ 52,040.00	7%	¥ 686,500.00	
¥ 70,640.00	7%	¥ 588,500.00	

小提示

公式“=IF(C2<=400000,C2*D2,"48,000")”的含义为：当单元格数据小于等于400000时，返回结果为单元格C2乘以单元格D2，否则返回48000。

步骤02 使用自动填充功能，完成其他员工的销售业绩奖金的计算。

销售业绩额	奖金比例	累计业绩额	基本业绩奖金
¥ 78,000.00	7%	¥ 670,970.00	¥ 5,460.00
¥ 66,000.00	7%	¥ 399,310.00	¥ 4,620.00
¥ 82,700.00	10%	¥ 590,750.00	¥ 8,270.00
¥ 64,800.00	7%	¥ 697,650.00	¥ 4,536.00
¥ 157,640.00	15%	¥ 843,700.00	¥ 23,646.00
¥ 21,500.00	0%	¥ 890,820.00	¥ -
¥ 39,600.00	3%	¥ 681,770.00	¥ 1,188.00
¥ 52,040.00	7%	¥ 686,500.00	¥ 3,642.80
¥ 70,640.00	7%	¥ 588,500.00	¥ 4,944.80

步骤03 使用同样的方法计算累计业绩奖金。选择单元格G2，在编辑栏中直接输入公式“=IF(E2>600000,18000,5000)”，按【Enter】键确认，即可计算出累计业绩奖金。

G2 =IF(E2>600000,18000,5000)

累计业绩额	基本业绩奖金	累计业绩奖金
¥ 670,970.00	¥ 5,460.00	¥ 18,000.00
¥ 399,310.00	¥ 4,620.00	
¥ 590,750.00	¥ 8,270.00	
¥ 697,650.00	¥ 4,536.00	
¥ 843,700.00	¥ 23,646.00	
¥ 890,820.00	¥ -	
¥ 681,770.00	¥ 1,188.00	
¥ 686,500.00	¥ 3,642.80	
¥ 588,500.00	¥ 4,944.80	

步骤04 使用自动填充功能，完成其他员工的累计业绩奖金的计算。

累计业绩额	基本业绩奖金	累计业绩奖金
¥ 670,970.00	¥ 5,460.00	¥ 18,000.00
¥ 399,310.00	¥ 4,620.00	¥ 5,000.00
¥ 590,750.00	¥ 8,270.00	¥ 5,000.00
¥ 697,650.00	¥ 4,536.00	¥ 18,000.00
¥ 843,700.00	¥ 23,646.00	¥ 18,000.00
¥ 890,820.00	¥ -	¥ 18,000.00
¥ 681,770.00	¥ 1,188.00	¥ 18,000.00
¥ 686,500.00	¥ 3,642.80	¥ 18,000.00
¥ 588,500.00	¥ 4,944.80	¥ 5,000.00

第5步：计算业绩总奖金额

步骤01 在单元格H2中输入公式“=F2+G2”，按【Enter】键确认，计算出业绩总奖金额。

H2 =F2+G2

基本业绩奖金	累计业绩奖金	业绩总奖金额
¥ 5,460.00	¥ 18,000.00	¥ 23,460.00
¥ 4,620.00	¥ 5,000.00	
¥ 8,270.00	¥ 5,000.00	
¥ 4,536.00	¥ 18,000.00	
¥ 23,646.00	¥ 18,000.00	
¥ -	¥ 18,000.00	
¥ 1,188.00	¥ 18,000.00	
¥ 3,642.80	¥ 18,000.00	
¥ 4,944.80	¥ 5,000.00	

步骤02 使用自动填充功能，计算出所有员工的业绩总奖金额。

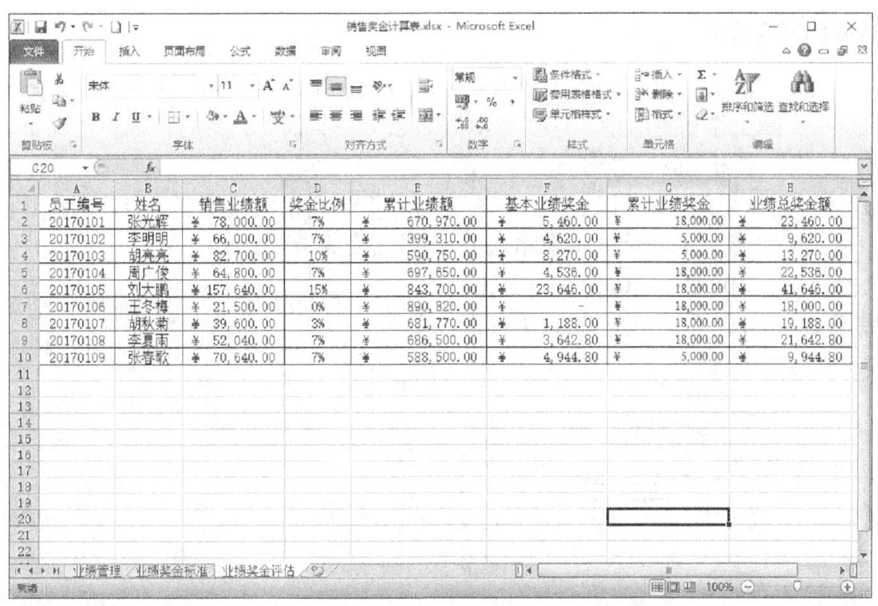

员工编号	姓名	销售业绩额	奖金比例	累计业绩额	基本业绩奖金	累计业绩奖金	业绩总奖金额
20170101	张光辉	¥ 78,000.00	7%	¥ 670,970.00	¥ 5,460.00	¥ 18,000.00	¥ 23,460.00
20170102	李明明	¥ 66,000.00	7%	¥ 399,310.00	¥ 4,620.00	¥ 5,000.00	¥ 9,620.00
20170103	胡亮亮	¥ 82,700.00	10%	¥ 590,750.00	¥ 8,270.00	¥ 5,000.00	¥ 13,270.00
20170104	周广俊	¥ 64,800.00	7%	¥ 697,650.00	¥ 4,536.00	¥ 18,000.00	¥ 22,536.00
20170105	刘大鹏	¥ 157,640.00	15%	¥ 843,700.00	¥ 23,646.00	¥ 18,000.00	¥ 41,646.00
20170106	王冬梅	¥ 21,500.00	0%	¥ 890,820.00	¥ -	¥ 18,000.00	¥ 18,000.00
20170107	胡秋菊	¥ 39,600.00	3%	¥ 681,770.00	¥ 1,188.00	¥ 18,000.00	¥ 19,188.00
20170108	李夏雨	¥ 52,040.00	7%	¥ 686,500.00	¥ 3,642.80	¥ 18,000.00	¥ 21,642.80
20170109	张春歌	¥ 70,640.00	7%	¥ 588,500.00	¥ 4,944.80	¥ 5,000.00	¥ 9,944.80

至此，销售奖金计算表制作完毕，用户保存该表即可。

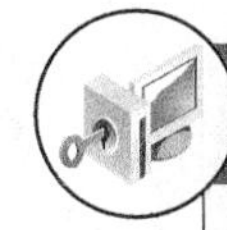

高手支招

本节教学录像时间：4 分钟

大小写字母转换技巧

与大小写字母转换相关的3个函数为LOWER、UPPER和PROPER。

LOWER函数：将字符串中所有的大写字母转换为小写字母。

B1 =LOWER(A1)

	A	B
1	I Love Excel 2010!	i love excel 2010!
2		
3		

UPPER函数：将字符串中所有的小写字母转换为大写字母。

B1 =UPPER(A1)

	A	B
1	I Love Excel 2010!	I LOVE EXCEL 2010!
2		
3		

PROPER函数：将字符串的首字母及任何非字母字符后面的首字母转换为大写字母。

B1 =PROPER(A1)

	A	B
1	i love excel 2010!	I Love Excel 2010!
2		

逻辑函数间的混合运用

在使用“是”“非”“或”等逻辑函数时，默认情况下返回的是“TURE”或“FALSE”等逻辑值，但是在实际工作和生活中，这些逻辑值的意义并非很大。所以，很多情况下，可以借助IF函数返回“完成”“未完成”等结果。

步骤 01 打开随书光盘中的“素材\ch15\任务完成情况表.xlsx”工作簿，在单元格F3中输入公式“=IF(AND（B3＞100,C3＞100,D3＞100,E3＞100）,"完成","未完成")”，按【Enter】键即可显示完成工作量的信息。

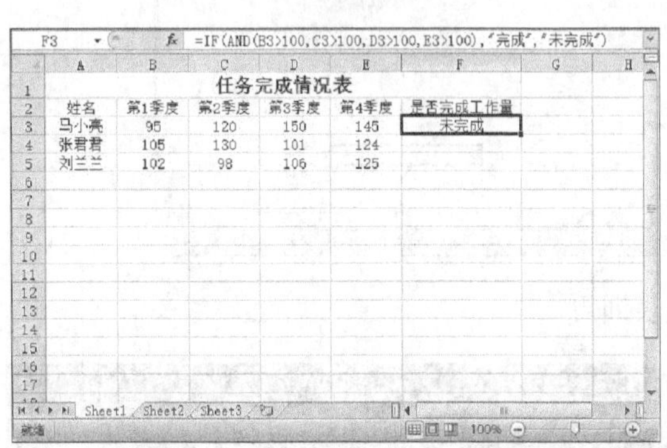

步骤 02 利用快速填充功能，判断其他员工工作量的完成情况。

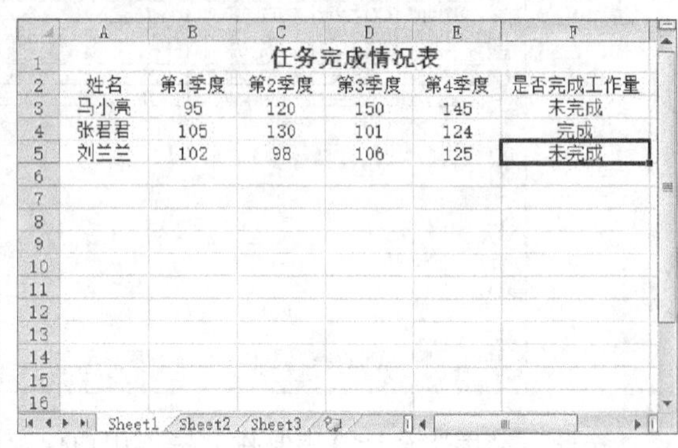

第 16 章

使用数据透视表和数据透视图

学习目标

通过数据透视表和数据透视图可以清晰地展示出数据的汇总情况，对于数据的分析、决策起到至关重要的作用。本章主要介绍了创建和编辑数据透视表、创建数据透视图等内容。

学习效果

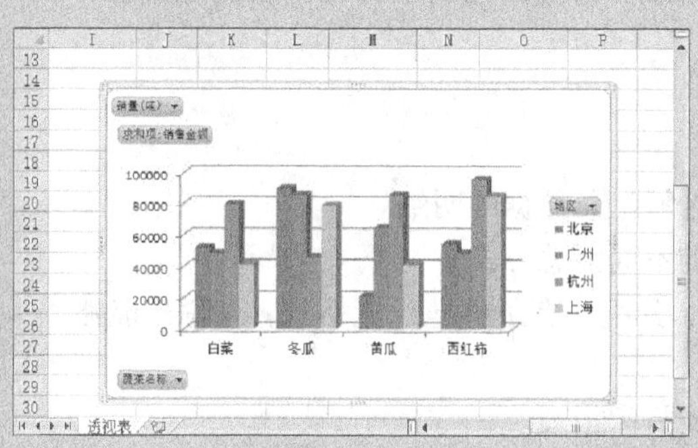

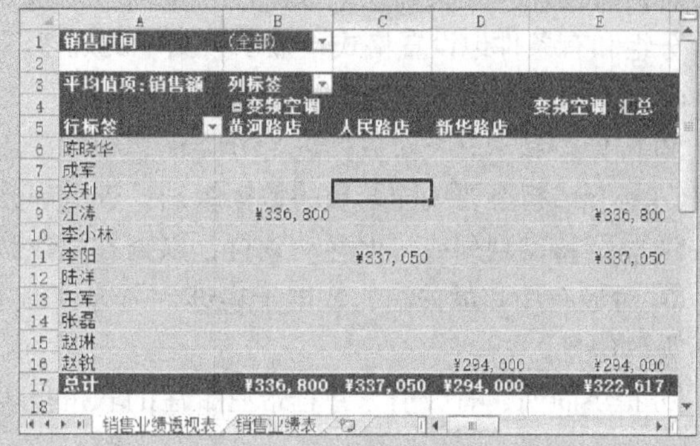

	A	B	C	D	E
1	销售时间	(全部)			
2					
3	平均值项:销售额	列标签			
4		⊟变频空调			变频空调 汇总
5	行标签	黄河路店	人民路店	新华路店	
6	陈晓华				
7	成军				
8	关利				
9	江涛	¥336,800			¥336,800
10	李小林				
11	李阳		¥337,050		¥337,050
12	陆洋				
13	王军				
14	张磊				
15	赵琳				
16	赵锐			¥294,000	¥294,000
17	总计	¥336,800	¥337,050	¥294,000	¥322,617
18					

销售业绩透视表 销售业绩表

16.1 数据透视表和透视图

本节教学录像时间：9 分钟

通过数据透视表和数据透视图可以清晰地展示出数据的汇总情况，对于数据的分析、决策起到至关重要的作用。

16.1.1 认识透视表

数据透视表是一种对大量数据快速汇总和建立交叉列表的交互式动态表格，能够帮助用户分析、组织既有数据，是Excel中的数据分析利器。下图所示即为数据透视表。

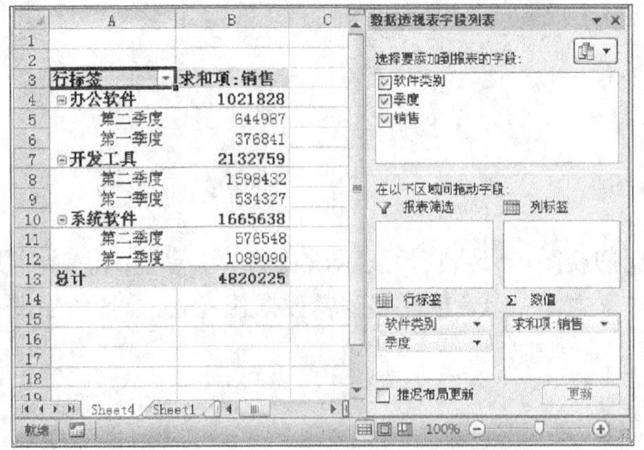

16.1.2 数据透视表的用途

数据透视表的主要用途是从数据库的大量数据中生成动态的数据报告，对数据进行分类汇总和聚合，帮助用户分析和组织数据。还可以对记录数量较多并且结构复杂的工作表进行筛选、排序、分组和有条件地设置格式，显示数据中的规律。

(1) 可以使用多种方式查询大量数据。

(2) 按分类和子分类对数据进行分类汇总和计算。

(3) 展开或折叠要关注结果的数据级别，查看部分区域汇总数据的明细。

(4) 将行移动到列或将列移动到行，以查看源数据的不同汇总方式。

(5) 对最有用和最关注的数据子集进行筛选、排序、分组和有条件地设置格式，使用户能够关注所需的信息。

(6) 提供简明、有吸引力并且带有批注的联机报表或打印报表。

16.1.3 数据透视表组成结构

对于任何一个数据透视表来说，可以将其整体结构划分为4大区域，分别是行区域、列区域、值区域和筛选器。

销量(吨)	(全部)				
求和项:销售金额	列标签				
行标签	北京	广州	杭州	上海	总计
白菜	52071	48251	79642	41310	221274
冬瓜	89623	85601	45832	78620	299676
黄瓜	21030	64580	85426	41289	212325
西红柿	54300	48637	95620	84753	283310
总计	217024	247069	306520	245972	1016585

切片器

⑴ 行区域

行区域位于数据透视表的左侧，每个字段中的每一项显示在行区域的每一行中。通常在行区域中放置一些可用于进行分组或分类的内容，例如办公软件、开发工具及系统软件等。

⑵ 列区域

列区域由数据透视表各列顶端的标题组成。每个字段中的每一项显示在列区域的每一列中。通常在列区域中放置一些可以随时间变化的内容，例如，第一季度和第二季度等，可以很明显地看出数据随时间变化的趋势。

⑶ 值区域

在数据透视表中，包含数值的大面积区域就是值区域。值区域中的数据是对数据透视表中行字段和列字段数据的计算和汇总，该区域中的数据一般都是可以进行运算的。默认情况下，Excel对数值区域中的数值型数据进行求和，对文本型数据进行计数。

⑷ 筛选器

筛选器位于数据透视表的最上方，由一个或多个下拉列表组成，通过选择下拉列表中的选项，可以一次性对整个数据透视表中的数据进行筛选。

16.1.4 认识透视图

数据透视图是数据透视表中的数据的图形表示形式。与数据透视表一样，数据透视图也是交互式的。创建数据透视图时，数据透视图将筛选显示在图表区中，以便排序和筛选数据透视图的基本数据。相关联的数据透视表中的任何字段布局更改和数据更改将立即在数据透视图中反映出来。

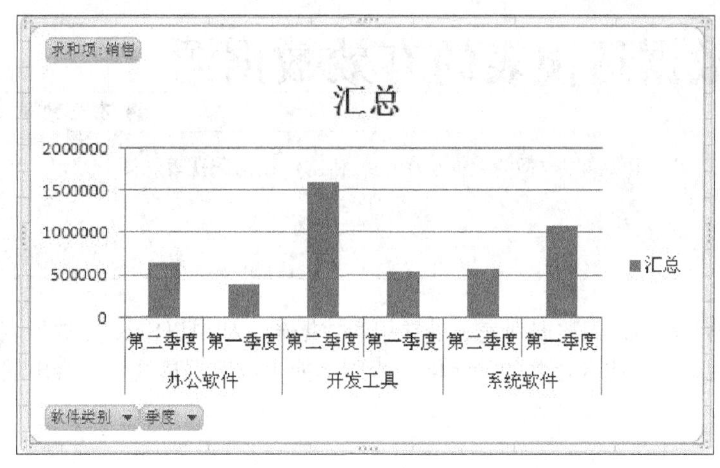

16.1.5 数据透视图与标准图表之间的区别

数据透视图中的大多数操作和标准图表中的一样。但是二者之间也存在以下差别。

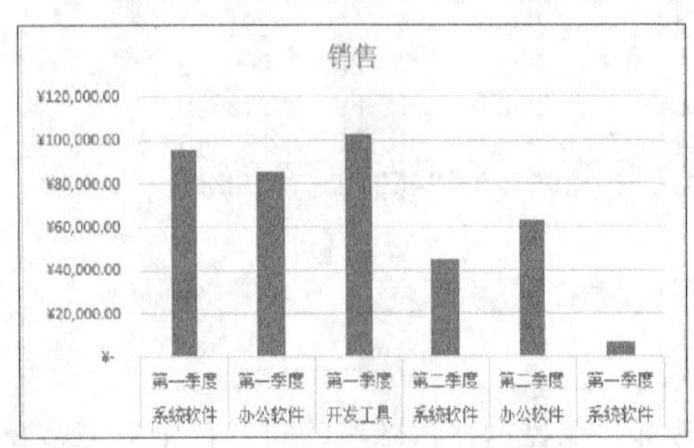

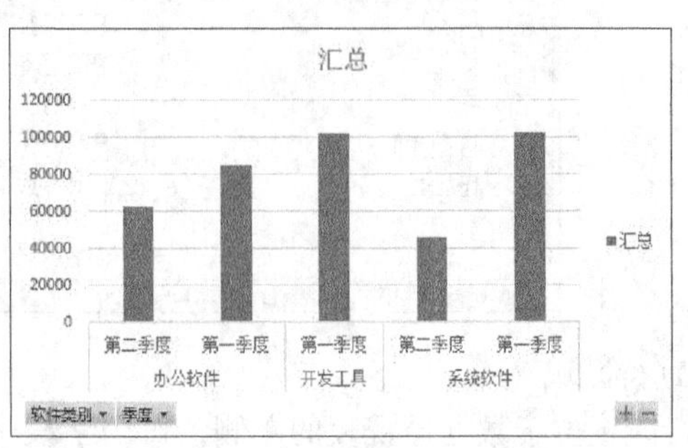

⑴ 交互：对于标准图表，需要为查看的每个数据视图创建一张图表，它们不交互。而对于数据透视图，只要创建单张图表就可通过更改报表布局或显示的明细数据以不同的方式交互查看数据。

⑵ 源数据：标准图表可直接链接到工作表单元格中。数据透视图可以基于相关联的数据透视表中的几种不同数据类型。

⑶ 图表元素：数据透视图除包含与标准图表相同的元素外，还包括字段和项，可以添加、旋转或删除字段和项来显示数据的不同视图。标准图表中的分类、系列和数据分别对应于数据透视图中的分类字段、系列字段和值字段。数据透视图中还可包含报表筛选。而这些字段中都包含项，这些项在标准图表中显示为图例中的分类标签或系列名称。

⑷ 图表类型：标准图表的默认图表类型为簇状柱形图，它按分类比较值。数据透视图的默认图表类型为堆积柱形图，它比较各个值在整个分类总计中所占的比例。用户可以将数据透视图类型更改为柱形图、折线图、饼图、条形图、面积图和雷达图。

⑸ 格式：刷新数据透视图时，会保留大多数格式（包括元素、布局和样式）。但是，不保留趋势线、数据标签、误差线及对数据系列的其他更改。标准图表只要应用了这些格式，就不会消失。

⑹ 移动或调整项的大小：在数据透视图中，即使可为图例选择一个预设位置并可更改标题的字体大小，但是无法移动或重新调整绘图区、图例、图表标题或坐标轴标题的大小。而在标准图表中，可移动和重新调整这些元素的大小。

⑺ 图表位置：默认情况下，标准图表是嵌入在工作表中。而数据透视图默认情况下是创建在图表工作表上的。数据透视图创建后，还可将其重新定位到工作表上。

16.2 数据透视表的有效数据源

本节教学录像时间：2 分钟

用户可以从4种类型的数据源中组织和创建数据透视表。

⑴ Excel数据列表。Excel数据列表是最常用的数据源。如果以Excel数据列表作为数据源，则标题行不能有空白单元格或者合并的单元格，否则不能生成数据透视表，会出现如图所示的错误提示。

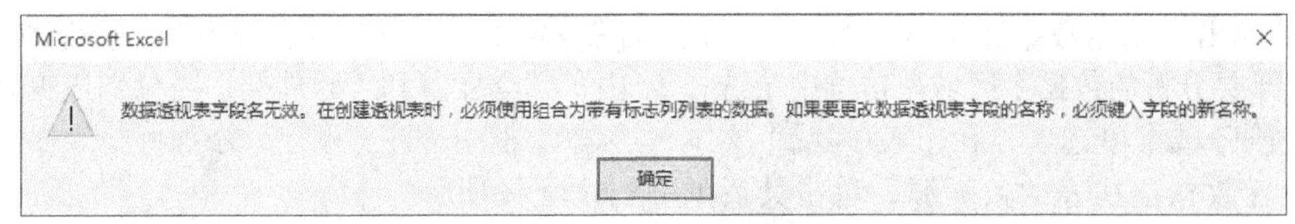

⑵ 外部数据源。文本文件、Microsoft SQL Server数据库、Microsoft Access数据库、dBASE数据库等均可作为数据源。Excel 2000及以上版本还可以利用Microsoft OLAP多维数据集创建数据透视表。

⑶ 多个独立的Excel数据列表。数据透视表可以将多个独立Excel表格中的数据汇总到一起。

⑷ 其他数据透视表。创建完成的数据透视表也可以作为数据源来创建另外一个数据透视表。

在实际工作中，用户的数据往往是以二维表格的形式存在的，如下左图所示。这样的数据表无法作为数据源创建理想的数据透视表。只能把二维的数据表格转换为如下右图所示的一维表格，才能作为数据透视表的理想数据源。数据列表就是指这种以列表形式存在的数据表格。

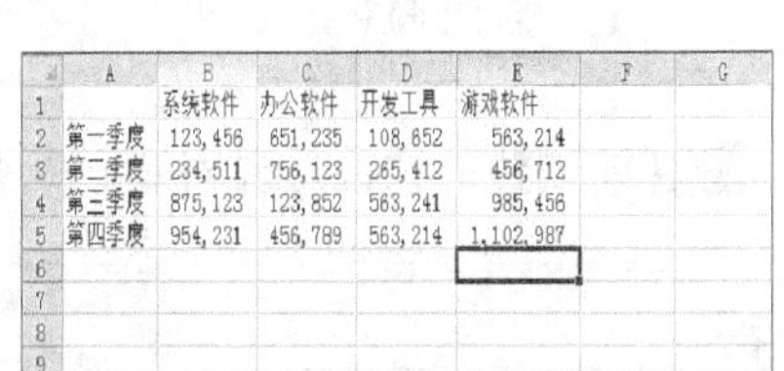

	A	B	C	D	E	F	G
1		系统软件	办公软件	开发工具	游戏软件		
2	第一季度	123,456	651,235	108,652	563,214		
3	第二季度	234,511	756,123	265,412	456,712		
4	第三季度	875,123	123,852	563,241	985,456		
5	第四季度	954,231	456,789	563,214	1,102,987		
6							
7							
8							
9							

	A	B	C	D
1	产品类别	季度	销售	
2	系统软件	第一季度	123,456	
3	办公软件	第二季度	651,235	
4	开发工具	第三季度	108,652	
5	游戏软件	第四季度	563,241	
6	系统软件	第一季度	234,511	
7	办公软件	第二季度	754,123	
8	开发工具	第三季度	265,412	
9	游戏软件	第四季度	456,712	
10	系统软件	第一季度	875,123	
11	办公软件	第二季度	123,857	
12	开发工具	第三季度	563,241	
13	游戏软件	第四季度	986,538	
14	系统软件	第一季度	954,231	
15	办公软件	第二季度	456,789	
16	开发工具	第三季度	563,241	
17	游戏软件	第四季度	1,102,987	
18				
19				
20				

16.3 创建和编辑数据透视表

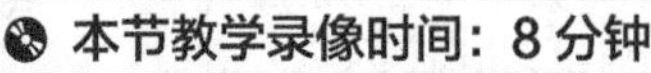

使用数据透视表可以深入分析数值数据，创建数据透视表以后，就可以对它进行编辑了，对数据透视表的编辑包括修改其布局、添加或删除字段、格式化表中的数据，以及对透视表进行复制和删除等操作。

16.3.1 创建数据透视表

创建数据透视表的具体操作步骤如下。

步骤 01 打开随书光盘中的“素材\ch16\销售表.xlsx”工作簿，单击【插入】选项卡下【表格】选项组中的【数据透视表】按钮。

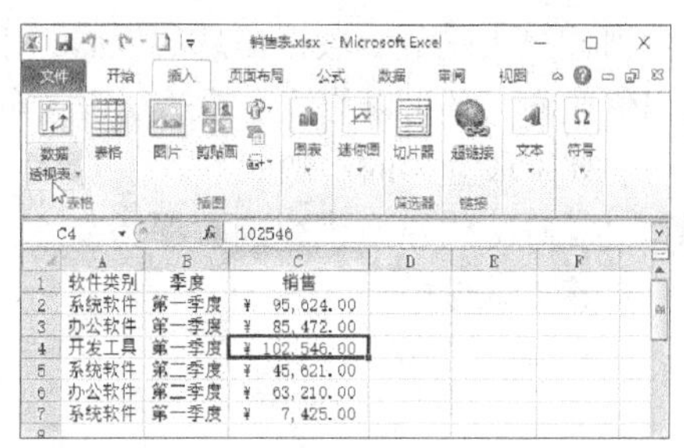

步骤 02 弹出【创建数据透视表】对话框，在【请选择要分析的数据】区域单击选中【选择一个表或区域】单选项，在【表/区域】文本框中设置数据透视表的数据源，单击其后的按钮，用鼠标拖曳选择A1:C7单元格区域即可。在【选择放置数据透视表的位置】区域单击选中【新工作表】单选项，单击【确定】按钮。

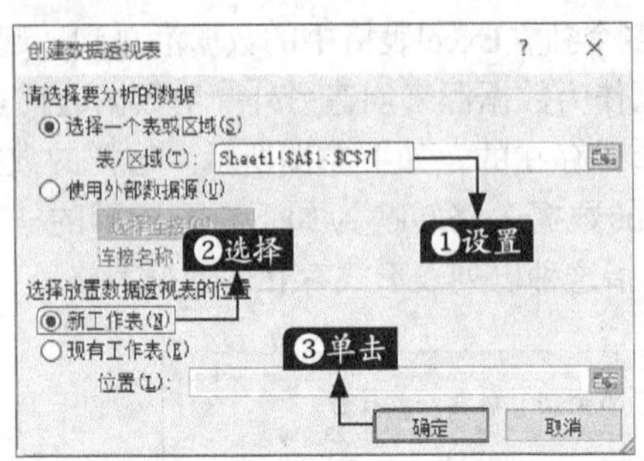

步骤 03 弹出数据透视表的编辑界面，工作表中会出现数据透视表，在其右侧是【数据透视表字段】任务窗格。在【数据透视表字段】任务窗格中选择要添加到报表的字段，即可完成数据透视表的创建。此外，在功能区会出现【数据透视表工具】的【分析】和【设计】两个选项卡。

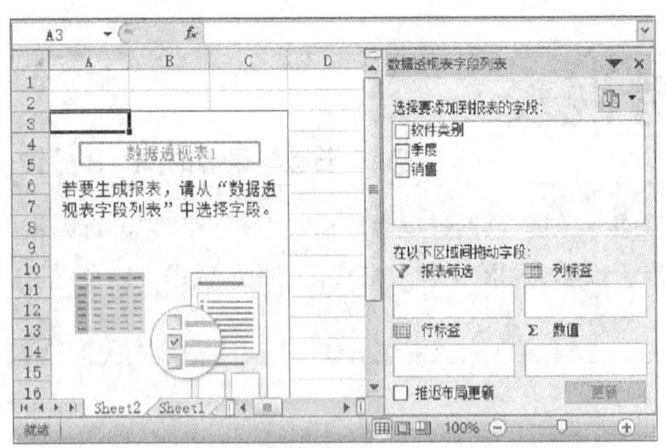

步骤 04 将“销售”字段拖曳到【∑数值】区域中，“季度”和“软件类别”分别拖曳到【行标签】框中，注意顺序，添加好报表字段的效果如下图所示。

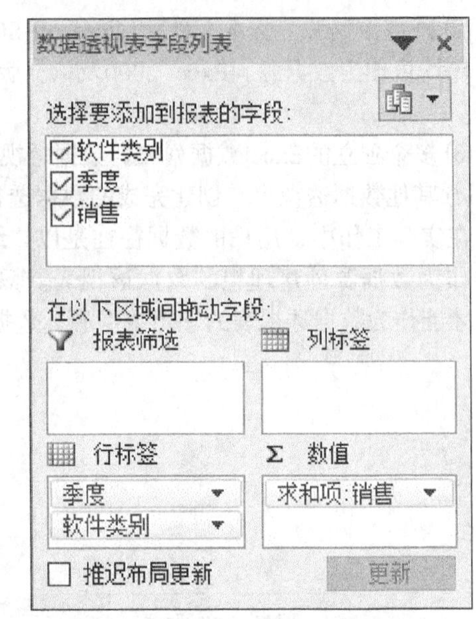

步骤 05 创建的数据透视表如下图所示。

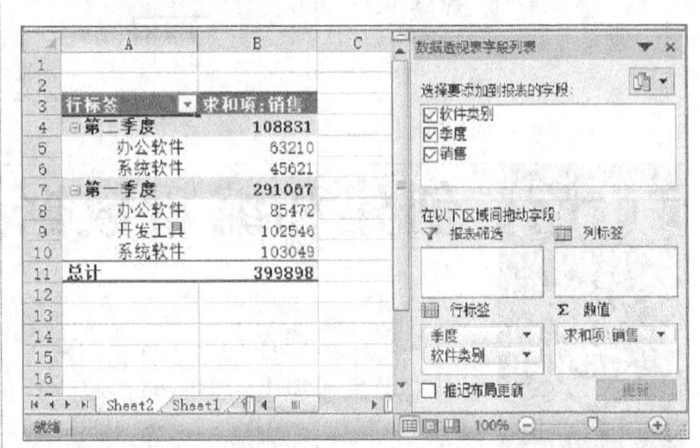

16.3.2 修改数据透视表

数据透视表是显示数据信息的视图，不能直接修改透视表所显示的数据项。但表中的字段名是可以修改的，还可以修改数据透视表的布局，从而重组数据透视表。

行、列字段互换的步骤如下。

步骤 01 选择16.3.1小节创建的数据透视表，在右侧的【行标签】区域中单击“季度”并将其拖曳到【列标签】区域中。

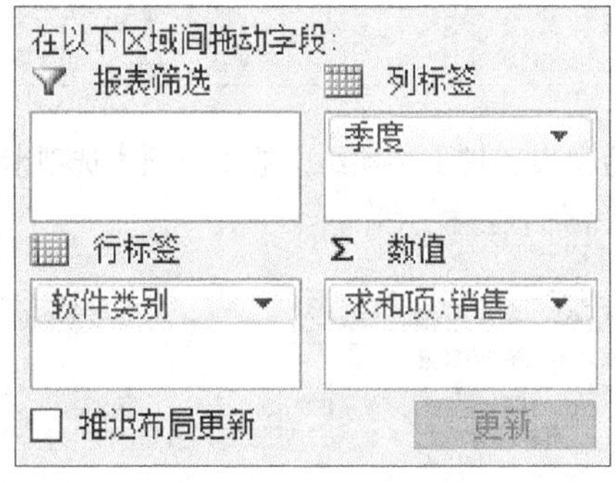

步骤02 此时左侧的透视表如下图所示。

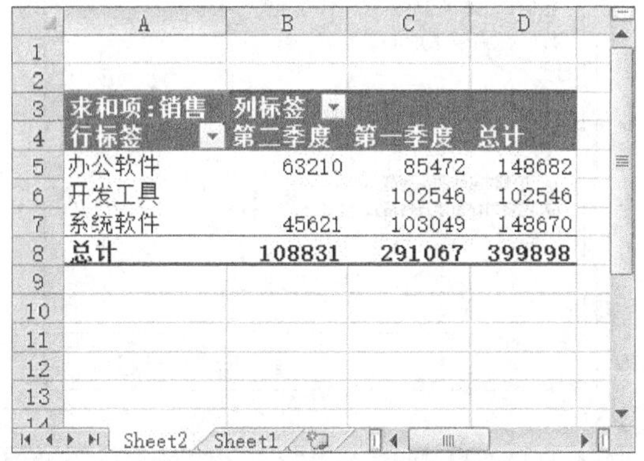

	A	B	C	D
3	求和项:销售	列标签		
4	行标签	第二季度	第一季度	总计
5	办公软件	63210	85472	148682
6	开发工具		102546	102546
7	系统软件	45621	103049	148670
8	总计	108831	291067	399898

步骤03 将“软件类别”拖曳到【列标签】区域中，并将“产品类别”拖曳到“季度”上方，此时左侧的透视表如下图所示。

16.3.3 添加或者删除记录

用户可以根据需要随时向透视表添加或删除字段。

1. 删除字段

删除字段的具体操作步骤如下。

步骤01 选择16.3.1节创建的数据透视表，上面已经显示了所有的字段，在右侧的【选择要添加到报表的字段】区域中，撤销选中要删除的字段，即可将其从透视表中删除。

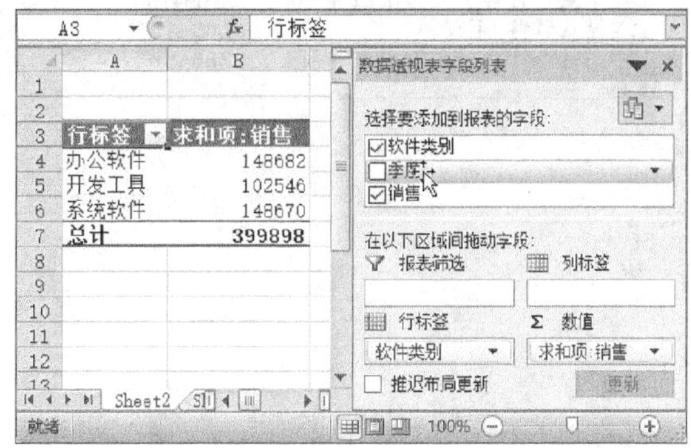

步骤02 在【行标签】中的字段名称上单击并将其拖到【数据透视表字段】任务窗格外面，也可删除此字段。

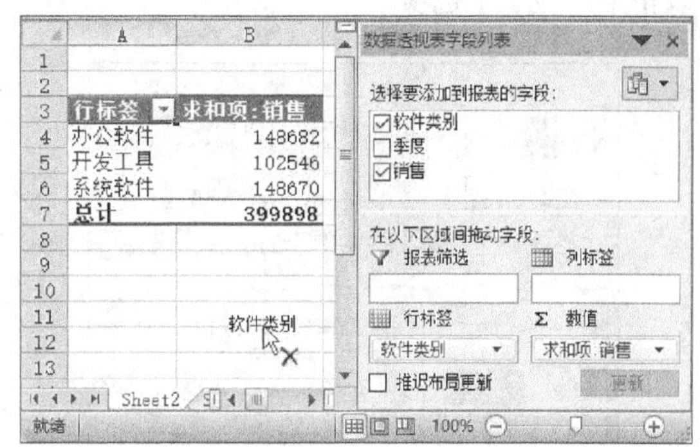

2. 添加字段

在右侧【选择要添加到报表的字段】区域中，单击选中要添加的字段复选框，即可将其添加到透视表中。

16.3.4 设置数据透视表选项

选择创建的数据透视表，在功能区将自动激活【数据透视表工具】选项组中的【选项】选项卡。

步骤 01 单击【选项】选项卡下的【数据透视表】按钮，在弹出快捷下拉菜单中单击【选项】按钮右侧的下拉按钮，弹出快捷下拉菜单，选择【选项】命令。

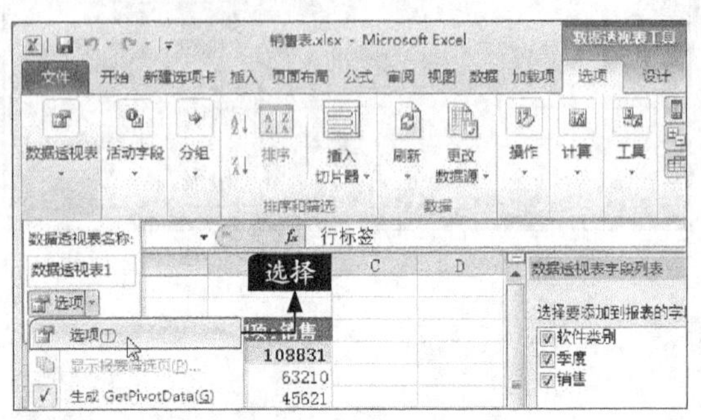

步骤 02 弹出【数据透视表选项】对话框，在该对话框中可以设置数据透视表的布局和格式、汇总和筛选、显示等。

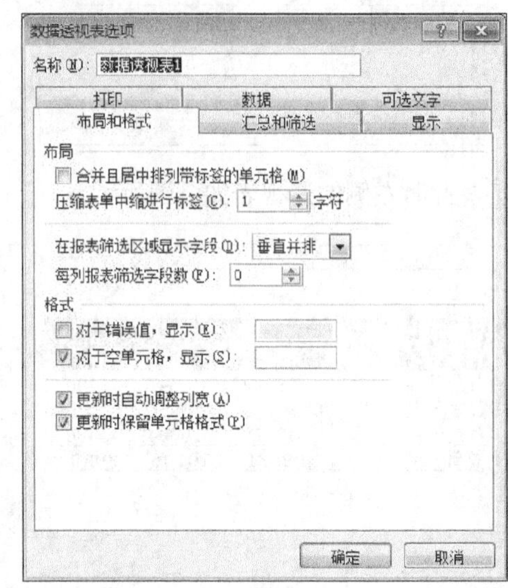

16.3.5 改变数据透视表的布局

改变数据透视表的布局包括设分类汇总、设置总计、设置报表布局和空行等。具体操作步骤如下。

步骤 01 选择16.3.1节创建的数据透视表，单击【设计】选项卡下【布局】选项组中的【报表布局】按钮，在弹出的下拉列表中选择【以表格形式显示】选项。

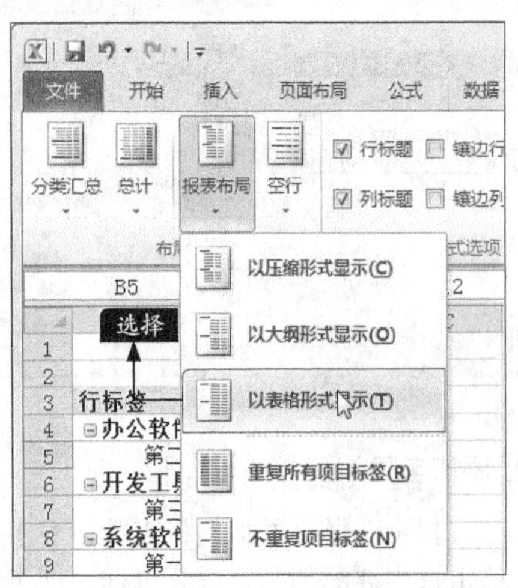

步骤 02 该数据透视表即以表格形式显示，效果如下图所示。

	A	B	C	D
1				
2				
3	产品类别	季度	求和项：销售	
4	⊟办公软件	第二季度	1986112	
5	办公软件 汇总		1986112	
6	⊟开发工具	第三季度	1503546	
7	开发工具 汇总		1503546	
8	⊟系统软件	第一季度	2187321	
9	系统软件 汇总		2187321	
10	⊟游戏软件	第四季度	3109476	
11	游戏软件 汇总		3109476	
12	总计		8786455	
13				

16.3.6 整理数据透视表的字段

创建完数据透视表后，用户还可以对数据透视表中的字段进行整理。

1. 重命名字段

用户可以对数据表中的字段进行重命名，如去掉列字段中的“求和项：”字样，具体操作步骤如下。

步骤01 选择16.3.1小节创建的透视表，按【Ctrl+H】快捷键，弹出【查找和替换】对话框。在【查找内容】文本框中输入“求和项：”，在【替换为】文本框中输入一个空格，单击【全部替换】按钮。

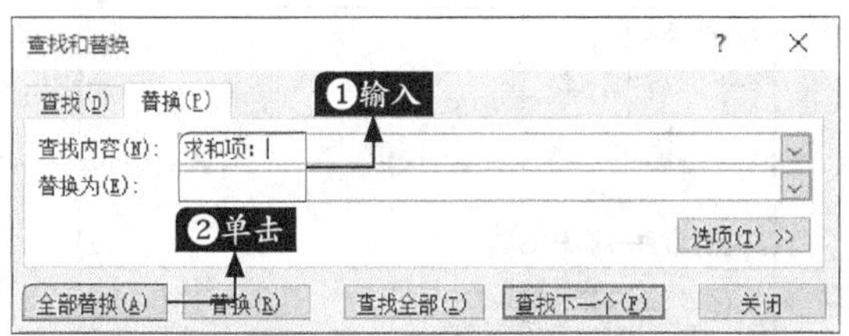

步骤02 弹出【Microsoft Excel】对话框，提示已完成替换，单击【确定】按钮。

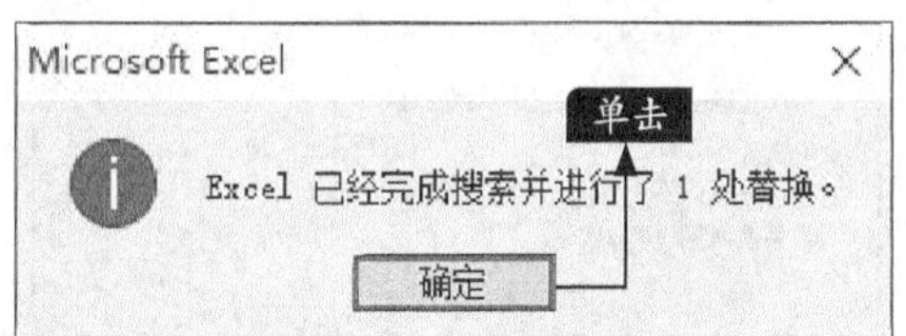

步骤03 返回工作表，可以看到列字段中的“求和项：”字样被删除。

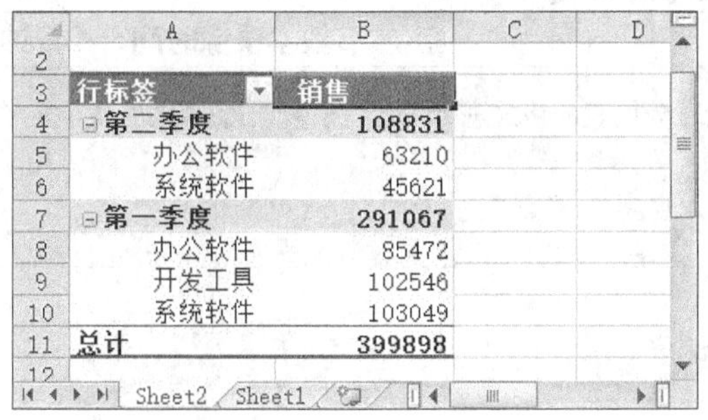

行标签	销售
⊟第二季度	108831
办公软件	63210
系统软件	45621
⊟第一季度	291067
办公软件	85472
开发工具	102546
系统软件	103049
总计	399898

2. 水平展开复合字段

如果数据透视表的行标签中含有复合字段，可以将其水平展开。具体操作步骤如下。

步骤01 选择16.3.1小节创建的透视表，在复合字段“办公软件”上单击鼠标右键，在弹出的下拉列表中选择【移动】➤【将“软件类别”移至列】选项。

步骤02 即可水平展开复合字段。

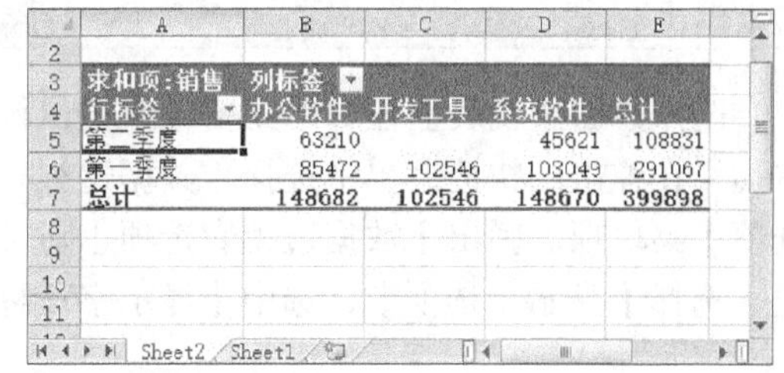

求和项:销售	列标签			
行标签	办公软件	开发工具	系统软件	总计
第二季度	63210		45621	108831
第一季度	85472	102546	103049	291067
总计	148682	102546	148670	399898

3. 隐藏和显示字段标题

隐藏和显示字段标题的具体操作步骤如下。

步骤01 选择数据透视表，单击【选项】选项卡下【显示】选项组中的【字段标题】按钮 字段标题 。

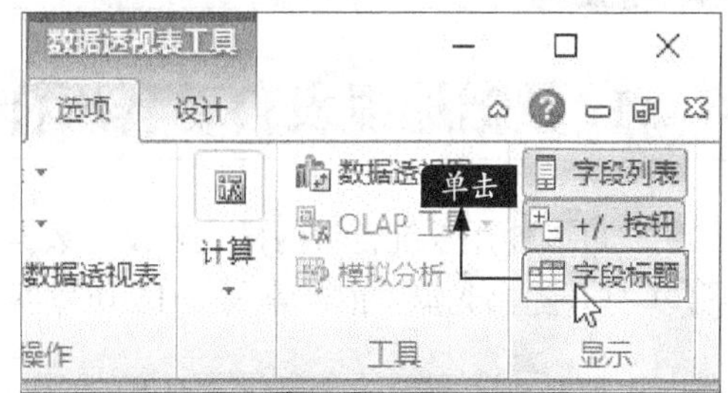

步骤02 即可隐藏字段标题。

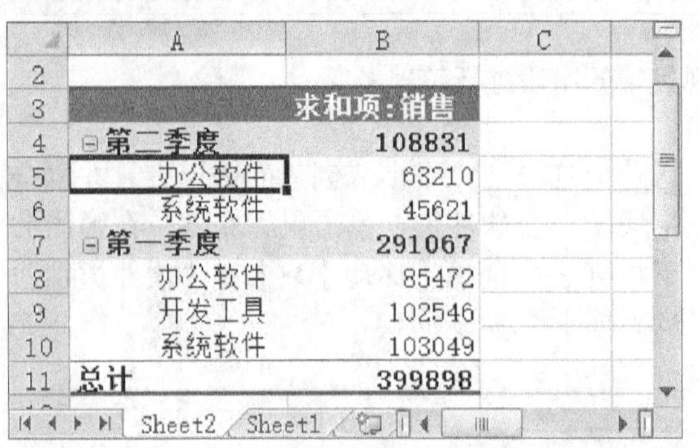

步骤03 再次单击【选项】选项卡下【显示】选项组中的【字段标题】按钮，即可显示字段标题。

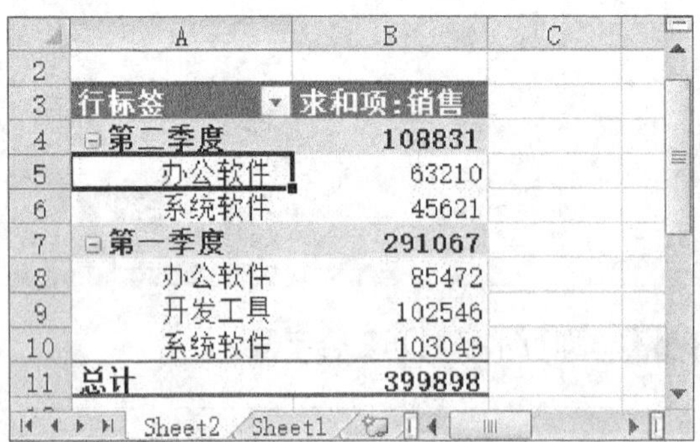

选择数据透视表上任一单元格，单击鼠标右键，在弹出的快捷菜单中选择【数据透视表选项】菜单项。弹出【数据透视表选项】对话框，选择【显示】选项卡，选中【显示字段标题和筛选下拉列表】单选项，单击【确定】按钮，也可以隐藏字段标题。

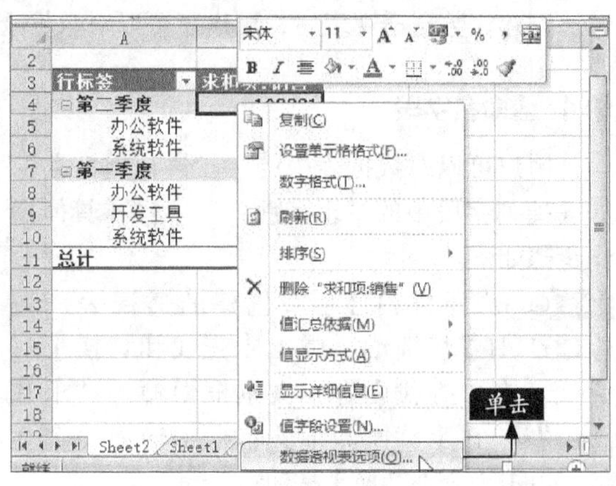

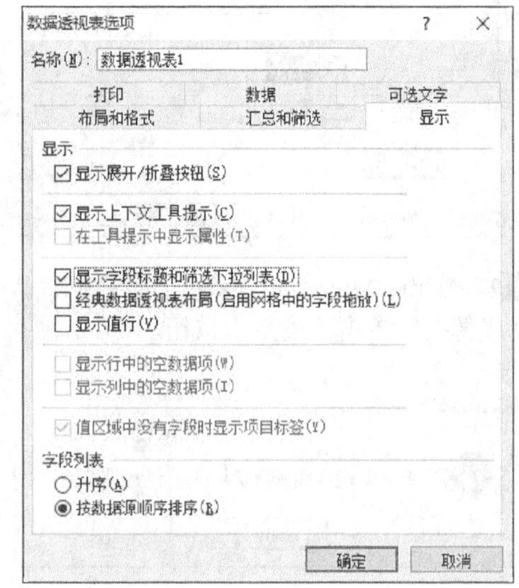

16.4 设置数据透视表的格式

本节教学录像时间：4 分钟

在工作表中插入数据透视表后，还可以对数据表的格式进行设置，使数据透视表更加美观。

16.4.1 数据透视表自动套用样式

用户可以使用系统自带的样式来设置数据透视表的格式，具体操作步骤如下。

步骤01 打开随书光盘中的“素材\ch16\切片器.xlsx”工作簿。

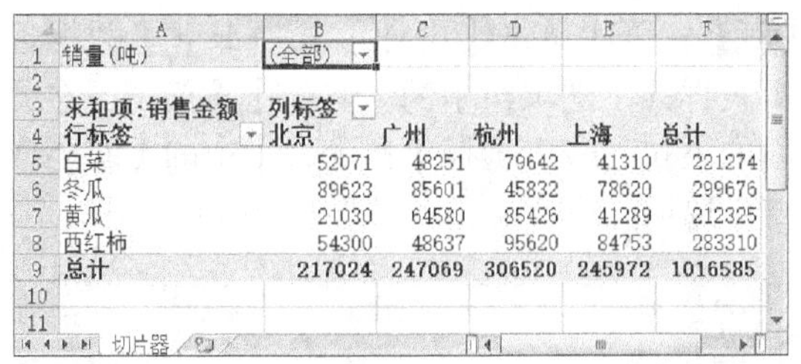

	A	B	C	D	E	F
1	销量(吨)	(全部)				
2						
3	求和项:销售金额	列标签				
4	行标签	北京	广州	杭州	上海	总计
5	白菜	52071	48251	79642	41310	221274
6	冬瓜	89623	85601	45832	78620	299676
7	黄瓜	21030	64580	85426	41289	212325
8	西红柿	54300	48637	95620	84753	283310
9	总计	217024	247069	306520	245972	1016585
10						
11						

步骤 02 单击【设计】选项卡下【数据透视表样式】选项组中的【其他】按钮，在弹出的下拉列表中选择一种样式。

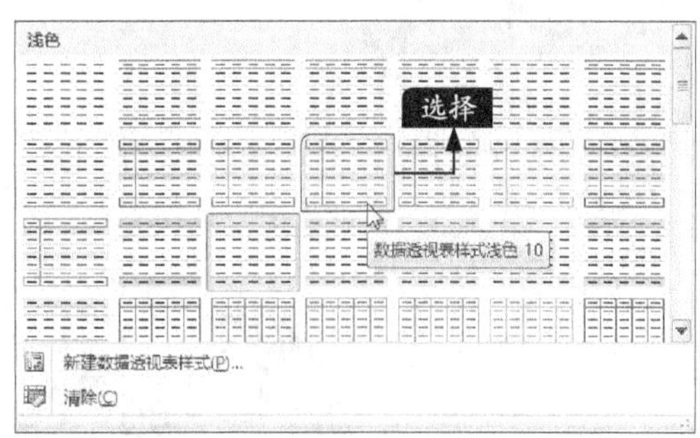

步骤 03 即可更改数据透视表的样式。

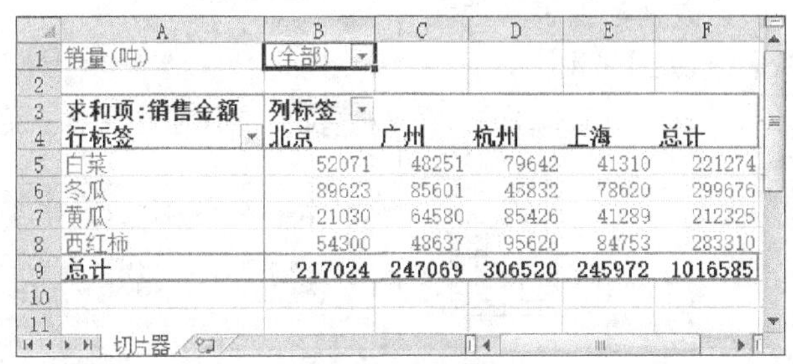

	A	B	C	D	E	F
1	销量(吨)	(全部)				
2						
3	求和项:销售金额	列标签				
4	行标签	北京	广州	杭州	上海	总计
5	白菜	52071	48251	79642	41310	221274
6	冬瓜	89623	85601	45832	78620	299676
7	黄瓜	21030	64580	85426	41289	212325
8	西红柿	54300	48637	95620	84753	283310
9	总计	217024	247069	306520	245972	1016585
10						
11						

16.4.2 自定义数据透视表样式

如果系统自带的数据透视表样式不能满足需要，用户还可以自定义数据透视表样式，具体操作步骤如下图所示。

步骤 01 打开随书光盘中的“素材\ch16\切片器.xlsx”工作簿，单击【设计】选项卡下【数据透视表样式】选项组中的【其他】按钮，在弹出的下拉列表中选择【新建数据表透视表样式】选项。

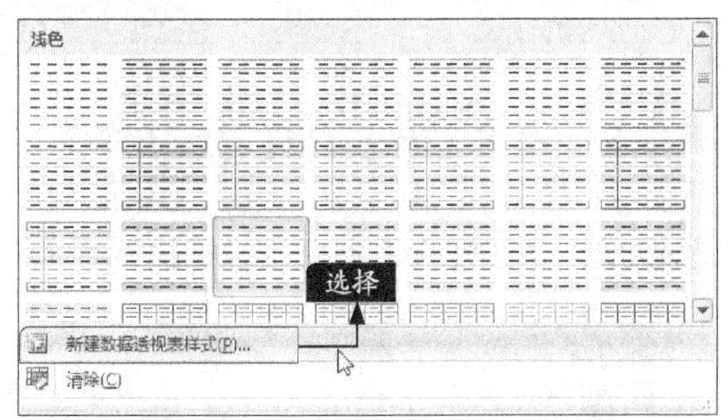

步骤 02 弹出【新建数据透视表快速样式】对话框，在【名称】文本框中输入样式的名称，在【表元素】列表框中选择【整个表】选项，单击【格式】按钮。

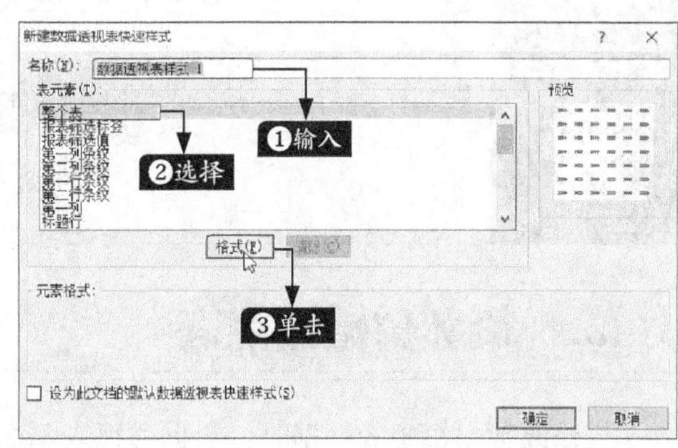

步骤 03 弹出【设置单元格格式】对话框，选择【边框】选项卡，在【样式】列表框中选择一种边框样式，设置边框的颜色为“紫色”，单击【外边框】和【内部】选项，然后单击【确定】按钮。

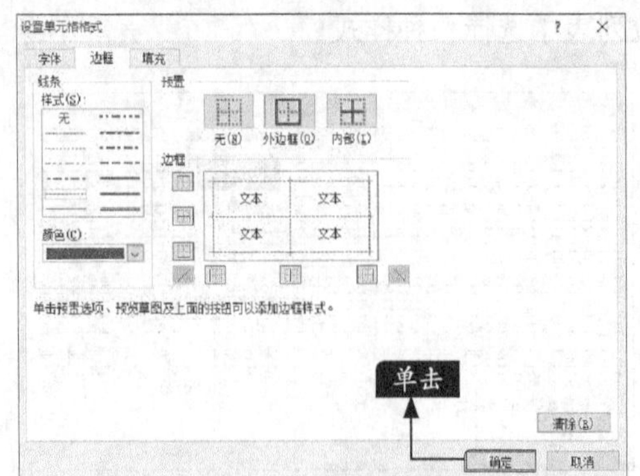

步骤 04 返回【修改数据透视表快速样式】对话框，使用同样的方法，设置数据透视表其他元素的样式，设置完后单击【确定】按钮。

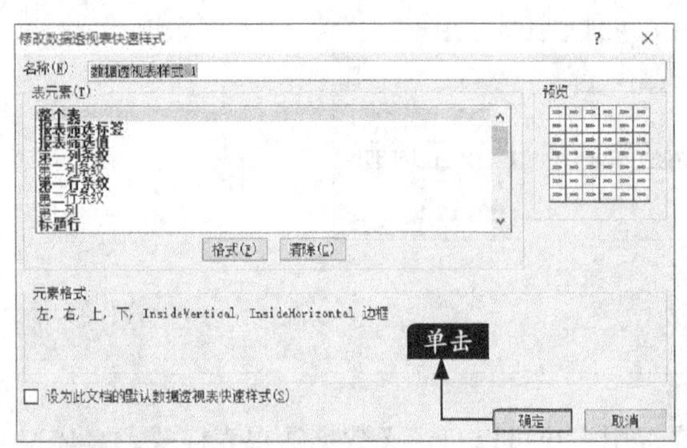

步骤 05 再次单击【设计】选项卡下【数据透视表样式】选项组中的【其他】按钮，在弹出的下拉列表中选择【自定义】中的【新建样式】选项。

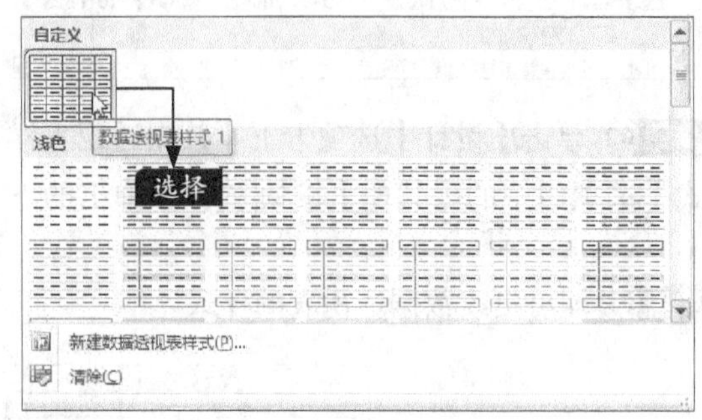

步骤 06 应用自定义样式后的效果如下图所示。

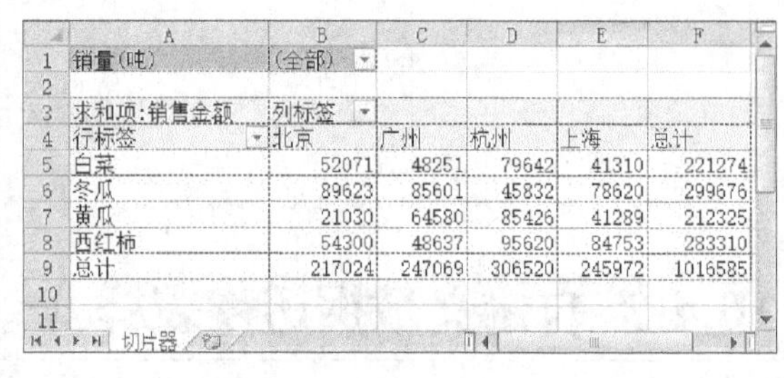

	A	B	C	D	E	F
1	销量(吨)	(全部)				
2						
3	求和项:销售金额	列标签				
4	行标签	北京	广州	杭州	上海	总计
5	白菜	52071	48251	79642	41310	221274
6	冬瓜	89623	85601	45832	78620	299676
7	黄瓜	21030	64580	85426	41289	212325
8	西红柿	54300	48637	95620	84753	283310
9	总计	217024	247069	306520	245972	1016585
10						
11						

16.5 数据透视表中数据的操作

本节教学录像时间：4 分钟

对创建的数据透视表的操作包括更新透视表的数据、进行排序、进行各种方式的汇总等。

16.5.1 刷新数据透视表

当修改数据源中的数据时，数据透视表不会自动地更新，用户必须执行更新数据操作才能刷新数据透视表。刷新数据透视表的方法如下。

(1) 单击【选项】选项卡下【数据】选项组中的【刷新】按钮，或在弹出的下拉菜单中选择【刷新】或【全部刷新】选项。

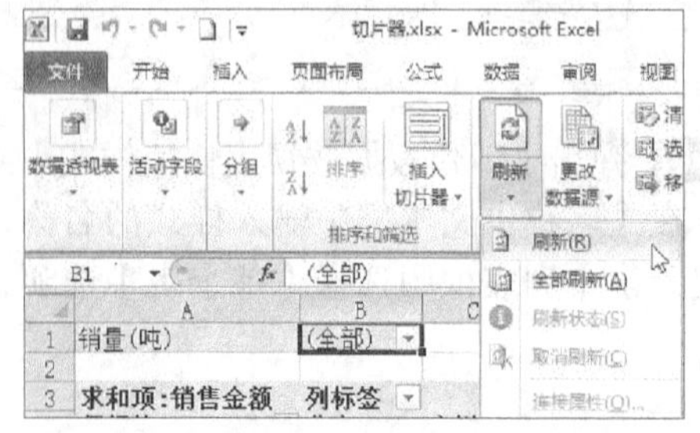

⑵ 在数据透视表数据区域中的任意一个单元格上单击鼠标右键，在弹出的快捷菜单中选择【刷新】选项。

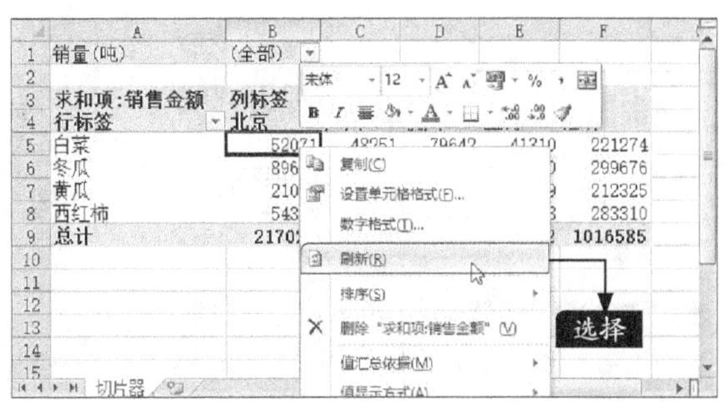

16.5.2 在透视表中排序

排序是数据透视表中的基本操作，用户总是希望数据能够按照一定的顺序排列。数据透视表的排序不同于普通工作表表格的排序。

步骤01 打开随书光盘中的“素材\ch16\切片器.xlsx”工作簿，选择B列中的任意单元格。

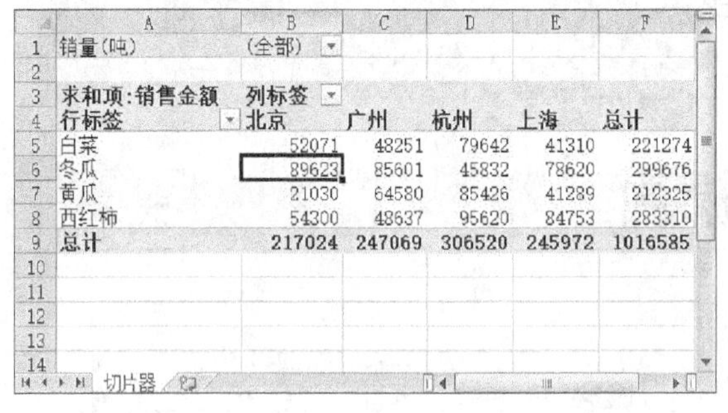

步骤02 单击【数据】选项卡下【排序和筛选】选项组中的【升序】按钮 或【降序】按钮 ，即可根据该列数据进行排序。

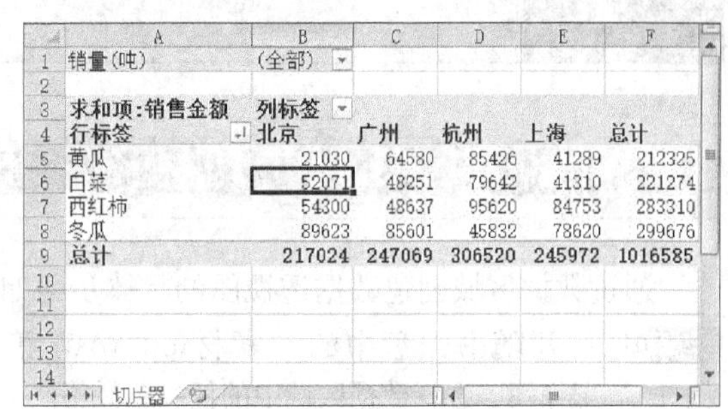

16.5.3 设置值汇总方式

用户可以根据需要改变透视表中值汇总的方式，具体的操作步骤如下。

步骤01 单击数据透视表右侧【Σ数值】列表中的【求和项：销售金额】右侧的下拉按钮，在弹出的下拉菜单中选择【值字段设置】选项。

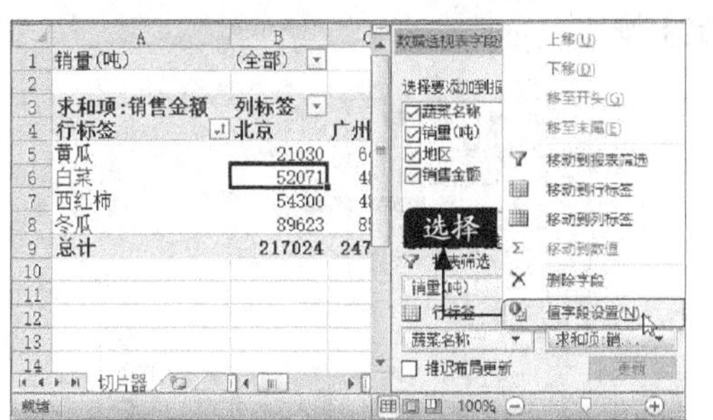

步骤02 弹出【值字段设置】对话框，可以设置值汇总的方式。

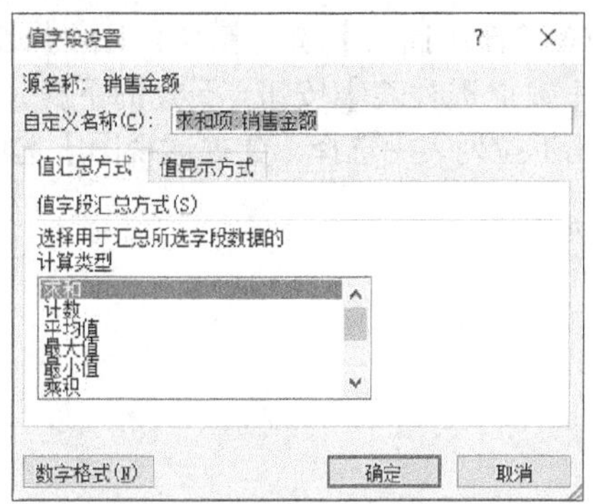

步骤 03 单击【数字格式】按钮，在弹出的【设置单元格格式】对话框中可以设置单元格的数字格式。

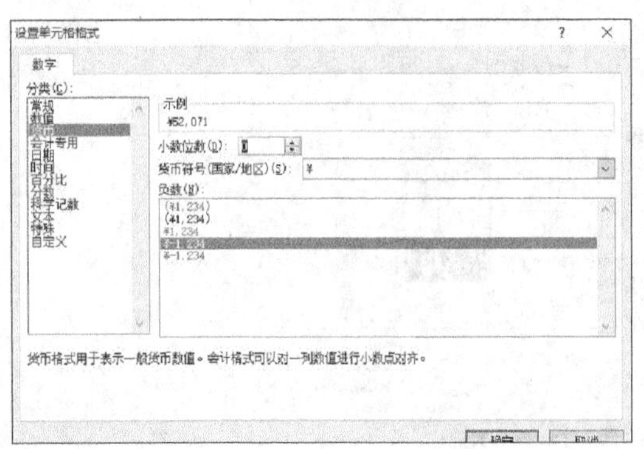

步骤 04 单击【确定】按钮，即可看到设置后的效果图。

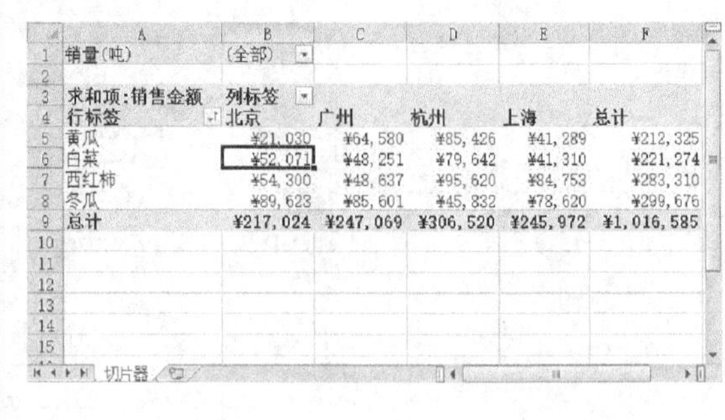

16.6 创建数据透视图

本节教学录像时间：3 分钟

创建数据透视图的方法有两种，一种是直接通过数据表中的数据创建数据透视图，另一种是通过已有的数据透视表创建数据透视图。

16.6.1 通过数据区域创建数据透视图

通过数据区域创建数据透视图的具体步骤如下。

步骤 01 打开随书光盘中的“素材\ch16\销售表.xlsx”工作簿，选择数据区域中的任一单元格。

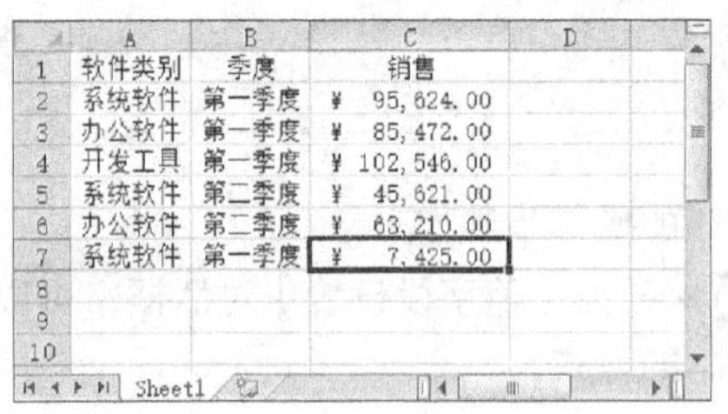

步骤 02 单击【插入】选项卡下【表格】选项组中的【数据透视表】按钮下方的下拉箭头，在弹出下拉列表中选择【数据透视图】选项。

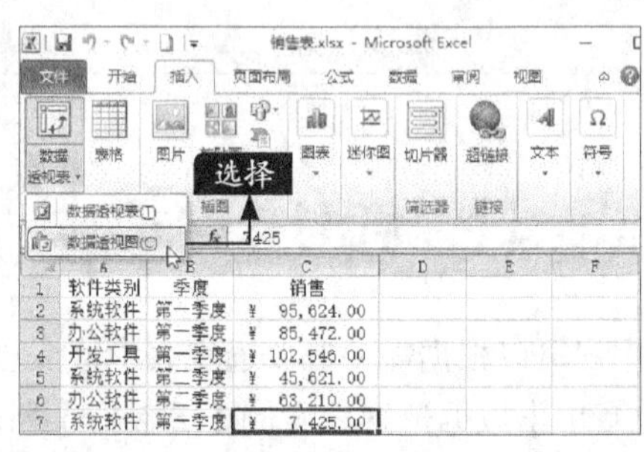

步骤 03 弹出【创建数据透视表及数据透视图】对话框，选择数据区域和图表位置，单击【确定】按钮。

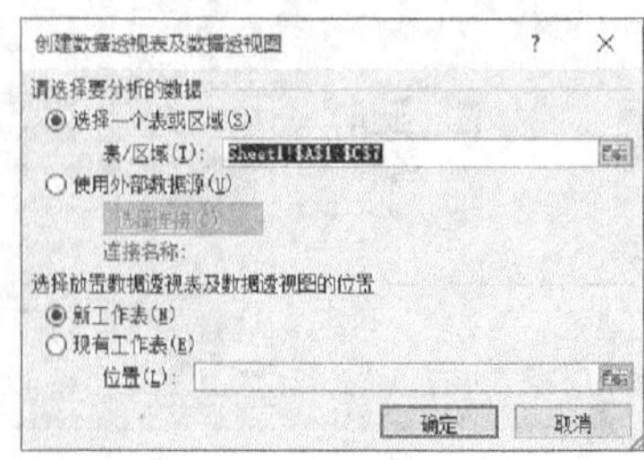

步骤04 弹出数据透视表的编辑界面，工作表中会出现图表1和数据透视表2，在其右侧出现的是【数据透视表字段列表】窗格。

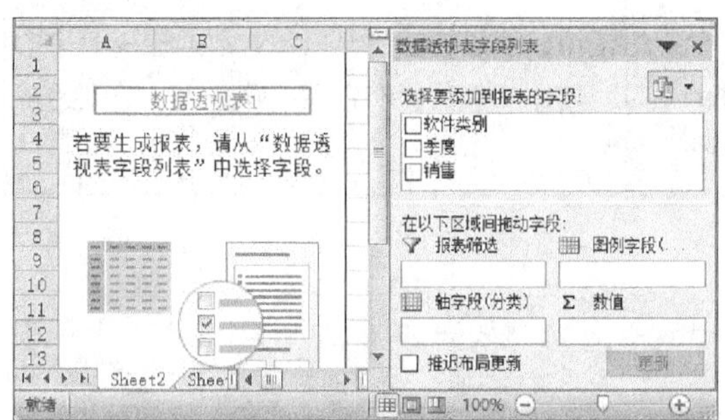

步骤05 在【数据透视表字段列表】中选择要添加到视图的字段，即可完成数据透视图的创建。

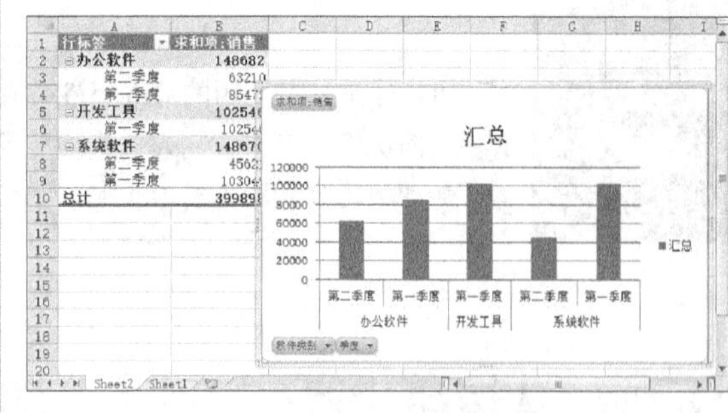

16.6.2 通过数据透视表创建数据透视图

通过数据透视表创建数据透视图的具体步骤如下。

步骤01 打开随书光盘中的“素材\ch16\透视表.xlsx”工作簿，选择数据透视表区域中的一个单元格。

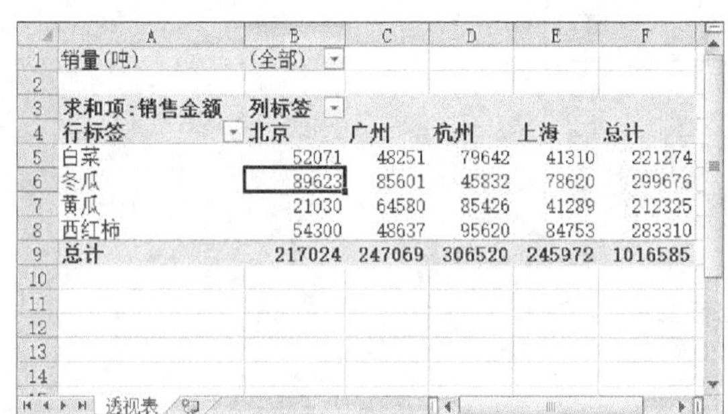

销量(吨)	(全部)				
求和项:销售金额	列标签				
行标签	北京	广州	杭州	上海	总计
白菜	52071	48251	79642	41310	221274
冬瓜	89623	85601	45832	78620	299676
黄瓜	21030	64580	85426	41289	212325
西红柿	54300	48637	95620	84753	283310
总计	217024	247069	306520	245972	1016585

步骤02 单击【选项】选项卡下【工具】选项组中的【数据透视图】按钮，弹出【插入图表】对话框。

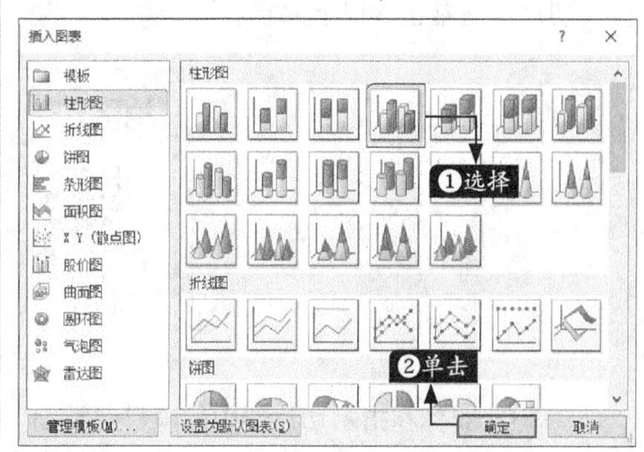

步骤03 选择一种图表类型，单击【确定】按钮，即可创建一个数据透视表及数据透视图。

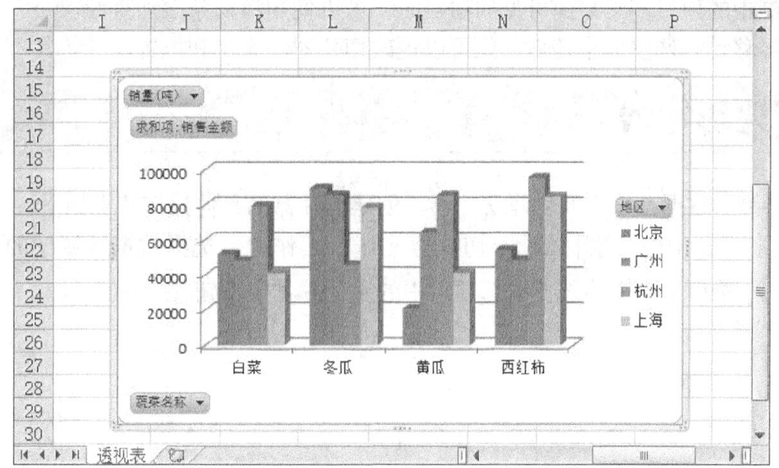

16.7 切片器

本节教学录像时间：8 分钟

切片器是易于使用的筛选组件，它包含一组按钮，使您能够快速地筛选数据透视表中的数据，而无需打开下拉列表以查找要筛选的项目。使用切片器能够直观地筛选表、数据透视表、数据透视图和多维数据集函数中的数据。

16.7.1 认识切片器

当用户使用常规的数据透视表筛选器来筛选多个项目时，筛选器仅指示筛选了多个项目，用户必须打开一个下拉列表才能找到有关筛选的详细信息。然而，切片器可以清晰地标记已应用的筛选器，并提供详细信息，以便用户能够轻松地了解显示在已筛选的数据透视表中的数据。

切片器通常与在其中创建切片器的数据透视表相关联。不过，也可创建独立的切片器，此类切片器可从联机分析处理 (OLAP)多维数据集函数引用，也可在以后将其与任何数据透视表相关联。

切片器通常包含以下元素。

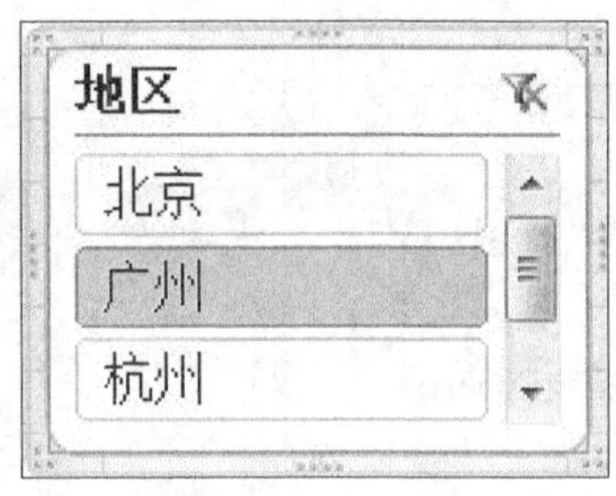

(1) 切片器标题指示切片器中的项目的类别。

(2) 如果筛选按钮未选中，则表示该项目没有包括在筛选器中。

(3) 如果筛选按钮已选中，则表示该项目包括在筛选器中。

(4) “清除筛选器”按钮可以选中切片器中的所有项目，从而删除筛选器。

(5) 当切片器中的项目多于当前可见的项目时，可以使用滚动条滚动查看。

(6) 使用边界移动和调整大小控件，您可以更改切片器的大小和位置。

16.7.2 创建切片器

使用切片器筛选数据首先需要创建切片器。创建切片器的具体操作步骤如下。

步骤 01 打开随书光盘中的“素材\ch16\切片器.xlsx”工作簿，选择数据区域中的任意一个单元格，单击【插入】选项卡下【筛选器】选项组中的【切片器】按钮。

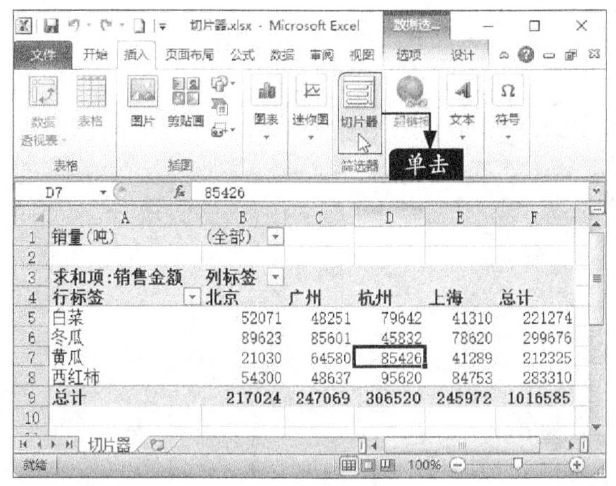

步骤02 弹出【插入切片器】对话框，单击选中【地区】复选框，单击【确定】按钮。

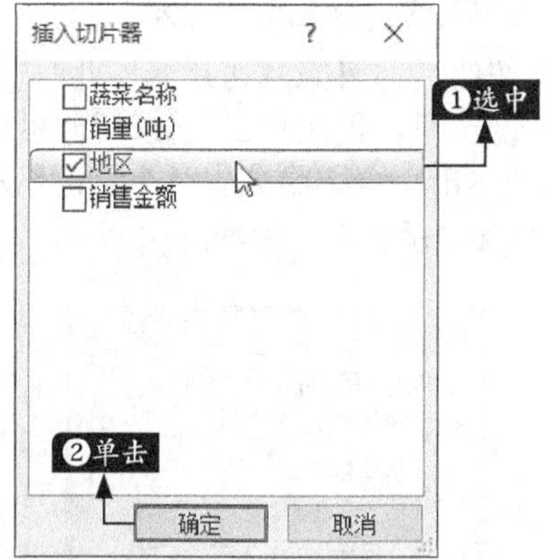

步骤03 此时就插入了【地区】切片器，将鼠标光标放置在切片器上，按住鼠标左键并拖曳，可改变切片器的位置。

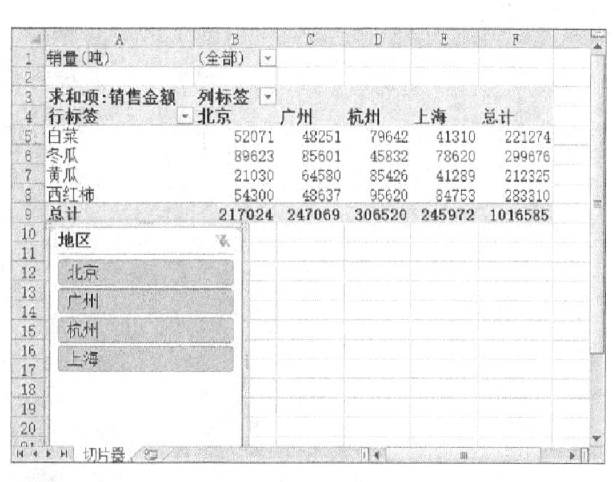

步骤04 在【地区】切片器中单击【广州】选项，则在透视表中仅显示广州地区各类蔬菜的销售金额。

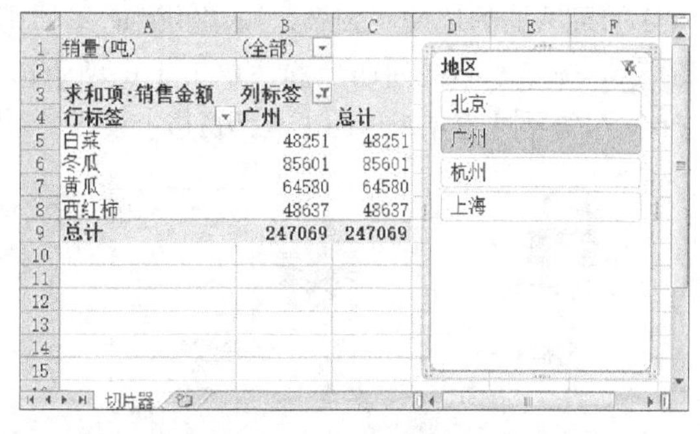

小提示

单击在【地区】切片器右上角的【清除筛选器】按钮，将清除地区筛选，即可在透视表中显示所有地区的销售金额。

16.7.3 删除切片器

有两种方法可以删除不需要的切片器。

1. 按【Delete】键删除

选择要删除的切片器，在键盘上按【Delete】键，即可将切片器删除。

小提示

使用切片器筛选数据后，按【Delete】键删除切片器，数据表中将仅显示筛选后的数据。

2. 使用【删除】菜单命令删除

选择要删除的切片器（如【地区】切片器）并单击鼠标右键，在弹出的快捷菜单中选择【删除“地区”】菜单命令，即可将【地区】切片器删除。

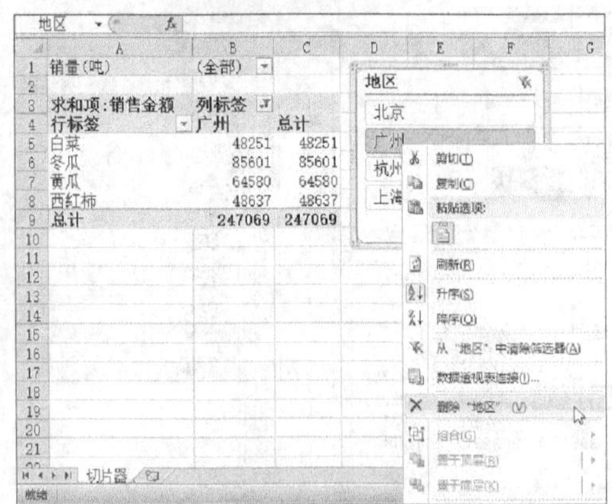

16.7.4 隐藏切片器

如果添加的切片器较多，可以将暂时不使用的切片器隐藏起来，使用时再显示。

步骤01 选择要隐藏的切片器，单击【选项】选项卡下【排列】选项组中的【选择窗格】按钮。

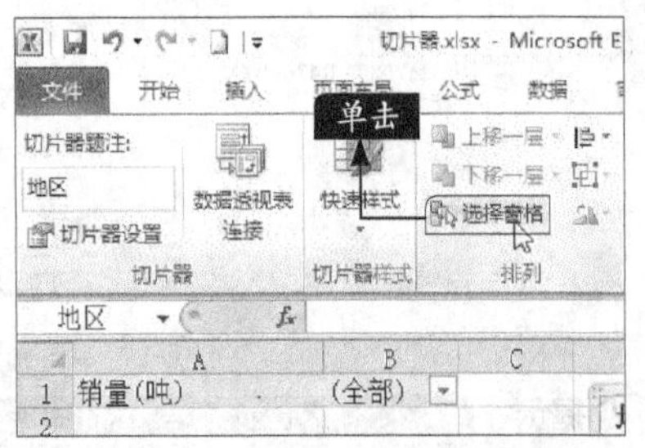

步骤02 打开【选择】窗格，单击切片器名称后的按钮，即可隐藏切片器，此时按钮显示为按钮，再次单击按钮即可取消隐藏，此外单击【全部隐藏】和【全部显示】按钮可隐藏和显示所有切片器。

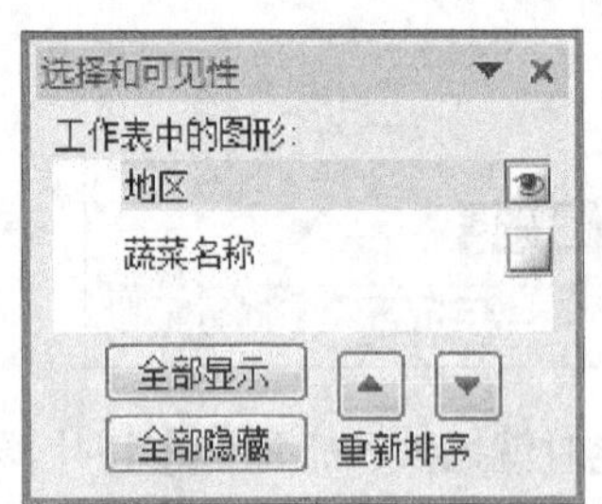

16.7.5 设置切片器样式

Excel中预置的许多切片器样式，用户可以快速应用样式。

步骤01 选择要设置字体格式的切片器，单击【选项】选项卡下【切片器样式】选项组中【其他】按钮，在弹出的样式列表中，单击要应用的样式，如这里选择“切片器样式浅色 6”。

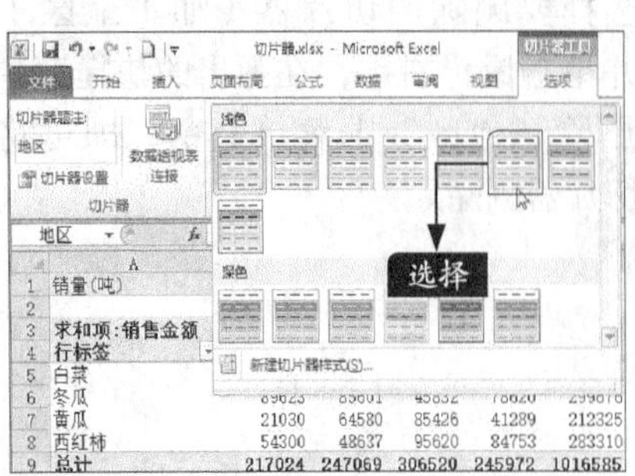

步骤02 应用后的效果如下图所示。

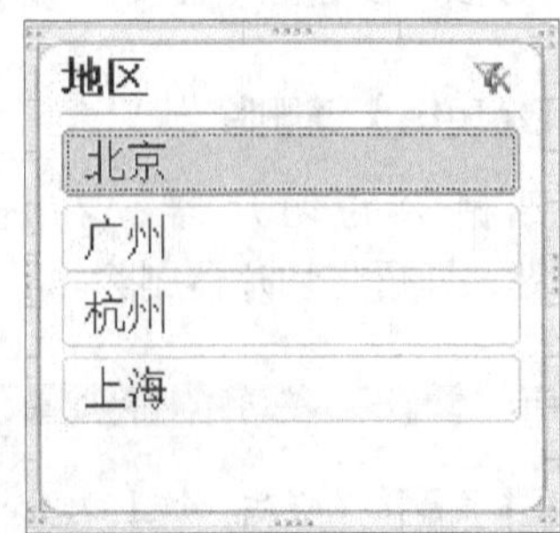

16.7.6 筛选多个项目

使用切片器不但能删选单个项目，还可以筛选多个项目，具体操作步骤如下。

步骤01 打开随书光盘中的“素材\ch16\切片器.xlsx”工作簿，选择数据区域中的任意一个单元格，单击【插入】选项卡下【筛选器】选项组中的【切片器】按钮。

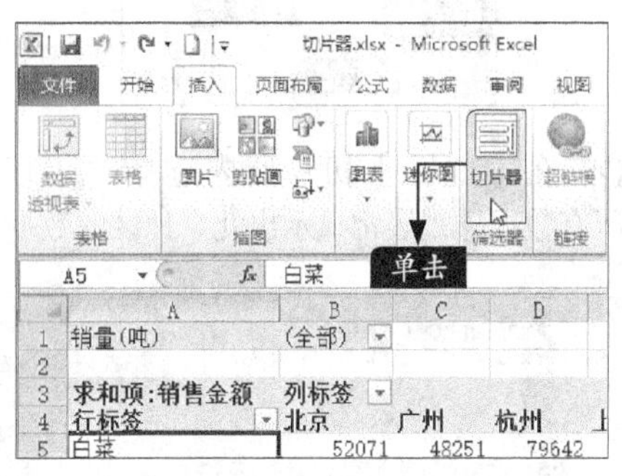

步骤02 弹出【插入切片器】对话框，单击选中【蔬菜名称】和【地区】复选框，单击【确定】按钮。

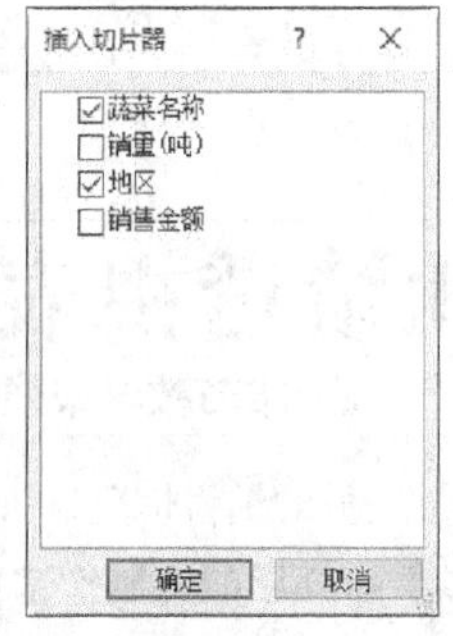

步骤03 此时就插入了【蔬菜名称】切片器和【地区】切片器，调整切片器的位置。

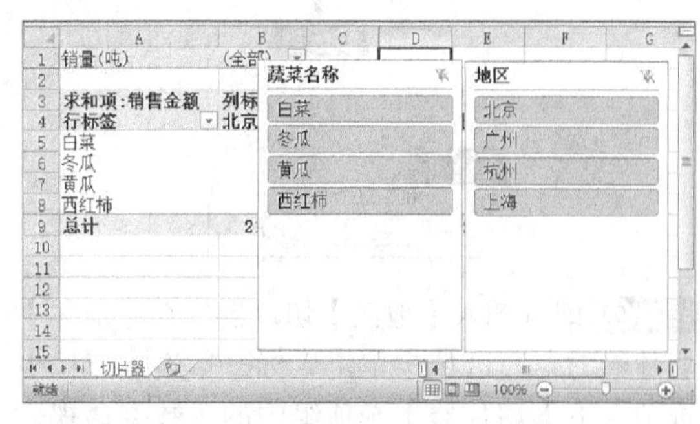

步骤04 在【地区】切片器中单击【广州】选项，在【蔬菜名称】切片器中单击【白菜】选项，按住【Ctrl】键的同时单击【黄瓜】选项，则可在透视表中仅显示广州地区白菜和黄瓜的销售金额。

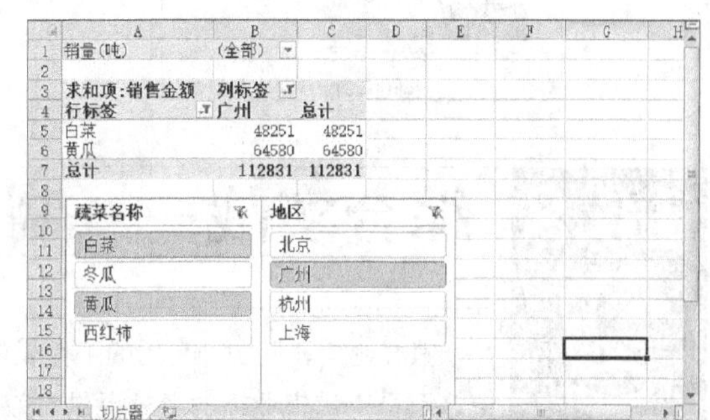

16.7.7 切片器同步筛选多个数据透视表

如果一个工作表中有多个数据透视表，可以通过在切片器内设置数据透视表连接，使切片器共享，可以同时筛选多个数据透视表中的数据。

步骤01 打开随书光盘中的“素材\ch16\筛选多个数据.xlsx”工作簿，选择数据区域中的任意一个单元格，单击【插入】选项卡下【筛选器】选项组中的【切片器】按钮。

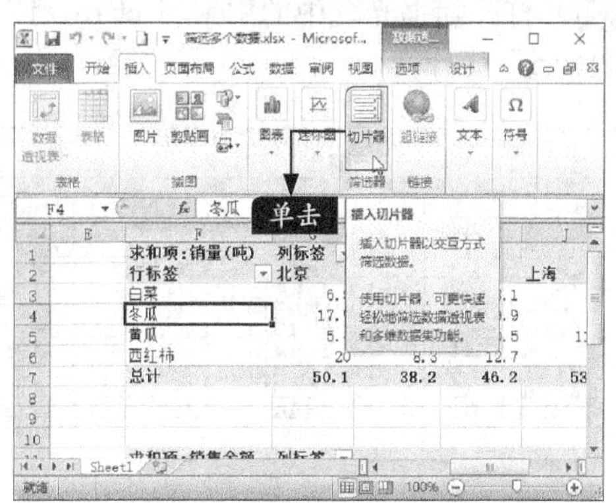

步骤 02 弹出【插入切片器】对话框，单击选中【地区】复选框，单击【确定】按钮。

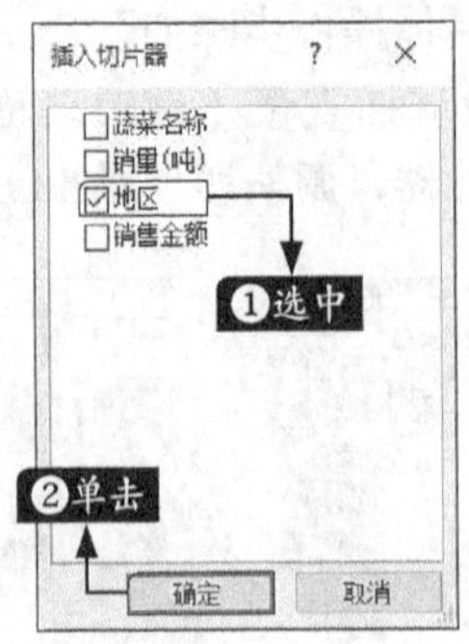

步骤 03 即可插入【地区】切片器，在【地区】切片器的空白区域中单击鼠标，单击【选项】选项卡下【切片器】选项组中的【数据透视表连接】按钮。

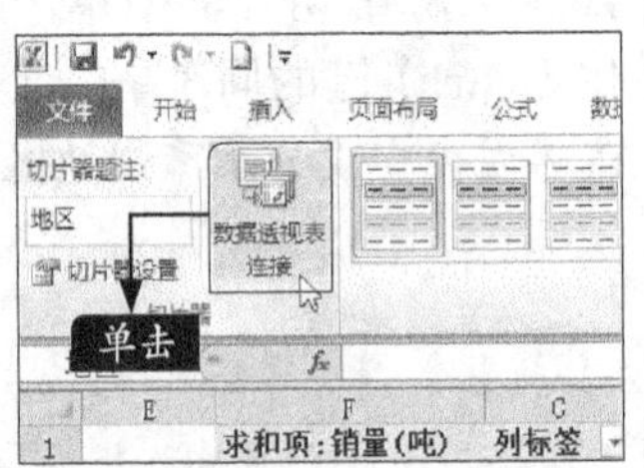

步骤 04 弹出【数据透视表连接（地区）】对话框，单击选中【数据透视表1】和【数据透视表2】复选框，单击【确定】按钮。

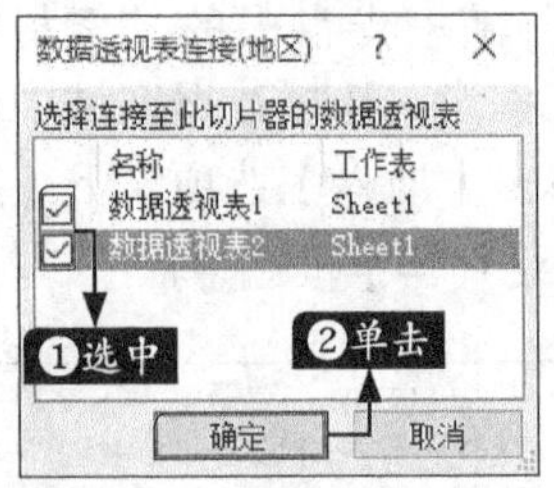

步骤 05 在【地区】切片器内选择"北京"选项，所有数据透视表都显示出北京地区的数据。

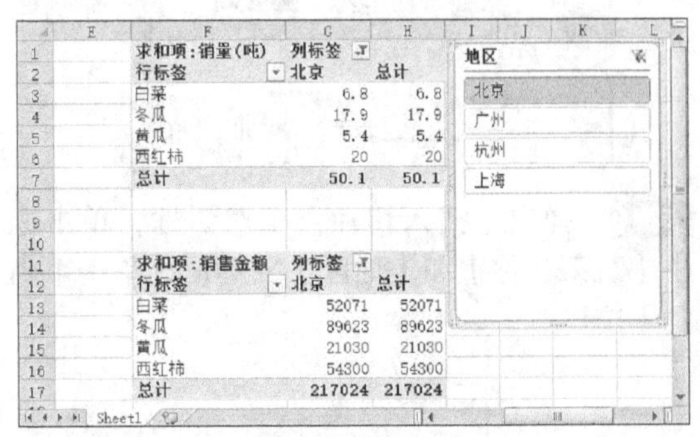

16.8 综合实战——制作销售业绩透视表/图

本节教学录像时间：6 分钟

销售业绩表是一种常用的工作表格，主要汇总了销售人员的销售情况，可以为公司销售策略及员工销售业绩的考核提供有效地基础数据。本节主要介绍如何制作销售业绩透视表/图。

第1步：创建销售业绩透视表

步骤 01 打开随书光盘中的"素材\ch16\销售业绩表.xlsx"工作簿。

销售业绩表

产品名称	销售员	销售时间	销售点	单价	销量	销售额
智能电视	关利	2017-1-1	人民路店	¥ 2,200	120	¥ 264,000
变频空调	赵锐	2017-1-1	新华路店	¥ 2,100	140	¥ 294,000
组合音响	张磊	2017-1-1	新华路店	¥ 4,520	90	¥ 406,800
变频空调	江涛	2017-1-1	黄河路店	¥ 4,210	80	¥ 336,800
电冰箱	陈晓华	2017-1-2	黄河路店	¥ 5,670	86	¥ 487,620
全自动洗衣机	李小林	2017-1-2	人民路店	¥ 3,210	97	¥ 311,370
液晶电视	成军	2017-1-2	长江路店	¥ 7,680	78	¥ 599,040
智能电视	王军	2017-1-3	长江路店	¥ 2,130	110	¥ 234,300
变频空调	李阳	2017-1-3	人民路店	¥ 3,210	105	¥ 337,050
组合音响	陆洋	2017-1-3	建设路店	¥ 4,000	40	¥ 160,000
智能电视	赵琳	2017-1-3	建设路店	¥ 3,420	45	¥ 153,900

步骤 02 在【插入】选项卡中，单击【表格】选项组中的【数据透视表】按钮，在弹出的下拉菜单中选择【数据透视表】选项，弹出【创建数据透视表】对话框。在对话框的【表/区域】文本框中输入销售业绩表的数据区域A2:G13，在【选择放置数据透视表的位置】区域中选中【新工作表】单选钮。

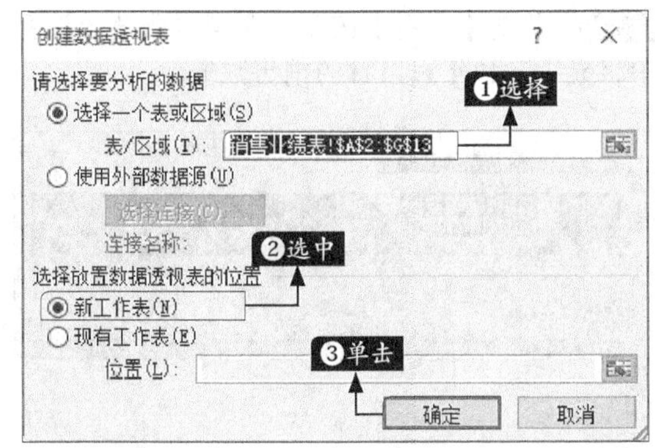

步骤03 单击【确定】按钮，即可在新工作表中创建一个销售业绩透视表。

步骤04 在【数据透视表字段列表】窗格中，将“产品名称”字段和“销售点”字段添加到【列标签】列表框中，将“销售员”字段添加到【行标签】列表框中，将“销售点”字段添加到【列标签】列表框中，将“销售额”字段添加到【Σ数值】列表框中。

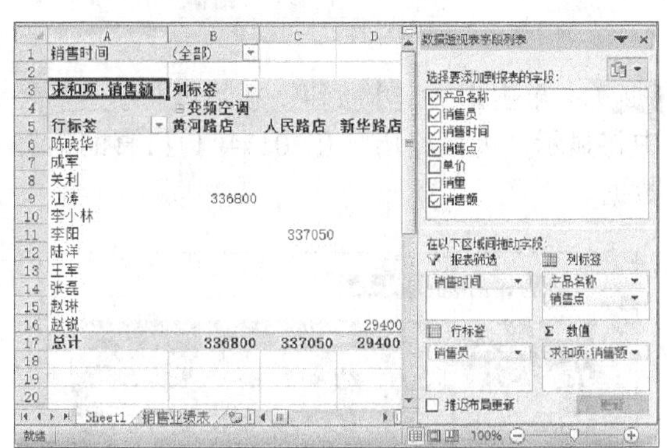

步骤05 单击【数据透视表字段列表】窗格右上角 × 按钮，将该窗格关闭，并将此工作表的标签重命名为“销售业绩透视表”。

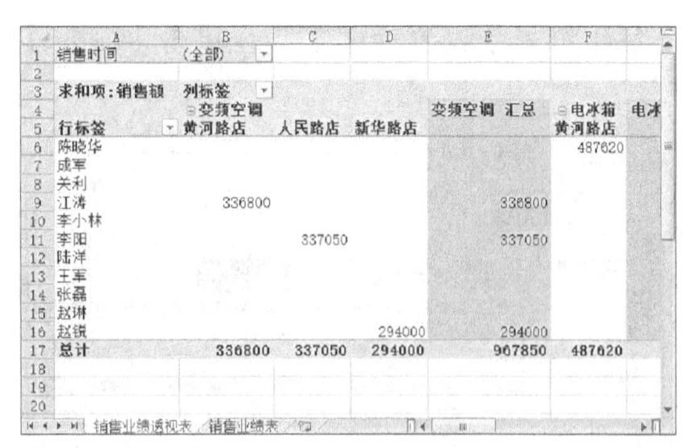

第2步：设置销售业绩透视表表格

步骤01 选择任一单元格，在【设计】选项卡中，单击【数据透视表样式】选项组中的按钮 ，在弹出的样式中选择一种样式。

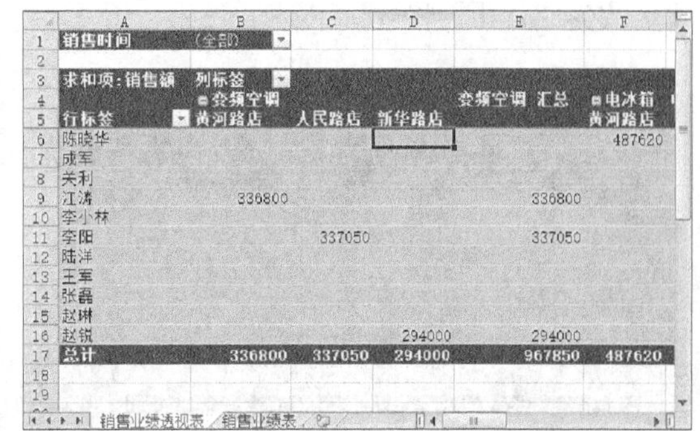

步骤02 在“数据透视表”中代表数据总额的单元格上右键单击，在弹出的快捷菜单中选择【值字段设置】选项，弹出【值字段设置】对话框。

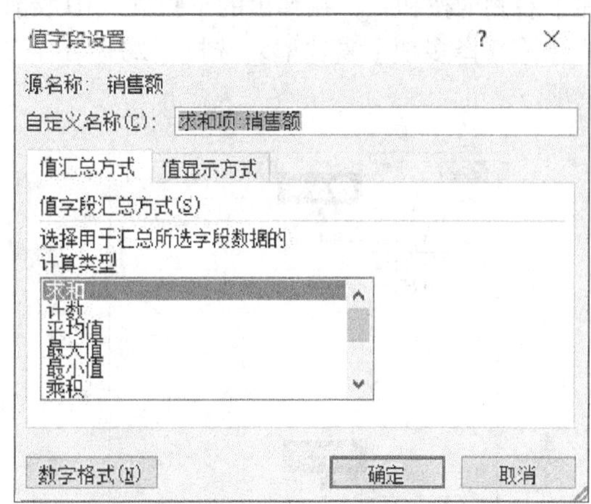

步骤03 单击【数字格式】按钮，弹出【设置单元格格式】对话框，在【分类】列表框中选择【货币】选项，将【小数位数】设置为“0”，

【货币符号】设置为“￥”，单击【确定】按钮。

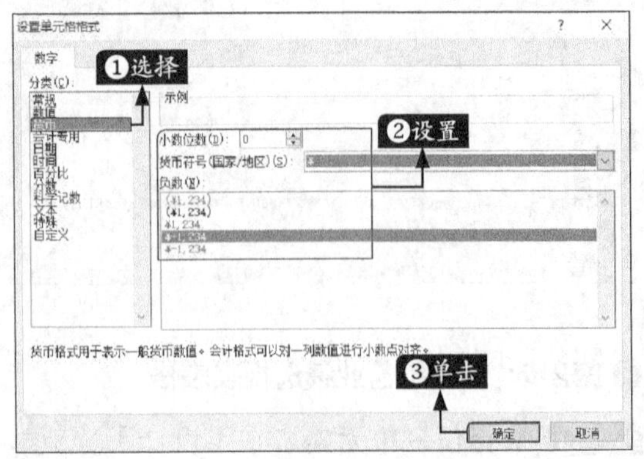

步骤 04 返回【值字段设置】对话框，单击【确定】按钮，将销售业绩透视表中的“数值”格式更改为“货币”格式。

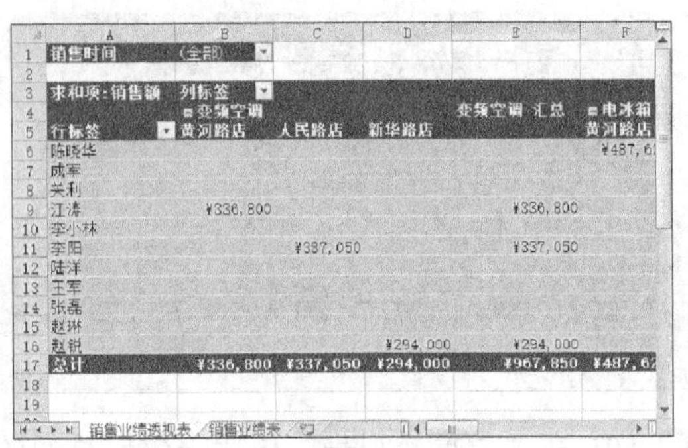

第3步：设置销售业绩透视表中的数据

步骤 01 在销售业绩透视表中，单击【销售时间】右侧的按钮，在弹出的下拉列表中取消选择【选择多项】复选框，选择“2017-1-1”选项。

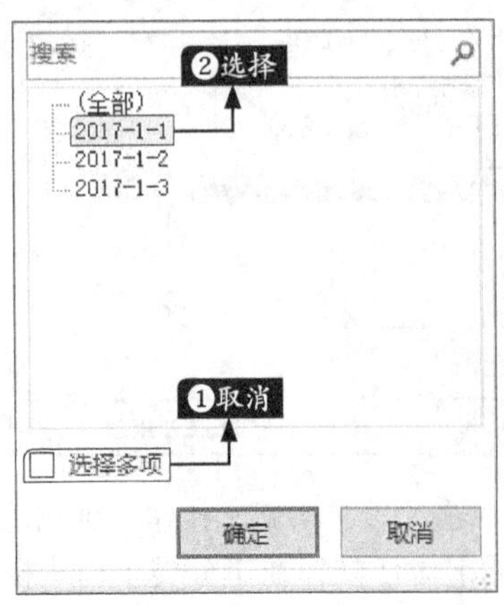

步骤 02 单击【确定】按钮，在销售业绩透视表中将显示2017年1月1日的销售数据。

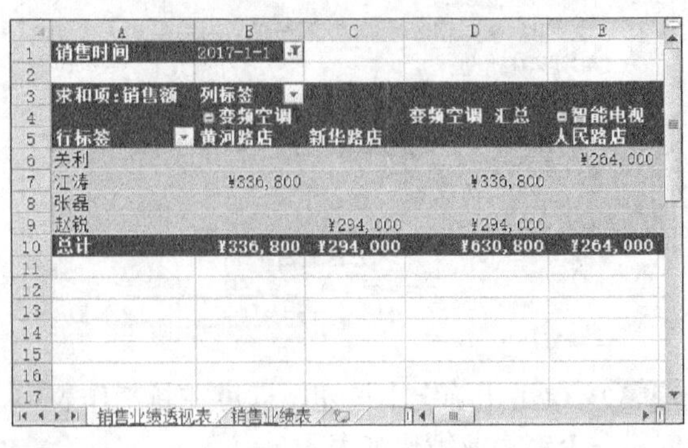

步骤 03 单击【黄河路店】，再单击【列标签】右侧的按钮，在弹出的下拉列表中取消选择【全选】复选框，选择【人民路店】复选框。

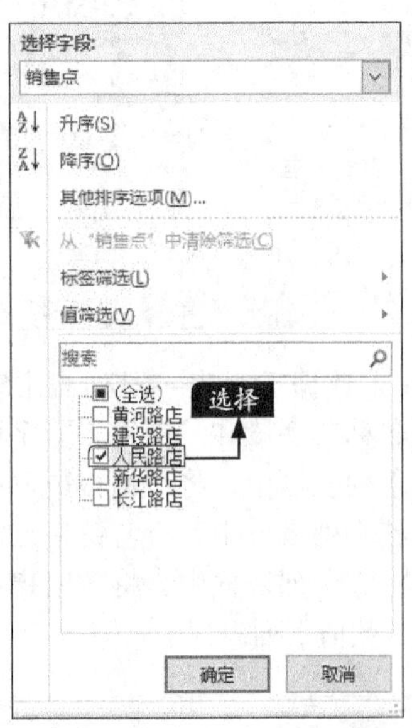

步骤 04 单击【确定】按钮，在销售业绩透视表中将显示“人民路店”在2017年1月1日的销售数据。

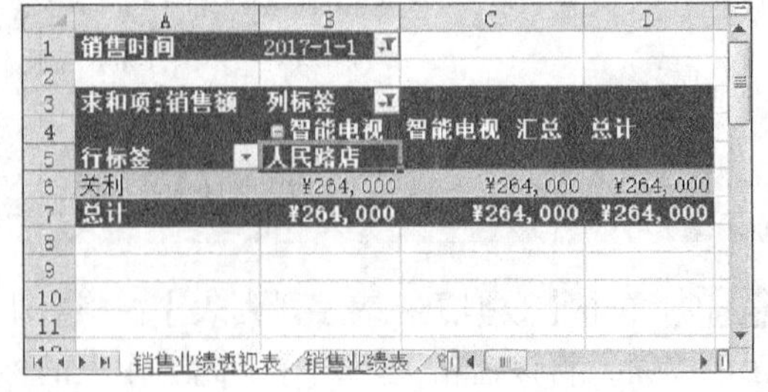

步骤 05 取消日期和店铺筛选，右键单击任意单元格，在弹出的快捷菜单中选择【值字段设

置】选项，弹出【值字段设置】对话框，单击【值汇总方式】选项，在列表框中选择【平均值】选项。

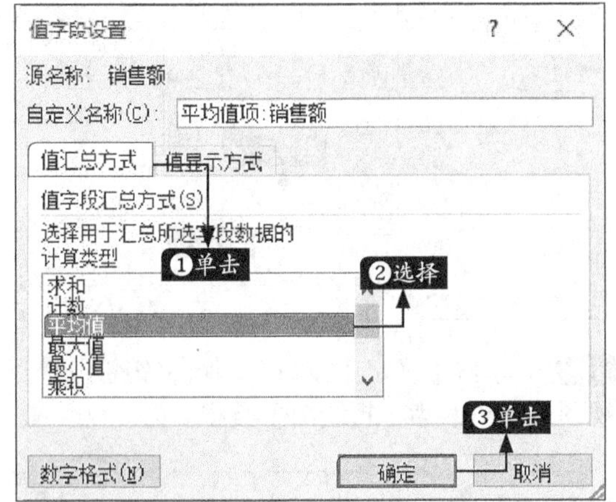

步骤06 单击【确定】按钮，在销售业绩透视表中将显示数据的平均值。

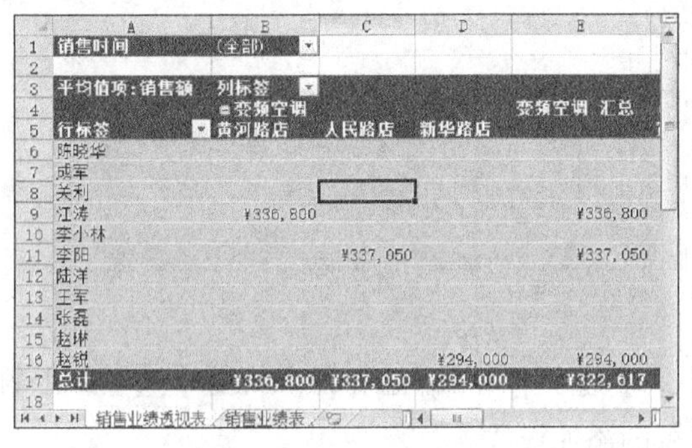

销售时间	(全部)			
平均值项:销售额	列标签			
	变频空调			变频空调 汇总
行标签	黄河路店	人民路店	新华路店	
陈晓华				
成军				
关利				
江涛	¥336,800			¥336,800
李小林				
李阳		¥337,050		¥337,050
陆洋				
王军				
张磊				
赵琳				
赵锐			¥294,000	¥294,000
总计	¥336,800	¥337,050	¥294,000	¥322,617

第4步：创建销售业绩透视图

步骤01 选择任一单元格，在【数据透视表工具】➤【选项】选项卡中，单击【工具】选项组中的【数据透视图】按钮，弹出【插入图表】对话框。

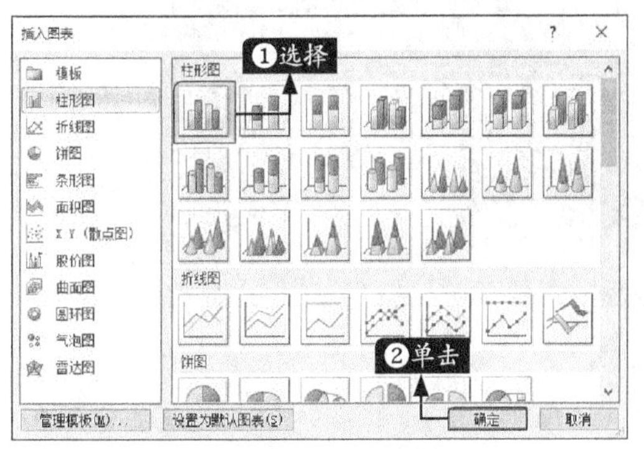

步骤02 在【插入图表】对话框中选择【柱形图】中的任意一种柱形，单击【确定】按钮即可在当前工作表中插入数据透视图。

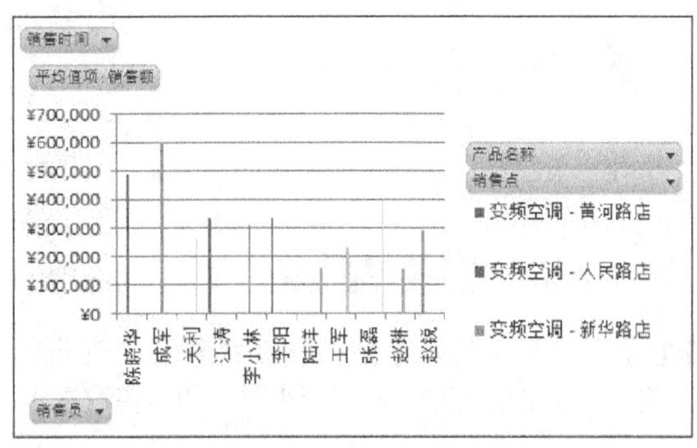

步骤03 右键单击数据透视图，在弹出的快捷菜单中选择【移动图表】菜单命令，弹出【移动图表】对话框，选择【新工作表】单选项，并输入工作表名称“销售业绩透视图”。

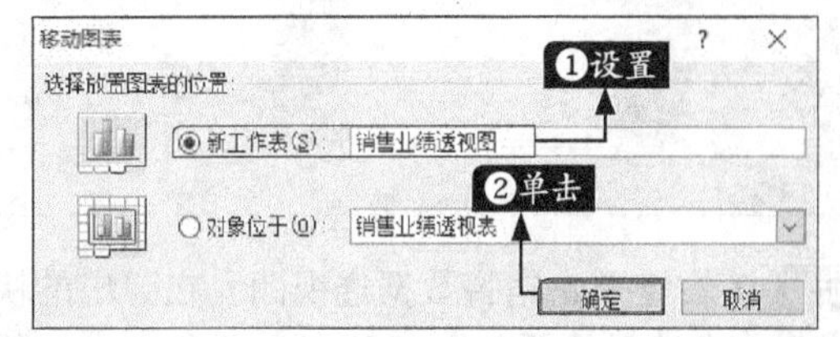

步骤04 单击【确定】按钮，自动切换到新建工作表，并把销售业绩透视图移动到该工作表中。

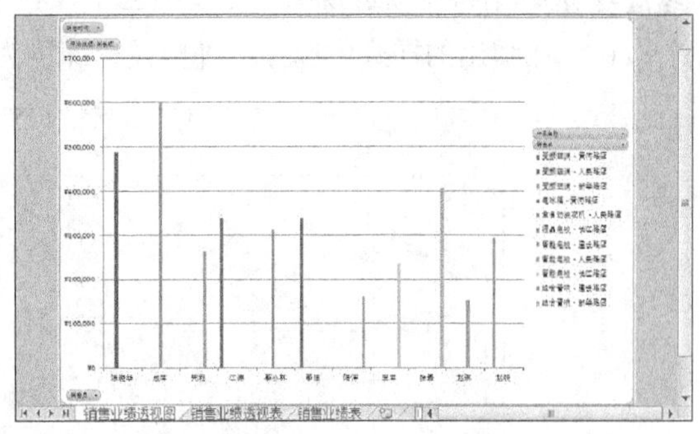

第5步：编辑销售业绩透视图

步骤01 单击透视图左下角的【销售员】按钮，在弹出的列表中取消【全部】复选框，选择【陈晓华】和【李小林】复选框。

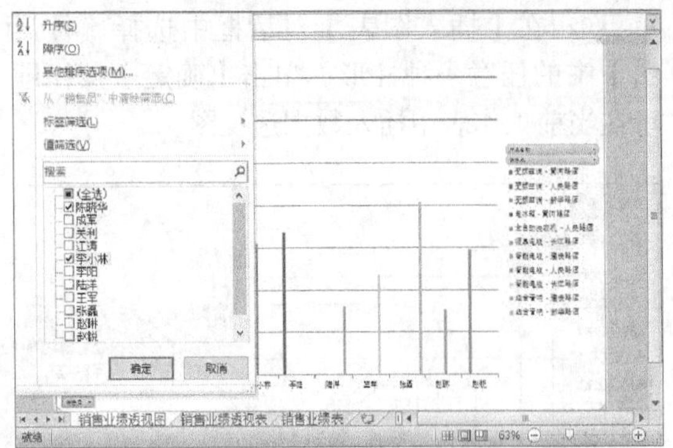

步骤02 单击【确定】按钮，在销售业绩透视图中将只显示“陈晓华”和“李小林”的销售数据。

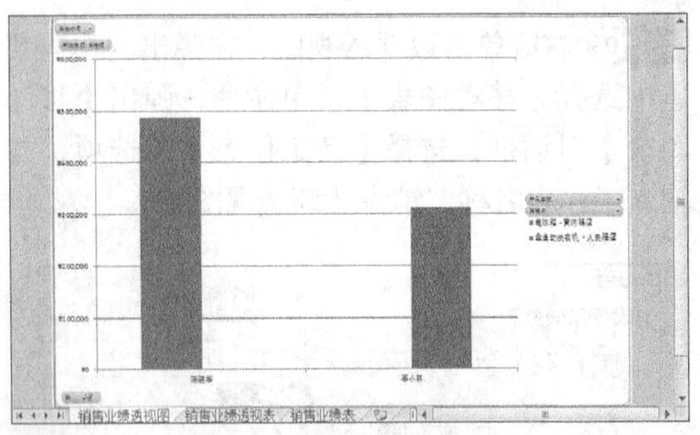

步骤03 右键单击销售数据透视图，在弹出的快捷菜单中选择【更改图表类型】菜单命令，弹出【更改图表类型】对话框，选择【折线图】类型中的【堆积折线图】选项。

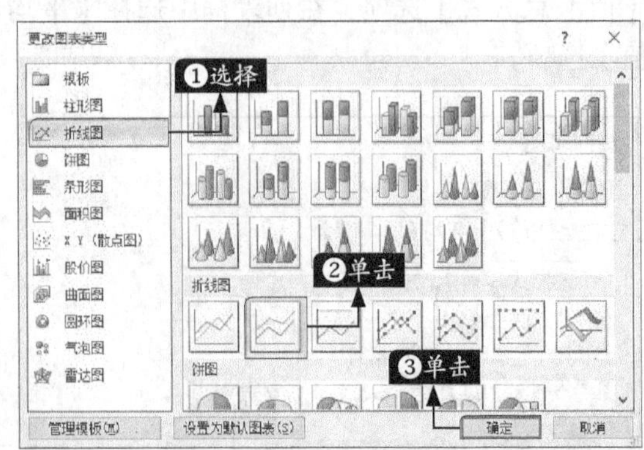

步骤04 单击【确定】按钮，即可将销售业绩透视图类型更改为【折线图】类型。

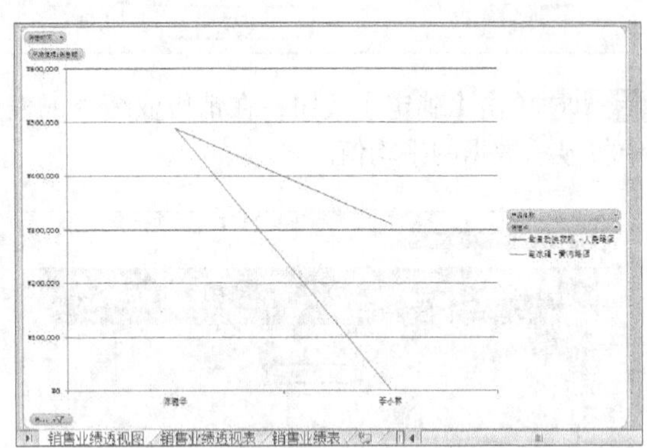

步骤05 选择销售业绩透视图的【绘图区】，在【格式】选项卡中，单击【形状样式】选项组中的 按钮，在弹出的样式中选择一种样式，即可为透视图添加样式。

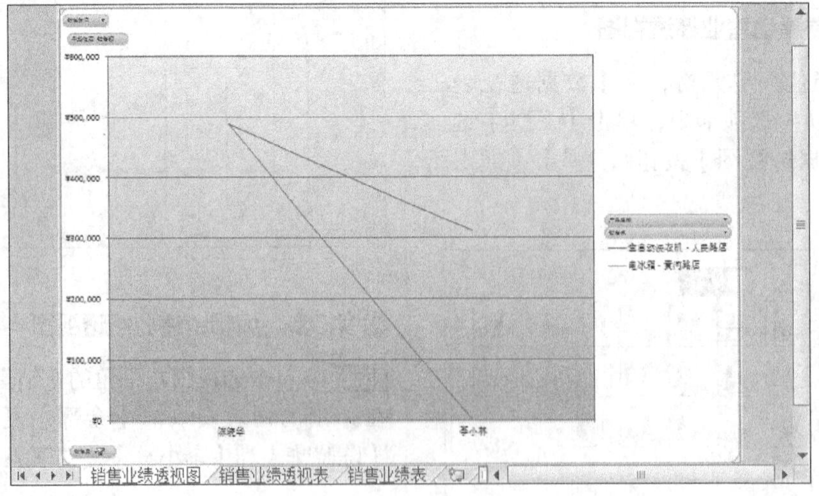

高手支招

本节教学录像时间：4 分钟

将数据透视表转换为静态图片

将数据透视表变为图片，在某些情况下发挥着特有的作用，比如发布到网页上或者粘贴到PPT中。

步骤01 选择整个数据透视表，按【Ctrl+C】组合键复制图表。

行标签	求和项:销售
⊟第二季度	108831
办公软件	63210
系统软件	45621
⊟第一季度	291067
办公软件	85472
开发工具	102546
系统软件	103049
总计	399898

步骤02 单击【开始】选项卡下【剪贴板】选项组中的【粘贴】按钮的下拉按钮，在弹出的列表中选择【图片】选项。

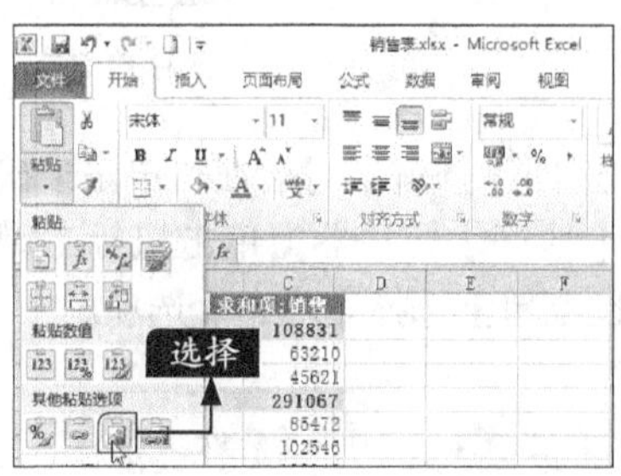

步骤03 即可将图表以图片的形式粘贴到工作表中。

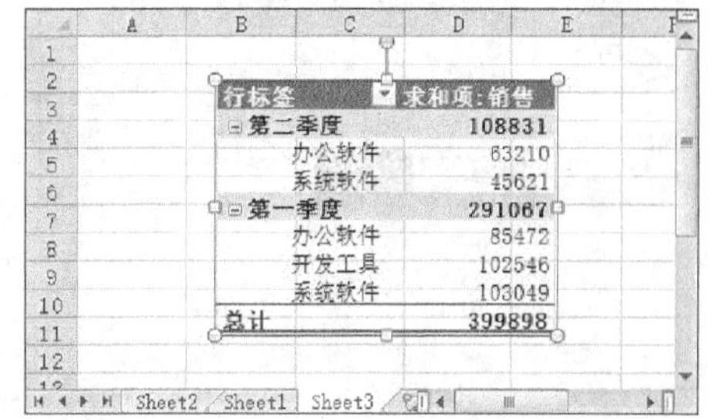

自定义排序切片器项目

用户可以对切片器中的内容进行自定义排序，具体操作步骤如下。

步骤01 打开随书光盘中的“素材\ch16\切片器.xlsx”工作簿，选择数据区域中的任意一个单元格，插入【地区】切片器。

步骤02 单击【文件】选项卡，在弹出的下拉列表中选择【选项】选项，打开【选项】对话框，选择【高级】选项卡，单击右侧【常规】区域中的【编辑自定义列表】按钮。

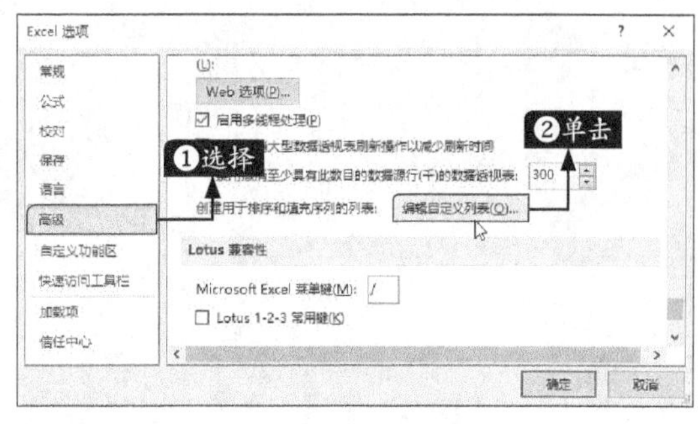

步骤03 弹出【自定义序列】对话框，在【输入序列】文本框中输入自定义序列，输入完成后单击【添加】按钮，然后单击【确定】按钮。

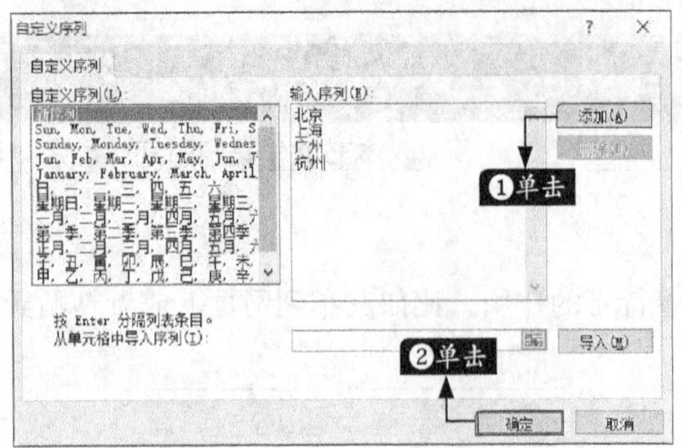

步骤04 返回【选项】对话框，单击【确定】按钮。在【地区】切片器上单击鼠标右键，在弹出的快捷菜单上选择【降序】选项。

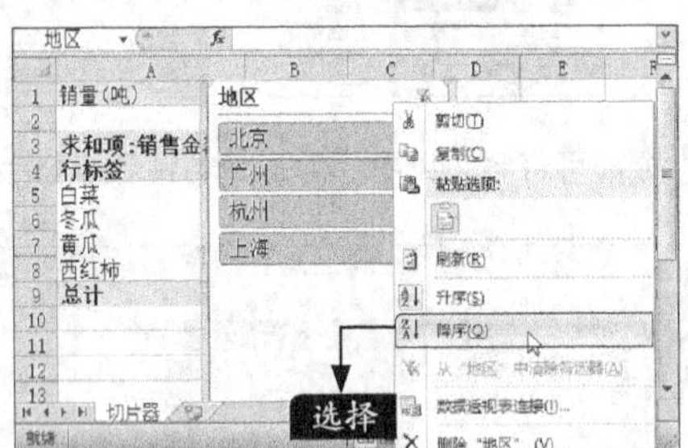

步骤05 切片器即按照自定义降序的方式显示。

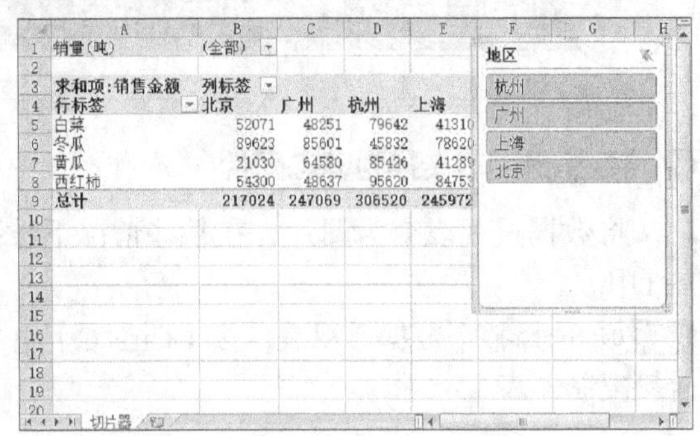

小提示

此外，还可以在下拉列表中选择以压缩形式显示、以大纲形式显示、重复所有项目标签和不重复项目标签等选项。

第4篇

PPT办公应用篇

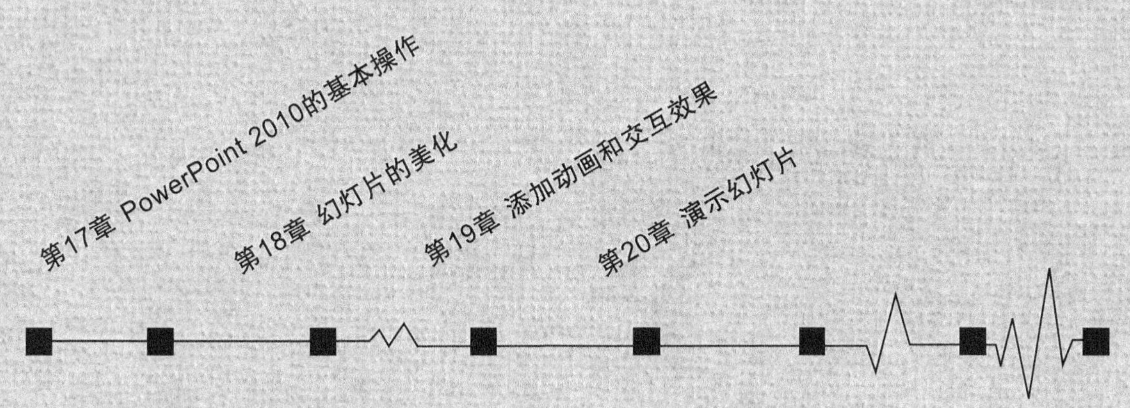

第 17 章

PowerPoint 2010的基本操作

学习目标

外出做报告，展示的不仅是一种技巧，还是一种精神面貌。有声有色的报告常常会令听众惊叹，并能使报告达到最佳效果。若要做到这一步，制作一个好的幻灯片是基础。

学习效果

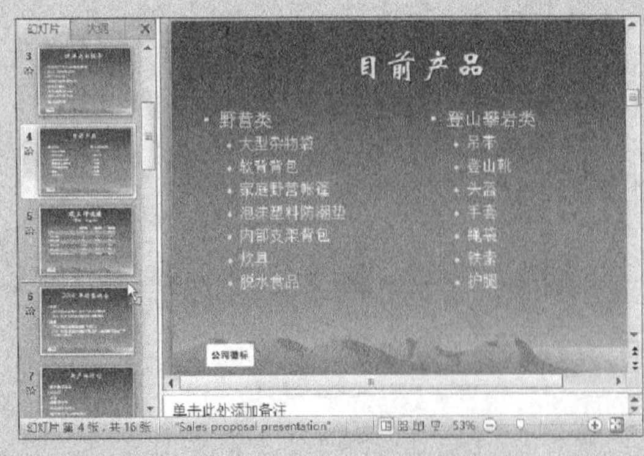

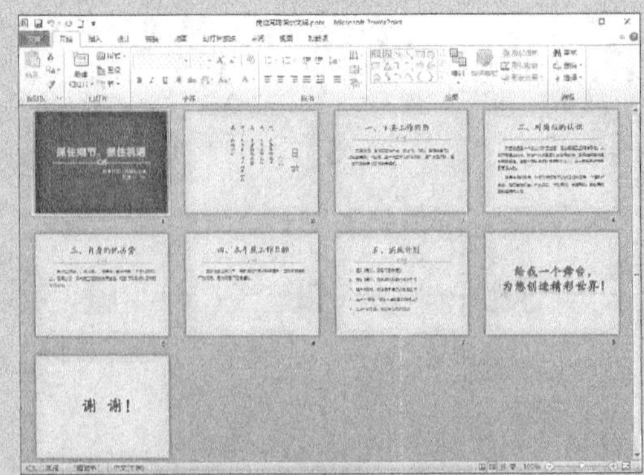

17.1 演示文稿的基本操作

本节教学录像时间：7 分钟

制作精美的演示文稿之前，首先应熟练掌握演示文稿的基本操作。

17.1.1 创建演示文稿

使用PowerPoint 2010不仅可以创建空白演示文稿，还可以使用模板创建演示文稿。

1. 创建空白演示文稿

启动PowerPoint 2010软件之后，即可创建一个空白演示文稿。

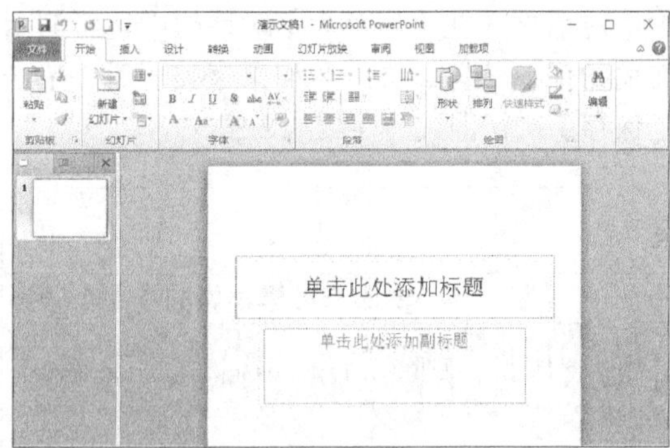

2. 使用模板新建演示文稿

PowerPoint 2010中内置有大量联机模板，可在设计演示文稿的时候选择使用，既美观，又节省了时间。

步骤 01 在【文件】选项卡下，单击【新建】选项，在右侧【新建】区域显示了多种PowerPoint 2010的联机模板样式。

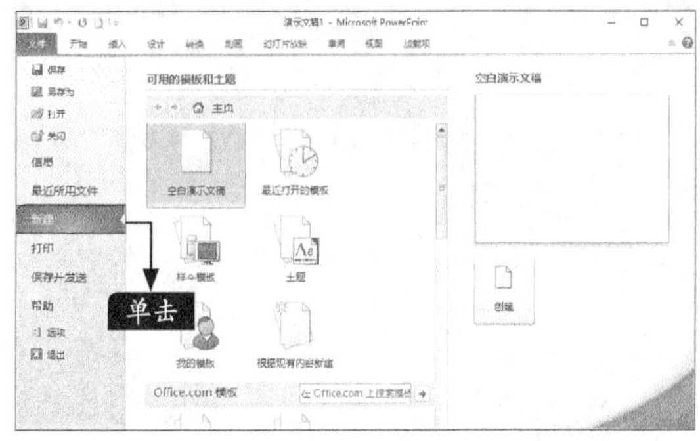

小提示

在【新建】选项下的文本框中输入联机模板或主题名称，然后单击【搜索】按钮即可快速找到需要的模板或主题。

步骤 02 选择相应的联机模板，即可弹出模板预览界面。单击【下载】按钮。

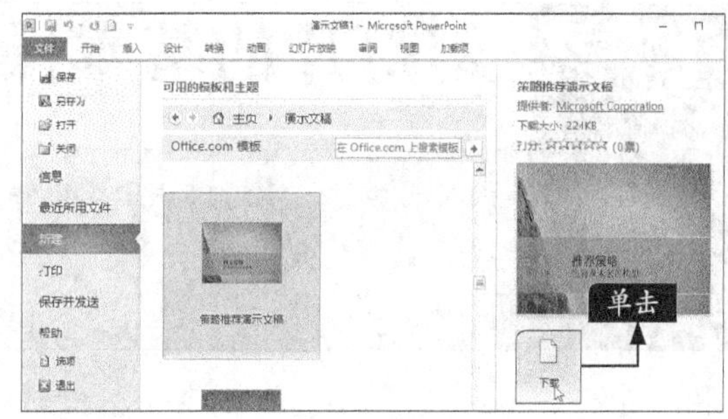

步骤 03 之后便可开始下载模板。

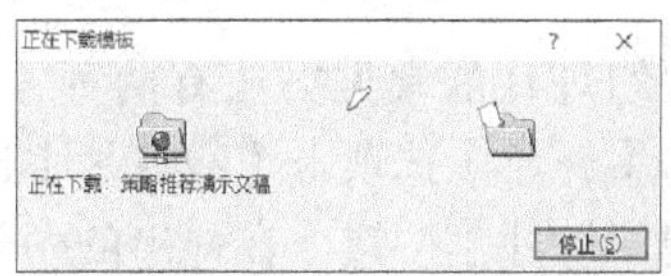

步骤 04 下载完成，即可使用模板创建新的演示文稿。

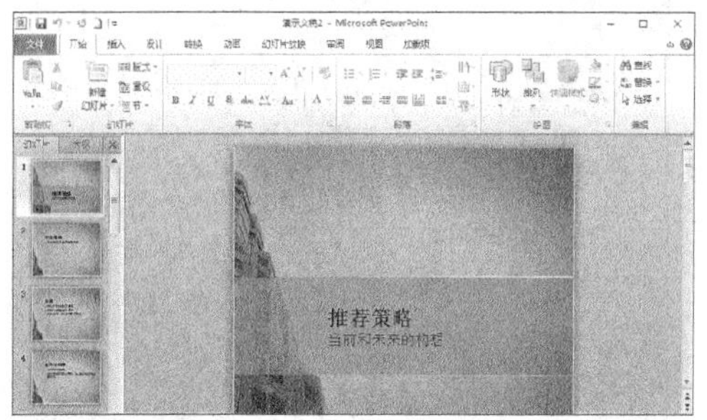

17.1.2 保存演示文稿

编辑完演示文稿后，需要将演示文稿保存起来，以便以后使用。保存演示文稿的具体操作步骤如下。

步骤 01 单击【快速访问工具栏】上的【保存】按钮，或单击【文件】选项卡，在打开的列表中选择【保存】选项，即可保存演示文稿。

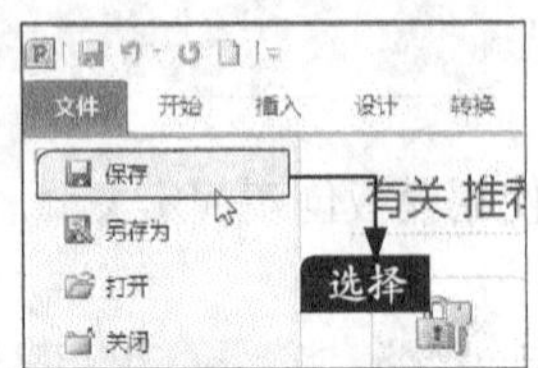

步骤 02 如果保存的是新建的演示文稿，选择【保存】选项后，将弹出【另存为】对话框，选择演示文稿的保存位置，在【文件名】文本框中输入演示文稿的名称，单击【保存】按钮即可。

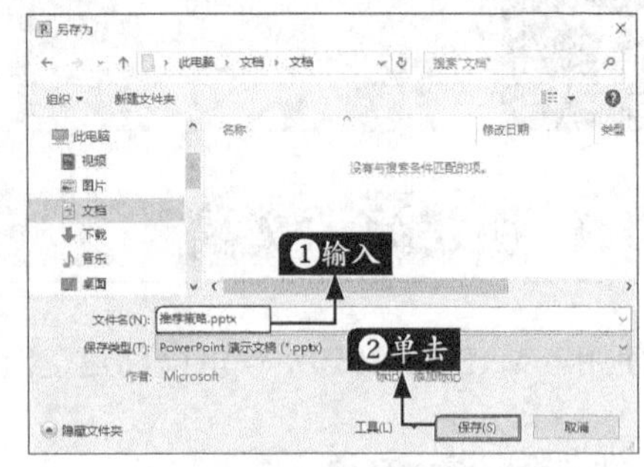

如果用户需要为当前演示文稿重命名、更换保存位置或改变演示文稿的类型，则可以选择【开始】➤【另存为】选项，弹出【另存为】对话框。在【另存为】对话框中选择演示文稿的保存位置、文件名和保存类型后，单击【保存】按钮即可另存演示文稿。

17.2 幻灯片的基本操作

本节教学录像时间：4 分钟

本节主要介绍幻灯片的基本操作，包括添加幻灯片、删除幻灯片、复制幻灯片及移动幻灯片等。

17.2.1 添加幻灯片

添加幻灯片的常见方法有两种，第1种方法是单击【开始】选项卡【幻灯片】选项组中的【新建幻灯片】按钮，在弹出的列表中选择【标题幻灯片】选项，新建的幻灯片即显示在左侧的【幻灯片】窗格中。

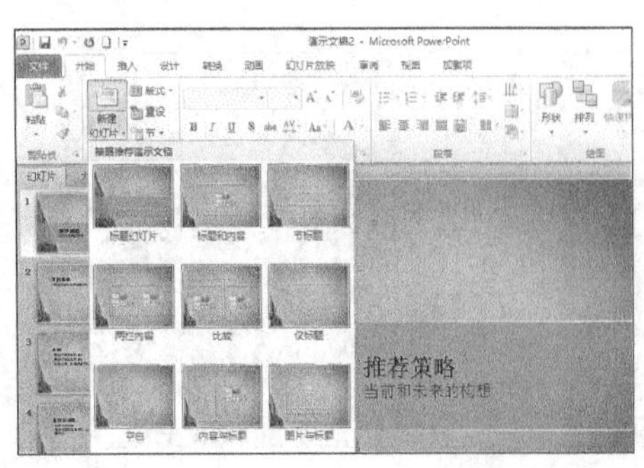

第2种方法是在【幻灯片】窗格中单击鼠标右键，在弹出的快捷菜单中选择【新建幻灯片】菜单命令，即可快速新建幻灯片。

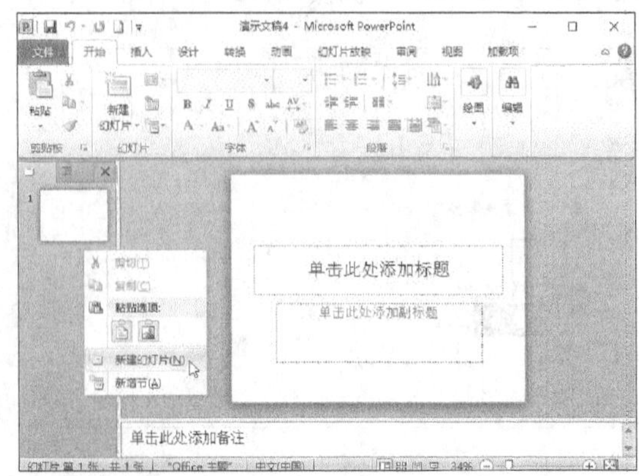

17.2.2 删除幻灯片

在【幻灯片】窗格中选择要删除的幻灯片，按【Delete】键即可快速删除选择的幻灯片页面。也可以选择要删除的幻灯片页面并单击鼠标右键，在弹出的快捷菜单中单击【删除幻灯片】菜单命令。

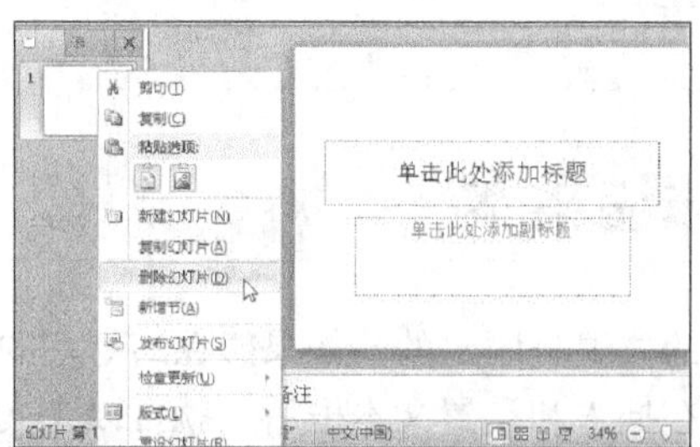

17.2.3 复制幻灯片

用户可以通过以下3种方法复制幻灯片。

1.利用【复制】按钮

选中幻灯片，单击【开始】选项卡下【剪贴板】组中【复制】按钮后的下拉按钮，在弹出的下拉列表中单击【复制】菜单命令，即可复制所选幻灯片。

2.利用【复制】菜单命令

在目标幻灯片上单击鼠标右键，在弹出的快捷菜单中单击【复制幻灯片】菜单命令，即可复制所选幻灯片。

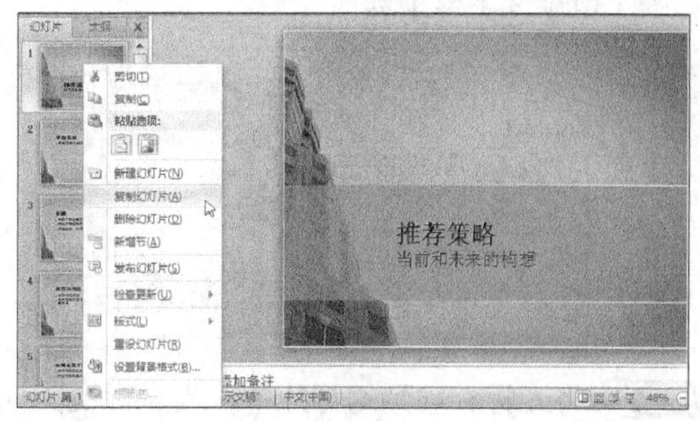

3.快捷方式

按【Ctrl+C】组合键可执行复制命令，按【Ctrl+V】组合键进行粘贴。

17.2.4 移动幻灯片

用户可以通过移动幻灯片的方法改变幻灯片的位置,单击需要移动的幻灯片并按住鼠标左键，拖曳幻灯片至目标位置,松开鼠标左键即可。此外,通过剪切并粘贴的方式也可以移动幻灯片。

17.3 添加和编辑文本

本节教学录像时间：4 分钟

本节主要介绍在PowerPoint中添加和编辑文本方法。

17.3.1 使用文本框添加文本

幻灯片中【文本占位符】的位置是固定的，如果想在幻灯片的其他位置输入文本，可以通过绘制一个新的文本框来实现。在插入和设置文本框后，就可以在文本框中进行文本的输入了，在文本框中输入文本的具体操作方法如下。

步骤 01 新建一个演示文稿，将幻灯片中的文本占位符删除，单击【插入】选项卡【文本】组中的【文本框】按钮，在弹出的下拉菜单中选择【横排文本框】选项。

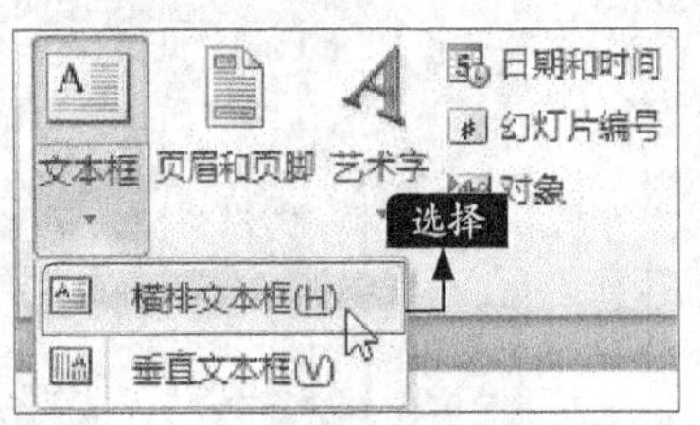

步骤 02 将光标移动到幻灯片中，当光标变为向下的箭头时，按住鼠标左键并拖曳即可创建一个文本框。

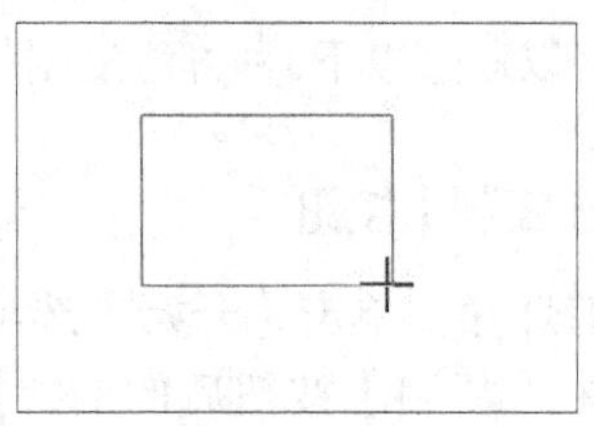

步骤 03 单击文本框就可以直接输入文本，这里输入“PowerPoint 2010的基本操作”。

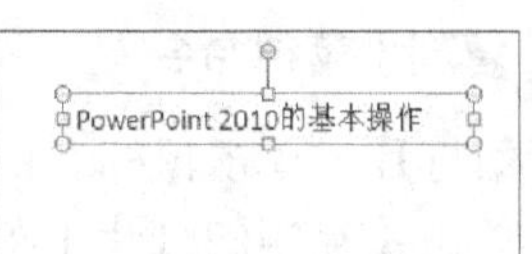

17.3.2 使用占位符添加文本

在普通视图中，幻灯片会出现“单击此处添加标题”或“单击此处添加副标题”等提示文本框。这种文本框统称为【文本占位符】。

在文本占位符中输入文本是最基本、最方便的一种输入方式。在文本占位符上单击即可输入文本。同时，输入的文本会自动替换文本占位符中的提示性文字。

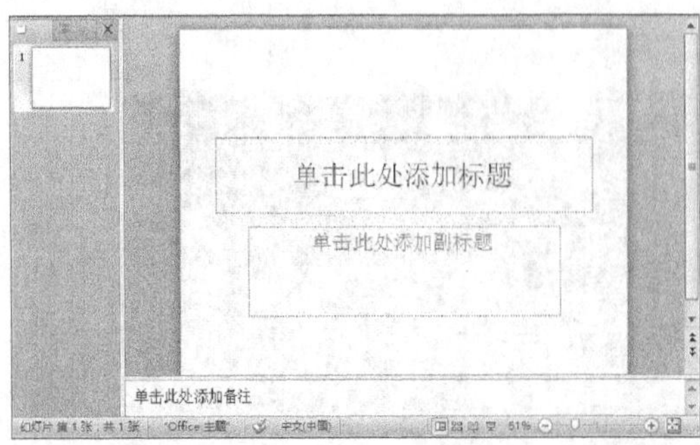

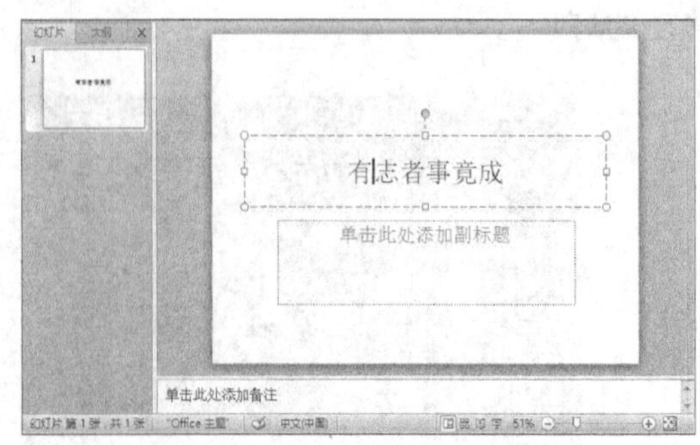

17.3.3 选择文本

如果要更改文本或者设置文本的字体样式，可以选择文本，将鼠标光标定位置要选择文本的起始位置，按住鼠标左键并拖曳鼠标，选择结束，释放鼠标左键即可选择文本。

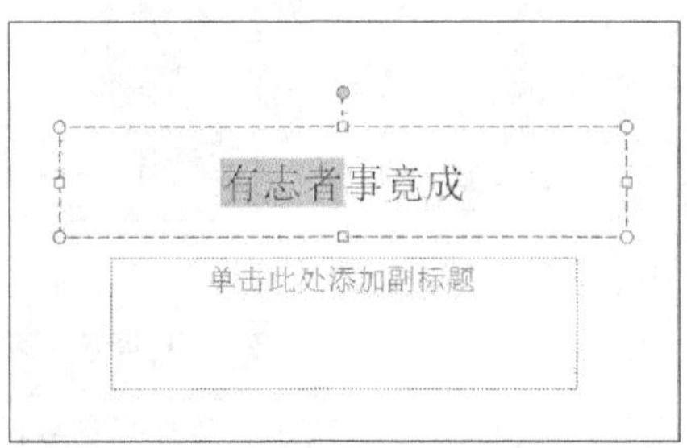

17.3.4 移动文本

在PowerPoint 2010中文本都是在占位符或者文本框中显示，可以根据需要移动文本的位置，选择要移动文本的占位符或文本框，鼠标光标变为✥，按住鼠标左键并拖曳，至合适位置释放鼠标左键即可完成移动文本的操作。

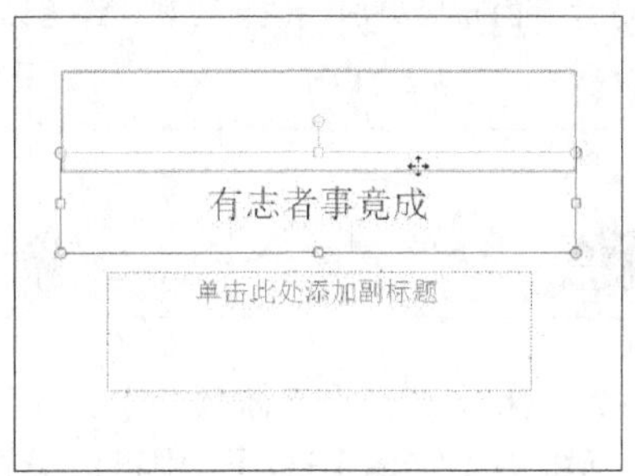

17.3.5 复制、粘贴文本

复制和粘贴文本是常用的文本操作，复制并粘贴文本的具体操作步骤如下。

步骤01 选择要复制的文本。

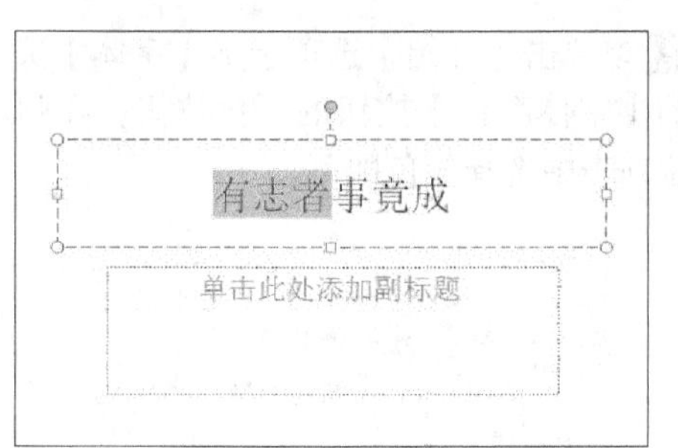

步骤02 单击【开始】选项卡下【剪贴板】组中【复制】按钮复制。

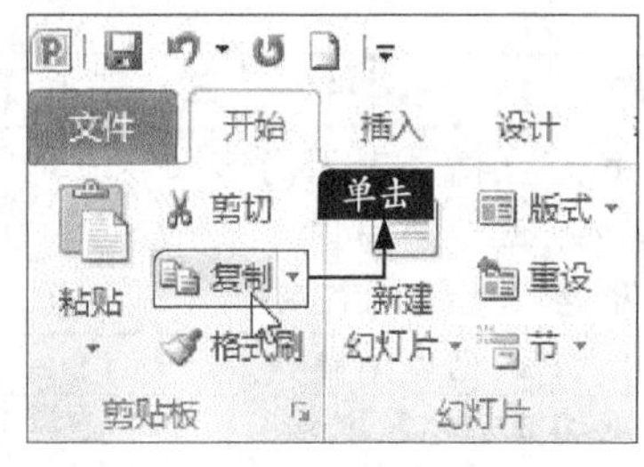

步骤03 选择要粘贴到的幻灯片页面，单击【开始】选项卡下【剪贴板】组中【粘贴】按钮后的下拉按钮，在弹出的下拉列表中单击【保留原格式】菜单命令。

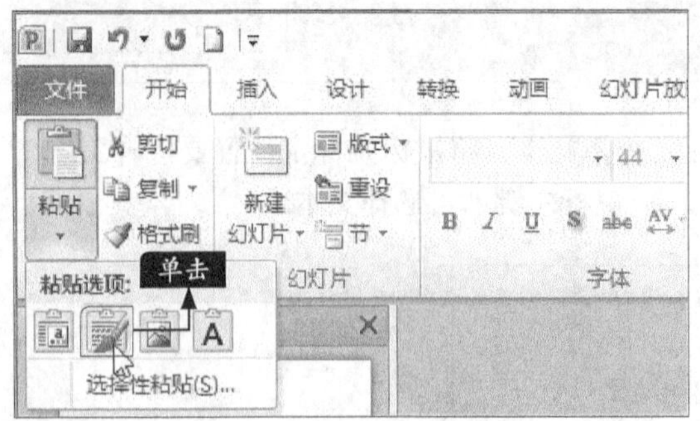

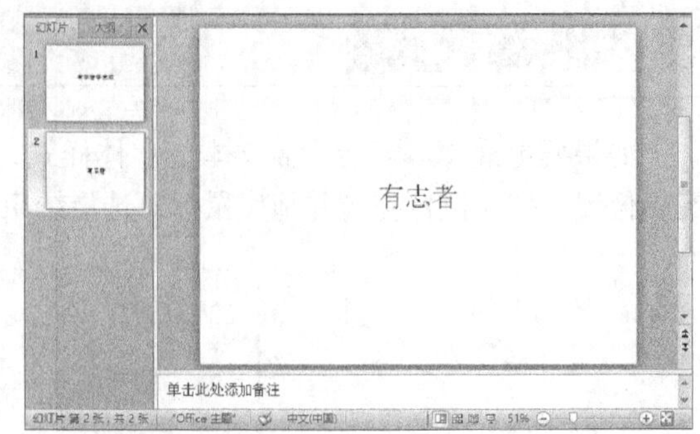

步骤 04 即可完成文本的粘贴操作。

小提示

选择文本后，按【Ctrl+C】组合键可快速复制文本，按【Ctrl+V】组合键可快速粘贴文本。

17.4 设置字体格式

本节教学录像时间：4 分钟

在幻灯片中添加文本后，设置文本的格式，如设置字体及颜色、字符间距、使用艺术字等，不仅可以使幻灯片页面布局更加合理、美观，还可以突出文本内容。

17.4.1 设置字体及颜色

PowerPoint 默认的【字体】为“宋体”，【字体颜色】为“黑色”，在【开始】选项卡下的【字体】选项组中或【字体】对话框中【字体】选项卡中可以设置字体、字号及字体颜色等，具体操作步骤如下。

步骤 01 选中修改字体的文本内容，单击【开始】选项卡下【字体】选项组中的【字体】按钮的下拉按钮，在弹出的下拉列表中选择字体。

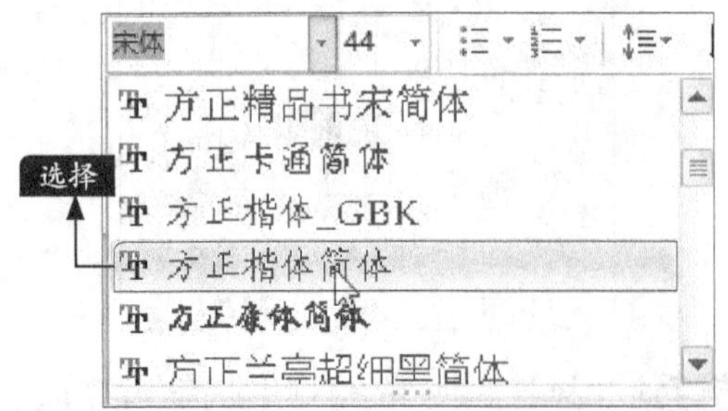

步骤 02 单击【开始】选项卡下【字体】选项组中的【字号】按钮的下拉按钮，在弹出的下拉列表中选择字号。

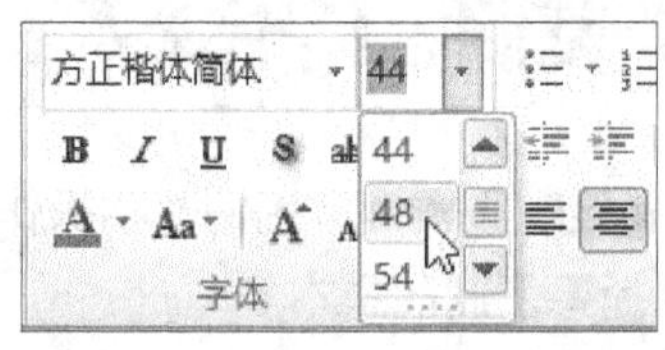

步骤 03 单击【开始】选项卡下【字体】选项组中的【字体颜色】按钮的下拉按钮，在弹出的下拉列表中选择颜色即可。

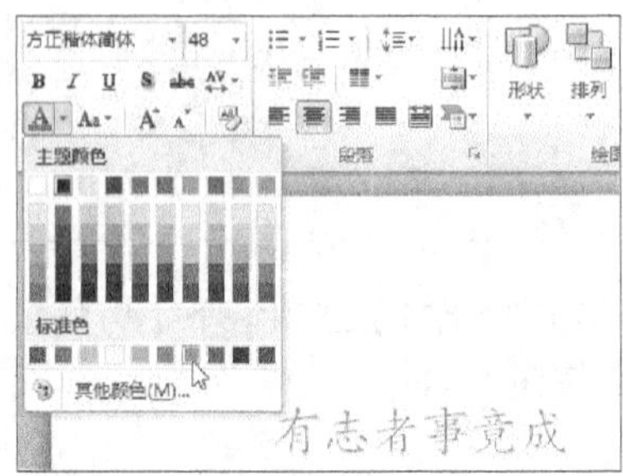

步骤 04 另外，也可以单击【开始】选项卡下【字体】选项组中的对话框启动器，在弹出的【字体】对话框中也可以设置字体及字体颜色。

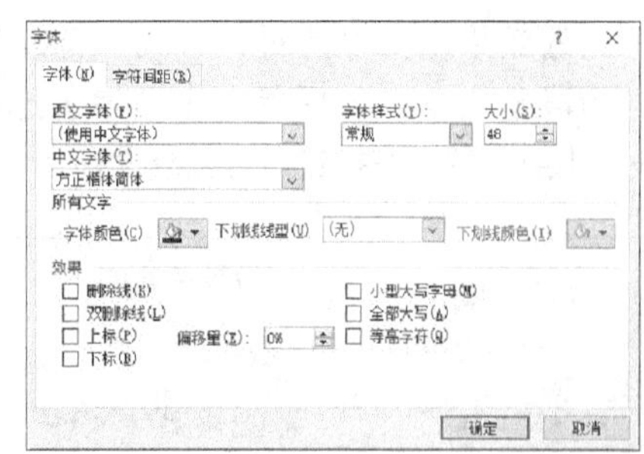

17.4.2 使用艺术字

艺术字与普通文字相比，有更多的颜色和形状可以选择，表现形式多样化，在幻灯片中插入艺术字可以达到锦上添花的效果。利用PowerPoint 2010中的艺术字功能插入装饰文字，可以创建带阴影的、映像的和三维格式等艺术字，也可以按预定义的形状创建文字。

步骤 01 新建演示文稿，删除占位符，单击【插入】选项卡下【文本】选项组中的【艺术字】按钮，在弹出的下拉列表中选择一种艺术字样式。

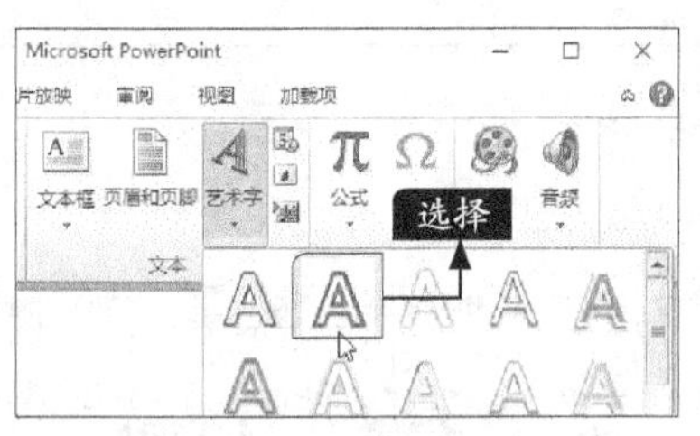

步骤 02 即可在幻灯片页面中插入【请在此放置您的文字】艺术字文本框。

步骤 03 删除文本框中的文字，输入要设置艺术字的文本。在空白位置处单击就完成了艺术字的插入。

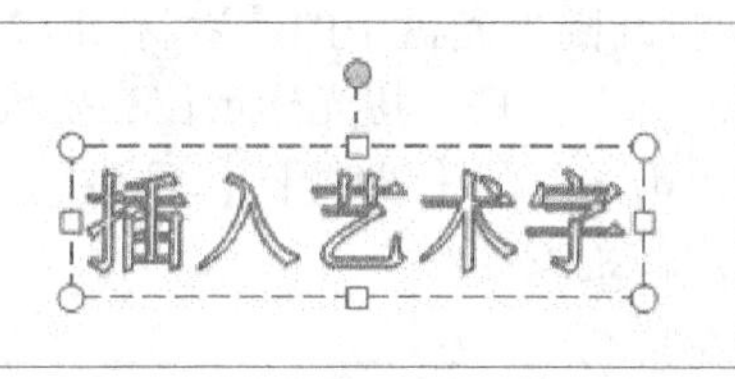

步骤 04 选择插入的艺术字，将会显示【格式】选项卡，在【形状样式】、【艺术字样式】选项组中可以设置艺术字的样式。

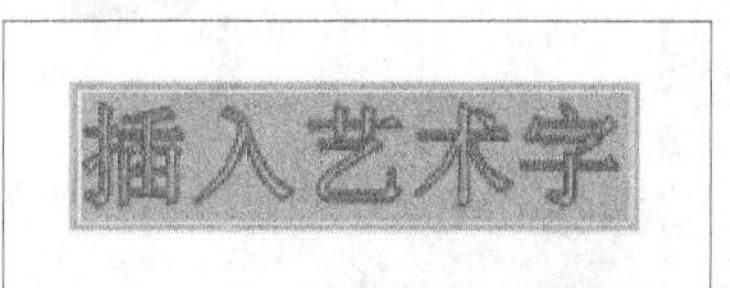

17.5 设置段落格式

本节教学录像时间：7 分钟

本节主要讲述设置段落格式的方法，包括对齐方式、缩进及间距与行距等方面的设置。对段落的设置主要是通过【开始】选项卡【段落】组中的各命令按钮来进行的。

17.5.1 对齐方式

段落对齐方式包括左对齐、右对齐、居中对齐、两端对齐和分散对齐。不同的对齐方式可以达到不同的效果。要设置对齐方式，首先选定要设定的段落文本，然后单击【开始】选项卡下【段落】组中的对齐按钮即可完成设置。

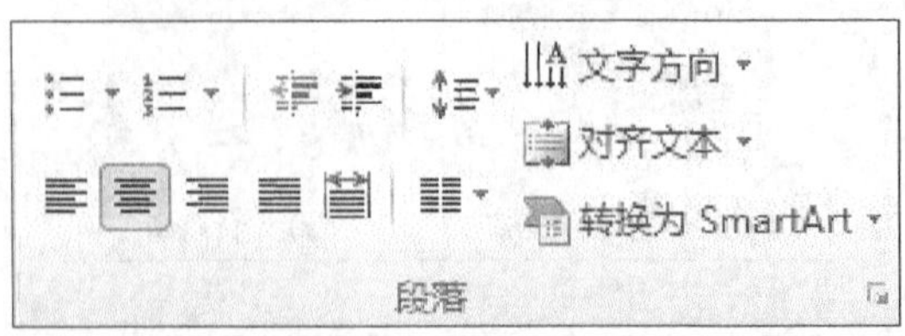

此外，还可以使用【段落】对话框设置对齐方式，将光标定位在段落中，单击【开始】选项卡【段落】选项组中对话框启动器，弹出【段落】对话框，在【常规】区域的【对齐方式】下拉列表中选择【居中】选项，单击【确定】按钮。

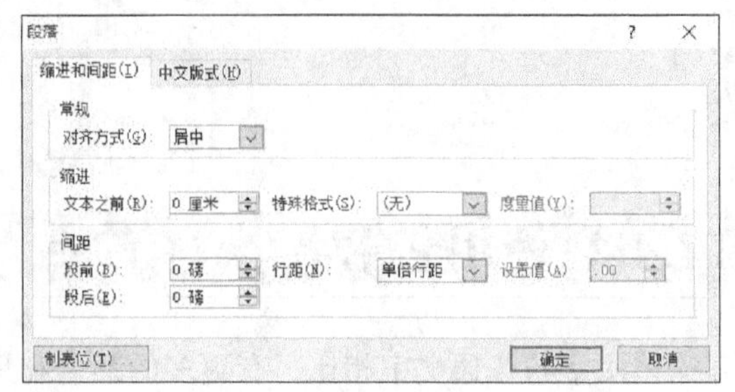

17.5.2 段落文本缩进

段落缩进指的是段落中的行相对于页面左边界或右边界的位置,段落文本缩进的方式有首行缩进、文本之前缩进和悬挂缩进3种。

步骤01 打开随书光盘中的“素材\ch17\公司奖励制度.pptx”文件，将光标定位在要设置的段落中，单击【开始】选项卡【段落】选项组中的对话框启动器。

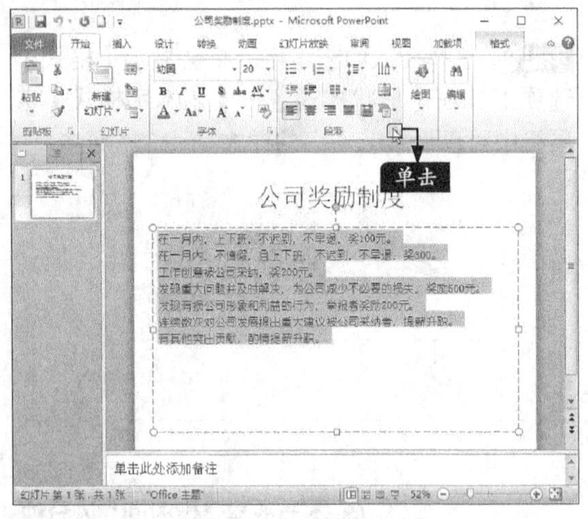

步骤02 弹出【段落】对话框，在【缩进和间距】选项卡下【缩进】区域中单击【特殊格式】右侧的下拉按钮，在弹出的下拉列表中选择【首行缩进】选项，并设置度量值为“2厘米”，单击【确定】按钮。

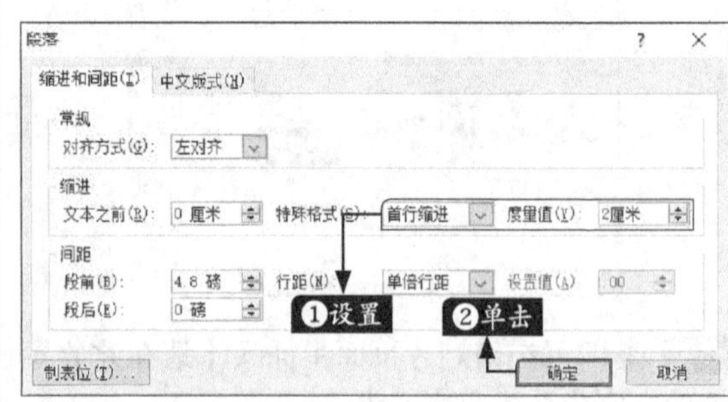

步骤03 设置后的效果如图所示。

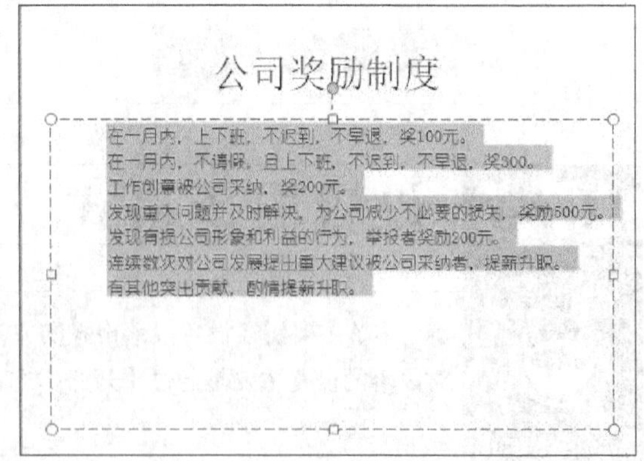

17.5.3 段间距和行距

段落行距包括段前距、段后距和行距等。段前距和段后距指的是当前段与上一段或下一段之间的间距，行距指的是段内各行之间的距离。

1.设置段间距

段间距是段与段之间的距离。设置段间距的具体操作步骤如下。

步骤01 打开随书光盘中的“素材\ch17\公司奖励制度.pptx”文件，选中要设置的段落，单击【开始】选项卡【段落】选项组中的对话框启动器。

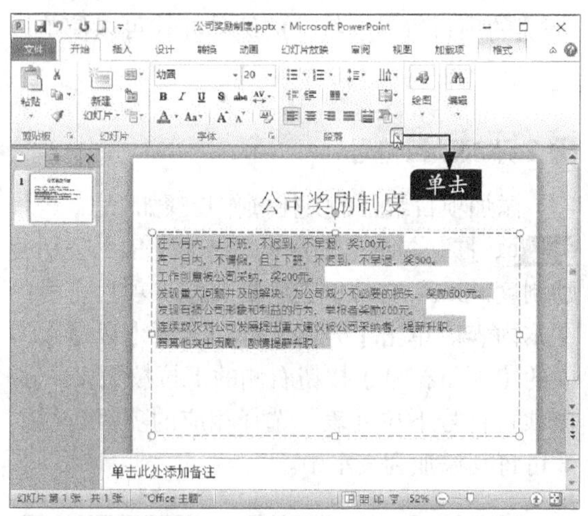

步骤02 在弹出的【段落】对话框的【缩进和间距】选项卡的【间距】区域中，在【段前】和【段后】微调框中输入具体的数值即可，如输入【段前】为“10磅”、【段后】同为“10磅”，单击【确定】按钮。

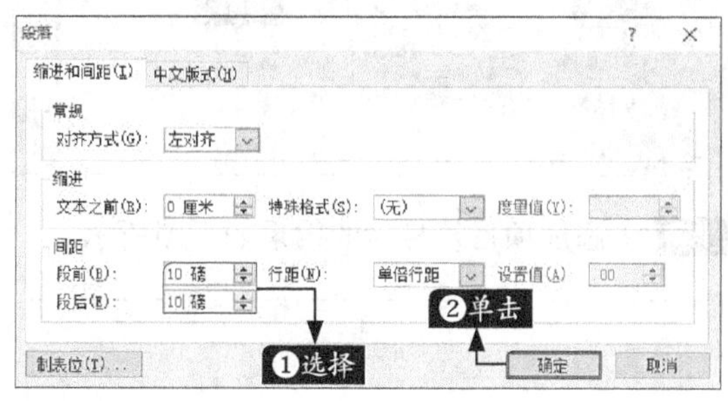

步骤03 设置后的效果如图所示。

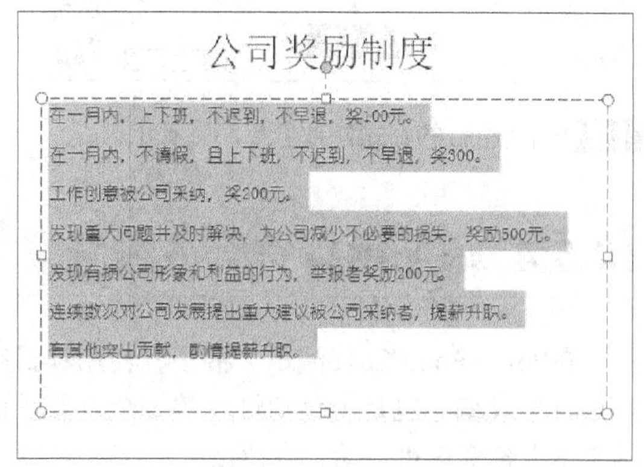

2.设置行距

设置行距的具体操作步骤如下。

步骤01 打开随书光盘中的“素材\ch17\公司奖励制度.pptx”文件，将鼠标光标定位在需要设置间距的段落中，单击【开始】选项卡【段落】选项组中的对话框启动器。

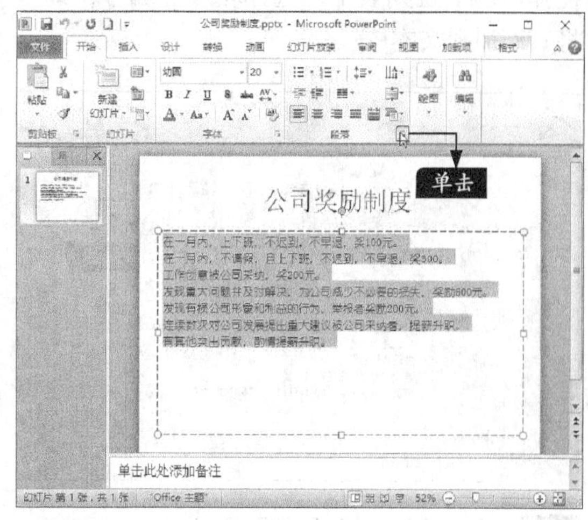

步骤02 弹出【段落】对话框，在【间距】区域中【行距】下拉列表中选择【1.5倍行距】选项，然后单击【确定】按钮。

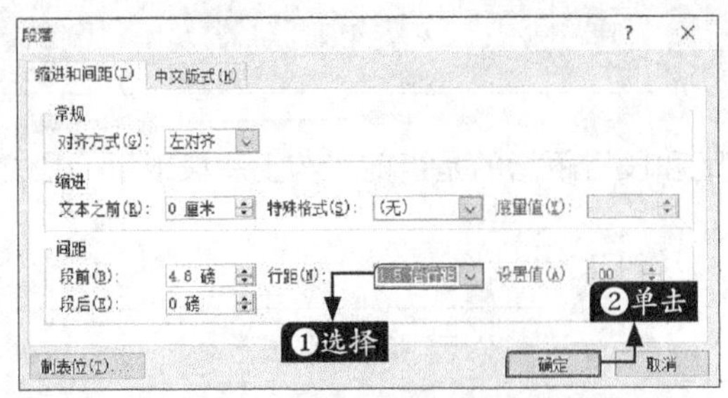

步骤 03 设置后的1.5倍行距如下图所示。

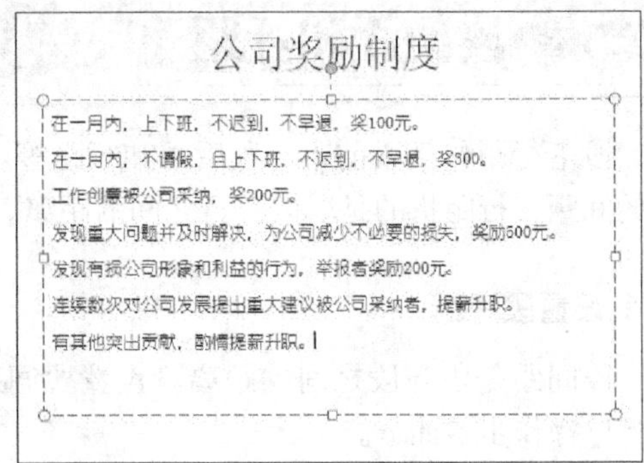

17.5.4 添加项目符号或编号

在PowerPoint 2010演示文稿中，使用项目符号或编号可以演示大量文本或顺序的流程。添加项目符号或编号也是美化幻灯片的一个重要手段，精美的项目符号、统一的编号样式可以使单调的文本内容变得更生动、专业。

1.添加编号

添加标号的具体操作步骤如下。

步骤 01 打开随书光盘中的“素材\ch17\公司奖励制度.pptx”文件，选中幻灯片中需要添加编号的文本内容，单击【开始】选项卡下【段落】组中的【编号】按钮右侧的下拉按钮，在弹出的下拉列表中，选择相应的编号，即可将其添加到文本中。

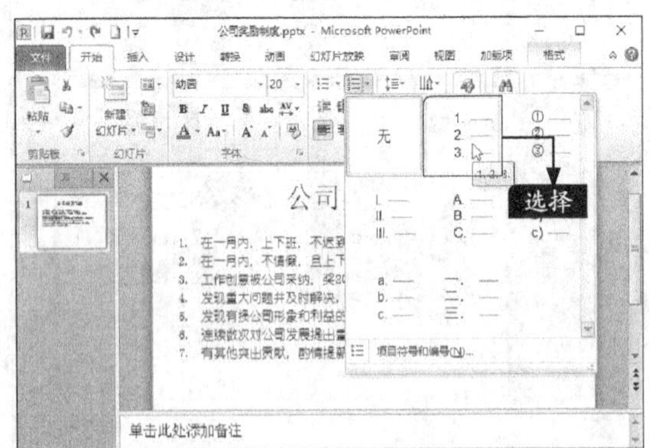

步骤 02 添加编号后效果如下图所示。

公司奖励制度

1. 在一月内，上下班，不迟到，不早退，奖100元。
2. 在一月内，不请假，且上下班，不迟到，不早退，奖300。
3. 工作创意被公司采纳，奖200元。
4. 发现重大问题并及时解决，为公司减少不必要的损失，奖励500元。
5. 发现有损公司形象和利益的行为，举报者奖励200元。
6. 连续数次对公司发展提出重大建议被公司采纳者，提薪升职。
7. 有其他突出贡献，酌情提薪升职。

2.添加项目符号

添加项目编号的具体操作步骤如下。

步骤 01 打开随书光盘中的“素材\ch17\公司奖励制度.pptx”文件，选中需要添加项目符号的文本内容。单击【开始】选项卡下【段落】组中的【项目符号】按钮右侧的下拉按钮，弹出项目符号下拉列表，选择相应的项目符号，即可将其添加到文本中。

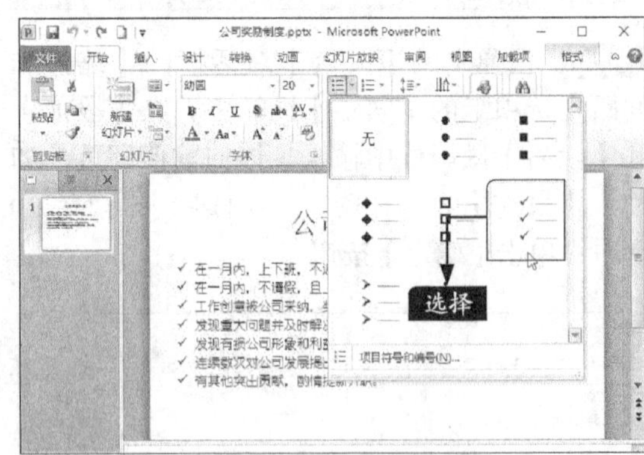

步骤 02 添加项目符号后的效果如下图所示。

公司奖励制度

✓ 在一月内，上下班，不迟到，不早退，奖100元。
✓ 在一月内，不请假，且上下班，不迟到，不早退，奖300。
✓ 工作创意被公司采纳，奖200元。
✓ 发现重大问题并及时解决，为公司减少不必要的损失，奖励500元。
✓ 发现有损公司形象和利益的行为，举报者奖励200元。
✓ 连续数次对公司发展提出重大建议被公司采纳者，提薪升职。
✓ 有其他突出贡献，酌情提薪升职。

17.6 综合实战——制作岗位竞聘演示文稿

本节教学录像时间：9 分钟

通过竞聘上岗，可以增大选人用人的渠道。而精美的岗位竞聘演示文稿，可以让竞聘者在演讲时，能够最大限度地介绍自己，让监考官能够多方面地了解竞聘者的实际情况。

第1步：制作首页幻灯片

本节主要涉及幻灯片的一些基本操作，如选择主题、设置幻灯片大小和设置字体格式等内容。

步骤 01 启动PowerPoint 2010，在【文件】选项卡下，单击【新建】选项，在右侧区域中选择【主页】➤【主题】选项，在主题列表中选择【精装书】选项，并单击【创建】按钮。

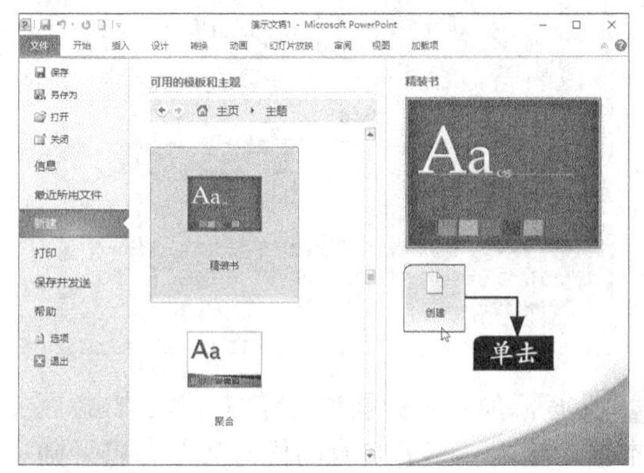

步骤 02 即可创建如下图所示演示文稿。

步骤 03 单击【单击此处添加标题】文本框，在文本框中输入“注意细节，抓住机遇”，并设置标题字体为“汉仪大黑体”、字号为“72”、字体颜色为“橙色”、文字效果为“文字阴影”、对齐方式为“居中对齐”。

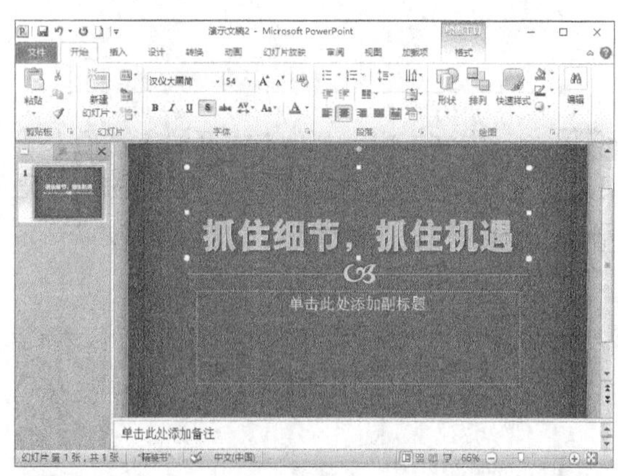

步骤 04 单击【单击此处添加副标题】文本框，在副标题中输入如下图所示文本内容，并设置字体为“幼圆”、字号为“28”、对齐方式为“右对齐”。

第2 步：制作岗位竞聘幻灯片

本步骤主要介绍添加幻灯片、设置字体格式和添加编号等内容。

步骤 01 添加一张“垂直排列标题与文本”幻灯

片，单击【单击此处添加标题】文本框，在文本框中输入“目录”，在内容文本框中输入如下图所示文本内容，设置其字体为“方正楷体简体”、字号大小为“24”。

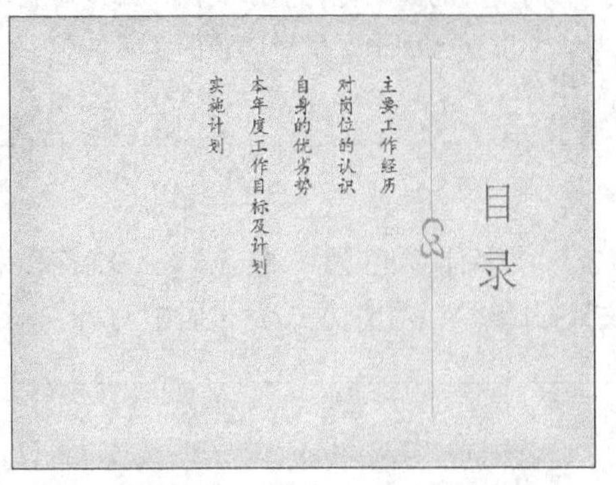

步骤 02 选中文本内容，单击【开始】选项卡下【段落】组中的【编号】按钮右侧的倒三角箭头，在弹出的下拉列表中选择样式为“一、二、三”的编号。

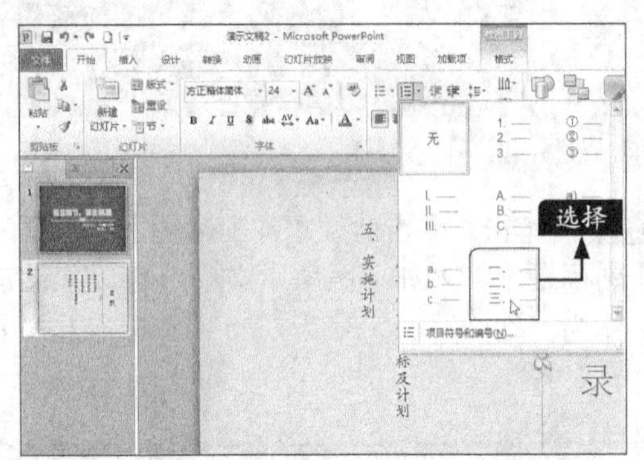

步骤 03 将文本内容的段前和段落间距设置为“12磅”，如下图所示。

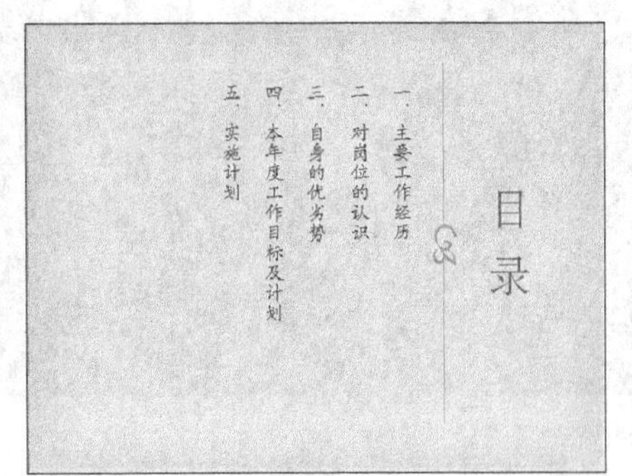

步骤 04 添加一张标题和内容幻灯片，在标题文本框中输入“一、主要工作经历”，设置标题字体为“方正楷体简体”、字号为“44”。打开随书光盘中的“素材\ch17\工作经历.txt”，将其文本内容粘贴至内容文本框中，并设置字体为“幼圆”、字号为“20”、首行缩进“1.5厘米”、段前段后间距为“10磅”、行距为“1.5倍行距”，如下图所示。

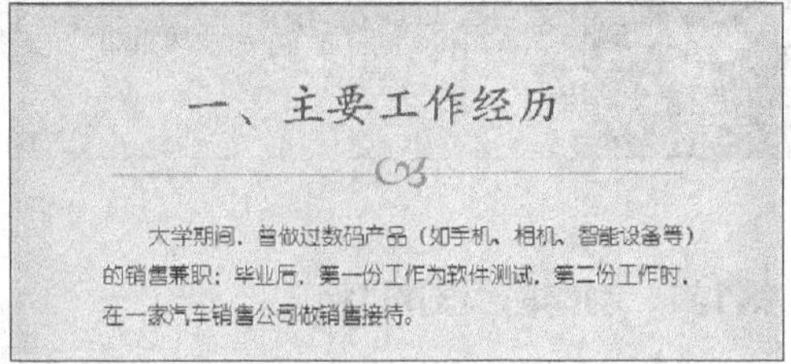

步骤 05 添加一张标题和内容幻灯片，在标题文本框中输入“二、对岗位的认识”，打开随书光盘中的“素材\ch17\岗位认识.txt”，将其文本内容粘贴至内容文本框中，按照步骤 04设置文字的字体和段落格式。

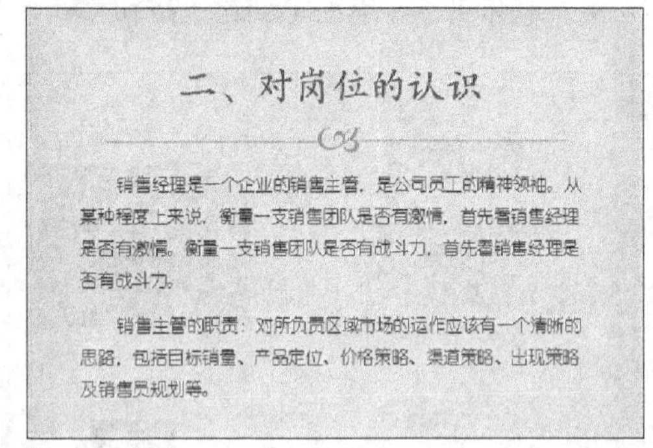

步骤 06 添加一张标题和内容幻灯片，在标题文本框中输入“三、自身的优劣势”，打开随书光盘中的“素材\ch17\自身的优略势.txt”，将其文本内容粘贴至内容文本框中，按照步骤 04设置文字的字体和段落格式。

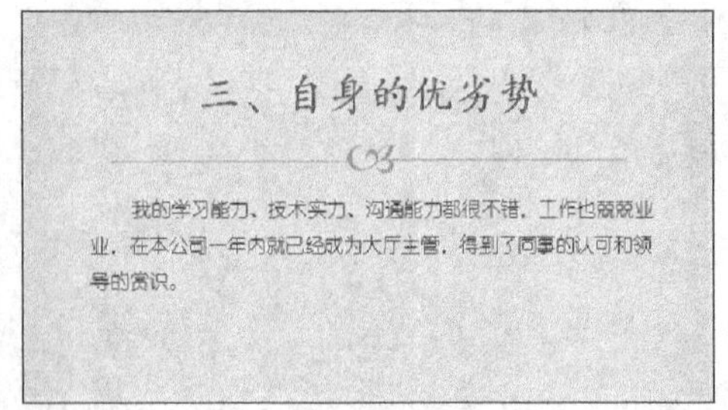

步骤 07 添加一张标题和内容幻灯片，在标题文本框中输入“四、本年度工作目标”，打开随书光盘中的“素材\ch17\本年度工作目标.txt”，将其文本内容粘贴至内容文本框中，

按照步骤04设置文字的字体和段落格式。

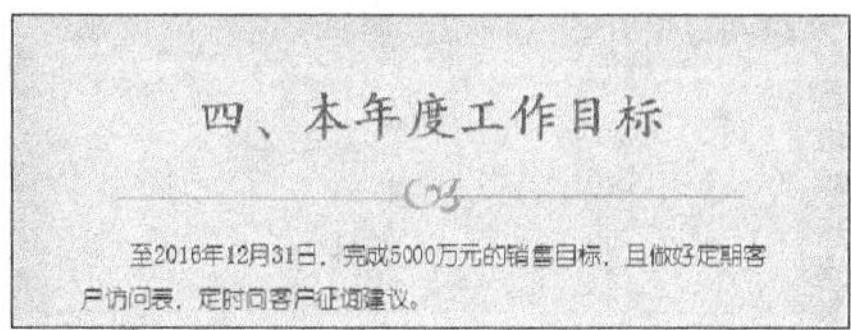

步骤08 添加一张标题和内容幻灯片，在标题文本框中输入“五、实施计划”，打开随书光盘中的“素材\ch17\实施计划.txt”，将其文本内容粘贴至副标题文本框中，按照步骤04设置文字的字体和段落格式。

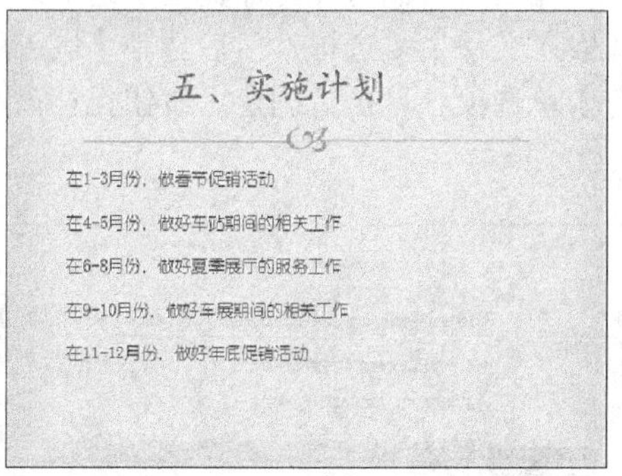

步骤09 选中文本内容，单击【开始】选项卡【段落】组中【项目符号】按钮右侧的倒三角箭头，在弹出的下拉列表中选择一种项目符号。

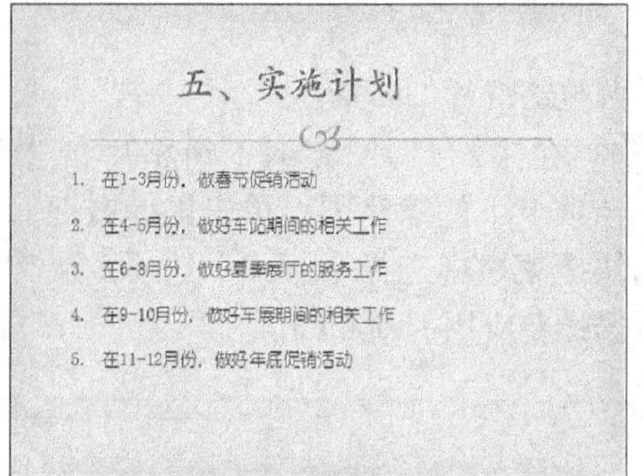

第3步：制作结束幻灯片

本步骤主要涉及添加幻灯片、设置字体格式等内容。

步骤01 添加一张空白幻灯片，并插入横排文本框，输入如下图所示文本内容，选中文本内容，设置其字体为“楷体”、字号为“66”，在【格式】选项卡下设置艺术字样式为“渐变填充-褐色，强调文字颜色4，映像”。

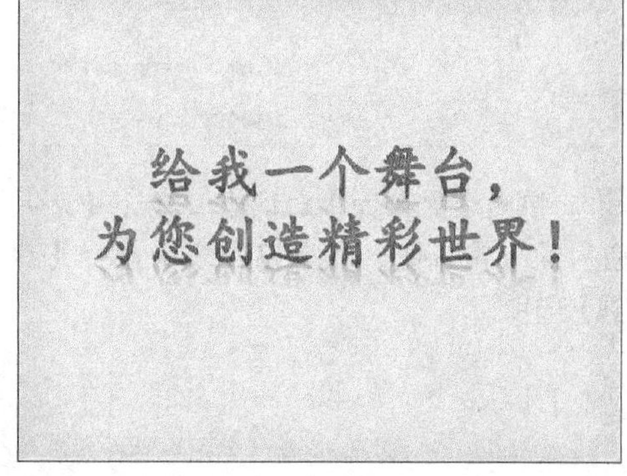

步骤02 添加一张空白幻灯片，插入垂直文本框，输入“谢谢”，并设置其字体为“方正楷体简体”、字号为“88”、加粗、添加文本阴影效果，如下图所示。

至此，岗位竞聘演示文稿就制作完成了。

高手支招

本节教学录像时间：3分钟

保存幻灯片中的特殊字体

为了获得好的效果，人们通常会在幻灯片中使用一些非常漂亮的字体，可是将幻灯片复制到演示现场进行播放时，这些字体变成了普通字体，甚至还因字体而导致格式变得不整齐，严重影响演示效果。可以通过下面步骤保存幻灯片中的特殊字体。

步骤 01 在PowerPoint 2010中，单击【文件】选项卡下的【另存为】选项卡。

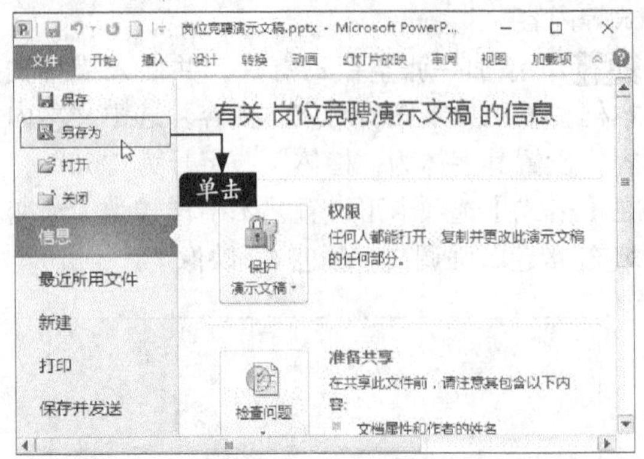

步骤 02 弹出【另存为】对话框，单击【工具】按钮后的下拉按钮，在下拉列表中选择【保存选项】选项。

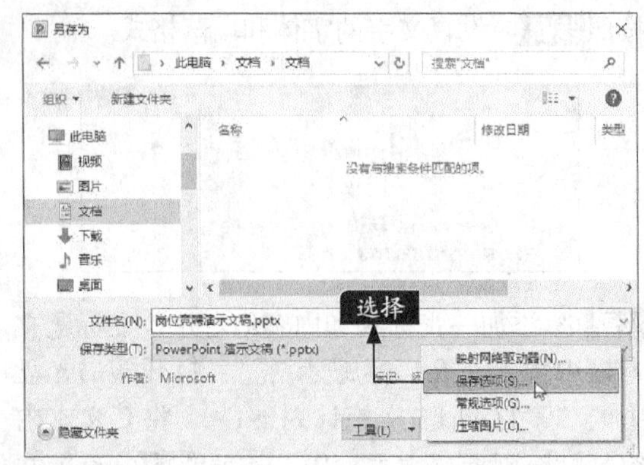

步骤 03 弹出【PowerPoint选项】对话框，在【共享此演示文稿时保持保真度】组下的【将字体嵌入文件】复选框，然后选中【嵌入所有字符】单选项，单击【确定】按钮保存该文件即可。

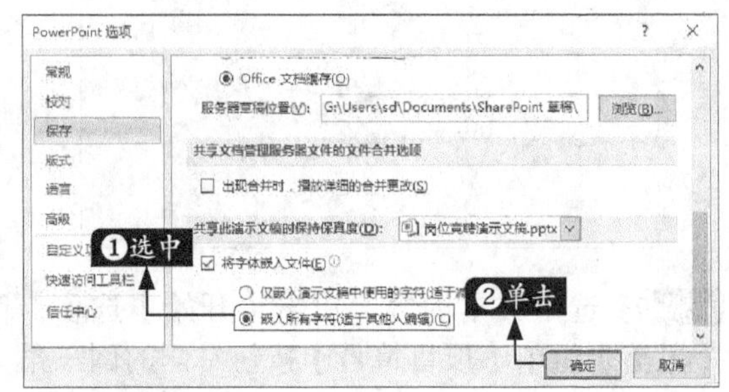

快速调整幻灯片布局

对新建的幻灯片样式不满意，可以快速地根据需要调整幻灯片的布局。

步骤 01 新建空白演示文稿，单击【开始】选项卡下【幻灯片】选项组中的【新建幻灯片】按钮下方的下拉按钮，在弹出的下拉列表中选择需要的Office主题，即可为幻灯片应用布局。

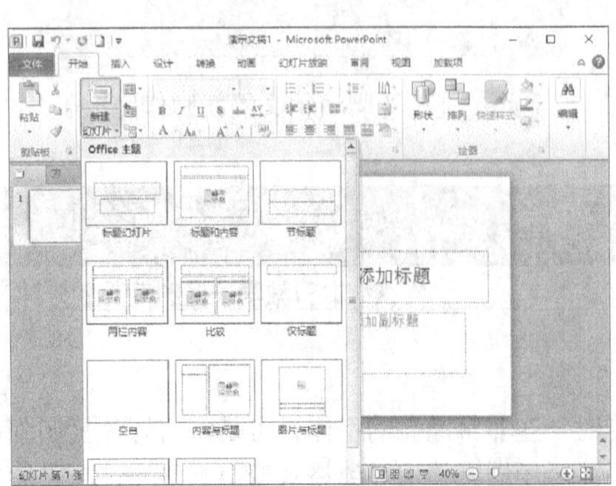

步骤 02 在【幻灯片/大纲】窗格中的【幻灯片】选项卡下的缩略图上单击鼠标右键，在弹出的快捷菜单中选择【版式】选项，从其子菜单中选择要应用的新布局。

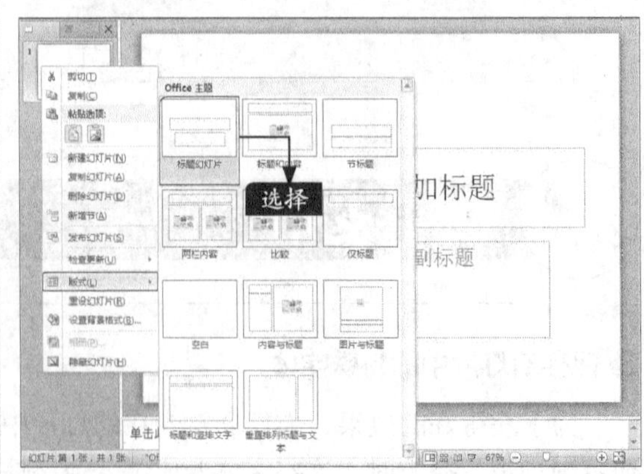

第18章

幻灯片的美化

本章介绍在幻灯片中插入图片、表格、自选图形、图表、SmartArt图形，以及使用母版视图等方法，可以使幻灯片的内容更加丰富。

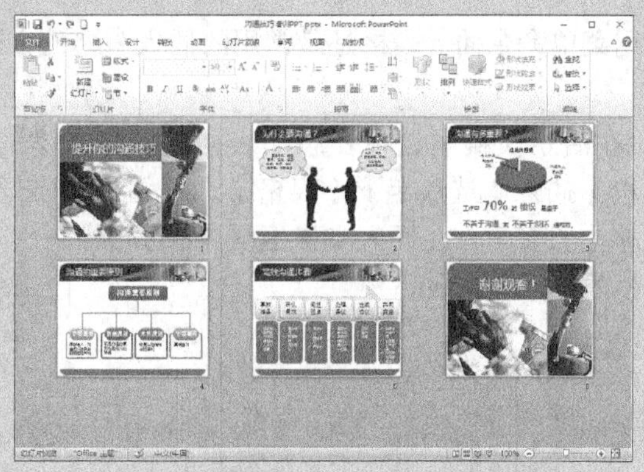

18.1 插入图片

本节教学录像时间：1 分钟

在制作幻灯片时插入适当的图片，可以达到图文并茂的效果。插入图片的具体操作步骤如下。

步骤 01 单击【插入】选项卡下【图像】选项组中的【图片】按钮。

步骤 02 弹出【插入图片】对话框，选中需要的图片，单击【插入】按钮，即可将图片插入幻灯片中。

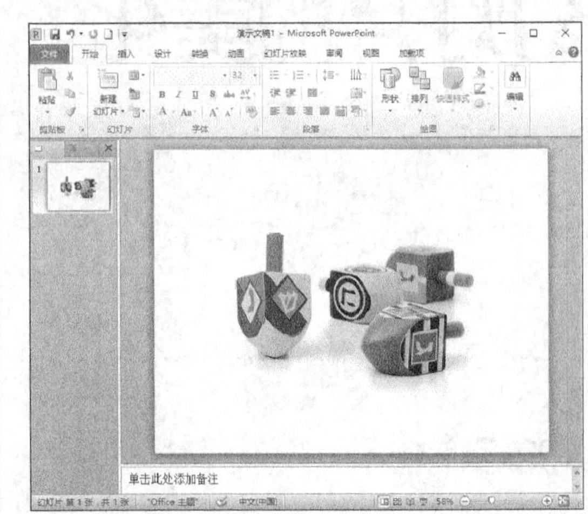

18.2 插入表格

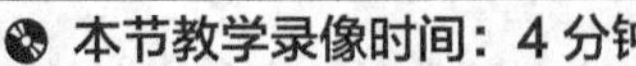

本节教学录像时间：4 分钟

在PowerPoint 2010中插入表格的方法有利用菜单命令插入表格、利用对话框插入表格和绘制表格3种。

18.2.1 利用菜单命令

利用菜单命令插入表格是最常用的插入表格的方式。利用菜单命令插入表格的具体操作步骤如下。

步骤 01 在演示文稿中选择要添加表格的幻灯片，单击【插入】选项卡下【表格】选项组中的【表格】按钮，在插入表格区域中选择要插入表格的行数和列数。

步骤 02 释放鼠标左键即可在幻灯片中创建如下图表格。

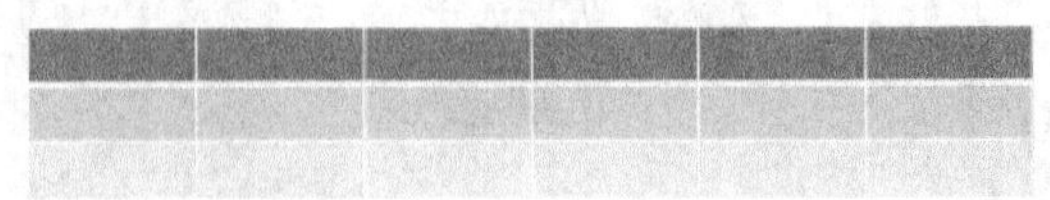

18.2.2 利用【插入表格】对话框

用户还可以利用【插入表格】对话框来插入表格，具体操作步骤如下。

步骤01 将光标定位至需要插入表格的位置，单击【插入】选项卡下【表格】选项组中的【表格】按钮，在弹出的下拉列表中选择【插入表格】选项。

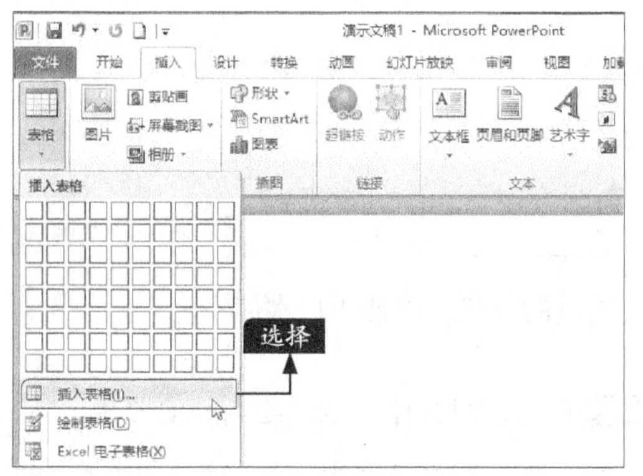

步骤02 弹出【插入表格】对话框，分别在【行数】和【列数】微调框中输入行数和列数，单击【确定】按钮，即可插入一个表格。

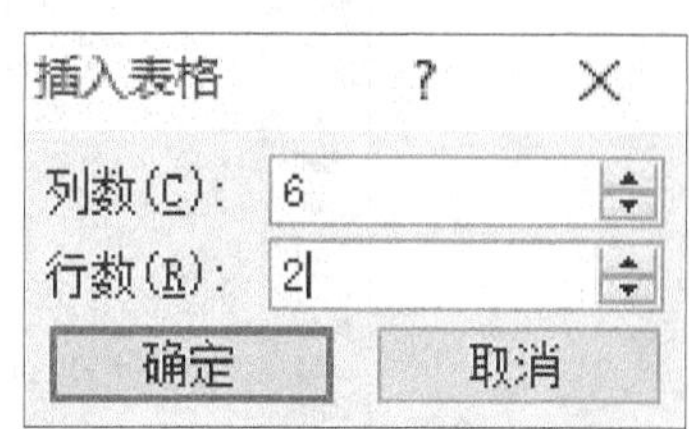

18.2.3 手动绘制表格

当用户需要创建不规则的表格时，可以使用表格绘制工具绘制表格，具体操作步骤如下。

步骤01 单击【插入】选项卡下【表格】选项组中的【表格】按钮，在弹出的下拉列表中选择【绘制表格】选项,此时鼠标指针变为形状，在需要绘制表格的地方单击并拖曳鼠标绘制出表格的外边界，形状为矩形。

步骤02 在该矩形中绘制行线、列线或斜线，绘制完成后按【Esc】键退出表格绘制模式。

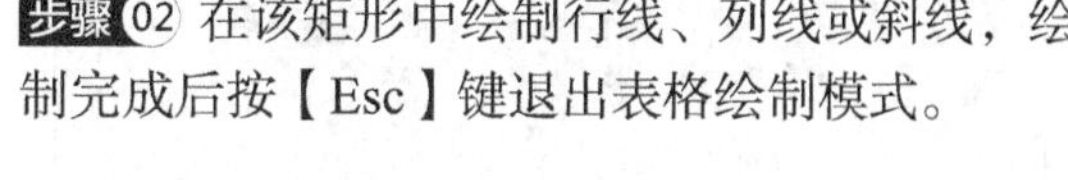

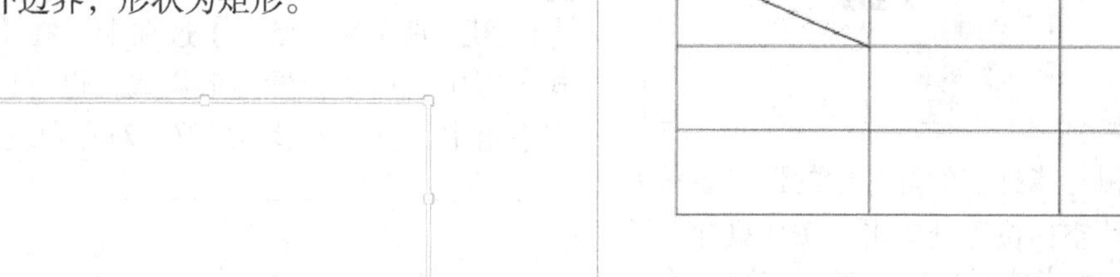

18.3 插入自选图形

本节教学录像时间：2 分钟

在幻灯片中，单击【开始】选项卡【绘图】组中的【形状】按钮，弹出如下图所示的下拉菜单。

通过该下拉菜单中的选项可以在幻灯片中绘制包括线条、矩形、基本形状、箭头总汇、公式形状、流程图、星与旗帜、标注和动作按钮等形状。

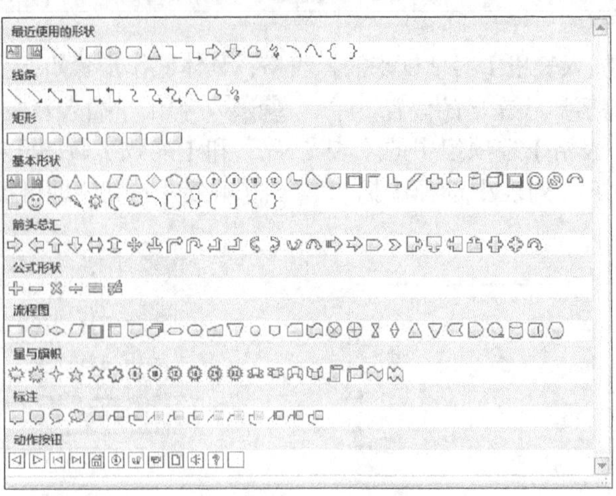

在【最近使用的形状】区域可以快速找到最近使用过的形状，以便于再次使用。

下面具体介绍绘制形状的具体操作方法。

步骤 01 新建一个空白幻灯片，单击【开始】选项卡【绘图】组中的【形状】按钮，在弹出的下拉菜单中选择需要的形状，如单击【矩形】区域的【圆角矩形】形状。

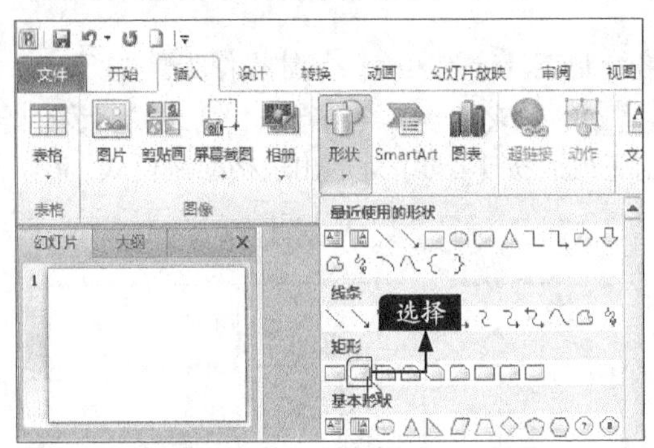

步骤 02 此时鼠标指针在幻灯片中的形状显示为十，在幻灯片空白位置处单击，按住鼠标左键不放并拖动到适当位置处释放鼠标左键。绘制的椭圆形状如下图所示。

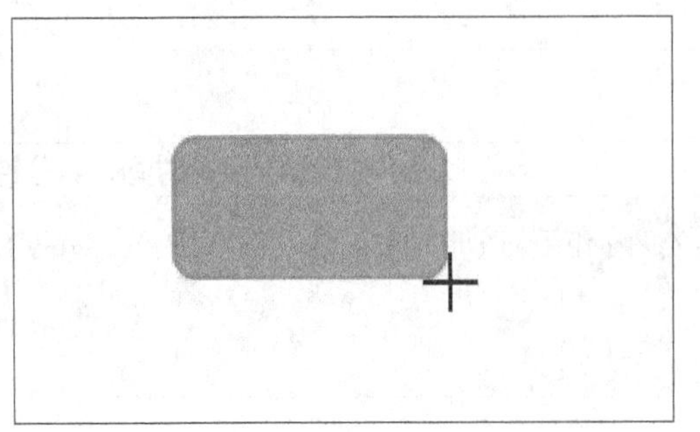

步骤 03 在幻灯片中，依次绘制其他形状。

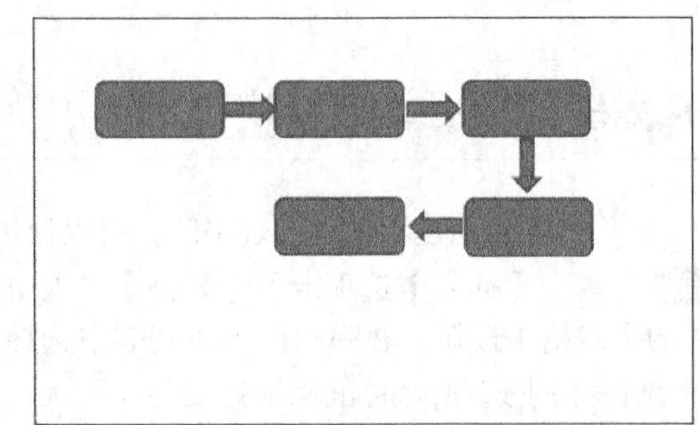

步骤 04 绘制完成后，选择绘制的图形，单击【绘图工具】➤【格式】选项卡，在【形状样式】组中，可以设置图形样式，也可以在【排列】组中，设置图形的排放、对齐和组合等。

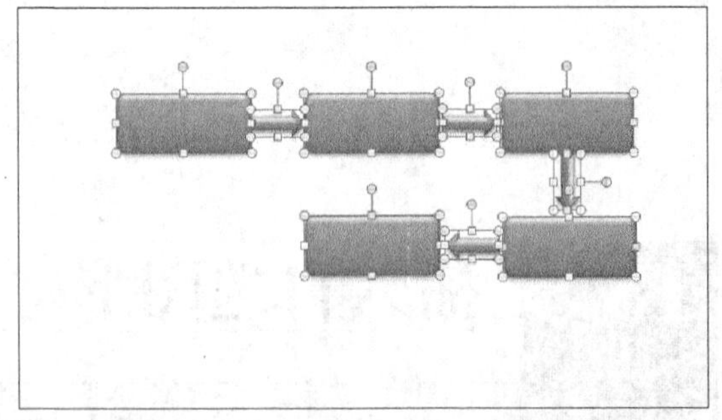

另外，单击【插入】选项卡【插图】组中的【形状】按钮，在弹出的下拉列表中选择需要的形状，也可以在幻灯片中插入需要的形状。

18.4 插入图表

图表比文字更能直观地显示数据，插入图表的具体操作步骤如下。

步骤 01 启动PowerPoint 2010，新建一个幻灯片，单击【插入】选项卡下【插图】选项组中的【图表】按钮。

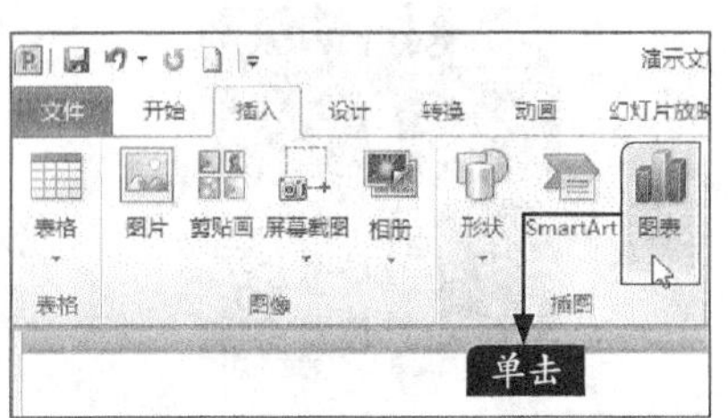

步骤 02 弹出【插入图表】对话框，在左侧列表中选择【柱形图】选项下的【簇状柱形图】选项。

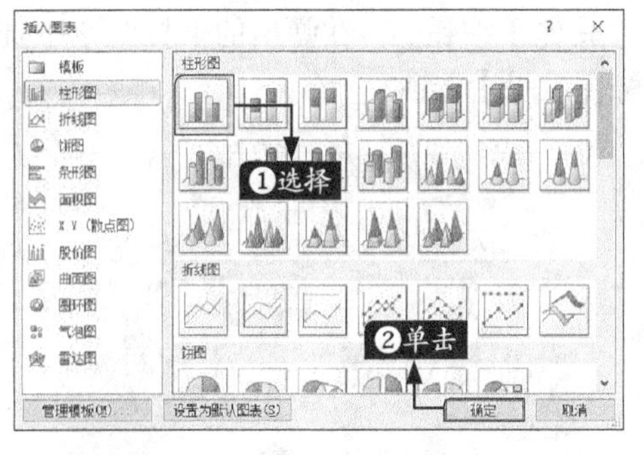

步骤 03 单击【确定】按钮，会自动弹出Excel 2010的界面，输入所需要显示的数据，输入完毕后关闭Excel 表格。

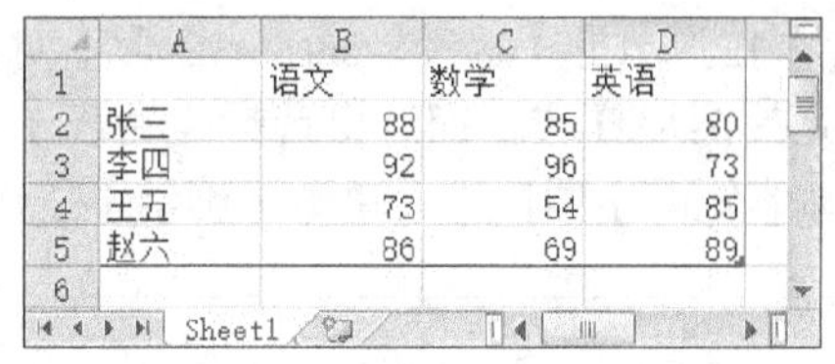

	A	B	C	D
1		语文	数学	英语
2	张三	88	85	80
3	李四	92	96	73
4	王五	73	54	85
5	赵六	86	69	89
6				

步骤 04 即可在演示文稿中插入一个图表。

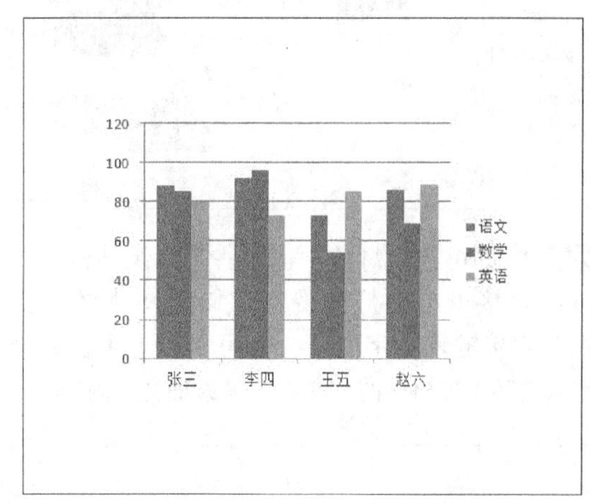

18.5 插入SmartArt图形

本节教学录像时间：3 分钟

SmartArt图形是信息和观点的视觉表示形式。可以通过从多种不同布局中进行选择来创建SmartArt图形，从而快速、轻松和有效地传达信息。

使用SmartArt图形，只需单击几下鼠标，就可以创建具有设计师水准的插图。

PowerPoint演示文稿通常包含带有项目符号列表的幻灯片，使用PowerPoint时，可以将幻灯片文本转换为SmartArt图形。此外，还可以向SmartArt图形添加动画。

组织结构图是以图形方式表示组织的管理结构，如公司内的部门经理和非管理层员工。在PowerPoint中，通过使用SmartArt图形，可以创建组织结构图并将其包括在演示文稿中。

步骤01 启动PowerPoint 2010，单击【插入】选项卡【插图】组中的【SmartArt】按钮。

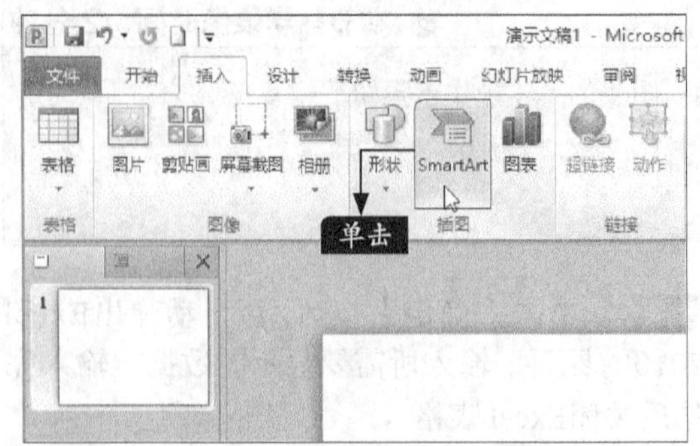

步骤02 在弹出的【选择SmartArt图形】对话框中，选择图形样式，如这里选择【矩阵】区域的【基本矩阵】图样，并单击【确定】按钮。

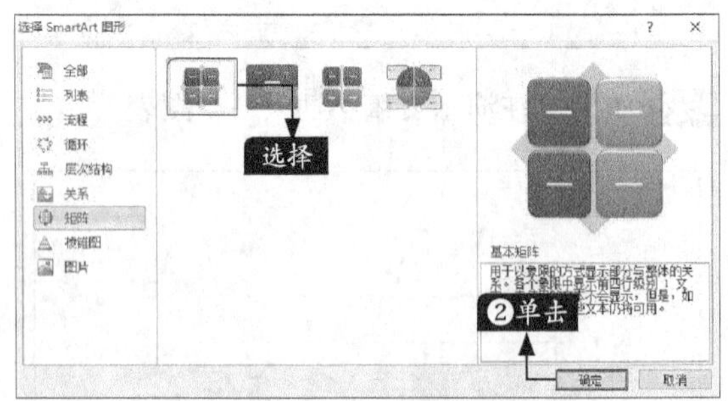

步骤03 即可在幻灯片中创建一个组织结构图，可以直接单击幻灯片的组织结构图中的“文本”直接输入文字内容，也可以单击【在此处键入文字】窗格中的“文本”来添加文字内容。

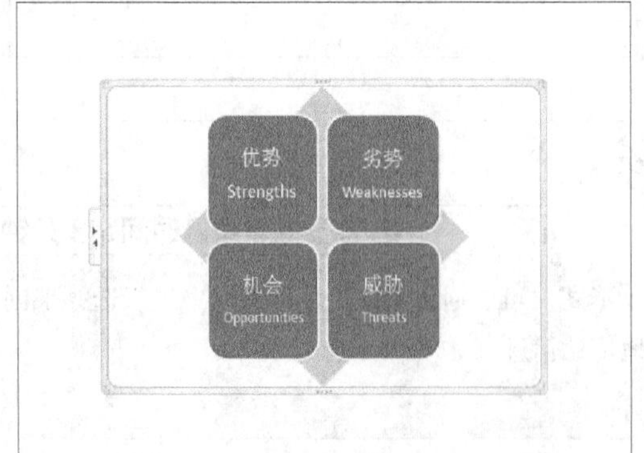

步骤04 单击【SmartArt工具】➤【设计】选项卡【SmartArt样式】组中的【更改颜色】按钮，在弹出的下拉菜单中选择【彩色】区域的【彩色范围-强调文字颜色4至5】选项。

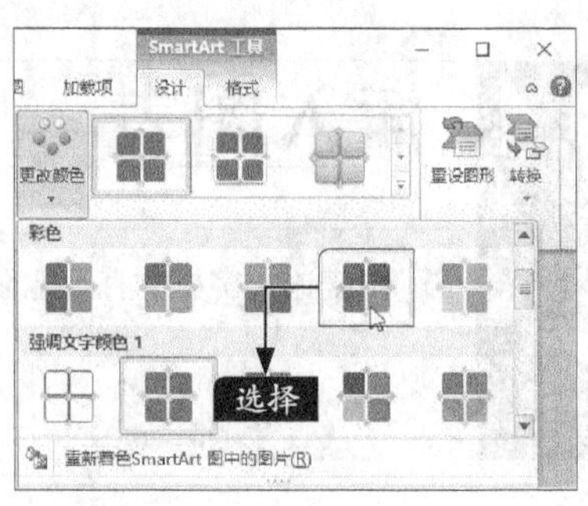

步骤05 更改颜色样式后的效果如下图所示。

步骤06 单击【SmartArt工具】➤【设计】选项卡【SmartArt样式】组中【快速样式】区域的【其他】按钮，在弹出的下拉菜单中选择【强烈效果】选项。

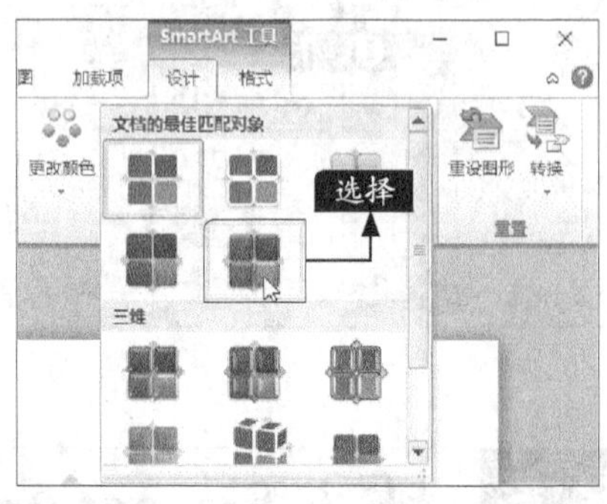

步骤07 更改SmartArt样式后，效果如下图所示。

18.6 母版视图

本节教学录像时间：3 分钟

幻灯片母版与幻灯片模板相似，可用于制作演示文稿中的背景、颜色主题和动画等。在幻灯片母版视图下可以为整个演示文稿设置相同的颜色、字体、背景和效果等。

1.设置幻灯片母版主题

设置幻灯片母版主题的具体操作步骤如下。

步骤 01 单击【视图】选项卡下【母版视图】组中的【幻灯片母版】按钮。在弹出的【幻灯片母版】选项卡中单击【编辑主题】选项组中的【主题】按钮。

步骤 02 在弹出的列表中选择一种主题样式。

步骤 03 设置完成后，单击【幻灯片母版】选项卡下【关闭】选项组中的【关闭母版视图】按钮即可。

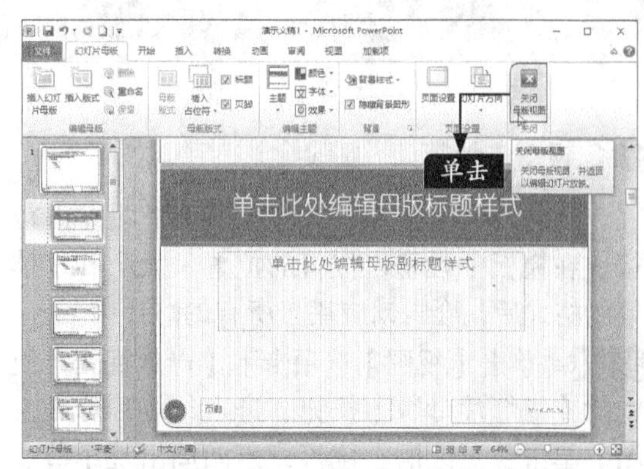

2.设置母版背景

母版背景可以设置为纯色、渐变或图片等效果，具体操作步骤如下。

步骤 01 单击【视图】选项卡下【母版视图】组中的【幻灯片母版】按钮，在弹出的【幻灯片母版】选项卡中单击【背景】选项组中的【背景样式】按钮，在弹出的下拉列表中选择合适的背景样式。

步骤 02 此时即将背景样式应用于当前幻灯片。

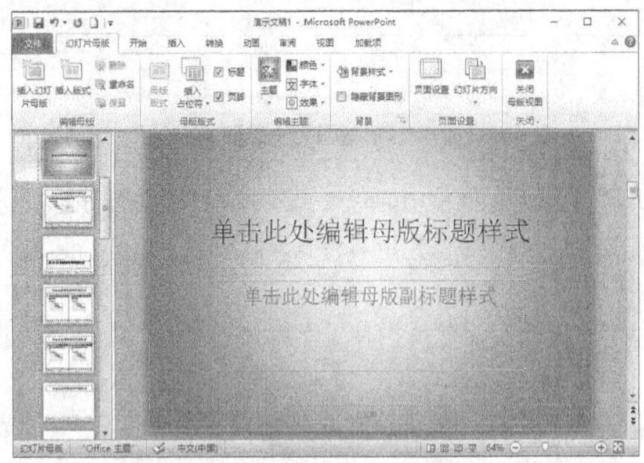

3.设置占位符

幻灯片母版包含文本占位符和页脚占位符。在模板中设置占位符的位置、大小和字体等的格式后，会自动应用于所有幻灯片中。

步骤 01 单击【视图】选项卡下【母版视图】组中的【幻灯片母版】按钮，进入幻灯片母版视图。单击要更改的占位符，当四周出现小节点时，可拖动四周的任意一个节点更改大小。

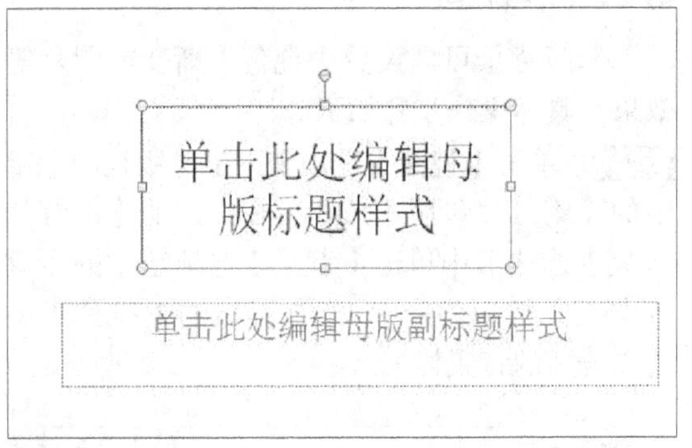

步骤 02 在【开始】选项卡下【字体】选项组中设置占位符中的文本的字体、字号和颜色。

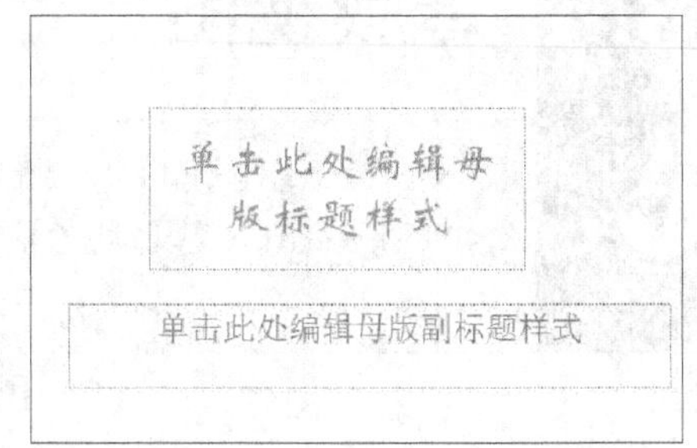

步骤 03 在【开始】选项卡下【段落】选项组中，设置占位符中的文本的对齐方式等。设置完成，单击【幻灯片母版】选项卡下【关闭】选项组中的【关闭母版视图】按钮，插入一张上一步骤中设置的标题幻灯片，在标题中输入标题文本即可。

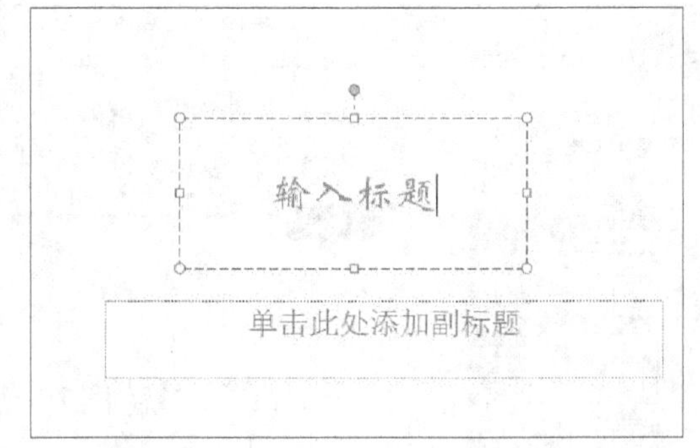

小提示

设置幻灯片母版中的背景和占位符时,需要先选中母版视图下左侧的第一张幻灯片的缩略图,然后再进行设置,这样才能一次性完成对演示文稿中所有幻灯片的设置。

18.7 综合实战——设计沟通技巧培训PPT

本节教学录像时间：23 分钟

沟通是人与人之间、群体与群体之间思想与感情的传递和反馈过程，目的在于思想达成一致和感情交流的通畅。沟通是社会交际中必不可少的技能，很多时候，沟通的成效直接影响着事业成功与否。

本例将制作一个介绍培训沟通技巧的演示文稿，展示提高沟通技巧的要素，具体操作步骤如下。

第1步：设计幻灯片母版

此演示文稿除首页和结束页外，其他所有幻灯片都要在标题处放置一个展现沟通交际的图片，为了版面美观，设置图片四角为弧形。设计该幻灯片母版的步骤如下。

步骤01 启动PowerPoint 2010，新建一个空白演示文稿。在【视图】选项卡的【母版视图】中单击【幻灯片母版】按钮，切换到幻灯片母版视图，并在左侧列表中单击第1张幻灯片。

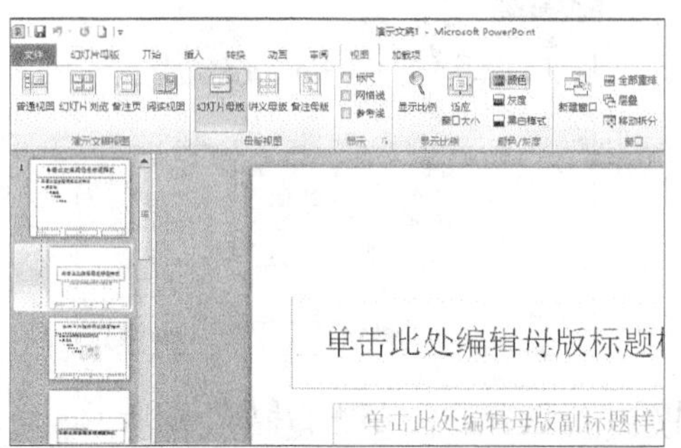

步骤02 在【插入】选项卡的【图像】组中单击【图片】按钮，在弹出的对话框中浏览到随书光盘中的“素材\ch18\背景1.png”文件，单击【插入】按钮。

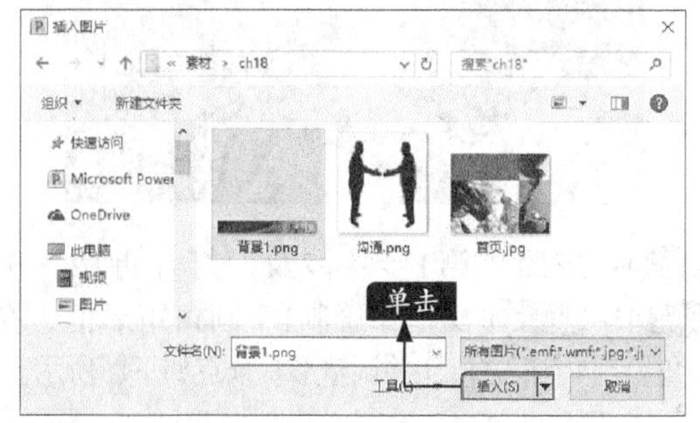

步骤03 插入图片并调整图片的位置，如下图所示。

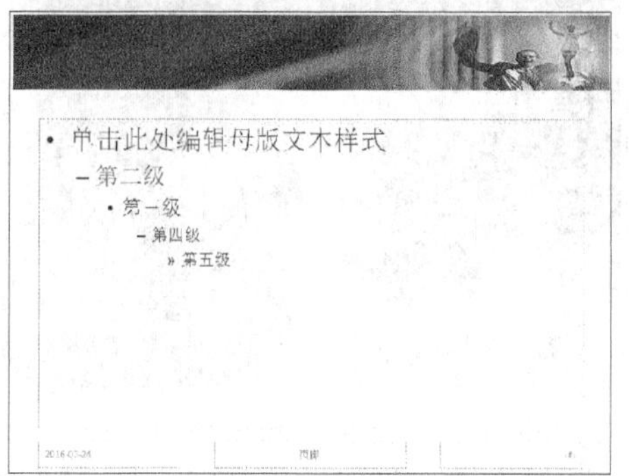

步骤04 使用形状工具在幻灯片底部绘制1个矩形框，并填充颜色为蓝色（R：29，G：122，B:207）。

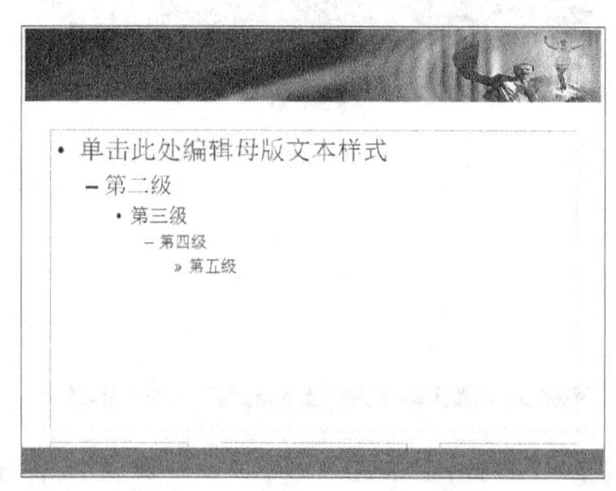

步骤05 使用形状工具绘制1个圆角矩形，并拖动圆角矩形左上方的黄点，调整圆角角度。设置【形状填充】为“无填充颜色”，设置【形状轮廓】为“白色”、【粗细】为“4.5磅”。

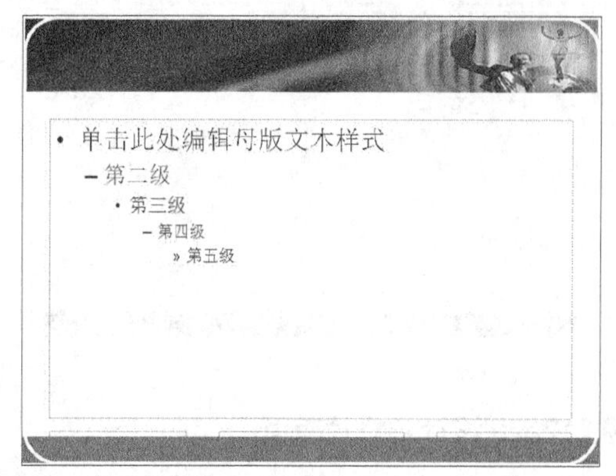

步骤06 在左上角绘制1个正方形，设置【形状填充】和【形状轮廓】为“白色”并右键单击鼠标，在弹出的快捷菜单中选择【编辑顶点】选项，删除右下角的顶点，并单击斜边中点向左上方拖动，调整为如下图所示的形状。

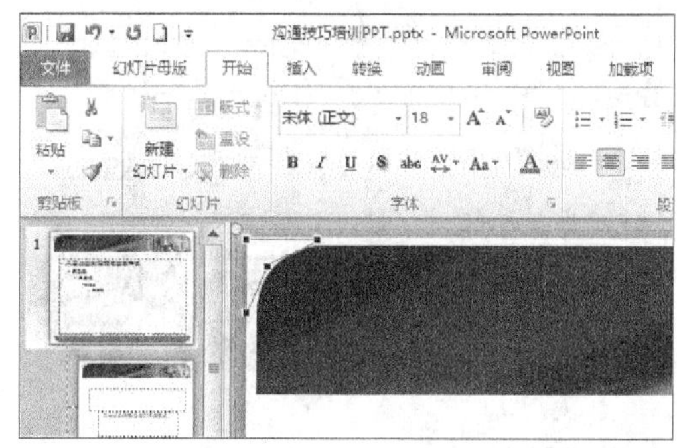

步骤 07 按照上述操作，绘制并调整幻灯片其他角的形状。

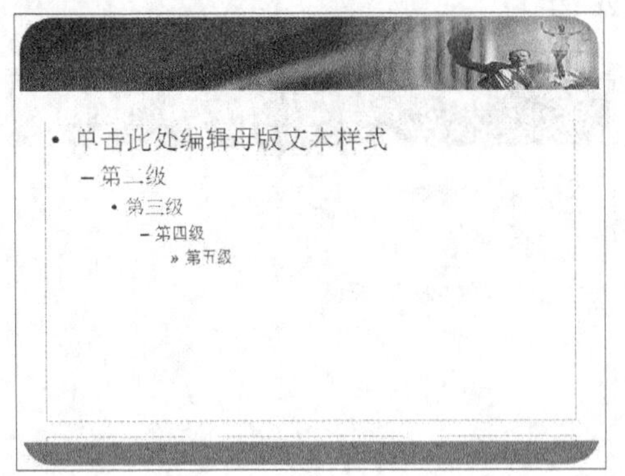

步骤 08 将标题框置于顶层，并设置内容字体为“微软雅黑”、字号为“40”、颜色为“白色”。

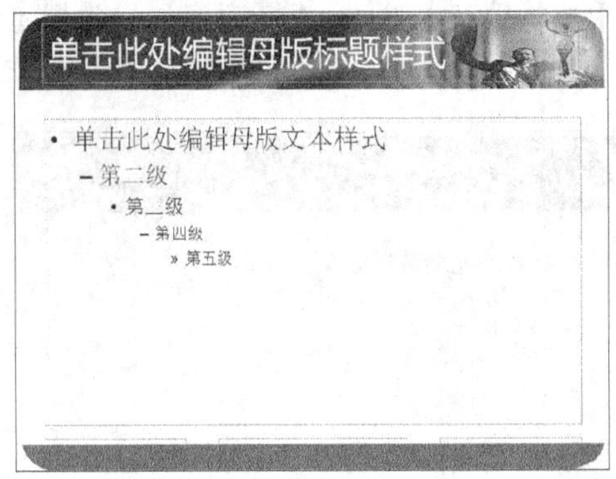

第2步：设计幻灯片首页

首页幻灯片由能够体现主题的背景图和标题组成，在设计首页幻灯片之前，首先应构思首页幻灯片的效果图。

步骤 01 在幻灯片母版视图中选择左侧列表的第2张幻灯片，在【幻灯片母版】选项卡的【背景】组中单击选中【隐藏背景图形】复选框。

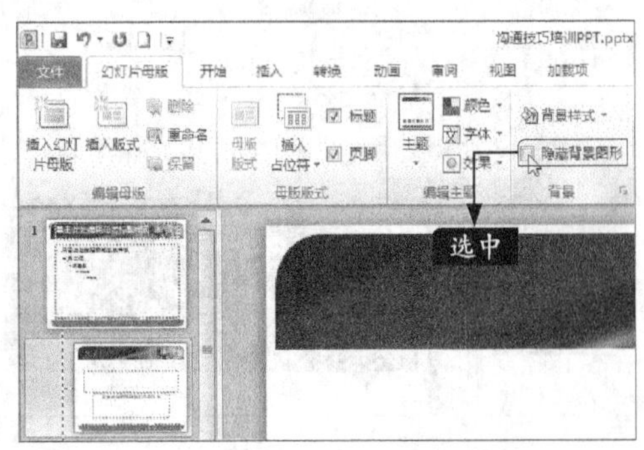

步骤 02 单击【幻灯片母版】➤【背景】组中【背景样式】按钮，在弹出的快捷菜单中选择【设置背景格式】选项，在弹出的【设置背景格式】对话框中，将填充设置为【图片或纹理填充】单选项，并单击【文件】按钮，选择“素材\ch18\首页.jpg”文件。

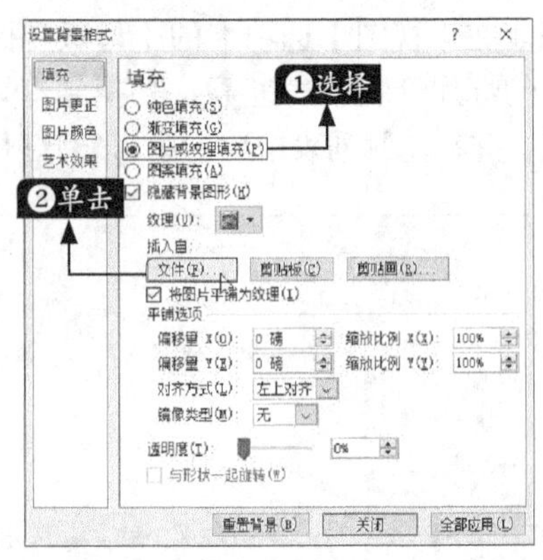

步骤 03 设置背景后的幻灯片如下图所示。

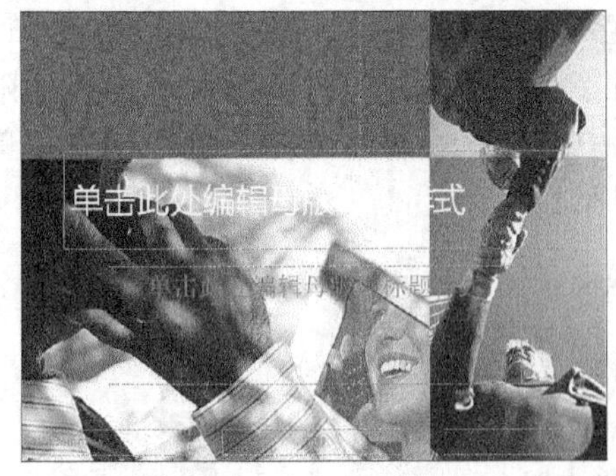

步骤 04 按照“第1步：涉及幻灯片母版”的步骤 05~步骤 06操作，绘制1个圆角矩形框，在四角绘制4个正方形，并调整形状顶点如下图所示。

步骤 05 单击【关闭母版视图】按钮，返回普通

视图，并在幻灯片中输入文字“提升你的沟通技巧”。

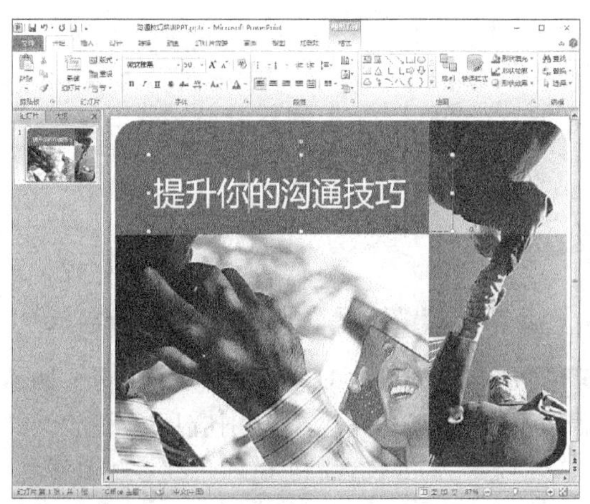

第3步：设计图文幻灯片

首页幻灯片设计完成后，设计图文幻灯片的具体步骤如下。

步骤 01 新建1张【仅标题】幻灯片，并输入标题“为什么要沟通？”。

步骤 02 在【插入】选项卡的【图像】组中单击【图片】按钮，插入“素材\ch18\沟通.png”文件，并调整图片的位置。

步骤 03 使用形状工具插入两个云形标注。

步骤 04 右键单击云形标注，在弹出的快捷菜单中选择【编辑文字】选项，输入如下文字。

步骤 05 新建【标题和内容】幻灯片，输入标题“沟通有多重要？”。

步骤 06 单击内容文本框中的【插入图表】按钮 ，在弹出的【插入图表】对话框中选择【分离型三维饼图】选项。

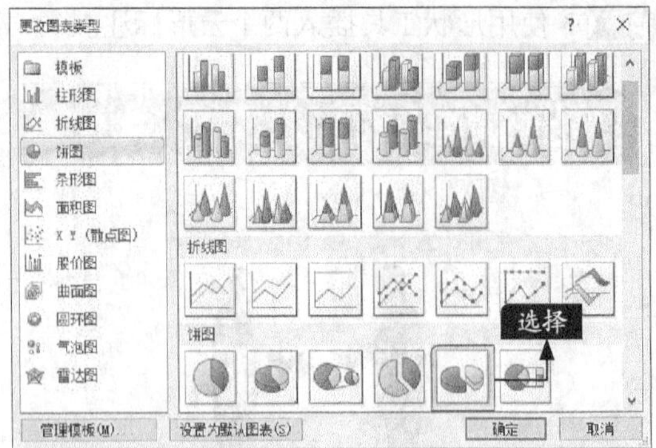

步骤07 在打开的Excel工作簿中修改数据如下。

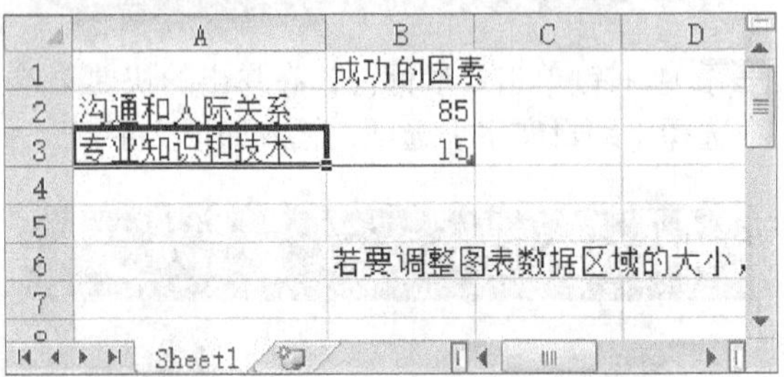

	A	B	C	D
1		成功的因素		
2	沟通和人际关系	85		
3	专业知识和技术	15		
4				
5				
6		若要调整图表数据区域的大小，		
7				

步骤08 保存并关闭Excel工作簿即完成图表插入，并可以根据需要美化图表，在图表下方插入1个文本框，输入内容，并调整文字的字体、字号和颜色，如下图所示。

第4步：设计图形幻灯片

使用形状和SmartArt图形来直观地展示沟通的重要原则和实现高效沟通的步骤。

步骤01 新建1张【仅标题】幻灯片，并输入标题内容“沟通的重要原则”。

步骤02 使用形状工具绘制5个圆角矩形，调整圆角矩形的圆角角度并分别应用一种形状样式，并根据需要设置图形的颜色和形状效果。

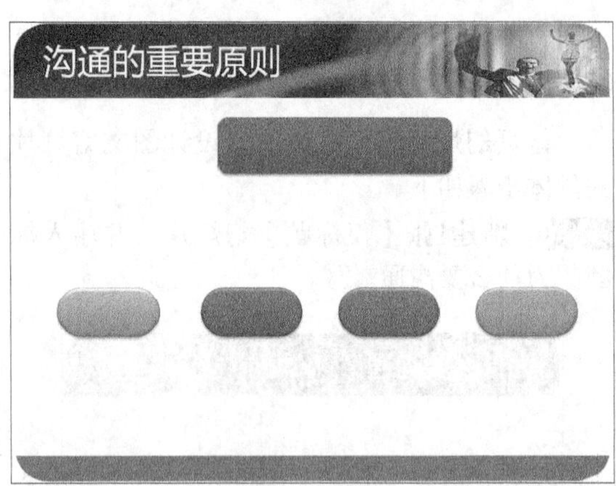

步骤03 再绘制4个圆角矩形，设置【形状填充】为【无填充颜色】，并设置形状轮廓颜色。

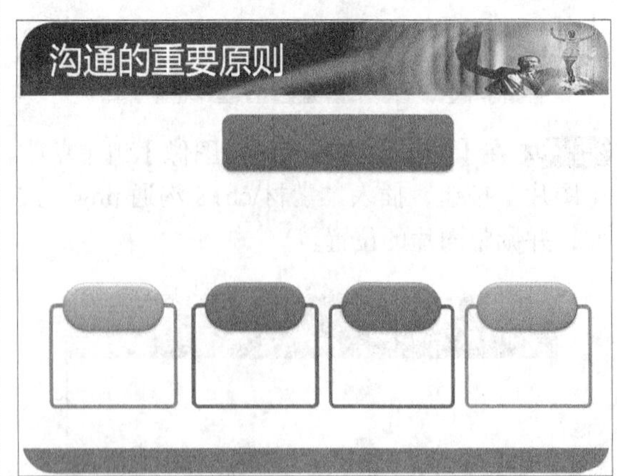

步骤04 右击形状，在弹出的快捷菜单中选择【编辑文字】选项，输入文字，并绘制直线将图形连接起来。

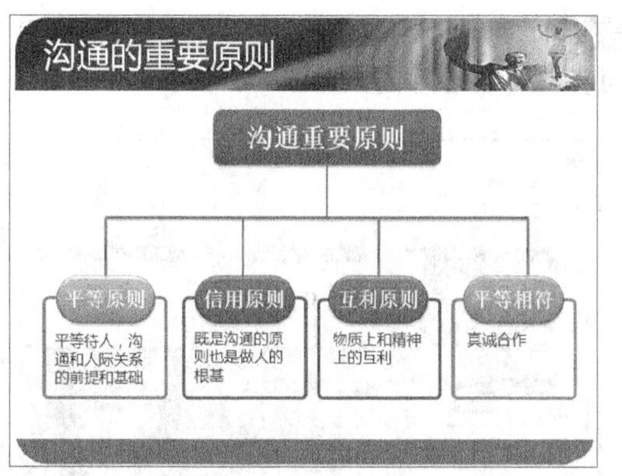

步骤05 新建1张【仅标题】幻灯片，并输入标题“高效沟通步骤”。

步骤06 在【插入】选项卡的【插图】组中单击【SmartArt】按钮，在弹出的【选择SmartArt图形】对话框中选择【连续块状流程】图形，单击【确定】按钮，在SmartArt图形中输入文字，如下图所示。

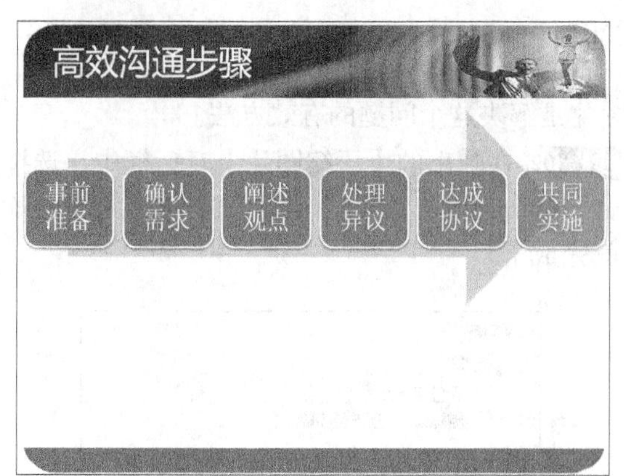

步骤07 选择SmartArt图形，在【设计】选项卡的【SmartArt样式】组中单击【更改颜色】按钮，在下拉列表中选择【彩色轮廓-强调文字颜色3】选项。

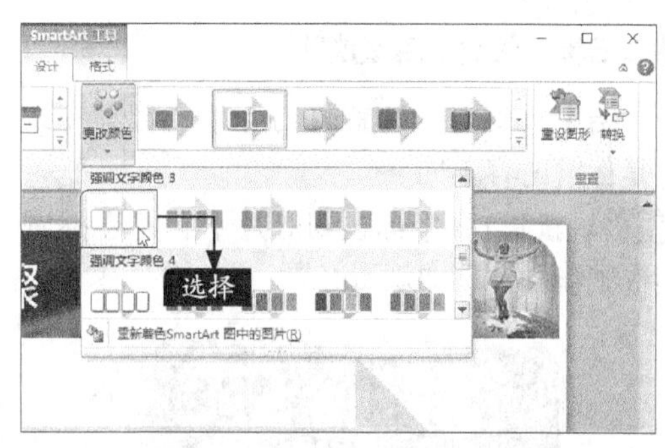

步骤08 单击【SmartArt样式】组中的【其他】按钮，在下拉列表中选择【嵌入】选项。

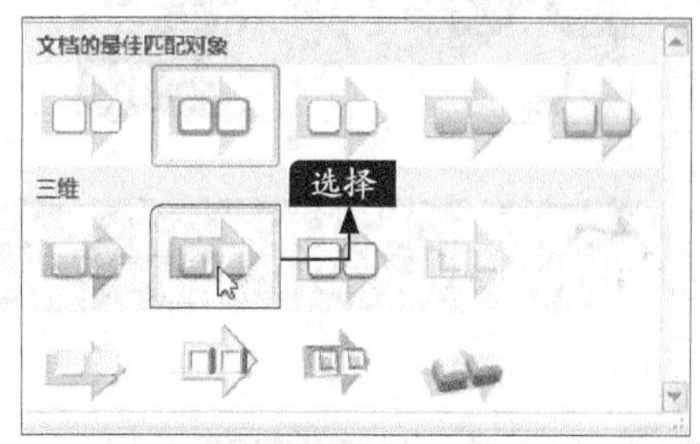

步骤09 在SmartArt图形下方绘制6个圆角矩形，并应用蓝色形状样式。

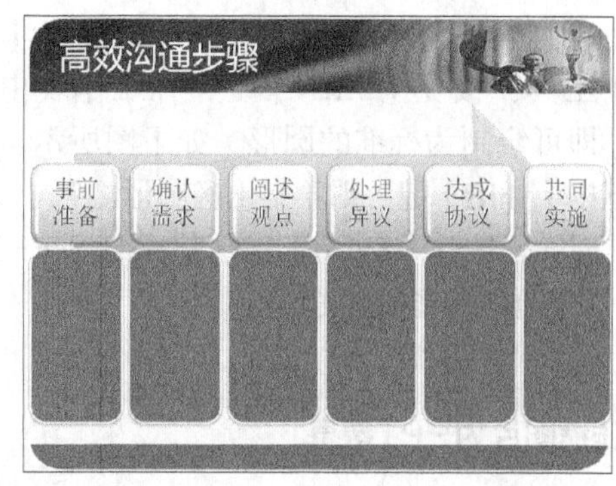

步骤10 在圆角矩形中输入文字，为文字添加“√”形式的项目符号，并设置字体颜色为“白色”，如下图所示。

第5步：设计结束幻灯片

结束页幻灯片和首页幻灯片的背景一致，只是标题内容不同。

步骤01 新建1张【标题幻灯片】，并在标题文本框中输入“谢谢观看！”

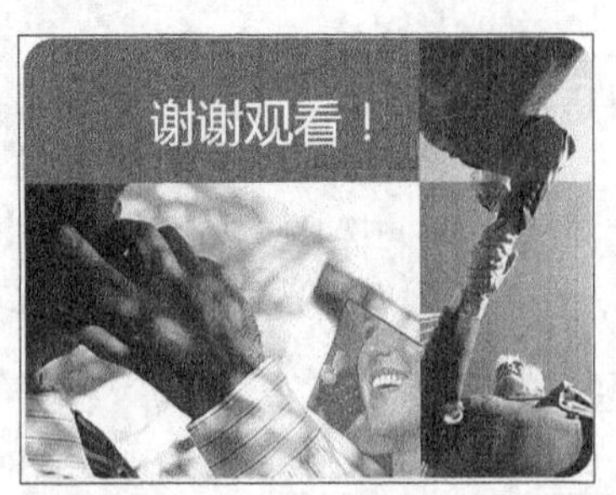

步骤02 此时，幻灯片设计完成，保存幻灯片即可，最终幻灯片的预览图如下图所示。

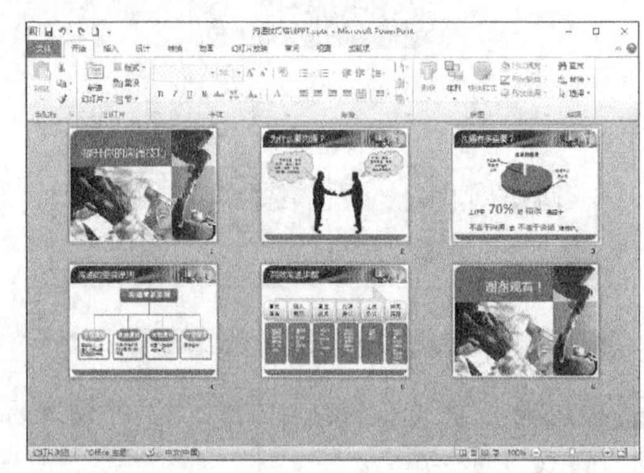

高手支招

本节教学录像时间：3 分钟

用【Shift】键绘制标准图形

在使用形状工具绘制图形时，时常会遇到绘制得直线不直，或者圆形不圆、正方形不正的问题，此时【Shifit】键可以起到关键作用，解决绘图问题。

例如，单击【形状】按钮，选择【椭圆】工具，按住【Shift】键，在工作表中绘制，即可绘制为标准的圆形，如下图所示。如果不按【Shift】键，则绘制出椭圆形。

同样，按住【Shifit】键绘制标准的正三角形、正方形、正多边形等。

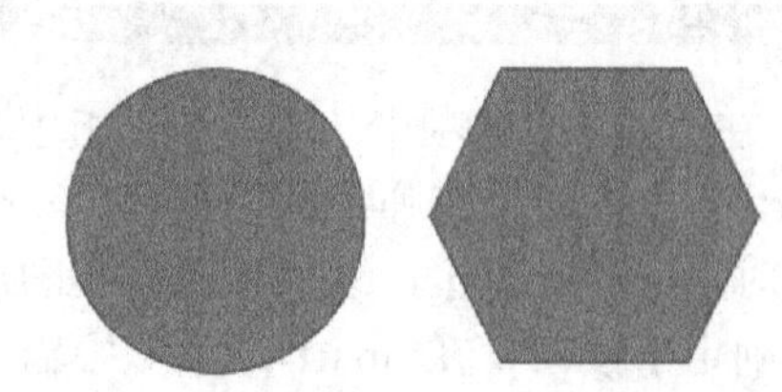

压缩图片为PPT瘦身

插入的图片太大，会造成PPT过于臃肿，压缩图片是解决这个问题的有效方法。

步骤01 选择插入的图片，单击【图片工具】➤【格式】选项卡中【调整】选项组内【压缩图片】按钮压缩图片。

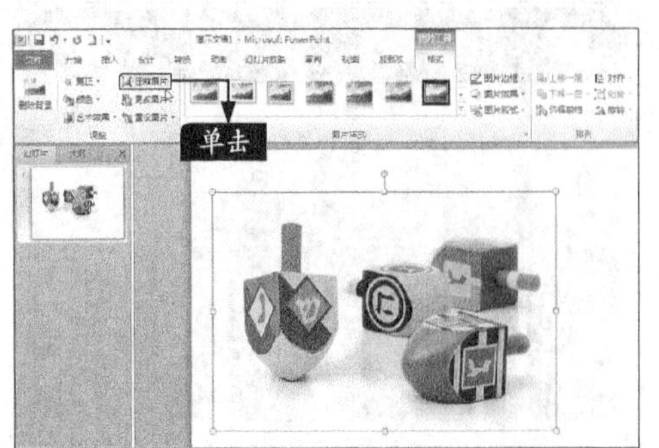

步骤02 在弹出的【压缩图片】对话框中，选择合适的分辨率，单击【确定】按钮，压缩图片就完成了。

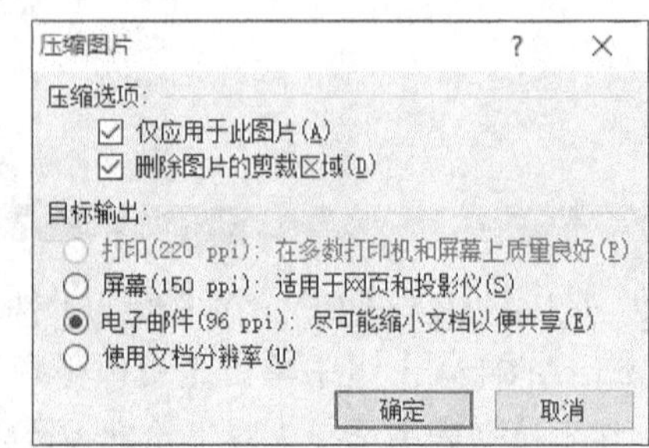

第 19 章

添加动画和交互效果

在幻灯片放映时，可以在幻灯片之间添加一些切换效果，使幻灯片的过渡和显示都能给观众绚丽多彩的视觉享受。本章主要介绍设置幻灯片的切换效果、设置幻灯片动画效果以及设置按钮的交互等操作。

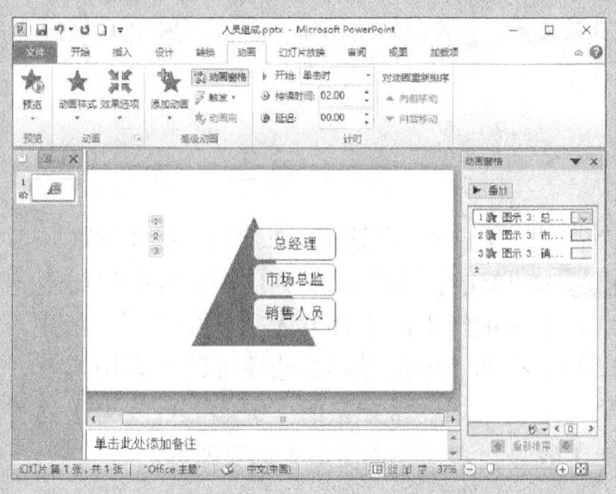

19.1 设置幻灯片切换效果

本节教学录像时间：7 分钟

切换效果是指由一张幻灯片进入另一张幻灯片时屏幕显示的变化。用户可以选择不同的切换方案并且可以设置切换速度。

19.1.1 添加切换效果

幻灯片切换效果是指在演示期间从一张幻灯片移到下一张幻灯片时在【幻灯片放映】视图中出现的动画效果。幻灯片切换时产生的类似动画效果，可以使幻灯片在放映时更加生动形象。添加切换效果的具体操作步骤如下。

步骤 01 打开随书光盘中的“素材\ch19\添加切换效果.pptx”文件，选择要设置切换效果的幻灯片，这里选择文件中的第1张幻灯片。

步骤 02 单击【转换】选项卡下【切换到此幻灯片】选项组中的【其他】按钮，在弹出的下拉列表中选择【细微型】下的【形状】切换效果。使用同样方法为其他幻灯片添加切换效果。

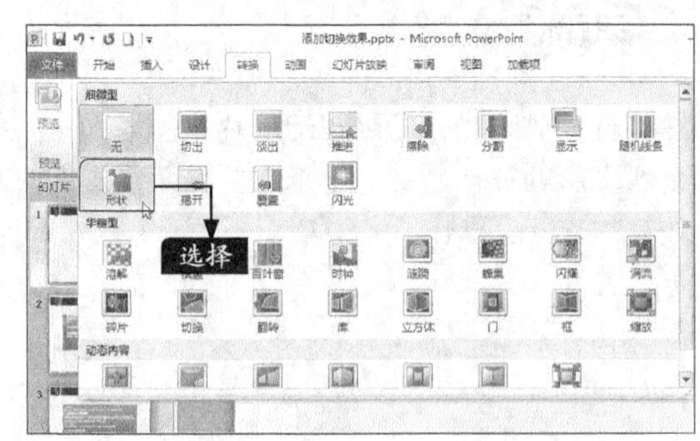

小提示

使用同样的方法可以为其他幻灯片页面添加动画效果。

19.1.2 设置切换效果的属性

PowerPoint 2010中的部分切换效果具有可自定义的属性，我们可以对这些属性进行自定义设置。

步骤 01 接上一小节的操作，在普通视图状态下，选择第1张幻灯片。

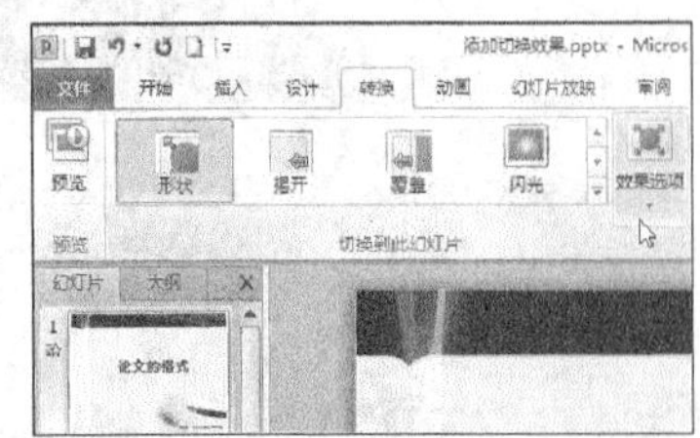

步骤 02 单击【转换】选项卡下【切换到此幻灯片】选项组中的【效果选项】按钮，在弹出的下拉列表中选择其他选项可以更换切换效果的形状，如要将默认的【圆形】更改为【菱形】效果，则选择【菱形】选项即可。

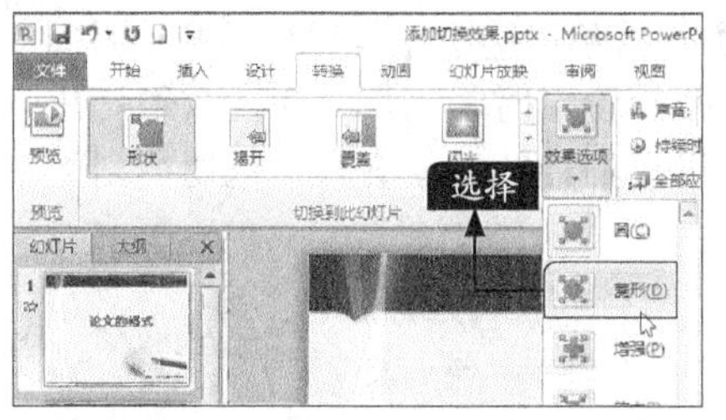

小提示

幻灯片添加的切换效果不同，【效果选项】的下拉列表中的选项是不相同的。本例中第1张幻灯片添加的是【形状】切换效果，因此单击【效果选项】可以设置切换效果的形状。

19.1.3 为切换效果添加声音

步骤01 选中要添加声音效果的第2张幻灯片。

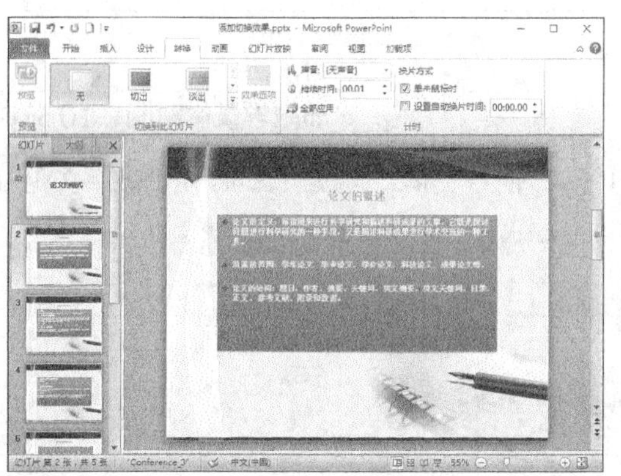

步骤02 单击【转换】选项卡下【计时】选项组中【声音】按钮右侧的下拉按钮，在其下拉列表中选择【疾驰】选项，在切换幻灯片时将会自动播放该声音。

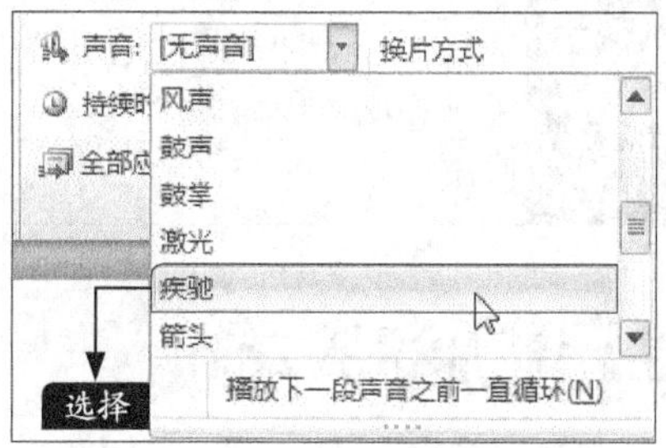

19.1.4 设置切换效果计时

用户可以设置切换幻灯片的持续时间，从而控制切换的速度。设置切换效果计时的具体步骤如下。

步骤01 选择要设置切换速度的第3张幻灯片。

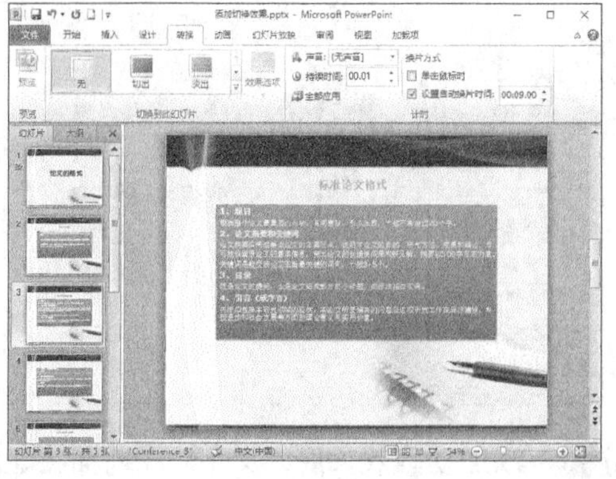

步骤02 单击【转换】选项卡下【计时】选项组中【持续时间】文本框右侧的微调按钮来设置切换持续的时间。

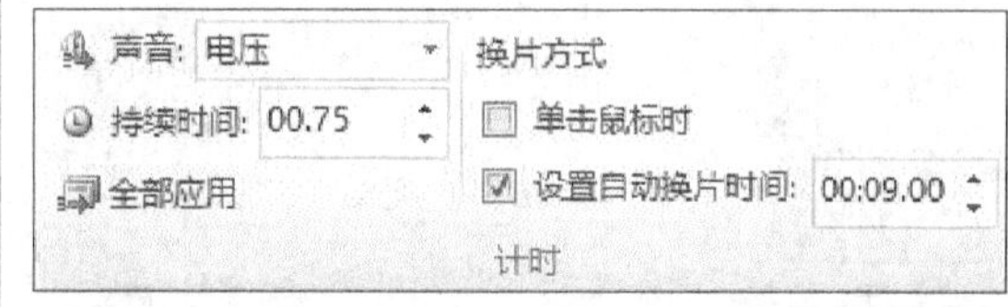

19.1.5 设置切换方式

用户在播放幻灯片时，可以根据需要设置幻灯片切换的方式，例如自动换片或单击鼠标时切换等，具体操作步骤如下。

步骤 01 打开上一小节已经设置完成的第3张幻灯片，在【转换】选项卡下【计时】选项组【换片方式】复选框下单击选中【单击鼠标时】复选框，则播放幻灯片时单击鼠标可切换到此幻灯片。

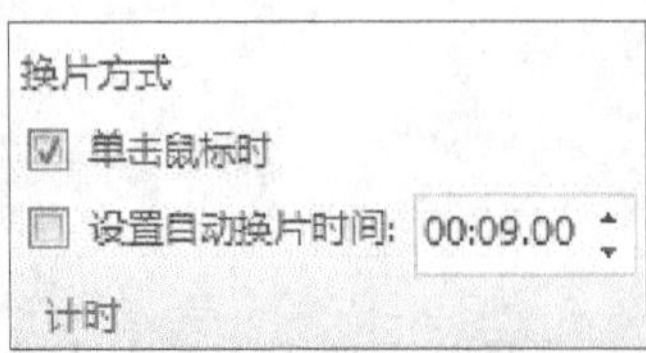

步骤 02 若单击选中【设置自动换片时间】复选框，并设置了时间，那么在播放幻灯片时，经过所设置的秒数后就会自动地切换到下一张换灯片。

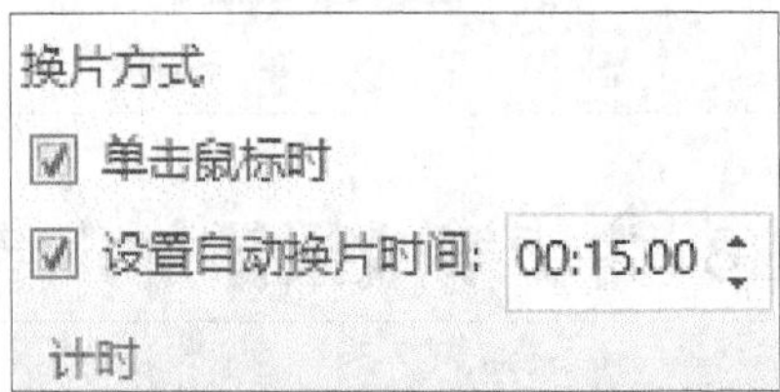

19.2 设置动画效果

本节教学录像时间：10 分钟

可以将PowerPoint 2016演示文稿中的文本、图片、形状、表格、SmartArt图形和其他对象制作成动画，赋予它们进入、退出、大小或颜色变化甚至移动等视觉效果。

19.2.1 添加进入动画

可以为对象创建进入动画。例如，可以使对象逐渐淡入焦点，从边缘飞入幻灯片或者跳入视图中。

创建进入动画的具体操作方法如下。

步骤 01 打开随书光盘中的“素材\ch19\设置动画.pptx”文件，选择幻灯片中要创建进入动画效果的文字。

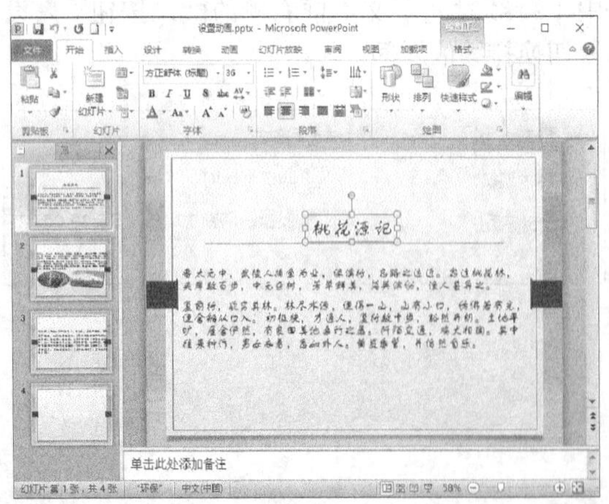

步骤 02 单击【动画】选项卡【动画】组中的【其他】按钮 ，弹出如下图所示的下拉列表，在下拉列表的【进入】区域中选择【形状】选项，创建此进入动画效果。

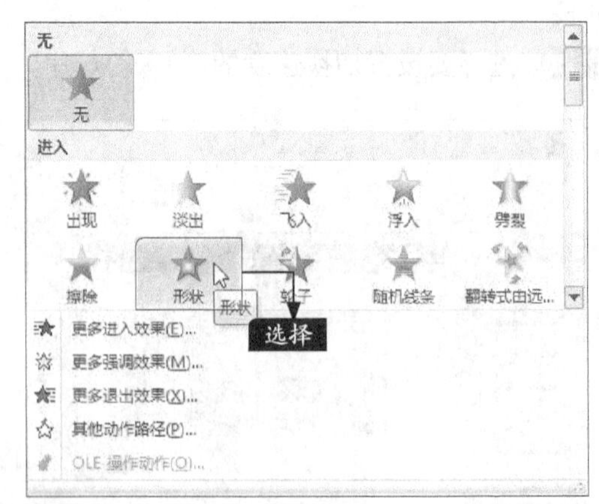

步骤 03 添加动画效果后，文字对象前面将显示一个动画编号标记 1 。

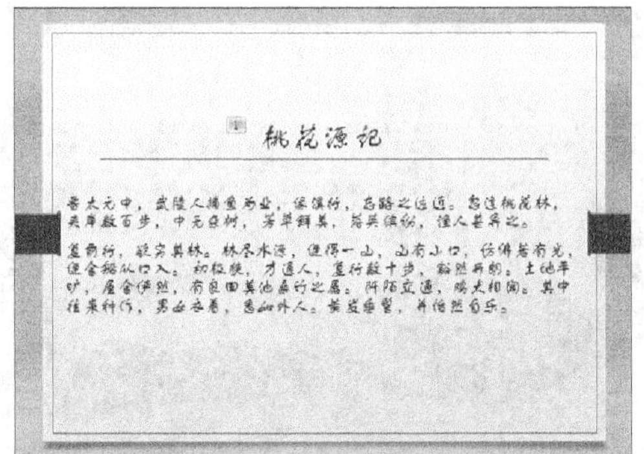

小提示

创建动画后，幻灯片中的动画编号标记在打印时不会被打印出来。

19.2.2 调整动画顺序

在放映过程中，也可以对幻灯片播放的顺序进行调整。

1. 通过【动画窗格】调整动画顺序

步骤01 打开随书光盘中的“素材\ch19\设置动画顺序.pptx”文件，选择第2张幻灯片。可以看到设置的动画序号。

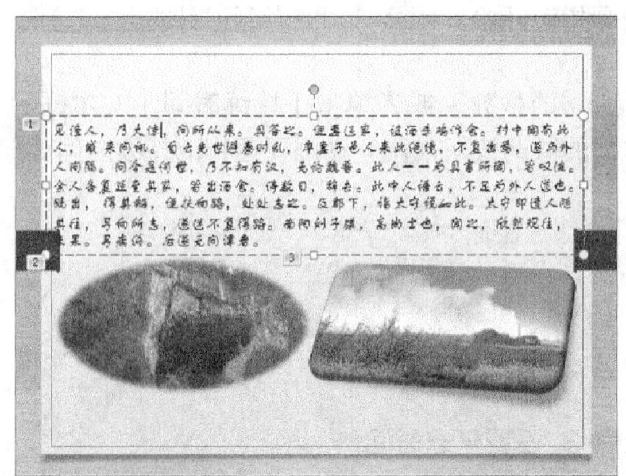

步骤02 单击【动画】选项卡【高级动画】组中的【动画窗格】按钮 动画窗格，窗口右侧弹出【动画窗格】窗口。

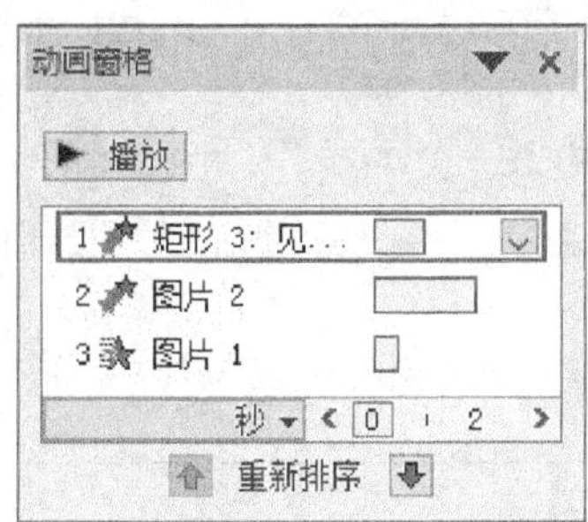

步骤03 选择【动画窗格】窗口中需要调整顺序的动画，如选择动画2，然后单击【动画窗格】窗口下方【重新排序】命令左侧或右侧的向上按钮或向下按钮进行调整。

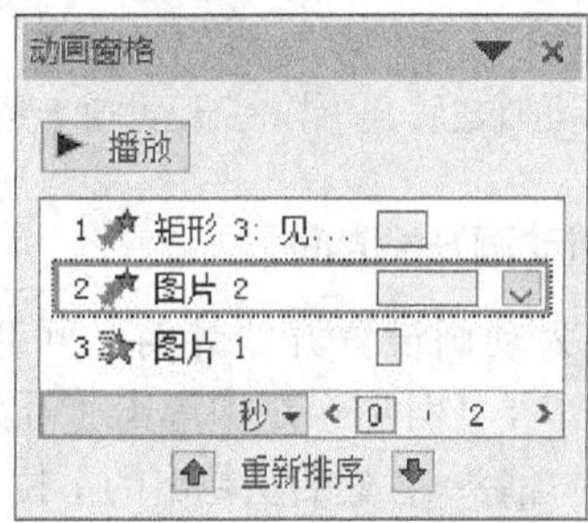

2. 通过【动画】选项卡调整动画顺序

步骤01 打开随书光盘中的“素材\ch19\设置动画顺序.pptx”文件，选择第2张幻灯片，并选择动画2。

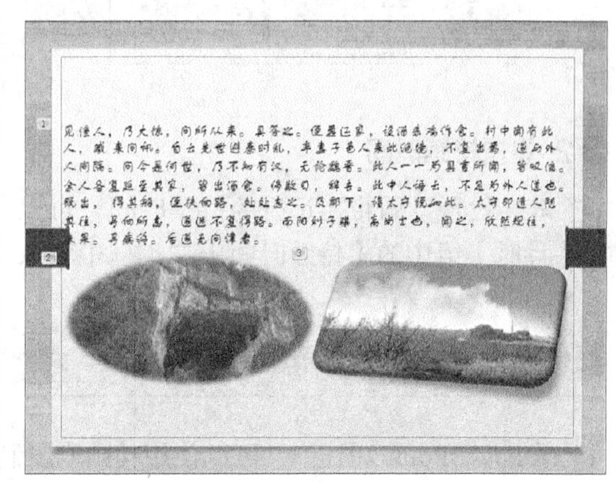

步骤 02 单击【动画】选项卡【计时】组中【对动画重新排序】区域的【向前移动】按钮。

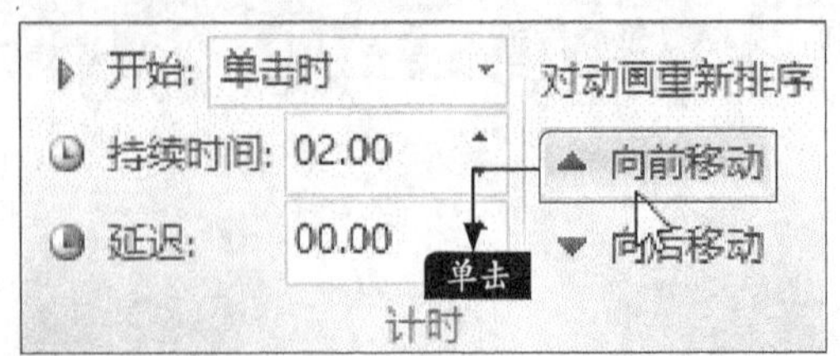

步骤 03 即可将此动画顺序向前移动一个次序，并在【幻灯片】窗格中可以看到此动画前面的编号 2 和前面的编号 1 发生改变。

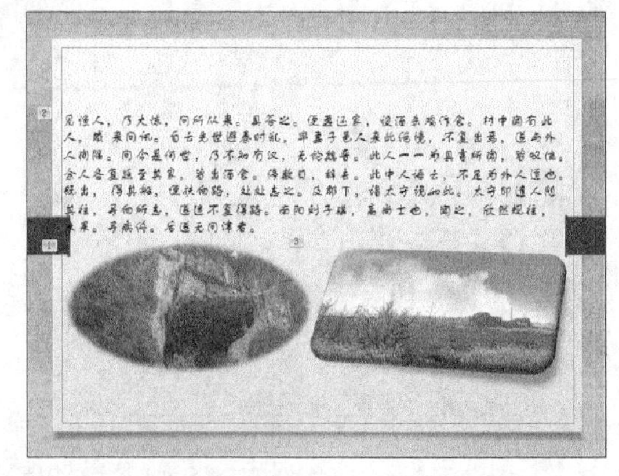

小提示

要调整动画的顺序，也可以先选中要调整顺序的动画，然后按住鼠标左键不放并拖动到适当位置，再释放鼠标即可把动画重新排序。

19.2.3 设置动画计时

创建动画之后，可以在【动画】选项卡上为动画指定开始、持续时间或者延迟计时。

1. 设置动画开始时间

若要为动画设置开始计时，可以在【动画】选项卡下【计时】组中单击【开始】菜单右侧的下拉箭头，然后从弹出的下拉列表中选择所需的计时。该下拉列表包括【单击时】、【与上一动画同时】和【上一动画之后】3个选项。

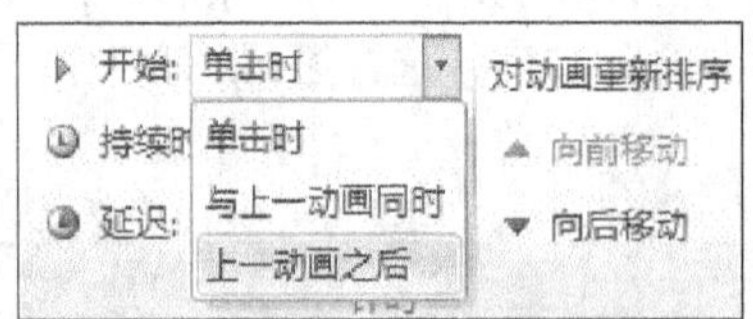

2. 设置持续时间

若要设置动画将要运行的持续时间，可以在【计时】组中的【持续时间】文本框中输入所需的秒数，或者单击【持续时间】文本框后面的微调按钮来调整动画要运行的持续时间。

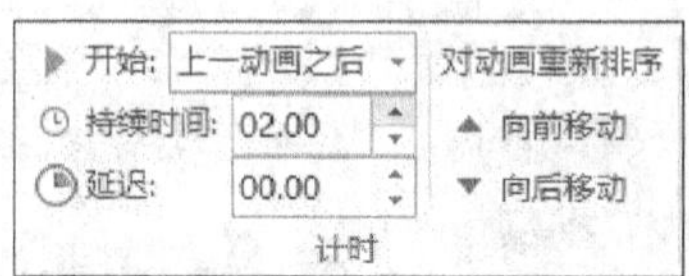

3. 设置延迟时间

若要设置动画开始前的延时，可以在【计时】组中的【延迟】文本框中输入所需的秒数，或者使用微调按钮来调整。

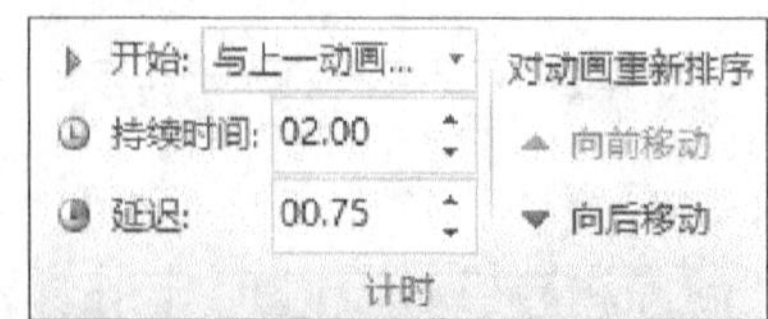

19.2.4 使用动画刷

在PowerPoint 2010中，可以使用动画刷复制一个对象的动画，并将其应用到另一个对象。使用动画刷复制动画效果的具体操作步骤如下。

步骤01 打开随书光盘中的“素材\ch19\动画刷.pptx”文件，单击选中幻灯片中创建过动画的对象“人类智慧的‘灯塔’”，可以看到其设置了“形状”动画效果。单击【动画】选项卡【高级动画】组中的【动画刷】按钮 动画刷，此时幻灯片中的鼠标指针变为动画刷的形状。

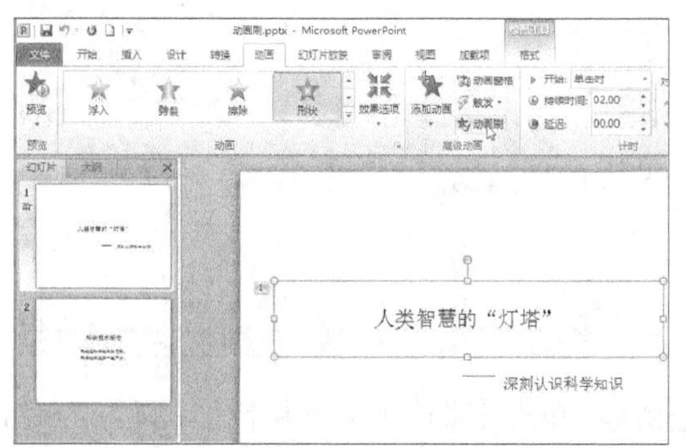

步骤02 在幻灯片中，用动画刷单击“——深刻认识科学知识”即可复制“人类智慧的‘灯塔’”动画效果到此对象上。

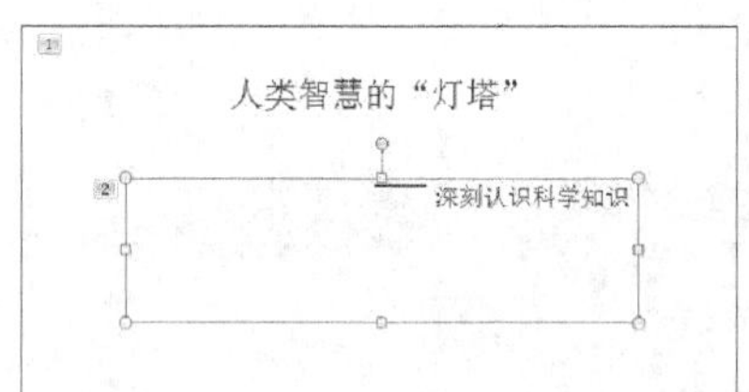

步骤03 双击【动画】选项卡【高级动画】组中的【动画刷】按钮，然后单击【幻灯片/大纲】窗格【幻灯片】选项卡下第2张幻灯片的缩略图，切换到第2张幻灯片上。

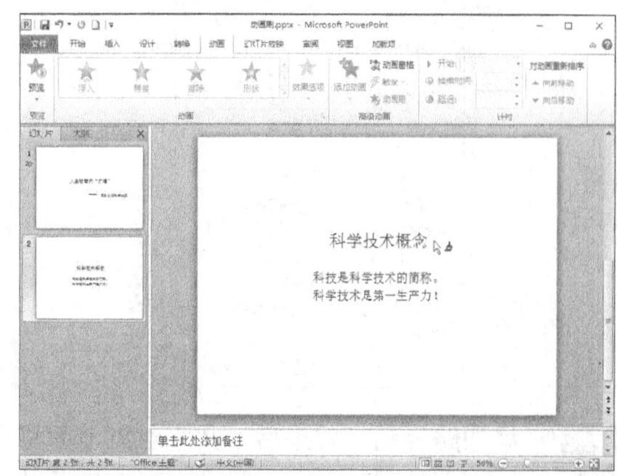

步骤04 用动画刷先单击“科学技术概念”，然后单击其下面的文字即可复制动画效果到此幻灯片的另外两个对象上，复制完成，按【Esc】键退出复制动画效果的操作。

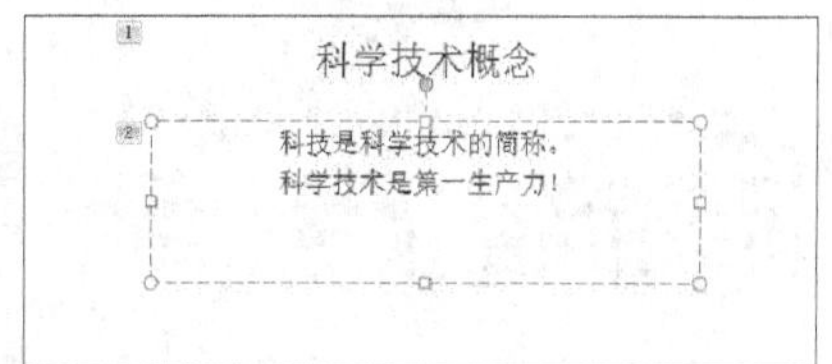

19.2.5 动作路径

PowerPoint中内置了多种动作路径，用户可以根据需要选择动作路径。

步骤01 打开随书光盘中的“素材\ch19\设置动画.pptx”文件，选择幻灯片中要创建进入动画效果的文字。

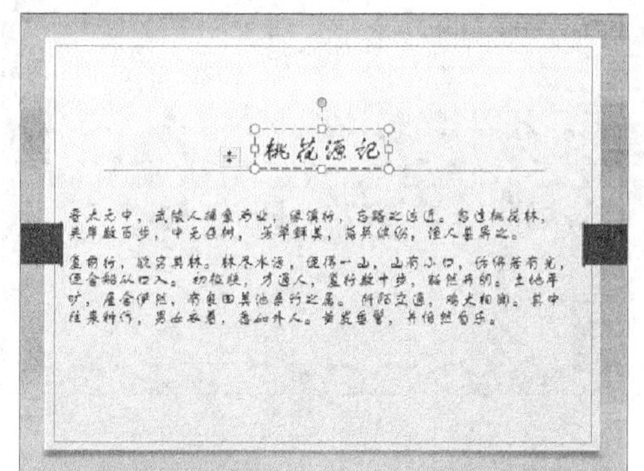

步骤02 单击【动画】选项卡【动画】组中的【其他】按钮，在弹出的下拉列表中选择【其他动作路径】选项。

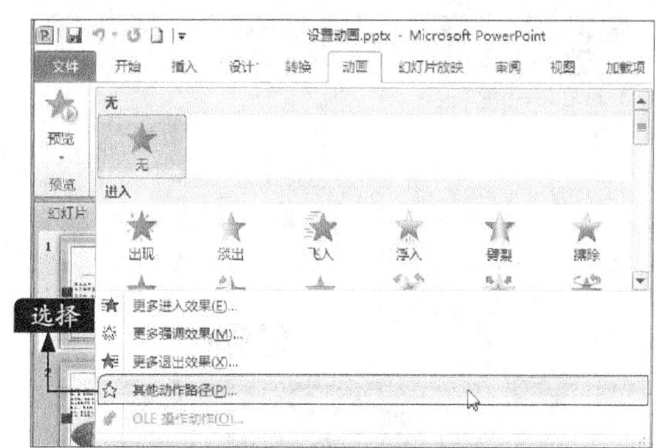

步骤 03 弹出【更改动作路径】对话框，选择一种动作路径，单击【确定】按钮。

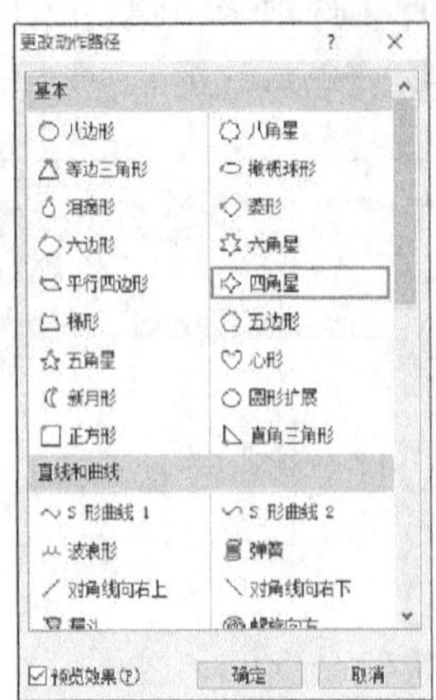

步骤 04 添加路径动画效果后，文字对象前面将显示一个动画编号标记 1 ，并且在下方显示动作路径。

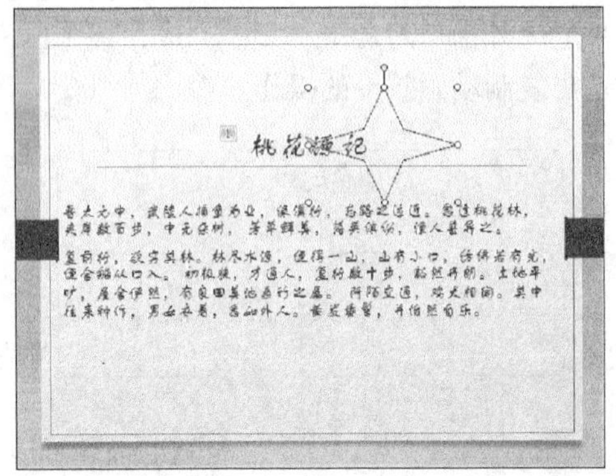

步骤 05 添加动作路径后，还可以根据需要编辑路径顶点，选择添加的动作路径，单击【动画】选项卡下【动画】选项组中的【效果选项】按钮，在弹出的下拉列表中选择【编辑顶点】选项。

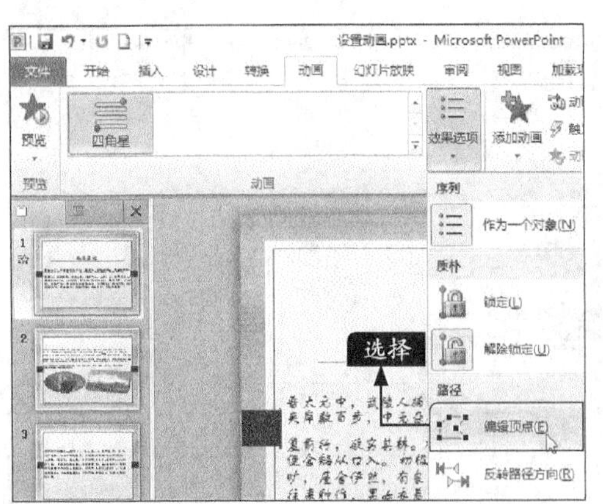

步骤 06 此时，即可显示路径顶点，鼠标光标变为形状，选择要编辑的顶点，按住鼠标并拖曳即可。

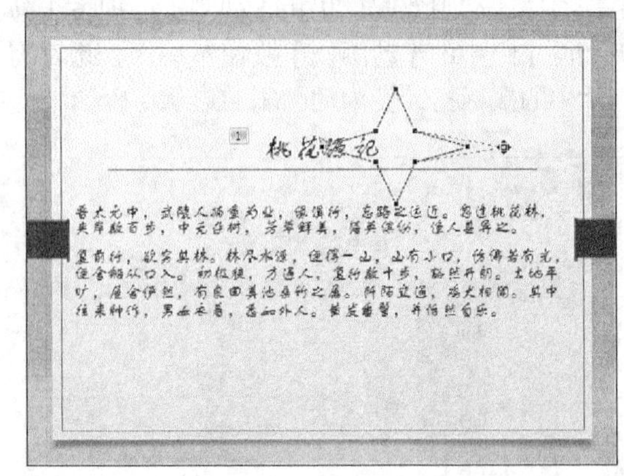

步骤 07 单击【动画】选项卡下【动画】选项组中的【效果选项】按钮，在弹出的下拉列表中选择【反转路径方向】选项。

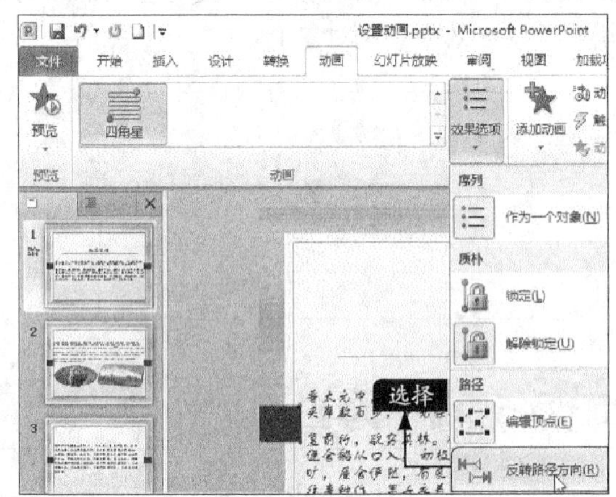

步骤 08 即可使动作对象沿动作路径的反方向运动。

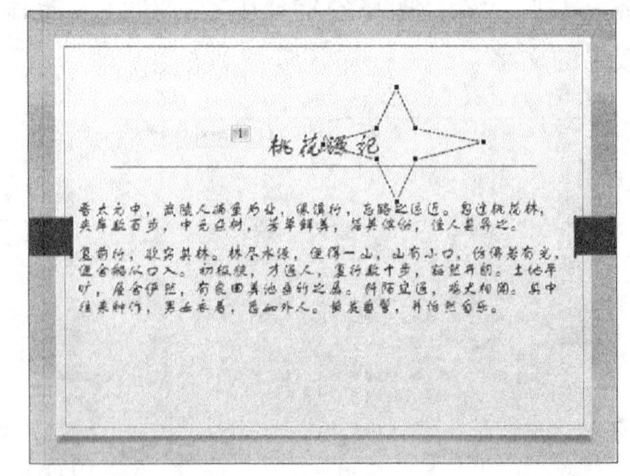

19.2.6 测试动画

为文字或图形对象添加动画效果后，可以通过测试来查看设置的动画是否满足用户需求。

单击【动画】选项卡【预览】组中的【预览】按钮，或单击【预览】按钮的下拉按钮，在弹出的下拉列表中选择相应的选项来测试动画。

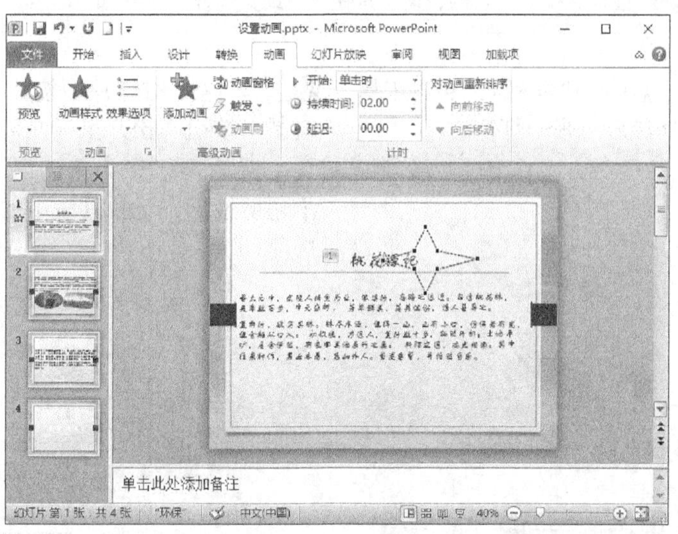

小提示

该下拉列表中包括【预览】和【自动预览】两个选项。单击选中【自动预览】复选框后，每次为对象创建动画后，可自动在【幻灯片】窗格中预览动画效果。

19.2.7 删除动画

为对象创建动画效果后，也可以根据需要移除动画。移除动画的方法有以下3种。

(1) 单击【动画】选项卡【动画】组中的【其他】按钮，在弹出的下拉列表的【无】区域中选择【无】选项。

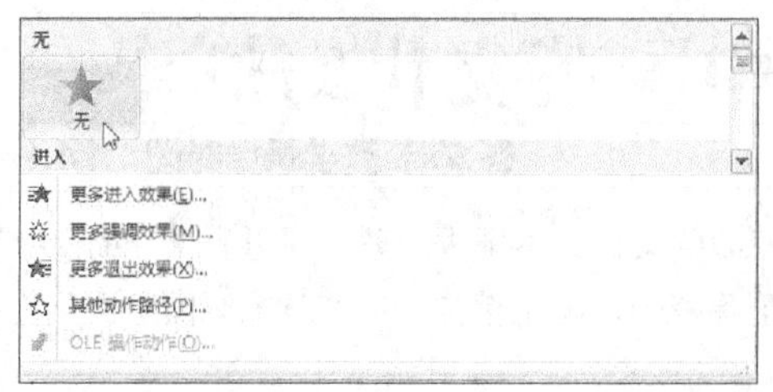

(2) 单击【动画】选项卡【高级动画】组中的【动画窗格】按钮，在弹出的【动画窗格】中选择要移除动画的选项，然后单击菜单图标（向下箭头），在弹出的下拉列表中选择【删除】选项即可。

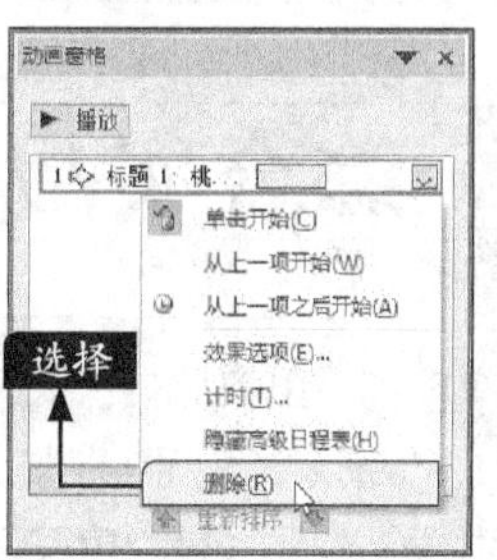

(3) 选择添加动画的对象前的图标（如 1 ），按【Delete】键，也可删除添加的动画效果。

19.3 设置按钮的交互

本节教学录像时间：2 分钟

在PowerPoint中，可以为幻灯片、幻灯片中的文本或对象创建超链接到幻灯片中，也可以使用动作按钮设置交互效果，动作按钮是预先设置好带有特定动作的图形按钮，可以实现在放映幻灯片时跳转的目的，设置按钮交互的具体操作步骤如下。

步骤 01 打开随书光盘中的“素材\ch19\员工培训.pptx”文件，选择最后一张幻灯片。

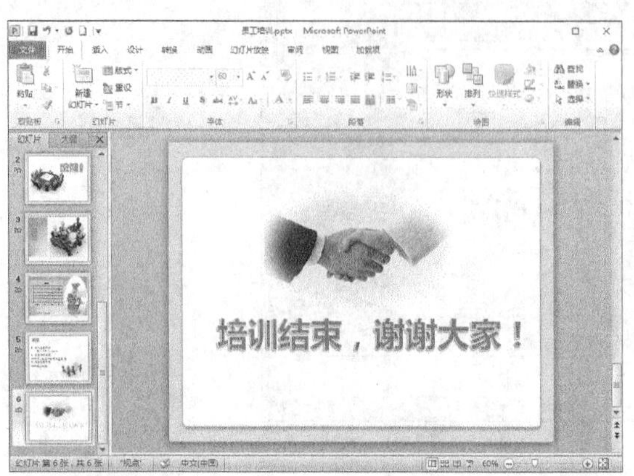

步骤 02 单击【插入】选项卡【插图】选项组中的【形状】按钮，在弹出的下拉列表中选择【动作按钮】组中的【动作按钮：第一张】按钮。

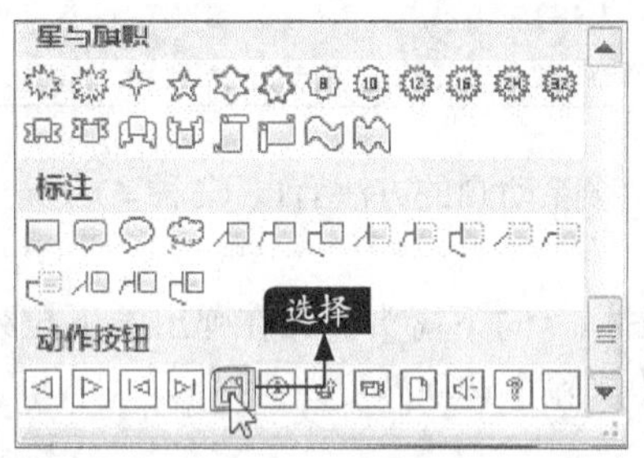

步骤 03 返回幻灯片中按住鼠标左键并拖曳，绘制出按钮。松开鼠标左键后，弹出【操作设置】对话框，在【单击鼠标】选项卡中选择【超链接到】下拉列表中的【第一张幻灯片】选项。

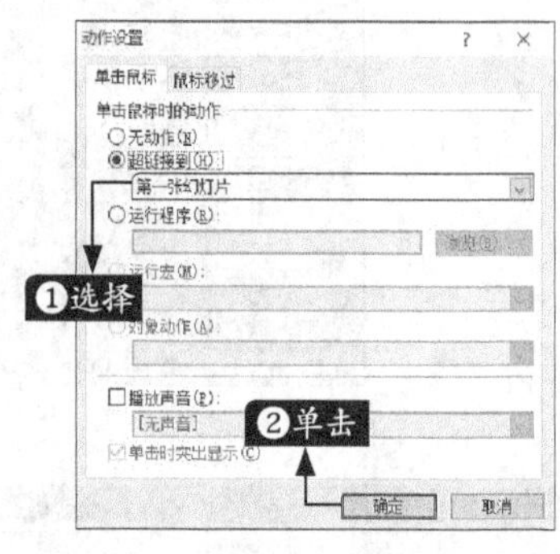

步骤 04 单击【确定】按钮，即可看到添加的按钮，在播放幻灯片时单击该按钮，即可跳转到第一张幻灯片。

19.4 综合实战——制作中国茶文化幻灯片

本节教学录像时间：14 分钟

中国茶历史悠久，现在已发展成了独特的茶文化，中国人饮茶，注重一个“品”字。“品茶”不但可以鉴别茶的优劣，还可以消除疲劳、振奋精神。本节就以中国茶文化为背景，制作一份中国茶文化幻灯片。

第1步：设计幻灯片母版

步骤 01 启动PowerPoint 2010，新建幻灯片，并将其保存为“中国茶文化.pptx”的幻灯片。单击

【视图】选项卡【母版视图】组中的【幻灯片母版】按钮。

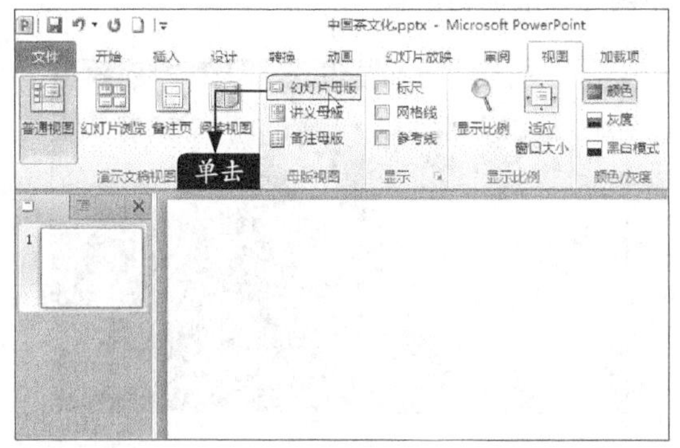

步骤02 切换到幻灯片母版视图，并在左侧列表中单击第1张幻灯片，单击【插入】选项卡下【图像】组中的【图片】按钮。

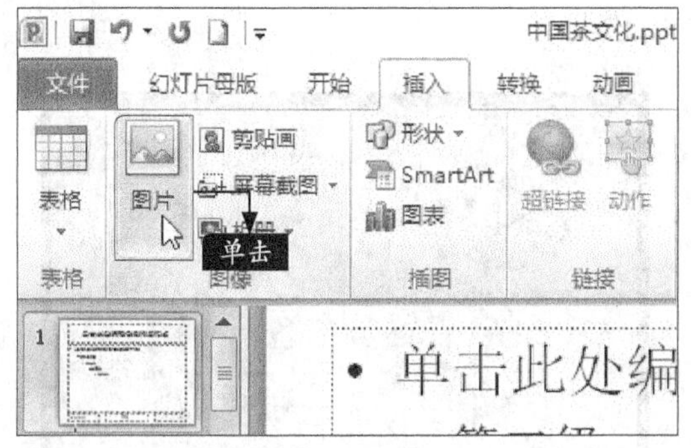

步骤03 在弹出的【插入图片】对话框中选择随书光盘中的“素材\ch19\图片01.jpg”文件，单击【插入】按钮，将选择的图片插入幻灯片中，选择插入的图片，并根据需要调整图片的大小及位置。

步骤04 在插入的背景图片上单击鼠标右键，在弹出的快捷菜单中选择【置于底层】菜单命令，将背景图片在底层显示。

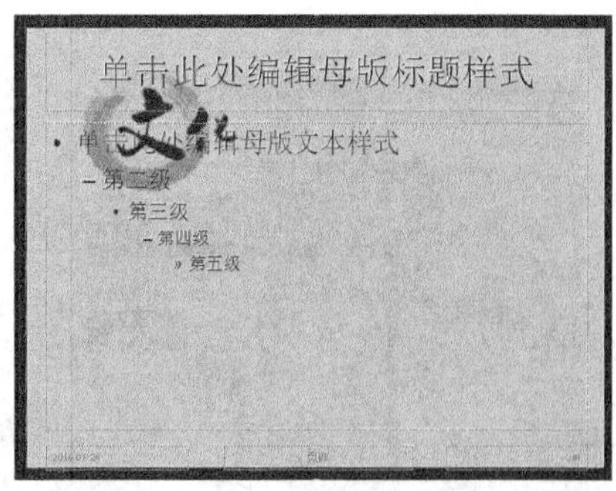

步骤05 选择标题框内文本，单击【绘图工具】选项下【格式】选项卡【艺术字样式】组中的【其他】按钮，在弹出的下拉列表中选择一种艺术字样式。

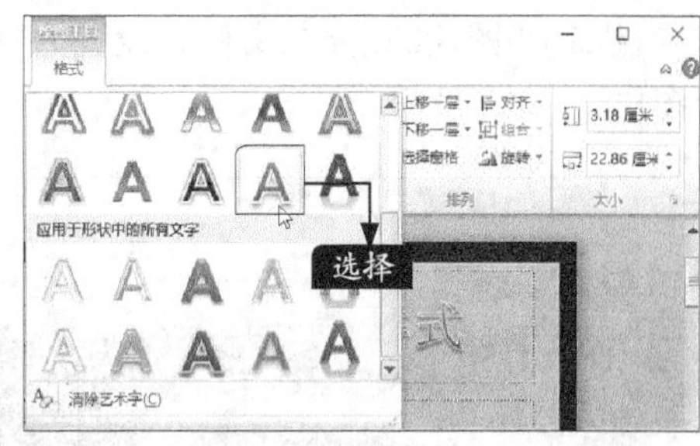

步骤06 选择设置后的艺术字。根据需求设置艺术字的字体和字号。并设置【文本对齐】为“居中对齐”。此外，还可以根据需要调整文本框的位置。

小提示

如果设置字体较大，标题栏中不足以容纳“单击此处编辑母版标题样式”文本时，可以删除部分内容。

步骤07 为标题框应用【擦除】动画效果，设置【效果选项】为“自左侧”，设置【开始】模式为“上一动画之后”。

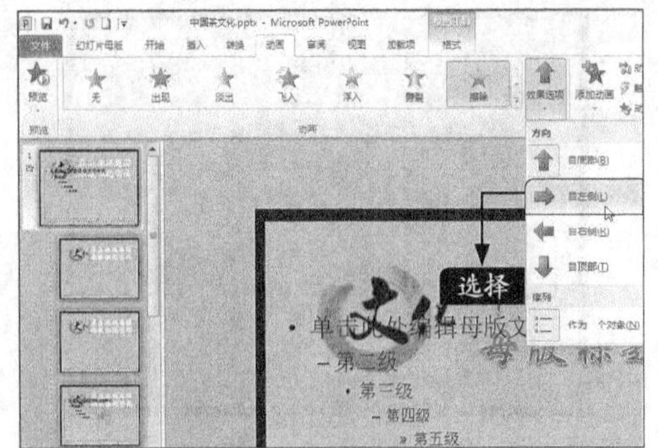

步骤08 在幻灯片母版视图中，在左侧列表中选择第2张幻灯片，选中【背景】组中的【隐藏背景图形】复选框，并单击【幻灯片母版】➤【背景】➤【背景样式】按钮，将随书光盘中的“素材\ch19\图片02.jpg”文件，设置为背景填充图片。

第2步：设计幻灯片首页

步骤01 单击【幻灯片母版】选项卡中的【关闭母版视图按钮】按钮，返回普通视图。选择第1张幻灯片，删除幻灯片页面中的文本框，单击【插入】选项卡下【文本】组中的【艺术字】按钮，在弹出的下拉列表中选择一种艺术字样式。

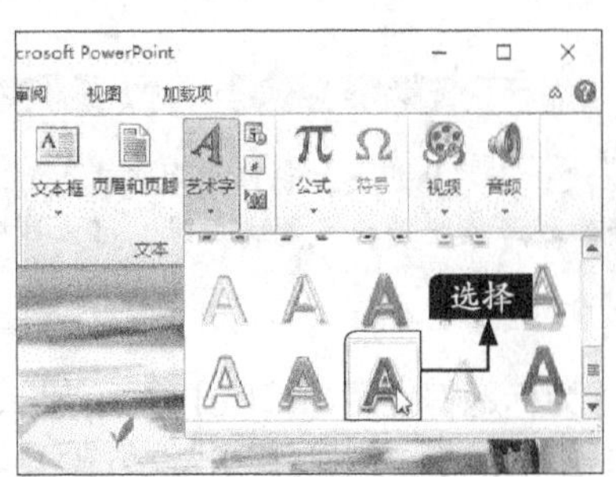

步骤02 输入“中国茶文化”文本，根据需要调整艺术字的字体和字号以及文字效果等，并适当调整文本框的位置。

第3步：设计茶文化简介页面

步骤01 新建【仅标题】幻灯片页面，在标题栏中输入“茶文化简介”文本，并适当调整文本框的位置。

步骤02 打开随书光盘中的“素材\ch19\茶文化简介.txt”文件，将其内容复制到幻灯片页面中，适当调整文本框的位置以及字体的字号和大小。

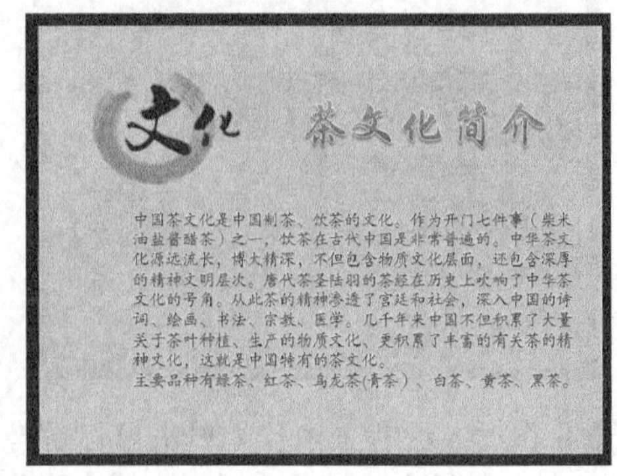

步骤03 选择输入的正文，并单击鼠标右键，在弹出的快捷菜单中选择【段落】菜单命令，

打开【段落】对话框，在【缩进和间距】选项卡下设置【特殊格式】为“首行缩进”，设置【度量值】为“1.5厘米”，行距设置为“固定值”，设置值为“30磅”，设置完成，单击【确定】按钮。

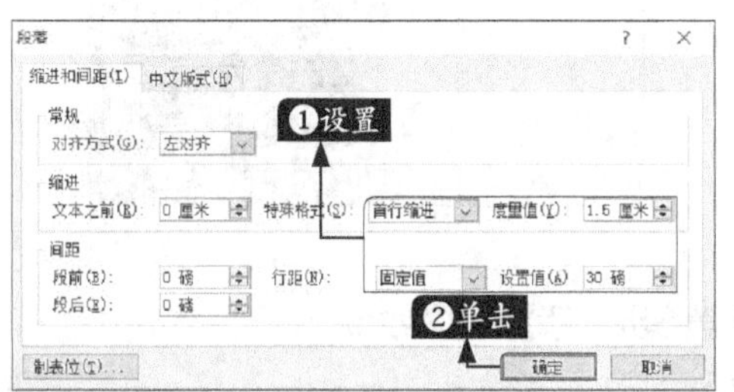

步骤04 即可看到设置段落样式后的效果，如下图所示。

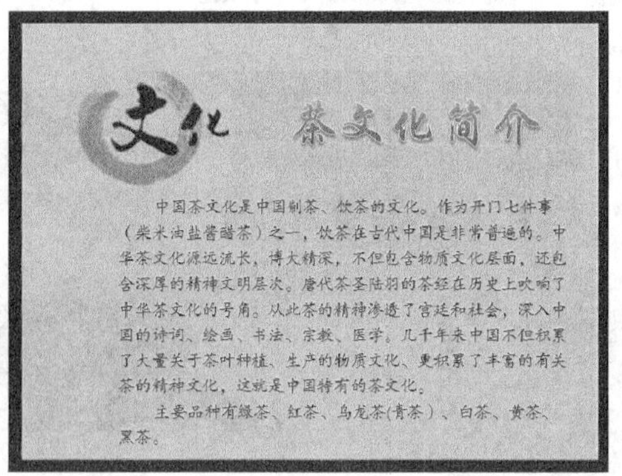

第4步：设计目录页面

步骤01 新建【标题和内容】幻灯片页面。输入标题“茶品种”。

步骤02 在下方输入茶的种类。并根据需要设置字体和字号等。

第5步：设计其他页面

步骤01 新建【标题和内容】幻灯片页面。输入标题“绿茶”。

步骤02 打开随书光盘中的“素材\ch19\茶种类.txt”文件，将其“绿茶”下的内容复制到幻灯片页面中，适当调整文本框的位置以及字体和字号的大小。

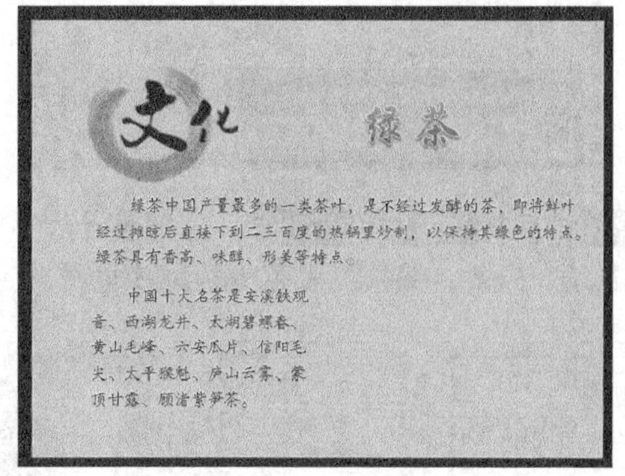

步骤03 单击【插入】选项卡下【图像】组中的【图片】按钮。在弹出的【插入图片】对话框中选择“素材\ch19\绿茶.jpg”文件，单击【插入】按钮，将选择的图片插入幻灯片中，选择插入的图片，并根据需要调整图片的大小及位置。

步骤04 选择插入的图片，单击【格式】选项卡下【图片样式】选项组中的【其他】按钮，在弹出的下拉列表中选择一种样式。

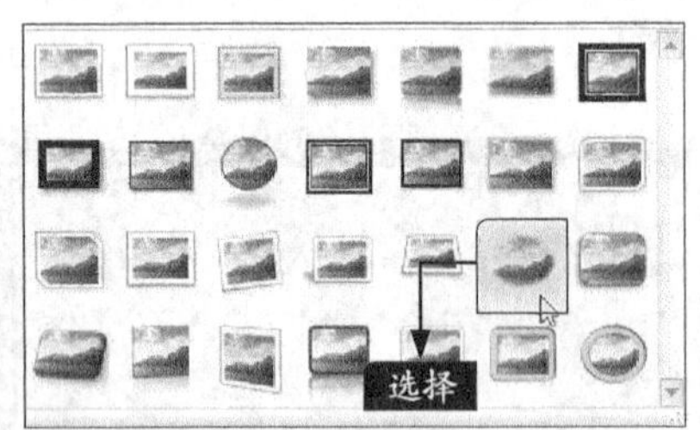

步骤05 设置图片样式效果如下图所示。

步骤06 重复步骤01~步骤05，分别设计红茶、乌龙茶、白茶、黄茶、黑茶等幻灯片页面。

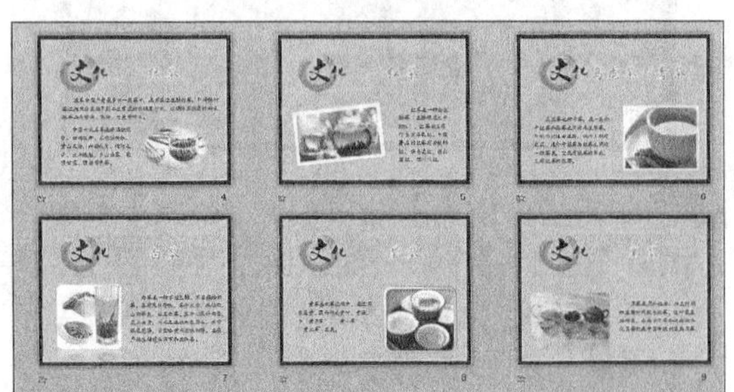

步骤07 新建【标题】幻灯片页面。插入艺术字文本框，输入“谢谢欣赏！”文本，并根据需要设置字体样式。

第6步：添加切换效果

步骤01 选择要设置切换效果的幻灯片，这里选择第1张幻灯片。

步骤02 单击【转换】选项卡下【切换到此幻灯片】选项组中的【其他】按钮，在弹出的下拉列表中选择【华丽型】下的【百叶窗】切换效果，即可自动预览该效果。

步骤03 在【转换】选项卡下【计时】选项组中【持续时间】微调框中设置【持续时间】为“05.00”。

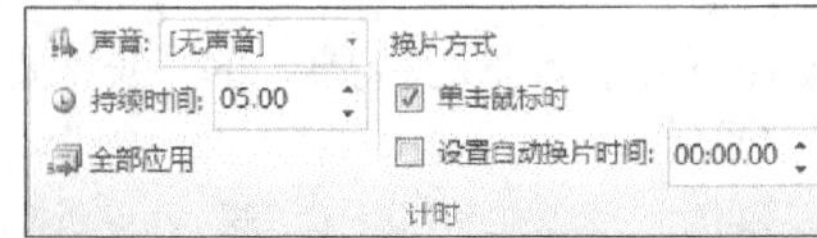

步骤 04 使用同样的方法，为其他幻灯片页面设置不同的切换效果。

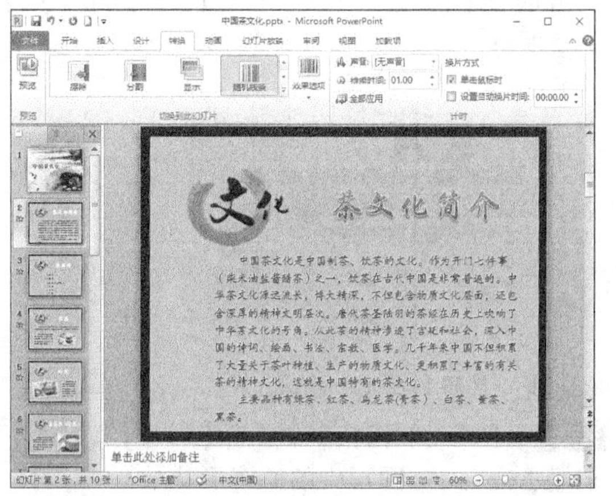

第7步：添加动画效果

步骤 01 选择第1张幻灯片中要创建进入动画效果的文字。

步骤 02 单击【动画】选项卡【动画】组中的【其他】按钮，弹出如下图所示的下拉列表。在下拉列表的【进入】区域中选择【浮入】选项，创建进入动画效果。

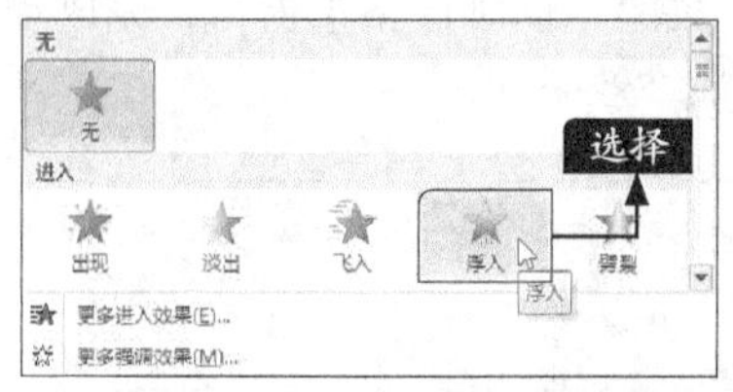

步骤 03 添加动画效果后，单击【动画】选项组中的【效果选项】按钮，在弹出的下拉列表中选择【下浮】选项。

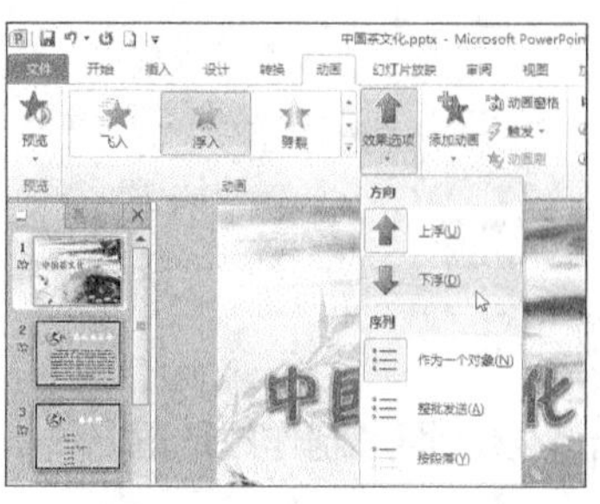

步骤 04 在【动画】选项卡的【计时】选项组中设置【持续时间】为“02.00”。

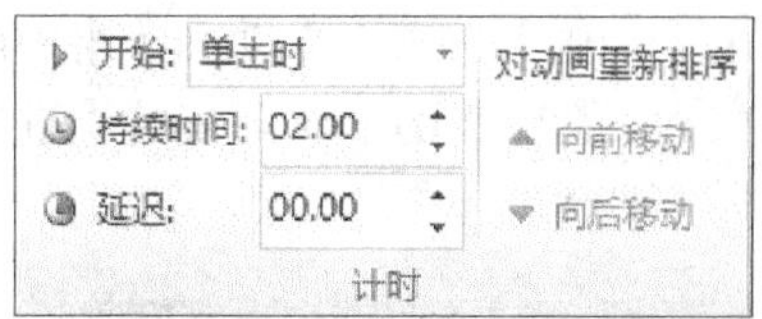

步骤 05 可以根据需要，为其他幻灯片页面中的内容设置不同的动画效果。设置完成单击【保存】按钮保存制作的幻灯片。

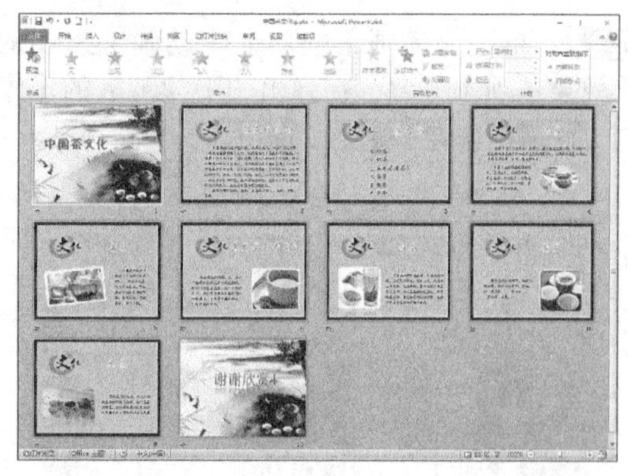

至此，就完成了中国茶文化幻灯片的制作。

高手支招

本节教学录像时间：3 分钟

切换效果持续循环

不但可以设置切换效果的声音，还可以使切换的声音循环播放直至幻灯片放映结束。

步骤01 选择一张幻灯片，单击【转换】选项卡下【计时】选项组中的【声音】按钮，在弹出的下拉列表中选择【爆炸】效果。

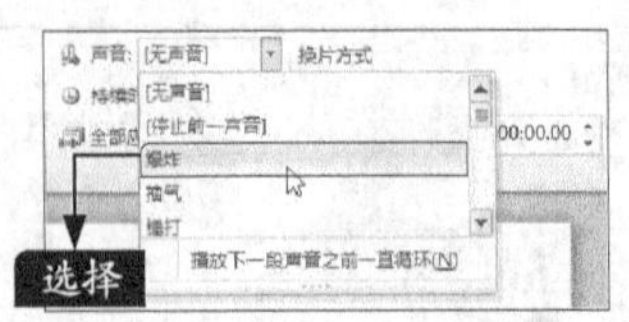

步骤02 再次单击【转换】选项卡下【计时】选项组中的【声音】按钮，在弹出的下拉列表中单击选中【播放下一段声音之前一直循环】复选框即可。

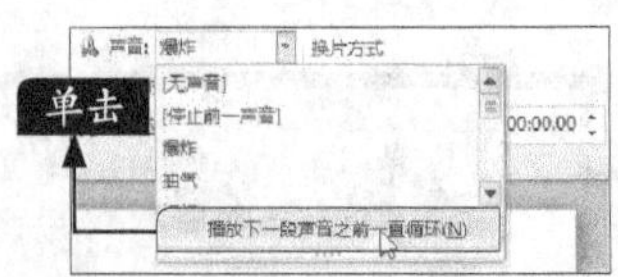

将SmartArt图形制作成动画

可以将添加到演示文稿中的SmartArt图形制作成动画，其具体操作步骤如下。

步骤01 打开随书光盘中的“素材\ch19\人员组成.pptx”文件，并选择幻灯片中的SmartArt图形。单击【动画】选项卡【动画】组中的【其他】按钮，在弹出的下拉列表的【进入】区域中选择【形状】选项。

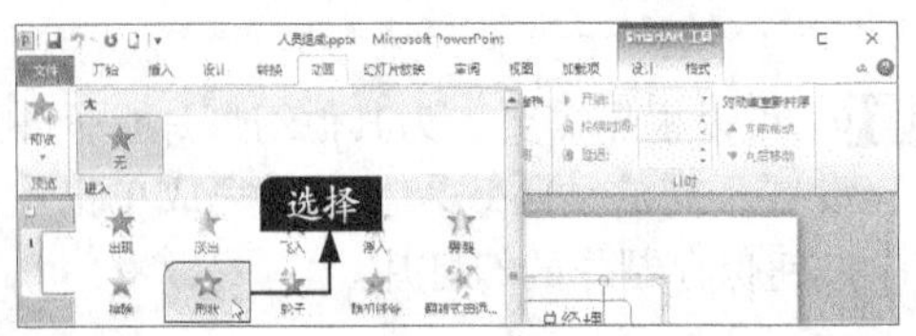

步骤02 单击【动画】选项卡【动画】组中的【效果选项】按钮，在弹出的下拉列表的【序列】区域中选择【逐个】选项。

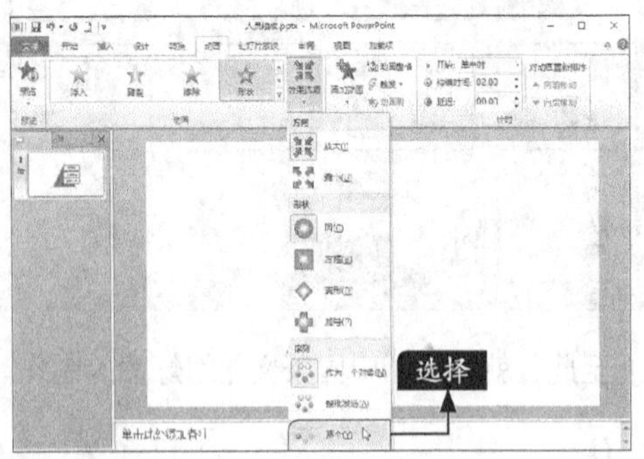

步骤03 单击【动画】选项卡【高级动画】组中的【动画窗格】按钮，在窗口右侧弹出【动画窗格】窗格。

步骤04 在【动画窗格】中单击【展开】按钮，来显示SmartArt图形中的所有形状。

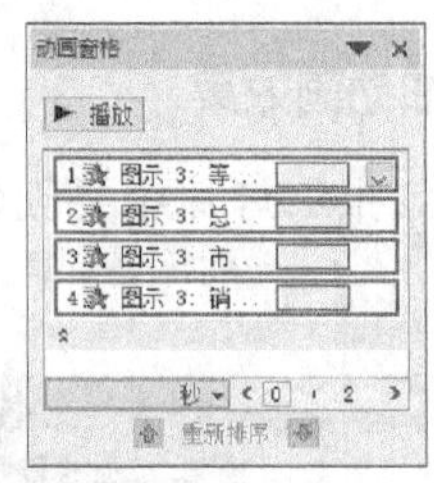

步骤05 在【动画窗格】列表中单击第1个形状，并删除第1个形状的效果。

步骤06 关闭【动画窗格】窗口，完成动画制作之后的最终效果如下。

第20章

演示幻灯片

演示文稿制作完成后就可以向观众播放演示了，本章主要介绍演示文稿演示的一些设置方法，包括浏览与放映幻灯片、设置幻灯片放映的方式、为幻灯片添加注释等内容。

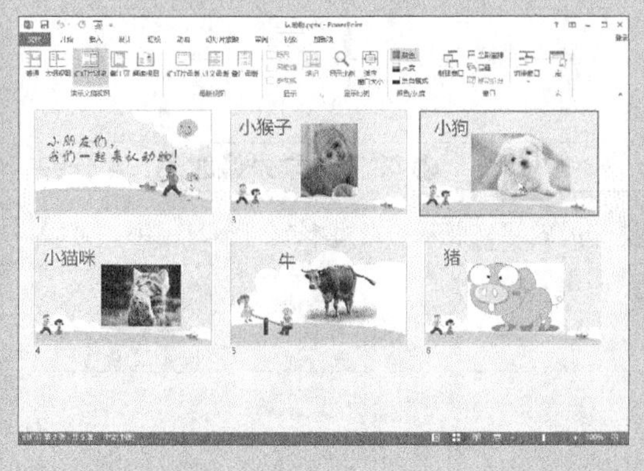

20.1 浏览幻灯片

本节教学录像时间：1 分钟

幻灯片浏览视图是缩略图形式的视图，可对演示文稿进行重新排列、添加、复制和删除等操作，也可以改变幻灯片的版式和背景等效果。打开浏览幻灯片视图的具体操作步骤如下。

步骤 01 打开随书光盘中的“素材\ch20\认动物.pptx”文件。

步骤 02 单击【视图】选项卡下【演示文稿视图】选项组中的【幻灯片浏览】按钮。

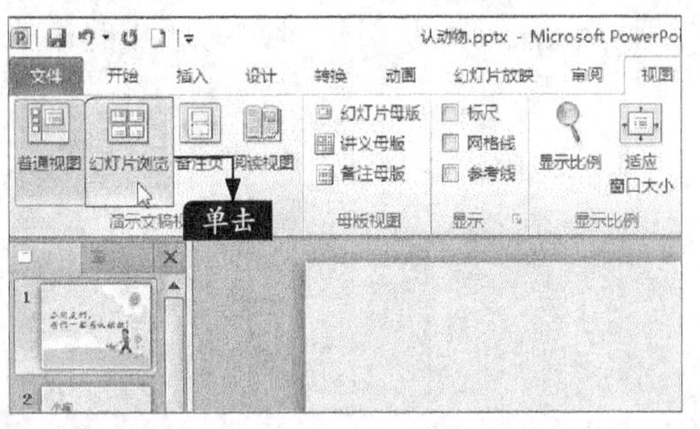

步骤 03 系统会自动打开浏览幻灯片视图。

步骤 04 选择第2个幻灯片缩略图，按住鼠标拖曳，可以改变幻灯片的排列顺序。

20.2 放映幻灯片

本节教学录像时间：4 分钟

选择合适的放映方式，可以使幻灯片以更好的效果来展示。通过本节的学习，用户可以掌握多种幻灯片放映方式，以满足不同的放映需求。

20.2.1 从头开始放映

放映幻灯片一般是从头开始放映的，从头开始放映的具体操作步骤如下。

步骤01 打开随书光盘中的“素材\ch20\员工培训.pptx”文件。在【幻灯片放映】选项卡的【开始放映幻灯片】组中单击【从头开始】按钮或按【F5】键。

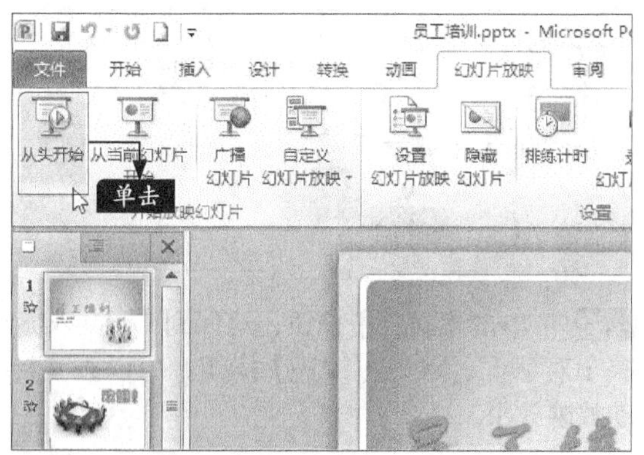

步骤02 系统将从头开始播放幻灯片。单击鼠标、按【Enter】键或空格键均可切换到下一张幻灯片。

小提示

按键盘上的方向键也可以向上或向下切换幻灯片。

20.2.2 从当前幻灯片开始放映

在放映幻灯片时可以从选定的当前幻灯片开始放映，具体操作步骤如下。

步骤01 打开随书光盘中的“素材\ch20\员工培训.pptx”文件。选中第2张幻灯片，在【幻灯片放映】选项卡的【开始放映幻灯片】组中单击【从当前幻灯片开始】按钮或按【Shift+F5】快捷键。

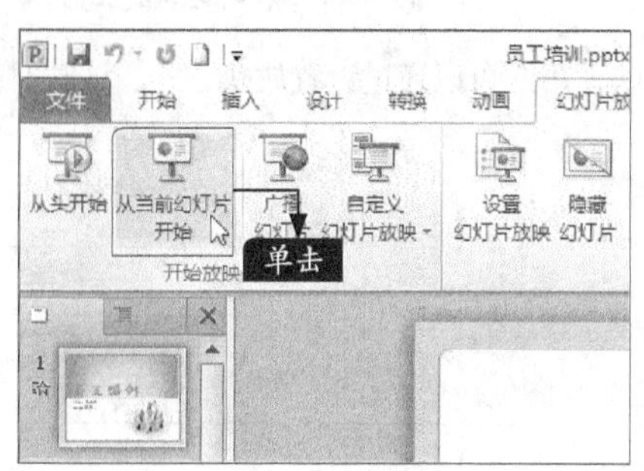

步骤02 系统将从当前幻灯片开始播放幻灯片。按【Enter】键或空格键可切换到下一张幻灯片。

20.2.3 自定义幻灯片放映

利用PowerPoint的【自定义幻灯片放映】功能，可以为幻灯片设置多种自定义放映方式，具体操作步骤如下。

步骤 01 在【幻灯片放映】选项卡的【开始放映幻灯片】组中单击【自定义幻灯片放映】按钮，在弹出的下拉菜单中选择【自定义放映】菜单命令。

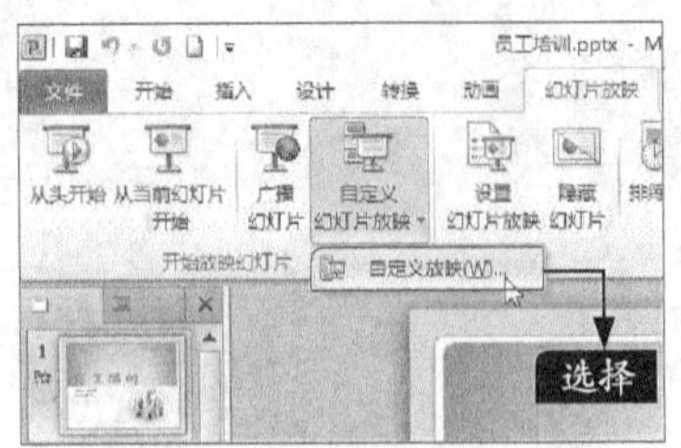

步骤 02 弹出【自定义放映】对话框，单击【新建】按钮。

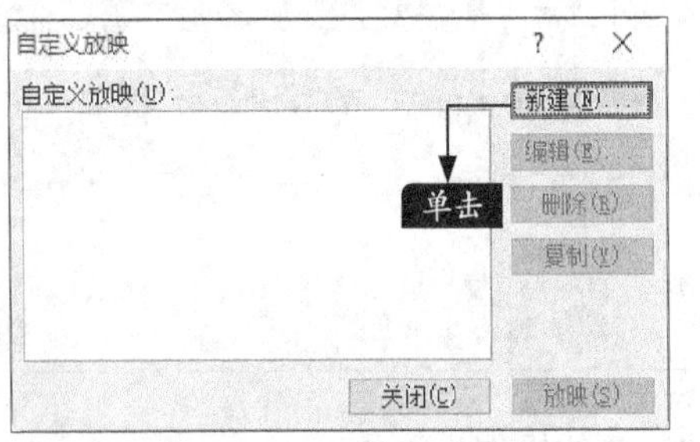

步骤 03 弹出【定义自定义放映】对话框，在【幻灯片放映名称】文本框中输入放映名称，在【在演示文稿中的幻灯片】列表框中选择需要放映的幻灯片，然后单击【添加】按钮即可将选中的幻灯片添加到【在自定义放映中的幻灯片】列表框中。

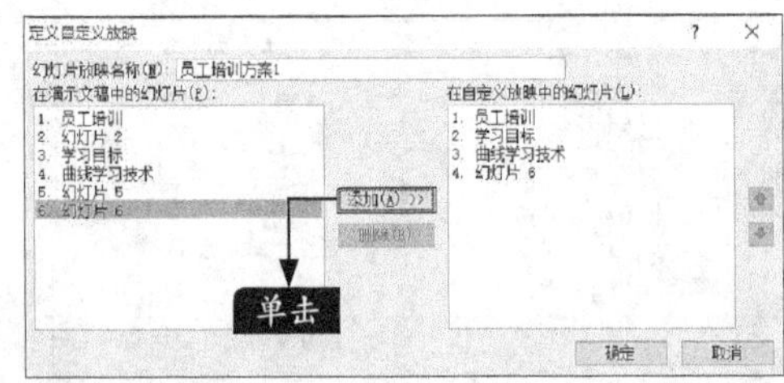

步骤 04 单击【确定】按钮，返回到【自定义放映】对话框，单击【放映】按钮，可以查看自动放映效果。

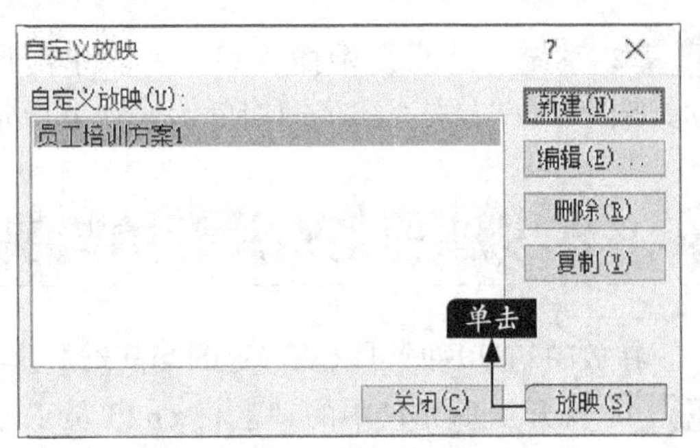

20.3 设置幻灯片放映

本节教学录像时间：4 分钟

放映幻灯片时，默认情况下为普通手动放映，用户可以通过设置放映方式、放映时间和录制幻灯片来设置幻灯片放映。

20.3.1 设置放映方式

通过使用【设置幻灯片放映】功能，用户可以自定义放映类型、换片方式和笔触颜色等参数。设置幻灯片放映方式的具体操作步骤如下。

步骤 01 打开随书光盘中的“素材\ch20\员工培训.pptx”文件，选择【幻灯片放映】选项卡下【设置】组中的【设置幻灯片放映】按钮。

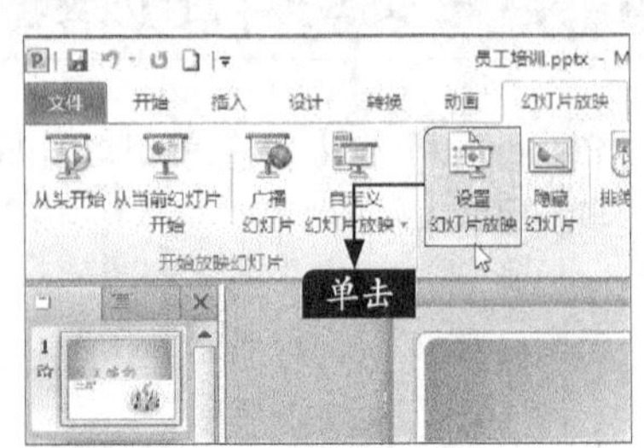

步骤 02 弹出【设置放映方式】对话框，设置【放映选项】区域下【绘图笔颜色】为【蓝色】、设置【放映幻灯片】区域下的页数为【从1到4】，单击【确定】按钮，关闭【设置放映方式】对话框。在播放幻灯片时，则仅播放幻灯片1~4张。

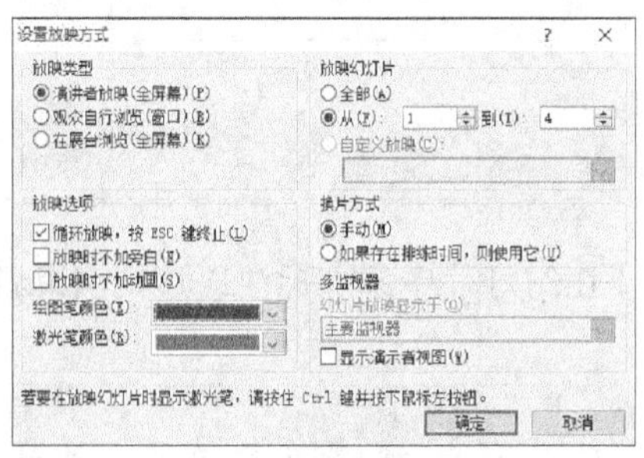

小提示

【设置放映方式】对话框中各个参数的具体含义如下。

【放映类型】：用于设置放映的操作对象，包括演讲者放映、观众自行浏览和在展厅放映。

【放映选项】：主要设置是否循环放映、旁白和动画的添加以及笔触的颜色。

【放映幻灯片】：用于设置具体播放的幻灯片，默认情况下，选择【全部】播放。

20.3.2 设置放映时间

作为一名演示文稿的制作者，在公共场合演示时需要掌握好演示的时间，为此需要测定幻灯片放映时的停留时间,具体的操作步骤如下。

步骤 01 打开随书光盘中的“素材\ch20\员工培训.pptx”文件，单击【幻灯片放映】选项卡【设置】选项组中的【排练计时】按钮。

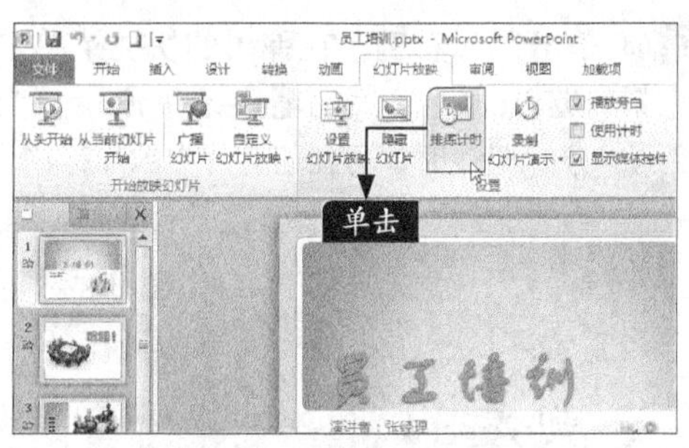

步骤 02 系统会自动切换到放映模式，并弹出【录制】对话框，在【录制】对话框中会自动计算出当前幻灯片的排练时间，时间的单位为秒。

小提示

对通常在放映的过程中，需要临时查看或跳到某一张幻灯片时，可通过【录制】对话框中的按钮来实现。

(1)【下一项】按钮。切换到下一张幻灯片。

(2)【暂停】按钮。暂时停止计时后，再次单击会恢复计时。

(3)【重复】按钮。重复排练当前幻灯片。

步骤 03 排练完成，系统会显示一个警告消息框，显示当前幻灯片放映的总时间。单击【是】按钮，即可完成幻灯片的排练计时。

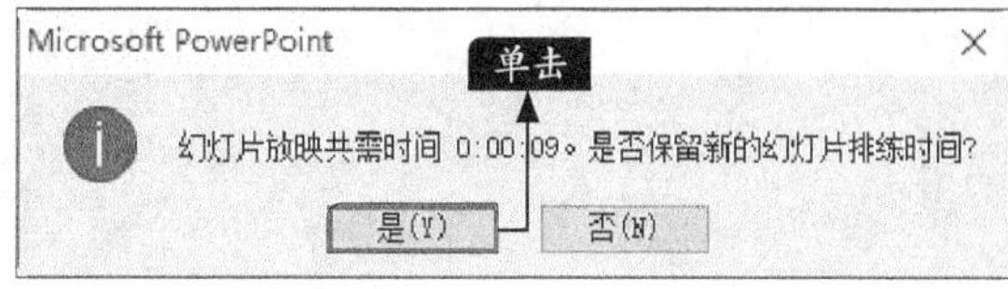

20.4 为幻灯片添加注释

本节教学录像时间：4 分钟

在放映幻灯片时，添加注释可以为演讲者带来方便。

20.4.1 在放映中添加注释

要想使观看者更加了解幻灯片所表达的意思，就需要在幻灯片中添加标注以达到演讲者的目的。添加标注的具体操作步骤如下。

步骤 01 打开随书光盘中的“素材\ch20\认动物.pptx”文件，按【F5】键放映幻灯片。

步骤 02 单击鼠标右键，在弹出的快捷菜单中选择【指针选项】➤【笔】菜单命令，当鼠标指针变为一个点时，即可在幻灯片中添加标注。

步骤 03 单击鼠标右键，在弹出的快捷菜单中选择【指针选项】➤【荧光笔】菜单命令，当鼠标变为一条短竖线时，可在幻灯片中添加标注。

20.4.2 设置笔颜色

前面已经介绍在【设置放映方式】对话框中可以设置绘图笔的颜色，在幻灯片放映时，同样可以设置绘图笔的颜色。

步骤 01 使用绘图笔在幻灯片中标注，单击鼠标右键，在弹出的快捷菜单中选择【指针选项】➤【墨迹颜色】菜单命令，在【墨迹颜色】列表中，单击一种颜色，如单击【深蓝】。

小提示

使用同样的方法也可以设置荧光笔的颜色。

步骤 02 此时绘笔颜色即变为深蓝色。

20.4.3 清除注释

在幻灯片中添加注释后，可以将不需要的注释使用橡皮擦删除，具体操作步骤如下。

步骤 01 放映幻灯片时，在添加有标注的幻灯片中，单击鼠标右键，在弹出的快捷菜单中选择【指针选项】➤【橡皮擦】菜单命令。

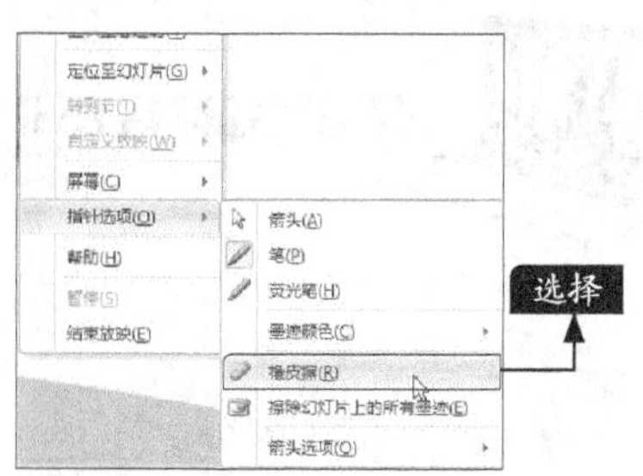

步骤 02 当鼠标光标变为时，在幻灯片中有标注的地方，按鼠标左键拖动，即可擦除标注。

步骤 03 单击鼠标右键，在弹出的快捷菜单中选择【指针选项】➤【擦除幻灯片上的所有墨迹】菜单命令。

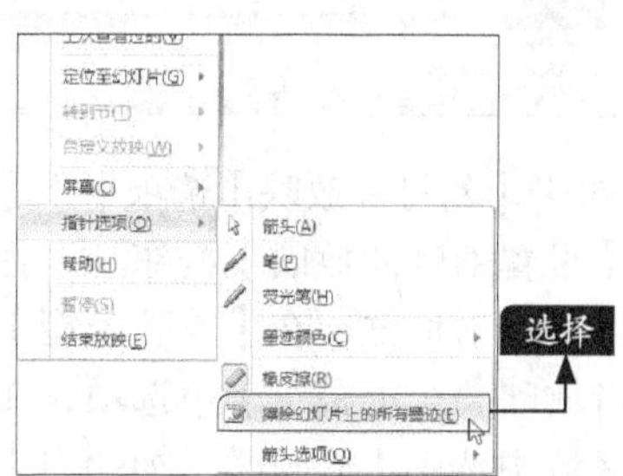

步骤 04 此时就将幻灯片中所添加的所有墨迹擦除。

20.5 综合实战——公司宣传片的放映

本节教学录像时间：4 分钟

掌握了幻灯片的放映方法后，本节通过实例介绍公司幻灯片

第1步：设置幻灯片放映

本步骤主要涉及幻灯片放映的基本设置，如添加备注和设置放映类型等内容。

步骤 01 打开随书光盘中的“素材\ch20\龙马高新教育公司.pptx”文件，选择第1张幻灯片，在幻灯片下方的【单击此处添加备注】处添加备注。

步骤 02 单击【幻灯片放映】选项卡下【设置】组中的【设置幻灯片放映】按钮，弹出【设置放映方式】对话框，在【放映类型】中选中【演讲者放映（全屏幕）】单选项，在【放映选项】区域中选中【放映时不加旁白】选项和【放映时不加动画】复选框，然后单击【确定】按钮。

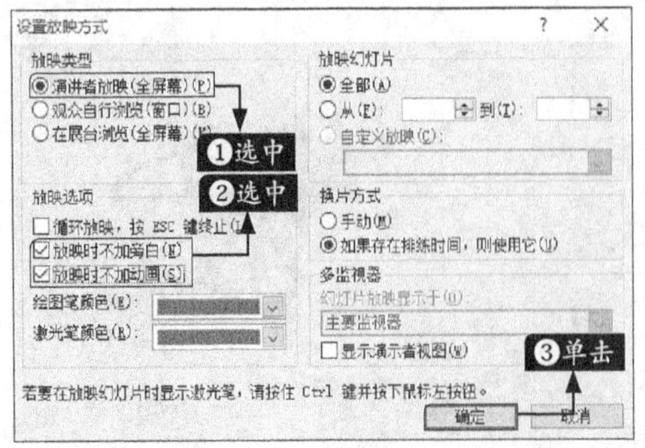

步骤 03 单击【幻灯片放映】选项卡下【设置】组中的【排练计时】按钮。

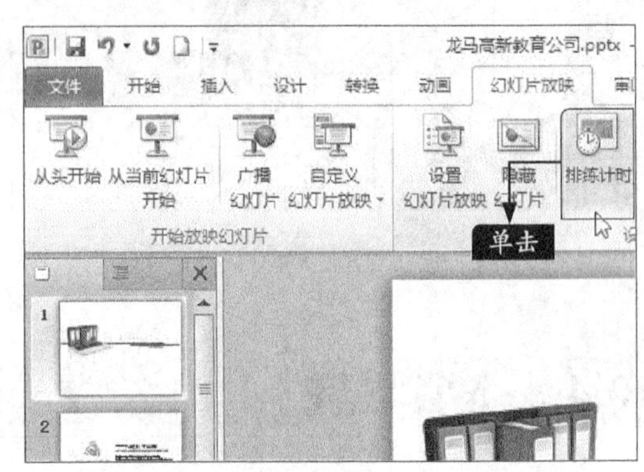

步骤 04 开始设置排练计时的时间。

步骤 05 排练计时结束后，单击【是】按钮，保留排练计时。

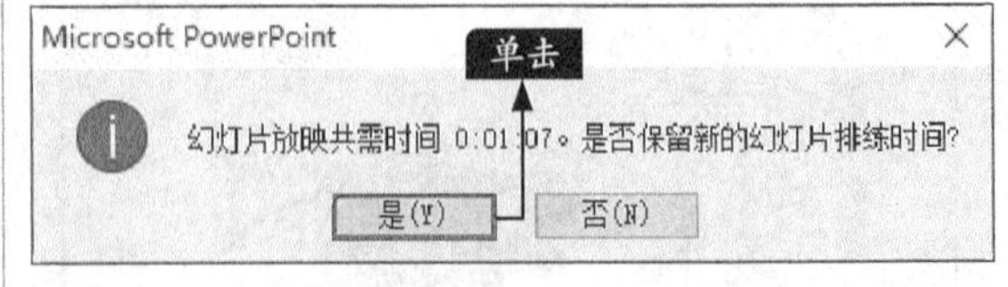

步骤 06 添加排练计时后的效果如图所示。

第2步：添加注释

本步骤主要介绍在幻灯片中插入注释的方法。

步骤01 按【F5】键进入幻灯片放映状态，单击鼠标右键，在弹出的快捷菜单中选择【指针选项】列表中的【笔】选项。

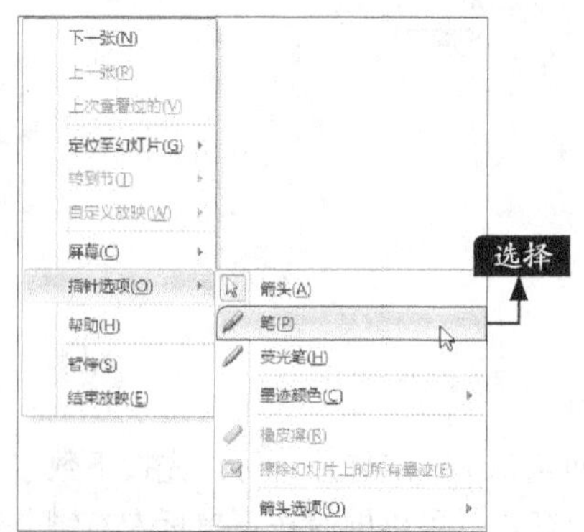

步骤02 当鼠标光标变为一个点时，即可以在幻灯片播放界面中标记注释，如图所示。

步骤03 幻灯片放映结束后，会弹出如图所示对话框，单击【保留】按钮，即可将添加的注释保留到幻灯片中。

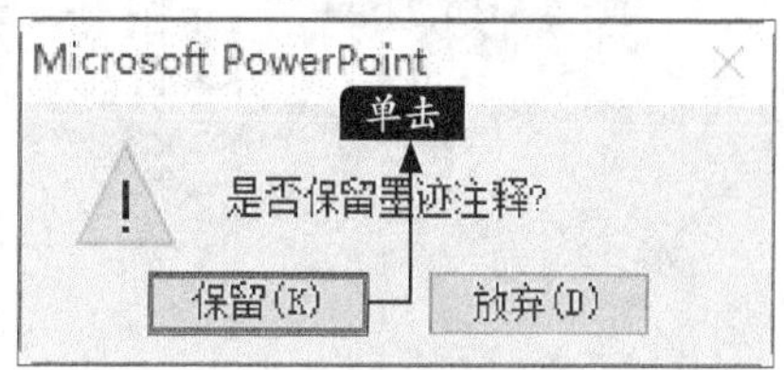

小提示

保留墨迹注释，则在下次播放时会显示这些墨迹注释。

步骤04 如下图所示，在演示文稿工作区中即可看到插入的注释。

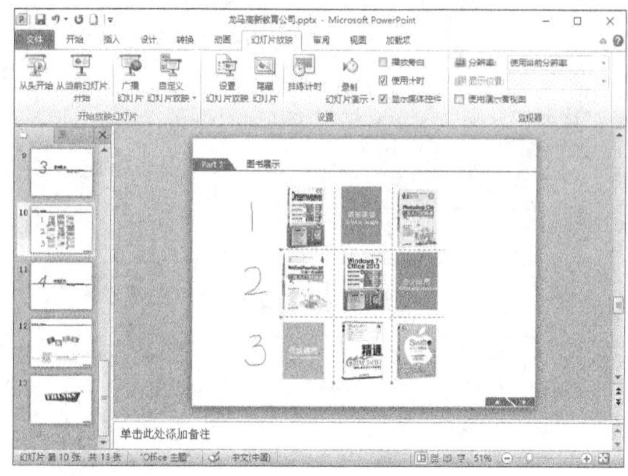

高手支招

本节教学录像时间：2 分钟

在放映幻灯片时显示快捷方式

在放映幻灯片时，如果想用快捷键，但一时又忘了快捷键的操作，可以按下【F1】键（或【SHIFT+?】组合键），屏幕就可显示快捷键的操作提示，如下图所示。

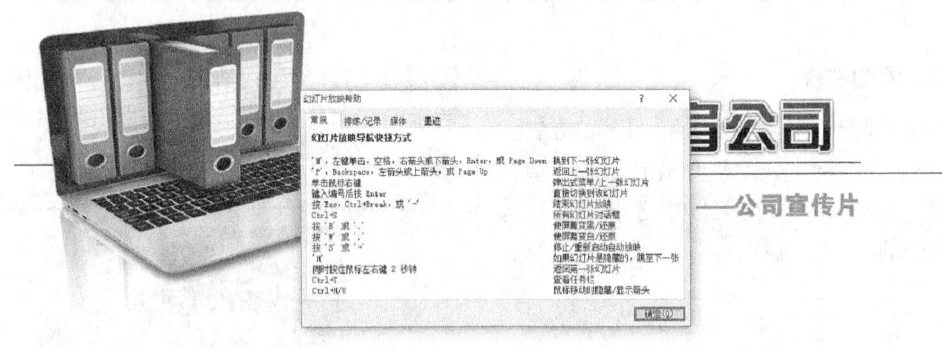

快速定位放映中的幻灯片

在播放PowerPoint 演示文稿时，如果要快进到或退回到第6 张幻灯片，可以先按下数字【5】键，再按下【Enter】键。若要从任意位置返回到第1 张幻灯片，可以同时按下鼠标左右键并停留2 秒钟以上。

第5篇

网络办公篇

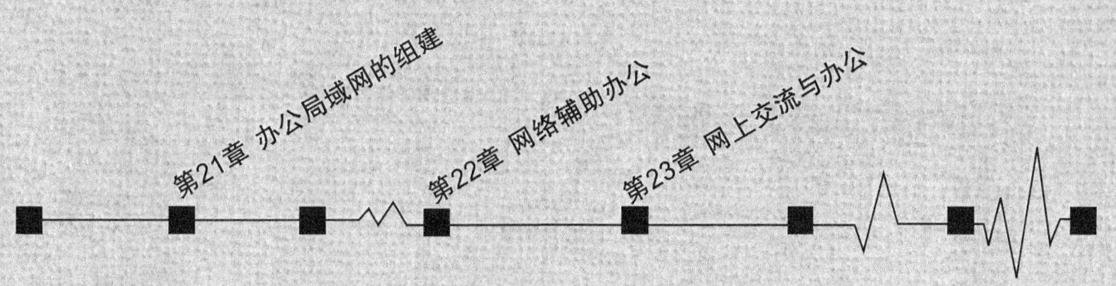

第21章

办公局域网的组建

随着科学技术的发展，网络给人们的生活、工作带来了极大的方便。用户要想实现网络化协同办公和局域网内资源的共享，首要任务就是组建办公局域网。通过对局域网进行私有和公用资源的分配，可以提供办公资源的合理利用，从而节省开支，提高办公的效率。

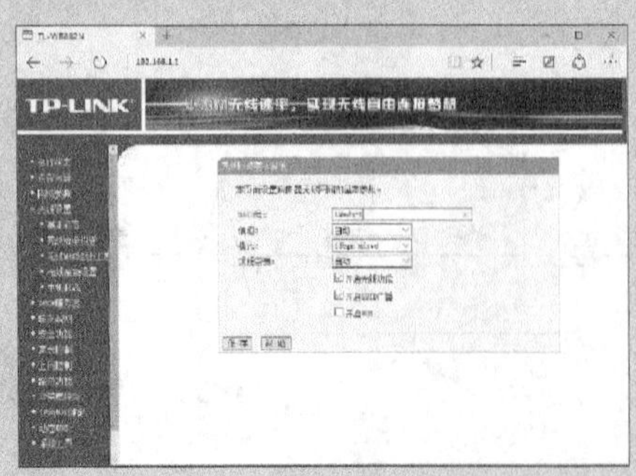

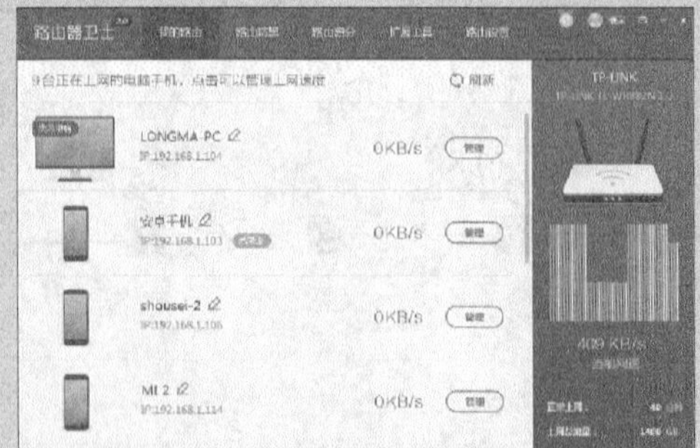

21.1 组建局域网的相关知识

本节教学录像时间：4 分钟

按照网络覆盖的地理范围的大小将计算机网络分为局域网（LAN）、区域网（MAN）、广域网(WAN)、互联网(Internet) 四种，每一种网络的覆盖范围和分布距离标准都不一样，如下表所示。

网络种类	分布距离	覆盖范围	特点
局域网	10m	房间	物理范围小 具有高数据传输速率(10~1000Mbit/s)
	100m	建筑物	
	1000m	校园	
区域网（又称为城域网）	10km	城市	规模较大，可覆盖一个城市； 支持数据和语音传输； 工作范围为160km以内，传输速率为44.736Mbit/s
广域网	100km	国家	物理跨度较大，如一个国家
互联网	1000km	洲或洲际	将局域网通过广域网连接起来，形成互联网

从上表我们就可以看出，局域网就是范围在几米到几千米内，家庭、办公楼群或校园内的计算机相互连接构成的计算机网络。主要应用于连接家庭、公司、校园以及工厂等电脑，以利于计算机间共享资源和数据通信，如共享打印机、传输数据等操作。

21.1.1 组建局域网的优点

局域网实现了一定范围内的电脑互连，在不同场合发挥着不同的用途，下面介绍局域网在办公应用中的优点。

1. 文件的共享

在公司内部的局域网内，电脑之间的文件共享可以使日常办公更加方便。通过文件共享，可以把局域网内每台电脑都需要的资料集中存储，不仅方便资料的统一管理，节省存储空间，有效地利用所用的资源，也可以将重要的资料备份到其他电脑中。

2. 外部设备的共享

通过建立局域网，可以共享任何一台局域网内的外部设备，如打印机、复印机、扫描仪等，减少了不必要的拆卸移动的麻烦。

3. 提高办公自动化水平

通过建立局域网，公司的管理人员可以登录到企业内部的管理系统，如OA 系统，可以查看每位员工的工作状况，也可以实现用局域网内部的电子邮件传递信息，大大提高了办公效率。

4. 连接Internet

通过局域网内的Internet 共享，可以使网络内的所有电脑接入Internet，随时上网查询信息。

21.1.2 局域网的结构演示

对于组建一般的小型局域网，接入电脑并不多，搭建起来并不复杂，下面介绍一下局域网的结构。

局域网主要由交换机或路由器作为转发媒介，提供大量的端口，供多台电脑和外部设备接入，实现电脑间的连接和共享。如下图所示。

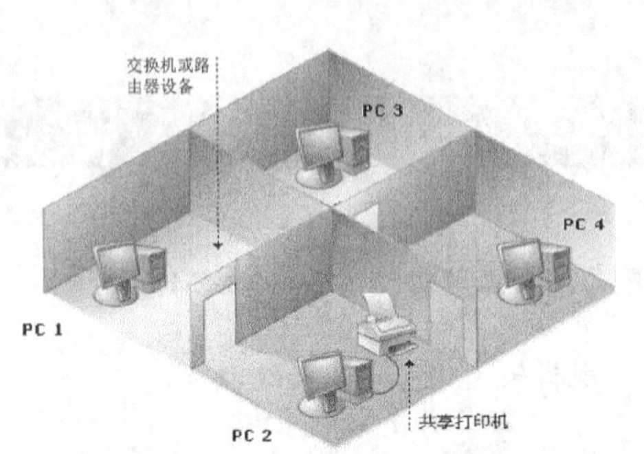

上图只是一个系统的展示，其实构建局域网就是将1个点转发为多个点，下面具体了解不同的接入方式，及其连接结构的不同。

1. 通过ADSL建立局域网

下图即是一个单台电脑连接的结构图。

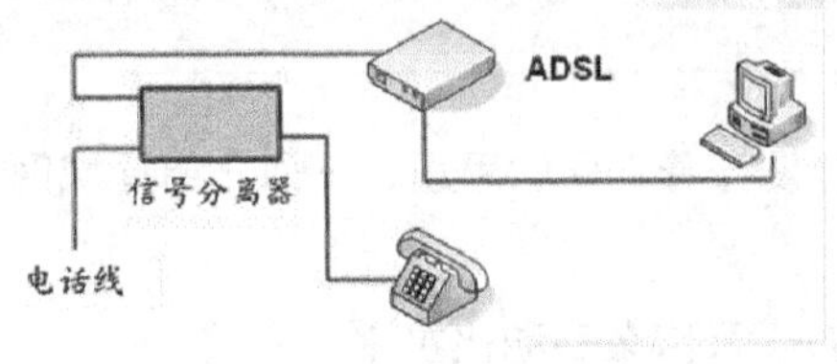

如果多台电脑连接成局域网，其结构图如下所示。

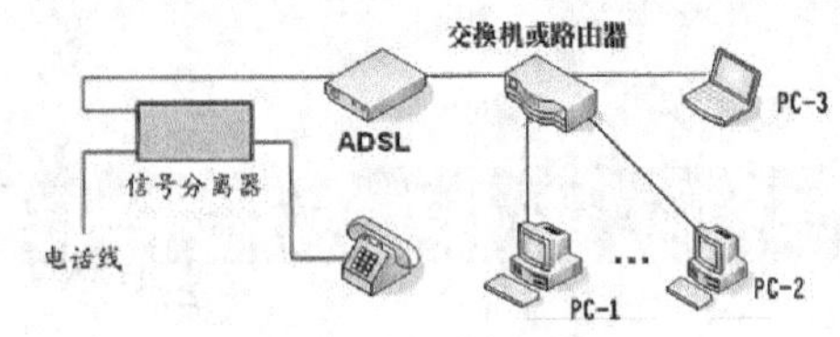

2. 通过小区宽带建立局域网

如果是小区宽带上网，在建立局域网时，只需将接入的网线插入交换机上，然后再分配给各台电脑即可。

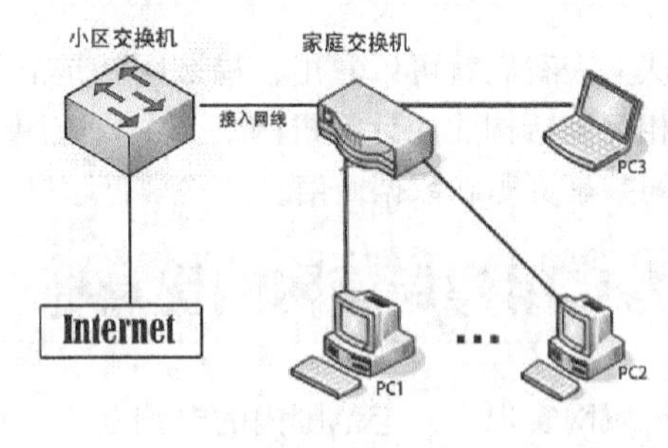

21.2 组建局域网的准备

本节教学录像时间：4 分钟

组建不同的局域网需要不同的硬件设备，下面根据有线局域网和无线局域网的组建特点，介绍一下两种组建方式所需要的准备。

21.2.1 组件无线局域网的准备

无线局域网目前应用最多的是无线电波传播，覆盖范围广，应用也较广泛。在组建中最重要的设备就是无线路由器和无线网卡。

⑴ 无线路由器

路由器是用于连接多个逻辑上分开的网络的设备，简单来说就是用来连接多个电脑实现共同上网，且将其连接为一个局域网的设备。

而无线路由器是指带有无线覆盖功能的路由器，主要应用于无线上网，也可将宽带网络信号转发给周围的无线设备使用，如笔记本、手机、平板电脑等。

如下图所示，无线路由器的背面由若干端口构成，通常包括1个WAN口、4个LAN口、1个电源接口和一个RESET（复位）键。

电源接口，是路由器连接电源的插口。

RESET键，又成为重置键，如需将路由器重置为出厂设置，可长按该键恢复。

WAN口，是外部网线的接入口，将从ADSL Modem连出的网线直接插入该端口，或者小区宽带用户直接将网线插入该端口。

LAN口，为用来连接局域网端口，使用网线将端口与电脑网络端口互联，实现电脑上网。

⑵ 无线网卡

无线网卡的作用、功能和普通电脑网卡一样，就是不通过有线连接，采用无线信号连接到局域网上的信号收发装备。而在无线局域网搭建时，采用无线网卡就是为了保证台式电脑可以接收无线路由器发送的无线信号，如果电脑自带有无线网卡（如笔记本），则不需要再添置无线网卡。

目前，无线网卡较为常用的是PCI和USB接口两种，如下图所示。

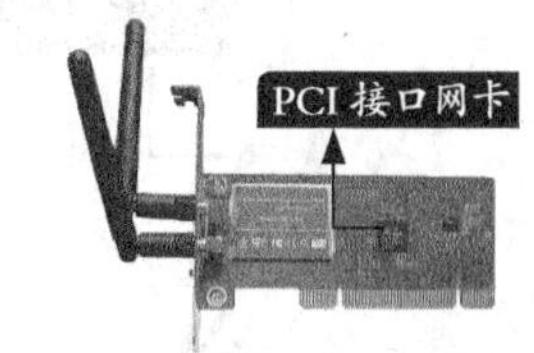

PCI接口无线网卡主要适用于台式电脑，将该网卡插入主板上的网卡槽内即可。PCI接口的网卡信号接收和传输范围广、传输速度快、使用寿命长、稳定性好。

USB接口无线网卡适用于台式电脑和笔记本电脑，即插即用，使用方便，价格便宜。

在选择上，如果考虑到便捷性可以选择USB接口的无线网卡，如果考虑到使用效果和稳定性、使用寿命等，建议选择PCI接口无线网卡。

⑶ 网线

网线是连接局域网的重要传输媒体，在局域网中常见的网线有双绞线、同轴电缆、光缆三种，而使用最为广泛的就是双绞线。

双绞线是由一对或多对绝缘铜导线组成的，为了减少信号传输中串扰及电磁干扰影响的程度，通常将这些线按一定的密度互相缠绕在一起，双绞线可传输模拟信号和数字信号，价格便宜，并且安装简单，所以得到广泛的使用。

一般使用方法就是和RJ45水晶头相连，然后接入电脑、路由器、交换机等设备中的RJ45接口。

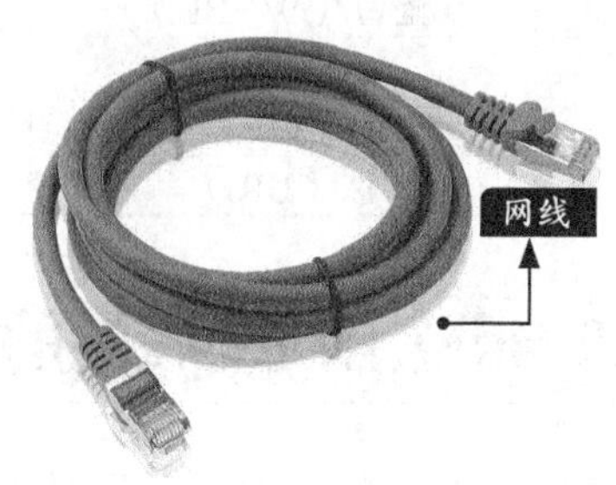

> **小提示**
>
> RJ45接口也就是我们说的网卡接口，常见的RJ45接口有两类：用于以太网网卡、路由器以太网接口等的DTE类型，还有用于交换机等的DCE类型。DTE我们可以称做“数据终端设备”，DCE我们可以称做“数据通信设备”。从某种意义来说，DTE设备称为“主动通信设备”，DCE设备称为“被动通信设备”。

通常，在判定双绞线是否通路，主要使用万用表和网线测试仪测试，而网线测试仪是使用最方便、最普遍的方法。

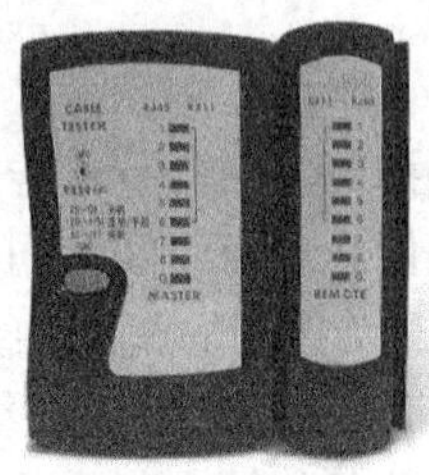

双绞线的测试方法，是将网线两端的水晶头分别插入主机和分机的RJ45接口，然后将开关调制到“ON”位置（“ON”为快速测试，“S”为慢速测试，一般使用快速测试即可），此时观察亮灯的顺序，如果主机和分机的指示灯1~8逐一对应闪亮，则表明网线正常。

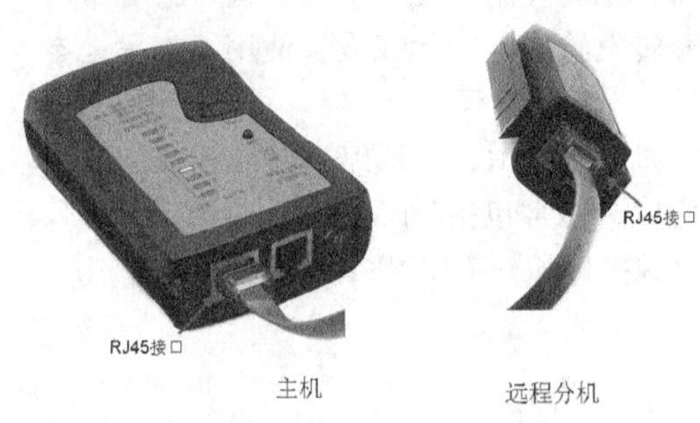

主机　　远程分机

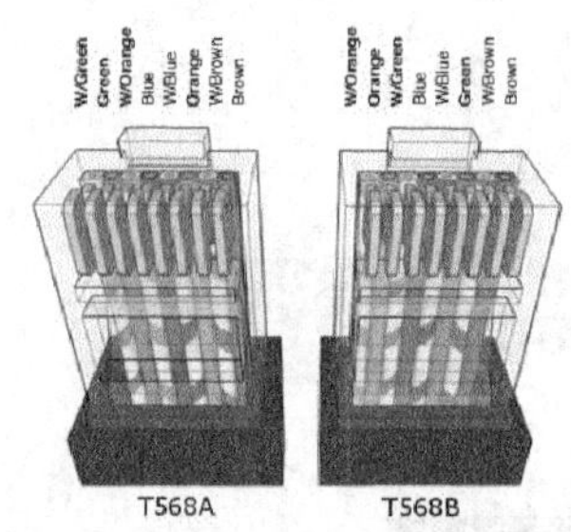

T568A　　T568B

> **小提示**
>
> 如下图为双绞线对应的位置和颜色，双绞线一端是按568A标准制作，另一端按568B标准制作。

引脚	568A定义的色线位置	568B定义的色线位置
1	绿白（W-G）	橙白（W-O）
2	绿（G）	橙（O）
3	橙白（W-O）	绿白（W-G）
4	蓝（BL）	蓝（BL）
5	蓝白（W-BL）	蓝白（W-BL）
6	橙（O）	绿（G）
7	棕白（W-BR）	棕白（W-BR）
8	棕（BR）	棕（BR）

21.2.2 组建有线局域网的准备

组建有线局域网和无线局域网最大的差别是无线信号收发设备上，其主要使用的设备是交换机或路由器。下面介绍组件有线局域网的所需设备。

⑴ 交换机

交换机是用于电信号转发的设备，可以简单地理解为把若干台电脑连接在一起组成一个局域网，一般在家庭、办公室常用的交换机属于局域网交换机，而小区、一幢大楼等使用的多为企业级的以太网交换机。

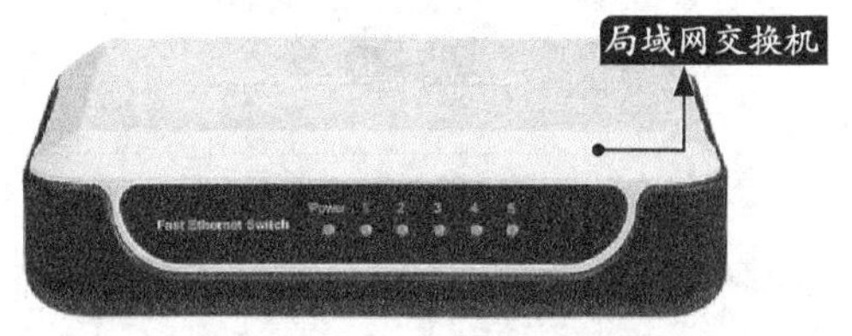

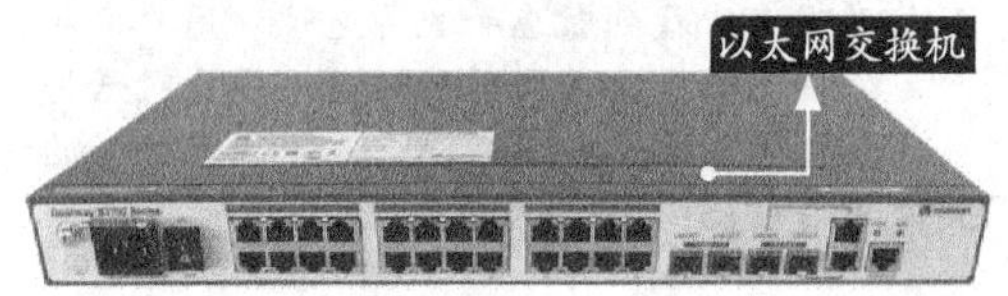

如上图所示，交换机和路由器外观并无太大差异，路由器上有单独一个WAN 口， 而交换机上全部是LAN 口，另外路由器一般只有4个LAN 口，而交换机上有4-32 个LAN 口，其实这只是外观的一些对比，二者在本质上有明显的区别。

① 交换机是通过一根网线上网，如果几台电脑上网，是分别拨号，各自使用自己的带宽，互不影响。而路由器自带了虚拟拨号功能，是几台电脑通过一个路由器一个宽带账号上网，几台电脑之间上网相互影响。

② 交换机工作是在中继层（数据链路层），是利用MAC 地址寻找转发数据的目的地址， MAC 地址是硬件自带的，也是不可更改的，工作原理相对比较简单，而路由器工作是在网络层（第三层），是利用IP 地址寻找转发数据的目的地址，可以获取更多的协议信息，以做出更多的转发决策。通俗地讲，交换机的工作方式相当于要找一个人，知道这个人的电话号码（类似于MAC 地址），于是通过拨打电话和这个人建立连接；而路由器的工作方式是，知道这个人的具体住址××省××市××区××街道××号××单元××户（类似于IP地址），然后根据这个地址，确定最佳的到达路径，然后到这个地方，找到这个人。

③ 交换机负责配送网络，而路由器负责入网。交换机可以使连接它的多台电脑组建成局域网，但是不能自动识别数据包发送和到达地址的功能，而路由器则为这些数据包发送和到达的地址指明方向和进行分配。简单说就是交换机负责开门，路由器给用户找路上网。

④ 路由器具有防火墙功能，不传送不支持路由协议的数据包和未知目标网络数据包的传送，仅支持转发特定地址的数据包，防止了网络风暴。

⑤ 路由器也是交换机，如果要使用路由器的交换机功能，把宽带线插到LAN 口上， 把WAN 空起来就可以。

⑵ 路由器

组建有线局域网时，可不必要求为无线路由器，一般路由器即可使用，主要差别就是无线路由器带有无线信号收发功能，但价格较贵。

21.3 组建局域网

本节教学录像时间：16 分钟

准备工作完成之后就可以开始组建局域网。

21.3.1 组建无线局域网

随着笔记本电脑、手机、平板电脑等便携式电子设备的日益普及和发展，有线连接已不能满足工作和家庭需要，无线局域网不需要布置网线就可以将几台设备连接在一起。无线局域网以其高速的传输能力、方便性及灵活性，得到广泛应用。组建无线局域网的具体操作步骤如下。

1. 硬件搭建

在组建无线局域网之前，要将硬件设备搭建好。

步骤01 通过网线将电脑与路由器相连接，将网线一端接入电脑主机后的网孔内，另一端接入路由器的任意LAN口内。

步骤02 通过网线将ADSL Modem与路由器相连接，将网线一端接入ADSL Modem的LAN口，另一端接入路由器的WAN口内。

步骤03 将路由器自带的电源插头连接电源即可，此时即完成了硬件搭建工作。

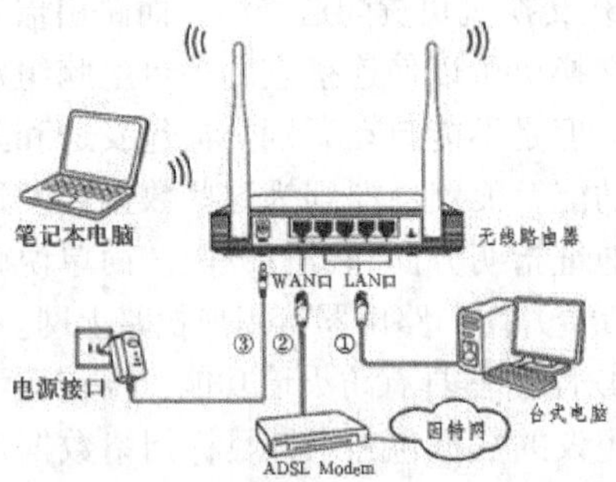

> **小提示**
>
> 如果台式电脑要接入无线网，可安装无线网卡，然后将随机光盘中的驱动程序安装在电脑上即可。

2. 路由器设置

路由器设置主要指在电脑或便携设备端，为路由器配置上网账号、设置无线网络名称、密码等信息。

下面以台式电脑为例，使用的是TP-LINK品牌的路由器，型号为WR882N，在Windows 10操作系统、Microsoft Edge浏览器的软件环境下的操作演示。具体步骤如下。

步骤01 完成硬件搭建后，启动任意一台电脑，打开IE浏览器，在地址栏中输入"192.168.1.1"，按【Enter】键，进入路由器管理页面。初次使用时，需要设置管理员密码，在文本框中输入密码和确认密码，然后按【确认】按钮完成设置。

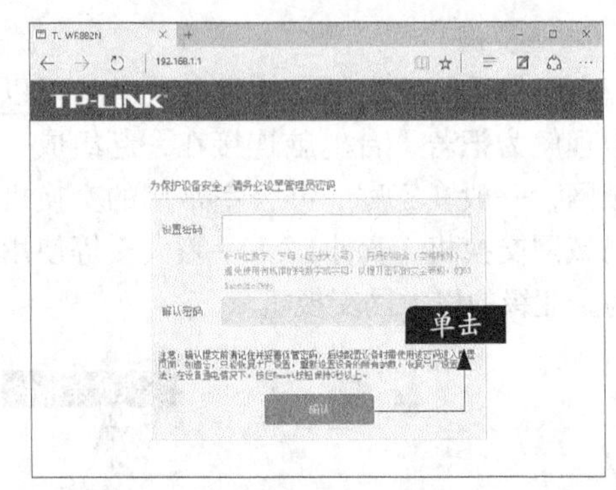

> **小提示**
>
> 不同路由器的配置地址不同，可以在路由器的背面或说明书中找到对应的配置地址、用户名和密码。部分路由器，输入配置地址后，弹出对话框，要求输入用户名和密码，此时，可以在路由器的背面或说明书中找到，输入即可。

另外用户名和密码可以在路由器设置界面的【系统工具】➤【修改登录口令】中设置。如果遗忘，可以在路由器开启的状态下，长按【RESET】键恢复出厂设置，登录账户名和密码恢复为原始密码。

步骤02 进入设置界面，选择左侧的【设置向导】选项，在右侧【设置向导】中单击【下一步】按钮。

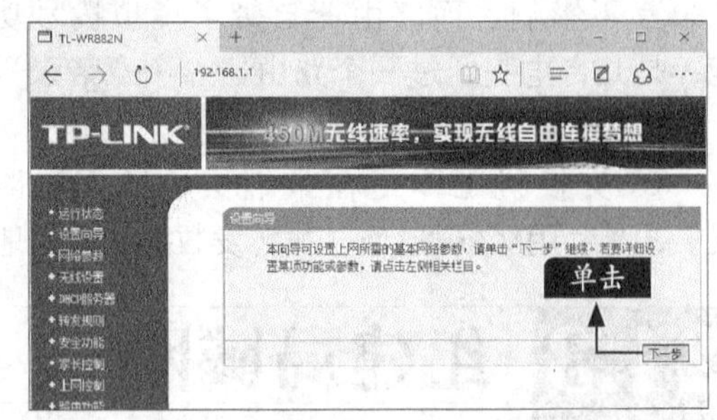

步骤03 打开【设置向导】对话框选择连接类型，这里单击选中【让路由器自动选择上网方式】单选项，并单击【下一步】按钮。

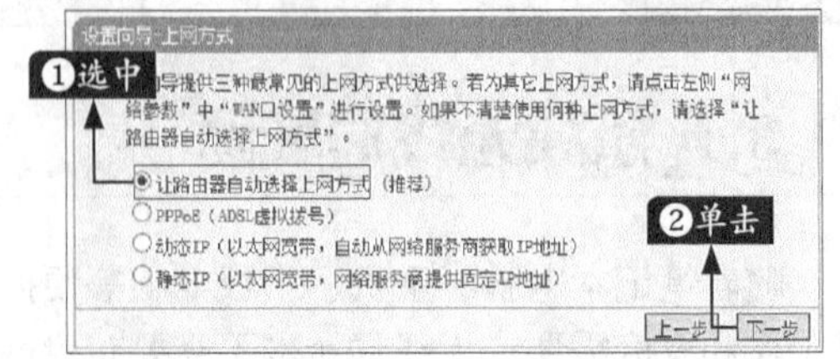

小提示

PPPoE是一种协议，适用于拨号上网;而动态IP每连接一次网络，就会自动分配一个IP地址；静态IP是运营商给的固定的IP地址。

步骤04 如果检测为拨号上网，则输入账号和口令；如果检测为静态IP，则需输入IP地址和子网掩码，然后单击【下一步】按钮。如果检测为动态IP，则无需输入任何内容，直接跳转到下一步操作。

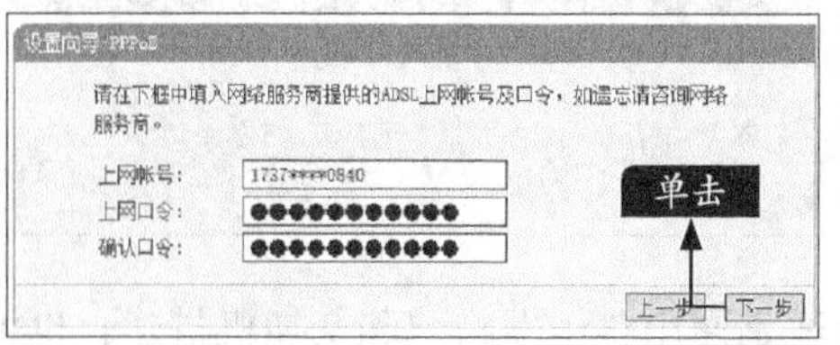

小提示

此处的用户名和密码是指在开通网络时，运营商提供的用户名和密码。如果账户和密码遗忘或需要修改密码，可联系网络运营商找回或修改密码。若选用静态IP所需的IP地址、子网掩码等都由运营商提供。

步骤05 在【设置向导-无线设置】页面，进入该界面设置路由器无线网络的基本参数，单击选中【WPA-PSK/WPA2-PSK】单选项，在【PSK密码】文本框中设置PSK密码。单击【下一步】按钮。

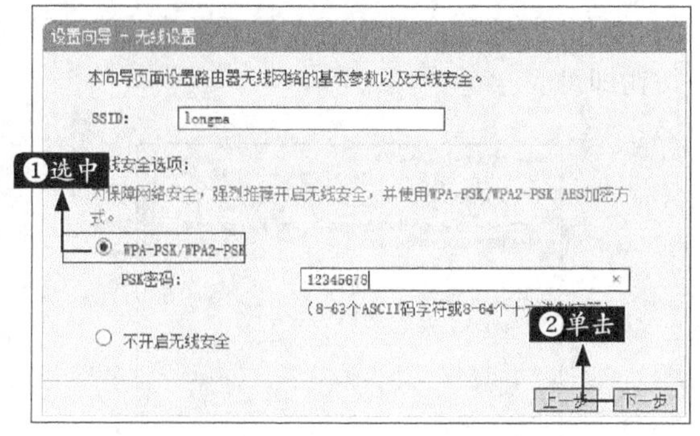

小提示

用户也可以在路由器管理界面，单击【无线设置】选项进行设置。

SSID：是无线网络的名称，用户通过SSID号识别网络并登录；

WPA-PSK/WPA2-PSK：基于共享密钥的WPA模式，使用安全级别较高的加密模式。在设置无线网络密码时，建议优先选择该模式，不选择WPA/WPA2和WEP这两种模式。

步骤06 在弹出的页面单击【重启】按钮，如果弹出“此站点提示”对话框，提示是否重启路由器，单击【确定】按钮，即可重启路由器，完成设置。

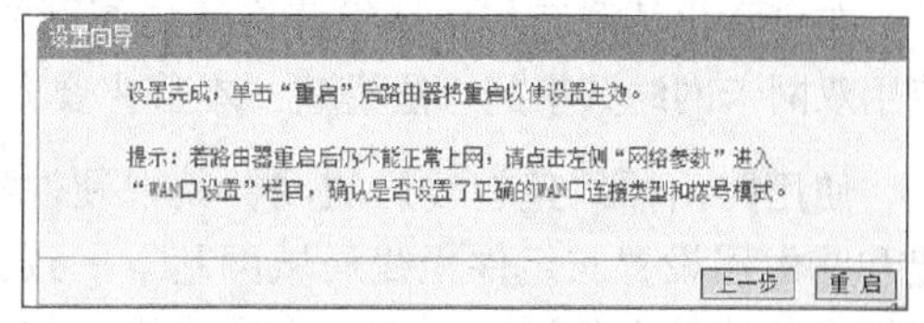

3. 连接上网

无线网络开启并设置成功后，其他电脑需要搜索设置的无线网络名称，然后输入密码，连接该网络即可。具体操作步骤如下所示。

步骤01 单击电脑任务栏中的无线网络图标，在弹出的对话框中会显示无线网络的列表，单击需要连接的网络名称，在展开项中，勾选【自动连接】复选框，方便网络连接，然后单击【连接】按钮。

步骤02 网络名称下方弹出的【输入网络安全密钥】对话框中，输入在路由器中设置的无线网络密码，单击【下一步】按钮即可。

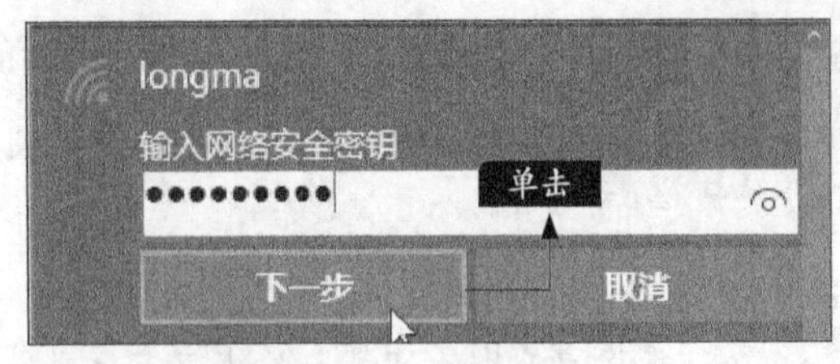

小提示

如果忘记无线网密码，可以登录路由器管理页面，进行查看。

步骤03 密钥验证成功后，即可连接网络，该网络名称下，则显示“已连接”字样，任务栏中的网络图标也显示为已连接样式。

21.3.2 组建有线局域网

在日常生活和工作中，组建有线局域网的常用方法是使用路由器搭建和交换机搭建，也可以使用双网卡网络共享的方法搭建。本节主要介绍使用路由器组建有线局域网的方法。

使用路由器组建有线局域网，其中硬件搭建和路由器设置与组件无线局域网基本一致，如果电脑比较多的话，可以接入交换机，如下图连接方式。

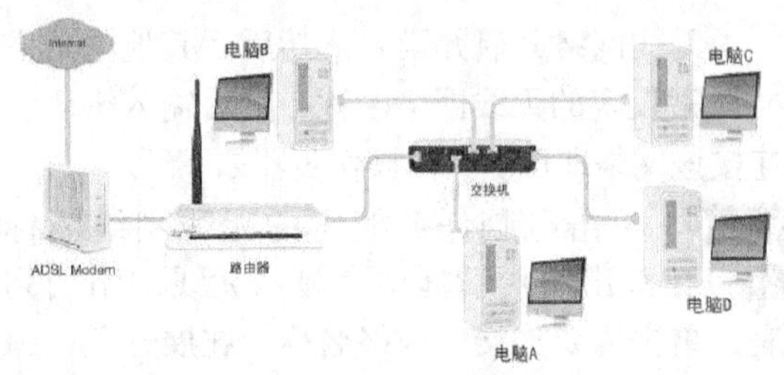

如果一台交换机和路由器的接口，还不能够满足电脑的使用，可以在交换机中接出一根线，连接到第二台交换机，利用第二台交换机的其余接口，连接其他电脑接口。以此类推，根据电脑数量增加交换机的布控，路由器端的设置和无线网的设置方法一样，这里就不再赘述，为了避免所有电脑不在一个IP区域段中，可以执行下面操作，确保所有电脑之间的连接，具体操作步骤如下。

步骤01 在【网络】图标上单击鼠标右键，在弹出的快捷菜单中选择【打开网络和共享中心】命令，打开【网络和共享中心】窗口，单击【以太网】超链接。

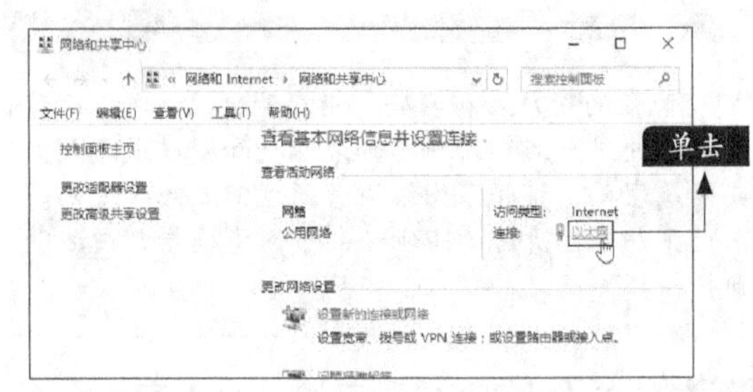

步骤02 弹出【以太网状态】对话框，单击【属性】按钮，在弹出的对话框列表中选择【Internet协议版本4（TCP/IPv4）】选项，并单击【属性】按钮。在弹出的对话框中，然后单击选中【自动获得IP地址】和【自动获取得DNS服务器地址】单选项，然后单击【确定】按钮即可。

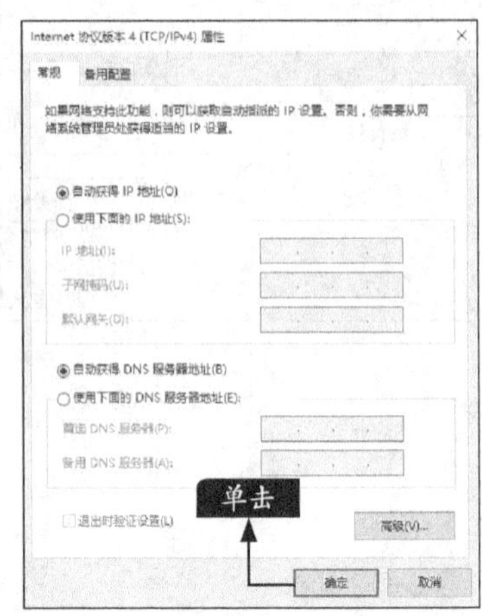

21.4 综合实战——管理局域网

本节教学录像时间：7 分钟

局域网搭建完成后，如网速情况、无线网密码和名称、带宽控制等都可能需要进行管理。本节主要介绍一些常用的局域网管理内容。

21.4.1 网速测试

网速的快慢一直是用户较为关心的，在日常使用中，可以自行对带宽进行测试，本节主要介绍如何使用“360宽带测速器”进行测试。

步骤 01 打开360安全卫士，单击其主界面上的【宽带测速器】图标。

小提示

如果软件主界面上无该图标，请单击【更多】超链接，进入【全部工具】界面下载。

步骤 02 打开【360宽带测速器】工具，软件自动进行宽带测速，如下图所示。

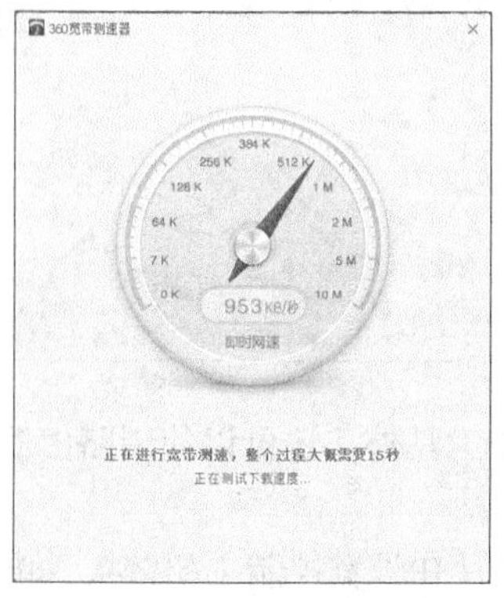

步骤 03 测试完毕后，软件会显示网络的接入速度。用户还可以依次测试长途网络速度、网页打开速度等。

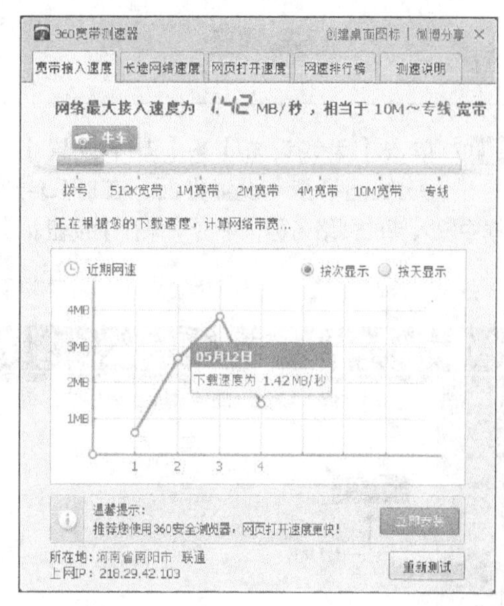

小提示

如果个别宽带服务商采用域名劫持、下载缓存等技术方法，测试值可能高于实际网速。

21.4.2 修改无线网络名称和密码

经常更换无线网名称有助于保护用户的无线网络安全，防止别人蹭取。下面以TP-Link路由器为例，介绍修改的具体步骤。

步骤 01 打开浏览器，在地址栏中输入路由器的管理地址，如http://192.168.1.1，按【Enter】键，进入路由器登陆界面，并输入管理员密码，单击【确认】按钮。

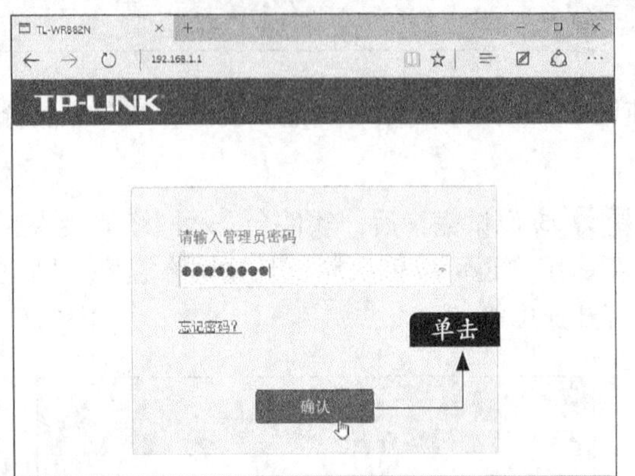

步骤 02 单击【无线设置】➤【基本设置】选项，进入无线网络基本设置界面，在SSID号文本框中输入新的网络名称，单击【保存】按钮。

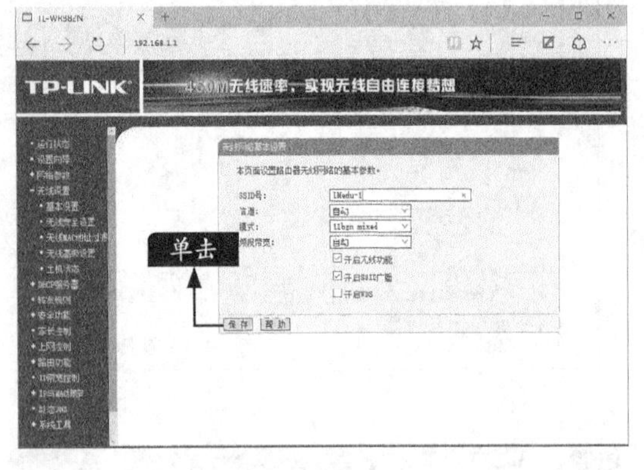

小提示

如果仅修改网络名称，单击【保存】按钮后，根据提示重启路由器即可。

步骤 03 单击左侧【无线安全设置】超链接进入无线网络安全设置界面，在"WPA-PSK/WPA2-PSK"下面的【PSK密码】文本框中输入新密码，单击【保存】按钮，然后单击按钮上方出现的【重启】超链接。

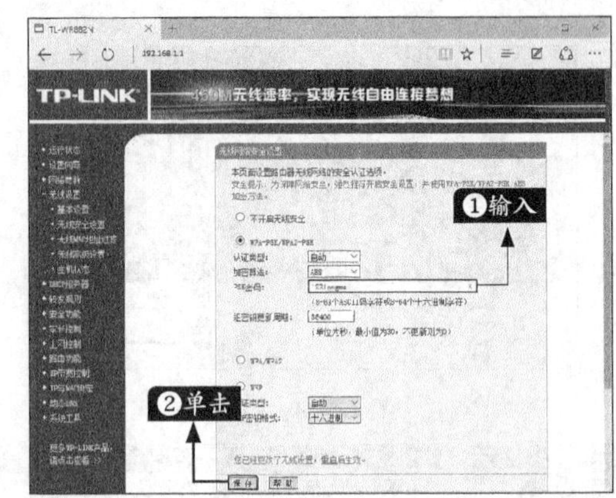

步骤 04 进入【重启路由器】界面，单击【重启路由器】按钮，将路由器重启即可。

21.4.3 IP的带宽控制

在局域网中，如果希望限制其他IP的网速，除了使用P2P工具外，还可以使用路由器的IP流量控制功能来管控。

步骤 01 打开浏览器，进入路由器后台管理界面，单击左侧的【IP带宽控制】超链接，单击【添加新条目】按钮。

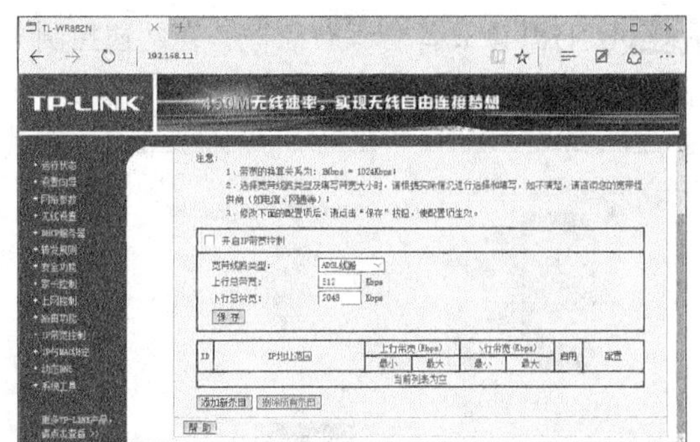

小提示

在IP带宽控制界面，勾选【开启IP带宽控制】复选框，然后设置宽带线路类型、上行总带宽和下行总带宽。

宽带线路类型，如果上网方式为ADSL宽带上网，选择【ADSL线路】即可，否则选择【其它线路】。下行总带宽是通过WAN口可以提供的下载速度。上行总带宽是通过WAN口可以提供的上传速度。

步骤 02 进入【条目规则配置】界面，在IP地址范围中设置IP地址段、上行带宽和下行带宽，如下图设置则表示分配给局域网内IP地址为192.168.1.100的计算机的上行带宽最小128Kbit/s、最大256Kbit/s，下行带宽最小512Kbit/s、最大1024Kbit/s。设置完毕后，单击【保存】按钮。

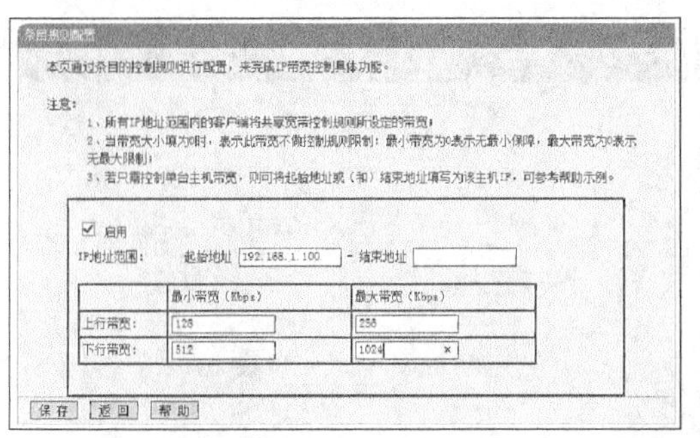

步骤 03 如果要设置连续IP地址段，如下图所示，设置了101~103的IP段，表示局域网内IP地址为192.168.1.101到192.168.1.103的三台计算机的带宽总和为上行带宽最小256Kbit/s、最大512Kbit/s，下行带宽最小1024Kbit/s、最大2048Kbit/s。

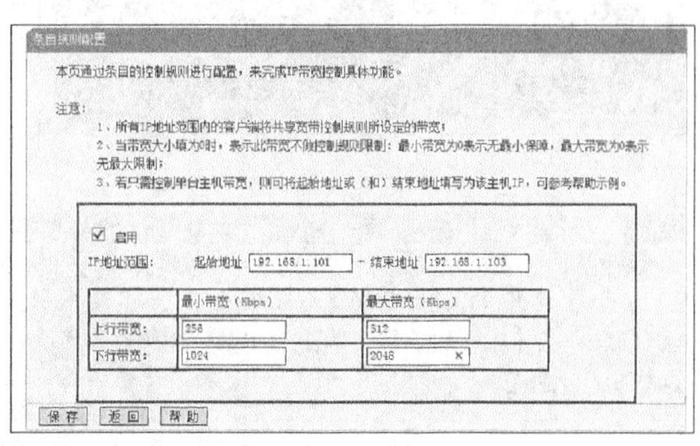

步骤 04 返回IP宽带控制界面，即可看到添加的IP地址段。

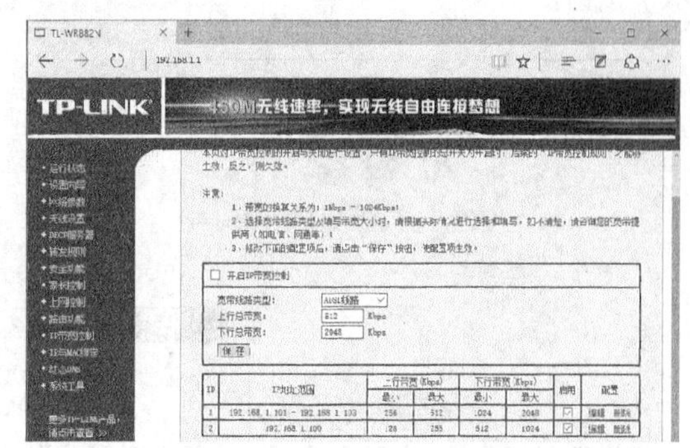

21.4.4 路由器的智能管理

智能路由器有简单、智能的优点，如果用户现在使用的不是智能路由器，也可以借助一些软件实现路由器的智能化管理。本节介绍的360路由器卫士，可以让用户简单且方便地管理网络。

步骤 01 打开浏览器，在地址栏中输入http://iwifi.360.cn，进入路由器卫士主页，单击【电脑版下载】超链接。

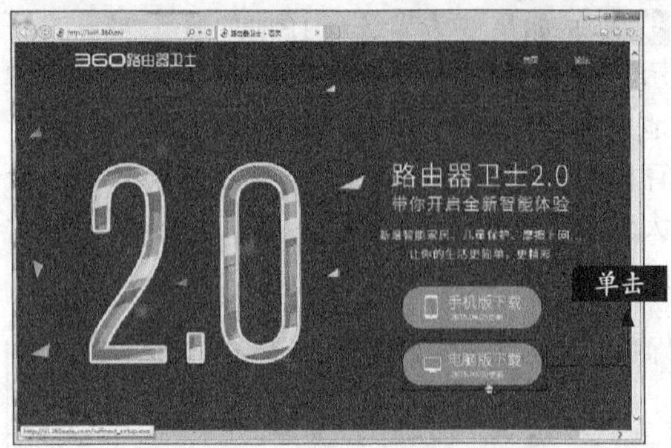

小提示

如果使用的是最新版本360安全卫士，会集成该工具，在【全部工具】界面可找到，则不需要单独下载并安装。

步骤 02 打开路由器卫士，首次登录时，会提示输入路由器账号和密码。输入后，单击【下一步】按钮。

步骤 03 此时，即可进到【我的路由】界面。用户可以看到接入该路由器的所有连网设备及当前网速。如果需要对某个IP进行带宽控制，在对应的设备后面单击【管理】按钮。

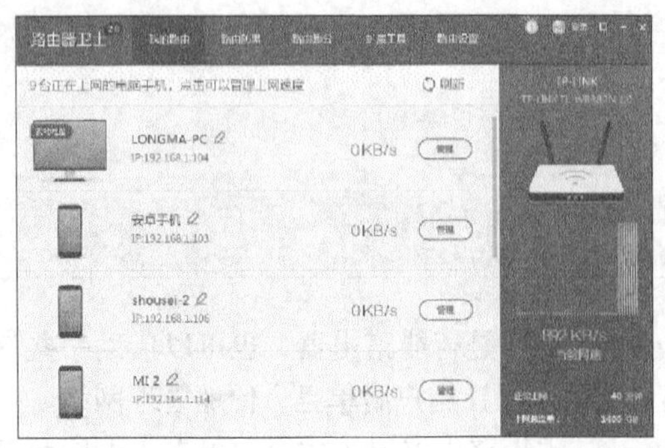

步骤 04 打开该设备管理对话框，在网速控制文本框中，输入限制的网速，单击【确定】按钮。

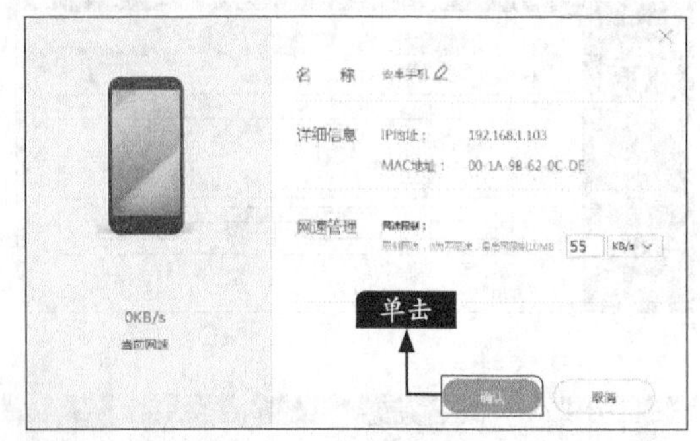

步骤 05 返回【我的路由】界面，即可看到列表中该设备上显示【已限速】提示。

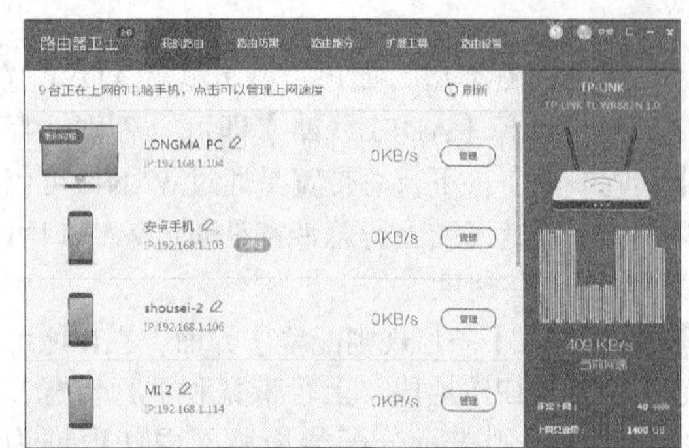

步骤 06 同样，用户可以对路由器做防黑检测、设备跑分等。用户可以在【路由设置】界面备份上网账号、快速设置无线网及重启路由器功能。

高手支招

本节教学录像时间：5 分钟

安全使用免费Wi-Fi

黑客可以利用虚假Wi-Fi盗取手机系统、品牌型号、自拍照片、邮箱账号密码等各类隐私数据，像类似的事件不胜枚举，尤其是盗号的、窃取银行卡、支付宝信息的、植入病毒等，在使用免费Wi-Fi时，建议注意以下几点。

在公共场所使用免费Wi-Fi时，不要进行网购，银行支付，尽量使用手机流量进行支付。

警惕同一地方，出现多个相同Wi-Fi，很有可能是诱骗用户信息的钓鱼Wi-Fi。

在购物，进行网上银行支付时，尽量使用安全键盘，不要使用网页之类的。

在上网时，如果弹出不明网页，让输入个人私密信息时，请谨慎，及时关闭WLAN功能。

将电脑转变为无线路由器

如果电脑可以上网，即使没有无线路由器，也可以通过简单的设置将电脑的有线网络转为无线网络，但是前提是台式电脑必须装有无线网卡，笔记本电脑自带有无线网卡，如果准备好后，可以参照以下操作，创建Wi-Fi，实现网络共享。

步骤01 打开360安全卫士主界面，然后单击【更多】超链接。

步骤02 在打开的界面中，单击【360免费Wi-Fi】图标按钮，进行工具添加。

步骤03 添加完毕后，弹出【360免费Wi-Fi】对话框，用户可以根据需要设置Wi-Fi名称和密码。

步骤04 单击【已连接的手机】可以看到连接的

无线设备，如下图所示。

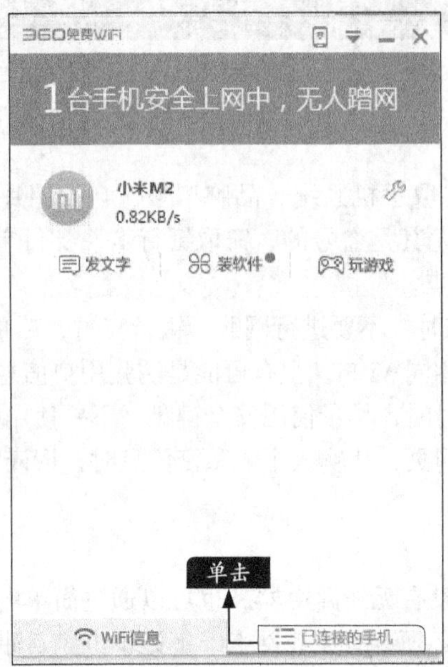
360免费WiFi
1台手机安全上网中，无人蹭网
小米M2
0.82KB/s
发文字
装软件
玩游戏
单击
WiFi信息
已连接的手机

第22章 网络辅助办公

学习目标

互联网正在越来越多地影响着人们生活和工作的方式，用户在网上可以和万里之外的人交流信息；在网上查看信息、下载需要的资源和设置IE是用户网上冲浪经常进行的操作；借助外部网络或辅助办公，可以提高办公的效率。

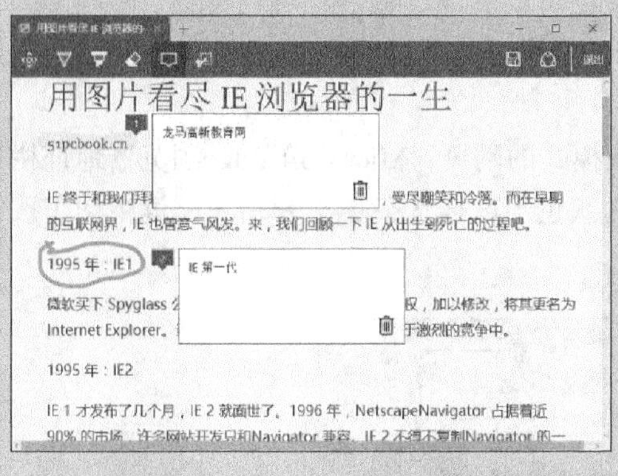

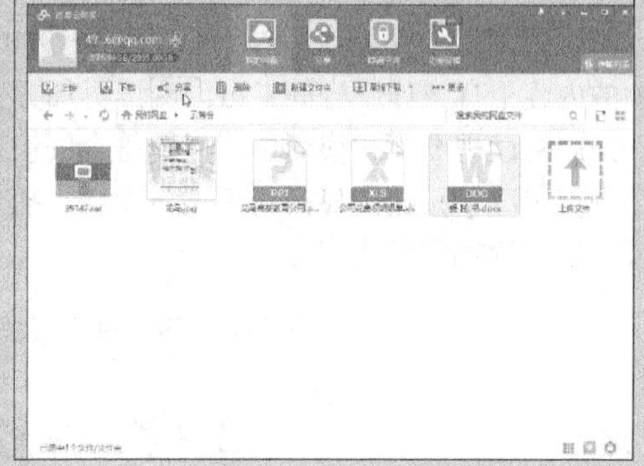

22.1 浏览器的使用

本节教学录像时间：11 分钟

浏览器是用户进行网络搜索的重要工具，用来显示网络中的文字、图像及其他信息等，本节主要介绍浏览器的使用。

22.1.1 认识Microsoft Edge浏览器

Microsoft Edge浏览器是微软推出的一款全新、轻量级的浏览器，是Windows 10操作系统的默认浏览器，与IE浏览器相比，在媒体播放、扩展性和安全性上都有很大提升，又集成了Cortana、Web笔记和阅读视图等众多新功能。

Microsoft Edge浏览器采用了简单整洁的界面设计风格，使其更具现代感，如下图即为其主界面，主要由标签栏、功能栏和浏览区3部分组成。

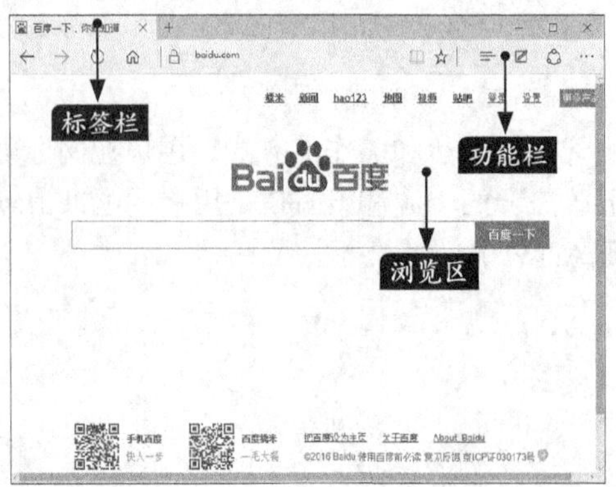

22.1.2 无干扰阅读网页

阅读视图是一种特殊的查看方式，开始阅读视图模式后，浏览器可以自动识别和屏蔽与网页无关的内容干扰，如广告等，可以阅读更加方便。

开启阅读视图模式很简单，只要符合阅读视图模式的网页，Microsoft Edge浏览器地址栏右侧的【阅读视图】按钮则显示为可选状态，否则为灰色不可选状态。单击【阅读视图】按钮，即可开启阅读视图模式。

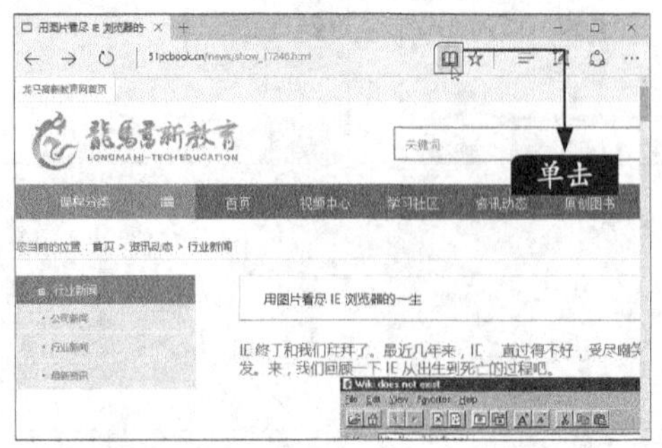

启用阅读视图模式后，浏览器会更用户提供一个最佳的排版视图，将多页内容合并到同一页，此时【阅读视图】按钮则变为蓝色可选状态，再次单击该按钮，则退出阅读视图模式。

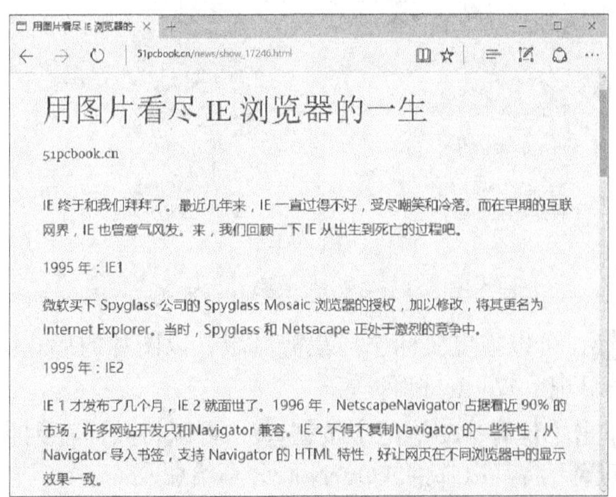

另外，用户可以在设置菜单中设置阅读视图的显示风格和字号。

22.1.3 Web笔记和分享

Web笔记是Microsoft Edge浏览器自带的一个功能，用户可以使用该功能对任何网页进行标注，可将其保存至收藏夹或阅读列表，也可以通过邮件或OneNote将其分享给其他用户查看。

在要编辑的网页中，单击Microsoft Edge浏览器右上角的【做Web笔记】按钮，即可启动笔记模式，网页上方及标签都变为紫色，如下图所示。

在功能栏中，从左至右包括平移、笔、荧光笔、橡皮擦、添加键入的笔记、剪辑、保存Web笔记、共享Web笔记和退出9个按钮。

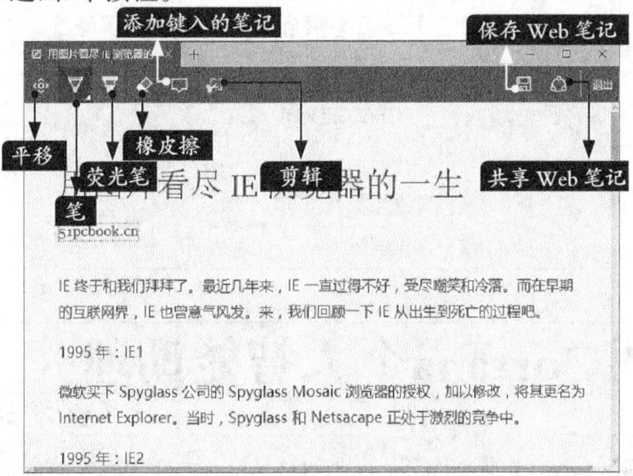

单击【平移】按钮，可以将当前整个网页页面已图片的形式复制到桌面或其他文档中。

单击【笔】按钮或【荧光笔】按钮，可以结合鼠标或触摸屏在页面中进行标记，当再次单击，可以设置笔的颜色和尺寸。单击【橡皮擦】按钮，可以清除涂写的墨迹，也可清除页面中所有的墨迹。单击【添加键入的笔记】按钮，可以为文本进行注释、添加评论等，如下图所示。

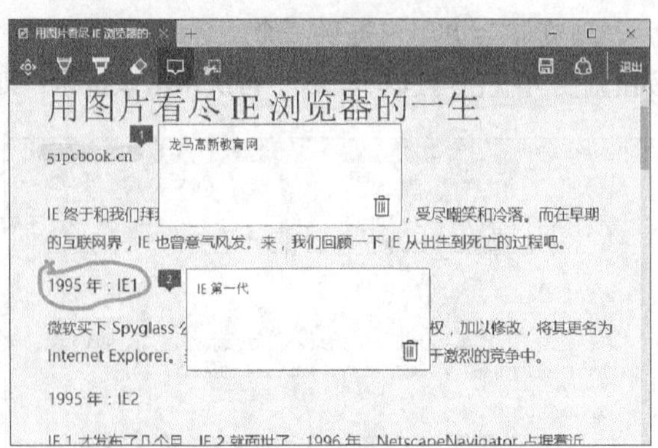

单击【剪辑】按钮，可以拖曳鼠标选择裁剪区域，以图片的形式截取复制。用户可以将粘贴到文档中，如Windows日记、Word、邮件等。

Web笔记完成后，单击【保存Web笔记】按钮，可以将其保存到收藏夹或阅读列表中，单击【共享Web笔记】按钮，将其以邮件或OneNote分享给朋友。

单击【退出】按钮，则退出笔记模式。

22.1.4 InPrivate无痕迹浏览

Microsoft Edge浏览器支持InPrivate浏览，使用该功能时，可以使用户在浏览完网页关闭InPrivate标签页后，会删除浏览的数据，不留任何痕迹。如Cookie、历史记录、临时文件、表单数据及用户名和密码等信息。

在Microsoft Edge浏览器中，单击【更多操作】按钮…，在打开的菜单列表中，单击【新InPrivate窗口】命令，即可启用InPrivate浏览，打开一个新的浏览窗口，如下图所示。在该窗口中进行的任何浏览操作或记录，都会在该窗口关闭后，被删除。

22.2 使用Cortana个人智能助理

本节教学录像时间：8 分钟

Cortana（小娜）是Windows 10中集成的一个程序，它不仅是语音助手，还可以根据用户的喜好和习惯，帮助用户进行日程安排、回答问题和推送关注信息等，如果能够熟练使用，在办公中可以帮助用户提高工作效率。本节主要介绍如何使用Cortana。

22.2.1 启用并唤醒Cortana

在初次使用时，Cortana是关闭的，如果要启用Cortana，需要登录Microsoft账户，并单击任务栏中的搜索框，启动Cortana设置向导，并根据提示设置允许显示提醒、启用声音唤醒、使用名称或昵称等，设置完成后，即可使用Cortana。

虽然通过上面的设置启用了Cortana，但是在使用时，需要唤醒Cortana。用户可以单击麦克风图标，唤醒Cortana至聆听状态，然后就可以使用麦克风和它对话。另外用户也可以按【Win+C】组合键，唤醒Cortana至迷你版聆听状态。

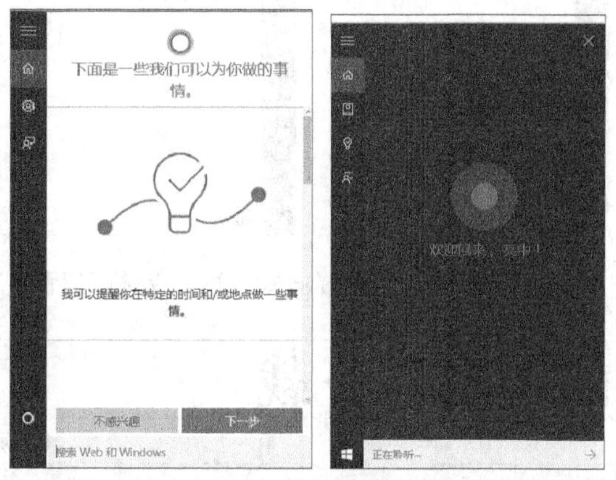

22.2.2 设置Cortana

Cortana界面简洁，主要包含主页、笔记本、提醒和反馈4个选项。用户可按【Win+S】组合键，打开Cortana主页，单击【笔记本】➤【设置】选项，打开设置列表，可以设置Cortana的开/关、图标样式、响应“你好小娜”、查找跟踪信息等。

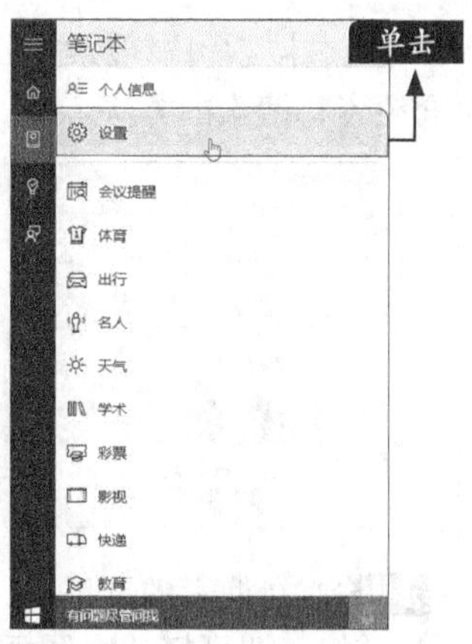

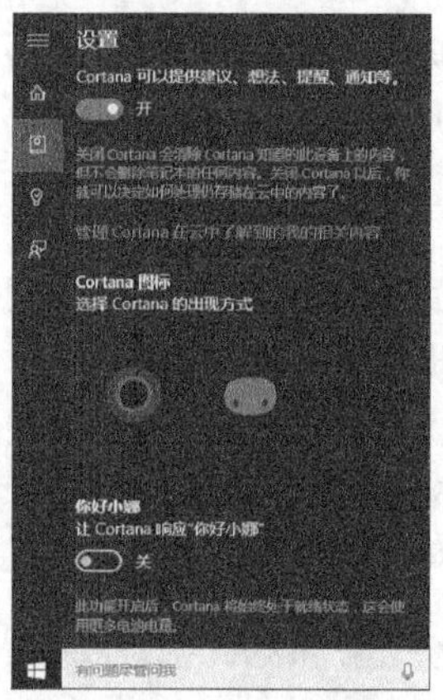

22.2.3 使用Cortana

使用Cortana可以做很多事，如打开应用、查看天气、安排日程、快递跟踪等，用户可以在“笔记本”中设置喜好和习惯，使得Cortana带来更贴心的帮助。

Cortana的语音功能，十分好用，唤醒Cortana后，如对麦克风讲“明天会下雨吗”，Cortana会聆听并识别语音信息，准确识别后，即刻显示明天的天气情况。如果不能回答用户的问题，会自动触发浏览器并搜索相关的内容。

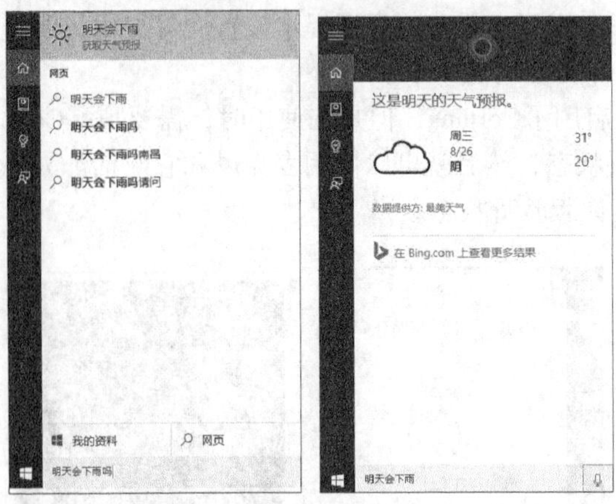

另外，用户也可以在“提醒”页面中，设置通知提醒，安排日程。

22.3 资料的搜索与下载

本节教学录像时间：8 分钟

使用网络搜集与下载资料是网络办公最常用的，同时，搜索引擎网站也提供了其他功能，方便用户办公。

22.3.1 资料搜索

搜索引擎为用户提供检索服务的系统，用户可以通过搜索引擎搜索办公资料。常用的搜索引擎有百度、搜狗、360等。下面以在百度搜索为例介绍资料搜索的方法。

1. 搜索网页

搜索网页是百度最基本的功能，在百度中搜索网页的具体操作步骤如下。

步骤 01 打开浏览器，在地址栏中输入百度网址“www.baidu.com”，按下【Enter】键，打开百度首页，首页默认的为网页搜索页面。

步骤 02 在百度搜索文本框中输入想要搜索的关键字，系统会自动检索并显示相关的内容，如搜索“龙马高新教育”。

步骤 03 在搜索的结果中，单击要查看的网站的超链接，即可打开该页面查看详细的信息。

2. 搜索图片

使用百度搜索引擎搜索图片的具体操作步骤如下。

步骤 01 打开百度首页，单击右上角的【更多产品】超链接，在弹出的列表中，单击【图片】超链接。

步骤 02 进入百度图片页面，在搜索文本框中输入想要搜索的关键字，如“牡丹”，单击【百度一下】按钮。

步骤 03 即可打开有关“牡丹”的图片搜索结果，如下图所示。

步骤 04 单击自己喜欢的图片，即可在新打开的网页中显示该图片。

3. 搜索百科知识

使用百度搜索引擎搜索百科知识的具体操作步骤如下。

步骤 01 在百度首页中单击【百科】链接，进入百科搜索页面，在百度搜索文本框中输入想要搜索百科知识的关键字，如输入“计算机”。

步骤 02 单击【进入词条】按钮，即可打开有关“计算机”的百科知识搜索结果。

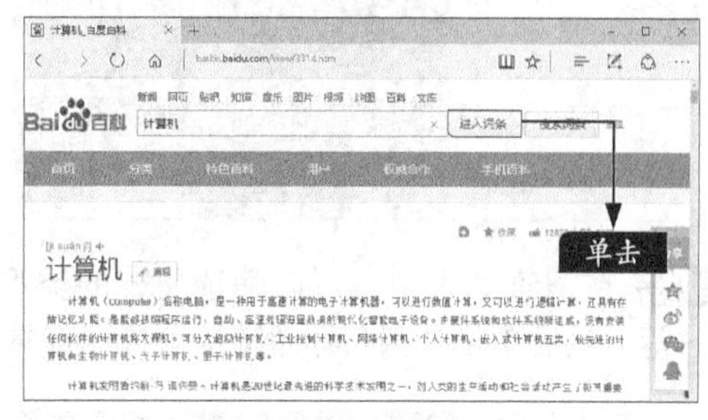

4. 搜索专业资料

在搜索专业资料时，用户可以去专业网站、社区、文库等，如百度文库、豆瓣网、知乎网等，这里以百度文库为例，搜索专业资料的具体步骤如下。

步骤 01 打开百度首页，单击右上角的【更多产品】超链接，在弹出的列表中，单击【文库】超链接。

步骤 02 打开百度文库页面，单击【登录】超链接，登录百度账号，如果没有账号，可单击【注册】超链接，根据提示注册即可。

步骤 03 在搜索框中输入要搜索的文档关键字，然后单击【百度一下】按钮。

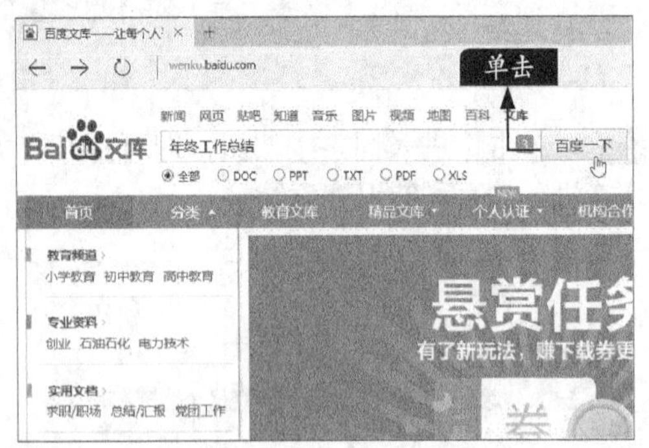

步骤 04 在搜索结果中，可以筛选文档的类型、排序等，然后单击文档名称超链接，进行查看。

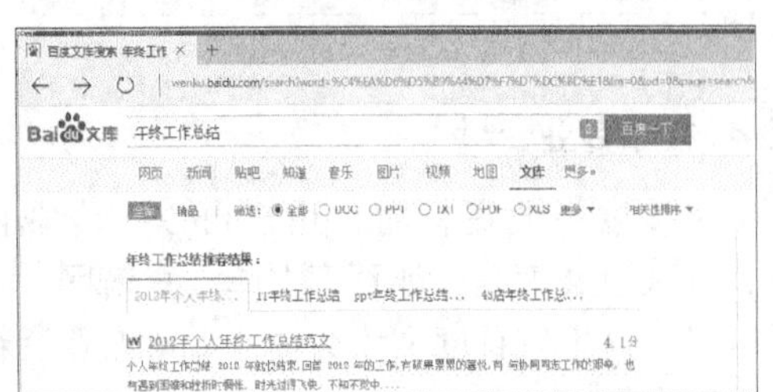

步骤 05 打开文档，如果需要下载，单击【下载】按钮。

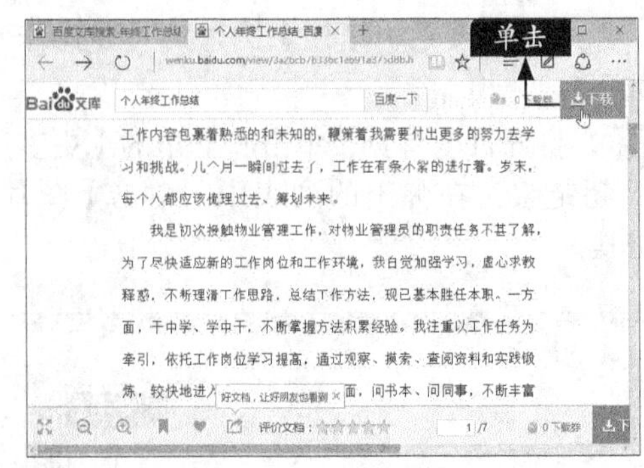

步骤 06 在弹出的对话框中，单击【立即下载】按钮。

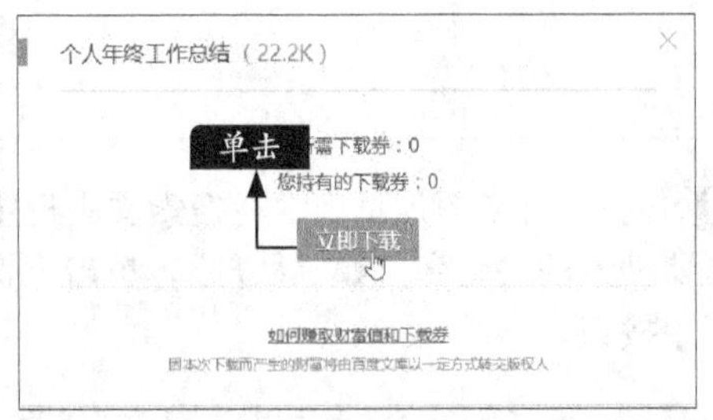

小提示

有些文档下载需要财富值和下载券，用户可通过完成网站任务方式获得财富值或下载券，下载文档。

步骤 07 下载完成后，单击【打开】按钮，打开文档，或单击【查看下载】按钮。

小提示

如果没有弹出该对话框，仅提示下载成功，可进入【我的文库】页面，进行保存即可。

22.3.2 资料下载

网络就像一个虚拟的世界，在网络中用户可以搜索到几乎所有的资源，当自己遇到想要保存的数据时，就需要将其从网络中下载到自己的电脑硬盘之中。

1. 另存为下载

另存为是保存文件的一种方法，也是下载文件的一种方法，尤其是当用户在网络上遇到自己想要收藏的图片时，就可以使用另存为方法将其下载到自己的电脑中。另存图片的具体操作步骤如下。

步骤01 选择需要下载的图片并单击鼠标右键，在弹出的快捷菜单中选择【将图片另存为】菜单项。

步骤2 打开【另存为】对话框，选择文件保存的位置并命名文件名，单击【保存】按钮即可。

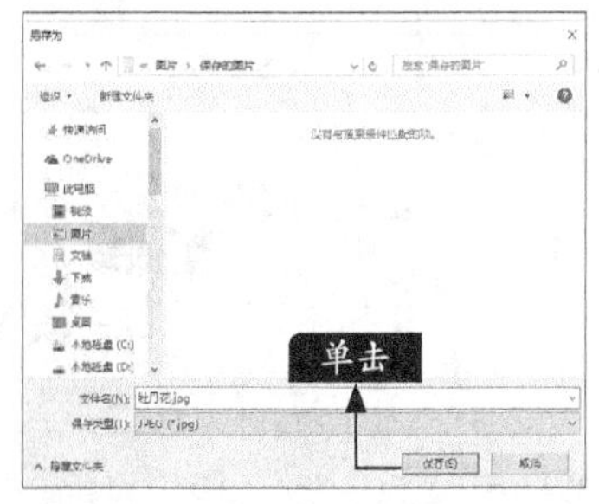

步骤03 如果在下载其他文件时，单击鼠标右键，在弹出的快捷菜单中，选择【将目标另存为】菜单项，可以保存文件类型的内容，如下图即为先下载软件。

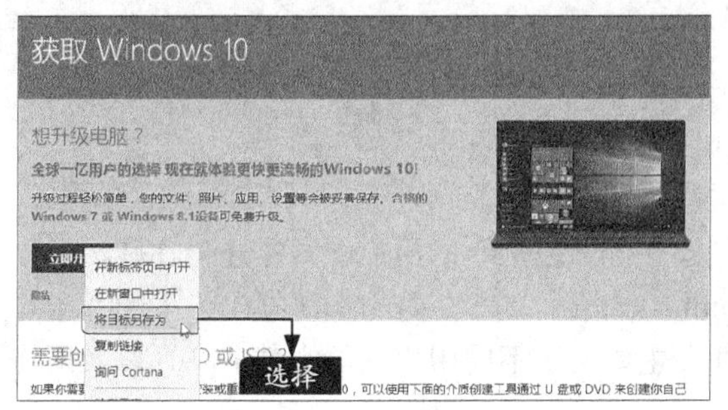

2. 使用浏览器下载

用浏览器直接下载是最普通的一种下载方式，但是这种下载方式不支持断点续传（断点续传指的是在下载或上传时，将下载或上传任务人为地划分为几个部分，每一个部分采用一个线程进行上传或下载，如果碰到网络故障，可以从已经上传或下载的部分开始继续上传下载以后未上传下载的部分，而没有必要重头开始上传下载。用途可以节省时间，提高速度）。一般只在下载小文件的情况下使用，对于下载大文件不适用。

如22.3.1小节，下载百度文库资料，即使用浏览器下载。

3. 使用下载工具下载

网络是个大的资料库，不论哪个领域的知识，都可以在网络上搜索相关的资料，当这些资料需要保存到自己的电脑中时，就需要利用下载软件进行下载，常用的下载软件有迅雷、QQ旋风、电驴等。下面以迅雷为例，介绍如何使用迅雷下载。

步骤01 下载并安装迅雷软件，安装完成后即可搜索资源下载。如打开要下载的资源页面，在包含下载链接的按钮上，单击鼠标右键，在弹出的快捷菜单中，选择【复制链接】菜单项。

步骤02 打开迅雷软件，单击界面中的【新建】

按钮，则自动识别剪贴板上的链接中的下载任务，如果没识别，将复制的链接，粘贴在【下载链接】区域中，设置好保存位置后，单击【立即下载】按钮即可下载。

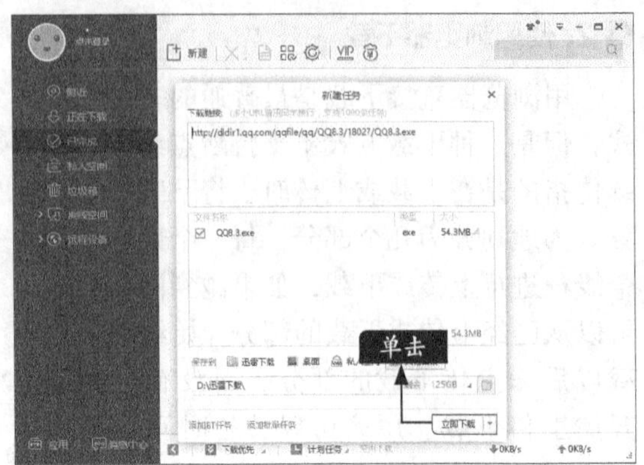

步骤 03 如下图，迅雷即在下载资源中，并显示了下载速度及进度情况。

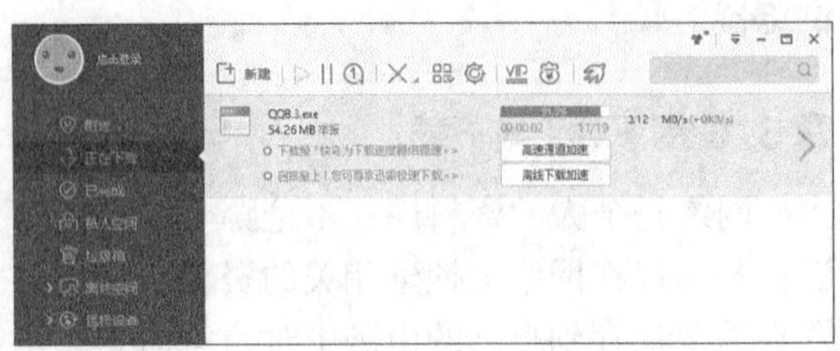

步骤 04 下载完成后，桌面右下角即弹出下载完成小窗口，单击【打开文件】按钮，可打开下载的资源，单击【打开目录】按钮，可打开下载资源所在的文件夹。

步骤 05 由于 Microsoft Edge 浏览器目前版本不识别下载工具，只能使用复制链接的方法下载。如果希望直接下载，可以使用其他浏览器浏览并下载资料，如 IE 浏览器、搜狗浏览器等。以搜狗浏览器为例，在包含下载链接的按钮上，单击鼠标右键，在弹出的快捷菜单中，选择【使用迅雷下载】菜单项。

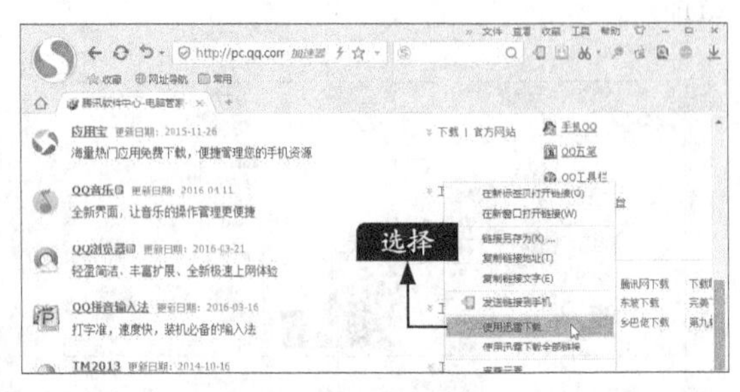

步骤 06 弹出【新建任务】对话框，单击【立即下载】按钮即可下载。

22.4 局域网内文件的共享

本节教学录像时间：7 分钟

组建局域网，无论是什么规模什么性质的，最重要的就是实现资源的共享与传送，这样可以避免使用移动硬盘进行资源传递带来的麻烦。

22.4.1 开启公用文件夹共享

在安装Windows 10操作系统时，系统会自动创建一个“公用”的用户，同时还会在硬盘上创建名为“公用”的文件夹，如在电脑上见到【Administrator】文件夹内的【视频】、【图片】、【文档】、【下载】、【音乐】文件夹。公用文件夹主要用于不同用户间的文件共享，以及网络资源的共享。如果开启了公用文件夹的共享，在同一局域网下的，用户就可以看到公用文件夹内的文件，当然用户也可以向公用文件夹内添加任意文件，供其他人访问。

开启公用文件夹的共享，具体操作步骤如下。

步骤 01 在【网络】图标上单击鼠标右键，在弹出的快捷菜单中选择【打开网络和共享中心】命令，打开【网络和共享中心】窗口，单击【更改高级共享设置】超链接。

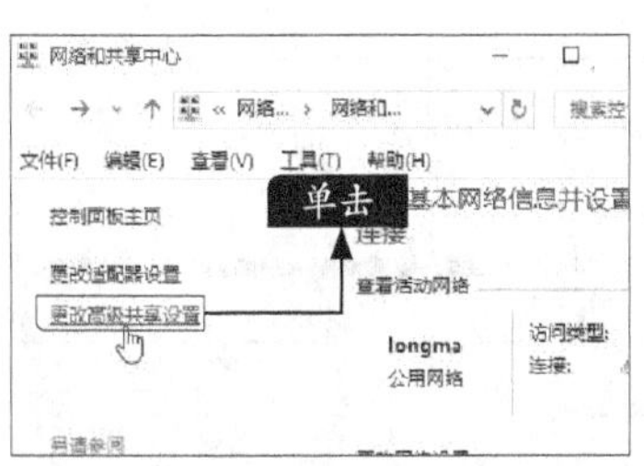

步骤 02 弹出【高级共享设置】窗口，分别选中【启用网络发现】、【启用文件和打印机共享】、【启动共享以便可以访问网络的用户可以读取和写入公用文件夹中的文件】、【关闭密码保护共享】单选按钮，然后单击【保存更改】按钮，即可开启公用文件夹的共享。

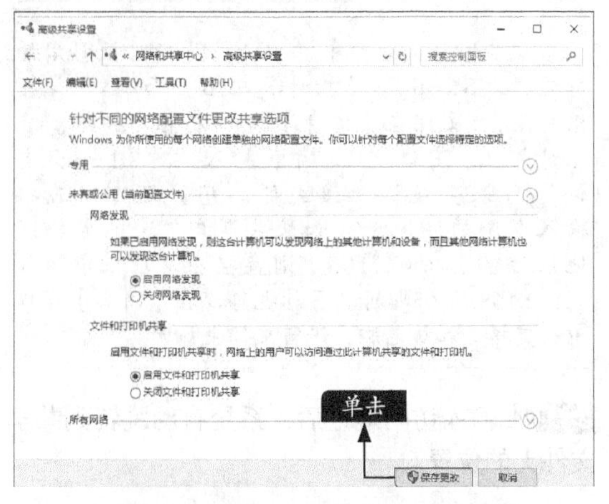

步骤 03 单击电脑桌面的【网络】图标，打开【网络】窗口，即可看到局域网内共享的电脑，单击电脑名称即可查看。

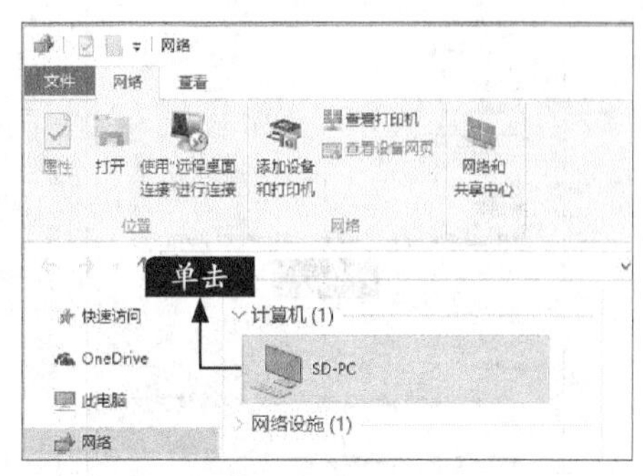

步骤 04 此时，可看到该计算机下共享的文件夹，也可在电脑用户路径下，查看公用文件夹。

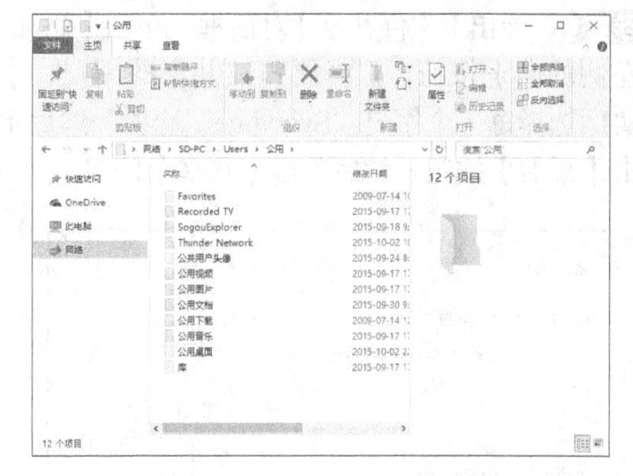

22.4.2 共享任意文件夹

公用文件夹的共享，只能共享公用文件夹内的文件，如果需要共享其他文件，用户需要将文件复制到公用文件夹下，供其他人访问，操作相对比较繁琐。此时，我们完全可以将该文件夹设置为共享文件，同一局域网的其他用户，可直接访问该文件。

共享任意文件夹的具体操作步骤如下。

步骤01 选择需要共享的文件夹，单击鼠标右键并在弹出的快捷菜单中选择【属性】菜单命令，弹出属性】对话框，选择【共享】选项卡，单击【共享】按钮。

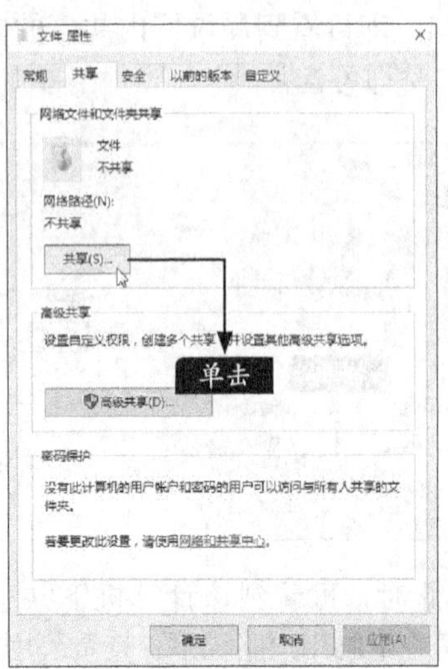

步骤02 弹出【文件共享】对话框，单击【添加】左侧的向下按钮，选择要与其共享的用户，本实例选择每一个用户"Everyone"选项，然后单击【添加】按钮，然后单击【共享】按钮。

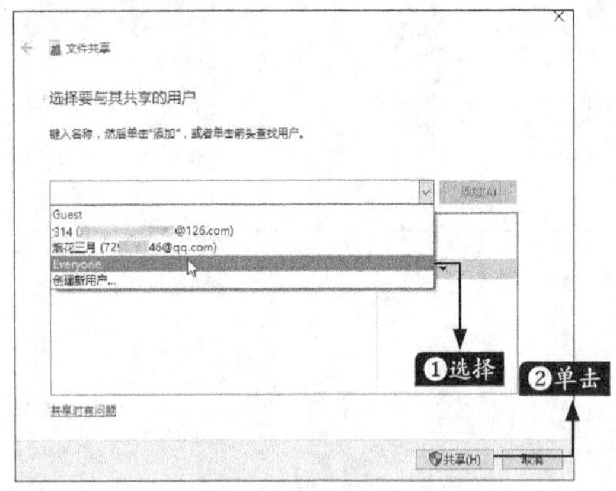

小提示

文件夹共享之后，局域网内的其他用户可以访问该文件夹，并能够打开共享文件夹内部的文件，此时，其他用户只能读取文件，不能对文件进行修改，如果希望同一局域网内的用户可以修改共享文件夹中文件的内容，可以在添加用户后，选择改组用户并且单击鼠标右键，在弹出的快捷菜单中选择【读取/写入】选项即可。

步骤03 提示"您的文件夹已共享"，单击【完成】按钮，成功将文件夹设为共享文件夹。在【各个项目】区域中，可以看到共享文件夹的路径，如这里显示"\\Sd-pc\文件"为该文件共享路径。

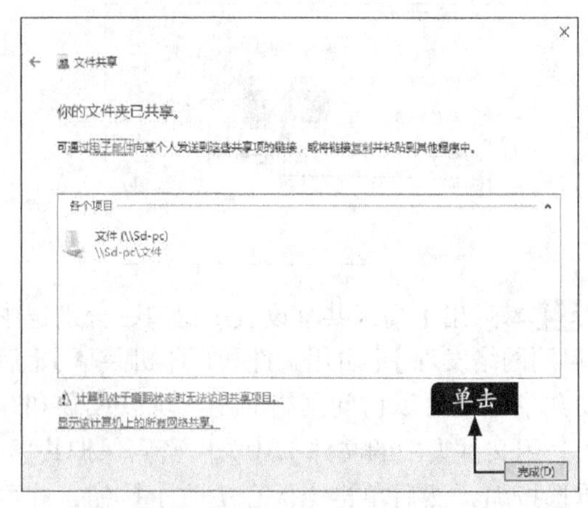

小提示

\\Sd-pc\文件中，"\\"是指路径引用的意思，"Sd-pc"是指计算机名，而"\"是指根目录，\文件在【文件】文件夹根目录下。在【计算机】窗口地址栏中，输入"\\Sd-pc\文件"可以直接访问该文件。用户还可以直接输入电脑的IP地址，如果共享文件夹的电脑IP地址为192.168.1.105，则直接在地址栏中输入\\192.168.1.105即可。另外也可以在【网络】窗口中，直接进入该电脑，进行文件夹访问。

步骤04 输入访问地址后，系统自动跳转到共享文件夹的位置。

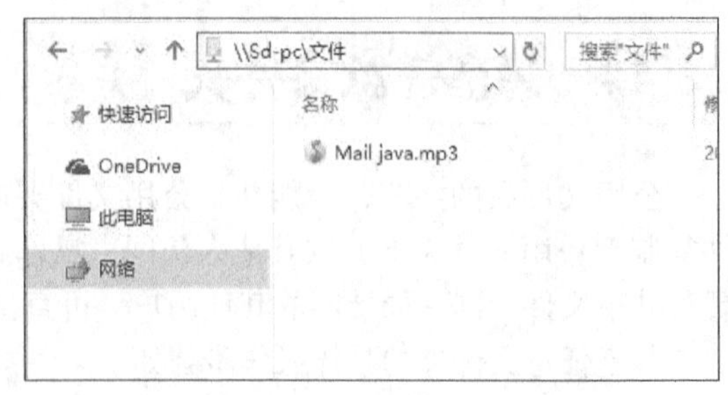

22.5 综合实战——使用云盘保护重要资料

本节教学录像时间：9 分钟

随着云技术的快速发展，各种云盘也争相竞夺，其中使用最为广泛的当属百度云管家、360云盘和腾讯微云三款软件，它们不仅功能强大，而且具备了很好的用户体验，如下图也列举了三款软件的初始容量和最大免费扩容情况，方便读者参考。

	百度云管家	360云盘	腾讯微云
初始容量	5GB	5GB	2GB
最大免费扩容容量	2055GB	36TB	10TB
免费扩容途径	下载手机客户端送2TB	1.下载电脑客户端送10TB 2.下载手机客户端送25TB 3.签到、分享等活动赠送	1.下载手机客户端送5GB 2.上传文件，赠送容量 3.每日签到赠送

上传、分享和下载是各类云盘最主要的功能，用户可以将重要数据文件上传到云盘空间，可以将其分享给其他人，也可以在不同的客户端下载云盘空间上的数据，方便了不同用户、不同客户端直接的交互，下面介绍百度云盘如何上传、分享和下载文件。

步骤 01 下载并安装【百度云管家】客户端后，在【此电脑】中，双击设备和驱动器列表中的【百度云管家】图标，打开该软件。

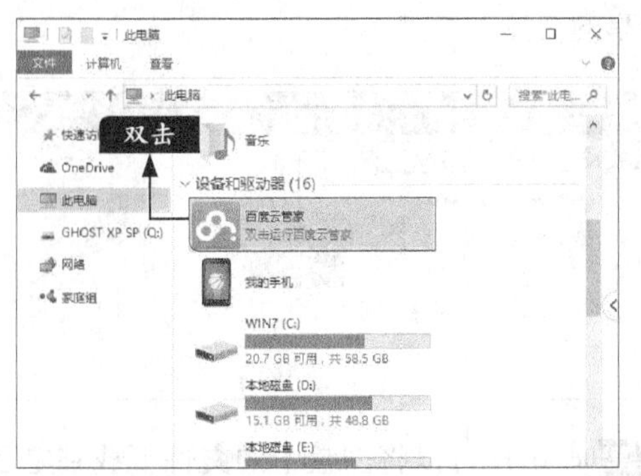

小提示

一般云盘软件均提供网页版，但是为了有更好的功能体验，建议安装客户端版。

步骤 02 打开百度云管家客户端，在【我的网盘】界面中，用户可以新建目录，也可以直接上传文件，如这里单击【新建文件夹】按钮 新建文件夹，新建分类目录，并命名。如下图新建一个为“云备份”目录。

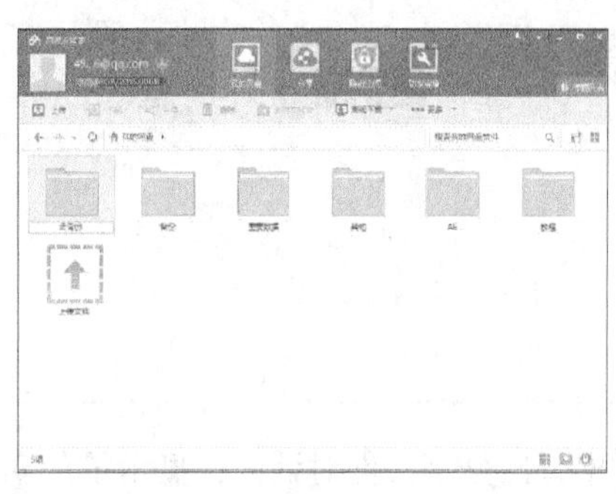

步骤 03 打开新建目录文件夹，单击【上传】按钮 上传，在弹出的【请选择文件 / 文件夹】对话框中，选择电脑中要上传的文件或文件夹，单击【存入百度云】按钮。

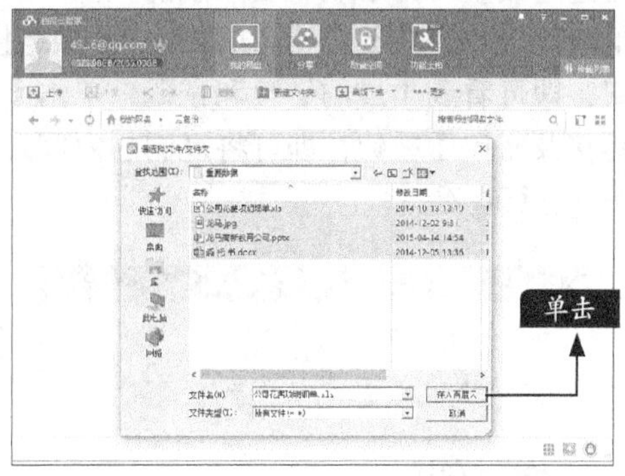

步骤 04 此时，资料即会上传至云盘中，如下图

所示，如需删除未上传完的文件，单击对应文件右上角的⊗按钮即可。另外也可以单击【传输列表】按钮查看具体传输情况。

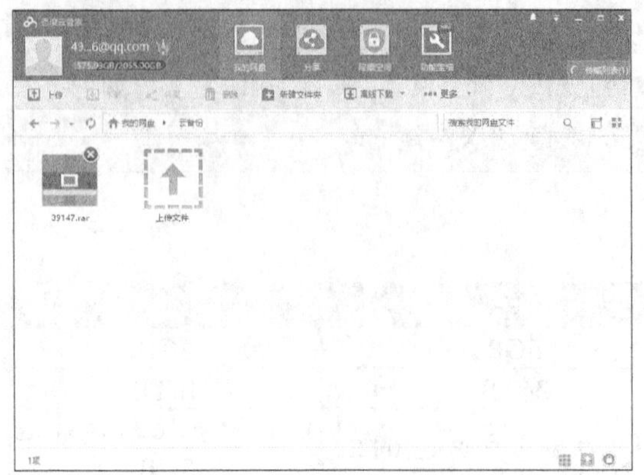

步骤05 上传完毕后，选择要分享的文件，单击【分享】按钮 分享 。

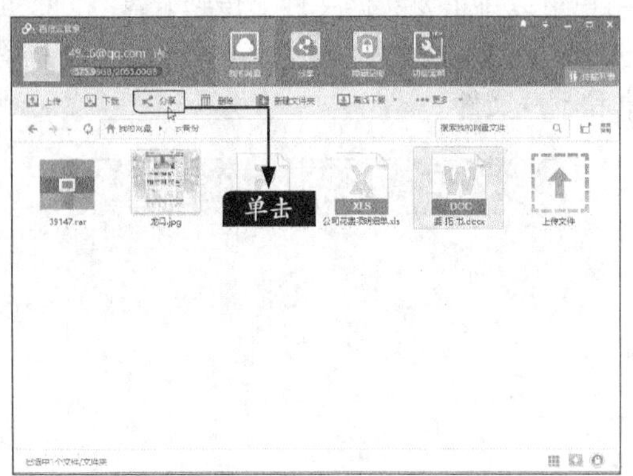

步骤06 弹出分享文件对话框，显示了分享的两种方式：公开分享和私密分享。如果创建公开分享，该文件则会显示在分享主页，其他人都可下载；而私密分享，系统会自动为每个分享链接生成一个提取密码，只有获取密码的人才能通过连接查看并下载私密共享的文件。如这里单击【私密分享】选项卡下的【创建私密链接】按钮，即可看到生成的链接和密码，单击【复制链接及密码】按钮，即可将复制的内容发送给好友进行查看。

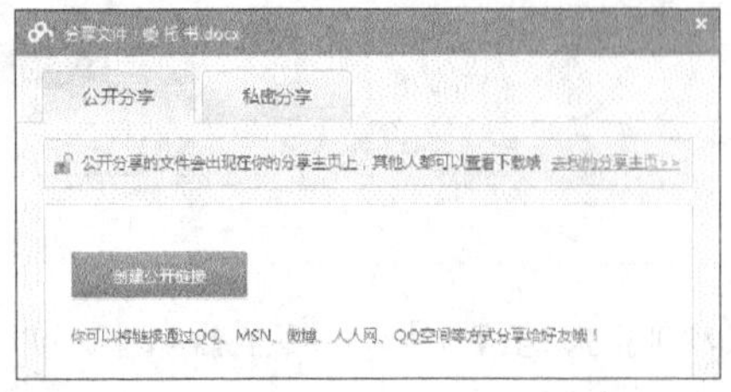

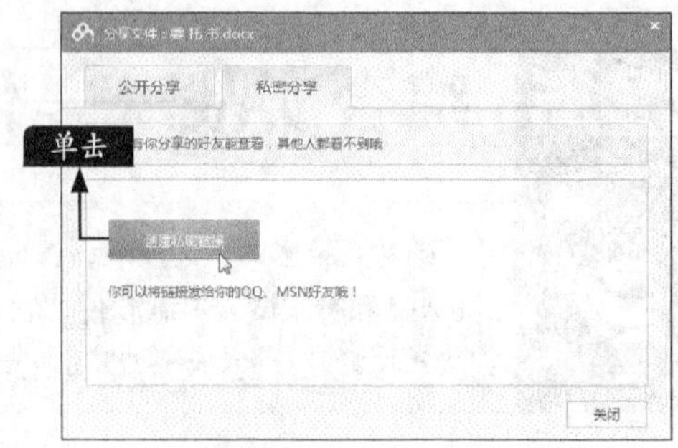

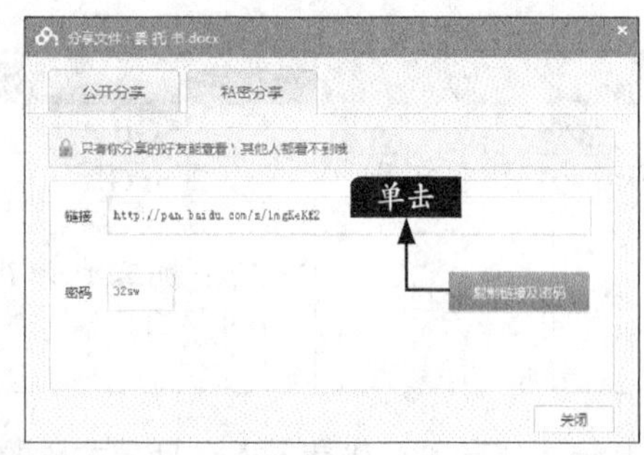

步骤07 在【我的云盘】界面，单击【分类查看】按钮，并单击左侧弹出的分类菜单【我的分享】选项，弹出【我的分享】对话框，列出了当前分享的文件，带有🔒标识，则表示为私密分享文件，否则为公开分享文件。勾选分享的文件，然后单击【取消分享】按钮，即可取消分享的文件。

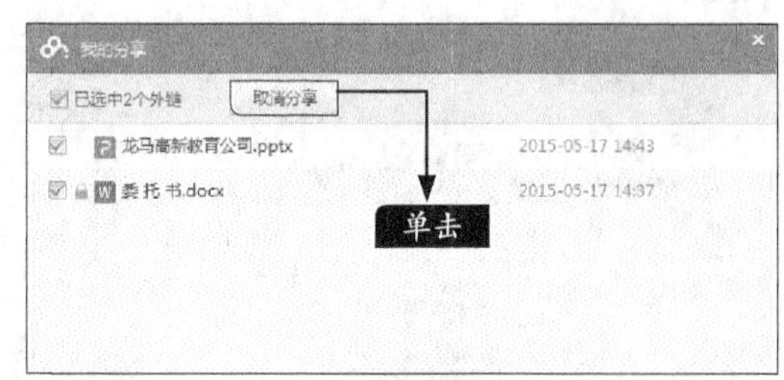

步骤08 用户可以将网盘中的文件下载到电脑、手机或平板电脑上，以电脑端为例。选择要下载的文件，单击【下载】按钮可将该文件下载到电脑中。

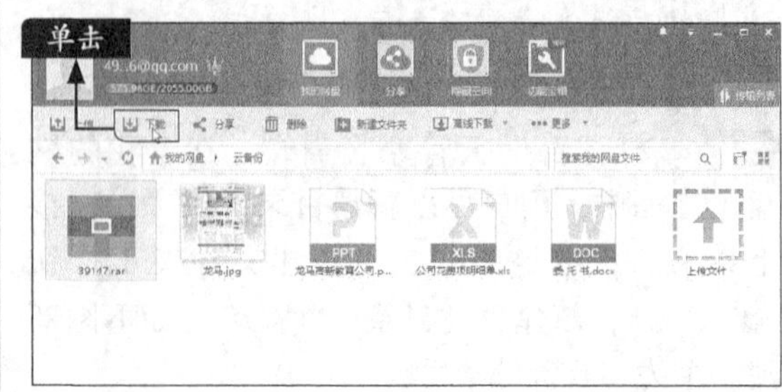

小提示

单击【删除】按钮，可将其从云盘中删除。另外单击【设置】按钮，可在【设置】➤【传输】对话框中，设置文件下载的位置、任务数和传输速度等。

高手支招

本节教学录像时间：3 分钟

清除浏览器浏览记录

浏览器在上网时会保存很多的上网记录，这些上网记录不但随着时间的增加越来越多，而且还有可能泄露用户的隐私信息。如果不想让别人看见自己的上网记录，则可以把上网记录删除。具体的操作步骤如下。

步骤01 打开 Microsoft Edge 浏览器，选择【更多操作】下的【设置】选项。

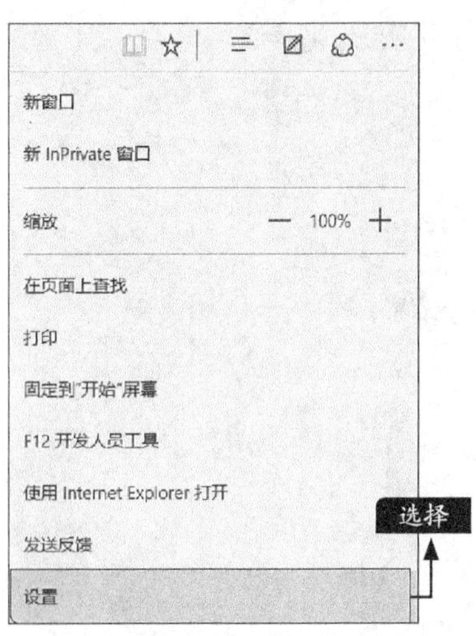

步骤02 打开【设置】窗格，单击【清除浏览数据】组下的【选择要清除的内容】按钮。

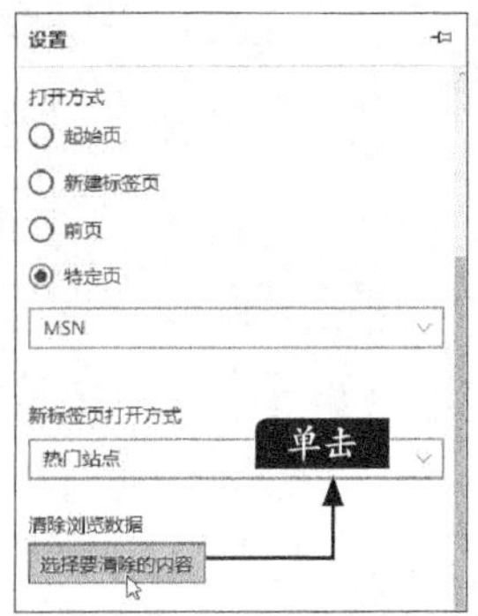

步骤03 弹出【清除浏览数据】窗格，单击选中要清除的浏览数据内容，单击【清除】按钮。

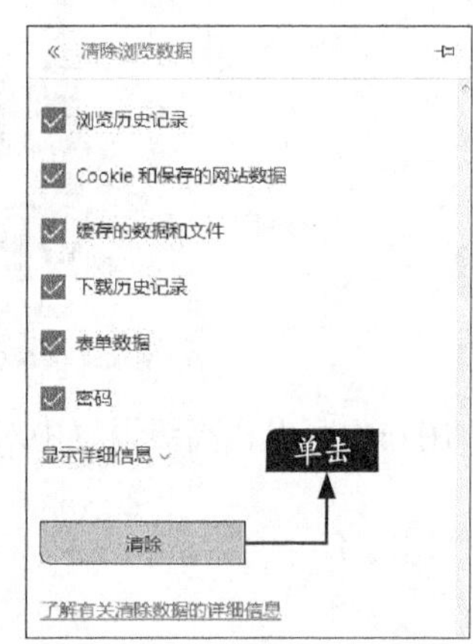

步骤04 即可开始清除浏览数据，清除完成后，即可看到历史记录中所有的浏览记录都被清除了。

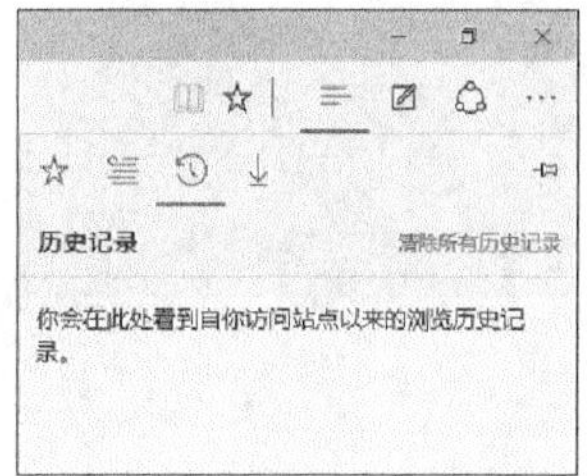

在地址栏中进行关键词搜索

在进行网络搜索时，不是只有打开搜索引擎网站，才能进行内容搜索，用户可以直接将关键词输入在浏览器的地址栏中，进行搜索查询，如在地址栏中输入“龙马高新教育”。

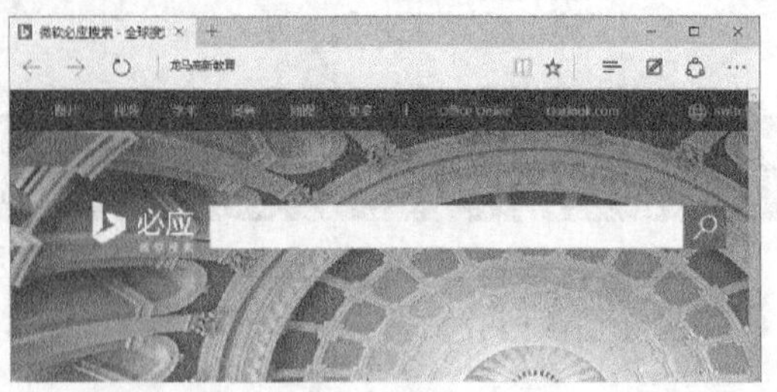

按【Enter】键，即可搜索出相关结果，如下图所示。

另外，用户也可以在高级设置中对地址栏搜索方式进行设置。

第23章

网上交流与办公

学习目标

通过网络不仅可以帮助用户搜索资源，还可以借助网络，方便同事、合作伙伴之间的交流互动，提高办公效率，本章主要介绍使用Outlook收/发邮件、使用网页邮箱、使用QQ、微信等协同办公。

学习效果

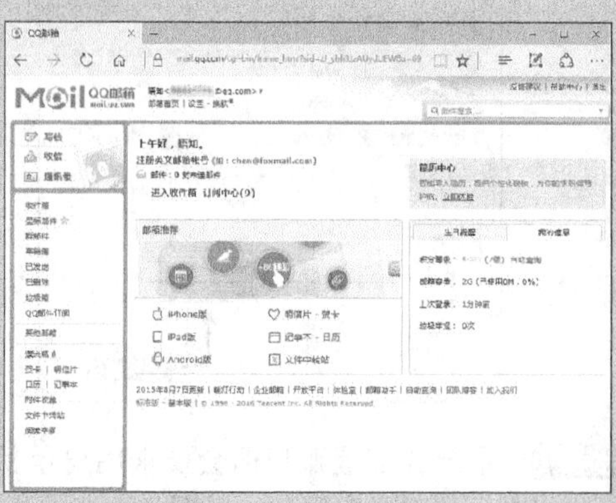

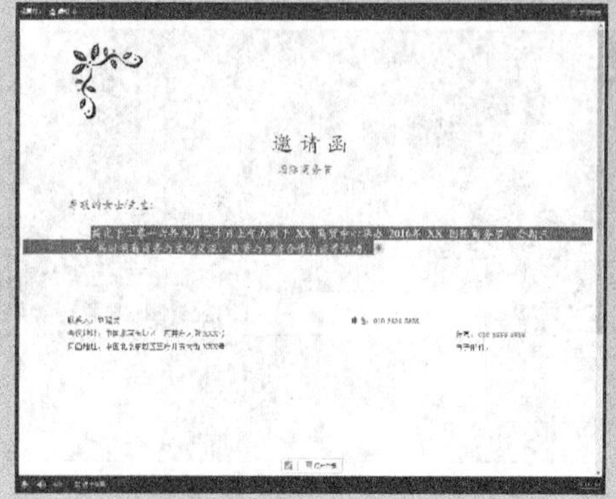

23.1 使用Outlook收/发邮件

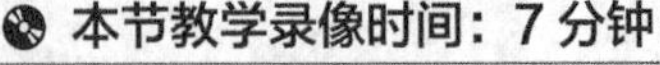

电子邮件是一种用电子手段提供信息交换的通信方式，是互联网应用最广的服务，电子邮件可以是文字、图像、声音等多种形式，用户可以得到大量免费的新闻、专题邮件，并实现轻松的信息搜索。

23.1.1 配置Outlook邮箱

Windows 10系统可以支持多种电子邮件地址，要使用电子邮件，用户首先需要使用电子邮件地址配置一个属于自己的Windows 10电子邮件账户，具体操作步骤如下。

步骤 01 单击桌面左下角【开始】➤【所有应用】➤【邮件】菜单命令。

步骤 02 打开电子【邮件】的欢迎页面，单击【开始使用】按钮打开账户窗口，如果用户没有登录 Microsoft 账户，则需要添加账户，这里单击【添加账户】按钮。

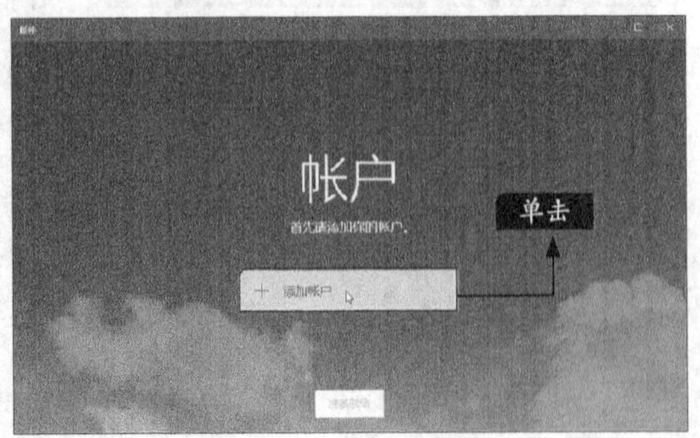

步骤 03 如果用户已有 Microsoft 账户，则选择【outlook.com】选项登录自己账户；如果用户没有 Microsoft 账户，则打开【outlook.com】选项注册账户，这里单击【outlook.com】选项。

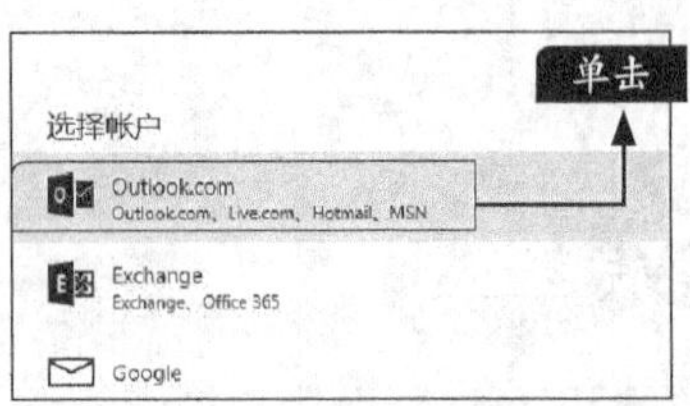

小提示

如果是Microsoft账户，则选择第一个Outlook.com选项。如果是企业账户，一般可以选择Exchange选项。如果是Gmail，则选择Google选项。如果是Apple，则选择iCloud选项。如果是QQ、163等邮箱，可以选择PoP、IMAP。

步骤 04 在打开的【添加你的 Microsoft 账户】窗口中输入账号和密码，单击【登录】按钮。

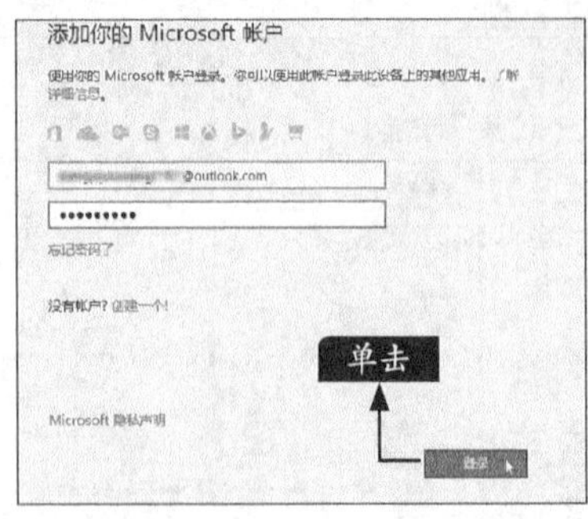

步骤 05 系统在配置账户前会要求用户重新输入一次 Microsoft 账户密码，并且确认此账户只用于登录【邮件】应用或是登录 Windows10 系统，这里选择登录 Windows10 系统，直接单击【下一步】按钮。

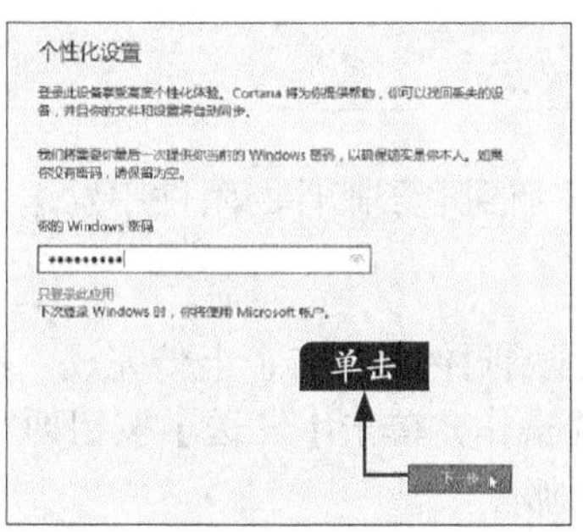

小提示

如果用户选择使用Microsoft账户登录Windows10系统时，用户可以从Windows应用商店中获取应用，使用免费云存储备份所有重要数据和文件，并使所有常用内容（设备、照片、好友、游戏、设置、音乐等）保持更新和同步。

步骤06 配置完成，单击【完成】按钮退出即可。

23.1.2 写邮件

通过网络的电子邮件系统，用户可以与世界上任何一个角落的网络用户使用电子邮件联系，下面将具体介绍书写电子邮件的步骤。

步骤01 单击桌面左下角【开始】➤【所有应用】➤【邮件】菜单命令。

步骤02 打开【邮件】主界面，系统会默认进入电子邮件的收件箱。

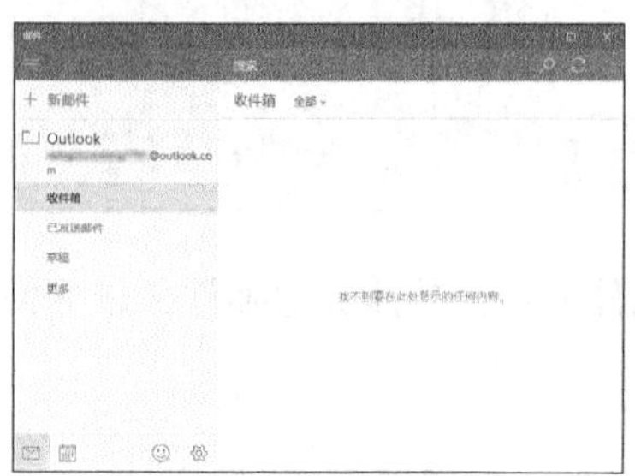

步骤03 单击【邮件】窗口上方的【新邮件】按钮＋新邮件，即可进入新邮件详细信息窗口，用户可以输入需要发送的内容，填写收件人的地址并发送电子邮件。

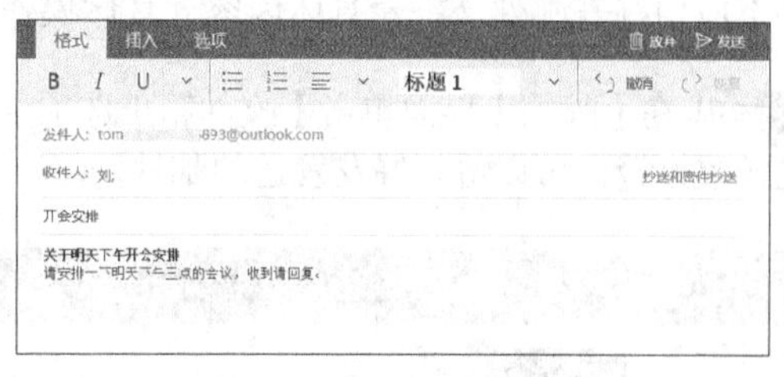

步骤04 如果用户需要给多位收件人发送同一邮件，可以直接在收件人地址中加上其他收件人的电子邮件地址，中间用逗号隔开，邮件写完后，单击【发送】按钮即可。

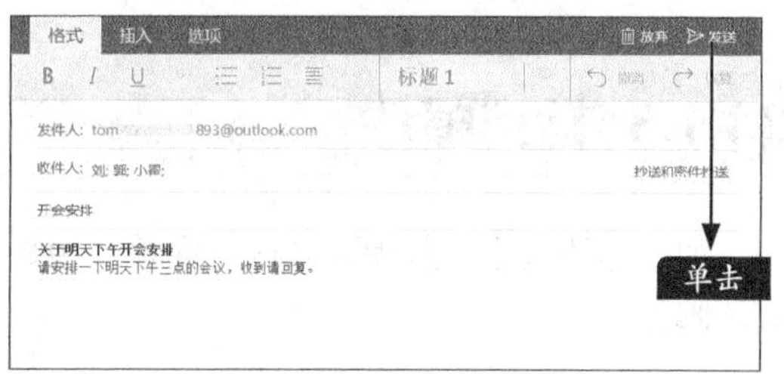

23.1.3 添加附件

如果用户需要发送其他格式的文件，可以直接将文件添加到电子邮件的附件中发送给好友，添加附件的具体操作步骤如下。

步骤 01 在写邮件的界面选择【插入】选项卡。

步骤 02 单击【插入】选项卡下的【附加文件】按钮。打开【打开】对话框，选择需要上传的文件，并单击【打开】按钮。

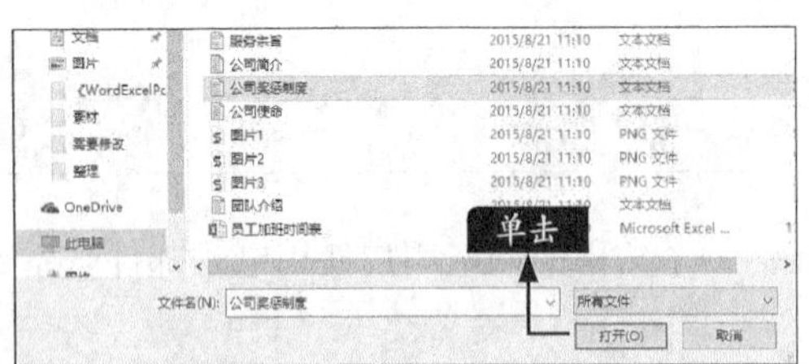

步骤 03 开始附件的上传，上传完成，就完成添加附件的操作，单击【发送】按钮即可发送包含附件的邮件。

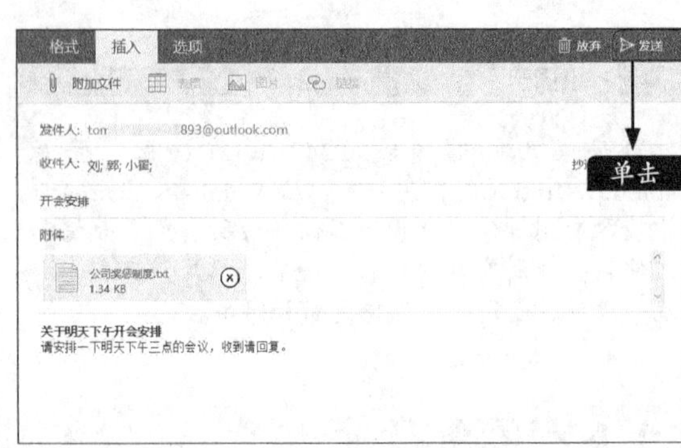

23.1.4 接收邮件

接收邮件与发送邮件同属于电子邮件的基本功能，当有好友发送邮件时，用户可以从【邮件】应用打开邮件来查看具体内容，具体操作步骤如下。

步骤 01 在【邮箱】界面单击【收件箱】选项卡，进入收件箱，可以看到好友发送的邮件。

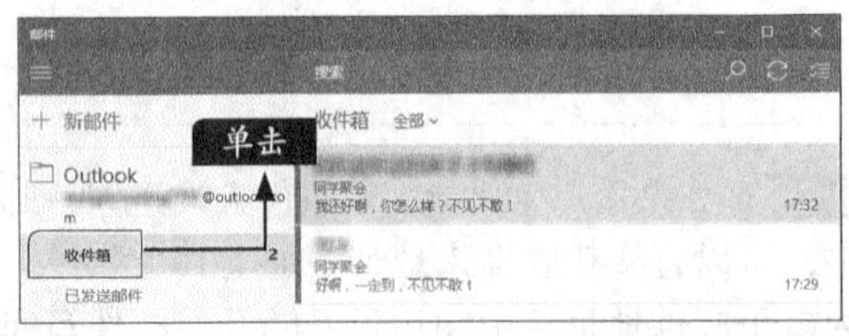

步骤 02 在收件箱中单击选择要查看的邮件，即可打开新邮件并查看具体内容。

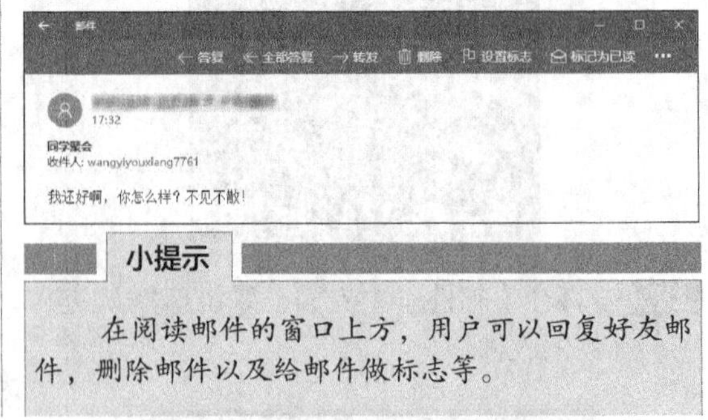

小提示

在阅读邮件的窗口上方，用户可以回复好友邮件，删除邮件以及给邮件做标志等。

23.1.5 标记邮件

如果邮件太多，整理起来比较麻烦，用户可以使用邮件的标记功能标记邮件，以方便整理和查阅邮件。

步骤01 打开收件箱，可以看到收件箱里未读或已读的邮件。

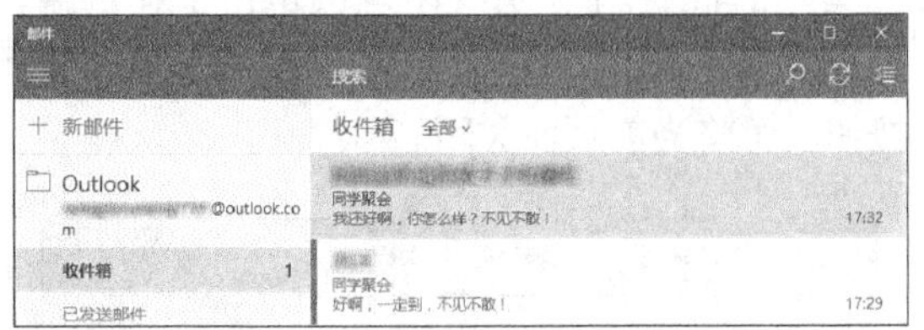

步骤02 选择需要做标记的邮件，单击鼠标右键，在弹出的快捷菜单中选择【设置标志】选项或【标记为未读】选项，例如这里选择【设置标志】选项。

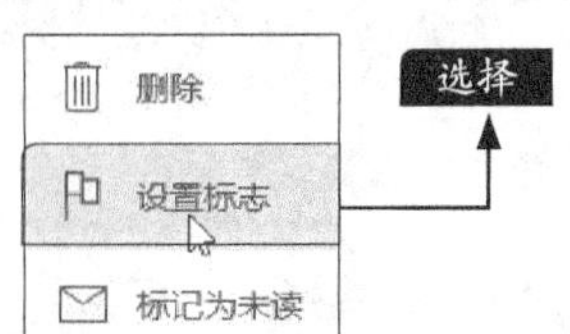

步骤03 设置完成，可以看到邮件已被添加上标志。

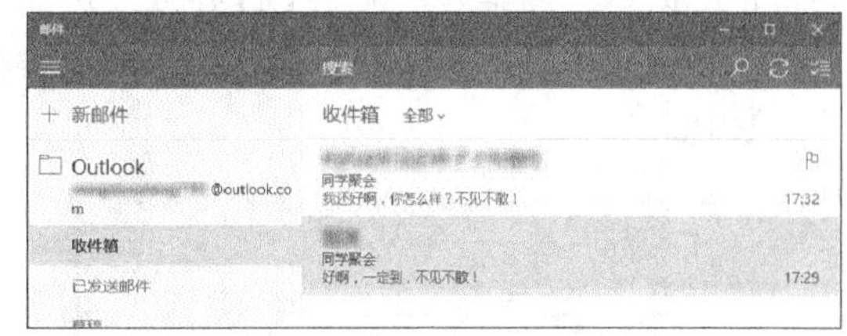

步骤04 如果想取消标记或者标记为已读，使用同样的方法设置即可。

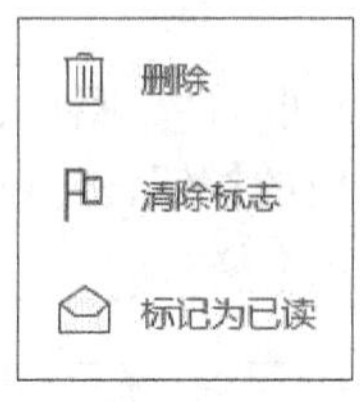

23.2 使用其他网页邮箱

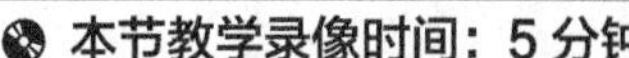

除了Outlook邮箱外，还可以使用其他电子邮箱，如网易邮箱、QQ邮箱、新浪邮箱、搜狐邮箱等，它们都支持以网页的形式登录，并可以进行任何收/发邮件的操作，本节介绍下QQ邮箱和网易邮箱的使用。

23.2.1 使用QQ邮箱

QQ邮箱，是腾讯公司推出的邮箱产品，如果用户拥有QQ号，则不需要单独注册邮箱，使用起来也较为方便，下面介绍下QQ邮箱的使用方法。

步骤01 登录QQ，在QQ面板中，单击【QQ邮箱】图标。

步骤02 即可直接打开并登录QQ邮箱，如下图所示。

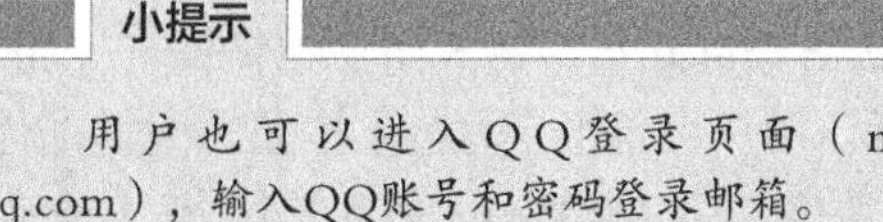

小提示

用户也可以进入QQ登录页面（mail.qq.com），输入QQ账号和密码登录邮箱。

步骤01 如果要写信，单击【写信】超链接，即可进入邮件编辑界面，添加收件人、主题，并编辑正文内容。如果收件人是QQ好友，可在右侧【通讯录】下方选择QQ好友，添加到收件人栏中。

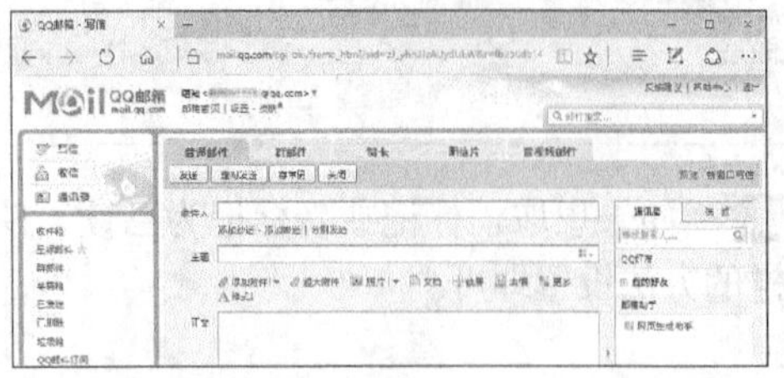

步骤02 如果要添加附件、照片、文档等，可以单击主题下方对应的按钮，也可以单击【格式】按钮，编辑邮件正文格式。

步骤03 邮件编辑完成后，单击【发送】按钮，即时发送；也可以单击【定时发送】按钮，设置某个时间进行发送；还可以单击【存草稿】按钮，将当前邮件存入草稿箱；单击【关闭】按钮，可将当前页面关闭。

步骤04 发送完成后，即会提示“您的邮件已发送”信息。此时用户可以单击左侧的【已发送】超链接，查看已发送的邮件。如果查收软件，单击【收件箱】超链接即可查看。

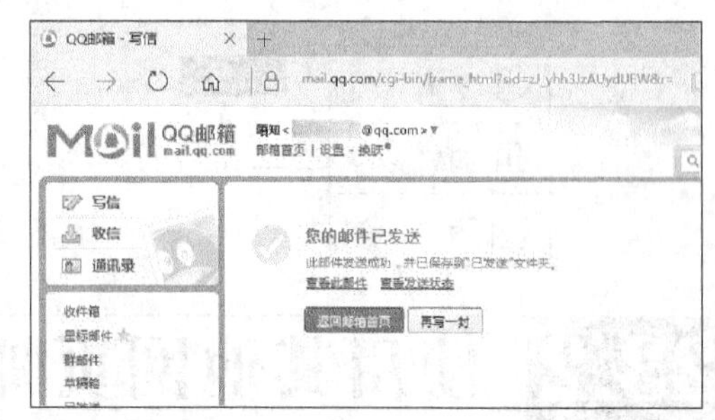

23.2.2 使用网易邮箱

网易邮箱是网易公司推出的电子邮箱服务，是中国主流的电子邮箱之一，主要包括163、126、yeah、专业企业邮等邮箱品牌，其中使用较为广泛的是163免费邮箱和126免费邮箱，其操作方法基本相同，下面以163免费邮箱为例，介绍其使用方法。

步骤01 在浏览器中输入163免费邮箱地址mail.163.com，进入其登录界面。如果有网易邮箱账号，则可输入账号和密码直接登录；如果没有网易邮箱账号，则可以单击【注册】按钮进行注册。

步骤02 登录邮箱后，进入网易邮箱首页，如下图所示。用户可单击【写信】按钮，编辑邮件，单击【收信】，可查收邮件。如单击【写信】按钮。

步骤03 即可进入写信界面，如下图所示，用户可添加收件人、主题及正文内容，编辑完成后，单击【发送】按钮，即可完成发送。

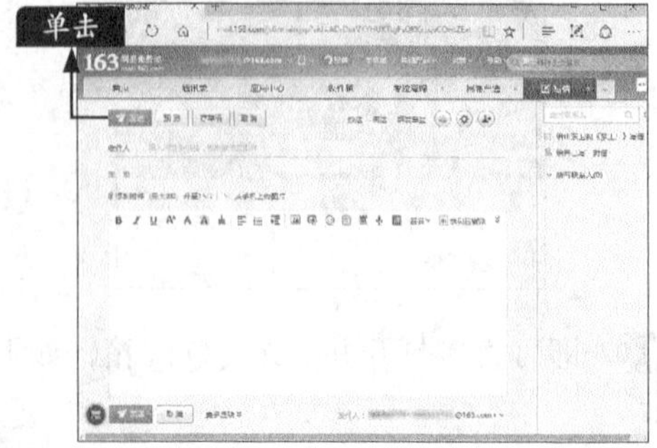

23.3 使用QQ协助办公

本节教学录像时间：10 分钟

QQ除了可以日常沟通聊天外，也可以将其应用到办公中，协助处理工作,提高工作效率。

23.3.1 即时互传重要文档

QQ支持文件的在线传输和离线发送功能，用户在日常办公中，可以用来发送文件，这样更方便了双方的沟通。

1.在线发送文件

在线发送文件，主要是在双方都在线的情况下，对文件进行实时发送和接收。

步骤 01 打开聊天对话框，将要发送的文件拖曳到信息输入框中，即可看到文件显示在发送列表中，等待对方的接收。

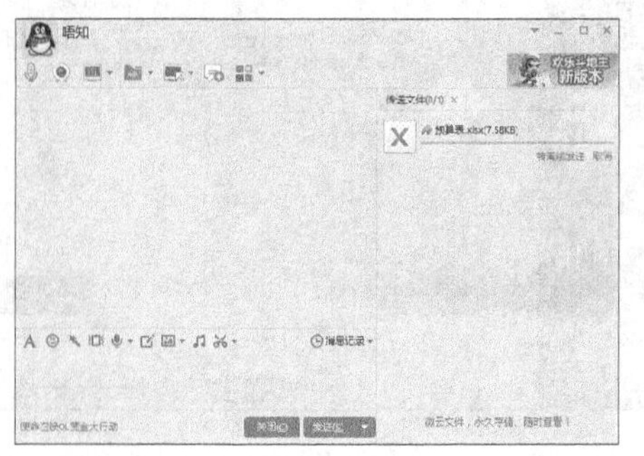

步骤 02 此时接收文件方，桌面右下角即会弹出如下图窗口，单击【接收】选项，可以直接接收该文件，也可以单击【另存为】选项，可将文件接收并保存到指定位置。

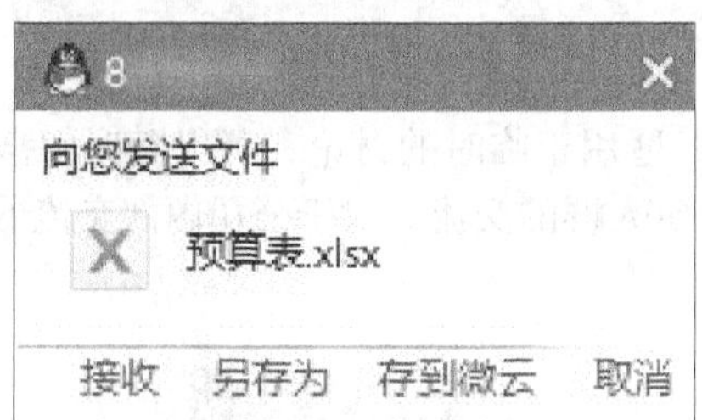

步骤 03 如果接收文件方，与对方的 QQ 聊天窗口处于打开状态，窗口右侧则显示传送文件列表。

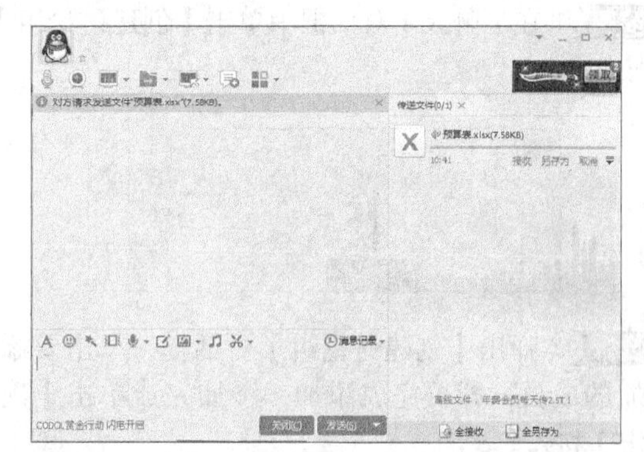

步骤 04 接收完毕后，单击【打开】选项，可打开该文件；单击【打开文件夹】选项，可以打开该文件所保存位置的文件夹；单击【转发】选项，可将其转发给其他好友。

2.离线发送文件

离线发送文件，通过服务器中转的形式，发送给好友，不管其是否在线，都可以完成文件发送，且提高了上传和下载速度。主要有两种方法发送离线文件。

方法1：在线传送时，单击【转离线发送】链接。

方法2：选择【传送文件】列表中的【发送离线文件】选项即可发送离线文件。

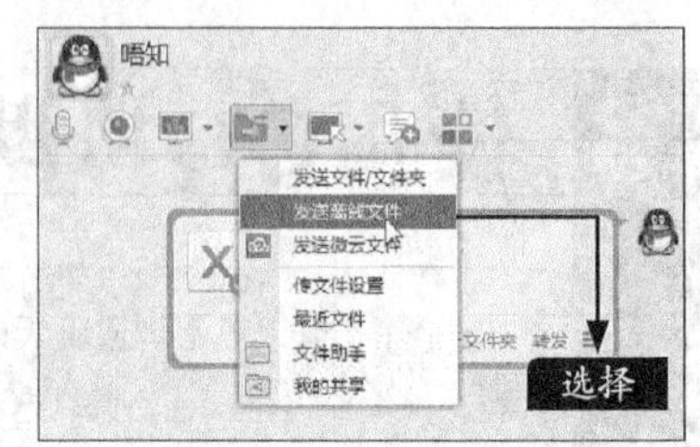

23.3.2 创建多人讨论组

如果用户需要跟多个同事共同讨论问题或是一起开会，QQ软件也提供了方便的创建讨论组的功能，讨论组是一个人数上限为50人的临时性对话组。用户可以将多个好友集合在一起聊天，具体操作步骤如下。

步骤 01 在【聊天】对话框中单击【创建讨论组】按钮。

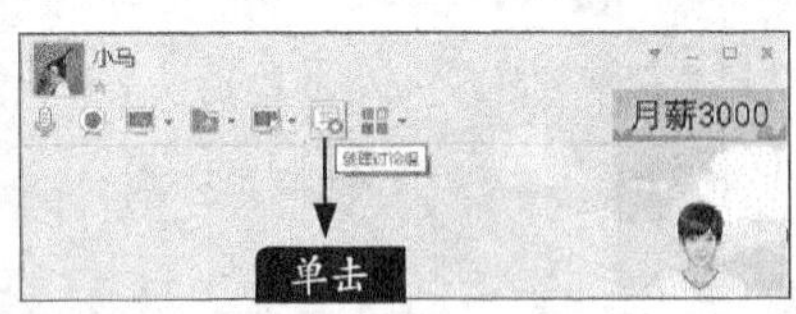

步骤 02 弹出【创建讨论组】对话框，单击要添加的成员，即可完成添加，添加完成单击【确定】按钮。

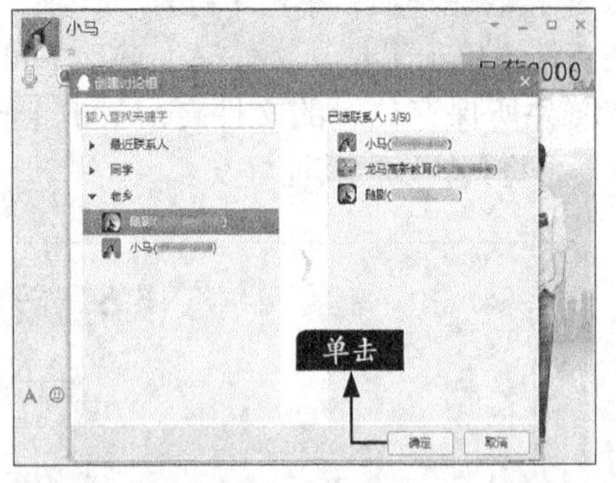

步骤 03 弹出新建的讨论组窗口，在输入框中输入文字或表情，单击【发送】按钮，即可在讨论组中进行聊天，每位在讨论组中的成员都可以发送聊天内容且可以看到讨论组内发送的聊天内容。

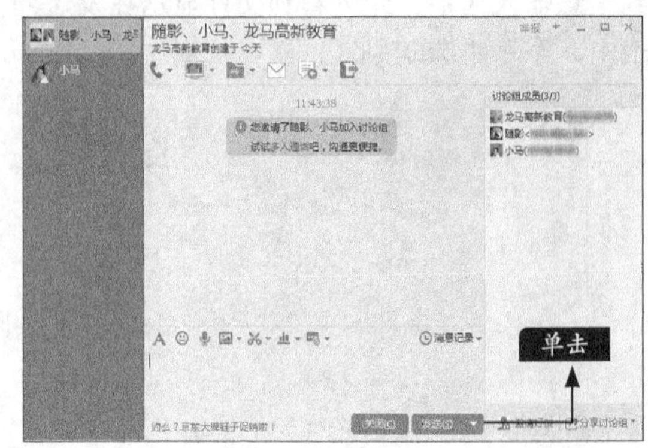

23.3.3 创建公司内部沟通群

QQ讨论组是临时建立的组织，参与成员人数受限，适用于临时的讨论，可以随时解散，而QQ群则拥有更多的功能，支持更多的成员加入，注重稳定人群的交流。对于公司内部交流的话，QQ群更适用于长期的交流，下面介绍下如何创建QQ群。

步骤 01 在 QQ 面板中，单击【群 / 讨论组】图标进入该窗口，单击【创建】按钮，在弹出的快捷菜单中，单击【创建群】菜单项。

步骤 02 弹出【创建群】窗口，选择创建群的类别，如这里选择“同事 . 同学”类别。

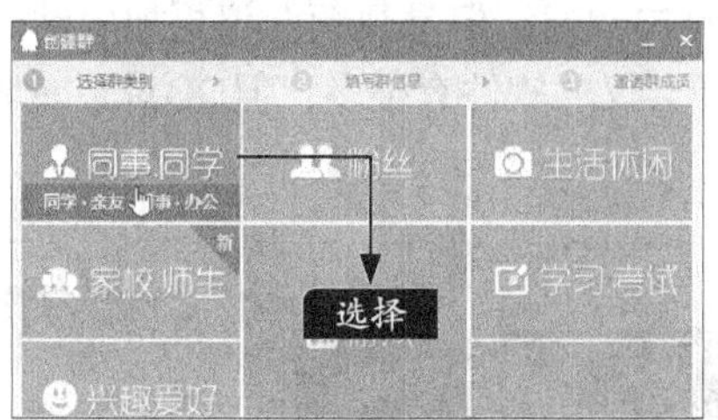

步骤 03 在下方窗口中，填写分类、公司、群地点、群名称及群规模等信息，单击【下一步】按钮。

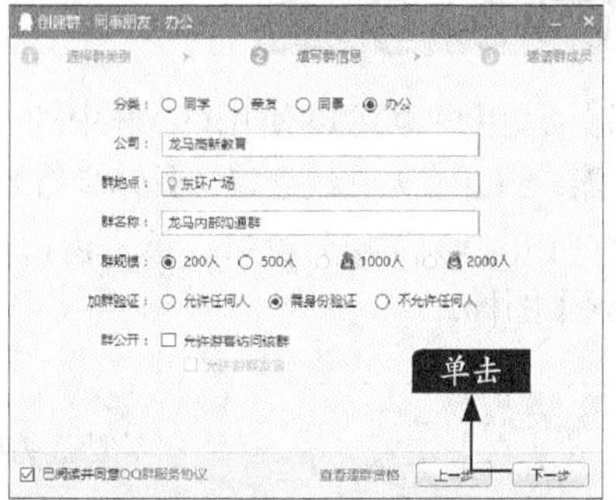

步骤 04 在好友列表中，选择邀请群成员，并单击【添加】按钮，将其添加到【已选成员】列表中，并单击【完成创建】按钮进行群的创建。

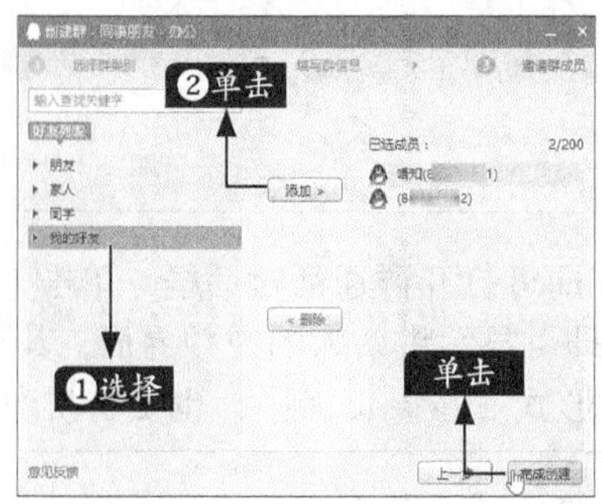

步骤 05 对于首次创建群的 QQ 号，则需填写认证信息，填写完毕后，单击【提交】按钮。

步骤 06 创建成功后，即弹出如下窗口。用户可将二维码分享给其他成员，可用手机 QQ 扫描申请，也可以单击【分享该群】按钮，将其分享到微博、QQ 空间、好友等。

步骤 07 在 QQ 面板中，单击【群 / 讨论组】图标，即可看到所创建的群及所加入的群。

步骤 08 在【我的 QQ 群】列表中，双击群名称，即可打开群聊天窗口，可以在该窗口进行聊天，管理员也可以在该窗口管理群成员、群公告、群应用等。

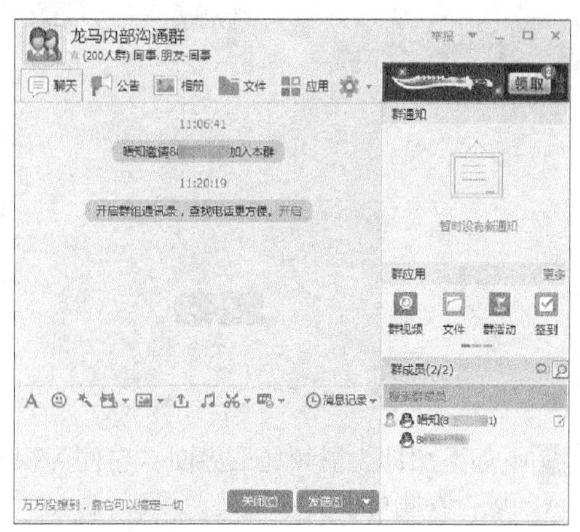

23.3.4 召开多人在线视频会议

与讨论组、群等相比，虽然二者可以方便多人的交流与沟通，但是视频会议更加生动逼真，也增加了参与成员的充分互动性。目前，网络中支持视频会议的软件有很多，但QQ对于一般从业者或中小型公司而言，具有更好的可行性。

步骤 01 单击 QQ 面板最下方的【打开应用管理器】图标。

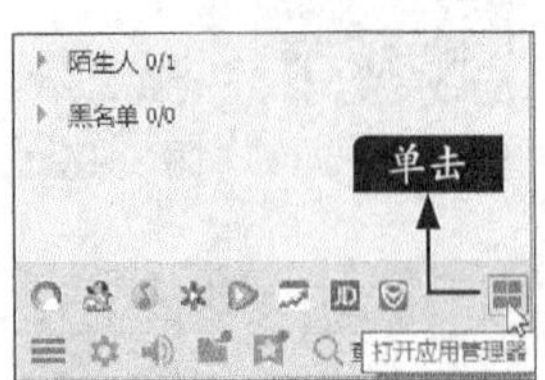

步骤 02 打开【应用管理器】窗口，单击【打开视频会话】图标。

步骤 03 弹出【邀请好友】对话框，选择要添加参与视频通话的好友，并单击【确定】按钮。

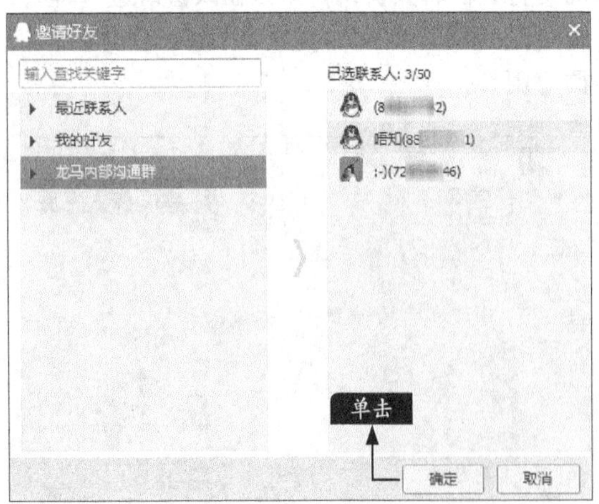

步骤 04 如下图即为视频通话界面，左侧为视频显示区域，右侧可以文字聊天。

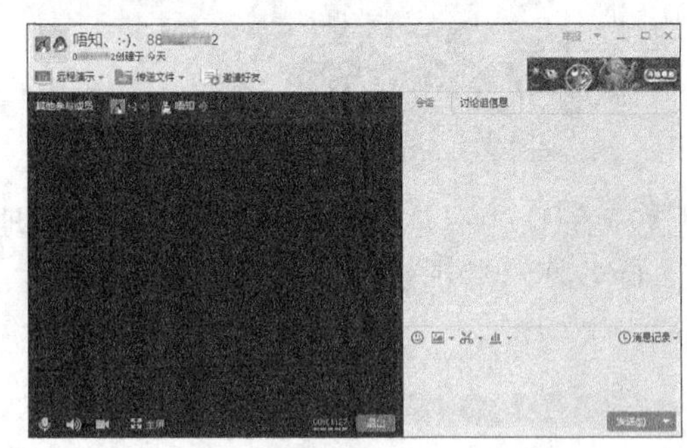

另外，用户也可以使用QQ群中的【群视频】功能，召开多人在线会议，具体步骤如下。

步骤 05 打开 QQ 群聊天窗口，单击窗口右侧的【群视频】图标。

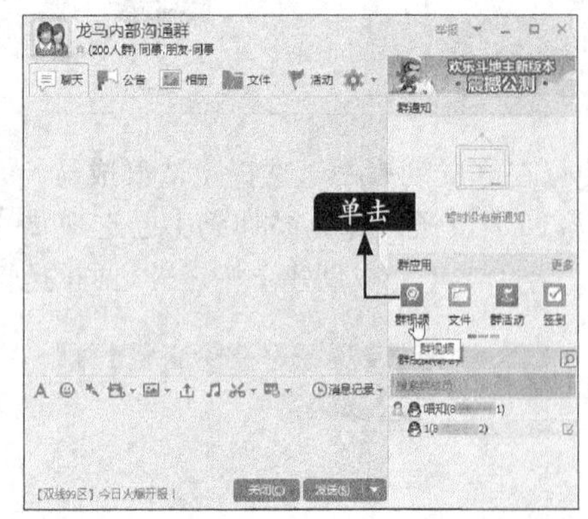

步骤 06 即可打开群通话对话框，单击【上台】按钮，即可显示讲话人的视频界面，其类似于直播的形式。在该页面中，也支持屏幕分享、文档演示等功能。

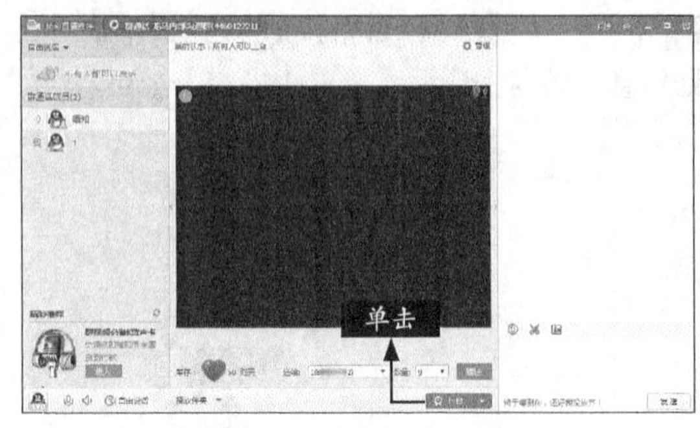

23.3.5 远程演示文档

通过演示文档文档，可以将电脑上的文档演示给对方看，这极大得方便了办公工作中的交流，下面使用QQ远程演示文档的方法如下。

步骤 01 打开聊天窗口，单击【远程演示】图标，在弹出的选项中，选择【演示文档】图标。

步骤 02 在弹出的【打开】对话框，选择要演示的文档，并单击【打开】按钮。

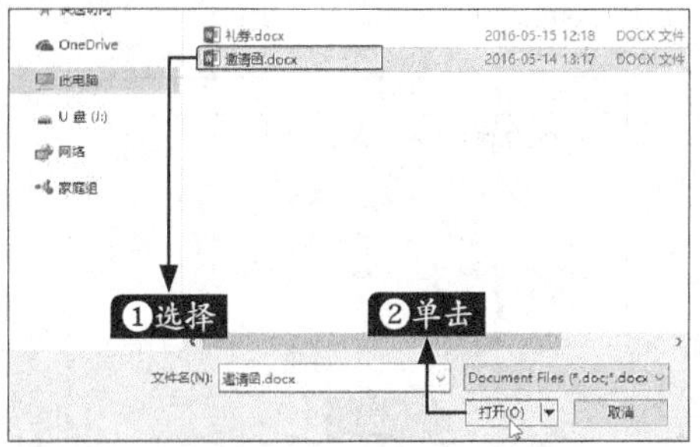

小提示

演示文档支持的文档类型包括：Word文档（.doc、.docx）、Excel工作簿（.xls、.xlsx）、PDF文档（.pdf）、XML文档（.xml）、网页格式（.htm、.html）和记事本（.txt）。目前版本不支持PPT演示文稿，如要演示PPT文稿，可选择分享屏幕，在电脑中放映幻灯片分享给对方。

步骤 03 即可发送邀请，待对方加入，如下图所示。

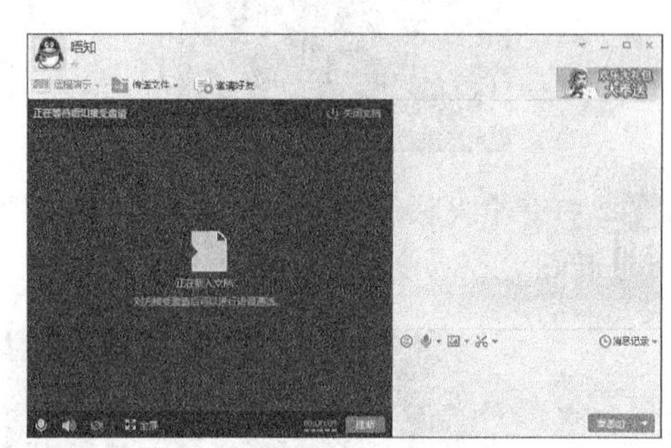

步骤 04 对方接受邀请后，可单击【全屏】按钮，可全屏操作。用户拖曳鼠标，可以选择文本等，并演示给对方，也可以通过语音或视频与对方对话。

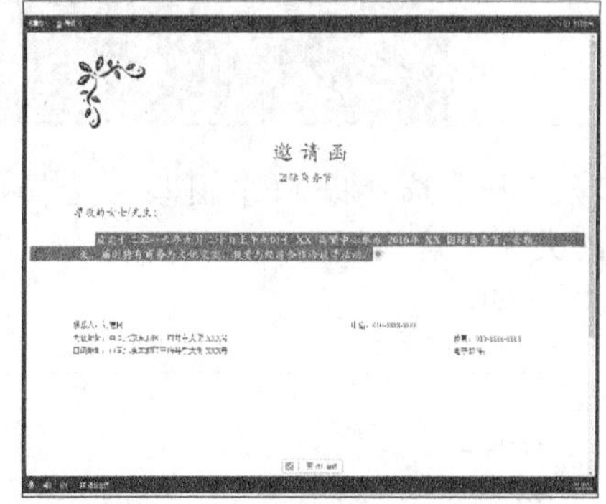

23.4 综合实战——管理人脉

本节教学录像时间：4 分钟

“人脉”应用是一站式的通讯簿和社交应用，用户可以通过单个应用实现以下所有功能：添加联系人、查看社交网络上的更新，以及在Skype上与朋友和家人保持联系。

23.4.1 添加账户

要使用人脉应用，首先用户需要把自己的电子邮件账户添加进去，在“人脉”应用中添加账户的具体步骤如下。

步骤 01 单击桌面左下角【开始】➤【所有应用】➤【人脉】菜单命令。

步骤 02 打开【人脉】应用主界面，单击【添加账户】按钮。

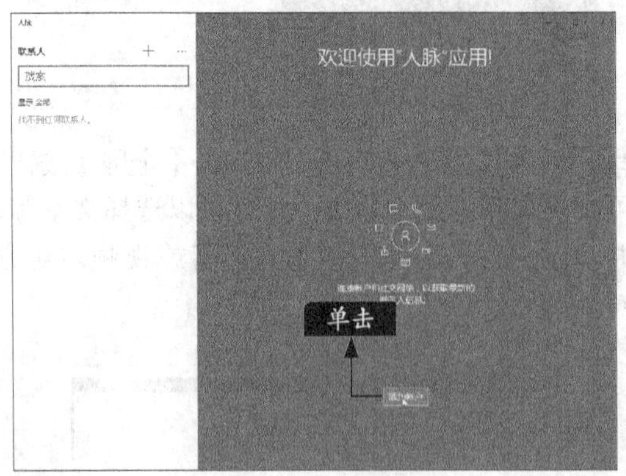

步骤 03 打开【选择账户】窗口，选择添加账户的类型，这里以 iCloud 账户为例。单击【iCloud】选项。

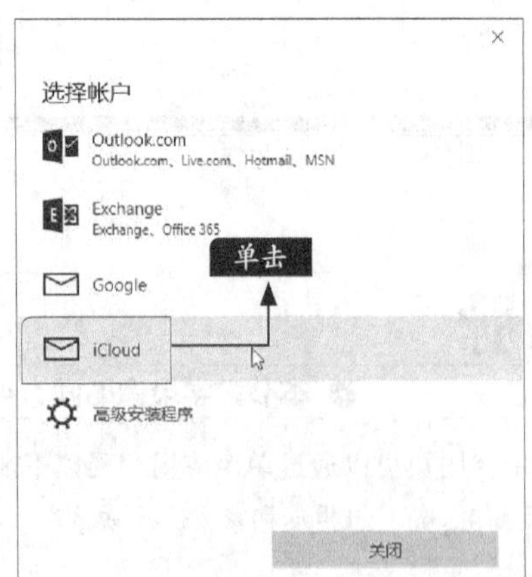

步骤 04 打开【iCloud】窗口，在【电子邮件地址】选项下输入账号，在【密码】选项下输入密码，单击【登录】按钮。

步骤 05 在弹出的窗口中设置一个名称，系统会在用户发送邮件时使用此名称，输入完成后单击【登录】按钮。

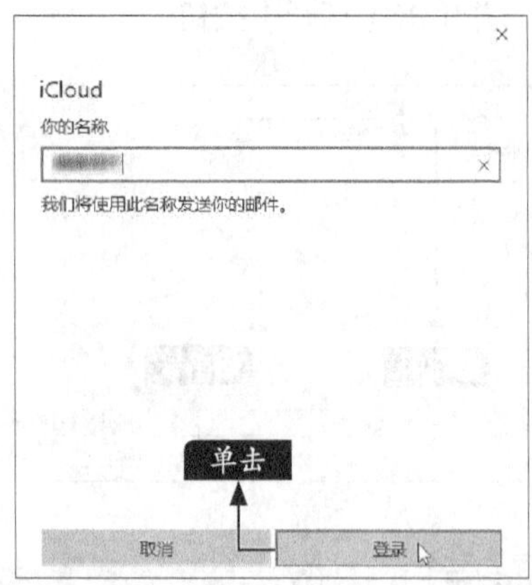

步骤 06 系统弹出窗口提示账户添加完成，单击【完成】按钮即可。

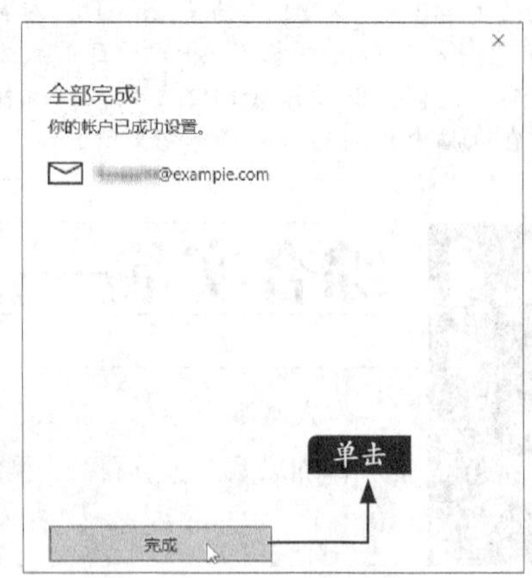

23.4.2 添加Outlook联系人

"人脉"应用账户添加完成后，用户即可以将联系人添加进去，添加联系人的具体步骤如下。

步骤 01 打开【人脉】应用，单击页面上的【添加联系人】按钮＋。

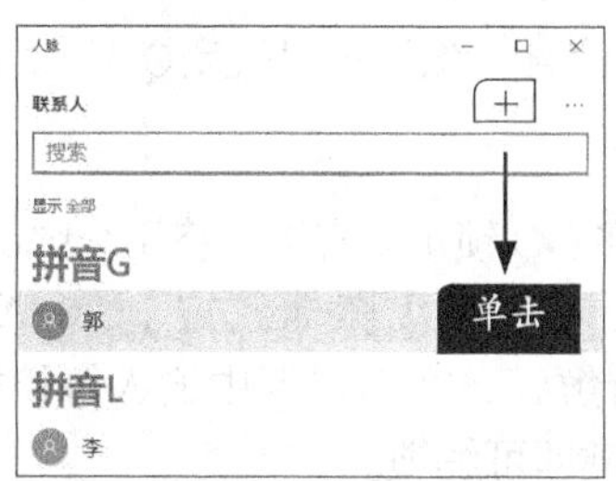

步骤 02 在弹出的【新建 OUTLOOK 联系人】页面输入要添加的联系人的信息。

步骤 03 填写完相应的信息后，单击右上角的【保存】按钮，联系人即可添加成功。

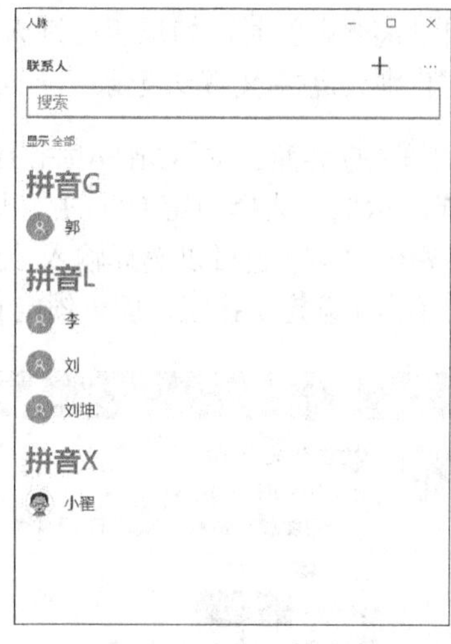

23.4.3 删除联系人

如果用户需要删除"人脉"中的联系人，可以使用以下两种方法。

(1) 从联系人列表中删除联系人。

步骤 01 打开【人脉】中的联系人列表，把鼠标指针放在要删除的联系人上右击，从弹出的快捷菜单中单击【删除】选项。

步骤 02 在弹出的【是否删除联系人】对话框中单击【删除】按钮即可。

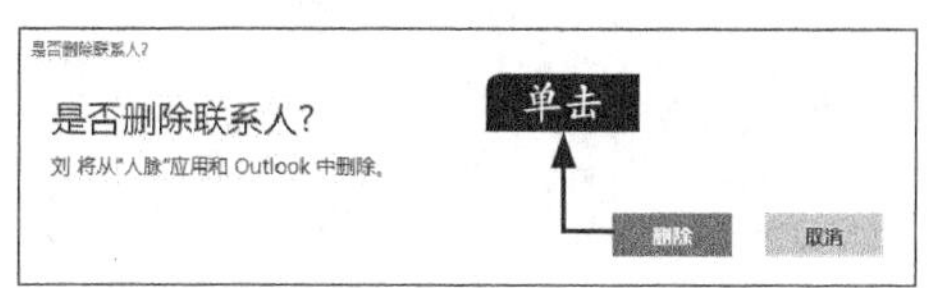

(2) 在联系人详情页面删除联系人

步骤 01 打开联系人详情窗口，单击右上角【更多】按钮…，在出现的选项中单击【删除】按钮。

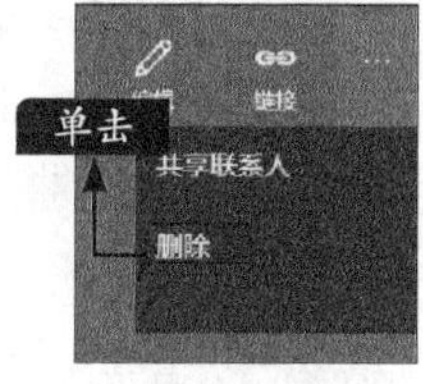

步骤 02 在弹出的【是否删除联系人】对话框中单击【删除】按钮即可。

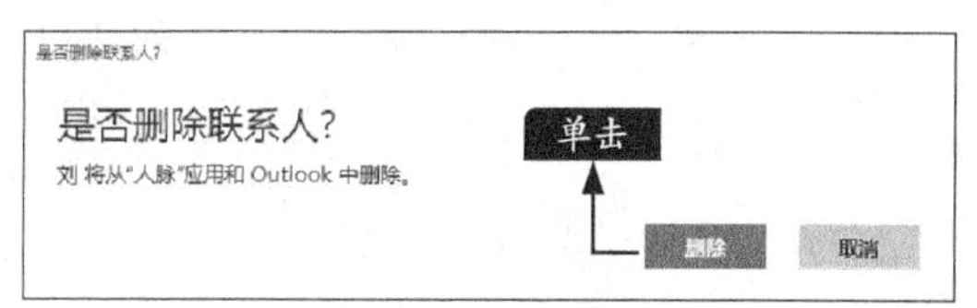

高手支招

本节教学录像时间：3 分钟

一键锁定QQ保护隐私

在自己离开电脑时，如果担心别人看到自己的QQ聊天信息，除了可以关闭QQ外，可以将其锁定，防止别人窥探QQ聊天记录，下面介绍操作方法。

步骤 01 打开 QQ 界面，按【Ctrl+Alt+L】组合键，弹出系统提示框，选择锁定 QQ 的方式，可以选择 QQ 密码解锁，也可以选择输入独立密码，选择后，单击【确定】按钮，即可锁定 QQ。

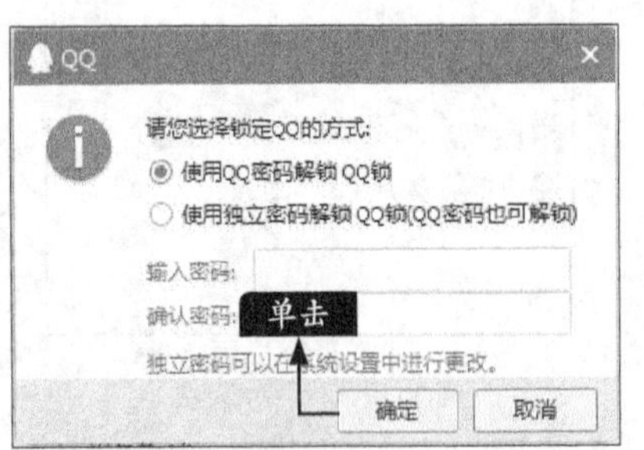

步骤 02 在 QQ 锁定状态下，将不会弹出新消息，用户单击【解锁】图标或按【Ctrl+Alt+L】组合键进行解锁，在密码框中输入解锁密码，按【Enter】键即可解锁。

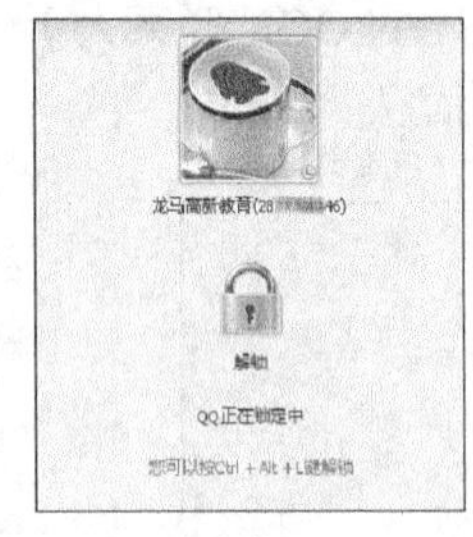

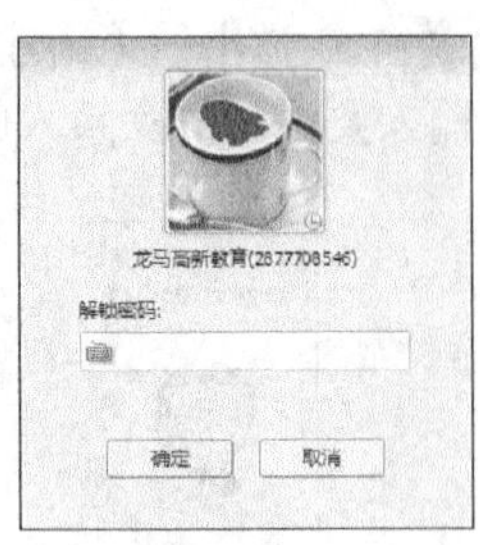

添加邮件通知

在Windows 10中，用户的邮件通知可以在通知中心显示，开启方法如下。

从【邮件】应用中选择【设置】➤【选项】➤【通知】选项，在【通知】区域的【在操作中心显示】选项下选择开启选项，然后根据需要勾选【显示通知横幅】和【播放声音】复选框。

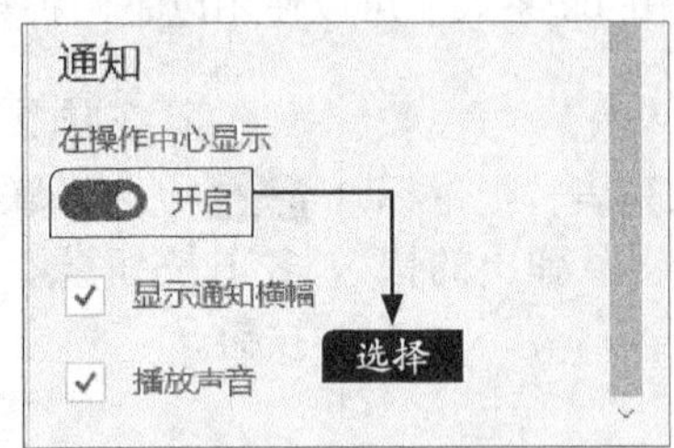

第6篇

Office办公实战篇

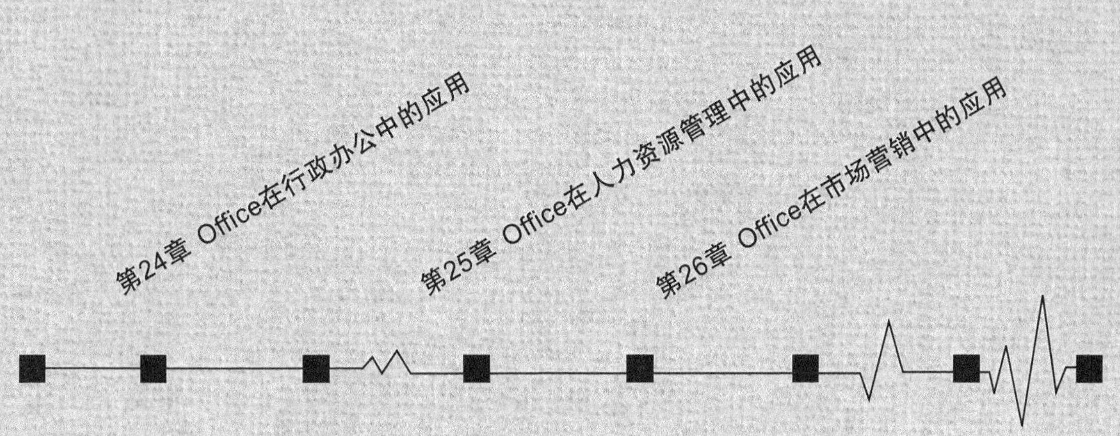

第24章

Office在行政办公中的应用

Office办公软件在行政管理方面有着得天独厚的优势，无论是数据统计还是会议报告，使用Office都可以很轻松地搞定。本章就介绍几个Office在行政办公中应用的案例。

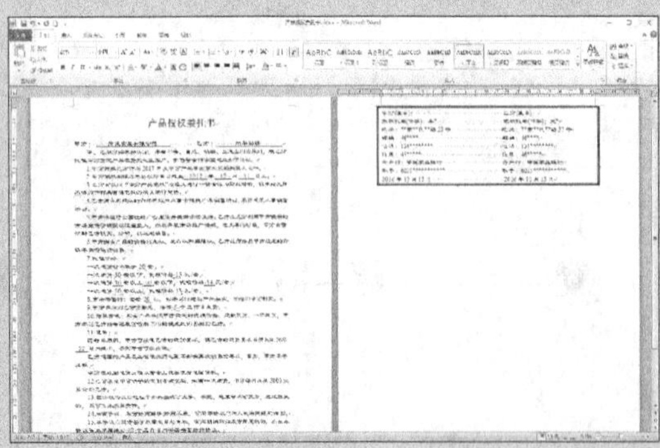

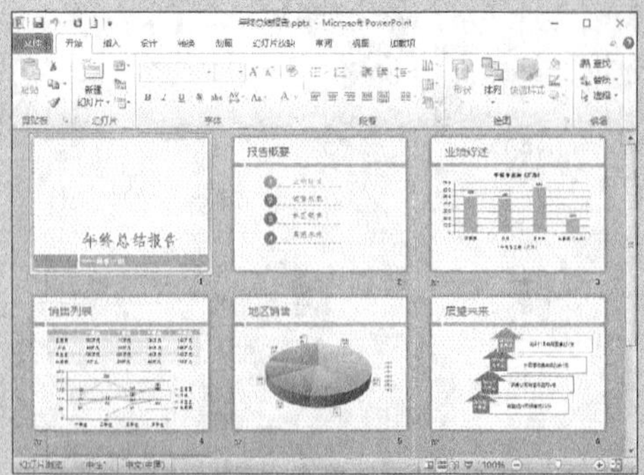

24.1 制作产品授权委托书

本节教学录像时间：6 分钟

制作产品授权委托书就是利用Word文档将产品授权内容清晰地展现出来的过程。

24.1.1 案例描述

产品授权委托书是委托他人代表自己行使自己的合法权益，委托人在行使权力时需出具委托人的法律文书。被委托人行使的全部合法职责和责任都将由委托人承担，被委托人不承担任何法律责任。产品授权委托书就是公司委托人委托他人行使自己权利的书面文件。

由于产品授权委托书的特殊性，具有法律效力，所以在制作产品授权委托书时，要从实际出发，根据不同的产品性质制定不同的授权委托书，并且要把授权内容清晰地一一列举，包括授权双方的权利、责任，及利益划分等。

产品授权委托书的应用领域比较广泛，不仅可以应用于各个产品生产、研发企业，还可以应用于个人。是行政管理岗位及文秘岗位的员工需要掌握的技能。

24.1.2 知识点结构分析

产品授权委托书包括以下几点。

(1) 文档名称，即产品授权委托书。

(2) 委托书中签约的双方，即甲方和乙方。甲方一般是指提出目标的一方，在合同拟订过程中主要是提出要实现什么目标；乙方一般是指完成目标，在合同中主要是提出如何保证实现，并根据完成情况获取收益的一方。

(3) 协议内容，需要标明委托的详细内容，明确代理事项及责任，避免产生纠纷。

(4) 双方签字或盖章，也可以注明双方的联系方式。

(5) 日期。

可以使用Word 2010制作产品授权委托书，主要涉及的知识点包括以下几点。

(1) 设置文档页边距。

(2) 设置字体格式。

(3) 添加边框。

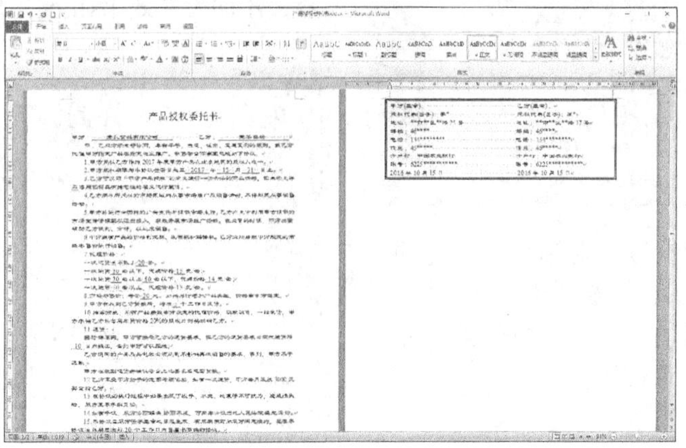

24.1.3 案例制作

制作产品授权委托书的具体步骤如下。

第1步：设置文档页边距

制作产品授权委托书首先要进行页面设置，本节主要介绍文档页边距的设置。设置合适的页边距可以使文档更加美观整齐。设置文档页边距的具体操作步骤如下。

步骤01 打开随书光盘中的“素材\ch24\产品授权委托书.docx”文档。

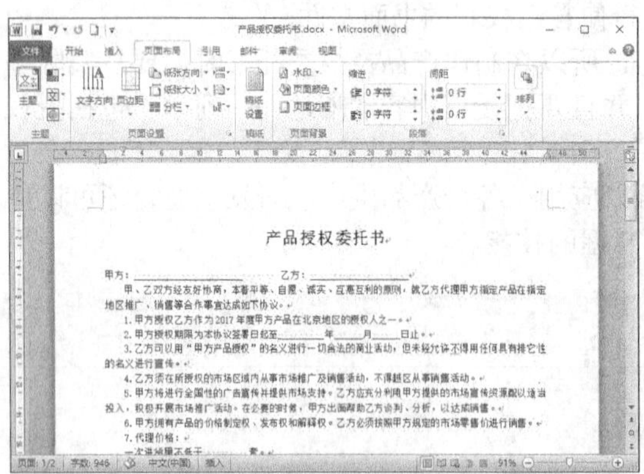

步骤02 单击【页面布局】选项卡下【页面设置】选项组中的【页边距】按钮，在弹出的列表中选择【自定义边距】选项。

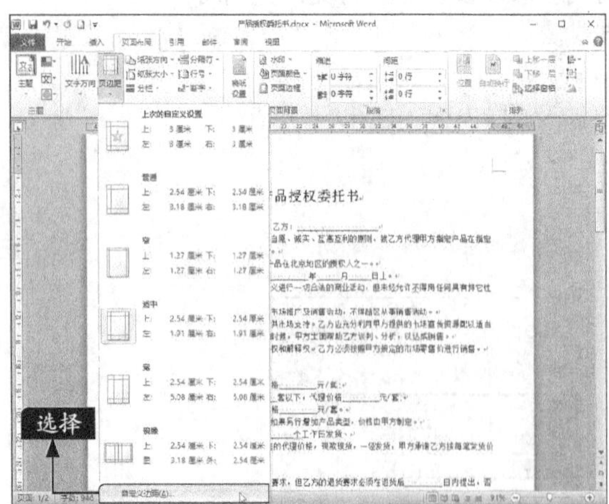

步骤03 弹出【页面设置】对话框，在【页边距】选项卡下【页边距】选项组中的【上】、【下】、【左】、【右】列表框中分别输入“3厘米”，单击【确定】按钮。

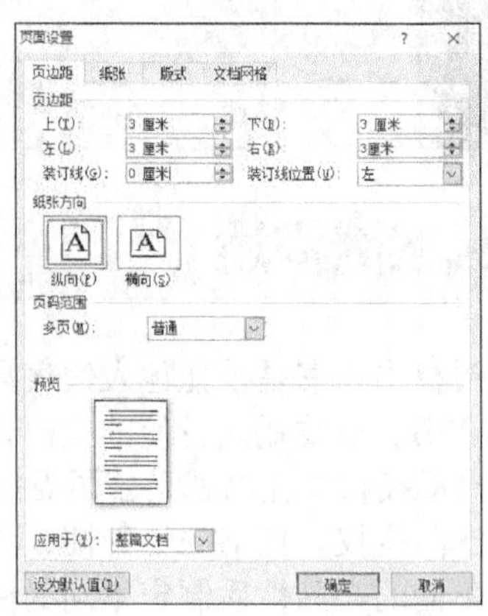

步骤04 设置页边距后的效果如下图所示。

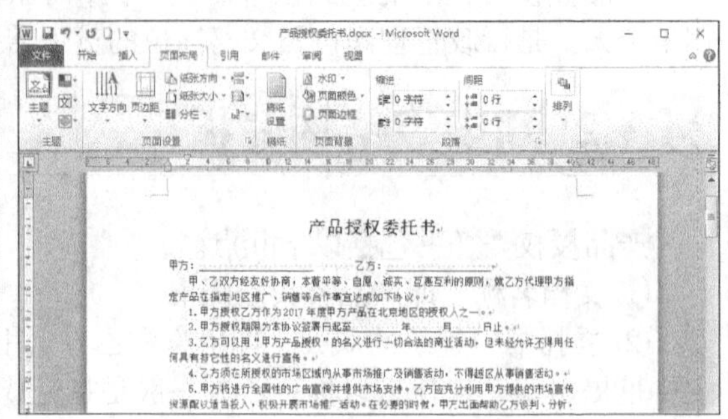

第2步：填写内容并设置字体

页边距设置完成后要填写文本内容和设置字体格式，在Word文档中，字体格式的设置是对文档中文本的最基本的设置，具体操作步骤如下。

步骤01 将委托书中的下划线空白处添加上内容，添加后的效果如下图所示。

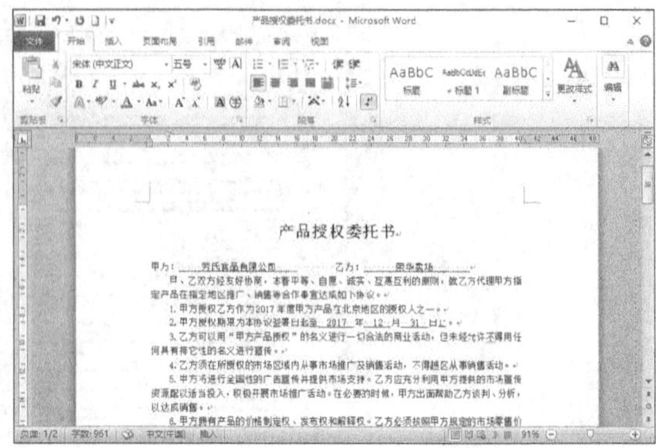

步骤02 选中正文文本，单击【开始】选项卡下【字体】选项组右下角的按钮，在弹出的【字体】对话框中，选择【字体】选项卡。在中文字体下拉列表框中选择【隶书】，在西文字体下拉列表中选择【Time New Roman】，在【字号】列表框中选择【小四】选项，单击【确定】按钮。

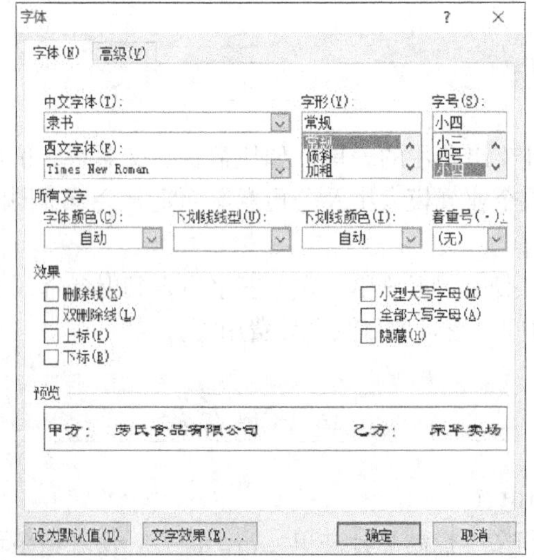

步骤03 设置后的效果如下图所示。

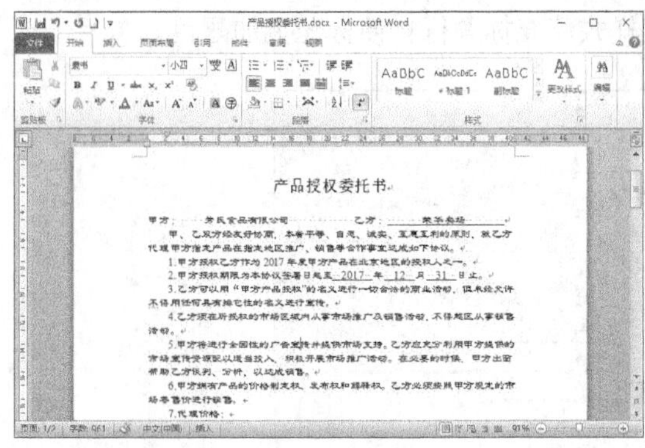

第3步：添加边框

为文字添加边框，可以突出文档中的内容，给人以深刻的印象，从而使文档更加漂亮和美观。

步骤01 选择要添加边框的文字，单击【开始】选项卡下【段落】选项组中的【边框】按钮，在弹出的下拉列表中单击【边框和底纹】选项。

步骤02 弹出【边框和底纹】对话框，选择【边框】选项卡，然后从【设置】选项组中选择【方框】选项，在【样式】列表中选择边框的线形，单击【确定】按钮。

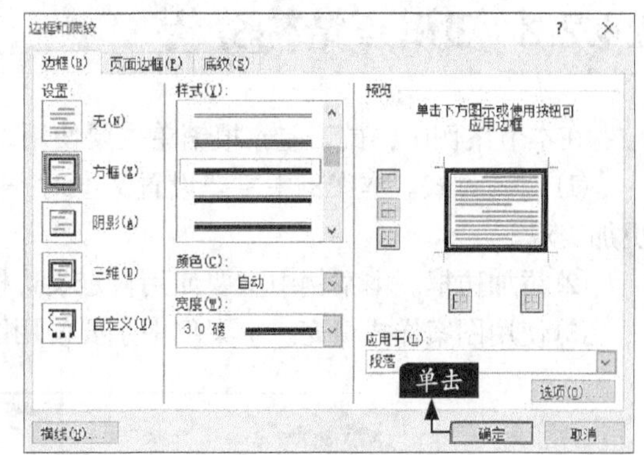

步骤03 设置后的效果如下图所示。

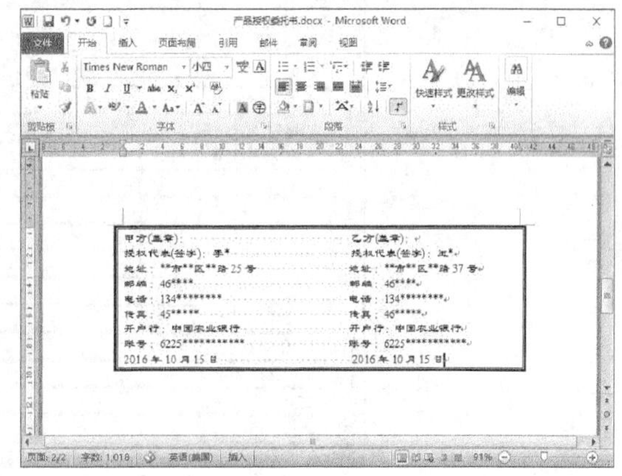

至此，就完成了产品授权委托书的制作。

24.2 制作员工差旅报销单

本节教学录像时间：8 分钟

有些公司员工经常出差，出差费用需要公司给予报销。这样就有必要设计一个员工差旅报销单，使管理程序更规范化。

24.2.1 案例描述

差旅报销单主要是针对公司员工因公出差而统计支出费用的表单，如住宿费、交通费、伙食费等，公司都会对员工进行出差报销和补偿，一般视企业规模大小及公司意愿而定，会有不同的费用标准，而补助金额也参差不齐。

差旅报销单主要是对员工出差时间内，因公支出费用的汇总单，领导签字后，到财务部门进行报账。其主要包含的表单信息有员工信息、起始时间、花费项目及合计费用等。

24.2.2 知识点结构分析

在本节案例中，员工差旅报销单主要使用以下知识点。

(1) 对齐方式。本案例中主要设置文本对齐方式和文本控制（合并单元格）内容，使表格整理更加美观。

(2) 添加边框。本案例中主要使用自定义边框，用户可以根据需要自定义边框样式和颜色等。

(3) 使用图案样式填充。本案例中主要使用图案样式填充标题行，使标题更加醒目。

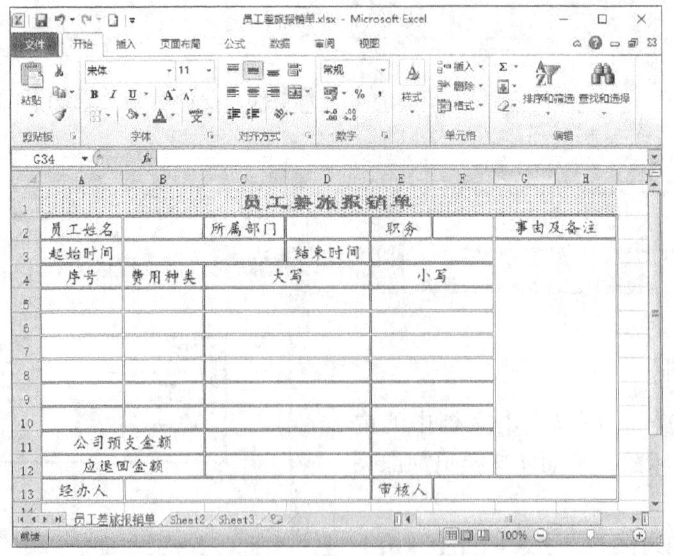

24.2.3 案例制作

员工差旅报销单的具体制作步骤如下。

第1步：建立并设置表格内容

步骤01 打开Excel 2010，新建一个工作簿，选择sheet1工作表，将工作表重命名为“员工差旅报销单”。

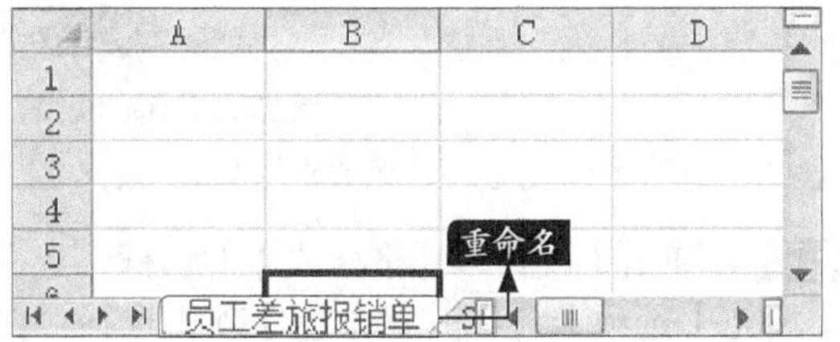

步骤02 选择A1单元格，输入“员工差旅报销单”，选择A1:H1单元格区域，单击【开始】选项卡下【对齐方式】选项组中的【合并后居中】按钮。

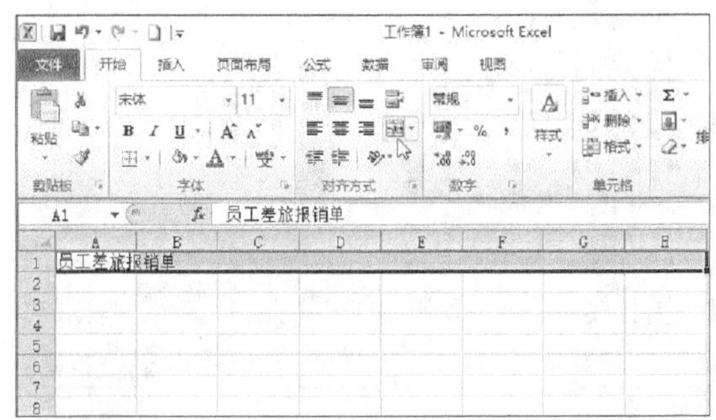

步骤03 依次选择各个单元格区域，分别输入如图所示文本内容。

步骤04 合并单元格区域B3:C3、E3:F3、G2:H2、C4:D4……C12:D12、E4:F4……E12:F12、A11:B11、A12:B12、G3:H12、B13:D13、F13:H13，并设置单元格区域A2:H13的对齐方式为“居中对齐”，如图所示。

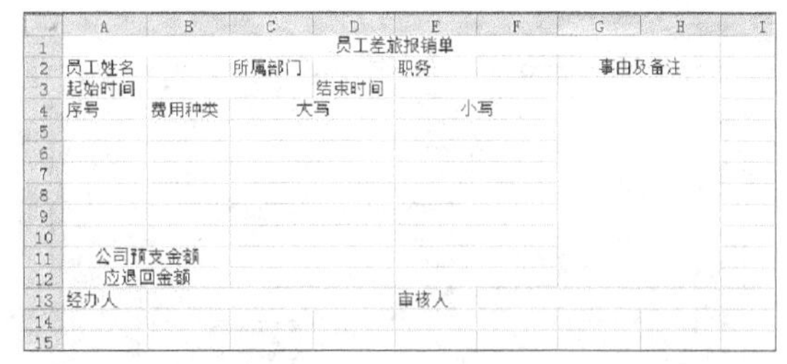

第2步：设置字体

步骤01 选择A1单元格，设置字体为“隶书”，字号为“20”，字体颜色为“蓝色”，并单击【加粗】按钮。

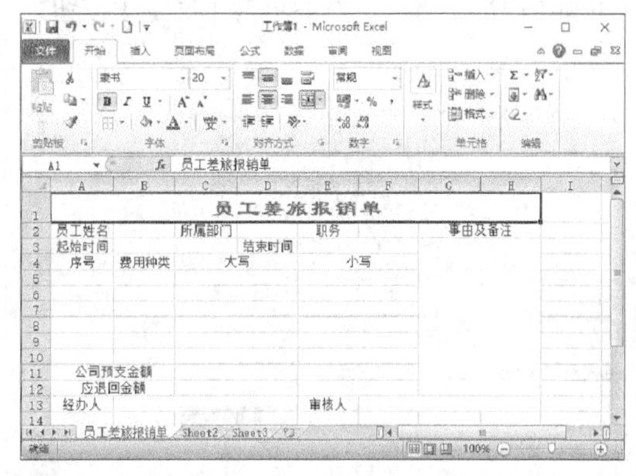

步骤02 选择A2:H13单元格区域，设置字体为“楷体”，字号为“14”，适当调整单元格大小。

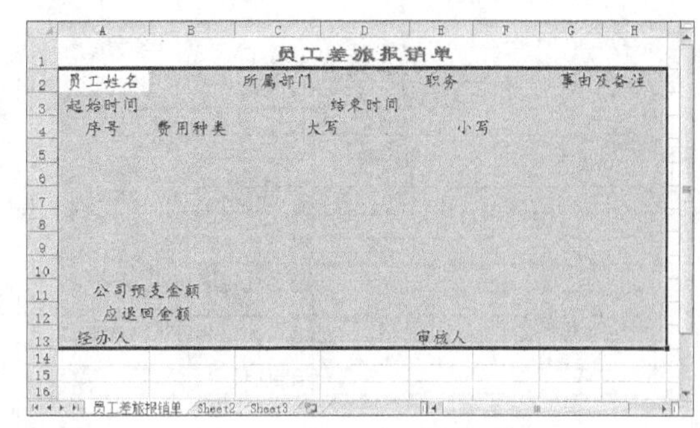

第3步：设置边框

步骤01 选择A1:H13单元格区域，单击鼠标右键，在弹出的快捷菜单中选择【设置单元格格式】选项。

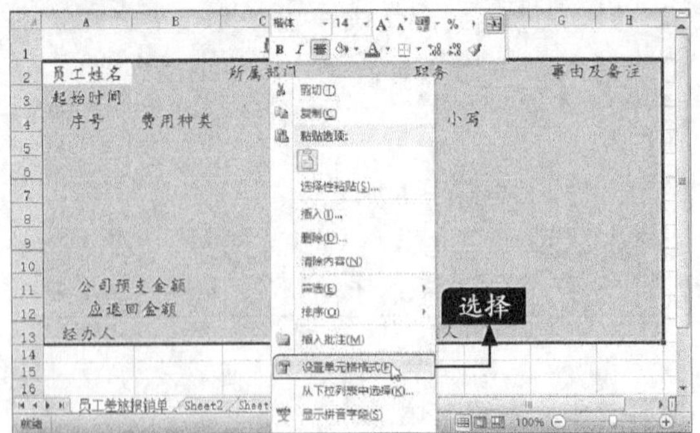

步骤02 弹出【设置单元格格式】对话框，选择【边框】选项卡，在【样式】列表框中一种边框样式，设置颜色为“蓝色”，并单击【外边框】和【内部】选项，然后单击【确定】按钮。

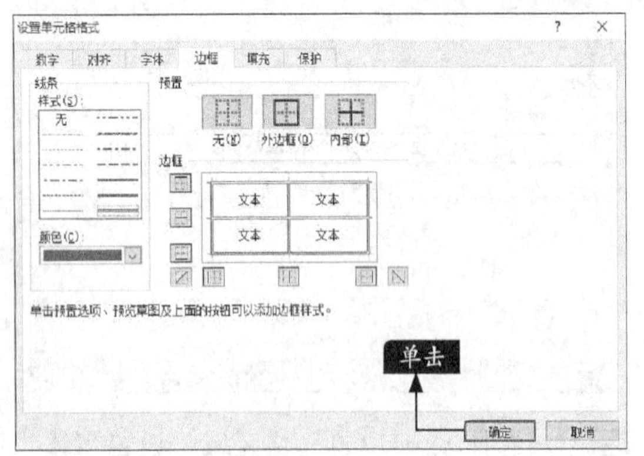

步骤03 返回工作表即可看到设置的边框样式。

第4步：设置表头格式

步骤01 选择A1单元格，单击【开始】选项卡下【字体】选项组中【其他】按钮。

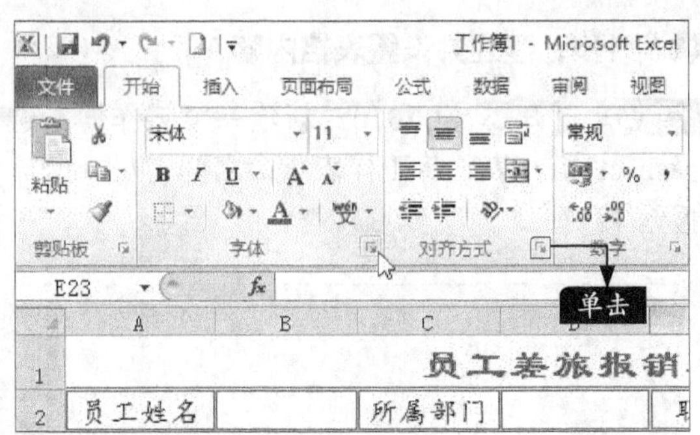

步骤02 弹出【设置单元格格式】对话框，选择【填充】选项卡，在【背景色】项中选择“白色，着色1，深色5%”，在【图案样式】中选择“6.25%灰色”，单击【确定】按钮。

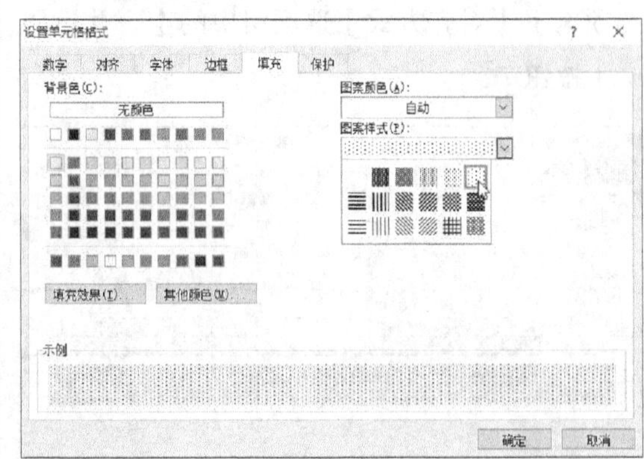

步骤03 即可设置单元格的填充效果。

至此，员工差旅报销单就制作完成，将工作簿保存好即可。

24.3 设计年终总结报告PPT

在企业办公中，年终总结报告是最常用的文档之一，主要采用Word或PPT制作，如果要突出总结报告的可观性，给阅读者提供更丰富的视觉化效果，PPT的方式则是首选。

24.3.1 案例描述

年终总结报告是人们对一年来的工作、学习进行回顾和分析，从中找出经验和教训，引出规律性认识，以指导今后工作和实践活动的一种应用文体。年终总结包括一年来的情况概述、成绩和经验、存在的问题和教训、今后努力方向等。一份美观、全面的年终总结PPT，既可以提高自己的认识，也可以获得观众的认可。

一份完整的总结报告，主要包括标题、概述、主体和结尾四个部分，标题部分可以根据主要内容、性质拟标题，也可以在正标题的下方再拟副标题；概述部分主要用于介绍基本情况、概述总结目的和方法等；主体部分主要是对工作情况的一个详细总结，对工作、方法、成绩、经验、教训等逐层展开分析；结尾部分主要用于指出存在的问题或制定今后的工作目标等。

24.3.2 知识点结构分析

在本节案例中，年终总结报告主要使用以下知识点。

⑴ 主题的应用。主题的主要作用是使演示文稿的所有幻灯片具有统一的风格，用户也可以根据需要调整主题的颜色、字体及效果等。

⑵ 图形的绘制。在PPT制作中，设计图形图示可以使幻灯片更加生动。

⑶ 插入图表。图表主要作用于数据的可视化分析，使数据更加直观、清晰。在总结报告中，尤其忌讳大量数据堆积，而图表则可以更好的展现数据。

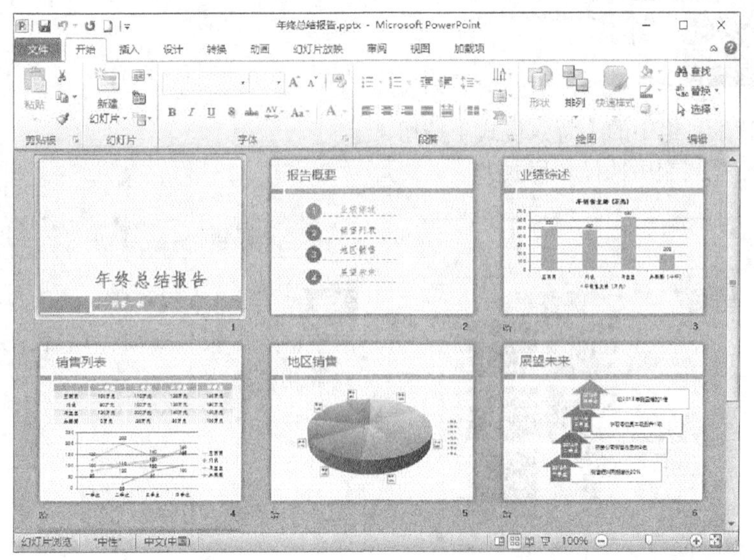

24.3.3 案例制作

年终总结报告PPT具体制作步骤如下。

第1步：设置幻灯片的主题效果

设计幻灯片主题效果具体操作步骤如下。

步骤01 启动PowerPoint 2010，新建幻灯片，并将其保存为“年终总结报告.pptx”。单击【设计】➤【主题】组中的【其他】按钮，在弹出的下拉列表中选择【中性】主题样式。

步骤02 即可设置为选择的主题效果，然后单击【主题】组中的【颜色】按钮 颜色，在下拉列表中选择【顶峰】主题色。

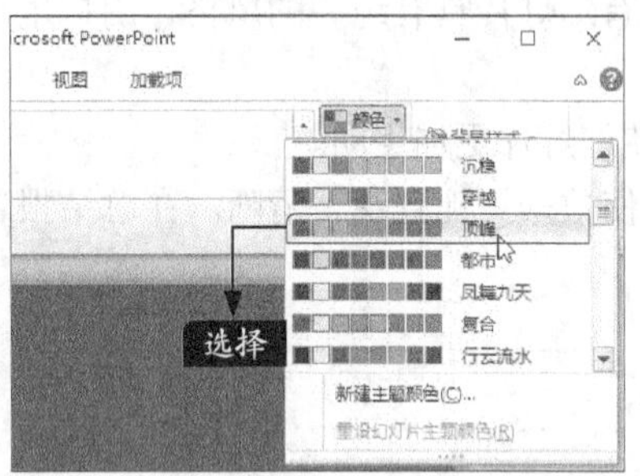

步骤03 单击【背景】组中的【背景样式】按钮 背景样式，在下拉列表中选择“样式9”。

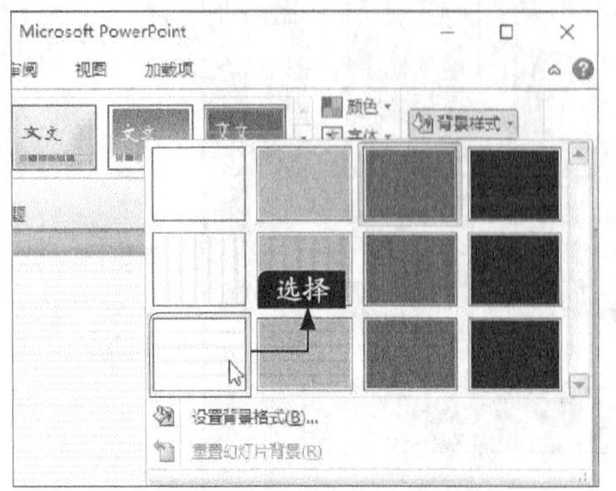

步骤04 应用背景样式后，幻灯片的效果如下图所示。

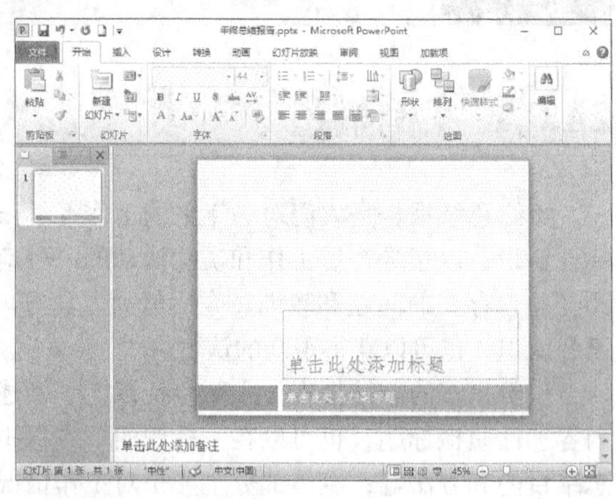

第2步：设置首页和报告概要页面

制作首页和报告概要页面的具体操作步骤如下。

步骤01 单击标题和副标题文本框，输入主、副标题。然后将主标题的字号设置为“72”，“加粗”，副标题的字号为“28”，如下图所示。

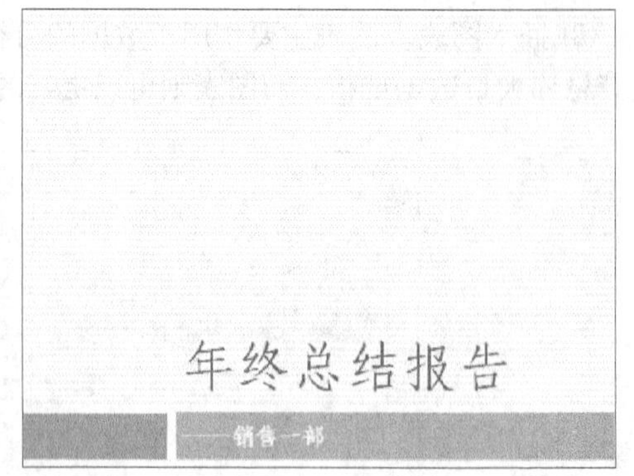

步骤02 新建【仅标题】幻灯片，在标题文本框中输入“报告概要”内容，并将字体设置为“微软雅黑”。

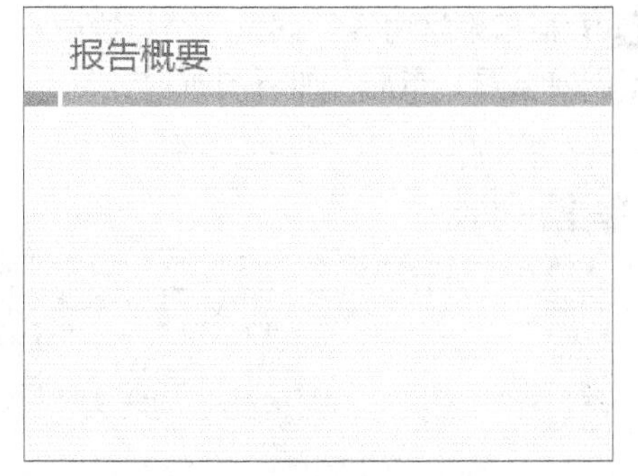

步骤03 使用形状工具绘制1个圆形，大小为“2×2”厘米，并设置填充颜色，然后绘制1条直线，大小为“10厘米”，设置轮廓颜色、线型为“虚线 短划线”，绘制完毕后，选中两个图形，按住【Ctrl】键，复制3个，且设置不同的颜色，排列为“左对齐”，如下图所示。

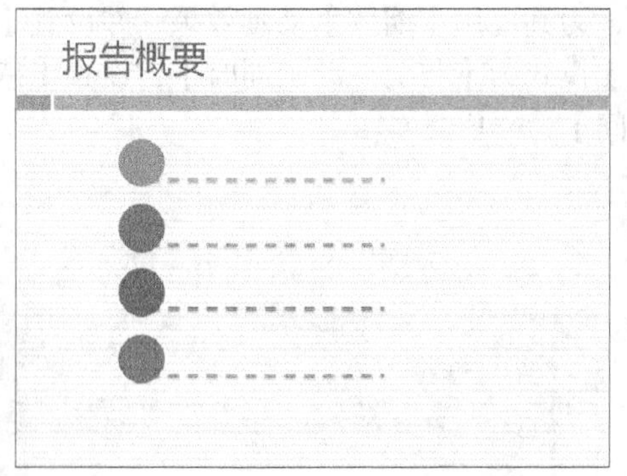

步骤04 在圆形形状上，分别编辑序号，字号设置为“32”号，在虚线上，插入文本框，输入文本，并设置字号为“32”号，颜色设置为对应的图形颜色，如下图所示。

报告概要

1 业绩综述

2 销售列表

3 地区销售

4 展望未来

第3步：制作业绩综述页面

制作业绩综述页面的具体操作步骤如下。

步骤01 新建1张【标题和内容】幻灯片，输入标题“业绩综述”，并将字体设置为“微软雅黑”。

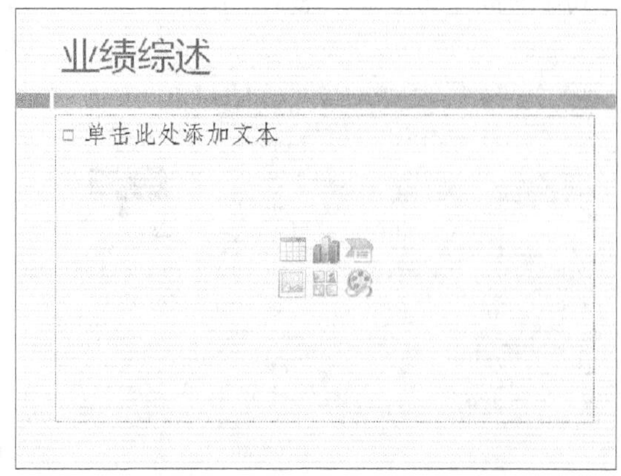

步骤02 单击内容文本框中的【插入图表】按钮，在弹出的【插入图表】对话框中，选择【簇状柱形图】选项，单击【确定】按钮，在打开的Excel工作簿中输入下图所示的数据。

	A	B	C
1	姓名	年销售业绩（万元）	
2	王萌萌	520	
3	刘俊	480	
4	马兰兰	630	
5	朱鹏鹏（半年）	200	
6			

Sheet1

步骤03 关闭Excel工作簿，在幻灯片中即可插入相应的图表。然后单击【布局】选项卡下【标签】组中的【数据标签】按钮，在弹出的下拉列表中选择【数据标签外】选项，并根据需要设置图表的格式，最终效果如下图所示。

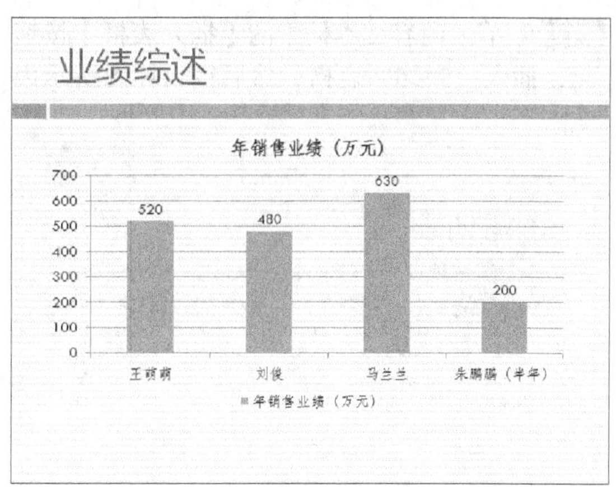

步骤04 选择图表，为其应用【擦除】动画效果，设置【效果选项】为“自左侧”，设置【开始】模式为【与上一动画同时】，设置【持续时间】为“1.5”秒。

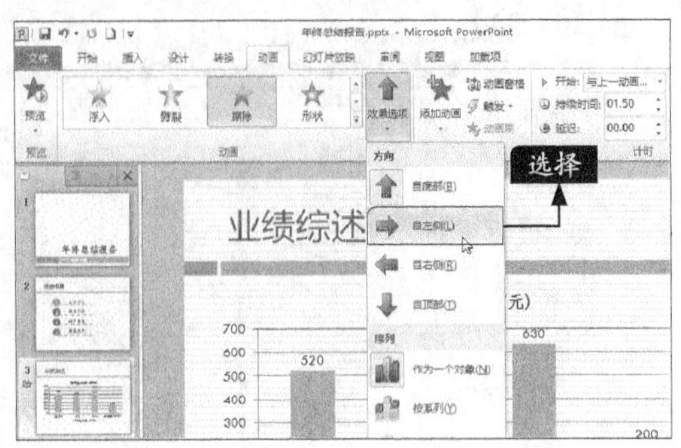

第4步：制作销售列表页面

制作销售列表页面的具体操作步骤如下。

步骤01 新建1张【标题和内容】幻灯片，输入标题“销售列表”文本，并将字体设置为“微软雅黑”。

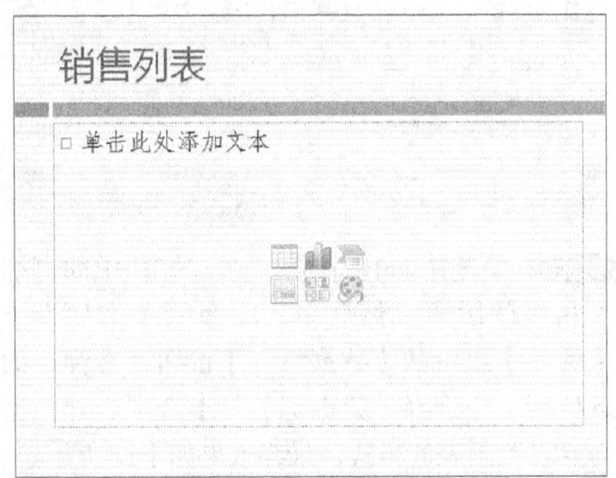

步骤02 单击内容文本框中的【插入表格】按钮，插入“5×5”表格，然后输入如图所示内容。

销售列表

	一季度	二季度	三季度	四季度
王莉莉	100万元	110万元	130万元	160万元
刘俊	80万元	100万元	120万元	180万元
乌兰兰	130万元	200万元	140万元	160万元
朱鹏鹏	0万元	20万元	80万元	100万元

步骤03 根据表格内容，创建一个折线图表，并根据需要设置其布局，如下图所示。

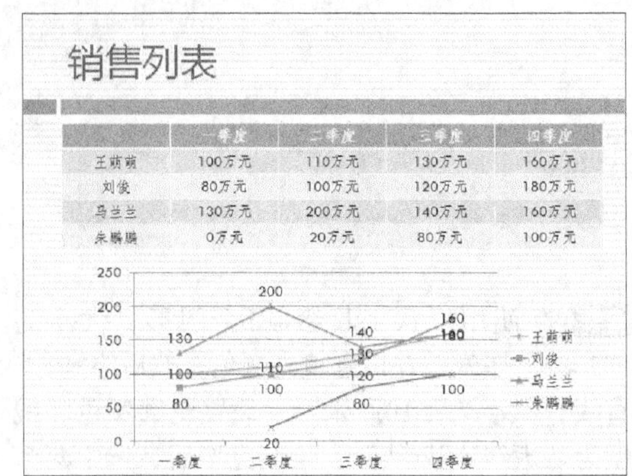

销售列表

	一季度	二季度	三季度	四季度
王莉莉	100万元	110万元	130万元	160万元
刘俊	80万元	100万元	120万元	180万元
乌兰兰	130万元	200万元	140万元	160万元
朱鹏鹏	0万元	20万元	80万元	100万元

步骤04 选择表格，为其应用【擦除】动画效果，设置【效果选项】为“自顶部”。选择图表，为其应用【缩放】动画效果，并设置【开始】模式为【与上一动画同时】，设置【持续时间】为“1”秒。

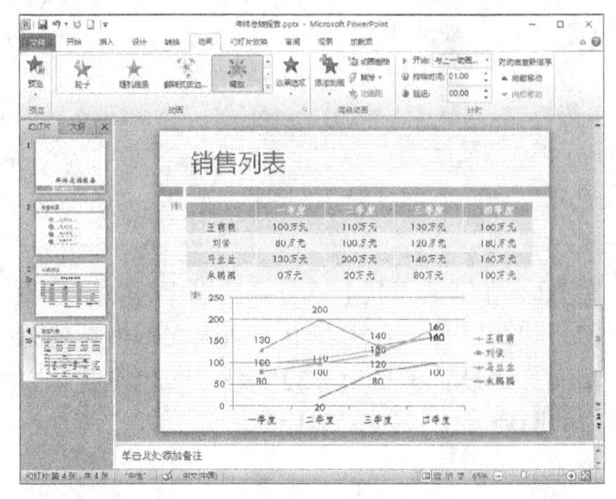

第5步：制作其他页面

制作地区销售、未来展望及结束页幻灯片页面的具体操作步骤如下。

步骤01 新建1张【标题和内容】幻灯片，并输入标题“地区销售”文本。然后打开【插入图表】对话框中选择【饼图】选项，单击【确定】按钮，在打开的Excel工作簿中输入下图所示的数据。

	A	B	C	D	E
1		销售组成			
2	华北	16%			
3	华南	24%			
4	华中	12%			
5	华东	15%			
6	东北	11%			
7	西南	14%			
8	西北	8%			
9					

Sheet1

步骤02 关闭Excel工作簿，根据需要设置图表样式和图表元素，并为其应用【形状】动画效果，最终效果如下图所示。

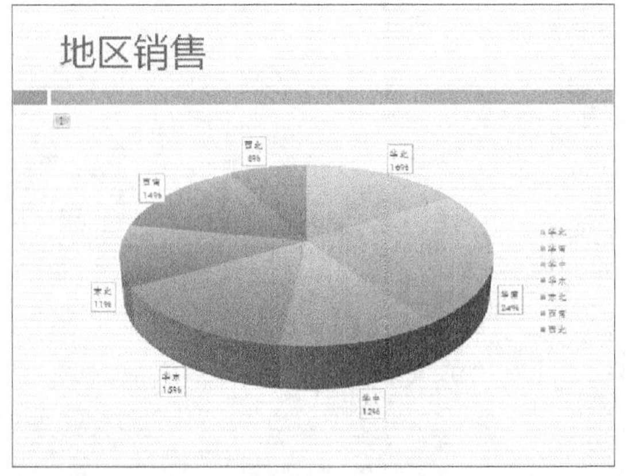

步骤03 新建1张【标题和内容】幻灯片，并输入标题“展望未来”文本，绘制1个向上箭头和1个矩形框，设置它们填充和轮廓颜色，然后绘制其他的图形，并调整位置，在图形中添加文字，并逐个为其设置为“轮子”动画效果，如下图所示。

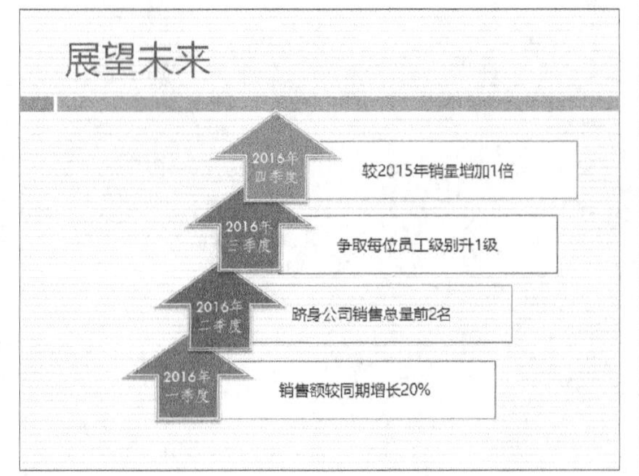

步骤04 新建1张空白幻灯片，再绘制一个“茶色，强调文字颜色1”矩形框，并选中该图形，单击鼠标右键，在弹出的快捷菜单中，选择【编辑顶点】命令，即可拖动四个顶点绘制不规则的图形。

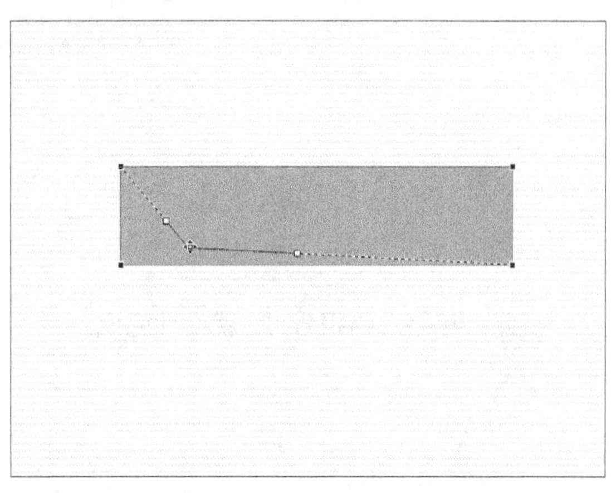

步骤05 拖动顶点，绘制一个如下不规则图形。

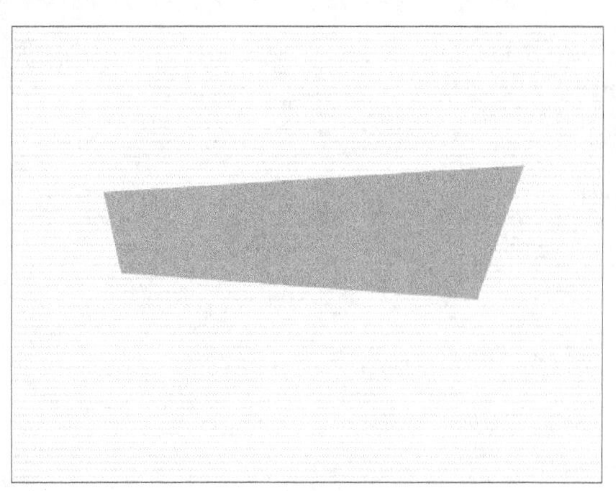

步骤06 插入两个“等腰三角形”形状，通过【编辑顶点】命令，绘制如下图所示的两个不规则的三角形。在不规则形状上，插入两个文本框，分别输入结束语和落款，调整字体大小、位置，如下图所示。然后分别为3个图形和2个文本框，逐个应用动画效果即可。

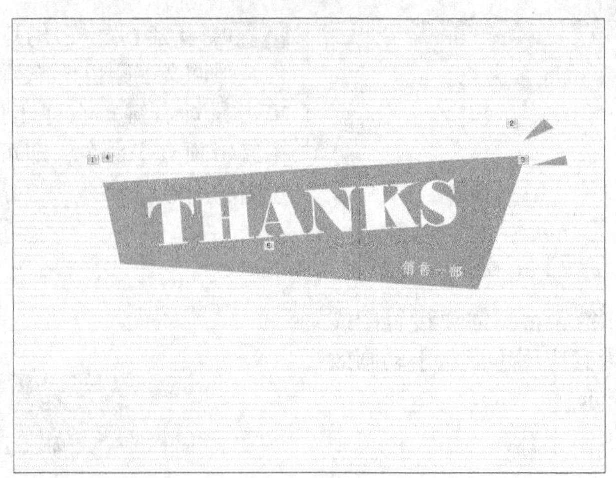

至此，年终总结报告PPT就设计完成。

第25章

Office在人力资源管理中的应用

学习目标

人力资源管理是一项系统又复杂的组织工作，使用Office 2016系列应用组件可以帮助人力资源管理者轻松并快速地完成各种文档、数据报表和演示文稿的制作。本章主要介绍编排公司奖惩制度、设计员工年度考核表、制作公司招聘计划PPT。

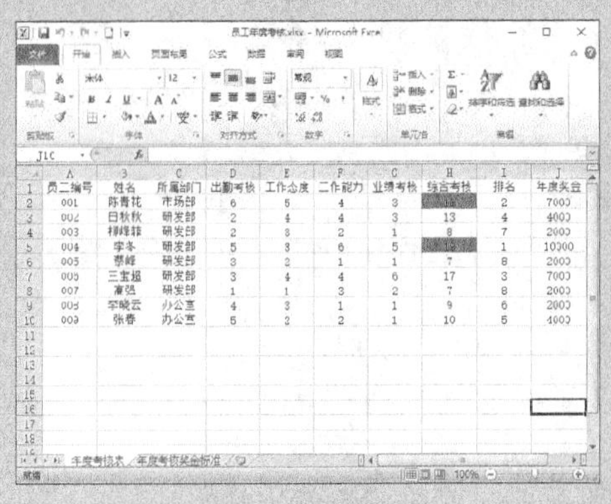

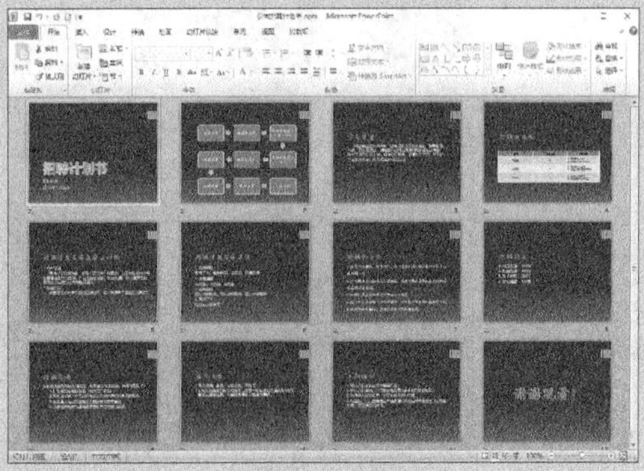

25.1 编排公司奖惩制度

本节教学录像时间：11 分钟

公司奖惩制度可以有效地调动员工的积极性，赏罚分明，本节主要介绍公司奖惩制度的排版方法。

25.1.1 案例描述

公司奖惩制度是公司为了维护正常的工作秩序，保证工作能够高效有序地进行而制定的一系列奖惩措施。基本上每个公司都有自己的奖惩制度，其内容根据公司情况的不同而各不相同。

每个公司或企业都需要制作符合公司实际情况的奖惩制度，并不拘泥于公司的大或者小，大企业中的人事部门或者小型企业中的秘书职位都需要掌握公司奖惩制度文档的制作方法。

25.1.2 知识点结构分析

公司奖惩制度的内容因公司而异，大型企业规范制度较多，岗位、人员也多，因此制作的奖惩制度文档就会复杂，而小企业根据实际情况可以制作出满足需求但相对简单的奖惩制度文档，但都必须包含奖励和惩罚两部分。

本节主要涉及以下知识点。

(1) 设置背景颜色。

(2) 设置文本格式。

(3) 设置页眉、页脚。

(4) 插入SmartArt图形。

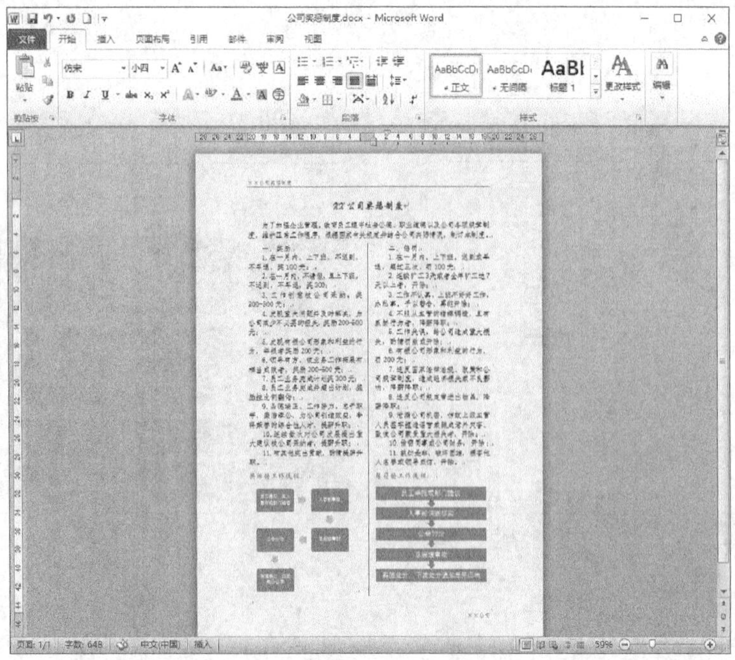

25.1.3 案例制作

本节介绍案例的制作过程。

第1步：设置页面背景颜色

在制作公司奖惩制度之前，需要先设置页面的背景颜色。具体的操作步骤如下。

步骤01 新建一个Word文档，命名为“公司奖惩制度.docx”，并将其打开。单击【页面布局】选项卡下【页面背景】选项组中的【页面颜色】按钮，在弹出的下拉列表中选择一种背景颜色，这里选择“白色，背景1，深色5%”颜色。

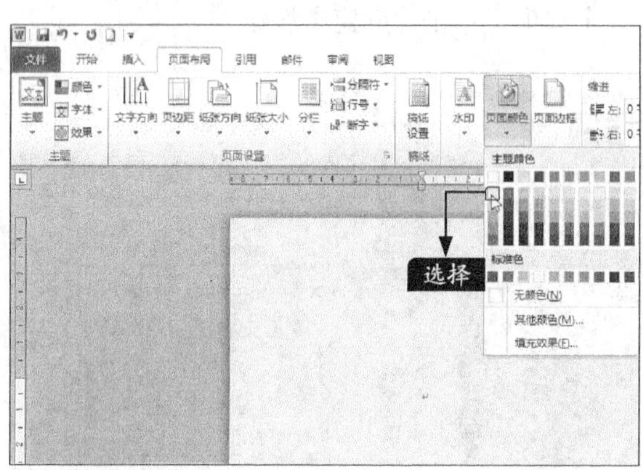

步骤02 即可为文档设置背景颜色。

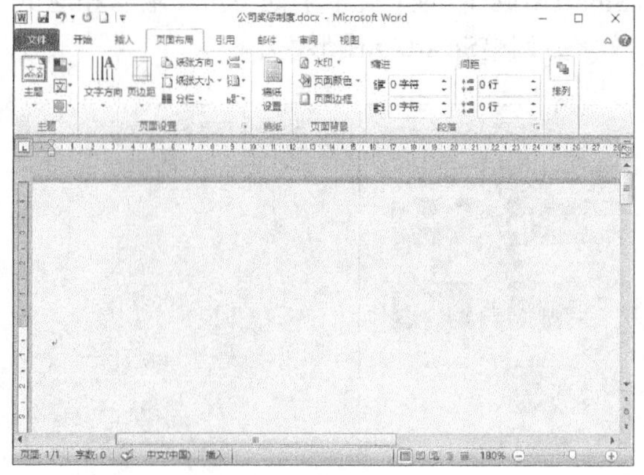

第2步：撰写内容并设计版式

设置完页面背景，可以撰写公司奖罚制度的内容并对版式进行设计，具体的操作步骤如下。

步骤01 打开随书光盘中的“素材\ch25\公司奖惩制度.txt”文档，复制其内容，然后将其粘贴到Word文档中。

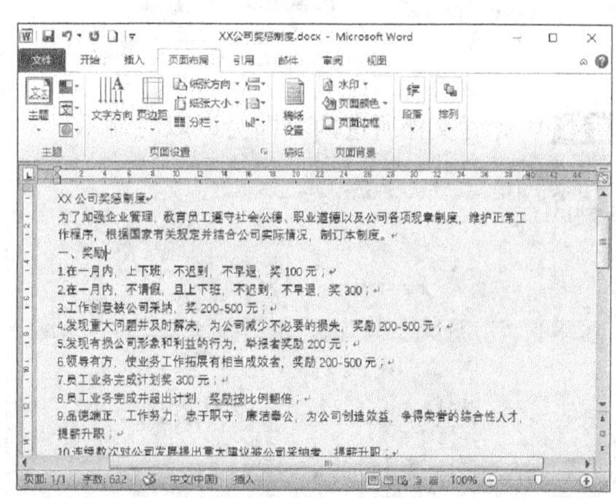

步骤02 选择标题文字，设置标题字体为“华文行楷”，字号为“三号”，加粗并居中显示。设置文本内容字体为“仿宋”，字号为“小四”。设置第一段段落格式为首行缩进2字符，段前段后间距分别为“0.5行”。

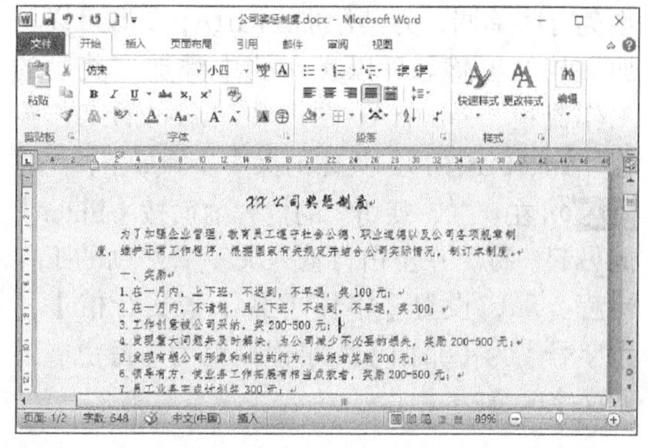

步骤03 选择除标题和第一段外的其余内容，单击【页面布局】选项卡下【页面设置】选项组中的【分栏】按钮，在弹出的下拉列表中选择【更多分栏】选项，弹出【分栏】对话框，在【预设】中选择【两栏】选项，单击选中【分隔线】复选框，单击【确定】按钮。

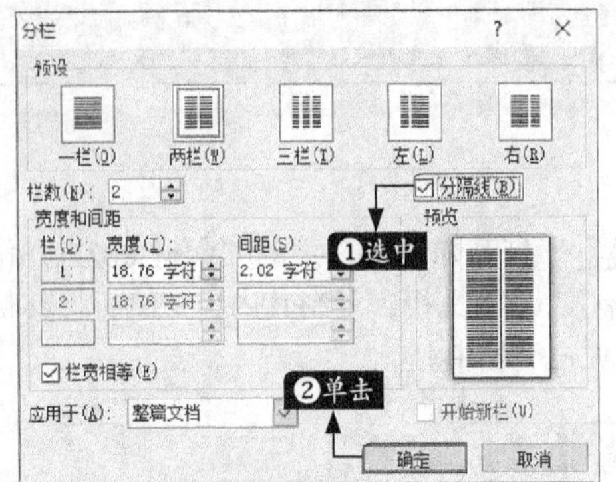

步骤04 此时文档所选内容即会以双栏显示。

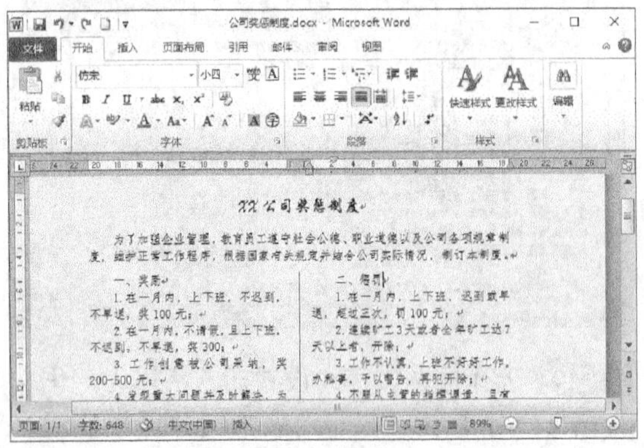

第3步：插入SmartArt图形

一份公司奖惩制度仅以单纯的文字显示，难免有些单调，为其添加SmartArt图形可以增加文档的美感。可以在文档中添加“奖励的工作流程”SmartArt图形和“惩罚的工作流程”SmartArt图形，具体的操作步骤如下。

步骤01 在“二、惩罚”的内容前面按【Enter】键另起一行，在空白行输入文字“奖励的工作流程：”，设置【字体】为【华文行楷】，【字号】为【小四】，字体颜色为【橙色，强调文字颜色2】。

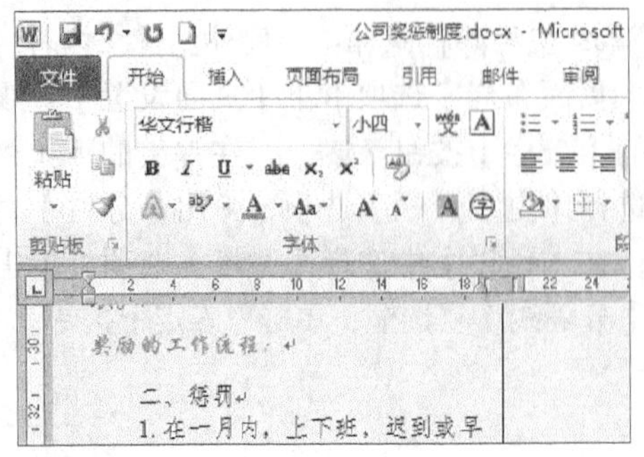

步骤02 在“奖励的工作流程：”内容后按【Enter】键，单击【插入】选项卡下【插图】选项组中的【SmartArt】按钮。

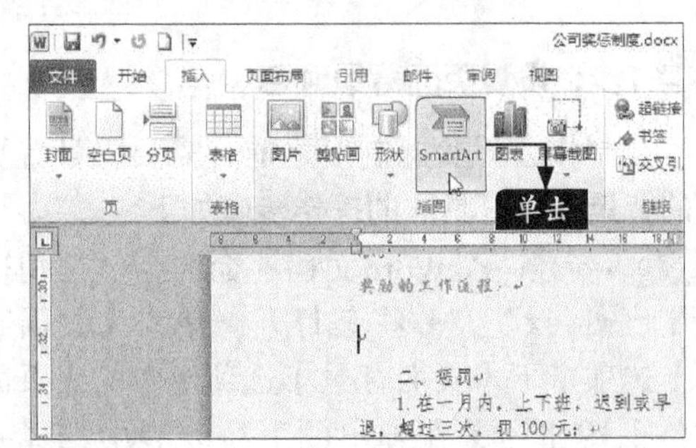

步骤03 弹出【选择SmartArt图形】对话框，选择【流程】选项卡，然后选择【重复蛇形流程】选项，单击【确定】按钮。

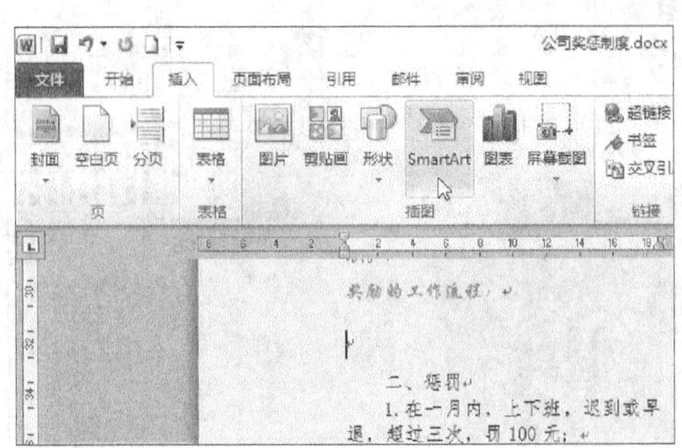

步骤04 即可在文档中插入SmartArt图形，在SmartArt图形的【文本】处单击，输入相应的文字并调整SmartArt图形大小。

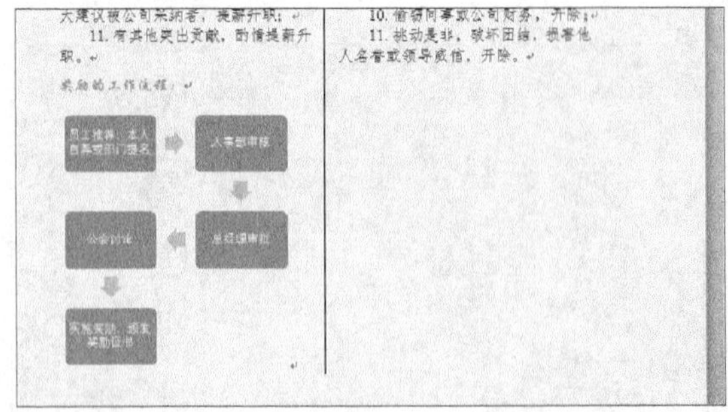

步骤05 按照同样的方法，为文档添加“惩罚的工作流程”SmartArt图形，在SmartArt图形上输入相应的文本并调整大小后如下图所示。

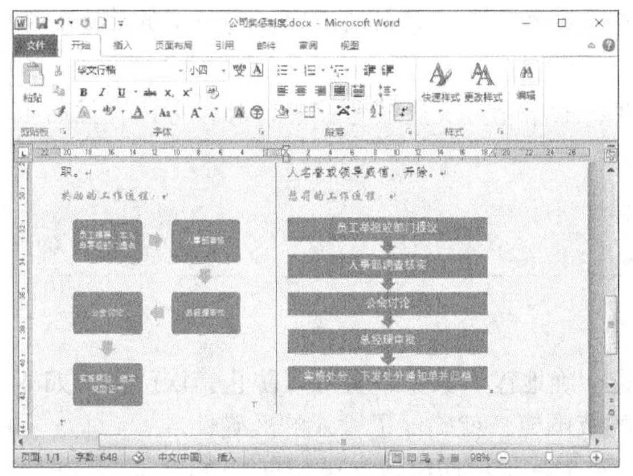

第4步：设计页眉页脚

可以为文档设置页眉页脚，具体的操作步骤如下。

步骤01 单击【插入】选项卡下【页眉和页脚】选项组中的【页眉】按钮，在弹出的下拉列表中选择【空白】选项。

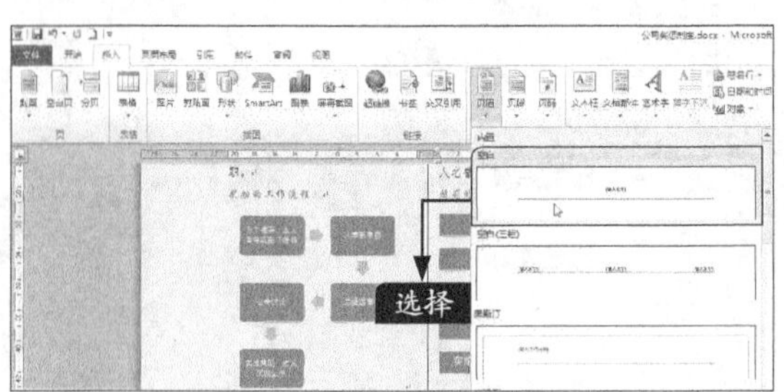

步骤02 在页眉中输入内容，这里输入“××公司奖惩制度”。设置【字体】为【仿宋】，【字号】为【小五】。然后单击【开始】选项卡下【段落】选项组中的【左对齐】按钮，设置的效果如图所示。

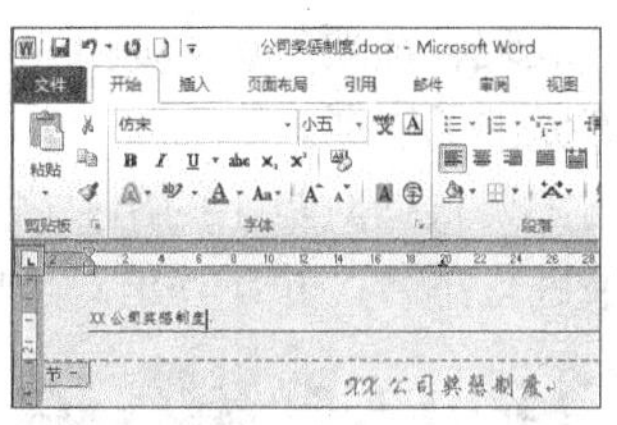

步骤03 使用同样的方法为文档插入页脚内容“××公司”，设置页脚【字体】为【仿宋】，【字号】为【小五】，然后单击【开始】选项卡下【段落】选项组中的【右对齐】按钮，设置的效果如图所示。

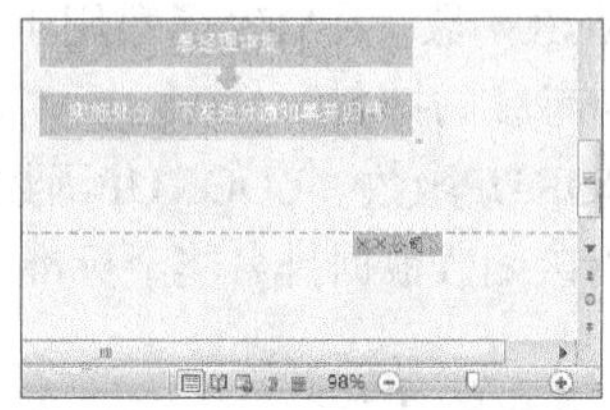

步骤04 在文档的任意处双击，关闭页眉页脚的编辑状态。至此，公司奖惩制度制作完成，最终效果如下图所示。

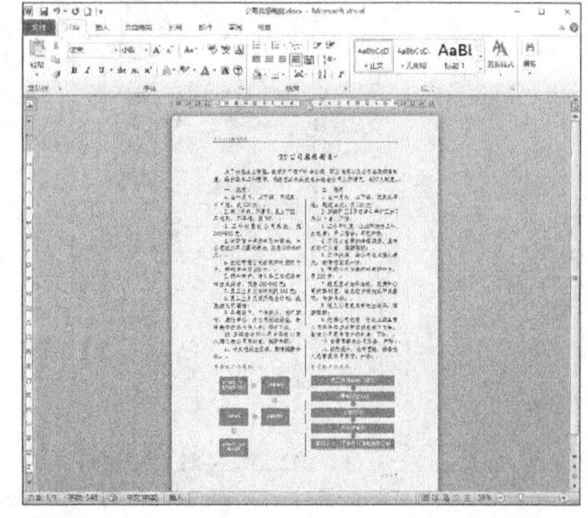

25.2 设计员工年度考核表

本节教学录像时间：11 分钟

人事部门一般都会在年终或季度末对员工的表现进行一次考核，这不但可以对员工的工作进行督促和检查，还可以根据考核的情况发放年终和季度奖金。

25.2.1 案例描述

员工年度考核表和员工加班记录表，有所不同，它不仅要根据员工的业务能力、工作态度、管理能力等表现，还要根据完成工作的数量、质量、效率等进行综合的评定，为员工的奖惩、聘任、晋升等提供了依据。

本案例主要根据对员工的出勤考核、工作态度、工作能力及业绩考核进行综合考评，然后根据考核结果进行排名，并计算出对应的年度奖金。

25.2.2 知识点结构分析

在本案例制作中，主要使用以下知识点。

⑴ 数据验证。设置数据输入条件，可以快速且准确地输入数据，且可以防止错误产生，如本案例中采用考核评分标准介于1~6之间，设置数据的范围值，就确保了输入的准确性。

⑵ 设置条件格式。可以将一些优秀的员工进行突出显示，使得数据更为直观醒目。

⑶ RANK函数。RANK函数用于返回结果集分区内指定字段的值的排名，在本案例中可以计算员工综合考核的排名。

⑷ LOOKUP函数。LOOKUP函数可以从其他工作表中的单行或单列区域或数组得到返回值，本案例使用该函数根据排名奖金标准，计算员工的年度奖金。

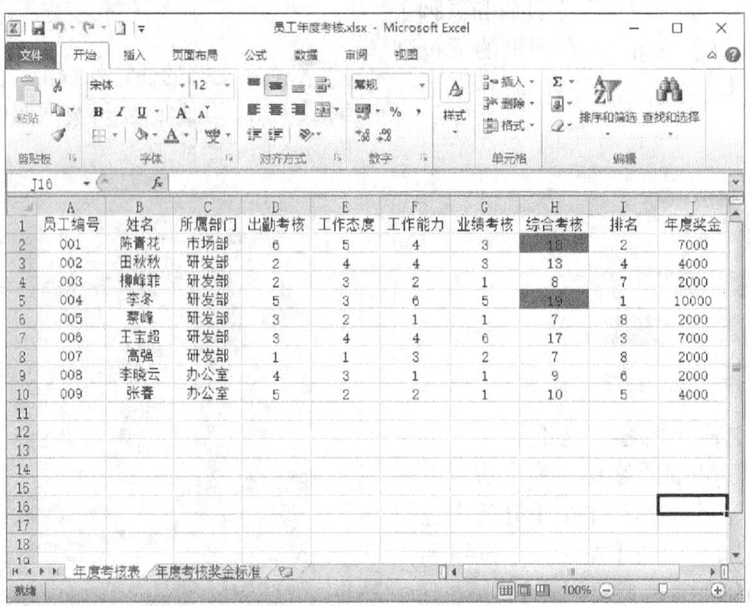

员工编号	姓名	所属部门	出勤考核	工作态度	工作能力	业绩考核	综合考核	排名	年度奖金
001	陈青花	市场部	6	5	4	3	18	2	7000
002	田秋秋	研发部	2	4	4	3	13	4	4000
003	柳峰菲	研发部	2	3	2	1	8	7	2000
004	李冬	研发部	5	3	6	5	19	1	10000
005	蔡峰	研发部	3	2	1	1	7	8	2000
006	王宝超	研发部	3	4	4	6	17	3	7000
007	高强	研发部	1	1	3	2	7	8	2000
008	李晓云	办公室	4	3	1	1	9	6	2000
009	张春	办公室	5	2	2	1	10	5	4000

25.2.3 案例制作

员工年度考核表具体制作步骤如下。

第1步：设置数据有效性

步骤01 打开随书光盘中的“素材\ch25\员工年度考核.xlsx”工作簿，其中包含两个工作表，分别为“年度考核表”和“年度考核奖金标准”。

员工编号	姓名	所属部门	出勤考核	工作态度	工作能力
001	陈青花	市场部			
002	田秋秋	研发部			
003	柳峰菲	研发部			
004	李冬	研发部			
005	蔡峰	研发部			
006	王宝超	研发部			
007	高强	研发部			
008	李晓云	办公室			
009	张春	办公室			

步骤02 选中“出勤考核”所在的D列，在【数据】选项卡中，单击【数据工具】选项组中的【数据有效性】按钮，在弹出的下拉列表中选择【数据有效性】菜单命令。

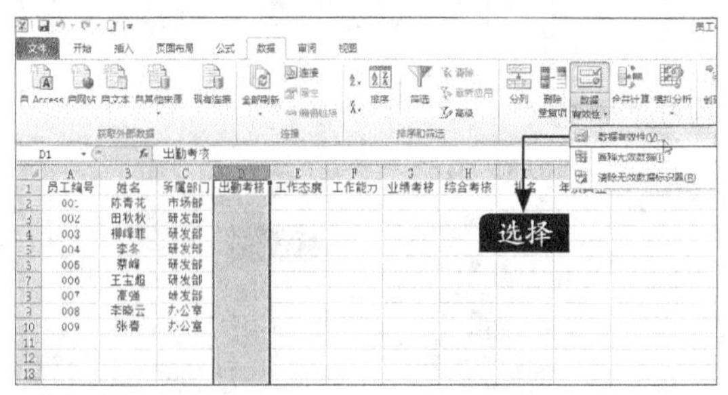

步骤03 弹出【数据有效性】对话框，选择【设置】选项卡，在【允许】下拉列表中选择【序列】选项，在【来源】文本框中输入“6,5,4,3,2,1”。

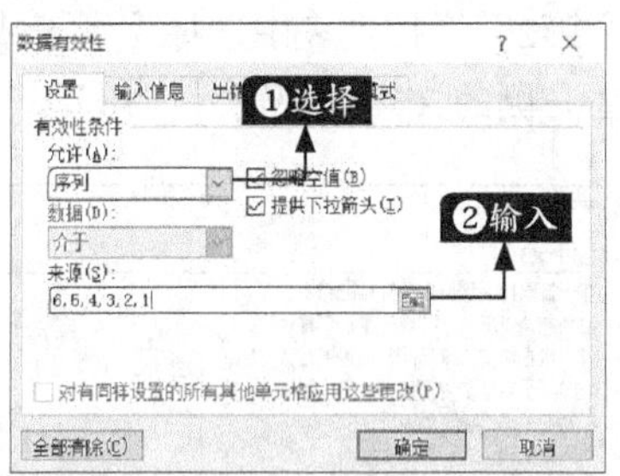

小提示

假设企业对员工的考核成绩分为6、5、4、3、2和1等6个等级，从6到1依次降低。另外，在输入“6,5,4,3,2,1”时，中间的分隔号要在半角模式下输入。

步骤04 切换到【输入信息】选项卡，选中【选定单元格时显示输入信息】复选框，在【标题】文本框中输入“请输入考核成绩”，在【输入信息】列表框中输入“可以在下拉列表中选择”。

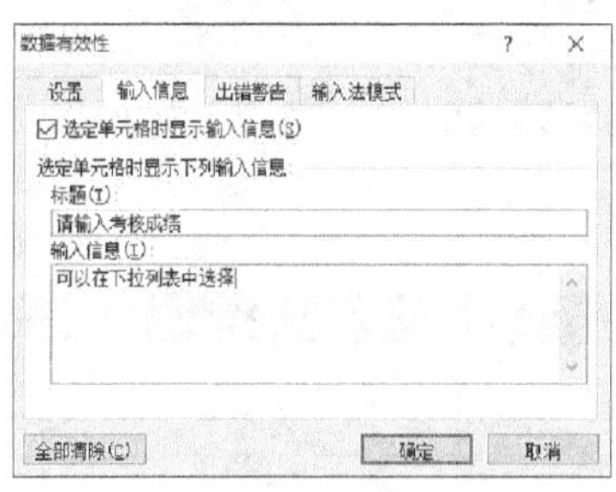

步骤05 切换到【出错警告】选项卡，选中【输入无效数据时显示出错警告】复选框，在【样式】下拉列表中选择【停止】选项，在【标题】文本框中输入“考核成绩错误”，在【错误信息】列表框中输入“请到下拉列表中选择”。

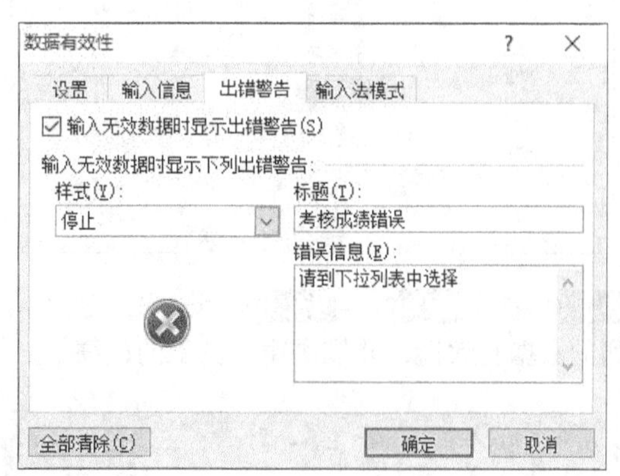

步骤06 切换到【输入法模式】选项卡，在【模式】下拉列表中选择【关闭（英文模式）】选项，以保证在该列输入内容时始终不是英文输入法。

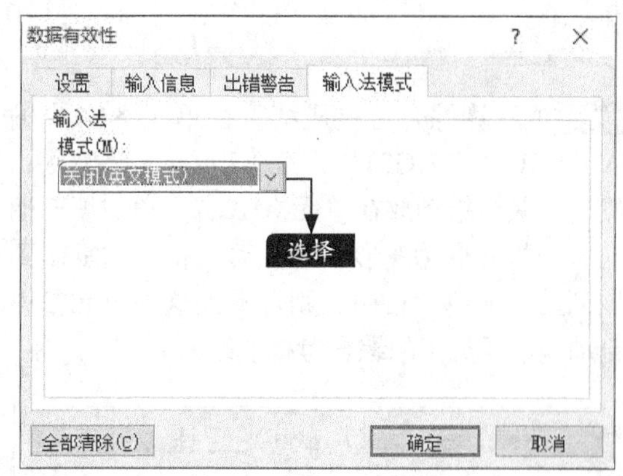

步骤07 单击【确定】按钮，数据有效性设置完毕。单击单元格D2，其下方会出现一个黄色的信息框。

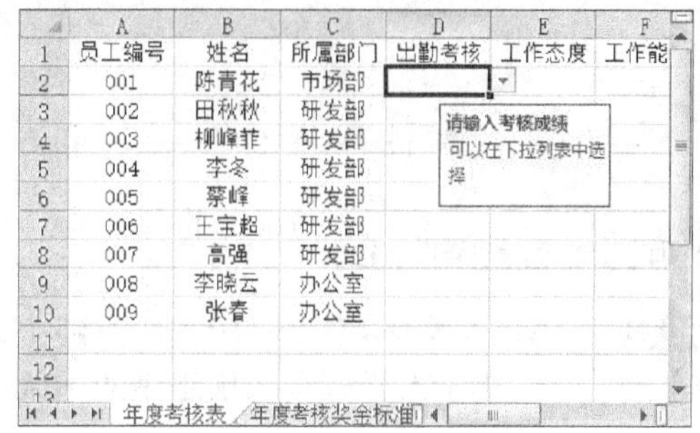

步骤08 在单元格D2中输入“8”，按【Enter】键，会弹出【考核成绩错误】提示框。如果单击【重试】按钮，则可重新输入。

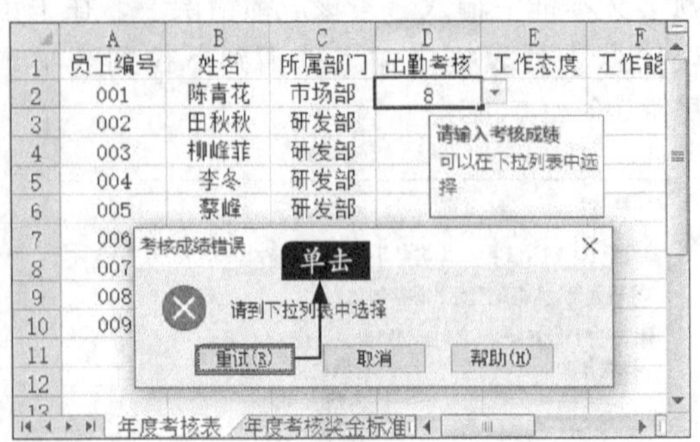

步骤09 参照步骤01～步骤07，设置E、F、G等列的数据有效性，并依次输入员工的成绩。

	A	B	C	D	E	F	G
1	员工编号	姓名	所属部门	出勤考核	工作态度	工作能力	业绩考核
2	001	陈青花	市场部	6	5	4	3
3	002	田秋秋	研发部	2	4	4	3
4	003	柳峰菲	研发部	2	3	2	1
5	004	李冬	研发部	5	3	6	5
6	005	蔡峰	研发部	3	2	1	1
7	006	王宝超	研发部	3	4	4	6
8	007	高强	研发部	1	1	3	2
9	008	李晓云	办公室	4	3	1	1
10	009	张春	办公室	5	2	2	1

步骤10 计算综合考核成绩。在单元格H2中输入“=SUM(D2:G2)”，按【Enter】键确认，然后将鼠标指针放在单元格H2右下角的填充柄上，当指针变为╋形状时拖动，将公式复制到该列的其他单元格中，则可看到这些单元格中自动显示了员工的综合考核成绩。

	D	E	F	G	H	I	J
1	出勤考核	工作态度	工作能力	业绩考核	综合考核	排名	年度
2	6	5	4	3	18		
3	2	4	4	3	13		
4	2	3	2	1	8		
5	5	3	6	5	19		
6	3	2	1	1	7		
7	3	4	4	6	17		
8	1	1	3	2	7		
9	4	3	1	1	9		
10	5	2	2	1	10		

第2步：设置条件格式

步骤01 选择单元格区域H2:H10，切换到【开始】选项卡，单击【样式】选项组中的【条件格式】按钮，在弹出的下拉菜单中选择【新建规则】菜单项。

步骤02 弹出【新建格式规则】对话框，在【选择规则类型】列表框中选择【只为包含以下内容的单元格设置格式】选项，在【编辑规则说明】区域的第1个下拉列表中选择【单元格值】选项，在第2个下拉列表中选择【大于或等于】选项，在右侧的文本框中输入“18”。

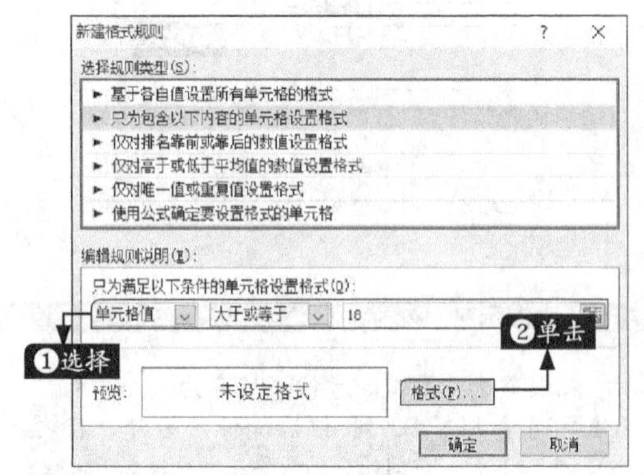

步骤03 单击【格式】按钮，打开【设置单元格格式】对话框，选择【填充】选项卡，在【背景色】列表框中选择【红色】选项，在【示例】区可以预览效果。

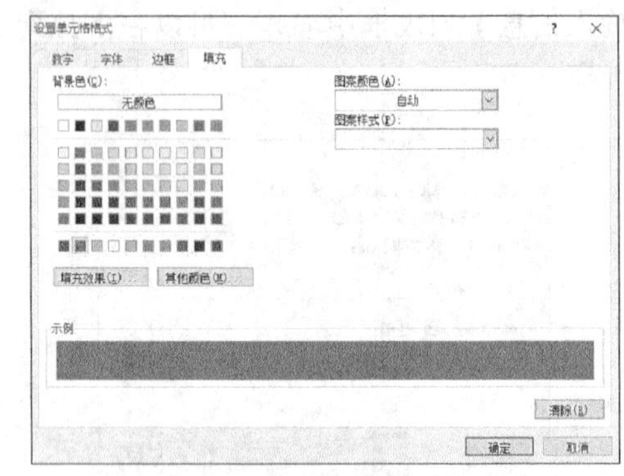

步骤04 单击【确定】按钮，返回【新建格式规则】对话框，单击【确定】按钮。可以看到18分及18分以上的员工的“综合考核”呈红色背景色显示，非常醒目。

	D	E	F	G	H	I
1	出勤考核	工作态度	工作能力	业绩考核	综合考核	排名
2	6	5	4	3	18	
3	2	4	4	3	13	
4	2	3	2	1	8	
5	5	3	6	5	19	
6	3	2	1	1	7	
7	3	4	4	6	17	
8	1	1	3	2	7	
9	4	3	1	1	9	
10	5	2	2	1	10	
11						
12						
13						

年度考核表 / 年度考核奖金标准

第3步：计算员工年终奖金

步骤01 对员工综合考核成绩进行排序。在单元格I2中输入“=RANK(H2,$H$2:$H$10,0)”，按【Enter】键确认，可以看到在单元格I2中显示出排名顺序，然后使用自动填充功能得到其他员工的排名顺序。

	D	E	F	G	H	I
1	出勤考核	工作态度	工作能力	业绩考核	综合考核	排名
2	6	5	4	3	18	2
3	2	4	4	3	13	4
4	2	3	2	1	8	7
5	5	3	6	5	19	1
6	3	2	1	1	7	8
7	3	4	4	6	17	3
8	1	1	3	2	7	8
9	4	3	1	1	9	6
10	5	2	2	1	10	5
11						
12						
13						

年度考核表 / 年度考核奖金标准

步骤02 有了员工的排名顺序，就可以计算出“年终奖金”。在单元格J2中输入“=LOOKUP(I2,年度考核奖金标准!$A$2:$B$5)”，按【Enter】键确认，可以看到在单元格J2中显示出“年终奖金”，然后使用自动填充功能得到其他员工的“年终奖金”。

O13 fx

	F	G	H	I	J	K
1	工作能力	业绩考核	综合考核	排名	年终奖金	
2	4	3	18	2	7000	
3	4	3	13	4	4000	
4	2	1	8	7	2000	
5	6	5	19	1	10000	
6	1	1	7	8	2000	
7	4	6	17	3	7000	
8	3	2	7	8	2000	
9	1	1	9	6	2000	
10	2	1	10	5	4000	
11						

年度考核表 / 年度考核奖金标准
就绪 100%

小提示

企业对年度考核排在前几名的员工给予奖金奖励，标准为：第1名奖金10000元；第2、3名奖金7000元；第4、5名奖金4000元；第6～10名奖金2000元。

至此，员工年度考核表制作完成。

25.3 制作公司招聘计划PPT

本节教学录像时间：14 分钟

公司招聘计划能够使人力资源部为公司招聘人才带来极大的方便，使招聘计划有序不乱地进行。

25.3.1 案例描述

招聘计划PPT是人事部对公司招聘计划的一种策划书，为公司招聘人才制作一个详细的计划，以及在招聘过程中所预计需要的费用，使招聘工作能够按部就班地进行，使负责人对整个招聘计划有一个大致的了解。它可以应用于各个行业，但是根据实际需求以及公司规模、从事行业的不同，制作公司招聘计划PPT也有所不同。

25.3.2 知识点结构描述

公司招聘计划PPT主要由以下几点构成。

⑴ 公司背景页面，主要介绍公司的基本信息。

⑵ 招聘需求表，列出招聘需要的人员。

⑶ 招聘信息的发布渠道、招聘原则、招聘预算、具体实施等页面，这几个页面主要介绍招聘的具体实施过程。

⑷ 录用决策页面，该页面主要用于列出哪些人员满足需求以及录用员工的流程等。

⑸ 入职培训页面，介绍员工入职后培训的相关信息。

本节主要涉及以下知识点。

⑴ 制作幻灯片母版。

⑵ 输入文本并编辑文本。

⑶ 插入图片。

⑷ 插入SmartArt图形。

⑸ 插入表格。

⑹ 插入艺术字。

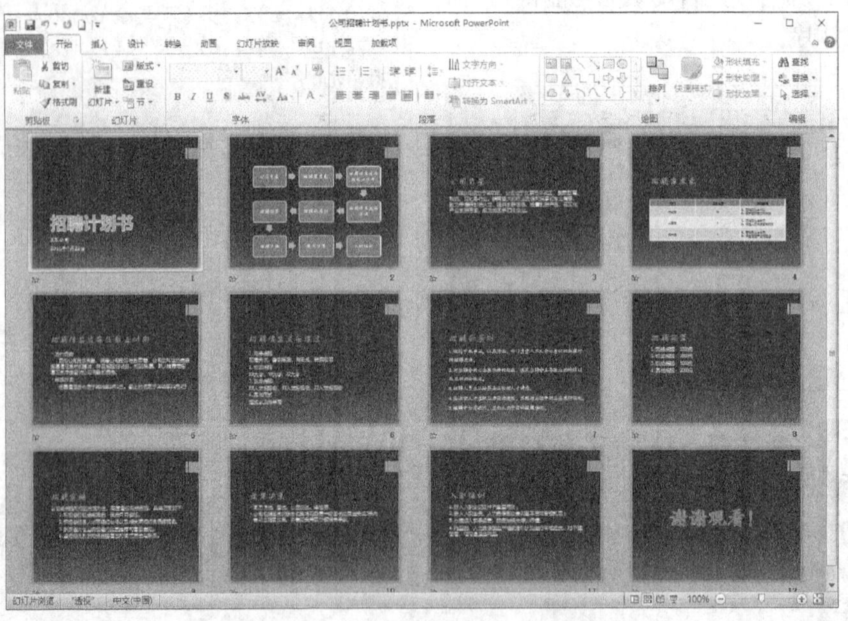

25.3.3 案例制作

制作招聘计划书的具体步骤如下。

第1步：制作首页幻灯片

步骤 01 新建一个空白演示文稿，单击【设计】选项卡下【主题】组中的【其他】按钮，在弹出列表中选择【透视】主题。

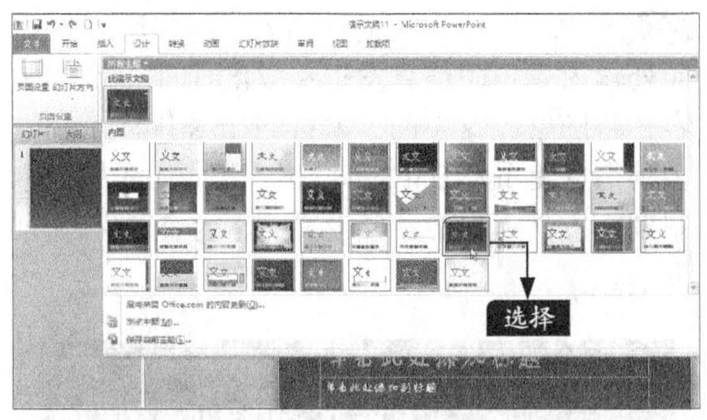

步骤02 在第1张幻灯片中输入标题“招聘计划书”，选中输入的标题文本，单击【绘图工具】选项卡下【格式】选项卡的【艺术字样式】组中的【其他】按钮，在弹出的下拉列表中选择一种艺术字样式。

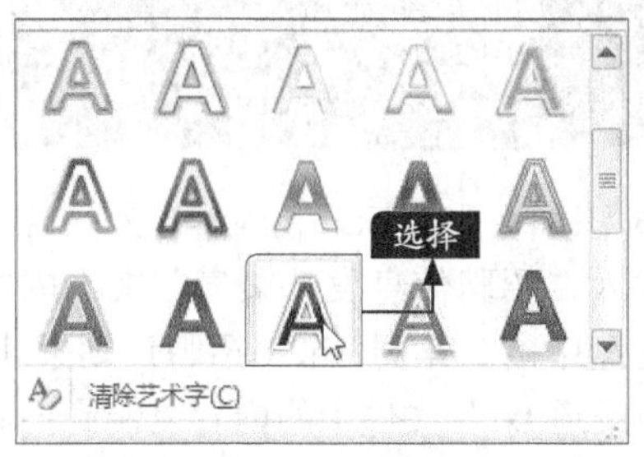

步骤03 设置标题字体为“微软雅黑”，字号大小为“72”，颜色为“橙色，文字2”在副标题文本框中输入副标题文本，设置字体为“华文楷体”，字号大小为“24”，效果如下图所示。

第2步：插入SmartArt图形

步骤01 新建一张空白幻灯片，单击【插入】选项卡下【插图】组中的【插入SmartArt图形】按钮，在弹出的【选择SmartArt图形】对话框中选择一种图形，单击【确定】按钮。

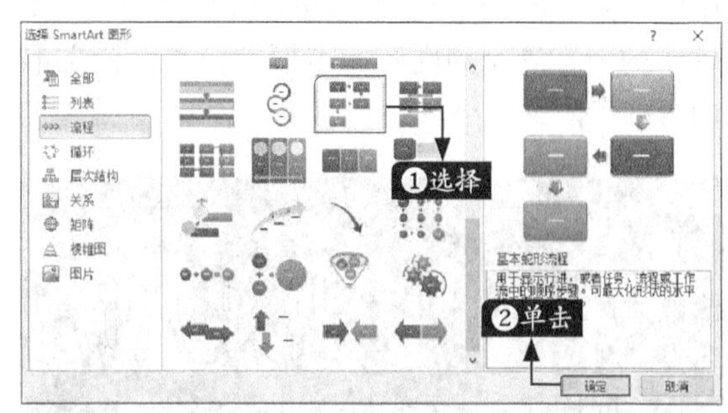

步骤02 即可将SmartArt图形插入幻灯片中，选择插入的图形中的最后一个形状，单击【设计】选项卡下【创建图形】组中的【添加形状】按钮 添加形状 右侧的下拉箭头，在弹出的下拉列表中选择【在后面添加形状】选项。

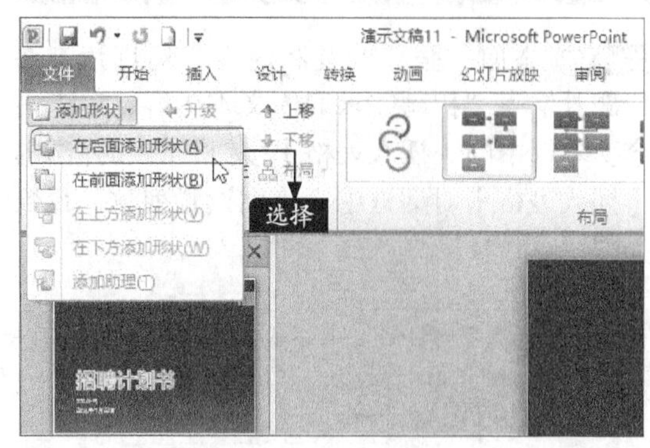

步骤03 使用同样的方法插入多个形状，并在SmartArt图形中输入文字，如下图所示。

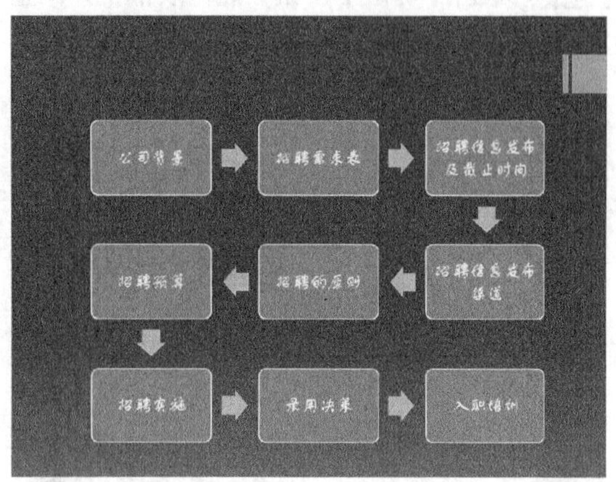

第3步：制作其他幻灯片

步骤01 添加一张“标题和内容”幻灯片，在标题处输入“公司背景”文本内容，将随书光盘中的“素材\ch25\招聘计划书\公司背景.txt”文件中的内容复制到内容文本框中，并设置文本内容的字体及大小。

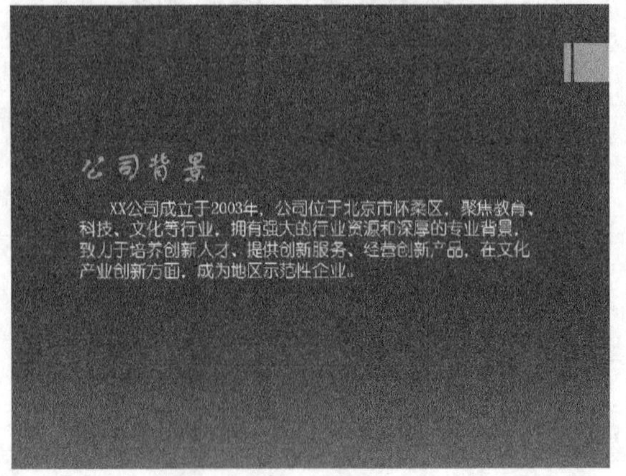

步骤 02 添加一张“标题和内容”幻灯片，在标题处输入“招聘需求表”文本内容，单击内容文本框中的【插入表格】按钮，在弹出的【插入表格】对话框中，分别设置列数、行数为“3”和“4”。

插入表格 ? ×
列数(C)：3
行数(R)：4
确定 取消

步骤 03 单击【确定】按钮，插入表格，并调整表格位置及大小，在表格中输入如图所示的文本内容，并设置其字体格式。

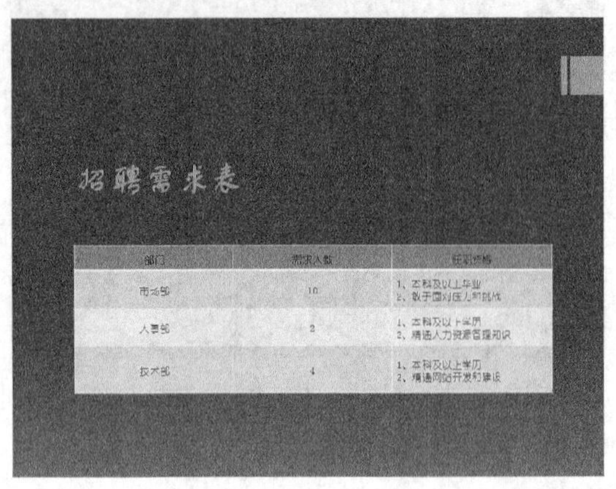

步骤 04 添加一张“标题和内容”幻灯片，在标题处输入“招聘信息发布及截止时间”文本内容，将随书光盘中的“素材\ch25\招聘计划书\招聘信息发布及截止时间.txt”文件中的内容复制到内容文本框中，并设置文本内容的字体及大小。

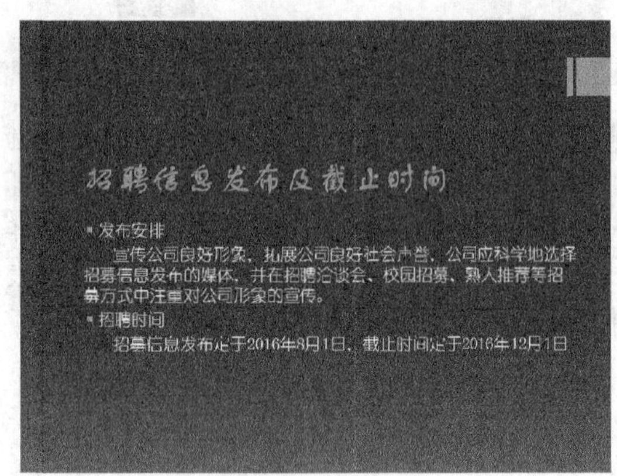

步骤 05 添加一张“标题和内容”幻灯片，在标题处输入“招聘信息发布渠道”文本内容，将随书光盘中的“素材\ch25\招聘计划书\招聘信息发布渠道.txt”文件中的内容复制到内容文本框中，并设置文本内容的字体及大小。

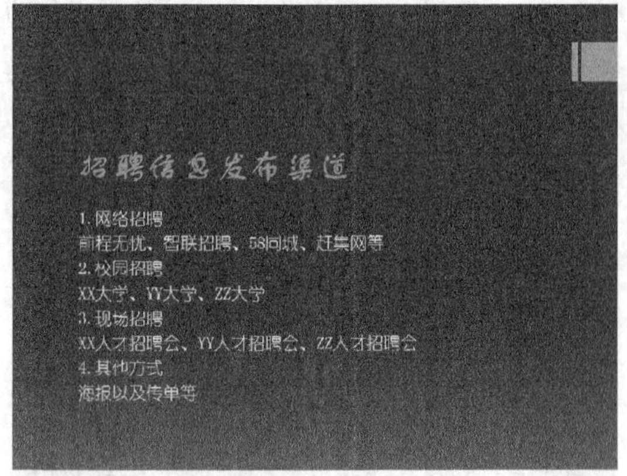

步骤 06 添加一张“标题和内容”幻灯片，在标题处输入“招聘的原则”文本内容，将随书光盘中的“素材\ch25\招聘计划书\招聘的原则.txt”文件中的内容复制到内容文本框中，并设置文本内容的字体及大小。

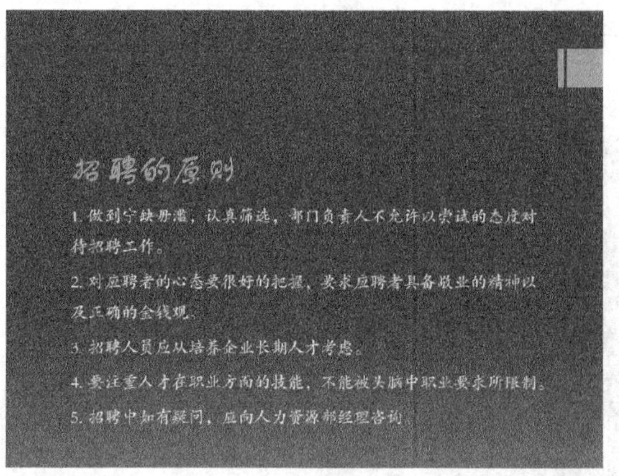

步骤07 添加一张“标题和内容”幻灯片，在标题处输入“招聘预算”文本内容，将随书光盘中的“素材\ch25\招聘计划书\招聘预算.txt”文件中的内容复制到内容文本框中，并设置文本内容的字体及大小。

步骤08 添加一张“标题和内容”幻灯片，在标题处输入“招聘实施”文本内容，将随书光盘中的“素材\ch25\招聘计划书\招聘实施.txt”文件中的内容复制到内容文本框中。

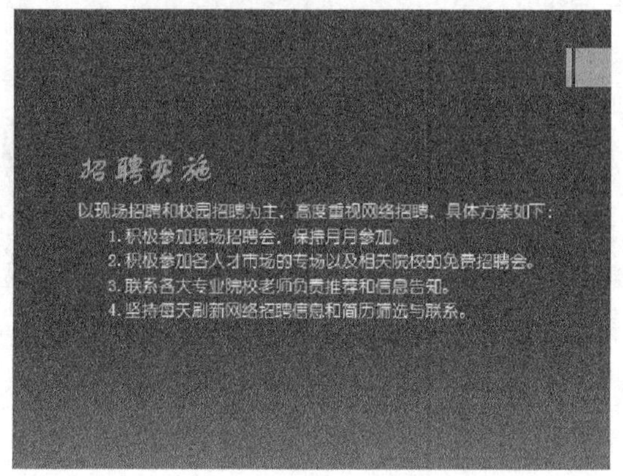

步骤09 添加一张“标题和内容”幻灯片，在标题处输入“录用决策”文本内容，将随书光盘中的“素材\ch25\招聘计划书\录用决策.txt”文件中的内容复制到内容文本框中。再次添加一张“标题和内容”幻灯片，制作“入职培训”幻灯片。

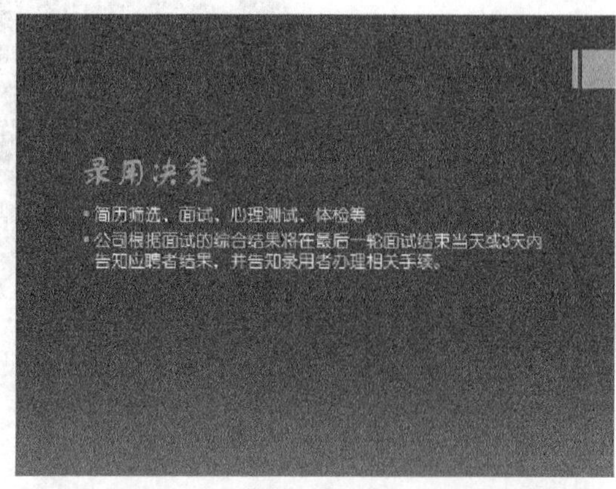

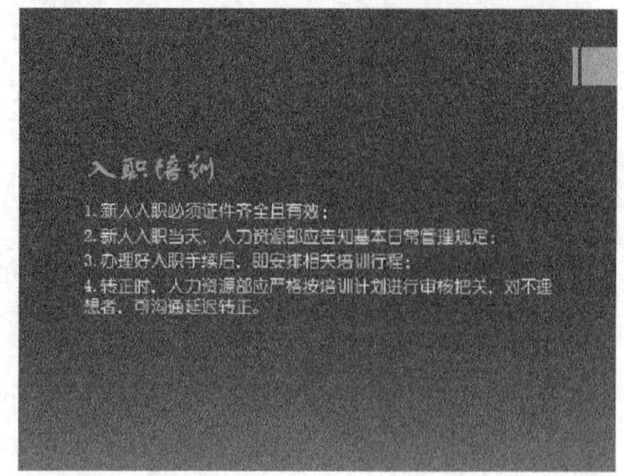

第4步：制作结束页

步骤01 新建一个空白幻灯片，单击【插入】选项卡下【文本】组中的【艺术字】按钮，在弹出的下拉列表中选择一种艺术字样式。

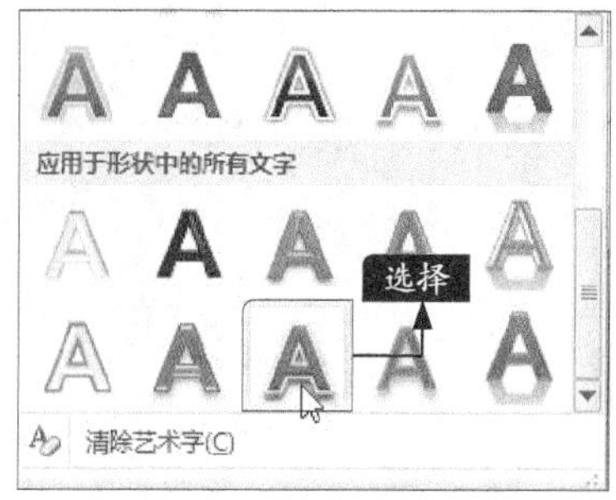

步骤 02 在艺术字文本框中输入“谢谢观看！”文本内容，并设置其字体为“方正楷体简体”，字号大小为“80”。

至此，招聘计划书制作完成，还可以根据需要，设置幻灯片的动画效果、切换效果等。

第26章

Office在市场营销中的应用

市场营销是在创造、沟通、传播和交换产品中，为顾客、客户、合作伙伴以及整个社会带来价值的活动、过程和体系，主要是指营销人员针对市场开展经营活动、销售行为的过程。本章主要介绍Office在市场营销中应用的实例。

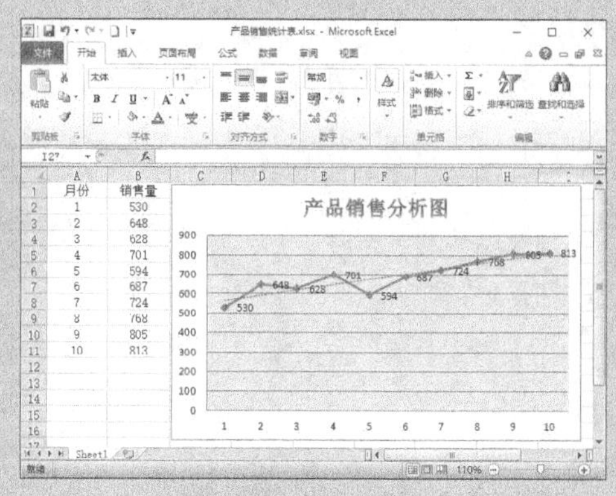

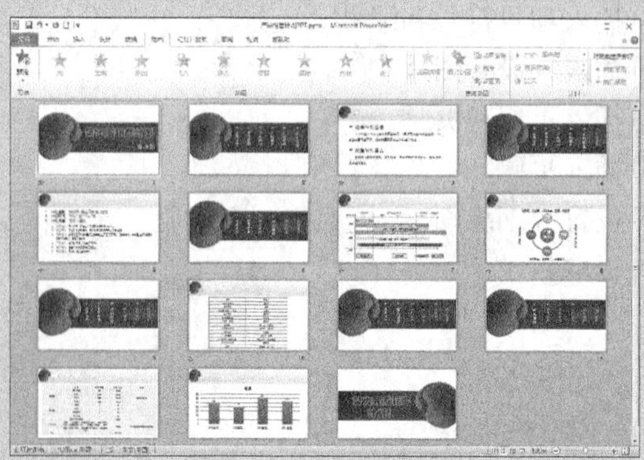

26.1 制作产品使用说明书

本节教学录像时间：18 分钟

产品使用说明书可以起到宣传产品、扩大消息和传播知识的作用，本节就使用Word 2010制作一份产品使用说明书。

26.1.1 案例描述

产品使用说明书主要指关于那些日常生产、生活产品的说明书。它主要是对某一产品的所有情况的介绍或者某产品功能的使用方法的介绍，诸如介绍其组成材料、性能、存贮方式、注意事项、主要用途等。产品使用说明书是一种常见的说明文，是生产厂家向消费者全面、明确地介绍产品名称、用途、性质、性能、原理、构造、规格、使用方法、保养维护、注意事项等内容而写的准确、简明的文字材料。

产品使用说明书可以是生产消费品行业的，如电视机、耳机；也可以是生活消费品行业的，如食品、药品等，主要适用于市场营销岗位的员工。

26.1.2 知识点结构分析

产品使用说明书主要包括以下几点。

⑴ 首页，可以是 × × 产品使用说明书或简单的使用说明书。

⑵ 目录部分，显示说明书的大纲。

⑶ 简单介绍或说明部分，可以简单地介绍产品的相关信息。

⑷ 正文部分，详细说明产品的使用说明，根据需要分类介绍。内容不需要太多，只需要抓住重点部分介绍即可，最好能够图文结合。

⑸ 联系方式部分，包含公司名称、地址、电话、电子邮件等信息。

制作产品使用说明书主要使用以下知识点。

⑴ 设置文档页面。

⑵ 设置字体和段落样式。

⑶ 插入项目符号和编号。

⑷ 插入并设置图片。

⑸ 插入页眉和页脚。

⑹ 插入页码。

⑺ 设置大纲级别。

⑻ 提取目录。

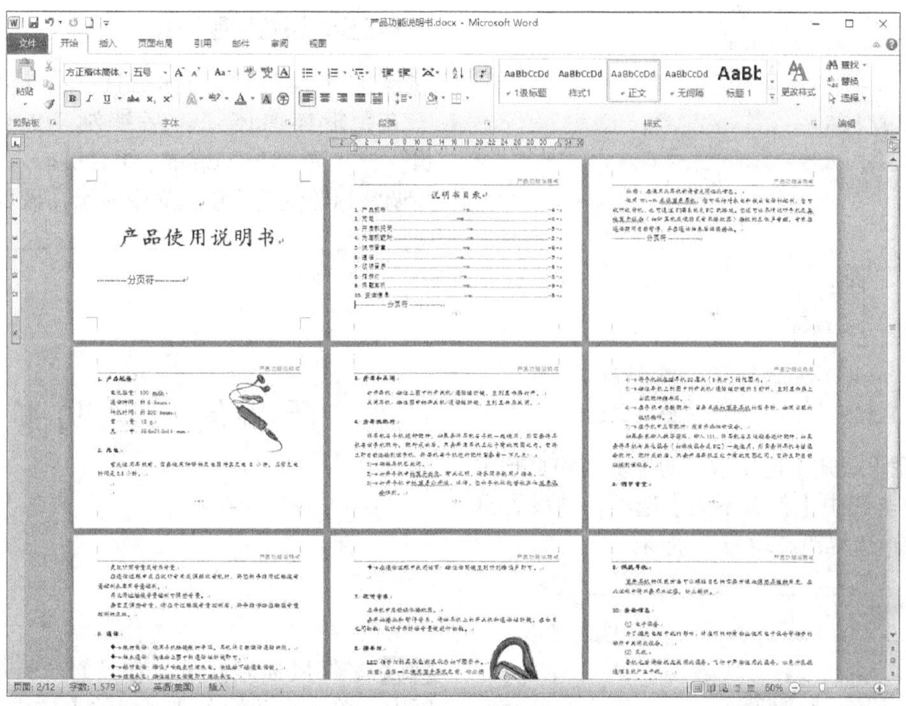

26.1.3 案例制作

使用Word 2010制作产品使用说明书的具体操作步骤如下。

第1步：设置页面大小

步骤 01 打开随书光盘中的“素材\ch26\产品使用说明书.docx”文档。

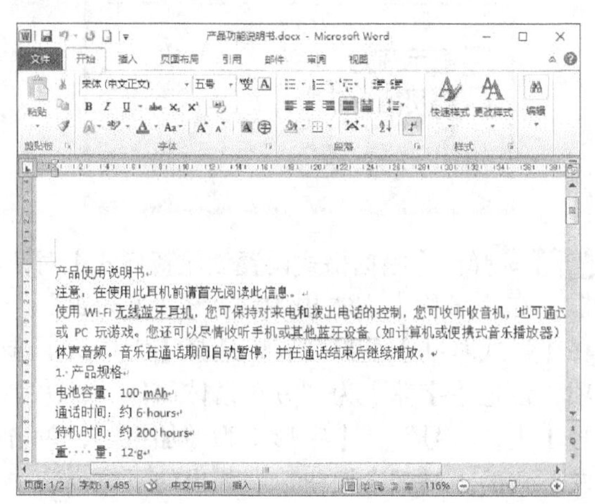

步骤 02 单击【页面布局】选项卡的【页面设置】组中对话框启动器，弹出【页面设置】对话框，在【页边距】选项卡下设置【上】和【下】边距为“1.3厘米”，【左】和【右】设置为“1.4厘米”，设置【纸张方向】为“横向”。

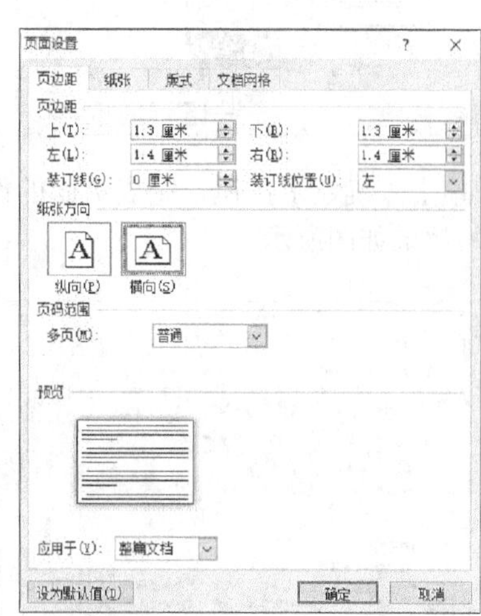

步骤 03 在【纸张】选项卡下【纸张大小】下拉列表中选择【自定义大小】选项，并设置宽度为“14.8厘米”、高度为“10.5厘米”。

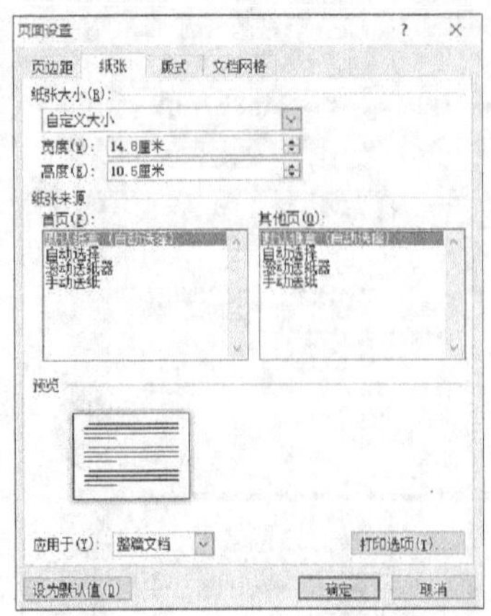

步骤04 在【版式】选项卡下的【页眉和页脚】区域中单击选中【首页不同】选项，并设置页眉和页脚距边界距离均为“1厘米”。

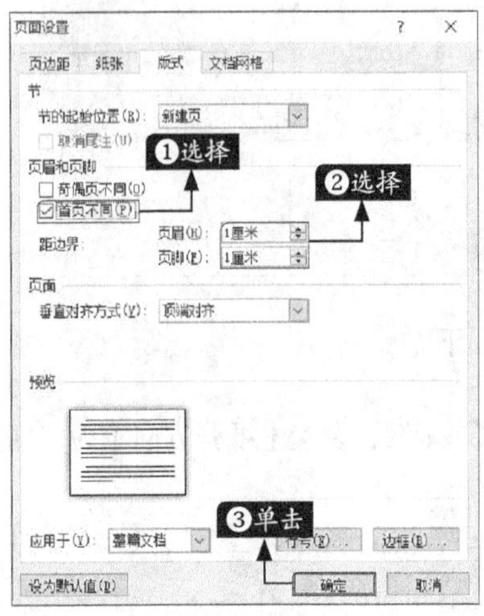

步骤05 单击【确定】按钮，完成页面的设置，设置后的效果如图所示。

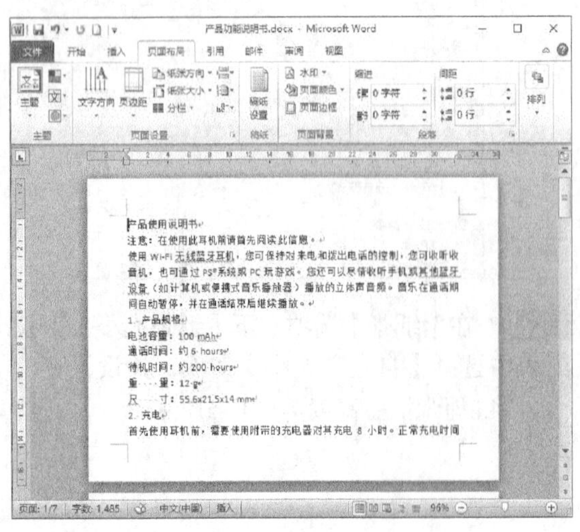

第2步：设置标题样式

步骤01 选择第1行的标题行，将字体设置为“方正楷体简体”、字号为“小初”“加粗”，并按【Ctrl+Enter】组合键插入分页符，并调整标题位置，使其居中显示在该页面。

步骤02 将鼠标光标定位在“1.产品规格”段落内，单击【开始】选项卡的【样式】组中的对话框启动器，打开【样式】对话框，单击【新建样式】按钮。

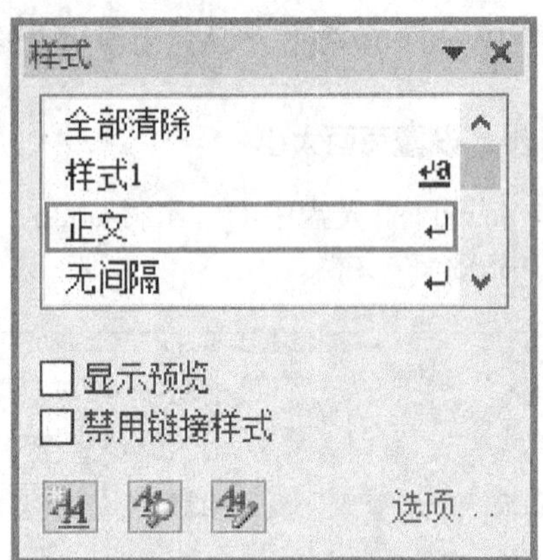

步骤03 弹出【根据格式设置创建新样式】对话框，在【名称】文本框中输入“1级标题”，在【样式基准】下拉列表中选择【无样式】选项，设置【字体】为“方正楷体简体”，【字号】为“五号”，【字形】为“加粗”，单击左下角的【格式】按钮，在弹出的下拉列表中选择【段落】选项。

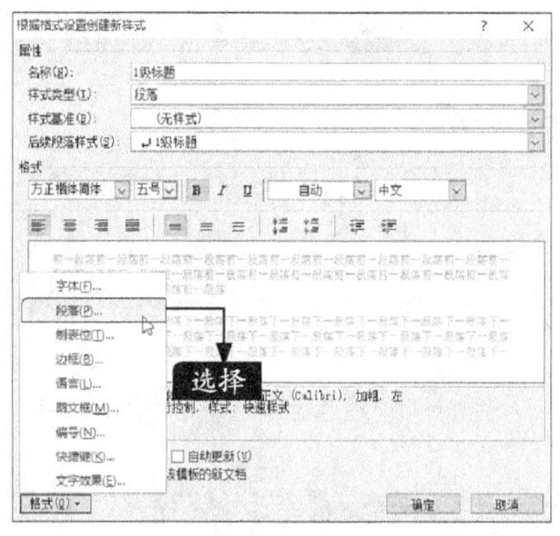

步骤04 弹出【段落】对话框，在【常规】组中设置【大纲级别】为“1级”，在【间距】区域中设置【段前】为“1行”、【段后】均为“0.5行”、行距为“单倍行距”，单击【确定】按钮，返回至【根据格式设置创建新样式】对话框中，单击【确定】按钮。

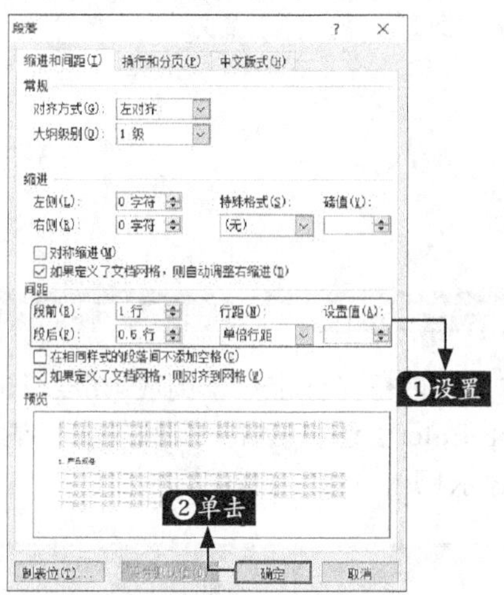

步骤05 设置样式后的效果如下图所示。

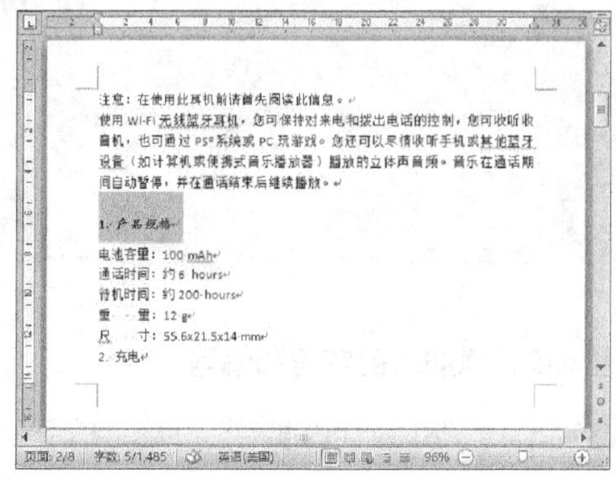

步骤06 将其他标题应用“1级标题”样式，如下图所示。

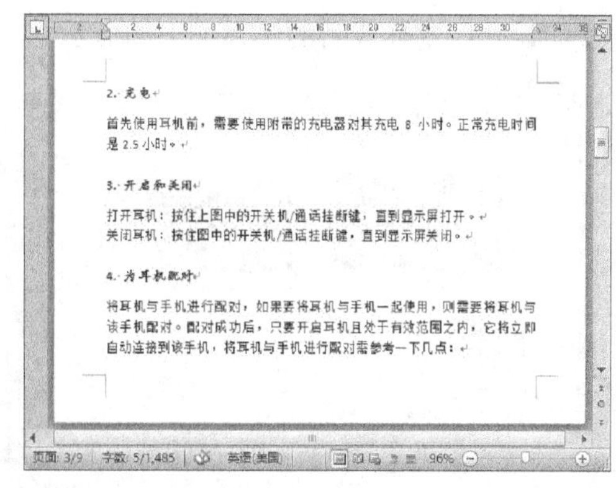

第3步：设置正文字体及段落样式

步骤01 选中第2段和第3段内容，在【开始】选项卡下的【字体】组中根据需要设置正文的字体和字号。

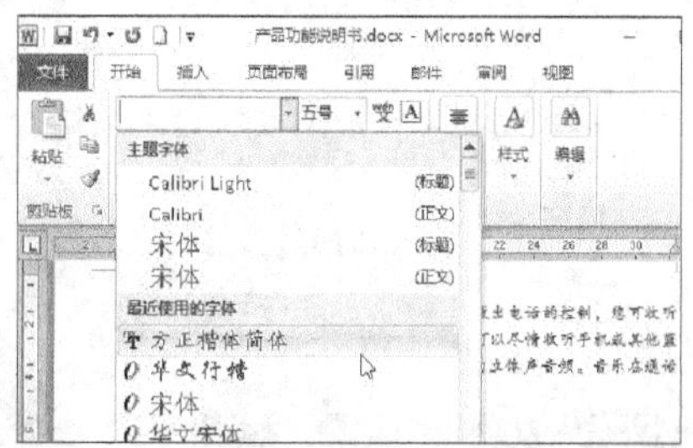

步骤02 单击【开始】选项卡的【段落】组中的对话框启动器，在弹出的【段落】对话框的【缩进和间距】选项卡中设置【特殊格式】为“首行缩进”，【磅值】为“2字符”，设置完成后单击【确定】按钮。

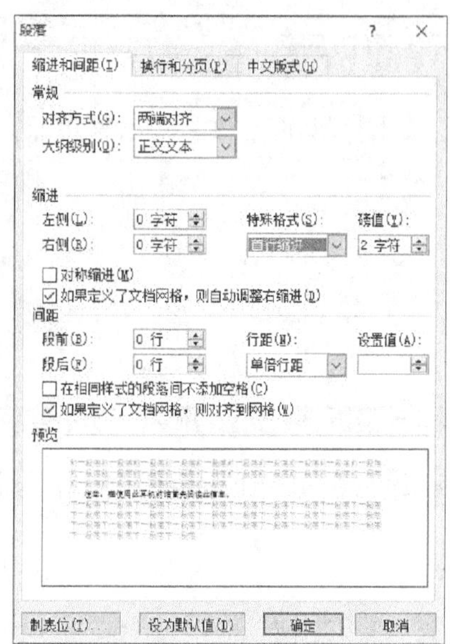

步骤 03 设置段落样式后的效果如下图所示。

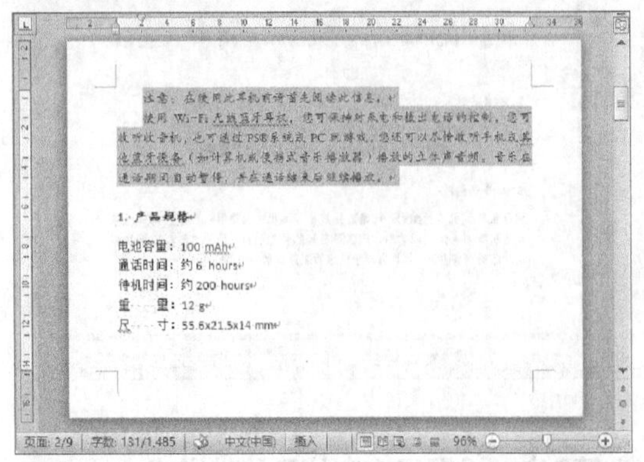

步骤 04 使用格式刷设置其他正文段落的样式。

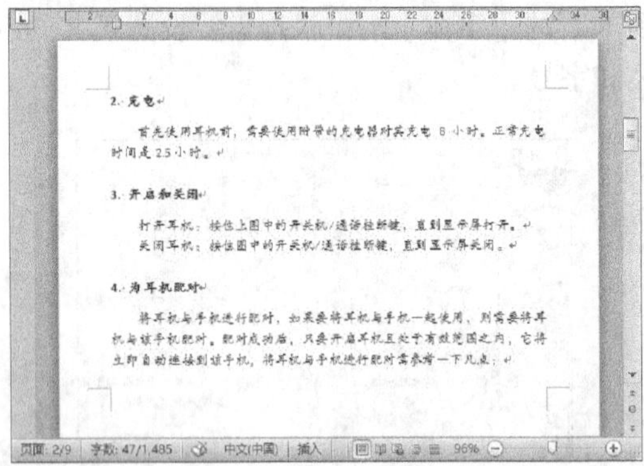

步骤 05 在设置说明书的过程中，如果有需要用户特别注意的地方，可以将其用特殊的字体或者颜色显示出来，选择第一页的“注意：”文本，将其【字体颜色】设置为“红色”，【字形】为【加粗】显示。

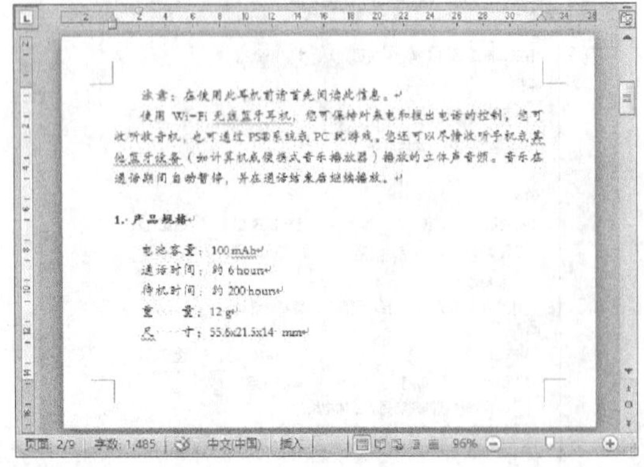

步骤 06 使用同样的方法设置其他“注意：”文本。

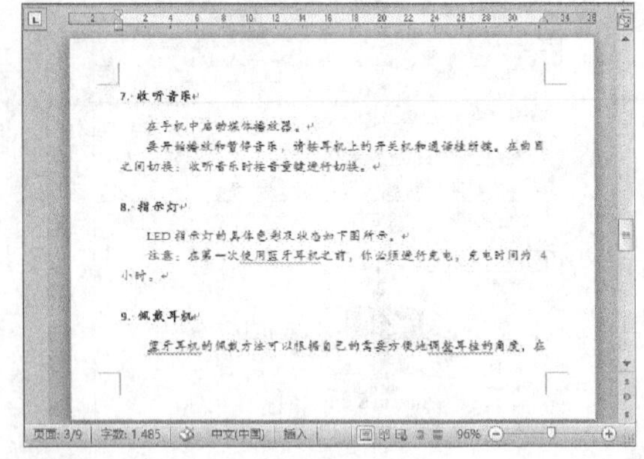

步骤 07 将鼠标光标定位于第2段段末，按【Ctrl+Enter】组合键插入分页符，使其单独显示1页。

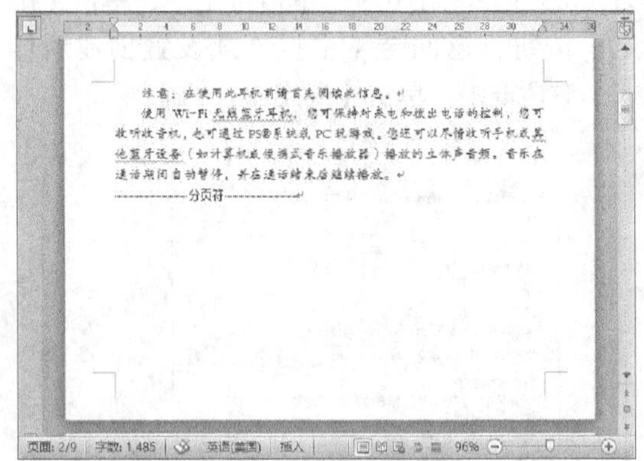

步骤 08 将鼠标光标定位于倒数第8段段末，按【Ctrl+Enter】组合键插入分页符，使最后7段单独显示1页。

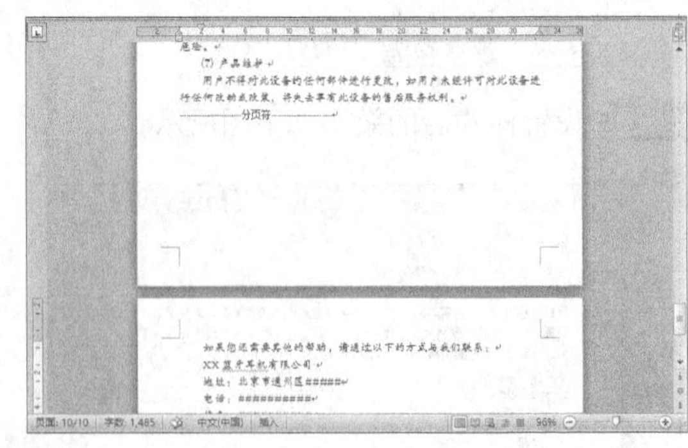

第4步：添加项目符号和编号

步骤 01 选中“4. 为耳机配对”标题下的部分内

容，单击【开始】选项卡下【段落】组中【编号】按钮右侧的下拉按钮，在弹出的下拉列表中选择一种编号样式。

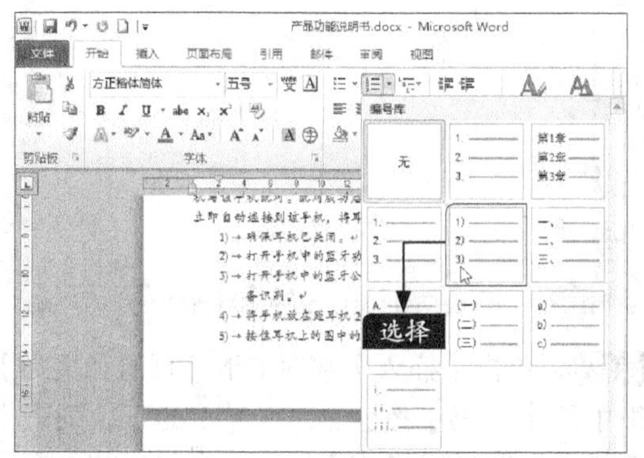

步骤02 添加编号后的效果如下图所示。

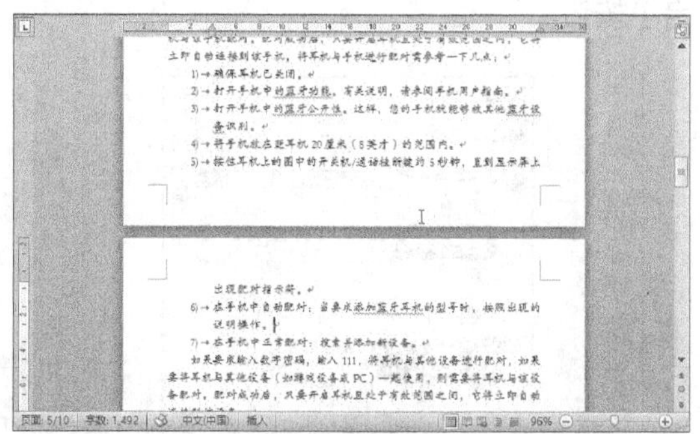

步骤03 选中“6. 通话”标题下的部分内容，单击【开始】选项卡下【段落】组中【项目符号】按钮右侧的下拉按钮，在弹出的下拉列表中选择一种项目符号样式。

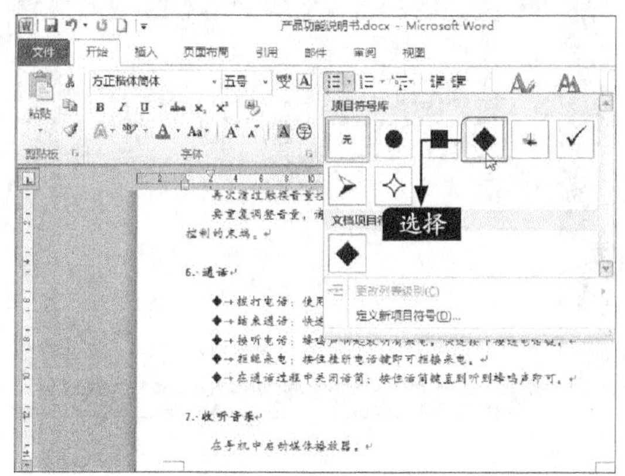

步骤04 添加项目符号后的效果如下图所示。

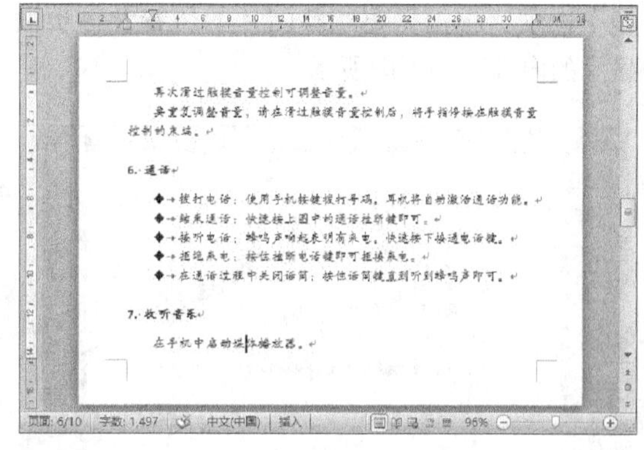

第5步：插入并设置图片

步骤01 将鼠标光标定位至“2. 充电”文本后，单击【插入】选项卡下【插图】选项组中的【图片】按钮，弹出【插入图片】对话框，选择随书光盘中的“素材\ch26\图片01.png”文件，单击【插入】按钮。

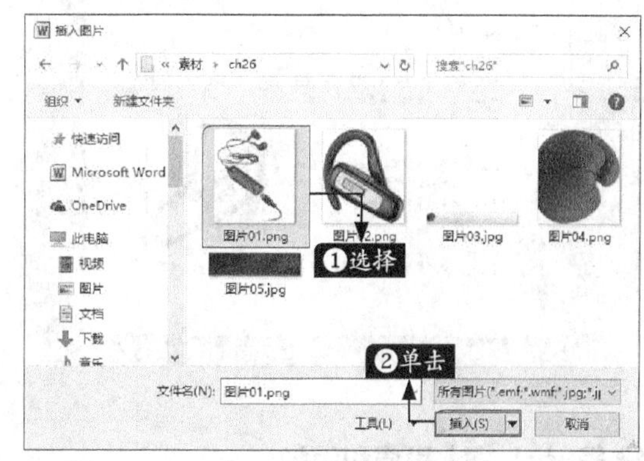

步骤02 即可将图片插入到文档中。

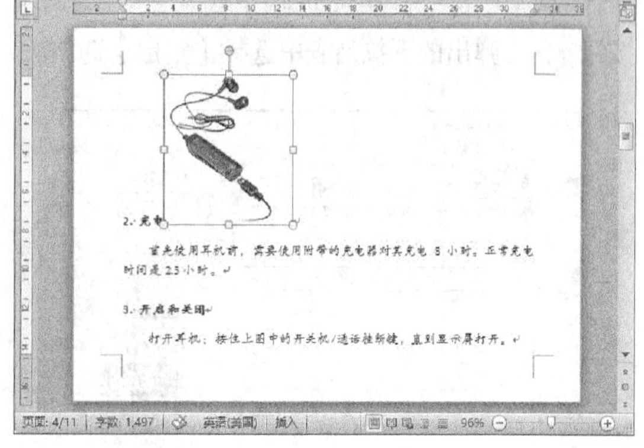

步骤03 选中插入的图片，在【格式】选项卡下的【排列】选项组中单击【自动换行】按钮的下拉按钮，在弹出的下拉列表中选择【四周

型】选项，根据需要调整图片的位置及该页面显示的内容，如下图所示。

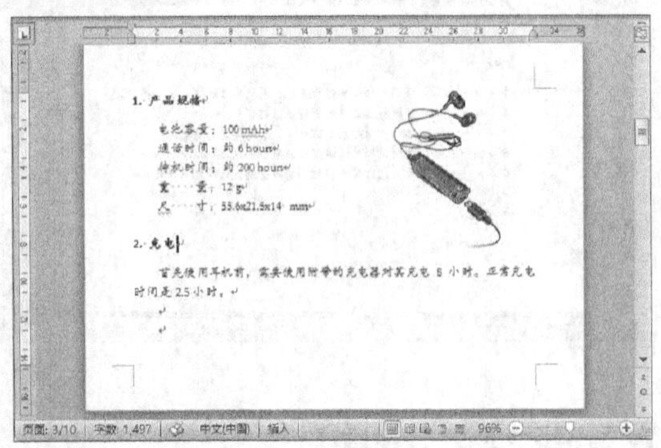

步骤 04 将鼠标光标定位至“8. 指示灯”文本后，重复步骤 01~步骤 03，插入随书光盘中的“素材\ch27\图片02.png”文件。并适当的调整图片的大小。

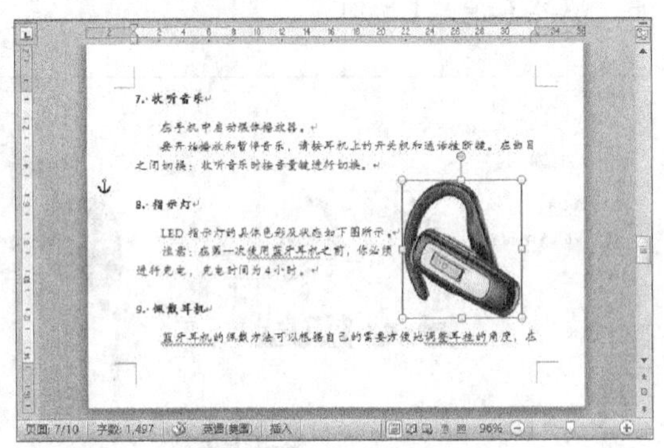

第6步：插入页眉和页脚

步骤 01 将鼠标光标定位在第2页中，单击【插入】选项卡的【页眉和页脚】组中的【页眉】按钮，在弹出的下拉列表中选择【空白】选项。

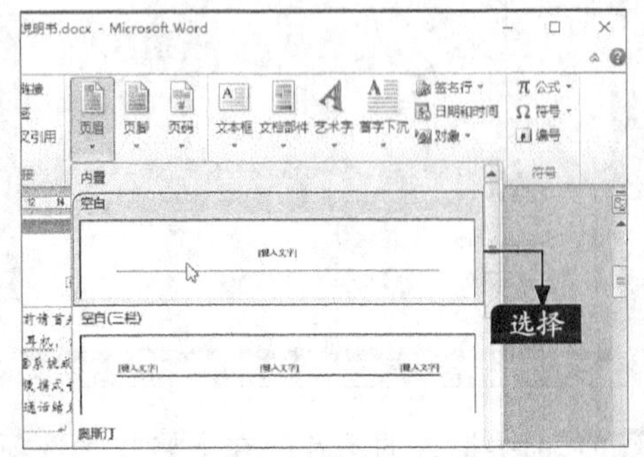

步骤 02 在页眉的【标题】文本域中输入“产品使用说明书”，对齐方式设置为“右对齐”。

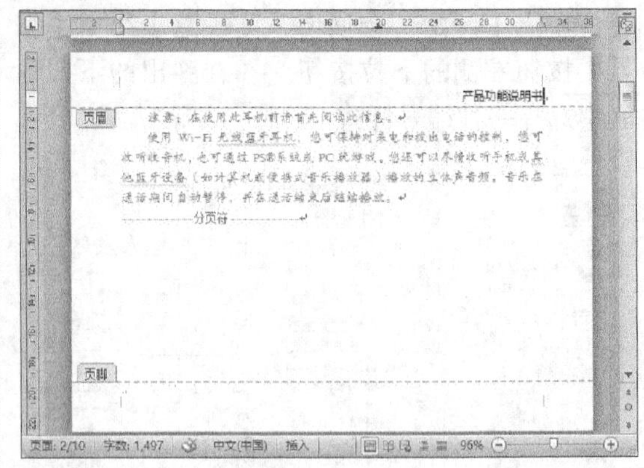

步骤 03 单击【插入】选项卡下【页眉和页脚】组中的【页码】按钮，在弹出的下拉列表中选择【设置页码格式】选项，在弹出的【页码格式】对话框中，选择编号格式，单击【确定】按钮。

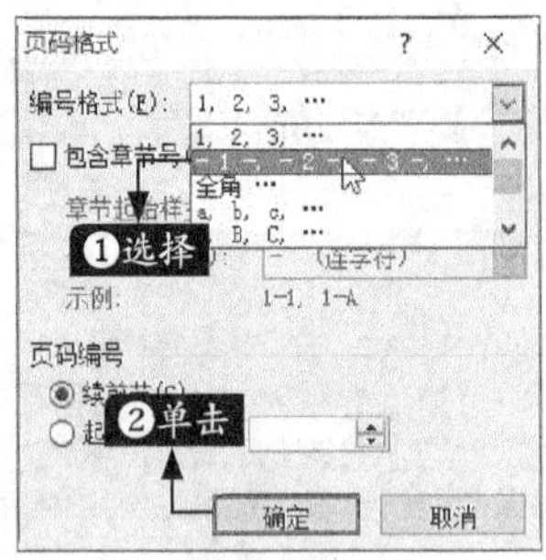

步骤 04 在页面底端插入页码，然后单击【页眉和页脚工具】下【设计】选项卡下【关闭】组中的【关闭页眉和页脚】按钮。

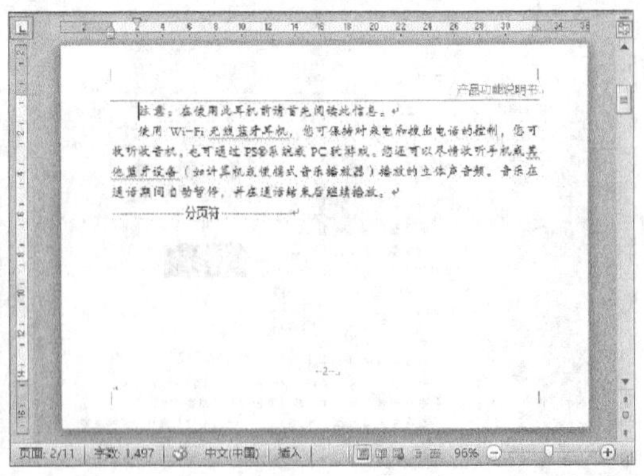

第7步：提取目录

步骤 01 将鼠标光标定位在第2页第1行段头位置，单击【插入】选项卡下【页面】组中的【空白页】按钮，插入一页空白页。

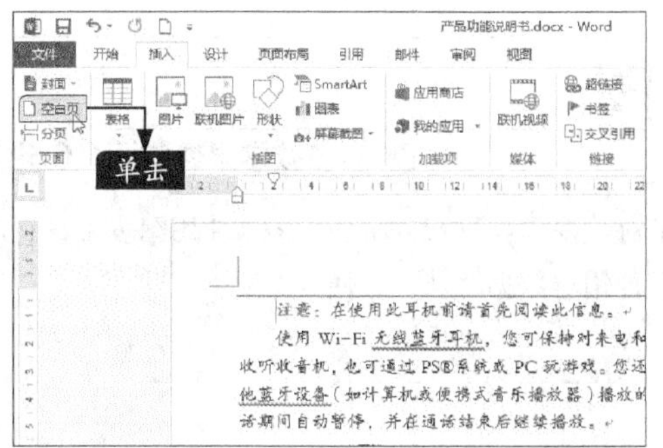

步骤02 在插入的空白页中输入“说明书目录”文本，并根据需要设置字体的样式。

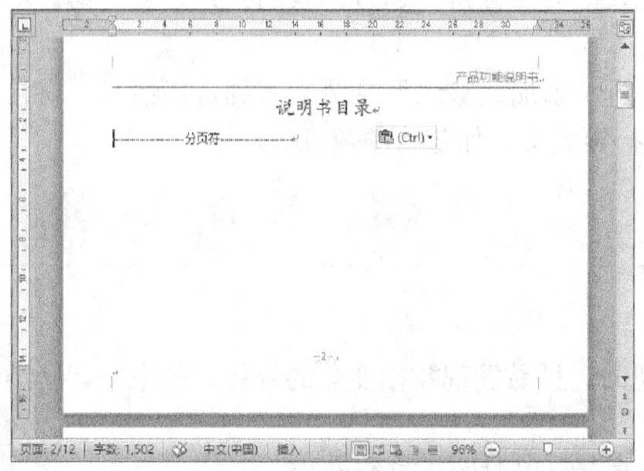

步骤03 单击【引用】选项卡下【目录】组中的【目录】按钮，在弹出的下拉列表中选择【插入目录】选项。

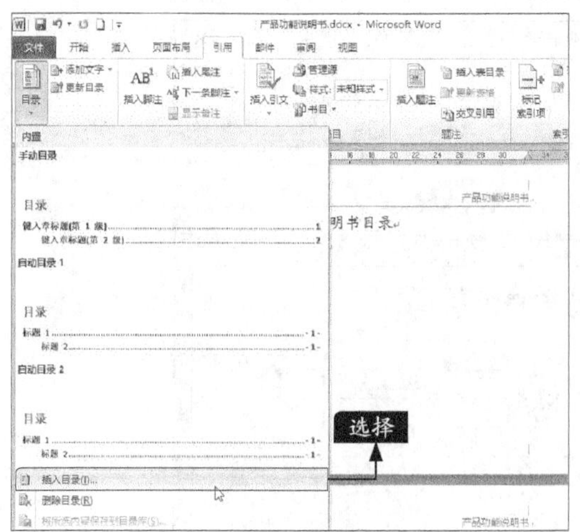

步骤04 弹出【目录】对话框，设置【显示级别】为“2”，单击选中【显示页码】、【页码右对齐】复选框。单击【确定】按钮。

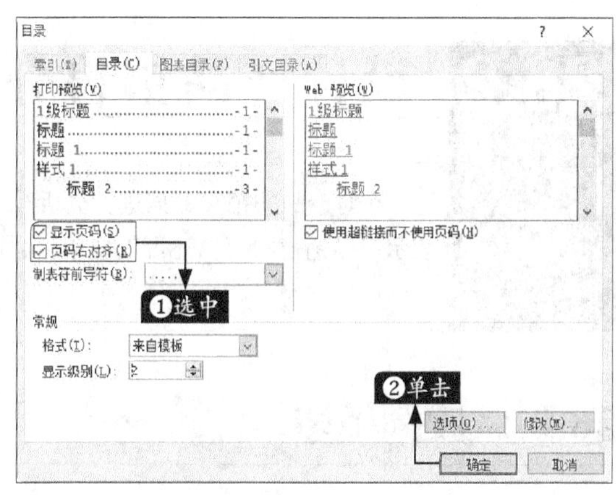

步骤05 提取说明书目录后的效果如下图所示。

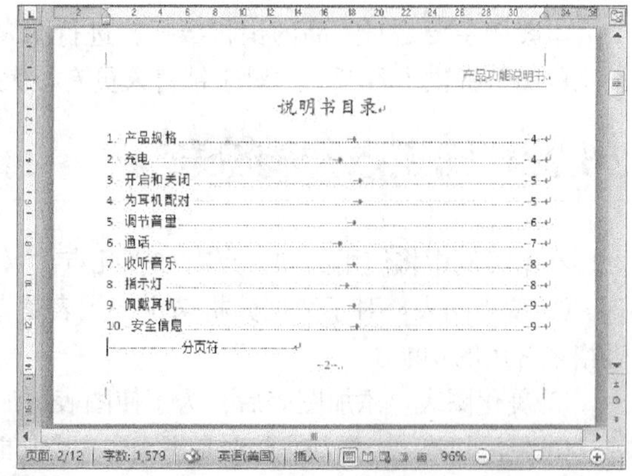

步骤06 根据需要适当地调整文档，并显示调整后的文档，最后效果如下图所示。

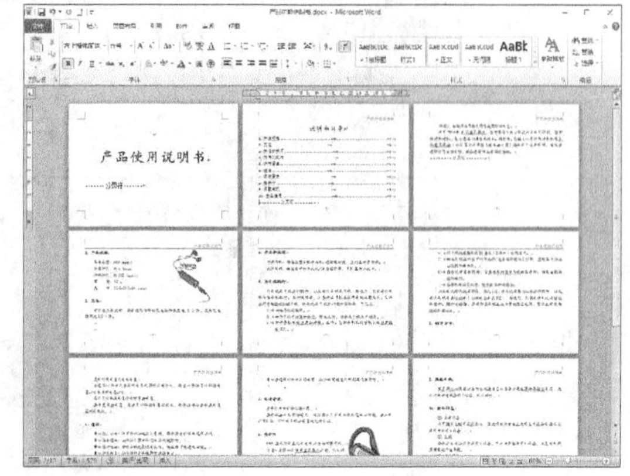

至此，就完成了产品使用说明书的制作。

26.2 设计产品销售分析图

本节教学录像时间：6 分钟

在对产品的销售数据进行分析时，除了对数据本身进行分析外，经常使用图表来直观地表示产品销售状况，还可以使用函数预测其他销售数据，从而方便分析数据。

26.2.1 案例描述

产品销售分析图，主要是依据当前产品的销售数据进行分析，通过图表的方式，查看销售增幅情况。

本案例主要是对产品的销售数据，进行图表分析，添加趋势线及预测未来的销售情况，对接下来的销售提供了参考，这对于销售人员有很大的指导意义，如备货的数量等。

26.2.2 知识点结构分析

在本案例中将使用的知识点有如下几点。

⑴ 使用图表。对于数据分析来说，图表是直观的，且易发现数据变化的趋势，是市场营销类表格最常用的功能。

⑵ 美化图表。添加图表后，为了使图表更加漂亮，可以对图表进行设置。

⑶ 使用趋势线。添加趋势线是图表中一个功能，可以根据当前数据显示出当前销售的走势线。

⑷ 使用FORECAST函数，可以根据一条线性回归拟合线返回一个预测值。使用此函数可以对未来销售额、库存需求或消费趋势进行预测。在本案例中将预测10月份的销量数据。

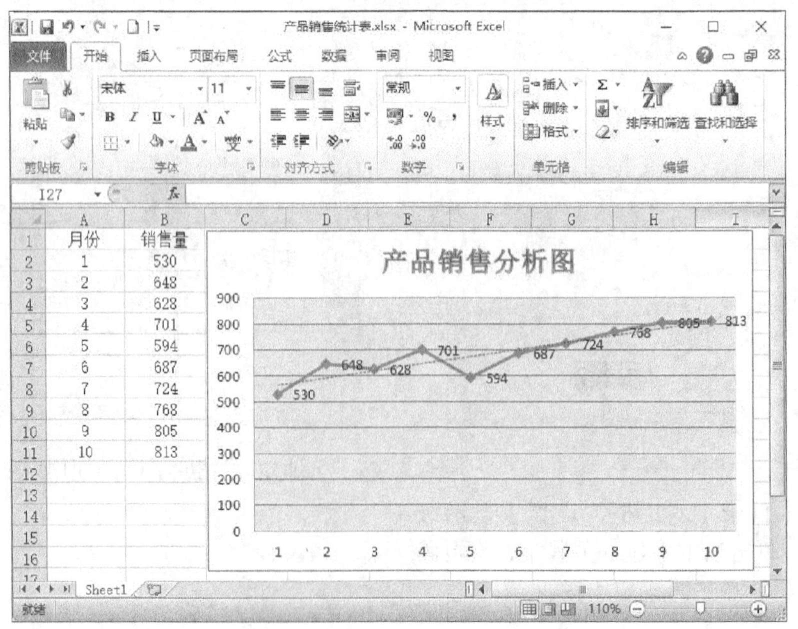

26.2.3 案例制作

产品销售分析图具体制作步骤如下。

第1步：插入销售图表

步骤01 打开随书光盘中的“素材\ch26\产品销售统计表.xlsx”文件，选择B2:B11单元格区域。

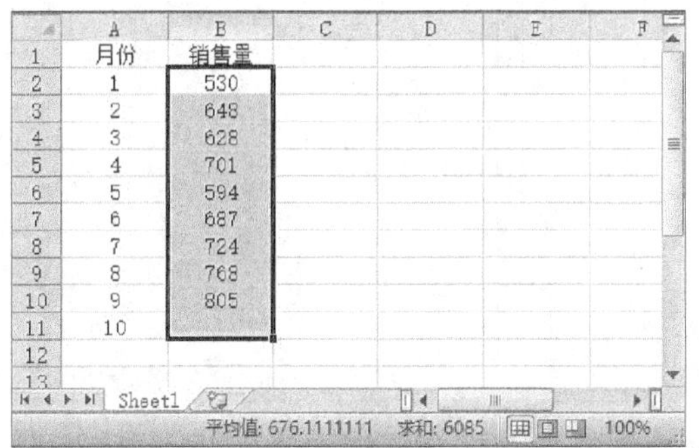

步骤02 单击【插入】选项卡下【图表】选项组中的【折线图】按钮，在弹出下拉列表中选择【带数据标记的折线图】选项。

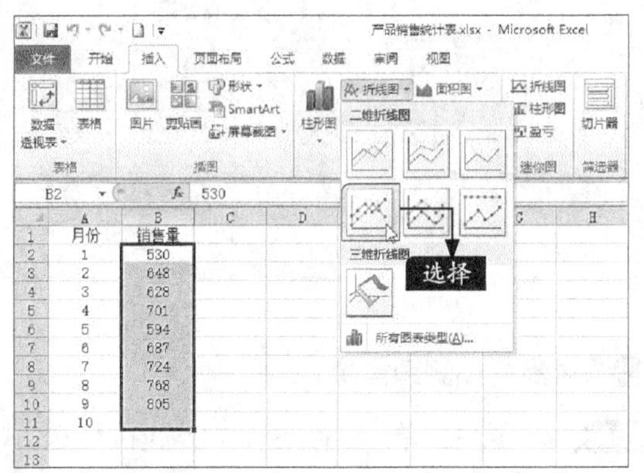

步骤03 即可在工作表中插入图表，调整图表到合适的位置后，如下图所示。

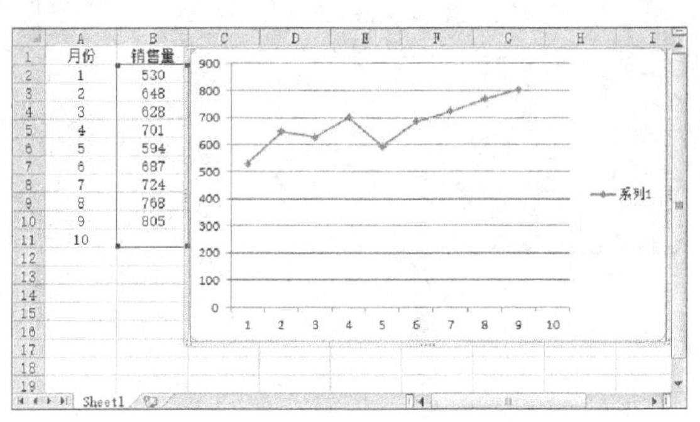

第2步：设置图表格式

步骤01 选择图表，单击【设计】选项卡下【图表样式】选项组中的【其他】按钮，在弹出的下拉列表中选择一种图表的样式。

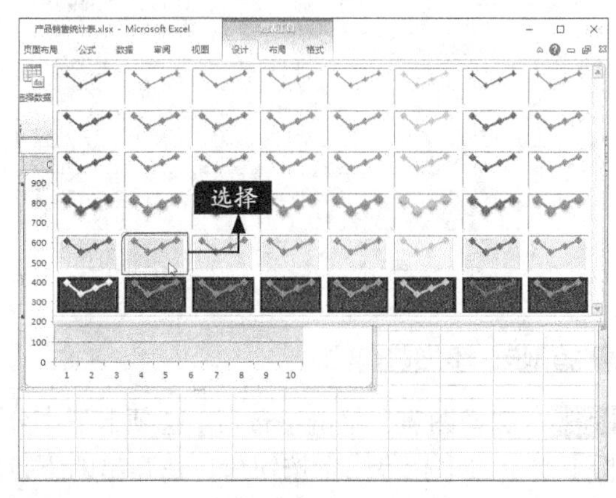

步骤02 即可更改图表的样式。

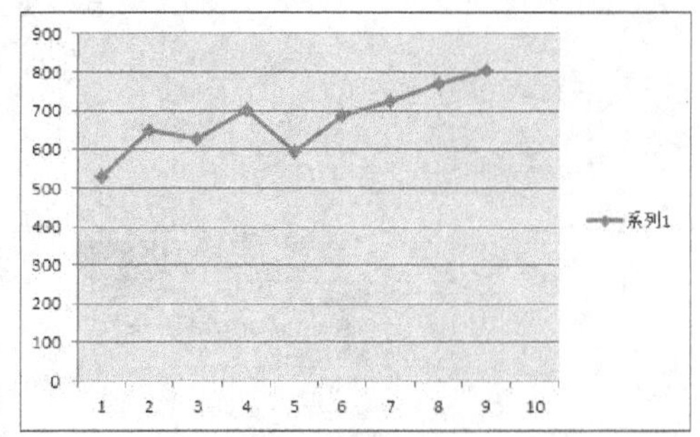

步骤03 单击【设计】选项卡下【图表布局】选项组中的【其他】按钮，将图表布局设置为“布局9”，并单击【布局】➤【标签】➤【图例】➤【无】选项，关闭图例。

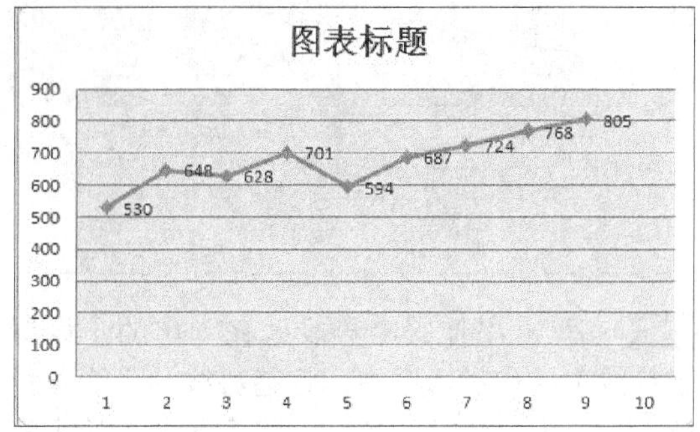

步骤04 选择图表的标题文字，改为“产品销售分析图”。选中图标标题文字，单击【格式】选项卡下【艺术字样式】选项组中的【快速样式】按钮，在弹出的下拉列表中选择一种艺术字样式。即可为图表标题添加艺术字效果，如下图所示。

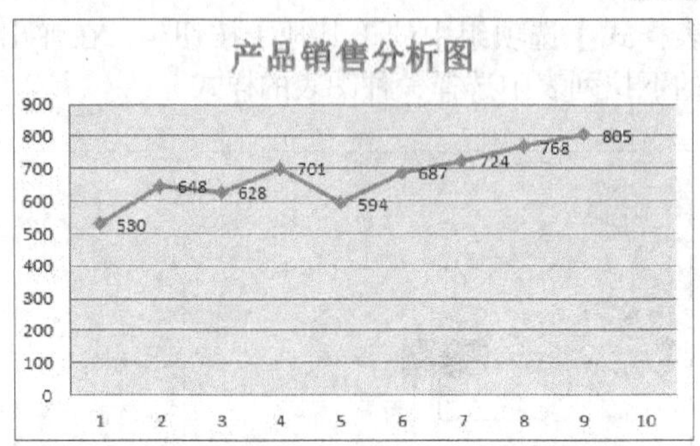

第3步：添加趋势线

步骤01 选择图表，单击【布局】选项卡下【分析】组中的【趋势线】按钮，在弹出的下拉列表中选择【线性趋势线】选项。

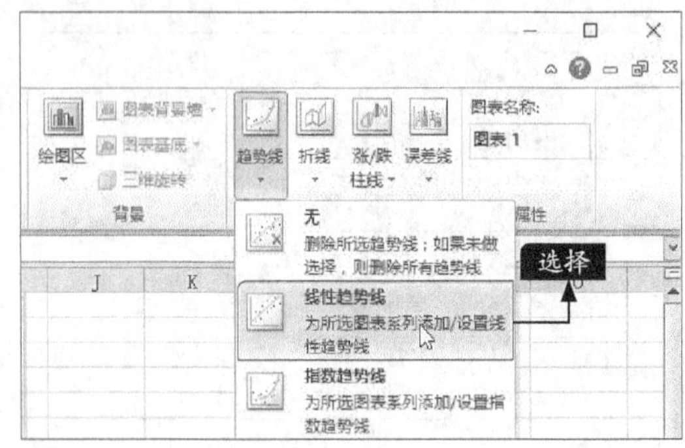

步骤02 即可为图表添加线性趋势线。

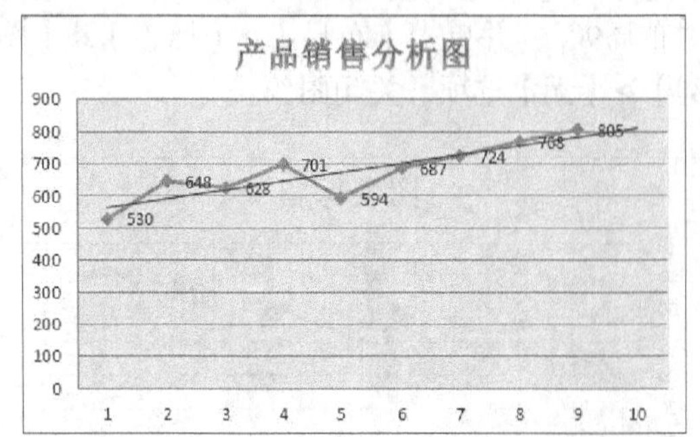

步骤03 双击添加的趋势线，在弹出的【设置趋势线】格式对话框中，将趋势线的【线条颜色】设置为实线“红色”，将【线型】的【宽度】设置为“1磅”，【短划线类型】设置为【方点】。

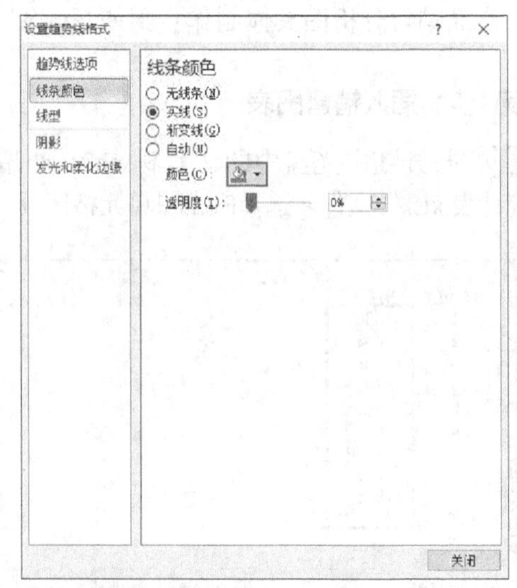

步骤04 单击关闭按钮，最终图表效果见下图。

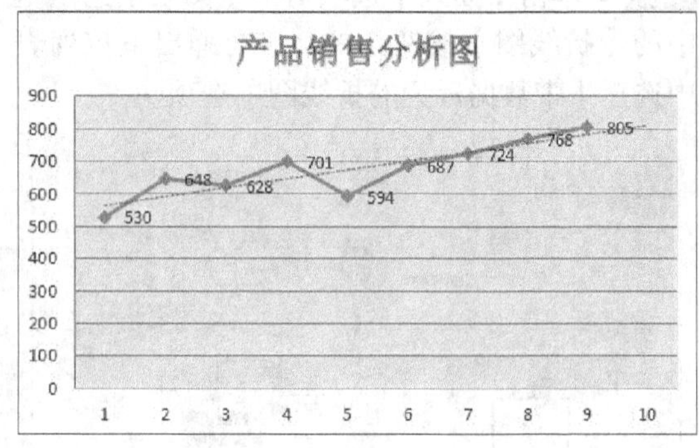

第4步：预测销售量

步骤01 选择单元格B11，输入公式“=FORECAST(A11,B2:B10,A2:A10)”，按【Enter】键。

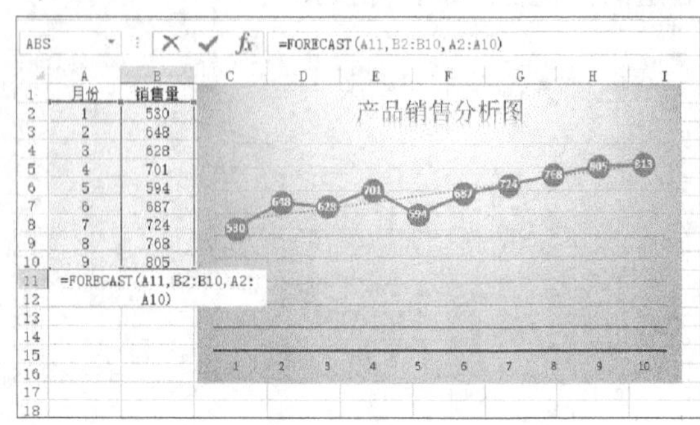

小提示

公式“=FORECAST(A11,B2:B10,A2:A10)”是根据已有的数值计算或预测未来值。“A11”为进行预测的数据点，“B2:B10”为因变量数组或数据区域，“A2:A10”为自变量数组或数据区域。

步骤 02 即可计算出10月份销售量的预测结果。

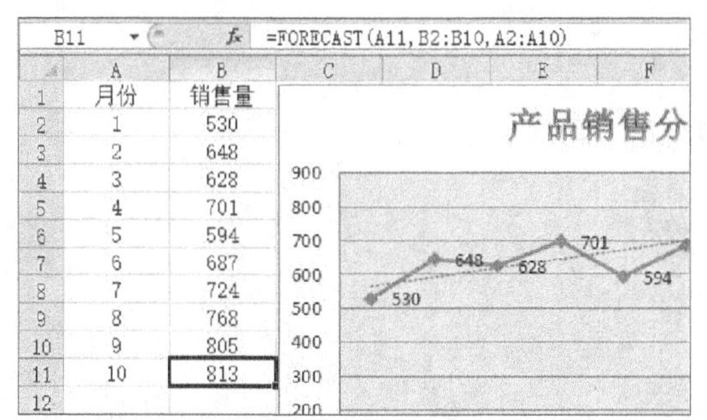

步骤 03 产品销售分析图的最终效果如下图所示，保存制作好的产品销售分析图。

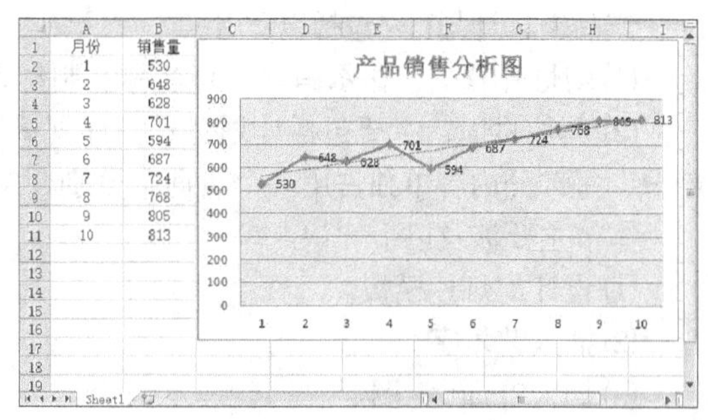

26.3 设计产品销售计划PPT

本节教学录像时间：31 分钟

销售计划从不同的层面可以分为不同的类型，如果从时间长短来分，可以分为周销售计划、月度销售计划、季度销售计划、年度销售计划等，如过从范围大小来分，可以分为企业总体销售计划、分公司销售计划、个人销售计划等。本节就是用PowerPoint制作一份销售部门的周销售计划PPT。

26.3.1 案例描述

销售计划是指企业根据历史销售记录和已有的销售合同，综合考虑企业的发展和现实的市场情况制定的针对部门、人员的关于任何时间范围的销售指标（数量或金额），企业以此为龙头来指导相应的生产作业计划、采购计划、资金筹措计划以及相应的其他计划安排和实施。

销售计划的制订，必须有所依据，也就是要根据实际情况制订相关的销售计划。凭空想象、闭门造车、不切实际的销售计划，不但于销售无益，还会给销售活动和生产活动带来负面影响。制订销售计划，必须要有理有据、有的放矢，必须遵照以下基本原则。

⑴结合本公司的生产情况。

⑵结合市场的需求情况。

⑶结合市场的竞争情况。

⑷结合上一销售计划的实现情况。

⑸结合销售队伍的建设情况。

⑹结合竞争对手的销售情况。

产品销售计划PPT适合于任何以销售产品为主的行业，如汽车、家具、食品和药品等行业，是市场营销、销售、企划部等部门员工需要掌握的PowerPoint制作技巧。

26.3.2 知识点结构分析

产品销售计划PPT包括以下几点。

(1) 幻灯片首页，显示销售计划名称、制作人等信息。

(2) 其他页面，主要包括计划背景、计划概述、计划宣传、计划执行、费用预算和效果估计等部分，每部分内容单独占用一个页面，分别介绍相关内容。

本节主要涉及以下知识点。

(1) 设计幻灯片模板。

(2) 插入艺术字。

(3) 插入SmartArt图形。

(4) 插入与美化表格。

(5) 插入自选图形。

(6) 使用图表。

(7) 设置切换和动画效果。

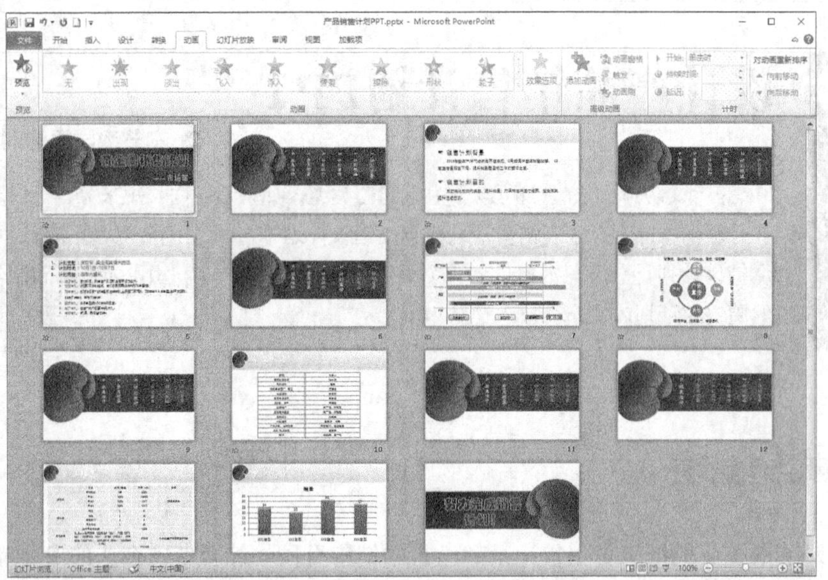

26.3.3 案例制作

使用PowerPoint 2010制作销售部门销售计划的具体操作步骤如下。

第1步：设置幻灯片母版

步骤01 启动PowerPoint 2010，新建幻灯片，并将其保存为“产品销售计划PPT.pptx”的幻灯片。单击【视图】选项卡【母版视图】组中的【幻灯片母版】按钮。

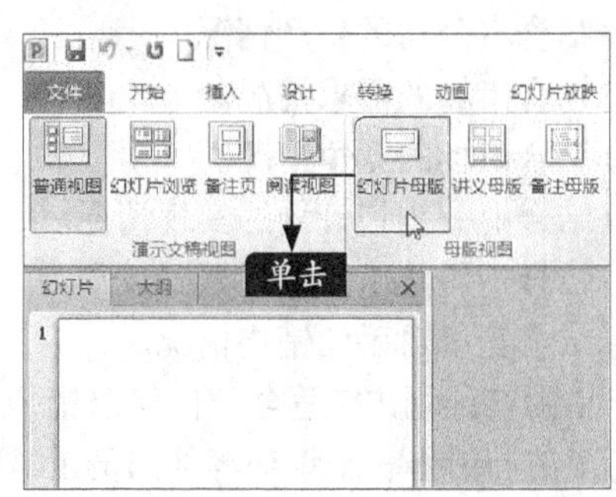

步骤02 切换到幻灯片母版视图，单击【幻灯片母版】➤【页面设置】组中的【页面设置】按钮，在弹出的【页面设置】对话框，将【幻灯片大小】设置为“全屏显示（16:9）”，并单击【确定】按钮。

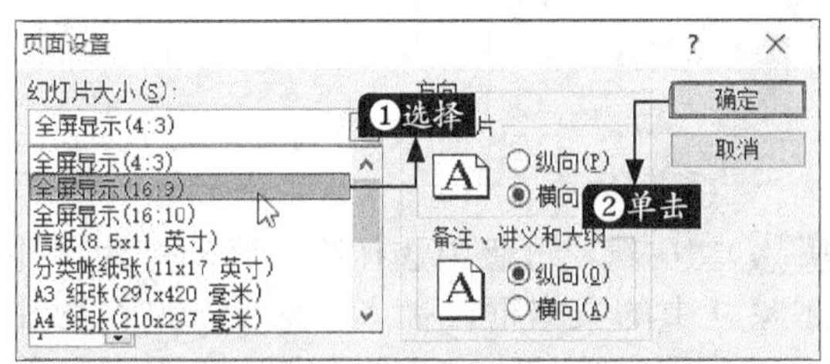

步骤03 选择第1张幻灯片，单击【插入】选项卡下【图像】组中的【图片】按钮，在弹出的【插入图片】对话框中选择“素材\ch26\图片03.jpg”文件，单击【插入】按钮，将选择的图片插入幻灯片中，选择插入的图片，并根据需要调整图片的大小及位置。

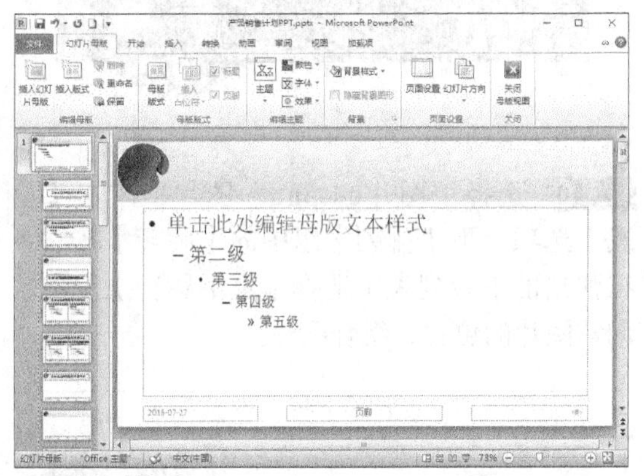

步骤04 在插入的背景图片上单击鼠标右键，在弹出的快捷菜单中选择【置于底层】➤【置于底层】菜单命令，将背景图片在底层显示。

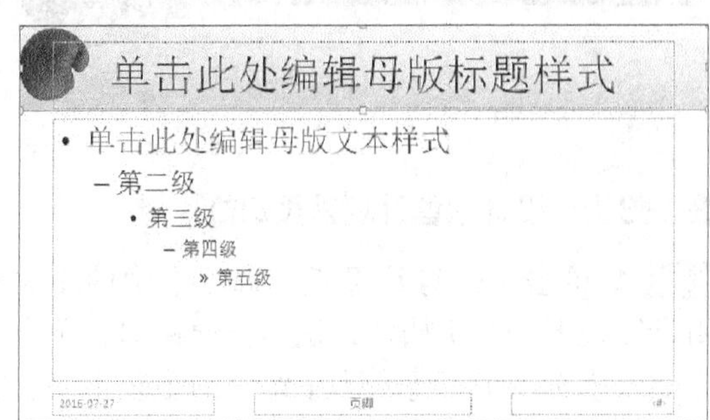

步骤05 选择标题框内文本，单击【格式】选项卡下【艺术字样式】组中的【快速样式】按钮，在弹出的下拉列表中选择一种艺术字样式。

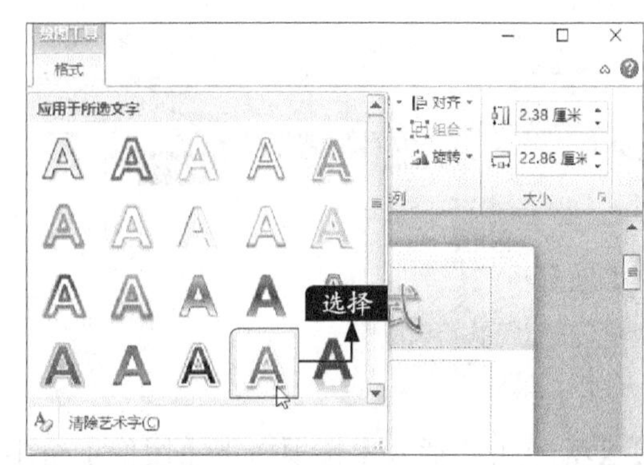

步骤06 选择设置后的艺术字。设置文字【字体】为“方正楷体简体”、【字号】为“48”，设置【文本对齐】为“左对齐”。此外，还可以根据需要调整文本框的位置。

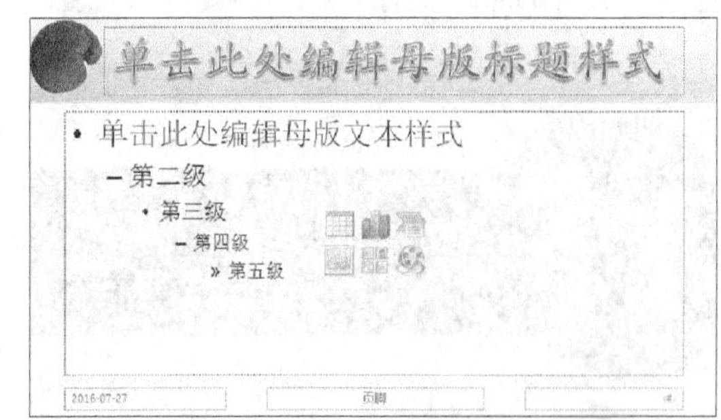

步骤07 为标题框应用【擦除】动画效果，设置【效果选项】为“自左侧”，设置【开始】模式为“上一动画之后”。

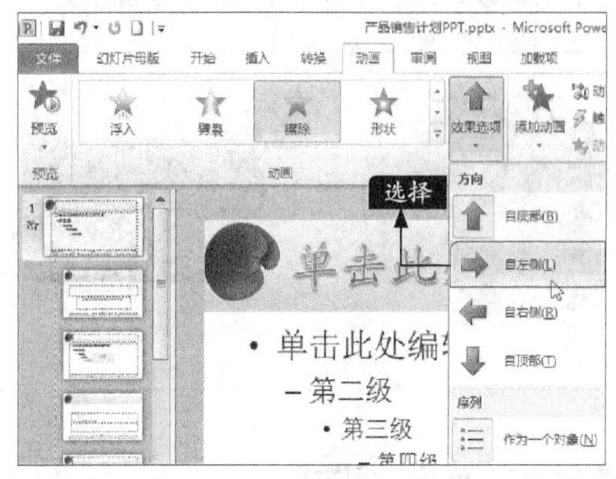

步骤08 在幻灯片母版视图中，在左侧列表中选择第2张幻灯片，选中【幻灯片母版】选项卡下【背景】选项组中的【隐藏背景图形】复选框，并删除文本框。

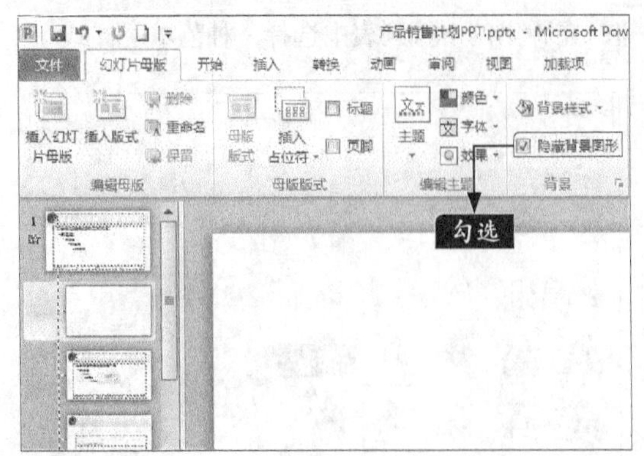

步骤09 单击【插入】选项卡下【图像】组中的【图片】按钮，在弹出的【插入图片】对话框中选择“素材\ch26\图片04.png”和“素材\ch26\图片05.jpg”文件，单击【插入】按钮，将图片插入幻灯片中，将“图片04.png”图片放置在“图片05.jpg”文件上方，并调整图片位置。

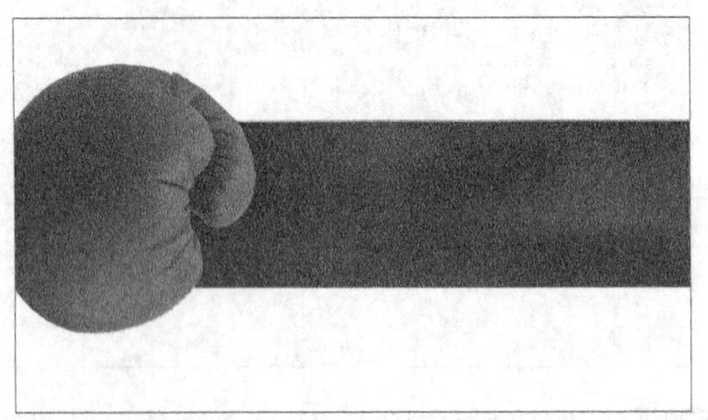

步骤10 同时选择插入的两张图片并单击鼠标右键，在弹出的快捷菜单中选择【组合】➤【组合】菜单命令，组合图片并将其置于底层。

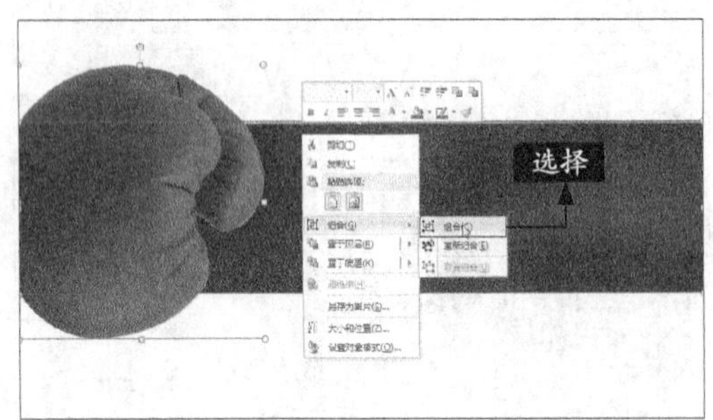

第2步：新增母版样式

步骤01 在幻灯片母版视图中，在左侧列表中选择最后一张幻灯片，按【Ctrl+M】组合键，添加新的母版版式。

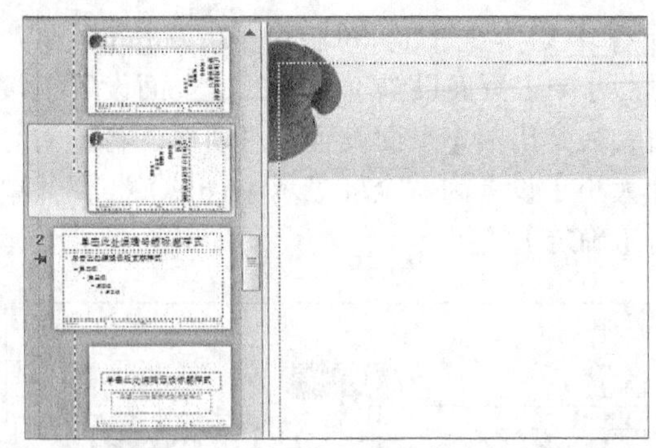

步骤02 在新建母版中选择第一张幻灯片，并删除其中的文本框，插入“素材\ch26\图片04.png”和“素材\ch26\图片05.jpg”文件，并将“图片04.png”图片放置在“图片05.jpg”文件上方。

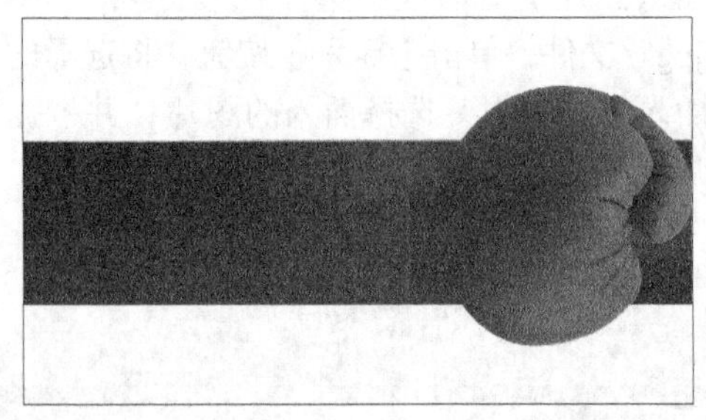

步骤03 选择“图片04.png”图片，单击【格式】选项卡下【排列】组中的【旋转】按钮，在弹出的下拉列表中选择【水平翻转】选项，调整图片的位置，组合图片。

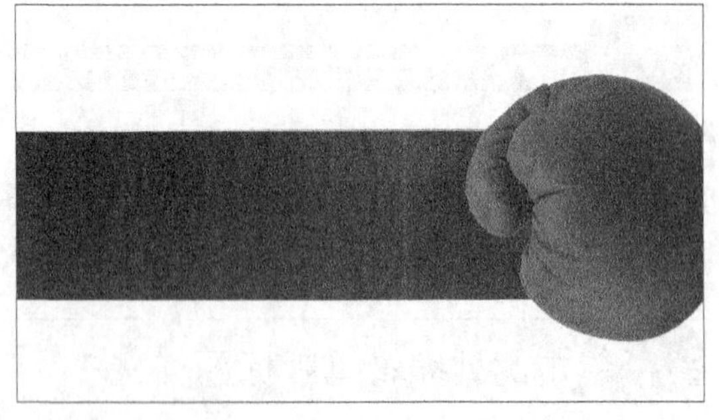

第3步：设计销售计划首页幻灯片

步骤01 单击【幻灯片母版】选项卡中的【关闭母版视图按钮】按钮，返回普通视图，单击【插入】选项卡下【文本】组中的【艺术字】按钮，在弹出的下拉列表中选择一种艺术字样式。

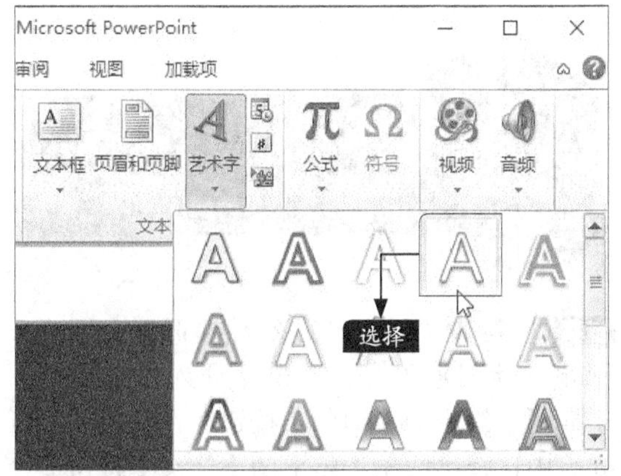

步骤 02 输入“黄金周销售计划”文本，设置其【字体】为“华文彩云”，【字号】为“60”，并根据需要调整艺术字文本框的位置。

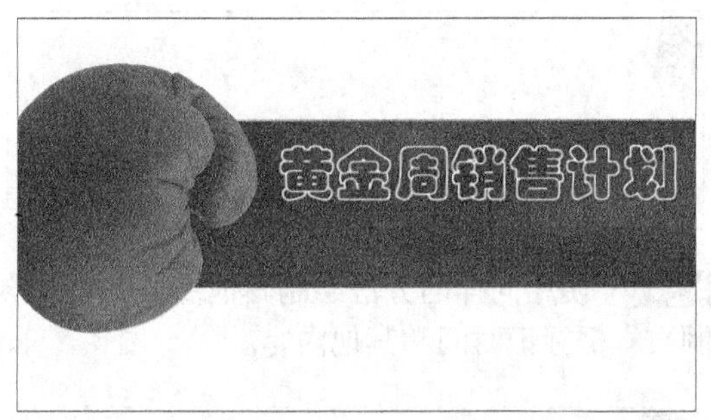

步骤 03 重复上面的操作步骤，添加新的艺术字文本框，输入“市场部”文本，并根据需要设置艺术字样式及文本框位置。

第4步：制作计划背景部分幻灯片

步骤 01 新建“标题”幻灯片页面，并绘制垂直文本框，输入下图所示的文本，并设置【字体颜色】为“白色”。

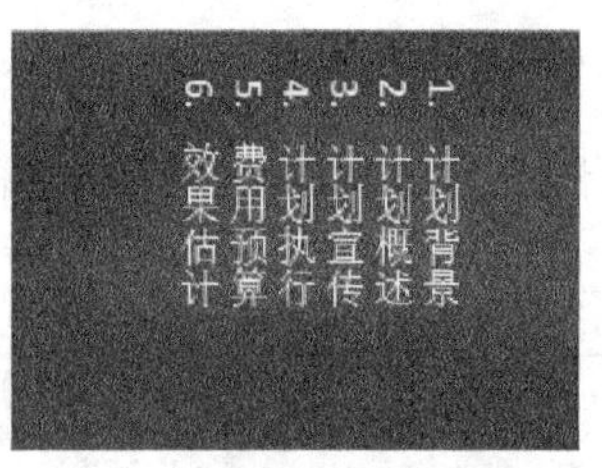

步骤 02 选择“1.计划背景”文本，设置其【字体】为“方正楷体简体”，【字号】为“24”，【字体颜色】为“白色”，选择其他文本，设置【字体】为“方正楷体简体”，【字号】为“20”，【字体颜色】为“黄色”。同时，设置所有文本的【行距】为“多倍行距”，设置值为“3”。

步骤 03 新建“仅标题”幻灯片页面，在【标题】文本框中输入“计划背景”。

步骤 04 打开随书光盘中的“素材\ch26\计划背景.txt”文件，将其内容粘贴至文本框中，并设置字体。在需要插入符号的位置单击【插入】选项卡下【符号】组中的【符号】按钮，在弹出的对话框中选择要插入的符号。

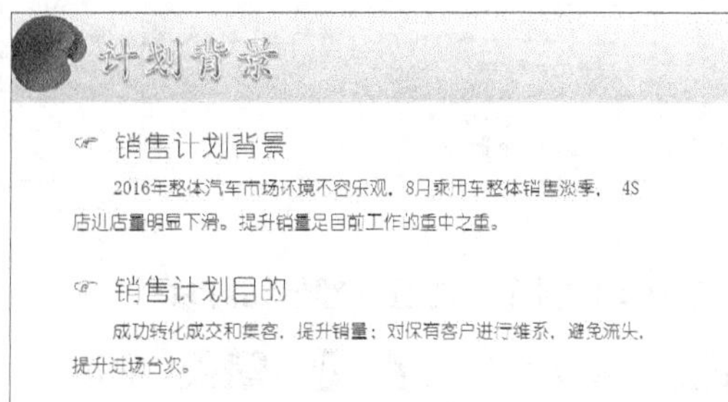

第5步：制作计划概述部分幻灯片

步骤01 复制第2张幻灯片并将其粘贴至第3张幻灯片下。

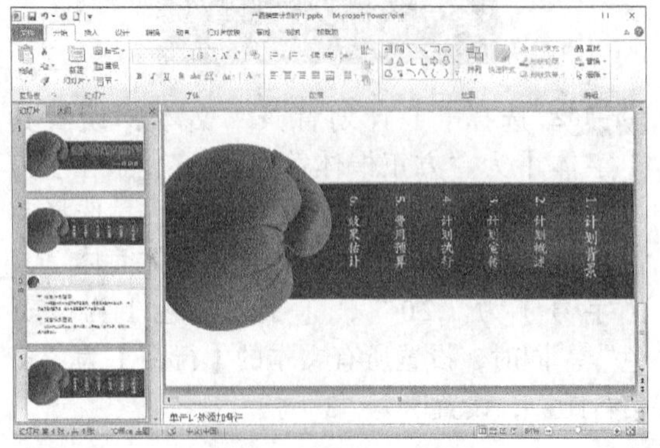

步骤02 更改“1. 计划背景”文本的【字号】为“20”，【字体颜色】为“浅绿”。更改“2. 计划概述”文本的【字号】为“24”，【字体颜色】为“白色”。其他文本样式不变。

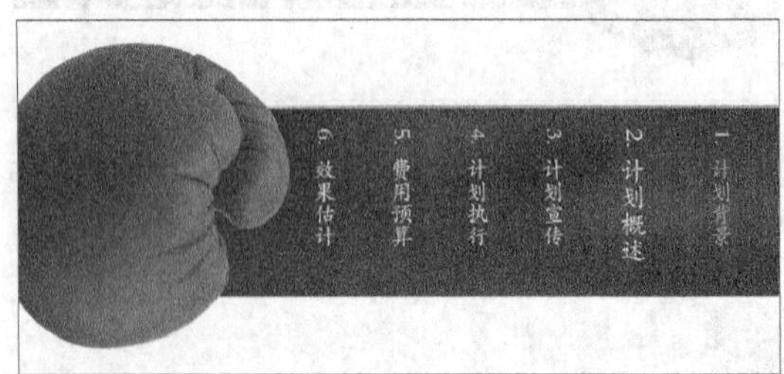

步骤03 新建“仅标题”幻灯片页面，在【标题】文本框中输入“计划概述”文本，打开随书光盘中的“素材\ch26\计划概述.txt”文件，将其内容粘贴至文本框中，并根据需要设置字体样式。

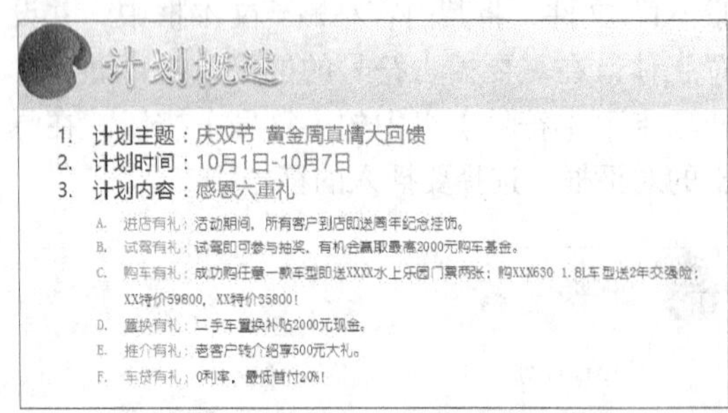

第6步：制作计划宣传部分幻灯片

步骤01 重复第5步中**步骤01**~**步骤02**的操作，复制幻灯片页面并设置字体样式。

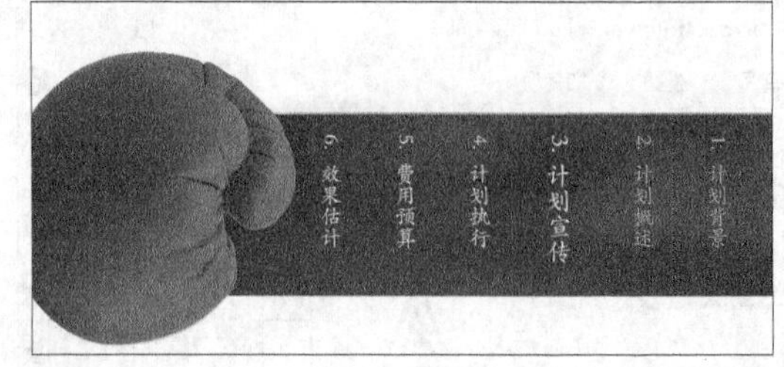

步骤02 新建“仅标题”幻灯片页面，并输入标题“计划宣传”，单击【插入】选项卡下【插图】组中的【形状】按钮，在弹出的下拉列表中选择【线条】组下的【箭头】按钮，绘制箭头图形。在【格式】选项卡下单击【形状样式】组中的【形状轮廓】按钮，选择【虚线】➤【圆点】选项。

步骤03 使用同样的方法绘制其他线条，以及绘制文本框标记时间和其他内容。

步骤04 根据需求绘制咨询图形，并根据需要美化图形，并输入相关内容。重复操作直至完成安排。

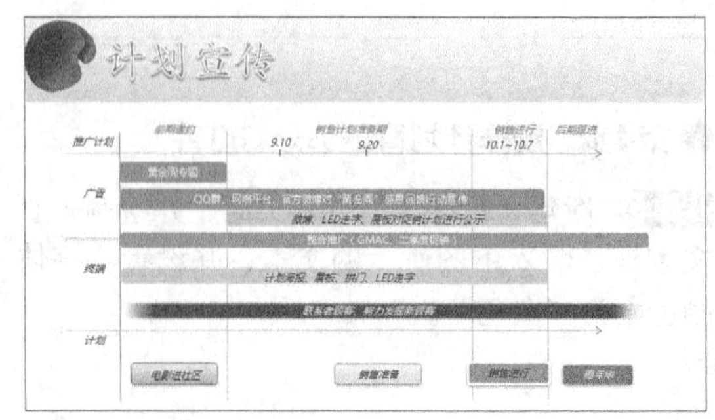

步骤05 新建“仅标题”幻灯片页面，并输入标

题“计划宣传”，单击【插入】选项卡下【插图】组中的【SmartArt】按钮，在打开的【选择SmartArt图形】对话框中选择【循环】➤【射线循环】选项，单击【确定】按钮，完成图形插入。根据需要输入相关内容及说明文本。

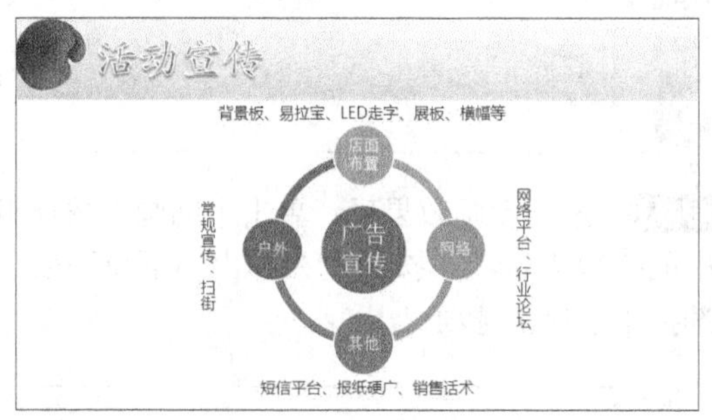

第7步：设置其他幻灯片页面

步骤01 使用类似的方法制作计划执行相关页面，效果如下图所示。

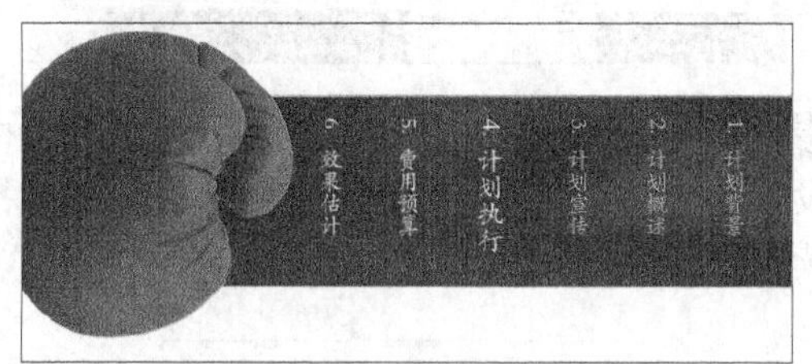

计划执行

事项	负责人
团购方案制定	张永明
网络宣传	王亮
报纸杂志硬广、软文	高晓峰
电话邀约	销售部
短信平台邀约	李冬梅
QQ群、邮件	马晓军
巡展推广	胡广军、刘鹏鹏
其他物料筹备	胡广军、刘鹏鹏
泊车指引	刘亮亮
计划主持	王秋月、胡亮
产品讲解、分期政策	销售顾问、值班经理
奖品/礼品发放	王晓乐
拍照	胡俊亮、王一鸣

步骤02 使用类似的方法制作费用预算相关页面，效果如下图所示。

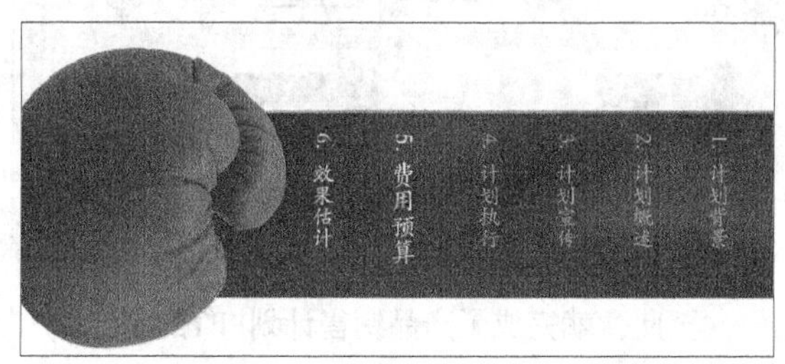

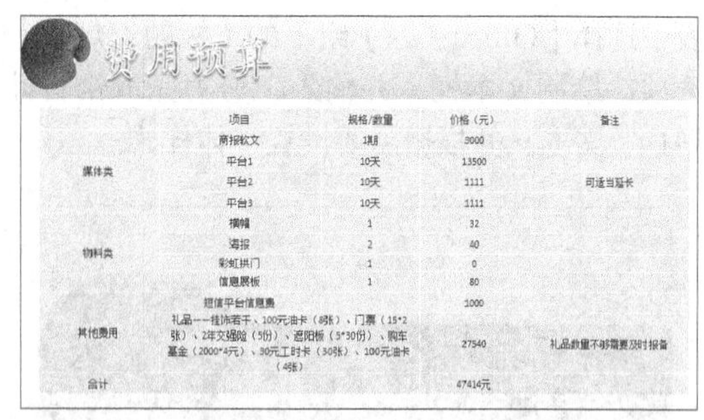

	项目	规格/数量	价格（元）	备注
媒体类	商报软文	1期	3000	
	平台1	10天	13500	
	平台2	10天	1111	可适当延长
	平台3	10天	1111	
物料类	横幅	1	32	
	海报	2	40	
	彩虹拱门	1	0	
	信息展板	1	80	
其他费用	短信平台信息费		1000	
	礼品——挂饰若干、100元油卡（8张）、门票（15*2张）、2年交强险（5份）、遮阳板（5*30份）、购车基金（2000*4元）、30元工时卡（30张）、100元油卡（4张）		27540	礼品数量不够需要及时报备
合计			47414元	

步骤03 重复第5步中步骤01~步骤02的操作，制作效果估计目录页面。

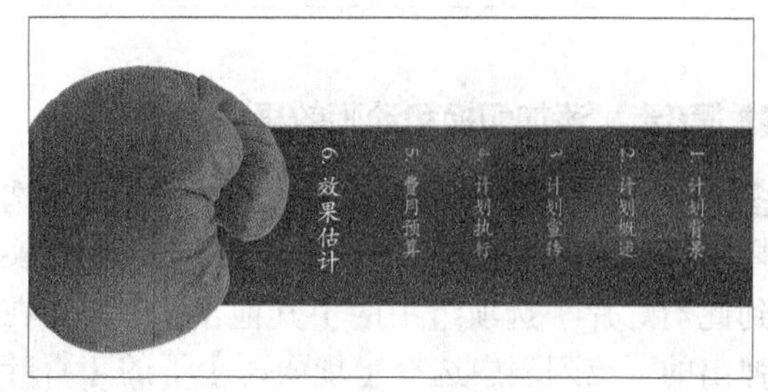

步骤04 新建“仅标题”幻灯片页面，并输入标题“效果估计”文本。单击【插入】选项卡下【插图】组中的【图表】按钮，在打开的【插入图表】对话框中选择【柱形图】➤【簇状柱形图】选项，单击【确定】按钮，在打开的Excel界面中输入下图所示的数据。

	A	B	C	D
1		销量		
2	XX1车型	24		
3	XX2车型	20		
4	XX3车型	31		
5	XX4车型	27		
6				

Sheet1

步骤05 关闭Excel窗口，即可看到插入的图表，对图表适当美化，效果如下图所示。

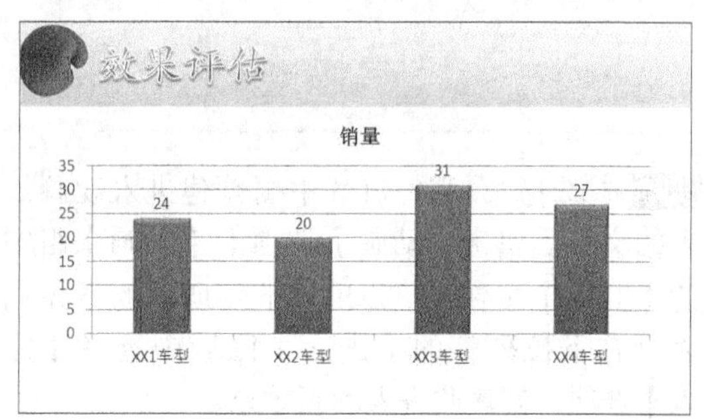

步骤06 单击【开始】选项卡下【幻灯片】选项组中的【新建幻灯片】按钮，在弹出的下拉列

表中选择【Office主题】组下的【标题幻灯片】选项，绘制文本框，并输入“努力完成销售计划！”文本。并根据需要设置字体样式。

第8步：添加切换和动画效果

步骤 01 选择要设置切换效果的幻灯片，这里选择第1张幻灯片。单击【转换】选项卡下【切换到此幻灯片】选项组中的【其他】按钮，在弹出的下拉列表中选择【华丽型】下的【百叶窗】切换效果，即可自动预览该效果。

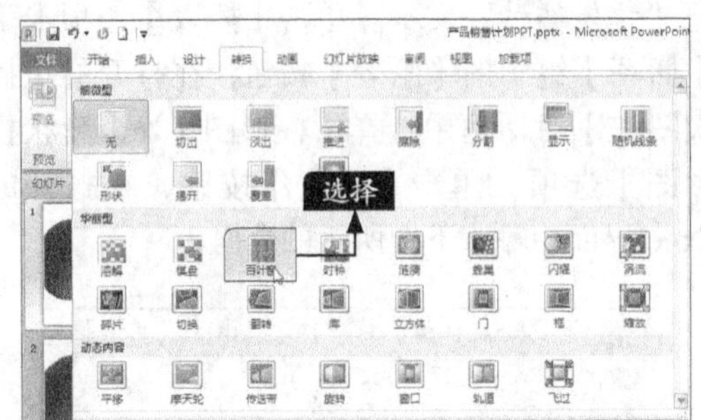

步骤 02 在【切换】选项卡下【计时】选项组中【持续时间】微调框中设置【持续时间】为“03.00”。使用同样的方法，为其他幻灯片页面设置不同的切换效果。

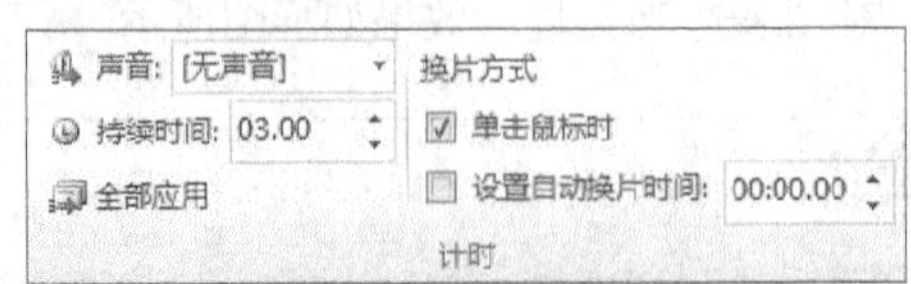

步骤 03 选择第1张幻灯片中要创建进入动画效果的文字。单击【动画】选项卡【动画】组中的【其他】按钮，弹出如下图所示的下拉列表。在下拉列表的【进入】区域中选择【浮入】选项，创建此进入动画效果。

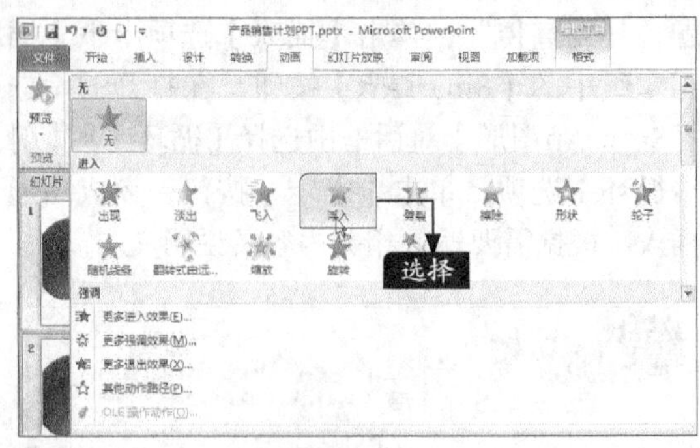

步骤 04 添加动画效果后，单击【动画】选项组中的【效果选项】按钮，在弹出的下拉列表中选择【下浮】选项。

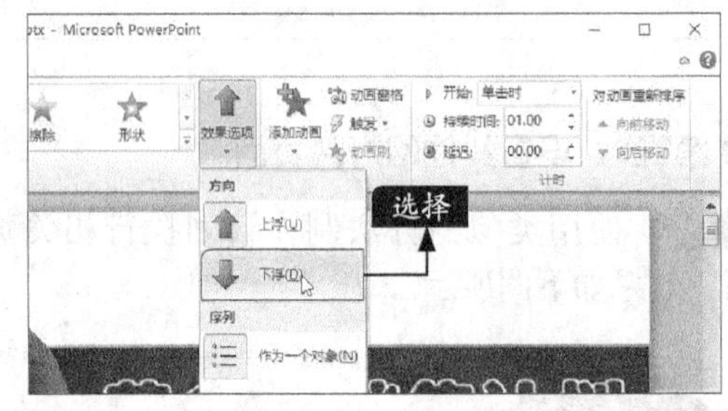

步骤 05 在【动画】选项卡的【计时】选项组中设置【开始】为“上一动画之后”，设置【持续时间】为“01.50”。

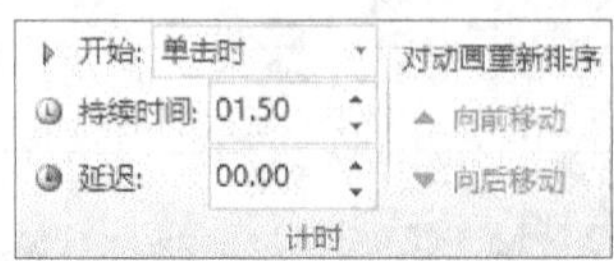

步骤 06 使用同样的方法为其他幻灯片页面中的内容设置不同的动画效果。最终制作完成的销售计划PPT如下图所示。

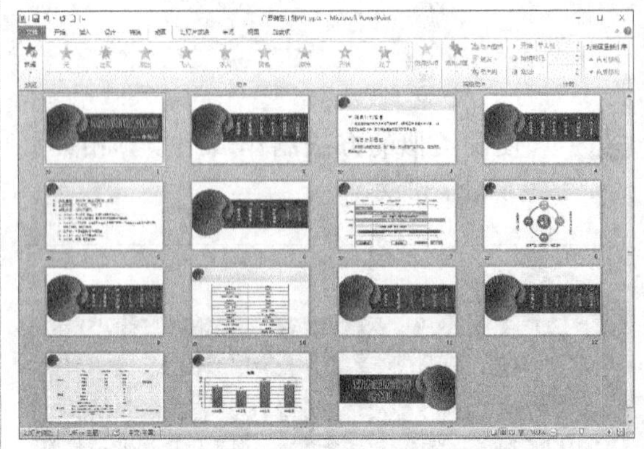

至此，就完成了产品销售计划PPT的制作。

第7篇
高手秘技篇

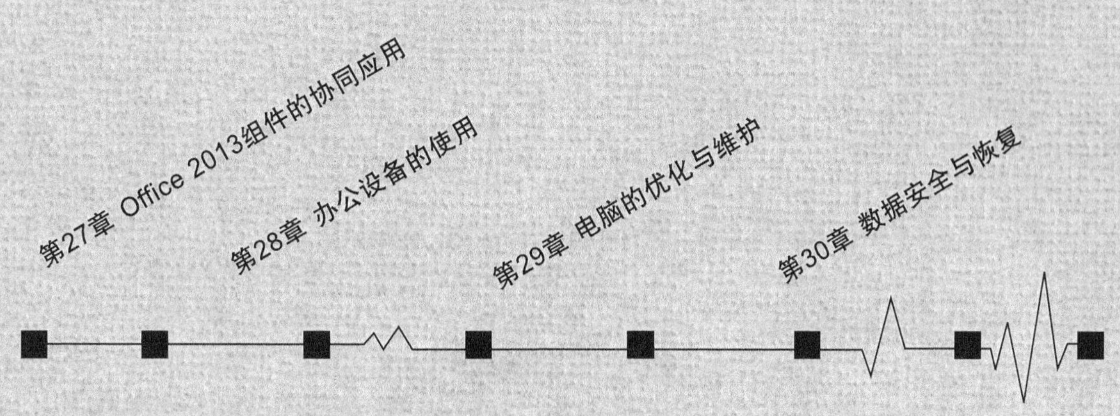

第27章 Office 2013组件的协同应用
第28章 办公设备的使用
第29章 电脑的优化与维护
第30章 数据安全与恢复

第27章

Office 2010组件的协同应用

学习目标

在使用比较频繁的办公软件，通过Word、Excel和PowerPoint之间的资源共享和相互调用时，可以提高工作效率。

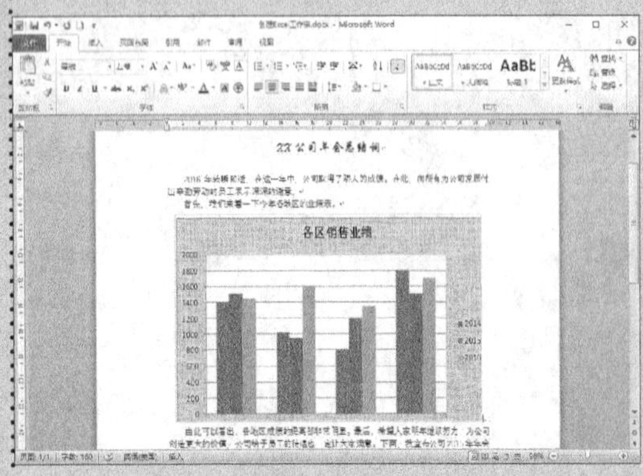

27.1 Word与其他组件的协同

本节教学录像时间：5 分钟

在Word中不仅可以创建Excel工作表，而且可以调用已有的PowerPoint演示文稿，来实现资源的共用，避免在不同软件之间的来回切换，大大减少了工作量。

27.1.1 在Word中创建Excel工作表

当制作的Word文档涉及报表时，我们可以直接在Word中创建Excel 工作表，这样不仅可以使文档的内容更加清晰，表达的意思更加完整，而且可以节约时间。

步骤01 打开随书光盘中的"素材\ch27\创建Excel工作表.docx"文件，将鼠标光标放在需要插入表格的位置，单击【插入】选项卡下【表格】选项组中的【表格】按钮，在弹出的下拉列表中选择【Excel电子表格】选项。

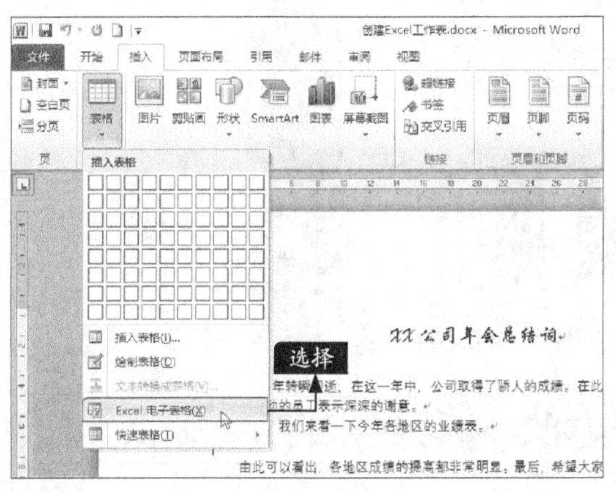

步骤02 返回Word文档，即可看到插入的Excel电子表格，双击【Excel电子表格】即可进入工作表的编辑状态，在Excel电子表格中输入如图所示数据。

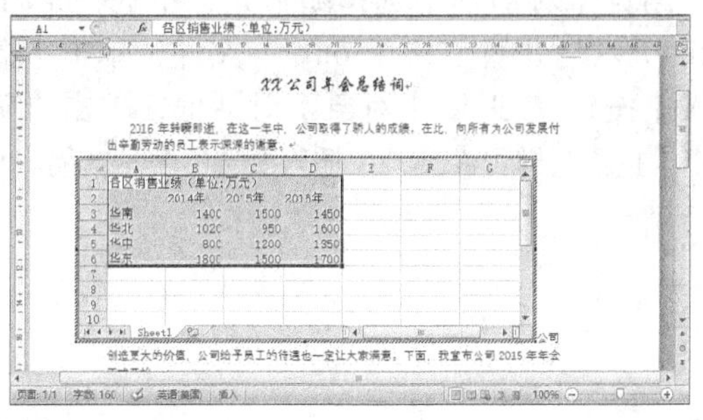

步骤03 选择单元格区域A2:D6，单击【插入】选项卡下【图表】选项组中的【柱形图】按钮，在弹出的下拉列表中选择【簇状柱形图】选项。

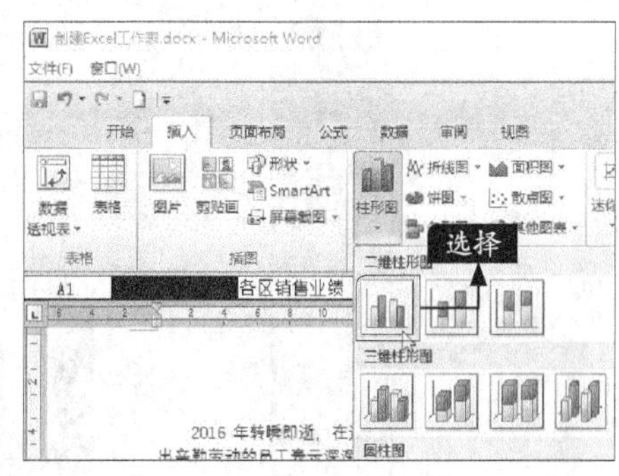

步骤04 即可在图表中插入下图所示柱形图，当鼠标变为✥形状时，按住鼠标左键，拖曳图表区到合适位置。

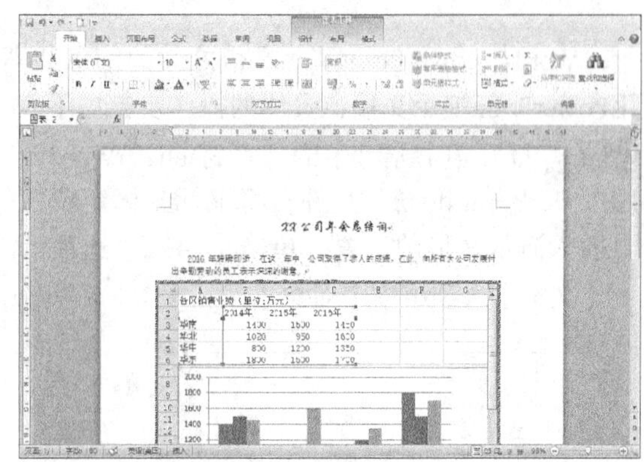

步骤05 在图表区【图表标题】文本框中输入"各区销售业绩"，并设置其【字体】为"宋体"、【字号】为"14"，然后单击图表区的空白位置。

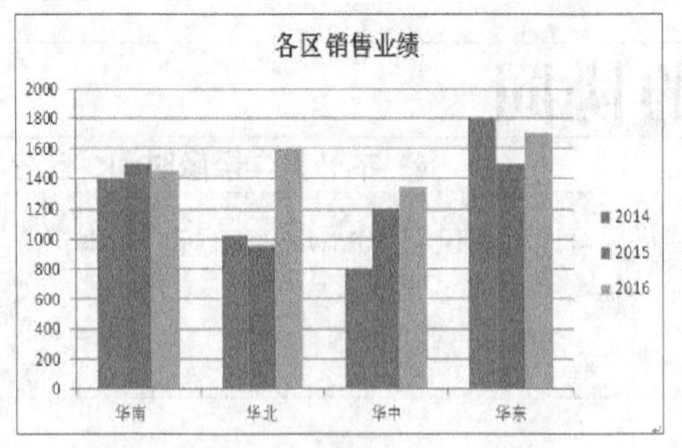

步骤 06 选择【绘图区】区域，单击【格式】➤【形状样式】➤【形状填充】➤【纹理】，在下拉菜单栏中选择【纹理】➤【画布】选项。

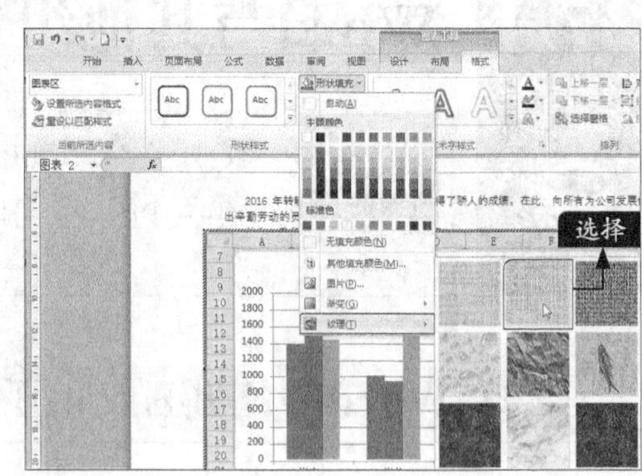

步骤 07 再次调整工作表的大小、位置及显示区域，并单击文档的空白区域返回Word文档的编辑窗口，最后效果如图所示。

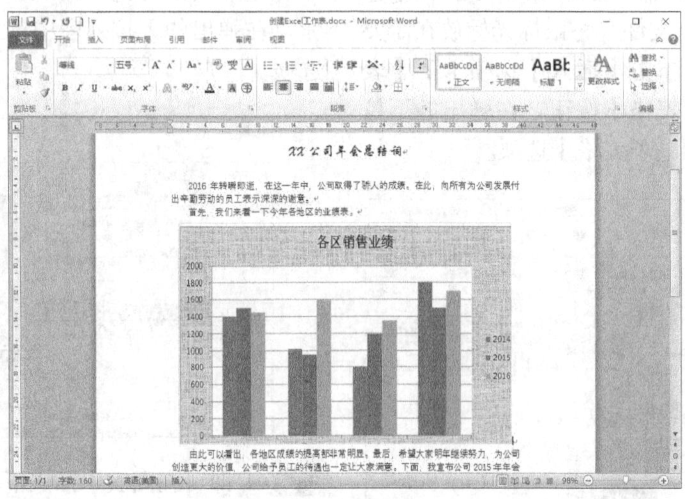

27.1.2 在Word中调用PowerPoint演示文稿

Word与PowerPoint演示文稿之间的信息共享不是很常用，但也会因为某种需要而在Word中调用PowerPoint演示文稿，具体的操作步骤如下。

步骤 01 打开随书光盘中的“素材\ch27\Word调用PowerPoint.docx”文件，将鼠标光标定位在要插入演示文稿的位置，单击【插入】选项卡下【文本】选项组中【对象】按钮 对象 。

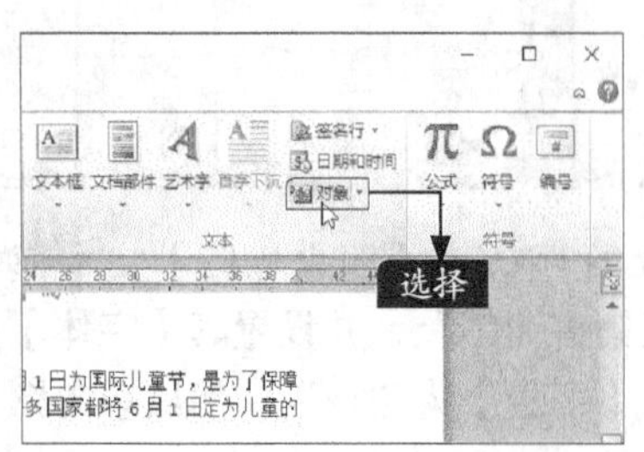

步骤 02 弹出【对象】对话框，选择【由文件创建】选项卡，单击【浏览】按钮，在打开的【浏览】对话框中选择随书光盘中的“素材\ch27\六一儿童节快乐.pptx”文件，单击【插入】按钮， 返回【对象】对话框，单击【确定】按钮，即可在文档中插入所选的演示文稿。

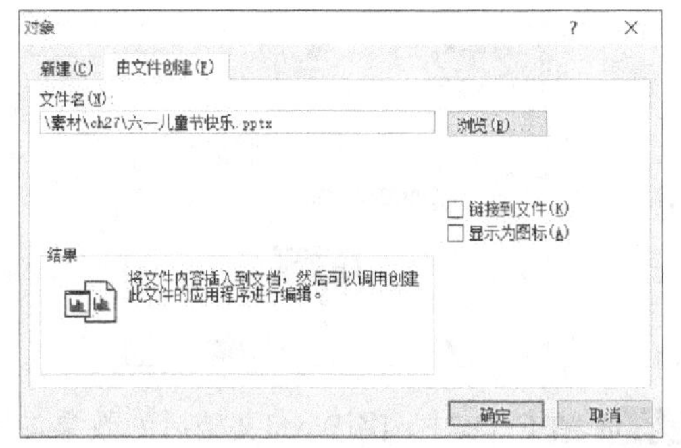

步骤 03 插入PowerPoint演示文稿后，拖曳演示文稿四周的控制点可调整演示文稿的大小。在演示文稿中单击鼠标右键，在弹出的快捷菜单中选择【“演示文稿”对象】➤【显示】选项。

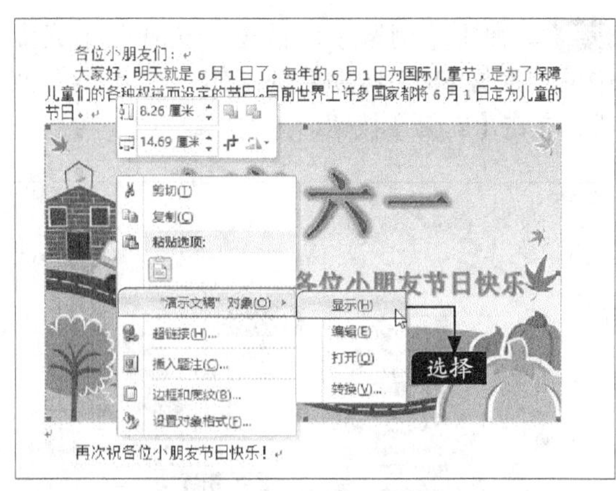

步骤 04 即可播放幻灯片，效果如图所示。

27.2 Excel与其他组件的协同

本节教学录像时间：5 分钟

Excel工作簿与PowerPoint演示文稿以及文本文件数据之间也存在着信息的相互调用和共享的关系。

27.2.1 在Excel中调用Word文档

在Excel工作表中，可以通过调用Word文档来实现资源的共用，避免在不同软件之间来回切换，从而大大减少了工作量。

步骤 01 新建一个工作簿，单击【插入】选项卡下【文本】选项组中的【对象】按钮 对象，弹出【对象】对话框，选择【由文件创建】选项卡，单击【浏览】按钮。

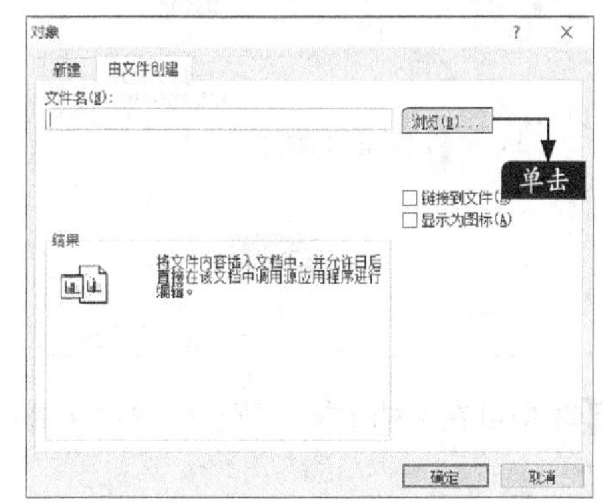

步骤 02 弹出【浏览】对话框，选择随书光盘中的“素材\ch27\考勤管理工作标准.docx”文件，单击【打开】按钮。

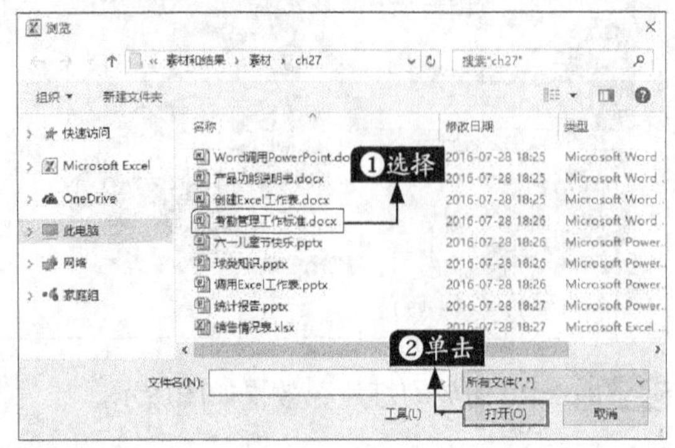

步骤 03 返回【对象】对话框，单击【确定】按钮。

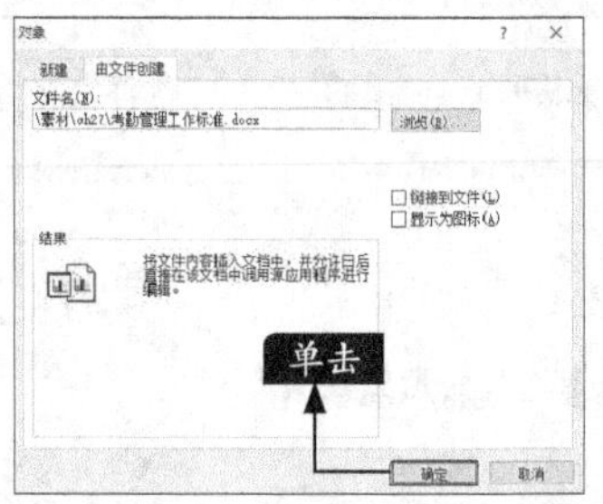

步骤 04 在Excel中调用Word文档后的效果如图所示。双击插入的Word文档，即可显示Word功能区，便于编辑插入的文档。

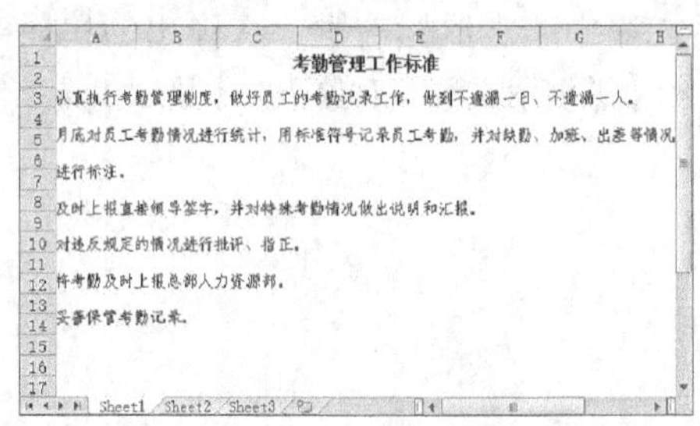

27.2.2 在Excel中调用PowerPoint演示文稿

用户可以将Excel中制作完成的工作表调用到PowerPoint演示文稿中进行放映，这样可以为讲解省去许多麻烦，具体的操作步骤如下。

步骤 01 新建一个Excel工作表，单击【插入】选项卡下【文本】选项组中【对象】按钮 对象，弹出【对象】对话框，选择【由文件创建】选项卡，单击【浏览】按钮。在打开的【浏览】对话框中选择将要插入的PowerPoint演示文稿，此处选择随书光盘中的“素材\ch27\统计报告.pptx”文件，然后单击【插入】按钮，返回【对象】对话框，单击【确定】按钮。

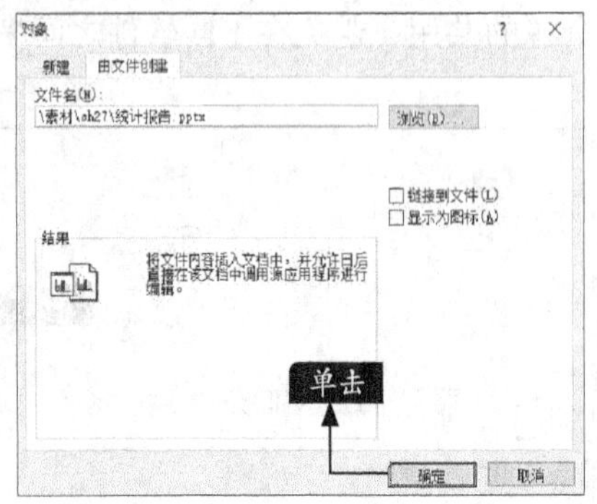

步骤 02 即可在文档中插入所选的演示文稿。插入PowerPoint演示文稿后，可以通过演示文稿四周的控制点来调整演示文稿的位置及大小。

步骤 03 选中幻灯片，单击鼠标右键，在弹出的快捷菜单中选择【演示文稿对象】➤【显示】选项。

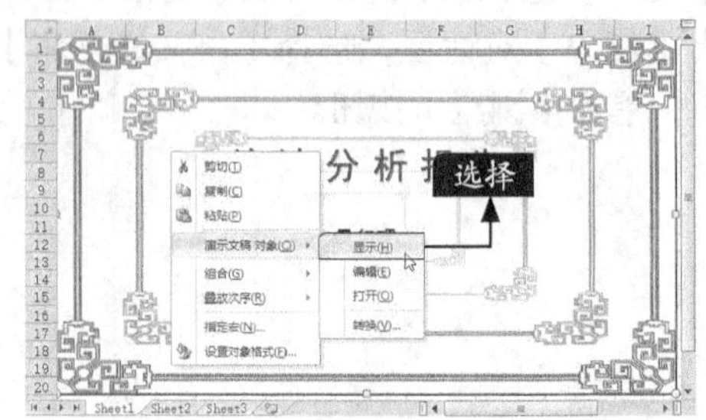

步骤04 弹出【Microsoft PowerPoint】对话框，然后单击【确定】按钮，即可播放幻灯片。

27.3 PowerPoint与其他组件的协同

本节教学录像时间：6 分钟

PowerPoint与其他组件的协同应用主要包括调用Excel工作表和由PowerPoint演示文稿向Word文档的转换等。

27.3.1 在PowerPoint中插入Excel工作表

用户可以将Excel中制作完成的工作表调用到PowerPoint演示文稿中进行放映，这样可以为讲解省去许多麻烦，具体的操作步骤如下。

步骤01 打开随书光盘中的“素材\ch27\调用Excel工作表.pptx”文件，选择第2张幻灯片，然后单击【新建幻灯片】按钮，在弹出的下拉列表中选择【仅标题】选项。

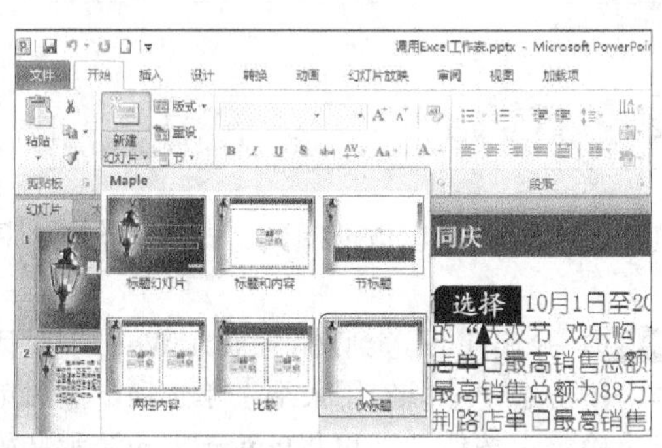

步骤02 在【单击此处添加标题】文本框中输入“各店销售情况”。

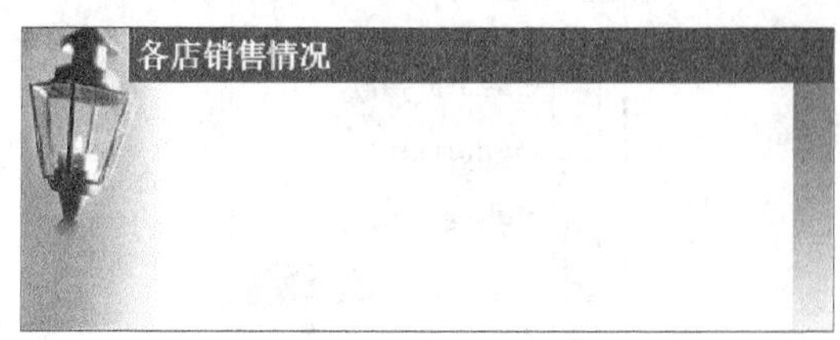

步骤03 单击【插入】选项卡下【文本】选项组中的【对象】按钮 对象，弹出【插入对象】对话框，单击选中【由文件创建】单选项，然后单击【浏览】按钮。

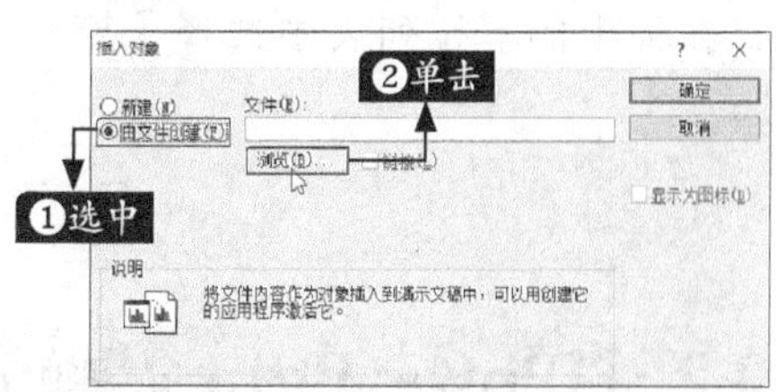

步骤04 在弹出的【浏览】对话框中选择将要插入的Excel文件，此处选择随书光盘中的“素材\ch27\销售情况表.xlsx”文件，然后单击【确定】按钮。

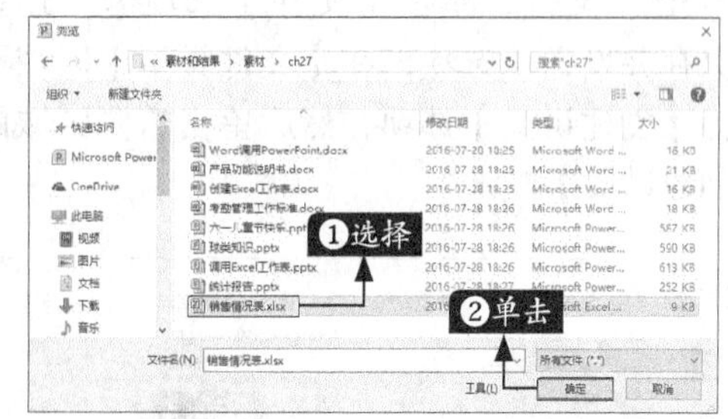

步骤05 返回【对象】对话框，单击【确定】按钮，即可在文档中插入表格，双击表格，进入Excel工作表的编辑状态，调整表格大小如图所示。

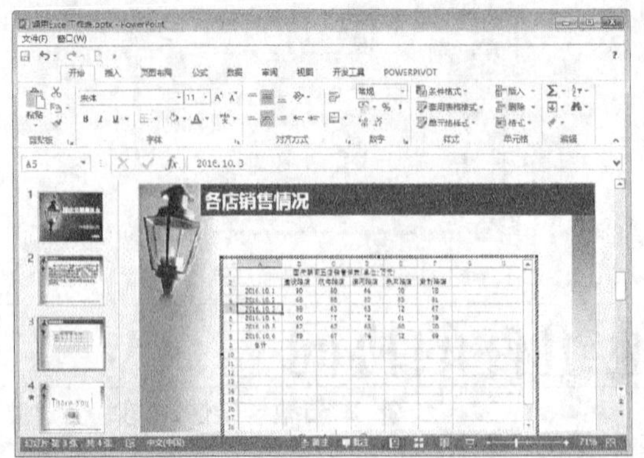

步骤06 分别计算各店的销售总额，结果如图所示。

	A	B	C	D	E	F
1	国庆期间五店销售详表(单位:万元)					
2		建设路店	航海路店	淮河路店	未来路店	紫荆路店
3	2016.10.1	90	80	64	70	78
4	2016.10.2	68	88	85	83	81
5	2016.10.3	88	63	63	72	67
6	2016.10.4	66	77	72	61	79
7	2016.10.5	62	62	63	80	70
8	2016.10.6	89	67	74	72	69
9	总计	463	437	421	438	444
10						

步骤07 选择单元格区域A2:F8，单击【插入】选项卡下【图表】选项组中的【插入柱形图】按钮，在弹出的下拉列表中选择【簇状柱形图】选项。

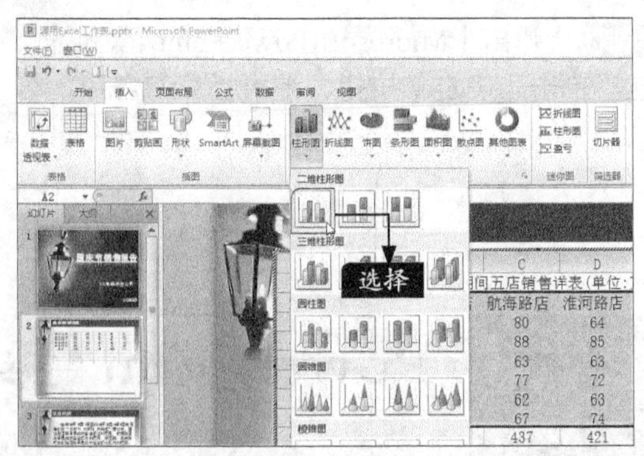

步骤08 插入柱形图后，设置图表的位置和大小，用户可以根据需要设置图表，返回PowerPoint，即可看到插入的Excel工作表。

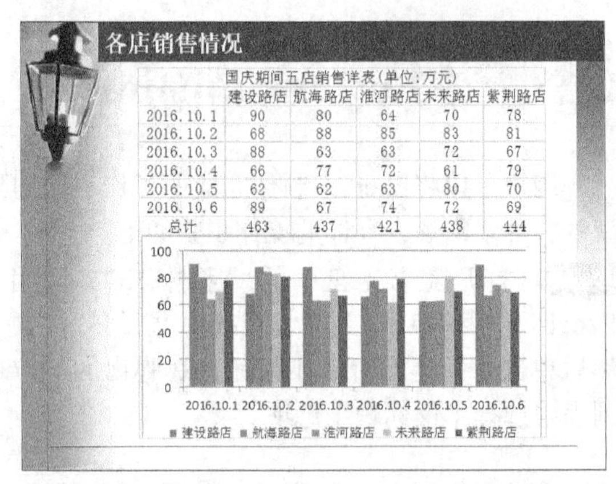

27.3.2 将PowerPoint转换为Word文档

用户可以将PowerPoint演示文稿中的内容转化到Word文档中，以方便阅读、打印和检查，具体操作步骤如下。

步骤01 打开随书光盘中的“素材\ch27\球类知识.pptx”文件，单击【文件】选项卡，选择【保存并发送】选项，在【文件类型】区域下选择【创建讲义】选项，然后单击右侧区域的【创建讲义】按钮。

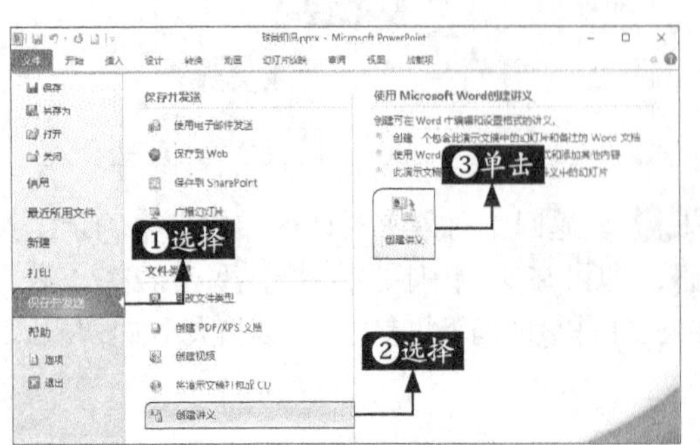

步骤02 弹出【发送到Microsoft Word】对话框，单击选中【只使用大纲】单选项，然后单击【确定】按钮，即可将PowerPoint演示文稿转换为Word文档。

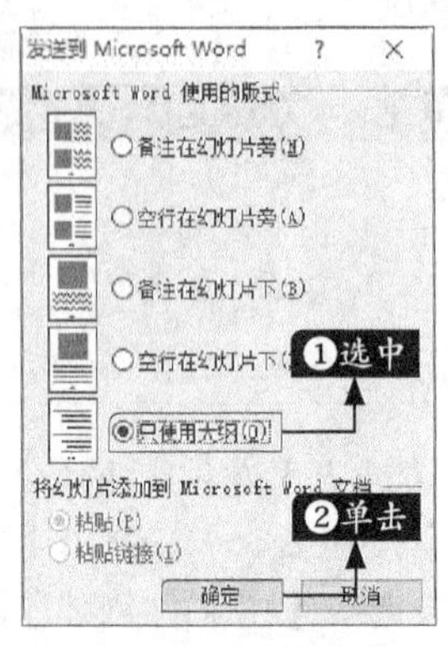

第28章

办公设备的使用

学习目标

办公设备是自动化办公中不可缺少的组成部分，熟练掌握办公所需软件的知识，熟练操作常用的办公器材，例如打印机和扫描仪等，都是十分必要的。因为在日常办公中，随时都需要用到它们。

28.1 打印机的使用

本节教学录像时间：14 分钟

打印机是自动化办公中不可缺少的一个组成部分，是重要的输出设备之一。通过打印机，用户可以将在电脑中编辑好的文档、图片等资料打印输出到纸上，从而便于将资料进行存档、报送及作其他用途。

28.1.1 连接打印机

要打印工作表，首先需要有打印机，在使用打印机时，将打印机直接连接电脑，并安装驱动进行文件打印。目前，打印机接口有SCSI接口、EPP接口、USB接口3种。一般电脑使用的是EPP和USB两种。如果是USB接口打印机，可以使用其提供的USB数据线与电脑USB接口相连接，再接通电源即可。启动电脑后，系统会自动检测到新硬件，按照向导提示进行安装，安装过程中只需指定驱动程序的位置。

如果没有检测到新硬件，可以按照如下方法安装打印机的驱动程序。本节以“爱普生喷墨式打印机R270”为例，具体操作步骤如下。

步骤 01 将打印机通过USB接口连接电脑。双击“EPSON 270”打印机驱动程序，然后在弹出的【安装爱普生打印机工具】对话框中，单击【确定】按钮。

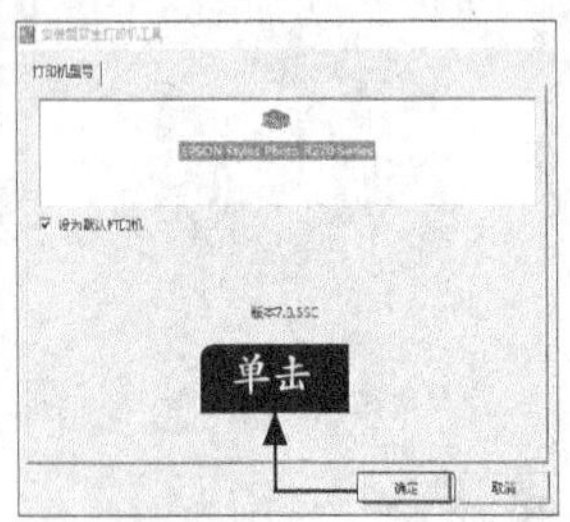

步骤 02 打开【许可协议】界面，单击【接受】按钮。

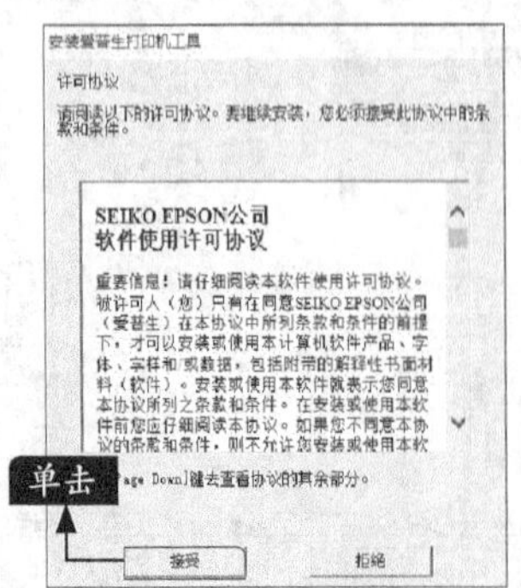

步骤 03 即可检测被安装的打印机驱动程序，如下图所示。

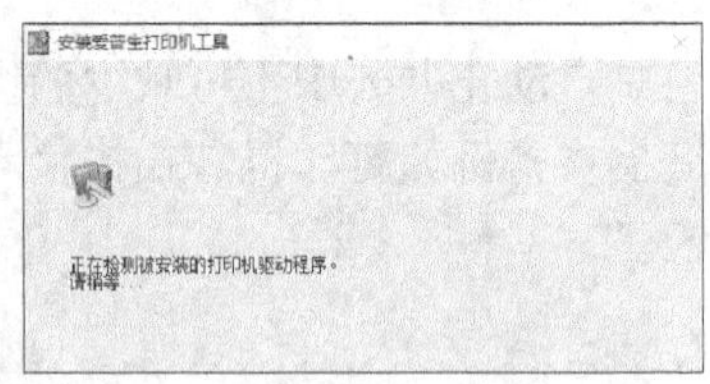

步骤 04 进入【安装爱普生打印机工具】对话框，配置打印机端口。此时，确认打印机已连接电脑，按【电源】按钮，打印机将自动配置端口。

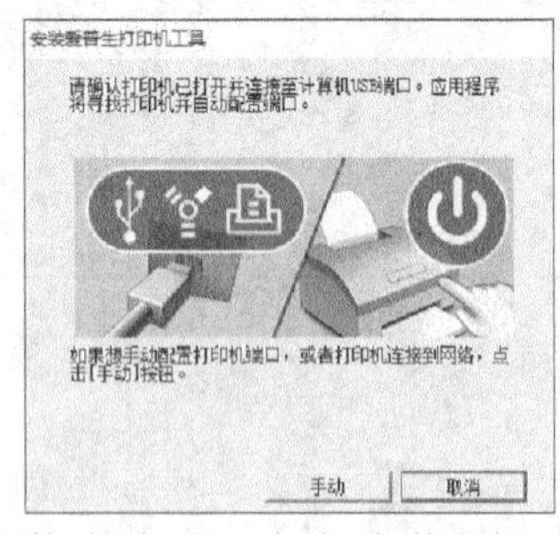

步骤 05 安装成功后，会自动弹出提示对话框，单击【确定】按钮完成安装。

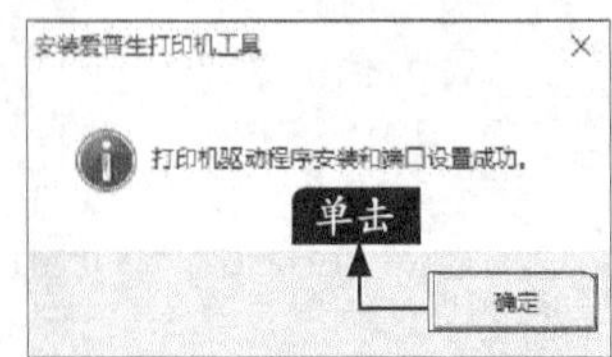

小提示

不同的打印机安装驱动程序也不尽相同，但方法基本相似，在此不一一赘述。如果附带的驱动光盘丢失或者电脑没有带光驱，可以从官方中的服务支持页面中下载。

28.1.2 使用打印机打印文件

打印机连接好后就可以文件了，如Word文档、Excel工作表、PPT演示文稿及图片等，其打印机的方法基本是打开要打印的文件，按【Ctrl+P】组合键，进行打印。下面主要具体介绍下Office文件的打印方法。

1. 打印预览

在进行文档打印之前，最好先使用打印预览功能查看即将打印文档的效果，以免出现错误，浪费纸张。在需要打印的文档、工作簿或演示文稿中查看打印效果的方法类似，这里以Word 2010为例。

在打开的Word文档中，单击【文件】选项卡，在弹出的界面左侧选择【打印】选项，在右侧即可显示打印预览效果。

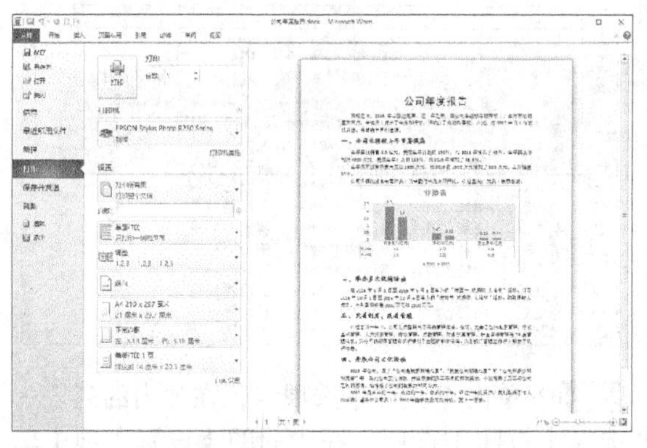

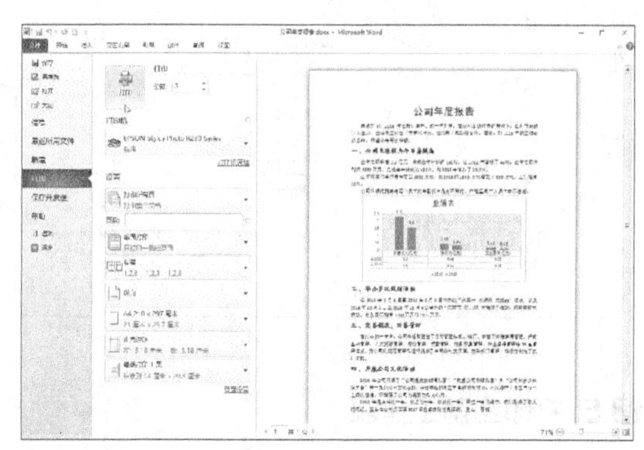

2. 打印当前文档

当用户在打印预览中对所打印文档的效果感到满意时，就可以对文档进行打印。具体方法是：单击【文件】选项卡，在弹出的界面左侧选择【打印】选项，在右侧【打印机】下拉列表中选择打印机。在【份数】微调框中设置需要打印的份数，如这里输入“3”，单击【打印】按钮 即可进行打印。

3. 打印当前页面

打印当前页面是指打印目前正在浏览的页面。具体方法是：单击【文件】选项卡，在【打印】区域的【设置】组下单击【打印所有页】后的下拉按钮，在弹出的下拉列表中选择【打印当前页】选项，然后单击【打印】按钮 即可进行打印。

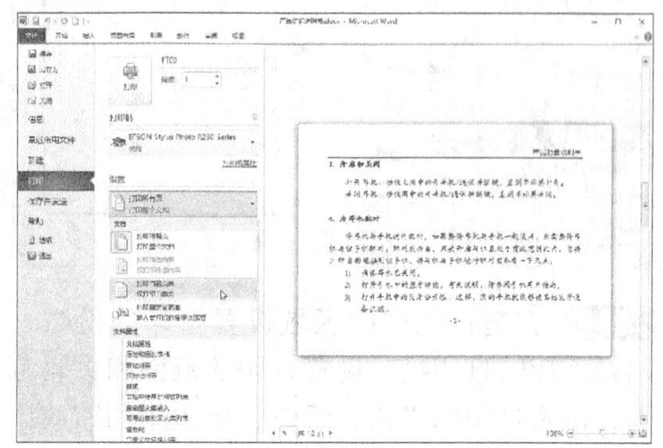

4. 自定义打印范围

用户可以自定义打印的页码范围，有目的性的打印。具体方法：单击【文件】选项卡，在【打印】区域的【设置】组下单击【打印所有页】后的下拉按钮，在弹出的下拉列表中选择【自定义打印范围】选项，然后在【页数】文本框中输入要打印的页码，如输入“5-9”，则表示打印第5到第9页内容，如输入“5-9,11”则表示打印第5到第9页、第11页内容，单击【打印】按钮 即可进行打印。

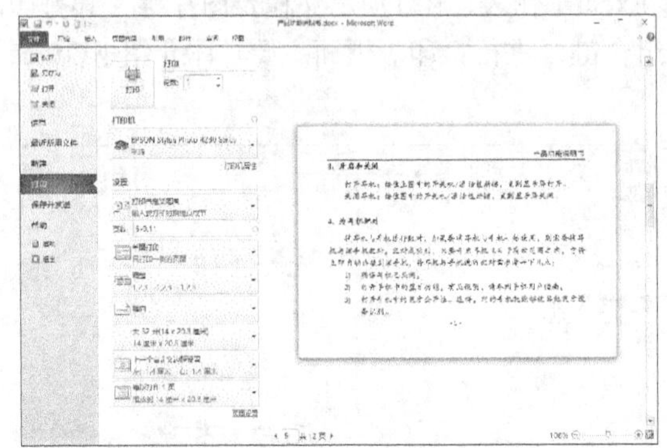

5. 打印当前工作表

页面设置完成后，就可以打印输出了。不过，在打印之前还需要对打印选项进行设置。

步骤 01 单击【文件】选项卡，在弹出的列表中选择【打印】选项。

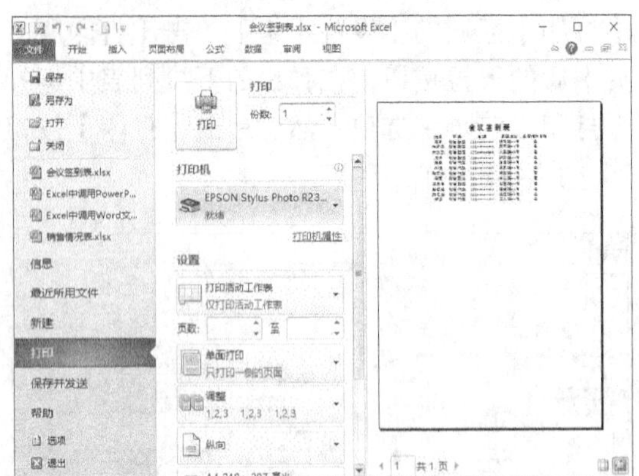

步骤 02 在窗口的中间区域设置打印的份数，选择连接的打印机，设置打印的范围和页码范围，以及打印的方式、纸张、页边距和缩放比例等。设置完成后，单击【打印】按钮 ，即可开始打印。

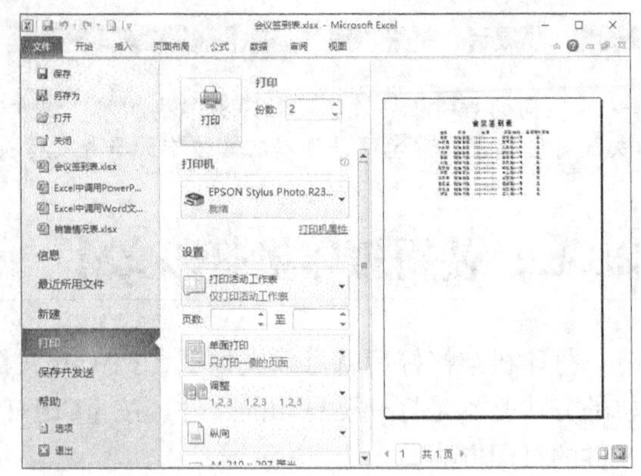

6. 仅打印指定区域

在打印工作表时，如果仅仅打印工作表的指定区域，就需要对当前工作表进行设置。设置打印指定区域的具体步骤如下。

步骤 01 打开随书光盘中的“素材\ch28\会议签到表.xlsx”工作簿，选择单元格A1，在按住【Shift】键的同时单击单元格F8，选择单元格区域A1:F8。

	A	B	D	E	F
1–2	会议签到表				
3	姓名	职务	电话	家庭地址	是否准时到达
4	李子	销售助理	135********	朝阳路**号	是
5	席新泉	销售助理	132********	黄河路**号	是
7	林岚琼	销售助理	158********	人民路**号	是
8	周评	销售助理	159********	新华路**号	是
9	赵淼	销售代表	156********	建设路**号	是
10	刘佳	销售代表	132********	东风路**号	是
11	李司棋	销售代表	131********	解放路**号	否
12	钟离	销售副总	186********	中山路**号	否
13	冯天宇	销售助理	182********	文明路**号	否
14	赵红坡	销售代表	186********	健康路**号	是
15	齐忆述	销售代表	135********	长江路**号	是

步骤 02 单击【文件】选项卡，在弹出的列表中选择【打印】选项，在中间的【设置】项中单击【打印活动工作表】选项，在弹出的下拉列表中选择【打印选定区域】选项。

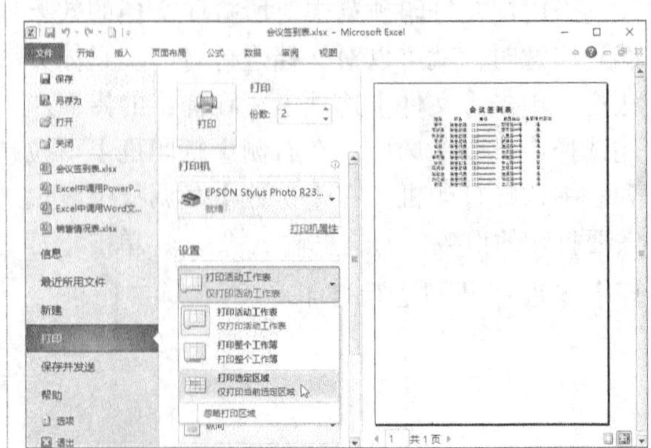

步骤03 单击中间区域最下方的【页面设置】选项，在弹出的【页面设置】对话框中选择【页边距】选项卡，选中【居中方式】区域中的【水平】复选框，单击【确定】按钮。

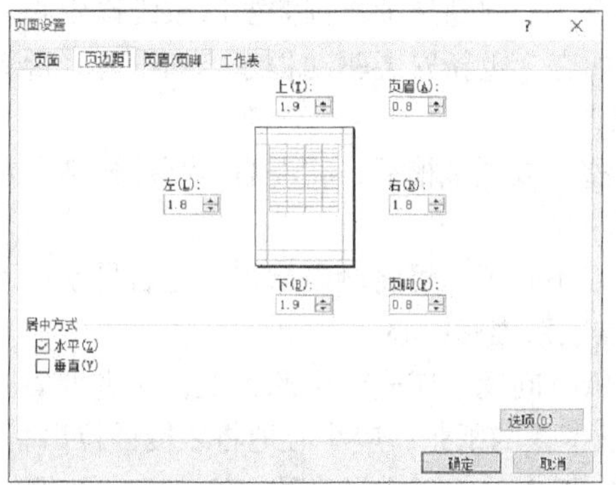

步骤04 返回打印设置窗口，选择打印机和设置其他选项后单击【打印】按钮，即可打印选定区域的数据。

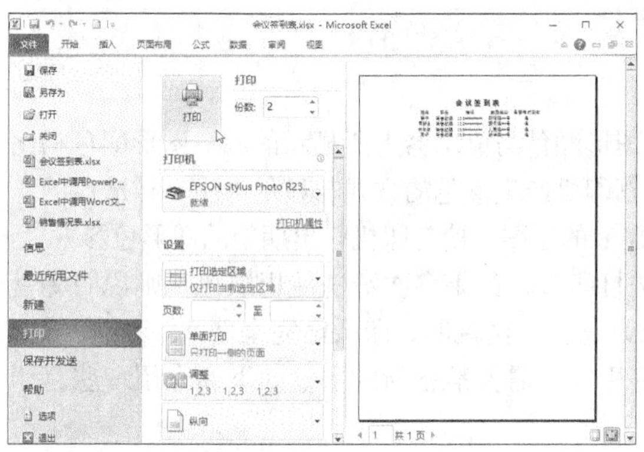

7. 一张纸上打印多张PPT

为了幻灯片的美观，制作的幻灯片通常是彩色的，但打印幻灯片时，不仅可以将幻灯片设置为灰度打印，还可以在一张纸上打印多张幻灯片，节省开支。

步骤01 打开随书光盘中的“素材\ch28\龙马高新教育公司.pptx”文件，单击【文件】选项卡下列表中的【打印】按钮，在右侧的打印区域设置打印的份数并选择打印机。在【设置】组下单击【1张幻灯片】右侧的下拉按钮，在弹出的下拉列表中选择【4张水平放置的幻灯片】选项，设置每张纸打印4张幻灯片。

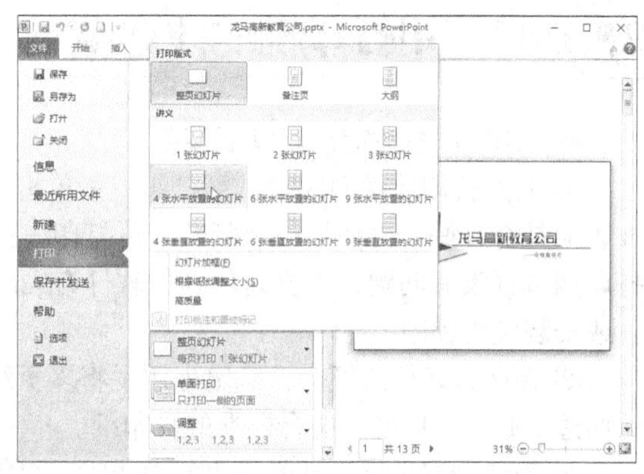

步骤02 在【设置】组下单击【纵向】右侧的下拉按钮，在弹出的下拉列表中选择【横向】选项，设置纸张为横向打印。

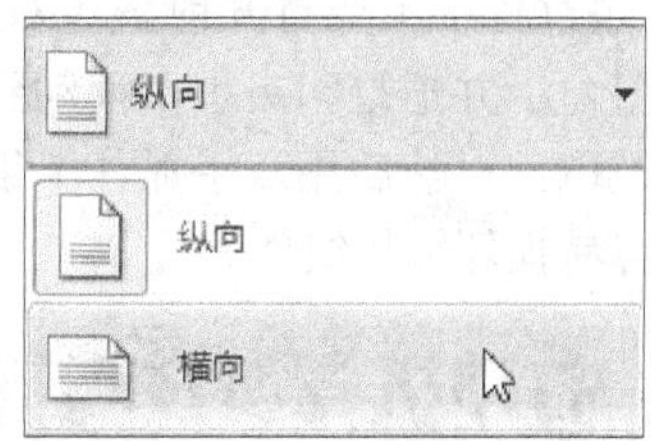

步骤03 在【设置】组下单击【颜色】右侧的下拉按钮，在弹出的下拉列表中选择【灰度】选项，设置为灰度打印。

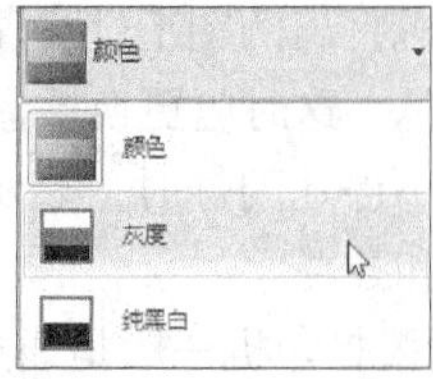

步骤04 此时，单击【打印】按钮，即可以横向的方式打印1份所有幻灯片，每页纸包含4张以灰度显示的幻灯片。

28.1.3 使用打印机的注意事项

在使用打印机时应注意以下事项。

⑴ 遇到打印质量问题时，可打印一张单机自测页，检查有无质量问题。若有问题，先确认硒鼓表面是否良好，更换另一个硒鼓，再打印一张自测页，若问题持续，则需要联系维修中心。如打印测试页没有问题，需要确认其他软件有无问题。如有，重新安装驱动程序；如没有，重新配置或安装应用程序。

⑵ 在往打印机放纸时，一定先用手将多页纸拉平整，放到纸槽后，将左右卡纸片分别卡到纸的两边。此外，应使用符合标准的打印纸。

⑶ 当遇到有平行于纸张长边的白线时，可能是碳粉不多了，可将硒鼓取出，左右晃动一下再打印。如果还不行，更换新的硒鼓，如果再不行，则需联系维修中心。

⑷ 当缺纸（paper out）灯不停地闪动时，表示进纸有问题。应先将电源关上，从进纸架上将纸张取出。如打印中的纸张仍留在机内，或机内留有被卡住的纸张，应小心地将之慢慢拉出。

⑸ 打印过程中不要打开前盖（对新一代的打印机来说，当打开前盖时，它就会“聪明”地以为要换墨盒，并把打印头小车移动到前盖部分），以免造成卡纸。发生卡纸时，应先将前盖打开，将硒鼓取出，然后用双手抓住卡纸的两侧，均匀用力将纸拽出。一定不能用尖利的器件去取纸，这样容易损坏加热组件。

28.1.4 打印机省墨技巧

使用喷墨打印机打印时，有时候会发现打出的图形颜色与显示器上所显示的同一图形颜色相比偏淡或偏浓，还可能偏向其他相近颜色，这是由于打印机产生颜色的方式与显示器不一样造成的。可通过应用软件或打印机的驱动程序重新编辑显示器上的原图，使打印机打出期望的图形色彩。

如果打印机打出的图形缺少某种颜色，应清洗打印头，如果多次清洗后仍缺色，则说明墨盒已缺少某种颜色，这时应更换墨盒。如果更换后仍是这样，则说明打印头已完全堵塞。

当缺墨灯不停地闪烁时，表示墨盒内的墨即将用完，需要准备新的墨盒。下面介绍一些打印机省墨的方法和技巧。

⑴ 彩色喷墨打印机一般是通过感应传感器来检测墨盒中的墨量的。传感器只要检测到其中一色墨量小于打印机内部设定的值，便提示更换墨盒。在这种情况下，不必立即更换墨盒，否则就会造成不必要的浪费。由于墨盒（原装）中都有海绵，所以当打印机第一次报墨盒已经用完的时候，其实还是剩有部分墨的。

⑵ 现在许多打印机都推出了具有无边距打印功能。虽然无边距照片是美丽动人的，但是需要全幅面覆盖。由于打印机定位的需要，在纸张的左右前后，都有大量的墨被延伸到纸外而被浪费掉，因此在一般情况下，尽量不使用无边距打印功能。

⑶ 换墨粉时一定要迅速，不然又要浪费很多墨来清洗打印头，得不偿失。每当拿下分离式打印机的墨盒换墨粉时，与墨盒相连的出墨口就会暴露在空气中。长时间暴露的话，必然会造成其中的墨干涸，这在第一次使用兼容墨盒时特别常见。

⑷ 喷墨打印机每启动一次，打印机都要自动清洗打印头和初始化打印机一次，并对墨输送系统充墨，这样就使大量的墨被浪费掉，因而最好不要让它频繁启动。

28.2 复印机的使用

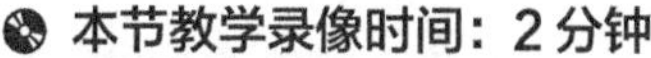
本节教学录像时间：2 分钟

复印机是从书写、绘制或印刷的原稿得到等倍、放大或缩小的复印品的设备。复印机复印的速度快，操作简便，与传统的铅字印刷、蜡纸油印、胶印等的主要区别是无需经过其他制版等中间手段，而能直接从原稿获得复印品。复印份数不多时较为经济。复印机发展的总体趋势从低速到高速、从黑白过渡到彩色（数码复印机与模拟复印机的对比），至今，复印机、打印机、传真机已集于一体。

复印机的使用方法主要是：打开复印机翻盖，将要复印的文件放进去，把文档有字的一面向下，盖上机器的盖子，选择打印机上的【复印】按钮进行复制。部分机器需要按【复印】按钮，然后再按一下打印机的【开始】或【启用】按钮进行复制。

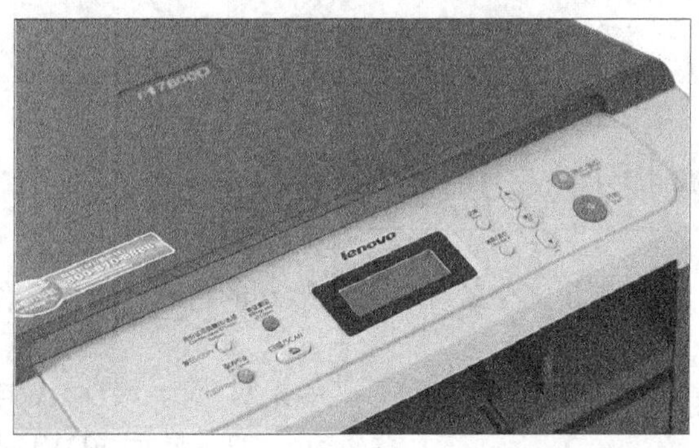

28.3 扫描仪的使用

本节教学录像时间：4 分钟

在日常办公中，使用扫描仪可以很方便地把纸上的文件扫描至电脑中。

目前，大多数办公的用扫描仪都是一体式机器，包含了打印、复印和扫描3种功能，可以最大化地节约了成本和办公空间。不管是一体机还是独立的扫描仪，其安装方法和打印机相同，将机器与电脑相连，并将附带的驱动程序安装到电脑上，即可使用。下面主要介绍下如何扫描文件。

步骤 01 将需要扫描的文件放入扫描仪中，要扫描的一面向下，运行扫描仪程序，扫描仪会提示设置，如下图所示，用户可以对扫描保存的文件类型、路径、分辨率、扫描类型、文档尺寸等进行设置，然后单击【扫描】按钮。

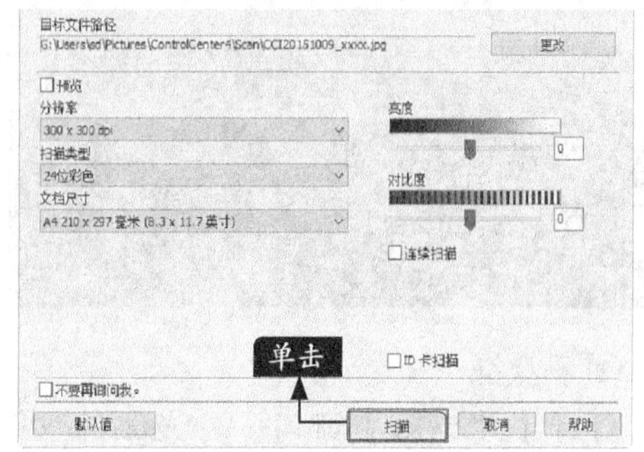

步骤 02 扫描仪即会扫描，扫描完成后会自动打开扫描的文件，如下图所示。

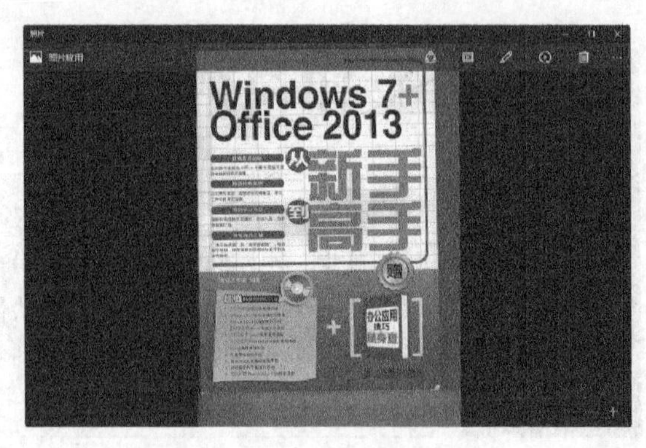

28.4 光盘刻录

本节教学录像时间：3 分钟

使用电脑中的刻录机，用户可以轻松地刻录各种类型的光盘，如普通数据光盘、镜像光盘、DVD 光盘等。

28.4.1 刻录准备

在刻录系统盘之前，需要满足三个条件，才能顺利的将系统镜像文件刻录完成。主要包括刻录机、空白光盘和刻录软件。

1. 刻录机

刻录机是刻录光盘的必要硬件外设，可以用于读取和写入光盘数据。对于很多用户来讲，即便电脑带有光驱，也不确定是否支持光盘刻录。而判断光驱是否支持刻录，可以采用以下几种办法。

(1) 看外观

看光驱的外观，如果有DVD-RW或RW的标识，则表明是可读写光驱，可以刻录DVD和CD光盘，如下图所示。如果是DVD-ROM的标识，则表面是只读光驱，能读出DVD和CD碟片，但不能刻录。

(2) 看盘符

打开【此电脑】窗口，看光驱的盘符，如果显示为DVD-RW或DVD-RAM，则支持刻录。如果显示为DVD-R或DVD-ROM，则不能刻录。

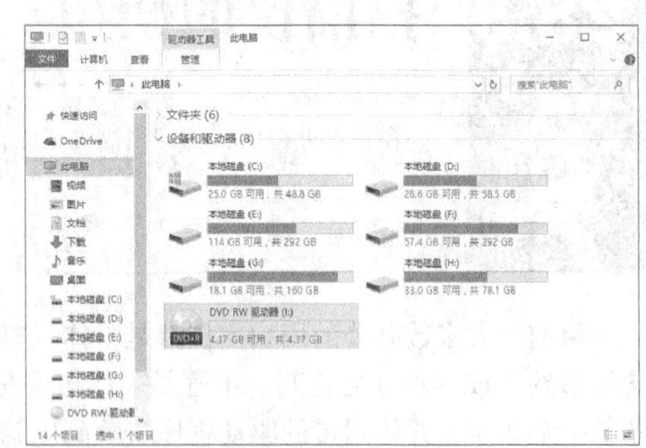

(3) 看设备管理器

右键单击【此电脑】图标，选择【属性】➤【设备管理器】选项，单击展开【DVD/CD-ROM 驱动器】项，查看DVD型号，如果是DVD-ROM，就不能刻录，如果是DVDW或DVDRW则支持刻录。

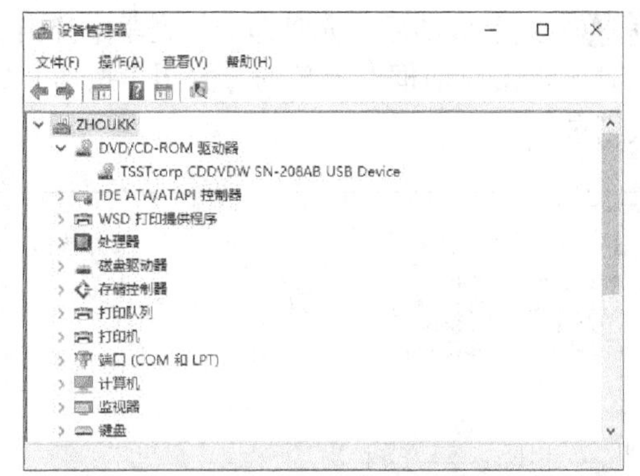

当然，除了上面三种方法，还可以通过鲁大师对硬件进行检测，查看光盘是否支持刻录。

2. 空白光盘

对于做一张系统安装盘，首先要看系统镜像的大小，如果是Windows XP，用户可以考虑使用700MB容量的CD，如果是Windows7\8.1\10的系统镜像，建议选用4.7 GB的DVD光盘。

另外，在光盘选择上，会看到分为CD-R和CD-RW两种类型，CD-R的光盘仅支持一次性的刻录，而CD-RW的光盘支持反复写入擦除。如果仅用来做系统盘，建议选用CD-R类型的光盘，价格相对便宜。

3. 刻录软件

除了买光盘刻录机之外，还必须要安装CD光盘刻录软件，如Easy-CD Pro、Easy-CD Creator、Nero、WinOnCD等，或者是DVD刻录软件，如软碟通、Nero等，这些都是常用的刻录程序。读者可以根据需要在相应的网站中下载。

28.4.2 开始刻录

刻录机、光盘和软件准备好后，就可以刻录了。本节主要介绍如何使用UltraISO（软碟通）制作系统安装盘。

步骤01 下载并解压缩UltraISO软件后，在安装程序文件夹中双击程序图标，启动该程序，然后在工具栏中单击【文件】➤【打开】菜单命令，选择要刻录的系统映像文件。

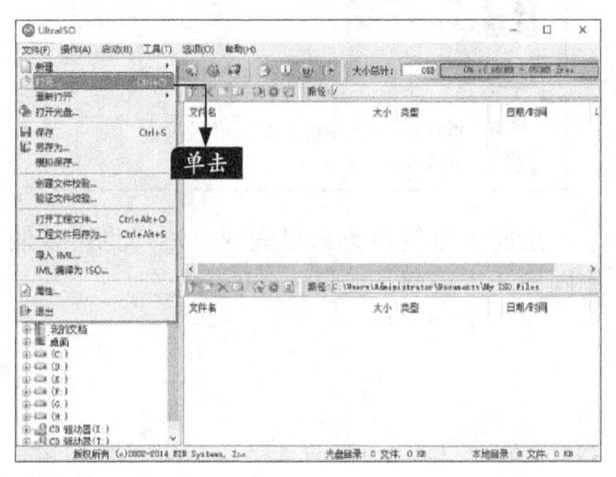

步骤02 添加系统映像文件后，将空白光盘放入光驱中，然后在工具栏中单击【工具】➤【刻录光盘映像】菜单命令。

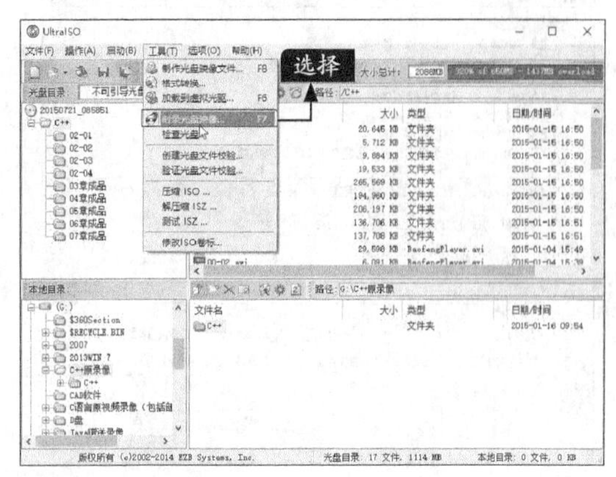

步骤03 弹出【刻录光盘映像】对话框，在【刻录机】下拉列表中选择要刻录机，保持默认的写入速度和写入方式，单击【刻录】按钮。

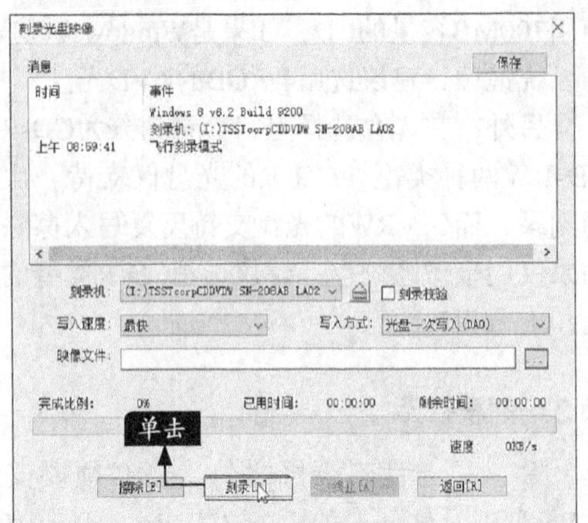

小提示

勾选【刻录校验】复选项，可以在刻录完成后，对写入的数据进行校验，以确保数据的完整性，一般可不作勾选。

另外，如果光盘支持反复写入和擦除，可以在该对话框中单击【擦除】按钮，擦除光盘中的数据。

步骤 04 此时，软件即会进入刻录过程中，如下图所示。

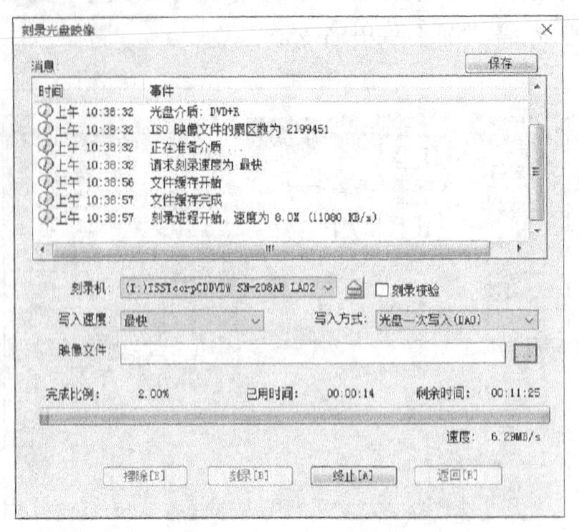

步骤 05 刻录成功后，光盘即会从光驱中弹出。此时，单击对话框右上角的【关闭】按钮，完成刻录。

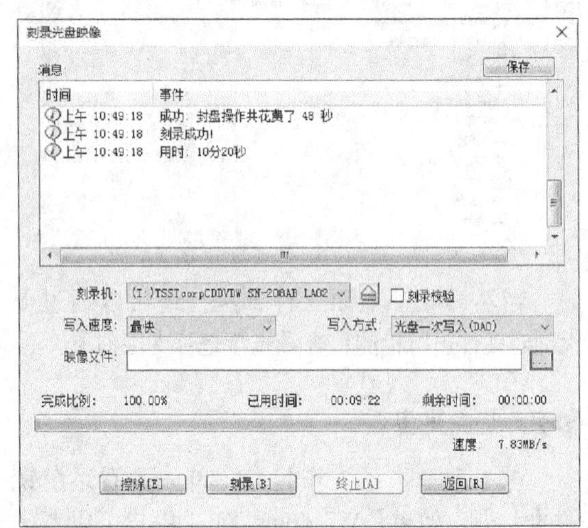

步骤 06 将光盘放入光驱中，弹出【自动播放】对话框，单击【运行 setup.exe】选项，即可使用该盘安装系统。另外用户也可以在【计算机】窗口打开DVD驱动器，查看刻录的文件。

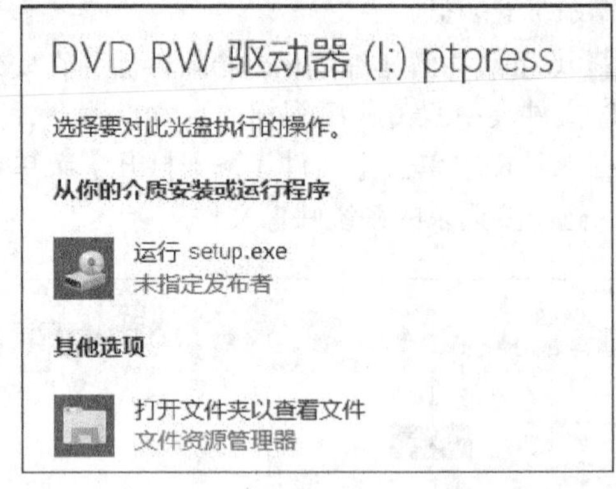

至此，系统盘刻录已完成，用户也可以使用同样的方法刻录视频、音乐等光盘。

第29章

电脑的优化与维护

用户在利用电脑从事各种工作的同时，要时刻提防计算机病毒来危害电脑的安全，还需要及时优化管理系统，以提高电脑的性能。本章主要介绍电脑的安全与防护、使用Windows系统工具备份与还原系统以及重装系统等内容。

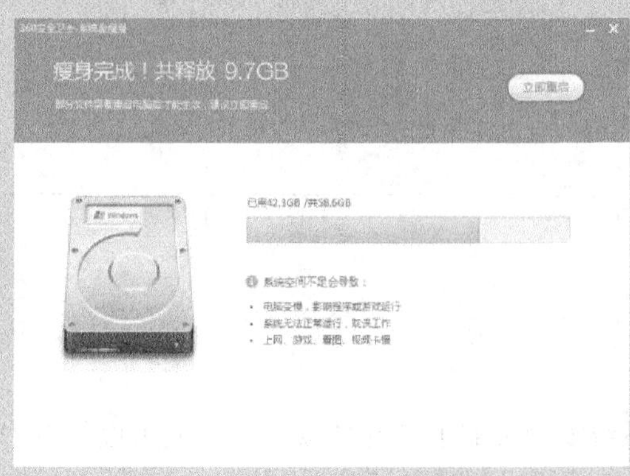

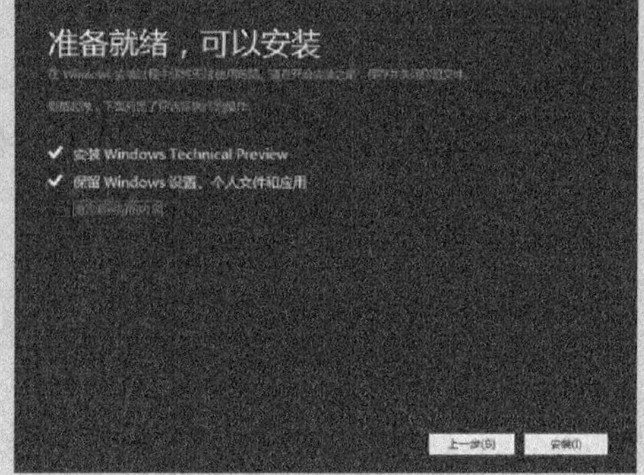

29.1 电脑的安全与防护

本节教学录像时间：8 分钟

随着网络的普及，病毒和木马也更加泛滥，它们对电脑有着强大的控制和破坏能力，因此给电脑安装杀毒软件是非常必要的。

29.1.1 系统的更新

在使用电脑时，为了使电脑系统以及软件运行的更安全，就需要对系统进行更新，以提高电脑的安全性和软件的完善性。如果系统有重大更新，系统会弹出系统更新通知，用户可根据提示更新系统即可。

步骤 01 当Windows系统有更新，则弹出如下通知对话框，此时单击【转到“设置”】按钮。

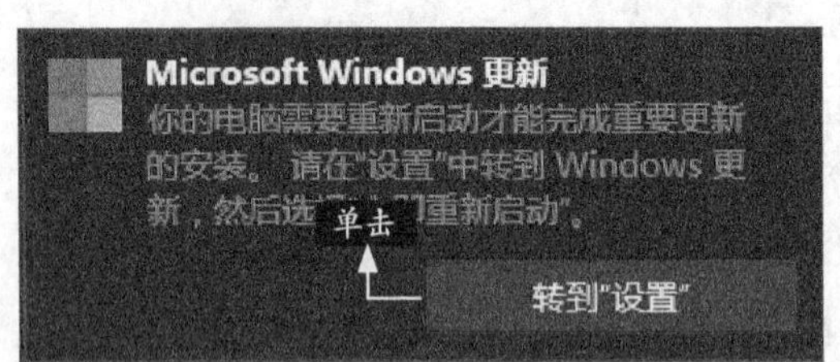

步骤 02 打开【设置】界面，即会对系统进行更新检查，如下图所示。

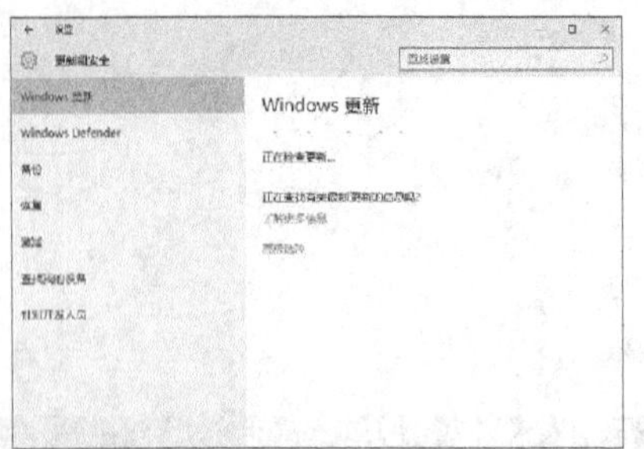

步骤 03 检查更新完毕后，即会下载可用更新，下载完成后，部分更新可能要求重启电脑完成更新。

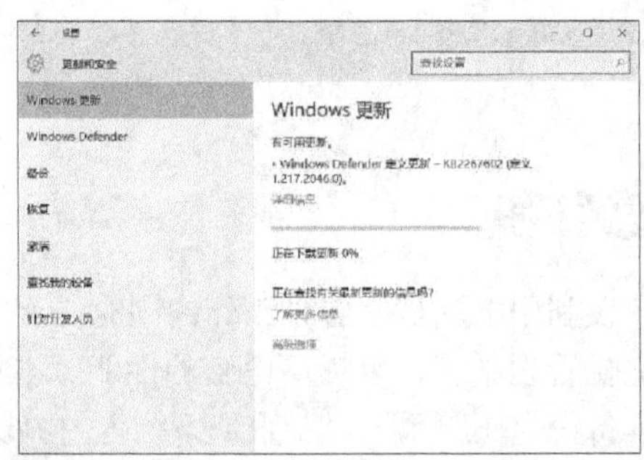

步骤 04 如果没有提示更新，希望检查系统是否有更新，可按【Windows+I】组合键，打开【设置】界面，并单击【更新和安全】【Windows更新】选项

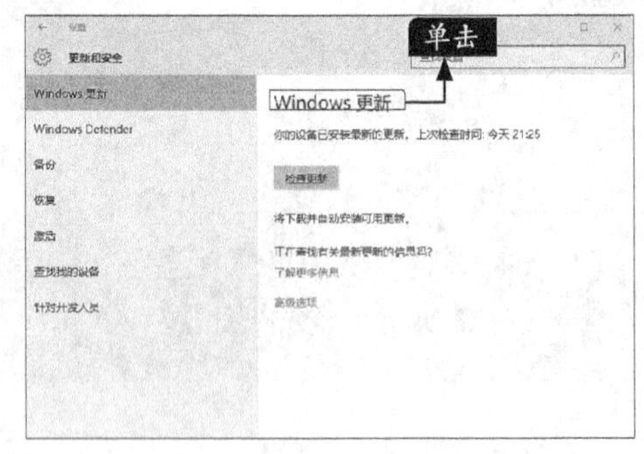

29.1.2 修补系统漏洞

漏洞是在硬件、软件、协议的具体实现或系统安全策略上存在的缺陷，从而可以使攻击者能够在未授权的情况下访问或破坏系统，因此，用户必须要及时修复系统的漏洞。下面以360安全卫士修复系统漏洞为例进行介绍，具体操作如下。

步骤01 打开360安全卫士软件，在其主界面单击【查杀修复】图标按钮。

步骤02 单击【漏洞修复】图标按钮。

步骤03 软件扫描电脑系统后，即会显示电脑系统中存在的安全漏洞，用户单击【立即修复】按钮。

步骤04 此时，软件会进入修复过程，自行执行漏洞补丁下载及安装。有时系统漏洞修复完成后，会提示重启电脑，单击【立即重启】按钮重启电脑完成系统漏洞修复。

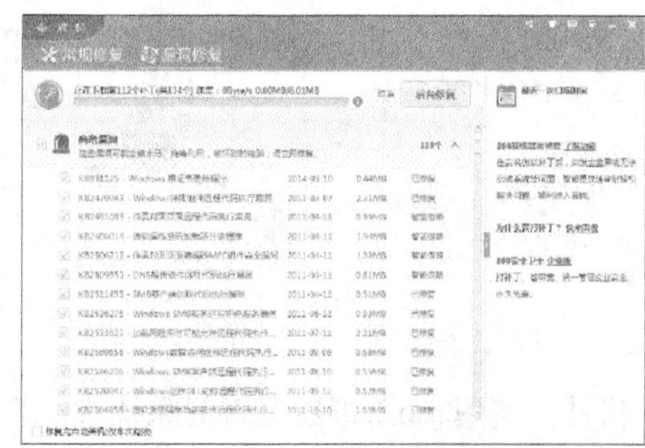

29.1.3 查杀病毒

一旦发现电脑运行不正常，用户首先分析原因，然后即可利用杀毒软件进行杀毒操作。下面以“360杀毒”查杀病毒为例讲解如何利用杀毒软件杀毒。

使用360杀毒软件杀毒的具体操作步骤如下。

步骤01 在360杀毒主界面，为用户提供了2个查杀病毒的方式。即全盘扫描、快速扫描和自定义扫描。

步骤02 这里选择快速扫描方式，单击【快速扫描】按钮，即可开始扫描系统中的病毒文件。

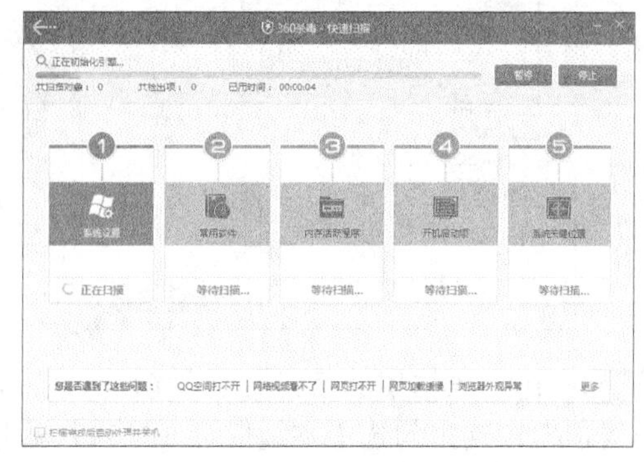

步骤 03 在扫描的过程中，如果发现木马病毒或者是其他状况，则会在下面的空格中显示扫描出来的木马病毒，并列表其威胁对象、威胁类型、处理状态等。单击【立即处理】按钮。

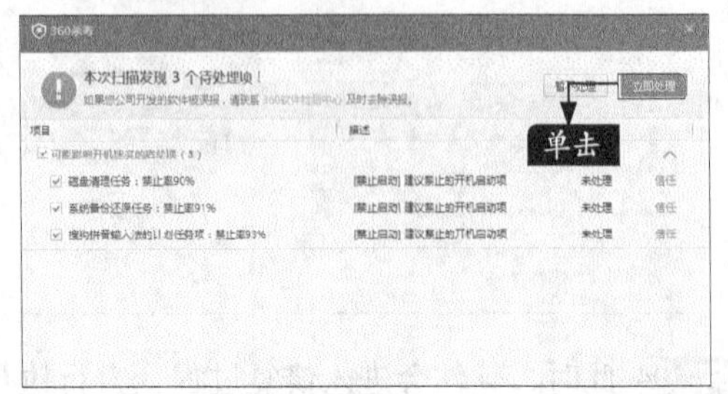

步骤 04 即可处理扫描出来的木马病毒或安全威胁对象。并显示处理状态。单击【确认】按钮即可。

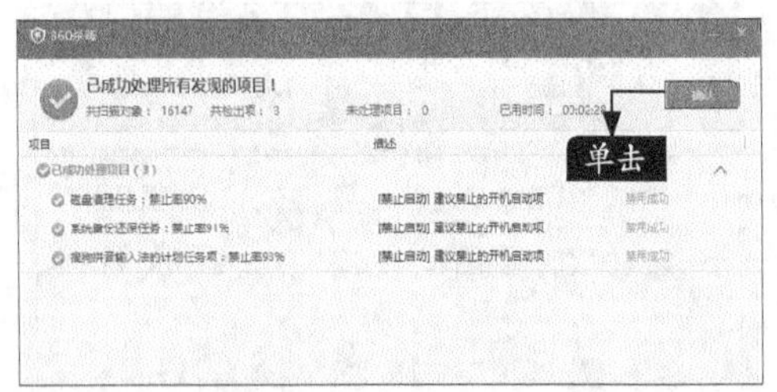

另外，使用360杀毒还可以对系统进行全盘杀毒。单击【全盘扫描】按钮即可，全盘扫描和快速扫描类似，这里不再详述。

下面再来介绍一下如何对指定位置进行病毒的查杀。具体的操作步骤如下。

步骤 01 在360杀毒主界面，单击右下角的【指定位置扫描】按钮，打开【选择扫描目录】对话框。

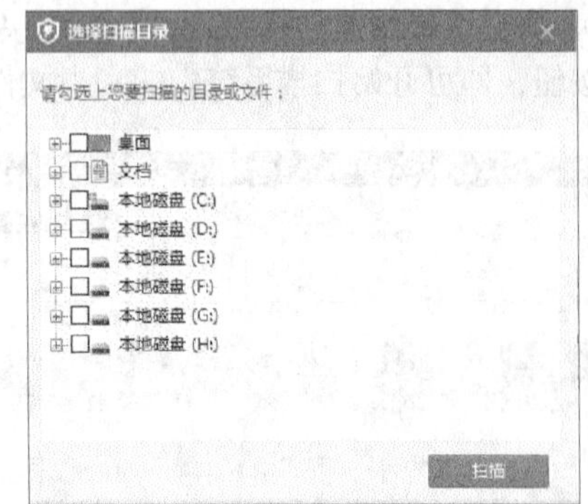

步骤 02 在需要扫描的目录或文件前勾选相应的复选框，这里勾选【本地磁盘（C）】复选框，单击【扫描】按钮。

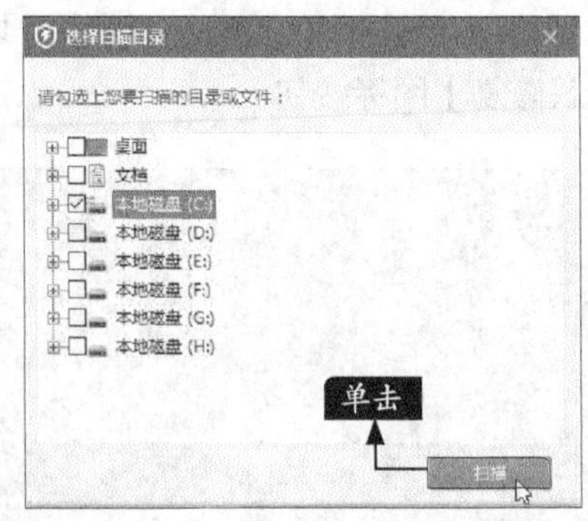

步骤 03 即可开始对指定目录进行扫描。其余步骤和【快速扫描】相似，不再详细介绍。

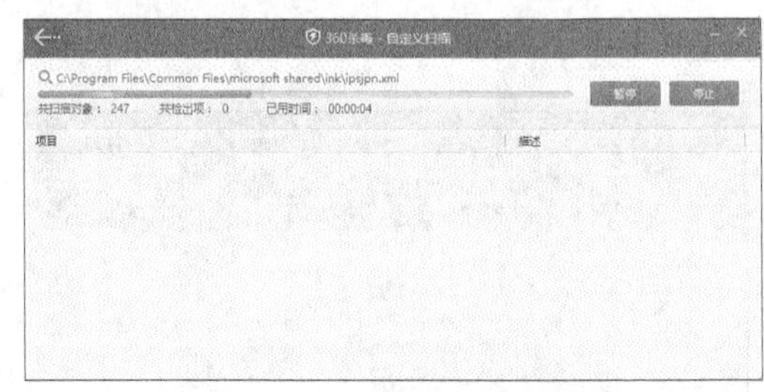

小提示

大部分杀毒软件查杀病毒的方法比较相似，用户可以利用自己的杀毒软件进行类似的病毒查杀操作。

使用360杀毒默认的设置，可以查杀病毒，不过如果用户想要根据自己的需要加强360杀毒的其他功能，则可以设置360杀毒。具体的操作步骤如下。

步骤 01 在【360杀毒】主界面中单击【设置】链接，打开【设置】对话框。在【常规设置】区域中可以对常规选项、自我保护状态、密码保护等进行设置。

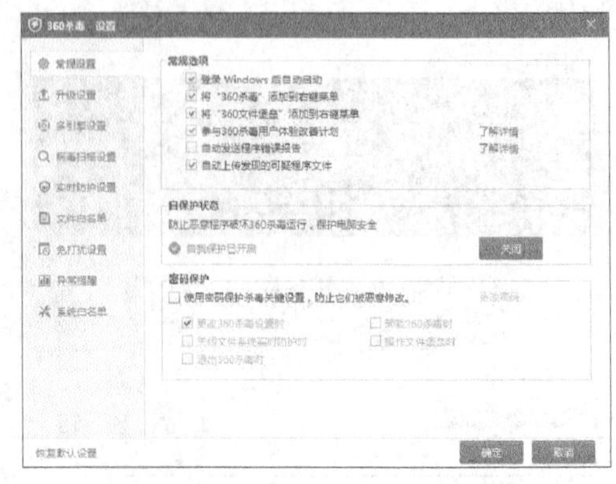

步骤02 选择【升级设置】选项，在打开的【升级设置】中可以对自动升级、是否使用代理服务器升级进行设置。

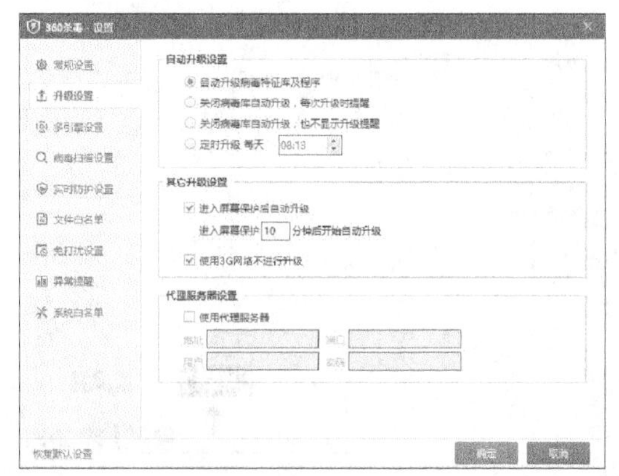

步骤03 选择【多引擎设置】选项，可以根据需要选择360杀毒内含的多个杀毒引擎进行组合。

步骤04 选择【病毒扫描设置】选项，在打开的【病毒扫描设置】中可以对需要扫描的文件类型、发现病毒时的处理方式、其他扫描选项以及定时查毒等参数进行设置。

步骤05 选择【实时防护设置】选项，在打开的【实时防护设置】中可以对防护级别设置、监控的文件类型、发现病毒时的处理方式、其他防护选项等进行设置。

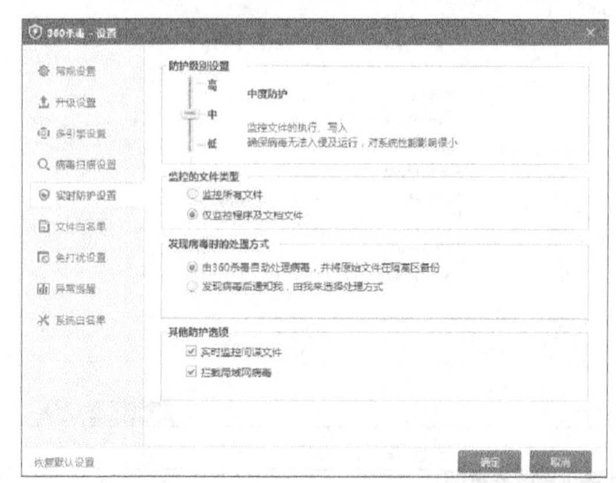

步骤06 选择【文件白名单】选项，在打开的【文件白名单】中可以对文件以及目录白名单、文件扩展名白名单进行添加和删除操作。

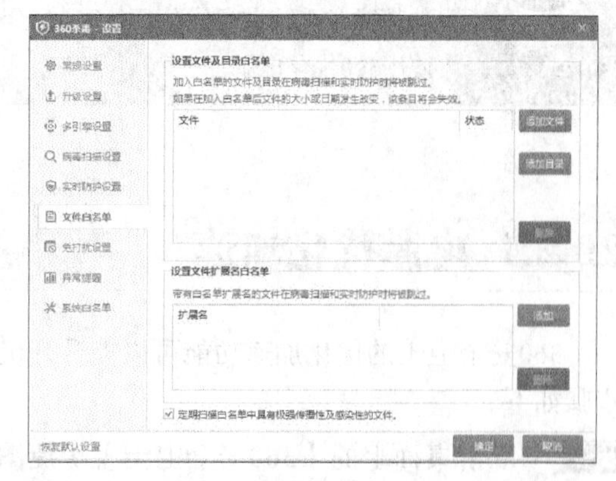

步骤07 选择【免打扰设置】选项，在打开的【免打扰设置】中通过单击【进入免打扰模式】按钮启动免打扰模式。

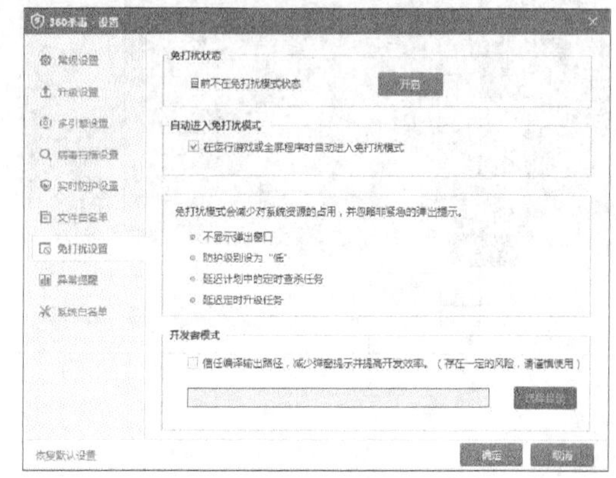

步骤 08 选择【异常提醒】选项，可以对上网环境异常提醒、进程追踪器、系统盘可用空间检测以及自动校正系统时间等进行设置。

步骤 09 选择【系统白名单】选项，可以随时取消信任的项目，保证系统安全，设置完成，单击【确定】按钮即可。

29.2 使用360安全卫士优化电脑

本节教学录像时间：6 分钟

使用软件对操作系统进行优化是常用的优化系统的方式之一。目前，网络上存在多种软件都能对系统进行优化，如360安全卫士、腾讯电脑管家、百度卫士等，本节主要讲述如何使用360优化电脑。

29.2.1 电脑优化加速

360安全卫士的优化加速功能可以提升开机速度、系统速度、上网速度和硬盘速度，具体操作步骤如下。

步骤 01 双击桌面上的【360安全卫士】快捷图标，打开【360安全卫士】主窗口，单击【优化加速】图标。

步骤 02 进入【优化加速】界面，单击【开始扫描】按钮。

步骤 03 扫描完成后，会显示可优化项，单击【立即优化】按钮。

步骤04 弹出【一键优化提醒】对话框，勾选需要优化的选项。如需全部优化，单击【全选】按钮；如需进行部分优化，在需要优化的项目前，单击复选框，然后单击【确认优化】按钮。

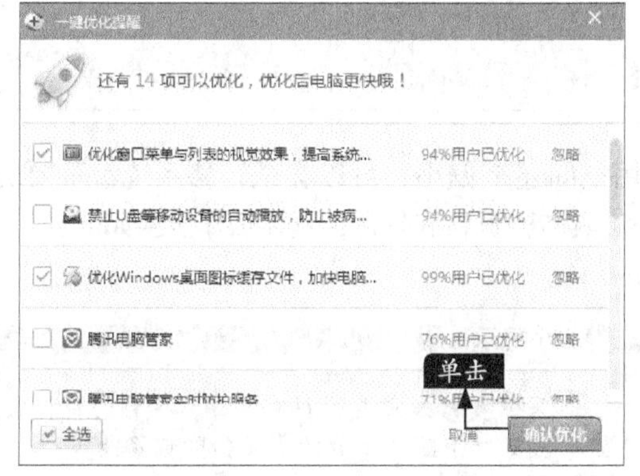

步骤05 对所选项目优化完成后，即可提示优化的项目及优化提升效果，如下图所示。

步骤06 单击【运行加速】按钮，则弹出【360加速球】对话框，可快速实现对可关闭程序、上网管理、电脑清理等管理。

29.2.2 给系统盘瘦身

如果系统盘可用空间太小，则会影响系统的正常运行，本节主要讲述使用360安全卫士的【系统盘瘦身】功能，释放系统盘空间。

步骤01 双击桌面上的【360安全卫士】快捷图标，打开【360安全卫士】主窗口，单击窗口右下角的【更多】超链接。

步骤02 进入【全部工具】界面，在【系统工具】类别下，将鼠标移至【系统盘瘦身】图标上，单击显示的【添加】按钮。

步骤 03 工具添加完成后，打开【系统盘瘦身】工具，单击【立即瘦身】按钮，即可进行优化。

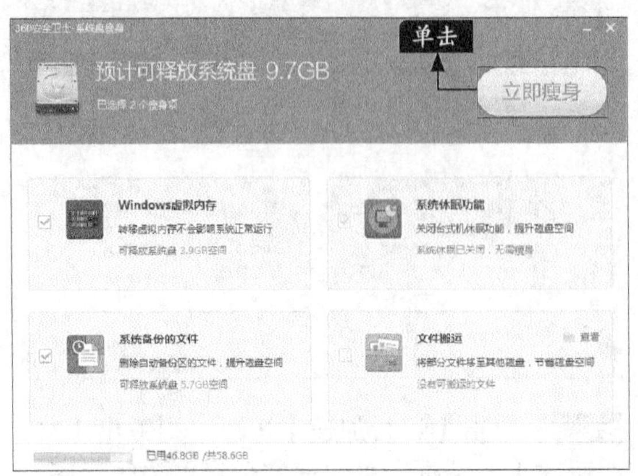

步骤 04 完成后，即可看到释放的磁盘空间。由于部分文件需要重启电脑后才能生效，单击【立即重启】按钮，重启电脑。

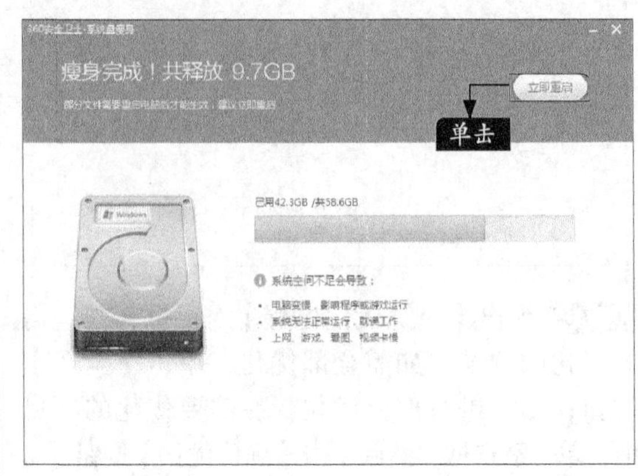

29.2.3 转移系统盘重要资料和软件

如果使用了【系统盘瘦身】功能后，系统盘可用空间还是偏小，可以尝试转移系统盘重要资料和软件，腾出更大的空间。本节使用【C盘搬家】小工具转移资料和软件，具体操作步骤如下。

步骤 01 进入360安全卫士的【全部工具】界面，在【实用小工具】类别下，添加【C盘搬家】工具。

步骤 02 添加完毕后，打开该工具。在【重要资料】选项卡下，勾选需要搬移的重要资料，单击【一键搬资料】按钮。

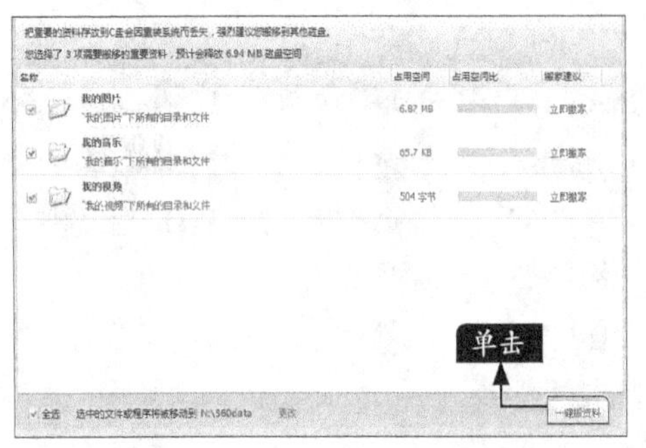

小提示

如果需要修改重要资料和软件，搬移的目标文件，单击窗口下面的【更改】按钮即可修改。

步骤 03 弹出【360 C盘搬家】提示框，单击【继续】按钮。

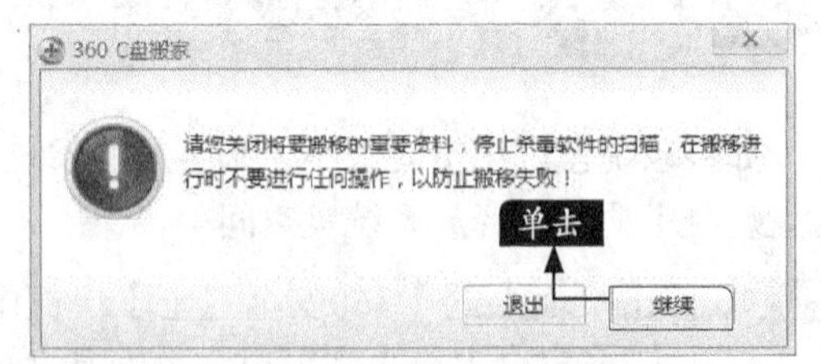

步骤 04 此时，即可对所选重要资料进行搬移，完成后，则提示搬移的情况，如下图所示。

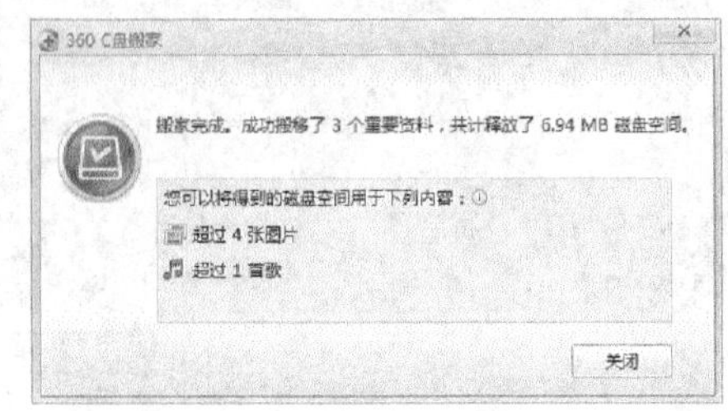

步骤05 单击【关闭】按钮，选择【C盘软件】选项卡，即可看到C盘中安装的软件。软件默认勾选建议搬移的软件，用户也可以自行选择搬移的软件，在软件名称前，勾选复选框即可。选择完毕后，单击【一键搬软件】按钮。

步骤06 弹出【360 C盘搬家】提示框，单击【继续】按钮。

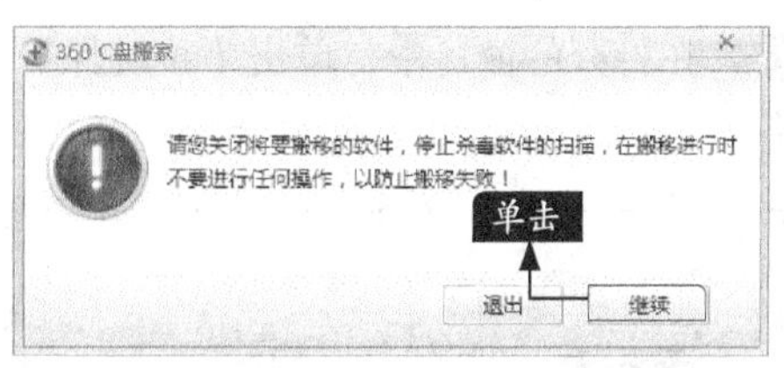

步骤07 此时，即可进行软件搬移，完成后即可看到释放的磁盘空间。

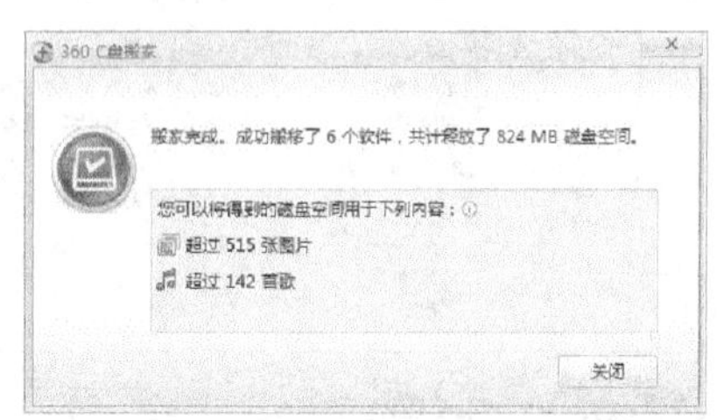

按照上述方法，用户也可以搬移C盘中的大型文件。另外除了讲述的小工具，用户还可以使用【查找打文件】、【注册表瘦身】、【默认软件】等优化电脑，在此不再一一赘述，用户可以进行有需要的添加和使用。

29.3 使用Windows系统工具备份与还原系统

本节教学录像时间：6 分钟

Windows 10操作系统中自带了备份工具，支持对系统的备份与还原，在系统出问题时可以使用创建的还原点，恢复的还原点状态。

29.3.1 使用Windows系统工具备份系统

Windows操作系统自带的备份还原功能非常强大，支持4种备份还原工具，分别是文件备份还原、系统映像备份还原、早期版本备份还原和系统还原，为用户提供了高速度、高压缩的一键备份还原功能。

1. 开启系统还原功能

部分系统或因为某些优化软件会关系系统还原功能，因此要想使用Windows系统工具备份和还原系统，需要开启系统还原功能。具体的操作步骤如下。

步骤01 右键单击电脑桌面上的【此电脑】图标，在弹出快捷菜单命令中，选择【属性】菜单命令。

步骤 02 在打开的窗口中，单击【系统保护】超链接。

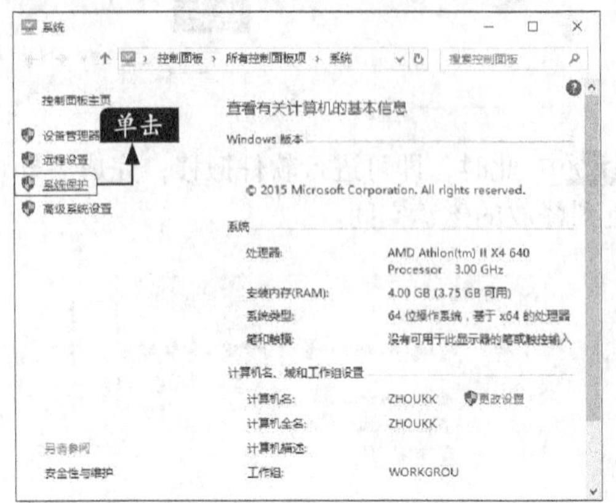

步骤 03 弹出【系统属性】对话框，在【保护设置】列表框中选择系统所在的分区，并单击【配置】按钮。

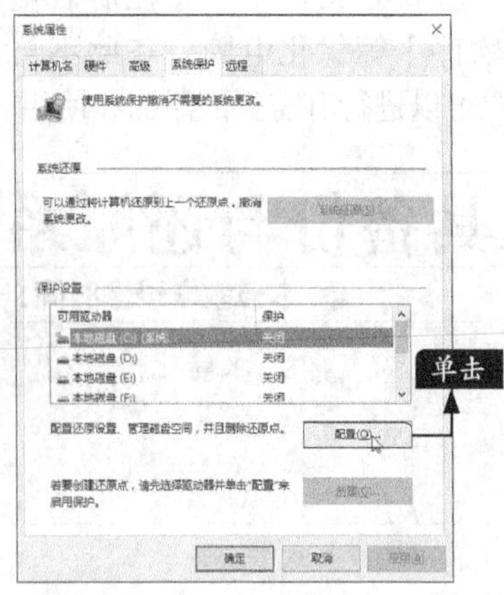

步骤 04 弹出【系统保护本地磁盘】对话框，单击选中【启用系统保护】单选按钮，单击鼠标调整【最大使用量】滑块到合适的位置，然后单击【确定】按钮。

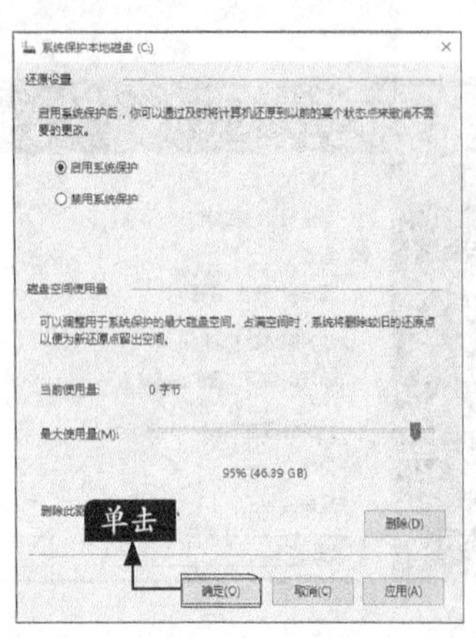

2. 创建系统还原点

用户开启系统还原功能后，默认打开保护系统文件和设置的相关信息，保护系统。用户也可以创建系统还原点，当系统出现问题时，就可以方便地恢复到创建还原点时的状态。

步骤 01 根据上述的方法，打开【系统属性】对话框，并单击【系统保护】选项卡，然后选择系统所在的分区，单击【创建】按钮。

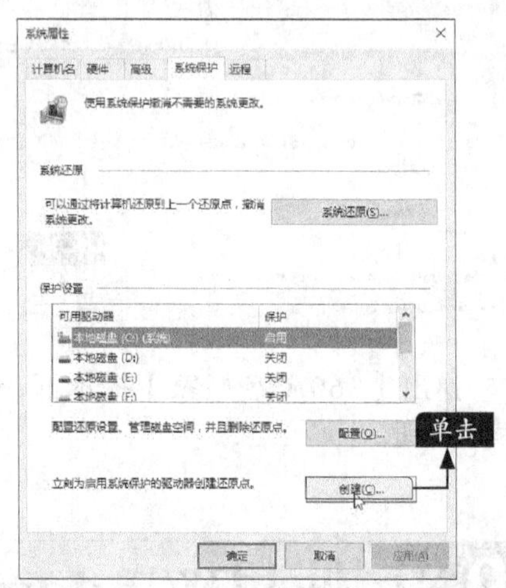

步骤 02 弹出【系统保护】对话框，在文本框中输入还原点的描述性信息。单击【创建】按钮。

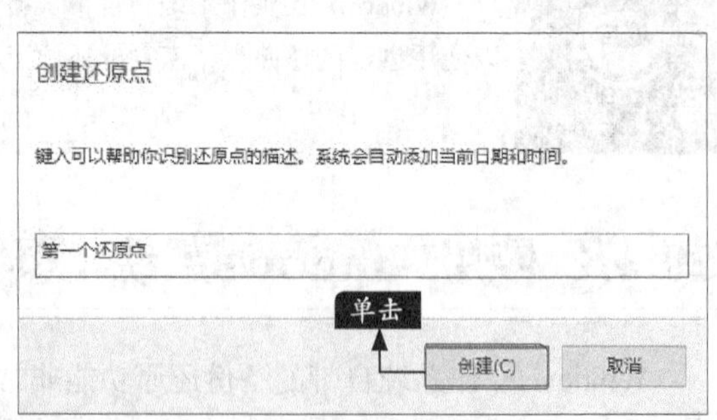

步骤 03 即可开始创建还原点。

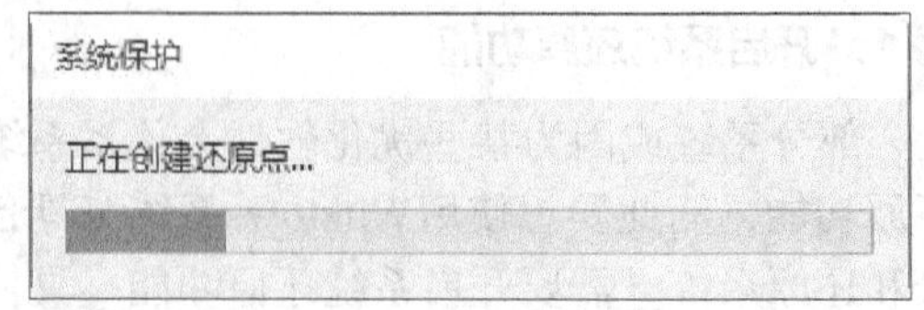

步骤 04 创建还原点的时间比较短，稍等片刻就可以了。创建完毕后，将弹出“已成功创建还原点”提示信息，单击【关闭】按钮即可。

小提示

可以创建多个还原点，因系统崩溃或其他原因需要还原时，可以选择还原点还原。

29.3.2 使用Windows系统工具还原系统

在为系统创建好还原点之后，一旦系统遭到病毒或木马的攻击，致使系统不能正常运行，这时就可以将系统恢复到指定还原点。

下面介绍如何还原到创建的还原点，具体操作步骤如下。

步骤01 打开【系统属性】对话框，在【系统保护】选项卡下，单击【系统还原】按钮。

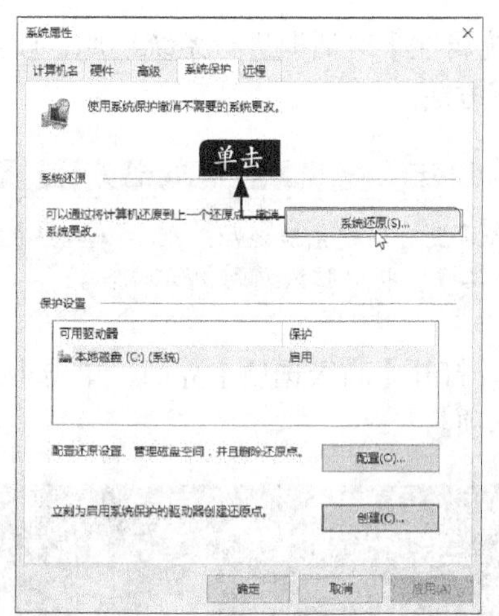

步骤02 弹出【系统还原】对话框，单击【下一步】按钮。

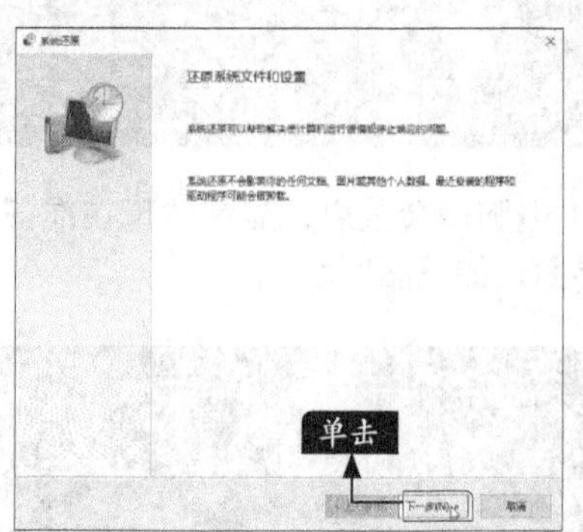

步骤03 在【确认还原点】界面中，显示了还原点，如果有多个还原点，建议选择距离出现故障时间最近的还原点即可，单击【完成】按钮。

步骤04 弹出“启动后，系统还原不能中断。你希望继续吗？”提示框，单击【是】按钮。

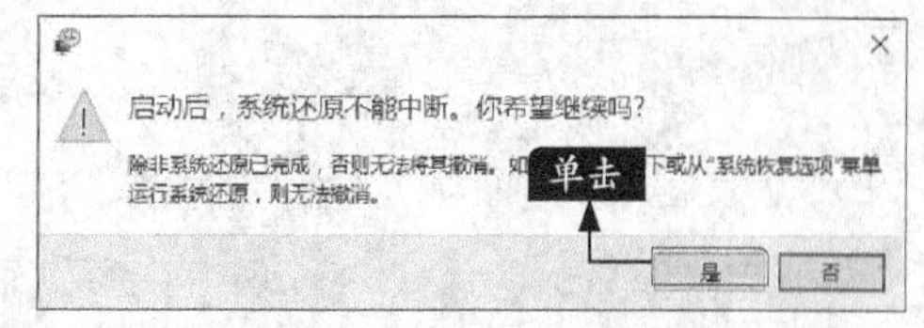

步骤05 即会显示正在准备还原系统，当进度条结束后，电脑自动重启。

步骤06 进入配置更新界面，如下图所示，无需任何操作。

步骤07 配置更新完成后，即会还原Windows文件和设置。

步骤08 系统还原结束后，再次进入电脑桌面即可看到还原成功提示，如下图所示。

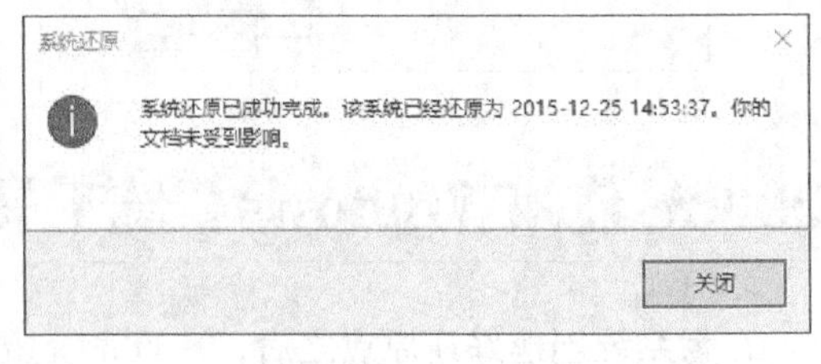

29.3.3 系统无法启动时进行系统还原

系统出问题无法正常进入系统时，就无法通过【系统属性】对话框进行系统还原，就需要通过其他办法进行系统恢复。具体解决办法，可以参照以下方法。

步骤01 当系统启动失败两次后，第三次启动即会进入【选择一个选项】界面，单击【疑难解答】选项。

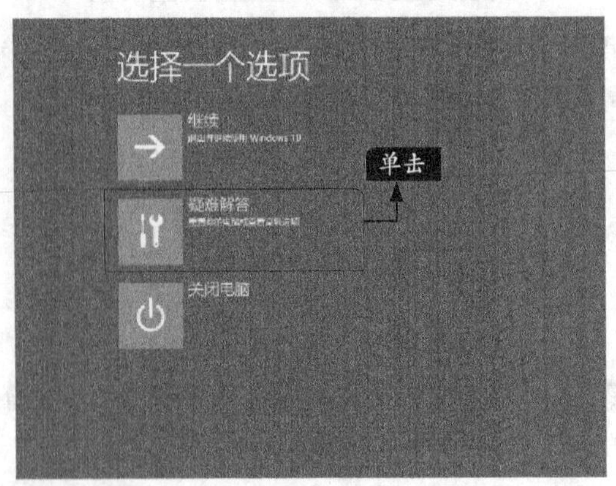

步骤02 打开【疑难解答】界面，单击【高级选项】选项。

小提示

如果没有创建系统还原，则可以单击【重置此电脑】选项，将电脑恢复到初始状态 。

步骤03 打开【高级选项】界面，单击【系统还原】选项。

步骤04 电脑即会重启，显示“正在准备系统还原”界面，如下图所示。

步骤05 进入【系统还原】界面，选择要还原的账户。

步骤06 选择账户后，在文本框输入该账户的密码，并单击【继续】按钮。

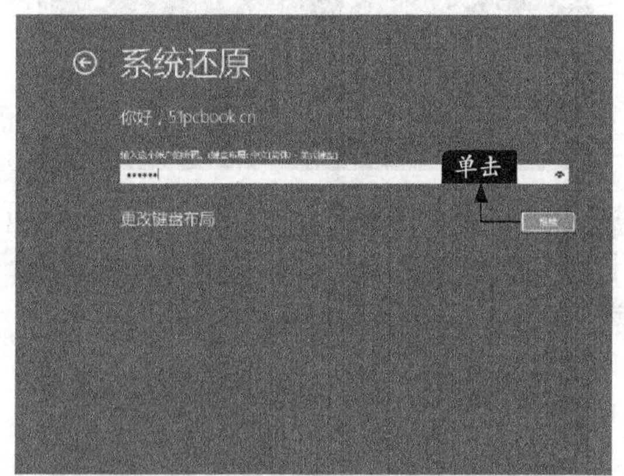

步骤07 弹出【系统还原】对话框，用户即可根据提示进行操作，具体操作步骤和29.3.2节方法相同，这里不再赘述。

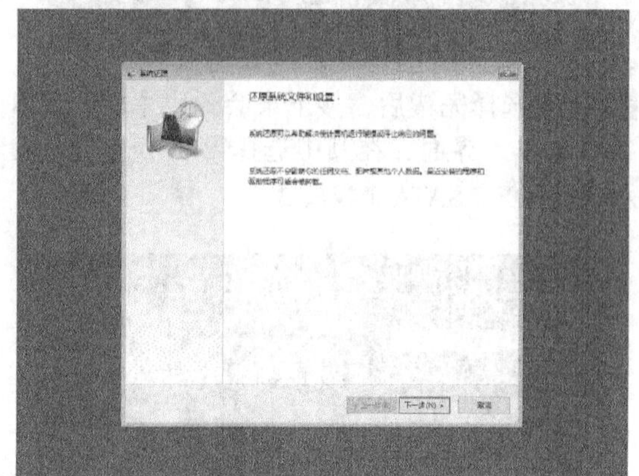

步骤08 在【将计算机还原到所选事件之前的状态】界面中，选择要还原的点，单击【下一步】按钮。

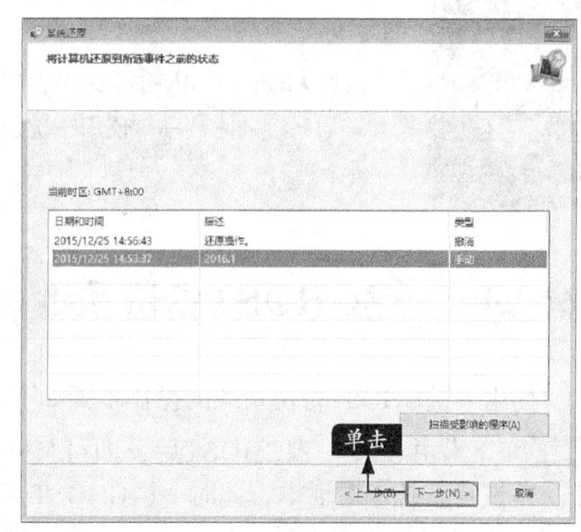

步骤09 在【确认还原点】界面中，单击【完成】按钮。

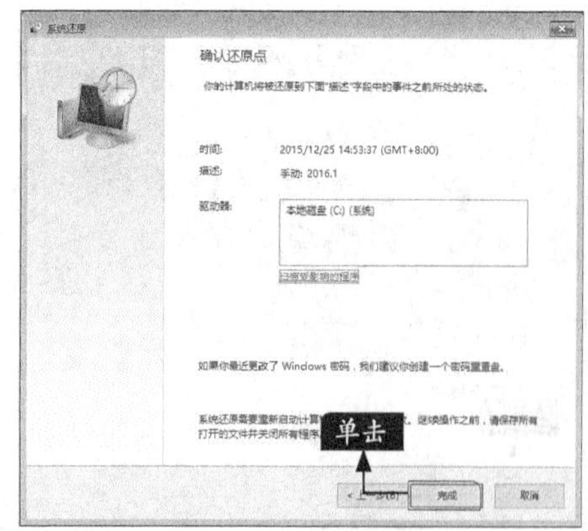

步骤10 系统即进入还原中，如下图所示。

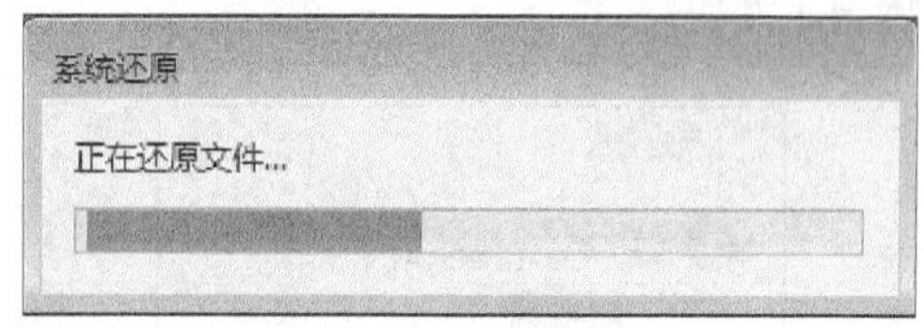

步骤11 提示系统还原成功后，单击【重新启动】按钮即可。

29.4 使用一键GHOST备份与还原系统

本节教学录像时间：3 分钟

虽然Windows 10操作系统中自带了备份工具，但操作较为麻烦，下面介绍一种快捷的备份和还原系统的方法——使用一键GHOST备份和还原。

29.4.1 一键GHOST备份系统

使用一键GHOST备份系统的操作步骤如下。

步骤 01 下载并安装一键GHOST后，即可打开【一键恢复系统】对话框，此时一键GHOST开始初始化。初始化完毕后，将自动选中【一键备份系统】单选项，单击【备份】按钮。

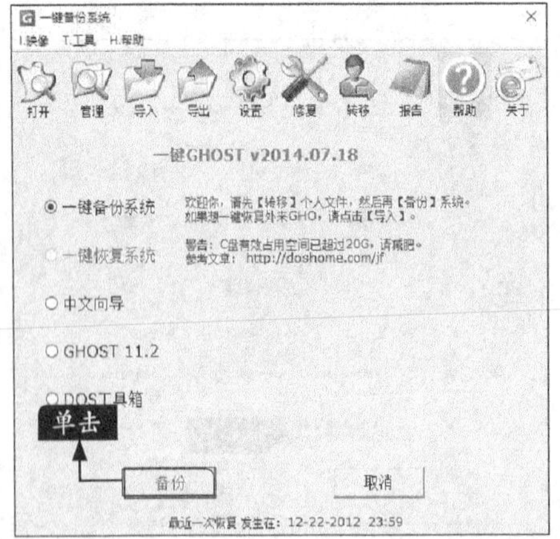

步骤 02 打开【一键GHOST】提示框，单击【确定】按钮。

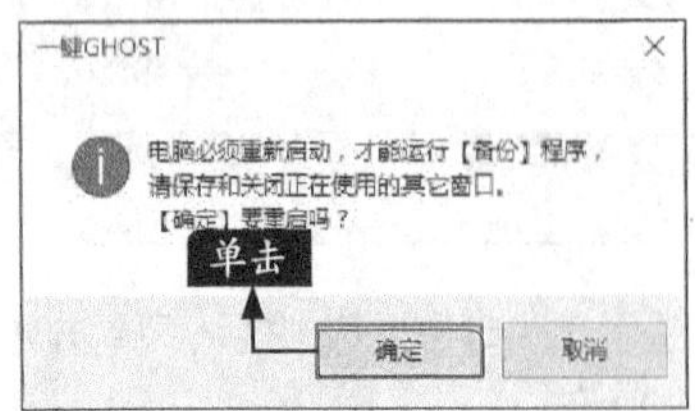

一键GHOST
电脑必须重新启动，才能运行【备份】程序，
请保存和关闭正在使用的其它窗口。
单击
确定
取消

步骤 03 系统开始重新启动，并自动弹出GRUB4DOS菜单，在其中选择第一个选项，表示启动一键GHOST。

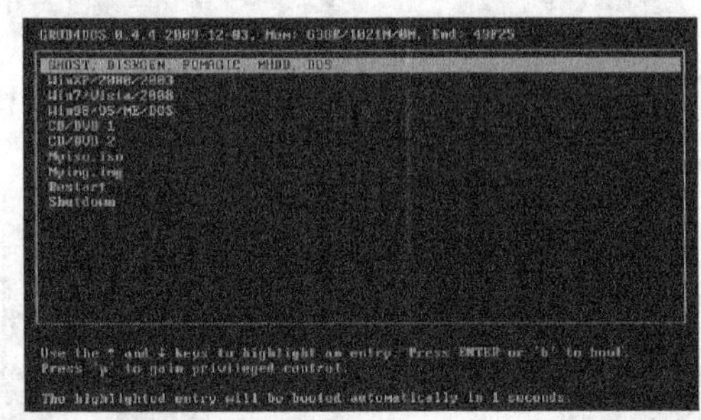

步骤 04 系统自动选择完毕后，接下来会弹出【MS-DOS一级菜单】界面，在其中选择第一个选项，表示在DOS安全模式下运行GHOST 11.2。

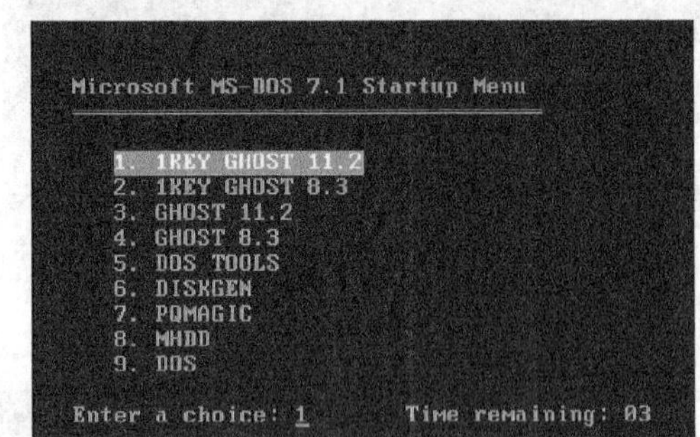

步骤 05 选择完毕后，接下来会弹出【MS-DOS二级菜单】界面，在其中选择第一个选项，表示支持IDE、SATA兼容模式。

Microsoft MS-DOS 7.1 Startup Menu
1. IDE / SATA
2. SATA only
3. USB-DISK EHCI 2.0
4. USB-DISK OHCI 1.1
5. USB-DISK UHCI 1.1
6. USB-CD/DVD EHCI 2.0
7. USB-CD/DVD OHCI 1.1
8. USB-CD/DVD UHCI 1.1
Enter a choice: 1
Time remaining: 04

步骤06 根据C盘是否存在映像文件，将会从主窗口自动进入【一键备份系统】警告窗口，提示用户开始备份系统。选择【备份】按钮。

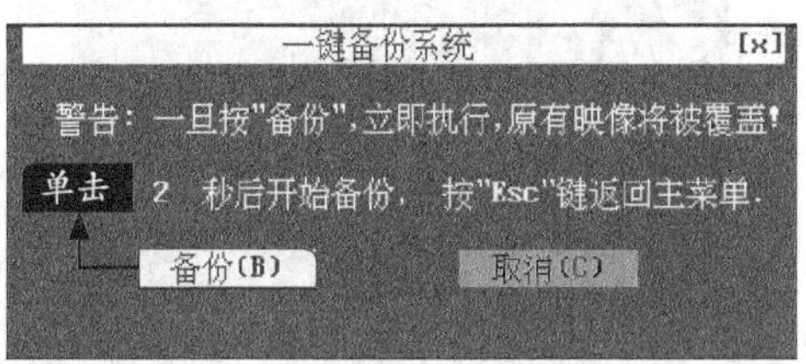

步骤07 此时，开始备份系统如下图所示。

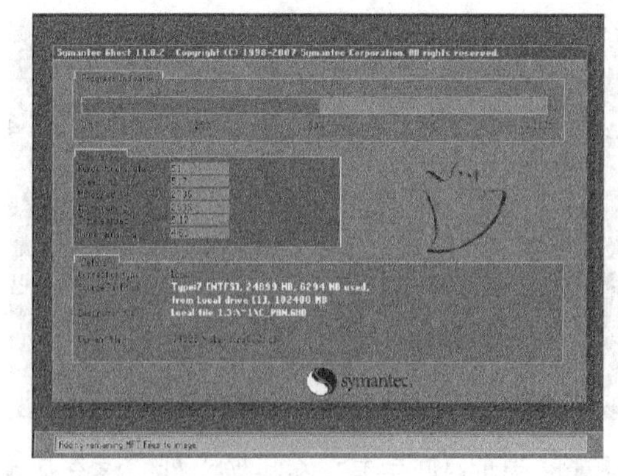

29.4.2 一键GHOST还原系统

使用一键GHOST还原系统的操作步骤如下。

步骤01 打开【一键GHOST】对话框。单击【恢复】按钮。

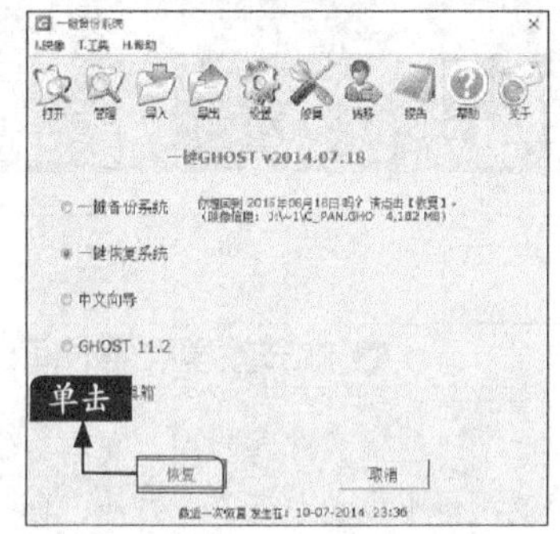

步骤02 打开【一键GHOST】对话框，提示用户电脑必须重新启动，才能运行【恢复】程序。单击【确定】按钮。

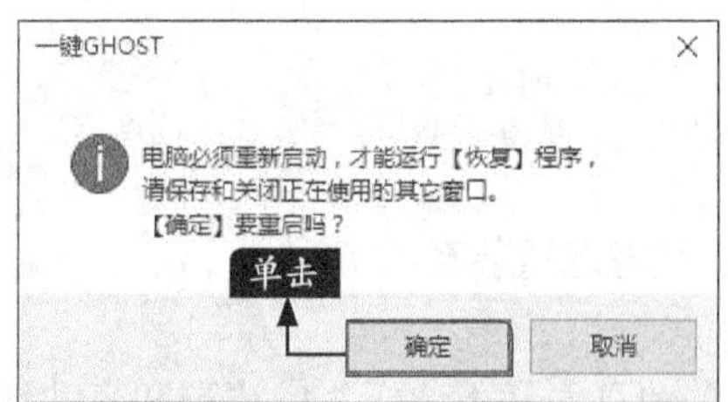

步骤03 系统开始重新启动，并自动弹出GRUB4DOS菜单，在其中选择第一个选项，表示启动一键GHOST。

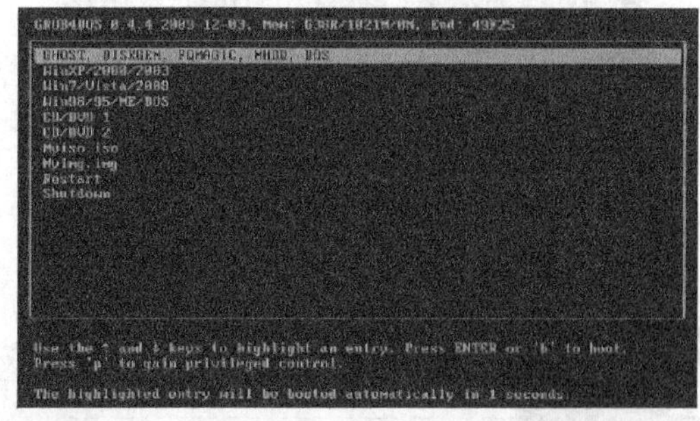

步骤04 系统自动选择完毕后，接下来会弹出【MS-DOS一级菜单】界面，在其中选择第一个选项，表示在DOS安全模式下运行GHOST 11.2。

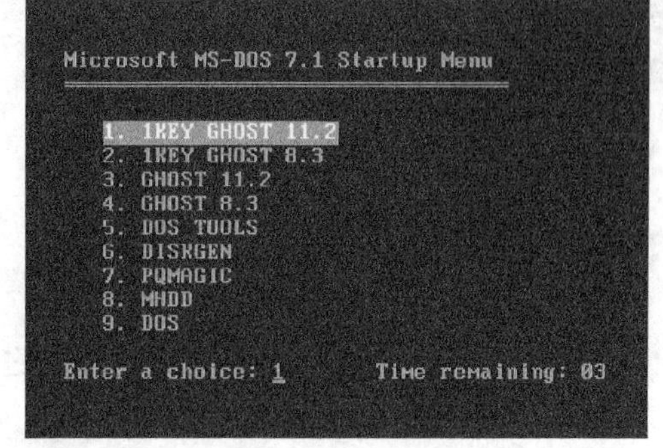

步骤05 选择完毕后，接下来会弹出【MS-DOS二级菜单】界面，在其中选择第一个选项，表示支持IDE、SATA兼容模式。

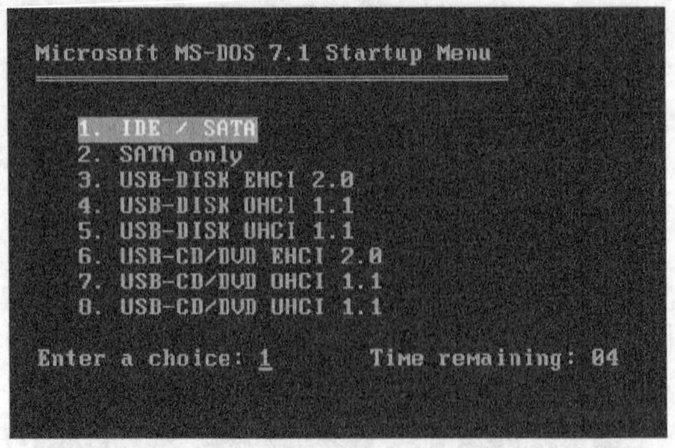

步骤 06 根据C盘是否存在映像文件，将会从主窗口自动进入【一键恢复系统】警告窗口，提示用户开始恢复系统。选择【恢复】按钮，即可开始恢复系统。

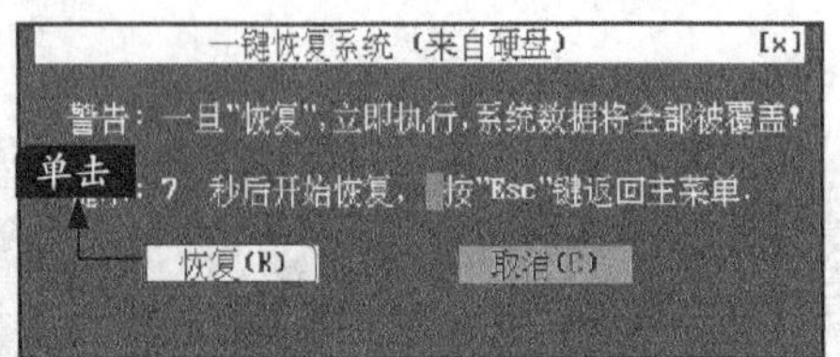

步骤 07 此时，开始恢复系统，如下图所示。

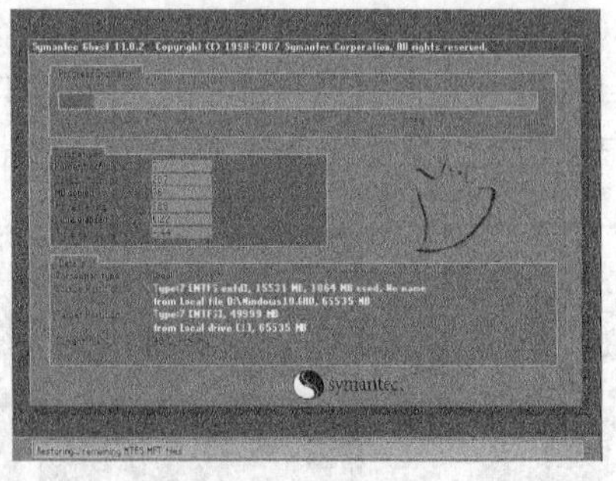

步骤 08 在系统还原完毕后，将弹出一个信息提示框，提示用户恢复成功，单击【Reset Computer】按钮重启电脑，然后选择从硬盘启动，即可将系统恢复到以前的系统。至此，就完成了使用一键GHOST工具还原系统的操作。

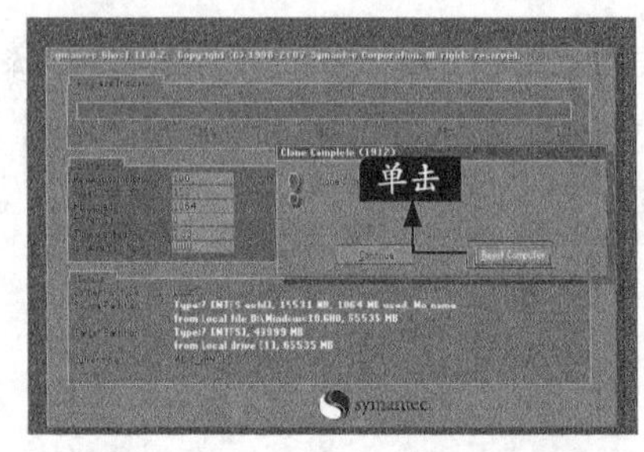

29.5 重装系统

本节教学录像时间：5 分钟

由于种种原因，如用户误删除系统文件、病毒程序将系统文件破坏等，导致系统中的重要文件丢失或受损，甚至系统崩溃无法启动，此时就不得不重装系统了。另外，有些时候，系统虽然能正常运行，但是却经常出现不定期的错误提示，甚至系统修复之后也不能消除这一问题，那么也必须重装系统。

29.5.1 什么情况下重装系统

具体地来讲，当系统出现以下三种情况之一时，就必须考虑重装系统了。

⑴ 系统运行变慢。

系统运行变慢的原因有很多，如垃圾文件分布于整个硬盘而又不便于集中清理和自动清理，或者是计算机感染了病毒或其他恶意程序而无法被杀毒软件清理等。这样就需要对磁盘进行格式化处理并重装系统了。

⑵ 系统频繁出错。

众所周知，操作系统是由很多代码和程序组成，在操作过程中可能由于误删除某个文件或者是被恶意代码改写等原因，致使系统出现错误，此时如果该故障不便于准确定位或轻易解决，就需要考虑重装系统了。

⑶ 系统无法启动。

导致系统无法启动的原因很多，如DOS引导出现错误、目录表被损坏或系统文件“Nyfs.sys”文件丢失等。如果无法查找出系统不能启动的原因或无法修复系统以解决这一问题时，就需要重装系统。

另外，一些电脑爱好者为了能使电脑在最优的环境下工作，也会经常定期重装系统，这样就可以为系统减肥。但是，不管是哪种情况下重装系统，重装系统的方式分为两种，一种是覆盖式重装，另一种是全新重装。前者是在原操作系统的基础上进行重装，其优点是可以保留原系统的设置，缺点是无法彻底解决系统中存在的问题。后者则是对系统所在的分区重新格式化，其优点是彻底解决系统的问题。因此，在重装系统时，建议选择全新重装。

29.5.2 重装前应注意的事项

在重装系统之前，用户需要做好充分的准备，以避免重装之后造成数据的丢失等严重后果。那么在重装系统之前应该注意哪些事项呢？

⑴ 备份数据。

在因系统崩溃或出现故障而准备重装系统前，首先应该想到的是备份好自己的数据。这时，一定要静下心来，仔细罗列一下硬盘中需要备份的资料，把它们一项一项地写在一张纸上，然后逐一对照进行备份。如果硬盘不能启动，这时需要考虑用其他启动盘启动系统，然后拷贝自己的数据，或将硬盘挂接到其他电脑上进行备份。但是，最好的办法是在平时就养成备份重要数据的习惯，这样就可以有效避免硬盘数据不能恢复的现象。

⑵ 格式化磁盘。

重装系统时，格式化磁盘是解决系统问题最有效的办法，尤其是在系统感染病毒后，最好不要只格式化C盘，如果有条件将硬盘中的数据全部备份或转移，尽量将整个硬盘都进行格式化，以保证新系统的安全。

⑶ 牢记安装序列号。

安装序列号相当于一个人的身份证号，标识这个安装程序的身份。如果不小心丢掉自己的安装序列号，那么在重装系统时，如果采用的是全新安装，安装过程将无法进行下去。正规的安装光盘的序列号会在软件说明书中或光盘封套的某个位置上。但是，如果用的是某些软件合集光盘中提供的测试版系统，那么，这些序列号可能是存在于安装目录中的某个说明文本中，如SN.TXT等文件。因此，在重装系统之前，首先将序列号读出并记录下来以备稍后使用。

29.5.3 重新安装系统

如果系统不能正常运行，就需要重新安装系统，重装系统就是重新将系统安装一遍，下面以Windows 10为例，简单介绍重装的方法。

小提示

如果不能正常进入系统，可以使用U盘、DVD等重装系统。

步骤 01 直接运行目录中的setup.exe文件，在许可协议界面，单击选中【我接受许可条款】复选框，并单击【接受】按钮。

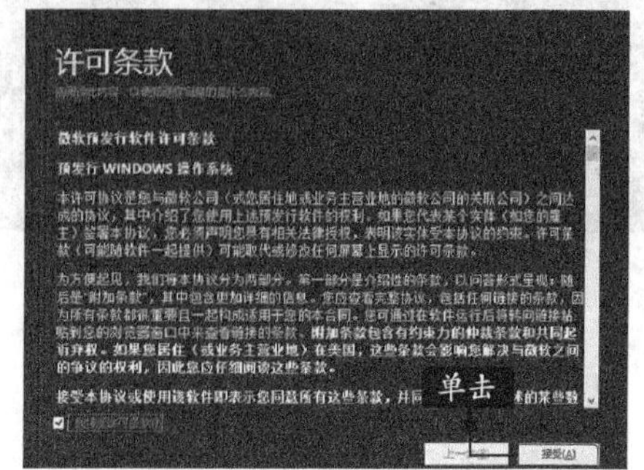

步骤 02 进入【正在确保你已准备好进行安装】界面，检查安装环境界面，检测完成，单击【下一步】按钮。

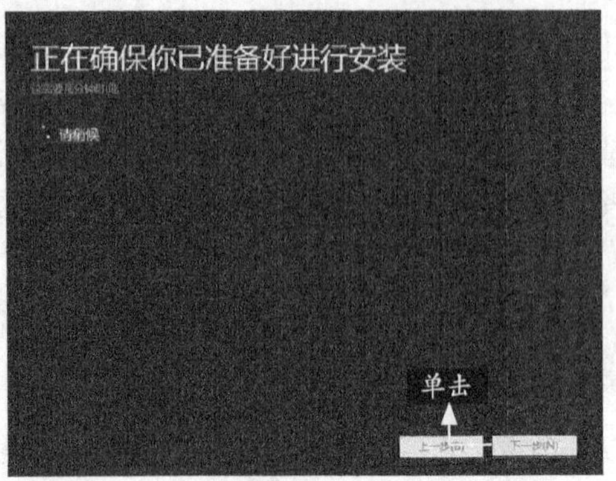

步骤 03 进入【你需要关注的事项】界面，在显示结果界面即可看到注意事项，单击【确认】按钮，然后单击【下一步】按钮。

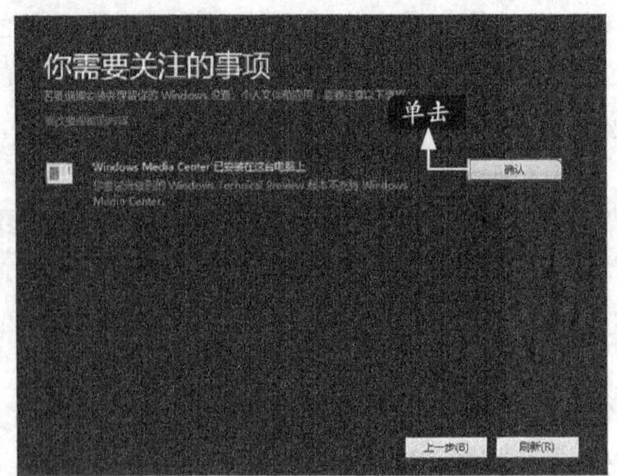

步骤 04 如果没有需要注意的事项则会出现下图所示界面，单击【安装】按钮即可。

小提示

如果要更改升级后需要保留的内容。可以单击【更改要保留的内容】链接，在下图所示的窗口中进行设置。

步骤 05 即可开始重装Windows 10，显示【安装Windows 10】界面。

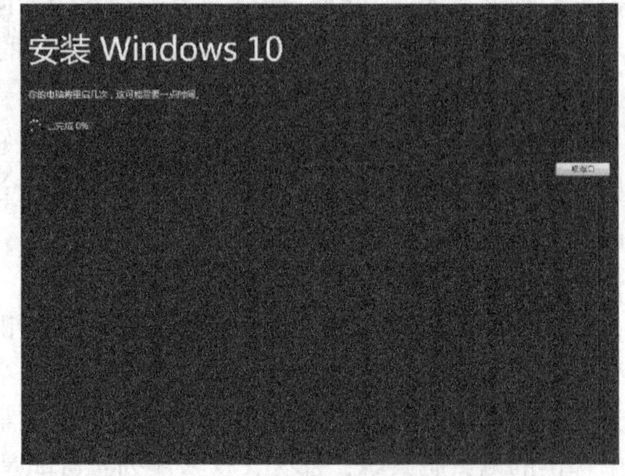

步骤 06 电脑会重启几次后，即可进入Windows 10界面，表示完成重装。

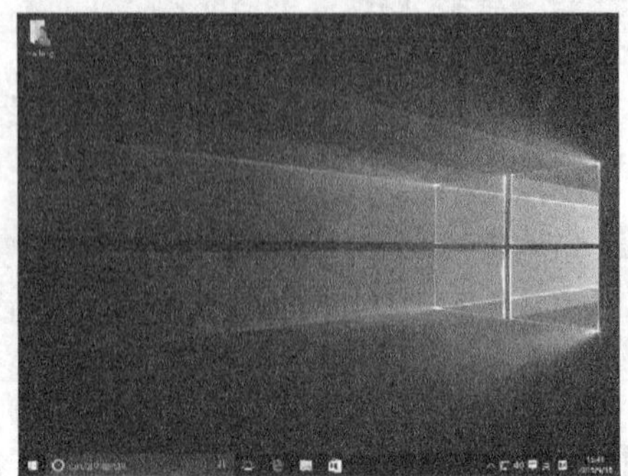

第30章

数据安全与恢复

学习目标

本章主要介绍数据的安全与恢复，包括办公文件的加密、恢复误删除的数据以及将数据同步到手机中等内容。通过本章的学习，用户可以掌握保护数据安全的方法。

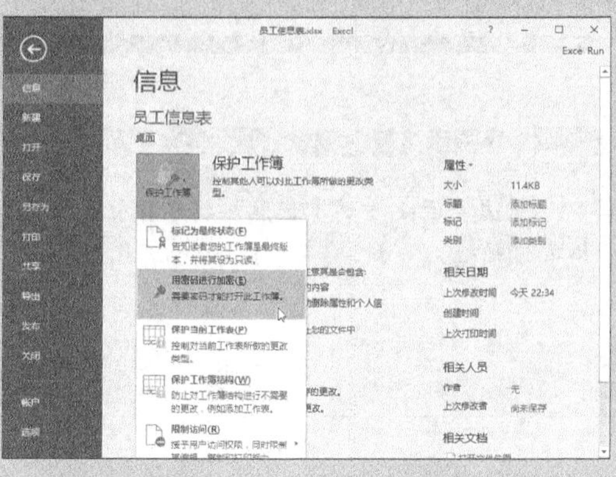

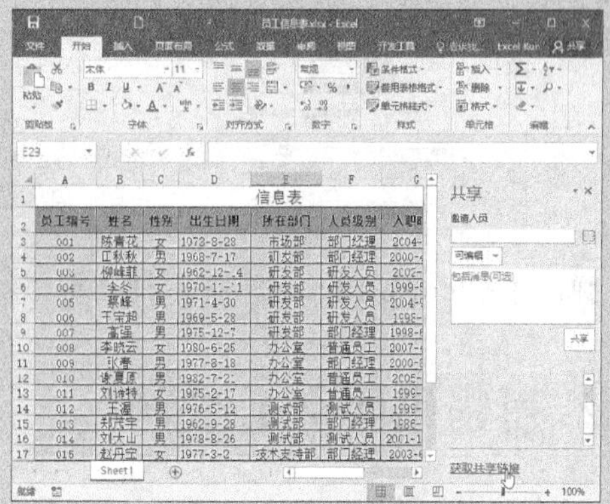

30.1 办公文件的加密

本节教学录像时间：7 分钟

如果用户不希望制作好的办公文件被别人看到或修改，可以将文件保护起来。常用的保护文档的方法有标记为最终状态、用密码进行加密等。

30.1.1 标记为最终状态

“标记为最终状态”命令可将文档设置为只读，以防止审阅者或读者无意中更改文档。在将文档标记为最终状态后，键入、编辑命令以及校对标记都会禁用或关闭，文档的“状态”属性会设置为“最终”，具体的操作步骤如下。

步骤 01 打开要标记的工作簿，单击【文件】➤【信息】选项，在【信息】区域单击【保护工作簿】按钮，在弹出的下拉菜单中选择【标记为最终状态】选项。

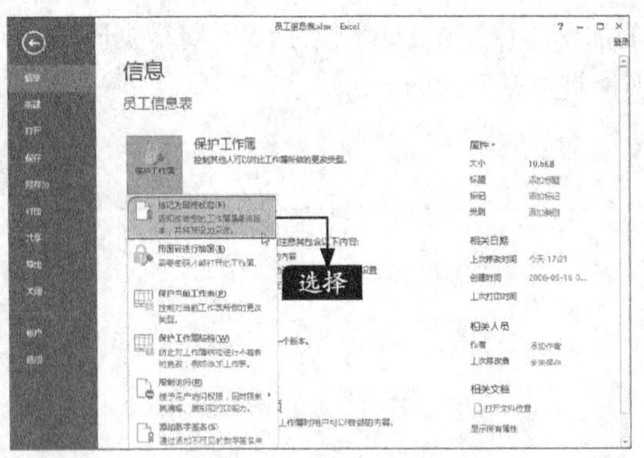

步骤 02 弹出【Microsoft Excel】对话框，单击【确定】按钮。

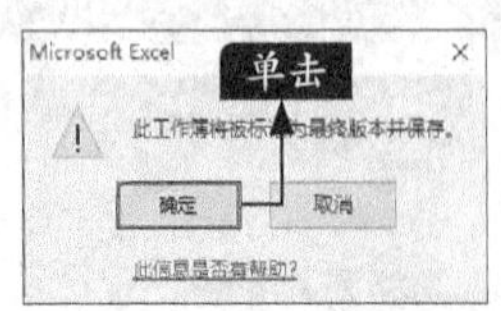

步骤 03 弹出【Microsoft Excel】提示框，单击【确定】按钮。

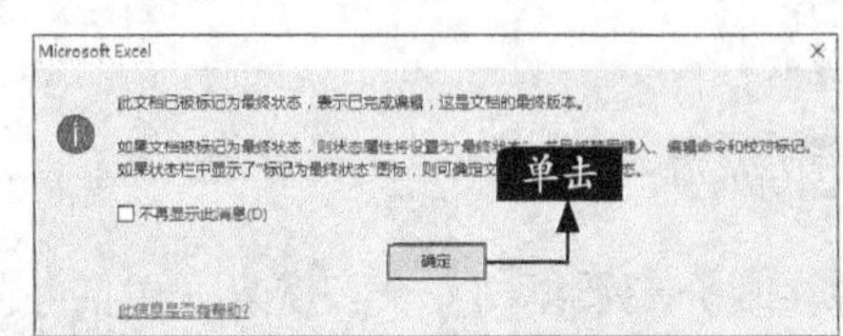

步骤 04 返回Excel页面，该文档即被标记为最终状态，以只读形式显示。

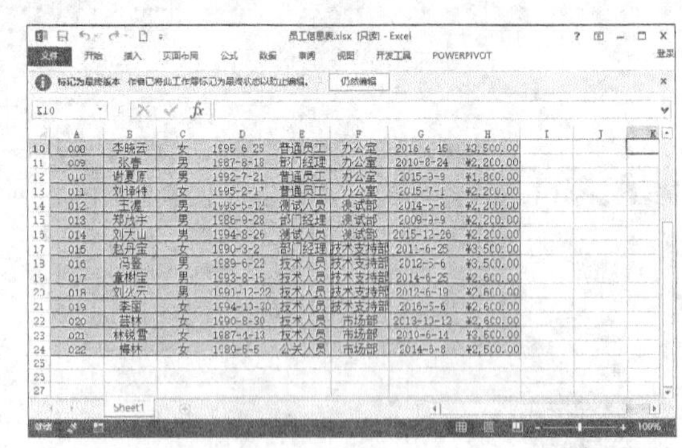

> **小提示**
>
> 单击页面上方的【仍然编辑】按钮，可以对文档进行编辑。

30.1.2 用密码加密工作簿

用密码加密工作簿的具体步骤如下。

步骤 01 打开要加密的工作簿，单击【文件】➤【信息】选项，在【信息】区域单击【保护工作簿】按钮，在弹出的下拉菜单中选择【用密码进行加密】选项。

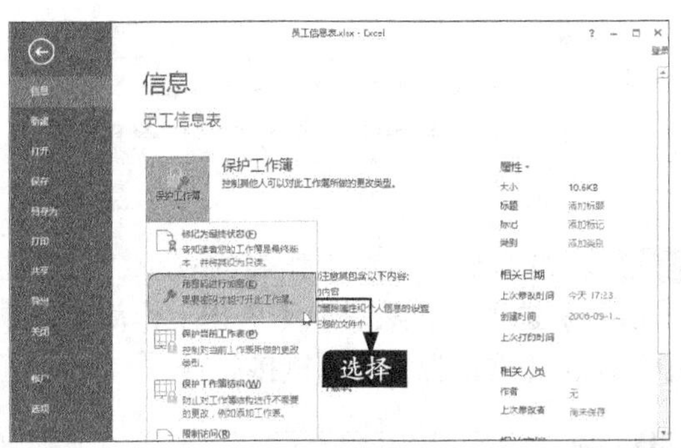

步骤02 弹出【加密文档】对话框，输入密码，单击【确定】按钮。

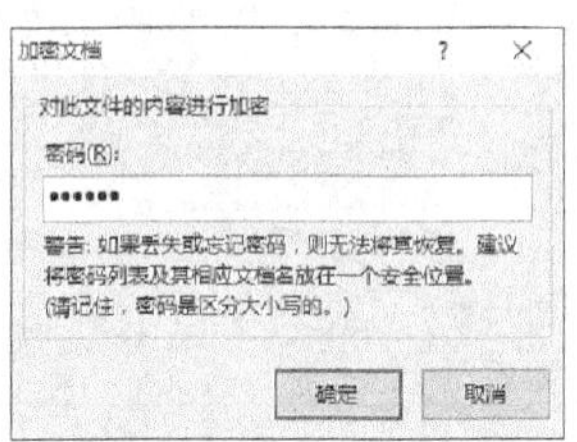

步骤03 弹出【确认密码】对话框，再次输入密码，单击【确定】按钮。

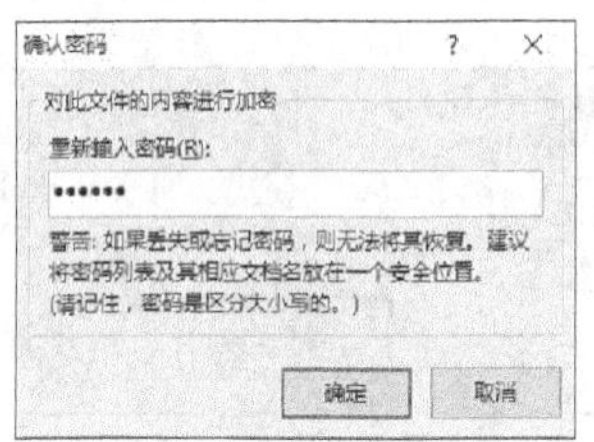

步骤04 即可为文档使用密码进行加密，在【信息】区域内显示需要密码才能打开工作簿。

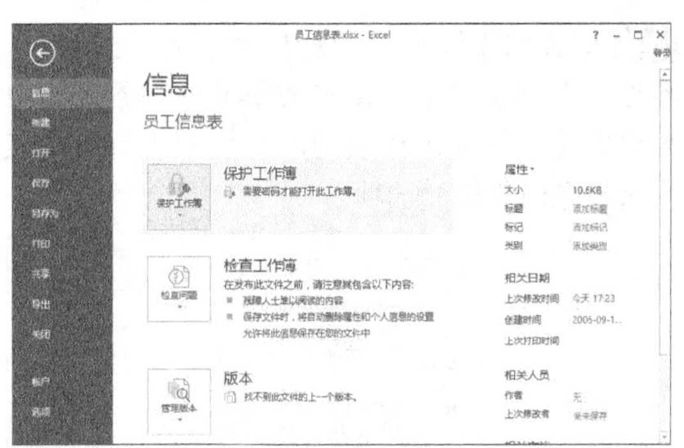

步骤05 再次打开文档时，将弹出【密码】对话框，输入密码后单击【确定】按钮，即可打开工作簿。

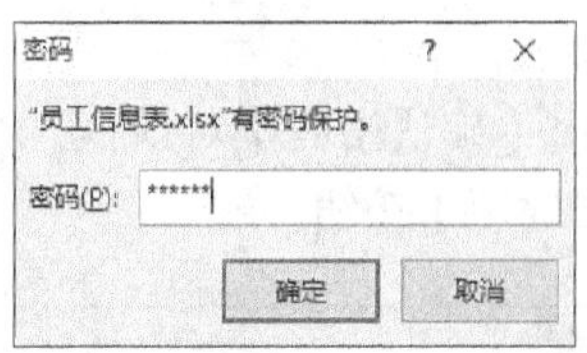

步骤06 如果要取消加密，在【信息】区域单击【保护工作簿】按钮，在弹出的下拉菜单中选择【用密码进行加密】选项，弹出【加密文档】对话框，清除文本框中的密码，单击【确定】按钮，即可取消工作簿的加密。

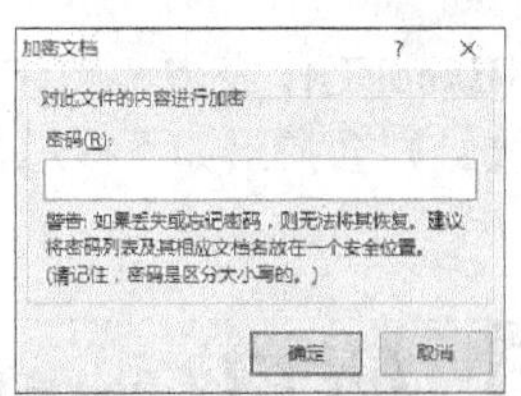

30.1.3 保护当前工作表

除了对工作簿加密，用户也可以对工作簿中的某个工作表进行保护，防止其他用户对其进行操作，其具体操作步骤如下。

步骤01 单击【文件】➤【信息】选项，在【信息】区域单击【保护工作簿】按钮，在弹出的下拉菜单中选择【保护当前工作表】选项。

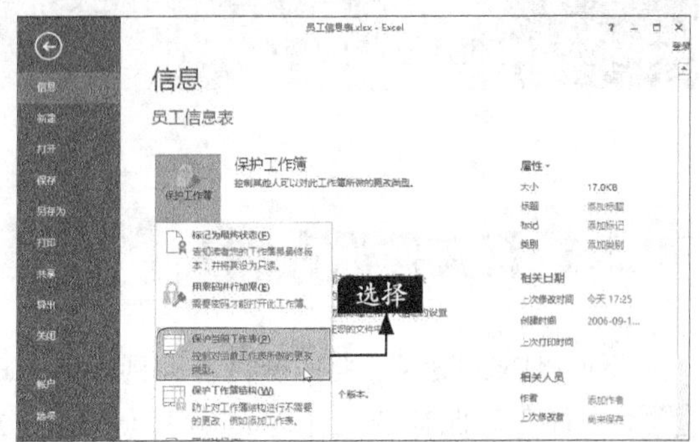

步骤 02 弹出【保护工作表】对话框，系统默认勾选“保护工作表及锁定的单元格内容”，也可以在【允许此工作表的所有用户进行】列表中选择允许修改的选项。

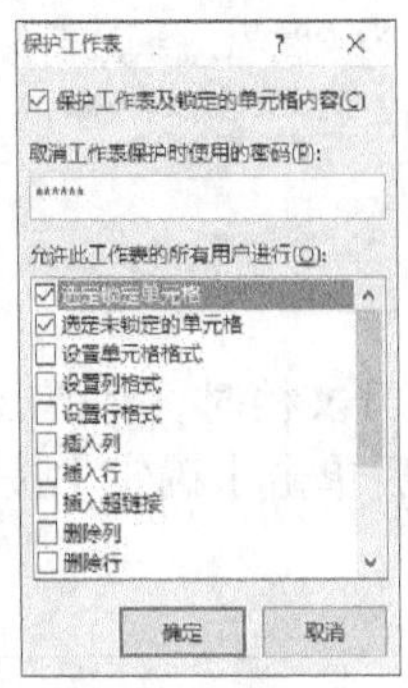

步骤 03 弹出【确认密码】对话框，在此输入密码，单击【确定】按钮。

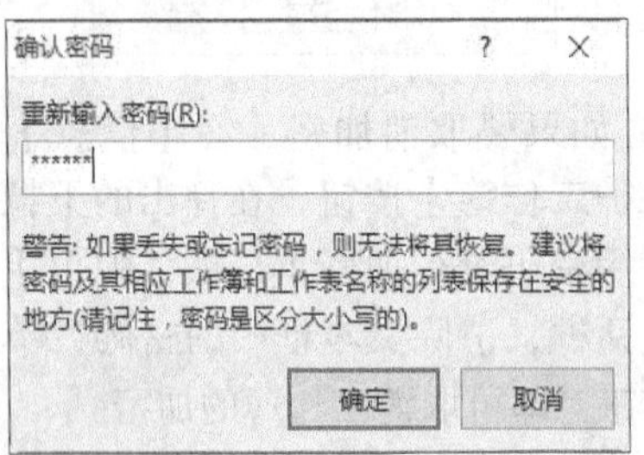

步骤 04 返回Excel工作表中，双击任一单元格进行数据修改，则会弹出如下提示框。

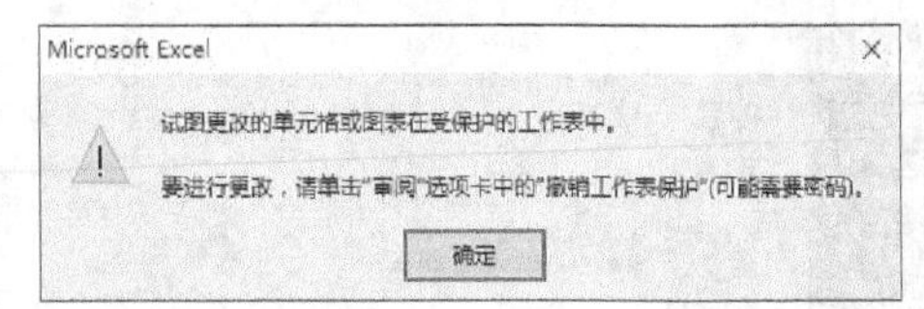

步骤 05 如果要取消对工作表的保护，可单击【信息】选项卡，然后在【保护工作簿】选项中，单击【取消保护】超链接。

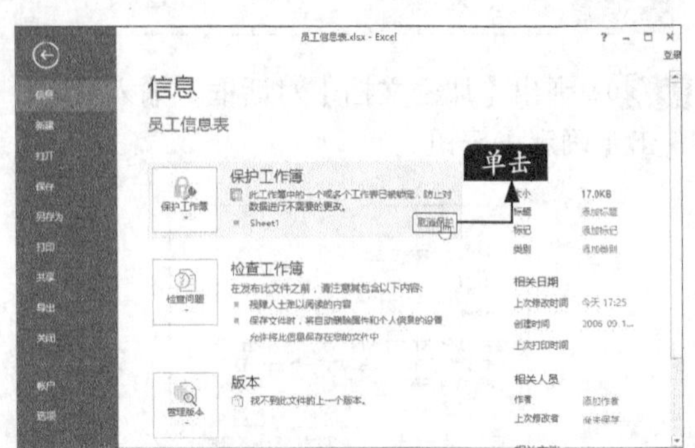

步骤 06 在弹出的【撤消工作表保护】对话框中，输入设置的密码，单击【确定】按钮即可取消保护。

30.2 使用OneDrive同步数据

本节教学录像时间：2 分钟

OneDrive是微软推出一款个人文件存储工具，也叫网盘，支持电脑端、网页版和移动端的访问网盘中存储的数据，还可以借助OneDrive for Business，将用户的工作文件与其他人共享并与他们进行协作。Windows 10操作系统中集成了桌面版OneDrive，可以方便地上传、复制、粘贴、删除文件或文件夹等操作。本节以Excel 2013为例，将主要介绍如何使用OneDrive同步数据。

30.2.1 将文件保存到云

下面以Excel为例，将工作簿保存到云端OneDrive的具体操作步骤如下。

步骤 01 打开要保存的工作簿，单击【文件】➤【另存为】➤【OneDrive】选项。如没有使用Microsoft账户登录Office，此时单击【登录】按钮。

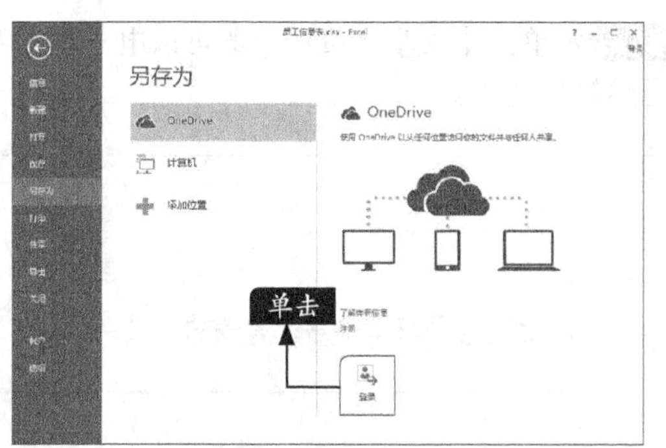

步骤02 弹出【登录】对话框，在文本框中输入Microsoft账户的电子邮箱或手机号码，并单击【下一步】按钮。

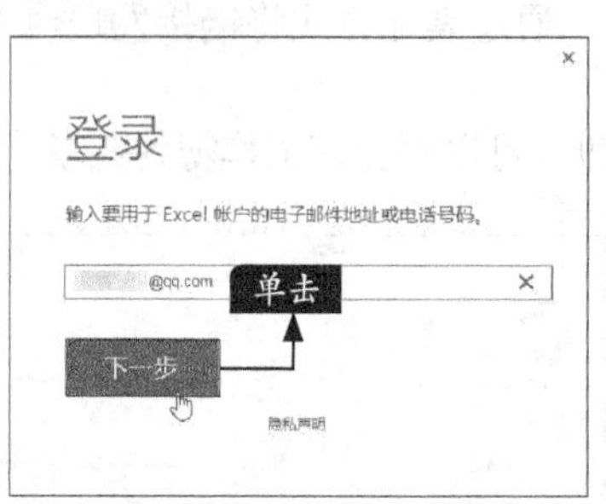

步骤03 弹出如下图对话框，输入账户密码，单击【登录】按钮。

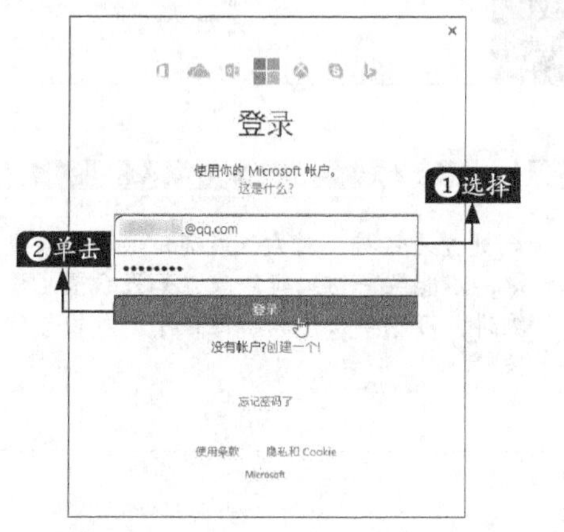

步骤04 登录成功后，双击【OneDrive-个人】选项，也可以单击右侧区域中，最近访问的文件夹。

步骤05 弹出【另存为】对话框，在对话框中选择文件要保存的位置，这里选择并打开【文档】文件夹，单击【保存】按钮。

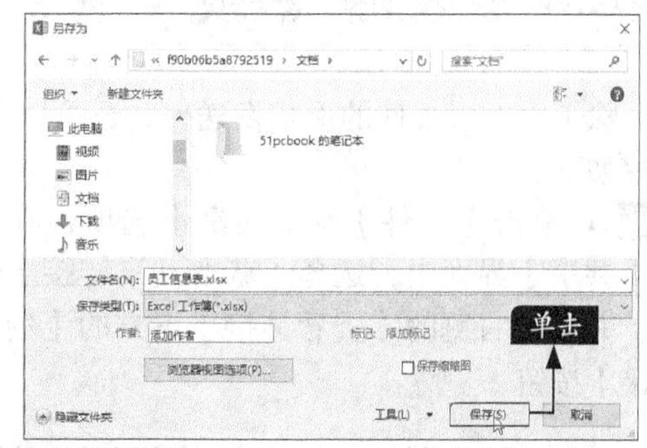

步骤06 单击【OneDrive】图标，可以查看上传的进度。

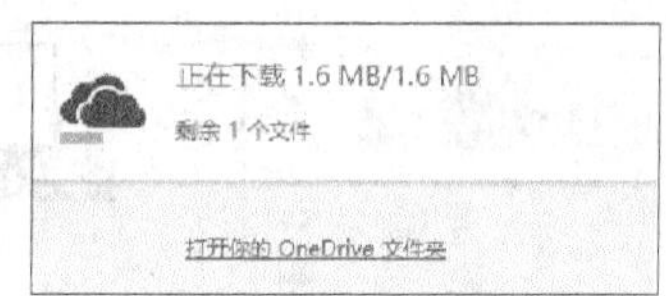

步骤07 上传完毕后，打开【此电脑】窗口，单击左侧导航栏中的【OneDrive】选项，打开【OneDrive】窗口，在【文档】文件夹中，可以看到保存的工作簿。

30.2.2 与人共享

工作簿保存到OneDrive中，可以将该工作簿共享给其他人查看或编辑，具体操作步骤如下。

步骤01 单击【文件】➤【共享】选项，在右侧【共享】界面中，选择【邀请他人】选项，在【邀请他人】文本框中输入邮件地址，单击【可编辑】按钮弹出下拉列表，选择共享的权限，如这里选择【可编辑】权限，在下方文本框中可以输入消息内容。

步骤 02 单击【共享】按钮，既可以电子邮件发送给被邀请人。

30.2.3 获取共享链接

除了以电子邮件的形式发送外，还可以获取共享链接，通过其他方式将链接发送他人，具体步骤如下。

步骤 01 单击【文件】➤【共享】选项，在右侧【共享】界面中，选择【获取共享链接】选项，并单击右侧的【查看链接】下方的【创建链接】按钮。

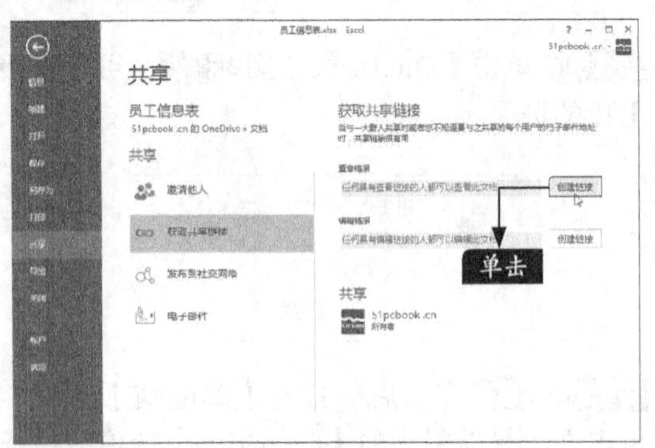

步骤 02 在【查看链接】下方，即可显示该工作簿的共享链接，复制该链接，将此链接发送给其他人，用户可查看该工作簿。单击【禁用链接】按钮，可以停止该工作簿的共享。

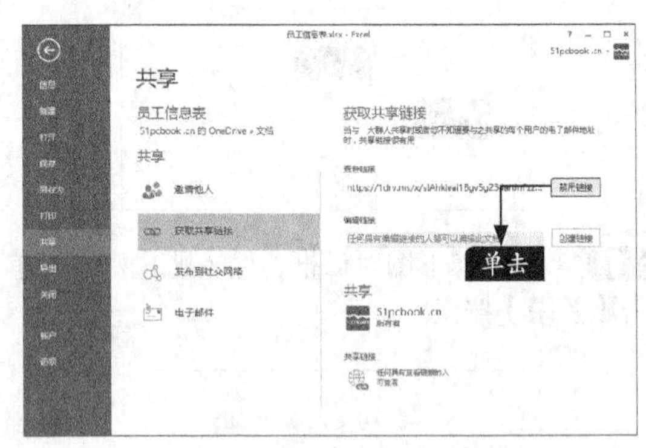

小提示

创建查看链接，对方仅能通过共享链接查看该工作簿，不能做任何编辑修改，如果希望允许对方进行编辑，可以单击【编辑链接】下方的【创建链接】按钮。

30.3 恢复误删除的数据

本节教学录像时间：5 分钟

当用户在对自己的计算机操作时，有时会不小心删除本不想删除的数据或将回收站清空，这时就需要恢复这些数据。本节主要介绍如何恢复这些误删除的数据。

30.3.1 从回收站还原

当用户不小心将某一文件删除时，很可能只是将其删除到【回收站】中。若还没有清除【回收站】中的文件，可以将其从【回收站】中还原出来。这里以还原本地磁盘E中的【图片】文件夹为例来介绍如何从【回收站】中还原删除的文件，具体的操作步骤如下。

步骤01 双击桌面上的【回收站】图标，打开【回收站】窗口，在其中可以看到误删除的文件，选择该文件，单击【管理】选项卡下【还原】组中的【还原选定的项目】选项。

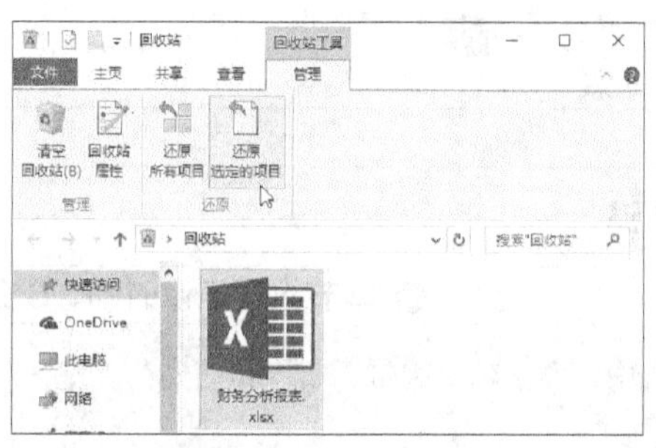

步骤02 即可将【回收站】中的文件还原到原来的位置。打开本地磁盘，即可在所在的位置看到还原的文件。

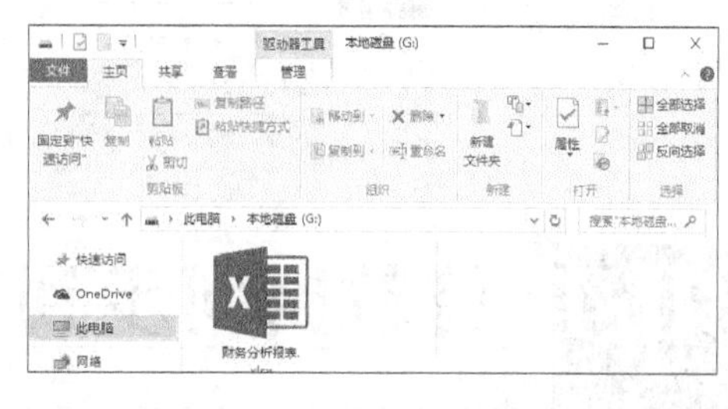

30.3.2 清空回收站后的恢复

当把回收站中的文件清除后，用户可以使用注册表来恢复清空回收站之后的文件。具体的操作步骤如下。

步骤01 按【Windows+R】组合键，打开【运行】对话框，在【打开】文本框中输入注册表命令“regedit”，单击【确定】按钮。

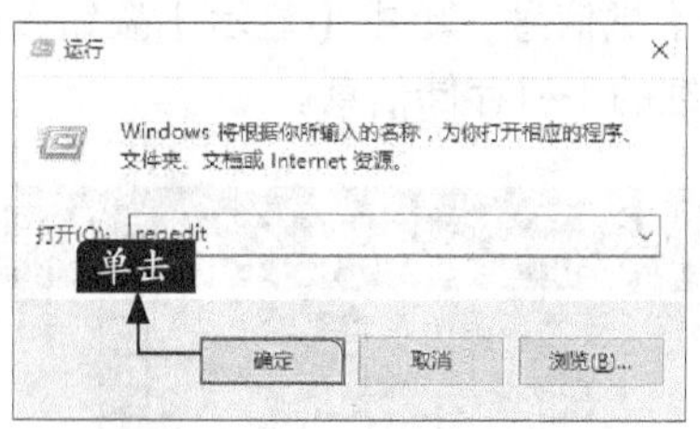

步骤02 即可打开【注册表编辑器】窗口，在窗口的左侧展开【HKEY_LOCAL_MACHINE\SOFTWARE\Microsoft\Windows\CurrentVersion\Explorer\Desktop\NameSpace】树形结构。

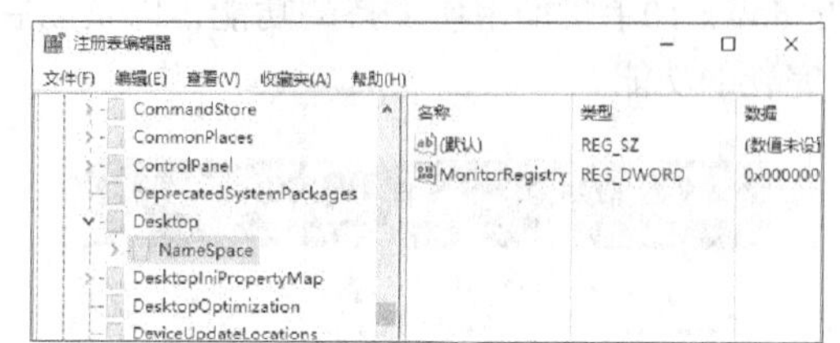

步骤03 在窗口的右侧空白处单击鼠标右键，在弹出的快捷菜单中选择【新建】➤【项】菜单项。

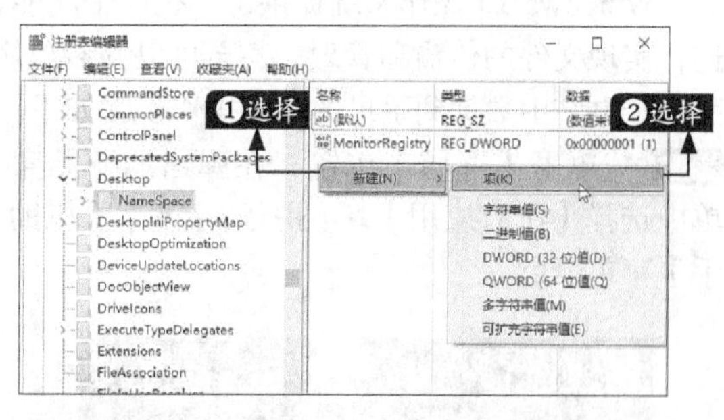

步骤04 即可新建一个项，并将其命名为“{645FFO40-5081-101B-9F08-00AA002F954E}”。

步骤05 在窗口的右侧选中系统默认项并单击鼠标右键，在弹出的快捷菜单中选择【修改】菜

单项，打开【编辑字符串】对话框，将数值数据设置为【回收站】，单击【确定】按钮。

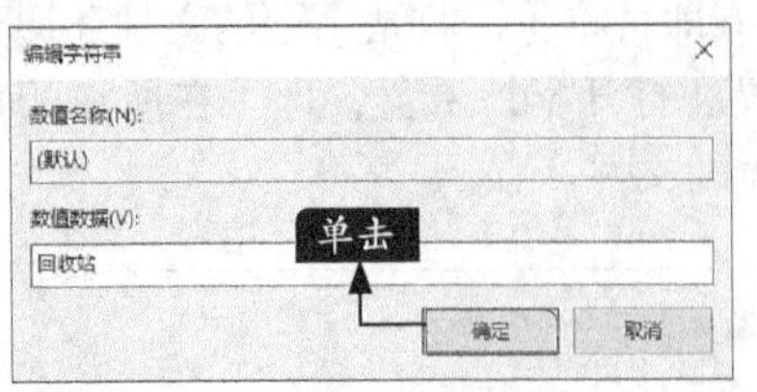

步骤 06 退出注册表，重启计算机，即可将清空的文件恢复出来，之后将其正常还原即可。

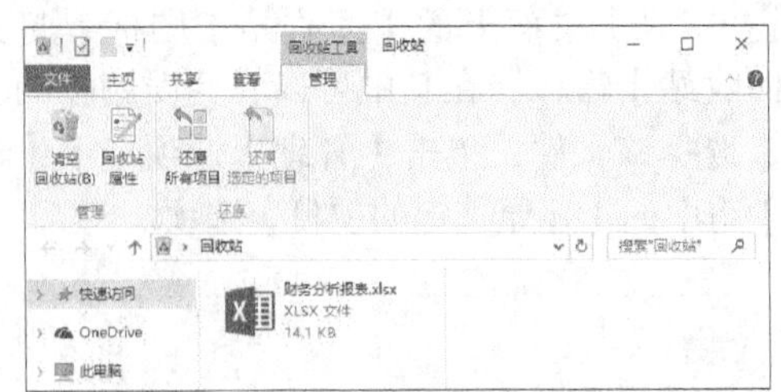

30.4 将数据同步到手机中

本节教学录像时间：6 分钟

用户可以将电脑中的数据直接同步至手机中，便于随身携带，实现移动办公。

30.4.1 使用手机助手

Windows 10 操作系统提供了手机助手功能，可以将Windows、iPhone、Android手机与电脑互连，实现文件的传输和管理，甚至可以安装应用软件。下面以Android手机为例，介绍使用手机助手同步电脑中数据到手机的具体操作步骤如下。

步骤 01 单击【开始】按钮，在弹出的开始菜单中选择【所有应用】➤【拼音S】➤【手机助手】菜单命令。

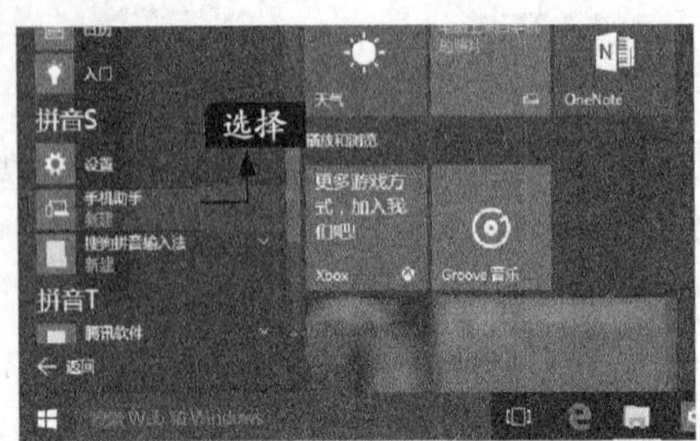

步骤 02 打开【手机助手】界面。

步骤 03 将Android手机连接至电脑，即可在下方显示手机信息，单击【显示】按钮，即可显示更详细的手机存储信息。

步骤 04 单击【Android】按钮，可以看目前Windows 10手机助手所支持的功能，以及以后会完善的功能。

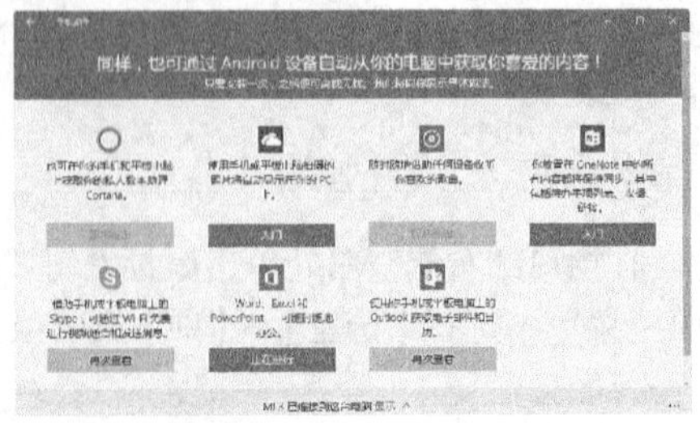

步骤05 单击Office图标下的【按钮】，在弹出的界面中选择【Word】选项，单击【下一步】按钮。

步骤06 在弹出的第2步界面输入电子邮件地址，单击【发送】按钮，Windows 10 手机助手将发送一封电子邮件至信箱中。在手机中打开此电子邮件并转到链接来安装Word应用。在电脑上的手机助手界面并单击【下一步】按钮。

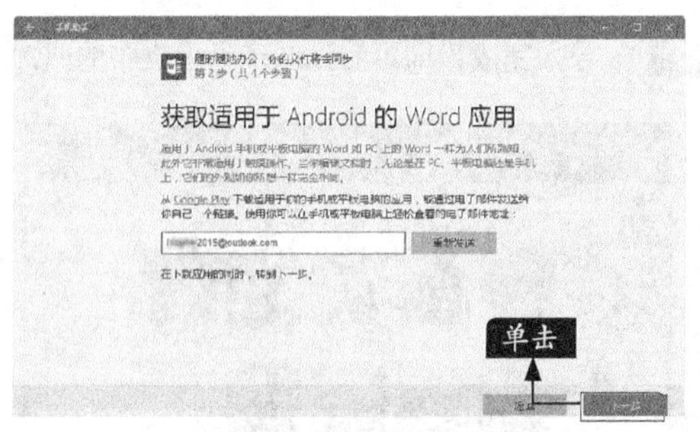

步骤07 如果已在手机中安装Word应用完成，在弹出的第3步界面中单击选中【我已在我的手机或平板电脑上登录到Word应用】复选框，单击【下一步】按钮。

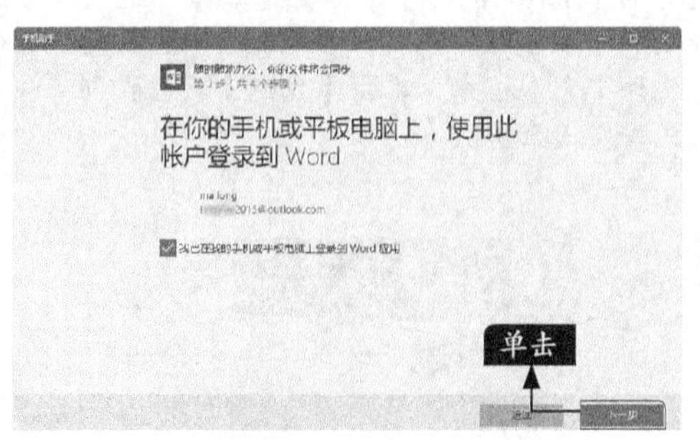

步骤08 至此，就完成了准备工作，可以随时在手机或平板电脑以及PC上使用Word。

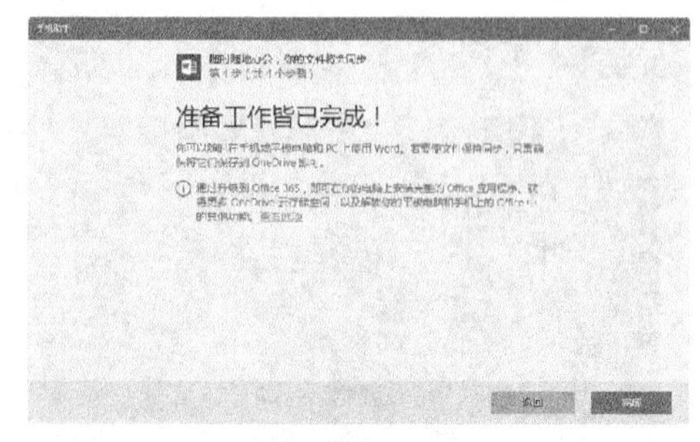

小提示

必须将文档保存到OneDrive才能保持同步。

步骤09 在【显示】界面的手机存储信息后单击【将照片和视频导入到】链接，即可打开【照片】应用程序，并搜索图片和视频。搜索完成，单击【导入】按钮可完成图片同步。

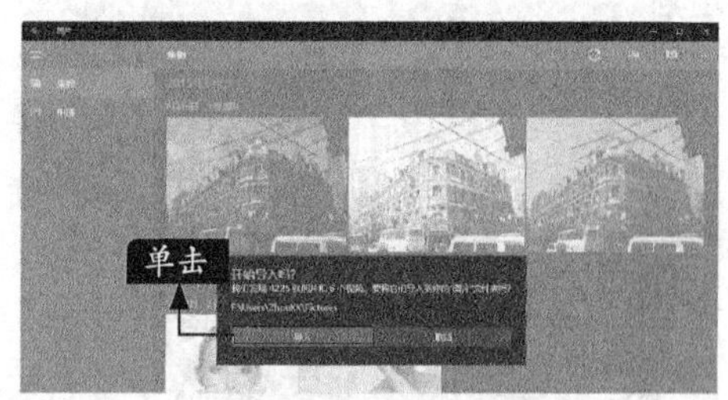

步骤10 单击【传输其他文件】链接，可打开资源管理器实现文件传输。

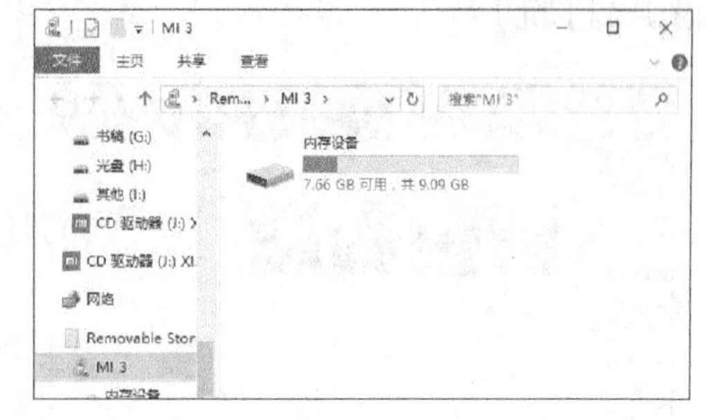

30.4.2 直接传到手机中

除了使用Windows 10自带的手机助手同步数据外，还可以使用360手机助手、应用宝等软件将电脑中的数据传到手机中。本节以使用360手机助手为例介绍直接将照片数据同步到手机的具体操作步骤。

步骤 01 使用数据线将手机和电脑连接，并在电脑中打开360手机助手软件，即可开始与手机连接。

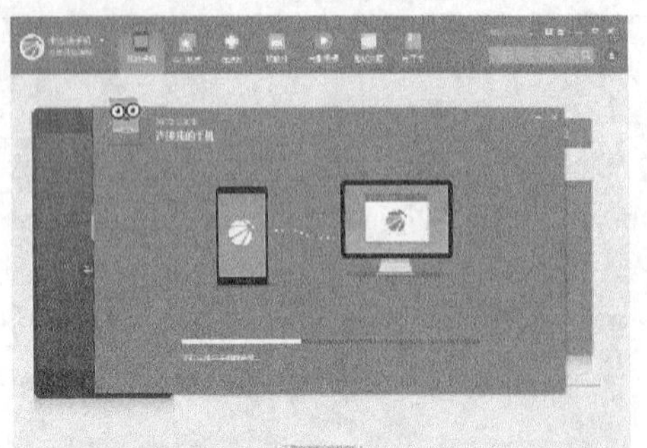

小提示

使用360手机助手连接手机时，手机中需要打开【USB调试】开关。如果没有数据线，只要电脑和手机在同一局域网内，可以使用二维码或短信的方式将手机连接至电脑。

步骤 02 连接成功后，在左侧【图片】组下选择【手机相册】选项，单击手机图片上方的【添加图片到手机】按钮。

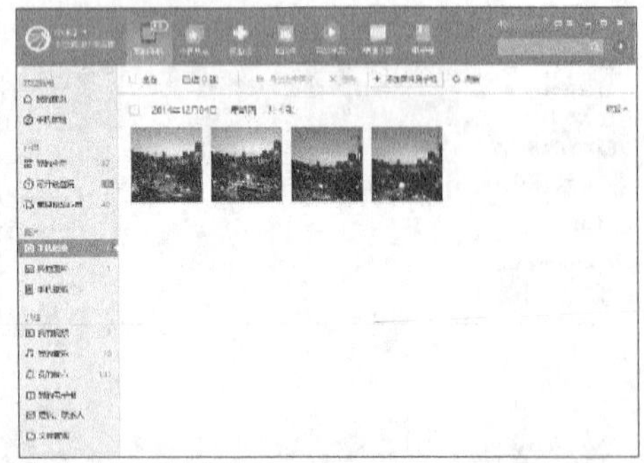

步骤 03 弹出【打开】对话框，选择图片存储的位置，并按住【Ctrl】键选择要添加到手机中的照片，单击【打开】按钮。

步骤 04 即可弹出【360 手机助手】提示框，显示导入进度。

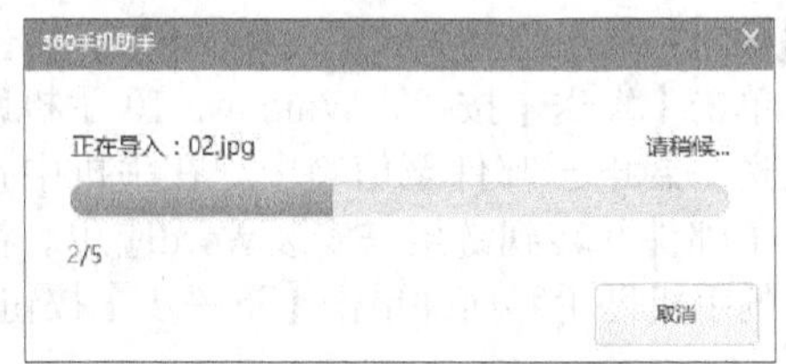

步骤 05 导入完成，即可看到同步到手机中的照片。

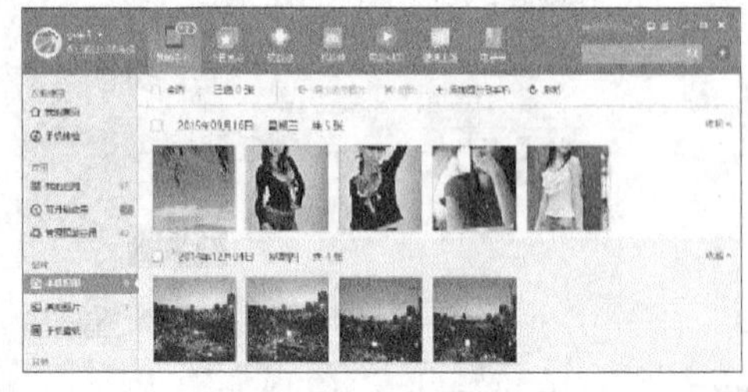

小提示

单击360手机助手的快捷图标【小胖】后，在打开的【360手机助手】界面选择【发送文件】选项卡，直接将要同步到手机的文件拖曳至下方的【文件】文本框中，单击【发送】按钮，即可快速将文件发送至手机。

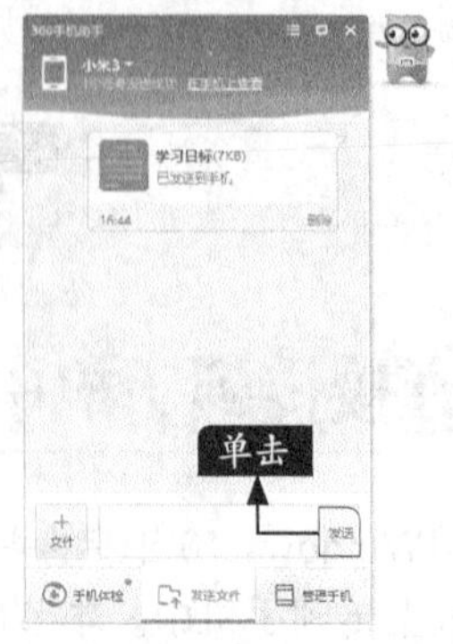